中文翻译版

生 命 机 器

仿生与生物混合系统研究手册

Living Machines: A Handbook of Research in
Biomimetic and Biohybrid Systems

〔英〕T. J. 普雷斯科特（Tony J. Prescott）

〔英〕N. F. 莱波拉（Nathan F. Lepora） **主编**

〔西〕P. F. M. J. 范思彻（Paul F. M. J. Verschure）

左振宇 **主审**

李长芹 王 凯 姚 鹏 **主译**

科学出版社

北 京

图字：01-2019-2146 号

内 容 简 介

本书汇聚全球十多个国家九十多名顶级专家、百余位研究人员的智慧，将"生命"本身作为系统工程，进行拆解、研究、再组装，是仿生和人机协同领域的一本工具书。生命机器属于生物技术前沿领域，又涉及计算机、电子工程、机器人、能源、系统工程、脑科学、心理学、伦理学等多种学科，本书属于典型的生物交叉类学术成果。全书共 7 篇 65 章，从路线图、生命、构建基块、能力、仿生系统、生物混合系统和展望等介绍了生命机器的研究现状和进展。

本书能够为从事仿生工程、认知机器人等科技创新交叉领域的科研人员提供研究参考。

图书在版编目（CIP）数据

生命机器：仿生与生物混合系统研究手册 /（英）T. J. 普雷斯科特（Tony J. Prescott），（英）N. F. 莱波拉（Nathan F. Lepora），（西）P. F. M. J. 范思彻（Paul F. M. J. Verschure）主编；李长芹，王凯，姚鹏主译. —北京：科学出版社，2023.5

书名原文：Living Machines: A Handbook of Research in Biomimetic and Biohybrid Systems

ISBN 978-7-03-075297-0

Ⅰ. ①生… Ⅱ. ①T… ②N… ③P… ④李… ⑤王… ⑥姚… Ⅲ. ①生物工程 Ⅳ. ①Q81

中国国家版本馆 CIP 数据核字（2023）第 050702 号

责任编辑：丁慧颖 / 责任校对：张小霞
责任印制：肖 兴 / 封面设计：龙 岩

科 学 出 版 社 出版
北京东黄城根北街 16 号
邮政编码：100717
http://www.sciencep.com

北京九天鸿程印刷有限责任公司 印刷
科学出版社发行 各地新华书店经销
*

2023 年 5 月第 一 版 开本：720×1000 1/16
2023 年 5 月第一次印刷 印张：49 插页：8
字数：760 000
定价：268.00 元
（如有印装质量问题，我社负责调换）

翻译人员

主　审　左振宇

主　译　李长芹　王　凯　姚　鹏

译　者　（按姓氏汉语拼音排序）

李长芹　李顺飞　刘学理　秦　伟

孙晓丽　王　凯　姚　鹏　易比一

原著者名单

Iain A. Anderson
Auckland Bioengineering Group, The
University of Auckland, New Zealand

Minoru Asada
Graduate School of Engineering, Osaka
University, Japan

Joseph Ayers
Marine Science Center, Northeastern
University, USA

Belén Rubio Ballester
SPECS, Institute for Bioengineering of
Catalonia (IBEC), the Barcelona Institute
of Science and Technology (BIST),
Barcelona, Spain

Sliman J. Bensmaia
Department of Organismal Biology and
Anatomy, University of Chicago, USA

Theodore W. Berger
Department of Biomedical Engineering,
University of Southern California, Los
Angeles, USA

Josh Bongard
Department of Computer Science, University
of Vermont, USA

Frédéric Boyer
Automation, Production and Computer
Sciences Department, IMT Atlantique
(former Ecole des Mines de Nantes), France

Dieter Braun
Systems Biophysics, Center for Nanoscience,
Ludwig-Maximilians-Universität München,
Germany

Joanna J. Bryson
Department of Computer Science, University
of Bath, UK

Gregory S. Chirikjian
Department of Mechanical Engineering,
Johns Hopkins University, USA

Roberto Cingolani
Istituto Italiano di Tecnologia, Genoa, Italy

Emily C. Collins
Sheffield Robotics, University
of Sheffield, UK

Holk Cruse
Faculty of Biology, Universität Bielefeld,
Germany

Mark R. Cutkosky
School of Engineering, Stanford
University, USA

Terrence W. Deacon
Anthropology Department, University of
California, Berkeley, USA

Piotr Dudek
School of Electrical & Electronic Engineering,
The University of Manchester, UK

Uğur Murat Erdem
Department of Mathematics, North Dakota
State University, USA

Martin S. Fischer
Institute of Systematic Zoology and
Evolutionary Biology with Phyletic Museum,
Friedrich-Schiller-Universität Jena,
Germany

Toshio Fukuda
Institute for Advanced Research, Nagoya
University, Japan

Ulrich Gerland
Theory of Complex Biosystems,
Technische Universität München,
Garching, Germany

John Greenman
Bristol Robotics Laboratory, University of the
West of England, UK

David J. Gunkel
Department of Communication, Northern
Illinois University, USA

José Halloy
Paris Interdisciplinary Energy Research Institute (LIED), Université Paris Diderot, France

Yasuhisa Hasegawa
Department of Micro-Nano Systems Engineering, Nagoya University, Japan

Michael E. Hasselmo
Department of Psychological and Brain Sciences, Center for Systems Neuroscience, Boston University, USA

Anders Hedenström
Department of Biology, Lund University, Sweden

Ivan Herreros
SPECS, Institute for Bioengineering of Catalonia (IBEC), the Barcelona Institute of Science and Technology (BIST), Barcelona, Spain

James Hughes
Institute for Ethics and Emerging Technologies, Boston, USA; and University of Massachusetts, Boston, USA

Ioannis A. Ieropoulos
Centre for Research in Biosciences, University of the West of England, UK

Auke Jan Ijspeert
Biorobotics Laboratory, EPFL, Switzerland

Akio Ishiguro
Research Institute of Electrical Communication, Tohoku University, Japan

Hoon Eui Jeong
School of Mechanical and Advanced Materials Engineering, Ulsan National Institute of Science and Technology, Republic of Korea

Moritz Kreysing
Max Planck Institute of Molecular Cell Biology and Genetics, Dresden, Germany

Leah Krubitzer
Centre for Neuroscience, University of California, Davis, USA

Maarja Kruusmaa
Centre for Biorobotics, Tallinn University of Technology, Estonia

Vincent Lebastard
Automation, Production and Computer Sciences Department, IMT Atlantique (former Ecole des Mines de Nantes), France

Pablo Ledezma
Bristol Robotics Laboratory, UK, and Advanced Water Management Centre, University of Queensland, Australia

Chanseok Lee
School of Mechanical and Aerospace Engineering, Seoul National University, Republic of Korea

Torsten Lehmann
School of Electrical Engineering and Telecommunications, University of New South Wales, Australia

Joel Z. Leibo
Google DeepMind and McGovern Institute for Brain Research, Massachusetts Institute of Technology (MIT), USA

Charles Lenay
Philosophy and Cognitive Science, University of Technology of Compiègne, France

John J. Leonard
Computer Science and Artificial Intelligence Laboratory, Massachusetts Institute of Technology, USA

Nathan F. Lepora
Department of Engineering Mathematics and Bristol Robotics Laboratory, University of Bristol, UK

Hannah Maslen
Oxford Uehiro Centre for Practical Ethics, University of Oxford, UK

Christof Mast
Systems Biophysics, Ludwig-Maximilians-Universität München, Germany

Barbara Mazzolai
Center for Micro-BioRobotics, Istituto Italiano di Tecnologia, Italy

Chris Melhuish
Bristol Robotics Laboratory, University of the West of England, UK

Giorgio Metta
Istituto Italiano di Tecnologia, Genoa, Italy

Abigail Millings
Department of Psychology, University of Sheffield, UK

Ben Mitchinson
Department of Psychology, University of Sheffield, UK

Friederike Möller
Systems Biophysics, Ludwig-Maximilians-Universität München, Germany

Matthew S. Moses
Applied Physics Laboratory, Johns Hopkins University, USA

Anna Mura
SPECS, Institute for Bioengineering of Catalonia (IBEC), the Barcelona Institute of Science and Technology (BIST), Barcelona, Spain

Masahiro Nakajima
Center for Micro-nano Mechatronics, Nagoya University, Japan

Stefano Nolfi
Laboratory of Autonomous Robots and Artificial Life, Institute of Cognitive Sciences and Technologies (CNR-ISTC), Rome, Italy

Benjamin M. O'Brien
Auckland Bioengineering Institute, The University of Auckland, New Zealand

Benedikt Obermayer
Berlin Institute for Medical Systems Biology, Max Delbrück Center for Molecular Medicine, Berlin, Germany

Changhyun Pang
School of Chemical Engineering, SKKU Advanced Institute of Nanotechnology, Sungkyunkwan University, Republic of Korea

Tim C. Pearce
Department of Engineering, University of Leicester, UK

Tomaso Poggio
Department of Brain and Cognitive Sciences, McGovern Institute for Brain Research, Massachusetts Institute of Technology, USA

Girijesh Prasad
School of Computing, Engineering and Intelligent Systems, Ulster University, Londonderry, UK

Tony J. Prescott
Sheffield Robotics and Department of Computer Science, University of Sheffield, UK

Holger Preuschoft
Institute of Anatomy, Ruhr-Universität Bochum, Germany

Roger D. Quinn
Mechanical and Aerospace Engineering Department, Case Western Reserve University, USA

Roy E. Ritzmann
Biology Department, Case Western Reserve University, USA

Nicholas Roy
Computer Science and Artificial Intelligence Laboratory, Massachusetts Institute of Technology, USA

Julian Savulescu
Oxford Uehiro Centre for Practical Ethics, University of Oxford, UK

Giacomo Scandroglio
Bristol Robotics Laboratory, University of the West of England, UK

Cornelius Schilling
Biomechatronics Group, Technische Universität Ilmenau, Germany

Malte Schilling
Center of Excellence for Cognitive Interaction Technology, Universität Bielefeld, Germany

Severin Schink
Theory of Complex Biosystems, Technische Universität München, Garching, Germany

Allen Selverston
Division of Biological Science, University of California, San Diego, USA

Wolfgang Send
ANIPROP GbR, Göttingen, Germany

Anil K. Seth
Sackler Centre for Consciousness Science, University of Sussex, UK

Leslie S. Smith
Department of Computing, Science and Mathematics, University of Stirling, UK

Dong Song
Department of Biomedical Engineering, University of Southern California, USA

Kahp-Yang Suh
School of Mechanical and Aerospace Engineering, Seoul National University, Republic of Korea

Michael Szollosy
Sheffield Robotics, University of Sheffield, UK

Masaru Takeuchi
Department of Micro-Nano Systems Engineering, Nagoya University, Japan

Matthieu Tixier
Institut Charles Delaunay, Université de Technologie de Troyes, France

Barry Trimmer
Biology Department, Tufts University, USA

Takuya Umedachi
Graduate School of Information Science and Technology, The University of Tokyo, Japan

André van Schaik
Bioelectronics and Neuroscience, MARCS Institute for Brain, Behaviour and Development, Western Sydney University, Australia

Stefano Vassanelli
Department of Biomedical Sciences, University of Padova, Italy

Paul F. M. J. Verschure
SPECS, Institute for Bioengineering of Catalonia (IBEC), the Barcelona Institute of Science and Technology (BIST), and Catalan Institute of Advanced Studies (ICREA), Spain

Julian Vincent
School of Engineering, Heriot-Watt University, UK

Danja Voges
Biomechatronics Group, Technische Universität Ilmenau, Germany

Vasiliki Vouloutsi
SPECS, Institute for Bioengineering of Catalonia (IBEC), the Barcelona Institute of Science and Technology (BIST), Barcelona, Spain

Stuart P. Wilson
Department of Psychology, University of Sheffield, UK

Hartmut Witte
Biomechatronics Group, Technische Universität Ilmenau, Germany

Robert H. Wortham
Department of Computer Science, University of Bath, UK

致　谢

本书凝聚了多位学者的无私付出。我们特别感谢各章作者在生命机器领域开展的不可思议的研究、富有灵感的创作，以及他们在本书手稿漫长而复杂的出版过程中表现出的耐心和理解。就像某些生命机器那样，本书并不是自组装的。除了那些直接做出贡献的人员，还有很多不同职业阶段的研究人员和学生，特别是参加了我们研讨会和暑期夏令营的那些人，他们激发了本书中的许多想法，他们对我们的先入之见提出了挑战，以活力和热情激励了我们，使得我们能够始终保持动力。我们特别感谢以下人员的建议、想法和鼓励：埃胡德·艾沙尔（Ehud Ahissar）、约瑟夫·艾尔斯（Joseph Ayers）、马克·卡特科斯基（Mark Cutkosky）、特伦斯·迪肯（Terrence Deacon）、马修·戴蒙德（Mathew Diamond）、保罗·迪安（Paul Dean）、马克·德斯穆利兹（Marc Desmulliez）、彼得·多明尼（Peter Dominey）、弗兰克·格拉索（Frank Grasso）、何塞·哈洛伊（José Halloy）、利娅·克鲁比策（Leah Krubitzer）、玛丽娅·克鲁斯玛（Maarja Kruusmaa）、大卫·莱恩（David Lane）、乌列尔·马丁内斯（Uriel Martinez）、芭芭拉·马佐莱（Barbara Mazzolai）、比约恩·梅克尔（Bjorn Merker）、乔治·梅塔（Giorgio Metta）、本·米钦森（Ben Mitchinson）、爱德华·莫瑟（Edvard Moser）、马丁·皮尔森（Martin Pearson）、罗杰·奎恩（Roger Quinn）、彼得·雷德格雷夫（Peter Redgrave）、斯科特·西蒙（Scott Simon）和斯图尔特·威尔逊（Stuart Wilson）。

本书主编还获得了所属机构工作人员的帮助，从中受益匪浅。迈克尔·索洛西（Michael Szollosy）作为助理主编，他为本书的最后一篇"展望"做出了重要贡献，并撰写了该篇的介绍。安娜·穆拉（Anna Mura），她在规划和推广生命机器（LM）系列会议方面始终不懈努力，目前已经开展了七届会议，并组织了第十一期巴塞罗那认知、大脑与技术暑期夏令营（Barcelona Summer School on Cognition, Brain, and Technology）；我们也非常感谢生命机器会议的当地组织者和生命机器国际咨询委员会（LM International Advisory Board）。感谢两个会聚科学网络（CSN）协调行动项目中的合作研究者，他们帮助构想了生命机器手册，特别是斯特凡诺·瓦萨内利（Stefano Vassanelli），他还协调了两期神经技术暑期夏令营。主编对各自机构的支持团队深表谢意，特别是西班牙庞培法布拉大学（Universitat Pompeu Fabra）信息与通信技术系 SPECS 研究小组的卡尔姆·布桑（Carme Buisan）和米雷亚·莫拉（Mireia Mora），以及英国谢菲尔德大学及谢菲尔德机器人联盟（Sheffield Robotics）的安娜·麦金托什（Ana Macintosh）和吉尔·赖德（Gill Ryder）。

本书的成功出版还得益于欧盟框架计划的资助项目。CSN 协调行动项目（批准号 248986、601167）发挥了关键的集成作用，其他合作项目也为本书中的许多观点和技术提供了支撑。我们参与并从中受益的具体项目包括：①BIOTACT，振动主动触摸仿生技术（FP7 ICT-215910）；②EFAA，实验性安卓功能助手（FP7 ICT-270490）；③WYSIWYD，所说即所做（FP7 ICT-612139）；④SF，人工合成觅食蜂（FP7 ICT-217148）；⑤cDAC，意识在适应性行为中的作用——一种基于经验、计算和机器人的综合方法（ERC-2013-ADG-341196）；⑥CEEDS，移情数据系统的集体经验（FP7-ICT-258749）；⑦CA-RoboCom，居民机器人伴侣（FP7-FETF-284951）；⑧欧盟未来新兴技术旗舰项目——人脑计划（HBP-SGA1 720270）。

我们还要感谢牛津大学出版社的编辑努力帮助我们将本书汇集成册。最后，衷心感谢我们的家人和朋友，感谢他们的耐心、理解，以及无私的爱与支持。

序

Terrence J. Sejnowski
Salk Institute for Biological Studies

该书汇集了来自科学和工程学众多领域的广泛知识，旨在实现所谓的"生命机器"（living machines），即具有与自然进化生物同等能力的人造装置。生命机器的制造并不容易，这有多方面的原因。首先，与目前人工技术利用宏观部件进行组装相比，自然界进化出了分子水平组装的智能材料；其次，身体是由内而外构建的，可以将食物转化为材料来替换细胞内的所有蛋白质，而细胞内本身则发生周期性的更换；最后，视觉、听觉和运动中一些最困难的问题还没有得到解决，我们对大自然如何解决这些难题的直觉可能是误导性的。接下来，我们以视觉为例进行阐释。

麻省理工学院人工智能实验室成立于 20 世纪 60 年代，它的第一个项目得到了一家军事研究机构的巨额资助，旨在制造可以打乒乓球的机器人。我曾经听过一个故事，项目负责人在经费申请书中忘记了为建造机器人视觉系统申请经费，所以他把这个问题作为暑期研究项目分配给了一个研究生。我曾经问马文·明斯基（Marvin Minsky）这个故事是否属实。他反驳说："你错了，实际上，我们把问题分配给了本科生。"麻省理工学院档案馆的一份文件证实了他的说法（Papert，1966）。

我们直觉上认为编写视觉程序非常容易，是因为我们可以轻松地看到物体。我们都是视觉方面的专家，因为它对人类生存至关重要，耗费了数百万年时间的进化才得以实现。这误导了早期的人工智能先驱们，使他们低估了视觉程序编写的难度。在 20 世纪 60 年代，几乎没有人知道计算机视觉最终达到人类的性能水平，需要等待 50 多年的时间和实现计算机能力 100 万倍的增长（Sejnowski，2018）。

对视觉进行仔细观察后发现，我们甚至不知道自然界究竟解决了哪些计算问题。计算机视觉研究者几乎普遍认为，视觉的目标是建立外部世界的内部模型。然而，外部世界完整、准确的内部模型可能并不一定为大多数实际用途所必需，在当前摄像机采样率较低的情况下甚至也不可能实现。根据心理物理学、生理学和解剖学的证据，我和帕特里夏·丘奇兰德（Patricia Churchland）、拉马钱德兰（V. S. Ramachandran）得出的结论是，大脑只反映了世界的有限部分，只反映了任何时刻执行手头任务所需的那一部分（Churchland *et al.*，1994）。我们之所以会有视野内所有事物均为高分辨率的错觉，是因为我们可以快速地重新调整眼睛定位。同样，显著的视觉模块化也是一种错觉。视觉系统整合了来自其他信息流的信息，包括奖励系统内对场景中对象价值的指示信号，运动系统通过重新定位传感器（如移动眼睛，某些物种是移动耳朵）来主动寻找信息，以收集可能导致奖励行为的信息。感觉系统本身并不是终点；它们逐步进化来支持运动系统，使运动更有效率、生存更有可能。

直到最近，人工智能研究人员采用的主要方法是通过编写计算机程序来解决问题。相比之下，我们通过获取外部世界经验来学习怎么解决问题。我们有很多种学习系统，包括显式事件和特殊对象的叙述性学习、内隐感知学习、运动技能学习等。学习是我们人类的特殊能力。人工智能中语音识别、图像目标识别和语言翻译方面的最新进展是产生于受大脑一般性特征所启发的深度学习网络，这些特征包括大规模并行简单处理单元、处理单元之间的高度连接性，以及通过经验学习获得的连接优势（Sejnowski，2018）。通过观察动物行为并研究大脑，从中发现发挥作用的算法，我们可以从大自然中学习到更多的东西。

在一个不确定、不稳定的世界，适应性是生存的必要条件。在所有无脊椎动物和脊椎动物中发现的强化学习，其基础是探索环境中的各种选项，并根据其选择结果进行学习。在脊椎动物基底神经节中发现的强化学习算法，称为即时差分学习，是一种学习一系列动作以实现目标的在线方法（Sejnowski et al.，2014）。中脑内的多巴胺能神经元负责计算奖励预测误差，可对预测未来奖励的价值函数进行决策和更新。随着学习的改进，探索的减少，最终可以实现对学习过程中所发现最佳策略的完全利用。

强化学习存在的一个问题是非常缓慢，因为来自外部世界的唯一反馈是在一长串动作结束后是否受到奖励，这被称为时间信用分配问题。前面讨论过的视觉局限，即一次只关注一个物体，使得强化学习更容易将可能的感觉输入数量减少，从而有助于获得奖励，使得视觉局限成为一种特征而不是一种缺陷。最近，强化学习与深度学习网络相结合，形成了一种新型神经网络——AlphaGo，它能够击败世界上最好的围棋选手（Sejnowski，2018）。围棋是一种极其复杂的古老棋类游戏，直到最近，最好的围棋程序也远远低于人类的能力。AlphaGo 取得的显著成功表明，多个协同学习系统（每个系统都有各自的局限性）之间协同工作可以实现复杂的行为。

事实证明，建造身体远比想象的更困难。在 20 世纪 80 年代，一种常见的忽视大自然的观点认为，如果你想制造一台飞行器研究鸟类是非常愚蠢的。但是，正如第 1 章"生命机器概述"中所指出的，建造了人类第一架飞机的莱特兄弟对研究鸟类滑翔非常感兴趣，并将他们的观察应用于飞机翅膀的设计。翱翔的鸟类通常依靠大气中上升的热羽流来寻找猎物或远距离迁徙（图 F1）。最近，强化学习被用来教导滑翔机如何在模拟热湍流中翱翔（Reddy et al.，2016）以及在野外真正翱翔（Reddy et al., in press）。滑翔机学习到的控制策略能够产生类似于鸟类翱翔的行为（图 F2，彩图 1）。这是人工智能如何开始

图 F1　翱翔的鸟类有翼尖羽毛，可以从下面打破气流。这些羽毛还可以向上弯曲，形成一排小翼

图片来源：约翰·莱恩哈德（John Lienhard）

解决现实世界问题的另一个例子。我们注意到喷气式飞机在机翼尖端增加了小翼，类似于飞翔鸟类的翼尖（图 F1）。这些小翼可以节省数百万美元的喷气燃料。进化已经用了数百万年的时间来优化飞行，忽视大自然是非常愚蠢的。

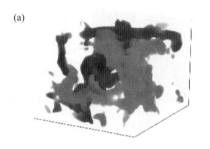

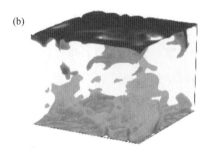

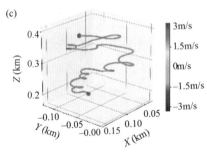

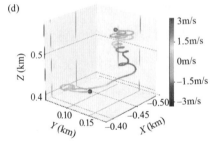

图 F2　对滑翔机学习在热气流中飞行的模拟。上图：瑞利–贝纳尔对流（Rayleigh-Bénard convection）三维数值模拟中垂直速度场（a）和温度场（b）的快照。对于垂直速度场，红色和蓝色分别表示向上和向下的大气流区域。对于温度场，红色和蓝色分别表示高温和低温区域。下图：未受过训练（c）和受过训练（d）的滑翔机在瑞利–贝纳尔湍流中飞行的典型轨迹。颜色表示滑翔机遭遇的垂直风速。绿色和红点分别表示轨迹的起点和终点。未受过训练的滑翔机做出随机决定并下降，而训练有素的滑翔机在强劲上升气流区域以特有的螺旋模式飞行，正如在鸟类和滑翔机的热气流飞行中所观察到的那样

转载自 Gautam Reddy, Antonio Celani, Terrence J. Sejnowski and Massimo Vergassol, Learning to soar in turbulent environments, Proceedings of the National Academy of Sciences of the United States of America, 113（33）, pp. E4877–E4884, Figure 1, doi.org/10.1073/pnas.1606075113, a, 2016

　　敏捷性是生命机器的另一座圣杯。蜂鸟以其快速和精确的运动能力而闻名。运动性要求将感觉信息快速整合到控制系统中，以逃避障碍及接近目标，如花朵中的花蜜。最近对超过 25 种蜂鸟的研究表明，快速旋转和急转弯能力是通过改变翅膀形态进化发展而来的，而加速动作能力则是通过改变肌肉力量进化而来的（图 F3，彩图 2）（Dakin *et al.*，2018）。

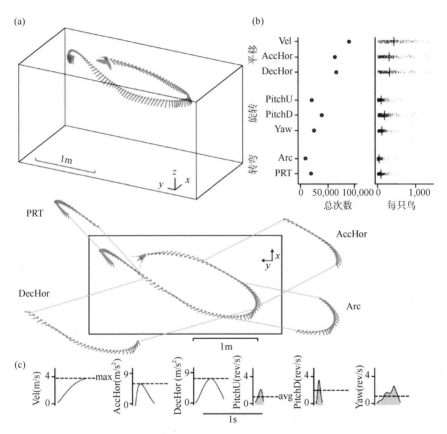

图 F3　蜂鸟的飞行性能。（a）跟踪系统以每秒 200 帧的速度记录身体位置（蓝点）和方向（红线）。这些数据用于识别模式化的平移、旋转和复杂转弯。动作序列显示蜂鸟首先做出一次俯仰横滚转弯（PRT），继之以减速（DecHor）、弧形转弯（Arc）和加速（AccHor）动作。整个动作序列持续时间为 2.5s，每 5 帧显示一次。（b）在 200 只蜂鸟中记录的平移、旋转和转弯次数。（c）性能指标的转换和旋转示例

人类发明了轮子以提高运输效率，似乎这是一项大自然无法实现的工程成就。可实际上，大自然要聪明得多，反而发明了"行走"。我们以一个半径为 6 英尺（约 1.8 米）的轮子为例，当它转动时，每根辐轮依次与地面接触，支撑其他所有脱离地面的辐轮。更有效的设计只需要两根辐条：两根辐轮依次接触地面前进。双辐轮甚至在崎岖不平的地面上也能很好地运转。这证明了莱斯利·奥格尔（Leslie Orgel）的第二条法则：进化要比你聪明得多。奥格尔是一位化学家，他在索尔克研究所（Salk Institute）从事生命起源研究。

生命机器的感觉运动协调是一个动态过程，它要求感觉信息与分层结构控制系统相互集成：脊髓反射能够快速纠正意外干扰，但缺乏灵活性；位于中脑的另一个控制层能够在更长的时间尺度上调节脊髓反射，以应对变化更缓慢的情况，如平滑的地形；基于大脑皮质，视觉和听觉信息整合的长期规划更加灵活，但速度也要慢得多。约翰·道尔（John Doyle）认为，灵活性与速度之间的权衡是驱动分层控制系统的核心原则（图 F4）。这种控制与通信观点的核心是减少时间延迟，可以通过预测性编码加以实现（Rao and Ballard，1999；Adams *et al*.，2013）。

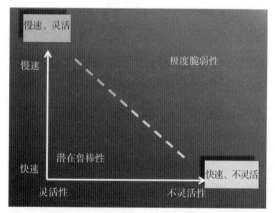

图 F4　灵活性和速度之间的权衡。系统可以设计成慢速灵活、快速不灵活，或者沿这两种极端情况之间连线（虚线）周围分布。虚线外的控制系统非常脆弱，虚线内的控制系统相对具有鲁棒性

图片来源：约翰·道尔（John Doyle）

　　生命机器设计师所要面临的挑战是自主性，这是大自然存在的必要条件。例如，细菌已经适应了各种极端环境，从海洋中的热液喷口到南极洲的冰原，还有你的肠道，这些地方栖息着成千上万种微生物。像大肠杆菌（*Escherichia coli*）这样的细菌已经发展出向食物源梯度较高处游动的算法。因为它们太小（直径只有几微米），无法直接感知这种梯度，所以它们利用趋化性，即周期性的翻滚和向随机方向前进（Berg，2003）。这样做似乎适得其反，但通过调整游动时间使其在更高浓度下完成更长距离游动，它们就可以可靠地沿梯度向上游动。细菌比最聪明的生物学家还要聪明，生物学家到现在还没有弄清楚细菌如何在如此广泛的环境中生存。从本书中总结的所有进展来看，制造生命机器的前景从来没有这么好。大自然始终是丰富的灵感来源。正如鸟类飞行的一般原理启发产生了比任何鸟类飞得都要快得多的飞行机器一样，今天建立在大脑一般原理基础上的深度学习网络在有限的一些领域已经开始超越人脑。随着制造材料越来越精细和复杂，内稳态机制越来越强大，我们将不断发现自我组织的新原则，自主性生命机器正在崛起，尽管它一开始发展会很缓慢，但最终将在其创造者之外占据世界一席之地。

参 考 文 献

Adams, R.A., Shipp, S. and Friston, K.J. (2013). Predictions not commands: active inference in the motor system. *Brain Structure and Function*, 218(3), 611–43.

Berg, Howard C. (2003). E. coli *in Motion*. New York: Springer.

Churchland, P.S., Ramachandran, V.S. and Sejnowski, T.J. (1994). A Critique of Pure Vision. In: C. Koch & J.D. Davis (eds). *Large-Scale Neuronal Theories of the Brain*. Cambridge, Massachusetts: MIT Press, 23–60.

Dakin, R., Segre, P.S., Straw, A.D. and Altshuler, D.L. (2018). Morphology, muscle capacity, skill, and maneuvering ability in hummingbirds. *Science*, 359, 653–7.

Papert, S.A. (1966). The Summer Vision Project, AI Memo AIM-100. July 1, DSpace@MIT. https://dspace.mit.edu/handle/1721.1/6125.

Rao, R.P.N. and Ballard, D.H. (1999). Predictive coding in the visual cortex: a functional interpretation of some extra-classical receptive-field effects. *Nature Neuroscience*, 2, 79–87.

Reddy, G., Celani, A., Sejnowski, T.J. and Vergassola, M. (2016). Learning to soar in turbulent environments. *Proceedings of the National Academy of Sciences of the United States of America*, 113(33), E4877–E84.

Reddy, G., Ng, J.W., Celani, A., Sejnowski, T.J. and Vergassola, M. (in press). Soaring like a bird via reinforcement learning in the field. *Nature.*

Sejnowski, T.J. (2018). *The Deep Learning Revolution*. Massachusetts: MIT Press.

Sejnowski, T.J., Poizner, H., Lynch, G., Gepshtein, S. and Greenspan, R.J. (2014). Prospective Optimization. *Proceedings of the Institute of Electrical and Electronic Engineering*, 102:799–811.

目　　录

第一篇　路　线　图

第 1 章　生命机器概述 …………………………………………… 3
第 2 章　精神与大脑科学的生命机器方法 ……………………… 18
第 3 章　生命机器研究路线图 …………………………………… 33

第二篇　生　　命

第 4 章　生命 …………………………………………………… 61
第 5 章　自组织 ………………………………………………… 66
第 6 章　能量与代谢 …………………………………………… 76
第 7 章　繁殖 …………………………………………………… 90
第 8 章　进化发育 ……………………………………………… 101
第 9 章　生长与向性 …………………………………………… 122
第 10 章　仿生材料 …………………………………………… 131
第 11 章　自我和他人建模 …………………………………… 142
第 12 章　迈向普遍进化论 …………………………………… 151

第三篇　构　建　基　块

第 13 章　构建基块 …………………………………………… 165
第 14 章　视觉 ………………………………………………… 168
第 15 章　听觉 ………………………………………………… 182
第 16 章　触觉 ………………………………………………… 189
第 17 章　化学感觉 …………………………………………… 199
第 18 章　本体感觉与身体图式 ……………………………… 209

第 19 章　水下导航的电感知 …………………………………… 219

第 20 章　肌肉 …………………………………………………… 227

第 21 章　节律和振荡 …………………………………………… 236

第 22 章　皮肤和干式黏附 ……………………………………… 249

第四篇　能　　力

第 23 章　能力 …………………………………………………… 261

第 24 章　模式生成 ……………………………………………… 270

第 25 章　感知 …………………………………………………… 281

第 26 章　学习与控制 …………………………………………… 295

第 27 章　注意和定向 …………………………………………… 316

第 28 章　决策 …………………………………………………… 327

第 29 章　空间和情节记忆 ……………………………………… 336

第 30 章　伸取、抓握和操作 …………………………………… 344

第 31 章　四足运动 ……………………………………………… 359

第 32 章　飞行 …………………………………………………… 375

第 33 章　通信 …………………………………………………… 384

第 34 章　情感与自我调节 ……………………………………… 403

第 35 章　心智与大脑架构 ……………………………………… 416

第 36 章　分布式自适应控制的时序 …………………………… 427

第 37 章　意识 …………………………………………………… 445

第五篇　仿 生 系 统

第 38 章　仿生系统 ……………………………………………… 459

第 39 章　面向纳米生命机器 …………………………………… 468

第 40 章　从黏液菌到变形软体机器人 ………………………… 480

第 41 章　陆生柔软无脊椎动物和机器人 ……………………… 486

第 42 章　从昆虫中学习并应用于机器人的原理和机制 ……… 496

第 43 章　群体系统的合作 ……………………………………… 506

第 44 章 从水生动物到游泳机器人 ……………………………… 519

第 45 章 哺乳动物和类哺乳动物机器人 ……………………… 528

第 46 章 有翼人造物 ……………………………………………… 540

第 47 章 人类和类人机器人 ……………………………………… 551

第六篇 生物混合系统

第 48 章 生物混合系统 …………………………………………… 565

第 49 章 脑–机接口 ……………………………………………… 568

第 50 章 植入式神经接口 ………………………………………… 581

第 51 章 生物混合机器人是合成生物系统 ……………………… 598

第 52 章 生命机器微纳技术 ……………………………………… 609

第 53 章 生物混合触觉接口 ……………………………………… 629

第 54 章 植入式听觉界面 ………………………………………… 638

第 55 章 海马记忆假体 …………………………………………… 646

第七篇 展 望

第 56 章 展望 ……………………………………………………… 659

第 57 章 人体增强与超人时代 …………………………………… 665

第 58 章 从感觉替代到感知补充 ………………………………… 677

第 59 章 神经康复 ………………………………………………… 687

第 60 章 人类与生命机器的关系 ………………………………… 698

第 61 章 人类文化想象中的生命机器 …………………………… 709

第 62 章 虚拟现实与临场感的伦理学 …………………………… 721

第 63 章 机器可以拥有权利吗? ………………………………… 732

第 64 章 仿生与生物混合系统领域教育场景概述 ……………… 739

第 65 章 生命机器的可持续性 …………………………………… 752

彩图

第一篇

路 线 图

第1章
生命机器概述

Tony J. Prescott[1], Paul F. M. J. Verschure[2]

[1] Sheffield Robotics and Department of Computer Science,University of Sheffield, UK

[2] SPECS, Institute for Bioengineering of Catalonia (IBEC), the Barcelona Institute of Science and Technology (BIST), and Catalan Institute of Advanced Studies (ICREA), Spain

智人（*Homo sapiens*）通过使用工具、利用自然原理发展技术，逐步掌控了大自然并超越自身进化遗传特征，最终发展形成了人类文明。现代工业化社会的生活质量与我们先祖的生存条件相去甚远，我们已经进入到一个新的阶段，人类自己已经成为全球变化的主要推动力，现在处于被学界公认为非常独特的地质时代——人类世（Anthropocene）。但人类追求更好的健康状况、更长的预期寿命、更繁荣的发展、无处不在的用户友好型设备以及不断扩大的对自然界的控制权，在个人、社会、经济、城市、环境和技术等多个领域产生了众多挑战。全球化、人口迁移、自动化和数字生活的兴起，以及资源枯竭、气候变化、收入不平等和涉及自主武器的武装冲突，都在造成前所未有的危险。

对于古希腊哲学先贤，如苏格拉底、亚里士多德和伊壁鸠鲁，主要的问题是如何找到"幸福"（*eudaemonia*）或"美好生活"。今天我们面临着同样的问题，但面对的是一个技术先进、快速变革、超级互联的世界。我们还面临着一个悖论——我们通过科学和工程实现的繁荣之中，存在着威胁我们生活质量的危险。在19世纪和20世纪初，技术进步似乎自然而然地会使人类生活质量普遍提高，但现在这种关系已经不再那么明显。因此，我们如何确保人类继续繁荣？答案必须包括对支持我们的生态系统予以更多的考虑和尊重，科学技术的未来发展也将发挥关键作用。

正如本书所展示的，自然与人工之间的差距正在缩小。除了我们已经注意到的压力之外，人类正面临着一个更加陌生和前所未有的未来——不仅人造物会变得越来越自主，我们也可能正在过渡到一个后人类或生物混合（biohybrid）的时代，在这个时代中，我们逐渐与自己创造的技术融合在一起。

当朝着这个未来前进时，我们相信有必要回顾和重新考虑我们是如何发展、利用不断创建的人造物并与它们相互关联的，这将有助于确定人类正在成为什么。我们采用的具体方法是以生物学为依据的。我们寻求向自然世界学习创建可持续系统来支持和改善生活的方法，并认为这是一种使技术更好地与人类兼容的方法。

这些方法也是会聚、融合的，包括科学、技术、人文和艺术，希望通过这些方法来应对和解决不断发展变化的具象的物理学问题与抽象的形而上学问题，并通过这类研究来让我们能反向了解人类面临的问题。

我们将这一领域称为"生命机器"（living machines），因为我们认为统一系统科学可以帮助我们既了解人类自身的生物特性，也了解我们所制造的物体的人工特性。在这一过程中，我们有意摒弃了笛卡儿的二元论，因为二元论观点将思想与身体、人类与动物、有机体与人造物割裂开来，人类自身在进化过程中进化出了生物感知的丰富性，这种丰富性使我们能够通过科学技术更好地了解自己。

一、生命机器的机遇

现代技术的发展距离全面认识和实现生命系统的多功能性、鲁棒性和可靠性还有很大的差距。尽管在材料科学、机械电子学、机器人学、人工智能、神经科学和相关领域已经取得了巨大进展，但我们仍然无法构建出能与昆虫相类似的系统。这有很多原因，但其中有两个基本和内在的限制最为突出。一方面，人造物在自主处理真实世界方面仍然非常有限，特别是当这个世界到处都是其他各种智能体时；另一方面，我们在扩展和集成底层组件技术方面仍然面临着根本的挑战。在本书中，解决这两个瓶颈的方法是将自然系统在无数不同现实世界情境中运行和维持的复杂能力，转化为工程科学的基本原则。大自然是我们所知道的具有可持续性、适应性、可扩展性和鲁棒性基本原则的唯一例子。利用这些原则将创建一种全新的技术类别，具有可更新性、适应性、鲁棒性、自我修复性、潜在的社会性和道德性，甚至可能具有意识（Prescott *et al.*，2014；Verschure，2013）。这就是生命机器的王国。

在生命机器领域，我们区分了两类实体：仿生系统（biomimetic systems）——利用自然界中发现的原理并体现在新的人造物中，以及生物混合系统（biohybrid systems）——将生物实体与人工实体以丰富而密切的相互作用结合起来，从而形成新型生物——人工混合实体。

仿生学和人类文明一样古老。公元前 4 世纪，希腊哲学家塔伦托的阿尔希塔斯（Archytas of Tarentum）建造了一个木制自走式飞行器，它由蒸汽驱动，结构上类似于一只鸟（图 1.1a）。随着历史的发展，我们可以发现模拟飞行的重要转变，从模仿自然过程的形态，如鸟类翅膀的形状和运动，转变为发现飞行升力和阻力的原理，这帮助莱特兄弟制造出了人类历史上的第一个飞行器（图 1.1b）。因此，从仿生学领域学习到了一个重要的经验教训，即超越生物系统的外在表现，理解并重新运用它们所体现的根本原理。现今，我们通过了解对产生准确的飞行升力和推力平衡至关重要的鸟类设计原理，能够较为准确地模拟鸟类的有翼飞行（见 Hedenström，第 32 章），Festo 公司的智能鸟（图 1.1c）就是一个很好的例子（见 Send，第 46 章）。

仿生学研究正在蓬勃发展，最有前景的领域包括系统设计与结构、自组织和协同性、生物启发活性材料、自组装和自修复、学习、记忆、控制架构与自我调节、运动和移动、感觉系统、感知、认知、控制和交流。这些领域仍在不断扩大，本书第二至第四篇中将进行深入探讨。在所有这些领域中，仿生系统提供了比我们现有技术更有效、适应性更强和更强大的潜力，并且通过构建各种不同的仿生装置和类动物机器人而得到证实（见第五篇）。

(a)

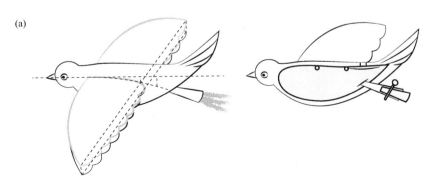

(b)

(c)

图 1.1   模仿飞行外观或飞行原理。（a）由阿尔希塔斯（Archytas of Tarentum，公元前 428—前 347 年）设计的蒸汽驱动"鸽子"，阿尔希塔斯被认为是数学力学的创始人。这只人工鸟虽然是被丝网吊着的，但仍然令围观人群非常惊讶。（b）莱特兄弟设计并制造的世界上第一台成功的飞行器"小鹰号"，于 1903 年升空。他们取得的突破是源于对鸟类飞行和空气动力学的仔细研究，并利用自制风洞揭示了一些关键性的飞行原理。或者，引用奥维尔·赖特（Orville Wright）的话"从鸟儿身上学习飞行的秘密是个不错的交易，就像从魔术师身上学习魔法的秘密一样"（McCullough，2015）。（c）德国零部件制造商 Festo 公司制造的一系列仿生机器人之一的智能鸟（SmartBird，本书第 46 章中有详细介绍），该公司还制造了象鼻机器人、游泳蝠鲼机器人和飞行水母机器人。智能鸟演示了目前对飞行原理的理解如何使研究人员建立自然系统的模型，据此捕捉它们的特殊能力

图片来源：（b）美国国会图书馆。（c）Uli Deck/DPA/PA 图片库

　　生物混合系统是相对较为新颖的领域，具前所未有的潜力，极有可能塑造人类的未来。目前，生物混合系统的研究实例（见第六篇）包括脑-机接口（神经元与微型传感器和执行器相连），以及各种形式的智能假体，从感觉装置（如人工视网膜）到类生命假肢、可穿戴外骨骼，基于虚拟现实的康复方法和结合大脑组织结构基本原理的神经假体。

　　仿生学和生物混合研究的关键性特征，是在生命系统基础科学研究（或分析）与工程学科之间建立双向的正反馈回路，工程学科将身体、行为和大脑的自然原理人工综合为新的技术。同时，人工系统构建作为一种直接方法，通过存在性证明来验证我们关于所发现生物原理重要性的假设（图1.2）。人造物体现了我们对生命系统的理解，或者说，机器就是理论（见 Verschure and Prescott，第 2 章；Verschure，2012）。

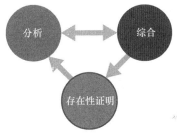

图 1.2　由于分析（自然科学）和综合（工程科学）采用不同的方法进行，因此它们是互补的，可以解决以前我们无法触及的挑战（Braitenberg，1986；Simon，1969）。此外，由于综合方法产生了现实世界的技术，它们可以作为有力的存在性证明，证明从生物学中汲取知识的有效性，并可转化为工程学知识。复杂多尺度非线性系统研究与此尤其相关，这些系统，如生命系统和复杂人造物，无法进行有效的分析描述

　　原则上，生命机器范式可以扩展到生物学研究的所有领域，从生理学到分子生物学，再到生态学，从动物学到植物学，再到农业学。仿生研究，特别是在纳米尺度上，还可以在组件可持续性、小型化、自我配置、自我修复和能源效率等方面引导进展。另一个关键点是以生物基础机器人系统的形式建立完整的行为系统，该系统可以在海洋、陆地和空气等不同基质上运行。进一步的中心主题是通过具体神经系统建模来探索高级适应性行为的生理学基础，这一领域中令人兴奋的新兴主题包括发展神经模仿控制器的硬件，专业术语为神经形态学（neuromorphics）；以及机器人控制体系架构，有时也称为神经机器人学（neurorobotics）。科学的挑战之一是更好地了解人类的

能力和局限性，推进能够扩展人类技能同时弥补任何弱点的技术是根本。为残疾人开发辅助技术的迫切需求与为健康人开发仿生技术关联，生命机器的重点是促进那些以共生方式增强人类能力，而不是取代人类能力的技术。

二、生命机器简史

如前所述，自古以来，我们就有了解和应用自然系统的抱负。文艺复兴时期伟大的博物学家和发明家列奥纳多·达·芬奇（Leonardo da Vinci）在对自然系统及其内部机制观察的启发下，设计了许多机器原型。一个世纪后，被视为科学方法奠基人的弗朗西斯·培根（Francis Bacon）将自然世界描述成一座金字塔，底部是观察结果，顶部是自然法则（我们称之为生物学原理），这需要通过精心设计的实证研究来发现。在与弗朗西斯同时代的意大利的伽利略·伽利莱（Galileo Galilei）认为世界和它所处的宇宙组成了巨大的力学系统，可通过数学上可描述的规律予以了解。之后，托马斯·霍布斯（Thomas Hobbes）将伽利略的观点扩展到了人类，认为它同样是一种运动的物质，身体是一种机器，人类精神生活的不同要素——思考、想象、情感——构成内在的运动形式。生命体就是生物机器的概念也为勒内·笛卡儿（Réne Descartes）所认同，他是受到了他那个时代自动钟表机的启发。众所周知，笛卡儿不愿意将这一思想扩展到人类，坚持并捍卫心身二元论（mind-body dualism），他认为这种二元论适用于人类而不是动物，他在西方文化中的影响一直延续到今天。随后，直接挑战 18 世纪正统观点的任务留给了法国医生和哲学家朱利安·奥弗雷·德·拉·美特利（Julien Offray de La Mettrie），正统观点认为人类拥有超自然的灵魂——在当时，敢于对此发出挑战是非常勇敢的一步，因为这种"异端邪说"仍有可能遭到审查或起诉。德·拉·美特利主张动物和人类之间具有连续性，既然动物是活的机器，这意味着我们人类也应该被理解为复杂但完全机械的实体。德·拉·美特利的著作《人是机器》（*L'Homme Machine*，1748）写得很匆忙，更多意义上是文学作品而不是科学著作，但它提出了一个重要的观点，即机器——无论是自然的或其他的——可以是动态、自主、目的性实体。大约在同一时间，法国发明家雅克·德·沃康松（Jacques de Vaucanson）制作出了著名的自动化机器（图 1.3）——现代主题公园内动物电子动画的祖先——象征了一种全新的自然观。

图 1.3　（a）雅克·德·沃康松（Jacques de Vaucanson）的消化鸭（Canard Digérateur），设计目的是使其看起来好像可以吞食和消化玉米粒，将它们变成粪便颗粒。实际上鸭子并没有消化玉米粒，而是将其装有一个隐藏的容器，这个容器能保存食物并通过陷阱门释放人工粪便。这只鸭子也能扇动翅膀、喝水，它有 400 多个活动部件，但在 19 世纪末的一场博物馆大火中不幸被毁。2006 年，比利时艺术家威姆·德沃伊（Wim Delvoye）发明了一种称为“造粪机器”（Cloaca Machine）的自动化机器，可以真正消化食物，把它变成类似人类粪便的排泄物；后者包装后作为艺术品出售给了收藏家。（b）现有的生命机器，如布里斯托尔机器人实验室的生态机器人三号（EcoBot-III），它可以通过分解有机物质来提取能量，从而完成有用的工作（参见第 6 章）

图片来源：法国发明家雅克·德·沃康松（Jacques de Vaucanson，1709–1782）于 1739 年发明的自动消化鸭（Bridgeman Images）。

　　随着控制论在 20 世纪上半叶的兴起，科技发明有可能创造出能够实现自主、目的性愿景的机器。“仿生学”（biomimetics）一词是由奥托·施密特（Otto Schmitt）在 20 世纪 50 年代提出的，而“生物机械学”（bionics）则由杰克·斯蒂尔（Jack Steel）提出，并通过丹尼尔·哈莱西（Daniel Halacy）的《生物机械学：“活体”机器的科学》（*Bionics：the science of "living" machines*；Halacy，1965）一书得到普及。这些领域代表了一个不断发展的工程科学运动，即寻求与生物科学建立更好的联系，并通过自然系统的“反向工程”取得突破性进展。生物科学也接受了将细胞和生物体视作生命机器的概念，围绕着系统理论（见 Prescott，第 4 章）开展了一场重要的科学运动，认为需要在多尺度层面上了解自然世界（图 1.4）。然而，如果生命体是机械的，那么很明显它们也是一种与人造设备完全不同的机器，如机械鸭、内燃机，甚至是现代计算机等。最近几年研究者关注的一个重要领域是自主性，其结果是我们现在进入了一个（相对）自主化机器的新时代，例如，自动驾驶汽车和辅助机器人。尽管在这一领域我们已经取得了一些进展，但仍存在一些可以说更为基本的分歧，特别是生命体与大多数机器并不相同，生命体是自组织、自创造的系统（Maturana and Varela，1973/1980）。本书介绍的科学和工程领域的一个重要主题是认识并迎接理解这些生命实体本质属性的挑战，目前我们的人造物中缺少这些本质属性，而且对此仅进行了部分科学探索。

图 1.4　生命系统的多层次组织。根据生物学中的系统方法（Bertalanffy，1969），以及复杂性理论中的突现主义观点，我们建议在多个交互的组织层次上理解自然和人类制造的生命机器。给定复杂性尺度要素之间的相互作用会产生更大尺度的突现结构，反过来又可以构造较低等级的结构，显示出复杂的层次结构（Rasmussen *et al.*，2001；Verschure *et al.*，2013）

自 21 世纪初以来，仿生学研究出现爆炸式的增长，相关论文的发表数量每 2～3 年翻一番（Lepora *et al.*，2013）。2012 年，一个新的系列国际会议"生命机器：仿生和生物混合系统"（Living Machines：Biomimetic and Biohybrid Systems，LM）在西班牙著名建筑师安东尼·高第（Antoni Gaudi）位于巴塞罗那的生物灵感建筑"米拉之家"（La Pedrera）举行了第一届会议（Prescott *et al.*，2012）。2013 年的第二届会议上，在伦敦科学博物馆举办了仿生和生物混合人造物及艺术品展览（图 1.5），这一主题将贯穿整个领域并将科学、工程、艺术和设计结合在一起[一个较早的例子是 2002 年瑞士国家博览会上展出的仿生感知空间 Ada（Eng *et al.*，2003）]。这一系列会议为自然、技术和艺术之间的对话提供了宝贵的讨论场所，人们可以在这里深入讨论未来的仿生和生物混合机器，并思考其对于了解今天的生物机器（人类

和动物）意味着什么。本书是该系列会议研讨、巴塞罗那脑认知与技术夏令营
（Barcelona Summer School in Brain Cognition and Technology，BCBT，自 2008
年开始运行）以及仿生和生物混合系统会聚科学网络（The Convergent Science
Network for Biomimetic and Biohybrid Systems，CSN，www.csnetwork.eu）更广
泛活动的结果。CSN 是欧盟第七框架计划于 2010～2016 年赞助的国际科学
网络，该网络的工作现今仍在继续，生命机器系列会议也在继续召开，该系
列会议于 2017 年 7 月在美国加州斯坦福市举行了第 6 次年度会议（Mangan
et al.，2017）。

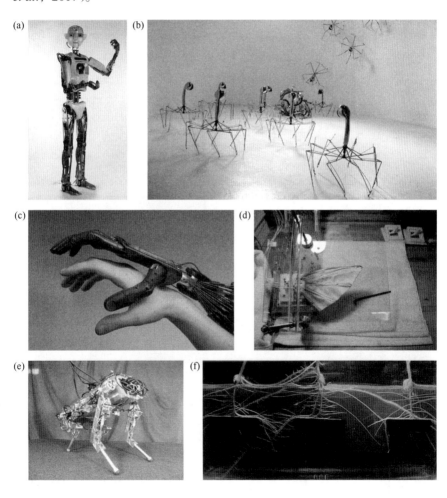

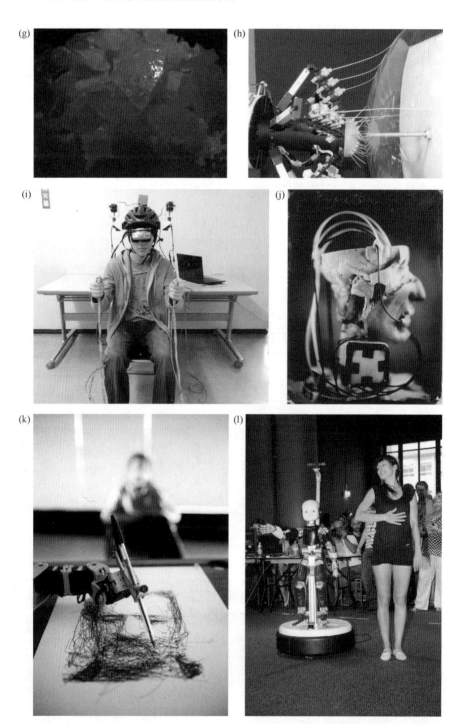

图 1.5　2013 年伦敦第二届国际生命机器会议上展出的作品。（a）Robothespian，英国工程艺术公司（Engineered Arts）创建的交互式多语言类人机器人（© Engineered Arts Ltd，2017）。（b）Arachnoids，康斯坦丁诺斯·格里戈里亚季斯（Konstantinos Grigoriadis）的这幅作品反映了对后世界末日生物机械的想象（©Konstantinos Grigoriadis，2013）。（c）灵巧的影子手（shadow dextrous hand），如图所示，一只类人机器人的手紧贴在人手的上方（© Shadow Robot Company，2013）。（d）美国德雷克塞尔大学（Drexel University）研制的具有触觉的机器鱼鳍（©Jeff Kahn and James Tangorra，2017）。（e）HyQ，一种四足机器哺乳动物，由意大利理工学院（IIT）高级机器人小组开发（©Claudio Semini，IIT，2013）。（f）生物根系的移动和生长，该展品展示了如何将植物运动原理研究转化应用于机器人技术（另见 Mazzolai，第 9 章）（© Center for Micro-BioRobotics，IIT，2017）。（g）混凝土梦境（Dreamscape Concrete），艺术家萨姆·康兰（Sam Conran）的作品探索了材料对人类存在的反应（©Sam Conran，2017）。（h）BIOTACT 传感器，英国布里斯托尔机器人实验室与谢菲尔德机器人联盟共同研发的一种类似哺乳动物触须的触摸系统（另见 Prescott，第 45 章，图片由 Charlie Sullivan 提供。© Bristol Robotics Laboratory，2013）。（i）虚拟变色龙，变色龙的眼睛可以独立移动，观察不同的方向。来自日本东北工业大学（Tohoku Institute of Technology）的该展品允许用户手动控制两台摄像机，每台摄像机向一只眼睛展示其当前视野（©Fumio Mizuno，2017）。（j）AnTon，罗宾·霍夫（Robin Hofe）设计和建造的一种可以说话的电子机械头颅；摄影师盖伊·布朗（Guy J. Brown）拍摄的仿生机器人湿板胶卷系列图像之一（©Guy J. Brown，2017）。（k）保罗（Paul），由艺术家帕特里克·特雷塞特（Patrick Tresset）创作的一个人工绘图实体，即可以绘制肖像的机器人（photo by Tommo © Patrick Tresset，2017）。（l）iCub 类人机器人，由 IIT 领导的欧洲研究联盟研发的 iCub 机器人（另见 Metta and Cingolani，第 47 章），在展示中，iCub 类人机器人与舞蹈演员阿努斯卡·费尔南德斯（Anuska Fernandez）共同完成了一曲舞蹈动作（© Sarah Prescott Photography，2017）

三、伦理和社会问题

与所有技术的开发一样,重要的是要权衡对仿生和生物混合技术未来发展的热情,并预先考虑其潜在的社会影响（Prescott *et al.*，2014）。然而,我们相信,鉴于人类文明正以如此快的速度向资源枯竭的方向发展,我们不会选择继续保持现状。人类现有的先进技术大量使用稀有金属和类金属物质,而这些物质正在被耗尽。它们也很难拆卸和回收,导致城市矿山与废物不断增加,这些城市矿山和废物在全世界,特别是在发展中国家,都造成了严重的污染。我们有很多方面要向大自然学习,尤其是使用容易获得的、基本上无害的材料来制造复杂的机器,这些材料具有生长、分解和再利用的自然生命周期（见 Halloy，第 65 章）。

人们越来越担忧的是，人类社会可能会失去对其所创造技术的控制，因为后者通过所谓的智能爆炸会迅速超越人类的能力，并迈向所谓的"技术奇点"（technological singularity）。提出这种设想的人往往错误地认为人类智力是一种单一的现象。事实上，正如心理学家霍华德·加德纳（Gardner，2006）所论证的，毫无疑问，在众多大脑过程的基础之上建立有多种智能（Hampshire et al，2012），尽管机器学习已经取得了最新进展，但有充分理由怀疑机器很快就在各个方面与人类智能相匹配。此外，我们还必须质疑，在 19 世纪末出现并在 20 世纪中叶人工智能运动中得到重视的智力结构（construct of intelligence），是否为生命机器所追求的人类和动物关键特性。或许，我们应该关注其他一些综合属性，如认知、情感和意识。

不管我们如何用人类来衡量机器，关于我们共同的未来，似乎更有可能的是人类物种将一如既往地行动，这就是利用新的、更智能的人造物来提高我们的智力和社会的集体能力（Clark，2003；Prescott，2013）；这种人与机器互联互通的全局性网络场景有时被称为"全局大脑"（global brain）（Russell，1982）。

我们还可以预测，通过发展与身体越来越紧密相连的个性化系统，人类自己将变得更加生物混合（Prescott，2013；Wu et al.，2013）。当然，这也会引发伦理和道德问题，例如，关于隐私和平等使用的问题。

更为通俗地说，为了使生命机器的技术进步被视为益处而非威胁，我们应确保在获得社会广泛同意的情况下向前发展（Prescott and Verschure，2016）。这将需要与包括公众在内的广大利益相关者，就我们的科学目标和希望取得的技术进步进行互动，并愿意调整这些目标以解决那些有充分根据的问题。作为朝着这个方向迈出的重要一步，本书的最后一篇专门探讨了生命机器的未来应用，从人体增强到人类与机器人的关系，以及它们可能产生的伦理和社会影响。

四、关于本书

虽然当前无疑正处于仿生和生物混合系统研究激动人心的时刻，但与此同时，这些研究尽管在许多基本方法和目标方面存在共性，但目前在涉及的学科、所解决的问题以及各类最终用途方面非常分散。可以说，这阻碍了研究的可见度，削弱了科学界获取科研机构、资助机构和政府支持以追求这类方法的立场。为了推动这一领域的发展，迫切需要做好以下方面：①增加共享知识；②清晰描述当前最先进的技术；③确定共享方法；④考虑我们对未来的共同愿景。任何研究取得成功的关键，还取决于能否激发年轻研究人员的热情，并提供工具和技能帮助他们实现自己的想法。这些目标促使我们策划组织学术会议、暑期夏令营和展览，并在本书中对这些想法进行系统的回顾和综合。

本书试图提供对该领域的系统调查研究，尽管并不完整（这可能需要多卷著作），但我们仍然希望能够反映许多重要的主题和方法。本书各章内容有详有略，均由各领域的知名领军学者撰写，面向非专业读者和专业的研究人员，受众广泛。书中还包括了关于生命机器方法论的一些深入介绍，以及科学界关于未来几年仿生学领域如何发展的一些想法。在大多数章中，在描述自然系统研究总结出的基本原理以及讨论由此产生的仿生或生物混合技术时，我们试图保持两者之间的平衡。此外，为了帮助读者继续深入了解本书介绍的研究内容，许多章中都包括了拓展阅读建议和未来研究的具体思路。

本书包括七篇：路线图、生命、构建基块、能力、仿生系统、生物混合系统和展望。

第一篇"路线图"，由本书主编撰写，将本书的一些关键思想和主题汇集到了两个较长的章中。其中一章是"精神与大脑科学的生命机器方法"，探讨了一些我们认为应该作为生命机器科学基础的核心方法论，重点关注我们最为了解的精神和大脑研究领域，并与该领域的历史和当前研究前景联系起来。核心重点是需要重新致力于多尺度方法，发现自然基本原则以及物理模型在推进和整合科学认识方面的价值。后面一章是"生命机器研究路线图"，会集了各领域领军人物对未来仿生学研究的一些见解。我们还总结了一些关于当前最新技术的基本发现，并为本书其余部分的相关章节提供指导。

第二篇"生命"，着重于了解和模仿生物系统的一些基本特性，例如，它们自组织、代谢、生长和繁殖的能力，以及它们构建自身的材料。本部分还包括对自然与人工系统进化统一理论的建议。

第三篇"构建基块"，关注具体系统组件的相关原理和技术，各章分别介绍了不同的感觉系统，包括本体感觉、肌肉和皮肤，以及与节律和振荡相关的神经系统。

第四篇"能力"，关注于将组件（如第三篇介绍的组件）集成到系统中，提供我们在自然系统中确定的一些关键行为能力，并且希望在人造物中实现这些能力。这部分内容主要集中在认知能力，如感知、注意、学习和记忆；感觉运动能力，如伸取和抓握、运动和飞行；综合能力，如情感和意识。关于大脑结构的两章，讨论了如何将组件组合起来，支持在生命机器中实现与真实生命类似的一系列鲁棒行为。

第五篇"仿生系统"，探讨了如何用这些想法来建立完整系统的例子——当前仿生人造物设计工作的（部分）"系统发育"。首先介绍了类似于地球生命起源的实验室条件尝试，目的是创造类似于地球微生物第一次复制繁殖的新的化学生命机器。接下来各章是关于人工黏液菌，以及软体无脊椎动物、昆虫、鱼类、哺乳动物、鸟类和人类的机器人模型。

第六篇"生物混合系统"，探讨了我们如何通过人类脑-机接口、感觉、运动和认知假体，朝着不同形式的生物混合性方向发展。其中一章介绍了利用动物组织和合成生物学技术构建生物混合机器人。

最后一篇"展望"，我们邀请了一些哲学家和评论员，他们对该研究领域的潜在社会影响以及我们如何看待自己作出了评论。

参 考 文 献

Bertalanffy, L. v. (1969). *General system theory: foundations, development, applications*. New York: Braziller.

Braitenberg, V. (1986). *Vehicles: experiments in synthetic psychology*. Cambridge, MA: MIT Press.

Clark, A. (2003). *Natural-born cyborgs: minds, technologies and the future of human intelligence*. Oxford: Oxford University Press.

Eng, K., Klein, D., Bäbler, A., Bernardet, U., Blanchard, M., Costa, M., … Verschure, P.F.M.J. (2003). Design for a brain revisited: the neuromorphic design and functionality of the interactive space 'Ada'. *Rev. Neurosci.*, **14**(1–2), 145–80.

Gardner, H. (2006). *Multiple Intelligences: New Horizons*. New York: Basic Books.

Halacy, D.S. (1965). *Bionics, the science of "living" machines*. New York: Holiday House.

Hampshire, A., Highfield, R.R., Parkin, B.L., and Owen, A.M. (2012). Fractionating human intelligence. *Neuron*, 76(6), 1225–37.

Lepora, N.F., Verschure, P., and Prescott, T.J. (2013). The state of the art in biomimetics. *Bioinspiration and Biomimetics*, 8(1), 013001. doi:10.1088/1748-3182/8/1/013001

Mangan, M., Cutkosky, M., Mura, A., Verschure, P. F. M. J., Prescott, T. J., and Lepora, N. (eds), *Biomimetic and Biohybrid Systems: 6th International Conference, Living Machines* 2017, Stanford, CA, USA, July 26–28, 2017, Proceedings (pp. 86–94). Cham: Springer International Publishing.

Maturana, H., and Varela, F. (1973/1980). *Autopoiesis: The Organization of the Living*. Dordrecht, Holland: D. Reidel Publishing.

McCullough, D. (2015). *The Wright Brothers*. New York: Simon & Schuster.

Prescott, T. J. (2013). The AI singularity and runaway human intelligence. *Biomimetic and Biohybrid Systems; Second International Conference on Living Machines*, Lecture Notes in Computer Science, vol. 8064, pp. 438–40.

Prescott, T.J., Lepora, N., and Verschure, P.F.M.J. (2014). A future of living machines?: International trends and prospects in biomimetic and biohybrid systems. *Proc. SPIE 9055, Bioinspiration, Biomimetics, and Bioreplication 2014*, 905502. doi: 10.1117/12.2046305

Prescott, T.J., Lepora, N.F., Mura, A., and Verschure, P.F.M.J. (2012). *Biomimetics and Biohybrid Systems: First Iinternational Cconference on Living Machines*. Lectures Notes in Computer Science, vol. 7375. Berlin: Springer-Verlag.

Prescott, T.J., and Verschure, P.F.M.J. (2016). Action-oriented cognition and its implications: Contextualising the new science of mind. In: A.K. Engel, K. Friston, and D. Kragic (eds.), *Where's the Action? The Pragmatic Turn in Cognitive Science*. Cambridge, MA: MIT Press for the Ernst Strüngmann Foundation, pp. 321–31.

Rasmussen, S., Baas, N.A., Mayer, B., Nilsson, M., and Olesen, M.W. (2001). *Ansatz* for dynamical hierarchies. *Artificial Life*, 7(4), 329–53. doi:10.1162/106454601317296988

Russell, P. (1982). *The Awakening Earth: The Global Brain*. London: Ark.

Simon, H. A. (1969). *The Sciences of the Artificial*. Cambridge, MA: MIT Press.

Verschure, P.F.M.J. (2012). The distributed adaptive control architecture of the mind, brain, body nexus. *Biologically Inspired Cognitive Architectures*, 1(1), 55–72.

Verschure, P.F.M.J. (2013). Formal minds and biological brains II: from the mirage of intelligence to a science and engineering of consciousness. *IEEE Expert*, 28(5), 33–6.

Wu, Z., Reddy, R., Pan, G., Zheng, N., Verschure, P.F.M.J., Zhang, Q., ... Müller-Putz, G.R. (2013). The Convergence of Machine and Biological Intelligence. *IEEE Intelligent Systems*, 28(5), 28–43. doi:10.1109/MIS.2013.137

第 2 章
精神与大脑科学的生命机器方法

Paul F. M. J. Verschure[1], Tony J. Prescott[2]
[1] SPECS, Institute for Bioengineering of Catalonia (IBEC), the Barcelona Institute of Science and Technology (BIST), and Catalan Institute of Advanced Studies (ICREA), Spain
[2] Sheffield Robotics and Department of Computer Science, University of Sheffield, UK

在 21 世纪,从神经科学到心理学,再到认知科学和人工智能,有关精神和大脑的不同科学内容是如何相互联系的?

在这一章中,第一个目标是阐述尽管我们的知识正在以日益加快的速度扩展,但我们对精神和大脑之间关系的理解在某种重要意义上却越来越少。对于我们来说,一个解释性鸿沟(explanatory gap)正在形成,这一鸿沟只能通过多层次、综合性的理论框架来弥合,这种理论框架将承认在不同层次的大脑和精神描述中建立解释说明的价值,并将这些解释结合到跨层次的综合性理论中。

本章的第二个目标是表明,在弥合这一解释性鸿沟的过程中,我们可以直接推动改善人类境况的新技术的发展。事实上,我们的观点是,利用从精神和大脑研究总结出的基本原理发展产生的技术,或者说仿生技术,是对我们所提出的科学理论进行验证的关键要素。

我们将这种科学与工程相互结合的策略称为生命机器(living machines)方法,该方法充分认识到了这些领域之间的共生关系。对于这种策略历史上有许多先行者做了许多工作,其中最广为人知的是 18 世纪那不勒斯哲学家詹巴蒂斯塔·维柯(Giambattista Vico)的工作,他提出了一个著名的观点,即"我们只能理解我们所创造的东西"(*Verum et Factum Interpentur Seu*

Convertuntur[①])。我们认为，遵循维柯所提出的创新路径不仅可以产生更好的科学（理解）和有用的工程（形式和功能上类似生命的新技术），还可以引导我们对人类经验与科学、工程及艺术之间的界限和关系有更丰富的认识（Verschure，2012）。

一、物质战胜精神

首先，让我们介绍一些具体的例子来说明目前是如何开展精神和大脑科学研究的。因为精神产生于大脑之中，我们已经注意到一个重要趋势，越来越多的资源和努力集中在精神–大脑二元性中的大脑一侧，似乎希望这样将能够解开两者间的秘密。因此，我们把这种趋势称为"物质战胜精神"（matter over mind），因为我们觉得它正在把注意力吸引到可以直接测量的物理事物——大脑过程上，但这种方式有可能面临丧失了解大脑过程实现共同目标（实际精神）的危险。

有两个非常具体而突出的例子表明了这一趋势。2013 年，欧盟委员会启动了"人脑工程"（HBP），历时 10 年投入 10 亿欧元，旨在理解和模仿人类大脑。同年，美国政府宣布了类似的"脑计划"（BRAIN Initiative），准备在 10 年时间内为大脑研究直接投入 30 亿美元的资金。面对这种高水平的投入和热情，我们充满希望，脑科学的巨大进步肯定即将到来。对大脑了解得越多，我们当然也会对精神了解得越多，从而对我们自己也了解得越多。

然而，尽管国际社会对脑科学的高涨热情令人兴奋，脑科学领域受到普遍欢迎，但其中仍存在一些争论。前述两项计划都深信：对大脑的了解以及对精神的了解，将来自测量大脑及其物理特性的超大规模、系统化的方法。更准确地说，这两项计划都采用了 21 世纪最强大的技术，例如最新的人脑成像、纳米技术和光遗传学方法，这些技术可以使大脑的连通性和活动更加明显。然后，他们将应用"大数据"工具，例如自动分类、重建和机器学习方法，并借助计算机不断增强的功能，了解新的测量方法所产生的海量数据。

---

① 物理学家理查德·费曼（Richard Feynman）对此有著名的回应，他去世时黑板上写着"我不能创造我无法理解的东西"（What I cannot create，I do not understand）。

虽然这一切都很好，但我们仍发现存在巨大的差距。一旦数据库中拥有了所有这些"事实"，我们就能够了解我们自己和我们的大脑吗？大脑功能理论将如何解释所有这些新的解剖和生理细节？我们究竟还需不需要理论？我们如何将组织层面对大脑的了解和心理层面对精神的了解联系在一起？在这种将大脑作为人体最复杂生理器官的认识中，我们是否忽视了理解和解释大脑在指导与产生行为并塑造体验中的作用究竟是什么？

尽管这些大数据计划的支持者认为，我们需要更好的数据来推动理论构建（Alivisatos *et al.*, 2012；Markram, 2012），但目前已经拥有大量关于大脑和精神的高质量数据尚无法解释，现在迫切需要更好的理论来解释这些数据。

为研究大脑与行为之间的问题，一部分解决方案是通过计算机模拟进行计算建模，或通过在机器人中嵌入大脑模型来更直接地了解大脑与行为之间的联系。这些探索人类大脑的大规模计划将运用并扩展当前的计算神经科学模型和方法。特别是，这些计划将发展计算机模拟方法，试图利用强大的大规模并行机器以前所未有的精度获取丰富的新数据集，试图展示构成大脑的微观元素之间的相互作用，以及精神或疾病有关的全局属性。这些计划的目标之一是更好地了解与治疗精神疾病，从而显示其重要的社会意义。事实上，这些大脑模拟程序研究都希望与相应的大脑测量工作相匹配。

我们担心的是发现新数据的技术可能本身有成为主要驱动力的危险。人们经常拿来进行类比的是，人类基因组解码为生物学和医学研究开辟了新的途径。但是，基因组虽然庞大（30 亿个碱基对），但它是有限的、线性的、离散的（每个碱基对只能是已知固定数目模式中的一个），并且这种情况可以（并且已经）使得破译基因组能够具体而永久地破除科学研究的关键瓶颈。反之，大脑没有与基因组同等的目标——大脑没有设计模板，一旦得到描述就可以说我们已经完成了任务。我们总是需要努力追求下一个层次的描述和准确度，其中一些将是解开大脑秘密的关键，从微管和钙调蛋白激酶到 γ 波段振荡和血流动力学。此外，尽管 21 世纪脑科学的新工具在更高的准确性和能力方面非常吸引人，但我们从其大量结果中看到的只是对过去几十年中已经发现的观察结果的确认，而且是以更零碎的方式进行的确认。我们认为，要想解开这些新数据集的价值，需要对大脑功能进行多层次的阐释（正如本章所述）。数据分析工具将有所帮助，但多尺度理论构建活动本身在很大程度上仍需人类的努力，解释和抽象是其重要组成部分。

对于我们来说，关键点是，描述和测量虽然对做好研究至关重要，但并不是科学的最终目标。相反，描述是为解释做基础准备。物理学家大卫·德伊奇（David Deutsch，1998）指出，关于自然世界，我们可以收集到无数的事实（其中包括无数的关于大脑的事实），但这种知识本身并不是我们所说的理解。理解来自我们能够通过揭示强大的基本原则来解释累积数据之时。例如，在天文学中，托勒密、哥白尼、伽利略、牛顿和爱因斯坦都提出了各种理论，试图解释对恒星和行星运动的观测结果。每一个新理论都对累积的数据做出了更成功的解释，并且更准确、更简洁。例如，哥白尼用太阳代替地球作为行星转动的中心点，解释了对托勒密地心宇宙学说造成困扰的数据。爱因斯坦指出，当引力变得非常强时，牛顿的万有引力定律就会失效，这能够更好地（或更简洁地）解释行星轨道的一些数据。物理学目前仍在继续寻找比广义相对论更具解释力的理论，希望有一天能够仅仅依靠一组最高级别的原理就可以解释万物的起源，从宇宙大爆炸（Big Bang）开始（包括大爆炸）。

与天文学相比，我们在发展可以理解大脑数据的理论方面走了多远？答案是并不很远。随着当前对大规模数据集的不断关注，我们认为科学界对发现基本原理更感兴趣，但似乎也有人期望通过观察结果的积累，这些原理会自动浮现；如果你愿意，这是一个由数据挖掘和计算建模工具驱动的归纳过程。此外，除了努力实现对物理科学中常见的非常简洁的理论的描述，人们越来越关注能够获取越来越多潜在相关细节的描述。获取基本原理和实现最终功能拟合之间的界限变得模糊。在我们对大脑数据的优雅美妙、获取技术，以及现代信息通信技术系统对其模拟能力的赞赏中，我们逐渐相信，最好的大脑模型必须是最精确的。然而，沿着这条道路只能得出如下结论：大脑本身就是它自己最好的解释。罗森布卢斯和维纳在他们的评论中讽刺了这种观点："一只猫最好的实体模型是另一只猫，或者最好是同一只猫"（Rosenblueth and Wiener，1945），这让人想起了阿根廷作家博奇（Borge）

关于制图学研究所的著名故事，该研究所最好的地图与其描述的景观具有完全相同的尺寸，因此也就丧失了其实用性。这个故事反过来又是对刘易斯·卡罗尔（Lewis Carroll）的《西尔维埃和布鲁诺：完结篇》（*Sylvie and Bruno Concluded*）的详细阐述。在这部小说中，主人公想要制作一幅比例尺为1：1的地图，但因为实际困难，其中一个人物感叹道："我们现在把这个国家本身当作它自己的地图，我向你保证它几乎确实是一幅好地图。"

对数据导向性计划的担忧进行总结的第二种方式是，时代潮流似乎更倾向于还原论的描述，而不是整体性的理论解释。逻辑似乎是这样的：我们对大脑——神经元、回路、突触、神经递质，诸如此类关键事实的了解还远远不够，所以我们需要去发现这些细节。一旦我们了解了这些事情，我们就必然能更好地了解大脑和精神。因此，在一个数据本身已经成为商品的时代，其趋势是从最低描述水平开始模拟自然界的复杂性。这种方法面临着多种多样的挑战。第一，它提出了一个未经证实的假设，即提供科学数据的观察在理论上是没有偏见的，这一假设早在17世纪就受到了英国哲学家托马斯·霍布斯（Thomas Hobbes）的质疑。相反，我们为获取数据而构建的工具已经包含了关于我们应该如何审视现实的一些偏见。因此，数据一旦达到临界质量就会产生"真理"的观点明显值得怀疑。第二，它假设了一个单向的自下而上的因果关系，即较低层次的组织"导致"较高层次的现象，从而忽略了生物系统中存在的多层次组织相互之间的紧密耦合。第三，它无法区分所描述的结构和功能水平。第四，它似乎不知道模仿并不意味着理解这一简单的事实，正如太平洋地区所谓的"货物崇拜者"（cargo cults）在尝试复制他们认为是飞机重要组成部分的物体时，不得不发现自己只能自食其果，他们的经历证明，事先不了解飞行原理就不可能制造飞行器。

然而，虽然神经科学倾向于收集更多的数据，但有趣的是，我们注意到生物学其他领域在其方法上正变得更加整体化，它们采用了通常被称为"系统论"的观点（见Prescott，第4章）。事实上，系统生物学所寻求的解释跨越了从分子到细胞、组织和生态的各个层面。没有任何一个层面的解释（或描述）会受到特别重视，并且每一个层面上的理解都会增进和限定在其之上和之下层面的理解。同样的，在精神心智科学领域，可以寻求心理层面（精神）和生物层面（大脑）解释的平行互补，我们还可以允许这两者之间存在其他更有用的解释层面。事实上，我们和其他许多人一样认为，有意义的精神和大脑理论的激励因素，既包括对大脑生物学细节的抽象概况，同时也需要在低于我们直观直觉[有些人称之为"常识心理学"（folk psychology）]的水平上捕捉规律，在这一领域，一些最有力的解释性观点可能完全是谎言。

二、认知科学地盘争夺战

多层次了解精神和大脑的概念当然不是什么新鲜事。事实上，从很多方面来说，它自 20 世纪中叶起就被称为认知科学（cognitive science）的研究领域所主导（Gardner，1987），认知科学在很大程度上取代了心理学，成为心智研究的主导学科。认知科学在许多方面发挥了科学综合体的作用，在过去 70 年里，它促进了精神和大脑科学的跨学科对话，促进了来自神经科学、心理学、语言学、哲学和计算机科学的互补性解释。然而，与此同时，认知科学从未真正成功地围绕一套核心科学原则达成共识。尽管有人勇敢地试图将计算机隐喻（computer metaphor）提升到心智理论的地位（Newell，1976；Putnam，1960），但更多的却是不同学界之间关于哪些是精神和大脑首选描述水平的斗争，并围绕核心概念的意义和相关性，如表征和计算，展开了激烈的辩论。

也许这是科学健康发展的本质，然而，与神经科学每年成功召开的约 30 000 名代表参加的学术会议不同，认知科学家的注意力分散在几十个事件中，每个事件都有自己特定的观点或方法。此外，尽管认知科学与社会有着潜在的关联，例如，对精神疾病的科学理解以及开发新型智能技术等，但它已经放弃了大部分的基础研究，前者留给了神经科学，后者留给了人工智能。最后，虽然神经科学界已经能够调动诸如欧盟的"人脑工程"和美国的"脑计划"等最高层次行动对其的支持，但对认知科学的资助似乎却正在下降，至少暂时如此。例如，欧盟在 2014 年取消了其"机器人和认知系统"计划，转而只专注于机器人领域，就像看到的那样，部分原因是认知系统未能解决与社会相关的挑战。这一举措令人失望，但并不令人惊讶，公共经费资助的科学，尤其是在这一规模上，必须努力使世界变得更好；更有影响力的科学也是更好的科学（Prescott and Verschure，2016）。

退一步说，我们揣测，目前复苏的脑科学计划更多是基于还原主义，至少部分原因是认知科学未能真正利用它在半个多世纪前所取得的伟大开端。到目前为止，跨学科行动并没有导致得到广泛认可的强大的跨学科理论，其留下了一个真空，只能用单一层次的描述来解释。但是，如果我们将神经科学的挑战定义为收集数据，将认知科学的挑战定义为发展理论来弥合精神和大脑之间的解释空白，我们必须承认前者比后者更为容易。

进一步采用托马斯·库恩（Thomas Kuhn，1962/1970）所提出的科学社会学审视认知科学领域现状，结果发现认知科学有时似乎仍处于"前范式"（pre-paradigmatic）阶段。对于库恩来说，任何科学领域内的研究工作都是从多个相互竞争的一般性理论或"范式"（paradigm）开始的，但发展到一定阶段后，其中一个理论明显比其他理论更成功，开始统治这个领域，并吸引越来越多的支持者在其中工作，这是一个成熟科学领域的正常状态。根据这一描述，可以针对当前处于主导地位的一般性理论的弱点，例如，未能充分解释关键数据，并质疑其中的一些核心概念，从而产生另一种替代范式。如果有足够的说服力，这种替代范式可能引发一场"科学革命"，推翻当前的主导范式，并用一种新的正统观念取代它。虽然科学革命的产生是因为新的范式更具解释性，但库恩范式分析的一个关键因素是，科学研究的趋势部分是由社会和政治力量决定的，而不是纯粹的科学力量（Feyerabend，1975）。例如，主导范式会发生崩溃，可能不仅仅因为它较为脆弱，而且还因为它已经过时；相反，替代范式不能茁壮成长，可能不是因为它没有提供更好的解释，而是仅仅因为它无法吸引足够的支持者或资源来发起重大挑战。就像在政治上，现任者可以利用自己拥有的权力和影响力，至少能够在一段时间内压制竞争者。因此，从科学认识的角度来看，新的范式可能不是最好的，更确切地说，它是最有能力说服科学资助资源控制者的（例如，20 世纪 40 年代核物理的兴起，20 世纪 50 年代人工智能的兴起）。库恩范式分析在物理学上似乎很有效，这也是库恩受过专业训练的领域。牛顿的观点继承了伽利略的观点，然后被爱因斯坦的（狭义和广义）相对论所取代。然而将其应用到精神和大脑科学中时，情况看起来要更加复杂得多。

从一个角度来看，认知科学是一个独特的科学领域，仍然在寻求站稳脚跟（即前范式），符号人工智能、连接主义、系统动力学、生成论、机器学习，也许还有认知神经科学都作为互相竞争的范式在该领域激烈争夺。这一领域仍然继续在纸上谈兵。对于乐观主义者来说，人们仍然期望最终能够达成共识，认知科学也将步入成熟期。但悲观的看法是，鉴于这一领域严重的分裂性，我们想知道，是否有许多人已经放弃了寻找理解精神和大脑一般性理论的努力，而倾向于将注意力集中在可以更容易地应用优选解释和方法的子领域上。

从另一个角度来看，认知科学本身就是一种范式，在更广泛的自然科学领域内竞争成为了解精神和大脑的方法。根据我们所认同的这一观点，认知科学在 20 世纪中叶取代了行为主义而成为主导范式，但认知科学直到最近才取得成功，尽管仍然缺乏共识和存在内部分歧。如果是这样，我们可能会问，根据库恩的观点，认知科学现在是否有被推翻的危险，如果被推翻，谁会是竞争者？观察科学前景，神经科学作为新一代还原主义，其是否有取代认知科学共识（或缺乏共识），并将多学科解释的概念转变为单一学科还原论的希望？神经科学是否有可能成功地消除认知主义理论及其所有概念媒介，而倾向于直接从大脑状态和动力学的角度进行描述表达？未来对科学史的复述是否会得出这样的结论：认知科学是一种有用的近似方法——就像第谷·布拉赫（Tycho Brahe）在前牛顿时代对天文学的描述一样——试图填补前人（如行为主义）留下的解释空白，但最终未能像完整成形的神经科学理论（牛顿学说或相对论）一样强大，成功解释精神现象和大脑活动之间的关系？

我们描述这个场景并不是因为我们认为它是不可避免的，或者因为我们认为消除主义式（eliminativist）神经科学真的"有实力"成为精神和大脑科学的范式。但我们认识到，根据库恩的观点，科学是一种社会活动，认知科学领域可能会被削弱，也许已经在衰落。我们想让认知科学重新焕发活力，将关注焦点从关于优选解释水平的地盘争夺战中移开，回到构建强大的多层次精神与大脑理论的核心议程上。取而代之的还原论议程，认为大脑本身是最好的理论，实际上是对正确推进精神心智科学（或任何有关这方面的科学）

的倒退。就像 70 年前的行为主义宣称有机体是一个由其环境指示的黑匣子，大脑再次变成一个其内容最终无法分析的盒子；现在我们可以描述里面的东西，但是我们放弃了对精神心智出现进行理论解释的希望，而却去赞同这样一种愿望：如果我们可以足够准确地复制大脑，我们也将以某种方式复制或理解感兴趣的精神功能。

三、实现多层次的理论框架

那么，21 世纪理解精神和大脑的方法应该是什么样的呢？目前在精神和大脑研究领域，几乎没有任何一般性理论，上一次协调一致的尝试在 20 世纪 50 年代初随着克拉克·赫尔（Clark Hull）的行为系统理论而停止，该理论遵循的是逻辑实证主义学派。从那时起，在试图对大脑这样产生各种思想和行为的物理系统提出理论假设方面，科学界变得相对平静；我们充其量只看到一些高度专业化的微观理论，如我们之前所举的例子，或是专门研究（或最适用于）特定认知领域的理论。这就是需要填补的解释鸿沟——一个连接大脑和精神的一般性理论或框架。必须强调的是，将物理和精神相互联系的这一挑战是一项非常独特的科学尝试，这是任何其他自然科学都无法比拟的。在这种情况下，我们必须遵循澳大利亚哲学家与认知科学家大卫·查默斯（David Chalmers）的观点，超越仅仅描述和解释物理世界来解决我们称为"意识难题"（hard problem）的问题，寻找科学第三人称的视角来看待主观第一人称状态：人类经验的科学。

更广泛地说，我们应该在这样一种精神和大脑理论中寻找什么？第一，正如我们已经注意到的，在这种情况下，该理论必须能够**解释**构成大脑和行为测量经验科学相关"事实"的科学观察结果，并且这些数据的阐释方式能够提供对人类经验的解释。第二，该理论必须做出可检验的**预测**，并能用现有方法和技术进行验证（对于那些需要利用科幻技术进行检验的预测，无须认真对待）。第三，科学理论必须能够**控制**自然现象。例如，这意味着能够定义一组实验操作或原理，可以基于这些操作或原理构建有意义的人工物品。除了这些基本要求外，我们认为，科学理论还必须有广泛的科学观察的基础来支持，能在一系列领域内生成多种预测，并显示出与现有知识和理论的连续性（即使它们之间相互冲突）。此外，它必须遵循英国数学家巴斯的安德拉德（Adelard of Bath）在公元 12 世纪提出的格言，即自然界是一个封闭系统，所有的自然现象都必须解释为是由其他自然力引起的。以及他在公元 14 世纪提出的奥卡姆剃刀（Occam's razor）原则，其要求科学理论具有简约性。

我们对模型价值的重视，特别是那些在世界上产生有益影响的重大模型，源自维柯的名言"我们通过制造来理解"（*Verum et Factum*）。这种认识论模型得到了许多科学家的认同，例如，开尔文勋爵（Lord Kelvin，他否定了麦克斯韦的电磁学理论）和理查德·费曼（Richard Feynman）；它在短暂的控制论革命（cybernetics revolution）中处于核心地位，紧接着（可能在不知情的情况下）推动了沃森和克里克对 DNA 结构的发现。表达这一观点的另一种方式是"机器就是理论"（the machine is the theory），因此，作为更为有形的具身性和可观察性模型，生命机器方法更接近于精神和大脑科学。

这种方法已然有着丰富的历史。英国医生及解剖学家哈维（Harvey）利用当时的人造物，依靠水力学机制来解释和说明他对心脏和血液循环的解剖观察；沃森和克里克对脱氧核糖核酸（DNA）结构的发现也是基于他们主动构造的一个机械模型，一个有目的建造的人造物。尽管这种人造物驱动的模型提供了一定的洞察力，但在当时，血液循环和 DNA 性质的许多方面还完全不清楚，并且时至今日仍在不断研究中。因此，这类模型促进了科学发现的进程，而实际上并没有真正模拟生物现实；相反，它只提供了适度的抽象概况。

理论和模型面临着约束不足（under-constrained）的问题。从这个观点来看，有许多可能的方法来解释科学观察结果。我们可以把模型看作是穿过数据迷云的拟合曲线，实际上我们可以画无限多条线；要保留哪些线，要忽略哪些线？在大脑和精神研究中，我们认为，我们可以通过提出大脑和精神理论必须能够与多层次描述相关联的要求来缩小搜索空间，这些描述至少包括大脑的结构和功能，或其解剖和生理学，以及其产生的行为。这种方法被称为收敛验证（Verschure，1996）。收敛验证是一种策略，它使理论呈现为经验性充分的模型，而不是"真实的"模型（van Fraassen，1980）。从更实际的角度来说，这一策略可以用于建立模型来模拟大脑的解剖学和生理学，并采用物理接口（例如，通过机器人）来体现这些模型，并从行为和表现中获取相关的约束性。在这种形势下，我们的理论作为一个模型可以**解释**解剖学、生理学和行为，在多个描述层次上进行**预测**，并**控制**物理设备，即满足科学理论的三个标准。此外，它还举例说明了我们所谓的"维柯环路"（Vico's loop）——我们已经制造了一个具有类似生命能力的人工物品，它可能被部署到有意义任务中并产生社会影响（Prescott and Verschure，2016；Verschure，2013）。

认识精神心智而不仅仅是其一小部分，另一种约束形式及关键方面是我们需要建立一个理论框架，能够全面地解释精神和大脑所有有趣的功能，包括但不限于感知、感觉运动控制、情感、个性、记忆、学习、语言、想象、创造力、意识等。简而言之，在特定子领域内开展的工作——大多数认知科学研究都必然具有这一特征——必须具备融入更大场景的潜力。这意味着针对组件的理论必须能够整合到总体架构中，以展示组件如何集成到完整的具身与态势系统中。这一不断发展的观点认为，通过确定精神和大脑的全部架构，应该能够揭示基本原理如何在这些子领域中运作，同时确定具体子领域也可能有自己的特殊性。

当然，这样的框架不应该采用关于各种优选解释层次的先验观点；相反，它应该强调发现它们之间联系的重要性。事实上，这是我们致力于收敛验证的要求，即我们应该在多个抽象层次上生成模型——其中一些模型非常接近通过神经科学显微镜所揭示的机制，另一些模型则处于非常高的层面，与心理学、工程学或计算机科学原理有关。最后，我们认识到不同方法在获取解释性概念中的价值。例如，我们可以使用目前正在开发的数据分析工具进行归纳性的、自下而上的工作，以确定在神经系统进化过程中发现的"好技巧"（Dennett，1995）。同样，我们也可以开展自上而下的、推导性的工作，从大卫·马尔（David Marr，1982）提出的心智功能三层计算分析到关于底层计算及其实现机制的想法。工程学和人工智能的进步可以为我们提供备选原理，并且可以得到精神和大脑的具体例证说明。我们对于自下而上或自上而下的方法没有倾向性，而是力求实现理论的完整性，并且同时采用这两种方法以便在这两个方向上均具有强大的约束力。然而，收敛验证适用于所有这些方法。没有解释力和预测力的理论与其说是理论，不如说是干扰或杂音。只有采用广泛包容性的、方法更专业的观点，我们才有希望揭示大脑和精神的多尺度关系。

我们所提倡的方法与 20 世纪早期笛卡儿认识论中的科学统一思想截然不同。笛卡儿认识论将对**自然等级**的所有更高层次描述都减少到一个基本层次的描述：物理广延物。只有意识精神被保留了特殊的位置——**思想之物**。生命远比这更有趣！然而，我们如何在理解身心生活的过程中获取非还原主义的观点呢？更具体地说，对于促进精神和大脑理论发展的框架，其组成部分应该是什么？

我们不建议定义一门"新"的科学，这意味着否定前面的范式。相反，重要的是，我们必须在先前科学努力的基础上建立关于精神和大脑的一般理论。

例如，许多关键思想起源于工程控制和信息理论、信息通信技术中的数字计算机以及生物学系统论。其中，我们重点关注诺伯特·维纳（Norbert Wiener）、沃伦·麦卡洛奇（Warren McCulloch）、罗斯·阿什比（Rosh Ashby）和威廉·格雷·沃尔特斯（William Grey Walters）的观点，这些控制论者将工程学中的反馈控制理论与生物学中的内稳态概念结合在一起，形成了一种理论，即大脑保持平衡的机制。该理论可以应用于不同的大脑功能领域，从自主功能（如呼吸、循环和新陈代谢等身体过程的调节）到运动控制，再到学习和记忆等认知过程（Cordeschi，2002；见 Herreros，第 26 章）。

在 20 世纪 50 年代认知科学新兴期间，其领军人物也关注心智的一般理论。例如，艾伦·纽厄尔（Alan Newell）和约翰·安德森（John Anderson）在试图理解决策的基础上，都详细阐述了认知架构的一般理论，并将条件（if-then）规则（产品）作为该架构的主要构建模块（见 Verschure，第 35 章）。这些模型探索并演示了简单原理在递归应用时产生类心智特性的能力，但它们也揭示了过早停留在特定分析水平或计算基元上的一些局限性。事实上，这种将大脑作为符号系统的模型是从计算机科学中诞生的，不幸的是，它宣布了计算心智理论与模拟大脑理论之间的独立性。这种方法为认知科学家确立了一种趋势，即宣称某种水平的解释比其他解释更可取，也说明了一种常通过精神与大脑的高水平或"工程性"观点来表达的规范性，这种规范性被概念化为一种进化上次优的拼凑组合，实际上应以特定方式执行并符合现行工程标准。相反，我们可能应该承认实际上并不知道大脑是如何运作的，也不知道它是如何实现精神的，因此在宣布用当前最先进的工程技术水平作为心智测量规范标准时应该慎重。

预感到人工智能计划的失败，戴维·鲁梅尔哈特（David Rumelhart）、杰伊·麦克莱伦（Jay McClelland）、杰弗里·希尔顿（Geoffrey Hinton）、特瑞·塞诺斯奇（Terry Sejnowski）等提出了连接主义（connectivism）模型（Rumelhart *et al.*，1986），他们更多地关注大脑特殊的结构特性，特别是其大规模分布的本质，作为其精神和大脑模型的灵感。这些模型显示出对学习和记忆的解释能力，而基于符号的方法对于这些方面的解释还存在困难，围绕这些模型人们宣称现在已经构成了心智理论优选水平的解释，并据此提出了心智理论（Smolensky，1988）。因此，这是认知科学的一个例子，在成功地将一种具体方法应用于多个子领域后，对其解释力做出了过早的结论。回顾连接主义"革命"以来的 30 年，这种方法同样也受到了批评，这一次从计算神经科学的角度来看，更抽象版本的大脑架构受到了连接主义者的青睐，但其忽略了关键的细节，同时也无法扩展到高级认知功能。但问题的答案并不是愈发深入以找到一个完美的模型，而是认识到不同的科学问题可以在不同层次上得到解决（Churchland and Sejnowski，1992），挑战在于如何在综合系统水平理论中将这些不同层次的描述联系在一起。

斯科特·凯尔索（Scott Kelso）、埃丝特·泰伦（Esther Thelen）、蒂姆·范·盖尔德（Tim van Gelder）等倡导的动力学系统（dynamic system）观点，在 20 世纪 90 年代崭露头角，试图将连接主义理论与系统生物学综合在一起（Port and van Gelder，1995）。然而，他们将自己与前人区别开来的努力再一次限制了该方法的应用，在这种情况下，动力学系统观点声称自己是非计算性的。最近出现了一种新的时尚，将大脑作为贝叶斯推理机器（Doya，2007）以及预测性编码的概念（最大限度降低自己对世界感到惊奇的能力）（Clark，2013；综述），其主要源自用于遏制计算机科学和工业领域数据泛滥的大众工程工具和方法。这些理论最雄心勃勃的版本——希望能充分说明大脑是如何涌现出心智的。作为科学家，我们对揭示核心原理的可能性充满向往，希望这些核心原理能够极其简洁地解释我们想要了解的许多事情，正如从托勒密到爱因斯坦的许多代物理学家试图解释恒星和行星运动时所做的那样，同时也必须认识到这些概念到目前为止只掌握了心智能力和错综复杂的大脑的一小部分。因此，这些最新的方法在声称其理论完整性之前还有很长的路要走（遵循前述的解释、预测和控制标准）。一个不断演化发展的系统必须解决各种不同类型的挑战，才能够继续生存和发展，我们也必须接受这样一种可能性，即没有任何一个原理或一组原理可以解释精神/大脑。我们当然希望并期待一个比大脑本身要简单得多的理论，尽管如此，但我们预计这将是一个极其漫长的旅程，一个比"42"更为复杂的答案（译者注：在道格拉斯·亚当斯的科幻小说《银河系漫游指南》中，生命、宇宙以及万事万物的终极答案是 42）。

四、结语

　　正如我们在本章中所解释的，我们认为发展和检验理论的重要因素是将其实例化为具体的模型或机器。这一步骤使我们能够实现纯理论层面甚至模拟层面不可能达到的完整性和明确性水平，并允许我们检验那些不能在自我心智中轻易接受的复杂理论，这类实例包括思想实验（thought experiment）或者心智可以支配的正式工具。我们认为，遵循维柯的观点更应强调的是，关于人类精神与大脑的良好理论，其标志是可以被物理实例化，这种方法的一个优点是它还可以推动发展新的以生物为基础的技术，这些技术对社会具有直接价值。因为它们可以解决超出当代工程系统能力的问题。也就是说，这一策略认真思考了"生命机器"概念，将其应用于了解精神和大脑的生物学原理，并在现实世界中用人造物加以模拟。此外，正如本书中许多章节所说明的，这种方法正开始引导发展一系列技术，包括康复、假体、教育和辅助技术，展示经过"维柯环路"验证的多层次精神与大脑科学如何催生有意义的创新并最终产生广泛的社会效益，这是所有科学的终极基准。

参 考 文 献

Alivisatos, A. P., Chun, M., Church, G. M., Greenspan, R. J., Roukes, M. L., and Yuste, R. (2012). The brain activity map project and the challenge of functional connectomics. *Neuron*, 74(6), 970–4.

Churchland, P. S., and Sejnowski, T. J. (1992). *The computational brain*. Cambridge, MA: Bradford Books.

Clark, A. (2013). Whatever next? predictive brains, situated agents, and the future of cognitive science. *Behavioural and Brain Sciences*, 36(3), 181–204.

Cordeschi, R. (2002). *The discovery of the artificial: behavior, mind and machines before and beyond cybernetics*. Dordrecht : Kluwer.

Dennett, D. C. (1995). *Darwin's Dangerous Idea*. London: Penguin Books.

Deutsch, D. (1998). *The fabric of reality*. London: Penguin Books.

Doya, K. (2007). *Bayesian brain: Probabilistic approaches to neural coding*. Cambridge, MA: MIT Press.

Feyerabend, P. K. (1975). Against method: outline of an anarchistic theory of knowledge. *Philosophia*, 6(1), 156–77.

Gardner, H. (1987). *The Mind's New Science: A history of the cognitive revolution*. New York: Basic Books.

Kuhn, T. S. (1962/1970). *The Structure of Scientific Revolutions* (2nd ed.). Chicago: University of Chicago Press.

Markram, H. (2012). The human brain project. *Scientific American*, 306(6), 50–5.

Marr, D. (1982). *Vision: A Computational Investigation into the Human Representation and Processing of Visual Information*. New York: Freeman.

Newell, A. S. H. A. (1976). Computer science as empirical inquiry: Symbols and search. *Communications of the ACM*, 19, 113–26.

Port, R. F., and van Gelder, T. (1995). *Mind as Motion: Explorations in the Dynamics of Cognition*. Cambridge, MA: Bradford Books.

Prescott, T. J., and Verschure, P. F. M. J. (2016). Action-oriented cognition and its implications: Contextualising the new science of mind. In: A. K. Engel, K. Friston, and D. Kragic (eds.), *Where's the Action? The Pragmatic Turn in Cognitive Science*. Cambridge, MA: MIT Press for the Ernst Strüngmann Foundation, pp. 321–31.

Putnam, H. (1960). Minds and Machines. In S. Hook (ed.), *Dimensions of Mind*. New York: New York University Press, pp. 20–33.

Rosenblueth, A., and Wiener, N. (1945). The role of models in science. *Philosophy of Science*, 12(4), 316–21.

Rumelhart, D. E., McClelland, J. L., and the PDP Research Group (1986). *Parallel Distributed Processing: Explorations in the Microstructure of Cognition. Volume 1: Foundations*. Cambridge, MA: Bradford Books.

Smolensky, P. (1988). On the proper treatment of connectionism. *Behavioural and Brain Sciences*, 11, 1–74.

van Fraassen, B. (1980). *The Scientific Image*. Oxford: Oxford University Press.

Verschure, P. F. M. J. (1996). Connectionist explanation: taking positions in the mind–brain dilemma. In: G. Dorffner (ed.), *Neural Networks and a New Artificial Intelligence*. London: Thompson, pp. 133–88.

Verschure, P. F. M. J. (2012). The distributed adaptive control architecture of the mind, brain, body nexus. *Biologically Inspired Cognitive Architectures*, 1(1), 55–72.

Verschure, P. F. M. J. (2013). Formal minds and biological brains ii: from the mirage of intelligence to a science and engineering of consciousness. *IEEE Expert*, 28(5), 33–36.

第 3 章
生命机器研究路线图

Nathan F. Lepora[1], Paul F. M. J. Verschure[2],
Tony J. Prescott[3]

[1] Department of Engineering Mathematics and Bristol Robotics Laboratory,
University of Bristol, UK

[2] SPECS, Institute for Bioengineering of Catalonia (IBEC), the Barcelona Institute
of Science and Technology (BIST), and Catalan Institute of Advanced Studies
(ICREA), Spain

[3] Sheffield Robotics and Department of Computer Science, University of
Sheffield, UK

在 21 世纪的前 20 年中，仿生和生物混合系统研究发生了爆炸式增长，这些研究领域构成了本书所述生命机器方法的基础。本章作者（Lepora *et al.*，2013）通过文献分析发现，仿生学每年发表的论文数量几乎在 2～3 年内就会翻一番（图 3.1）。仿生学在 20 世纪 90 年代中期为一个相对较小的领域，每年仅有 10 篇左右的论文，随后逐步呈现指数级增长，至 2003～2005 年达到每年发表几百篇论文的可观数量。到 2010 年，仿生学、工程和技术领域每年发表的期刊论文超过 1500 篇。基于这一分析，我们可以放心地宣称，以生物学为基础并受其启发的生命机器研究正在蓬勃发展。目前这种增长势头仍在持续。一个新的推动因素是始于 2012 年的"生命机器"系列会议（Prescott *et al.*，2012），最近刚刚举行了由"会聚科学网络"（Convergent Science Network）组织的第六次会议（Mangan *et al.*，2017）。同时，该领域的专业期刊也在稳步增长，如英国物理学会（IOP）期刊《生物启发与仿生学》（*Bioinspiration & Biomimetics*），其影响因子自 2010 年以来增加了 60%，最近一些新的期刊也开始涉及该领域，如《先进生物系统》（*Advanced Biosystems*）、《仿生学和软体机器人》（*Biomimetics and Soft Robotics*）等。

2013 年作者开展的文献分析还研究了学术出版物增长中的热门主题，发现目前仿生学研究跨越了众多应用领域（图 3.2）。居于领先地位的概念包

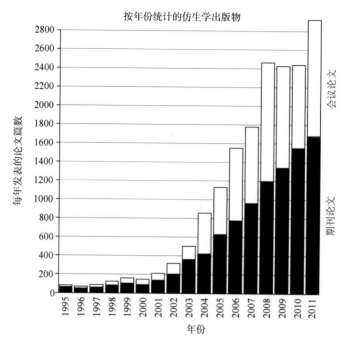

图 3.1   仿生学研究领域论文数量的增长。柱形图反映了从 1995 年开始每年在仿生学领域发表的期刊论文和会议论文数量

转载自 Nathan F. Lepora，Paul F. M. J. Verschure，and Tony J. Prescott，The state of the art in biomimetics，Bioinspiration & Biomimetics，8，（013001），p. 5，Figure 4，doi：10.1088/1748-3182/8/1/013001，© 2013，IOP Publishing

图 3.2   采用词云方式展示的常用仿生学术语。单词大小反映了其出现的相对频率

转载自 Nathan F. Lepora，Paul F. M. J. Verschure，and Tony J. Prescott，The state of the art in biomimetics，Bioinspiration and Biomimetics，8，（013001），p. 6，Figure 5，doi：10.1088/1748-3182/8/1/013001，© 2013，IOP Publishing

括 "机器人"（robot）和 "控制"（control），表明仿生学和神经机器人的发展和应用正成为研究热点。我们发现，人类对该领域的研究兴趣非常广泛，包括 "组织、细胞和骨骼"（tissue，cell，bone）等关键词，反映了仿生学方法在生物医学科学领域的巨大影响。同样突出的还有提供重要原理的生物

有机体的能力和特征,如"视觉、行走、学习和发育"(vision,walking,learning,development)。此外,结果中还显示了一些控制工程和人工智能领域的概念,包括"网络、自适应、算法和优化"(networks,adaptive,algorithm,optimization)等。

这些发现表明,生命机器研究正进入一个复兴期,成为工程科学和生命科学的重要范式。这种对仿生学和生物混合系统的日益重视所产生的影响,预计将在物理学、生物学等许多领域推动产生重大新发现,催生具有重大社会和经济影响的革命性新技术。

本路线图的目标是确定仿生系统当前的发展趋势及其对未来研究的影响。重要的问题包括这些系统的定义尺度、所关注生物系统的类型、所寻求原理的类型、仿生学在了解生物系统中的作用、相关应用领域、共同基准、与其他领域的关系以及未来发展等。在本章中,我们还就生物学原理、仿生学方法、范例技术等,提供了进一步阐述这些问题的指南。

一、方法学

本路线图的初步草案是在"会聚科学网络"组织的 2011 年巴塞罗那"认知、大脑和技术夏令营"的仿生学术周上,围绕路线图推演而制定的。在夏令营授课的仿生学专家参加了一项研讨会,讨论了有关仿生学的一般问题,包括如何最佳开展路线图信息收集等。在本次研讨会的基础上,我们制定了一份标准化调查问卷,对相关专家进行了一对一访谈,每次访谈约一小时。这些问卷随后由访谈者(Lepora)经编辑后反馈给受访者,以确保记录的准确性。

本路线图就是基于对这些专家问卷调查结果的整理,涵盖了生命机器的广泛领域。路线图的贡献者们对该研究领域进行了细致划分,部分基于他们早前开展的仿生学研究最新结果(Lepora *et al.*,2013),但也根据调查问卷结果中突出的研究主题进行了调整。共确定了 11 个研究领域:自组装和微型机器、微型飞行器、水下航行器、昆虫启发机器人、软体机器人、两足和四足机器人、社会机器人和人机交互、基于大脑的系统、嗅觉和化学感知、仿生听觉和回声定位、手和触觉。

从我们最初讨论路线图开始，生物启发方法就始终占据人工智能（AI）和机器学习领域的首要位置，部分原因是"深度学习"算法在解决诸如自动语音识别、计算机视觉等领域的重大挑战方面取得了成功。在本路线图中，我们重点关注了物理体现系统（physically embodied system），也称为网络实体系统（cyber-physical system）（Lee，2008）；本书还详细探讨了仿生学在人工智能和机器学习中的影响和前景。例如，雷波和波乔（见 Leibo and Poggio，第 25 章）探讨了神经科学与卷积神经网络发展之间的联系，以解决感知中的模式识别问题；赫雷罗斯（见 Herreros，第 26 章）将动物学习理论与机器学习联系起来；莱波拉（见 Lepora，第 28 章）展示了动物和机器的最优决策理论如何通过生物学和人工智能的相互作用而得以共同发展。范思彻（见 Verschure，第 35 章、第 36 章）则将生命机器架构的发展置于人工智能和认知科学的历史趋势和研究背景之下。

在下面各节中，我们简要介绍与具身化生命机器相关的 11 个研究领域的目标及其风险。

二、研究领域

（一）领域 1：自组装和微型机器

自组装（self-assembly）是一种允许多组件系统共同自我配置以应对挑战的仿生方法（见 Moses and Chirikjian，第 7 章）。当集体性实体由多个不同的同类主体组成时，通常称其为"群体"（swarm）（图 3.3，见 Nolfi，第 43 章）。不同主体也可以结合在一起形成一个新的实体：自然界的例子包括细胞增殖和生长（见 Mazzolai，第 9 章），以及一些动物具有的能力，如单细胞的黏液菌能够形成临时的多细胞聚集体，其移动与行为就像单一生物（见 Ishiguro and Umedachi，第 40 章）。

随着机器人应用从结构化环境（如工厂装配线）转移到非结构化场景（如整个世界），关键的要求是与周围环境进行强大的交互。环境交互本质上涉及微观力（摩擦力、分子引力和毛细管力）与宏观力（惯性力、重力和空气动力）。本质上，这些要求是通过分层次系统和结构在多尺度上展示复杂几何结构和功能来解决的。此类系统的规范涉及遗传、表型和环境约束的复杂组合，而其构建则依赖于自组织发展过程（见 Wilson，第 5 章；Prescott and Krubitzer，第 8 章）。相反，人工制造采用自上而下的过程，主要利用最终产品的精确规格对大块材料进行操作。

图 3.3　群体机器人形成多机器人共生有机体，集体跨过屏障。来自欧盟 REPLICAToR 项目的演示。有关集体系统合作行为的更多信息参考诺菲（见 Nolfi，第 43 章）的介绍

转载自 Serge Kernbach，Eugen Meister，Florian Schlachter，Kristof Jebens，Marc Szymanski，Jens Liedke，Davide Laneri，Lutz Winkler，Thomas Schmickl，Ronald Thenius，Paolo Corradi，and Leonardo Ricotti，Symbiotic Robot organisms：REPLICATOR and SYMBRIOn Projects，Proceedings of the 8th Workshop on Performance Metrics for Intelligent Systems，p. 3，Figure 1c，doi：10.1145/1774674.1774685 Copyright © 2008，Association for Computing Machinery，Inc

当人类工程师设计工艺流程时，他们通常只考虑一个长度尺度。仿生机器人系统通过进行多尺度操作来实现多个目标，提供了站在当前挑战和机遇前沿的机会。生物学还提供了将纳米技术与宏观制造方法相结合的重要实例，这可能最终推翻当前采用全集成方法的自上而下的制造方法，而是"生长"出整个产品（见 Fukuda et al.，第 52 章）。

该研究领域的专家确定了自组装领域以下多个目标：

（1）**异质结构快速原型**。包括构建具有空间变化结构性能的能力。大多数人工物体都是均质的，而大自然则使用连续变化的材料结构，例如，从坚硬到弹性再到坚硬的材料。

（2）**微纳尺度制造**。生物在微观尺度上是极其复杂的，例如，神经系统、肌肉、皮肤等。传统的微纳尺度制造过于专门化，与自然界有着很大的区别。

（3）**微纳尺度自组装**。这一领域非常令人感兴趣，例如，伍德（Wood，2014）为制造一种人工"机器人蜜蜂"而开发的弹出式机制。装置器件变得越来越小或越复杂，无法手动组装，因此需要采用自组装制造技术。

（4）**微纳尺度特性开发**。高特异性材料可以简化控制、赋予鲁棒性、提供额外的稳定性和提高能源使用效率等。例如，动物皮肤的微观结构具有黏附特性，可以支持抓取、攀爬、移动等功能（见 Pang et al.，第 22 章）。另一个例子是在微观尺度上进行感知和处理，如感觉受体和神经元。在开发生物混合系统与神经系统等的界面时，微观尺度的工作将至关重要（见 Vassanelli，第 50 章；Lehmann and van Schaik，第 54 章；Song and Berger，第 55 章）。

确定的风险包括：

（1）**过于遵循自然**。也可以称之为"盲目模仿"（blind mimicry）。大自然还有许多与工程方案无关的其他优先事项。此外，模仿并不意味着理解，它还可能导致对与目标基本功能或属性无关的表面特征进行复制（见 Pfeifer and Verschure，1995）。

（2）**确定合适的自然法则**。由于生物学的复杂性，很难确定对其进行仿生运用的基本原理，特别是很难在生物学中开展受控实验来获取感兴趣的原理。将仿生解决方案工程化有助于这一过程，因为在机器人等人造物中更容易验证这些原理。

（二）领域 2：微型飞行器

微型飞行器（micro air vehicles，MAV）是一种小型无人飞行器，其量级通常为数十厘米。现代科技发展正在推动 MAV 进一步小型化，预计不久的将会出现昆虫大小的飞行器。现有的 MAV 在商业、研究、政府和军事领域有着多种用途。飞行机器人技术最新的研究重点是从飞行昆虫或鸟类中获取灵感，实现最先进的飞行能力（图 3.4），其中仿生 MAV 构成了一类非常重要的方法（Ward，2017）。扑翼飞行的基本原理越来越为人们所熟知（见 Hedenström，第 32 章），涌现出从鸟类（见 Send，第 46 章）到昆虫（Wood，2014）各种尺度大小的代表性技术。协调敏捷的 MAV 将有更广泛的新用途，如从人工蜜蜂作物授粉到探索危险与受限环境，再到监视与安全领域等。

图 3.4 荷兰代尔夫特大学设计的一种扑翼机器人 "代尔夫苍蝇"（Delfly）

转载自 G. C. H. E. de Croon，M. Perçin，B.D.W. Remes，R. Ruijsink，and C. De Wagter，The DelFly：Design，Aerodynamics，and Artificial Intelligence of a Flapping Wing Robot，doi：10.1007/978-94-017-9208-0，© Springer Science+Business Media Dordrecht，2016

该研究领域专家确定了仿生微型飞行器的多个目标：

（1）**研制类似昆虫的自主飞行机器人**。要想实现自主飞行，需要将紧凑型高能电源和相关电子设备集成到微型飞行器的机身中。

（2）**发展低功耗器件**。降低功率需要发动机效率和能量密度相互结合，这对于飞行器实现长时间自主性必不可少。

（3）**群体行为和群体机器人**。为了模拟生物群体的复杂行为，需要开发新的协调算法和通信方法（即单个机器与另一个机器以及整个群体 "对话"的能力）（见 Wortham and Bryson，第 33 章）。

确定的风险包括：

（1）**对隐私构成威胁**。微型飞虫如果配备了微型摄像机或麦克风和发射器，就可以应用于间谍领域。如果这项技术被广泛应用，将对隐私构成严重威胁。

（2）**微型飞行机器人用于战争**。微型飞行机器人（micro flying robot）在战争中的应用包括情报收集和杀伤人员装置（如果装备了生物制剂等杀伤性载荷）。后一种应用受到了有关部门的密切关注，特别是如果该装置可以大规模生产，很可能需要控制该装置的可获取性。美国国防部最近承认，它们正在研制可以对抗 MAV 威胁的武器。

（三）领域 3：水下航行器

自主水下航行器（autonomous underwater vehicle，AUV）的发展受到多个行业应用的推动。例如，海上石油和天然气部门在海底钻井施工前使用它们绘制海底地图。海洋科学家依靠 AUV 来研究海洋及海底。其他民用领域包括清除海洋污染和深海采矿。AUV 的军事用途包括探测与清除水雷、监测防护区域（如港口）的潜在威胁等。水下机器人技术的一个最新发展趋势是根据海洋生物的形态和功能来制造 AUV（图 3.5；见 Kruusmaa，第 44 章）。尽管这类仿生 AUV 大多数仍在开发之中，但它们确实具备了发展潜力，可以从大自然数百万年来进化出的设计中获得灵感，从而进一步提高其操控性。

图 3.5　类鱼仿生机器人；另见第 44 章（Kruusmaa）

转载自 Jin-Dong Liu and Huosheng Hu，Biologically inspired behaviour design for autonomous robotic fish，International Journal of Automation Computing，3（4），pp. 336–347. https：//doi.org/10.1007/s11633-006-0336-x，Copyright © Institute of Automation，Chinese Academy of Sciences，2006

该研究领域专家确定了仿生自主水下航行器的多个目标：

（1）**顺应性建模和控制**。现有的复杂非线性材料的仿真方法并不适用于水下机器人的实时控制。理想的解决方案是在经验方法和物理方法之间折中。

（2）**新材料**。例如，开发新的低功耗驱动系统，将大大提高小型水下机器人的能力。

（3）**新的传感技术**。水下设备需要新的传感技术，既可以探测周围环境又可以控制 AUV。生物传感器系统的模型包括一些海洋生物的电感受能力（见 Boyer and Lebastard，第 19 章），鱼类的侧线器官、鳍足类的触须（两者都可以检测水动力学流型），以及海豚与鲸的回声定位能力。

确定的风险包括：

（1）**依赖于生物学研究人员的兴趣**。运用仿生方法的工程师需要依赖于生物学家对推动新技术发展的研究领域感兴趣；然而，生物学家往往有自己的重要工作，可能无法回答生物启发的相关问题。

（2）**水下安全**。价格低廉、可远程航行的自动水下航行器的广泛普及和使用，可能会引发许多安全问题，包括毒品走私与自动投放炸弹。因此，这项技术可能需要加以管控。

（四）领域 4：昆虫启发机器人（insect-inspired robotics）

昆虫是机器人的最佳灵感来源，因为与大型动物相比，昆虫的形态、感知和神经系统非常紧凑，尽管如此，其身体仍能支持一系列适应性和鲁棒性行为。在昆虫中，综合行为模式通常处于明确的神经元网络控制之下，该网络包含了从感觉到行动的整个感觉–运动路径（见 Selverston，第 21 章；Ayers，第 51 章）。例如，昆虫行走行为和神经架构的基本原理构成了足式机器人及其控制系统的良好设计基础，该系统可用于关于测试模型动物的假说（见 Quinn and Ritzmann，第 42 章）。本书中提出的生命机器方法还认为，在形态、控制与环境相互结合的许多情况下，这种人工合成路线可能是对各种功能及交互作用众多基本因素进行控制分解和验证的唯一选择（见 Verschure and Prescott，第 2 章）。蟑螂、蟋蟀、竹节虫、蚂蚁和蜜蜂的行为学和生理学已经得到了深入的研究，因此是最常用于启发机器人和控制技术的昆虫物种（图 3.6）。

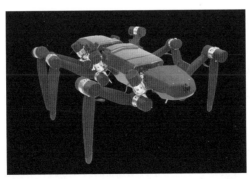

图 3.6　六足步行机器人 Hector，其设计基础是放大的竹节虫身体的几何结构，同时结合了多种仿生学概念，包括分散式行走控制器、肌肉状驱动，以及基于飞行昆虫神经机制的视觉处理（Schneider et al.，2012；见 Cruse and Schilling，第 24 章）

图片来源：Sina Gantenbrink/CITEC

该研究领域专家确定了昆虫启发机器人的多个目标：

（1）**仿生导航方法**。"同时定位与建图"（SLAM）的机器学习算法是解决基于地图构建的自主导航问题的主要方法。但目前，计算需求妨碍了SLAM在复杂自然环境中成为有效的解决方案。对蚂蚁和蜜蜂等昆虫如何导航的仿生学研究为解决这一问题提供了替代方法；例如，研究显示昆虫不依赖于地图本身就可以很好地进行导航（Mathews *et al.*, 2009）。

（2）**微型化、高能效、低成本**。我们希望未来的机器人更小，能源消耗更少，更强大，更便宜。仿生制造方法（如领域 1 中所讨论的）涉及微型化、神经形态和生物混合方法可以利用诸如脉冲编码、事件处理等生物学原理来提高能源效率（类昆虫视觉相关实例见 Dudek，第 14 章；生物混合机器人发展步骤见 Ayers，第 51 章）。

（3）**机器人集群的新应用**。微型集群可以提供的好处包括机械内部分布式传感。机器人集群（swarm robotics）还适用于需要廉价设计和一次性机器人的任务，例如，灾难现场的搜索救援。团队单个成员的简单性启发了一种新方法，即在群体层面而不是个体层面实现有意义的行为（见 Nolfi，第 42 章）。

（4）**昆虫生物学研究实验新技术**。仿生学将受益于自然环境中自由移动昆虫体内电生理神经记录技术的进步。此外，还需要发展昆虫跟踪技术，如轻量、低价 GPS 传感器与生理数据采集相结合。

（五）领域 5：软体机器人（soft robotics）

大多数机器人系统都很坚硬，由刚性金属或塑性结构组成，轴承周围有接头连接。新型软体机器人结构的开发，如人工肌肉（见 Anderson and O'Brien，第 20 章）和完全柔软的机器人身体（见 Trimmer，第 41 章），以及它们的制造材料和方法，在有机化学家、材料科学家和机器人学家之间密切合作的基础上获得了一系列新的发展机会。尽管涉及软体机器人的仿生学领域还处于起步阶段，但科学家们已经取得了良好的研究进展（图 3.7），该项研究意义重大。然而，要达到大象鼻子或章鱼触手等生物模型设定的基准还有很长的路要走。

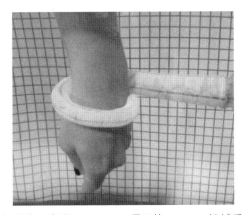

图 3.7　柔性机器人手臂，欧盟 OCTOPUS 项目的 OctArm 机械手

转载自 Advanced Robotoics，26（7），Cecilia Laschi，Matteo Cianchetti，Barbara Mazzolai，Laura Margheri，Maurizio Follador，and Paolo Dario，Soft Robot Arm Inspired by the Octopus，pp. 709-727，doi：10.1163/156855312X626343，Copyright © 2012 Taylor & Francis and Robotics Society of Japan. Reprinted with permission of Taylor & Francis Ltd，www.tandfonline.com on behalf of Taylor & Francis and Robotics Society of Japan

软体机器人有着广泛的应用，从危险或非结构化环境中的灵巧操作，到医疗保健和辅助机器人技术等（见 Rubio Ballester，第 59 章）。它们也是一种相对安全的技术，可以在人类周围使用，因为与传统系统相比，它们的自然顺应性使它们在本质上能够更安全地进行物理交互。

该研究领域专家确定了软体机器人的多个目标：

（1）改进完善执行器。目前，人工肌肉通常是围绕电活性聚合物（EAP）材料构建的，这些材料的强度和安全性有限。开发不同配置（如光纤和光纤束）的 EAP 和新型生物启发执行器，将有助于提高软体机器人的驱动范围和效率（见 Anderson and O'Brien，第 20 章）。

（2）发展真正的肌肉静水骨骼机器人。肌肉静水骨骼（muscular hydrostat）是一种密封的、充满液体的单元，它是自然界解决柔软、可变形、低功率、高强度操作问题的方案之一，可见于许多无脊椎动物以及章鱼触手、脊椎动物舌头等结构。为了实现静水骨骼的人工合成（了解该方向的一些工作可见 Trimmer，第 41 章），需要发展如上所述更好的柔性执行器技术。模块化静水骨骼装置还可以拼插在一起，形成柔性执行器组件并应用于有效配置。例如，舌头的结构中包含了许多这样的单元，它们由一个灵活的支架或基质连接在一起，可以共同为运动提供近乎无限的自由度（超冗余）。

（3）**了解"软"认知**（squishy cognition）。该研究目标既包括如何在生态环境下控制柔性机器人手臂，也包括制定该研究领域的理论模型。目前，这类装置缺乏理论支持，通常是现象驱动的而不是理论驱动的。对无脊椎动物中已识别神经回路的研究，如基本的模式生成方式（见 Selverston，第 21章），为开发低功耗实时系统提供了令人兴奋的前景，这类系统具有计算效率高和鲁棒性行为能力的特点。

确定的风险包括：

（1）**可能造成人身伤害**。虽然软体机器人系统本质上比硬体机器人系统更安全，但它们仍然会对人类造成风险，如压迫。由于软体机器人的许多潜在应用涉及与人的密切物理交互（例如，在医疗环境中），因此关注人身安全将非常重要。一些现有的 EAP 技术也面临着需要高电压运行的局限性，这可能会限制它们在人类中的实用性。

（2）**动物保护**。英国和欧盟已经为章鱼等头足类动物制定了动物保护协议，限制了此类科研实验的开展。原则上，仿生学可以为动物研究提供替代方法，即开发合适的静水骨骼平台来检验生物学假设。此外，比章鱼更简单的其他海洋动物也可以提供有价值的生物模型（见 Trimmer，第 41 章）。

（六）领域 6：两足和四足机器人

机器人的运动传统上需要车轮或踏板。与轮式机器人不同，足式机器人有可能到达几乎所有的地球表面，并且可以通过攀爬到达垂直表面，从而在传统机器人不适合的区域实现应用。目前对人类和动物运动基本原理的了解已经得到了提高，这种运动经常利用被动机制来最大限度地降低功耗（图3.8），从而在最近成功创造出了能够行走、奔跑和攀爬的四足与两足机器人。受爬行动物启发的四足机器人（quadrupedal robot）能够支持稳定、快速的运动。而受哺乳动物启发的系统更难控制，但被证实能效更高（见 Witte *et al.*，第 31 章）。双足机器人（bipedal robot）可能在为人类设计的空间中非常有用（见 Metta and Cingolani，第 47 章）。鲁棒仿生运动控制系统可以建立在中央模式发生器系统模型（见 Cruse and Schilling，第 24 章）和自适应控制（Herreros，第 26 章）的基础之上。

图 3.8　电动步行机器人 Flame，其在设计上利用了类似人腿的被动动力学，从而实现了更节能的步态

© 2008 IEEE. 转载自 Daan Hobbelen，Tomas de Boer，and Martijn Wisse，System overview of bipedal robots Flame and TUlip: Tailor-made for Limit Cycle Walking, 2008 IEEE/RSJ International Conference on Intelligent Robots and Systems，doi：10.1109/IRoS.2008.4650728

该研究领域专家确定了两足和四足机器人的多个目标：

（1）**机器人足式运动**。重点关注的主题包括在非结构化地形上运动、改善运动力学等，例如，增加更多的顺应性、提高能源效率。另一个目标是将运动和伸取（操作）结合起来，从而可以在同一平台上同时执行这两项任务（例如，跑动接球），就像动物通常所做的那样。

（2）**通用研究平台**。研究将受益于更多类型标准化平台的可用性，允许研究小组共同开发单一平台，而不是每次开发自己的硬件。理想情况下，平台应该是开源的，这方面的典型例子是 iCub 平台（见 Metta and Cingolani，第 47 章）。

确定的风险包括：

（1）**能源效率**。在平面或浅斜面上，车轮比腿更简单、更有效。车轮/足式混合解决方案可为需要能源效率和管理不同地形能力的应用领域提供益处，例如，名为"轮足"（Whegs）的机器人（见 Quinn and Ritzmann，第 42 章）。

（2）**研究的开放性**。与仿生学其他领域一样，由军方或商业机构资助的研究通常不会公开发表，这就限制了其对更广泛研究群体的价值，并减缓了该领域的发展。

（七）领域 7：社会机器人和人机交互

随着机器人进入我们的日常生活成为现实，机器人的社会兼容性变得越来越重要（图 3.9；见 Millings and Collins，第 60 章）。为了与人类进行有意义的互动，机器人可以受益于现实世界社会智能的发展，其基础是本书第四篇中探讨的感知、行为、情感、动机、认知和通信交流能力。社会机器人是根据其角色所附设的社会行为规则，与特定的其他人进行互动和交流的机器人。沃瑟姆和布莱森（见 Wortham and Bryson，第 33 章）讨论了社会机器人成功进行沟通交流的一些要求，并对比了基于动物和人类交流的仿生方法。类人机器人通信交流技能的最终基准通常被认为是图灵测试，尽管它在设计有意义的系统方面实际应用可能很有限。因此，范思彻（见 Verschure，第 35 章）在纽厄尔（Newell，1990）早期建议的基础上，提出了一个更为严格的认知架构基准。

图 3.9　汉森机器人公司（Hanson Robotics）创造的类人机器人（物理学家阿尔伯特·爱因斯坦）。类人机器人越来越多的发展意味着人类与机器人的关系可能更加密切，但同时也引发了社会和伦理问题（见 Millings and Collins，第 60 章）
图片来源：Flickr/Erik（hASh）hersman。网址 https：//www.flickr.com/photos/whiteafrican/colums/72157613341134707

为了与人类的社会性相匹配，需要了解人类价值观、规范和标准来调控机器人的行为；沃鲁伊茨和范思彻（见 Vouloutsy and Verschure，第 34 章）介绍了我们如何从情感评估和自我调节的角度来看待这一点。艾萨克·阿西莫夫（Isaac Asimov）提出的"机器人三定律"，有时被建议用来指导机器人的决策，但这些定律太薄弱，无法充分约束机器人的行为；同时，还要求机器人具备一种可能难以实现的结果推理能力。莱波拉概述了现有的生命机器决策方法（见 Lepora，第 28 章），而范思彻则在具身化认知架构的背景下研究了这个问题（见 Verschure，第 36 章）。行为适当得体还意味着机器人需要具备文化敏感性，因为人类社会的规范和价值观各不相同，这需要生命机器具有先进的沟通和语言能力（见 Wortham & Bryson，第 33 章）。另一个与生命机器相关的领域是人机共生健康系统在康复中的应用（见 Rubio Ballester，第 59 章）。

该研究领域专家确定了社会机器人的多个目标：

（1）**机器人的自我表现。**为了有效地与人类互动，机器人作为具身化主体和一类社会角色，应该对外部世界、自身以及重要的他人有良好的认知，本质上这是一种人工的"自我"感觉（见 Verschure，第 36 章；Prescott，2015）。内部模型可以提供对物理具身化的认知（见 Bongard，第 11 章；Metta and Cingolani，第 47 章）、身体姿势和位置（见 Asada，第 18 章）、环境中的定位（见 Erdem *et al.*，第 29 章）、内部状态（见 Vouloutsi and Verschure，第 34 章；Seth，第 37 章）、运动控制（见 Herreros，第 26 章），以及反思过去并规划未来的能力（见 Verschure，第 35、36 章）。

（2）**语言和非语言沟通交流。**口头语言在引导与机器人的社会互动中将发挥至关重要的作用，这需要获取能够共享的有意义的词汇表。人们在构建适合机器人的语音识别系统方面虽然取得了进展，但理解上下文中的话语含义仍然是非常关键的研究挑战。由于人类的语言学习建立在联合注意和非语言交流的基础之上，因此对于社会机器人来说，很可能需要类似的策略，这些策略可以通过发育机器人学方法加以推进（Wortham and Bryson，第 33 章）。

（3）**他人状态感知和社会关注。**这需要开发机器学习和仿生算法来感知他人的状态和意图，以及建立在直接定向控制系统上的社会关注系统，以便进行适当的社会互动（见 Mitchinson，第 27 章；Verschure，第 36 章）。

确定的风险包括：

（1）**欺骗。**许多研究人员考虑了社会机器人发展的伦理问题。一些人认为，这种机器人可能甚至在本质上具有欺骗性（deception），因为根据公认的人类社会性规范，它们永远不可能真正具有社会性（Boden *et al.*，2017），然而这种观点并不普遍；事实上，生命机器方法看到了人类和机器之间的连续性（见 Prescott and Verschure，第 1 章），这使得未来机器人有可能具备成为真正社会主体所需的所有属性（Prescott，2017）。

（2）**机器人权利**。一个相关的问题是，我们有可能创造出新的主体，人类应该对他们承担某种形式的道德义务。贡克尔（见 Gunkel，第 63 章）对这个问题提出了一个哲学观点，他认为，权利拓展延伸到不同类型生命系统的历史表明，我们最终可能会确定，我们对人工合成生命机器负有一定的义务。

（八）领域 8：基于大脑的系统

神经科学的仿生方法，包括基于大脑的机器人和神经形态工程，试图提高对动物运动、感知、认知和学习等神经机制的科学理解，同时从动物身上获取灵感，设计新的机器人控制与传感方法。在神经科学和神经行为学领域，机器人技术提供了一个检验生物学假设的机会，可以将这些原理体现在机器人中从而提供一个可访问、可测量的物理模型，而传统的生物学技术无法实现这种目标（图 3.10；见 Verschure and Prescott，第 3 章；Verschure，第 36章；Prescott *et al.*，2016b）。

该研究领域专家确定了基于大脑的系统的多个目标：

（1）**机器人作为生物学研究的科学工具**。目前，计算神经模拟是生物学的标准工具，尤其是在计算神经科学领域。许多人专注于研究特定的大脑子系统或神经回路。然而，这种方法过于聚焦，无法回答生物学中更广泛的研究问题；因此，有必要将这些组件视为更大系统的一部分。构建模型可以通过满足不同形式的约束条件来获得有效性，例如，解剖学、生理学和行为学等方面的约束（见 Verschure and Prescott，第 2 章）。类动物机器人技术可能是研究大脑、身体、环境之间相互作用的下一个标准工具。

（2）**仿生伴侣和辅助机器人**。基于大脑的机器人为伴侣和辅助机器人提供了一种发展途径，这些机器人的认知能力和社会能力比传统工程学方法开发的机器人（它们更有可能低估或夸大人类基准）更与人类相匹配。梅塔和钦戈拉尼（见 Metta and Cingolani，第 47 章）介绍了基于大脑的控制和神经形态硬件与类人机器人相结合的最新进展。

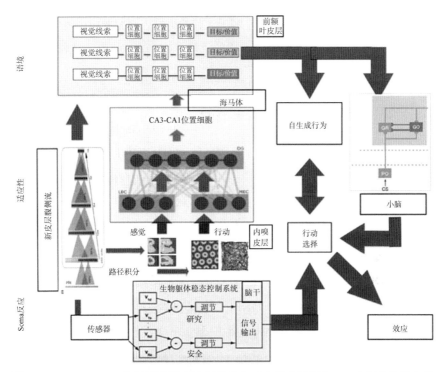

图 3.10　NeuroDAC：将用于机器人控制的分布式自适应控制（DAC）架构的核心元素映射到啮齿动物大脑（见 Verschure，第 36 章）

（3）**植入技术原型化**。在生物混合领域，基于大脑的系统具有取代或增强人类认知功能的长期潜力。这些系统在具身化神经机器人模型系统进行预先测试，非常有益于植入性神经假体研究（见 Song and Berger，第 55 章）。

确定的风险包括：

（1）**安全性和可检验性**。基于大脑的系统，以及其他受大脑启发的技术，如深度学习，在检验它们是否能准确、安全运行时面临着相当大的挑战。标准的软件检验方法不太可能应用于这些技术领域，因为分析缺乏可处理性。深入的软件模拟可能是部分解决方案，但需要精心设计检验机制，确定并提供足够的系统测试，以应对低概率、高风险的情况。

（2）**生物数据的两用性问题**。神经科学数据是从活体组织中介入性采集的。因此，基于大脑的仿生学研究与动物研究的伦理道德问题密切相关，即使人工方法不直接涉及动物实验。基于大脑的机器人研究的一个重要贡献就是可以采用人工合成替代方法，在实验之前通过物理建模来完善科学假设，从而减少所需动物实验的数量。

（九）领域 9：嗅觉和化学感知

人工嗅觉（或化学感知）是工程领域的一项新兴要求，有越来越多的应用需要检测固体、液体或气体介质中特定化学物质的存在及其浓度。这些应用领域包括：食品加工质量控制；医学检验和诊断；毒品、爆炸物、危险或非法物质检测；军事和执法，如化学战剂侦检；灾害应对，如有毒工业化学品；以及环境污染物监测。成功设计人工嗅觉模式分析系统需要仔细考虑各种多变量数据处理问题，包括信号预处理、特征提取、特征选择、分类、回归、聚类和验证，而仿生启发方法由于其强大的鲁棒性和准确性，具有非常鲜明的特点（图 3.11；见 Pearce，第 17 章）。

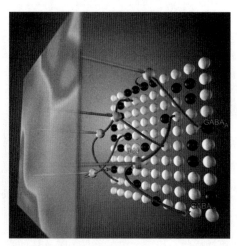

图 3.11　仿生方法可以催生更精确、更强大的机器嗅觉解决方案，如受昆虫启发的神经网络模型（见 Pearce，第 17 章）

转载自 Marco，A. Gutiérrez-Gálvez，A. Lansner，D. Martinez，J. P. Rospars，R. Beccherelli，A. Perera，T. C. Pearce，P. F. M. J. Verschure，and K. Persaud，A biomimetic approach to machine olfaction，featuring a very large-scale chemical sensor array and embedded neuro-bio-inspired computation，Microsystem Technologies，20（4），pp. 729–742，S. © Springer-Verlag Berlin Heidelberg，2013. With permission of Springer

该研究领域专家确定了嗅觉和化学感知的多个目标：

（1）**神经形态与自然性能的比较。**机器学习在气味分类的某些方面表现很好，但在单个类别的划分上非常困难，而由嗅球和嗅皮质组成的哺乳动物嗅觉系统在这两方面表现得都很好。主动感知（嗅探）也很有意义。其他动物，如蜜蜂、飞蛾和龙虾的化学感觉系统，也是神经形态建模的目标，可以提供非常有价值的线索。

（2）**嗅觉的多模态感知。**其目标是将人工嗅觉与其他感觉结合起来，例如，使用来自流体传感器的信息加以补充。

（3）**改进人工传感器。**神经形态化学传感器受到传感器质量的制约：目前的受体类型、灵敏性和多样性都还远远不够。生物混合可能是答案的一部分，例如，艾尔斯（见 Ayers，第 51 章）介绍了控制生物混合原型机器人滑动行为的化学感知系统。

（十）领域 10：仿生听觉和回声定位

听觉是通过解释来自不同方向、不同频率的压力波来理解世界的能力（见 Smith，第 15 章）。在本质上，听觉感知通常对于生存至关重要；与现有技术相比，一些动物在分辨力、物体识别和材料表征方面，甚至进化出了更为优越的能力（Assous *et al.*，2012）。例如，蝙蝠可以比现有技术更有效地分辨声波脉冲，而海豚能够根据声波能量辨别不同的材料；这些动物还表现出了非常出色的声学聚焦特性。动物拥有的这些能力启发了仿生机器人的发展，例如，图 3.12 所示的"蝙蝠机器人"（bat-bot）（Schillebeeckx *et al.*，2010），它可以扭动耳朵，这是蝙蝠经常采用的一种主动传感技术，用于调节回声特性。仿生回声定位在空中和水中有着广泛应用，尤其是用于发展改进空中和海洋机器人的声呐导航和目标检测/分类。

图 3.12　CIRCE 蝙蝠机器人的头部安装了仿生声呐和可移动人工耳廓，能够进行双耳三维定位

图片来源：© Herbert Peremans

该研究领域专家确定了人工听觉的多个目标：

（1）**改进传感技术**。具有更高分辨率和成像能力的声学技术可以增强材料、工艺和结构的物理特性。

（2）**传感器技术的新应用**。例如，耳蜗植入物可以利用声音来定位方向，这是当前技术面临的一个挑战，最新的进展可参考莱曼和范·夏克（见Lehmann and van Schaik，第 54 章）的介绍。

（3）**低功耗有源传感器**。有源传感器在发射能量（如声波）以分辨物理系统时，需要降低达到给定分辨率所需的峰值功率。

（4）**提高信噪比能力**。听力和其他感觉方式一样，我们可以学习动物用来减少感知信噪比问题的策略，例如，消除自身产生的噪声。

（十一）领域 11：手和触觉

触觉传感器可用于感受各种各样的刺激，从检测是否抓住物体到形成完整的触觉图像（见 Lepora，第 16 章）。触觉传感器可以是由称为"触觉晶体管"（taxel）的触觉敏感单元组成的阵列，类似于感觉的机械感受器。通过触觉传感器进行的测量应当提供关于抓握状态的大量信息，例如，操纵状况和接触对象的属性。自然界已经进化出许多不同类型的触觉传感器实例，可以启发人工器件的发展，如人类的指纹、啮齿动物的触觉胡须、星鼻鼹鼠的星形触手等。触觉传感的一个重要应用是有助于再现人类的抓握和操纵能力（见 Cutkosky，第 30 章）。即使许多机器人设备已经开发了各种机械手，从非常简单的夹具到非常复杂的类人机械手（图 3.13），但它们在非结构化环境中的可用性和可靠性仍然远远低于人类的能力。另一个重要应用领域是为假肢创建触觉敏感

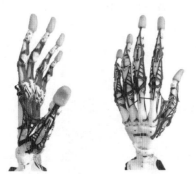

图 3.13　西雅图华盛顿大学研制的一只高度类人化的机器人手。参考卡特科斯基（见 Cutkosky，第 30 章）对仿生手抓握和操作策略的探讨

表面（见 Bensmaia，第 53 章）。最近的一部著作　《触觉学术百科》（*Scholarpedia of Touch*）（Prescott *et al.*，2016a）收集了许多关于生物触觉系统，以及通过仿生学在人造物中进行触觉模拟的文章。

该研究领域专家确定了手和触觉的多个目标：

（1）**机器人对触觉的认知**。机器人的实用性和安全性可以通过开发和集成仿生系统得到提高，该系统能够实现对触觉事件的反射反应，能够灵活展现物理接触的空间和时间分布模式，能够利用触觉数据构建身体图式（见 Asada，第 18 章）并支持物理交互。

（2）**人机触觉交互**。采用触觉反馈的仿生系统可以提高人机交互能力；例如，刺激人类有毛皮肤中的 C-触觉纤维系统，该系统被认为是情感和社会接触的基础。

（3）**可提供假肢修复和远程触觉的虚拟皮肤**。触觉传感在假肢中的应用尚未拓展到原型系统之外（见 Bensmaia，第 53 章），但在提高假肢抓取和操纵物体的可用性方面具有明显的社会效益。另一个应用是在远程操作和机器人手术等场景中向人类操作者提供触觉反馈。这两种应用都需要触觉感知能力和展示能力，以便其产生的信号能够以容易理解的方式传递给用户。

（4）**灵巧操作**。机器人技术尚未解决的一大难题是实现人类水平的物体操作。触觉感知以及机器学习和人工手眼协调可能是关键解决方案。在所有这些领域，基于大脑的建模可以提供非常有用的见解。灵巧操作在许多应用领域具有很高的价值，包括全自动装配线、农业机器人（特别是农作物收割）和医疗保健（特别是物理机器人与人类之间的交互）。

确定的风险包括：

（1）**传统机器人手存在局限性**。机器人的设计解决方案继承了传统力学的观点，这在某种程度上是目前机器人无法再现人类水平的操作能力的原因之一。欠驱动和软夹具方面的最新进展可能对此提供了部分解决方案。

（2）**威胁人类劳动力**。世界上有相当一部分劳动力从事的是人类消费产品的手工装配工作。随着这一工艺的自动化程度越来越高，它将对社会和经济产生重大影响。可能需要采取一些政治行动，以确保这些技术带来的生产力的进步有利于每个人。

三、生命机器的方法

除了对具体研究领域进行评论外，我们还要求接受采访的专家对生命机器研究进行更广泛的评论。本章将他们较多关注的问题和经验总结如下：

（1）**生命机器研究的良好实践**。仿生学方法必须始终扎根于自然和生物医学科学，并与工程科学的最佳实践和知识相联系，否则，该领域将面临被孤立的风险，丧失对流行、趋势的敏感性以及由此导致的不相关性。在仿生学领域，工程师和科学家之间的联系通常比较脆弱，但建模人员和科学家之间以及建模人员和工程师之间有着良好的联系。为了更好地跨越这一鸿沟，我们需要更多在工程和科学领域都接受过良好研究训练的研究人员。我们还需要确定能够跨越不同领域转化的仿生学方法，以及传播科研良好实践的更好途径。穆拉和普雷斯科特（见 Mura and Prescott，第 64 章）介绍了生命机器研究相关跨学科训练的国际场景，以及将其提高完善的一些策略。

（2）**超越生物灵感**。与上一条相似，新手的错误是试图做一些具有一点科学性和工程性但目标性并不明确的事情。研究人员应该有一个明确的工程挑战需要解决，或者如果想为生物学发展做出贡献，就必须充分了解相关子领域以确保为其增添新的科学知识。人们虽然可以同时做这两件事，但很容易中途失败。

（3）**仿生学的局限性**。生命机器方法并不是解决所有工程挑战的灵丹妙药。我们可以学习大自然的独创性，但我们应该批判性地学习，而不是盲目追随。盲目乐观者（panglossian）假设自然界的一切都已经得到了优化，这显然是错误的（Gould and Lewontin，1979）。重点应该是运用仿生学来确定并制造备选工程解决方案的原型。工程学可以对大自然进行改进，但往往需要赶上大自然的能力。

（4）**公众认识态度**。要想获得对生命机器研究的支持，包括更多的经费资助，需要更好地与公众沟通我们的目标、方法和成果。与任何新技术一样，仿生和生物混合系统技术也会带来一些社会风险，但这一领域尤其容易引发制造出各种怪物的恐惧（见 Szollosy，第 61 章），或者批评它将促进违背更广泛的公共利益的人类个体的增强（见 Hughes，第 57 章）。如果公众认为科学家傲慢自大或过分注重商业利益，他们对科学研究的看法可能会迅速恶化。因为过度依赖商业或军事资金而导致的保密问题，也可能造成一种不信任氛围。科学和工程并非价值中立的，重要的是，生命机器研究领域应当公开、诚实地评价其目标，并接受公众的批评（Prescott *et al.*，2016b）。

（5）关注现实世界的挑战。有一种错误的观点认为，纯粹的科学才是最好的科学。如果以巴斯德（Pasteur）为例[①]，我们可以看到，当实际应用问题与基础科学相互结合时，科学研究通常才最有效、最重要、最具影响力。例如，通过发展大脑理论来解决脑卒中康复面临的挑战（见 Ballester，第 59 章）。幸运的是，"通过制造才能理解"（understanding through making）的生命机器理念（见 Verschure and Prescott，第 2 章）毫无疑问对世界产生了积极的影响，但必须认识到，将概念验证转化为社会效益的步骤还需要更多的努力。在我们看来，由于现代技术社会的可持续性危机日益严重，目前对生命机器技术有着特殊的需求（见 Halloy，第 65 章）。除非我们能向大自然学习如何在维持人类生活方式的同时不破坏其支撑环境，否则我们就有可能重蹈过去人类文明覆辙的危险（Diamond，2005），唯一的区别是这次将是全球性的。

四、结语

我们开展的路线图调查研究表明，生命机器研究已经进入一个快速发展的阶段，在科学技术的各领域都产生了广泛的影响。综上所述，这些发现表明，仿生和生物混合方法在机器人学、材料科学、神经科学和其他学科中越来越重要，在未来几十年内有望产生重大的社会和经济影响。

人们常说，未来的科学发现很难预测，但在仿生学领域不一定如此。我们周围的自然界就有很多非常突出的实例。未来制造的人工装置将具有与自然界类似的能力，从大规模生产基于昆虫的微型飞行器，到基于人手的机器

---

① 巴斯德的大部分科学生涯都在研究诸如家畜疾病和糖类发酵等实际问题；但他的研究却催生了一系列重要的科学发现，如疾病的细菌理论和微生物学的诞生。参见斯托克斯（Stokes，1992）对"巴斯德象限"（Pasteur's quadrant）概念的探讨，该象限是将基础科学与应用问题相结合开展社会相关重要研究的最佳结合点。

人操纵器，再到基于鱼的游泳机器人。当我们变得越为生物混合时，它们对社会、经济、生活方式或人类状况的影响就越不确定。在探索这一激动人心的世界时，我们必须谨慎行事，并适当注意我们的步伐可能产生的影响。

致谢

　　本章提到的路线图调查及相关活动得到了欧盟第七框架计划中"未来新兴技术"（FET）旗舰计划，以及协调行动"仿生学和生物混合系统会聚科学网络"（CSNI, ICT-248986）和"仿生学和神经技术会聚科学网络"（CSNII, ICT-601167）的资助。我们感谢参加 CSN 活动和会议的所有演讲者和参与者，他们帮助制定或激励我们提出了生命机器的方法，或者以各种各样的方式为该路线图贡献出了宝贵的想法。

路线图重要贡献者

Robert Allen, Professor in Biodynamics and Control, University of Southhampton, UK

Joseph Ayers, Professor of Marine and Environmental Sciences, Northeastern University, MA, USA

Dieter Braun, Professor in Systems Biophysics, Ludwig Maximilians University, München, Germany

Yoseph Bar-Cohen, Senior Research Scientist, Jet Propulsion Laboratory, California Institute of Technology, CA, USA

Mark Cutkovsky, Fletcher Jones Professor of Mechanical Engineering, Stanford University, CA, USA

Yiannis Demeris, Professor in Human-Centred Robotics, Imperial College, London, UK

Frank Grasso, Associate Professor in Psychology, Brooklyn College, NY, USA

Mitra Hartmann, Professor of Biomedical Engineering and Mechanical Engineering, Northwestern University, IL, USA

Auke Ijspeert, Professor, Head of Biorobotics Laboratory, École polytechnique fédérale de Lausanne, Switzerland

William Kier, Professor in Marine Biology, Biomechanics of musculoskeletal systems, University of North Carolina, NC, USA

Danica Kragic, Professor of Computer Science, KTH Royal Institute of Technology, Sweden

Maarja Kruusma, Professor of Biorobotics, Tallinn University of Technology, Estonia

David Lane, Professor of Autonomous Systems Engineering, Heriot-Watt

University，Edinburgh，UK

Nathan Lepora，Associate Professor in Engineering Mathematics，University of Bristol and Bristol Robotics Laboratory，UK

David Lentink，Assistant Professor in Mechanical Engineering，Stanford University，CA，USA

Tim Pearce，Reader in Bioengineering，University of Leicester，UK

Giovanni Pezzulo，Researcher at the National Research Council of Italy，Institute of Cognitive Sciences and Technologies（ISTC-CNR），Rome，Italy

Andrew Phillipides，Reader in Informatics，University of Sussex，UK

Barry Trimmer，Henry Bromfield Pearson Professor of Natural Sciences，Tufts University，MA，USA

Tony Prescott，Professor of Cognitive Robotics，Sheffield University，UK

Paul Verschure，Professor of Cognitive science and Neurorobotics at the Technology Department，Universitat Pompeu Fabra，Spain

Ian Walker，Professor of Electrical and Computer Engineering，Clemson University，SC，USA

David Zipser，Professor Emeritus of Cognitive Science，University of California，CA，USA

参 考 文 献

Assous, S., Lovell, M., Linnett, L., Gunn, D., Jackson, P. and Rees, J., 2012. A novel bio-inspired acoustic ranging approach for a better resolution achievement. In: S. Bourennane (ed.), *Underwater Acoustics*. Rijeka, Croatia: InTech. doi: 10.5772/32924

Boden, M., Bryson, J., Caldwell, D., Dautenhahn, K., Edwards, L., Kember, S., Newman, P., Parry, V., Pegman, G., Rodden, T., Sorrell, T., Wallis, M., Whitby, B., and Winfield, A. (2017). Principles of robotics: regulating robots in the real world. *Connection Science*, 29(2), 124–9. doi:10.1080/ 09540091.2016.1271400

Cianchetti, M., Calisti, M., Margheri, L., Kuba, M., and Laschi, C. (2015). Bioinspired locomotion and grasping in water: the soft eight-arm OCTOPUS robot. *Bioinspiration & Biomimetics (Special Issue on Octopus-inspired robotics)*, 10, 035003.

de Croon, G.C.H.E., Ruijsink, R., Perçin, M., De Wagter, C., and Remes, B.D.W. (2016). *The DelFly: Design, Aerodynamics, and Artificial Intelligence of a Flapping Wing Robot*. Dordrecht: Springer Science and Business Media. doi: 10.1007/978-94-017-9208-0

Diamond, J. (2005). *Collapse: How Societies Choose to Fail or Succeed*. New York: Viking Press.

Gould, S. J., and Lewontin, R. C. (1979). The spandrels of San Marco and the Panglossian paradigm: a critique of the adaptationist programme. *Proc. R Soc. Ldn B: Biol. Sci.*, 205(1161), 581–98.

Hobbelen, D., de Boer, T., and Wisse, M. (2008). System overview of bipedal robots Flame and TUlip: Tailor-made for limit cycle walking. In: *2008 IEEE/RSJ International Conference on Intelligent Robots and Systems*. IEEE., pp. 2486–91.

Kernbach, S., Meister, E., Schlachter, F., Jebens, K., Szymanski, M., Liedke, J., Laneri, D., Winkler, L., Schmickl, T., Thenius, R., and Corradi, P. (2008). Symbiotic robot organisms: REPLICATOR and SYMBRION projects. In: *Proceedings of the 8th workshop on performance metrics for intelligent systems*. ACM, pp. 62–9.

Lee, E. A. (2008). Cyber Physical Systems: Design Challenges. *11th IEEE International Symposium on Object and Component-Oriented Real-Time Distributed Computing (ISORC)*, Orlando, FL, 2008, pp. 363–9. doi: 10.1109/ISORC.2008.25.

Lepora, N. F., Verschure, P., and Prescott, T. J. (2013). The state of the art in biomimetics. *Bioinspiration & Biomimetics*, 8(1), 013001.

Liu, J., and Hu, H. (2006). Biologically inspired behaviour design of autonomous robotic fish. *International Journal of Automation and Computing*, 3(4), 336–47.

Mangan, M., Cutkosky, M., Mura, A., Verschure, P. F. M. J., Prescott, T. J., and Lepora, N. (eds), *Biomimetic and Biohybrid Systems: 6th International Conference, Living Machines* 2017, Stanford, CA, USA, July 26–28, 2017, Proceedings (pp. 86–94). Cham: Springer International Publishing.

Martinez, D., and Montejo, N. (2008). A model of stimulus-specific neural assemblies in the insect antennal lobe. *PLoS Comput. Biol.*, 4(8): e1000139

Mathews, Z., Lechon, M., Calvo, J. M., Dhir, A., Duff, A., Bermudez i Badia, S., and Verschure, P. F. M. J. (2009). Insect-like mapless navigation based on head direction cells and contextual learning using chemo-visual sensors. In: *IEEE/RSJ International Conference on Intelligent Robots and Systems*. IEEE, pp. 2243–2250. doi: 10.1109/IROS.2009.5354264.

Newell, A. (1990). *Unified Theories of Cognition*. Cambridge, MA: Harvard University Press.

Pfeifer, R., and Verschure, P. (1995). The challenge of autonomous agents: Pitfalls and how to avoid them. In: L. Steels and R. Brooks (eds.), *The artificial life route to artificial intelligence: building embodied, situated agents*. Hillsdale, New Jersey: Lawrence Erlbaum Associates, pp. 237–63.

Prescott, T. J. (2015). Me in the Machine. *New Scientist*, 21 March 2015, 36–9.

Prescott, T. J. (2017). Robots are not just tools. *Connection Science*, 29(2), 142–9. doi:10.1080/09540091.2017.1279125

Prescott, T. J., Ahissar, E, and Izhikevich, E. (2016a). *Scholarpedia of Touch*. Amsterdam: Atlantic Press.

Prescott, T. J., Ayers, J., Grasso, F. W., and Verschure, P. F. M. J. (2016b). Embodied Models and Neurorobotics. In: M. A. Arbib and J. J. Bonaiuto (eds), *From neuron to cognition via computational neuroscience*. Cambridge, MA: MIT Press, pp. 483–512.

Prescott, T. J., Lepora, N. F., Mura, A., and Verschure, P. F. M. J. (eds) (2012). *Biomimetic and Biohybrid Systems: First International Conference, Living Machines 2012*, Barcelona, Spain, July 9–12, 2012, Proceedings (Vol. 7375). Basel: Springer.

Schneider, A., Paskarbeit, J., Schaeffersmann, M., and Schmitz, J. (2012). Hector, a new hexapod robot platform with increased mobility-control approach, design and communication. In: U. Rückert, J. Sitte, and F. Werner (eds), *Advances in Autonomous Mini Robots*. Berlin Heidelberg: Springer, pp. 249–64.

Schillebeeckx, F., De Mey, F., Vanderelst, D., and Peremans, H. (2010). Biomimetic sonar: binaural 3D localization using artificial bat pinnae. *The International Journal of Robotics Research*, 30(8), 975–87.

Stokes, D. E. (1992). *Basic Science and Technological Innovation*. Washington: Brookings Institution Press.

Verschure, P.F. (2012). Distributed adaptive control: a theory of the mind, brain, body nexus. *Biologically Inspired Cognitive Architectures*, 1, 55–72.

Ward, T. A., Fearday, C. J., Salami, E., and Soin, N. B. (2017). A bibliometric review of progress in micro air vehicle research. *International Journal of Micro Air Vehicles*, 9(2), 146–65. doi:10.1177/1756829316670671

Wood, R. J. (2014). The challenge of manufacturing between macro and micro. *American Scientist*, 102(2), 124.

Xu, Z., and Todorov, E. (2016). Design of a highly biomimetic anthropomorphic robotic hand towards artificial limb regeneration. In: *2016 IEEE International Conference on Robotics and Automation (ICRA)*, Stockholm, 2016. IEEE, pp. 3485–92.

第二篇

生　命

第4章
生　命

Tony J. Prescott

Sheffield Robotics and Department of Computer Science,
University of Sheffield, UK

新兴的生命机器研究领域的一个核心原则是，有生命的、活动的生物实体（有机体），与某些能够呈现自主行为的人工实体（机器）有着许多共同点。但是在这种相似性的基础上，更具说服力的是通过观察本书中描述的许多人造物类似生命的行为，提出一系列具有批判性但仅部分得到回答的问题。也许其中最根本的问题就是"生命是什么？"

本篇各章深入探讨了这一核心问题，即探讨了生命系统的一些最基本的特性，如自组织、进化、代谢、生长、自我修复和繁殖的能力。但也许最好的开始方式是生物学家路德维希·冯·贝塔朗菲（Ludwig von Bertalanffy）关于生命问题的回答，这是 20 世纪最敏锐、最具前瞻性的思想之一。

冯·贝塔朗菲认为，尽管有机体可以被看作是极其大量过程的集合机，并且可以对其进行物理和化学描述及解释，但仅靠描述并不能深入到生存与死亡问题的核心（von Bertalanffy，1932，1969）。使有机体生存而非死亡的原因需要不同的解释，而这就是存在秩序（order）[①]。他接着解释说，秩序是以不同的形式出现的，他通过引用本书的核心思想——"生命机器"——来说明这一点（Bertalanffy，1969）。从 17 世纪的钟表机器，到蒸汽时代的热力学机器，再到控制论的自我调节机器，他发现了从不同尺度、从千差万别的化学和物理底物，以及从精心设计的人工系统中涌现出的秩序模式。他认为，机器的比喻可以让我们重新审视生物体，把它们看作是由许多小分子机

[①] 冯·贝塔朗菲还强调了生命实体的整体性，部分受到 "格式塔"（Gestalt）概念的影响（Köhler，1924）。对整体而非各部分之和的强调，贯穿渗透了冯·贝塔朗菲建立的生物学多尺度方法。

器组成的，这些小分子机器错综复杂地结合在一起并相互支撑和维持。

　　但是冯·贝塔朗菲也在生物体和机器之间的类比中发现了一些问题，或者至少是未能得到解决的问题，其中之一就是起源问题。既然有机体是进化出来的，机器是制造出来的，那么关于机器的理论如何帮助解开生命起源的奥秘呢？尤其是，机器能够自我制造吗？我们将在本书各章中看到开始回答起源问题，这一问题的答案可能是，生命机器能够以各种方式回到生命肇始之初。

　　冯·贝塔朗菲的第二个问题涉及的是规则。他在图灵之后认识到，许多复杂过程都能够分解成一系列可由自动机重现的步骤（算法）。然而他担心，这些生命所需过程的基本步骤数量可能过多，根本无法计算。得益于 60 多年来计算技术的进步，这一点现在更容易得到保证，特别是以越来越小的规模实现更快速计算的趋势在不断继续。也许同样重要的是，生命机器科学也表明了生命规则基本原理是可以抽象出来的，并且应该有可能重新创造出冯·贝塔朗菲认为的对自然生命系统非常重要的动力学模式，而无须了解自然生命复杂丰富的所有生物化学基础。

　　最后，冯·贝塔朗菲想知道生物体作为连续交换组分系统的基本特征，这个过程我们称之为代谢。如果代谢是创造生物体的原因，那么将生物体作为机器的更高层次的描述（例如，其控制能力）就无法解释生命。相反，在我们能用我们的人造自动机探索所有这些更有趣的类比之前，自然界已经需要秩序来让有机体存在，并允许保持其存在[①]。

　　这使我们想到了冯·贝塔朗菲认为的支持生命的核心思想，即生物体是一个"开放系统"（open system）的概念。开放系统与封闭系统（例如，试管内的化学反应）相比，是一个不断与环境交换物质材料的系统，并且至少可以暂时成功地阻止热力学第二定律——向熵增或最大程度无序化发展的趋势。生物体在远离熵增的过程中，达到并保持一种类似于平衡但又并非真正平衡的稳定状态。为了保持这种状态，它们确实努力运作并且不停运行，

―――――――――
　　① 冯·贝塔朗菲写道："生物体的机器样结构并不能成为生命秩序进程的最终原因，是因为机器本身被维持在有序的进程流中。因此，首要的秩序必须存在于过程本身中。"（von Bertalanffy, 1969, p. 141）

能够产生我们在生命系统中看到的所有奇妙特性，如行为和认知。

在过去一个世纪里，生命是自我维持开放系统的这一概念得到了进一步的发展。物理学家薛定谔大力宣扬了生物体以"负熵"（negative entropy）为养料从环境中提取秩序的概念（Erwin Schrödinger，1944），而化学家伊利亚·普里高津则强调，维持生命的动力学过程具有不可逆性，他将生命系统描述为一种依靠能量吞吐而蓬勃发展的结构，能量随后散失到环境之中（Prigogine and Stengers，1984）。哈姆伯图·马图拉纳和弗朗西斯克·瓦雷拉在他们的"自创生机器"（autopoietic machine）概念中提出了一个关于生命机器的正式定义，即捕捉生命的自我生成本质以及生物活体获取和分配其在边界内稳定自身所需材料的能力（Humberto Maturana and Francisco Varela，1973/1980）。尽管有各种各样的尝试来创建诸如计算模型之类的机器（Agmon et al.，2016；McMullin，2004），但很难建立一个能体现这些想法的物理设备；除了本书中介绍的一些机器外，现今的大多数机器人都强制采取了固定物理硬件和可变软件的分离，因此，机器人具身化通常与自创生具身化非常不同（Ziemke，2004）。

本篇各章进一步探讨了关于生命本质的这些基本问题，以及通过建造生命机器来了解它们的一些步骤。

我们从突现秩序概念本身开始，近几十年来，人们越来越多地用"自组织"（self-organization）这个词来描述它。威尔逊（见 Wilson，第 5 章）探讨了自组织的基本性质，它与混沌的关系，以及在生物有机体进化中的作用。

接下来我们看看新陈代谢的问题，以及通过收获和代谢"食物"来产生自身能量的生命机器的发展步骤。具体来说，埃罗普洛斯及其同事（Ieropoulos，第 6 章）探讨了微生物燃料电池与其内置机器人身体之间的共生关系，以及从生物内稳态中吸取经验来设计与建造自我维持的生命机器。

摩西和奇里克坚（见 Moses and Chirikjian，第 7 章）从冯·诺依曼（von Neumann）设计的细胞自动机开始——又称为通用构造器（universal constructor）——研究了机器复制的关键挑战部分，该设计既允许机器复制，也支持开放式增长。摩西和奇里克坚回顾了试图建立这类物理实例系统的历史，一直到最近受细胞分子生物学启发构建的模块化机器人系统。

生物有机体是进化和发育两大过程的产物，当代系统生物学越来越认识到这两个过程的相互依赖性，它们导致了在自然界中所发现生命形式的复杂性和多样性。人工进化在人工合成系统中得到了广泛探索，然而，将进化和发育相结合的尝试——人工进化发育生物学（evo-devo）——研究进展少之又少。普雷斯科特和克鲁比策（见 Prescott and Krubitzer，第 8 章）回顾了现代生物合成中的一些关键思想，特别是与神经系统进化与发育相关的理念，并展示了如何开展研究，实现生命机器的进化发育。

生命系统的运动和生长是马佐莱（见 Mazzolai，第 9 章）关注的重点，特别是植物作为生命机器可以在各种恶劣环境条件下生存，我们对其开展研究可以学习到哪些经验。马佐莱解释了植物生物学特别是植物根系，如何激励设计新型的植物启发执行器系统。

文森特（见 Vincent，第 10 章）探讨了广泛的生物材料主题，指出了其复合性、耐用性和多功能性。文森特思考了如何向生物学习，制造能够自我组装的低能耗、高性能材料。

生命系统的适应性在一定程度上源于它们对变化或损伤的自我监控、适应或自我修复能力。邦加德（见 Bongard，第 11 章）讨论了生命机器如何运用自我模型来了解自身形态、适应变化、向他人学习，或者从一种身体结构变形为另一种身体结构。

最后，本篇通过回到生命本质的核心问题，以及回到引起冯·贝塔朗菲和其他许多人感兴趣的生命系统和人造系统之间的差异来结束讨论。迪肯（见 Deacon，第 12 章）以达尔文的进化论、冯·诺依曼的通用构造器及自组织理论为基础，试图建立一种跨越有机和无机两大领域的通用进化论，以解决达尔文自然选择理论遗留下来的挑战——能够自我复制的生物体的起源，马斯特等（见 Mast et al.，第 39 章）在本书稍后部分，通过自我复制分子开放系统的物理和化学特性对该问题进行了经验探索。在阐述这一理论时，迪肯拒绝了"生物体仅仅是机制"（mere mechanism）的概念，并试图在我们对生命系统的定义中重新引入"能动性"（agency）的概念。具体地说，他认为生命实体既是自我规范（self-specifying）的，又是自我决定（self-determining）的，它们创造了自己内在的目的论或目标，并决定其动力学演化方向。

　　如果迪肯是正确的,那么生命机器开发者可能需要将更多的生物系统核心"形成力"(formative power)内嵌到人造物中,以使它们具有真正的生命。然而,除此之外,我将追随马图拉纳和瓦雷拉(Maturana and Varela),对改变游戏规则的进一步努力表示怀疑:

　　在某种程度上,生命组织的性质是未知的,你不可能认识到何时手头上掌握有实际具体的人工合成系统或对其展示系统的描述。除非你知道什么是生命组织,否则你就不知道哪一个组织是有生命的。在实践中,人们普遍认为植物和动物是有生命的,但它们作为生命的特征是通过详细列举其特性来完成的。其中,生殖和进化似乎是其决定因素,对于许多观察者来说,作为生命的条件似乎服从于拥有这些属性。然而,当这些属性被纳入一个具体的或概念上的人造系统时,那些在情感上不接受生命本质可以被理解的人,立即将其他属性视为与生命相关,并且不断提出新的要求,不接受将任何人工合成系统作为生命(Maturana and Varela,1973/1980,p.83)。

参 考 文 献

Agmon, E., Gates, A.J., Churavy, V., and Beer, R.D. (2016). Exploring the space of viable configurations in a model of metabolism–boundary co-construction. *Artificial Life*, **22**(2), 153–71. doi:10.1162/ARTL_a_00196

Bertalanffy, L. v. (1932). *Theoretische Biologie: Band 1: Allgemeine Theorie, Physikochemie, Aufbau und Entwicklung des Organismus*. Berlin: Gebrüder Borntraeger.

Bertalanffy, L. v. (1969). *General system theory: foundations, development, applications*. New York: Braziller.

Köhler, W. (1924). *Die physischen Gestalten in Ruhe und im stationären Zustand*. Braunschweig: Vieweg.

Maturana, H., and Varela, F. (1973/1980). *Autopoiesis: the organization of the living*. Dordrecht, Holland: D. Reidel Publishing.

McMullin, B. (2004). Thirty years of computational autopoiesis: A review. *Artificial Life*, **10**(3), 277–95.

Prigogine, I., and Stengers, I. (1984). *Order out of chaos: Man's new dialogue with nature*. New York: Bantam Books.

Schrödinger, E. (1944). *What is Life?* Cambridge, UK: Cambridge University Press.

Ziemke, T. (2004). Are robots embodied? In: C. Balkenius, J. Zlatev, H. Kozima, K. Dautenhahn, and C. Breazeal (eds), *Proceedings of the First International Workshop on Epigenetic Robotics: Modeling Cognitive Development in Robotic Systems*. Lund University Cognitive Studies, **85**. Lund: LUCS.

第5章
自　组　织

Stuart P. Wilson

Department of Psychology, University of Sheffield, UK

　　自组织是对系统内部动力学的一种描述,系统中个体之间的局部交互共同产生全局秩序,即个体无法观察到整体性模式。根据这一工作性定义,自组织与混沌密切相关,即确定性系统的动力学中所具有的全局性秩序在局部上不可预测。一个有意义的区别在于,混沌系统的微小扰动都会导致其轨迹的巨大偏差,即所谓的蝴蝶效应,而自组织模式对噪声和扰动具有鲁棒性。对许多人来说,自组织对于理解生物过程和自然选择理论同样重要。对一些人来说,自组织解释了自然界中为生存而竞争的复杂形式起源于何处。本章概述了从自组织系统模拟研究中得出的一些基本观点,然后提出了生物混合社会如何应用自组织原理构建新的生命系统理论。

一、生物学原理

　　自组织最有影响力的描述也许可以从图灵(Turing,1952)所思考的方程组中发现。图灵将化学系统中的形态发生(morphogenesis,即模式生成)描述为活化剂(activator,即提高反应速率的化学物质)和抑制剂(inhibitor,即降低反应速率的化学物质)之间局部相互作用而突现产生的特性。图灵方程描述了活化剂与抑制剂之间的平衡和空间分布如何影响化学反应在连续介质中的二维分布,例如,培养皿中的物质。图灵认为,活化剂和抑制剂的影响是局部的、均匀的,因此他的方程本质上定义了二维内核在介质中的迭代应用。他指出,对内核形式的不同约束条件会产生动力学,进而导致不同反应模式的涌现。至关重要的是,产生规律模式的约束条件所涉及的活化剂,其局部影响要强于抑制剂。在这种限制条件下,化学物质初始分布中的任何轻微扰动都会导致化学反应在活化剂浓度升高位点的周围聚集，并使相邻浓度在介质中分离成由内核形式和边界形状（如培养皿）决定的规律模式。类似于当两端固定的绳子振动时，小部分模式被选择性地放大，不同内核在图灵不稳定性（Turing instabilities）中会选择性地放大特定的模式，从而涌现出规律性间隔的斑点（如豹子）、条纹（如斑马）、指纹图案（如灵长类）、狄利克雷域（Dirichlet domain，如啮齿动物大脑皮质柱）等。一个重要的观点是，虽然不同的随机初始化学分布会导致涌现出不同的模式，但它们的整体定性形式将由内核确定，例如，斑点可能涌现于不同的身体部位，但它们的大小、形状和跨介质空间频率是相等的。

正如图灵形态发生所证明的那样，自组织常被描述为从无计划的个体交互系统中自发涌现出全局秩序（例如，Camazine et al.，2001）。在某些系统中，有意义的扩展是将自组织描述为计划（或图式）的突现，即对功能有影响从而对适应性有影响的组织。这种扩展可以通过自组织映射算法得到最清晰的解释，该算法演示了网络之外世界的统计学结构，如何随着时间推移而整合到网络的功能组织中。一个具体的实例是冯·德·马尔堡的神经网络模型（von der Malsburg，1973）。

冯·德·马尔堡建立了一个哺乳动物初级视皮质（V1）如何发展形成神经元偏好空间组织模式，从而对视网膜边缘进行定向的模型。该网络由视网膜对应的二维人工光感受器层以及 V1 对应的兴奋性和抑制性神经元层组成。当光感受器以类似于定向线条图像的模式被激活时，V1 神经元的反应表现为邻近时会相互兴奋，分离时则会相互抑制，从而产生一种类似于图灵研究的周期性动力学，其中跨 V1 神经元层的随机活动初始模式被收集到局部活动"气泡"中。这种动力学通过视网膜和 V1 连接处的赫布型学习（Hebbian learning）得到巩固，这增加了在动力学稳定后，活性光感受器对神经元产生与其活动成比例的未来影响。因此，如果突现活动气泡中所包含的神经元首先涉及光感受器激活，则随后会更加活跃；否则，活动更有可能起源于（并最终稳定于）V1 内其他部位神经元的周围。在经历了众多定向模式的迭代之后，每个神经元都对特定方向产生选择性的反应，冯·德·马尔堡发现类似的定向可以被相邻的神经元所表示，从而在 V1 上产生类似于动物的定向偏好模式。这些模式反映了整个组织内可能方向上的空间（周期性）拓扑结构，因此可以认为是定向域的突现性计划方案。

作为对自组织的描述，图灵模型和冯·德·马尔堡模型共同的核心原则如下：①个体在局部相互作用，只对有限距离内的其他个体产生直接影响；②个体通过合作（短程化学活化剂或突触兴奋）与竞争（长程化学抑制剂或突触抑制）达到相互作用的平衡；③个体并不直接介入计划，即产生伪装模式或表现为周期性拓扑结构，因为我们可以在事后描述这些明显的规划。

我们将自组织工作性定义为系统动力学，即个体之间的局部交互共同产生全局秩序，因此可以稍微充实一点：自组织可以描述从个体之间本地合作性与竞争性交互平衡中动态涌现出的计划方案。

计划的突现并不必然导致功能的突现。例如，有人认为，自组织神经映射解剖或生理特性中的突现模式，其本身可能并没有意义（Purves et al.，1992；Wilson and Bednar，2015）。映射很可能是多余的（spandrels），也就是说，它们是因为某些非计算能力的效率而被选择的在发育机制中基本上无用的副产品。但自组织计划方案有可能通过自然选择为进化提供起点。模型可自组织成自然发生模式的能力，可以用来验证自然系统如何选择局部交互形式的相关理论。这是人工合成（synthetic）科学方法的重要组成部分（Braitenberg，1984）。例如，最近发展出的一个图灵式定向映射模型表明，只有相似方向神经关联物之间的长程抑制性相互作用才能保证哺乳动物定向映射的突现，这表明哺乳动物的大脑进化更倾向于这样的交互作用（Kaschube et al.，2010）。

自组织为进化提供了一个起点。当我们了解了如何从无序中产生有序模式时，也就打开了自然选择的进化之门，然后解释了如何通过不同形式之间的竞争来评估这些模式与环境之间的匹配性。这种自组织的观点，作为进化的必要前提，可以通过考夫曼（Kauffman，1993）的思想来加以理解。

考夫曼探究了交互节点网络，将其称为 NK 网络，其中 N 是节点数，K 是对每个节点产生影响的其他节点的平均数。考夫曼思考的是化学物质相互作用的网络，但我们认为这些节点也可以是基因、神经元或动物，诸如此类。我们设想一下在一顶帽子里有 20 个节点，它们最初互不相连。我们从帽子里随机挑选一对节点并将它们连接起来，就像在两个神经元之间添加一个突触连接，然后将它们替换到帽子中。之后再随机选择另一对节点并连接它们，一般情况下，你不太可能恰巧又选中了前一对节点中的一个。重复这一过程，每次增加一个新连接并替换帽子中原来的节点，并且每次连接都会增加随机选择的节点将帽子中与其连接的多个节点带起的机会。您正在构建的网络就被称为随机图形（random graph）。

随着随机图形中连接与节点的比率增加到 0.5 以上（例如，20 个节点之间有 10 个连接），每选择一个节点意味着带起所有其他节点的可能性会突然增加。根据连接数量绘制所带起的最大数目的节点簇，表现为 S 形曲线，表明存在相变（phase transition）；控制参数（连接比率）的逐渐变化可以导致行为的快速变化。当节点与连接数量相同时，各种长度的连接路径都将成为可能，因此一个节点被激活后就会影响到其他所有节点。考夫曼还考虑了第二个控制参数。如果节点可以开启或关闭，并且每个节点都连接到其他 3 个节点，那么可能影响每个节点的输入组合就是 $2^3=8$ 种。如果每种组合都能打开（或关闭）节点，网络中的活动将变得非常无趣；但是，当只有大约一半的输入组合能够打开给定节点时，就会发生另一种相变。这两种控制参数，连接/节点值和相互作用激活的比例，定义了一个二维空间，其中的网络动力学要么是亚临界（subcritical）的（例如，输入将所有节点固定为开或关），要么是超临界（supercritical）的（例如，动力学爆发产生混沌）。考夫曼在这个二维空间中描述了混沌边缘（edge of chaos），这是一个由亚临界和超临界之间的两种相变所定义的边界，沿着这一边界的模式动力学是自组织和自维持的。考夫曼的组合方法引导他提出：①当足够多的化学物质发生相互作用时，生命（即代谢网络中的自维持动力学）可以通过相变自发突现；②自然选择进化描述了自然系统在混沌边缘以及自组织动力学占据上风的制度中保持平衡稳定的偏好。

我们注意到，相变是自组织的一个标志，因为在系统控制参数和热力学温度概念之间可以进行直接类比，因此也注意到，自组织、热力学和生命的概念被认为是紧密交织的（Schrödinger，1967）。

二、仿生或生物混合系统

考虑到自组织和自然选择可能发生相互作用，一个对设计人工合成系统具有重要意义的观点是鲍德温效应（Baldwin effect）。不要将其与拉马克进化（后天获得特征的遗传）相混淆，拉马克进化假定生物体在其一生中收集的各种信息可以直接从表型传递到基因型；而鲍德温的核心思想是，生物体可以通过其生命周期内与环境的相互作用加速进化，从而改变未来几代的适应场景。最具体的例子是辛顿和诺兰（Hinton and Nolan，1987）建立的模型。他们设想了一个生物体种群，每个生物体的基因型都由 20 种二元状态组成，并为其指定了一个适应性环境，只有一种目标状态配置是最优的；要想在其 2^{20} 个可能状态中发现唯一一个适应峰几乎是不可能的，就如同大海捞针一样。

然而，当一部分二元状态可以随机多次翻转以模拟生物个体的生命周期，从而增加发现目标配置的机会时，遗传算法就可以快速解决这个问题。当群体中的某一个体偶然发现目标时就发生一次相变，并将其正确、可翻转状态的配置迅速传递给下一个群体，从而增加下一代的适应能力。原本粗糙的适应性场景的这种平滑化是因为辛顿和诺兰定义了适应的成本；实现目标配置所需翻转次数更少的初始遗传条件，能够使下一代以更大的概率存活下来。关键的是，可翻转状态应该是 1 还是 0 并不能直接遗传（所以这种加速进化能力不是拉马克式的），而是有能力在生命周期中修改状态从而减少遗传算法需要探索的问题空间。辛顿和诺兰（Hinton and Nolan，1987）将翻转状态能力描述为学习能力，因此他们的论文"学习如何指导进化"（How Learning Can Guide Evolution）在将鲍德温的适应性（adaptability）和进化性（evolvability）等思想和相关概念形成体系方面具有很强的影响力，当然也存在一些批评意见。

来自他们论文的以下论述，概括了现在可能被称为进化发育生物学（evo-devo）的理论（来自进化发育生物学；Carroll，2005；见 Prescott and Krubitzer，第 8 章）；其观点是进化并非通过直接规定表型形式，而是通过规定自组织算法发挥作用，其中表型是通过与环境的相互作用形成的：

……同样的组合观点也适用于进化和发育之间的相互作用。基因不是直接规定表型，而是规定适应性过程的组成成分，并将其保留在这个过程中以达到所需的最终结果。冯·德·马尔堡和威尔肖（von der Malsburg and Willshaw，1977）描述了这种自适应过程的有趣模型。沃丁顿（Waddington）提议采用这种机制在达尔文框架内来解释后天获得特征的遗传。基因面临选择压力来促进发展某些有用特征以应对环境。在极限情况下，发育过程具有渠向性：无论最初控制它的环境因素是什么，都会倾向于发展出相同的特征。过程的环境控制被内部遗传控制所取代。因此，我们提出一种机制，进化过程允许最初通过适应性过程间接规定的某些方面的表型变为更直接的规定。

对上述观点的有力支持来自一种图灵式模型，该模型利用了冯·德·马尔堡网络的自组织原理（Kaschube *et al*.，2010），来自证实了它能够有力预测 V1 定向映射中的奇点应该由 π 皮质柱隔开，π 皮质柱存在于 6500 万年前分化的哺乳动物物种中。这是对自然界自组织系统的渠向化的有力证明，也是对人工合成方法应用的有力证明。

因此，作为生命机器的设计者，我们可以考虑采用进化发育生物学设计原则，即不是直接采用工程学解决方案而是采用人工合成方法，通过规定局部自组织规则，为变化不定的环境自组织挑战提供鲁棒解决方案。

三、未来发展方向

科霍内（Kohonen）的自组织映射图（SOM）是一种与冯·德·马尔堡理论密切相关的算法，对于探索生命机器的进化发育生物学设计原理非常有用（Ritter *et al*.，1992；图5.1）。两者的关键区别在于，SOM 算法仅将学习应用于对给定输入做出最大响应的节点周围的节点，从而替代了早期模型中的循环交互。因此，SOM 算法违反了将自组织仅作为局部交互突现性特征的严格定义，因为最大活动节点的确定需要调用全局管理器（global supervisor），该管理器能够访问系统中所有个体的状态。尽管如此，SOM 算法用全局管理器取代真正的局部交互，可以更有效地生成映射图。因此，

SOM 已被广泛应用于数据挖掘和模式识别，并成为机器人多传感器输入统计结构图的一种生成机制，这些统计结构图可归因于机器人自身的形态和运动，即基本的机器人身体图式（Ritter *et al.*，1992；Hoffmann *et al.*，2010）。

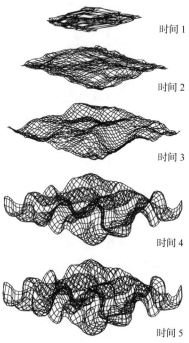

图 5.1　自组织映射图。采用 SOM 算法（见正文）生成二维网络中的三维功能组织。每个网络节点由 3 个输入单元驱动，其活动在 $x \in \pm 1$、$y \in \pm 1$、$z \in \pm \frac{1}{3}$ 范围内均匀随机变化。随着时间的推移（即在 100～500 次随机输入模式训练之后），网络会自组织并平滑覆盖不断变化输入的三维空间。这些"渔网图"中的每个点都代表一个节点，每个点的三维位置显示其与 3 个输入单元的关联强度。线条连接二维网络中相邻的节点。最初的随机组织首先"展开"平滑覆盖 x–y 平面，这可以解释大部分输入差异，然后进一步折叠以表示 z 轴的变化性。从输入单元到网络节点的初始关联强度是随机的，因此，将三维空间平滑投射到二维网络拓扑上，可以了解自组织映射图的基本动力学

大自然在工作时并没有任何监督（Bak，1996）。因此，在未来将自组织原则应用于人工系统设计时，一种极具希望的方法是从系统中剥离我们创建的所有全局监督机制。一个例子是相互合作的动物群体建立聚集模式的自组织模型。先前的模型已经解释了挤在一起取暖动物（如抱团取暖的企鹅）的突现性聚集模式，采用自组织概念描述了系统动力学，这类算法中包括了

对最热和最冷动物或其在群体中位置的选择，从而隐含地假设了全局管理。最近的一个模型基于完全局部相互作用，也可以将（啮齿动物）体温调节聚集模式解释为一种自组织系统，并且这个模型可以对作为超级有机体（super-organism）的生物群体进行数学描述（Glancy *et al.*，2015，2016；Wilson，2017a，2017b，2017c）。

利用模型描述生物体间通过微观尺度（micro-scale）相互作用产生宏观尺度（macro-scale，群体级）动力学的自组织，有可能形成一种新的科学模型——生物混合社会（biohybrid society），即人工和生物个体通过局部相互作用从而共同维持其集体动力学的系统。

最后，让我们以思想实验结束本章。如果生命系统是维持混沌边缘自组织动力学的一类系统，就像所有其他从个体之间简单交互中突现的系统一样，那么当生物体被机器迭代替换后，机器与生物体的比例达到多少时，生物混合社会不再属于生命系统？一对多，多对多，多对一，全部对无？实际解决这个问题有望使我们避开一个重要的哲学问题，即我们所创造的系统是否可以被认为是生命。

四、拓展阅读

关于自然系统自组织的综合教材，请参阅卡马秦等的著作（Camazine *et al.*，2001）。关于图灵对科学最后和也许最伟大的礼物，请参阅图灵的著作（Turing，1952），他确立了反应扩散模型的基本原理。有关自组织映射图模拟和分析的基本教材，请参阅里特尔等的著作（Ritter *et al.*，1992）。关于大脑自组织模式功能意义的重要述评，参阅威尔逊和贝德纳尔（Wilson and Bednar，2015）以及贝德纳尔和威尔逊的著作（Bednar and Wilson，2015）。关于自组织与自然选择之间关系的非常有影响力、仍处于领先地位的工作，参阅考夫曼的著作（Kauffman，1993），或考夫曼对其更为简洁的概述（Kauffman，1995）。普雷斯科特和克鲁比策（Prescott and Krubitzer）在本书第 8 章中进一步探讨了自然和人工合成系统中进化发育生物学的概念。有关鲍德温效应的深入思考，请参阅韦伯和德普的著作（Weber and Depew，2003），尤其是丹尼特和迪肯（Dennett and Deacon）撰写的章节。卡罗尔

（Carroll，2005）关于进化发育生物学、布雷滕伯格（Braitenberg，1984）关于合成心理学、格莱克（Gleick，1988）关于混沌、巴克（Bak，1996）关于自组织临界性和薛定谔（Schrodinger，1967）关于生命的著作也可以给人极大启发。

致谢

感谢英国谢菲尔德大学心理学系的学生 2013～2017 年参加了思维模式合作课程，与他们的互动帮助形成了本章中提出的许多观点。此外，还要感谢英国爱丁堡大学的吉姆·贝德纳尔（Jim Bednar）提供的帮助。

参 考 文 献

Bak, P. (1996). *How nature works: The science of self-organized criticality*. Kraków: Copernicus Press.

Bednar, J. A., and Wilson, S. P. (2015). Cortical maps. *The Neuroscientist*, **22**(6), 604–17.

Braitenberg, V. (1984). *Vehicles, experiments in synthetic psychology*. Cambridge, MA: MIT Press.

Camazine, S., Deneubourg, J. L., Franks, N. R., Sneyd, J., Theraulaz, G., and Bonabeau, E. (2001). *Self-organisation in biological systems*. Princeton: Princeton University Press.

Carroll, S. (2005). *Endless Forms Most Beautiful: The New Science of Evo Devo and the Making of the Animal Kingdom*. New York: W. W. Norton & Company.

Glancy, J., Groß, R., Stone J. V., and Wilson, S. P. (2015). A self-organizing model of thermoregulatory huddling. *PLoS Comput Biol*, **11**(9), e1004283.

Glancy, J., Stone J. V., and Wilson, S. P. (2016). How self-organisation can guide evolution. *Royal Society Open Science*, 3, 160553.

Gleick, J. (1988). *Chaos: Making a new science*. London: Penguin Books.

Halloy, J., Sempo, G., Caprari, G., Rivault, C., Asadpour, M., Tche, F., Sad, I., Durier, V., Canonge, S., Am, J. M., Detrain, C., Correll, N., Martinoli, A., Mondada, F., Siegwart, R., and Deneubourg, J. L. (2007). Social integration of robots into groups of cockroaches to control self-organized choices. *Science*, **318**(5853), 1155–8.

Hinton, G., and Nolan, S. (1987). How learning can guide evolution. *Complex systems*, 1, 495–502.

Hoffmann, M., Marques, H., Hernandez Arieta, A., Sumioka, H., Lungarella, M., and Pfeifer, R. (2010). Body schema in robotics: A review. *Autonomous Mental Development, IEEE Transactions on*, 2(4), 304–24.

Kaschube, M., Schnabel, M., Lwel, S., Coppola, D. M., White, L. E., and Wolf, F. (2010). Universality in the evolution of orientation columns in the visual cortex. *Science*, **330**(6007), 1113–16.

Kauffman, S. (1995). *At home in the universe: The search for laws of complexity*. London: Penguin Books.

Kauffman, S. A. (1993). *Origins of order: Self-organization and selection in evolution*. New York: Oxford University Press.

Purves, D., Riddle, D. R., and LaMantia, A. S. (1992). Iterated patterns of brain circuitry (or how the cortex gets its spots). *Trends Neurosci.*, **15**(10), 362–8.

Ritter, H., Martinez, T., and Schulten, K. (1992). *Neural computation and self- organizing maps: An introduction*. New York: Addison-Wesley.

Schrödinger, E. (1967) *What is life?* Cambridge, UK: Cambridge University Press.

Turing, A. M. (1952). The chemical basis of morphogenesis. *Philosophical Transactions of the Royal Society of London. Series B, Biological Sciences*, **237**(641), 37–72.

von der Malsburg, C. (1973). Self-organization of orientation sensitive cells in the striate cortex. *Kybernetik*, **14**(2), 85–100.

von der Malsburg, C., and Willshaw, D. J. (1977). How to label nerve cells so that they can interconnect in an ordered fashion I. *Proc. Natl Acad. Sci. U.S.A.*, 74, 5176–8.

Weber, B. H. and Depew, D. J. (2003). *Evolution and learning: The Baldwin effect reconsidered.* Cambridge, MA: MIT Press.

Wilson, S. P., and Bednar, J. A. (2015). What, if anything, are topological maps for? *Developmental Neurobiology*, 75(6), 667–81.

Wilson, S. P. (2017a). A self-organizing model of thermoregulatory huddling. *PLoS Comput Biol*, 13(1), e1005378.

Wilson, S.P. (2017b). Self-organising thermoregulatory huddling in a model of soft deformable littermates. *Proceedings of Living Machines 6, Biomimetic and Biohybrid Systems (LNCS)*, 10384, 487–96.

Wilson, S.P. (2017c). Modelling the emergence of rodent filial huddling from physiological huddling. *Royal Society Open Science*, 4, 170885.

第 6 章
能量与代谢

Ioannis A. Ieropoulos[1,2], Pablo Ledezma[1],
Giacomo Scandroglio[1], Chris Melhuish[1],
John Greenman[1,2]

[1] Bristol Robotics Laboratory, UK

[2] Centre for Research in Biosciences, University of the West of England, UK

生命机器是机器人和人工智能领域相对比较新颖的一种研究内容,采取仿生和生物混合策略发展智能机器和系统(见 Prescott and Verschure,第 1 章)。本章重点关注生命实体和机电系统之间进行字面原意上混合的生命机器,并介绍了共生生物混合系统(symbiotic biohybrid system)的新概念,即生命实体依靠机电/人工硬件实现系统的整体生存和持续运行。这种共生关系的独特特征是,深深植根于能量传递和交换,而能量是生存的硬通货。

麦克法兰和斯皮尔(McFarland and Spier,1997,pp.179-190)首先提出了自我可持续性(self-sustainability)的概念,探讨了具有自主潜力的机器人的效用循环和"致命极限"。绝大多数机器人实例所描述的模拟系统以及同样实践实施的系统,其能量都由电池或电源供应。对于真正的自主生命机器,能量必须在没有人为干预的情况下可持续、可收集。能量形式可以是来自太阳、风和波浪的可再生能源,振动或运动的机械传导及热能转换等。在各种环境条件的限制下,得到适当装备的机器人可以被认为是自主的、自我可持续的——事实上,这就是生命机器的定义。然而,此前的所有实例都未涉及真实的生命实体,并以混合方式集成在一起运行;从这种意义上说,将生命机器定义为包括真实生命的机器可能更为准确。这种人工主体将是真正的以生物为基础,并受到生物的启发,"生命"(living)一词更多的是其字面原意,而不是比喻意义。本章描述了在实践中既受到生物的启发，又进行生物混合的工作——机器人作为一种多细胞生物——通过与活体微生物的相互作用及其电化学转化得以运行。这项工作包括在自然和人工代谢环境下进行能量管理的生命机器，它涉及使用硬件、软件和湿件（wetware）制造功能嵌入式机器人系统的人工生命。正如哈洛伊（见 Halloy，第 65 章）所讨论的，对自身能量代谢的自我维持机器的研究，可以视为更广泛研究工作的一部分，旨在创造未来在环境影响方面更具可持续性的机器人和自主系统。

一、作为生命机器的共生机器人

人工生命（A-life）通过尝试再现（recreate）某些生物现象来模仿传统生物学（Brooks and Maes，1996；Bedau *et al.*，2013）。人工智能（artificial intelligence）这一术语通常被用来特指软件式硅基（in silico）人工生命，是完全局限于数字环境的系统。然而，科学家也提出了基于硬件的人工生命，主要是通过机器人编程或设计来实现人类感兴趣的特定功能，并具有一定程度的自主性。科学家还提出和实现了基于生物化学的"湿式"人工生命，它可以采取两种主要形式：①合成生物学，据《英国合成生物学路线图》（Clarke，2012）的介绍："……基于生物的部件、新装置和系统的设计和工程，以及对现有自然生物系统的重新设计……"① ②基于生物化学的非合成（天然）生命系统。后者可以包括实际神经元与电子电路相连接的自组织网络（Demarse *et al.*，2001），以及电路不固定但易于重新配置的"软式"网络。其中包括生物电子混合架构，例如，由黏液菌中的多头绒泡菌（*Physarum polycephalum*）制成的动态电路（Tsuda *et al.*，2006），或是基于 BZ 反应（Belousov-Zhabotinsky reaction）中化学波碰撞的"化学大脑"（Adamatzky and Lacy Costello，2002）。

"共生机器人"（SymBot）是机器人平台上内嵌的生命部件和机电部件之间的有益集成。因此，SymBot 是一种可以潜在证明人工共生的机器人，反映两种实体之间的原始合作关系。原始合作是硬件和微生物活体以生物膜

---

① 例如，马斯特等（见 Mast *et al.*，第 39 章）描述了一种创建可自我复制最小系统的合成生物学方法，作为了解生命形式最初进化的一种手段。

的形式相互结合的结果。作为正常活动的一部分，微生物将为机器人提供电能，而这些电能又将被用于执行各种任务，其中一项任务是为微生物收集养料。这使得机器人能够自我维持，前提是机器人能够从环境中收集新鲜营养物质并清除废物副产品，从而保持物理化学稳定性和内稳态平衡。因此，功能自主对于机器人来说就变得可行了，包括在其全部行为本领和物理具身性中的能量收集、分配、支出及全面管理。后者尤其重要，因为需要微生物局限在其天然基质上并进食，以便有效地将摄入的食物直接转化为电能。利用生物混合装置感知物理化学环境或完全取代微控制器的潜力，将进一步推动科学发展，并使传统电子装置能够为更高水平的控制预留空间。这意味着需要采用自然或非传统计算，所有这些算法都受到了生命机器的影响。可以在移动机器人平台上开展上述所有工作的技术称为微生物燃料电池（MFC），在接下来的章节中将做详细讨论。

二、自然（非传统）计算

传统计算作为一门科学，一般是基于二进制单元编程应用，以及对算法过程和程序实现应用的系统研究。绝大多数现代计算都是基于理论上完美的图灵机概念（通用图灵机），它可以有效实现自动化（Denning *et al.*，1989）。现代计算机接近于通用图灵机，可以运行程序和指令集，主处理器可以计算本地函数并支持高效处理。图灵机、递归函数和形式等价模型依赖于符号和符号操作的概念，而符号和符号操作本质上属于人类的心智结构。对于计算，思想过程必须能够表现为软件形式。

根据阿尔伯特的观点（Abbott，2006，pp.41-56），一个过程只有被用作为处理外化思想的方法时，本质上才可以被视为计算。几乎所有的过程，无论是自然的还是人工的，都将依据环境而运行。在对偶然事件进行解释和控制时，就随之发生了计算，这样产生的过程就可以用来处理一个人的思想。此外，过程必须能根据计算进行修改，并且它们所运行的环境必然有一些不确定的情况，这两个因素都决定了过程如何进行以及如何予以解释，以便根据结果赋予主体意义。从机器人的角度来看，自主和生存是不确定的环境压力。机器人的功能性要求它能够感知环境参数，从而可以发现食物或住所并应对环境变化，用于生存和正常运行。必须注意的是，真正的哺乳动物的大脑和神经系统并不采用二进制算法进行加工处理。

三、内稳态平衡与代谢计算

代谢包括细胞内发生的所有代谢过程，即合成代谢和分解代谢。在异养微生物（如大肠杆菌）中，有超过 2000 种不同的代谢反应（Neidhardt et al., 1990）。这些反应包括四大类代谢途径：①燃料反应，其中富电子底物被代谢成更多的氧化产物，并以还原能力[还原型烟酰胺腺嘌呤二核苷酸（NADH）、还原型烟酰胺腺嘌呤二核苷酸磷酸（NADPH）]、质子动力势和三磷酸腺苷（ATP）的形式产生能量，细胞利用这些能量生长和运动；②生物合成反应，合成脂肪酸、细胞壁糖类、氨基酸和核苷酸等；③聚合反应，将脂肪酸聚合成脂类，将糖聚合成肽聚糖、糖原或荚膜多糖，以及将氨基酸聚合成蛋白质；④组装反应，细胞进行功能结构的组装，包括核糖体、荚膜、鞭毛和菌毛。上述所有反应需要用到 100 多种酶类，其中许多酶易受某种形式调节反馈控制的影响，这种控制允许细胞通过下调非必需途径来节省能量，以及上调速率受限途径来生产重要产物。调节过程存在两个基本区别：它们是否改变细胞中已存在蛋白质的催化速率，或者它们是否改变蛋白质的净合成速率（即细胞浓度）（Neidhardt et al., 1990）。通过改变现有蛋白质活性来控制新陈代谢的方法能够在细胞内迅速发挥作用（数秒内），而控制 DNA 转换（转录）的方法可能需要至少 20 分钟才能被细胞表现出来。细菌已经进化出调控基因表达的多种方法，其基础是使细胞能够更好地适应环境的一系列控制机制。

开放系统（如活的有机体）调节其内部环境以维持稳定状态的特性被称为内稳态平衡（homeostasis）。细胞通过内部的多重动态平衡调节和调控机制实现内稳态平衡。正是细胞的这一特性可以用于计算。生命机器内不同微生物家族的组合可能确实允许运行某些形式的基本反应，而无须借助硅电路。下一节将介绍生物膜电极（BE），BE 是生物燃料电池内由微生物组成的生命实体，在 EcoBot 生命机器内担当活体发动机。

四、生物混合型微生物燃料电池生物膜电极(MFC-BE) 担当活体发动机

微生物燃料电池（MFC）是一种生物电化学换能器，它能够从微生物组分的代谢反应中直接产生电能，这些微生物以多种有机基质为食（Bennetto，1990）。之前已经介绍过生物膜微生物的连续培养（Helmstetter and Cummings，1963），但最接近于生物膜电极的是"Sorbarod"基质灌注模型（Hodgson et al.，1995；Spencer et al.，2007；Taylor and Greenman，2010）。生物膜电极用导电碳膜电极简单替换了纤维素基质（Sorbarod），并将其置入 MFC 阳极室（图 6.1）。

先前的研究已经证明了 MFC 驱动机器人的想法和可行性（Ieropoulos et al.，2010）。作为正常代谢活动的一部分，MFC-BE 周围的微生物以电子的形式向机器人提供电能。机器人随后执行各项任务，其中之一是收集更多的有机"燃料"，使微生物可以继续生长并从中获取能量。因此，理想的机器人在以最小人为干预执行"智能"功能并从非结构化环境中获取能量方面，既具有能量自主性，又具有计算自主性。EcoBot-Ⅲ机器人采用传统的硅电路和传感器来控制系统（Ieropoulos et al.，2010），在人工生命领域引发了人们极大的兴趣（Lowe et al.，2010；Montebelli et al.，2010）。微生物和人造物之间的共生关系要比仅仅产生电能更进一步，可以扩展到活体传感器 （live sensor）和基于生物膜电极的人工神经元电路，应用于其他特殊功能。

活体传感器和人工神经元需要对可能的正常物理化学条件的运行范围有弹性，并且需要展示出持久性、稳定性和可靠性。以往的研究已经证明，在恒定物理化学环境条件下，在任何给定时间只有一个参数变量的情况下，MFC-BE 可以实现动态稳定状态，例如，输出功率的稳定（Greenman et al.，2008）。这些发现已经得到研究的证实（Greenman et al.，2008；Ledezma et al.，2012）。图 6.1 显示了 MFC-BE 的概念图和示意图。

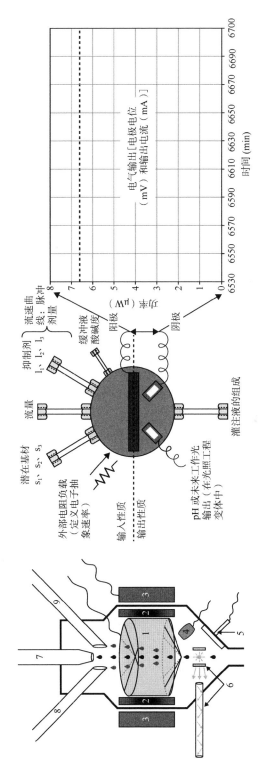

图 6.1　左图：集成原型示意图。1. 阳极生物膜电极；2. 离子交换界面；3. 阴极电极；4. pH 探针；5. 生物发光通路——透明窗加光缆；6. 主要燃料输入；7. 附加刺激器；8. 附加抑制剂；9. MFC 套管。右图：生物膜电极系统示意图，显示了物理化学参数的多样性，可用于诱导微生物的不同响应状态，从而产生新的输出状态。中图：地杆菌属（*Geobacter*）在限定条件下实际代谢稳态的示例，检测其电输出。

在某些连续流条件下，当向阳极单元提供缓冲介质，并且电极是系统中唯一的电子受体时，微生物可以在电极上定植并产生稳定的输出。该项工作所选用的微生物类型（称为嗜阳极菌）只有在与阳极电极表面发生电接触（通过导电菌毛或跨膜细胞色素复合物）时才能代谢和生长。由此产生的种群是非聚集性的（non-accumulative），但完全有能力应对环境变化。生物膜电极一旦生长成熟，其子细胞的生长和脱落速率等于其产率，并由此产生动态稳定状态（图 6.1）。

如果物理化学条件发生改变，电极输出也会发生转变并达到新的稳定状态。有些转变可能相对较快，而另一些转变（涉及从头合成新蛋白质的表达）可能需要几分钟到几小时。因此，电极单元可容纳数千种（可能高达 10^{12} 个）潜在不同但可实现的生理代谢状态。相同标准制成的电极单元，即使在环境参数发生相当大的变化时，也应以相同方式工作，并应在设置归零时完全恢复。长期稳定性和可重复性仍需要测试，但理论上，只要保持合适的条件（数年或数十年），电极的全响应性动态状态应能保持稳定。理论上，可以配置生物膜电极单元阵列、矩阵或群组以形成逻辑门，或实现联想性学习（Greenman *et al.*, 2006；Greenman *et al.*, 2008）。

图 6.2（上图）显示了不同数值 MFC-BE 负载电阻之间的转换效应。按照时间顺序，数据显示了从开始的 5kΩ 电阻稳态输出切换到次优负载（1kΩ）的响应。这产生了实现更高功率的快速初始响应，但随后输出缓慢衰减。当连接到与系统内电阻相匹配的 2.5kΩ 负载时，初始响应仅有数秒并快速建立新的稳态；同样，连接 3.75kΩ 负载时也将产生新的稳态。使用更高数值的电阻（50kΩ 和 100kΩ）时，也观察到了相同的模式。在 100Ω 重载的情况下，初始功率突增速度很快，但恢复缓慢（减速持续 1 小时以上）。在电阻恢复到 5kΩ 时，同时伴随着功率输出恢复到初始水平。在初始转换时，有些跃迁（如在极高或极低电阻值之间）似乎非常迅速，但在达到新的稳定状态之前会进入一个比较缓慢的阶段。刺激之后发生的转换反应反映了微生物的代谢和生理状态，特别是生物膜内运行的各种内稳态机制。

五、活体生物传感

利用微生物检测和测量溶液中的化学物质，可以追溯到 75 年前发展的维生素和氨基酸微生物检测技术（Schopfer，1935；Sandford，1943；Snell，1945；Henderson and Snell，1948）。这种分析方法所选择的微生物物种，只有在目标分析物存在的情况下才能生长。在分析中，已有活细胞的自然生长与目标维生素的浓度呈现为定量关系。这是早期运用活体生物传感的很好实例（全部在 1960 年之前），将生长和代谢与溶液中特定化学物质的含量以及由此导致的基因表达相结合（Thellier *et al.*，2006；Norris *et al.*，2011）；然而，这种分析方法最初无法在现代计算范式（细菌计算，bactocomputing）内进行阐释。

希瓦氏菌属（*Shewanella*）单一培养物定植的 MFC-BE 结果（图 6.2，上图）表明，只要保持新的条件，就可表现出一致性转换并建立新的稳定状态。这些数据所支持的理论认为，生物膜主动生长，新的子代细胞不断释放，形成一个非聚集性但种群数量固定的高度活跃的活体层。扰动可导致状态转换，并将这种新的物理化学参数设置成新的稳定状态。由此证实了这是一个既可控、又受控的动态多状态系统。

将希瓦氏菌株经基因工程改造后表达 Lux 发光报告系统（如图 6.2 的中图所示），证实了燃料供给率增加后的电输出响应，这在生物膜子细胞从系统排出之后的光输出测量中得到了很好的反映。结果表明，随着原料流量的增加，以及营养液流速的增大，MFC-BE 释放出的子代微生物细胞也随之增多。当营养液流速增加时，电极功率输出和发光强度也均随之增高。功率输出可对新条件迅速做出反应，但生物发光增加到新稳态则是一个慢得多的反应（需 20~30 分钟）。虽然生物发光最初是被用来验证新细胞的生长速度和生产能力是恒定的，但它进一步证明了机器人使用光通道作为另一种方法，监测、通信和连接 MFC-BE 单元的可行性。

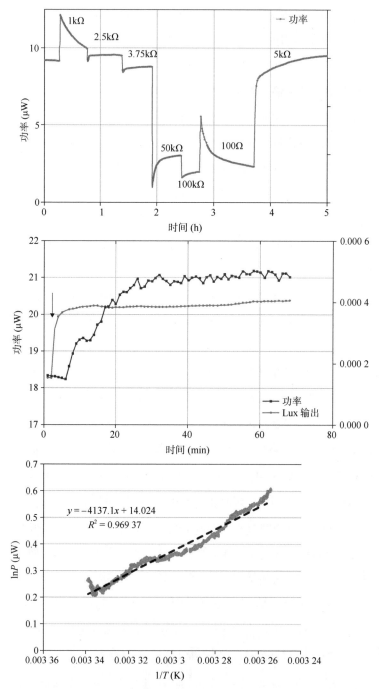

图 6.2　上图：MFC-BE 不同负载电阻值（从 5kΩ 开始）的转换（开关）效应。中图：当营养液流速从 7.2ml/h 增加到 50.8ml/h 时，连续流 MFC 的功率和 Lux 输出响应。下图：温度和 MFC-BE 输出之间的关系，数据用阿伦尼乌斯曲线表示

　　图 6.2（下图）显示了温度对以级联方式流动连接的 4 个 MFC 堆栈的影响；这些 MFC 采用的是混合培养联合体。暴露在高于环境的温度中的时间相对较短，并通过放置在绝缘堆栈内的精确电子传感器进行共同测量。随着温度的升高，功率输出也相应增加。在 20～30℃，功率大约增加了 2 倍，这与阿伦尼乌斯的预测相一致（Laidler，1987）。这些发现揭示了生物膜电极的代谢谱，因为其假设短时间暴露不会对生态稳定性产生显著影响。较高的温度和（或）较长的暴露时间通常会杀死热敏性微生物物种，并随着时间推移而不可逆转地改变生态（Michie *et al.*，2011）。这种反应可以应用于趋热性机器人，并可以像生物主体一样根据温度改变行为和方向。

　　先前的研究已经证明，当阳极或阴极被微藻或光合营养细菌定植时，光–微生物燃料电池能够对光做出反应（Cao *et al.*，2009；Powell *et al.*，2011）。虽然这种反应速度相当慢，但可能对机器人具有一定的功能性用途。例如，检测光线并使机器人能够打开或关闭"白天"和"夜间"的行为模式或架构。

六、未来发展方向

　　只要 MFC-BE 在其微生物组分的舒适范围（生物群落限度）内运行，系统就具有稳定性、弹性和鲁棒性。它们可以作为活体传感器使用，具体实例包括温度对 MFC 的影响，以及能够检测可见光辐射的光敏 MFC。因此，有可能在机器人上使用（光）通道作为监测、通信和连接 MFC-BE 单元的另一种方法。混合培养微生物群落可能更符合真正的机器人，因为单一培养的污染风险更高，对燃料消毒灭菌的能量成本也更高。如果使用混合培养微生物体系，则可能需要避免一些物理化学条件，因为它们可能会随着时间的推移而引发不可逆变化并缺乏保真度。人工神经元节点、传感器和执行控制器之间的精确连接类型仍有待实验确定。

　　简单地说，图 6.3 说明了 MFC 技术如何作为构建基块聚集在一起，形成非硅基生命机器。光敏 MFC 可以连接到中间神经元-MFC，后者反过来又可以激活集合堆栈，为执行器提供电力。这些连接允许光传感器根据任何时候感测到的光强度，以定量的方式调控执行器。中间神经元可以通过其他电路进行调制（图中未显示）。一般思路是在机器人上复制大量自主性即内稳态的通道，跨通道中间神经元负责协调整体。例如，围绕机器人周边布置的6个或更多完整电路（6个传感器和6个执行器），经配置后可显示为正趋光性或负趋光性。

我们设想将 MFC 节点作为信息通道的传播力量（类似于哺乳动物的神经回路），传输或接收信息并以不同方式激活生命机器以实现功能目的。生物混合机器人主要有三个层次的复杂度：单细胞、细胞集合（生物膜群落作为一个整体）和 MFC-BE 节点集合。这反过来又取决于养料、可溶化学物的性质，以及由内电阻和外电阻决定的电子吸收率。

因此，未来的生物混合生命机器型机器人可以通过活体传感器和人工神经元，成为拥有相当于感知器官的共生机器人，其整体将达到新的复杂度水平，所显示出的机器人特性无法从其组成元素基块（即活体细胞）加以猜测。EcoBot-Ⅳ（图 6.3）是最新一代的共生机器人，虽然它不使用 MFC 进行信息处理，但以一种更具环境互动性的方式进行操作。它作为一个平台，将进一步推动 MFC 作为传感和信息处理单元以及能源供应系统的发展，因此将更加接近真正的生物混合生命机器。

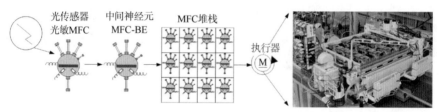

图 6.3　左图：实现 MFC 传感器与中间神经元的连接，其输出可以调节 MFC 堆栈，为执行器供电。中间神经元允许其他信息通道影响从传感器到堆栈和执行器的信息。右图：最新型 EcoBot-Ⅳ的照片，它实现了 MFC 堆栈技术，图中显示了执行器和外周维持系统。上一代 EcoBot-Ⅲ的照片见图 1.3（b）

七、拓展阅读

根据实验/任务背景和环境，机器人技术中的自主性可能具有不同的含义。有很多机器人可以在最少的人为干预下工作，它们大多数由传统电池和光伏电池驱动。其中许多机器人可以从周围环境中获取自然能量，只要它们继续在该环境的限制范围内运行，它们的操作就可以被归类为自主性的。例如，据报道，水下自主航行器利用太阳能或波浪能运行（Davis *et al.*，1991；Yuh，2000；Jalbert *et al.*，2003；Bergbreiter and Pister，2007；Hine *et al.*，2009；Slesarenko and Knyazhev，2012）。同样，无人驾驶太阳能飞行器也在不同程度上得到了功能实现（Noth *et al.*，2007；Richter and Lipson，2011），"火星漫游者"探测器已经证明了太阳能供能在外星大气中的运行寿命（Squyres *et al.*，2003）。采用 MFC 和有机燃料的第一个移动机器人实例可能是 Gastrobot，它利用 MFC 为驱动执行器工作的板载电池充电（Wilkinson，2001）。

致谢

本章作者的工作得到了英国工程和自然科学研究委员会（EPSRC）的资助（合同号 EP/H046305/、EP/L002132/1），以及比尔及梅琳达·盖茨基金会的资助（合同号 OPP1094890、OPP1149065）。伊奥内斯·埃罗普洛斯也曾得到 EPSRC 职业发展奖学金的资助（编号为 EP/I004653/1）。

参 考 文 献

Abbott, R. (2006). If a tree casts a shadow is it telling the time? In: C.S. Calude, M.J. Dinneen, G. Păun, G. Rozenberg, S. Stepney (eds). *Unconventional Computation.* Heidelberg: Springer, pp.41–56.

Adamatzky, A., and **Lacy Costello, B.** (2002). Collision-free path planning in the Belousov–Zhabotinsky medium assisted by a cellular automaton. *Naturwissenschaften*, **89**, 474–8.

Bedau, M.A., **McCaskill, J.S.**, **Packard, N.H.**, **Parke, E.C.**, and **Rasmussen, S.R.** (2013). Introduction to Recent Developments in Living Technology, *Artificial Life*, **19**, 291–8.

Bennetto, H.P. (1990). Electricity generation by microorganisms. *Biotechnology Education*, **1**, 163–8.

Bergbreiter, S. and **Pister, K.S.J.** (2007). Design of an Autonomous Jumping Microrobot. In: *Proceedings of the International Conference on Robotics and Automation*, 447–53, Rome, Italy.

Brooks, R.A., and **Maes, P.** (eds.) (1996). *Artificial Life: Proceedings of the Fourth International Workshop on the Synthesis and Simulation of Living Systems.* Cambridge, Massachusetts: MIT Press.

Cao, X.X., **Huang, X.**, **Liang, P.**, **Boon, N.**, **Fan, M.Z.**, **Zhang, L.**, and **Zhang, X.Y.** (2009). A completely anoxic microbial fuel cell using a photo-biocathode for cathodic carbon dioxide reduction. *Energy & Environmental Science*, **2**, 498–501.

Clarke, L. (2012). Synthetic Biology Roadmap, [Online] 21 Nov. 2013, Available at: http://www.rcuk. ac.uk/documents/publications/SyntheticBiologyRoadmap.pdf

Davis, R.E., **Webb, D.C.**, **Regier, L.A.**, and **Dufour, J.** (1991). The Autonomous Lagrangian Circulation Explorer (ALACE). *Journal Atmospheric and Oceanic Technology*, **9**, 264–85.

Demarse, T.B., **Wagenaar, D.A.**, **Blau, A.W.**, and **Potter, S.M.** (2001). The neurally controlled Animat: biological brains acting with simulated bodies. *Autonomous Robots*, **11**, 305–10.

Denning, P.J., **Comer, D.E.**, **Gries, D.**, **Mulder, M.C.**, and **Tucker, A.** (1989). Computing as a discipline. *Communications ACM*, **32**, 9–23.

Greenman, J., **Ieropoulos, I.** and **Melhuish, C.** (2008). Biological computing using perfusion anodophile biofilm electrodes (PABE). *International Journal of Unconventional Computing*, **4**, 23–32.

Greenman, J., Ieropoulos, I., McKenzie, C., and Melhuish, C. (2006) Microbial Computing using Geobacter Biofilm Electrodes: Output Stability and Consistency. *International Journal of Unconventional Computing*, 2, 249–65.

Helmstetter, C.E., and Cummings, D.J. (1963). Bacterial synchronization by selection of cells at division. *Proc. Natl Acad. Sci. USA*, 56, 707–74.

Henderson, L.M. and Snell, E.E. (1948). A uniform medium for determination of amino acids with various micro-organisms. *Journal of Biological Chemistry*, 172, 15–29.

Hine, R., Willcox, S., Hine, G., and Richardson, T. (2009). The Wave Glider: A wave-powered autonomous marine vehicle. In: Proceedings of the OCEANS 2009, MTS/IEEE Biloxi—Marine Technology for Our Future: Global and Local Challenges, 1–6, Biloxi, MS, US.

Hodgson, A.E., Nelson, S.M., Brown, M.R.W, and Gilbert, P. (1995). A simple *in vitro* model for growth control of bacterial biofilms. *Journal of Applied Bacteriology*, 79, 87–93.

Ieropoulos, I., Greenman, J., Melhuish, C. and Horsfield, I. (2010). EcoBot-III: a Robot with Guts. In: H. Fellermann, M. Dörr, M. M Hancz, LL. Laursen, S. Maurer, D. Merkle, P-A. Monnard, K. Støy & S. Rasmussen (eds). *Artificial Life XII*. Cambridge, Massachusetts: MIT Press, pp.733–40.

Jalbert, J., Baker, J., Duchesney, J., et al. (2003). A solar-powered autonomous underwater vehicle. In: Proceedings of the OCEANS 2003, 2, 1132–40, San Diego, CA.

Laidler, K.J. (1987). *Chemical Kinetics*, 3rd Edition, New York, Harper & Row.

Ledezma, P., Greenman, J., and Ieropoulos, I. (2012). Maximising electricity production by controlling the biofilm specific growth rate in microbial fuel cells. *Bioresource Technology*, 32, 1228–40.

Lowe, R., Montebelli, A., Ieropoulos, I., Greenman, J., Melhuish, C., and Ziemke, T. (2010). Grounding motivation in energy autonomy: a study of artificial metabolism constrained robot dynamics. In: H. Fellermann, M. Dörr, M. M Hancz, LL. Laursen, S. Maurer, D. Merkle, P-A. Monnard, K. Støy & S. Rasmussen (eds). *Artificial Life XII*. Cambridge, Massachusetts : MIT Press, pp.725–32.

McFarland, D. and Spier, E. (1997). Basic cycles utility and opportunism in self-sufficient robots. *Robotics & Autonomous Systems*, 20, 179–90.

Michie, I.S., Kim, J.R., Dinsdale, R.M., Guwy, A.J., and Premier, G.C. (2011). Operational temperature regulates anodic biofilm growth and the development of electrogenic activity. *Applied Microbiology and Biotechnology*, 92, 419–30.

Montebelli, A., Lowe, R., Ieropoulos, I., Greenman, J., Melhuish, C., and Ziemke, T. (2010). Microbial fuel cell driven behavioural dynamics in robot simulations. In: H. Fellermann, M. Dörr, M. M Hancz, LL. Laursen, S. Maurer, D. Merkle, P-A. Monnard, K. Støy & S. Rasmussen (eds) *Artificial Life XII*. Cambridge, Massachusetts : MIT Press, pp.749–56.

Neidhardt, F.C., Ingraham, J.L., and Schaechter, M. (1990). *Physiology of the bacterial cell: A molecular Approach*. Sunderland, Massachusetts : Sinauer Associates Inc.

Norris, V., Zemirline, A., Amar, P., et al. (2011). Computing with bacterial constituents, cells and populations: from bioputing to bactoputing. *Theory in Biosciences*, 130, 211–28.

Noth, A., Siegwart, R., and Engel, W. (2007). Autonomous Solar UAV for Sustainable Flights. In: K.P. Valavanis (ed.). *Advances in Unmanned Aerial Vehicles, State of the art and the road to autonomy*. Dordrecht, The Netherlands: Springer-Verlag, pp. 377–406.

Powell, E.E., Evitts, R.W., Hill, G.A., and Bolster, J.C. (2011). A Microbial Fuel Cell with a photosynthetic microalgae cathodic half cell coupled to a yeast anodic half cell. *Energy Sources Part a -Recovery Utilization and Environmental Effects*, 33, 440–8.

Richter, C. and Lipson, H. (2011). Untethered Hovering Flapping Flight of a 3D-Printed Mechanical Insect. *Artificial Life*, 17, 73–86.

Sandford, M. (1943). Historical development of microbiological methods in vitamin research. *Nature* 152, 374–6.

Schopfer, W.H. (1935). Standardization and possible uses of a plant growth test for vitamin B. *Bulletin of the Society of Chimique Biol*, 17, 1097–109.

Slesarenko, V.V. and Knyazhev, V.V. 2012. Energy sources for autonomous unmanned underwater vehicles. In: *Proceedings of the 22nd International Offshore and Polar Engineering Conference*, 538–42, Rhodes, Greece.

Snell, E.E. (1945). The microbiological assay of amino acids. In: M.L. Anson and J.T. Edsall (eds.). *Advances in Protein Chemistry*. New York: Academic Press, pp. 85–116.

Spencer, P., Greenman, J., McKenzie, C., Gafan, G. Spratt, D. and Flanagan, A. (2007). *In vitro* biofilm model for studying tongue flora and malodour. *Journal of Applied Microbiology* 103, 985–92.

Squyres, S.W., Arvidson R.E., Baumgartner, E.T., et al. (2003). Athena Mars rover science investigation, *Journal of Geophysical Research*, 108, 8062.

Taylor, B. and Greenman, J. (2010). Modelling the effects of pH on tongue biofilm using a sorbarod biofilm perfusion system *Journal of Breath Research*, 4, 017107.

Thellier, M., Legent, G., Amar, P., Norris, V., and Ripoll, C. (2006). Steady-state kinetic behaviour of functioning-dependent structures. *Federation of European Biochemical Societies, Journal*, 273, 4287–99.

Tsuda, S., Zauner, K-P., and Gunji, Y-P. (2006). Robot control: from silicon circuitry to cells. In: A.J. Ijspeert, T. Masuzawa, and S. Kusumoto (eds.). *Lecture Notes in Computer Science*. Heidelberg: Springer, pp. 20–32.

Wilkinson, S. (2001). Hungry for success—future directions in gastrobotics research. *Industrial Robot*, 28, 213–19.

Yuh, J. (2000). Design and Control of Autonomous Underwater Robots: A Survey. *Autonomous Robots*, 8, 7–24.

第7章
繁　　殖

Matthew S. Moses, Gregory S. Chirikjian
Johns Hopkins University, USA

约翰·冯·诺依曼（John von Neumann）提出了通用构造器（universal constructor）的概念，成为描述生命有机体数学理论的重要组成部分。他把通用构造器描述成能够操作和组装原始构建基块的运动机器。冯·诺依曼展示了由相同原始基块组成的这种假想构造器如何实现自我复制和进化。值得注意的是，这一模型系统的提出要早于遗传密码的发现，但它同样适用于细胞分子生物学及人造机器。早在1957年，研究人员就建造了冯·诺依曼构建基块的物理实例，并将它们组装成能够在不同层次构建和自我复制的简单构造器。这项工作今天仍在继续开展。现代演示通常涉及一些机器人模块的自动组装，每个模块都包含复杂的部件排列。使用复杂的预制构建基块限制了可能建造机器的空间。因此，开发更简单的构建基块是提高人工自复制机器进化能力的关键。本章回顾了这一目标领域的最新进展，并探讨了细胞分子生物学知识如何指导设计这些自复制机器原型。有兴趣的读者也可以咨询马斯特等（见 Mast *et al.*，第39章），他们探索了补充性方法，尝试采用合成生物学手段构建新型生化复制因子。

一、生物学原理

科学界很难就生物体为了"活着"必须做什么的精确标准达成一致（见 Prescott，第4章），但人们普遍认为，活的有机体必须能够开展六项关键活动：代谢、维持内稳态平衡、对刺激做出反应、生长、繁殖、通过自然选择适应环境。

生殖可以发生于多个层次：亚细胞、细胞和有机体。当然，有机体的繁殖对于通过自然选择来适应环境是必不可少的。在多细胞生物中，细胞繁殖是生长发育的关键。在更高组织层次上的繁殖依赖于细胞内发生的分子的自我繁殖过程。事实上，即使是病毒（通常被认为是"部分但不完全"的活体）的繁殖也依赖于在亚细胞水平上自我繁殖的分子。亚细胞水平的自我繁殖对于所有生物体都至关重要。图 7.1 显示了非常简单的亚细胞水平的繁殖过程。原核细胞（细菌或古菌）内部的细胞器没有膜包围，因此图 7.1 概述的过程或多或少发生于整个细胞内。在真核细胞（细胞器有膜结构的单细胞或多细胞生物）中，这个过程要复杂得多，不同阶段的反应过程发生于细胞内不同的细胞器。即使在相对简单的原核生物细胞中，图 7.1 所示的过程也受到多种代谢酶、转录因子、起始因子和其他功能性大分子的辅助和调控。这些分子要么是由核糖体的生物大分子组装所生成，要么是由核糖体产生的物质所生成。因此，对于我们讨论的目的，图 7.1 中的信息已经足够详细。

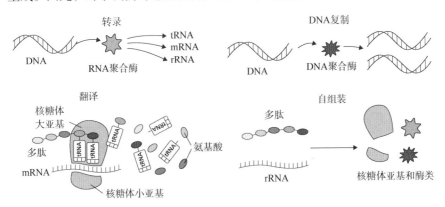

图 7.1　原核生物亚细胞水平自我繁殖的核心过程。分子机器网络能够共同复制其所有组成部分。DNA 中存储的信息可以被翻译生成任意多肽序列，然后这些多肽序列可以自组装成众多功能性大分子。细胞功能与冯·诺依曼自复制模型之间的关键相似性是采用一种单独的方法来存储、复制和解释描述系统结构的信息

（一）转录

细胞中储存遗传信息的主要模式是 DNA 的核苷酸碱基序列。DNA 片段中的编码信息与细胞周围的分子机器之间存在着复杂的相互作用。最重要的一类编码信息被称为"基因"，基因是包含遗传信息的 DNA 片段，这些信息可以转录成 RNA 序列，然后翻译成多肽，从而形成有意义的分子机器。转录是 DNA 转变为 RNA 的过程，这是蛋白质合成的第一步。转录并非必须在活体细胞内进行——只要必需分子成分保持在适当的条件下并给予化

学能源，转录就可以发生于试管之中。

转录由 RNA 聚合酶负责，RNA 聚合酶（在被称为"σ 因子"的较小酶类的协助下）以识别 DNA 片段上的特殊编码序列作为起始位点，然后结合到 DNA 上并不断向前移动合成一条互补的 RNA 链，直到抵达 DNA 序列中特殊的终止编码处并在此处结束转录过程。DNA 和 RNA 都使用相似的 4 种互补碱基对（DNA 为 A、T、G、C，RNA 为 A、U、G、C），因此 DNA 链中的标记和新生成的 RNA 链中的标记之间存在一一对应的关系。正因为如此，这个过程被称为"转录"，因为在这一转换过程中不涉及编码或解码。

转录一旦完成，RNA 链可能有许多不同的用途。信使 RNA（mRNA）作为核糖体的编码指令，用于确定多肽氨基酸序列。核糖体 RNA（rRNA）自我组装成化学活性结构，形成核糖体本身的一部分。在多肽合成过程中，转运 RNA（tRNA）自组装成特殊的"转接分子"，在多肽合成中帮助氨基酸与 mRNA 上的对应指令（称为"密码子"）匹配。

（二）DNA 复制

双链 DNA 可以被 DNA 聚合酶家族复制。活体细胞内的过程比较复杂，DNA 复制需要许多酶类与 DNA 上适当的起始位点相互作用。但像 RNA 转录一样，DNA 复制也可以在活细胞外进行。例如，聚合酶链反应（PCR）通常用于在实验室环境中复制 DNA 链。

（三）翻译

mRNA 单链内含有可生成线性多肽氨基酸链的信息。这一过程由核糖体完成，核糖体是一种生物大分子，其除了含有多肽链外，还包括许多 rRNA 亚单位。mRNA 的信息存储在非重叠的三碱基编码中。mRNA 内 3 个连续的核苷酸碱基组成一个"密码子"，负责编码 20 种标准氨基酸中的 1 种。20 种氨基酸中的每一种都与一种独特的 tRNA 分子结合。tRNA 作为转接子，一端与氨基酸结合，另一端含有与 mRNA 密码子互补的三核苷酸"反密码子"并与密码子结合。氨酰 tRNA 合成酶负责氨基酸与相应 tRNA 分子的匹配与结合。

翻译起始于穿越核糖体的 mRNA 链（图 7.1）。随着翻译向前推进，核糖体将正确的 tRNA 与核糖体内活性位点上结合的 mRNA 密码子相匹配，生成相应的氨基酸序列。在 tRNA 及其氨基酸载荷准确定位的情况下，核糖体催化新氨基酸和伸长多肽链之间形成肽键（图 7.2，中图）。这一过程一直持续，直到在 mRNA 中读取到特殊的"终止密码子"，此时核糖体释放 mRNA 和新形成的多肽序列。

（四）自组装

许多生物分子是由重复亚单位组成的长链聚合物。这些分子具有高度柔韧性。在正常生物条件下（水中、室温下），随机热运动将导致这些分子发生剧烈的形状变化，并快速搜索可能的分子结构空间。生物分子的自由能主要取决于其形状。生物分子的众多亚单位为形成弱原子键提供了机会，这种键既可以在聚合物内亚单位之间，也可以在亚单位与周围水分子之间，甚至在不同生物分子之间形成。例如，氨基酸可以是亲水性或疏水性的；氨基酸本身之间可以形成弱键；DNA 中的互补核苷酸（A–T，G–C）和 RNA 中的互补核苷酸（A–U，G–C）之间形成氢键。

热运动引发的快速构象变化有助于生物分子快速沉降、折叠或"组装"成特殊形状，使分子本身及其周围水分的自由能最小化。温度或酸碱度的简单变化可能会改变能量平衡，导致组装系统解体或"变性"。值得注意的是，这个过程在许多情况下是完全可逆的：复杂的三维结构在高温下可能变性为展开的单链，然后随着温度降低或 pH 恢复正常又自发重组为复杂结构。

翻译过程中产生的线性多肽链通常在其产生后不久，即自组装成功能形式而具有活性。在细胞中，自组装通常需要称为"分子伴侣"（molecular chaperone）的酶类的辅助。这些酶可大大提高自组装速度，但在细胞之外的实验室仪器装置中也可以实现自组装。图 7.1 所示过程相关的所有重要分子机器，包括核糖体，在实验室中都已经证明可以由变性分子自组装而成。此外，上述四种不同过程都已在活细胞之外的实验室仪器装置中得到证实。亚细胞水平繁殖过程的四个部分（转录、翻译、DNA 复制和自组装）构成了对冯·诺依曼理论通用构造器的完整模拟。

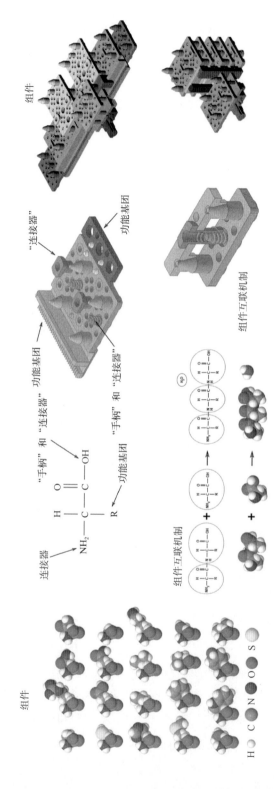

图 7.2 左图是 mRNA 编码的 20 种标准氨基酸的空间比例填充模型。核糖体通过反复重复相同反应，不断向伸长的多肽链上添加氨基酸。这一反应将氨基酸（—NH₂）和羧基（—COOH）相结合，释放水分子并形成肽键。宏观组件系统可以模仿这一模型，像氨基酸一样，每个组件都有一个基本结构，有通用"手柄"和"连接器"，可以添加到不同的功能基团中。模块可以重组成各种不同的功能结构。© 2009 IEEE. 经许可转载自 Matthew S. Moses and Gregory S. Chirikjian, Simple components for a reconfigurable modular robotic system, IROS 2009. IEEE/RSJ International Conference on Intelligent Robots and Systems, 2009, pp. 1478–1483, doi: 10.1109/IROS.2009.5354344

二、仿生系统

让我们再考虑一下生命的六大要务。大多数机器将这些活动的某些子集作为其正常运行的一部分。它们可能会自动执行这些功能——具有自我调节功能的速度可控的百年老蒸汽机可以满足新陈代谢、内稳态平衡和对刺激做出反应。或者，它们可以在人类操作员的密切监督下执行这些功能——机器和制造工具的网络通常在指导下生长、发育和繁殖（尽管需要工程师和技术人员的强化干预）。这些机器可以"进化"，（在某种意义上）能够更好地适应环境，因为人类设计师可以对后续各代机器进行改进和完善。机器在未进行实际繁殖的情况下发生进化也是可能的。例如，遗传算法可以通过在人工环境内复制的虚拟机上进行模拟进化，用来设计真实的机器。

如果将人类从场景中移除，机器复制的实例数量将大幅减少。冯·诺依曼的工作是第一次对自动化机器自我复制进行了严肃研究。冯·诺依曼提出了三种假想机器的集合：构造机器 A，在给定的纸带 T 指令下可以任意组装部件；纸带复制机器 B；控制器 C，负责协调 A 和 B 的活动。该复制过程可以用以下表达式表示：

$$(A+B+C)+T(A+B+C) \rightarrow (A+B+C)+(A+B+C)+T(A+B+C)+T(A+B+C)$$

该式中，T（A+B+C）表示包含了机器 A、B、C 创建指令的纸带（在 20 世纪 40 年代和 50 年代，自动化机器工具通常由称为"穿孔纸带"的打孔纸条上的编码命令所控制）。冯·诺伊曼模型与图 7.1 中的亚细胞繁殖过程非常相似。纸带 T 对应于 DNA，纸带复制机器 B 与 DNA 聚合酶相对应，构造机器 A 与核糖体相对应，控制器 C 对应于帮助控制和调节过程的相关酶类。

1957 年，遗传学家莱昂内尔·彭罗斯（L. S. Penrose）受到冯·诺依曼工作的启发，建立了一套包含各种互锁挂钩机构的木质模块。这些木质模块被限定在一个盒子里，可以用手摇动，其复制模式与 DNA 复制方式大致相似。机器系统直到很晚才实现了与亚细胞完整繁殖系统更为类似的功能。

（一）模块化自重构机器人

20 世纪 90 年代初，从福田敏男（Toshio Fukuda）的细胞机器人系统

（cellular robotic system，CEBOT）工作开始，科研人员开始研究模块化自重构机器人（MSRR）。通常情况下，MSRR 系统是一个简单机器人的集合，每个机器人都包含传感器、执行器和小型计算机（Yim *et al.*，2007）。所有机器人通常都是相同的，或者仅有少量几种不同的类型，但所有机器人都运行相同的控制软件。机器人集合体中各模块的行为有点类似于多细胞生物中的个体细胞。这些模块可以相互连接、传输信号、共享能源。总的来说，许多模块可以自组织、相互协作来执行任务。对于这些系统来说，繁殖（复制）通常并不是一个重要的目标——而是采用传统制造方法生产完全相同的大量模块，这些模块可以互换使用。然而，模块化自重构机器人的工作为 20世纪90年代末和21世纪初开始的机器自我复制研究兴趣的重新复苏奠定了基础。

（二）轨迹跟踪机器人

2003 年，由多个子单元组成的一台模块化移动机器人证明了可以通过轨迹跟踪进行繁殖（复制）（Suthakorn *et al.*，2003）。这是通用可编程机器人的第一次演示，它可以将相应部件组装成自己的副本。该轨迹提供了冯·诺依曼通用构造器和亚细胞繁殖的关键特征——与物理部件排列方法相独立的信息操作手段。虽然这台机器并没有复制其轨迹，但同一轨迹可以被多台机器使用。实际上，该系统展示了一种核糖体类似物，机器人是核糖体，分解后的模块是氨基酸，轨迹类似于 RNA。刘等（Liu *et al.*，2007）和李等（Lee *et al.*，2008）介绍了最新版本的轨迹系统。

（三）模块化自重构机器人中的自我复制

2005 年，研究证实由 4 个模块化机器人部件组成的塔状集合体在各单个模块配置到适当部位时，可以实现自我复制（Zykov *et al.*，2005）。所有模块均为立方体，每一面上都包含一个控制器、一个电机和电磁连接器。这项工作是朝向实现自我复制通用可编程构造机器人迈出的重要一步。

自我复制系统"制造能力"的衡量指标是一个松散的概念，即模块内部复杂性与系统模块排列复杂性的比例。核糖体可以构建几乎微小到原子层面的序列，即单个氨基酸受其控制。相比之下，模块化机器人系统可能由多达几十个机器人模块组成，但模块本身可能包含数百、数千甚至更多的内部组件（特别是考虑到微控制器的复杂性）。为了降低复杂性，研究人员开发了一种由非常简单部件组成的特殊 MSRR（Moses *et al.*，2014）。图 7.2 显示了如何在考虑亚细胞繁殖过程的情况下设计这些部件。尤其是，每个部件应尽可能简单，最好没有可活动部件。此外，与氨基酸类似，这些部件也有可供构造机器抓住的标准"手柄"，以及可以让所有部件使用相同工艺进行组装的通用"连接器"。图 7.3 显示了利用这些部件建造的类似核糖体的构造器。

（四）机器人自组装

自重构机器人的研究进展伴随着自组装的进一步改进和验证。格里菲斯等（Griffith *et al.*，2005）发现，当在低摩擦表面上随机移动时，类似于核苷酸碱基对的简单塑料片能够以类似于 DNA 的方式进行复制。克拉文斯（Klavins，2007）也展示了一些控制自组装机器人结构几何形状的方法。

三、未来发展方向

从 2005 年开始，RepRap 和 Fab@Home 研究项目开始致力于制造低成本的 3D 打印机，这种 3D 打印机能够生产自己的部分组件。这为自我复制研究开辟了一个令人兴奋的新方向。RepRap 的创造者把他们的机器比作一个与人类使用者具有共生关系的有机体（Jones *et al.*，2011）。这种机器能够生产很难通过其他方式获取的零件，人类使用者负责执行组装。一个很有趣的可能性是将低成本 3D 打印机的制造能力与模块化自重构机器人的组装能力相结合。图 7.3 所示构造机器是实现这一可能性的一种途径。单个模块集合形成具有 3 个运动轴的机器，类似于机床。从原理上讲，该装置可以采用自由形态制造方法来获取各种材料沉积工具和构建模块，然后将这些模块组装成不断增长的网格来制造新的机器。史蒂文斯（Stevens，2011）进行的计算机模拟提供了一个很好的例子，证明这种机器已经能够很好地从各组件内嵌的逻辑门中复制自己的控制器和内存。

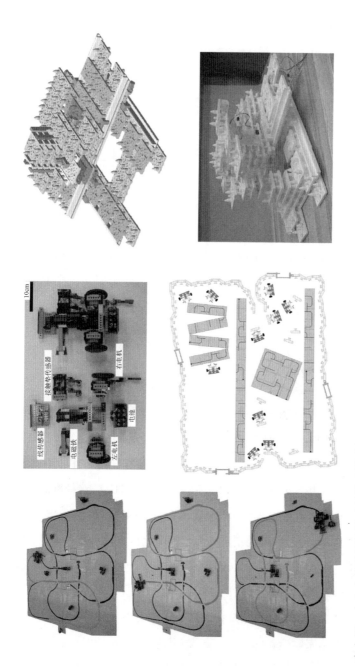

图 7.3　中上图：由七个简单模块组成的轨迹跟踪机器人。每个模块的标准手柄是一块能被电磁铁吸住的金属片。标准连接器由安装在各部件配合面上的互补永磁体制成。左图：轨迹跟踪机器人的复制顺序。右图：核糖体样构造机器人的 CAD 图形和实际照片。该机器人可以处理和组装与其组成部件相同类型的部件。中下图：基于模块化、轨迹跟踪、自组装部件相互结合的膜式人工电池的概念设计

© 2007 IEEE. 经许可转载自 Andrew Liu, Matt Sterling, Diana Kim, Andrew Pierpont, Aaron Schlothauer, Matt Moses, Kiju Lee, and Greg Chirikjian, A Memoryless Robot that Assembles Seven Subsystems to Copy Itself, ISAM'07. IEEE International Symposium on Assembly and Manufacturing, pp. 264–269, doi: 10.1109/ISAM.2007.428848

未来的另一研究方向是扩展轨迹跟踪机器人的能力。图 7.3 所示就是人们提出的一个系统，该系统由与细胞膜、酶、DNA/RNA 类似的异构部件组成。这些不同部件各自执行简单的专门功能。总的来说，这些装置的集合体可以形成一个能够重构、自我复制和进化的机器人系统。

四、拓展阅读

细胞和分子生物学领域有许多非常好的教科书：卡普等（Karp *et al.*，2015）的著作是其中的代表作，目前已经出版到第 8 版。弗雷塔斯和梅克尔（Freitas and Merkle，2004）的著作对自我复制人工机器进行了非常全面的回顾，这本书从冯·诺依曼的讲座开始，涵盖了 2004 年之前该领域的大部分实验工作，包括彭罗斯（Penrose）在 1957 年初用简单木制模块进行的实验，以及当代的模块化机器人和计算机模拟工作。

2004 年以来的机器复制实验演示，可以参见格里菲斯等（Griffith *et al.*，2005）、日科夫等（Zykov *et al.*，2005）、刘等（Liu *et al.*，2007）、李等（Lee et. al.，2008）和麦考迪等（MacCurdy *et al.*，2014）的工作。伊姆等（Yim *et al.*，2007）对自重构模块化机器人技术做了很好的综述，重点关注了非随机组装设备。克拉文斯（Klavins，2007）对随机驱动模块化机器人自组装进行了非常好的概述。关于简化的模块化机器人部件及其形成的构建器（图 7.2）的更多信息，请参见摩西等（Moses *et al.*，2014）的工作。数种基于轨迹的自复制机器人的更多详细信息，请参阅萨塔科恩等（Suthakorn *et al.*，2003）、刘等（Liu *et al.*，2007）和李等（Lee *et al.*，2008）的工作。对 RepRap 项目的正式学术描述，请参见琼斯等（Jones *et al.*，2011）的文章。史蒂文斯（Stevens，2011）介绍了具有通用构建能力的近物理学自复制系统开展的大量计算机模拟。鲁宾斯坦等（Rubenstein *et al.*，2014）介绍了 1000 个机器人集群的可编程自组装。

致谢

本章作者的工作得到了美国国家科学基金会（NSF）的资助，课题名称"机器人检查、诊断和修复"（合同号 IIS 0915542）。

参 考 文 献

Freitas, R. A., and Merkle, R. C. (2004). *Kinematic self-replicating machines.* Georgetown, TX: Landes Bioscience.

Griffith, S., Goldwater, D., and Jacobson, J. M. (2005). Self-replication from random parts. *Nature,* 437(7059), 636.

Jones, R., Haufe, P., Sells, E., Iravani, P., Olliver, V., Palmer, C., and Bowyer, A. (2011). Reprap—the replicating rapid prototyper. *Robotica,* 29(1), 177–91.

Karp, G., Iwasa, J., and Marshall, W. (2015). *Cell and Molecular Biology,* 8th edition. Chichester, UK: Wiley.

Klavins, E. (2007). Programmable Self-assembly. *Control Systems Magazine,* 24(4), 43–56.

Lee, K., Moses, M., and Chirikjian, G.S. (2008). Robotic Self-Replication in Partially Structured Environments: Physical Demonstrations and Complexity Measures. *International Journal of Robotics Research,* 27(3–4), 387–401.

Liu, A., Sterling, M., Kim, D., Pierpont, A., Schlothauer, A., Moses, M., and Chirikjian, G. (2007). A memoryless robot that assembles seven subsystems to copy itself. In *ISAM'07. IEEE International Symposium on Assembly and Manufacturing, 2007,* pp. 264–9.

MacCurdy, R., McNicoll, A., and Lipson, H. (2014). Bitblox: Printable digital materials for electromechanical machines. *The International Journal of Robotics Research,* 33(10), 1342–60.

Moses, M. S., Ma, H., Wolfe, K. C., and Chirikjian, G. S. (2014). An architecture for universal construction via modular robotic components. *Robotics and Autonomous Systems,* 62(7), 945–65.

Rubenstein, M., Cornejo, A., and Nagpal, R. (2014). Programmable self-assembly in a thousand-robot swarm. *Science,* 345(6198), 795–9.

Stevens, W. M. (2011). A self-replicating programmable constructor in a kinematic simulation environment. *Robotica,* 29(1), 153–76.

Suthakorn, J., Cushing, A. B., and Chirikjian, G. S. (2003). An autonomous self-replicating robotic system. In *AIM 2003. Proceedings. 2003 IEEE/ASME International Conference on Advanced Intelligent Mechatronics, 2003.* (Vol. 1, pp. 137–42).

Yim, M., Shen, W.-M., Salemi, B., Rus, D., Moll, M., Lipson, H., Klavins, E., and Chirikjian, G. S. (2007). Modular self-reconfigurable robots [Grand Challenges of Robotics]. *IEEE Robotics & Automation,* 14(1), 43–52.

Zykov, V., Mytilinaios, E., Adams, B., and Lipson, H. (2005). Self-reproducing machines. *Nature,* 435(7039), 163–4.

第 8 章
进 化 发 育

Tony J. Prescott[1], Leah Krubitzer[2]

[1] Sheffield Robotics and Department of Computer Science, University of Sheffield, UK

[2] Centre for Neuroscience, University of California, Davis, USA

人工智能、认知系统和机器人学领域的技术已经取得了许多重大进展。我们制造了能够行走和奔跑的双足机器人、能够穿越凹凸不平地面的四足机器人、能够自动驾驶的汽车，以及能够编队飞行的微型悬停机器人。我们开发了能够读取手写字迹、识别面孔、分析人类语言的传感系统；设计制造了计划、推理和推断系统，可以集成兆字节海量信息来协调交通运输、处理大型组织机构的后勤物流、优化复杂的财务报表，以及挖掘科学数据集等。在某些领域，我们已经接近于模仿生物系统的成就，而在另一些领域，我们已经超越了生物系统。但是，我们在这些系统的设计上已经达到了极限，表现为它们在面对意想不到的挑战时显示出的脆弱性，以及为适应不断变化的世界更新这些系统的难度和成本在不断增加。因此，"进化性"（evolvability）被认为是设计复杂人造物面临的重大挑战（Lehman and Belady，1985；Mannaert et al.，2012），技术人员在生物系统的启发下，已经实现了更具动态性和进化性的人工系统（Fortuna et al.，2011；Le Goues et al.，2010）。

但是我们能从大自然中学习到关于进化性的什么知识呢？在生物科学中，传统上进化被认为是从选择的角度来考虑的——优先选择那些更茁壮成长的有机体而不是那些失败的有机体。选择无疑是生物学最强大的运行机制之一，它使拥有丰富行为方式的复杂有机体的进化成为可能。但是，只有所要选择的群体中存在适当的变化时，选择才能发挥作用。换言之，虽然选择是进化的运行机制，但它并不是使生物体进化的机制。生物进化性的研究指出，自然变异的源泉（图 8.1）对于理解和复制自然进化的力量至关重要

（Carroll，2012；Kirschner and Gerhart，2006）。

生物进化性的一般定义（Wagner and Altenberg，1996）可能考虑到了种群中的两个变异来源。第一个是关于群体内基因序列如何发生变化，从而导致表型变化。影响这种变异形式的机制包括直接改变染色体 DNA 的过程，如突变、交叉和重组，以及迁移、易位等群体效应。变异性的第二个重要来源鲜为人知，其源于遗传基础产生特定表型的发育过程，如图 8.1 中各种美丽的蝴蝶翅膀图案所展示的那样。这种表型多样性并不需要决定它的基因序列具有变异性，而是与发育过程中基因表达方式的变异有关。

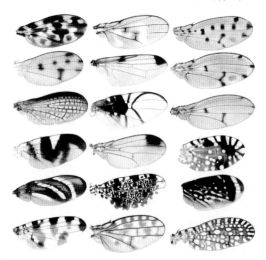

图 8.1　自然系统的变异性。我们要了解进化如何运作，需要超越遗传物质的选择过程，并破译产生变异的机制。例如，图中令人惊叹的各种蝴蝶翅膀图案被认为是通过改变基因调控网络的运作方式而产生的，而不需要改变其基本基因序列

转载自 Proceedings of the National Academy of Sciences of the United States of America，Emerging principles of regulatory evolution，104（Supplement 1），pp. 8605–8612，Figure 1，doi：10.1073/pnas. 0700488104，Benjamin Prud'homme，Nicolas Gompel，and Sean B. Carroll，Copyright（2007）National Academy of Sciences，USA

为了理解发育产生的变异性，我们首先必须认识到基因并不能直接规定生物体——相反，在细胞内部和整个胚胎中有一套丰富的运行机制，并与其他机制共同决定了基因如何转录成蛋白质和信使分子，以及它们转录的可能性。这些表观遗传机制（epigenetic mechanism）的运作决定了任何一个具体的细胞是发育成神经元还是白细胞，它们解释了无数不同部件如何形成身体的谜团，尽管所有细胞都具有相同的 DNA。发育生物学家目前已经剖析了

调节基因表达的许多潜在分子机制。有趣的是，我们现在意识到这些机制也可能受到胚胎内外环境的影响，这种影响方式能够产生非传统遗传学（表观遗传）的但可以遗传的跨代变化。

近几十年来，进化发育方法（Carroll，2012；Muller，2007）已成为目前了解生物进化性的核心。一个关键的出发点是科学家发现，从海胆到人类的所有现代多细胞动物的躯体发育模式都具有类似的基因调控网络（图 8.2；Raff，1996；Swalla，2006）。这一令人惊讶的发现证明了这些网络具有产生不同身体形态的灵活性，也促使人们认识到，基因决定表型结果的方式取决于不同组织层次上的多重相互作用——成年生物体是一系列遗传级联的结果，在时间和空间上受到更广泛的胚胎、身体与环境背景的调控。在这一过程中的任何阶段，选择都可以在表型变异上发挥作用。

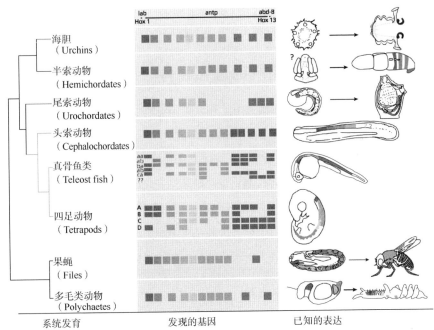

图 8.2 生物系统的进化发育。在 20 世纪上半叶，进化生物学主要被还原主义者主导，过于强调基因的作用。科学家对发育的作用重新开始感兴趣，是因为发现了参与果蝇身体形态的同源基因簇在包括脊椎动物在内的所有多细胞动物中都具有很强的保守性，尽管它们所产生的形态结果存在显著差异。这一发现迫使人们重新审视发育过程在确定身体和大脑设计方案中的作用。该图显示了同一调控基因簇（Hox）如何确定现代多细胞动物（人类属于四足类的一员）所有不同群体的身体形态模式

我们从这些重大发现之中还学习到了一点：遗传–发育系统的工具箱既对微小变化十分敏感，同时又非常强壮。例如，基因表达时空模式的微小变化可能导致发育结果的巨大变化，正如下文神经系统进化的研究所示。

然而，与此同时，更广泛的系统能够灵活应对这些不断变化的模式，而且这种应对方式仍能产生可生长发育的有机体。这使我们摆脱传统进化观念的束缚，深入探索身体形态的随机变化。了解发育动力学如何抵抗破坏性干扰，努力促进与生长发育结果的汇聚融合，可以让我们破解生物进化性的难题，并揭示可有效应用于人工系统的基本原理。

我们特别感兴趣的是了解一种具体的复杂生物系统——哺乳动物大脑和神经系统的进化和发育，以及设计类脑适应性架构对仿生机器人进行控制的可能性。下一节我们将进一步探讨涉及大脑进化发育的特定机制，以及包括人类自己大脑在内的大脑进化历史。本章的第三部分将探讨自然界进化发育基本原理如何启发并继续启发人工生命机器的设计。

一、哺乳动物神经系统的进化发育

随着控制系统变得越来越复杂化、互联化和集成化，任何结构变异都更有可能导致其功能退化。那么，随着动物神经系统变得越来越大、越来越复杂，它们是如何保持进化能力的呢？一种解决办法是避免基因组对系统的过度规范，并利用如上文所述的发育机制促进对破坏性变化的补偿（Deacon，2010；Katz，2011）。更一般地说，现在神经生物学进化发育研究已经开始确定发育过程的工具箱，这些发育过程可以在神经系统组织中产生有价值的变异形式，并认识到这套机制本身就是强大的进化选择压力的目标（Charvet et al., 2011）。

（一）大脑进化性工具箱

大脑进化性的工具箱里有什么呢？首先，与其他发育系统一样，大脑的复杂线路是一组更简单（尽管仍然非常复杂）的生长规律的进化结果，它们通过遗传级联实现，并在自组装结构中相互作用，首先予以过度规范，然后采用内在机制（如基于活动的修剪）绘制出有意义的网络拓扑图。因此，存在一套与生成性（generative）机制或自组织机制有关的工具，这种机制允许大脑在早期发育阶段通过调谐内部神经信号进行连接（见 Wilson，第 5 章）。该系统首先指导传入感觉信号，然后指导不同模态输入之间的相关性（见Krubitzer and Kaas，2005）。

其次，大脑还有一套工具利用具体实例来说明适应性（adaptive）机制（在本章中是指那些涉及学习的机制，而不是一般的适应性机制）。学习的作用是促进神经回路的选择，从而支持与个体发育环境完全匹配的行为能力。例如，大脑皮质区域的发育在很大程度上是由特定的传入感觉输入模式驱动的，从而可以支持诸如目标识别和检测、决策、路径规划、运动控制等任务。这些神经回路不断地被现实世界的经验所修改和磨炼，包括不同形式的内部和外部介导反馈（见 Herreros，第 26 章）。

最后，第三组工具与本书第四篇和第五篇中讨论的系统组件和架构原则相关，如可以产生模式节律的振荡器，可以解决竞争问题的决策回路，以及可以实现预测控制的感觉运动回路等。架构原则包括分层控制（layered control）原则，即在没有更高层次路径的情况下，将感知与行动联系起来的较低层次路径可以发挥作用（Prescott et al.，1999）；以及冗余（redundancy）原则，即通过多个基质提供各种替代方法来支持特定功能（Deacon，2010）。这些架构特征产生了鲁棒性，从而可以防止灾难性的局部变化——通过为探索有意义的变异性提供更多选项来理顺适应性场景（Kauffman，1990）。我们在大脑进化中看到的一个重要特征是重复既有结构，这可能是分层控制和冗余原则的基础。对工作子回路进行复制可能会导致系统组件未得到充分利用，随后对其进行调整以承担新的功能（Deacon，2010；Whitacre and Bender，2010）。

（二）从表型变异性到希望怪物

长期以来，生物学家一直困惑于很难将动物谱系的快速变化与突变等遗传算子产生逐渐变化的概念协调起来。在 20 世纪 40 年代，生物学家理查德·戈德施密特（Richard Goldschmidt）创造了"希望怪物"（hopeful monster）这一新词（Goldschmidt，1940），用来锁定一个新的概念，即生物体代表了设计空间的巨大飞跃（也称为宏观进化）。当时的许多生物学家都认为这一观点是有争议的，他们认为任何导致生物体彻底重组的基因组变化都可能是致命的。然而，除了许多较小的步骤外，进化似乎还采取了一些更大的步骤来向前推进。这可能会怎样呢？进化性再次成为关键，由进化发育方法产生的新知识正在重新复兴戈德施密特的"希望怪物"假说。具体来说，导致根本性变化的遗传突变或正常状态的持续性非遗传性偏离，可以通过模式形成过程来补偿，从而将发育引导向创建真正可生存的动物。此外，如果一个群体受到重大破坏性事件的影响如环境的突变，那么可能会在多个个体中触发类似的变化。在这种情况下，可以在设计空间内取得成功的跨越。

我们可以通过对大脑进化的研究来说明这一观点，哺乳动物的皮质大小和组织结构在进化史上发生了许多巨大的变化，就变化速度而言，也许最显著的是导致现代人类诞生的从灵长类到原始人的一系列形态。图 8.3（彩图 3）显示了各种现代哺乳动物皮质的大致形状和区域结构。

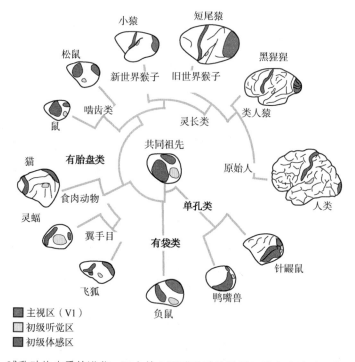

图 8.3   哺乳动物皮质的进化。图中的主要哺乳动物种群及其家族关系，演示了皮质覆盖物的形状以及部分初级感觉区域相对于推定的共同祖先是如何变化的

转载自 Proceedings of the National Academy of Sciences of the United States of America，Cortical evolution in mammals：The bane and beauty of phenotypic variability，109（Supplement 1），pp. 10647–10654，Figure 1，doi：10.1073/pnas.1201891109，Leah A. Krubitzer and Adele M. H. Seelke，Copyright（2012）National Academy of Sciences，USA

对大脑发育过程的实验操作可以揭示这种变化是如何发生的。例如，陈和沃尔什（Chenn and Walsh，2002）研究发现，在小鼠早期神经发生过程中的系列发育事件内诱导一个单一的变化，其所产生的影响就可能导致啮齿动物样的光滑新皮质转变为灵长类动物样的复杂新皮质，从而使得皮质表面扩大但厚度并未增加。尽管这些小鼠因大脑异常而无法存活，但令人印象深刻的是，神经前体细胞的过量产生会触发后续发育级联的变化，至少部分补偿了这种干扰（进一步探讨参见 Rakic，2009）。这项研究表明，发育早期发生的变化会产生特别深远的影响（从而带来更大的变化）。克鲁比策和塞尔克（Krubitzer and Seelke，2012）对其他实验进行了综述，这些实验利用基因敲除小鼠来探索不同转录因子对不同皮质发生区域化（即皮质区域的大小、形状和位置）的调节作用。如图 8.4（彩图 4）所示，*Emx2*、*COUP-TF1*、*Pax6* 或 *Sp8* 这四个因子中的任何一个被敲除，都会从根本上改变多个皮质区域的大小和形状，扩大一些区域、缩小另外一些区域，同时保留它们的整体拓扑关系。

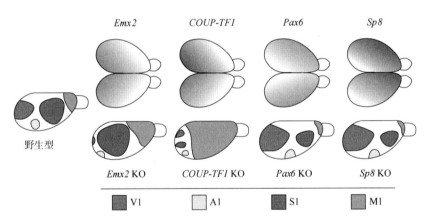

图 8.4　去除特定转录因子（通过转基因"敲除"小鼠）对小鼠皮质区域化的影响。每一次敲除都会从根本上破坏主要皮质区域——初级视觉（V1）、听觉（A1）、躯体感觉（S1）和运动（M1）皮质的大小和形状，但同时保持整体拓扑结构

转载自 Current Opinion in Neurobiology，18（1），Dennis D. O'Leary and Setsuko Sahara，Genetic regulation of arealization of the neocortex，pp. 90–100，Figure 6，doi：10.1016/j.conb.2008.05.011，Copyright © 2008，Elsevier Ltd.，with permission from Elsevier

福口智雄和格鲁夫（Fukuchi-Shimogori and Grove，2001）在最后一项验证实验中发现，电诱导小鼠前脑特定部位生长因子的过度表达，可以诱导动物形成完整的第二个桶状皮质（负责面部胡须的映射），其表现为正常皮

层的镜像。这一结果表明，发育过程可以相对容易地产生有意义的实质性、组织有序的结构形式冗余，然后可以选择这些结构承担新的作用。

克鲁比策和塞尔克（Krubitzer and Seelke，2012）通过观察比较不同物种，总结了哺乳动物大脑皮质的主要差异，具体如图 8.3 所示。这些差异包括：①皮质层的大小；②分配给不同感觉区域（更广泛地说，是分配给不同皮质区域）的相对空间量；③行为相关身体部位对应的皮质区的放大；④新模块的添加；⑤皮质区的总数；⑥皮质区之间的联结。有趣的是，在比较某一特定物种的个体时可以看到许多相同的变化，但与比较不同的物种相比，变化的幅度要小得多。这说明，大多数物种大多数时都可能存在表型变异，使选择能够在这些不同方向上指导皮质进化。

（三）基本设计原则的保守性

在探索通过生物进化实现有效变化的途径时，同样重要的是要认识到还有一些事物始终保持不变。事实上，生物进化的故事可以视为对基本设计原则的保护，科学家早就发现了这一点，并通过可进化控制架构予以具体说明（Kirschner and Gerhart，2006）。例如，化石证据表明，寒武纪（约 5.41 亿年～4.85 亿年前）时期发生了动物形态的大爆炸，出现了所有主要的两侧对称性动物门类，但是在之前的震旦纪末期化石中并未发现大部分这类动物的记录（见 Prescott，第 38 章）。目前的假说认为，现代所有两侧对称性动物的最后一个共同祖先——始祖动物（Urbilateria）——在寒武纪边界之前已经进化了一段时间，并被认为拥有调控基因中“必要的两侧对称性动物工具箱”（Erwin and Davidson，2002），包括调控现代所有两侧对称性动物细胞分化和身体形态的同源基因簇（如图 8.2 所示）。类似脊椎动物的动物也比人们想象的出现得更早——中国澄江的发现[中国的“伯吉斯页岩”（Burgess shale）]表明，寒武纪早期已经存在类似鱼类的动物（脊椎动物）（Mallatt and Chen，2003）。这一证据意味着复杂神经系统快速进化，并成为新的身体形态结构总体进化的重要组成部分（Gabor Miklos *et al.*，1994）。

对大脑结构的比较分析表明，所有脊椎动物的神经系统结构都具有惊人的保守性。值得注意的是，所有脊椎动物的大脑都包括由脊髓、后脑、中脑和前脑组成的分层结构；由内侧网状结构和基底神经节组成的整合核心；以及许多专门的学习/记忆系统——海马、纹状体、皮质和小脑（Prescott *et al.*,1999）。当然，许多脑区的大小、形状、亚区数目（脑区分割）和微结构组织都具有相当大的变化，此外还包括新的细胞类型及细胞团的脑内迁移。大脑连接的改变包括轴突侵入新的区域，以及连接的选择性缺失导致局部区域分化的增加。然而，比较神经生物学的研究表明，脊椎动物基本大脑形态的改变范围可能非常有限（Charvet *et al.*, 2011）。脊椎动物的控制架构只有在一系列限制条件下才具有进化性，这些限制条件早在 5 亿年前的鱼类神经系统中就已形成。如果我们能够更好地了解这种受到限制但仍可进化的架构——它经历了一代又一代的进化者，从海洋到陆地，从四足到两足行走，在空中甚至在太空中——它就将成为人工生命机器设计的强大模型。

二、仿生和生物混合系统

很显然，要想学习自然系统的进化发育，就必须识别、模拟和抽取导致自然界生物进化性的进化与发育机制。这种方法可能会产生具有生成性、适应性和选择性机制的工具箱，并利用其制定应用于复杂生物启发系统的设计方法。这种框架还需要对身体形态和控制架构的抽象理解，因为很明显，进化的作用是选择进化的灵活的控制系统，然后在这些设计（以及物理定律）所决定的某些限制范围内运行。

在计算神经科学、人工智能和机器人学领域，研究人员几十年来已经探索了生成性方法（如自组织）或选择性方法（如遗传算法和遗传编程）以及适应性方法（如强化和监督学习）。一个规模较小但非常重要的学术团体已经研究了生成性、选择性和适应性机制或这些机制的组合是如何共同发挥作用的。大部分相关文献都遵循了仿生方法，但本章限于篇幅，无法进行全面的回顾综述，因此，我们简要回顾了这一领域的历史，并重点介绍了一些特别具有开创性或洞察力的实例。

（一）人工进化发育的基础

尝试利用进化、发育和学习的方法创建人工系统的实践，受到以下认识的驱动：工程系统既不能与生命体的复杂性相匹配，也不能与生命体的鲁棒性相匹配；此外，大自然还发明了一些非常卓越的技术，将这种复杂实体规范封装在高度紧凑的代码中。例如，人类大脑据估计有100万亿个神经连接，而人类基因组却只有不到30 000个活性基因。因此，自然界最重要的工具之一，就是这种间接但高效的基因组到表型的生成性映射。

　　一个被人们反复用来类比的例子是，词汇量较小的一门语言，可以通过一套语法规则来说明其单词如何组合，从而生成数百万个不同但有效的语句。在计算机科学领域，形式语言的生成力被定义为针对确定符号集进行操作的规则集，这一点自乔姆斯基（Chomsky）20世纪50年代的工作以来就得到了广泛理解，并且这一总体思路被林登梅耶（Lindenmayer，1968）首次应用于生物发育模型，由此产生的模型在分支形状上类似于藻类的丝状结构（图8.5）。这种方法现在被称为L系统（林登梅耶系统的缩写），仍然得到了广泛应用。例如，托本–尼尔森等（Torben-Nielsen *et al.*，2008）描述了一种构建单神经元树形模型的 EVoL-Neuron 建模系统，该系统采用遗传算法对模型进行调整，使其与实验测量的细胞相匹配。

　　北野（Kitano，1990）也将L系统方法推广到人工神经网络的构建中。虽然林登梅耶的目标是证明，一个小的语法就可以产生分化的、类似生命的结构，但北野试图证明，与更直接的编码方法相比，基于语法的系统在编码效率方面具有特定的优势。此外，北野将L系统与选择性（遗传算法）和适应性（反向传播）方法相结合，也就是作为工具箱方法的一部分，并试图证明这种方法组合可以有效应用于解决复杂困难的计算问题（他选择了解码问题，这是计算机科学中的一个经典问题）。北野通过研究证明，与直接编码方法相比，随着目标网络大小的增加，基于语法的生成性模型收敛速度更快并且扩展性更好——这是进化发育的一个明显胜利。他还发现，可以在不增大遗传编码规模的情况下规范更大的网络——一条通向简洁性、扩展性发育代码的道路开始出现，可以用来规范有意义的人工复杂系统。

　　虽然语法能够完美捕捉紧凑编码以递归方式表达发育程序的部分能力，但目前还不清楚这种系统如何映射到细胞内的化学和机械系统。历史上有另外两种方法提供了重要线索。

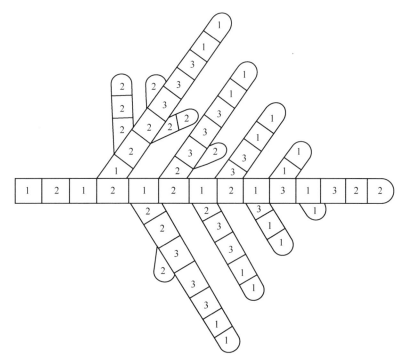

图 8.5　L 系统语法生成的树状结构，用于模拟生物发育

转载自 Journal of Theoretical Biology，18（3），Aristid Lindenmayer，Mathematical models for cellular interactions in development I. Filaments with one-sided inputs，pp. 280–299，doi：10.1016/0022-5193（68）90079-9，Copyright © 1968，Elsevier Ltd.，with permission from Elsevier

　　一种方法源于图灵（Turing，1952）关于形态发生化学基础（身体形态的发育）的论文。图灵的论文现在被认为是理解一般自组织系统的重要基础（见 Wilson，第 5 章），他特别关注基因如何使受精卵发育成具有不对称分化结构多细胞生物的问题。图灵借鉴了扩散化学物质——他称之为形态原（morphogens）——可以引导发育的观点，提出了一个相互作用化学梯度的数学模型，并称之为反应-扩散（reaction-diffusion）过程，该模型可以创建非常优美的图形，如斑纹、条纹和螺纹。基于图灵思想的模型能够捕捉有机体内部发育过程的一些更类似和非局部的特征。例如，刘易斯（Lewis，2008）回顾了半个世纪以来基于图灵思想的工作，该思想运用数学模型来了解化学梯度对基因表达的作用，具体实例包括植物组织的分生模式以及青蛙胚胎背腹组织分化等。弗莱舍和巴尔（Fleischer and Barr，1994）采用工具箱方法，将基于微分方程的反应-扩散模型与基于语法的细胞分裂生长模型，以及细胞间

相互作用的力学模型相结合，创建了一个发育细胞层的二维模型。由此形成的系统可以产生如图 8.6 所示的丰富的类生命模式，这些模式已经在计算机图形等领域得到了具体应用。关于能够界定多细胞"软体机器人"的人工发育现代工具箱，请参见杜尔萨特和桑切斯的论述（Doursat and Sánchez，2014）。

图 8.6　弗莱舍和巴尔（Fleischer and Barr，1994）在图灵的反应–扩散模型和林登梅耶的 L 系统的启发下，将他们研发的发育工具箱应用于计算机图形生成的挑战，如图中这些覆盖有动物样鳞片的球体

转载自 Fleischer，K. W. A multiple-mechanism developmental model for defining self-organizing geometric structures，Figure 7，PhD thesis，California Institute of Technology，Pasadena，1995

　　第二种方法的起点是认识到，染色体 DNA 及其周围的化学过程演示了一个具有简化自由度和突现性秩序的丰富动力学系统，并可能为此定义一个具有类似动力学性质的简单模拟物。考夫曼（Kauffman，1969a，1969b）试图用随机连接布尔网络作为基因调控系统的模型。他认为，如果网络节点之间具有准确的连接度，规模大小与特定动物基因组相映射的布尔网络将进入动力学稳定状态，从而可以预测有机体中的细胞类型；其行为周期可以预测细胞分裂的时间，以及应对类似于行为转换的噪声。德莱尔和比尔（Dellaert and Beer，1996）进一步证明了，布尔网络可以作为基因调控系统的有意义的抽象嵌入到模型细胞中，并运用随时间变化的网络状态来调控细胞分裂分化的周期。他们通过使用遗传算法来配置初始网络，使之能够生长出多细胞二维模型生物，它由传感器和执行器细胞混合组成，并遵循曲线形式的进化。德莱尔和比尔还建立了第二种模型生物，其模型更接近于遗传调控网络的化

学模型；然而，研究证明，将这样一种模型配置为可进化的形式，要比简单的布尔系统更难处理。博安霍尔德（Boannholdt，2008）探讨了布尔网络作为细胞调控网络简化模型的地位，他认为布尔网络动力学可以为细胞如何"计算"提供有意义的见解。贾科姆安东尼奥和古德希尔（Giacomantonio and Goodhill，2010）运用布尔网络来了解哺乳动物大脑皮质区域化的遗传调控网络（如图 8.3 所示），其中涉及了图 8.4 所示的所有遗传转录因子以及另外一个转录因子（Fgf8）。他们对这 5 种基因所有的可能网络配置进行了详尽模拟，发现只有 0.1%的网络能够再现实验观察到的表达模式。此外，能够工作的网络往往有某种类型的内部相互作用，从而为这些基因网络在大脑发育中如何运作提供了线索。

斯坦利和米克库莱宁（Stanley and Miikkulainen，2003）在回顾了数十年的工作之后，提出了一种进化发育系统的分类模型，他们称之为"人工胚胎发生"（artificial embryogeny）系统，并确定了设计选择的 5 个主要维度：①细胞命运（cell fate），决定细胞类型的机制；②靶向（targeting），细胞如何相互连接；③异时性（heterochrony），如何调控发育事件的时间；④渠限化（canalization），如何使系统对基因型变异具有鲁棒性；⑤复杂化（complexification），基因组（和表型）如何随时间推移变得更加复杂。

关于如何将这些不同的设计机制从生物系统中抽象出来，从而产生更紧凑和可扩展的编码（从而提高可进化性），科学家提出了各种建议。例如，斯坦利（Stanley，2007）提出，发育有机体内局部交互的核心作用是向细胞提供有关其空间位置的信息。如果是这样，则对发育过程的有效抽象可能是提供明确的坐标框架，允许通过一系列参数化函数的组合来规范每个位置的发育。这个过程能够可视化为定向图或"成分模式生成网络"（CPPN）。从混合体中移除本地交互也可以使此方法节省时间，即在单个步骤中计算每个位置的最终结果。将人工进化应用到 CPPN 中，可以发现它们是一种灵活的、可进化的编码方式，表现出自然发育系统的对称性、变异重复等特点。其他方法探索了网络组件通过复制来实现冗余的实用性（Calabretta et al., 2000）；还有一些方法探索了进化控制系统中模块化的益处（例如 Bongard，2002），以及哺乳动物皮质中不同功能子网络的突现性（Calabretta，2007）。加西亚·伯纳多和爱泼斯坦（Garcia-Bernardo and Eppstein，2015）介绍了一种复杂化方法，该方法可对密集模型网络进行修剪，发现保留所需功能的最小配置，然后将这些更紧凑的回路用作更大系统中的固定构建基块。

许多模型系统都将自适应机制（学习）作为构建工作模型生物体的关键步骤（例如 Sendhoff and Kreutz，1999）。根据"鲍德温效应"（见 Wilson，第 5 章），通过将峰值周围的适应性场景变平滑，学习能力可以使系统更容易进化（如果学习能够可靠地将模型系统带到适应性峰值，那么进化和发育应该足以使系统处于峰值附近的某个位置）。因此，增加学习能力是减小进化系统代码规模的另一种方法，同时也更容易发现好的解决方案（减少搜索时间）。当然，这样的代价是需要终身学习以及在系统适应时会有一段时间其适应性降低。

（二）扩展放大

人工进化发育研究的一个重要目标是证明模型方案可以扩展放大，以应对现实世界的复杂性。一个非常有用的敲门砖是使用模拟的三维世界，其中包括了基于计算机图形和游戏应用的实时物理引擎。这种方法的著名实例是卡尔·西姆斯研究的一种"生物"（creatures）（Karl Sims，1994）。西姆斯使用遗传算法来选择定向图（类似于 L 系统语法），这些定向图规范了数字生物问题的解决方案，这种数字生物由基块集合体组成，通过动力柔性关节相连接并受电路控制。西姆斯为他的数字生物发展了神经网络控制系统，并与物理形态、人为设计的适应性功能相结合，可模拟水上和陆地环境，经选择可熟练完成各项任务，诸如游泳速度、追随光源游泳、表面移动、表面跳跃、试图与另一个生物竞争占有一个方块等（即模型进化的军备竞赛）（图8.7）。这些实验产生了一系列令人着迷的生物，其中一些具有熟悉的形态和行为，让人联想到蛇、蝌蚪或螃蟹等真实动物。其他一些生物用它们通常不太熟悉或奇怪的运动模式和身体形态，同样能够有效完成任务。由此产生的数量巨大的数字生物可以与寒武纪早期的生命大爆发媲美。

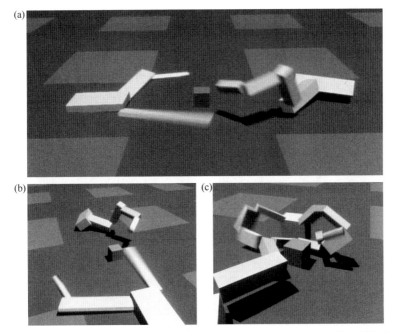

图 8.7 模拟的进化军备竞赛。在卡尔·西姆斯（Karl Sims，1994）的一项实验中，进化人工生物正在争夺一个方块

转载自 Karl Sims，Evolving virtual creatures，Proceedings of the 21st annual conference on computer graphics and interactive techniques，pp. 15–22，doi：10.1145/192161.192167 © 1994，association for Computing Machinery，Inc. Reprinted by permission

　　西姆斯方法的成功依赖于生成性编码用参数化简单元素（基块）构建工作模型生物体的能力，以及遗传算法通过简化控制挑战的方式利用物理学的能力。利普森和波拉克（Lipson and Pollack，2000）将三维仿真进化与物理机器人增材制造（3D 打印）相结合，使这一思想更接近于物理现实，以实现最成功的设计。在实际物理系统中进行进化发育比较困难，但可重构机器人的一些工作正朝着这个方向发展。例如，图 8.8 所示的 Eyebot，由利希滕施泰格和埃根伯格（Lichtensteiger and Eggenberger，1999）以昆虫复眼为模型研发，并应用遗传算法调整模型中各小眼的位置；戈麦斯等（Gomez et al.，2004）将此方法扩展到机器人的手–眼系统，探索人类手–眼协调模型中控制系统和形态学（自由度）的并行发展。最近，武约维奇等（Vujovic et al.，in press）采用增材制造技术并结合机械臂自动化装配，进化和发展出了形态各异的机器人，并测试了它们在平坦场地上的运动能力。

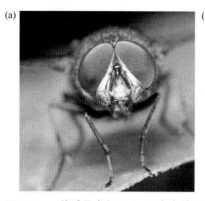 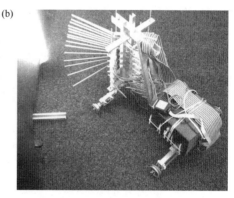

图 8.8　一种受昆虫复眼（a）启发的可重构机器人 Eyebot（b），旨在将人工进化应用于机器人形态学

（a）:©Denis Vesely/Shutterstock.com；（b）经授权转载自 Macmillan Publishers Ltd：Nature，406(6799)，Automatic design and manufacture of robotic lifeforms，Hod Lipson and Jordan B. Pollack，pp. 974–978，Figure 5，doi：10.1038/35023115，Copyright © 2000，Nature Publishing Group

三、未来发展方向

　　我们正进入一个新的时代，一方面，超高速计算机得到广泛应用，开源工具箱不断共享，从而推动了人工进化发育的更广泛应用。另一方面，科学教育是一个限制因素——当前的方法需要掌握一系列不同的工具，如果要成功地挖掘生物学原理，就需要了解最令人望而生畏的科学文献之一 ——发育生物学及其复杂的术语体系和详细的数据集。为了克服这些问题，必须继续强调多尺度建模（见 Verschure and Prescott，第 2 章），同时为年轻科学家提供跨学科培训机会（见 Mura and Prescott，第 64 章）。

　　人工进化发育领域还有许多未知版图有待探索。在最基本的层面上，生命系统所需原则的确定——如生存和自我维持——可以通过模拟有效探索（Agmon *et al.*，2016）；同时努力利用有机化学创造新的人工生命系统（Mast *et al.*，第 39 章）。在这一复杂谱的另一端，还有一些科研团队通过机器人具身化建模为媒介（如 Cangelosi *et al.*，2015；Metta and Cingolani，第 47 章），寻求将这种方法应用于了解人类发育和认知（Parisi，1997）。

　　将这些方法应用于现实世界的一种策略是试图避开某些自然进化的限制瓶颈，例如，需要将创建新生命形式所需信息压缩到单个细胞中，将遗传限制于家族谱系，以及利用该单细胞构建的新有机体重新进行实验。我们可以探索获得性适应的保留，对拉马克进化[或模因文化进化（memetic cultural evolution）]进行模拟（Le *et al.*，2009），有可能将有意义的适应直接从一个实验复制到下一个实验（就像生物学家现在使用基因工具一样）。如前所述，实验能够在模拟的物体和世界中进行，从而可以比实际时间更快地模拟现实模型系统。随着这一理论的改进，可以调整模型种群数以优化可进化性，例如，通过选择额外的选拔标准来促进表型多样性（Lehman *et al.*，2016）。对于物理系统，我们可以反复调整和重复使用可修改、模块化机器人硬件，同时利用自动制造方法。此外，还可以更有效地利用对生物进化知识的理解，从非从头创建的预结构化模型开始。大自然已经确定了许多"规定动作及好把戏"（Dennett，1995）来建造动物身体和复杂的控制架构，并在物种进化时保持其保守性（Prescott，2007）。我们可以确定促进鲁棒性和可进化性的设计特征，或者从一开始就构建这些特征，或者通过选拔标准来促进这些特征。

　　将进化发育的经验教训应用于技术发展，需要不断努力确定形成生物生命的进化发育原则，确定适当的抽象水平的生物细节，确定将这些原则应用于人工系统的设计方法。尽管当前的工具箱方法在进化发育中显示出了巨大的希望，但目前这些系统已足够复杂，它们本身可能就是需要重新自动化设计的候选对象。

四、拓展阅读

　　对于现代生物学中进化与发育方法的融合，有多部著作抓住了其中的兴奋点，其中拉夫（Raff，1996）、卡罗尔（Carroll，2012）、克什纳和格哈特（Kirschner and Gerhart，2006）的著作就是很好的阅读起点。进化发育方法在神经生物学领域的应用仍然相对比较新颖，绝大部分的大脑架构尚未得到探索。夏尔凡等（Charvet *et al.*，2011）探讨了大脑进化发育中的一些关键发育机制，并思考了脊椎动物大脑进化中不变与变化之间的平衡；迪肯（Deacon，2010）和卡茨（Katz，2011）探讨了一系列神经生成性、选择性和适应性机制，这些机制的运行可以实现行为的可进化性；同时，克鲁比策和塞尔克（Krubitzer and Seelke，2012）探讨了哺乳动物大脑皮质进化中表型多样性的基础。将进化发育方法应用于人造物的许多研究都是在"人工生命"的保护伞下出现的，兰顿（Langton，1995）在这一领域做出了许多经典贡献；帕里西（Parisi，1996）的著作也提供了概念性综述，并介绍了许多基础性工作，而斯坦利和米克库莱宁（Stanley and Miikkulainen，2003）则进行了非常有价值的综合和分类。诺菲和弗洛里亚诺（Nolfi and Floreano，2000）回顾了进化机器人学中的许多经典工作，而费弗和邦加德（Pfeifer and Bongard，2006）探讨了一些进化发育思想在机器人中的应用，其中特别强调了具身化。哈多和泰瑞尔（Haddow and Tyrrell，2011）对进化发育方法在电子系统中的应用进行了回顾和批判性评估。最后，唐宁（Downing，2015）关注了本章中介绍的许多主题，全面强调了生物智能的突现特性，并同样热衷于重新设计运用大自然的进化发育工具箱，以创建新型生命机器。

参 考 文 献

Agmon, E., Gates, A. J., Churavy, V., and Beer, R. D. (2016). Exploring the space of viable configurations in a model of metabolism–boundary co-construction. *Artificial Life*, **22**(2), 153–71. doi:10.1162/ARTL_a_00196

Bongard, J. (2002). Evolving modular genetic regulatory networks. In: *Proceedings of the 2002 Congress on Evolutionary Computation*, CEC '02, Honolulu, HI, 2002, pp. 1872–7. doi: 10.1109/CEC.2002.1004528

Bornholdt, S. (2008). Boolean network models of cellular regulation: prospects and limitations. *Journal of The Royal Society Interface*, 5(Suppl 1), S85–S94. doi:10.1098/rsif.2008.0132.focus

Calabretta, R. (2007). Genetic interference reduces the evolvability of modular and non-modular visual neural networks. *Philosophical Transactions of the Royal Society B: Biological Sciences*, **362**(1479), 403–10. doi:10.1098/rstb.2006.1967

Calabretta, R., Nolfi, S., Parisi, D., and Wagner, G. P. (2000). Duplication of modules facilitates the evolution of functional specialization. *Artificial Life*, **6**(1), 69–84.

Cangelosi, A., Schlesinger, M., and Smith, L. B. (2015). *Developmental robotics: from babies to robots*. Cambridge, MA: MIT Press.

Carroll, S. B. (2012). *Endless forms most beautiful: the new science of evo devo and the making of the Animal Kingdom*. London: Quercus.

Charvet, C. J., Striedter, G. F., and Finlay, B. L. (2011). Evo-devo and brain scaling: candidate developmental mechanisms for variation and constancy in vertebrate brain evolution. *Brain Behavior and Evolution*, **78**(3), 248–57.

Chenn, A., and Walsh, C. A. (2002). Regulation of cerebral cortical size by control of cell cycle exit in neural precursors. *Science*, **297**(5580), 365–9. doi:10.1126/science.1074192

Deacon, T. W. (2010). Colloquium paper: a role for relaxed selection in the evolution of the language capacity. *Proc. Natl Acad. Sci. USA*, **107** (Suppl 2), 9000–06. doi:0914624107 [pii] 10.1073/pnas.0914624107

Dellaert, F., and Beer, R. D. (1996). A developmental model for the evolution of complete autonomous agents. In: P. Maes, M. J. Mataric, J.-A. Meyer, J. Pollack, and S. W. Wilson (eds), *From Animals to Animats 4: Proceedings of the Fourth International Conference on Simulation of Adaptive Behavior*. Cambridge, MA: MIT Press, pp. 394–401.

Dennett, D. C. (1995). *Darwin's dangerous idea*. London: Penguin Books.

Doursat, R., and Sánchez, C. (2014). Growing fine-grained multicellular robots. *Soft Robotics*, 1(2), 110–21.

Downing, K. L. (2015). *Intelligence emerging: adaptivity and search in evolving neural systems*. Cambridge, MA: MIT Press.

Erwin, D. H., and Davidson, E. H. (2002). The last common bilaterian ancestor. *Development*, 129(13), 3021–32.

Fleischer, K. W. (1995). *A multiple-mechanism developmental model for defining self-organizing geometric structures*. PhD thesis, California Institute of Technology, Pasadena.

Fleischer, K. W., and Barr, A. (1994). A simulation testbed for the study of multicellular development: the multiple mechanisms of morphogenesis. In: C. G. Langton (ed.), *Artificial Life III*. Boston, MA: Addison-Wesley.

Fortuna, M. A., Bonachela, J. A., and Levin, S. A. (2011). Evolution of a modular software network. *Proceedings of the National Academy of Sciences of the United States of America*, 108(50), 19985–89.

Fukuchi-Shimogori, T., and Grove, E. A. (2001). Neocortex patterning by the secreted signaling molecule FGF8. *Science*, 294(5544), 1071–4. doi:10.1126/science.1064252

Gabor Miklos, G. L., Campbell, K. S. W., and Kankel, D. R. (1994). The rapid emergence of bio-electronic novelty, neuronal architectures, and organismal performance. In: R. J. Greenspan and C. P. Kyriacou (eds), *Flexibility and Constraint in Behavioral systems*. New York: John Wiley and Sons, pp. 269–93.

Garcia-Bernardo, J., and Eppstein, M. J. (2015). Evolving modular genetic regulatory networks with a recursive, top-down approach. *Systems and Synthetic Biology*, 9(4), 179–89. doi:10.1007/s11693-015-9179-5

Giacomantonio, C. E., and Goodhill, G. J. (2010). A Boolean model of the gene regulatory network underlying mammalian cortical area development. *PLOS Computational Biology*, 6(9), e1000936. doi:10.1371/journal.pcbi.1000936

Goldschmidt, R. (1940). *The material basis of evolution*. Yale: Yale University Press.

Gomez, G., Lungarella, M., and Eggenberger, H. (2004). Simulating development in a real robot: on the concurrent increase of sensory, motor, and neural complexity. In: L. Berthouze, et al. (eds), *Proceedings of the Fourth International Workshop on Epigenetic Robotics: Modeling Cognitive Development in Robotic Systems*.Lund University Cognitive Studies, 117. Lund: LUCS, pp. 119–22. doi:citeulike-article-id:549800

Haddow, P. C., and Tyrrell, A. M. (2011). Challenges of evolvable hardware: past, present and the path to a promising future. *Genetic Programming and Evolvable Machines*, 12(3), 183–215.

Katz, P. S. (2011). Neural mechanisms underlying the evolvability of behaviour. *Philosophical Transactions of the Royal Society B: Biological Sciences*, 366(1574), 2086–99.

Kauffman, S. A. (1969a). Homeostasis and differentiation in random genetic control networks. *Nature*, 224(5215), 177–8.

Kauffman, S. A. (1969b). Metabolic stability and epigenesis in randomly constructed genetic nets. *Journal of Theoretical Biology*, 22(3), 437–67. doi:http://dx.doi.org/10.1016/0022-5193(69)90015-0

Kauffman, S. A. (1990). Requirements for evolvability in complex-systems—orderly dynamics and frozen components. *Physica D*, 42(1–3), 135–52.

Kirschner, M. W., and Gerhart, J. C. (2006). *The plausibility of life: resolving Darwin's dilemma*. Yale: Yale University Press.

Kitano, H. (1990). Designing neural networks using genetic algorithms with graph generation system. *Complex Systems*, 4, 461–76.

Krubitzer, L. A., and Kaas, J. (2005). The evolution of the neocortex in mammals: how is phenotypic diversity generated? *Current Opinion in Neurobiology*, 15(4), 444–53. doi:10.1016/J.Conb.2005.07.003

Krubitzer, L. A., and Seelke, A. M. H. (2012). Cortical evolution in mammals: the bane and beauty of phenotypic variability. *Proc. Natl Acad. Sci. USA*, 109(Supplement 1), 10647–54. doi:10.1073/pnas.1201891109

Langton, C. G. (1995). *Artificial Life*. Reading, MA: Addison-Wesley.

Le Goues, C., Forrest, S., and Weimer, W. (2010). The case for software evolution. In: G.-C. Roman (ed.), *FoSER '10 Proceedings of the FSE/SDP workshop on Future of software engineering research.* New York, NY, USA: ACM.

Le, M. N., Ong, Y.-S., Jin, Y., and Sendhoff, B. (2009). Lamarckian memetic algorithms: local optimum and connectivity structure analysis. *Memetic Computing,* 1(3), 175. doi:10.1007/s12293-009-0016-9

Lehman, J., Wilder, B., and Stanley, K. O. (2016). On the critical role of divergent selection in evolvability. *Frontiers in Robotics and AI,* 3, 45.

Lehman, M. M., and Belady, L. A. (1985). *Program evolution: processes of software change.* San Diego, CA: Academic Press Professional, Inc.

Lewis, J. (2008). From signals to patterns: space, time, and mathematics in developmental biology. *Science,* 322(5900), 399–403. doi:10.1126/science.1166154

Lichtensteiger, L., and Eggenberger, P. (1999). Evolving the morphology of a compound eye on a robot. In: *The Third European Workshop on Advanced Mobile Robots, (Eurobot '99),* Zurich, pp. 127–34. doi: 10.1109/EURBOT.1999.827631

Lindenmayer, A. (1968). Mathematical models for cellular interaction in development: Parts I and II. *Journal of Theoretical Biology,* 18, 280–315.

Lipson, H., and Pollack, J. B. (2000). Automatic design and manufacture of robotic lifeforms. *Nature,* 406(6799), 974–8. doi:http://www.nature.com/nature/journal/v406/n6799/suppinfo/406974a0_S1.html

Mallatt, J., and Chen, J. Y. (2003). Fossil sister group of craniates: predicted and found. *Journal Of Morphology,* 258(1), 1–31.

Mannaert, H., Verelst, J., and Ven, K. (2012). Towards evolvable software architectures based on systems theoretic stability. *Software: Practice and Experience,* 42(1), 89–116.

Muller, G. B. (2007). Evo-devo: extending the evolutionary synthesis. *Nat. Rev. Genet.,* 8(12), 943–9.

Nolfi, S., and Floreano, D. (2000). *Evolutionary robotics.* Cambridge, MA: MIT Press.

O'Leary, D. D., and Sahara, S. (2008) Genetic regulation of arealization of the neocortex. *Current Opinion in Neurobiology,* 18(1), 90–100. doi:10.1016/j.conb.2008.05.011

Parisi, D. (1996). Computational models of developmental mechanisms. In: R. Gelman and T. K, Au (eds), *Perceptual and cognitive development.* San Diego, CA: Academic Press, pp. 373–412.

Parisi, D. (1997). Artificial life and higher level cognition. *Brain and Cognition,* 34(1), 160–84.

Pfeifer, R., and Bongard, J. C. (2006). *How the body shapes the way we think: a new view of intelligence.* Cambridge, MA: MIT Press.

Pfeifer, R., and Gómez, G. (2009). Morphological computation—connecting brain, body, and environment. In: B. Sendhoff, E. Körner, O. Sporns, H. Ritter, and K. Doya (eds), *Creating brain-like intelligence: from basic principles to complex intelligent systems.* Berlin, Heidelberg: Springer, pp. 66–83.

Prescott, T. J. (2007). Forced moves or good tricks in design space? Landmarks in the evolution of neural mechanisms for action selection. *Adaptive Behavior,* 15(1), 9–31.

Prescott, T. J., Redgrave, P., and Gurney, K. N. (1999). Layered control architectures in robots and vertebrates. *Adaptive Behavior,* 7(1), 99–127.

Prud'homme, B., Gompel, N., and Carroll, S. B. (2007). Emerging principles of regulatory evolution. *Proc. Natl Acad. Sci.USA,* 104(Suppl 1), 8605–12. doi:10.1073/pnas.0700488104

Raff, R. A. (1996). *The shape of life: genes, development and the evolution of animal form.* Chicago: Chicago University Press.

Rakic, P. (2009). Evolution of the neocortex: perspective from developmental biology. *Nature Reviews Neuroscience,* 10(10), 724–35. doi:10.1038/nrn2719

Sendhoff, B., and Kreutz, M. (1999). A model for the dynamic interaction between evolution and learning. *Neural Processing Letters,* 10(3), 181–93.

Sims, K. (1994). Evolving virtual creatures. In: D.Schweitzer, A. Glassner, and M. Keeler (eds), *Proceedings of the 21st annual conference on Computer graphics and interactive techniques.* Association for Computing Machinery, Inc., pp. 15–22. doi:10.1145/192161.192167

Stanley, K. O. (2007). Compositional pattern producing networks: A novel abstraction of development. *Genetic Programming and Evolvable Machines*, 8(2), 131–62. doi:10.1007/s10710-007-9028-8

Stanley, K. O., and Miikkulainen, R. (2003). A taxonomy for artificial embryogeny. *Artificial Life*, 9(2), 93–130.

Swalla, B. J. (2006). Building divergent body plans with similar genetic pathways. *Heredity*, 97(3), 235–43. doi:10.1038/Sj.Hdy.6800872

Torben-Nielsen, B., Tuyls, K., and Postma, E. (2008). EvOL-Neuron: Neuronal morphology generation. *Neurocomputing*, 71(4–6), 963–72. doi:http://dx.doi.org/10.1016/j.neucom.2007.02.016

Turing, A. M. (1952). The chemical basis of morphogenesis. *Philosophical Transactions of the Royal Society of London Series B: Biological Sciences*, 237(641), 37.

Vujovic, V., Rosendo, A., Brodbeck, L., and Iida, F. (in press). Evolutionary developmental robotics: improving morphology and control of physical robots. *Artificial Life*.

Wagner, G. P., and Altenberg, L. (1996). Perspective—complex adaptations and the evolution of evolvability. *Evolution*, 50(3), 967–76.

Whitacre, J., and Bender, A. (2010). Degeneracy: a design principle for achieving robustness and evolvability. *Journal of Theoretical Biology*, 263(1), 143–53.

第9章
生长与向性

Barbara Mazzolai

Center for Micro-BioRobotics, Istituto Italiano di Tecnologia (IIT), Italy

　　植物几乎征服了所有的地球表面；它们是恶劣环境的第一批定居者，为地表栖息地可以被几乎所有生物定居开辟了道路。绝大部分植物作为固定生物，将在其种子萌发的地方度过一生。因此，它们需要具备一套策略，使它们能够在极端多样的环境条件和压力下生存。有些人可能认为，植物除了生长之外不会真正移动，但这并不正确。植物的运动量很大，尽管它们的运动时间范围通常与动物不同。植物能够移动它们的器官，通常是对刺激做出反应，它们还发展出了各种各样的运动系统，主要用于吸收和运输水分。尽管植物在进化和生态方面取得了非凡的成功，但它们很少成为机器人和人工智能的灵感来源，这可能是由于人们对它们所拥有的能力存在误解，以及它们的工作原理与其他生物体截然不同。本章将介绍一些可以转化为技术解决方案的植物特性，为发展新原理来创造生长性、适应性强的机器人和智能促动系统提供灵感，从而开辟工程领域的新视野。

一、生物学原理

　　植物的一个基本特征是生长和运动之间的相关性。生长过程主要与动物发育有关，但植物的发育和运动也可能导致生长。植物的运动可根据可逆性或不可逆性进行分类；根据主动性（由动作电位触发）或被动性（主要基于已经死亡的组织）进行分类（Burgert and Fratzl，2009）；根据其独立于（感性反应）或受影响于（向性反应或趋向性）刺激空间方向进行分类；或根据纤维素壁中不同时间尺度的水分传输进行分类（Dumais and Forterre，2012）。

向性（tropism）在植物适应性中起着至关重要的作用，因为它们允许植物利用有限的资源并避免不利的生长条件。在向性反应中，刺激的方向非常重要，既可以是正向的（即朝向刺激）也可以是负向的（即远离刺激；Esmon *et al.*, 2005）。植物具有广泛的向性，包括向光性（光）、向重力性（重力）、向触性（触碰）、向热性（温度）、向化性（化学物质）和向水性（水/湿度梯度）。

（一）植物根系的行为

为了满足基本需求和生存，生物体必须对环境表现出适当的行为。这种行为是生物体与环境相互作用的结果。为了理解这种行为，应该特别注意植物的形态特征：相互作用主要是由形态特征所引导的，可以确定一定范围的运动并有能力对环境进行探索。形态适应在植物适应性中起着重要作用，特别是：①结构和功能单元的模块性和冗余性，②根尖的形状变化，③丰富的分布式感知，从而为植物的高性能探索奠定了基础。

植物的根系结构在不同物种间有很大的差异，在物种内部也表现出广泛的自然变异性。因此，根系在空间和时间上的扩展受遗传发育规则的控制，而这些规则受到环境条件的调控。作为结果，遗传物质相同的植物可以拥有非常不同的根系结构。一般的植物根系由主根、侧根、不定根和根毛组成。植物根系发挥着多方面的作用，其中两项最重要的功能是：①将植物牢牢固定在土壤中，②向植物地上部分提供水分和养料。

活的根系能够穿透各种土壤，包括岩石和坚硬的地面，因为它们具有特殊的生长策略：根系通过细胞有丝分裂和细胞扩张的方式伸长其分生组织区（根尖后面几毫米处的区域），从而穿透土壤（Bengough *et al.*, 1997）。这样，植物就避免了产生与高能耗相关的高压，而这对于穿透系统从地面开始运行是必要的，同时也防止了推进时发生摩擦所造成的损伤。伸长区的细胞膨胀产生轴向压力，当土壤空腔扩大时，轴向压力因根系发育过程中土壤的摩擦阻力而消散。

植物根系生长的另一个重要特征是通过产生黏液和释放根尖细胞来减少土壤-根系的摩擦。此外，在植物根系生长过程中，植物通过向土壤已有孔隙中延伸根毛，并沿径向将土壤颗粒推移到一边，增加根系对土壤的锚定能力（图9.1 A、B）。

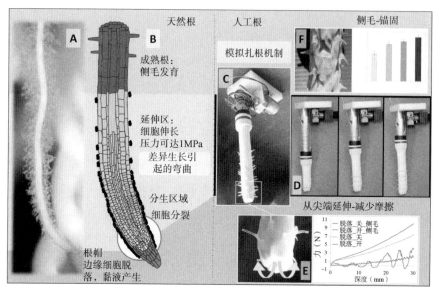

图9.1　植物根系生长机制概述及其人工对应体。A. 玉米的根尖。B. 植物根系的生长机制：从顶端生长（细胞脱落）；因差异性伸长而弯曲；根被侧毛固定。C. 人工根系原型利用脱落机制穿透土壤。D. 人工脱落机制的工作原理。E. 为实现脱落机制而从尖端释放柔性表皮的细节：该机制大大降低了人工根系穿透土壤所需的力量。F. 利用侧毛锚定固着：侧毛密度越大，根的穿透性能越强

（二）植物的促动

最常见的生物促动器（biological actuator）是肌肉。肌肉运动源自微小的可收缩纤维不同的排列方式。然而，肌肉并不是自然界中唯一的促动器。许多生物有机体尽管没有肌肉，仍然能够做出各种各样的运动，植物就是这样。植物没有肌肉，它们利用其他策略来完成生存所必需的运动。植物细胞被一层薄而坚硬的细胞壁包围，细胞壁由嵌入果胶基质的纤维素微纤维构成。这种硬度是植物细胞能够承受内部巨大流体静压——膨压（turgor）的基础。这种压力来源于细胞质和环境之间的渗透压梯度（Dumais and Forterre, 2012）。渗透压在植物促动系统中起着无可置疑的关键作用，特别是细胞膨压通常为植物缓慢、小尺度运动的原因。对于快速、大尺度的运动，渗透更多是智能

化自然工程结构一系列弹性失稳运动的"触发器"。对这些机制的分析表明，用于快速运动的柔性、非肌肉、液压促动系统的工程设计，需要小规模运动或基于弹性不稳定性的大尺度强化运动（Sinibaldi *et al.*，2013）。因此，能量的弹性释放起到了"速度助推器"的作用。这些快速与缓慢动作的实例包括：维纳斯捕蝇草（*Dionaea muscipula*）的快速闭合（100 毫秒），其内部组织压力的突然下降可提供部分促动作用（Burgert and Fratzl，2009）；含羞草（*Mimosa pudica*）的叶片受到触碰刺激时关闭，通常在受到触碰 20 毫秒内发生（Martone *et al.*，2010）；花柱草（*Stylidium*）令人印象深刻的传粉机制，其雌蕊迅速翻转（25 毫秒）以击打向其传粉的昆虫（Hill and Findlay，1981）；气孔保卫细胞在关闭阶段表现出显著的 4.5MPa 的促动压力，其目的是防止水分流失（Hill and Findlay，1981）。

对这些运动的进一步了解将推动应用科学和工程学的发展，特别是创建以高能效、低功耗为特征的新型仿生驱动策略（Burgert and Fratzl，2009；Martone *et al.*，2010）。

二、仿生或生物混合系统

（一）植物根系启发的机器人解决方案

研发能够像植物根系那样自主运动，并以无损方式高效探索环境的人工机器人，对机器人学和材料研究提出了崭新的、艰巨的挑战。根据植物启发促动原则，在开发第一个人工根尖时充分考虑了植物根系的机械性能及其结构形态（即渗透促动；Mazzolai *et al.*，2011）。这种人工根尖具有适合穿透的圆锥外形，以及用于重力和湿度检测与行为控制的两个传感器。人工根尖原型由丙烯酸材料制成，流体液压促动。利用传感器反馈实现向水性和向重力性运动期间正确的方向引导，这种人工根尖原型在空气和土壤中已经进行了测试和验证。

最近，人们提出了一种受植物根系低摩擦穿透策略启发的机器人系统。根尖的细胞生长使土壤变形，而根冠上脱落的细胞在根和土壤之间形成一个界面，以减少穿透过程中的根系-土壤摩擦。灵感来源于这些根系特征的一个简单原型，其基础是管状轴和柔性连续表皮（Sadeghi *et al.*，2013；见图 9.1C~F）。表皮从管状轴的内部向外部滑动，这种外向运动会开辟根尖前方的土壤从而穿透土壤。表皮内嵌的柔软根毛，可以为根尖原型提供自我锚定能力。研究人员对该机器人系统穿透土壤颗粒的性能进行了表征。表皮与土壤的相互作用为以下行动奠定基础：①推动根尖前方土壤；②将机器人后部固定在土壤上以防机器人后退。根密度的增加（0.012 根/m²）可以提高机器人的穿透深度（约 30%）。

（二）植物启发的促动器

促动是包括生物机器人在内当前许多工程应用中的一大瓶颈。现有促动器主要是电磁式的，它们的性能远远不如自然界的促动器。其主要局限性包括惯性和背向驱动性、刚度控制、功耗等。但新的有希望的技术正从生物有机体研究的灵感中不断涌现，为填补自然和人工解决方案之间的差距提供了新的可能性。在这些生物模型中，一些植物特征，如水力运动（由渗透或湿度梯度驱动）、细胞壁的材料特性和几何形状，已经被应用到创新解决方案之中，创建具有突出能效和强大促动力的新型促动器。基于对植物渗透驱动促动策略的充分理解，研究人员已经构建了渗透促动器新概念模型（Sinibaldi *et al.*，2013；图 9.2）。所提出的方法有助于明确促动品质因素的比例法则，即特征时间、最大力、峰值功率、功率密度、累积做功和能量密度。基于植物类似特性的这些表现形式，需要考虑几个基本设计因素，即根据设计目标/约束条件[如指定的驱动特性时间和（或）最大力]确定所设想的渗透促动器的初步尺寸。

研究人员阐明了体积/表面积长宽比对促动器性能的作用。西尼巴尔迪等（Sinibaldi *et al.*，2014）报道了正向渗透促动器的实例，其基础是植物运动分析和先前描述的渗透驱动模型。该系统实现的促动时间尺度（2~5分钟）与典型的植物细胞相当，可产生 20N 以上的力并能有效控制功率消耗（约为 1mW）。

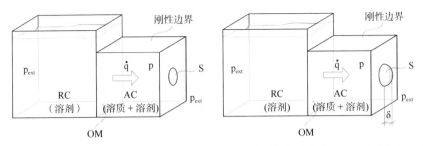

图 9.2　渗透促动器的概念示意图。左图：渗透促动器由储液室（RC）、促动室（AC）和渗透膜（OM）组成。由溶剂（RC 内）和溶液（AC 内）之间的溶质浓度差产生的渗透压，产生了穿过渗透膜的溶剂通量（φ）。可变形膨胀膜（S）利用渗透过程的能量表现出促动作用。开始时膨胀膜是平的。右图：一段时间后溶剂通量使膜发生膨胀（位移 δ）

　　另一种有希望克服当前促动解决方案中某些局限性的方法是基于所谓的智能材料。智能性特征通常是指生物系统能够与环境自适应交互，而植物就是这种能力的最好例子。类似地，"智能材料"一词是指那些能够可逆性改变一个或多个（功能或结构）特性以响应外部刺激或周围条件变化的材料。

　　植物细胞壁的纤维组织启发了射流柔性基质复合材料（F²MC）细胞概念的设计，这是一种用于新型促动器的新型自适应结构元件（Li and Wang，2012）。这种新型生物启发系统由两个具有不同纤维角的 F²MC 细胞通过内部流体回路连接而成。研究人员构建了一个无量纲动力学模型，用于确定 F²MC 细胞设计的关键本构参数。

　　形状记忆合金（SMA）已经被用于开发一款受维纳斯捕蝇草启发的机器人：该系统模拟了在捕蝇草中观察到的快速跳跃失稳运动（图 9.3A），使用内嵌有 SMA 弹簧促动器的双稳态层压板来产生弯曲力矩。这种结构称为双稳态智能变形主动复合板（bistable intelligent morphing active composite plate，BIMAC）。该机器人可以反复开启和关闭其双稳态层压叶片，关闭时间约为 100 毫秒，类似于它在大自然中的对应物（Kim *et al.*，2010）（图 9.3）。

图 9.3　维纳斯捕蝇草启发的促动机制。（a）维纳斯捕蝇草（*Dionaea muscipula*）实际形态。（b）仿生捕蝇草机器人。该机器人采用双稳态非对称层压的碳纤维增强预浸（CFRP）结构，其双稳态机制类似于捕蝇草的被动弹性机制。通过内置形状记忆合金（SMA）弹簧，可以产生较大变形，触发双稳态结构的跳跃失稳。这种捕蝇草机器人的概念可以应用于各种尺寸的快速抓取器

（a）© Stefano Mancuso，2017.（b）© 2014 IEEE. Reprinted，with permission，from Seung-Won Kim，Je-Sung Koh，Jong-Gu Lee，Junghyun Ryu，Maenghyo Cho and Kyu-Jin Cho，Flytrap-inspired robot using structurally integrated actuation based on bistability and a developable surface，Bioinspiration and Biomimetics，9（3），p. e036004，doi：10.1088/1748-3182/9/3/036004

　　对植物运动的观察和研究揭示了大量的物理和机械原理，这些原理对于创建智能促动器非常有吸引力。利用人工渗透系统或细胞壁中纤维素层的层次结构，可以实现主要由环境条件变化驱动的运动，因此不需要进一步的控制和能源供应，开辟了工程学的新视角。

三、未来发展方向

　　研究植物特征并利用其生物学与工程学工具和方法，可以发展出新型植物启发软体机器人，这些机器人能够在寻找特定目标的同时，通过添加新材

料来生长。这些机器人需要发展新的促动解决方案，用于机器根的转向和伸长、柔性传感、控制和机器人架构（分布式控制、多自由度协调）以及运动学模型。

有趣的是，关于植物根系的行为，似乎根尖（包括感知机制）能够充当决策中心，这一点得到了如下观察的支持，即根系的生长模式（如根系在合适土壤中的群集或增殖）并非随机的，实际上是协调有效塑造外形以便探索利用土壤资源，并避免受到损伤（Ciszak et al., 2012）。从这个角度来看，一种特定体植物的一组根尖可以被认为是一个"集落"，其中的个体单元为群体利益工作，类似于社会性昆虫等动物群落（见 Nolfi，第 43 章）。与鸟群相似，研究已经证明，从整体上来说，所有根都会受到其周围相邻根的影响，从而调整其生长方向以保持一致（Ciszak et al., 2012）。这种群集行为的出现可能是出于探索目的的优势。由于植物根系在生长和环境应对过程中解决了多种机械、感知和通信约束条件，因此，未来的科学和工程方向将是在分散结构中开发新型、生物启发的传感器融合与集体决策方法，以及灵感来自植物根系的具有局部计算、简单通信和高水平控制的新一代柔性可生长机器人。

植物启发的技术应用包括地球和外星环境的土壤监测、穿透和勘探，还包括医疗和外科应用。例如，能够自我引导和伸长的新型柔性内镜，可在中枢神经系统等精细结构中开展更安全的操作。

四、拓展阅读

关于植物如何开展促动，包括在没有任何新陈代谢的情况下激活系统的有趣观点，可参阅伯杰特和弗拉兹的工作（Burgert and Fratzl, 2009）。这项工作还揭示出，植物的促动可以为设计创新性生物启发装置提供多种见解。杜麦斯和福特雷（Dumais and Forterre, 2012）的综述有助于更好地理解允许植物实现运动的流体力学基础原理。马佐莱等（Mazzolai et al., 2011）描述了首次尝试开发具有植物根尖向重力性和向水性特点的机电系统的细节。萨迪吉等（Sadeghi et al., 2016）、拉斯基等（Laschi et al., 2016）和萨迪吉等（Sadeghi et al., 2017）介绍了具有弯曲和生长能力的植物启发柔性机器人的最新研究成果。

达尔文关于植物运动和行为的开创性著作中描写了许多有趣的细节，是植物研究的重要里程碑。更多信息可以参阅本章作者引用的其他著作，以及活跃于植物生物力学和行为学领域的其他科学家的著作。

致谢

本章作者的工作得到了欧盟第七框架计划中未来与新兴技术（FET）旗舰计划的资助，项目名称 PLANTOID（合同编号 293431）。还要感谢露西亚·贝卡（Lucia Beccai）博士和维尔吉利奥·马托利（Virgilio Mattoli）博士对本书稿的有益评论。

参 考 文 献

Bengough, A. G., Croser, C. and Pritchard, J. (1997). A biophysical analysis of root growth under mechanical stress. *Plant and Soil* **189**, 155–64.

Burgert, I. and Fratzl, P. (2009). Actuation systems in plants as prototypes for bioinspired devices. *Philos. Trans. R. Soc. Lond. A* **367**, 1541–57.

Ciszak, M., Comparini, D., Mazzolai, B., et al. (2012). Swarming behavior in plant roots. *PLoS One*, 7(1), e29759.

Dumais, J. and Forterre, Y. (2012). "Vegetable Dynamicks:" The Role of Water in Plant Movements *Annu. Rev. Fluid. Mech.* **44**, 453–78.

Esmon, C. A., Pedmale, U. V., and Liscum, E. (2005). Plant tropisms: providing the power of movement to a sessile organism. *International Journal of Developmental Biology* **49**, 665.

Hill, B. S. and Findlay, G. P. (1981). The power of movement in plants: the role of osmotic machines. *Q. Rev. Biophys.* **14**, 173–222.

Kim, S.-W., Koh, J.-S., Cho, M. and Cho K.-J. (2010). Towards a bio-mimetic flytrap robot based on a snap-through mechanism. *Proceedings of the 2010 3rd IEEE RAS & EMBS International Conference on Biomedical Robotics and Biomechatronics*, The University of Tokyo, Tokyo, Japan, September 26–9.

Laschi, C., Mazzolai, B., and Cianchetti, M. (2016). Soft robotics: Technologies and systems pushing the boundaries of robot abilities. *Science Robotics* 1(1), eaah3690.

Li, S. and Wang, K. W. (2012). On the dynamic characteristics of biological inspired multicellular fluidic flexible matrix composite structures. *Journal of Intelligent Material Systems and Structures* 23(3), 291–300.

Martone, P. T., Boller, M. and Burgert, I. et al. (2010). Mechanics without muscle: biomechanical inspiration from the plant world. *Integr. Comp. Biol.* **50**, 888–907.

Mazzolai, B., Mondini, A. and Corradi, P. et al. (2011). A miniaturized mechatronic system inspired by plant roots for soil exploration. *IEEE/ASME Trans. Mechatronics* **16**, 201–12.

Sadeghi, A., Tonazzini, A., Popova, L., and Mazzolai, B. (2013). Robotic mechanism for soil penetration inspired by plant roots. *Proceedings of the 2013 IEEE International Conference on Robotics and Automation (ICRA)*, Karlsruhe, May 6–10.

Sadeghi, A., Mondini, A., Del Dottore, E., et al. (2016). A plant-inspired robot with soft differential bending capabilities. *Bioinspiration and Biomimetics* 12(1), 015001.

Sadeghi, A., Mondini, A., and Mazzolai, B. (2017). Towards self-growing soft robots inspired by plant roots and based on additive manufacturing technologies. *Soft Robotics*, in press.

Sinibaldi, E., Puleo, G.L., Mattioli, F., et al. (2013). Osmotic actuation modelling for innovative biorobotic solutions inspired by the plant kingdom. *Bioinspiration&Biomimetics* 8(2), 025002.

Sinibaldi, E., Argiolas, A., Puleo, G.L., and Mazzolai, B. (2014). Another lesson from plants: the forward osmosis-based actuator. *PLoS One* 9(7): e102461.

第 10 章
仿 生 材 料

Julian Vincent

School of Engineering, Heriot-Watt University, UK

如果我们考虑到密度，生物材料将和人造材料一样坚硬牢固（Wegst *et al.*，2015）。虽然它们不能像某些高性能陶瓷和金属复合材料那样承受极高的应力和温度，但它们更耐用、更耐损伤、可在环境温度下制造，并且易于再循环。更重要的是，它们能够非常好地适应自己的特殊功能，一部分是通过基因控制，一部分是通过对工作条件的反应。因此，生物材料往往是非均质的，在其所属结构内存在点与点之间的显著变化。

生物材料可在各种层面上发挥作用。最明显的是，它们能够提供机械支撑和结构完整性。它们通常是多功能的，例如，新生长的木质负责运输水分，其在死亡后则成为支撑物；哺乳动物骨骼的中心并不对弯曲刚度发挥作用，但其中空结构可以容纳骨髓并生产红细胞。覆盖生物体表面的材料必须能够抵抗机械和化学损伤，在某种程度上通常是骨骼，并且具有特殊的次要功能，如减少阻力（鲨鱼皮肤、羽毛）、防水（大多数植物表面）、伪装或温度控制。

生物材料和结构在执行所有这些功能时，都受到其进化起源的限制。这些限制以特化形式出现，通常会减少有机体对其他系统（如神经或肌肉控制系统）的依赖。

一、 生物材料与原理

生物材料几乎都是由纤维构成的复合材料，纤维嵌入到组织基质中，实现纤维之间力的传递。有关人造复合材料的文献数量巨大，原因很简单，因为复合材料代表了一种成功的材料组装方法。生物复合材料与人造复合材料遵循相同的规则，但往往更为精巧、用途更为广泛。脊椎动物的主要纤维蛋白是胶原蛋白，它本身就是一种分层复合材料。胶原蛋白的基本分子是原胶原（tropocollagen），它没有特殊构象，当与另外两个原胶原分子结合时可形成稳定的三螺旋结构，具有足够的弯曲刚度并表现出液晶性和自组装性。胶原纤维的杨氏模量（Young's modulus）在 2～10 千兆帕（即 GPa）之间，但胶原材料的硬度取决于胶原蛋白所占比例（容积率）及其方向。胶原蛋白内嵌于水合多糖基质之中。胶原材料具有高韧性的特点，例如，哺乳动物的皮肤、肌腱和软骨鱼类（鲨鱼、鳐鱼和灰鳐）的卵囊。胶原蛋白通常与皮肤、动脉和韧带中的橡胶蛋白——弹性蛋白结合在一起。皮肤外层由 α-角蛋白（一种胞内蛋白质）组成，所以这种物质是由纤维填充细胞紧密结合在一起形成的。α-角蛋白还形成了其他真皮结构，如蹄、角、鲸须和毛发。α-角蛋白在干燥时的杨氏模量约为 10GPa。

　　无脊椎动物的复合材料通常采用另一种纤维名为几丁质（chitin）的多糖纤维。几丁质是一种线性分子，通过氢键紧密地结合在一起，形成含 19 条或更多链的微晶，直径约 3nm，长约 100nm。这些微晶可以具有不同的硬度，既可能高达 150GPa（纤维素是与其非常相似的一种分子，硬度约为 135GPa），也可能低至 40GPa（测量值）。几丁质通常存在于节肢动物的体表覆盖物中，内嵌于可能钙化的蛋白质基质中（甲壳动物）。蛋白质和几丁质之间的结合非常特殊；蛋白质上具有丝状 β 片层区域，与几丁质微晶的羟基团间距非常匹配。蛋白质是否发生水合，可以决定复合材料的硬度。水合作用很可能是由疏水性酚类物质（如多巴胺）控制的，多巴胺驱使蛋白质形成协同结构，将水分挤压出去。无脊椎动物体内也有类似的化学反应，可产生棕色或黑色的胞外物质。贻贝的足丝（Waite et al.，2005）和狗鲨的卵囊是其中典型的例子。这种化学反应可以产生一些非常坚硬耐用的材料，鱿鱼和章鱼嘴部的喙尖就是和金属一样坚硬的实例（Miserez et al.，2010）。

　　钙盐的加入可以使材料更加坚硬耐用。骨骼中含有羟基磷灰石（HAp），这是一种水合磷酸钙盐。它以微小薄片的形式存在，就个体而言几乎不可能发生破裂。羟基磷灰石薄片的体积分数约为 0.3，与胶原性结构中有规则的间隙有关；当体积分数较高时，薄片在胶原结构之外形成。体积分数的增加往往会减少水分的可利用空间，因此，虽然鹿角因其羟基磷灰石体积分数较低，具有一定的柔韧性并且非常坚韧，但硬质骨骼内部连接性的增加也会使其变脆，所以裂纹可以更容易地贯穿整个内部结构。刚度和韧性之间的这种权衡是材料科学中反复出现的一个主题，但是生物材料已经发展出许多有效的方法来规避该问题。骨骼采取的主要方法是允许结构内部存在细微裂纹，从而可对较大裂纹进行（大致上）拦截与转移（Zioupos *et al.*，2008）。裂纹的扩展需要应变能，生物材料已经进化出各种方法，可以使能量在远离主要断裂点的部位被消耗掉，或者阻止能量传递到断裂点。柔软基质中的平行纤维可以阻止应力的集中发展。在动物的角和蹄中，中间纤维具有高度的方向性；这使得纤维之间的断裂相对容易，但裂纹很难横穿纤维扩展，因为应力不能通过柔软基质传递。因此，牛的骨质角心在打斗中可以得到很好的保护；角鞘上的裂缝很少会扩大到足以贯穿整个角骨。在软体动物的外壳中，珍珠层（珍珠母）的薄片表面结构不均匀，再加上它们之间的蛋白质薄层所提供的润滑作用，使得拉伸珍珠层中的薄片能够产生移动（吸收能量），但在发生断裂应变之前锁紧（Barthelat and Rabiei，2011）。然后，拉紧的珍珠层的其他部分依次变形和锁定，能量最终被整片贝壳吸收，没有任何部位的能量会足够大或足够集中以致产生裂缝。自然界最强大的物质似乎是软体动物（特别是帽贝）的齿舌，它是由几丁质微晶和矿物质填料组成的鞣制蛋白质基质。微机械试验件其拉伸强度约为5GPa，刚度高达180GPa。这可与高性能碳纤维相媲美，并且优于蚕丝。显然，生物材料可以展示出令人印象深刻的力学性能，而且其密度通常比许多金属要低一半以上。

植物材料同样令人印象深刻。它们的主要结构是由纤维丝壁包围的含水细胞组成。植物形态的产生在很大程度上受纤维素局部取向的控制，使得细胞在内部膨胀压力作用下以各种方式变形，该压力通常为5～10bar。因此，细胞壁受到持续的应力；草本（未木质化）植物的刚度是由这种预应力结构对外力的抵抗产生的。拉伸荷载处于纤维素细胞壁的强度极限内，压缩荷载则由预应变抵消。如果植物寿命较长（如半年生或多年生），膨胀系统通常被木质化（类似于酚醛鞣制）所取代。这可为纤维素提供坚硬的基质来稳定细胞壁，同时也易于排出水分，有益于协同作用。最终的结果就是木材，它一直被为旗杆的首选材料（Greenhill，1881）。选择它的部分原因是其相对较轻，已经失去了所有的水分，为蜂窝状结构（含 50%～80%的空腔）。木材中木质部的长细胞提供了非常好的断裂控制（Gordon and Jeronimidis，1980），可将力从主要断裂部位传递出去，并将裂纹的标称表面积（断裂能量）增加约 200 倍。许多植物的纤维平行排列在弱的薄壁组织细胞基质中，这可以阻碍应力的集中形成。代表性的实例包括处于生命拉伸阶段的藤本植物，以及形成应力木的被子植物 G 纤维（内部富含纤维素的凝胶层）。

在生物学中，完全区分物质和结构是不可能的。生物材料在宏观结构（如骨骼）中正常工作的能力很大程度上取决于其微观结构。在静态平衡时，总张力和压缩力必须相等且向量相反。在弯曲过程中都会遭遇拉伸和压缩，剪切过程也是如此。无论是在弯曲还是在扭转中，因为剪切更难抵抗，通常都要避免其发生。孤立部件的纵向压缩会导致不稳定（欧拉屈曲），从而导致失效。这些情况表明，最简单最可靠的结构是拥有围绕压缩流体（无论是形状还是不稳定性都不太明确）的张拉膜（稳定的、定义明确的组分），且其几乎总是水性的（因此容易获取）。大多数动物都有这样的结构，特别是"低等"动物和幼虫，以及植物的非木质化部分。如果结构要移动（或被移动），则不太容易预测其要接受的力，并且，能够在受到外力冲击时将力重新分配的结构具有一定的优势。由此产生了一个与巴克敏斯特·富勒（Buckminster Fuller）提出的张力平衡（tensegrity）相类似的概念（尽管这一术语目前被许多人误用），在这一概念中，支柱（承受压缩）被隔离在由弹性拉伸元件组成的网络中。如果拉伸元件也能收缩（如肌肉），那么整个结构的变形能力就可以受到密切控制并发挥作用。由于支柱彼此互不相连，因此它们就不会遭受弯矩，可以相对自由地移动。张力平衡结构是可展开性（deployability）的理想选择。

可展开性使结构在需要扩展或扩大时仍保持安全。例如，鸟类和昆虫的翅膀（但也有许多原始昆虫，如一些蜻蜓不能折叠翅膀，因此不能隐藏在下层灌木丛中；它们不得不被"限制"在开放空间内）、许多植物的叶子以及雄性生殖器官等。

最后，生物材料往往具有内在的感觉功能。感觉受体必须与神经系统接触，但它所传递的信号可以通过其他无感觉结构加以调节或放大。节肢动物在这方面表现得最好,它们必须跨越角质层外骨骼感觉屏障来传递信息。自然界有许多类型的刚毛可以对直接位移、空气或水的运动做出反应,或根据外部振动产生共振(Humphrey *et al.*, 2007)。它们可以经调节后对狭窄范围的刺激做出反应,因此受体细胞只需对开/关信号做出反应。每一根感觉毛都可对差异很轻微的刺激范围做出反应,从而产生数字式反应,大大简化了对神经系统的要求。另一种形式的感觉调节剂是通过引入或多或少的卵形孔(如昆虫的钟形感受器)或狭缝(蛛形纲动物的琴形器或狭缝感受器;Young *et al.*, 2014),形成的角质层外骨骼来控制顺应性区域。感觉信号就是孔洞变形时其长宽比的变化。这种变化是通过孔洞的拱形密封膜旋转 90° 产生的。当孔洞变形时密封膜上下移动,这一位移可以被生物体感受到,生物体甚至可以检测到纳米级的位移。通过与角质层纤维成分的方向性相结合(Skordos *et al.*, 2002),角质层的顺应性也可以具有很强的方向性,因此,不同大小的方向性孔洞或裂缝组成的区域可以用多种方式对信号进行预处理。

二、仿生材料

与传统材料相比,生物材料或仿生材料具有什么优势?我们已经拥有以金属和塑料为基础的强大技能和产业,能够轻松准确地生产和操作这些材料。生物学能提供什么?它有助于思考生物和人工材料的固有局限,是否可以体现出两者优势的互补性?

生物材料具有复杂多变的特性。在某种程度上,这是由于它们为响应性合成模式——至少原材料仍保留在代谢总池中,细胞可以通过修饰和修复来感知和响应其使用需求。这种适应性并非普遍存在于自然界中;植物芯材、鹿角骨(鹿茸脱落后)、指甲、毛发、许多昆虫(如苍蝇和蜜蜂)的翅膀都是不与活体细胞接触的材料,因此无法修复。有人认为,进化在必要时建立了较好的安全系数,尽管这并不能避免最终被淘汰。在神经系统发育良好的动物中,只有关节部位需要有精确制造的骨骼结构,因为关节必须具有能够承受适当的负荷并适当移动等诸如此类的功能。而在其他方面,我们向自然界学习,利用自然界提供给我们的身体,调整运动和控制以产生所需的输出。这减少了对骨骼形状进行初始质量控制的需要。相比之下,昆虫等动物非常依赖其组成材料和结构的固有特性；人们至今还没有发现蝗虫需要学习如何走路或飞行的证据。尽管如此，这突出了作为材料固有组分的传感器反馈的重要性。节肢动物可能是最好的范例，因为它们的骨骼是外部式的，并且由（相对）简单的纤维复合材料制成。研究人员已经从理论和实践上对钟形感受器（campaniform sensillum）进行了建模。其主要优点：

（1）简单性（simplicity，为精心设计的一个孔洞）。

（2）适应性（adaptability，孔洞可以是你喜欢的任何形状，但通常为椭圆形，因此可以定向并在一个主要方向上放大应变力）。

（3）多样性（versatility，定向于 2 个或 3 个主要方向的一组传感器可以通过比较它们之间的反应来检测任何方向的应变力）。

（4）鲁棒性[robustness，在环境中：虽然感觉器倾向位于应变力（即应力）最大的地方，但它们并不能充当应变力集中器，尽管它们的功能是集中应变力。这可以通过控制孔洞的尺寸以及周围材料中纤维的方向性和连续性来实现]。

（5）灵敏性（sensitivity，可采取多种方式测量孔洞的变形，包括激光远程测量）。

在尝试利用节肢动物的各种刚毛时，我们似乎受到了坚持使用坚硬材料进行关节连接的限制，而这恰恰否定了使用刚毛运动作为感知动作的概念。理想的材料似乎是顺应性材料[昆虫使用的是节肢弹性蛋白（resilin），一种弹性角质层]。这些传感器的性能不仅可以通过几何结构进行调节，还可以通过材料内部质量的各向异性和非均匀分布来调节。

机器人绝大多数是可以移动的。它们的内部骨架几乎可以由任何材料组成，具体取决于质量、强度和制造难易程度。阿什比材料选择器（Ashby Materials Selector）等工具可以为设计者提供基本信息。如果机器人需要皮肤提供保护、包裹等作用，事情会变得更困难，因为刚性和柔韧性的结合会产生问题。最直接的解决办法是将重叠的护甲层板悬浮于柔性材料之中。自然界这类例子包括具有皮内骨的鱼类（骨鳞鱼，*Osteolepids*），以及海马（Porter *et al*., 2013）、鳞鱼、犰狳（Chintapalli *et al*., 2014）和木虱。但总的来说，柔性护甲的效果并没有比经纤维适当强化的柔性皮肤更好。关键的设计特点可能是，纤维应当连接在一起以便它们能够分散并消除局部应力，并且纤维应相对不受基质的约束，因此必须具备相当程度的顺应性。或多或少呈圆柱形的躯干最好是装配有两个反绕螺旋组成的网，其外形就像是渔网袜。如果纤维仅仅由柔性基质连接，它们可以移动并适应各种不同的形状。一个典型的例子是鲨鱼的皮肤，它同时可以兼作外肌腱（Wainwright *et al.*，1978）。因此，基本设计是将纤维制成的支架注入低模量基质之中。这种一般性方法已经成功地应用于机械章鱼触手的皮肤类似物的设计（Hou *et al.*，2012）。市售的紧身衣是由针织尼龙制成，其支架选用 10 旦尼尔尼龙。支架随后注入硅橡胶混合物中，形成一个由防水薄膜制成的管子。薄膜在低延伸状态下的杨氏模量分别为 0.08MPa（纵向）和 0.13MPa（横向），远低于章鱼皮肤的杨氏模量，使得机械触手非常易于伸展，强度和断裂韧性均高于真正的章鱼皮肤。现代针织设计能够创造出非常复杂的三维结构，因此可以仅通过单一组件就实现机器人的整体外部形状。然后用不同刚度的基质将其注满，由此产生一系列结构特性。一般来说，处理纤维并将其组装成针织或机织结构的技术，在机器人技术中很少得到应用。

由于纤维支架控制最终的变形能力，并且将所有部件都固定在一起，因此有可能凸显出拥有大量内部空间的多功能外骨骼结构。这种外骨骼可以由压缩空气驱动，远远轻于固体组件。如果支架中的纤维排列是不对称的，则促动式支架能够在无须铰链和支承面的情况下弯曲、转动并执行复杂操作。这种软促动更接近于当前末端效应器应如何工作的情况。软促动具有非常多的可能性，费斯托（Festo）公司已经认识到这点，但他们把自己局限于麦吉本促动器（McKibben actuator）的交叉螺旋上。非对称排列的纤维也存在于植物中，它们可以限制一部分结构的伸展性或变形性。如果纤维周围的基质在水合过程中膨胀，那么纤维结构会随着周围水分的变化而改变其形状或位置。因此，纤维的不对称性使结构变身为化学引擎，将水合作用转化为做功。如果适当地选择了基质，热或光也会产生同样的效应。麻省理工学院最近开发的自装配"折纸"机器人就利用了这种效应。形状变化可用于直接促动、移动或作为开关机构的一部分。将其与双稳态结构中存储的应变能相结合，还可以在无须额外能源的情况下实现功率放大（Forterre，2013；Hayashi *et al.*，2009）。

在生物学中，一旦基本分子可以被合成，材料的产生几乎都是在环境温度下组装的。这种自组装结构往往是稳定的，因为其具有大量的协同氢键（熔点温度约为 60 ℃）而不是相对较少的高能键，后者以塑料为代表（熔点温度约 120 ℃ 或更高）。由于这些材料是由明显的弱作用分子构成的，如果组装得当，它们可以具有令人印象深刻的特性。它们的耐用性来自组装定向良好所产生的协同效应。生物材料使用的化学键具有相对较低的能量，因此制造和断裂单个化学键都只需要较少的能量，尽管它们的总体数量较多。因此，生物材料的分解和循环可以在环境温度下进行。在一个能源和物质资料越来越昂贵的世界里，这种低能耗的方法非常重要。请注意，生物材料在自然界中的分解和循环利用，其中有一些限制可能不适用于工程领域。例如，生物材料的分解产物可以成为下一代的食物，但除非这些产物被分解成更小的分子（例如，分子量约为 120Da 的氨基酸），否则它们可能保留一些结构并产生免疫原性或毒性。技术应用时无须考虑这些局限性，因此分子设计可以保留更多的功能以供循环利用。

自组装需要某种形式的模板或模具，我们可以使用传统方法，如针织、编织、制毡法和造纸术来制造。在支架中引入第二相，取决于扩散和避免内部空隙等常见问题。使用经造纸技术或涂层技术组装的黏土颗粒（蒙脱石），可以制成非常耐用的珍珠层类似物并且具有非常相似的力学性能（Liu and Berglund，2012；Walther *et al.*，2010）。这种方法几乎成功满足了所有基本要求，如坚固耐用、由容易获取的部件制成、可循环利用（如果黏附聚合物是来自植物细胞壁的木糖聚糖或类似物）和在室温下组装。它是低能耗、高性能材料令人兴奋的重要标志。

使用循环材料（如聚乳酸）制造功能结构的一种日益重要的方法是 3D 打印技术——即增材制造或快速成型技术——能够产生复杂的形状，其中有些形状不可能用任何其他方式生产，而质量仅有原来的一半。使用多个打印头可以沉积一系列具有不同特性的材料，例如，可以将弹性铰链插入到两个刚性部件之间，从而将支撑骨架连接在一起。增材制造还具有更便宜、更快速、需要的机械材料更少等优点。但它也存在一些缺点，材料是非晶态的并且相对较不稳固。该技术最低限度上，需要能够将纤维整合到塑料基质中。要做到这一点，一种优雅的方式是使用嵌段共聚物（block copolymers），该材料可以在沉积时分离成像，也可以通过退火等后处理手段分离成像。相的形态可由起始组分的体积分数控制，其几何结构可在外加应变下进行后处理。这与许多生物材料的自组装非常相似，其中相分离是基于水合环境中的疏水作用。一个很好的范例是昆虫角质层的沉积，角质层各组分（蛋白质和几丁质）被分泌到水合区域（施氏层），在那里它们可以在浓度约为 10% 的固相中自由地自我聚集和组装。然后被整合到发育的外骨骼之中，在那里被进一步处理和脱水。

三、未来发展方向

生物材料在很大程度上是柔性和自适应性的。它们通过纤维网络保持连贯性和耐用性，纤维网络具有很强的张力及柔韧性——就像绳索一样，并与顺应性基质紧密结合在一起。即使是骨骼和珍珠层等坚硬材料，其拥有的基质也比固体或胶水具有或可能具有更好的润滑剂性质。这种柔性材料在技术上非同寻常，可能是因为动植物通常是屈服于高负荷而不是与之对抗。采用这种方式，生物体仅需在结构上投入更少的材料，并且更坚固耐用。它们能做到这一点，部分原因是因为它们能够自我修复，但主要原因是它们能感受到负荷。这种灵敏性使它们能够减少材料分离和代谢所需的能量，也减少了必须运输的有效载荷。

柔性和自适应性还有另外一个方面。虽然胶原蛋白（和其他纤维材料）的张力很强，但它非常柔韧，因此可以随意弯曲和扭曲而不会发生损伤。我们对吉姆·戈登（Jim Gordon）的观点深表赞赏，帆船索具是一种很好的骨架模型。索具的受压构件数量少，质量大；受拉构件数量多，分布均匀，体积小。其目的是通过调整受拉构件来减少主构件的弯曲载荷。因此，受拉构件需要采用某种方式改变其在系统内的预应力。关键因素就是促动。在动物体内，姿势性肌肉可以在负载下改变其硬度并使其保持不动，给旁观者的印象是肌肉所属系统具有无限的刚性。此外，通过调整预应力，肌肉可以确保压缩载荷被限制在骨骼的坚硬部分，最好是在中心以下部位。

事实上，肌肉并不需要一直这么做。在棘皮动物（如海胆、海星等）中，胶原蛋白承担姿势性肌肉的作用，当某一部位必须移动时，胶原蛋白能够软化，当该部位必须在外力作用下保持稳定时，胶原蛋白又会变硬。例如，棘冠海星（crown-of-thorns starfish）可以将负责支撑坚硬骨架构成小骨的胶原蛋白软化，调整其形状后再次将胶原蛋白变硬，并在此过程中重新设计自身形态。我们最接近于实现这种变化的结构位于电流变液基质之中的纤维复合材料，其可能由针织或机织纤维制成。这种结构可以软化、促动和再次硬化。

四、拓展阅读

对于生物体力学分析概论，史蒂夫·温赖特等撰写的著作（Wainwright et al.，1976）虽然出版时间较早，但目前仍然非常有参考价值。该书将生物学、材料科学、结构工程和复合理论以一种前所未有的方式结合在一起。普林斯顿大学出版社已多次重印该书。这家出版社还有其他许多著作可以参考。文森特有关生物材料的著作（Vincent，2012）对温赖特的著作进行了部分更新，吉姆·戈登（Jim Gordon）的著作（普林斯顿大学出版社也曾多次再版）完整介绍了这一领域的基本背景（Gordon，1976，1978）。史蒂夫·沃格尔（Steve Vogel）（Vogel，2003）则对生物体的物理环境进行了详尽阐述。

迈克·阿什比（Mike Ashby）及其同事发表了大量论文和著作，系统介绍了工程设计中材料的选择和使用方法，并对技术材料和生物材料进行了比较（Ashby，2005，2011）。在本书中，福田敏男等（见 Fukuda et al.，第 52 章）介绍了已被证明对仿生材料组装非常有用的微纳制造方法。哈洛伊（见 Halloy，第 65 章）探讨了 21 世纪创造可持续技术面临的更广泛挑战，重点强调了对可循环利用、环境影响小的新型材料的迫切需求。

参 考 文 献

Ashby, M. F. (2005). *Materials selection in mechanical design*. Oxford: Butterworth–Heinemann.

Ashby, M. F. (2011). Hybrid materials to expand the boundaries of material-property space. *Journal of the American Ceramic Society*, 94, S3–S14.

Barthelat, F., and Rabiei, R. (2011). Toughness amplification in natural composites. *Journal of the Mechanics and Physics of Solids*, 59, 829–40.

Chintapalli, R. K., Mirkhalaf, M., Dastjerdi, A. K., and Barthelat, F. (2014). Fabrication, testing and modeling of a new flexible armor inspired from natural fish scales and osteoderms. *Bioinspiration and Biomimetics*, **9**, 036005.

Forterre, Y. (2013). Slow, fast and furious: understanding the physics of plant movements. *Journal of Experimental Botany*, **64**, 4745–60.

Gordon, J. E. (1976). *The new science of strong materials, or why you don't fall through the floor.* Harmondsworth: Penguin.

Gordon, J. E. (1978). *Structures, or why things don't fall down.* Harmondsworth: Penguin.

Gordon, J. E., and Jeronimidis, G. (1980). Composites with high work of fracture. *Philosophical Transactions of the Royal Society A*, **294**, 545–50.

Greenhill, A. C. (1881). Determination of the greatest height consistent with stability that a vertical pole or mast can be made, and of the greatest height to which a tree of given proportions may grow. *Proceeding of the Cambridge Philosophical Society*, **4**, 65–73.

Hayashi, M., Feilich, K. L., and Ellerby, D. J. (2009). The mechanics of explosive seed dispersal in orange jewelweed (*Impatiens capensis*). *Journal of Experimental Botany*, **60**, 2045–53.

Hou, J., Bonser, R. H. C., and Jeronimidis, G. (2012). Developing skin analogues for a robotic octopus. *Journal of Bionic Engineering*, **9**, 385–90.

Humphrey, J. A. C., Barth, F. G., Casas, J., and Simpson, S. J. (2007). Medium flow-sensing hairs: biomechanics and models. In: J. Casas and S. Simpson (eds), *Advances in Insect Physiology, Volume 34: Insect Mechanics and Control.* New York: Academic Press, pp. 1–80.

Liu, A., and Berglund, L. A. (2012). Clay nanopaper composites of nacre-like structure based on montmorrilonite and cellulose nanofibers: Improvements due to chitosan addition. *Carbohydrate Polymers*, **87**, 53–60.

Miserez, A., Rubin, D., and Waite, J. H. (2010). Cross-linking chemistry of squid beak. *Journal of Biological Chemistry*, **285**, 38115–24.

Porter, M. M., Novitskaya, E., Castro-Cesea, A. B., Meyers, M. A., and McKittrick, J. (2013). Highly deformable bones: Unusual deformation mechanisms of seahorse armor. *Acta Biomaterialia*, **9**, 6763–70.

Skordos, A., Chan, C., Jeronimidis, G., and Vincent, J. F. V. (2002). A novel strain sensor based on the campaniform sensillum of insects. *Philosophical Transactions of the Royal Society A*, **360**, 239–54.

Vincent, J. F. V. (2012). *Structural Biomaterials.* Princeton: Princeton University Press.

Vogel, S. (2003). *Comparative Biomechanics.* Princeton and Oxford: Princeton University Press.

Wainwright, S. A., Biggs, W. D., Currey, J. D., and Gosline, J. M. (1976). *The mechanical design of organisms.* London: Arnold.

Wainwright, S. A., Vosburgh, F., and Hebrank, J. H. (1978). Shark skin: function in locomotion. *Science*, **202**, 747–9.

Waite, J. H., Andersen, N. H., Jewhurst, S., and Sun, C. (2005). Mussel adhesion: finding the tricks worth mimicking. *The Journal of Adhesion*, **81**, 297–317.

Walther, A., Bjurhager, I., Malho, J.-M., Ruokolainen, J., Berglund, L. A., and Ikkala, O. (2010). Supramolecular control of stiffness and strength in lightweight high-performance nacre-mimetic paper with fire-shielding properties. *Angew. Chem. Int. Ed.*, **49**,1–7.

Wegst, U. G. K., Bai, H., Saiz, E., Tomsia, A. P., and Ritchie, R. R. (2015). Bioinspired structural materials. *Nature Materials*, **14**, 23–36.

Young, S. L., Chyasnavichyus, M., Erko, M., Barth, F. G., Fratzl, P., Zlotnikov, I., Politi, Y., and Tsukruk, V. V. (2014). A spider's biological vibration filter: Micromechanical characteristics of a biomaterial surface. *Acta Biomaterialia*, **10**, 4832–42.

Zioupos, P., Hansen, U., and Currey, J. D. (2008). Microcracking damage and the fracture process in relation to strain rate in human cortical bone tensile failure. *Journal of Biomechanics*, **41**, 2932–9.

第 11 章
自我和他人建模

Josh Bongard

Department of Computer Science, University of Vermont, USA

　　动物或机器人的身体结构能够对它们如何产生行为予以约束并提供可能。例如，足式机器人比轮式机器人需要更复杂的控制策略，但通过利用腿部摆动阶段的动量，可以实现更节能的运动（Collins *et al.*，2005）。本章探讨了机器人身体结构和适应性行为之间的一种特殊关系：学习和心理模拟其自身（或他人）形态拓扑结构的能力。研究证明，这种能力可使机器人从意外机械损伤中恢复（Bongard *et al.*，2006）。在另一项实验中，这种创建自我模型的能力可以用来发现合适的老师：机器人在其环境中创建其他机器人的模型；忽略那些与自身形态不同的模型；向形态相似的老师学习（Kaipa *et al.*，2010）。这些实验借鉴了神经科学的三个理论：正逆模型（forward and inverse models）、神经元复制因子假说和大脑的分层预测编码。本章最后探讨了心理模拟自我和他人的能力如何促使未来仿生机器扩展适应性行为并超越当前技术水平。

一、生物学原理

（一）大脑中的正逆模型

　　内部模型长期以来一直是运动控制的核心概念：内部模型允许动物或机器人在实际尝试某一动作之前进行"心理预演"。科学家已经提出了两种形式的内部模型。正向模型（forward model）以运动指令为输入，以预测的感觉反馈为输出。逆向模型（inverse model），顾名思义，颠倒了这种关系：为了达到某种理想的感觉状态，输出可能产生这种状态的运动指令。正向模型使主体能够预测给定动作的结果；逆向模型使主体能够找到实现预期感觉目的的运动方式。然而，动物能够产生看似无限的动作变异体，以补偿动作发生时环境场景的变化：不管袋子是空的还是满的，不管人是在行走中还是站立不动，人在拿袋子的时候都能保持平衡。这表明大脑内存在多个正向和逆向模型，这些模型负责执行所需动作的一个或多个场景。内部模型这种模块化组织的证据在许多论文中都有报道，包括沃尔珀特和卡瓦托的工作（Wolpert and Kawato，1998）。然而，目前尚不清楚这些模型采取何种形式、共有多少、如何学习、所负责的场景范围，以及它们之间的重叠程度。

（二）神经元复制因子假说

多个内部模型协同工作以帮助找到合适的行为并预测其结果的前景，促进了一种基于人群的了解大脑功能的方法。多种模型（或记忆，或想法）共存于大脑之中的观点可以追溯到杰拉尔德·埃德尔曼（Gerald Edelman）的神经元群体选择的概念（根据其出版的同名著作，被通俗地称为神经达尔文主义；Edelman，1987）。大脑中有可能发生达尔文观点意义上的自然选择，这种观点具有极大的吸引力，因为它与其他似乎在身体中发挥作用的选择系统一致，这些选择系统包括免疫系统、致癌作用、细胞之间的竞争等。有人指出，埃德尔曼的理论缺乏达尔文选择发挥作用的必要条件——复制。最近的一个理论——神经元复制因子理论——认为神经生理过程可以允许神经活动模式的复制和突变（Fernando *et al.*，2010）。如果这种模式可以编码正向和逆向模型，那么神经元复制因子理论可以解释动物如何学习：①在特定场景中成功预测特定行为结果的各种正向模型；②在特定场景下成功提供动作以产生所需传感器状态的各种逆向模型。在下一节中我们将介绍能够不断演化正逆模型的机器人，使其能够从机械损伤中自动恢复。

（三）分层预测编码

如前所述，目前尚不清楚正向和逆向模型在大脑中采取的形式。最近，大脑功能的分层预测编码（hierarchical predictive coding，HPC）观点广受欢迎，因为它似乎可以把感知和行为相互统一（相关评论见 Clark，2013）。HPC 促进了这样一种观点，即大脑的大部分被组织成特定的层次体系，其中的信号可以"向上"和"向下"传播。在负责感知的大脑区域，向下传播的信号可以预测感觉信号；从感觉系统向上传播的信号可以报告传感器信号实际和预测之间的误差。运动区域决定执行什么动作来满足这一层次来自上层的预测，或者说，减少预测和实际感觉信号之间出现的任何误差。

因此，这种层次结构可以在不同的抽象层次对正向和逆向模型进行隐式编码。这一层次体系的上层对全身性但定义不清动作的感觉反应做出模糊预测（一种正向模型），也可能产生能生成期望感觉信号的全局性、定义模糊的动作（一种逆向模型）。这一层次体系的较低层次将编码与局部和特定感觉及动作相关的正向和逆向模型。

HPC 假说给人们留下了一种印象，即大脑的唯一功能是减少错误。然而，正如在下一节中所要说明的，产生动作通常是有意义的，因为它能够增加正向模型的预测误差：这为学习提供了更多的素材，并允许动物或机器人学习了解与世界迄今未知的、可能的交互作用。

二、仿生或生物混合系统

本节将介绍两种仿生系统。第一种是通过内部达尔文过程生成自我模型的机器人，它可以利用这种能力诊断意外伤害并从中恢复。第二种是可以在其环境中生成自己和其他机器人模型的社会机器人，它可以利用这种能力发现与自己非常相似的老师并向其成功地学习。

（一）弹性机器计划

邦加德等（Bongard *et al.*，2006）报道了一种证实具有弹性能力的自主机器人：它能够产生不同性质的行为来补偿意外情况（图 11.1）。

弹性机器计划（the Resilient Machines Project）研发的机器人借鉴了正向和逆向模型、大脑达尔文过程和分层预测编码的概念。图 11.1 中展示的弹性机器可以维持三个达尔文过程。在执行随机动作（图 11.1a）并记录传感器结果之后，第一个达尔文过程进化出一组自我模型，这些模型被编码为假设的身体结构（图 11.1b、c 显示了两个这样的模型）。它的作用方式是用每一个动作驱动实现群体中的每一个自我模型；根据每个模型对每个动作感觉影响的重复程度进行评分；删除得分较低的机器人；用其余得分较高模型的随机修改副本替换它们。通过重复这个过程，可以获得精确的自我模型。机器人定期执行新的动作（图 11.1d）。这一动作由第二个达尔文过程产生：假设动作使当前群体中的每一个自我模型具有活力，根据模型所产生感觉数据之间的差异对每个动作进行评分：如果某一动作引发的模型之间预测分歧更大，则该动作得到更高的分数。机器人执行这些进化动作中最好的动作；除了新动作之外，自我模型还必须不断进化以解释最初的动作（图 11.1e、f）。

一旦实现了精确的自我模型（图 11.1g），第三个达尔文过程就被激活：这一过程在最好的自我模型上演化控制策略，表现出某些期望的行为，在该例子中是足式运动（图 11.1h、i）。当机器人执行最佳策略时会发生移动（图 11.1j）。如果机器人遭到损伤（图 11.1m），它会重新进化自我模型以反映受损情况（图 11.1n、o），重新进化补偿控制策略（图 11.1p～r）并执行该策略（图 11.1s～u）。

这些自我模型是在三维物理引擎中演化而来的。该对模型/物理引擎可以看作一种正向模型：当虚拟机器人受到动作或控制策略促动时，将生成虚拟传感器数据，这就是模型的预测。此外，生成控制策略的第三个达尔文过程可以看作一种逆向模型：它将某些期望的感觉（例如，向前移动的"感觉"）作为输入，然后产生实现该感觉的动作（编码为控制策略）。

尽管这三个达尔文过程并没有采取整体层次网络的形式，从而能够在不同时空尺度上进行预测和误差修正，但这两种自适应行为的方法有着惊人的相似之处。如果机器人执行一个常见动作并获得预期的感觉结果，则自我模型或控制策略不会发生变化。如果机器人执行一个动作并收到一个稍微出乎意料的结果，它可能会对一些自我模型和控制策略进行细微的改变。但是，如果机器人遭遇到真正意想不到的事件（例如，失去一条腿），这将触发所有的自我模型发生重大变化，并用新的控制策略彻底取代之前的控制策略。

图 11.1 弹性机器。机器人首先进化自我模型来描述其身体（a～f）；然后使用该自我模型来进化运动能力（g～l）；如果遭到损伤（m），则重新进化损的自我模型（n，o），并使用新模型来进化补偿控制策略（p～u）

（二）自我与他人建模

凯帕等（Kaipa et al.，2010）对上述方法进行了调整，使机器人能够观察环境中的其他机器人并创建它们的模型。这种机器人需要有五个达尔文过程。第一个和第二个达尔文过程负责进化如上所述的自我模型和探索性动作（图 11.2a～d）。第三个达尔文过程负责视野中潜在的导师机器人的进化（图 11.2e～h）。简而言之，学生机器人利用本体感知信息来进化自我模型，利用视觉信息来进化他人模型。

尽管这些"他人模型"（other models）在传感器形态上存在各种差异，但其形式与自我模型相同：它们是潜在导师机器人形态的三维动态模型。第四个达尔文过程是特定于学生机器人对潜在导师机器人的感知。学生机器人在其视野中进化出单像素位置，该位置与当前的导师机器人模型不统一，然后从摄像机中查询该像素的颜色。这一新的数据总体上增加了现有导师机器人模型的预测误差，可以使其演化为更精确的模型。第五个也是最后一个达尔文过程，能够使机器人模仿潜在的导师：在学生机器人模型（图 11.2j）上评估控制策略群体（图 11.2i、l），其误差被确定为学生机器人模型运动和观测到的导师机器人模型运动之间的差异（图 11.2k、m）。如果这个误差可以显著降低，那么学生机器人就可以模仿导师机器人。如果达尔文过程未能显著减少误差，学生机器人得出的结论是，潜在导师机器人是不合适的，它所产生的运动学生机器人无法产生，因为它具有不同的身体构造（图 11.2n）。

三、未来发展方向

以上两项实验表明，在心智上维持多个达尔文过程的机器人能够自主诊断和修复损伤，或者发现合适的导师并向其学习。这项研究的灵感来自哺乳动物大脑可产生多种神经放电模式，且这些模式不断演化以解释生物体的经验并提出动作建议的前景。尽管如此引人注目，但神经达尔文主义理论（Edelman，1987）——或其最新实例，即神经元复制因子假说（Fernando et al.，2010）——却几乎没有任何神经生理学数据的支持：这些证据将极大地改变我们对大脑功能的思考，并为自主机器人技术提出新的方法。

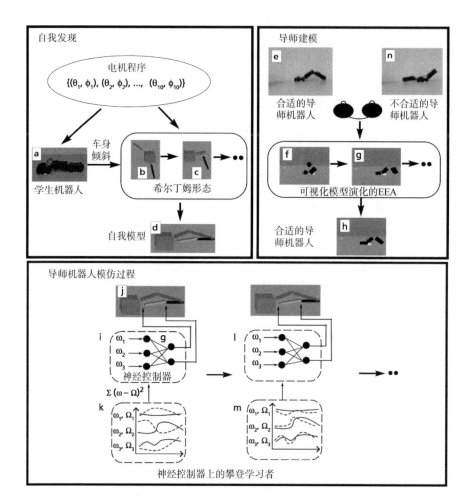

图 11.2　学生机器人学习区分合适与不合适的导师机器人。首先，学生机器人（a）利用本体感知传感器数据（b～d）进化出一组越来越精确的自我模型。然后，它观察潜在的导师机器人（e），并利用视觉数据（f～h）进化出越来越精确的模型。之后，学生机器人试图模仿潜在的导师机器人：它生成一个随机控制策略（i）并使用它来促动其自我模型（j）。这会导致观测到的导师运动（k 中的实线）与自身运动（k 中的虚线）之间出现较大误差。这一策略发展成为更精确的策略（l），使得自我模型能够再现观测到的导师运动（m）。如果学生机器人观察到的导师机器人具有不同的身体构造（n），它虽然能够进化出一个模型，但却无法进化出使其能够复制该机器人的控制策略，因此学生机器人就会忽略该导师机器人

转载自 Neural Networks，23（8-9），Krishnanand N. Kaipa，Josh C. Bongard，Andrew N. Meltzoff，Self-discovery enables robot social cognition：are you my teacher? pp. 1113–1124，doi.org/10.1016/j.neunet.2010.07.009. Copyright © 2010 Elsevier Ltd.

大脑功能的分层预测编码理论（Clark，2013）也受到了神经和认知科学界的广泛关注。深度信任网络（Hinton *et al.*，2006）是基于这种方法的一类计算模型，并已开始在机器人领域展示其威力（Hadsell *et al.*，2008）。然而，深度信任网络（DBN）目前还无法解释智能主体应如何以及何时产生新的动作，增加而不是减少网络预测模型的误差。我们预计，未来将神经达尔文主义与深度信任网络相结合的工作可能会催生新的仿生系统，它们能够体验新奇事物并从中学习，同时减少不确定性。

四、拓展阅读

克拉克（Clark，2013）最近对分层预测编码范式的回顾提供了一个很好的概述，并伴随有一些回应，这些回应论证了其存在的局限性或提出了大脑功能替代理论。霍金斯和布莱克斯利（Hawkins and Blakeslee，2005）提出了令人信服的论据来支持分层预测编码，并很好地捕捉到了这一理论对人类行为通常非直觉的描述。浅田稔（见 Asada，第 18 章）讨论了人体图式以及它是如何从包括本体感觉在内的多模态感觉中产生的。塞思（见 Seth，第 37 章）在预测编码假说的基础上，建立了认识第一人称自我（self）的框架。

另外两个例子，损伤恢复能力以及区分形态学上相似和不相似的潜在导师模型，指出了形态学、神经控制和适应性行为之间的密切联系。关于机器人学和其他领域智能化体现方法的更多例子，请参考菲弗和邦加德的工作（Pfeifer and Bongard，2007）。

致谢

本章作者的工作得到了美国国家航空航天局（NASA）智能系统研究项目（Program for Research in Intelligent Systems）的资助，项目编号为NNA04CL10A、NSF grant DMI 0547376、NSF grant SGER 0751385。

参 考 文 献

Bongard, J., Zykov, V., and Lipson, H. (2006). Resilient machines through continuous self-modeling. *Science*, **314**(5802), 1118–21.

Clark, A. (2013). Whatever next? Predictive brains, situated agents, and the future of cognitive science. *Behav. Brain Sci.* **36**(3), 181–204.

Collins, S., Ruina, A., Tedrake, R., and Wisse, M. (2005). Efficient bipedal robots based on passive-dynamic walkers. *Science*, 307(5712), 1082–85.

Edelman, G. M. (1987). *Neural Darwinism: The Theory of Neuronal Group Selection*. New York: Basic Books.

Fernando, C., Goldstein, R., and Szathmáry, E. (2010). The neuronal replicator hypothesis. Neural Computation, 22(11), 2809–57.

Hadsell, R., Erkan, A., Sermanet, P., Scoffier, M., Muller, U., and LeCun, Y. (2008). Deep belief net learning in a long-range vision system for autonomous off-road driving. In *Proceedings of the IEEE/RSJ International Conference on Intelligent Robots and Systems*, pp. 628–33.

Hawkins, J., and Blakeslee, S. (2005). *On intelligence*. Owl Books.

Hinton, G. E., Osindero, S., and Teh, Y. W. (2006). A fast learning algorithm for deep belief nets. *Neural Computation* 18(7): 1527–54.

Kaipa, K. N., Bongard, J. C., and Meltzoff, A. N. (2010). Self discovery enables robot social cognition: Are you my teacher? *Neural Networks*, 23(8), 1113–24.

Pfeifer, R., and Bongard, J. C. (2007). *How the body shapes the way we think: a new view of intelligence*. Cambridge: MIT Press.

Wolpert, D. M., and Kawato, M. (1998). Multiple paired forward and inverse models for motor control. *Neural Networks*, 11(7), 1317–29.

第 12 章
迈向普遍进化论

Terrence W. Deacon

Anthropology Department, University of California, Berkeley, USA

机器是人工设计出来的物品，因此它们是抽象原理的物理范例。通过隐喻延伸，研究人员通常将细胞结构描述为分子机器，工程师通常将生命过程作为他们设计机制的模型，但设计过程是基于目的论的。目的论观点首先旨在实现某一目标而无须强调如何产生该目标，然后继续探索实现该目标的各种选项。这也是目的论解释的特征定义之一。但在 20 世纪的大部分时间里，目的论解释一直被自然科学系统地回避。这种排斥性立场既不令人惊讶也不存在问题。在大部分情况下，目的论解释依赖于"黑匣子"机制。

但仍有人努力扩展目的论概念，使其与生物学功能相一致。例如，哲学家肖特（T. L. Short，2002）在皮尔斯（C. S. Peirce）哲学的基础之上提出，达尔文主义是一种目的论，因为自然选择产生某些普遍性结果——适应飞行或体温调节等一般性功能——但并没有具体说明必须发展什么机制来实现。然而，适应的个体实例是对具体机制进行修改以便实现这些目的的结果。简言之，构成特定类型适应的这种普遍性，就是将自然选择划归为目的论所需要的全部条件。然而，自然选择过程并没有表现出通常被认为是定义目的论过程的另一个特征：行为的组织与尚未实现的一般性目标的表现有关。尽管将表现的概念融入这一目的导向场景中使其本质上具有符号性，但许多生物学家和生物哲学家否认有机体能够体现出表现或隐含的目标状态，只有那些具有复杂大脑的有机体才能够体现最为接近的适应性目标。

显然，生物有机体的极端反目的论概念和符号论概念之间互不相容。正如肖特所尝试的用达尔文术语来定义目的论，并不能真正解决这种不相容性。它只是重新命名了讨论的术语。此外，它还有效地将目的论简化为一种通过观察者的判断而存在的反射性属性，将不同的具体物理结果划分为相似的一类（例如，忽略了无数的具体物理差异），并将它们作为某种适应性的标志。但问题仍然是，符号学意义更强的目的论是否还必须予以援引和解释。换言之，问题在于是否存在类似于有机体对适应结果的符号学表现（无论是分子过程还是大脑过程的实例化），如果存在，它们是否正在发挥作用以决定这些结果。如果这样，那么符号论必须被认为是进化论的核心，即使进化过程本身是非目的论的，因为有机体的目的论是在"盲目"的选择作用的基础之上产生形式和行为的原因。

在下文中，我认为由于这些原因，自然选择理论从根本上是不完整的，必须引入非普通、非还原形式的目的论和符号论因果律以便使它们融合。然而，这并不一定会破坏自然选择是非定向（undirected）过程的标准进化概念，但它为符号过程有可能间接发挥作用（例如，通过生态位构建效应）保留了可能性。

一、完成达尔文的"漫长争论"

> 生命如是之观，何等壮丽恢宏！它在各种力量裹挟下前行，追根溯源，最初仅仅是一种或几种形式；当这颗行星按照固定的万有引力定律继续运转时，从如此简单的开端发展出无数最美丽、最美妙的生命类型，它们是进化而来，并依然在进化之中。

> ——查尔斯·达尔文（1859）

查尔斯·达尔文（Charles Darwin）在其改变人类思维模式的《物种起源》一书结尾，对生命起源和进化过程的开始进行了诗意的反思。在这本关于生命起源的独特著作中，达尔文含蓄地承认，自然选择过程不能解释生命的起源，事实上，它取决于首先出现的生命的"各种力量"，然后才能开始。这些"力量"，如产生新的组成结构、维持非平衡条件、修复和复制完整的整个有机体等，都是自然选择的先决条件。当然，达尔文对解释生命本身的性质并不感兴趣，他只想解释物种如何适应其独特的生态位，并在进化的时间尺度上演变成新的形式。因此，他的目的是描述一种机械论逻辑，可以解释生物界通过自发的自然过程进行功能设计——这些自然过程对随后的功能和最终结果是盲目的，并不依赖于先前的目的或表现。这种机制——自然选择——已经被许多人认为代表了唯物主义科学对超自然设计形式和目的论过程的最终胜利。

自然选择理论的天才之处在于，它颠覆了古典机械因果关系的一个重要逻辑，但仍与这种非目的论范式的局限性相一致。它证明了因果关系——目的，而不仅仅是先决条件——在决定生物个体和群体如何组织的过程中起着重要的作用。最重要的是，它证明了无论任何预期的表现性的甚至是功能性的反馈机制，都可能发生这种过程。但是，正如达尔文在最后一句话中所表明的，他还是承认这个机制无法解释生命本身与众不同的核心能力的起源。正是存在的这些"各种力量"才使得自然选择成为可能。这段话，加上达尔文在讨论生命起源问题上的沉默，表明他对这一特性并不抱有幻想。没有自我修复与重建、繁殖和遗传，就没有自然选择。因此，自然选择必然是对生命进化的不完全解释。

在这方面，新达尔文主义理论（neoDarwinian theories），包括如下所述抽象版本的人工生命、复制因子的选择（例如，Dawkins，1976）和普遍达尔文主义（universal Darwinism，例如，Dennett，1996），必须对这一过程发生的先决条件做出非同寻常且相当复杂的假设。为此，我将新达尔文主义称为进化的"特殊理论"。它之所以"特殊"，是因为它对进化发生的场景和所依赖的边界条件做出了非同寻常的假设。除非这些条件得到满足，否则就没有进化。具体地说，自然选择理论将几乎所有的动态细节都排除在外，以便关注达尔文选择过程与其他自然和生命过程相比的特殊之处。为了提供更完整的进化"普遍理论"，能够应用于生物学狭窄领地之外的其他领域，我们必须充分考虑使自然选择成为可能的动力学，并解释这些不典型过程是如何在无生命世界更典型的热力学过程背景下产生的。

在这方面，普遍进化论等同于桥梁理论。它将易受自然选择影响的自我复制物理系统（例如，有机体）的目标导向动力学与非生命化学的无定向物理学联系起来。为了回答达尔文关于这些"各种力量"的隐含问题，普遍进化论必须解释自发涌现的动力学系统能够抵抗热力学破坏并产生自身复制品，每个复制品都继承了相同的普遍性能力，但又都表现出一定程度的结构和动力学变异。换言之，普遍进化论首先必须能够解释达尔文的"各种力量"在无生命环境中自发产生的过程。

　　然而，这一理论的普遍性并非源于对生命最终起源的阐述，而是暗示这些过程构成了进化的必要基础，因此也将永远是进化的配角。一旦自然选择成为陆栖生物动力学的重要组成部分，那些伴随着生命起源（或生命起源以前，取决于我们对生命的定义）而涌现的"特殊力量"就不会停止运作或减弱其重要性。生物进化（以及可能的各种形式进化）必然是这些过程更高阶的突现性结果，这些过程既不仅仅是化学的，也不完全是生物的。

二、盲目变异与多重可实现性

　　在自然选择的经典论述中，生物体的结构和过程以及不同个体间这些结构和过程的变化，都是假设其产生与任何最终功能结果无关。尽管这种不可知论涉及了各种形式选择对象的产生机制，但达尔文认为，对其中某些变异形式进行差异化保存，可以使这些形式更好地逐步适应周围环境。尽管只有这些细节，达尔文还是有理由得出结论，认为可随之发生适应性变化。尽管达尔文并没有排除产生这些生物形式的许多可能机制，例如，拉马克（Lamarck）、斯宾塞（Spencer）或海克尔（Haeckel）所建议的机制——达尔文的天才之处在于认识到，目标导向的进化机制没有必要解释这些适应性的结果。

　　有机体所产生的变异形式及其在谱系中最终保存或消除之间的差距，促进了对进化过程发挥作用的最广泛多样的机制。值得注意的是，功能分析相对于机制分析的部分独立性可以提供科学哲学家所谓的多重可实现性（multiple-realizability）。这一看似深奥的术语描述了我们日常生活中非常熟悉的事实，但却不容易描述标准的物理理论。例如，多重可实现性是货币的基本属性，可以通过硬币、纸币甚至电子账户转账来实现支付。在生物学中，多重可实现性是功能和适应的特征性定义之一。同一类型的适应通常有多种进化途径，例如，生物体采用不同方式实现飞行、氧代谢或趋化性等。自然选择过程只能根据结果来定义，大多数结果都可以通过各种替代手段来实现。这使得它们属于一般性的结果，而不是特定机制的后果（Short，2002）。

出于同样的原因，自然选择理论无法被恰当地描述为一种机制。自然选择理论提供了抽象化的描述，说明了目标开放式机制所产生的结果如何趋同于类似的生物体与环境之间的目标开放式动力学关系。自然选择是一种逻辑（或算法），它描述了当某一类生物过程与局部环境相适应，从而在其生命历程和未来后代中也保持产生类似适应性过程的倾向时将会发生什么。但该分析没有解决的问题是，人们是否需要把这种普遍倾向理解为一系列机遇之外的任何东西。轻率地只关注复制——正如"盲目变异与选择性保留"所述——通常认为仅靠偶然性就足以解释自然选择。然而，它却忽略了一个事实，即物理结构或动力学过程必然发生各种变异，需要进行特定的物理做功。

如果这些生成性过程没有到位，偶然的变异只会造成热力学衰变。意外是推动自然选择的新变异的源头，它假定一些功能性基质容易受到变异的影响——例如，直接或间接促进生存和繁殖的器官或过程。因此，首先我们必须要问：哪些因果动力学足以构成某一有机体特有的某种倾向（即各种力量），使它能够对破坏其一致性的自发与外在倾向进行自主补偿，并能在适当条件下复制自身体现这些相同力量的近似复制品？其次，我们还必须要问，这样一个非典型动力学过程是如何自发启动的，尽管事实上它往往与普遍存在且不可避免的热力学第二定律背道而驰。

虽然达尔文把那些展现自然选择所依赖先决"力量"的生命过程视为理所当然——因为它们在生命世界中无处不在，并被同时代的人一致接受——但完整的进化论并不能把它们视为理所当然。它们作为关键性内容，帮助解释产生自然选择过程的物理法则是什么，并且与非生命世界中普遍存在的变化趋势相比，它们是异乎寻常的变化倾向。

三、复制不是免费的

由于生命的"各种力量"的反常物理性质，生命能够通过自然选择进化，这并不是一种典型的物理性质，就像质量或可燃性那样。简单地说，这是保持系统集成以便复制这些能力的结果，尽管在此过程中形式上会略有变化，但这个简单的论断掩盖了实现这些能力所必需的物理复杂性。

对于被认为具有自我复制能力的系统的物理需求，数学家约翰·冯·诺依曼（John von Neumann）在早期开展了有见地的抽象分析工作。冯·诺依曼是现代计算机设计的先驱之一，他对机器自我复制的逻辑和物理问题非常感兴趣（Neumann and Burks，1966）。他认为，自我复制的最基本标准是，所讨论的系统必须能够构建自身的复制品，并且复制品具备同样的能力。但明确规范如何构建具有这种能力的机制，比这个简单理论所提的建议要困难得多。冯·诺依曼最终放弃了详细规范这类系统物理需求的工作，更不用说建造一个系统了。他转而致力于精确描述自我复制的逻辑（即计算）需求。这项工作最终推动发展出了细胞自动机理论（cellular automata theory）。自冯·诺依曼概述这一问题以来的几十年中，人们已经开发出许多可以模拟自然选择过程的软件（见 Moses and Chirikjian，第 7 章）。围绕这项工作成长发展起来的领域通常被称为人工生命（或 A-life）。但是，在物理上实现机器的自我复制而不是仅仅进行模拟的目标尚未实现。

这一区别类似于仅从 DNA 复制角度出发的狭义进化概念，而忽略了产生一个能够复制其 DNA 并自我复制身体的物理需求。冯·诺依曼解释中缺少的元素当然是生物和机器复制所需物理做功的特殊产生方式。他将这一机制简单地描述为"通用构造器"（universal constructor），但其中省略了功能细节。在人工生命、细胞自动机和进化计算中，计算机代码的产生完全依赖于计算机所完成的物理工作。因此，这些代码的复制并不是完全意义上的自我复制。它只是一组指令，可以使机器重新复制这些指令。但是，物理具身化自我复制需要物理系统去构造另一个与它自己一样的系统。这需要相当复杂的物理做功来修改和组织材料。根据冯·诺依曼的建议，为了完成关于机器进化的一般理论，我们需要明确通用构造器机制的组织和功能。那么，它必须完成什么？为了复制自身以及具备相同的配置，系统必须满足以下要求：

（1）获得产生系统所有关键部件所必需的基质。

（2）将基质转化为关键的系统部件。

（3）组装所有部件并保持这些部件的关键动力学关系，使（1）和（2）成为可能。

（4）对结构–功能退化有足够的耐受度，在不丧失（1）～（3）能力的情况下允许某种程度的部件更换和动态变化。

（5）充分执行这些操作，且超出维护系统完整性所需范围，以便可生成多余、完整的自我复制品，并满足（1）～（4）的要求。

这只是一份必须完成的清单，而不是一份如何能够完成的说明。这就像为了约束与控制核聚变以产生能量而需要完成许多事情一样。知道需要什么并不能保证我们知道如何去做，甚至不能保证它是可行的。尽管如此，它不需要特定的机制式解释，因为该过程具有多重可实现性。它只需要确定所需的机制类型。但如果没有进一步的解释，我们就缺乏一个完整的普遍理论。

冯·诺依曼将机器复制问题划分为物理问题和逻辑问题，然后放弃了解决物理问题的努力，对进化过程提出了一个与当代大多数主流观点相似的深刻见解。虽然冯·诺依曼明确地选择暂时搁置这一机制挑战，但他充分认识到，最终仍不可避免地需要解决这一挑战。也许因为他将此视为一项工程挑战，最终需要解决物理和实践细节，这个物理问题似乎显而易见。在进化论中，它通常被忽视或被认为是理所当然的，这可能是因为自然生命已经为我们解决了这个问题。同样，理论学家运用计算机来模拟达尔文的自然选择过程。作为计算设备基本工作原理而内置的模式生成和复制能力是由创造它们的工程师和系统程序员建立的，这使得 A-life 和进化计算理论学家也有可能在忽略物理动力学的情况下接近他们的研究对象。

但像冯·诺依曼一样，为了完全解释使物理复制成为可能的特殊力量，我们不得不关注这些难题。如果我们的目的是对进化过程做出全面概括性解释，这些问题不可避免，也是时候正视冯·诺依曼提出的问题了。

四、自组织的作用

哲学家伊曼努尔·康德（Immanuel Kant，1790）致力于从哲学角度对生物体的目的性特征进行一致性描述，他似乎着重于将生物与机器区分开来的两个关键特征：因果循环和形式生成。他常被引用的一段话如下：

"……机器只有驱动力，而组织化存在则有内在的形成力，而且它能把这种力量传递给没有它的物质——它组织的物质。因此，这是一种自我传播的形成力……"

"……其中，每一部分都是目的和手段的互惠作用。"

换言之，生物体在物理上创造自己，并以循环或互惠的方式这样做。康德认为，有机体的这些独特性质构成了他所谓的"内在最终目的"（intrinsic finality）（暗指亚里士多德的终极原因概念，或者说某些事情发生的原因）。尽管他后来辩称，有机体的这种组织特征只能从外部的角度理解为目的论，也就是说——促进充分的全局性观点，而不仅仅包括每个孤立的因果关系。为此，他转向了先验能动性（transcendental agency）的概念。但是，通过利用现代非平衡热力学术语重塑康德的逻辑，我们可以在该论述中兑现一张重要的"期票"。这与"形成力"的概念有关，康德明确地将其与"驱动"（或机械）力进行了对比。

尽管热力学第二定律明确指出了熵增及秩序崩溃的普遍存在和不可避免，但活的有机体仍然持续地产生有序结构和过程（形式）。量子物理学家薛定谔（Erwin Schrödinger）在其极具影响力的著作《生命是什么》（*What is Life?*）中将有机体动力学的这种非典型物理性质提升为生命的一种特征定义（Schrödinger，1944）。尽管薛定谔预想到了 DNA 分子关键特性的发现，这些特性使 DNA 分子能够作为遗传的媒介，但是他最神秘的说法是生命"以负熵为食"（feeding on negentropy）。随后几代的研究人员试图弄清楚这个热力学之谜，最终在对远离平衡的热力学系统进行分析时发现了一条关键线索。伊利亚·普里高津（Ilya Prigogine）因为对热力学理论的扩展而荣获 1977 年诺贝尔化学奖，他将远离平衡系统所展现出的特殊性质整合到热力学理论之中，特别是局部增加规则性和有序性的趋势特性。这种特性通常被称为"自组织"（self-organization），因为有序性不是从无到有，而是产生自各组成部分之间的递归交互（Prigogine and Stengers，1984）。

自组织概念基本上已经成为复杂系统理论和系统生物学中的关键原理（见 Wilson，第 5 章）。同时，它提供了一种方法，可以重新精确定义康德提出的"形成力"的概念，因为它提供了一种与热力学接近平衡的简单倾向相对立的动力学倾向，可以表征共同的机械性概念。具体来说，机械性过程具有线性因果特征，而自组织过程（即使它们也是由单个机械性相互作用组成）

具有非线性（即循环或递归）因果特征。这是将生物过程建模为化学机制复合物的重大进展。自组织对于胚胎发生特别关键。在胚胎发生过程中，未分化前体的组织类型、体段、肢体和器官分化在很大程度上依赖于这种形态发生过程。如果说自组织产生了自然选择赖以发挥作用的形式，并不算太夸张（见 Prescott and Krubitzer，第 8 章）。当然，遗传信息也至关重要，它有效提供了作为边界条件的约束网络，促使特定的自组织动力学仅在特定的场景中发生。在许多方面，遗传信息并不指导胚胎发生，而是约束分子和细胞相互作用中自发突现的自组织倾向。

自组织过程这种看似"负熵"（negentropic）的特性，使许多人认为生物体可以被表征为复杂的自组织过程。这既是事实也是误导。无论是在细胞内分子架构水平还是在胚胎发生水平，自组织动力学对于复杂结构的形成都发挥着重要作用。而且，考虑到有机体是自构建的，将有机体描述为自组织系统似乎也是合适的。然而，如果把这两种意义上的"自我"（self）混淆起来，那就大错特错了。关于自组织，该术语仅仅表明物理过程的有序性不是直接从无到有，而是由于外部扰动诱导组分之间内部相互作用的自发规则化而产生的。相反，当我们将有机体描述为自我分化、修复、防御或再生时，"自我"一词就具有了目的论的意义，因为这些目标状态在某种意义上预先设定在有机体内，几乎完全不受外在因素的干扰或影响。换言之，有机体表现出独特的自主性轨迹和自反形式的因果关系，而这些是非生命现象所不具备的。

我在最近出版的《不完整的自然》（*Incomplete Nature*）一书中，展示了这种自主能动性形式是如何产生的（Deacon，2012），即使是在称为自生系统（autogenic system）的极其简单的分子系统中也可以产生（也叫作"autocell"，Deacon，2006），这是互补性自组织分子过程之间加强相互联系的结果。这是因为，与构成简单有机体的互补性自组织过程更复杂的相互集合一样，各组成部分自组织过程的形式生成动力学可以相互生成彼此支持的边界条件，也就是说，约束这些内在的形式生成动力学的倾向。约束生成过程的这种相互依赖性最终成为自主性的来源。它提供了以某种方式传递能量所需的特定性全局约束的持续轨迹，并不断地重建和保持这种非凡的能力。

用略带神秘的话来说：有机体是在化学自组织过程的一种特殊高阶自组织形式中自我突现的。马斯特等（Mast et al.，第 39 章）深入探讨了合成生物学在这方面的最新进展。

这种内在维持的自我规范可以被认为是一种由生物体发育和代谢动力学解释的表现。这是一种高阶约束，本质上能够发挥引导作用，决定产生特定目标形式的成熟躯体。在这个意义上，它既是自我指涉的，又是自我决定的。用符号学的术语来说，这种形式的高阶约束是一种符号载体，可以动态地解释当其中产生新的物理系统形式时，将再次具身化并拥有相同的能力。它是一种告知形式，使这种约束形式不仅仅是一种限制、结构或规律的原因在于，它最显著的特性就是其未来的存在性。它规定并保持自己的形式直到未来，尽管其物理化学体现方式可能发生变化。它在某种意义上超出了其必要物理体现性的规定。

这是所有生物符号学（biosemiosis）的最终基础。这就是为什么当我们谈论生命过程时，即使仅仅考虑生命中的单个分子或化学反应，我们也无法逃避目的论概念的假设。这些结构和过程之所以存在并呈现出独特的形态，是因为它们为其参与构成的系统发挥作用。因此，有机体在各个方面都是符号学的。第一，它们体现了自我指涉；第二，它们在形态和动力学上体现了其周围世界（Umwelt）的负面形象——它们所依赖或必须避免的各方面环境；第三，它们在复杂约束条件的影响下改变自身形态——遗传和非遗传的符号载体——始终决定向某一最终形态发展——足以支持复制的"完整性"状态。因此，生物体不仅仅是机制的体现，目的论组织的出现也不仅仅是自然选择的衍生物。即使不是以心智为基础，它们也具有完全意义上的目的论性质，因为有机体的核心动力学以自我表现的形式得以保存。

五、普遍性理论的要素

总之，达尔文提出的"各种力量"最终来自热力学基础，特别是那些利用熵增趋势来对抗自身的过程。为了使有机体过程能够局部阻止因为熵不断增加而导致的动力和结构约束崩溃，必须持续做功以不断修复和替换组件。局部生成并保存（约束）的能力快于热力学分解、破坏它们的能力，是复制的先决条件。在这方面，自然选择的竞争性也是基于热力学。正是这种持续做功的要求，必然使导致了几乎不间断地获取资源、持续维护相互依赖的约束网络，才能适当地引导做功。

进化不仅是由互补性自组织过程之间相互结合而启动的，新的自适应形式的进化也倾向于只要有可能就招募自组织动力学过程，以便满足维持精确约束和能量使用的需求。因此，生命形式不仅趋向于与它们所依赖的环境因素更为密切的对应，也趋向于在其分子、生理和发育过程中融入越来越多数量和形式的自组织动力学过程。

为了进化，还必须有一类动力系统来保持高阶自我指涉约束复合体以构成自我。因此，对于系统复制至关重要的是，以足够速率生成这些受约束的新物质，促使各组件自组织过程突现出高阶自组织。复制是针对热力学第二定律的终极对冲形式。

因此，一般来说，使自然选择成为可能的"各种力量"就是产生和保存形态的过程，并且容易受到选择的影响，尽量减少产生和保持有机体形态所需的能量。因此，由于它们所提供的竞争性热力学优势，本质上自发性的约束生成动力学往往在生命世界中占主导地位。更重要的是，互惠式形态生成动力学所起的作用为解释生命的符号学性质奠定了基础。这是因为由相互封闭的约束生成并涌现出的自主性具有隐含的自我指涉性。换言之，构成这种相互封闭自组织过程系统的高阶约束复合体能够有效指导自我复制品进行复制，既可用于自我修复也可用于生成子代。这是一种典型的符号关系，即使"发送者"和"接收者"并非不同的组成个体，而是自我创造过程的不同组成阶段。这也是为什么由相互依赖的互补式自组织过程（自生系统）构成的系统，也最可能是可进化生命的前体和符号活动的起源。

当我们试图将进化范式扩展到生物学及其分子底物范围之外时，这些考虑因素必须牢记在心。无论是将这种逻辑范式应用于计算过程、神经过程，还是生命机器设计，都必须能够确定与这些领域相关的"特殊力量"。如果忽视这些潜在的形成过程，有可能沦为过于简单类比的牺牲品。忽视了这一点，进化就显得毫无根据，既没有目的性也没有符号性，而事实上，进化正是这些特性的具体表现。因此，一个既能适用于有机系统又能适用于无机系统的普遍进化论，必须能够规范达尔文所指的生命的"特殊力量"。

致谢

本章是在此前发表论文的基础之上进行了修订，题名为《符号活动是达尔文的"各种力量"之一吗？》，选自蒂莫·马兰、卡蒂·林德斯特伦、里恩·马格努斯和莫滕·特恩森编辑的《野生生物符号学》（Deacon，2012b）。[Is semiosis one of Darwin's "several powers"? In Timo Maran, Kati Lindström, Riin Magnus, and Morten Tønnessen（eds.）*Semiotics in the Wild*，pp. 71-77]。并经爱沙尼亚塔尔图大学出版社（University of Tartu Press）授权。

参 考 文 献

Darwin, Charles (1971 [1859]). *On the Origin of Species by Means of Natural Selection or the Preservation of Favored Races in the Struggle for Life.* (London: J. M. Dent & Sons.)

Dawkins, R. (1976). *The Selfish Gene.* New York: Oxford University Press.

Deacon, T. (2006). Reciprocal linkage between self-organizing processes is sufficient for self-reproduction and evolvability. *Biological Theory*, 1(2), 136–49.

Deacon, T. (2012a). *Incomplete Nature: How Mind Emerged from Matter.* New York: W.W. Norton & Co.

Deacon, T. (2012b). Is semiosis one of Darwin's "several powers"? In T. Maran, K. Lindström, R. Magnus, and M. Tønnessen (eds.), *Semiotics in the Wild*. Tartu: University of Tartu Press, pp. 71-7.

Dennett, D. (1996). *Darwin's Dangerous Idea: Evolution and the Meanings of Life.* New York: Simon & Schuster.

Kant, I. (1790, 1951). *Critique of Judgement.* J. H. Bernard, trans. New York: Hafner Press.

Neumann, J. v., and **Burks, A. W.** (1966). *Theory of Self-Reproducing Automata.* Champaign/Urbana: University of Illinois Press.

Prigogine, I., and **Stengers, I.** (1984). *Order Out of Chaos: Man's New Dialogue with Nature.* New York: Bantam Books.

Schrödinger, E. (1944). *What is Life? The Physical Aspect of the Living Cell.* Cambridge, UK: Cambridge University Press.

Short, T. L. (2002). Darwin's concept of final cause: neither new nor trivial, *Biology and Philosophy*, 17, 323–40.

第三篇

构 建 基 块

第 13 章
构 建 基 块

Nathan F. Lepora

Department of Engineering Mathematics and Bristol Robotics Laboratory,
University of Bristol, UK

　　从最基本的层面上说，可以将动物视为是一种行为与运动系统，能够对周围环境的感觉信息做出反应。因此，基于动物的生命机器也可以被视为感觉-运动系统。在动物身上，感觉信息转化为行为动作的方式既可以非常简单，如内在反射；也可以非常复杂，如贯穿我们整个生命周期的记忆。因此，所有动物及其相应的生命机器必须具备三个基本组成部分：接收世界信息的传感器、移动身体对世界采取行动的促动器、诠释感官信息以控制促动器的计算/记忆系统。

　　"构建基块"篇中探讨了各类感觉和运动部件，这些部件组合在一起就可以构成完整的生物或人工系统。每一种生物感觉器官，例如我们的眼睛、耳朵和皮肤，以及肌肉及其控制系统等各方面的生物促动装置，都催生了相对应的仿生产物，并在机器人学等领域得到了技术应用。此外，这些仿生人造物为它们的生物对应物提供了极好的模型，使我们能够提出和回答关于生物系统的一些问题，而且这些问题不能仅仅通过实验来解决。

　　本篇的第一部分关注的是感觉问题。诸如机器人这样的生命机器，需要能够感知周围环境，否则它们将无法对世界做出反应。因此，大多数机器人需要能将周围环境信息转换成电信号的传感器。然后由机器人的控制器对这些信号进行解释，并告知促动器如何让机器人移动。虽然工程领域已经发展出了许多传感器，但生命机器方法更侧重于仿生传感器，它们通常采用神经形态技术，利用超大规模集成（VLSI）方法构建电子传感器阵列，它能够模拟感觉细胞将刺激转化为模拟神经活动模式的一些能力。

　　在古代，我们认为人类只有五种感官能力：视觉、听觉、触觉、味觉和嗅觉。本篇的前四章体现了传统思维，并将味觉和嗅觉结合起来统一称为化学感觉。但如今我们已经意识到人类拥有更多的感觉。另外人体感觉的一个重要例子是本体感觉，它能让我们感受到身体各部位之间的相对位置。动物大多具有和人类同样的感觉，但是也有一些动物具有我们所没有的感觉。例如，某些鱼类对电场的感觉。

我们首先从仿生视觉开始。杜德克（见 Dudek，第 14 章）诠释了脊椎动物和昆虫视觉功能的生物学原理，包括视觉神经回路中视觉信息的处理。这些原理导致了一系列"神经形态"的人工视觉系统，从基于昆虫复眼和脊椎动物视网膜的装置，到更抽象的动态视觉传感器和视觉芯片。

接下来探讨了仿生听觉。史密斯（见 Smith，第 15 章）综述了哺乳动物的听觉系统，将其基本原理和必须解决的问题联系起来：定位声源并诠释对于动物重要的声音。听觉系统最著名的技术转化产物是助听器，特别是耳蜗植入物，本书其他章节将对此进行讨论（见 Lehmann and van Schaik，第 54 章）。具体方法包括在软件（基于 CPU）和神经形态硬件（如硅耳蜗）中实现听觉转化。

莱波拉（见 Lepora，第 16 章）描述了生物体的三个触觉感知原理：通过触觉获得超灵敏性（超分辨性），受主动控制，使用各种探索程序来表征物体属性。这些原理已经在人工装置中得到实现，能够产生突出的感知能力，包括可以模拟人类指尖和手的系统（皮肤触觉），以及模拟啮齿动物触须的系统（振动触觉）。

皮尔斯（见 Pearce，第 17 章）介绍了生物体的化学感觉，包括嗅觉和味觉，它们在非常巨大的动态范围内极其敏感，这得益于嗅觉感觉神经元的群体编码和嗅觉黏膜的结构。皮尔斯探讨了生物体化学感觉的 3 种技术转化产物：生物混合化学传感器、神经启发处理架构和动物嗅觉系统的神经形态实现。

仿生本体感觉是人类和动物的另一种重要感觉。浅田稔（见 Asada，第 18 章）解释了人类本体感觉和身体表现的生物学原理，这与感觉在身体上的时空整合有关。该章以邦加德（见 Bongard，第 11 章）的内容为基础，邦加德对身体模型学习的挑战进行了更加全面的介绍。浅田稔思考了身体图式在机器人技术中的应用，并在最后探讨了一系列建设性方法来解决身体表现之谜。

本篇介绍的最后一种感觉是仿生电场感应,电场感应主要存在于一些鱼类中。博伊尔和勒巴斯塔德(见 Boyer and LeBastard,第 19 章)介绍了一种非洲鱼类——象鼻鱼(*Gnathonemus petersii*)如何感知其尾部发射电场的扰动,并将其作为一种主动电场定位形式。这种生物学感觉帮助在水下机器人中实现仿生电场感应。

本篇的第二部分关注的是促动问题。生命机器只有在它们能够执行任务时才具有价值,例如,捡拾物体或从一个地方移动到另一个地方。同样,动物只有寻觅食物与水并完成生存所需的其他许多任务,才能够得以存活。对于人类,控制系统是我们的大脑,促动器是我们的肌肉及骨骼,它们一起工作并与周围环境相互作用。对于机器人,控制器是一台计算机,促动器是各种马达、齿轮、轮子和其他结构,它们作为机器人的肌肉和骨骼共同发挥作用。

在关于动物运动仿生学的这三章中提出了三种截然不同的观点。

仿生肌肉是模拟生物肌肉的人工装置。安德森和奥布莱恩(见 Anderson and O'Brien,第 20 章)介绍了天然肌肉作为一种柔软轻质的材料,在低密度下的速度、应变和压力是任何人造材料所无法比拟的。人工肌肉要想切实发挥作用,应当模拟生物肌肉的促动机制,还应当结合自我感觉反馈来进行控制。

尽管生物控制系统的逆向工程存在挑战,但无脊椎动物神经回路中的单个神经元相对比较容易分离,从而提供了一个很好的研究起点。在动物中,许多重要的运动行为具有节律性,例如,运动、咀嚼和呼吸。塞尔维斯顿(见 Selverston,第 21 章)阐述了节律发生的生物学机制,特别是无脊椎动物中枢神经系统内的神经细胞集合能够自主产生节律行为。这些生物学原理可以通过棘波神经元电模型整合到仿生和生物混合装置中,并且已经在仿生和生物混合机器人的控制中得到了验证(见 Ayers,第 51 章)。

本篇在最后介绍了生物运动的一个关键问题:皮肤如何附着在各种表面上。彭昌铉及其同事(见 Pang *et al.*,第 22 章)介绍了壁虎足毛和甲虫足部附着系统的独特结构特征,以及它们如何产生极其显著的黏附性能。科学家正采用纳米制造方法模拟这些特性,将其应用于能够攀爬垂直表面的机器人,以及从清洁运输到生物医学贴片等广泛领域。

第 14 章
视　　觉

Piotr Dudek

School of Electrical & Electronic Engineering, The University of Manchester, UK

　　对于许多动物物种来说，视觉是它们感知环境的主要感觉，它们也为此投入了最大比例的大脑资源。视觉信息的处理最早开始于眼睛内部。从昆虫到脊椎动物，眼睛不仅是感觉器官，还包括神经回路，它们紧邻光感受器进行视觉信号预处理。紧邻传感器的大规模并行计算能够从视觉信号中快速提取信息，压缩冗余或不相关数据，并创建比原始光强度图像更具信息性、更有用、更易于进一步处理的信号。这种高效的方案启发了人工视觉传感器的构建。本章对生物视觉系统早期阶段的工作原理和主要特点进行了综述，并列举了多个实例，从受昆虫复眼启发的装置，到模拟脊椎动物视网膜结构和动作的硅电路，再到通过动态视觉传感器和像素并行阵列处理器的视觉芯片对生物学原理进行更抽象的解释。同时还指出了未来该领域的主要研究方向。

一、 生物学原理

　　视觉起始于眼睛内部的信号传导和信息处理。所有的脊椎动物以及许多无脊椎动物都拥有复杂的视觉成像系统，其基本光学结构与照相机相似（图 14.1a）。光线通过角膜进入眼睛，被晶状体进一步聚焦，最后落到视网膜上形成图像。该图像可由一层感光细胞，即光感受器感测到，光感受器中的蛋白质会因入射光子而变形，引发一系列生化反应，导致细胞跨膜电位和感光细胞的神经递质释放速率发生变化。这种电化学信号随后在视网膜内的多层神经细胞中接受处理，然后沿着视神经中的轴突纤维束传递到大脑的其他结构。

　　在脊椎动物中，视网膜光感受器细胞可细分为视杆细胞（rod cell）和视锥细胞（cone cell）。视杆细胞具有很强的光敏感性（能够探测到单个光子，从而可以提供夜视能力），但在强光下会迅速饱和，而视锥细胞则提供白昼视觉，拥有不同的光谱敏感度来感知颜色（例如，灵长类动物有 3 种视锥细胞，分别对光谱中的红光、蓝光和绿光具有最大感光度）。光感受器的广泛响应范围，以及可根据过往和周围图像强度调节视网膜输出的自适应回路，能够检测到非常宽的图像强度动态范围。

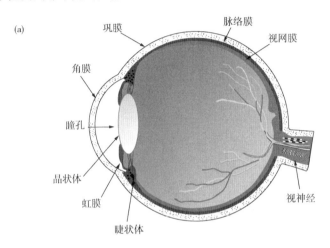

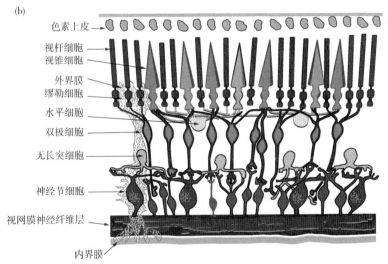

图 14.1　脊椎动物的眼睛：（a）眼睛的横截面；（b）视网膜的结构

图片引自：http://webvision.umh.es/webvision/index.html

视网膜上感光细胞的分布并不均匀。在灵长类动物中，一个称为中央凹（central fovea）的微小区域拥有紧密排列的视锥细胞，可以在很小的视野区域（仅有几度）内提供高分辨率图像，而视网膜的外围主要由视杆细胞构成，视锥细胞较少，远离中心区域的感光细胞密度逐渐降低。因此，为了解决视觉场景中的细节问题，视线必须通过一系列快速的眼部运动，不断向感兴趣的位置转移，这种眼部运动称为眼跳扫视（saccades），由眼部肌肉推动，而外围视觉可以识别眼跳扫视感兴趣的区域。视线转移也可以通过转到头部和全身来完成。

昆虫的眼睛进化出了不同的光学结构。这些动物的复眼由大量的方向敏感性光传感单元——小眼（ommatidia）组成，每个小眼由覆盖少量感光细胞的微型晶状体组成；图像是通过复眼形成的，因为单个小眼排列在弯曲表面上，每个小眼的指向都略有不同。昆虫复眼的优点是能够在非常紧凑的光学系统中提供大的观察视野。此外，还在比较低等的部分动物物种中发现了其他一些较为简单的光学结构，如凹面镜和针孔照相机式眼睛结构，或者是更为简单的眼睛结构，其感光细胞簇对光的强度和方向提供最基本的敏感性。

然而，光探测只是视觉通路中的第一个阶段。眼睛不仅仅是简单的"照相机"，捕捉并传输图像，然后由遥远大脑中的一些神经回路进行处理——眼睛是视觉信息实际开始处理的地方。果蝇的大脑非常小（约含 10^5 个神经元），但却能进行复杂的视觉处理，使它们能够高速飞行机动，避开障碍物，并精确降落到物体表面上。这种能力很大程度上可以归因于在眼睛内的光学传感器进行图像处理，通过专门的神经回路来确定果蝇视野中物体的运动速度和方向。

人类大脑要复杂得多（约含 10^{11} 个神经元），当然也更能够对视觉信息进行更复杂、精细的解释。视觉感知包括在环境中识别物体及其关系的能力，是一项要求很高的任务，涉及整个大脑的大部分区域。视网膜发出的信号以有序的方式传递到大脑的其他部分，最主要的是传递到丘脑（thalamus），然后再传递到初级视觉皮质（primary visual cortex）。虽然视觉处理是根据视网膜部位组织的（即相邻皮质区域对应于视网膜上的相邻位置），但皮质神经元复杂网络可以在更大的空间和时间尺度上整合各种类型的可用信息。也正是在视觉皮质，来自两只眼睛的视觉信号第一次组合在一起。信息从初级视觉皮质传输到其他大脑区域然后再返回，根据其他感觉信息以及过去的知识和经验场景不断地精炼和解释。这一过程的全部细节目前仍不清楚，但神经科学正朝着解开谜团的方向稳步前进，目前已经确定了参与视觉感知各种任务的基本神经通路和脑区。执行低级视觉任务（如特征、方向、运动选择性、轮廓整合、颜色感知、立体视觉等）的神经系统模型，以及为完成高级任务（如目标识别、空间意识）而整合这些能力的神经系统模型，通过各种生理、心理和计算方法不断发展和进行测试。视觉科学的进步很大程度上取决于并促进了我们理解大脑信息处理原理的整体能力（见 Leibo and Poggio，第 25 章）。

　　但在本章中，我们主要关注的是生物学原理如何在传感器和早期感觉信息处理水平上影响工程化视觉系统的发展。脊椎动物的视网膜是大脑的一部分，包含了执行复杂计算的神经回路。视网膜的基本结构如图 14.1b 所示。光感受器捕捉到的信息是在并行通路中处理的，从双极细胞开始，双极细胞根据其类型，通过活性增高或降低对感光细胞释放的神经递质水平变化做出反应。双极细胞与神经节细胞相连，神经节细胞将动作电位沿轴突传送，轴突成束聚集在一起形成视神经，将数据从眼睛传送出去。这种直接通路受到水平细胞（horizontal cell）的调节，水平细胞通过增加邻近光感受器的信息，影响双极细胞视觉感受野的形成，无轴突细胞（amacrine cell）则提供神经节信号的进一步时空处理。作为这种处理的结果，典型的神经节细胞具有一个中心–周围式视觉感受野，例如，它强调图像的"边缘"部位。不同的神经节细胞群分别提供 ON 信号（增加放电以应对暗背景上的亮斑）和 OFF 信号（检测亮背景上的暗斑）。颜色信息同样是由信号的差异而不是其绝对数值来表示的。此外，神经节细胞可在不同的时间尺度上做出反应，一些细胞随着光刺激的出现或消失而激活（因此可检测到视野中物体的快速出现和运动），另一些细胞则对持续性光刺激的反应更大。可以尝试通过空间和时间滤波器的组合来描述这些视觉回路的工作，它们普遍存在非线性反馈路径、视杆细胞非均匀物理分布、各种视锥细胞及其不同处理回路，再加上由眼跳扫视和微眼跳扫视（在视线转移之间始终存在的眼球微小振荡运动）引起的光感受器图像的复杂时空特性，构成了一个非常复杂的视觉系统。而且，视网膜中除了我们相对比较了解的几个神经回路外，还存在着更多的神经回路，它们由大量的无轴突细胞、水平细胞和神经节细胞构成，通过电信号和生化信号的直接过电耦合进行通信，通过快速释放神经递质对细胞电位做出反应，减缓神经调节剂在更大距离范围的扩散。例如，已经确定了提供运动方向反应的细胞（即仅当视网膜上的图像朝特定方向移动时才放电），以及提供物体接近反应的其他细胞（信号显示物体图像不断扩大，从而可以直接检测正在接近的物体）（Münch *et al.*，2009）。此外，用来表示视网膜提取信息的神经代码看起来也非常复杂。科学家发现，神经节细胞似乎通过综合运用放电速率和首脉冲触发时间（time-to-first spike）来同时编码信息强度和边缘信息（Gollisch and Meister，2010）。

虽然科学家们仍未完成对视网膜神经回路和功能的全面描述，但很明显，视网膜在将信息传递给大脑其他区域之前，会对感觉信号进行复杂的预处理。毫无疑问，这将有助于减轻大脑皮质的一些工作量，促进大脑在短时间内评估复杂视觉环境的惊人能力。视网膜计算加上眼跳扫视所隐含的感兴趣区域处理策略，有助于减少大脑皮质需要处理的感觉数据量，从而更有效地利用有限的可用物理资源在大脑中开展计算。

二、仿生系统

生物视觉系统的一个关键特征是采用大规模并行网络在传感器层面上提取视觉信号特征，这些网络由连续运行的局部互连模拟处理单元组成，并且位于传感器的旁边。计算是本地化的，由神经回路处理来自邻近光感受器的信息，神经元将信息传递给邻近区域内其他神经元。只有计算产生的结果才能从眼睛向前传输以行进一步的处理，因为它们可以提供比光感受器获得的原始光强度信息更多的有用的数据。这种高效方案为多种工程方法提供了线索，力图优化视觉系统的性能、功率效率和尺寸，使其能够超越中央处理单元依靠普通摄像机进行传统设置的可能范围。下面将介绍此类系统的多种实例。

（一）模仿昆虫的眼睛

昆虫的眼睛一直是设计视觉传感器的灵感来源。复眼的复杂结构激发了工程师们的想象力，他们试图用硬件再现这一系统的物理组织结构（图 14.2）。弗洛雷亚诺等（Floreano *et al.*, 2013）和宋等（Song *et al.*, 2013）最近研发的系统，将聚合物微透镜阵列和硅光电探测器电路集成在柔性基板上，然后进行机械弯曲以提供不同的光轴方向，通过将单个传感器元件的方向敏感性感受野进行重叠来覆盖广角视野，非常类似于昆虫的复眼。但从工程的角度来看，昆虫眼睛不仅仅是其物理布局，其紧凑却广阔的视野更令人感兴趣。昆虫复眼的处理能力同样出色。研究微型自主飞行机器人的研究人员面临的挑战是，在微型飞行器极其严格的重量和功耗预算下提供足够的计算能力来躲避障碍物和完成导航所需的视觉信息处理。昆虫能够在传感器层面直接提取运动方向信息的简单而有效的方法为试图解决这一问题提供了灵感。巴罗斯等（Barrows *et al.*, 2003）及其他人员的研究已经证实，无论是传统硬件还是专门的电子电路，通过采用算法模拟昆虫眼睛神经回路对运动的处理，无须强大的中央处理器或高分辨率成像系统，就可以获得足够的信息来实现基本的飞行运动。

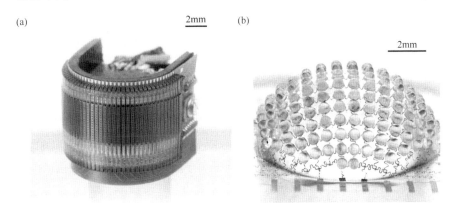

(a) 2mm (b) 2mm

图 14.2 受昆虫启发的视觉传感器：（a）曲面人工复眼（CURVACE）传感器；（b）宋等开发的传感器（Song *et al.*, 2013）

图片来源：（a）瑞士洛桑联邦理工学院智能系统实验室（LIS-EPFL）的达里奥·弗洛雷亚诺（Dario Floreano）博士提供。（b）美国伊利诺伊大学约翰·罗杰斯（John Rogers）教授提供

（二）模拟脊椎动物的视网膜

支持昆虫在传感器附近处理视觉信息的神经回路相对简单，工程系统有可能以相当高的保真度在电子硬件中模拟其功能。脊椎动物的视网膜可以呈现更加复杂的图像。尽管如此，视网膜还是为 20 世纪 80 年代末 90 年代初开发的最早一批神经形态超大规模集成（VLSI）硅电路提供了模型，该模型首先诞生于加利福尼亚理工学院的卡沃·米德（Carver Mead）实验室，后来又传播至世界的其他实验室。这些装置永远无法捕捉到视网膜反应的全部信息内容，而当时的技术限制意味着它们所能提供的只是概念验证研究，而不是构建人工视觉系统的任何实际解决方案。尽管如此，马霍瓦尔德（Mahowald）、因迪韦里（Indiveri）、德尔布鲁克（Delbruck）、刘（Liu）、波尔汉（Boahen）、安德烈乌（Andreou）及其他人的设计已经率先实现了模拟神经回路的微电子电路，通常侧重于提供与视网膜简化模型某一特定方面相等效的电子电路。这些装置以类似于图像传感器阵列的方式构建，现在已普遍应用于数码相机之中，并用工业标准的 CMOS 芯片技术实现，使用像素化的光敏传感器（如光电二极管或光电晶体管）矩阵将入射光转换成电信号。然而，它们并没有直接输出由此获得的图像数据，而是将信号处理晶体管电路紧邻光敏传感器放置，这样传感器捕捉到的图像就可以立即进行原位（in situ）处理，这样完整的硅基视网膜芯片输出的就不是原始光强图像，而是图像经相应滤波器处理后的结果，滤波器取决于具体的电路设计和实现模型。扎格卢尔和波尔汉（Zaghloul and Boahen，2006）的工作是这种方法的代表，可以说是迄今为止最综合全面的硅基视网膜（图 14.3，彩图 5）。其电子电路模拟了 13 种不同类型的神经细胞，可以提供类似于 4 种不同类型视网膜神经节所产生的脉冲反应。作者推测这种电路有望应用于视网膜修复术。在这类应用领域，所输出的生物学真实性确实非常重要，尽管仍需观察需要复制多少视网膜复杂性结构才能为视觉器官提供可行的人工替代物。

然而，从构建人工视觉系统的角度来看，只有当系统其他部分能够有效地利用这些信息来提高整体性能时，在电子电路中对视网膜组织神经生理学进行详细建模才有意义。考虑到视网膜功能和其他生物视觉系统的复杂性，

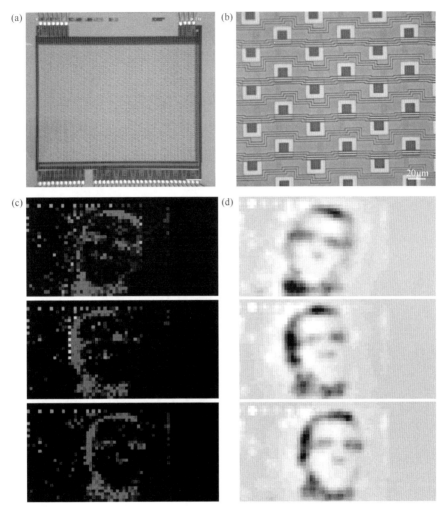

图 14.3 硅基视网膜：（a）芯片的显微照片；（b）单个像素的特写；（c）芯片输出：
连续的 3 帧显示了不同的颜色（红色、蓝色、绿色、黄色），对应于 4 种不同类型视
网膜神经节细胞的放电，黑色细胞不放电；（d）重建的灰度图像

转载自 Kareem A Zaghloul and Kwabena Boahen，A silicon retina that reproduces signals in the optic nerve[J]. Journal of Neural Engineering，3（4），pp. 257–267. https：//doi.org/10.1088/1741-2560/3/4/002，

以及其仍然未能得到完全理解，至今尚无法开展此类工作。尽管如此，紧邻
传感器开展计算的基本原理，并且只输出与系统进一步处理相关的数据而不
是原始图像，相比于更传统的感知、图像数字化，然后在串行（单核或多核）
计算机上处理数据，具有非常明显的实际优势。大规模并行拥有数千个硬件
处理单元，每个单元只处理紧邻区域的一个像素，可以提供巨大的计算加速

度。系统整体数据传输需求的降低，以及由专用电路执行单像素级计算的效率，可以显著节省功耗。

（三）动态视觉传感器

我们认为，充分发挥生物视觉基本组织原理的潜力，需要在与系统其他部分能力很好匹配的层面上，充分利用视网膜视觉的功能抽象。利希施泰纳等（Lichtsteiner *et al.*，2008）的工作，以及动态视觉传感器（dynamic vision sensors，DVS）的相关发展，为实现该目标提供了很好的实例。视网膜功能在这里被抽象为一个非常简单的操作——这些芯片在像素上产生瞬时的二进制开–关响应（神经节细胞异步放电），从而增加或减少光强（图 14.4 a、b）。对数式感知确保了在内部进行大动态范围光强处理，并且通过感知单个图像位置的时间对比度来生成输出，像素之间并不发生横向交流。最值得注意的是，芯片的输出形式是像素地址（阵列坐标）发生变化的数据流，并且完全由输入驱动。传统视觉系统对视频帧进行操作，即在系统帧速率规定的采样频率下采集离散图像。例如，当处理 25 帧/秒的典型视频流时，对每个像素每 40 毫秒采集一个新值。相反，DVS 系统产生的是像素变化"事件"的异步流，延迟范围在 1 微秒以内，而且只输出那些发生了实际变化的像素。这可以降低传感器/处理器带宽，并有助于跟踪高速运动。科学家演示验证了 DVS 装置在机器人中的多项应用（图 14.4c）。不论何种情况，大部分视觉处理都依赖于在传统微处理器上运行的算法，但由 DVS 芯片进行的预处理可大大降低其计算量。

(a)
(b)
(c)

图 14.4　动态视觉传感器：（a）DAVIS 芯片的输出结果（Brandli *et al.*，2014），白色像素部分表示开启事件，黑色像素部分表示关闭事件，在相机从右向左平移的较短时间窗口内生成；（b）芯片输出相应的灰度光强图；（c）基于 DVS 的摄像机（箭头所指），安装在一个自行走机器人上

图片来源：苏黎世大学神经信息学研究所（INI）的 T. 德尔布鲁克（T. Delbruck）提供

（四）具有像素并行处理器阵列的视觉芯片

采取简化功能模型的视网膜启发视觉芯片，可以提供人工视觉系统构建的实用解决方案，但只执行早期视觉处理某一特定功能（如时间对比度、边缘检测、运动方向等），具有一定的局限性。各种功能计算电路可以集成在一块芯片上，但要想获得具有实际意义的图像分辨率，单个硅像素的电路面积是有限的。为了减轻多功能性和空间之间的这种紧张关系，可以采用一个可编程处理元件取代大量的专用连续时间电路（即每个功能需要一个电路），该处理元件中包含一个能够进行基本操作的执行单元和一个存储器。这类处理器遵循通用图灵机的概念，其功能可以由它执行的代码完全描述。但这并不意味着必须放弃"生物蓝图"的理想特征。像在视网膜中一样，计算仍然可以采取大规模并行的方式进行，并且处理元件可以紧密地集成在紧邻图像传感器的物理部位。事实上，甚至可以继续在模拟范畴内进行计算——可编程软件处理器概念是现代数字计算的基础，它也可以应用于采样数据模拟系统。凯里等（Carey *et al.*, 2013）描述的视觉芯片证实了这种方法（图 14.5）。每个处理元件都包含光传感器、算术/逻辑单元和存储器，使用数字和模拟混合电路实现数字计算鲁棒性和模拟计算能量效率之间的平衡。该系统作为单指令多数据（SIMD）机器运行，由 65 536 个并行处理器组成，每个图像像素分配一个处理器，执行由控制器提供的指令序列。像素之间的横向连接性使空间邻域滤波器得以实现，而像素内存储器提供了执行时间操作的手段。因此，芯片可以用于编程来计算，类似于视网膜预处理的时空滤波器，以及更抽象的映射地图（如边缘方向、特征检测和光流），在某种意义上也模拟了视觉皮质并行网络中的早期视觉处理。当整个阵列内的计算实现了同步并且进行了像素数据采样时，大规模并行处理所具有的高速度将实现非常高的帧速率（如果需要，可达每秒数千帧）。但信息并不以这种速率从芯片向外传输；像在视网膜中一样，信息可以由邻近传感器的电路提取，只有真正相关的数据才会继续向前传输到进一步的处理阶段。高帧率允许数据驱动、基于事件的输出，从而在视野中感兴趣的检测部位持续产生神经"脉冲"。它还可以在运行速度与功耗之间进行权衡，如果可以接受较低的帧速率，那么有可能实现超低功率运行。

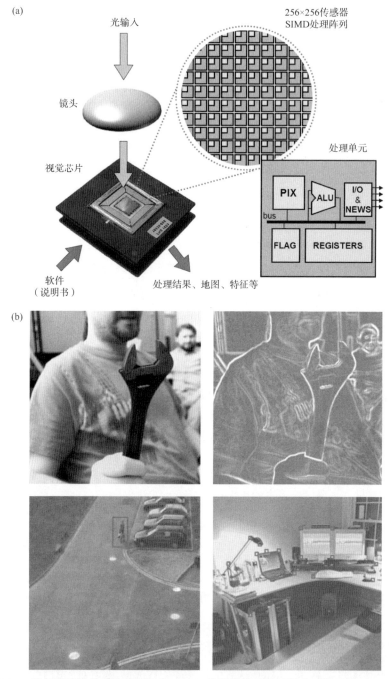

图 14.5 凯里等设计的具有像素并行 SIMD 处理器阵列的视觉传感器（Carey *et al.*，2013）：（a）系统架构；（b）像素内部处理能力展示，从左上角顺时针方向开始依次为原始图像、边缘检测、基于运动的感兴趣区域（ROI）检测和感兴趣点提取

视觉芯片提取焦平面上信息的能力，其至可以超越生物界"同伴"，能够生成稀疏化、高度信息性的"事件"，例如，通过复杂精细特征提取器进行计算，对感兴趣点的位置进行描述。这种方法可应用于视觉算法中，执行目标识别和视觉导航等任务，或作为外周系统确定感兴趣区域，然后采用更复杂精细、更高分辨率（即中央凹）的视觉系统对这些区域做进一步观察。

三、未来发展方向

本章介绍的各种系统充分利用了现代微电子制造技术的优势，能够在一小块硅晶片上集成大量晶体管。这使得在图像传感器每一个像素中放置复杂处理电路成为可能。然而，空间局限性仍然限制了硅晶片可以实现的像素密度，目前最先进的视觉芯片也只具有中等程度的分辨率，在 256×256 像素范围内。生物系统将处理回路放置在一个紧密排列的多层网络中，并且紧邻光感受器层。硅晶片堆叠集成技术的进展可能实现与其更相似的排列，事实上科学家已经提出了一些 3D 集成视觉芯片（具体例子参见 Dudek *et al.*, 2009）。另一个进展可能来自柔性电路基板，其有可能取代硬而脆的硅晶片。这预示有望制造出更紧凑、更紧密集成的类似昆虫的复眼。

基于单光子雪崩二极管（SPAD）的光探测器可以与生物感光细胞卓越的光敏感度相提并论。这些传感器及其他类型传感器（如颜色、红外、偏振敏感等）尚未在视觉芯片中得到充分的研究。动物通过双眼视差还原图像的深度信息，或通过运动来估计深度信息（此外还使用其他感觉信息，如听觉线索或回声定位）。尽管科学家已经开始研究采取这些策略的大脑启发系统，工程化系统也可以使用依赖于主动光照的方法，如飞行时间测量或使用结构化光源。这些能力可以集成到视觉传感器中。发展可将多种传感器来源的信息相融合的方法也是一项艰巨的挑战。

传统的计算机视觉算法设计，其目的是能在传统的串行 CPU 或 GPU 型并行硬件上高效执行，并假定其能够获取高分辨率的视频帧序列。未来尚需要新的算法和方法，更好地了解在传感器层面执行某些处理的优点和局限性，实现传感器上计算和传感器下计算之间的理想平衡，以充分发挥生物启发视觉的潜力。未来，只有对这些器件在完整视觉系统场景下的应用进行深入研究才有望实现上述目标。

四、拓展阅读

有关眼睛和视网膜更深入的生物学信息，"网络视觉"（Webvision）网站（http://webvision.med.utha.edu/）提供了非常好的资源（Kolb *et al.*, 2013）。格里施和梅斯特（Gollisch and Meister, 2010）对视网膜回路中神经计算的最新发现进行了很好的综述回顾。弗洛雷亚诺等（Floreano *et al.*, 2010）主编的《飞行昆虫和机器人》（*Flying Insects and Robots*），包含了关于昆虫视觉的大量最新进展。莫尼（Moini, 1999）的《视觉芯片》（*Vision Chips*）详细记录了构建人工视网膜和仿生视觉芯片的大量早期尝试，而扎兰迪（Zarandy, 2011）主编的《焦平面传感器处理器芯片》（*Focal-Plane Sensor-Processor Chips*）则介绍了多个具有像素并行处理能力的最新视觉芯片。在本书中，由本斯迈亚（见 Bensmaia，第 53 章）、莱曼和范·夏克（见 Lehman and van Schaik，第 54 章）、皮尔斯（见 Pearce，第 17 章）撰写的相关内容，讨论了触觉、听觉和化学感觉的各种神经形态技术，以及它们在假肢修复等领域的应用。梅塔和钦戈拉尼（见 Metta and Cingolani，第 47 章）探讨了将多种神经形态系统（包括神经形态视觉）相结合以发展类人机器人所面临的挑战。

参 考 文 献

Barrows, G. L., Chahl, J. S., and Srinivasan, M. V. (2003). Biomimetic visual sensing and flight control. *Aeronautical Journal*, 107, 159–68.

Brandli, C., Berner, R., Yang, M., Liu, S.-C., and Delbruck T. (2014). A 240×180 130dB 3us latency global shutter spatiotemporal vision sensor. *IEEE J. Solid State Circuits*, 49(10). doi: 10.1109/JSSC.2014.2342715

Carey, S. J., Barr, D. R. W., Lopich, A., and Dudek, P. (2013). A 100,000 fps vision sensor with embedded 535 GOPS/W 256x256 SIMD processor array. In: *VLSI Circuits Symposium 2013*, Kyoto, June 2013, pp. 182–3.

Dudek, P., Lopich, A., and Gruev, V. (2009). A pixel-parallel cellular processor array in a stacked three-layer 3D silicon-on-insulator technology. In: *European Conference on Circuit Theory and Design, ECCTD 2009*, August 2009, pp.193–7.

Floreano, D., Zufferey, J.-C., Srinivasan, M.V., and Ellington, C. (eds.) (2010). *Flying insects and robots*. Berlin: Springer.

Floreano, D., et al. (2013). Miniature curved artificial compound eyes. *Proc. Natl Acad. Sci. USA*, 110(23), 9267–72.

Gollisch, T., and Meister, M. (2010). Eye smarter than scientists believed: neural computations in circuits of the retina. *Neuron*, 65, 150–64.

Kolb, H., Nelson, R., Fernandez, E., and Jones, B. (eds) (2013). *The organization of the retina and visual system*. Webvision, http://webvision.med.utah.edu/ [Internet].

Lichtsteiner, P., Posh, C., and Delbruck, T. (2008). A 128×128 120dB 15 us asynchronous temporal contrast vision sensor. *IEEE Journal of Solid-State Circuits*, 43(2), 566–76.

Moini, A. (1999). *Vision chips*. Dordrecht: Kluwer Academic Publishers.

Münch, T. A., Azeredo da Silveira, R., Siegert, S., Viney, T. J., Awatramani, G. B., and Roska, B. (2009). Approach sensitivity in the retina processed by a multifunctional neural circuit. *Nature Neuroscience*, 12(10), 1308–16.

Song, Y. M., Xie, Y., Malyarchuk, V., Xiao, J., Jung, I., Choi, K.-J., Liu, Z., Park, H., Lu, C., Kim, R.-H., Li, R., Crozier, K. B., Huang, Y., and Rogers, J. A. (2013). Digital cameras with designs inspired by the arthropod eye. *Nature*, 497, 95–99.

Zaghloul, K. A., and Boahen, K. (2006). A silicon retina that reproduces signals in the optic nerve. *Journal of Neural Engineering*, 3(4), 257–67.

Zarandy, A. (2011). *Focal plane sensor-processor chips*. Berlin: Springer.

第 15 章
听　　觉

Leslie S. Smith

Department of Computing, Science and Mathematics, University of Stirling, UK

　　听觉是在一定频率范围内感知和解释压力波的能力。人们可以认为，它是试图解决任务是什么（what）、在哪里（where）的问题，声音（压力波）的来源是什么？它来自哪里？听觉环境因素多种多样，包括声源的数量、位置、水平和混响程度等，但生物系统似乎拥有强大的技能，可在大多数（虽然不是所有）条件下工作。本章简要回顾了听觉系统，试图将其结构与必须解决的问题联系起来：明确定位声源，并诠释那些对动物非常重要的声源。此外，还介绍了一些运用动物听觉处理知识研发的系统，包括基于 CPU 和神经形态的方法。然而，很明显，人工系统还远未达到动物听觉系统的表现水平，为此我们探讨了未来可能的发展方向。

一、听觉系统的生物学原理

　　生物听觉系统包括外耳、中耳和内耳（此时声音仍然为压力波），然后传导为耳蜗内柯蒂器（organ of Corti）的神经代码，在脑干和中脑核内处理和（重新）表达该代码，最终形成大脑皮质的声音处理。虽然这种描述似乎定义了一个从耳朵到大脑皮质的单向系统，但相反方向也同样存在大量连接。此外，听觉处理经常受到其他感觉模式和警觉性水平的调节。

　　来自声源的压力波既可直接到达外耳（耳廓），也可经表面反射和衍射后抵达外耳。到达外耳后，压力波沿外耳道反射到达鼓膜；除了骨传导外，这是源信号抵达听觉系统其他部分的唯一渠道。从声源到鼓膜的（线性）路径不仅产生了延迟性，还改变了声音频谱，部分原因是路径在不同频率下具有不同的衰减性，部分原因是共振。头部相关传递函数（HRTF）（Blauert，

1996）总结了每只耳朵的反应模型。动物有两只耳朵，每只耳朵在信号时间和频谱上的差异是确定声源位置的主要线索。

信号到达鼓膜后进行阻抗匹配，然后通过中耳的 3 块骨传输到充满液体的耳蜗。这种传输的有效性可以通过声音反射而降低，其在嘈杂环境中的传输被减弱，从而使信号被压缩。耳蜗和柯蒂器（在第 54 章中有更详细的描述）负责将声音分离出不同的频率，并将声音转换成听觉神经脉冲（动作电位）。它们能继续压缩信号，进一步提高了中耳的压缩能力。

听觉神经（人类约有 30 000 条听觉神经纤维）的绝大部分（90%～95%）由 1 型纤维组成，1 型纤维将内毛细胞传导的信号传递到脑干的耳蜗核（CN）。它们拥有一个清晰的音质分布组织（tonotopic organization），并延续到上行性神经核。还有一部分 2 型纤维，将信号从外毛细胞传递到耳蜗核。此外，还有下行性纤维[起源于上橄榄核群中的外侧核（LSO）和内侧核（MSO）]，负责调节外毛细胞和内毛细胞。脑干包含了许多参与听觉处理的神经核，详见图 15.1。它们通常成对出现（每只耳朵一对），上行通路有时位于一侧，有时双侧交叉。最底层的交叉发生在耳蜗前腹侧核（AVCN）与橄榄核群（OC）中的内侧核和斜方体内侧核（MNTB）之间（图 15.1）：这与作为声源定向线索的时间和强度差异检测有关。

橄榄核群中的外侧核对强度差异敏感，而内侧核对时间差异敏感。这些时间差异非常微小，仅为数十微秒，需要非常特殊的神经回路，例如，被称为花萼（Calyx of Held）的巨型突触，这是一种存在于斜方体内侧核（MNTB）以及橄榄核群中的非常大且快速的抑制性突触。

另一对脑干神经核——外侧丘系核（nucleus of lateral lemnisci），由同侧和对侧的耳蜗核和橄榄核群支配。这表明它们在双耳听觉中非常重要，但具体原理还不清楚。它们的神经元频谱感受野更为复杂，可能与谐波关系有关（Pickles，2008，p.182）。下丘核（IC）接受了来自大部分脑干听觉核（上行性投射）的输入，并自身投射到内侧膝状体（MGB）。它也是皮质和 MGB 下行性投射的靶点。下丘核相对较大且高度关联，这表明它发挥着关键作用。它似乎是第一个进行频谱时间编码而不是单纯频谱编码的皮质前神经核，拥有一组可同时进行包络调制与频率调制编码的神经元。

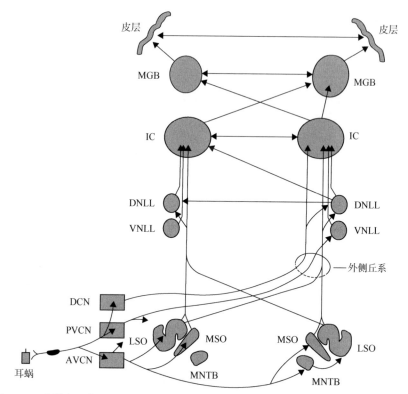

图 15.1　听觉脑干的主要上行通路，未显示其他通路（以及下行通路）。箭头的分支或连接并不意味着神经纤维的分支或连接

DCN/PVCN/AVCN：耳蜗背侧核/后腹侧核/前腹侧核；LSO/MSO：上橄榄外侧核/内侧核；MNTB：斜方体内侧核；VNLL/DNLL：外侧丘系腹侧核/背侧核；IC：下丘；MGB：内侧膝状体

转载自 James O. Pickles，An Introduction to the Physiology of Hearing，4e，BRILL，Philadelphia，Copyright © 1982，The author

　　内侧膝状体是一种丘脑核，其一部分为音质分布组织。它似乎同时起着对其他感觉区域和皮质区域的调节作用，主要投射到初级听皮质（PAC：图 15.1 中标记的皮层）。初级听皮质和大脑皮质的其他部分一样为一个六层的层状结构。虽然它拥有音质分布组织，但还被其他多个映射覆盖，包括调谐和调频。频谱时间响应函数（STRF）通常是非线性的（Theunissen *et al.*，2000），这意味着很难用简单的工程化视角对其进行研究。在某种意义上，它们倾向于调谐适应对动物重要的环境声音。此外，初级听皮质很可能也具有认知方面的作用，详见第 18 章中里斯和帕尔默（Rees and Palmer，2010）的论述。

二、仿生与生物混合系统

听觉系统最著名的技术转化成果是助听器，特别是人工耳蜗。助听器需要将信号呈现给耳朵，虽然在算法设计中可以运用听觉处理知识，但能够实际获取的优势较小。人工耳蜗将信号更直接地呈现给听觉神经，莱曼和范·夏克对此进行了详细的讨论（见 Lehmann and van Schaik，第 54 章）。对于助听器，信号压缩非常重要，特别是听觉频谱中灵敏度降低的部分。此外，一些双耳助听器试图保持两耳之间的精确（相对）定时，避免损害声音的方向线索。

另一项重要的技术转化成果是语音识别系统，这些系统已被许多领域日常应用。虽然这类系统都采取耳蜗中所使用的（近似）对数频率编码，但它们的总体架构几乎与早期听觉处理无关。这类系统大多数都采用隐马尔可夫模型（hidden Markov model，HMM）来规律性生成（例如，每 25 毫秒）梅尔频率倒谱系数（Mel-frequency cepstral coefficient，MFCC）向量。然而，MFCC 方法本质上无法忽略声音的某些部分：它必须像处理单个信号源一样处理整个信号，而实际声场包含来自多个并发声音的能量信号。此外，要么需要将扬声器/麦克风配置固定，要么必须对系统的各种可行扬声器/麦克风配置进行训练。

人们对基于关键点（也称为事件或特征）的方法越来越感兴趣，在这种方法中，声音的简短片段被确定为特定事件（Stevens，2002；Hasegawa-Johnson *et al.*，2005；Lin and Wang，2011）。这种自下而上的方法与特定脑干核神经元的反应有关，其中许多神经元似乎具有事件检测能力。这种方法可以与 MFCC 方法（Lin and Wang，2011）结合使用，也可以用于尝试流式处理声音，即首先忽略不涉及关键点的部分声音，然后允许忽略某些关键点（或认为关键点序列来自多个声源）。此外，关键点的选择往往使其对声源和麦克风的空间配置变化具有相对的弹性适应能力。

但听觉不仅仅是语音识别。听觉场景分析（Bregman，1990）旨在发现声源及其位置。例如，对于机器人来说，要想尝试找到声源的位置，就必须假设有多个声源和不明位置的混响。MFCC 方法在这里完全不适用，因为它们丢失了声音的所有精细时间结构。因此，人们对提供信号频谱能量分布信息，但又不丢失精细时间结构的硬件和软件技术产生了极大的兴趣：这些技术通常基于多个同时运行的滤波器，一般处于近似对数的位置，同在耳蜗中的位置相似。

基于软件的技术更易于开发，目前许多研究人员已经开发出了基于滤波器组（最常见的是 γ 音调滤波器组）的听觉前端（Lyon et al., 2010），并继续研究了内毛细胞模型和听觉脑干内神经元模型。然而，这些模型很少能够实时运行（至少在普通计算机上），尽管它们是仿生的（有助于技术开发），但它们不是生物形态（biomorphic）的。它们作为研发试验平台具有非常宝贵的价值，如通过确定何时利用声音起始（onsets）测量时间差，机器人系统可发现前景声源的方向（Huang et al., 1997；Smith and Fraser, 2004）。这实现了一种版本的听觉优先效应（precedence effect），即动物利用声音最初起始来确定声源的方向：声音后续部分在反射之后到达，从而会对声源方向做出错误估计。

为了获得足够的实时性能，耳蜗模型需要通过硬件手段实现，无论是模拟的还是数字的。为了获得合适的性能，耳蜗模型需要是主动的（即包含放大功能）。早期的组件分散式模型体积过大且难以操作。集成电路式生物形态耳蜗（即"硅耳蜗"）于 1988 年得到实现（见 Lyon and Mead 撰写的章节），并应用于解决特定问题，如声音定位和音调感知。真正的生物耳蜗是主动式的，科学家们已努力尝试实现这一点（Fragniére et al., 1997；Hamilton et al., 2008；Liu and Delbruck, 2010）。范·夏克（van Schaik）研究小组实现了对柯蒂器建模的超越，对脑干核中的一些神经元进行了建模。其他一些学者（Liu et al., 2010）则利用数字技术开发了硅耳蜗。虽然这一领域还没有成为主流，但人们对它（实际上，一般是对神经形态系统）越来越感兴趣，特别是因为自主机器人确实需要听觉来对声音进行定位和诠释。

三、未来发展方向

机器的听觉场景分析尚未达到人类的能力。无论是识别同时发声的能力，还是在许多竞争性声源（通常来自其他发声者，因此具有类似的统计特征）中理解语音的能力，人类目前都完全优于机器。如上所述，在听觉信号到达大脑皮质之前，经受了很多加工处理——远远多于视觉的信号处理。因此，试图理解这种早期听觉处理并使其能够得到应用，是当前听觉研究的一大热点。

目前，语音诠释研究非常依赖于 MFCC/HMM 技术：在这种技术中，语音可以作为非常干净、无混响信号予以提供。这也许具有一定的合理性，但机器人技术还需要更多的东西。

科学家们对音乐技术也相当感兴趣，例如，是否可以确定音乐的名称或体裁，或者可以直接将声音转录成音乐？生物形态方法在一般情况下（而不是识别特定数字记录的情况下，这是人类通常无法做到的另一个问题）可能是合适的。但生物形态技术，例如，使用声音起始、振幅和包络调制，可能能够识别每个音符或和弦的开始。

声音通常不是单独处理的：我们还拥有来自其他模态的信息。代表性的例子如麦格克效应（McGurk effect），或者众所周知的视觉方向优先于听觉方向的效应，这些都显示了人类的这种能力。因此，科学家非常有兴趣将这些模态结合在一起。

四、拓展阅读

皮克尔斯（Pickles，2008）对动物听觉系统进行了出色的介绍。更详细的描述可以查阅里斯和帕尔默（Rees and Palmer，2010）著作的第 2 章和第 3 章。关于下丘，有一本专著（Winer and Schreiner，2005）进行了系统论述，该书的第一章回顾了整个中枢听觉系统。除此之外，还有大量关于各种不同动物听觉神经解剖的文献，这些文献很多发表在《听觉研究》（*Hearing Research*）或神经生理学相关杂志上。

里昂撰写的综述（Lyon *et al.*，2010）为进一步研究耳蜗软件模型提供了良好的起点，其中的许多模型可以免费获取。布雷格曼（Bregman，1990）的《听觉场景分析》（*Auditory Scene Analysis*）一书仍然是该领域的经典之作；王和布朗（Wang and Brown，2006）的著作介绍了最新的进展。布劳尔特关于空间听觉的经典著作于 1996 年出版（Blauert，1996），这是该领域的标志性工作。长谷川–约翰逊等（Hasegawa-Johnson *et al.*，2005）对基于关键点的语音诠释进行了全面的回顾：王和布朗（Wang and Brown，2006）著作的第 3 章也讨论了这一问题。尽管现在已经略显陈旧，但米德（Mead，1989）的著作仍然是非常实用的对神经形态系统的介绍：刘和德尔布鲁克（Liu and Delbruck，2010）则综述了感觉神经形态系统的最新进展。

参 考 文 献

Blauert J. (1996). *Spatial Hearing,* Revised edition. Cambridge, MA: MIT Press.

Bregman, A. S. (1990), *Auditory scene analysis.* Cambridge, MA: MIT Press.

Fragnière, E., van Schaik, A., and Vittoz, E. (1997). Design of an Analogue VLSI Model of an Active Cochlea. *Analog Integrated Circuits and Signal Processing,* 12, 19–35.

Hamilton, T.J., Jin, C., van Schaik, A., and Tapson, J. (2008). An Active 2-D Silicon Cochlea. *IEEE Transactions on Biomedical Circuits and Systems,* 2(1), 30–43.

Hasegawa-Johnson, M., Baker, J., Borys, S., Chen, K., Coogan, E., Greenberg, S., et al. (2005). Landmark-Based Speech Recognition: Report of the 2004 Johns Hopkins Summer Workshop (Vol. 1, pp. 213–6). *Proceedings IEEE International Conference on Acoustics Speech and Signal Processing.* IEEE.

Huang, J. Oshnishi, N. and Sugie, N. (1997). Sound localization in reverberant environment based on a model of the precedence effect, *IEEE Trans. Instrum. Meas.* 46, 842–6.

Lin, C.-Y., and Wang, H.-C. (2011). Automatic estimation of voice onset time for word-initial stops by applying random forest to onset detection. *Journal of the Acoustical Society of America,* 130(1), 514–25.

Liu, J., Perez-Gonzalez, D., Rees, A., Erwin, H., and Wermter, S. (2010). A biologically inspired spiking neural network model of the auditory midbrain for sound source localisation. *Neurocomputing,* 74, 129–39.

Liu, S.-C., and Delbruck, T. (2010). Neuromorphic sensory systems. *Current Opinion in Neurobiology,* 20(3), 288–95.

Lyon, R.F., Katsiamis, A.G., and Drakakis, E.M. (2010). History and future of auditory filter models (pp. 3809–3812). *Proceedings of 2010 IEEE International Symposium on Circuits and Systems (ISCAS),* May 30–June 2, 2010, Paris, France.

Mead C. (1989). *Analog VLSI and Neural Systems.* Boston, MA: Addison-Wesley.

Pickles, J.O. (2008). *An Introduction to the Physiology of Hearing,* 3rd edn. Bingley, UK: Emerald.

Rees, A., and Palmer, A.R. (2010). *The Oxford Handbook of Auditory Science: The auditory brain.* Oxford: Oxford University Press.

Smith, L.S., and Fraser, D. (2004). Robust sound onset detection using leaky integrate-and-fire neurons with depressing synapses. *IEEE Transactions on Neural Networks,* 15(5), 1125–34.

Stevens, K.N. (2002). Toward a model for lexical access based on acoustic landmarks and distinctive features. *The Journal of the Acoustical Society of America,* 111(4), 1872–91.

Theunissen, F. E., Sen, K., and Doupe, A. J. (2000). Spectral-temporal receptive fields of nonlinear auditory neurons obtained using natural sounds. *The Journal of Neuroscience,* 20(6), 2315–31.

Wang, D., and Brown, G.L. (2006). *Computational Auditory Scene Analysis.* Hoboken, NJ: Wiley Interscience.

Winer, J.A., and Schreiner, C.E. (2005). *The Inferior Colliculus.* New York: Springer-Verlag.

第 16 章
触　　觉

Nathan F. Lepora

Department of Engineering Mathematics and Bristol Robotics Laboratory,
University of Bristol, UK

　　本章介绍了人类和非人动物生物触觉感知的一些基本原理，以及这些原理如何使仿生装置的性能比最先进的人工触觉水平还要强大。我们主要探讨了三项生物学原理。第一，皮肤触觉具有超分辨性，其感知精细刺激细节的敏锐度（准确度）比感觉性机械感受器个体之间的间隔还要精细。第二，这种触觉是主动性的，因为动物是有目的地主动选择和提炼感觉，而不是被动地等待感觉落在我们的感觉器官上。第三，这种触觉是探索性的，因为动物通过各种探索性程序，如用手指摸索或把握物体，采用目的性动作模式来编码物体的属性。仿生触觉系统利用这三项原理产生了非常卓越的感知能力，包括模仿人类指尖和人手的系统（皮肤触觉）和模拟啮齿动物胡须的系统（振动触觉）。应用实例包括使用仿生触觉指尖获得比传感器分辨率高一个数量级的超分辨率感知；主动控制指尖或胡须簇之间的接触以优化触觉感知；用人造手探测未知物体等。未来的仿生触觉将可以与人类的能力媲美，触觉传感器在假肢、遥触觉、手术机器人、生物识别服装、可穿戴计算、医用探针和制造业等领域有着广泛的应用。

一、生物学原理

　　触觉是通过身体接触以感知和理解世界的能力（Prescott *et al.*，2016）。触觉（touch）的英文术语还包括"tactile"（源自拉丁语"*tactilis*"）或"haptic"（源自希腊语"*haptos*"）。作为人类，我们非常熟悉使人类实现物种成功的感觉–肌肉–骨骼系统形式的触觉：人类的手。它从原来主要用于动物运动的一种附肢，在人类中进化成为一种用来抓取与操纵物体和工具的特殊触觉系统。触觉对其他哺乳动物来说也是必不可少的，尤其是啮齿动物的触须，它们被用作鼻子周围的近端感觉。啮齿动物在探索并与周围环境相互作用时，以触碰式"摆须"动作的动态方式主动移动胡须（图 16.1）。

图 16.1　（a）超分辨率示意图，对跨越多个传感器元件的刺激定位可以小于传感器分辨率。（b）大鼠主动地前后摆动胡须，用触觉感知周围的环境。（c）用手握住物体以感觉其形状，是触觉探索的一个实例，挤压物体以感觉其顺应性也是如此
图片来源：（b）istock.com/scooperdigital；（c）istock.com/skodonelly

　　在本章中，我们着重讨论生物触觉的三项基本原理，它们可以作为仿生触觉传感和感知的基础。这些原理的应用证实了生物触觉可以为机器人触觉奠定坚实基础。

（一）触觉具有超分辨性

　　超分辨性（superresolution）的生物学术语是超灵敏性（hyperacuity），是感知的一个重要特性，即感知刺激细节的敏锐度（准确度）比感觉感受器个体之间的分辨率（间隔）要高。超灵敏性在生物感觉中无处不在，包括人类的触觉、听觉和视觉。从历史上看，首先是在人类视觉定位中对超灵敏性开展了研究。人类触觉也同样被认为具有超灵敏性，这也是本章关注的重点。例如，对浮雕空间图案进行短暂静态触摸的受试者可以估计出最小达 0.3mm 的图案大小，比指尖的慢适应 I 型（SA-I）机械感受器之间的 1～2mm 间距要优一个数量级（Loomis，1979）。这并没有打破任何物理定律，因为感知涉及激活感觉受体阵列的空间平均值，可以超越分辨率极限。因此，大自然已经发现了一些原理，感知系统利用这些原理实现的敏锐度要比其感觉受体空间排列的预期敏锐度更高。

生物超分辨感觉的实现依赖于外周感觉器官和中枢感觉处理同时发挥作用。我们的感官通过感觉受体接收输入，将来自物理世界的刺激转化为适合神经处理的信号。每个感觉受体都有一个感受野（其进行反应的空间区域），例如，激活内置触觉机械感受器的皮肤区域。感觉受体之间的间距定义了传感器的分辨率，当感觉达到超灵敏性时，就会超越传感器的分辨率。在计算上，感知敏锐度是由多个重叠感受野上的粗编码机制辅助实现的，从而能够在分布式感觉神经元群上对刺激进行并行编码。躯体感觉皮质的功能是将这种群体活动解码成内部编码的证据，以获得不同的感知，并用于计划和决定下一步要做什么。由于感知过程中存在感觉平均，这些感知的细节可能比感觉受体之间的间隔更精细，从而导致感知的超灵敏性。

（二）触觉具有主动性

我们不仅仅是在触摸，我们是在感觉。我们不只是看，而是看到（Bajcsy，1988）。我们不只是听，而是听到。从最基本的内省可以很明显地看出，我们以一种主动的方式运用感觉，我们据此主动地选择和提炼感觉，而不是仅仅被动地等待感知落在我们的感觉器官上。从这个意义上说，感知活动受到我们过去的感觉引导，去寻找和探索我们完成手头任务所需的感知信息。

在过去 50 年中，科学家对主动触觉给出了多个定义（Prescott *et al.*，2011）。但所有的定义都可以看作是源于心理学家詹姆斯·吉布森（James J. Gibson）所做的重要研究工作，他在其 1962 年一篇关于"主动触觉观察"（Observations on Active Touch）的文章中指出："主动触觉是指通常所说的触摸，这应该区别于被动触觉或被触摸。一种情况下，皮肤上的印象是由感知者自己造成的，而在另一种情况下，则是由某种外部能动性造成的。"在文章中吉布森区分了两种情况，即感知主体是自己控制其身体去感知，还是相反，触觉是被施加到感知主体身上的。这一目的性是吉布森对主动触觉定义的核心，正如他在同一篇文章后面所阐明的："触摸或感受行为是寻找刺激……当人用手探索任何物体时，手指的移动具有目的性。身体的这一器官不断调整以便记录信息。"

在过去半个世纪里，大量的文献研究记载了人手和指尖的主动触觉。主动触觉实验研究的一个典型例子是发现，表面粗糙度的感觉可以因为对表面的感觉方式而发生改变，特别是在主动和被动触觉模式之间存在区别（Loomis and Lederman，1986）。科学家还从非人动物的触觉中学到了很多东西，例如，研究啮齿动物如何使用其胡须系统，特别是反馈在主动触觉感知过程中的作用（Kleinfeld et al.，2006）。科学家还研究了其他有须哺乳动物和昆虫触角的主动触觉，包括蟑螂的触角、竹节虫的触角，以及裸鼹鼠、小臭鼩和海豹的触觉感知。

（三）触觉具有探索性

触觉探索（haptic exploration）的概念是由心理学家苏珊·莱德曼（Susan Lederman）和罗伯塔·克拉茨基（Roberta Klatzky）于 1987 年提出的，指的是感知者为了编码表面和物体属性而执行的目的性动作模式。用她们的话说："手（更准确地说，手和大脑）是一种智能装置，它通过利用运动能力来大大扩展感觉功能"（Lederman and Klatzky，1987）。与吉布森一样，他们强调了指导手和手指识别刺激的动作具有目的性，但他们进一步提出了构成这些目的性动作的运动机制，即存在一套探索性程序（exploratory procedure）。

触觉探索研究通过描述探索性程序的分类方法，试图比抽象的主动触觉概念更加具体化，每个探索性程序都与所要了解的对象属性相关。当需要了解对象属性的有关信息时，与该属性关联的探索性程序就会自动执行。具体实例包括：横向移动，通过让皮肤横向穿过物体表面产生剪切力，从而感知表面纹理；按压，通过对物体施加力使其弯曲或扭曲，感知物体的顺应性或硬度；用手包裹，通过手指在物体表面周围探索，感知物体的体积或大小；轮廓跟踪，皮肤通过接触跟踪物体表面的变化程度，感知物体的形状。

非人类动物也运用探索性程序进行触觉感知。例如，啮齿动物触须的来回摆动就是一种探索性程序，可以用来感知附近物体的位置和特性。

二、仿生系统

我们接下来介绍一些仿生触觉系统如何利用生物触觉的上述三项原理来产生卓越的感知能力，包括模拟人类指尖和手的系统（皮肤触觉），模拟啮齿动物胡须的系统（振动触觉）。

（一）仿生触觉超分辨率

超分辨方法对触觉机器人的潜在影响，体现在基于视觉超分辨率的技术进步上，该技术获得了 2014 年诺贝尔化学奖（即超分辨率荧光显微镜）。视觉成像中的超分辨率研究在 20 世纪 90 年代中期以难以置信的方式影响了生命科学，可以视为其相当于生物的超灵敏性视觉和触觉，辨别能力比感觉受体之间的间隔还要精细。视觉超分辨率通过实现细胞内纳米级特征成像，而使生命科学发生了革命性的变化，触觉超分辨率有可能推动触觉机器人技术的跨越式变化，其应用范围包括从制造业的质量控制和自主机械手到医疗保健中的感觉假肢和探针等众多领域。

对触觉超分辨率开展仿生超灵敏性研究的最新进展（Lepora *et al.*, 2015），展示了为 iCub 类人机器人构建的仿生触觉传感器具有的超分辨率（图 16.2）。随后的一项研究展示了另一种仿生触觉传感器 TacTip 的超分辨率，它是以光学触觉传感技术为基础（Lepora and Ward-Cherrier, 2015）。这两种触觉传感器都有一个柔顺的圆形外表面，通过压力实现接触传感。但它们的传导方法各不相同，iCub 机器人利用指尖探测称为"触素"（taxels, 触觉单元）的不同区域的局部压力，而 TacTip 通过内部引脚的横向移动（通过内部摄像机进行视觉跟踪）检测感知表面明显的局部剪切。在这两种情况下，触觉感知都是通过离散交叠的触觉单元模拟人类指尖机械性感受的各个方面；例如，它们的感受野（对接触敏感的区域）比触觉单元的间距更宽，其敏感性在中心达到峰值，并随着远离中心而逐渐降低。机器人指尖这种仿生设计的结果是，柱体相对于指尖的位置可以定位到大约 0.1mm，相对于大约 4mm 的触素间距（分辨率）提高了一个数量级。为了达到这种超分辨率，必须对触素群体进行统计学平均，提取可用于形成感知决策的证据（见 Lepora，第 28 章）。

有趣的是，在人工系统中比较容易实现的感觉超分辨率通常都处于同一数量级，这也是人类和动物视觉、触觉和听觉超灵敏性的特征。我们可以将这种巧合解释为仿生超分辨方法获取生物超灵敏性基本原理的显著证据。

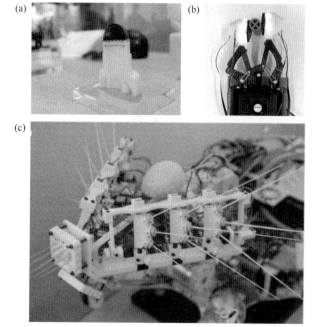

图 16.2　（a）TacTip 触觉指尖的切面，一个 3D 打印的光学触觉传感器。离散性触素可以视为嵌于柔顺传感表面的引脚。触觉超分辨率可以将物体定位到比触素间距更细小的位置。（b）机器人通过在两个触觉传感器之间来回滚动，对物体进行触觉探索。（c）基于啮齿动物触须系统的触觉传感器（BIOTACT 触须阵列）。这个系统可以像啮齿动物挥动胡须那样主动地来回挥摆其触须传感器

图片来源：（a）伦敦科学博物馆；（b）布里斯托机器人实验室触觉机器人研究小组；（c）布里斯托机器人实验室

（二）仿生主动触觉

吉布森（J. J. Gibson）等心理学家对主动触觉的描述，促使工程学家鲁泽娜·鲍伊奇（Ruzena Bajcsy）在 1988 年发表的关于"主动感知"（active perception）的论文中给出了一个更为正式的主动感知的定义，该定义可以直接应用于工程系统。她将主动感知定义为"根据感知策略有目的性地改变传感器的状态参数"，这些控制策略"可以应用于数据采集过程，这将取决于当前的数据解释状态以及该过程的目标或任务"。她对主动感知的定义可以看作是吉布森心理治疗的仿生版本，而她的术语和命名法主要适用于工程学。从仿生学的角度来看，她所说的"改变传感器的状态参数"概括了感觉器官的"移动"或"调整"，而"数据采集"意味着"传感"，"数据解释"

则是"感知"的工程术语。

鲍伊奇的论文发表后不久，用人工触觉指尖进行主动感知就成了现实。例如，一项研究表明，通过控制触觉指尖的速度实现空间滤波，可以改善对表面粗糙度的测定（Shimojo and Ishikawa，1993），该研究类似于卢米斯和莱德马（Loomis and Lederma，1986）开展的表面纹理皮肤触觉感知实验。关于机器人指尖主动触觉的最新研究探讨了如何在感知过程中控制主动运动。例如，获得对触觉刺激最佳的感知决策。实例包括通过控制接触位置，感知形状或纹理等触觉特征（Lepora，2016a）；通过控制仿生指尖的接触力或移动速度，精确感知物体纹理（Fishel and Loeb，2012）。超分辨率仿生方法还可以与主动触觉相结合，在对物体最初接触方式不敏感的情况下，获得强大的超分辨率（Lepora *et al.*，2015）。

仿生主动感知也在类哺乳动物的触须机器人上得到了证明（见 Prescott，第 45 章）。早期的研究使用"主动"一词来表示传感器是移动的，但没有考虑使用反馈回路来调节胡须摆动。后来的触须机器人实现了触觉传感和运动控制之间的感觉运动反馈，从而验证了传感过程中通过触觉传感器的实时主动控制，可以显著改善对物体的纹理感知（Sullivan *et al.*，2012）。

（三）仿生触觉探测

仿生触觉研究的开创者提出了多种初步构想，认为机器人的探索性触觉可以基于触觉探索和主动感知原理（Bajcsy *et al.*，1987）。20 世纪 90 年代早期，使用灵巧的机器人手对未知刺激物进行触觉探索就得到了具体实现。采用触觉探索识别物体的最初尝试是，通过探索性移动沿物体表面进行连续追踪，并将探索性程序与物体形状联系起来。这些方法得到了进一步发展以更好地利用触觉探索，其中一些手指抓住并操纵物体，另一些手指则在物体表面滚动和滑动（Okamura and Cutkosky，2001）。最近，这一领域继续得到扩展，结合了物体触觉探索的新进展，以便更有效地抓住物体甚至对它们进行操纵；然而，这些工作往往与触觉探索的最初生物起源没有直接联系，更多地被认为是源自机器人控制或机器学习。

触觉探索的开创性研究继续对机器人学产生更直接的影响，即使用安装在促动器上的单一触觉传感器而不是机器人手来执行特定的探索性程序。早期的研究工作包括对触觉指尖进行运动控制，从而描绘看不到的物体的轮廓（Maekawa *et al.*，1992），这是对生物体通过轮廓跟踪以感觉形状的人工模拟（见上文"触觉具有探索性"一节）。因此，轮廓跟踪（contour following）被认为不仅是一种用于控制触觉传感器与物体表面接触的纯机器人应用（称为触觉伺服），而且是一种基于人类和动物感知决策的仿生方法（Lepora *et al.*，2017）。生物体通过横向移动来感受物体纹理的探索性程序，也从仿生学角度得到了模仿，例如，在滑行促动器上安装触觉指尖（Fishel and Loeb，2012），并且其目前的发展状态已经超出了人类的能力。

三、未来发展方向

人工视觉是一种成熟的技术，已具有从安保到手写识别等广泛的商业应用，但人工触觉作为一种感知模式，其开发程度仍相对不足。其中部分原因可能是通过采用大视场摄像机即可有效利用人工视觉，而无须进行主动感知；相反，触觉传感器不可避免地只能接触传感器大小的区域，因此要想有效利用人工触觉，就必须以主动方式进行控制。因此，我们认为，缺乏可与人类能力媲美的人工主动触觉是触觉传感器必须克服的一大挑战，只有解决这一问题才能实现在假肢康复、遥触觉、手术机器人、生物识别服装、可穿戴计算、医用探针、制造业质量控制等领域的广泛应用。

人工触觉感知领域的另一大挑战是，目前还没有就人工触觉传感器设计和使用的最佳方式达成一致。此外，触觉传感器的分辨率受到机械感受器工程尺度的限制，通常为 1mm 或更大。虽然微型化将实现触觉传感元件的更精细阵列，但还必须应对触觉传感器需要适应不同形状和尺寸的要求，传感元件将被嵌入到柔顺性介质中，该介质能够将接触力均匀分布到传感器表面。仿生学有潜力解决上述许多问题，因为这些挑战也正是生物系统所面临的。

四、拓展阅读

最近出版的《触觉科学百科》（*Scholarpedia of Touch*）（Prescott *et al.*，2016）收集了许多关于生物触觉系统及通过仿生学进行人工模拟的文章。"触觉感知——从人类到类人"（Tactile Sensing—from Humans to Humanoids）一文被视为是将生物触觉感知原理与人工触觉相联系的经典综述（Dahiya *et al.*，2010）。另一项关于人工触觉感知的出色的研究工作可参见卡特科斯基和普罗文奇的文章（Cutkosky and Provancher，2016），该研究除了涵盖触觉传感器和感知方面的工作外，还涵盖了人工主动触觉感知和触觉探索方面全面的发展历史。卡特科斯基在本书第 30 章中，进一步探讨了触觉在抓取和操作物体中的作用。鲁泽娜·鲍伊奇（Ruzena Bajcsy）在 1988 年发表的关于"主动感知"的开创性论文非常值得研究，她不但以优雅的方式描述了生物感知如何在本质上是主动的，而且她预见了该领域未来将如何发展。最后，普雷斯科特和他的同事在英国皇家学会"主动触觉感知"（active touch sensing）专刊的前言（Prescott *et al.*，2011）以及《触觉科学百科》关于"主动触觉感知"的文章（Lepora，2016b）中，概述了现代主动触觉和触觉探索领域的研究进展，涵盖了从人类和非人类触觉感知角度开展的各类生物和仿生研究。

参 考 文 献

Bajcsy, R., Lederman, S.J., and Klatzky, R.L. (1987). Object exploration in one and two fingered robots. *Proceedings of the 1987 IEEE International Conference on Robotics and Automation*, 3, 1806–10.

Bajcsy, R. (1988). Active perception. *Proceedings of the IEEE*, 76(8), 966–1005.

Cutkosky, M. R., and Provancher, W. R. (2016). Force and tactile sensing. In: B. Siciliano and O. Khatib (eds), *Springer Handbook of Robotics* (2nd edn). Berlin/Heidelberg: Springer, pp. 717–36.

Dahiya, R. S., Metta, G., Valle, M., and Sandini, G. (2010). Tactile sensing—from humans to humanoids. *Robotics, IEEE Transactions on*, 26(1), 1–20.

Fishel, J.A., and Loeb, G.E. (2012). Bayesian exploration for intelligent identification of textures. *Frontiers in Neurorobotics*, 6, 4. doi: 10.3389/fnbot.2012.00004

Gibson, J.J. (1962). Observations on active touch. *Psychological Review*, 69(6), 477.

Kleinfeld, D., Ahissar, E., and Diamond, M.E. (2006). Active sensation: insights from the rodent vibrissa sensorimotor system. *Current Opinion in Neurobiology*, 16, 435–44.

Lederman, S.J., and Klatzky, R.L. (1987). Hand movements: a window into haptic object recognition. *Cognitive Psychology*, 19(3), 342–68.

Lepora, N. F. (2016a). Biomimetic active touch with tactile fingertips and whiskers. *IEEE Transactions on Haptics*, 9(2), 170–83.

Lepora, N.F. (2016b). Active tactile perception. In: T. J. Prescott, E. Ahissar, and E. Izhikevich (eds), *Scholarpedia of Touch*. Amsterdam: Atlantis Press, pp. 151–9.

Lepora, N.F., Aquilina, K., and Cramphorn, L. (2017). Exploratory tactile servoing with active touch. *IEEE Robotics and Automation Letters*, 2(2), 1156–63.

Lepora, N. F., Martinez-Hernandez, U., Evans, M. H., Natale, L., Metta, G., and Prescott, T. J. (2015). Tactile superresolution and biomimetic hyperacuity. *IEEE Transactions on Robotics*, 31(3), 605–18.

Lepora, N. F., and Ward-Cherrier, B. (2015). Superresolution with an optical tactile sensor. In: *Intelligent Robots and Systems (IROS), 2015 IEEE/RSJ International Conference on*, pp. 2686–91.

Loomis, J.M. (1979). An investigation of tactile hyperacuity, *Sensory Processes*, **3**, 289–302.

Loomis, J.M., and Lederman, S.J. (1986). Tactual perception. In: K. R. Boff, L. Kaufman, and J. P. Thomas (eds), Handbook of perception and human performance, Volume II Cognitive processes and performance. New York: John Wiley, chapter 31, pp.1–41.

Maekawa, H., Tanie, K., Komoriya, K., Kaneko, M., Horiguchi, C., and Sugawara, T. (1992). Development of a finger-shaped tactile sensor and its evaluation by active touch. In: *Robotics and Automation (ICRA), 1992 IEEE International Conference on*, pp. 1327–34.

Okamura, A. M., and Cutkosky, M. R. (2001). Feature detection for haptic exploration with robotic fingers. *The International Journal of Robotics Research*, **20**(12), 925–38.

Prescott, T.J., Diamond, M.E., and Wing, A.M. (2011). Active touch sensing. *Philosophical Transactions of the Royal Society B: Biological Sciences*, **366**(1581), 2989–95.

Prescott, T. J., Ahissar, E., and Izhikevich, E. (2016). *Scholarpedia of Touch*. Amsterdam: Atlantis Press.

Shimojo, M., and Ishikawa, M. (1993). An active touch sensing method using a spatial filtering tactile sensor. In: *Robotics and Automation (ICRA), 1993 IEEE International Conference on*, pp. 948–54.

Sullivan, J. C., Mitchinson, B., Pearson, M. J., Evans, M., Lepora, N. F, and Prescott, T. J. (2012). Tactile discrimination using active whisker sensors. *IEEE Sensors*, **12**(2), 350–62.

第 17 章
化 学 感 觉

Tim C. Pearce

Department of Engineering, University of Leicester, UK

　　尽管我们通常认为我们的化学感觉是理所当然的（气味–嗅觉、味道–味觉、共同化学感觉–三叉神经），或者甚至不知道它们对我们行为的影响（犁鼻骨系统），但它们常常必须解决一系列令人印象深刻的来自检测和信号处理的挑战。世界上可探测到的分子信息多样性极其惊人：每个分子都具有几乎无限的特性，包括不同的化学键、官能团和原子构象。我们在这里关注的嗅觉必须解决这一特别困难的挑战——据估计，几乎无限多种分子诱发了超过 10 000 种不同的嗅觉感知。任何分子质量低于300Da 的化合物都有可能被检测到，每天都有新的气味分子产生，其浓度范围可能跨越至少 10 个数量级，但每一种感知都依赖于大脑中稳定而独特的神经表征。

　　某些具有行为重要性的化合物可在惊人的极低浓度下被检测到（例如，硫醇，人类对其检测的阈值低于十亿分之一的浓度）。由于大多数自然产生的气味是以复杂的多组分混合物的形式存在的，因此检测任务变得更具挑战性。例如，咖啡含有 1000 多种不同的化学成分，其中大约 40 种是所谓的关键性风味挥发物，其相对浓度对决定整体感官体验至关重要。这些化合物共同在大脑中产生一个统一的类似于完形（gestalt）的知觉，很容易识别其源头 "气味物体"。最近的证据表明，这些嗅觉表征可以按照与视觉相似的方式划分不同阶段，同时成了科学家关注的主题，从而催生了关于如何在生命机器技术中复制动物化学感觉能力的想法。

一、生物学原理

对于人类，嗅觉开始于分子进入鼻腔，它们通过鼻甲沿局部压力梯度传输，其中一部分分子可以接触到鼻腔的特殊区域，即嗅黏膜（图 17.1）。嗅黏膜的表面积接近 $1cm^2$，容纳了大约 1000 万个双极嗅觉神经元（OSN），仅有一层薄薄的保护黏膜（大约 200μm 厚）。这些细胞之所以引人注目，至少有两个原因：它们需要持续更新补充，因为它们是唯一与外界接触的神经元；并且认为每一个细胞都表达了自然界中最大的特异性 G 蛋白偶联受体家族（GPCR）中的一个嗅觉受体（OR），对于 GPCR 家族的受体数目，人类为 388，黑猩猩为 450，小鼠为 1200，大鼠为 1430，斑马鱼为 98。特定的 GPCR 对各种各样的分子（更大的分子感受范围）具有独特的结合与信号转导特性，使其成为生物传感器研究的热点。随机的基因调控过程确保在 OSN 群体中大量表达成百上千种 OR，共同产生"群体编码"形式的模式化神经表征（Sánchez-Montañés *et al.*, 2002），并且为特定的单纯或复杂气味亚群所特有。

尽管通过不同 OR 介导的 OSN 反应进行群体编码，对嗅觉感知至关重要，特别是对于哺乳动物，但嗅觉编码中研究较少的一个方面是 OSN 周围薄黏膜层的色谱效应。这种效应会导致化合物的分离，具体取决于它们的吸附特性，从而使 OSN 群体在嗅闻周期内产生复杂的时空模式，有可能额外提供丰富的刺激依赖性感觉信息。

特异性气味结合蛋白（OBP）也进一步增加了 OSN 反应的特异性，因为不同的 OBP 对不同的气味配体基团具有结合选择性，并且早有研究发现它们被释放到嗅上皮的黏膜层中，以便将分子运送到结合位点。这些蛋白质对于改变疏水性气味分子的吸附特性非常重要，可以提高气味物质在液相中的浓度，从而有选择地增强对某些关键化合物的敏感性。

目前还不太清楚的是，自然气味（作为复杂混合物）的神经表征是如何与气味成分的神经表征相联系，推动随后的神经处理，在大脑中形成统一的气味感知，从而被识别为一种独特的"气味物体"（odour object）。

嗅上皮中的 OSN 将其轴突投射穿过筛骨的筛板（图 17.1），抵达脊椎动物嗅觉加工的第一阶段，即嗅球（OB），这里是嗅小球（glomeruli）会聚在一起的特异性靶点。嗅小球作为表达相同 GPCR 的 OSN 大量聚集的位点，可通过化学介导轴突靶向和活性介导的突触竞争的持续性过程[嗅小球周围细胞（PG）在其中发挥重要作用]，显著提高嗅觉系统的敏感性，很有可能是通过抑制非相关受体、神经元和刺激噪声而实现的。这种轴突靶向性和突触精细化的过程一直延续到成年阶段，确保在即使发生受体变性和嗅上皮 OSN 神经形成的情况下，也能有稳定的嗅觉表征。

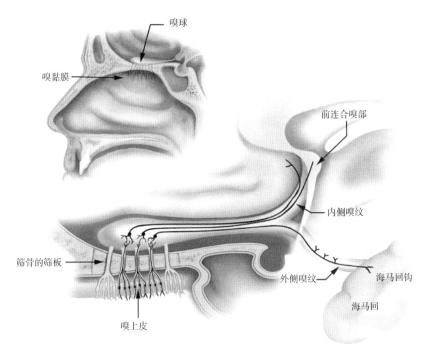

图 17.1　人类嗅觉通路（参照奈特人体解剖学图谱）

转载自 Susan S. Schiffman and Tim C. Pearce, 'Introduction to Olfaction：Perception，Anatomy，Physiology，and Molecular Biology'，in Tim C. Pearce，Susan S. Schiffman，H. Troy Nagle，and Julian W. Gardner（eds），Handbook of Machine Olfaction：Electronic Nose Technology，Figure 1.1，p. 2，doi：10.1002/3527601597.ch1，Copyright © 2003 Wiley-VCH Verlag GmbH & Co. KGaA

　　前嗅核、嗅结节、前梨状皮质等高级中枢对嗅觉信号的读取，受到嗅球深层的僧帽/蓬头细胞（M/T 细胞）介导，每个细胞都支配一个单独的嗅小球，因此主要受到单一类型 OSN 的兴奋性驱动。嗅球中发生的侧抑制是通过嗅小球间连接性和抑制颗粒细胞（GR）的复杂排列来实现的，随时间推移在嗅球气味反应中共同产生了去相关性（decorrelation）。这将通过"中间开、周围关"（on-centre off-surround）的处理方式来锐化气味表征，类似于视觉系统中的对比度增强机制。嗅球内的群体作用以及平衡兴奋和侧抑制，导致了 M/T 细胞群体中复杂的动力学反应，包括振荡、刺激特异性动力学轨迹、气味编码时间复用等，这些都是当前研究的前沿热点领域。

与高级中枢的连接，特别是通过侧嗅束与前梨状（嗅觉）皮质的连接，形成了简单和复杂气味的稀疏表征，并与嗅觉学习有关。这种稀疏表征更容易解码，并重新定位到支配嗅觉通路的众多高级大脑中枢。

二、仿生与生物混合系统

从生物学中寻找化学感觉系统构建的灵感有很多原因。

（1）制造能在广泛浓度范围内针对某些分析物工作的高特异性化学传感器极具挑战性，即使我们事先知道存在这种化学传感器。相反，运用特异性交叉重叠化学传感器阵列的生物学方法，可以提供替代性的、更有效的解决方案，创建能够检测化合物及其混合物的新技术，甚至包括那些尚未发明出来的物质。

（2）需要创建一种仪器，能够预测人类在各种环境下的嗅觉反应。现有仪器，如气相色谱和质谱，其本质大多是分析性的，需要将复杂的混合物分离成一系列分子，而哺乳动物的嗅觉感知是综合性的、高度非线性的。

（3）化学传感器技术具有生物嗅觉受体所共有的一些并不理想的特性，如传感器噪声过程、传感器降解/不稳定性等，这些特性可导致嗅觉反应的系统漂移，并通过竞争结合位点导致配体相互作用的非线性，而嗅觉系统架构能够很好地适应这些特性。

（4）解决动物经常遇到的具有挑战性的天然气味感知问题，如气味物体识别、分离和注意力处理。

科学家以生物嗅觉系统架构为蓝图构建了所谓的电子鼻（通常缩写为e-nose），至少30年前就已经构建了宽调谐化学传感器阵列，其中汇集了多种传感器（微米/纳米）技术。采用的技术包括化学敏感场效应晶体管（ChemFET）、表面声波谐振器（SAWR）、石英晶体微量天平（QCM）、电化学电池、光学探测器、光电离探测器（PID）等，并结合了各种化学敏感材料，如金属氧化物半导体、杂环聚合物、电化学活性材料、炭黑聚合物、溶剂显色染料，以及嗅觉受体和特异性结合蛋白等生物因子。通过将各类传感器技术和各种化学敏感材料相结合，原则上可以创建相对具有去相关响应特性的阵列。然而，在实际应用中，许多电子鼻阵列的响应具有很高的相关性，这一课题仍需持续研究。

对于用作仿生嗅觉系统前端的传感器阵列，化学传感器应能独立寻址，并大量使用广泛且多样的材料，以便在阵列响应中产生足够的去相关性。在众多化学传感器技术中，高密度溶剂显色荧光染料微珠（图 17.2a）和导电聚合物阵列（图 17.2c）非常适合这一要求，因为它们能够以高密度进行微沉积，并可运用多种材料创建多样化的响应模式（Albert *et al.*, 2002; Bernabei *et al.*, 2012）。

一大组脊椎动物嗅觉蛋白（OBP 和 OR）具有极其多样的敏感性和特异性，为化学传感提供了丰富的自然进化解决方案。近年来，生物传感测量技术和受体脱孤（receptor deorphaning）技术的最新进展，使得直接实时测量蛋白质与配体结合成为可能。科学家已经将许多技术应用于嗅觉受体活性的测量，包括光学技术（如表面等离子体共振）、共振技术（如石英晶体微量天平）和电化学技术（如膜片钳和电压钳）。戈德史密斯等（Goldsmith *et al.*, 2011）开发了一种相对稳定的碳纳米管晶体管界面，可在数十秒内传导各种嗅觉受体结合事件（图 17.2d）。这些技术很可能为超高密度 OR/OBP 阵列与未来仿生化学传感系统集成铺平道路。

在早期的电子鼻中，只有非时变的信号特性才能被用于阵列内每个化学传感器的响应测量指标（例如，刺激开始前后传导性的分量变化）。最近，科学家探索了化学传感器响应的时间动力学，以加强模式分离和去相关性。虽然许多化学传感器技术已被证实可以获取一定程度的不同化合物刺激特异性时间信息，并可通过"人工黏膜"（图 17.3a）进一步增强，该"人工黏膜"可以模拟固定相中配体的色谱选择性分离，类似于哺乳动物体内所观察到的现象。通过对依赖于化学特性的刺激传递施加额外的时间动力学，这种化学分离仿生策略已被证明可以增强整个系统的模式分离，并提高气味分类性能（Covington *et al.*, 2007）。

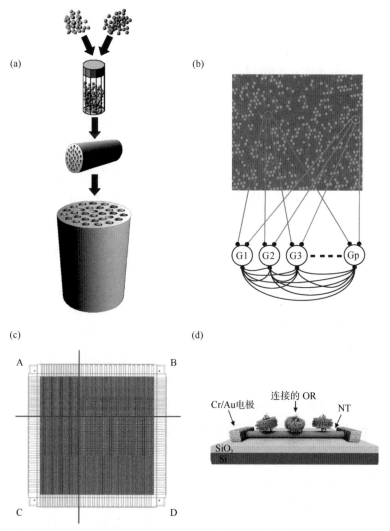

图 17.2　适合开发仿生嗅觉系统的各种化学传感器技术：（a）溶剂显色微珠技术；（b）自动解码微珠类型的嗅小球会聚和自组织；（c）仿生化学传感大规模导电聚合物阵列；（d）检测嗅觉 GPCR 的晶体管排列。经许可转载（Goldsmith *et al.*，2011）

图片来源：（a）Keith J. Albert，Daljeet S. Gill，Tim C. Pearce，and David R. Walt，Automatic decoding of sensor types within randomly ordered，high-density optical sensor arrays，Analytical and Bioanalytical Chemistry，373（8），p. 792，doi：10.1007/s00216-002-1406-8，© Springer-Verlag 2002. With permission of Springer.（c）© 2012 IEEE. 经许可转载自 Mara Bernabei，Krishna C. Persaud，Simone Pantalei，Emiliano Zampetti，and Romeo Beccherelli，Large-scale chemical sensor array testing biological olfaction concepts，IEE Sensors Journal，12（11），pp. 3174-3183，doi：10.1109/JSEN.2012.2207887.（d）经许可转载自 Brett R. Goldsmith，Joseph J. Mitala Jr，Jesusa Josue，Ana Castro，Mitchell B. Lerner，Timothy H. Bayburt，Samuel M. Khamis，Ryan A. Jones，Joseph G. Brand，Stephen G. Sligar，Charles W. Luetje，Alan Gelperin，Paul A. Rhodes，Bohdana M. Discher，and A. T. Charlie Johnson，Biomimetic Chemical Sensors Using Nanoelectronic Readout of Olfactory Receptor Proteins，ACS Nano，5（7），pp. 5408–5416，doi：10.1021/nn200489j. Copyright © 2011 American Chemical Society

其他仿生策略也被证明可以改善电子鼻的性能。例如，基于赫布型权重自适应布线的简单竞争模型，可以模拟 OSN 再生过程中轴突精细化的过程，它们在对一组不同气味的不同反应中（Albert et al., 2002），能够自动解析微珠类型以靶向分离的嗅小球（G1、G2..., 图 17.2b）。通过遵循所有嗅觉系统通用的前端架构，来自相同类型化学传感器的信号会聚在一起，可以提高灵敏度和动态范围（Pearce et al., 2001）。另一个例子是将振荡嗅球模型直接应用于化学传感器阵列数据，已经证明了具有分离气味混合物的一定能力，但这是一项极其困难的挑战。

终极水平的生物模拟是构建实时嗅觉通路神经形态的实现形式。图 17.3b 显示了基于哺乳动物嗅球的 AVLSI 芯片的结构，该芯片包括集成和放电脉冲神经元、自适应（指数式衰减）突触和侧抑制连接（Koickal et al., 2007）。该模型被证明能够执行一定程度的背景抑制以靶向所学习的气味。

三、未来发展方向

尽管有许多生物学原理的实例，人工仿制的神经形态架构甚至已经直接应用于开发现实世界的化学感觉仪器，但该领域仍然蕴藏着丰富的机遇，在传感器技术方面仍然存在许多挑战。例如，构建高度集成、低噪声、去相关性、可重复、可逆和稳定响应的生物尺度的化学传感器阵列。利用嗅觉受体庞大家族作为高精度生物混合嗅觉系统的资源，也是一项非常艰巨的技术挑战，因为前进道路上存在着许多技术障碍：优化检测原理，固定 GPCR 蛋白以用于精确检测，保持 GPCR 在细胞外环境中的稳定性，这仅是其中的几个代表性问题。另一个日益成为焦点的突出挑战是单分子检测，因为我们转向了能够检测离散分子事件的传感器技术，其数据对分子结构或其他性质十分敏感。

在化学感觉的处理方面也面临着突出的挑战。现实的神经形态嗅觉处理架构距离拥有生物对应物令人印象深刻的性能，还有很长一段路要走：生物系统的一些原理已经在现实世界中得到应用，并且发展成熟的神经形态嗅觉系统已被证明具有良好的特性，但是我们还没有达到高密度化学传感器阵列大规模集成的程度（无论是生物性还是工程性化学传感器）。机器嗅觉的绝大多

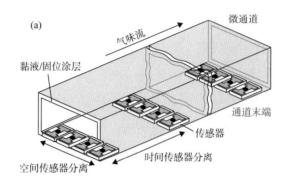

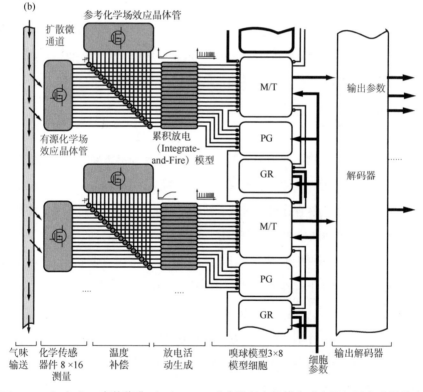

图 17.3   （a）人工嗅觉黏膜。（b）AVLSI（先进超大规模集成）神经形态嗅觉芯片
图片来源：（a）经英国工程技术学会（IET）许可复制，Covington, J.A., Gardner, J.W., Hamilton, A., Pearce, T.C., Tan, S.L., Towards a truly biomimetic olfactory microsystem: an artificial olfactory mucosa, IET Nanobiotechnology, 1（2）, 15-21, © 2007, The Institution of Engineering & Technology

数研究都依赖于精确控制的脉冲刺激，因此这些系统面临的一项关键挑战将是在更自然的现实环境中进行彻底的测试。神经形态解决方案在面对自然刺

激时能够很好地展示出强大性能，例如，在不稳定湍流产生的化学羽状物之中进行检测。这些系统需要能够在适合各种场景与环境的机器人平台上进行测试，其中已经有一些很有发展前景的例子。

四、拓展阅读

这篇综述并没有讨论无脊椎动物的嗅觉，无脊椎动物嗅觉本身也是工程性化学传感系统和化学感知机器人丰富的灵感来源。关于嗅觉领域可供开放获取的概述性图书，请参见梅尼尼（Menini，2009）的著作，该书从行为和神经生物学的角度研究了脊椎动物和无脊椎动物的嗅觉。格拉茨和贝利-希尔（Glatz and Bailey-Hill，2011）对嗅觉受体检测技术进行了全面的回顾。

对于机器嗅觉的全面论述，参见皮尔斯等（Pearce et al.，2003）的著作，其涵盖了传感器技术、生物学和心理物理学、模式识别、嗅觉引导机器人和信号处理策略等主题。艾尔斯（见 Ayers，第 51 章）探讨了将生物混合传感系统构建到工作机器人中所遇到的一些挑战。关于神经形态嗅觉方法的最新综述，参见佩尔绍德等（Persaud et al.，2013）、休尔塔和诺沃特尼（Huerta and Nowotny，2012）的著作以及拉曼等（Raman et al.，2011）的论文。

参 考 文 献

Albert, K. J., Gill, D. S., Pearce, T. C., and Walt, D. R. (2002). Automatic decoding of sensor types within randomly ordered, high-density optical sensor arrays. *Analytical and Bioanalytical Chemistry*, 373(8), 792–802.

Bernabei, M., Persaud, K., Pantalei, S., Zampetti, E., and Beccherrelli, R. (2012). A large scale chemical sensor array testing biological olfaction concepts. *IEEE Sensors Journal*, 12(11), 3174–83.

Covington, J.A., Gardner, J.W., Hamilton, A., Pearce, T.C., and Tan, S.L. (2007). Towards a truly biomimetic olfactory microsystem: an artificial olfactory mucosa. *IET Nanobiotechnology*, 1(2), 15–21.

Glatz, R., and Bailey-Hill, K. (2011). Mimicking nature's noses: From receptor deorphaning to olfactory biosensing. *Progress in Neurobiology*, 93, 270–96.

Goldsmith, B.R., Mitala, J.J., Josue, J., Castro, A., Lerner, M.B., Bayburt, T.H., Luetje, C.W., Khamis, S.M., Gelperin, A., Jones, R.A., Rhodes, P.A., Brand, J.G., Discher, B.M., Sligar, S.G., and Johnson, A.T.C. (2011). Biomimetic chemical sensors using nanoelectronic readout of olfactory receptor proteins. *ACS Nano*, 5(7), 5408–16.

Koickal, T.J., Hamilton, A., Tan, S.L., Covington, J.A., Gardner, J.W., and Pearce, T.C. (2007). Analog VLSI circuit implementation of an adaptive neuromorphic olfaction chip. *IEEE Transactions on Circuits and Systems I*, 54 (1), 60–73.

Menini, A. (ed.). (2009). *The neurobiology of olfaction*. CRC Press: Boca Raton, USA.

Huerta, R., and Nowotny, T. (eds.) (2012). *Bioinspired solutions to the challenges of chemical sensing*. Frontiers E-books.

Pearce, T.C., Schiffman, S.S., Nagle, H.T., and Gardner, J.W. (eds.) (2003). *Handbook of Machine Olfaction: Electronic Nose Technology.* Wiley-VCH Verlag: Weinheim, Germany.

Pearce, T., Verschure, P., White, J., and Kauer, J. (2001). Robust stim-ulus encoding in olfactory processing: hyperacuity and efficient signal transmission. In *Emergent neural computational architectures based on neuroscience* Wermter, S., Austin, J., and Willshaw, D. (eds.), Springer-Verlag: Heidelberg, pp. 461–79.

Persaud, K.C., Marco, S., Gutierrez-Galvez, A. (2013). *Neuromorphic olfaction.* CRC Press: Boca Raton, USA.

Raman, B., Stopfer, M., and Semancik, S. (2011). Mimicking biological design and computing principles in artificial olfaction. *ACS Chemical Neuroscience*, 2(9), 487–99.

Sánchez- Montañés, M. A., and Pearce, T. C. (2002). Why do olfactory neurons have unspecific receptive fields? *Biosystems*, **67** (1), 229–38.

第 18 章
本体感觉与身体图式

Minoru Asada

Graduate School of Engineering, Osaka University, Japan

本体感觉（proprioception）被定义为我们感知自己四肢和身体其他部位在空间中所处位置的能力；而身体图式（body schema）则是一种身体表征（body representation），它允许生物主体和人工主体基于本体感觉来执行动作。现有人工主体（机器人）使用的本体感觉信息主要与姿态（及其变化）有关，由关节角度（关节速度）组成特定的连接结构。邦加德（见 Bongard，第 11 章）探讨了机器人如何利用这些信号来了解身体结构以及如何对其进行控制。然而，相对应的生物主体（人类和其他动物）包含了更复杂的成分，以及关于身体图式和身体意象（body image）之间关系的相关争议。由于现有成像技术的限制，这些系统的神经结构还远未得到很好的理解。构建性方法的一种新趋势是利用计算模型和机器人来解决这个问题。本章概述了本体感觉和身体表征的生物学基础，目的是探索如何开发人工类似物。接下来，在总结了身体图式在机器人技术领域的经典应用之后，介绍了一系列解决身体表征某些奥秘的构建性方法。最后给出了未来发展方向和进一步阅读的指导建议。

一、生物学原理

本体感觉（proprioception）的最初含义源于拉丁语中的 "*propius*"，意思是 "自己的" 或 "个人的"，以及 "*capio*"，意思是 "抓住"，因此对其进行思考不仅提出了神经科学问题，还提出了心理学问题，有时还提出了哲学问题，例如，有意识和无意识的身体认识之间的区别（见 Seth，第 37 章）。因此，很难对 "本体感觉" 做出明确的定义，而且在对身体表征进行定义时也会出现类似的情况，尤其是身体意象和身体图式之间的差异，因为两者都与本体感觉密切相关。海德和霍尔姆斯（Head and Holmes，1911）将"身体图式"（body schema）定义为无意识的神经映射，其中多模态感官数据是统一的，而"身体意象"（body image）则是明确的身体及其功能的心理表征。另一个问题是，前者通常被视为动作，后者则被视为感知。人们普遍认为，生物系统中的身体表征是灵活的，是对不同感觉模态信息进行时空整合获得的，但其结构和机制的细节还远未被揭示。

可塑性是身体表征的重要特性之一。它可能起源于胎儿在子宫中的发育阶段，常可以观察到胎儿在这一时期不断重复触摸自己身体的动作（Rochat，1998），人们认为胎儿是在熟悉了解其动作和随后感觉之间的关系。这种早期表征被认为与身体所有权和能动性（body ownership and agency）等重要概念相关，并作为一种混合体在发育后期有望分化为身体图式和身体意象。

身体表征的灵活性和适应性是由神经可塑性引发的理想特征，在工具使用等情况下可以观察到。马拉维塔和伊里基（Maravita and Iriki，2004）研究了猕猴在用耙子取回食物时，这一工具使用过程中的身体图式扩展。从顶叶内皮质记录到了对躯体感觉和视觉刺激都有反应的双模态神经元活动。他们发现了两种类型的神经元："远端型"（distal type），对手部的躯体感觉刺激和手部附近的视觉刺激做出反应，而"近端型"（proximal type）的视觉感受野不是围绕手部为中心，而是涵盖了可触及的整个空间（图18.1）。这两种类型的神经元都既能适应工具使用经验，也能适应猴子使用工具的自我动机（图18.1 d）。

神经心理障碍研究有助于了解身体图式构建的基本机制，以及损伤对这些机制的影响。最有趣的例子之一是由拉马钱德兰和布莱克斯利（Ramachandran and Blakeslee，1998）描述的所谓"幻肢"（phantom-limb）现象。他们发现，由于肢体缺失而遭受幻肢疼痛的患者，可以通过在镜框中观察其完整对侧肢体的视觉反馈来减轻疼痛，这种现象表明，身体的皮质表征可能已经通过这种体验进行了重组。霍夫曼等（Hoffman *et al.*，2010）介绍了有关身体意象和身体图式、疾病的定义和作用的更多观点，以及身体所有权和能动性、正向模型等其他重要的概念。

远端型神经元

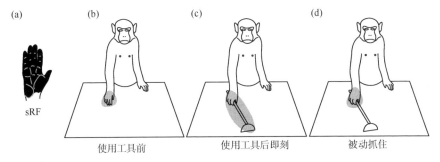

近端型神经元

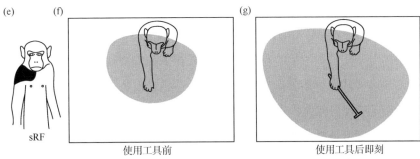

图 18.1　使用工具后双模态感受野特性的变化。该区域细胞的躯体感觉感受野（sRF）通过轻微接触、关节被动操作或主动用手来识别。视觉感受野（vRF）被定义为通过视觉探针（最有效的是那些向 sRF 移动的）诱发细胞反应的区域。（a）"远端型"双模态神经元的 sRF（黑色区域）及其 vRF（灰色区域）；（b）使用工具前；（c）使用工具后即刻；（d）仅被动抓住耙子；（e）"近端型"双模态神经元的 sRF（黑色区域）及其 vRF（灰色区域）；（f）使用工具前；（g）使用工具后即刻

转载自 Trends in Cognitive Sciences，8（2），Angelo Maravita and Atsushi Iriki，Tools for the body（schema），pp. 79–86，http：//dx.doi.org/10.1016/j.tics.2003.12.008，Copyright © 2004 Elsevier Ltd.，with permission from Elsevier

　　内藤等（Naito *et al.*，2016）在最近的一篇综述中表明，动觉错觉可以揭示身体表征对运动控制和身体觉知的作用。他们根据本体感觉性身体错觉的最新神经影像学研究进展，论证了三种大脑系统的重要性：①运动网络；②特定的顶叶系统；③右下额顶叶网络。第一个网络促进了基于传入输入处理的快速在线反馈控制。第二个系统的功能是对不同坐标系的信息进行转换/集成，以实现适应性、灵活性的身体表征。第三个系统似乎是作为动态表征的监视器，这种动态表征可以产生身体觉知（corporeal awareness）。

身体图式作为生物学证据的总结，通常是身体的感觉运动表征，用来指导运动和动作；而身体意象则用于形成我们对身体的感知性（身体知觉）、概念性（身体概念）或情感性（身体情感）判断。然而，这两个系统之间并不总是具有明确的界限。要解决这些问题，还需要进一步开展研究。

二、仿生系统

对于像机器人这样的人工主体来说，身体表征对于通过执行一系列动作来完成给定任务是必不可少的。一种典型的（和传统的）情况是，机器人手臂由与关节数相对应的多个电机驱动，关节数通常在 3～6，这对于伸手抓取桌子上的物体是必需的。如果所要拾取和放置的目标物体的位置及其大小（重量）是固定的和给定的，则机器人将遵循预先规划好的路径，移动肩部、上臂、前臂和夹持器①以完成任务。在大多数情况下，解决方案的解析形式是给定的，因此路径规划并不困难。身体图式就是一种链接结构，显示了机器人手臂各组件是如何连接的，以及每个链接的长度和活动范围。预先给定这些参数并测量关节角度（通常使用编码器）来监测所遵循的规划路径，是本体感觉的重要功能，这种方法称为显式模型；相比之下，隐式模型常用于未校准系统中，后者通过与环境的交互来估计所需的参数（Hoffman *et al.*, 2010）。

生物系统在以下方面有着很大的不同。

（1）机器人中的链接结构通常是固定的，而生物体内的结构是柔性的，并且能够适应环境和身体的变化。

（2）在机器人技术中，知识由外部提供，设计人员估算参数的成本很高，而生物系统是自学习的（隐式模型可以与此部分对应）。

（3）机器人技术中通常不包括跨模态关联，而在生物系统中，多模态感知信息的整合则是基本的。

虽然迄今为止所讨论的显式和隐式模型都是基于传统机器人学范示，但最近涌现出了一种被称为认知发展机器人学（以下简称 CDR；Asada *et al.*,

---

① 一般来说，这通常是指类似于手的末端执行器，但是在这里，我们使用"夹持器"术语来避免复杂性，因为仿生机器人的"手"通常包括手指，自由度更大。

2009）的方法，目的是采用合成性或构建性方法了解人类的认知发展过程。在 CDR 中，采用计算机模拟和机器人实际实验来开发和测试计算模型，这些模型试图解释神经科学和发展心理学等学科的研究发现，并验证基于这些模型提出的假设。

关于身体表征的许多生物学发现可以从 CDR 的观点进行探讨，例如：腹侧和外侧顶叶区域（VIP 和 LIP）等脑区的神经相关性和跨模态关联，空间和时间偶然性（预期）和不变性，以及眼睛、头部和颈部之间的坐标变换。读者可以参阅浅田稔等（Asada et al.，2009）和霍夫曼等（Hoffman et al.，2010）对这类研究的综述，接下来我们对这两篇文章进行简要介绍。

疋田麻衣等（Hikita et al.，2008）提出了一种方法，构建基于视觉、触觉和本体感觉的跨模态身体表征。当机器人触摸某一物体时，触觉传感器被激活，接着触发身体部位视觉感受野的构建过程，可以基于显著图（saliency map）通过视觉注意确定这些部位，并且因此可以将它们视为末端执行器。同时，本体感觉信息与视觉感受野相关联以实现跨模态身体表征。计算机模拟和真实机器人实验结果与观察到的日本猕猴顶叶神经元活动类似（Maravita and Iriki，2004）。图 18.2 显示了使用工具（c 和 d）和不使用工具（a 和 b）时所获得的视觉感受野。

国吉康夫和山下真司（Kuniyoshi and Sangawa，2006）对子宫内胎儿发育和新生儿行为的突现进行了惊人的模拟（图 18.3）。这项模拟研究旨在展示胎儿的大脑和身体在子宫内如何相互作用。这项工作最近得到了山田康智等（Yamada et al.，2016）的进一步拓展，他们基于更为详细的解剖和生理数据，提出了更加具体的人类胎儿大脑模型。结果发现，子宫内的感觉运动经验可以促进身体表征的皮质学习以及随后的视觉-躯体感觉整合。此外，子宫外感觉运动经历也会影响这些过程。他们研发了一个基于脉冲时序相依可塑性（STDP）规则的模型，包括 260 万个棘波神经元和 53 亿个突触连接。计算机技术的最新进展使得对大脑和身体进行大规模模拟成为可能。然而，我们人类的大脑要大得多，拥有大约 1000 亿个神经元和 2 万亿个突触连接。因此，如何按比例进行拓展仍然是一个重大问题。

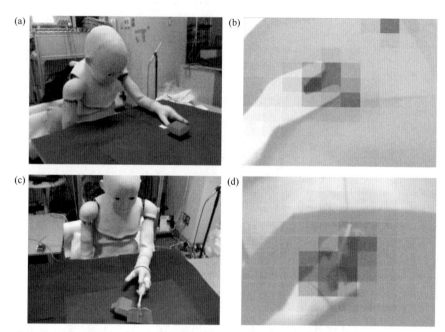

图 18.2　使用工具（c 和 d）和不使用工具（a 和 b）时获得的视觉感受野

© 2008 IEEE. 经授权转载自 Mai Hikita，Sawa Fuke，Masaki Ogino，Takashi Minato，and Minoru Asada，Visual attention by saliency leads cross-modal body representation，Developmental Learning，2008 7th IEEE International Conference on Development and Learning，doi：10.1109/DEVLRN.2008.4640822

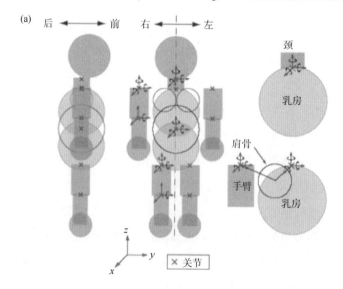

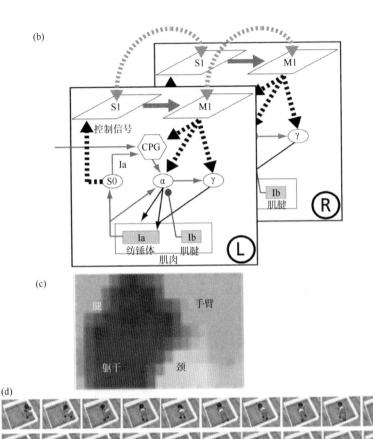

图 18.3　胎儿的感觉运动映射和新生儿的运动：（a）由圆柱形或球形身体节段组成的胎儿身体模型，通过约束性关节相互连接；（b）大脑模型，由 CPG（BVP 神经元）、S1（初级躯体感觉区）、M1（初级运动区）组成的神经系统横向组织；（c）从 M1 到 α 运动神经元的自组织映射，表现出与不同身体部位相对应的区域；（d）"新生儿"模型表现出诸如翻滚和爬行式运动等突现性运动行为

转载自 Biological Cybernetics，95（6），Early motor development from partially ordered neural-body dynamics：experiments with a cortico-spinal-musculo-skeletal model，pp. 589–605，Figures 20（adapted），7，21（adapted），and 14（adapted），doi：10.1007/s00422-006-0127-z，Yasuo Kuniyoshi and Shinji Sangawa，© Springer-Verlag 2006. With permission of Springer

三、未来发展方向

对于在现实世界中工作的自然系统和人工系统，身体表征是最为基本的问题之一。到目前为止，它们通常是分开工作的，但在未来，它们有望在诸如假体等生物混合系统中共同发挥作用。在这一章中，我们简要回顾了生物

学和机器人学中的身体表征研究。然而，身体表征的结构和基本机制还远未被揭示。认知发展机器人学可能有助于从两个方面揭开这个谜团，这实际上是同一枚硬币的正反两面。一方面，以计算模型的形式体现关于身体表征机制的假设，并通过计算机模拟和真实机器人平台对其进行评估。另一方面，在心理/行为和神经科学实验中采用机器人或任何人工设备，作为系统性程序的工具以探索身体表征的奥秘。

然而，认知发展机器人学尚处于起步阶段，其研究成果还处于初级水平，因此更多的跨学科研究方法是必要的、不可或缺的，不仅可以用机器人来验证现有的原理，更重要的是可以为这类问题提供新的思路。要做到这一点需要满足以下两点：

（1）机器人平台具有生物学上更合理的身体结构，如人工肌肉（见Anderson and O'Brien，第 20 章）和骨骼系统。

（2）工程师和神经科学、心理学和认知科学等其他学科的研究人员之间开展更直接的合作（而不仅仅是互相参考彼此的研究）。

通过上述努力，我们可以解决以下与身体表征密切相关的问题。

（1）镜像神经元系统（MNS）一直是科学界和工程界关注的焦点，因为它将动作观察和动作执行联系在了一起。通过观察和执行来理解他人的行为被认为是一种具身化认知，是哲学、心理学和人工智能领域的另一个热点话题。对于 MNS，目前仍有许多争议性问题（Asada，2011），这些问题通常与身体表征（产生、操纵和修改）有关。奥斯托普等（Oztop *et al.*，2013）认为，MNS 的计算模型表明，需要额外的神经回路系统才能将在猴子体内发现的基本镜像神经元功能提升至人类 MNS 中的高级认知功能。

（2）所有权和能动性的感觉与"自我"概念有关，根据场景和发展阶段的不同，"自我"可能有几个层次，如奈瑟（Neisser，1988）等提出的生态自我（ecological self）、人际自我（interpersonal self）和暂时性自我（temporal self）。其中一个大问题是，身体表征的发展是如何与自我的发展相互联系在一起的。

四、拓展阅读

希望继续探索本主题的读者可能会对以下内容感兴趣：

（1）神经科学方法。普韦斯等（Purves *et al.*，2012）介绍了神经科学的一些基本原理以及与身体图式（和身体意象）相关的最新发现，被视为分布在不同大脑区域网络中的多模态表征。建议阅读相关著作的最新版。

（2）神经活动的计算模型。许多认知发展机器人方法采用了某种形式的赫布型学习和自组织映射（见 Wilson，第 5 章；Herreros，第 26 章），以此支持身体表征和（或）运动控制的学习。这些方法还处于较低水平，我们需要更高水平的方法。一种候选方法可能是长井志江和浅田稔（Nagai and Asada，2015）、塞斯（见 Seth，第 37 章）探讨的预测性学习贝叶斯框架。

（3）具体实现和软体机器人（embodiment and soft robotics）。几乎所有的传统机器人都配备了电动马达，因为其易于控制，因此许多研究人员都采用电机开展研究，并积累了大量的专业知识。然而，这种马达的结构与包括人体在内的生物系统有很大不同，这使得机器人研究人员很难复制人体表征及其操纵的基本机制（相关讨论见 Metta and Cingolani，第 47 章）。即使读者发现很难获得生物学上可行的柔性材料和促动器来进行研究，也应该提前考虑到这一点，并学习和了解使用人工肌肉来创建更为真实的物理模型的方法。

参 考 文 献

Asada, M. (2011). Can cognitive developmental robotics cause a paradigm shift? In: J. L. Krichmar and H. Wagatsuma (eds), *Neuromorphic and Brain-Based Robots*, Cambridge, UK: Cambridge University Press, pp. 251–73.

Asada, M., Hosoda, K., Kuniyoshi, Y., Ishiguro, H., Inui, T., Yoshikawa, Y., Ogino, M., and Chisato Yoshida (2009). Cognitive developmental robotics: a survey. *IEEE Transactions on Autonomous Mental Development*, 1(1), 12–34.

Head, H. and Holmes, H. G. (1911). Sensory disturbances from cerebral lesions. *Brain*, 34(2–3),102–254.

Hikita, M., Fuke, S., Ogino, M., Minato, T., and Asada, M. (2008). Visual attention by saliency leads cross-modal body representation. In: *The 7th International Conference on Development and Learning (ICDL'08)*. doi: 10.1109/DEVLRN.2008.4640822

Hoffmann, M., Marques, H. G., Hernandez Arieta, A., Sumioka, H., Lungarella, M., and Pfeifer, R. (2010). Body schema in robotics: A review. *IEEE Transactions on Autonomous Mental Development*, 2(4), 304–324.

Kuniyoshi, Y., and Sangawa, S. (2006). Early motor development from partially ordered neural-body dynamics: experiments with a cortico-spinal-musculoskeletal model. *Biol. Cybern*, 95, 589–605.

Maravita, A., and Iriki, A. (2004). Tools for the body (schema). *Trends Cogn. Sci.*, 8(2), 79–86.

Nagai, Y., and Asada, M. (2015). Predictive learning of sensorimotor information as a key for cognitive development. In: *Proceedings of the IROS Workshop on Sensorimotor Contingencies for Robotics*, Vol. USB.

Naito, E., Morita, T., and Amemiya, K. (2016). Body representations in the human brain revealed by kinesthetic illusions and their essential contributions to motor control and corporeal awareness. *Neuroscience Research*, 104, 16–30.

Neisser, U. (1988). Five kinds of self-knowledge. *Philosophical Psychology*, 1, 35–59. doi:10.1080/09515088808572924

Oztop, E., Kawato, M., and Arbib, M. A. (2013). Mirror neurons: Functions, mechanisms and models. *Neuroscience Letters*, 540, 43–55.

Purves, D., Augustine, G. A., Fitzpatrick, D., Hall, W. C., LaMantia, A.-S., McNamara, J. O., and White, L. E. (eds) (2012). *Neuroscience* (5th edn). Sunderland, MA: Sinauer Associates, Inc.

Ramachandran, V. S., and Blakeslee, S. (1998). *Phantoms in the brain: probing the mysteries of the human mind*. New York: Harper Perennial.

Rochat, P. (1998). Self-perception and action in infancy. *Experimental Brain Research*, 123, 102–9.

Yamada, Y., Kanazawa, H., Iwasaki, S., Tsukahara, Y., Iwata, O., Yamada, S., and Kuniyoshi, Y. (2016). An embodied brain model of the human foetus. *Scientific Reports*, 6, 1–10 (27893).

第 19 章
水下导航的电感知

Frédéric Boyer, Vincent Lebastard

Automation, Production and Computer Sciences Department, IMT Atlantique
(former Ecole des Mines de Nantes), France

在浑浊水体中进行水下导航以勘察灾害情况或在受限的非结构环境中导航,对机器人来说仍然是一大挑战。在这种情况下,视觉和声呐都无法使用。以声呐为例,由于颗粒物对信号的散射及障碍物的多次干扰反射,回声定位存在很大的困难。在机器人技术中寻求生物启发的方法,人们可以在自然界中发现解决这一难题的方法。事实上,非洲大陆和南美大陆上进化的数百种裸背电鳗科(Gymnotidae)和象鼻鱼科(Mormyridae)鱼类,已经发展出了一种适应这种情况的原始感觉——电感觉(electric sense)。在象鼻鱼科的彼氏锥颌象鼻鱼(Gnathonemus petersii)中,鱼类首先通过其尾巴底部的电器官放电(EOD)使身体极化,从而在其身体周围产生偶极电场。然后,通过沿鱼类身体分布的大量经皮电受体,鱼类可以"检测"电场的扰动失真情况并据此推断出周围环境的图像。这种全方位的主动感知模式以"电定位"(electrolocation)的名称而闻名,非常适合在充满浑浊水体的受限空间中进行导航。因此,了解并在技术中实现这种生物启发的感觉,将为提高水下机器人的导航能力提供机会。在本章中,我们将介绍一些应用于水下机器人的新型传感器,其设计和实现的灵感来带电鱼类。特别是,我们将探讨如何利用发现于鱼类之中并得到生物学家深入研究的电定位策略,从中获得灵感来设计受鱼类启发的传感器并加以运用。

一、生物学原理

在 20 世纪 50 年代，利斯曼和梅钦（Lissmann and Machin，1958）等研究人员发现，生活在淡水中的一些鱼类能够感知其周围的电场。这些鱼类具有电感受器官，它们可以检测到自然环境中存在的非常微弱的电流。这种感知能力被称为电定位，可以分为被动电定位和主动电定位两种。鲨鱼和鳐鱼使用被动电定位，以便在周围环境中导航和发现猎物，或在地球电场中定位自己的身体。因此，这些鱼类依赖于外源性电场，幸运的是，动物通过肌肉活动可以自己产生电场（Bullock and Heiligenberg，1986；Moller，1995）。与被动电定位器不同，裸背电鳗科和象鼻鱼科以及线鳍电鳗科（Apteronotes）的鱼类都使用主动电定位来感知周围环境。在这种情况下，这些鱼类可以通过发射被称为"基极电场"的一次电场来极化物体，然后检测该物体反射产生的二次电场畸变。正是通过主动电定位，这些鱼类（图 19.1 a）才能够探索它们所处的环境，并探测和分析发现不会形成任何电场的物体或猎物（图 19.1 b）（von der Emde *et al.*，2008；Engelmann *et al.*，2008）。

在最有效率的带电鱼类中，非洲的彼氏锥颌象鼻鱼（图 19.1 a）可能是生物学家研究得最为广泛的鱼类。在这种鱼类的具体实际中，主动电定位——其范围为鱼类身体的长度——是基于鱼类在其身体周围发射的电场，该电场是通过位于鱼类尾部的电器官放电实现相对于身体其余部分的极化。一旦发射出这一偶极电场，鱼类就会通过分布在皮肤上的一系列电受体来感知物体对它的扰动（图 19.1 b）。根据这种特性，布瑞恩·拉斯诺（Brian Rasnow）在 1996 年首先证实了某些环境因素和鱼类皮肤电强度分布之间的关系，我们称之为电像（electric image；Rasnow，1996）。他建立了一个由简单电磁条件推导出的模型，据此研究将一个球体放置在鱼类附近时，球体的不同尺寸以及距离所产生的影响。拉斯诺的简单模型帮助展示了电像形状与球体距离和尺寸之间的关系。尽管拉斯诺的模型只适用于有限的条件，但却帮助机器人技术研究群体启动了构建仿生电鱼机器人的计划。

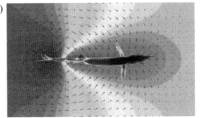

图 19.1　（a）非洲象鼻鱼科的彼氏锥颌象鼻鱼。（b）鱼类基极电场的俯视图

二、仿生系统

基于上述生物学原理，科学家提出了电传感器的多种设计方法（Solberg et al.，2008；Mayton et al.，2010；Bouvier et al.，2013；Servagent et al.，2013）。根据这些原理，所有的设计都包括了一组位于传感器或机器人绝缘外壳边界上的导电电极。这些电极之间通过嵌入传感器内的电路进行电气连接，一旦被电压（或电流发生器）极化，这些电极就会根据库仑定律在传感器周围的导电性环境中产生电流回路。该回路由发射电极（起到电器官放电的作用）发出，与接收电极相接，并由传感器的内部电路闭合，可以测量接收器发生扰动时的电变量。迄今为止，共有两大类受到主动电定位启发的技术。第一类技术被命名为 U-U 型（Solberg et al.，2008；Bouvier et al.，2013），通过在发射器和接收器之间施加电压（U）来产生电场（基极电场）（图 19.2），并测量周围环境引发的接收器扰动电压（U）。第二类技术命名为 U-I 型（Bouvier et al.，2013；Servagent et al.，2013），采用相同的方式产生基极电场（U），但测量的是物体对接收器产生的扰动电流（I）。值得注意的是，U-I 型技术能够实现的测量范围与自然界最有效的鱼类（前面提到的象鼻鱼）相当，而 U-U 型传感器的测量范围则不超过鱼类身体总长度的1/3。这一特征可能是第一个采用电感觉导航的自主机器人（2013 年演示的 Angels 平台）成功诞生的因素之一。除了主动电定位之外，科学家还研发了其他被动测量模式，分别命名为 0-U 型和 0-I 型，其中的 0 表示没有电发射，后面的字母则表示所测量的指标是电压还是电流（Bouvier et al.，2013；Servagent et al.，2013）。

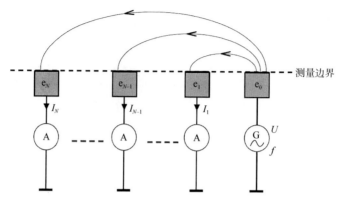

图 19.2　U-I 型测量模式的原理示意图，探头具有任意数量的受体电极。电极 e_0（发射极）相对于其他 $e_1 \sim e_N$ 电极（接收极）发生极化

这些不同的实现方法产生了多种更为基本的结果，特别是在建模、感知、环境重建和导航控制方面。在建模领域，科学家提出了一种新的建模方法。根据其原理，该方法的目的是扩展物体和传感器之间的连续性反射以取代它们之间的同步电相互作用（Boyer *et al.*，2012）。值得注意的是，该方法允许人们获得非常简洁的分析模型。此外，它提供了复杂场景（多个物体和传感器）中电相互作用的直观层次结构。该方法还允许管理所产生模型的逼近阶，并能够与基于边界元方法（boundary elements method）的参考数值代码进行比较（Liu，2009；Porez *et al.*，2011）。

根据这些建模结果，科学家在感知和控制领域继续深入开展了其他研究。特别是，一种基于卡尔曼滤波模型的经典方法在坦克导航问题上得到了一定程度的成功应用。该方法是基于环境重建，通过球形基元对目标物体进行建模（Lebastard *et al.*，2013）。科学家证明了这种方法的有效性，特别是对于小型物体的 3D 定位。另外，我们也注意到了基于粒子滤波（Solberg *et al.*，2008）和贝叶斯滤波（Silverman *et al.*，2012）的其他方法。

最近科学家发现可以在不重建环境即不使用任何模型的情况下，解决障碍性环境中的导航问题。该方法是基于生物灵感和具身化的概念。更确切地说，通过利用传感器的形态特征（细长形状、双侧对称）有可能解决导航问题，即传感器主体与其物理环境扭曲电场之间的相互作用。科学家提出了此类场景下的一套反应控制律，其原理是将机器人传感器的主体对准极化物体所发射的电线。值得注意的是，已经在鱼类中发现了这种策略：鱼类通过追踪其猎物产生的电信号来发现猎物并捕食。一旦这种生物启发（和具身化）策略在实验测试中得到实现和检验，就有望不再使用任何模型，同时为传感器（机器人）提供相关的鲁棒性行为（图 19.3）。我们发现，这些行为包括"躲避障碍物"或主动寻找导电物体等（图 19.3）（Lebastard *et al.*，2012；Boyer and Lebastard，2012）。此外，该方法是形态计算概念（embodied intelligence）意义上的一个很好的例子（Pfeifer *et al.*，2007）。

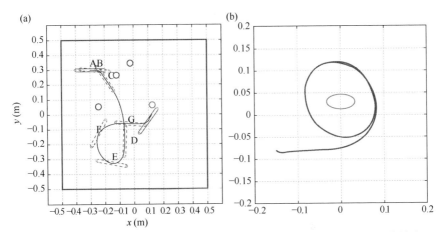

图 19.3　反应控制律在细长探头上的应用：（a）（绝缘）避障和导电物体搜索；（b）通过绕物体旋转来探索物体的形状

　　欧盟的 ANGELS 计划基于这一基本的实验框架，采用上述提及的反应控制方法，研制出了第一个具有电感知的自主水下机器人。2013 年，Angels 平台的演示实验证明了水下机器人在受限环境（被许多障碍物、浑浊水质等阻挡）中利用电感知导航的可行性。

三、未来发展方向

　　除了电感知本身带来的影响之外，它还开创了新一代自主模块化和可重构的水下机器人，这类机器人可以在非常肮脏、充满障碍物、无法使用视觉和声呐的受限液体环境中灵活地游动。自适应于其环境的带电体的自适应形态学概念与机械可能性和模块性相结合，极大地改变了适应的可能性[最复杂的情况是，共享同一集体电场的小型自主子主体（sub-agent）之间通过社会交互以形成一个单一的实体]。由于具备高度自适应性，新一代水下机器人可应用于许多不同的机器人场景。特别是长期而言，具有电感知的模块化机器人可作为专业服务人员（近海平台、工业管网、污水管网的水下和管道检查等）和安全部门（探索未知或敌对环境）的辅助工具。它也可以作为在非常恶劣环境中工作的自主机器人，如开展深海探险。对这些技术具有浓厚兴趣的行业基本上可以分为两类：第一类是需要进行水处理的工厂，第二类是核能行业。我们注意到，电感知在探索放射性污水沉浸池方面似乎有着很大的潜力。在这种情况下，工厂对形状识别和地形绘制非常感兴趣。更进一步，从推广空中电感知的角度来看，我们可以想象未来机器人通过配备带电体，将能够利用简单反应策略与其环境相互作用。特别是，电感知具有区分有生命物体与死亡物体的非常有趣的能力，这是一个与人机合作高度相关的特性。

四、拓展阅读

对于希望更多地了解电感知生物学原理及相关实验的读者，请参考布洛克和海利根贝格（Bullock and Heiligenberg，1986）、莫勒（Moller，1995）、卡普蒂等（Caputi *et al.*，1998）、霍普金斯（Hopkins，2009）、冯德埃姆德等（von der Emde *et al.*，2008）、恩格曼等（Engelmann *et al.*，2008）和佩雷拉等（Pereira *et al.*，2012）的著作与文章。博伊尔等（Boyer *et al.*，2012）提出了一种新的建模方法，这种方法可以构建传感器环境的简明分析模型。基于卡尔曼滤波集成模型（Lebastard *et al.*，2013）、粒子滤波集成模型（Solberg *et al.*，2008）、贝叶斯滤波集成模型（Silverman *et al.*，2012）及MUSIC算法集成模型（Lanneau *et al.*，2017）进行环境重建的经典控制方法，已在解决环境重建和导航问题上得到了成功应用。勒巴斯塔尔等（Lebastard *et al.*，2012；Boyer and Lebastard，2012；Lebastard *et al.*，2016）最近研发了一种基于具身智能意义上形态计算概念的控制方法。对于可在水下环境中运行的仿生机器人，其设计所面临的更广泛的挑战，可参考克鲁斯玛的介绍（见 Kruusmaa，第 44 章）。

参 考 文 献

Bouvier, S., Boyer, F., Girin, A., Gossiaux, P., Lebastard, V., and Servagent, N. (2013). Procédé et dispositif de controle du déplacement d'un système mobile dans un milieu conducteur d'électricité. Patent WO2013014392A1.

Boyer, F., Gossiaux, P., Jawad, B., Lebastard, V., and Porez, M. (2012) Model for a sensor bio-inspired from electric fish. *IEEE Transactions on Robotics*, 28(2), 492–505.

Boyer, F. and Lebastard, V. (2012). Exploration of objects by an underwater robot with electric sense. In T. Prescott, N. Lepora, A. Mura, and P. Verschure (eds), *Biomimetic and Biohybrid Systems*, Vol. 7375 of *Lecture Notes in Computer Science*, Berlin/Heidelberg: Springer, pp. 50–61.

Bullock, T., and Heiligenberg, W. (1986). *Electroreception*. Hoboken, NJ: John Wiley and Sons.

Caputi, A., Budelli, R., and Bell, C. (1998). The electric image in weakly electric fish: physical images of resistive objects in *Gnathonemus petersii*. *Journal of Experimental Biology*, 201(14), 2115–28.

Engelmann, J., Bacelo, J., Metzen, M., Pusch, R., Bouton, B., Migliaro, M., Caputi, A., Budelli, R., Grant, K., and von der Emde, G. (2008). Electric imaging through active electrolocation: Implication for the analysis of complex scenes, *Biol. Cybern*. 98, 519–39.

Hopkins, C. D. (2009). Electrical perception and communication. *Encyclopedia of Neuroscience*, Vol. 3. New York: Academic Press, pp. 813–31.

Lanneau, S., Boyer, F., Lebastard, V., and Bazeille, S. (2017). Model based estimation of ellipsoidal object using artificial electric sense. *The International Journal of Robotics Research*, 36(9),1022–41.

Lebastard, V., Boyer, F., Chevallereau, C., and Servagent, N. (2012). Underwater electro-navigation in the dark. In: *IEEE Conference on Robotics and Automation*, ICRA 2012. St. Paul, Minnesota, USA: IEEE. ISBN 978-1-4673-1403-9, pp. 1155–60.

Lebastard, V., Chevallereau, C., Girin, A., Servagent, N., Gossiaux, P.-B., and Boyer, F. (2013). Environment reconstruction and navigation with electric sense based on Kalman filter. *International Journal of Robotics Research*, 32(2), 172–88.

Lebastard, V., Boyer, F., and Lanneau, S. (2016). Reactive underwater object inspection based on artificial electric sense. *Bioinspiration and Biomimetics*, 11(4), 045003.

Lissmann, H., and Machin, K. (1958). The mechanism of object location in *Gymnarchus niloticus* and similar fish. *The Journal of Experimental Biology* 35, 451–86.

Liu, Y. (2009). *Fast multipole boundary element method*. Cambridge, UK: Cambridge University Press.

Mayton, B., LeGrand, L., and Smith, J. R. (2010). An electric field pretouch system for grasping and co-manipulation. In *IEEE International Conference on Robotics and Automation (ICRA 2010)*, pp. 831–8.

Moller, P. (1995). *Electric Fishes: History and Behavior*. New York: Chapman & Hall.

Pereira, A. C., Aguilera, P., and Caputi, A. A. (2012). The active electrosensory range of *Gymnotus omarorum*. *The Journal of Experimental Biology*, 215, 3266–80.

Pfeifer, R., Lungarella, M., and Lida, F. (2007). Self-organization, embodiment, and biologically inspired robotics. *Science*, 318(5853), 1088–93.

Porez, M., Lebastard, V., Ijspeert, A. J., and Boyer, F. (2011). Multi-physics model of an electric fish-like robot: Numerical aspects and application to obstacle avoidance. *IEEE/RSJ Int. Conf. on Intelligent Robots and Systems*, pp. 1901–06.

Rasnow, B. (1996). The effects of simple objects on the electric field of *Apteronotus*. *Journal of Comparative Physiology A*, 3(178), 397–411.

Servagent, N., Jawad, B., Bouvier, S., Boyer, F., Girin, A., Gomez, F., Lebastard, V., and Gossiaux, P.-B. (2013). Electrolocation sensors in conducting water bio-inspired by electric fish. *IEEE Sensor Journal*, 13(5), 1865–82.

Silverman, Y., Snyder, J., Bai, Y., and MacIver, M. A. (2012). Location and orientation estimation with an electrosense robot, *IEEE/RSJ Int. Conf. on Intelligent Robots and Systems*. IEEE, pp. 4218–23.

Solberg, J., Lynch, K., and MacIver, M. (2008). Active electrolocation for underwater target localization.

The International Journal of Robotics Research, 27(5), 529–48.

Demonstrations of the Angels platform (2013). http://www.youtube.com/watch?v=HoJu0OLyW4o.

von der Emde, G., Amey, M., Engelmann, J., Fetz, S., Folde, C., Hollmann, M., Metzen, M., and Pusch, R. (2008). Active electrolocation in *Gnathonemus petersii*: Behaviour, sensory performance, and receptor systems. *J. Physiol* **102**, 279–90.

第 20 章
肌　肉

Iain A. Anderson, Benjamin M. O'Brien
Auckland Bioengineering Institute, The University of Auckland, New Zealand

　　包括家用电器、汽车和飞机在内的机械装置，通常由电动机或内燃机通过齿轮箱和其他连杆驱动。例如，飞机机翼具有副翼这样的铰链控制板。我们现在想象一下，如果机翼上没有铰链控制板或连杆，而是可以弯曲或扭曲成适当的形状，就能够像鸟类翅膀一样拍打飞行。这种装置可以采用基于电子人工肌肉的电活性聚合物技术来实现。人工肌肉直接作用于结构上，就像我们的腿部肌肉通过肌腱附着到骨骼上，通过阶段性收缩使我们能够行走。来自肌肉的感觉反馈使我们能够进行本体感觉控制。因此，要正确使用人工肌肉，我们不仅要注意肌肉的促动机制，还要注意如何结合自我感觉反馈进行位置控制。

一、生物学原理

　　天然肌肉是一种柔软轻质材料，其速度、应变和低密度压力是任何人工替代品都无法比拟的。哺乳动物的骨骼肌通常与关节上的其他肌肉对抗性配置。考虑到肌肉硬度在长度固定的情况下受到其收缩状态的影响，拮抗性肌肉跨越关节的协同收缩可用于同时控制位置和硬度。例如，控制手臂的硬度是正确演奏小提琴的关键。由于肌肉硬度控制不佳而使手臂僵硬，即会产生所谓"怯场"的后果，会导致令人尴尬的弓弦颤动，从而不得不结束演奏。

　　肌肉可以在缺乏坚硬骨骼支撑的柔软生命体中工作，但是需要能够抵抗弹性结构或流体压力。例如，海蜇由周围海水支撑以抵抗重力，其体内的中性浮力钟依靠肌肉来实现游动收缩。但肌肉收缩与浮力钟互相拮抗。在肌肉收缩结束和松弛时，浮力钟在其储存的弹性能量作用下被动弹开。海蜇将神经和多个起搏器官排列和连接在一起，对浮力钟周围的肌肉收缩进行控制，以便完成正常的游泳、逃避或捕食动作。

在心脏等柔软器官中，松弛的心肌在血液的压力下扩展。但是，当它收缩时，整个柔软的组织架构能够确保起搏细胞的传导信号在间隙连接间传递，以产生有序的相位收缩（LeGrice et al., 1995）。

我们可以闭着眼睛摸到自己的鼻子、闭着眼睛走路，这也证明了综合集成肌肉应变传感的有效性。这是通过肌肉中内嵌的神经细胞（称为肌梭）实现的，这些神经细胞通过感知肌肉长度的变化使我们能够知道肢体的位置。它们还向中枢神经系统提供位置反馈（Martini et al., 2008），实现精细的运动控制以保持正确的平衡和姿态。如果我们在卧推练习时尝试过高的重量，疼痛感受器（位于肌肉内部的感觉神经元）会通过疼痛反馈向我们发出警告，警示我们可能发生组织损伤，或者提醒我们在损伤组织的愈合过程中要注意保护。

总之，肌肉既能控制硬度和位置，同时又能感知应变和疼痛。我们要想在柔性机器人系统中模仿天然肌肉，需要做到以下几点：

（1）确定具有天然肌肉相似模量和密度的合适材料。

（2）其配置方式能够模仿天然肌肉、运用拮抗性被动元件或主动元件。

（3）模拟本体感觉从而获得直接反馈以便进行精细控制。介电弹性体人工肌肉是模拟真实肌肉的理想选择。在本章中，我们将展示它们如何运行、它们能做什么，以及我们在将其应用于柔性软机器人时所面临的许多有趣的挑战。

二、仿生或生物混合系统

介电弹性体（DE）通常由柔性聚合物制成，如硅树脂（模量为 0.1～1MPa）、丙烯酸（3M 公司 VHB 胶带，模量为 2～3MPa）和聚氨酯（模量为 17MPa）（Brochu and Pei, 2010），它们的模量和密度与肌肉组织（模量约为 1MPa）相似（Kovanen et al., 1984）。它们的基本结构组成（图 20.1）是一层上述材料的薄膜夹在柔性电极（如碳粉、润滑油或纳米管层）之间。

当施加电场时，电荷移动到电极表面产生静电压力，导致平面内的扩展和平面外的收缩。方程式（1）中给出了静电"麦克斯韦压力"（P）的计算公式。其中，ε_o 和 ε_r 分别为绝对和相对介电常数，V 为电压，t 为薄膜的厚度（Pelrine *et al.*, 1998）：

$$P = \varepsilon_o \varepsilon_r \left(\frac{V}{t}\right)^2 \qquad (1)$$

图 20.1 说明了配置介电弹性体促动器的两种基本方法：薄膜在平面内扩展时产生的促动作用（图 20.1b），以及多层堆栈薄膜在平面外收缩时产生的促动作用（图 20.1c）。促动器采用平面内应变的一个实例是加州大学洛杉矶分校（UCLA）裴启兵研究小组开发的弹簧辊（Pei *et al.*, 2004）。该弹簧辊由预压缩螺旋弹簧上压延的碳电极丙烯酸弹性体薄膜层构成，为预拉伸薄膜及被动拮抗结构提供支撑，以便薄膜进行对抗性工作。DE 薄膜的促动将导致整个弹簧辊延长。从电学上将 DE 划分为 2 个 180°或 4 个 90°独立促动的区域，可以使弹簧辊绕一个或两个轴弯曲。研究人员利用这一特性制造出了具有弹簧辊腿的机器人，它可以像海星的管状足一样行走（Pei *et al.*, 2004）。

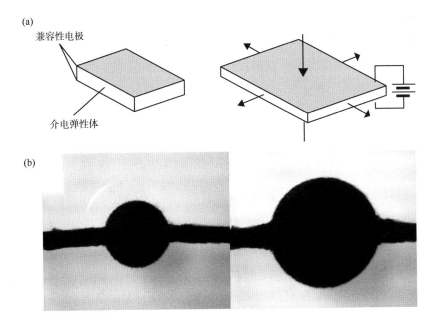

(a)

兼容性电极

介电弹性体

(b)

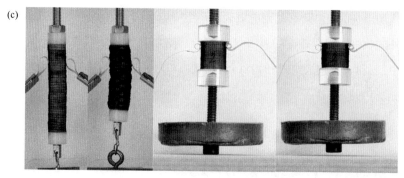

图 20.1　（a）介电弹性体（DE）促动涉及介电膜材料对其自由表面上沉积电荷的响应。相反极性的电荷把相反的表面拉到一起。同种电荷的排斥作用使介电表面积扩大。（b）平面内促动器：左边是一个预驱动的"扩张点"DE 薄膜促动器，由 3M 公司 VHB4905 胶带组成。圆形黑色区为 Nyogel 碳脂电极。施加电荷可使平面面积增加 1 倍以上。（c）正在运行的堆栈促动器。许多层 DE 依次堆叠在一起。在促动时堆栈将变短（右图）

转载自 Sensors and Actuators A：Physical，155（2），G. Kovacs，L. Düring，S. Michel，and G. Terrasi，Stacked dielectric elastomer actuator for tensile force transmission，pp. 299–307，doi：10.1016/j.sna.2009.08.027，Copyright © 2009 Elsevier Ltd.，with permission from Elsevier

　　瑞士联邦材料科技实验室（EMPA）的一个研究小组使用多个弹簧辊制造了三台掰手腕机器人（Kovacs *et al.*，2007；图 20.2）；其中一台参加了国际光学工程学会（SPIE）在 2005 年电活性聚合物与器件大会上举行的第一次人类与机器人掰手腕比赛（Bar-Cohen，2007）。尽管该装置外形上与人类手臂并不相似，但其内部促动器模拟了人类肌肉在关节周围的激动肌-拮抗肌排列方式，使用两个相反的堆栈砝码通过滑轮链接，使机器人既能掰手腕又能返回到起点，从而满足比赛的要求（Kovacs *et al.*，2007）。在另一个以拮抗方式使用肌肉的仿生实例中，韩国的一个研究小组开发出了一种多节段蠕虫机器人，其各节段使用 DE 激活（Jung *et al.*，2011）；柔性机器人系统采用肌肉样促动器的更多实例参见特里默（见 Trimmer，第 41 章）的介绍。

　　早些时候，我们将水母描述为一种柔性系统，其肌肉可以对抗弹簧状弹性浮力钟。柔性促动马达可以模仿这一现象：采用径向排列的 DE 促动器可拮抗控制旋转马达中的弹性软齿轮。DE 肌肉抓住轴并旋转，就像人类在拇指和食指之间转动铅笔一样。当其中两个 DE 马达支撑同一轴的两端时，可以实现 5 个自由度的促动器（Anderson *et al.*，2011）。另一个例子中则将 DE

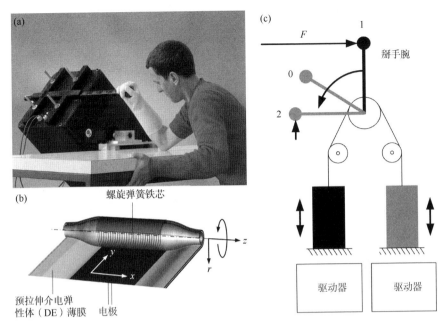

图 20.2 （a）科瓦茨等描述的 EMPA 掰手腕机器人（Kovacs *et al.*，2007）。（b）弹簧辊促动器示意图。（c）促进器分为两个拮抗组，置于人体躯干大小的体积内

转载自 Smart Materials and Structures，16（2），p. S306，An arm wrestling robot driven by dielectric elastomer actuators，Gabor Kovacs，Patrick Lochmatter and Michael Wissler，doi：10.1088/0964-1726/16/2/S16，© 2007，IOP Publishing. Reproduced with permission，

肌肉与弹性结构耦合，瑞士联邦材料科技实验室的工作人员建造了一个充满氦气的飞艇，可以像鱼一样在空气中游动（Jordi *et al.*，2010）。飞艇的表皮可为其表面的部分 DE 肌肉提供支撑。表皮还受到了来自内部气体压力的张力，因此促动可诱导表皮发生伸展，这种伸展可以使艇体弯曲，从而促进游动。

DE 肌肉不需要辅助传感器，这是因为它们能够自我感知。当通过机械或电作用拉伸时，它们的表面积增加并且变薄，这是因为介电材料具有几乎不可压缩的特性。带电 DE 类似于简单的平板电容器。其电容可由公式（2）给出：

$$C = \frac{Q}{V} = \varepsilon_0 \frac{A}{t} \tag{2}$$

其中，Q 为 DE 携带的电荷，V 为 DE 的电压，A 为 DE 的平面内表面积，t 为 DE 的厚度。如果我们能够测量 DE 的带电状态，就可以推断出它的拉伸幅度。一些研究人员已经开发出了这样的算法（Anderson *et al.*，

2012）。柔性 DE 传感器已经实现了商品化。

DE 容易受到多种故障模式的影响，其中最突出的是介电击穿。吉斯比等（Gisby *et al.*，2010）研究证明，通过测量电介质的泄漏电流，可以监测 DE 即将发生的失效。这相当于生物体内产生的疼痛信号。

三、未来发展方向

在未来，DE 材料的性能和可靠性需要不断提高，许多研究人员正在开展这方面的探索（Brochu and Pei，2010）。一个关键要求是降低肌肉促动所需的电压（目前大于 1kV）。这可以通过提高电极可靠性、改善击穿强度和提高介电常数等方法来实现（Brochu and Pei，2010）。

极具前景的一个研究领域是探索 DE 促动器阵列的控制策略。栉水母（ctenophores）为此提供了灵感：它们没有大脑但能够协调控制游泳动作，这是通过依次触发机械敏感的泳动栉足来实现的，每个泳动栉足都由大量超长纤毛组成。当一个栉足被激活时，它会在一个动力冲程中向后推水，这会触发其前面的一个栉足做出同样的动作。这种简单的控制策略已经可以通过机械敏感的 DE 促动器阵列来模拟（图 20.3），这些促动器可以用来运行传送装置（O'Brien *et al.*，2009）。

介电弹性体开关（DES）（O'Brien *et al.*，2010）为控制策略开创了新的前景。DES 由表面印刷电极组成，其电阻会随应变而发生巨大变化，并且可以将电源切换到 DE。因此，可以用 DES 控制肌肉的排列，而 DES 反过来又受到与肌肉间直接机械作用的影响。最近，这种方法被用于控制自换相 DE 马达（O'Brien *et al.*，2012）。对于肌肉阵列的控制，我们希望仿效心脏中的起搏细胞或海蜇用来产生浮力钟协调性节律收缩的起搏器机制。环形振荡器可以起到起搏器的作用，可以用带有 DES 的 DE 促动器来制造这样的装置（O'Brien and Anderson，2011）。开关技术也可用于高阶控制，已经据此开发了基于 DE 促动器和 DES 的图灵机（O'Brien and Anderson，2013）。这些例子证明了，DE 装置有能力作为柔性和智能机器人研发的试验平台。

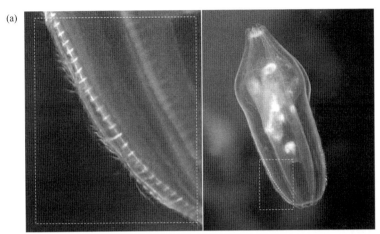

图 20.3　（a）栉水母（*Lampea* sp.），图中显示了纤毛栉足促动波沿栉水母的栉毛带向前（向上）传播。（b）受此控制策略的启发，奥布莱恩等（O'Brien *et al.*，2009）根据科福德等（Kofod *et al.*，2006）研发的自组织结构制作了四个触敏式 DE 促动器。每一个促动器都被前一个促动器触碰激活，从而将圆筒推向左侧

图片来源：（a）转载自 Iain a. anderson，The surface of the sea：encounters with New Zealand's upper ocean life，p. 28，Penguin Random house，auckland，New Zealand © 2007，Penguin Random house.（b）转载自：Benjamin o'Brien，Todd gisby，Emilio Calius，Shane Xie，and Iain anderson，FEa of dielectric elastomer minimum energy structures as a tool for biomimetic desig，SPIE Proceedings：Electroactive Polymer Actuators and Devices（EAPAD），7287，doi：10.1117/12.815818，© 2009，SPIE

四、拓展阅读

　　想要了解关于 DE 转换器的更多信息，推荐读者阅读《介电弹性体作为机电换能器的基本原理》（*Dielectric Elastomers as Electromechanical*

Transducers: Fundamentals）一书（Carpi *et al.*，2011）。有关 DE 促动装置材料方面的更多信息，参阅布罗丘和裴启兵的综述（Brochu and Pei，2010）。DE 的一个关键问题是电极设计，这在罗塞特和谢伊的综述中有所涉及（Rosset and Shea，2013）。安德森等则系统回顾了有关 DE 功能和控制方面的进展（Anderson *et al.*，2012）。

参 考 文 献

Anderson, I. (2007). *The Surface of the Sea, Encounters with New Zealand's Upper Ocean Life*. Auckland: Penguin Random House.

Anderson, I., Tse, T. C. H., Inamura, T., O'Brien, B. M., McKay, T., and Gisby, T. (2011). A soft and dexterous motor. *Applied Physics Letters*, 98, 123704. doi: http://dx.doi.org/10.1063/1.3565195

Anderson, I. A., Gisby, T. A., McKay, T. G., O'Brien, B. M., and Calius, E. P. (2012). Multi-functional dielectric elastomer artificial muscles for soft and smart machines. *Journal of Applied Physics*, 112(4), 041101.

Bar-Cohen, Y. (2007). Electroactive polymers as an enabling materials technology. *Proceedings of the Institution of Mechanical Engineers, Part G: Journal of Aerospace Engineering*, 221(4), 553–64.

Brochu, P. and Pei, Q. (2010). Advances in Dielectric Elastomers for Actuators and Artificial Muscles. *Macromolecular Rapid Communications*, 31(1), 10–36.

Carpi, F., et al. (eds) (2011). *Dielectric Elastomers as Electromechanical Transducers: Fundamentals*. Oxford: Elsevier.

Gisby, T.A., Xie, S. Q., Calius, E. P., and Anderson, I. A. (2010). Leakage current as a predictor of failure in dielectric elastomer actuators. *Proc. SPIE*, 7642. doi: 10.1117/12.847835

Jordi, C., Michel, S., and Fink, E. (2010). Fish-like propulsion of an airship with planar membrane dielectric elastomer actuators. *Bioinspiration & Biomimetics*, 5(2), 026007.

Jung, K., Koo, J. C., Nam, J., Lee, Y. K., and Choi, H. R. (2011) Artificial annelid robot driven by soft actuators. *Bioinspiration & Biomimetics*, 2, S42–S49.

Kofod, G., Paajanen, M., and Bauer, S. (2006). Self-organized minimum-energy structures for dielectric elastomer actuators. *Applied Physics A: Materials Science & Processing*, 85(2), 141–3.

Kovacs, G., During, L., Michel, S., and Terrasi, G. (2009). Stacked dielectric elastomer actuator for tensile force transmission. *Sensors and Actuators A: Physical*, 155(2), 299–307.

Kovacs, G., Lochmatter, P., and Wissler, M. (2007). An arm wrestling robot driven by dielectric elastomer actuators. *Smart Materials and Structures*, 16(2), S306.

Kovanen, V., Suominen, H., and Heikkinen, E. (1984). Mechanical properties of fast and slow skeletal muscle with special reference to collagen and endurance training. *Journal of Biomechanics*, 17(10), 725–35.

LeGrice, I. J., Smaill, B. H., Chai, L. Z., Edgar, S. G., Gavin, J. B., and Hunter, P. J. (1995). Laminar structure of the heart: ventricular myocyte arrangement and connective tissue architecture in the dog. *American Journal of Physiology—Heart and Circulatory Physiology*, 269(2), H571–H582.

Martini, F. H., Timmons, M.J., and Tallitsch, R.B. (2008). *Human Anatomy*, 6th edn. San Francisco: Pearson Education.

O'Brien, B., and Anderson, I. A. (2011). An artificial muscle ring oscillator. *IEEE/ASME Transactions on Mechatronics*, doi: 10.1109/TMECH.2011.2165553.

O'Brien, B., and Anderson, I. (2013). An artificial muscle computer. *Applied Physics Letters*, 102, 104102. doi: http://dx.doi.org/10.1063/1.4793648

O'Brien, B., Gisby, T., Calius, E., Xie, S., and Anderson, I. A. (2009). FEA of dielectric elastomer minimum energy structures as a tool for biomimetic design. *Proc. SPIE*, 2009, 7287.

O'Brien, B. M., Calius, E. P., Inamura, T., Xie, S. Q., and Anderson, I. A. (2010). Dielectric elastomer switches for smart artificial muscles. *Applied Physics A: Materials Science and Processing*, 100(2), 385–9.

O'Brien, B. M., McKay, T. G., Gisby, T. A., and Anderson, I.A. (2012). Rotating turkeys and self-commutating artificial muscle motors. *Applied Physics Letters*, 100(7), 074108.

Pei, Q., Rosenthal, M., Stanford, S., Prahlad, H., and Pelrine, R. (2004). Multiple-degrees-of-freedom electroelastomer roll actuators. *Smart Materials and Structures*, 13(5), N86.

Pelrine, R. E., Kornbluh, R.D., and Joseph, J.P. (1998). Electrostriction of polymer dielectrics with compliant electrodes as a means of actuation. *Sensors and Actuators A: Physical*, 64(1), 77–85.

Rosset, S., and Shea, H. R. (2013). Flexible and stretchable electrodes for dielectric elastomer actuators. *Applied Physics A*, 110(2), 281–307.

第 21 章
节律和振荡

Allen Selverston

Division of Biological Science, University of California, San Diego, USA

振荡节律是神经元活动的普遍形式，它们是移动、咀嚼和呼吸等运动行为的基础。中枢神经系统（CNS）中广泛存在频率 0.02～600Hz 的神经振荡，并被证明与感觉和更高层次的信息处理有关。通过神经技术来模拟这种活动形式，至关重要的是了解构成节律行为的生物学机制（节律发生），此外了解如何产生和维持节律活动的多阶段模式也很重要。研究节律发生的最佳模型之一是中枢模式发生器（CPG），这是中枢神经系统内能够自主产生节律行为的神经细胞集合。虽然 CPG 是节律系统的主要引擎，但它们要发挥功能还必须能够适应不同的环境条件。为了实现这一目标，CPG 由集成了高阶视觉、听觉和触觉刺激的下行指令控制，并能够在周期循环的基础上调整运动模式。此外，几乎所有的 CPG 都接受闭环感觉反馈，这种反馈在功能上与节律生成和模式形成有关。

本章将着重介绍无脊椎动物 CPG 研究所阐明的振荡行为的主要特征，尤其是龙虾口胃神经节产生的两种 CPG 模式。在龙虾的这一比较简单的系统中，科学家已经很好地掌握了节律性的基础和模式形成背后的逻辑。本章还将介绍如何通过感觉反馈和中枢指令控制这两种 CPG，以及化学神经调节剂如何在功能上重新配置以使它们产生不同的模式。最后将讨论如何将生物原理融入仿生与生物混合装置中，如同本书其他部分所述（见 Ayers，第 51 章），以及神经系统逆向工程所面临的普遍挑战。

一、生物学原理

（一）口胃神经节

甲壳动物的口胃神经节（stomatogastric ganglion，STG）位于胃部上表面，仅有 30 个细胞。STG 的传出神经对控制胃部节律性运动的横纹（随意）肌进行支配。其中，一组肌肉负责控制 3 颗 "牙齿"，即咀嚼食物的胃磨；另一组肌肉即幽门，负责在胃后部执行泵送和蠕动功能。STG 的作用是利用含 11 个细胞的胃回路和含 14 个细胞的幽门回路生成并同步这两个独立的节律性运动。这些细胞很大（直径 $70 \sim 80 \mu m$），并且可识别。通过刺激和记录每个回路中的所有成对细胞，并对单突触性进行严格测试，研究人员已经确定了两种 CPG 详细的连接图（Selverston and Moulins，1987）。从细胞间的实际连接来看，龙虾的口胃回路是目前了解得最详细的神经回路。

（二）STG 中的神经元身份识别

虽然脊椎动物神经回路中的神经元只能通过类型来识别，但无脊椎动物的 CPG 神经元可以根据它们的生物物理特性，以及它们与其他已识别神经元的联系来单独识别。这使得在不同动物制备实验中，有可能对每一个神经元进行标记并将其返回制备物中。神经元身份识别对于理解神经回路如何工作的重要性不可低估。返回到神经回路中同一神经元的能力是了解设计原则的关键，无论是在分子、细胞还是在网络层面。每个细胞中存在的膜通道被赋予了不同的电特性，并决定每个神经元在网络中的功能。从某种意义上说，在复杂的机械或数字系统中，每个神经元都表现为一个硬件组件，但对生物学特性进行逆向工程并非毫无意义（Marom et al.，2009）。STG 神经元之间的连接性非常一致，主要由化学抑制性突触和少量兴奋性突触组成。同时还有许多电突触，主要存在于同一类型的神经元之间，用来同步它们的活动。

（三）CPG 的一般特性

对小型 CPG 回路的分析，揭示了生物学和工程学在针对相同问题时解决方案的异同。CPG 回路的拓扑结构是严格确定的，其组成神经元及连接在不同动物之间是恒定不变的。从某种意义上说，生物回路是"硬接线的"，就好像它们是按照线路图制作的一样。每个神经元的生物物理特性也都非常可靠地保持一致，尽管每个神经元的组成通道蛋白（生物学部件）数量可以高达 4 倍变化，但仍保持一定的固定比率。对于 STG 来说，决定哪些通道被表达（赋予每个神经元其身份特性）是高度退行性的。有关 STG 中发现的所有离子电流及其功能，可以参阅相关综述的介绍（例如 Harris Warrick *et al.*，1992）。所有的膜电流都受到神经调节剂的影响，它们选择性作用于离子通道并改变其特性。这种作用的结果赋予了单个神经元和突触等网络元件非常广泛的生物物理学特性。通过改变离子通道的特性，神经回路在较长时间（从几分钟到几小时）内进行功能的重新配置（Nusbaum and Beenhakker，2002）。来自高级中枢和感觉受体的神经输入也被引导到回路中的特定细胞，通过增加或降低它们的活性，从而暂时性地指导运动输出调节。这种情况下，只有在神经输入处于活动状态时，细胞特性才会改变。CPG 只会产生高度刻板的类似"机器人"的节律，没有神经调节和突触输入，并不适合自主行为。

（四）幽门节律的逻辑电路

幽门胃区具有泵和过滤器的作用，用于处理经过胃磨浸泡过的食物。它本质上是一根管状器官，其上下表面有与甲壳相连的外部肌肉（PD 神经元控制），肌肉收缩时幽门就会扩张。它的后表面还有内部肌肉（LP 神经元和 PY 神经元控制），从前向后收缩时可产生蠕动样的泵送运动。实际行为包括节律性的三相循环周期，在一个扩张相后有两个收缩相，频率约为 1Hz（图 21.1）。这三个阶段由 3 个电耦合振荡神经元，即 1 个 AB 中间神经元和 2 个 PD 运动神经元驱动。这 3 个神经元以及幽门回路中的所有其他神经元被称为条件爆发放电器，即它们需要来自"更高"神经节的神经调节输入才能爆发放电。第一相，AB 和 PD 爆发放电并强烈抑制其他幽门神经元（图 21.2）。当它们停止爆发放电时，I_{H} 电流（超极化激活阳离子电流）使 LP 首先恢复爆发放电（第二相），然后是 8 个 PY 的爆发放电（第三相）。

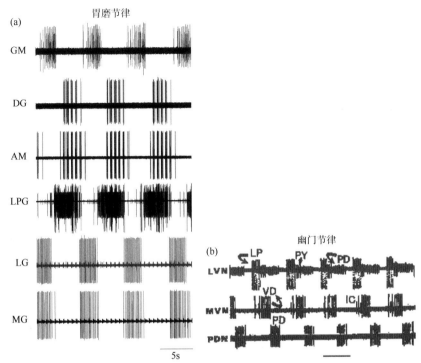

图 21.1 在接受来自高阶中心神经调节输入的体外制备物中胃和幽门 CPG 产生的典型节律性爆发。轴突痕迹是根据它们所支配的肌肉来识别确定的。注意到 DG 和 AM 神经元中存在强烈的幽门调节

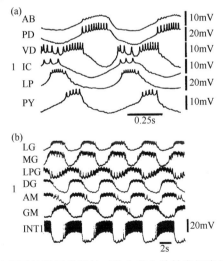

图 21.2 细胞内同步记录神经元机器针对肌肉产生的轴突爆发放电;(a) 幽门节律;(b) 胃节律。慢波上的尖峰对应于轴突尖峰,在大多数细胞中可以看到来其他神经元的阈下活动。细胞内记录可以使任何细胞都能通过电流注入来操纵控制,提高或降低其活性,或用染料填充以检查其形态,或使其光失活。细胞个体内也可以插入编码特定通道蛋白的遗传物质

（五）胃磨节律的逻辑电路

食物浸泡所发生的胃部区域称为胃磨（gastric mill），包含 3 个作为"牙齿"的锯齿状小骨，1 个位于内部，2 个位于侧部。"牙齿"以约 0.1 Hz 的四相位节律进行研磨，包括侧牙的开启与关闭、内牙的前后移动。这四个相位的产生需要一个比幽门 CPG 复杂得多的 CPG 网络。胃磨网络利用了更多类型的细胞和突触机制，并结合了比幽门 CPG 中发现的振荡器–抑制耦合机制更复杂的网络排列（Selverston *et al.*，2009）。我们推测，这种额外的复杂性是必要的，因为这种行为不仅是间断性的，而且比幽门节律更灵活，接受更多的感觉反馈。它类似于心脏持续跳动和需要行走与跳舞的腿部断续性运动之间的区别。胃部 CPG 中只有 11 个神经元，2 个负责打开侧牙（LPG 神经元），2 个负责关闭侧牙（LG 和 MG 神经元）（完整回路参见图 21.3）。4 个神经元在一个动力冲程中向前移动内牙（GM 神经元），2 个神经元负责产生内牙的返回冲程运动（DG 和 AM 神经元）。神经元的侧牙和内牙亚群由一个 Int1 神经元驱动和协调，其具有强烈的内在爆发放电特性。内牙的基本机制包括两个相互抑制的网络，即 Int1 与 LG/MG 对、LG/MG 对与 LPG 之间的抑制网络。内牙发挥功能是通过 Int1 激发 DG/MG 协同肌的兴奋和前馈抑制来实现，DG、MG 和 Int1 都可以抑制 GM 的紧张性放电。所有这些活动都会在 4 次爆发之间产生节律和正确的相位关系，从而导致协调性动作并有效"咀嚼"食物。胃磨神经元的特性可以从强烈爆发到紧张性放电再到完全沉默。大多数突触是抑制性的，少数兴奋性突触往往有内在的延迟性。协同肌之间存在广泛的电耦合。与幽门中间神经元 AB 一样，Int1 中间神经元也将节律的复本发送给高级神经节的神经元，作为对某些胃神经元的反馈兴奋（图 21.3 中未显示）。

总而言之，胃磨 CPG 通过几种不同的机制在单个神经元中产生节律性行为：

（1）条件爆发神经元利用突触的兴奋和抑制在后续细胞中产生节律性爆发。

（2）如果后续神经元发生紧张性放电，它会被爆发神经元周期性地抑制，从而使爆发失去同步性。

（3）如果后续细胞是沉默的，它可以被爆发神经元周期性地兴奋，并与之同步放电。

（4）周期性兴奋被不同程度延迟，可能是由于 I_A 电流（瞬时外向钾电流）导致后续神经元以可变的相位延迟放电。

（5）相互抑制的成对神经元利用半中心网络机制产生节律性爆发放电。

虽然可以在其他无脊椎动物系统中发现这些机制的组合，但研究人员还介绍了脊椎动物系统中节律发生的其他方法，特别是七鳃鳗（Grillner *et al.*，2005）和青蛙（蝌蚪）游泳动作（Roberts and Perrins，1995）所提示的反复兴奋。在这些动物中，细胞以某种方式与兴奋性突触紧密相连，正反馈导致产生爆发放电，然后因内部钙离子的累积而终止爆发，从而激活超极化钾电流。超极化又进一步触发去极化氢电流，如此反复循环。

STG 回路图显示幽门节律和胃节律之间存在连接性，值得注意的是，两者的频率相差很大。两个回路图（图 21.3）中未显示出的是两个中间神经元（AB 和 Int 1）和高级神经节神经元之间的连接，它们负责向幽门和胃回路提供兴奋性反馈。在细胞内记录（图 21.2）中很容易看到这些输入的突触后电位，其作用是保持两个节律的同步。

与无脊椎动物的 CPG 一样，脊椎动物的节律系统，如呼吸、运动或咀嚼的驱动系统，其 CPG 通常由节律性离子流驱动，而不管它们是采用网络机制还是起搏器机制。例如，持续性钠电流似乎在节律发展中发挥了关键作用，其可以被药物利鲁唑（riluzole）选择性阻断。另一种钙激活阳离子电流（I_{CAN}），具有缓慢激活和失活的动力学特性，也在节律性爆发神经元形成平台期电位中发挥作用。这些电流和其他电流，通过诱发阈下电压变化的非线性响应，可使神经元能够维持爆发并随后终止它们（Harris-Warrick，2010）。虽然电流平衡对于节律发生至关重要，但神经调节器对电流的调节可以强烈地启用或禁用网络功能。此外，快速的突触传输也会增加或降低细胞的功能，在某些情况下还会导致神经调节剂的释放从而影响节律。一般来说，脊椎动物节律系统采用多种机制，并且比无脊椎动物节律系统包含更多的冗余。

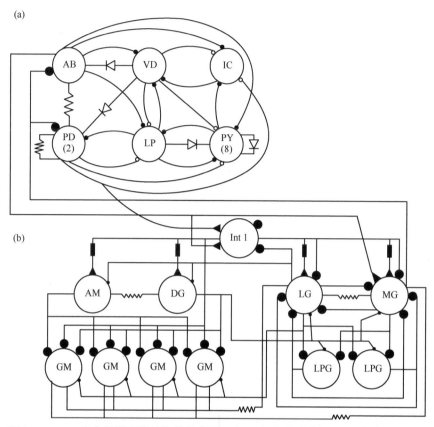

图 21.3　STG 生命机器回路的简化示意图。上图（a）代表幽门 CPG，下图（b）代表胃 CPG。黑色圆点是化学抑制性突触，黑色三角形是兴奋性突触。电阻器表示电耦合，二极管表示整流。圆点大小表明其强度。黑色矩形表示抵达其各自突触的延迟线。除了 Int 1 和 AB 之外，其他每个神经元还从神经节向肌肉发出轴突

（六）STG 节律的控制

　　STG 节律和模式是由神经和神经调节输入控制的，使周期频率和模式适应不断变化的环境。一些感觉输入周期性地控制神经节，而神经调节输入持续时间更长，可以显著改变输出。研究人员已经对下述的大量受体进行了形态学描述（Dando and Maynard，1973）：

　　（1）监测口腔和食管下段运动的受体。

　　（2）监测食管和前肠的化学感受器。

　　（3）STG 附近的牵张受体，用于监测胃磨运动。

（4）神经中的牵张受体，支配胃壁的同时也监测胃磨。

（5）幽门附近肌肉中的本体感受器。

（6）消化腺和中肠起始部位附近的牵张受体。

如前所述，除了神经元输入外，STG 回路还对血液中以激素形式传递的、来自高级中枢特殊神经元和某些感觉神经元的化学神经调节物质做出反应。它们大多是胺和小肽，可以特异性染色和鉴定。它们通过第二信使系统发挥作用，改变它们所靶向特定细胞和突触的传导特性，从而改变整个回路的输出。这些变化具有鲁棒性、可重复性，但只能持续数分钟到数小时。在口胃系统中，单个回路可以从根本上改变其输出模式，不同的回路可以组合在一起形成全新的回路配置，或者神经元可以简单地从一个回路转换到另一个回路。因此，神经回路虽然在解剖学上是硬接线的，但其功能在很大程度上取决于周围的化学环境。图 21.1 所示的基本节律是综合制备物中典型的龙虾式节律，其接受来自高级神经节的神经调节输入。去除该输入后，两个节律都会被终止；加入新的神经调节输入，则可以形成不同的模式。

二、仿生与生物混合系统

针对特定生物系统（如 STG）的还原论研究方法，试图揭示节律行为产生的基本设计原理。其他无脊椎动物的 CPG 采用相似的分子元件，但它们在细胞和神经回路层面的设计原理却大不相同，尽管事实上它们的基本输出模式非常相似。这可能与人们所认为的深度简并性没有太大关系（Marom et al., 2009），而不像进化与简并性的关系那样。细胞和突触的特性不断进化以适应对每个物种都不一样的选择性压力。如果缺乏先前的知识基础，则不同的 CPG 回路无法通过归纳、推理来确定，而必须根据经验来确定。这并不意味着对生物回路的详细了解就可以成功实现逆向工程，但这却是一个重要的开始。尽管具有已知设计原理的神经回路可以给出令人满意的结果，但可能仍然无法代表生物设计。

振荡网络的计算机模型可以成功模拟 STG 等生物 CPG，并利用它们更好地了解生物系统的特性，为建立物理模型奠定基础。STG 网络的计算机模型及其他模型，可以考虑将其分为三个层次：单神经元模型、突触模型和整体网络模型。一般来说，单神经元模型又可以分为两类，基于传导的和现象学（phenomenological）的。基于传导的霍奇金–赫胥黎方程（Hodgkin-Huxley，H-H）最初提出是用来描述产生动作电位的离子的电压依赖性传导，但也可以增加其他传导。该模型只代表一个点过程，即神经元的棘波起始位点。为了考虑细胞在模型中的形态，必须增加其他房室（compartment）来计算被动性和兴奋性神经元区域的效应，但大量使用房室会极大地影响计算时间。研究人员还采用了许多其他模型来模拟单个神经元的活动，其中一个是非常简化的三维现象学模型——欣德马什–罗斯（Hindmarsh-Rose，H-R）模型（Torres and Varona，2012），该模型由 3 个多项式方程组成，类似于 H-H 方程：

$$\frac{\mathrm{d}V(t)}{\mathrm{d}t} = W(t) + aV(t)^2 - bV(t)^3 - Z(t) + I$$

$$\frac{\mathrm{d}W(t)}{\mathrm{d}t} = C - dV(t)^2 - W(t)$$

$$\frac{\mathrm{d}Z(t)}{\mathrm{d}t} = r\left[s(V(t) - V_0) - Z(t))\right]$$

其中，$V(t)$ 为膜电位，$W(t)$ 为快速电流，$Z(t)$ 为慢速电流，I 为外部电流。

这个模型可以产生类似于 STG 输出的棘波和爆发放电状态，已经被用来构建人工电子神经元并可以相互连接成网络。电子神经元还可以与活神经元产生双向作用，并被用于在去除关键细胞或去除神经调节后挽救幽门节律（图 21.4）。尽管电子神经元的特性与真实神经元还相去甚远，但它们可以在有限的程度上替代生物神经元。

（一）仿生突触

用于耦合电子神经元的突触既可以非常简单，也可以具有调节和促进等时间依赖非线性特性。在相对简单的版本中，可以将总突触电流注入模型细胞之中（Denker et al.，2005）。使用动力钳系统可以产生更完整的突触特性（Szücs，2007；Pinto et al.，2001）。突触前细胞记录的电压可以触发动力钳，并将其转换成模拟突触电流的程序电流，然后通过微电极注入突触后细胞。

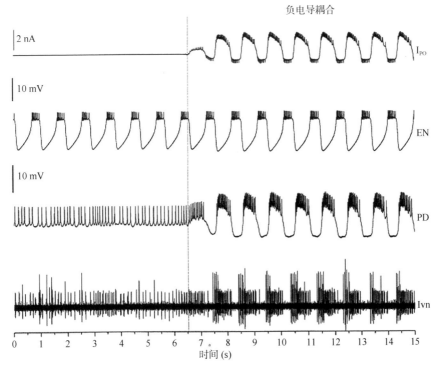

图 21.4   具有欣德马什-罗斯动力学的人工电子神经元与生物体幽门 CPG 的相互作用。记录显示当 STG 被剥夺神经调节输入时，细胞外记录的一个神经元（PD，第三行的轨迹）和另外两个神经元（LP 和 PY，最下面的轨迹）没有发生爆发性放电。最上面的轨迹显示了人工突触电流，第二行的轨迹显示了人工神经元的振荡电位。人工神经元通过模拟抑制性突触在垂直线上（6.5s）与 PD 细胞相连，这将使 PD 与电子神经元不同步，并使整个生物网络以人工神经元施加的频率重新恢复节律性活动

（二）仿生网络

科学家通过整合实验中的细胞和突触数据，已经成功地对 STG 电路进行了建模（Harris-Warrick *et al.*，1992）。对具有确定连接性的小型回路进行建模有助于确定网络中特定细胞的作用，并可在生物制备物中对细胞活性操纵的效果进行测试。此外，一些关于回路操作的基本问题可以利用模型来检验，而且要比用活体制备物更为容易。例如，可以从稳定性和灵活性——CPG 网络两个相互对立的特征——的角度来检验细胞驱动和网络爆发之间的定量关系（Ivanchenko *et al.*，2008）。研究还表明，单个生物神经元在突触分离时表现出混沌行为，但当神经元处于网络中并接受突触电流时，这种

行为就会规律化（Elson *et al.*，1999）。这种现象可以通过模拟幽门网络来建模和解释（Falke *et al.*，2000）。仿生 CPG 网络还可用来驱动机器人系统（Ayers *et al.*，2010；见 Ayers，第 51 章），但应注意的是，它们的实用性受到现有促动器系统非生物特性的限制。

（三）混合网络

动力钳（Pinto *et al.*，2000；图 21.5）已被用于将电子神经元整合到完整的活体回路之中，以及通过光灭活删除一个或多个生物神经元的回路之中。由两个幽门 CPG 与动力钳耦合组成的混合网络，已被用于研究两个独立 CPG 的耦合机制。CPG 单元的这种耦合在自然界中是常见的现象，例如，四足运动中腿部 CPG 的单元振荡器可以在同相、异相或某个中间相耦合。研究表明幽门网络中特定神经元之间的兴奋性或抑制性耦合可以产生这些不同的耦合功能。

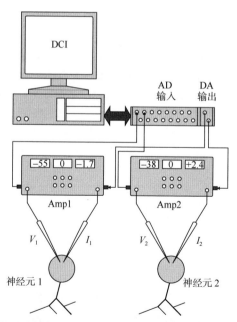

图 21.5　使用动力钳系统模拟突触对来自相同或不同 STG 的两个神经元进行连接。采用了两个细胞内放大器（Amp1 和 Amp2），每个放大器都能记录膜电位并通过两个独立的微电极注入电流。神经元膜电压进入数据采集接口的 AD 输入端。电流指令通过 DA 输出发送到细胞。计算机操作动力钳输出来模拟所需的突触电流

三、未来发展方向

将电子神经元和突触耦合到生物网络的混合回路可以进一步改进和不断完善，以驱动和控制 CPG 及其他类型的网络。反过来也有可能的是——生物运动模式已被用于驱动人工肌肉和假肢装置。研究人员已经运用无脊椎动物回路设计的基本原理来构建仿生 CPG，该 CPG 能够驱动龙虾式行走机器人和七鳃鳗式游泳机器人的运动（Ayers *et al.*, 2010）。

两种新的研究方法有望对振荡回路的研究产生重大影响：①基于遗传学的细胞识别、监测和操作技术；②旨在设计细胞和回路以执行特定功能的合成生物学。哺乳动物体内振荡模式的产生还没有从细胞之间连接性的角度得到理解，因为这一层面的分析受到涉及细胞数量多、细胞缺乏可识别性以及无法重复刺激和记录成对神经元的阻碍。现在可以根据神经元的内源性基因表达来确定神经元的类型。可以利用增强子和启动子驱动一系列转基因来编码标记蛋白质。转基因动物通过表达荧光蛋白对特定细胞类型进行标记，可用于视觉引导记录或神经元和突触活动成像。结合光学方法（光遗传学），可以上调或下调神经元群体的活动，或将其从网络中完全移除。

合成生物学目前仍然主要利用原核生物开展研究，但最终有可能通过工程设计具有特定行为方式的神经元，推动从头创建真核回路。通过整合来自不同通道、受体和其他细胞成分等的遗传物质，可以创建出新的细胞特性。STG 神经元可能是实现这一目的的理想细胞，因为其细胞足够大，可以直接注入遗传物质。工程化神经元可以整合到功能性生物回路中，改变其活动模式或形成具有特殊功能的混合回路。

四、拓展阅读

塞尔弗斯顿（Selverston，2010）对无脊椎动物的中枢模式发生器回路进行了系统综述，苏卡斯（Szücs，2007）探讨了在人工网络中突触建模的挑战，托雷斯和瓦罗纳（Torres and Varona，2012）针对更广阔的生物神经网络建模领域提供了非常有价值的介绍。

参 考 文 献

Ayers, J, et al. (2010). Controlling underwater robots with electronic nervous systems. *Applied Bionics and Biomechanics*, 7, 57–67.

Dando, M. R., and Maynard, D. M. (1973). The sensory innervation of the foregut of *Panulirus argus* (Decapoda Crustacea). *Marine Behaviour and Physiology*, 2, 283–305.

Denker, M., Szucs, A., Pinto, R. D., Abarbanel, H. D. I., and Selverston, A. I. (2005). A network of electronic neural oscillators reproduces the dynamics of the periodically forced pyloric pacemaker group. *IEEE Trans Biomed Engineering*, 52, 792–9.

Elson, R. C., Huerta, R., Abarbanel, H., Rabinovich, M., and Selverston, A. (1999). Dynamic control of irregular bursting in an identified neuron of an oscillatory circuit. *J. Neurophysiol.*, 82, 115–22.

Falke, M., et al. (2000). Modeling observed chaotic oscillations in bursting neurons: the role of calcium dynamics and IP_3. *Biol. Cyber.*, 82, 517–27.

Grillner, S., Markram, H., De Schutter, E., Silberberg, G., and LeBeau, F. E. N. (2005). Microcircuits in action—from CPGs to neocortex. *Trends in Neurosciences*, 28(10), 525–33.

Harris-Warrick, R. M., Marder, E. A., Selverston, A., Moulin, M. (eds) (1992). *Dynamic biological networks: the stomatogastric nervous system*. Cambridge, MA: MIT Press.

Harris-Warrick, R. M. (2010). General principles of rhythmogenesis in central pattern networks. *Progress in Brain Research*, 187, 213–22.

Ivanchenko, M., Nowotny, T., Selverston, A., and Rabinovich, M. (2008). Pacemaker and network mechanisms of rhythm generation: cooperation and competition. *J. Theor. Biol.*, 253(3), 452–61.

Marom, S, et al. (2009). On the precarious path of reverse neuro-engineering. *Frontiers in Computational Neuroscience*, 3, 5.

Nusbaum, M. P., and Beenhakker, M. P. (2002). A small-systems approach to motor pattern generation. *Nature*, 417(6886), 343–50.

Pinto, R. D., et al. (2000). Synchronous behavior of two coupled electronic neurons. *Physiol Rev E.*, 62, 2644–56.

Pinto, R. D., et al. (2001). Extended dynamic clamp: controlling up to four neurons using a single desktop computer and interface. *J. Neurosci Methods*, 108, 39–48.

Roberts, A., and Perrins, R. (1995). Positive feedback as a general mechanism for sustaining rhythmic and non-rhythmic activity. *Journal of Physiology (Paris)*, 89, 241–8.

Selverston, A. (2010). Invertebrate central pattern generator circuits. *Phil. Trans. Roy. Soc. B*, 365, 2329–45.

Selverston, A. I., and Moulins, M. (eds) (1987). *The Crustacean Stomatogastric System*. Berlin: Springer-Verlag.

Selverston, A. I., Szucs, A., Huerta, R., Pinto, R., and Reyes, M. (2009). Neural mechanisms underlying the generation of the lobster gastric mill motor pattern. *Front Neural Circuits*, 3, 12.

Szücs, A. (2007). Artificial synapses in neuronal networks. In: J. A. Lassau (ed.), *Neural Synapse Research Trends*. New York, NY: Nova Science Publishers, Inc., pp. 47–96.

Torres, J. J., and Varona, P. (2012). Modeling biological neural networks. In: G. Rozenberg (ed.), *Handbook of Natural Computing*. Berlin: Springer-Verlag, pp. 533–64.

第 22 章
皮肤和干式黏附

Changhyun Pang[1], Chanseok Lee[2], Hoon Eui Jeong[3],
Kahp-Yang Suh[2]

[1] School of Chemical Engineering, SKKU Advanced Institute of
Nanotechnology, Sungkyunkwan University, Republic of Korea
[2] School of Mechanical and Aerospace Engineering, Seoul National University,
Republic of Korea
[3] School of Mechanical and Advanced Materials Engineering, Ulsan National
Institute of Science and Technology, Republic of Korea

  科学家通过探索动物皮肤拥有的突出的黏附特性,揭示了各种精细的纳米结构及其物理相互作用。例如,十多年来,不同学科的研究人员一直对壁虎足毛的独特结构特征(如高深宽比、倾斜角度、层次结构和绒毛尖端)非常着迷。最近,人们对甲虫的附着系统进行了广泛的研究,揭示了其具有的各种功能,如与蜡质或湿性表面的结合/附着、毛细黏附和翅膀固定。本章将壁虎和甲虫启发的吸附特性分成三类加以介绍:壁虎足毛的倾斜、分层及绒毛软垫,甲虫足部的蘑菇状软垫,以及甲虫翅膀锁定装置的联锁性。在介绍了这些生物系统可逆性黏附机制和功能的结构特征之后,我们描述了如何应用当前的纳米制造方法来模拟或开发这些系统。此外,还介绍了它们在清洁运输装置、生物医学贴片和电气联锁装置中的潜在应用,以拓宽人工干式黏附的应用范围。最后对下一代仿生干式黏附系统的发展前景和未来挑战进行了简要探讨。

一、 生物学原理

  各种动物的皮肤,包括蜥蜴、蜘蛛和昆虫,都具有非常突出的附着能力,使它们能够在自然界的多种表面上自由移动(Arzt *et al.*, 2003)。动物惊人的黏附能力主要是由足部的微米或纳米级毛状结构产生的。基于这些精细的毛状结构,许多生物对粗糙性和方向性各不相同的表面表现出可逆、可重复、定向的强大附着能力。事实上，这种天然黏附性能远远超过了目前丙烯酸材料或压敏胶带等人造黏附剂的性能，人造黏附剂很少能够重复使用，并且容易受到污染。纳米技术的最新进展使人们有可能更详细地研究天然附着系统的基本机制和结构。

（一）壁虎的分层足毛

壁虎足部的附着软垫是自然界中最多能、最有效的附着结构之一，体现为能够在垂直墙壁甚至天花板等表面自由行走的特殊能力。这种非同寻常的黏附能力归功于数以百万计极其微小的足毛阵列，即刚毛（setae），这些刚毛分裂成数百个更小的称为绒毛（spatulas）的纳米尺度末端，如图 22.1a 所示（Autumn et al., 2006）。绒毛尖端的尺寸约为 200nm，可以产生附着力极强的范德瓦耳斯力（约 10N/cm^2）。一方面，微米尺度的刚毛提供了足够的结构长度和柔顺性，同时可防止足毛的横向塌陷。另一方面，与半球形或简单的扁平形尖端相比，纳米尺度的绒毛尖端通过增加接触面积来提高黏附强度。超薄的软垫尺寸（5～10nm）还有助于与表面密切接触，甚至在预负荷较低的情况下。有趣的是，刚毛阵列是倾斜的，有一个方向角，这允许不同寻常的各向异性黏附（附着性强且容易分离），因为只有从特定方向上加载负荷，具有倾斜角度结构的表面才能被黏附。此外，壁虎的分层足毛表现出了超疏水性和自清洁性，这使得壁虎的脚垫能够可逆性、重复性黏附，而不会出现表面污染或有污垢的问题。

（二）甲虫的蘑菇状软垫

大量甲虫物种也具有突出的黏附能力，可以在多种复杂表面上移动（Pang et al., 2012b）。甲虫的附着结构分布于从翅膀到脚趾的整个身体表面。甲虫的典型黏附结构包括用于附着蜡质或潮湿表面的蘑菇状接触部件，以及用于固定翅膀的可逆联锁装置。壁虎的不对称铲形尖端具有倾斜结构，是针对时间性和方向性附着进行的优化，相比之下，甲虫的蘑菇状特征是垂直配置的对称凸起尖端。因此，这些蘑菇状软垫提供了强大的正常黏附力并提高了脱离强度，以实现长期附着。例如，当雄性甲虫附着在雌性甲虫粗糙的背部表面上或植物表面上时，蘑菇状接触部件开始发挥作用，具体如图 22.1b

所示。应当注意的是，与平面、球面、不对称铲形、管状和凹形等其他形状的尖端相比，对称式蘑菇状尖端能够诱发与各种基质的紧密接触，从而产生很强的附着力。此外，蘑菇状结构的黏附强度在潮湿条件下可以进一步增强，因为在将黏附结构拉开时会产生吸力效应。

(a) 倾斜、分层软垫

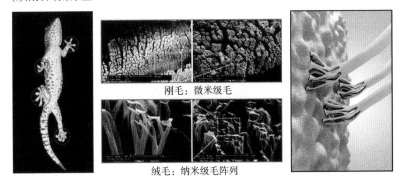

(b) 蘑菇状软垫　　　　(c) 翅膀锁定装置

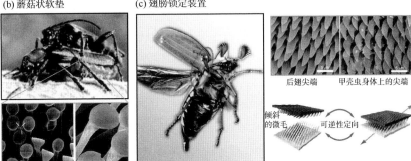

图 22.1　壁虎和甲虫的体表存在各种附着系统。(a) 壁虎足部倾斜、分层的毛状结构；(b) 甲虫交配时用于附着的蘑菇状软垫；(c) 甲虫翅膀锁定装置的照片和扫描电镜图像，并对其作用机制进行了概念性图解

图片来源：(a) 转载自 Journal of Experimental Biology，209 (18)，K. Autumn，A. Dittmore，D. Santos，M. Spenko，and M. Cutkosky，Frictional adhesion：a new angle on gecko attachment，pp. 3569–3579，Figure 1d，doi：10.1242/jeb.02486，Copyright © 2006 The Company of Biologists. NanoToday，4 (4)，Hoon Eui Jeonga and Kahp Y. Suha，Nanohairs and nanotubes：Efficient structural elements for gecko-inspired artificial dry adhesives，pp. 335–346，doi：10.1016/j.nantod.2009.06.004，Copyright © 2009 Elsevier Ltd.，with permission from Elsevier，and Advanced Functional Materials，21 (9)，Moon Kyu Kwak，Changhyun Pang，Hoon-Eui Jeong，Hong-Nam Kim，Hyunsik Yoon，Ho-Sup Jung，and Kahp-Yang Suh，Towards the Next Level of Bioinspired Dry Adhesives：New Designs and Applications，pp. 3606–3616，doi：10.1002/adfm.201100982，Copyright © 2011 WILEY-VCH Verlag GmbH & Co. KGaA，Weinheim. (b and c) 转载自 NanoToday，7 (6)，Changhyun Pang，Moon Kyu Kwak，Chanseok Lee，Hoon Eui Jeong，Won-Gyu Bae，and Kahp Y. Suh，Nano meets beetles from wing to tiptoe：Versatile tools for smart and reversible adhesions，pp. 496–513，doi：10.1016/j.nantod.2012.10.009，Copyright © 2012 Elsevier Ltd.，with permission from Elsevier

（三）甲虫的联锁微毛

甲虫的翅膀锁紧装置也是一种多用途的黏附结构，其作用是固定和保护娇嫩的翅膀。图 22.1c 显示了翅膀锁定装置的照片和相应的扫描电镜图像，以及其作用机制的示意图。如图所示，在后翅的角质层表面和甲虫的身体上存在着密集有序的、高深宽比（AR）的玉米状角度结构，称为微毛（microtrichia）。后翅的微毛宽度约为 2.5μm，深度约为 17μm，甲虫体表的协调性微结构宽度约为 1.5μm，深度约为 15μm（Pang *et al.*，2012a）。这两种结构均规则有序，呈现为六角形排列方式，间距比（SR）约为 3。当甲虫折叠翅膀时，每个表面的微结构都与高剪切黏附性和方向性相联锁。与壁虎的干式黏附一样，翅膀锁定装置的基本机制是联锁微结构之间的范德瓦耳斯力。与其他可逆性结合系统（如商用尼龙搭扣 Velcro® 中的钩或环）不同，范德瓦耳斯力介导的甲虫翅膀联锁机制不需要复杂结构之间的物理抓握。基于这些独有特性，联锁系统可以适用于各种装置，例如，可逆性紧固件、电气接头和压力传感器，广泛应用于生物医学和机器人领域。

二、仿生系统

科学家受到大自然卓越黏附特性的启发，开展了广泛的研究，通过模仿自然系统独特的多尺度结构来发展仿生人工干式吸附。目前已经开发出许多制备方法，用于制造具有受控倾斜角、层次结构、高深宽比和尖端形状的复杂仿生结构（Kwak *et al.*，2011b）。这些方法包括多步毛细成型、角度蚀刻、电子束辐照、金属沉积等技术。本节将介绍三种生物启发的人工干式黏附系统：壁虎启发的干式黏附、甲虫启发的蘑菇状黏附和甲虫启发的联锁系统。

（一）壁虎启发的干式黏附系统

目前科学家提出了许多方法来开发壁虎启发的干式黏附系统，包括多步紫外成型、纳米拉伸、角度蚀刻、多步光刻、软光刻、微电子机械系统（MEMS）工艺、黏结多孔阳极氧化铝（AAO）复制成型、碳纳米管生长等（Jeong and Suh，2009）。随着制备技术的进步，最近研发的干式黏附系统具有高度可控的几何结构（直径、高度、斜角、层次结构和尖端形状），并且通过更好地模仿壁虎足毛显示出优异的黏附性能（图 22.2 a；Jeong *et al.*，2009）。

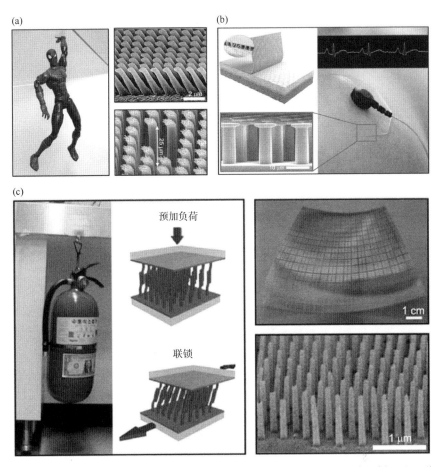

图 22.2　以壁虎和甲虫为灵感的人工干式黏附系统。(a) 壁虎启发的倾斜、分层黏附；(b) 生物医学皮肤贴片，由类似甲虫的蘑菇状微结构组成，用于贴附心电图测量模块；(c) 甲虫启发的人工纳米联锁系统

图片来源：(a) 转载自 Nature Materials，2 (7)，A. K. Geim，S. V. Dubonos，I. V. Grigorieva，K. S. Novoselov，A. A. Zhukov，and S. Yu. Shapoval，Microfabricated adhesive mimicking gecko foot-hair，pp. 461–463，doi：10.1038/nmat917，Copyright© 2003，Macmillan Publishers Limited and Proceedings of the National Academy of Sciences of the United States of America，106 (14)，Hoon Eui Jeong，Jin-Kwan Lee，Hong Nam Kim，Sang Heup Moon，and Kahp Y. Suh，A nontransferring dry adhesive with hierarchical polymer nanohairs，pp. 5639–5644，Figures 2c and 5g，doi：10.1073/pnas.0900323106，Copyright © 2009，National academy of Sciences. (b) 转载自 Advanced Materials，23 (34)，Moon Kyu Kwak，Hoon-Eui Jeong，and Kahp-yang Suh，Rational Design and Enhanced Biocompatibility of a Dry Adhesive Medical Skin Patch，pp. 3949–3953，doi：10.1002/adma.201101694，Copyright © 2011 WILEY-VCH Verlag GmbH & Co. Kgaa，Weinheim. (c) 转载自 Advanced Materials，24 (4)，Changhyun Pang，Tae-il Kim，Won Gyu Bae，Daeshik Kang，Sang Moon Kim and Kahp-Yang Suh，Bioinspired Reversible Interlocker Using Regularly Arrayed High Aspect-Ratio Polymer Fibers，pp. 475–479，doi：10.1002/adma.201103022，Copyright © 2011 WILEY-VCH Verlag Gmbh & Co. Kgaa，Weinheim

例如，壁虎启发的干式黏附系统的黏合强度现在可高达约 100N/cm^2，是壁虎足毛黏附力的 10 倍（Jeong and Suh，2009）。人工合成干式黏附还表现出良好的定向黏附能力与毛状倾斜结构。当物体表面呈毛状结构且具有方向角时，该表面可在抓握方向上表现为强黏附，而在释放方向上表现为弱黏附。在鲁棒性方面，人工合成干式黏附通过数千次附着和脱离反复实验，证明了其优异的重复性和耐用性，为壁虎启发干式黏附系统的实际应用和工业应用提供了依据。

（二）甲虫启发的蘑菇状黏附系统

基于前述微纳制造方法，研究人员制造出了具有蘑菇状尖端的微尺度垂直柱体，从而发展出了甲虫启发的黏附系统（Pang *et al.*，2012 b）。甲虫启发的黏附系统表现出优异的脱离强度，因为它们对称的凸起尖端，即使在低预载下也容易产生与基底的共形接触。此外，黏附系统即使在粗糙或潮湿的表面上也显示出适当的高黏附强度，从而拓宽了甲虫启发黏附系统的潜在应用范围，其中一个重要的应用方向是生物医学皮肤贴片。由于蘑菇状黏附系统可在不使用湿式或有毒化学品的情况下提供强大的正常黏附性，因此特别适合应用于生物医学皮肤贴片，因为这类贴片需要在患者皮肤上长期、可靠地黏附（图 22.2 b；Kwak *et al.*，2011 a）。与传统的湿式医用绷带相比，采用干式黏附的生物医用皮肤贴片具有一些突出的优点。例如，甲虫启发的医用贴片具有可重复、可恢复的黏附性，长时间接触时可提供更好的生物相容性。基于其独特的优点，干式黏附贴片已经被集成到应用广泛的心电图（ECG）监测设备之中。这种 ECG 监护仪能够 48 小时牢固地附着在患者胸部并成功进行测量，不会产生任何炎症反应问题。

（三）甲虫启发的联锁系统

为了模拟甲虫的翅膀锁定装置，研究人员在柔性基底上制造出了密集分布的微纳尺度毛状结构（Pang *et al.*，2012 a）。这种人工联锁系统的设计旨在使两种具有高密度毛状结构的基底相互接触以产生高剪切强度，而其他干式黏附的设计是附着到不同表面上。通过毛状结构之间的联锁，范德瓦耳斯力被放大，使它们具有非常强的剪切强度，但沿正常方向脱离却不费吹灰之力。直径较小（约为 100nm）、深宽比较高（约为 10）的毛状结构有助于增加相邻两个结构之间的接触面积，从而实现最大限度的剪切强度。具有纳米柱阵列（半径约 50nm，高度约 1μm）的大面积薄膜（9cm×13cm）表现出显著的剪切强度（40N/cm²），远高于传统的尼龙搭扣（Velcro®）系统（平均约为 15N/cm²）。如图 22.2c 所示，一个小的人工联锁贴片（1.5cm²）很容易就可以把 5.25kg 重的灭火器悬挂起来（Pang et al., 2012a）。

三、未来发展方向

近年来，借助纳米制造技术，科学家们开发出了具有优异和智能黏附性能的仿生干式黏附。与早期的干式黏附相比，新开发的干式黏附具有优异的黏附强度、智能的定向黏附性和结构的鲁棒性。现在正是通过开发这些材料的独特和实际应用前景，推动生物启发干式黏附的基础研究进入一个全新的时代。事实上，科学家已经证明了干式黏附的多种应用前景。例如，利用壁虎启发黏附开发的爬墙机器人（如 StickyBot）（图 22.3 a；Sangbae et al., 2008），这种机器人可以借助定向黏附垫攀爬光滑的垂直表面。干式黏附的另一个应用领域是精密工业，如半导体或液晶显示器（LCD），在这类产品的组装过程中，需要清洁且无残留地运输脆弱易碎的硅或玻璃基质。研究人员通过探索具有角度和层次结构的干式黏附，演示验证了清洁运输系统的原型（图 22.3 b；Jeong et al., 2009）。该系统利用干式黏附贴片（3cm×3cm）成功运输了大面积的玻璃基板（47.5cm×37.5cm），即使经过了反复多次附着和脱离之后，玻璃表面也没有任何污染和损伤。

干式黏附技术应用的重要领域还包括精密传感装置。研究人员受甲虫翅膀联锁装置的启发，最近开发出了一种新型应变计传感器（Pang et al., 2012 c）。一般来说，这类传感器需要包含大量电路或复杂分层矩阵阵列。然而，模仿甲虫翅膀联锁装置的应变传感器可以在不使用复杂电子电路的情况下，检测压力、剪切和扭转。取而代之的是，这种装置基于两个联锁阵列，该

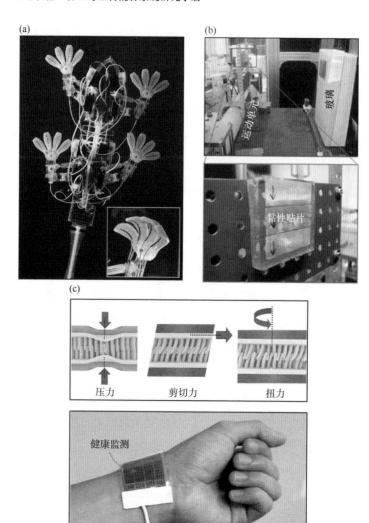

图 22.3　生物启发干式黏附系统的应用。（a）具有壁虎启发方向性脚垫的爬墙机器人；（b）基于壁虎启发人工黏附系统的清洁运输系统；（c）基于甲虫启发联锁装置的柔性应变计传感器

图片来源：（a）© 2008 IEEE. 转载自 Sangbae Kim，Matthew Spenko，Salomon Trujillo，Barrett Heyneman，Daniel Santos，and Mark R. Cutkosky，Smooth Vertical Surface Climbing with Directional Adhesion，IEEE Transactions on Robotics，24（1），pp. 65–74，doi：10.1109/ TRO.2007.909786.（b）转载自 Proceedings of the National Academy of Sciences of the United States of America，106（14），Hoon Eui Jeong，Jin-Kwan Lee，Hong Nam Kim，Sang Heup Moon，and Kahp Y. Suh，A nontransferring dry adhesive with hierarchical polymer nanohairs，pp. 5639-5644，Figure 6b，doi：10.1073/pnas. 0900323106，Copyright © 2009，National Academy of Sciences.（c）转载自 Nature Materials，11（9），Changhyun Pang，Gil-Yong Lee，Tae-il Kim，Sang Moon Kim，Hong Nam Kim，Sung-Hoon Ahn，and Kahp-Yang Suh，A flexible and highly sensitive strain-gauge sensor using reversible interlocking of nanofibres，pp. 795-801，doi：10.1038/nmat3380，Copyright © 2012，Macmillan Publishers Limited

阵列由高深宽比铂涂层聚合物纳米线组成,并由 PDMS 薄层予以支撑。当外部压力或刺激作用于装置组件时,传感器的互联程度和电阻以可逆性、方向性的方式发生变化,并具有特定的、可识别的应变计系数。这种灵活的仿生应变计传感器是开发人造系统、模拟人体皮肤复杂特性的重要组成部分。

黏附广泛应用于日常生活和工业的许多方面。最近利用自上向下和自下而上的方法制备纳米材料取得了新的进展,使得高性能仿生人工干式黏附系统的开发成为可能。实验室层面开展的一些研究显示,仿生人工干式黏附系统具有巨大的应用潜力。预计在不久的将来,人们将开发出具有优异黏附性能和结构鲁棒性的新型智能黏附系统,并将在日用品、仿生机器人、清洁精密制造、智能生物医用贴片等诸多领域得到实际应用。

四、拓展阅读

有关壁虎黏附系统基本机制的细节,可参阅奥特姆等的论文(Autumn *et al.*, 2006)。对各种昆虫附着系统感兴趣的读者,可查阅阿尔茨特等(Arzt *et al.*, 2003)、戈尔(Gorb, 2008)和彭等(Pang *et al.*, 2012b)的论文,以帮助理解其生物学原理。对于人工干式吸附的制造方法,郑和徐(Jeong and Suh, 2009)及夸克等(Kwak *et al.*, 2011 b)介绍了该领域最新进展和有关实例的知识。彭等(Pang *et al.*, 2012 c)和夸克等(Kwak *et al.*, 2011 a)探讨了生物启发黏附系统的进一步应用。文森特(见 Vincent, 第 10 章)对仿生材料的设计和制造进行了深入的介绍,而福田敏男及其同事(见 Fukuda *et al.*, 第 52 章)则概述了微纳尺度材料制造的最新技术。本斯迈亚(见 Bensmaia, 第 53 章)概述了人体皮肤的一些机械和感知特性,以及假肢系统对它们的模仿,而梅塔和钦戈拉尼(见 Metta and Cingolani, 第 47 章)则简要讨论了类人机器人的仿生皮肤。

敬献

谨以本章献给已故的首尔国立大学徐健阳(Kahp-Yang Suh)教授,他满腔的热情和献身精神、对科学探索和教学的无尽支持,以及他的无私将永远被人们铭记。

致谢

我们非常感谢韩国国家研究基金会（National Research Foundation of Korea，NRF-2017R1D1A1B03033272）的支持，这项工作还得到了蔚山国立科技大学（UNIST）创意与创新项目计划（Creativity and Innovation Project Program，Grant UMI 1.130031.01）的资助。

参 考 文 献

Arzt, E., Gorb, S., and Spolenak, R. (2003). From micro to nano contacts in biological attachment devices. *Proc. Natl Acad. Sci. USA*, **100**, 10603–6.

Autumn, K., Dittmore, A., Santos, D., Spenko, M., and Cutkosky, M. (2006). Frictional adhesion: a new angle on gecko attachment. *Journal of Experimental Biology*, **209**, 3569–79.

Geim, A. K., Dubonos, S. V., Grigorieva, I. V., Novoselov, K. S., Zhukov, A. A., and Shapoval, S. Y. 2003. Microfabricated adhesive mimicking gecko foot-hair. *Nature Materials*, **2**, 461–63.

Gorb, S. N. (2008). Biological attachment devices: exploring nature's diversity for biomimetics. *Philosophical Transactions of the Royal Society A: Mathematical, Physical and Engineering Sciences*, **366**, 1557–74.

Jeong, H. E., Lee, J.-K., Kim, H. N., Moon, S. H., and Suh, K. Y. (2009). A nontransferring dry adhesive with hierarchical polymer nanohairs. *Proc. Natl Acad. Sci. USA*, **106**, 5639–44.

Jeong, H. E., and Suh, K. Y. (2009). Nanohairs and nanotubes: Efficient structural elements for gecko-inspired artificial dry adhesives. *Nano Today*, **4**, 335–46.

Kwak, M. K., Jeong, H. E., and Suh, K. Y. (2011a). Rational design and enhanced biocompatibility of a dry adhesive medical skin patch. *Advanced Materials*, **23**, 3949–53.

Kwak, M. K., Pang, C., Jeong, H.-E., Kim, H.-N., Yoon, H., Jung, H.-S., and Suh, K.-Y. (2011b). Towards the next level of bioinspired dry adhesives: new designs and applications. *Advanced Functional Materials*, **21**, 3606–16.

Pang, C., Kim, T.-I., Bae, W. G., Kang, D., Kim, S. M., and Suh, K.-Y. (2012a). Bioinspired reversible interlocker using regularly arrayed high aspect-ratio polymer fibers. *Advanced Materials*, **24**, 475–9.

Pang, C., Kwak, M. K., Lee, C., Jeong, H. E., Bae, W.-G., and Suh, K. Y. (2012b). Nano meets beetles from wing to tiptoe: Versatile tools for smart and reversible adhesions. *Nano Today*, **7**, 496–513.

Pang, C., Lee, G.-Y., Kim, T.-I., Kim, S. M., Kim, H. N., Ahn, S.-H., and Suh, K.-Y. (2012c). A flexible and highly sensitive strain-gauge sensor using reversible interlocking of nanofibres. *Nature Materials*, **11**, 795–801.

Sangbae, K., Spenko, M., Trujillo, S., Heyneman, B., Santos, D., and Cutkosky, M. R. (2008). Smooth vertical surface climbing with directional adhesion. *IEEE Transactions on Robotics*, **24**, 65–74.

第四篇

能　力

第 23 章
能　　力

Paul F. M. J. Verschure

SPECS, Institute for Bioengineering of Catalonia (IBEC), the Barcelona Institute of Science and Technology (BIST), and Catalan Institute of Advanced Studies (ICREA), Spain

　　就我们所说的标准科学模型而言，大体上遵循原子论（atomism）的观点。原子论及相关的还原论方法至少可以追溯到公元前 5 世纪。原子论在人类文化中的普遍性可以解释为它暗示了一种认知偏差状态。原子、组件和（或）模块并不会自动生成系统。因此在本书中，我们选择重点关注生命系统的功能及人造物对它的模拟仿真。这样，我们可以更具体地为当前和未来的生命机器设定基准。能力通常产生于多个组件的集成，因此我们意识到有必要从系统层面的角度看待生命机器。在本篇中，我们总结并思考了 14 个方面的内容，其中包括感知、动作、认知、交流与情感，以及通过认知架构将它们整合到系统之中，这些系统可以模拟在动物身上看到的各方面的整体行为，还可能包括人类自身的意识能力。

　　克鲁斯和希林（见 Cruse and Schilling，第 24 章）分析了服务于形态发生的模式生成现象，以及从模式形成到运动再到认知的行为。他们对准节律和非节律模式进行了区分，根据从均匀结构到离散结构等不同的特定基质，以及是否具有感觉反馈等分析了这些模式。随后基于这种分类，展示了特定神经元控制器利用递归神经网络如何产生各种时空模式。他们介绍了门生成控制器一个有趣的副作用，即它们不需要将所有信息显式存储在内部存储器中，而是利用它们与环境直接耦合。基于这些现象及对内置神经元控制器的解释，他们提出了"思维模式"（mind-patterns）的概念，作为主观经验和复杂社会结构的基础。最后，考虑到运动约束和环境扰动问题，他们探讨了如何在单自由度集或小自由度集控制之外构建运动控制系统的问题。这一分析对于实现先进机器人的新型仿生控制系统具有重要意义，该类系统具有高度的多自由度和（或）连续性，例如流体静压的章鱼触手等。除了这一挑战之外，还有一个概念，即基于任务需求的智能体自由度动态调节；对智能体及其承载能力的确认将取决于其自由度的冻结、释放或创建。

雷波和波乔（见 Leibo and Poggio，第 25 章）分析了生物感知系统及其潜在的计算原理。他们从视网膜和耳蜗的感觉层出发（它们在传统意义上分别被描述为像素阵列和频率分解），提出了一种感知模型，其在概念上可以追溯到 20 世纪 50 年代塞尔弗里奇（Selfridge）的层次混乱模型（hierarchical pandemonium model），也就是说，复杂特征检测产生于简单特征检测器的层次组合。他们认为，大脑皮质的"典型微回路"实施了与大卫·马尔（David Marr）经典框架一致的方案。该章还预测了由所谓深度学习驱动的机器视觉领域的快速发展（Lecun *et al.*，2015；Schmidhuber，2015），事实上，该章所介绍的模型与深度学习架构之间存在着强烈的相似性。

雷波和波乔以及其他人描述的层次神经模型代表了当前最先进的水平，并构成了我们当前的标准，用来衡量未来了解生命机器感知处理的尝试。然而，这些模型所基于的功能假设确实存在局限性，需要进一步研究予以克服。例如，关于生物感知系统展示出的处理速度（Kirchner and Thorpe，2006），它们使用物理连接而不是算法捷径提取不变性（如旋转、位置和比例）的能力（Wyss *et al.*，2003），皮质网络的特定已知拓扑结构（Markov *et al.*，2011），自上而下加工在感知处理中的作用（Bastos *et al.*，2015），主动推理的作用（Friston，2010），以及对输入抽样或行为反馈所产生偏差的敏感性（Verschure *et al.*，2003）等。

赫雷罗斯（见 Herreros，第 26 章）从控制论的角度考察了适应性行为的复杂性。这一视角常被人忽视，因为我们通常从计算或信息处理的角度来分析大脑。然而，正如克劳德·伯纳德（Claude Bernard）和伊万·巴甫洛夫（Ivan Pavlov）在 19 世纪已经观察到大脑控制动作。此外，考虑到大脑是具身化的，而且这种具身化限制了它的功能，这进一步证明了该方法的可靠性。赫雷罗斯首先介绍了控制论和机器学习的基本概念，并从中提出了一种分类方法，使我们能够以更具体的方式来看待生命机器面临的控制问题。

它从先天性反应性原理的层面和可预期、可学习控制的形式分析了这些问题。随后将这些原理与诸如基底节、小脑等特定大脑结构相联系,从而为实现基于生物学的生命机器控制系统奠定了基础。

米钦森(见 Mitchinson,第 27 章)论述了注意和定向相关原理,首先介绍了将注意概念相关的内部定向和外部定向进行区分的关键生物学原理。定向的关键是动作选择和决策的概念,因为生物体需要选择一个而不是另一个目标。随后,米钦森介绍了注意模型,并区分了自下而上模型和自上而下模型以及它们在逆流架构中的结合。接下来,米钦森将注意和定向的心理学和生物学原理引入到生命机器领域,分析了它们应用于不同机器人与物理和社会世界交互的具体实例。该章所介绍模型的核心是注意中的兴奋性偏倚的概念,即将注意中的突出特征和对象予以放大。未来的注意现象模型还需要解释感觉信息的选择性抑制,例如,在注意盲视和变化盲视中观察到的现象(Cohen *et al.*,2012)。这方面的进展包括门假设的验证(Mathews *et al.*,2011),它考虑了正面和负面反馈,预测了大脑皮质额顶叶网络的注意作用,并已在人类心理物理学中得到证实(Malekshahi *et al.*,2016)。

莱波拉(见 Lepora,第 28 章)从"竞争模型"(race model,Logan and Cowan,1984)的概念入手阐述了决策主题,他认为,决策的定义本质上是通过整合证据直到实现有利于行动的决策阈值。这种针对决策过程的颇有影响的序贯分析方法起源于第二次世界大战的密码破译行动(Kahn,1991)。在谈到决策的一些生物学原理时,莱波拉指出,决策是从单个细胞到个体再到集体所有生命系统生存的核心。莱波拉从各个层面进行了分析,并介绍了它们在生命机器中的应用。重点是现实世界决策面临额外的优化问题,即必须满足能量和反应时间等多个成本要求。该章最后提出了神经科学领域的一个共同观点,即决策本质上需要整合证据、阈值和相互竞争的选择方案。

莱波拉所介绍序贯分析方法的许多证据,来自非人灵长类动物运动前区域神经元放电与简单感知任务决策之间相关性的研究。在这些发现的基础上,一些研究人员更进一步声称,平均放电率可能是我们了解大脑如何运作所需要的全部内容(Churchland *et al.*,2010)。然而,最近的证据表明,当任务变得更为现实时,如必须处理例外情况时,这种假设可能并不成立

（Marcos *et al.*, 2013）。因此，我们仍然需要破译决策背后神经元编码的一些秘密，这可能取决于对决策回路中的时间动力学和棘波模式有更深入的理解。

埃尔德姆等（见 Erdem *et al.*, 第 29 章）探讨了空间和情节记忆主题，首先提出在内侧嗅皮质（MEC）发现的网格细胞（GC）可以增强机器人的同时定位与地图构建（SLAM）。为了阐明这一观点，他们首先详细介绍了网格细胞及头向细胞和海马位置细胞。这些不同类型的细胞在啮齿动物导航中发挥核心作用，随后他们将这些细胞的关键驱动原理与特定的仿生模型进行了比较。采用的网格单元模型是所谓的相位干扰模型，该模型提出网格细胞由不同的振荡输入驱动，通过其动力学过程实现网格细胞的特定网格状响应模式。然而，网格细胞的第一个模型是基于假设的 MEC 局部吸引子动力学（Guanella *et al.*, 2007），随后的实证研究表明，网格细胞确实显示出与该假设一致的反应动力学（Rowland *et al.*, 2016）。此外，该章所介绍的模型还提出了一个重要问题，例如，在目标和奖赏处理方面，我们应该假设海马体发挥多少功能，特别是鉴于最近发现海马体和前额叶皮质之间存在着紧密的相互作用（Navawongse and Eichenbaum, 2013）。事实上，其他基于生物学的模型已经表明，遵循包括基于网格细胞的吸引子动力学在内的另一种视角，可以优化机器人的觅食动作（Maffei *et al.*, 2015）。

卡特科斯基（见 Cutkosky, 第 30 章）介绍了伸取、抓握和操作的相关研究，重点探讨了在生物体形态和行为进化过程中突现的多种多样的解决方案。但我们可以确定一些通用的设计原则，并对其进行详细描述，包括分支运动学、顺应性/一致性、非线性促动和灵敏度。此外，机械手的控制似乎遵循着共同的原则，如采用规划层次结构和协同作用。此外，操作是基于分层控制结构，该结构可以利用快速传感器驱动反射和更先进的规划。该章最后介绍了一些先进的抓握式生命机器以及未来研究方向。

威特及其同事（见 Witte *et al.*, 第 31 章）探讨了自主位移或移动面临的挑战。该章首先介绍了基于动物学的分类方案，之后重点关注了地面和树栖运动，注意到了神经控制的进化保守性，并将其与运动装置的自适应变化程度进行了对比。根据这一进化分析，威特指出从工程或"技术生物学"（technical biology）的角度来看，我们能够通过优先考虑两栖类动物而不是拟人系统来部署更强大的机器：机器是基于模板构建的，而生物则是在进化过程中构建的。作者引入了"肌肉–肌腱复合体"作为适应性弹簧的概念，将其作为运动分析的基元。这一概念的正式提出表明，实验观察到的人类腿部线性弹簧行为可归因于重力势能的线性特征。随后，他们对步态概念进行了介绍和分析。该章最后对未来研究趋势和当前研究现状进行了反思。

赫登斯特罗姆（见 Hedenström，第 32 章）介绍了飞行或航空电子学（avionics，源自"鸟类"的拉丁语"avis"）相关的生物学原理和技术。该章首先介绍了从前肢向翅膀的进化，分析了生物飞行的机理，认为生物飞行比人类工程设计飞行器更为有效。随后作者对空气动力学进行了分析，证明了保持空中飞行能力与获得速度之间存在明显的关系。作者发现了一些问题仍然有待经验主义的实证和检验，例如，我们测量飞行动物翅膀能量消耗以及确切空气动力的参数。但在某些情况下可以完成这一检测，测量发现动物所获得的升力值超出了理论限值。飞行行为本身服务于各种目的，该章描述了其中的许多目的，特别是远途迁徙飞行。分析表明，自身动力飞行存在一个上限，在这个上限范围内，保持空中飞行所需的能量仍可以通过生物体自身能量供应。超过这个极限意味着动物必须保持在地面活动，或是需要额外的动力和升力来源。该章最后对未来进行了展望，并提出了深入阅读的一些有益建议。

沃瑟姆和布莱森（见 Wortham and Bryson，第 33 章）对包括生命机器在内的比较的视角，对通信交流进行了论述。通信交流扎根于信号和解释该信号"知识"的接收器的相互结合。这是皮尔斯（Pearce）符号学的一种简化形式，皮尔斯符号学建立在对象、符号和主体生成意义的三位一体之上（Atkin，2013）。作者提出质疑：通信交流是不是为合作服务，或者是否为道金斯"自私基因"（selfish gene）假说所认为的一种强迫？为了回答这个问题，作者将进化稳定策略（ESS）概念应用于通信交流现象。随后又介绍了一种源于廷伯根（Tinbergen）的交流分类方法，并与香农（Shannon）和韦弗（Weaver）提出的信息论观点相联系。

科学家对通信交流的研究提出了一个问题：如何产生语言以支持和引导通信交流。作者将语言起源放在模因论（memetics）的范畴内来介绍这一重要问题，模因论也源于道金斯假说，即文化复制系统围绕"模因"（meme）原子构成并与基因组平行发挥作用。沃瑟姆和布莱森还介绍了群体机器人以及人机协作、人机交互研究中人工仿生通信系统的最新进展，分析了使用集体机器人作为实验工具来研究动物交流的一些具体尝试，并注意到所使用的一些信号系统具有最小化特性（更多相关信息请参见 Krause et al., 2011）。该章最后介绍了当前和未来面临的挑战及进一步的研究方向。

　　机器人通信和人工生命相关领域一个通常的研究目标是，探索社会昆虫通过信息素路径进行化学交流的人工类似物（见 Brambilla et al., 2013）。事实上，从更广泛的生命机器角度来看，我们可能认为化学交流是所有其他交流形式的先驱，因为它在进化上旨在为单细胞动物群落介导细胞间信号（见 Prescott，第 38 章；Keller and Surette，2006）。

　　正如沃瑟姆和布莱森所指出的，人机协作的目标是在机器和人之间提供有效的信息交流。事实上，在最近的 DARPA 机器人挑战赛中，最大的问题之一就是让人类操作者远程获取态势感知（Yanco et al., 2015）。在人机交互中这个标准被进一步提高，因为现在我们希望机器能够自主地与物理世界和社会接触。然而，这也要求机器具有更先进的能力来模拟这个世界，包括读取其他智能体思想的能力（见 Lallée et al., 2015；Verschure，第 36 章）。事实上，现有的机器已经可以学会使用自然语言、手势和内隐社会线索与人类进行交流（Moulin Frier et al., in press）。

　　沃鲁伊茨和范思彻（见 Vouloutsi and Verschure，第 34 章）阐述了生命机器的情感，并提出可以从自我调节和评价的角度来看待它们。作者首先考察了赋予机器情感的实际需求，随后介绍了情感科学的一些历史背景及其不同解读，以及与情感神经科学的联系，特别是情感神经基质的具体细节。基于这一分析，他们认为可以从自我调节的角度来投射情感，情感提供了对内稳态过程状态的描述，内稳态负责维持主体与内外部环境之间的关系。他们采用非稳态（allostasis）概念来强化扩充内稳态（homeostasis）概念，这意味着从通过固定平衡实现稳定性，转变为通过连续变化实现稳定性。该章展示了如何利用这一观点来创造复杂的生命机器，其中情感扎根于满足智能体的需求：在这种情况下同时考虑功利性和认知性需求。

生命机器的组成部分必须依次整合成一个功能完整的整体，范思彻（见 Verschure，第 35 章）认为，这需要对生命机器架构有深入详细的了解。该章首先进行了概念和历史分析，介绍了从柏拉图（Plato）开始一直到 19 世纪的神经科学和神经系统分层结构早期的概念。这些概念在托尔曼（Tolman）的认知行为主义（cognitive behaviourism）中得到了进一步的体现，并在 20 世纪下半叶的认知革命中得以开花、结果。范思彻（见 Verschure，第 36 章）介绍了"分布式自适应控制"（DAC），这是认知架构理论的一种具体方案，起源于现代神经科学对大脑系统架构的深入研究。认知架构理论面临的一个重要挑战是如何对其进行基准测试。弗斯丘尔在艾伦·纽厄尔（Allen Newell）提出的经典认知统一论（unified theories of cognition）基准的基础上，提出了具身化心智统一论（unified theories of embodied minds，UTEM）基准。

塞思（见 Seth，第 37 章）介绍了意识的仿生方法，强调意识内容、预测和自我的整合及分化问题。该章首先从工作定义开始，区分了意识的许多核心维度，如水平、内容、世界和自我等。这些都是对生物学原理的补充，着重于复杂性和信息理论，尽管人们可以争辩，这些最多只是对生物学原理的描述，并且存在分类错误的风险，即误判对现象的处理方法。该章的中心部分阐述了推理在意识中的作用，这是近几十年来新出现的一个概念（Merker，2007；Hesslow，2012），目前在意识科学领域越来越受到重视。随后塞思提出了关于身体所有权和自我意识的问题，再次推进了基于预测的观点。赛斯对现象意识可以被人工合成——而不是作为人工意识载体的可能性持怀疑态度，他认为，至少在短期内，仿生系统可以作为机械理解某些意识组成部分的方法。最后该章概述了未来的研究方向和进一步拓展阅读的建议。

虽然预测可能是意识产生的必要条件，但意识预测理论的支持者需要通过定义哪些预测形式及其神经基质对意识内容有影响来进一步阐述这些观点（Verschure，2016）。例如，包括小脑在内的中枢神经系统的大多数神经元硬件，可以实现预测引擎（多个不同的正向模型，Herreros and Verschure，2013），并可在直接体验之外运行（见 Herreros，第 26 章）。

毋庸讳言，本篇内容只是介绍了我们希望为生命机器开发的部分功能；

尽管如此，我们仍然展示了广泛的研究领域和多方面的进展，这表明我们距离构建可捕捉生物体多种特征的集成系统并不遥远。在本书的第五篇和第六篇中，我们将窥探最先进的仿生和生物混合系统，看看这一雄心壮志将把我们带向何方。

致谢

本章的撰写得到了欧洲研究理事会（European Research Council）欧盟第七框架计划（European Union's Seventh Framework Programme）的项目资助（FP7/2007—2013），资助项目编号为 ERC no. 341196。

参 考 文 献

Atkin, A. (2013). Peirce's Theory of Signs. In Edward N. Zalta (ed.), *The Stanford Encyclopedia of Philosophy (Summer 2013 Edition)*. Stanford University. Retrieved from https://plato.stanford.edu/archives/sum2013/entries/peirce-semiotics

Bastos, A. M., Vezoli, J., Bosman, C. A., Schoffelen, J.-M., Oostenveld, R., Dowdall, J. R., ... Fries, P. (2015). Visual areas exert feedforward and feedback influences through distinct frequency channels. *Neuron*, 85(2), 390–401. http://doi.org/10.1016/j.neuron.2014.12.018

Brambilla, M., Ferrante, E., Birattari, M., and Dorigo, M. (2013). Swarm robotics: a review from the swarm engineering perspective. *Swarm Intelligence*, 7(1), 1–41. doi:10.1007/s11721-012-0075-2

Churchland, M. M., Byron, M. Y., Cunningham, J. P., Sugrue, L. P., Cohen, M. R., Corrado, G. S., ... others. (2010). Stimulus onset quenches neural variability: a widespread cortical phenomenon. *Nature Neuroscience*, 13(3), 369–78.

Cohen, M. A., Cavanagh, P., Chun, M. M., and Nakayama, K. (2012). The attentional requirements of consciousness. *Trends in Cognitive Sciences*, 16(8), 1–7. http://doi.org/10.1016/j.tics.2012.06.013

Friston, K. (2010). The free-energy principle: a unified brain theory? *Nature Reviews Neuroscience*, 11(2), 127–38. http://doi.org/10.1038/nrn2787

Guanella, A., Kiper, D., and Verschure, P. F. M. J. (2007). A model of grid cells based on a twisted torus topology. *International Journal of Neural Systems*, 17(4), 231–40. http://doi.org/10.1142/S0129065707001093

Herreros, I., and Verschure, P. F. M. J. (2013). Nucleo-olivary inhibition balances the interaction between the reactive and adaptive layers in motor control. *Neural Networks*, 47, 64–71. http://doi.org/10.1016/j.neunet.2013.01.026

Hesslow, G. (2012). The current status of the simulation theory of cognition. *Brain Research*, 1428, 71–9. http://doi.org/10.1016/j.brainres.2011.06.026

Kahn, D. (1991). *Seizing the enigma: the race to break the U-boat codes*. Boston, MA: Houghton Mifflin.

Keller, L., and Surette, M. G. (2006). Communication in bacteria: an ecological and evolutionary perspective. *Nature Reviews Microbiology*, 4(4), 249–58. http://doi.org/10.1038/nrmicro1383

Kirchner, H., and Thorpe, S. (2006). Ultra-rapid object detection with saccadic eye movements: visual processing speed revisited. *Vision Research*, 46(11), 1762–76. http://doi.org/10.1016/j.visres.2005.10.002

Krause, J., Winfield, A. F. T., and Deneubourg, J.-L. (2011). Interactive robots in experimental biology. *Trends in Ecology & Evolution*, 26(7), 369–75. http://doi.org/10.1016/j.tree.2011.03.015

Lallée, S., Vouloutsi, V., Blancas, M., Grechuta, K., Puigbo, J., Sarda, M., and Verschure, P. F. M. J. (2015). Towards the synthetic self: making others perceive me as an other. *Paladyn: Journal of Behavioral Robotics*, 6(1). http://doi.org/10.1515/pjbr-2015-0010

Lecun, Y., Bengio, Y., and Hinton, G. (2015). Deep learning. *Nature*, 521, 436–44. http://doi.org/10.1038/ nature14539

Logan, G. D., and Cowan, W. B. (1984). On the ability to inhibit thought and action: A theory of an act of control. *Psychological Review*, 91(3), 295–327. http://doi.org/10.1037/0033-295X.91.3.295

Maffei, G., Santos-Pata, D., Marcos, E., Sánchez-Fibla, M., and Verschure, P. F. M. J. (2015). An embodied biologically constrained model of foraging: from classical and operant conditioning to adaptive real-world behavior in DAC-X. *Neural Networks*. http://doi.org/10.1016/j.neunet.2015.10.004

Malekshahi, R., Seth, A., Papanikolaou, A., Mathews, Z., Birbaumer, N., Verschure, P. F. M. J., and Caria, A. (2016). Differential neural mechanisms for early and late prediction error detection. *Scientific Reports*, 6.

Marcos, E., Pani, P., Brunamonti, E., Deco, G., Ferraina, S., and Verschure, P. F. M. J. (2013). Neural variability in premotor cortex is modulated by trial history and predicts behavioral performance. *Neuron*, 78(2), 249–55. http://doi.org/10.1016/j.neuron.2013.02.006

Markov, N. T., Ercsey-Ravasz, M. M., Gariel, M. A., Dehay, C., Knoblauch, K., Toroczkai, Z., and Kennedy, H. (2011). The tribal networks of the cerebral cortex. In: Chalupa, L. M., Caleo, M., Galli-Resta, L., and Pizzorusso, T. (eds), *Cerebral plasticity: new perspectives*. Cambridge, MA: MIT Press.

Mathews, Z., Bermúdez Badia, S., and Verschure, P. F. M. J. (2011). PASAR: An integrated model of prediction, anticipation, sensation, attention and response for artificial sensorimotor systems. *Information Sciences*. http://doi.org/10.1016/j.ins.2011.09.042

Merker, B. (2007). Consciousness without a cerebral cortex: a challenge for neuroscience and medicine. *The Behavioral and Brain Sciences*, 30(1), 63–81–134. http://doi.org/10.1017/S0140525X07000891

Moulin-Frier, J. C., Fischer, T., Petit, M., Pointeau, G., Puigbo, J.-Y., Pattacini, U., Low, S. C., Camilleri, D., Nguyen, P., Hoffmann, M., Chang, H. J., Zambelli, M., Mealier, A. L., Damianou, A., Metta, G., Prescott, T. J., Demiris, Y., Dominey, P. F., and Verschure, P. F. M. J. (in press). DAC-h3: A proactive robot cognitive architecture to acquire and express knowledge about the world and the self. *IEEE Transactions on Cognitive and Developmental Systems*.

Navawongse, R., and Eichenbaum, H. (2013). Distinct pathways for rule-based retrieval and spatial mapping of memory representations in hippocampal neurons. *Journal of Neuroscience*, 33(3), 1002–13.

Rowland, D. C., Roudi, Y., Moser, M.-B., and Moser, E. I. (2016). Ten years of grid cells. *Annual Review of Neuroscience*, 39, 19–40.

Schmidhuber, J. (2015). Deep learning in neural networks: An overview. *Neural Networks*, 61, 85–117.

Verschure, P. F. M. J. (2016). Synthetic consciousness: the distributed adaptive control perspective. *Philosophical Transactions of the Royal Society of London. Series B, Biological Sciences*, 371(1701), 263–75. http://doi.org/10.1098/rstb.2015.0448

Verschure, P. F., Voegtlin, T., and Douglas, R. J. (2003). Environmentally mediated synergy between perception and behaviour in mobile robots. *Nature*, 425, 620–4.

Wyss, R., Konig, P., and Verschure, P. F. M. J. (2003). Invariant representations of visual patterns in a temporal population code. *Proc. Natl Acad. Sci. USA*, 100(1), 324–29. Retrieved from 10.1073/ pnas.0136977100

Yanco, H. A., Norton, A., Ober, W., Shane, D., Skinner, A., and Vice, J. (2015). Analysis of human–robot interaction at the DARPA robotics challenge trials. *Journal of Field Robotics*, 32(3), 420–44. http://doi. org/10.1002/rob.21568

第 24 章
模 式 生 成

Holk Cruse, Malte Schilling
Universität Bielefeld, Germany

模式生成能力是生命系统的一个基本特征。这些生成的模式可以是主要用于形态结构发育的固定空间模式，或者是用于控制行为的时空模式（见 Herreros，第 26 章）。我们在本章中探讨两种类型的模式：①准节律（quasi-rhythmic）模式，通常用于运动；②非节律（non-rhythmic）模式，用于控制特定行为，并允许在各种行为之间切换。

（1）准节律模式通常发现于运动行为中，这些行为可以按照一系列的顺序排列，其特征是环境的不可预测性不断增加，如游泳、飞行、跑步、在平坦表面上行走、在杂乱即不可预测表面上行走和攀爬（见 Kruusmaa，第 44 章；Hedenström，第 32 章；Witte *et al.*，第 31 章；Quinn and Ritzmann，第 42 章）。相应的控制器呈连续性分布，从那些基于循环吸引子内源性生成模式的控制器，到那些回路通过外部世界发挥关键作用的模式生成器，即身体和环境被作为计算系统的一部分。模式既可能是显式实现的结果，也可以表现为突现性特性。

（2）大脑在控制各种顺序行为时，必须在不同内部状态之间切换，其特征是它们选择运动输出（动作选择）和选择感觉输入（自上而下注意）的能力。这些状态可以通过激活各种程序性记忆元件的组合来表示，其中元件个体的不同组合通常形成离散（即点式）吸引子，并且其排序方式可以使整个系统由异质结构组成。

一、生物学原理

本章介绍的基本原理和实例主要是基于昆虫研究，并应用模拟或物理机器人进行了验证。本章将讨论 7 种不同类型的模式。我们首先从形态学模式开始介绍了两个实例，它们涉及运动描述模式，并作为准节律行为的例证。接下来的实例涉及如何控制非节律性的时间序列行为，其中提到的所有方法都基于各种类型的递归神经网络（RNN）。下一节将探讨上述神经架构可能产生的"思维模式"（mind pattern）。最后两节介绍了模式生成实例，其中时间并非基本的相关因素。首先阐释了一种允许昆虫群落形成社会结构的系统。这些模式产生于基于兴奋性和抑制性影响的简单局部规则的应用，以及环境结构的影响。其次介绍了一种递归神经网络，其允许无数个吸引子形成平滑连续体，就像身体表象在运动控制中所需要的连续体一样。

（一）均匀基质的时空模式

时空模式可能涌现自均匀基质（homogenous substrate）。一个经典的例子来自 BZ 反应（Belousov-Zhabotinsky reaction；Zhabotinsky，2007），其产生的模式看起来可以形成旋转螺旋，即经典的瑞利–贝纳尔模式（Rayleigh-Bènard pattern；Getling，2012）。基于反应–扩散微分方程的数学描述可以追溯到图灵（Turing，1952）（见 Wilson，第 5 章）。需要注意的是，边界条件（即环境特性）可以在塑造模式结构方面发挥关键作用。这意味着即使在这些简单实例中，"环通世界"（loop through the world）也不能被忽视。这些机制被认为是身体发育过程中许多形态结构产生的原因。迈因哈特（Meinhardt，1995）给出了令人印象深刻的例子，他展示了如何模拟蜗牛和贻贝壳上发现的复杂图案模式。尽管这些图案模式会随着时间推移而发展，但人们通常关注的是它们的静态空间特性。

接下来本章将集中讨论时间在其中发挥重要作用的模式。我们重点关注表征动物行为的时空模式。

虽然大脑通常不会形成均匀的基质，但基于均匀基质的运动模式是高度结构化的，在某些情况下，控制运动的大脑活动可以近似看成均匀同质网络。一个得到很好研究的例子是七鳃鳗的游泳运动。科兹洛夫等（Kozlov *et al.*，2009）建立了一个具有兴奋性和抑制性连接的脊髓模型，分别可以粗略性代表扩散和反应机制。整个网络包含大约 10 000 个建模神经元。这种结构允许神经元的激活波和失活波沿脊髓传输，负责在很宽的频率范围内控制节律性的游泳运动。该模型可以控制游泳的速度、转身和方向（向前、向后），表现出与真实七鳃鳗非常相似的行为。

（二）离散结构基质的时空模式：无感觉反馈

离散结构系统（discretely structured system）可以在只需控制少量肢体的运动系统中发现，如六足类动物的 6 条腿，四足类动物的 4 条腿，以及许多昆虫的 4 个翅膀。

在最简单的情况下，每个肢体只是重复执行两种交替的动作，即动力冲程和回程冲程，这些节律性动作受到中枢模式发生器（CPG）的控制，其特点是不需要节律性感觉输入就能提供节律性输出（Ijspeert，2008）。这些振荡器必须耦合，才能产生不同肢体的有序运动。耦合只能以神经元方式产生或通过基质机械性发生（Owaki et al.，2012；Dallmann et al.，2017），或采用这两种途径来充分利用冗余解决方案。当纯粹考虑 CPG 的神经元耦合时，由局部 CPG（如 6 个）耦合组成的完整系统有时可以被认为是 CPG，因为通常不可能实现清晰的分离（Ijspeert，2008）。

CPG 系统的优点是易于构建，其行为特性可以精确定义和预测，包括对稳定性极限的数学研究。缺点是这种（类时钟）系统不能很好地适应环境的变化。因此，它们最适用于在均匀同质的环境中游泳或飞行，或在平坦表面上行走。

当肢体配有多个关节需要控制时，事情就会变得更加复杂。三维空间中的腿部运动要求每条腿至少有 3 个铰链关节，但更多冗余也是有帮助的（一些昆虫和十足类动物，如龙虾，每条腿都有 3 个以上的关节）。如果每个关节都由自己的局部 CPG 控制，则需要一个高度结构化的架构（非常有趣的示例，请参见 Ijspeert，2008 中的图 1）。

（三）离散结构基质的时空模式：有感觉反馈

为了提高适应性，世界（即身体和环境）可以被作为计算系统的一部分（通常用"具身化"和"情境性"来表示）。由于世界的不可预测性，这种方法需要一个高度依赖感觉反馈的架构,以及一个能够在通常不可预知的情况下产生稳定行为的内部架构。一个可能的答案是开发一种神经控制结构,它本身由许多分散的(即松散耦合的)程序性元件组成,以便共同形成程序性记忆。"Walknet"就是一个代表性的例子,它是一种自由步态控制器,可以产生准节律时空步进模式,如同在昆虫中发现的一样(相关综述参见Schilling *et al.*,2013a)。尽管这些模式通常被称为"三足步态""四足步态"和"波浪步态",并没有分离的"真正"步态。相反,这些术语描述的是连续体之外的特定模式,主要取决于速度这一参数。在仿真模拟中,这些"步态"作为整体系统的突现性特性出现,并且仅在相当不受干扰的环境中才可以观察到。在干扰情况下,可能会出现非常不同的模式(例如,当从"困难式"腿部配置开始时,如图 24.1,或当通过狭窄的弯道时,或爬过非常大的间隙时)。

虽然 Walknet 模拟仿真表明,有可能不使用 CPG 就可以控制准节律模式,但大自然很可能同时利用这两种解决方案,这是利用冗余结构的另一个例子。科学家们已经在仿真模拟和机器人中研究了两种元件混合的方法,据此来分析 CPG 和感觉反馈之间的紧密耦合(Beer and Gallagher,1992;Kimura *et al.*,2007;Ijspeert,2008;Daun-Gruhn,2011)。

图 24.1 模拟机器人 Hector 在 Walknet 控制下的落脚模式(Schneider *et al.*,2014),首先从"困难式"腿部配置开始。对侧腿在开始时显示出相同的位置,这会导致一种跳跃式协调。行走数步后,采用了一种规则的"波浪步态"样的模式。黑条表示各条腿的摆动:自上而下依次是左前腿(L1)、左中腿(L2)和左后腿(L3)、右前腿(R1)、右中腿(R2)和右后腿(R3)。横坐标是模拟时间。下面的横条表示 500 次迭代,对应于实际时间 5 秒。Hector 机器人的物理外观见图 3.6

(四)非节律行为的控制:时间序列

在更高层次上,大脑必须能够在不同的行为之间进行选择,如觅食、进食、交配等,并按照合理的时间顺序对它们进行排列。这些序列可以通过专用连接来连接相关行为而得到存储，从而实现显式时间序列。然而，我们还可以在较低层次上观察到另一种解决方案，如对行走的控制。在上面介绍的行走控制器 Walknet 中，并不包含这种专用连接。尽管如此，在环境未受干扰和稳态条件的情况下，该网络也可以显示出准节律性行为，具有确定的行为元素时间序列。原则上可能产生许多不同的时间序列，这取决于当时的环境条件。以六足类动物从"困难式"腿部配置开始为例，详见图 24.1。行为序列取决于身体和环境所反映的实际物理状况，以及特定的"神经元"结构。这两种影响共同控制着非节律性行为程序（如摇摆、站立等）的激活。

图 24.2（彩图 6）描述了称为 MUBCA 的控制结构（Schilling *et al*.，2013b）——基于激励单元的柱状架构，对这种方法进行了概括归纳。MUBCA 结构允许选择不同的程序，一方面要尽可能灵活，但另一方面是排除了不合理的行为元素的组合。图 24.2 的上部（红色标记）显示了一个特定的控制层，即所谓的激励单元网络。一些激励单元直接将特定程序输出转变为步态（如控制腿部的摆动运动或站姿运动，图 24.2 下部的蓝色或黑色标记）。激励单元也可以通过兴奋性或抑制性连接影响其他激励单元，如图 24.2 所示。初看起来，这种层次结构一般不会形成简单的树状分支结构。如双向连接所示，激励单元形成一个由正向或兴奋性、负向或抑制性连接相互耦合的递归神经网络。激励单元之间的兴奋性连接允许建立联合体。激励单元通过相互抑制耦合形成了局部的赢家通吃（winner-take-all）系统。通过这种方式，网络允许形成许多专用的"内部"状态。这些状态可以表征各种顺序和（或）选择并行程序，并保护系统免受不适当感觉输入的影响。换言之，这种内部状态代表了一种特定情景，允许自上而下的注意。在图 24.2 给出的示例中，系统可以在站立和行走之间进行选择，并进一步在向前行走和向后行走之间进行选择。

在该网络中，行为序列不是以固定链条的形式存储在记忆中，而是通过环境耦合而产生的，并且受到内部边界条件的限制。但在特定情况下，例如，在实现感觉反馈的时间受到限制即控制快速行为序列时，或者如果不需要环境变化适应性时激励单元之间的单向专用兴奋性连接似乎更为合理。分布式自适应控制（DAC；综述见 Verschure，2012）架构允许学习此类行为序列（见 Verschure，第 36 章）。

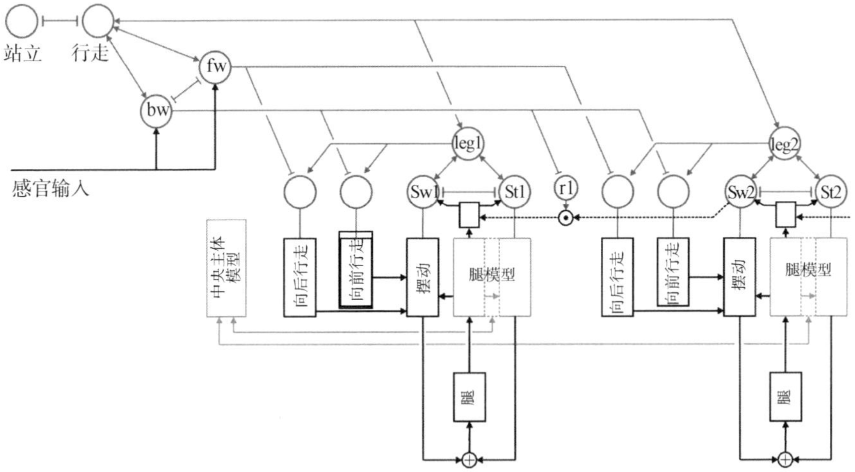

图 24.2　Walknet 由两层结构组成，即激励单元网络（上图，红色）和程序（黑色、蓝色）。图中只描述了六足控制器中的两个控制器。每个控制器都包括一个 Stance-net（"腿部模型"，蓝色）和一个 Swing-net，后者与 Target-net 相连（向前行走，向后行走）。运动输出作用于腿部（"腿" 框代表身体）。激励单元（"站立" "行走" "fw" 表示向前，"bw" 表示向后，"leg1" 表示腿 1，"leg2" 表示腿 2，"Sw1" 表示腿 1 摆动，"Sw2"表示腿 2 摆动，"St1" 表示腿 1 站立，"St2" 表示腿 2 站立）通过抑制性连接（T 形连接，形成赢家通吃系统）和兴奋性连接（箭头，允许形成联合体）递归耦合。感觉反馈被应用于运动程序以及不同状态之间的切换（例如，对激励单元 "fw" 和 "bw" 的感觉输入）。r1 表示协调规则 1（详细信息请参见 Schilling *et al.*，2013a）

　　这里也简要提及了另外三种利用感觉输入选择不同行为元素的方法（更详细的讨论见 Schilling *et al.*，2013a）。阿瑞纳等（Arena *et al.*，2009）采用了由反应扩散循环神经网络（CNN）构成的双层网络，该网络可以表现为图灵模式。在稳定的图灵模式出现之后，它通过额外的"选择器"层激活适当的行为。除了图灵模式网络之外，斯坦格鲁比等（Steingrube *et al.*，2010）采用的网络可以显示混沌特性。该网络内置了预处理器网络和后处理器网络，后者将混沌网络所采用的吸引子状态转化为特定行为元素的激活。塔尼（Tani，2007）提出了一种双层递归神经网络，其中上一层负责处理相对更长的时间常数，从而可以关注实际情况中更为一般性的方面，这样就能够表现不同的场景。

（五）高层次内部状态（思维模式）

　　另外一类不同的模式涉及精神或思维模式（mind pattern），并且也与行为控制有关，例如，由（自上而下）注意或各种情感状态选择的特定内部状态。其他思维模式涉及反应状态和认知状态之间的转换，或无意识状态和意识状态之间的转换。

至少在人类中，这些思维模式的特征伴随现象经验或主观经验的发生。迄今为止，尚不清楚主观方面确切的神经元相关性或可能的功能，即并不了解特定神经元状态的相关内容。科学家观察到，思维模式具有一种现象，即乍看可能会假设这些模式属于一个与前面章节讨论的内部状态根本不同的领域，并且不具备主观经验。但也有观点（如 Cruse and Schilling，2013）认为，在不考虑现象层面的情况下，仍有可能理解这些高层次状态的功能层面。

根据这一观点，前面章节在讨论反映不同注意状态的激励单元网络状态时，已经提到了思维模式。类似类型的网络可能能够控制情感状态。然而，与控制注意状态的网络与专用行为元素相连接不同，控制情感状态的网络可能与涉及相应情感的特定功能相连接。

认知状态与反应状态相反，其被定义为允许系统进行"内部试错"，以便测试为解决实际问题而新发明的行为。这种能力已经被引入到名为"reaCog"的网络中，它需要特定的神经元结构来组织时间序列，该序列包括检测发现问题，搜索当前场景中没有规定的新行为，通过内部模拟测试新选择行为的可行性，如果成功可行则执行这一新行为（Schilling and Cruse，2017）。

意识给出了对于人类来说非常重要的、特殊的思维模式（见 Seth，第37 章）。大脑可以采用许多内部状态，但在特定的时间内，（自觉性）意识只能访问其中一个特定的子集。一个悬而未决的问题是，什么结构负责选择有助于意识内容的元素，特别是它如何设想神经元状态（即物理状态）可以导致现象经验。当前的一个观点是，不需要特殊的、独立的结构来代表意识，但这种思维模式是网络突现特性导致的结果（Cruse and Schilling，2015）。

我们在研究社会结构时也可以观察到形成社会结构的模式。塞拉兹等（Therolaz et al.，1991）举了一个令人印象深刻的例子，他展示了如何通过简单的内部规则加上环境边界条件，黄蜂群落中物种相同、基因相同的动物群体就可以突现出三个层次的社会结构。这三个群体由一只蜂后和大约相等数量的觅食工蜂和筑巢工蜂组成。蜂后是两只雌蜂通过争斗而产生，从而可实现赢家通吃。争斗胜利者获得"信心值"(confidence value)的增加,进一步又增加了它赢得下一场争斗的可能性。这种机制导致只有一只雌蜂具有高信心值,从而成为蜂后,而所有其他个体均有低信心值。觅食工蜂和筑巢工蜂的区别取决于巢的具体结构。幼虫位于蜂巢的中心,食物储存在蜂巢外侧边缘附近。与幼虫的接触会刺激蜂后之外的个体外出觅食。这些黄蜂在巢外时与蜂后接触较少,因此与其他黄蜂即筑巢工蜂相比,保持了相对较高的信心值。这种分离是稳定的,因为蜂后通过持续战斗不断将剩余个体变成筑巢工蜂,使它们远离蜂巢的中心因此也远离幼虫。如此一来,筑巢工蜂从幼虫那里得到的刺激越来越少,因此就停留在蜂巢之内。塞拉兹等(Therolaz et al., 1991)通过模拟仿真,研究和验证了该系统的特性。有趣的是,这种社会结构能够适应幼虫数量的变化,以及觅食或筑巢工蜂数量的变化。

(六)形成光滑子空间以区分几何可能状态和几何不可能状态的模式

早期实例主要集中在通过一系列的离散状态切换而生成模式的特定案例,典型的例子是运动。在这些情况下,通常假设其基本神经元控制结构的特征为代表不同运动的不同吸引子状态(见图 24.2;例如,摇摆和站立)。相比之下,许多运动被更好地表征为跨越整个吸引子的子空间。其中一个例子是伸取运动,为了完成目标,控制系统必须驱动关节,并且通常必须经过以额外自由度为特征的运动学过程。此外,在不同层面(关节限制或对象受阻)上还有其他约束条件。与其列举所有可能的运动,不如假设一种编码身体与环境关系的基本特征。这种结构通常被称为身体图式,并被认为主要应用于运动控制(Wolpert et al., 1998)。为了控制伸取或抓握动作,身体图式必须处理所谓的反向运动控制问题。为了预测运动,身体图式需要作为正向模型使用。身体图式或者说身体模型,将多种感觉输入系统整合成连贯性状态。身体图式在这方面充当编码身体结构的模式生成系统,并且可以充当模式完成系统,该系统作为自动关联器可在仅获取部分信息时就能提供相应的模式。

　　这种模型的一个例子是MMC（多重计算平均值）网络（Schilling, 2011）。该网络由肢体之间的简单局部关系组成，但还包含有对这些关系的冗余描述。这一网络可以代表无限多的状态，对应于几何上可能的所有身体构型，并且只有这些形态。这一网络无法采用一种模式来表示几何上不可能的身体形态。为了演示该模型，图24.3描述了一个网络，该网络能够表示三关节平面手臂可以采用的所有几何位置。对于给定的臂尖末端位置，由于额外的自由度，一般来说在几何上可以有无限多的手臂配置方式。这一身体模型能够解决上述所有三个问题。当给定一个新的目标位置时，该网络会找到解决方案并能预测运动结果，因此可通过内部模拟进行提前规划。在各种情况下，网络约束负责引导模式完成过程，从而形成与（部分）输入匹配且与约束一致的相干状态。

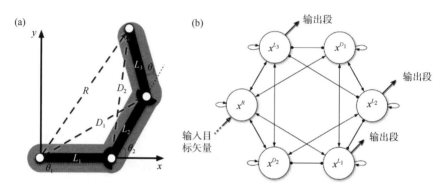

图24.3　（a）由L_1、L_2和L_3三个节段组成的三关节平面手臂。R表示指向臂尖位置的目标向量。D_1和D_2并不表示具体的臂节段，是为了计算需要所设。例如，可以通过两种方式计算向量L_1来探索冗余几何形状：$L_1=D_1-L_2$和$L_1=R-D_2$。然后，这两种计算的平均值用于表示下一次迭代中的L_1。（b）描述了一个递归神经网络，可以实现用于表示三关节手臂的所有计算（图中仅显示了确定向量x分量的部分。对应网络用于y分量）。该网络显示的是线性版本（对于非线性情况，请参见Schilling, 2011）。如图所示，为了计算反向运动学，R作为输入，L_1、L_2和L_3作为输出。为了计算正向运动学，L_1、L_2和L_3作为输入，R表示网络的输出

二、未来发展方向

　　对于采用激励单元的网络，一个悬而未决的重要问题是如何在不丧失能力的情况下按比例扩大这些网络。更普遍地说，这个问题关注的是如何组织大规模记忆，同时仍然允许有效的存储和检索。另一个有待进一步研究的问

题是, 是否分布式表征(Tani, 2007)要比专用激励单元在生物学上更为合理。

同样, 身体模型不仅可以通过一个还可以通过几个身体模型来实现, 每个模型关注不同的方面, 例如, 不同感觉模态的整合。将不同的身体模型解耦, 一方面可能有助于研究心智理论 (theory of mind, ToM), 另一方面可能有助于"灵魂出窍"身体之外的体验。因此, 一个普遍感兴趣的研究课题是了解这些状态是如何在大脑中产生的, 可能存在什么类型的身体模型, 以及它们如何耦合。

另一个悬而未决的问题关注的是学习结构的贡献(见 Arena *et al.*, 2009; Verschure, 2012), 它涉及新记忆元素的学习和存储, 同时稳定已经存在的记忆元素。

一般来说, 本章提到的所有模型与生物学实体相比, 都是在非常抽象的层次上制订的, 部分原因是缺乏生物学的相关细节知识。因此, 迫切需要研究大脑功能, 特别是与人工系统构建密切相关的记忆组织。

三、拓展阅读

关于如何从简单的局部规则中突现复杂的形态模式, 可参阅迈因哈特(Meinhardt, 1995)收集的大量实例, 他对贝壳的生物形态模式与简单局部规则的模拟结果进行了比较。艾斯佩尔(Ijspeert, 2008)全面介绍了使用中枢模式发生器控制运动, 特别是四足步行的情况, 该论文包括了中枢模式发生器的大量生物学实例和数学模型及深入广泛的文献综述。希林等(Schilling *et al.*, 2013a)对不依赖中枢模式发生器的六足步行控制进行了系统综述。

参 考 文 献

Arena, P., De Fiore, S., and Patené, L. (2009). Cellular nonlinear networks for the emergence of perceptual states: application to robot navigation control. *Neural Networks*, **22**, 801–11.

Beer, R. D., and Gallagher, J. C. (1992). Evolving dynamical neural networks for adaptive behavior. *Adaptive Behavior*, **1**, 92–122.

Cruse, H., and Schilling, M. (2015), Mental states as emergent properties. From walking to consciousness. In: T. Metzinger and J. Windt (eds), *Open Mind.*, Frankfurt/M.: MIND Group Frankfurt/M.

Cruse, H., and Schilling, M. (2013). How and to what end may consciousness contribute to action? Attributing properties of consciousness to an embodied, minimally cognitive artificial neural network. *Front. Psychol.*, **4**, 324. doi: 10.3389/fpsyg.2013.00324

Dallmann, C. J., Hoinville, T., Dürr, V., and Schmitz, J. (2017), A load-based mechanism for inter-leg coordination in insects. *Proc. Royal Society B: Biological Sciences*, **284**, 1755. http://dx.doi.org/10.1098/rspb.2017.1755.

Daun-Gruhn, S. (2011). A mathematical modeling study of inter-segmental coordination during stick insect walking. *J. Comp. Neurosci.*, **30**, 255–78.

Getling, A.V. (2012). Rayleigh–Bénard convection. *Scholarpedia*, 7(7),7702.

Ijspeert, A. (2008). Central pattern generators for locomotion control in animals and robots: a review. *Neural Networks*, **21**, 642–53.

Kimura, H., Fukuoka, Y., and Cohen, A.H. (2007). Realization of dynamic walking and running of the quadruped using neural oscillators. *Autonomous Robots*, **7**, 247–58.

Kozlov, A., Huss, M., Lansner, A., Hellgren Kotaleski, J., and Grillner, S. (2009). Simple cellular and network control principles govern complex patterns of motor behaviour. *Proc. Natl Acad. Sci. USA*, **106**, 20027–32.

Meinhardt, H. (1995). *The algorithmic beauty of sea shells*. Berlin/Heidelberg: Springer.

Owaki, D., Kano, T., Nagasawa, K., Tero, A., and Ishiguro, A. (2012). Simple robot suggests physical interlimb communication is essential for quadruped walking. *J. R. Soc. Interface*, **10**. doi: 10.1098/rsif.2012.0669

Schilling, M. (2011). Universally manipulable body models—dual quaternion representations in layered and dynamic MMCs. *Autonomous Robots*, **30**(4), 399–425.

Schilling, M., and Cruse, H. (2017). ReaCog, a minimal cognitive controller based on recruitment of reactive systems. *Front. Neurorobot.*, **11**(3). doi: 10.3389/fnbot.2017.00003

Schilling, M., Hoinville, T., Schmitz, J., Cruse, H. (2013a). Walknet, a bio-inspired controller for hexapod walking. *Biol. Cybern.*, **107**, (4) 397–419. doi: 10.1007/s00422-013-0563-5

Schilling, M., Paskarbeit, J., Hüffmeier, A., Schneider, A., Schmitz, J., and Cruse, H. (2013b). A hexapod walker using a heterarchical architecture for action selection. *Frontiers in Computational Neuroscience*, **7**. doi: 10.3389/fncom.2013.00126

Schneider, A., Paskarbeit, J., Schilling, M., and Schmitz, J. (2014). HECTOR, a bio-inspired and compliant hexapod robot. In: A. Duff, T. Prescott, P. Verschure, and N. Lepora (eds): *Living Machines 2014*, LNAI 8608. New York: Springer, pp. 427–9.

Steingrube, A., Timme, M., Wörgötter, F., and Manoonpong, P. (2010). Self-organized adaptation of a simple neural circuit enables complex robot behaviour. *Nature Physics*, **6**, 224–30.

Tani, J. (2007). On the interactions between top-down anticipation and bottom-up regression. *Frontiers in Neurorobotics*, **1**, 2. doi: 10.3389/neuro.12/002.2007

Therolaz, G., Goss, S., Gervet, J., and Deneubourg, J. L. (1991). Task differentiation in *Polistes* wasp colonies: a model for self-organizing groups of robots. In: J. A. Meyer and S. W. Wilson (eds), *From Animals to Animats*. Cambridge, MA: MIT Press, pp. 346–55.

Turing, A. M. (1952). The chemical basis of morphogenesis. *Phil. Trans. Roy Soc. London B*, **237**, 37–72.

Verschure, P. F. M. J. (2012). Distributed adaptive control: a theory of the mind, brain, body nexus. *Biologically Inspired Cognitive Architectures*, **1**, 55–72.

Wolpert, D., Miall, R., and Kawato, M. (1998). Internal models in the cerebellum. *Trends in Cogn. Sc.*, **2**(9), 338–47.

Zhabotinsky, A.M. (2007). Belousov–Zhabotinsky reaction. *Scholarpedia*, 2(9),1435.

第 25 章
感　　知

Joel Z. Leibo[1,2], Tomaso Poggio[1]

[1] McGovern Institute for Brain Research, Massachusetts Institute of
Technology, USA

[2] Google DeepMind

大脑感知系统执行的任务通常远远超出工程系统的能力范围。大多数孩子都能描述场景中的所有物体，并能听懂来自人群中的话语。但是没有人知道，如何让连接了摄像机和麦克风的计算机来产生相同的行为。同时，初级感觉生理学是神经科学中研究最为深入的领域之一，采用生物启发方法构建计算机感知系统的努力正在产生成果。事实上，有迹象表明工程系统正在赶上人类大脑。基于视觉的行人检测系统现在已经足够精确，可以作为安全装置安装在（目前的）行驶的车辆上（Markoff，2013）；手机语音识别系统用途使民众一片哗然（Rushe，2011）。虽然计算神经科学（computational neuroscience）并非完全以生物学为基础，但它在这两种系统的智力谱系中都占有相当大的比例。

与对人类生活的重要性相一致，感知领域的科学文献也呈现大规模快速增长。任何对该领域进行概述的尝试都不可避免地会忽略许多重要方面。在撰写本章时，我们努力选择一些合适的例子来支持某些观点，如大脑如何实现与最新工程应用直接相关的感知。我们所有的例子都来自灵长类动物的听觉和视觉系统。但它们所阐明的原理，无论是计算原理还是生物学原理，都适用于其他有机体和其他感知模态。

一、生物学原理和计算原理

（一）感知输入

视网膜在许多方面真的就像一部照相机（见 Dudek，第 14 章，关于构建更类似于生物体的神经形态相机的观点）。它由一组称为感光细胞的光敏器件组成。正如数码相机的 CCD 的每个像素可以在 2D 成像表面上感测特定空间位置的光一样，每个感光细胞能对视野中特定位置的光作出响应。特定细胞可能会对发生在凝视中心左侧 3°的闪光做出反应，科学家则认为该位置就处在细胞的感受野（receptive field，RF）内。

对于大多数目的而言，我们可以认为眼睛所有感光细胞的集体活动与每个感光细胞感受野内一个像素的位图图像相同。不过也有一些特性可以将其与用 iPhone 手机拍摄的图像区分开来。首先，感光细胞有两种主要的不同亚型：在强光下性能最佳、构成彩色视觉基础的视锥细胞，以及在微光下工作但对颜色不敏感的视杆细胞。与大多数相机不同，视网膜的传感器分布不是各向同性的。视锥细胞数量在中心 4°视角（称为中央凹）处达到峰值，平均密度为 199 000 个/mm²，但在距中心 1.75°的位置（仍在中心凹内）密度下降 50%。并且继续下降，在距中心 20°的位置，视锥细胞密度下降至峰值的 5%。视杆细胞密度也随偏心率而变化；特别是在中心 1.25°处没有任何视杆细胞。在考虑了视网膜这种极端的各向异性之后，事实上我们仍能感知到一个统一的视觉世界，持续性模糊并没有延伸到边缘视觉，这一点本身就非常引人注目。

听觉的主要感觉器官——耳蜗，可以看作是一组带通滤波器（关于人工耳蜗构建的进展，见 Smith，第 15 章；Lehmann and Van Schaik，第 54 章）。声音信号是一种压力波，可引起称为基底膜的内耳结构振动。内毛细胞（inner hair cell）感受到基底膜的运动，通过听觉神经将听觉信息传递给大脑。基底膜的厚度和宽度随其长度变化而变化，导致不同节段的基底膜以不同的频率振动。作为基底膜力学性质变化的结果，耳蜗按照音调性（tonotopically）进行组织后输出。也就是说，在其空间轴的一端，内毛细胞选择性地响应低频声音，在空间轴的另一端则对高频声音选择性响应。一个特定细胞所选择的频率称为其特征频率（characteristic frequency，CF）（图 25.1b，彩图 7）。

当音调频率<4kHz 时，内毛细胞和传入性听觉神经纤维的反应与基底膜的振动同步（锁相）。当音调频率在 4kHz 以上时，反应就不再是相位锁定的，但耳蜗的音调性组织的有效范围高达 20kHz，这是人类听觉的高频极

限，因此 4kHz 以上的音调虽然能够得到表现，但是却没有精确的尖峰时间。在这一章中，我们强调了基于耳蜗音调性组织的计算和算法特性。然而，在听觉处理方面还有另外一种观点，即强调空间音调性组织的相位锁定和时间精度。我们注意到，这些听觉感知的"地点"和"时间"理论中有很多是可以彼此协调一致的（见 Shamma，2001），但这一讨论超出了本章的范围。

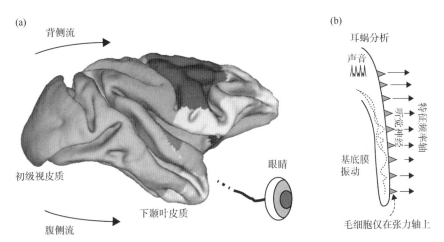

图 25.1 （a）猕猴的大脑，猕猴是感知神经科学中常用的研究动物。不同颜色表示负责不同感觉（和运动）模态的区域。蓝色区域负责视觉，红色区域负责听觉。该大脑模型及颜色来自 SumsDB（van Essen and Dierker，2007）。箭头表示视觉信息的流动。背侧流——"where"通路，与物体运动和定位有关。腹侧流——"what"通路，与物体身份有关（Mishkin *et al.*，1983）。（b）耳蜗和听觉神经的音调性组织

在本节中，我们强调了视觉细胞感受野和听觉细胞特征频率的概念。这两种初级感觉器官都是按照拓扑形态组织的。也就是说，感受野在视野中彼此邻近的视网膜细胞在二维视网膜上的位置也彼此邻近（如果你将视网膜看作一部相机，那么每个像素位置都有一个传感器，这一点很明显）。同样，彼此邻近的耳蜗细胞也具有相似的特征频率。在下一节中，我们将讨论初级感觉器官以外的感知加工。我们将看到，中枢神经系统保持其感觉输入的拓

扑形态组织形式，并将其用于后期感知表征的计算。

（二）早期感知

将早期感知视为逆问题非常有意义，例如，将早期视觉视为逆向光学或将早期听觉视为逆向声学。正问题是适定问题，它们有唯一解。例如，在现实世界范围内给定一组声源时，确定麦克风（或耳朵）感测到的压力波的问题。但对于相应的逆问题，情况并非如此。传感器测量的信号是听觉场景中所有声音相加产生的。因此，许多不同场景在物理学上是一致的，具有相同的感知数据。

我们以一个简单的双音调刺激为例（如图 25.2 所示）。左图表现了听觉神经纤维（从内毛细胞向大脑传递信息的细胞结构）反应与时间函数的关系。每个音调可以诱发沿基底膜音调轴的行波。在这一表征中，行波在频率范围内以振幅振荡的形式出现，并且与刺激相位锁定。其中一个音调诱发的行波最大振幅为 300Hz，另一个音调的特征频率为 600Hz。由于这两个行波彼此不在同一相位，它们的碰撞可以导致不同音调相位锁定区域之间的听觉神经表征产生尖锐边缘。这些边缘的特征频率位置取决于两个音调的振幅和频率。因此，任何检测边缘位置的机制都可以用来提取声谱（如图 25.2 所示）。特别是，什哈卜·夏玛（Shihab Shamma）建议采用横向抑制网络以实现此目的（Shamma，1985）。横向抑制的作用是检测和增强输入模式的不连续性。

视觉系统遇到了本质上相同的计算问题。同在听觉系统中一样，其任务是对边缘进行检测和定位，在这种情况下，边缘是由物体的边界且引起亮度的急剧变化。在这两种情况下，其基本问题是关于拓扑形态组织特征地图的数值微分。由于早期视觉区域接续了来自眼睛的视网膜皮质定位组织，因此可以对特征地图的空间坐标进行推导，因为它们直接对应于图像上的坐标。在听觉情况下，推导仍然来自特征地图的空间坐标。但由于听觉神经是音调性组织的，这就对应于频率上的区别。

事实证明，与早期感知的大多数问题一样，边缘检测是一个不适定问题（Poggio *et al.*，1985）。哈达玛（Hadamard，1923）提出了不适定性（ill-posedness）的定义。适定问题是指：①解是存在的；②解是唯一的；

③解连续依赖于初始值。无法满足上述一个或多个标准的问题则是不适定问题。边缘检测是不适定问题，因为其解不能连续依赖于初始数据。也就是说，微分对噪声不具有鲁棒性。为此，我们提出了一个函数 $f(x)$ 及其扰动方程 $g(x) = f(x) + \varepsilon \sin(wx)$。一方面，$\varepsilon$ 值较小时，这两个函数可能非常接近（例如，在 L2 范数中接近），它们之间的接近程度与 w 没有太大关系；另一方面，如果 w 值很大，它们的导数 $f'(x)$ 和 $g'(x)$ 之间的差异可能非常大。

通过引入适当的先验假设来限制允许解的类别，可以将不适定问题变为适定问题。利用先验知识将不适定问题转化为适定问题的过程称为正则化（regularization）。可以通过假设底层图像是平滑的，将边缘检测正则化。

让我们考虑以下从数据 y 中发现 z 的逆问题：

$$Az = y$$

在吉洪诺夫（Tikhonov）提出的标准正则化理论中，A 是线性算子，P 是非线性算子（Tikhonov *et al.*，1977）。正则化问题是 z 使得以下方程最小化：

$$\| Az - y \|^2 + \lambda \| Pz \|^2$$

该方程中的第一项是检测解与数据之间的差异，而第二项是对违反 P 编码先验假设的解进行"惩罚"。这两项之间的权重由标量 λ（称为正则化参数）控制。通过选择 λ 值，可以控制解的正则化程度及其与数据贴近度之间的妥协折中。

对于边缘检测，合适的先验假设是认为图像是平滑的，因此应该选择 P 值以惩罚不光滑的解。一种方法是选择 $P = d^2/dx^2$，即二阶导数算子（此外还有其他许多可能的选择）（Poggio *et al.*，1988）。

结果表明，边缘检测问题的正则化解等效于采用类高斯滤波器的导数对图像进行卷积（Poggio *et al.*，1985）。边缘是图像二阶导数的零点或图像一阶导数的临界点（最大值、最小值或反曲点）。因此，边缘检测算法包括两个步骤：①高斯导数的卷积；②计算局部区域的最大值。这就是所有边缘检测算法的基本工作原理，如坎尼提出的算法（Canny，1986）。

一般来说，对于任何不适定逆问题，只要数据是在规则网格上给出的且 A 是空间不变的，就可以通过卷积计算得到（吉洪诺夫）正则解（Poggio *et al.*，1988）。在这个意义上，大脑的许多逆问题都有空间不变性。让我们回到一开始提取声谱模式的例子（图 25.2），夏玛认为，作用于听觉神经反应的横向抑制网络，具有定位不同音调相位锁定区域之间不连续性的作用（Shamma，1985）。在他提出的网络中，对每个传入纤维的处理方式都是一样的：根据其局部音调性邻域的反应函数被抑制。这种作用可以看作是具有特定滤波器的听觉神经表征的卷积，随后是附近细胞反应的非线性池化。

本章到目前为止一直关注早期感知问题。在下一节中，我们将讨论一个高阶感知问题：目标识别。我们将发现卷积、非线性池化和拓扑形态组织仍然是早期感知的基本概念。

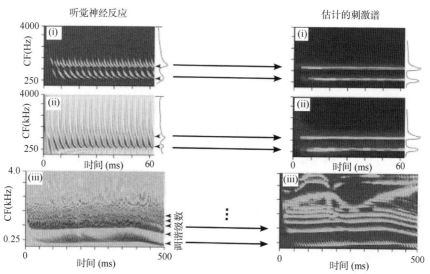

图 25.2   听觉加工早期阶段的模型示意图，横坐标为时间。左图的纵坐标表示模拟听觉神经纤维的特征频率。右图的纵坐标表示下游区域（可能是蜗神经前腹核）细胞的特征频率。左图：听觉神经纤维的时空反应模式。其诱发因素：（ⅰ）300Hz 和 600Hz 的安静双音调刺激，这两个音调都未能使神经反应饱和。（ⅱ）更大的双音调刺激，能够饱和多种特征频率的听觉神经纤维反应。结果，时间平均响应（即频率函数）几乎没有调制，相比之下，（ⅰ）图中安静刺激的时间平均响应在 300Hz 和 600Hz 时有两个显著的峰值。（ⅲ）包含许多频率成分的语音，其与音调对应的"基本"频率调谐相关。右图：估计的刺激谱，应用横向抑制网络处理（ⅰ、ⅱ 和 ⅲ）计算得出。横向抑制的作用是检测和增强不同音调相位锁定区域之间输入模式的不连续性。（ⅰ，ⅱ）不管音调对应的音量如何，所估计的刺激谱是相似的。（ⅲ）谐波在网络输出中清晰可见

图片来源：转载自 Trends in Cognitive Sciences，5（8），Shihab Shamma，On the role of space and time in auditory processing，pp. 341，Figures 1b and d，http：//dx.doi.org/10.1016/S1364-6613（00）01704-6，Copyright © 2001 Elsevier Science Ltd. All rights reserved，with permission from Elsevier

（三）高阶感知：识别与不变性

如果早期视觉像逆向光学，那么高级视觉就像逆向图形。同样，如果早期听觉像逆向声学，那么对于语音来说，高级听觉就可以被认为像逆向语音。现阶段，自然或人工感知系统面临的中心问题是感觉世界的变化性。许多刺激必须认为是等效的——例如，同一物体从不同角度观看的图像——但是由等效场景不同视角所诱发的感觉刺激模式可能彼此不太相似。这一不变性的问题存在于所有的感觉模态中（但我们在这里将主要关注视觉）。

视觉信息从视网膜沿视神经传递到丘脑，再从那里到达初级视觉皮质（V1）：这是大脑后部（枕叶）的一个较大区域（图 25.1a）。V1 细胞通常分为两类：简单细胞（simple cell）和复杂细胞（complex cell）。首先做出这种区分的休博尔和维瑟尔（Hubel and Wiesel）发现，某些被他们命名为简单细胞的 V1 细胞针对定向线进行优化调谐。也就是说，一个简单细胞可以在其感受野中出现水平线时做出反应，而另一个简单细胞可以在其感受野中出现对角线时做出反应。简单细胞对其感受野内优先刺激的确切位置非常敏感。它们定位于"开"和"关"区域；前者出现的刺激可增加细胞放电，而后者出现的刺激则抑制了细胞放电。复杂细胞也可针对定向线调谐，但能容忍其感受野内定向线确切位置的变化。也就是说，它们没有关闭区域。大多数复杂细胞的感受野要比简单细胞稍大（Hubel and Wiesel，1962）。

简单细胞通过每个位置的方向性（坐标是 x、y 和角度）来表示刺激。复杂细胞也通过这三个坐标表示刺激，但它们的空间敏感性降低。从这个意义上说，复杂细胞群的活动模式可以看作是简单细胞所承载表象的模糊版本。V1 继承了其输入的视网膜区域定位组织。因此，感受野处于视野中邻近区域的细胞也同样位于皮质中的邻近区域。

休博尔和维瑟尔推测，复杂细胞是由简单细胞驱动的（Hubel and Wiesel，1962）。调谐到 θ 方向的复杂细胞可以容忍位移，因为它从一组在不同（相邻）位置优化调谐到 θ 方向的简单细胞处接收输入。在目前流行的能量模型（energy model）中，复杂细胞的响应被建模为一组相邻简单细胞响应的平方和（Adelson and Bergen，1985）。

在位于下游的高级视觉区域，细胞可对越来越大的空间区域做出反应。在这种处理层次结构的最后，即在腹侧视觉系统的最前部——特别是在下颞皮质（IT）的前部——尽管发生了显著变化（高达几度的视角），但一些细胞仍能做出不变性反应。微小物体可以进行转换，使它不再落入最初对其成像的任何感光细胞的感受野中。即便如此，它在下颞皮质中的表示也可能在很大程度上保持不变。休博尔和维瑟尔提出，类似于他们在 V1 中发现的组织可以在早期视觉之外得到重复，下游视觉区域的细胞可以针对更复杂的图像片段优化调谐，例如，可能位于 V1 线之后的角落和 Ts，一直到下颞皮质中对整个物体的表示（图 25.3）。

福岛邦彦（Fukushima）的新认知机（neocognitron）是围绕休博尔和维瑟尔观点建立的目标识别计算模型的早期例子（Fukushima，1980）。在该模型中，交替的"简单"（S）和"复杂"（C）细胞层可以计算"调谐"或"池化"操作；其他比较新颖的模型仍然保留了这种组织模式（LeCun and Bengio，1995；Riesenhuber and Poggio，1999）。

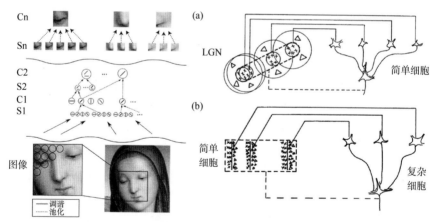

图 25.3　左图：图示为具有卷积架构的模型。在早期层中，定向条等单元表示简单刺激。在后期层中，单元针对复杂刺激进行调谐，如自然图像斑块。右图：休博尔和维瑟尔对他们提出的复杂细胞由简单细胞驱动的观点进行了图示说明。这也表明，简单细胞的调谐可以由类似丘脑外侧膝状体核（LGN）那样的"中心–环绕"感受野组合产生

图片来源：转载自 The Journal of Physiology，160（1），D. H. Hubel and T.N. Wiesel，Receptive fields，binocular interaction and functional architecture in the cat's visual cortex，pp. 106–154，Figures 19 and 20，doi：10.1113/jphysiol.1962. sp006837，Copyright © 1962 The Physiological Society

S 细胞可以被认为是模板检测器，它们会在优先图像（其模板）出现于感受野中时做出反应。由于视觉区域近似于视网膜区域定位的组织形式，所以所有细胞的活动模式都针对特定模板进行了调谐，每个细胞都处于视野中的不同位置——特征映射（feature map）——可以理解为模板在视野中出现位置的地图。也就是说，特征映射为输入与模板卷积。不同特征的功能层包含了许多特征映射，比如 V1 针对每个方向都有一个模板。

C 细胞将不同位置 S 细胞的反应池化在一起。因此，C 细胞被调谐到与其输入 S 细胞相同的模板上，但它们对其感受野内的刺激转换保持不变。池化通常采用非线性运算建模——如同能量模型：对一组 S 细胞响应求平方和——或如同 HMAX 模型：对一组 S 细胞响应求最大值。由于大脑皮质是按照视网膜区域定位进行组织的，S 特征映射是通过将模板与输入卷积来计算的，而 C 特征映射是将非线性池化函数应用于 S 细胞的局部邻域来计算的。

在这点上要问的一个很好的问题是：如何通过视觉体验或进化将拟议的组织连到一起？这里有两个独立的问题，一个是如何学习模板（连到 S 细胞），另一个是如何学习池化（连到 C 细胞）。前一个问题的答案来自常见图像片段的统计学（Olshausen and Field，1996）。在小的空间尺度上，细胞对低复杂度特征如 V1 的定向边缘进行表示。在更大的空间尺度上，这些细胞表示更复杂的特征。

第二个问题，即通过这一方案发展不变性，等同于将在视野中不同位置（和尺度）表示同一模板的单元关联在一起的问题。虽然在计算模型中实现这一点很简单，但对于视觉皮质来说，这是众所周知的相应难题之一。大脑解决这个问题的一种可能方法是采用基于时间关联（TAB）方法。最著名的 TAB 方法是费尔戴克追踪规则（Földiák，1991）。该追踪规则解释了在不同空间位置具有相同选择性的细胞中多少细胞可以通过运动连续性连到相同的下游细胞：可对时间接近的相同刺激放电的细胞，都很可能对相同的运动刺激有选择性。

TAB 方法基于一种假设，即目标通常随时间平稳移动。在自然界中，物体通常首先出现在视野的一侧，然后随着生物体的头部或眼睛移动而移动到另一侧。利用这一特性的学习机制可以将时间连续性活动模式关联起来。当采用这种算法的系统在视觉世界中获得经验时，将逐渐获得固定不变的模板检测器。

心理物理学研究已经检验测试了时间关联假说，将人类受试者暴露在不断变化的视觉环境之中，通常的时间连续性目标转换在这种环境中被破坏。人类受试者暴露于随转动而不断改变身份的旋转面孔环境之中，这会导致将不同个体的面孔错误地关联在一起（Wallis and Bülthoff，2001）。类似地，当眼睛扫视期间暴露于身份改变的目标之中，并且需要在发生变换的视网膜位置进行辨别区分时，会增加不同目标之间的混淆（Cox et al.，2005）。

生理学证据表明，大脑也采用 TAB 方法来获得不变性。李和迪卡洛研究发现，在暴露于变化性视觉环境且其中高度差异性目标在眼睛扫视期间变换身份特征时，会导致前颞下神经元改变其在变换位置的刺激偏好（Li and DiCarlo，2008）。他们在尺度不变性方面也获得了类似的结果（Li and DiCarlo，2010）；目标物体的尺寸可增大或缩小，并在特定尺度上改变其身份特征。暴露一段时间后，前颞下神经元在操纵尺度上改变了它们的刺激偏好。这两个实验中，未发生位置和尺寸比例变换的对照组均不受影响。

（四）经典微回路假说

我们现在已经看到，在解决早期视觉问题（边缘检测）、早期听觉问题（声谱估计）和高阶感知问题（视觉目标识别）时，都出现了同样的两种数学运算。如果我们考虑其他的感知问题，如运动检测，我们也会发现同样的运算（Adelson and Bergen，1985）。一个非常吸引人的观点是，用于计算这些运算的回路是"经典微回路"（canonical microcircuit）的一部分：经典微回路是一种在大脑皮质所有部位的所有感知（或其他）处理水平上反复出现的结构基元。虽然还没有最终确定，但关于这种经典微回路假说（canonical microcircuit hypothesis），现在有来自多个领域的越来越多的证据。道格拉斯和马丁（Douglas and Martin，2004）对神经解剖学相关证据进行了综述，并探讨了经典微回路的算法特性（Kouh and Poggio，2008）。

二、仿生系统

在上面的综述回顾中，我们已经提到了几种仿生系统作为生物学模型的作用。这里我们将讨论这些模型中一类特殊家族在工程问题中的应用。卷积神经网络（CNN）在许多问题上的应用都已取得了成功，超越了以往最先进的水平。

卷积神经网络有两类交替层，类似于新认知机以及 HMAX 的 S 细胞层和 C 细胞层。卷积层计算其输入与一组存储滤波器的卷积。卷积之后通常伴随的是非线性激活函数（如 S 形曲线）。池化层通常计算前一个卷积层局部区域输出的最大值（或另一个函数）。池化层被认为是对卷积层的子采样，因为它们拥有的单元较少，可有效降低网络的分辨率，同时又使其对局部变换保持不变。

在语音识别领域，卷积网络在 TIMIT 数据库音素识别基准中表现出了很好的性能（Abdel-Hamid *et al.*，2012）。用于音素识别的卷积网络通过局部频率范围池化发挥作用。人们认为，它能发挥作用是因为其有效规范了几种常见的声学变化，例如，不同说话人发同一个元音及多种信道噪声。

克里热夫斯基等运用卷积神经网络来获取图像分类结果，显著提高了先前的技术水平（Krizhevsky *et al.*，2012；图 25.4）。他们使用图形处理单元（GPU，GPU 的发展主要受到了视频游戏的推动）以大幅提高网络的训练速度，从而他们能够使用更广的网络，并且比以前的网络具有更多的训练实例。

三、未来发展方向

这一领域最近一直在两个相互补充的方向发展。第一个方向是采样更广的网络，容纳越来越多的训练数据，代表性的例子是克里热夫斯基等运用的方法。在"大数据时代"，这是一种非常合适的方法；互联网公司每小时可以轻松收集兆兆（万亿）字节的数据。

另一个方向关注的是如何使用更小的数据量。人类在学习视觉概念时，所需的实例要比克里热夫斯基模型网络少得多。沿着这一思路开展研究的方式是，使用 TAB 方法将刺激的神经表征与转换之外的其他变换关联。

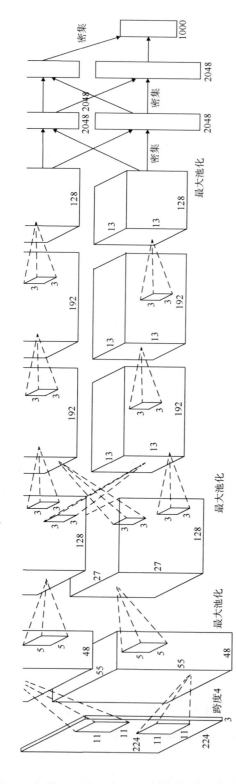

图 25.4　克里热夫斯基等所运用的卷积网络架构的图示，目的是在大型图像分类任务中显著改进先前的技术水平（Krizhevsky *et al.*, 2004）。该图突出显示了实现该系统的两个 GPU 之间的互连。

图片来源：转载自 Alex Krizhevsky, Ilya Sutskever, and Geoffrey E. Hinton, "ImageNet Classification with Deep Convolutional Neural Networks", in P. Bartlett, F. C. N. Pereira, C. J. C. Burges, L. Bottou, and K. Q. Weinberger (ed.), Advances in Neural Information Processing Systems 25, pp. 1097–1104, Figure 2, Copyright © 2012 Neural Information Processing Systems

这种过程产生的网络仍然是卷积的，但现在涉及刺激变化的其他维度，例如，在深度上的 3D 旋转（Stringer and Rolls，2002；Poggio *et al.*，2012）。这种方法的目标虽然尚未实现，但希望在于它所产生的网络能够模仿人类可从极少数例子中学习的能力，因此，对于任何新概念，所有的自然刺激变换都可以自动处理。

四、拓展阅读

大卫·马尔（David Marr）的著名的专著《视觉》（*Vision*）描述了我们在本章中试图遵循的理论方法（Marr，1982）。马尔将感知系统的研究区分为三个不同的层次：①计算理论；②算法；③硬件（或湿件）实现。该书还对我们忽略的许多视觉问题做了很好的概述，如立体视觉和运动处理。波乔（Poggio，2012）对主要的方法学观点进行了探讨与更新。

关于从逆问题角度看待早期视觉的更多信息，可参阅波乔等的文章（Poggio *et al.*，1985）。迪卡洛等（DiCarlo *et al.*，2012）最近对视觉目标识别的高阶感知问题进行了综述。

什哈卜·夏玛（Shihab Shamma）回顾了视觉和听觉之间的联系（Shamma，2001），道格拉斯和马丁（Douglas and Martin，2004）综述了经典微回路的解剖学证据。此外，还有其他许多论文探讨了可由经典微回路实现的算法，例如，库赫和波乔的文章（Kouh and Poggio，2008）。

参 考 文 献

Abdel-Hamid, O., et al. (2012). Applying convolutional neural networks concepts to hybrid NN-HMM model for speech recognition. In *IEEE International Conference on Acoustics, Speech and Signal Processing (ICASSP)*, pp. 4277–80.

Adelson, E.H., and **Bergen, J.R.** (1985). Spatiotemporal energy models for the perception of motion. *Journal of the Optical Society of America A*, **2**(2), 284–99.

Canny, J. (1986). A computational approach to edge detection. *IEEE Transaction on Pattern Analysis and Machine Intelligence*, **6**, 679–98.

Cox, D., et al. (2005). "Breaking" position-invariant object recognition. *Nature Neuroscience*, **8**(9), 1145–7.

DiCarlo, J., Zoccolan, D., and **Rust, N.** (2012). How does the brain solve visual object recognition? *Neuron*, **73**(3), 415–34.

Douglas, R., and **Martin, K.** (2004). Neuronal circuits of the neocortex. *Annu. Rev. Neurosci.*, **27**, 419–51.

Van Essen, D., and **Dierker, D.** (2007). Surface-based and probabilistic atlases of primate cerebral cortex. *Neuron*, **56**(2), 209–25.

Földiák, P. (1991). Learning invariance from transformation sequences. *Neural Computation*, **3**(2), 194–200.

Fukushima, K. (1980). Neocognitron: A self-organizing neural network model for a mechanism of pattern recognition unaffected by shift in position. *Biological Cybernetics*, **36**(4), 193–202.

Hadamard, J. (1923). *Lectures on the Cauchy Problem in Linear Partial Differential Equations*. Yale: Yale University Press.

Hubel, D., and Wiesel, T. (1962). Receptive fields, binocular interaction and functional architecture in the cat's visual cortex. *The Journal of Physiology*, **160**(1), 106.

Kouh, M., and Poggio, T. (2008). A canonical neural circuit for cortical nonlinear operations. *Neural Computation*, **20**(6), 1427–51.

Krizhevsky, A., Sutskever, I., and Hinton, G. (2012). ImageNet classification with deep convolutional neural networks. In *Advances in neural information processing systems*. Lake Tahoe, CA, pp. 1106–14.

LeCun, Y., and Bengio, Y. (1995). Convolutional networks for images, speech, and time series. In: M. A. Arbib (ed.), *The handbook of brain theory and neural networks*. Cambridge, MA: MIT Press, pp.255–8.

Li, N., and DiCarlo, J.J. (2008). Unsupervised natural experience rapidly alters invariant object representation in visual cortex. *Science*, **321**(5895), 1502–7.

Li, N., and DiCarlo, J.J. (2010). Unsupervised natural visual experience rapidly reshapes size-invariant object representation in inferior temporal cortex. *Neuron*, **67**(6), 1062–75.

Markoff, J. (2013). At high speed, on the road to a driverless future. *The New York Times*, May 27, 2013, p.2.

Marr, D. (1982). *Vision: A computational investigation into the human representation and processing of visual information*, New York, NY: Henry Holt and Co., Inc.

Mishkin, M., Ungerleider, L., and Macko, K. (1983). Object vision and spatial vision: two cortical pathways. *Trends in Neurosciences*, **6**, 414–7.

Olshausen, B.A., and Field, D.J. (1996). Emergence of simple-cell receptive field properties by learning a sparse code for natural images. *Nature*, **381**(6583),607–9.

Poggio, T. (2012). The Levels of Understanding framework, revised. *Perception*, **41**, 1017–23.

Poggio, T, Torre, V., and Koch, C. (1985). Computational vision and regularization theory. *Nature*, **317**(26), 314–9.

Poggio, T, Voorhees, H., and Yuille, A. (1988). A regularized solution to edge detection. *Journal of Complexity*, **4**(2), 106–23.

Poggio, T., et al. (2012). The computational magic of the ventral stream: sketch of a theory (and why some deep architectures work). *MIT-CSAIL-TR-2012-035*.

Riesenhuber, M., and Poggio, T. (1999). Hierarchical models of object recognition in cortex. *Nature Neuroscience*, **2**(11), 1019–25.

Rushe, D. (2011). iPhone uproar: Is Siri anti-abortion? *The Guardian*, December 1, 2011, p.1.

Shamma, S. (2001). On the role of space and time in auditory processing. *Trends in Cognitive Sciences*, **5**(8), 340–8.

Shamma, S. (1985). Speech processing in the auditory system II: Lateral inhibition and the central processing of speech evoked activity in the auditory nerve. *The Journal of the Acoustical Society of America*, **78**(5), 1622–32.

Stringer, S.M., and Rolls, E.T. (2002). Invariant object recognition in the visual system with novel views of 3D objects. *Neural Computation*, **14**(11), 2585–96.

Wallis, G., and Bülthoff, H.H. (2001). Effects of temporal association on recognition memory. *Proc. Natl Acad. Sci. USA*, **98**(8), 4800–4.

Tikhonov, A. N., Arsenin, V. I., and John, F. (1977). *Solutions of ill-posed problems* (Vol. 14). Washington, DC: Winston.

第26章
学习与控制

Ivan Herreros

SPECS, Institute for Bioengineering of Catalonia (IBEC), the Barcelona Institute of Science and Technology (BIST), Barcelona, Spain

人工系统已经在一系列的任务中超越了人类,其中大多数任务都发生在高度结构化和抽象化的领域,比如国际象棋或者最近比较热门的围棋(Silver et al., 2016)。但在许多领域,机器人的性能与动物相比仍然相形见绌,诸如运动控制之类的低级行为就是其中之一。例如,一名两岁幼童在操场上与其他孩子奔跑碰撞时的灵巧性和平衡性,显然远比最先进的类人机器人先进得多,尽管公立和私营部门在这一研究领域已经投入了大量资源。

我们在本章中提出了一种观点:为了缩小这一差距,我们首先必须使用工程学领域的控制论以及机器学习等数学工具来分析动物的行为。只有这样,我们才能清楚地指出动物所面临任务时需要的计算组件及其解决方案。其次,通过这种概念化语言,我们期望可以利用这些在动物身上进化的解决方案来丰富开创性的工程学科。事实上,仿生领域研究激动人心之处不仅在于用控制论或机器学习来解释动物行为,还在于用生物学见解来推进控制论或机器学习。然而,回答第一个问题——其属于神经科学兴趣所在——是研究第二个问题的先决条件。

本章的具体内容如下。首先,我们介绍了控制论和机器学习的基本概念,以便读者直观地了解每个学科所关注的问题类型及其提供解决方案的性质。下一步,在生物学领域我们将从控制论的角度,以及根据动物行为是先天的还是后天的来对其进行分类。接下来,我们将把动物心理学中所考虑的动作习得机制与不同类别的机器学习问题联系起来。随后我们将探讨这些机制的神经基质问题。最后,我们将介绍按照上述思路设计的一些仿生系统实例。

一、工作定义

（一）控制问题

控制论（control theory）是一门发展方法的工程科学，目的是获得期望的系统性能。这一领域也被称为自动控制（automatic control），因为它起源于工业革命时期，其基本原理是去除生产过程中的人工操作人员。一般来说，系统的期望性能是根据维持或达到期望状态或遵循确定的目标信号（target signal）来定义的（可能需要考虑获得期望性能的成本，如能量消耗）。例如：空调系统必须使房间达到并保持在给定的温度状态；飞机自动驾驶仪必须在着陆前引导飞机下降，根据预定模式（如目标信号）降低高度。

在控制论术语中，期望状态（或输出）称为参考（reference，r）。实际状态（或输出）和这一参考之间的区别称为误差（error，e）。为了定义控制系统，我们还必须确定受控目标，即被控对象（plant，P）、对象的可测量输出（y）以及可以驱动系统修改其状态的一个或多个输入。当这种输入来自控制器（C）时，它被称为控制信号（u）。

有两种基本的控制策略：前馈控制和反馈控制（图 26.1），这种划分所依据的是当前状态在对控制信号进行计算时发挥的作用。

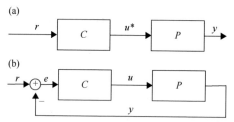

图 26.1　前馈控制和反馈控制方案。（a）在前馈控制场景中，控制器（C）接收期望输出（r）。以被控对象反向模型为例，在知道其初始状态后，可以计算出发送到被控对象（P）的输出控制信号（u^*），从而产生最终输出（y）。如果控制程序成功运行，y 的最终值必须等于 r。C 和 P 形成一个开环系统，因为系统输出（y）不会重新输入。（b）在反馈控制情况下，控制器（C）持续接收测量当前输出（y）和期望输出（r）之间距离的误差（e）。根据该信息，C 输出控制信号（u）以改变 P 的状态，并且通过其改变 y。因为 y 通过误差计算再次进入 C，并且影响新的 u 产生，C 和 P 形成了闭环系统

（二）前馈控制

在掌握了系统的初始状态和期望状态后，我们就可以预先计算整个控制信号，例如，一系列指令，并将其应用于系统。为了实现这一目的，我们需要一个良好的控制系统模型，这样就可以精确地预测输入如何影响其状态。否则，即使是非常细微的不准确预测和效应器侧的微小变化也会随着时间而累积，指令序列越长，系统最终偏离期望状态的可能性就越大。换言之，前馈控制（feed-forward control）策略必然是基于模型的，需要非常精确的数学模型和精确的物理系统（即传感器和促动器）。

（三）反馈控制

反馈控制（feedback control）策略是根据当前输出或状态信息对控制信号进行不断更新。在更简单的版本中，为了实现反馈控制策略，需要确定的只是所采取的行动方向，以便减少给定误差，该误差定义为当前输出和期望输出之间的差异。换言之，控制信号的增加是否可以增加或减少输出。举例说明，打开加热装置可以提高室温，但是打开空调装置可以降低室温。因此，根据所控制的系统采用相反的控制信号（增大或减小）来校正期望输出中的相同误差（室温比期望温度低 2 摄氏度）。

反馈控制器既可以直接从输出误差（输出反馈）中计算其信号，也可以根据其输出估计系统的内部状态，并根据整个系统状态（状态反馈）来计算控制信号。输出反馈是无模型的，也就是说，它不需要一个控制系统的模型来实现控制（即使如此，从工程学角度来看，在控制器设计期间获取这样的模型也是有益的）。上述列举的空调示例就可以解释为输出反馈。状态反馈是基于模型的，为了推断系统在输出给定时的状态，它至少需要对输出和系统状态之间的关系建立模型。然而，这并不意味着状态反馈与前馈控制对建模不精确具有同样的敏感性。相反，状态反馈固有的反馈机制将纠正由于模型不精确而导致的与期望状态的偏差。简而言之，在前馈控制模型中，不精确会导致期望状态和实际状态之间的偏差，但在状态反馈中它们只是限制发挥最佳性能。

　　综上所述，我们考虑了控制论中的一大类问题，即实现被控对象遵循（或达到）特定的参考，并介绍了这么做的两类方法。一方面，反馈控制是鲁棒性的也是反应性的，因为它需要在纠正误差之前先发生误差；另一方面，前馈控制是高效的，因为它可以在误差发生之前避免误差，但对建模不精确、噪声或干扰仍然非常敏感。如果想拥有完美的被控对象模型、绝对精确（无噪声）的传感器和促动器，并保证没有外部元件干扰任务（无干扰），则应该选择仅采用前馈控制，并预先计算控制信号。在实际应用中，特别是在开放环境中运行的主体，很难满足上述条件，因此通常需要依赖反馈控制机制。也就是说，通常最好的策略能够根据任务和（或）主体的相关需求，对反馈和前馈控制进行平衡。

　　我们以手臂的控制为例，来说明上面介绍的所有概念。在这种情况下，被控对象是手臂，中枢神经系统充当控制器。可以根据关节的角度位置和速度，或手臂肌肉的收缩程度来定义系统状态。输出由承载手臂位置信息的感觉系统提供，即视觉和本体感觉系统（以及间接的触觉和疼痛感受系统）。控制信号通过运动神经元的放电来编码，从而引起肌肉运动。最后，反馈或前馈控制策略是否会产生控制信号将取决于具体情景：非常快速的随意动作将主要根据前馈控制执行，而反馈控制将在执行较慢动作或对痛苦刺激的快速反应中发挥作用。

（四）机器学习图式

　　机器学习是介于计算机科学、数学和统计学之间的一门学科。它的目标是确定可允许机器从数据中提取信息的算法。从历史上看，机器学习被定位为学习算法在数据生成中不起作用的一种处理方式。也就是说，数据被先验地赋予算法，然后再利用之前未发现的数据来训练算法。例如，统计性语音识别器对其识别语音的生成几乎没有控制权。这种方法可能直到今天仍然占主导地位，特别是在深度学习领域，机器学习算法通常与海量数据（或大数据）一起使用。然而，本书的读者可能会对学习算法嵌入自主主体（如机器人）的情况更感兴趣。在这种情况下，所谓的行为循环（behavioral loop）在学习过程以及驱动学习的刺激之间建立了一个闭合环路（Verschure *et al.*,

2003)。换言之，当学习塑造动作时，它也将塑造由这些动作产生的感知，这些感知是首先为学习算法提供信息的刺激。虽如此，这并不意味着机器学习技术不适用于现实世界中的行为主体，但它确实意味着对数据生成的统计可能违反了经典机器学习界通常所做的假设（如数据点相同且独立采样）。

根据是否存在行为循环，我们可以将机器学习问题分为被动（passive）和主动（active）两种学习方法。事实上，机器学习的最初研究大多是在被动设置中进行的，其中一项传承就是将学习算法的运行经典性地划分为训练和应用两个阶段。这种划分通常不适用于主动设置，因为在那种情况下，主体很可能会不断更新其模型。也就是说，只有一个阶段，学习算法被同时开发和训练。

（五）机器学习算法及问题的分类

机器学习问题及算法分为三种类别：监督学习、无监督学习和强化学习（图 26.2）。从生物学和生物混合系统的观点来看，这种划分是有意义的，因为它有助于识别特定的学习问题或任务固有的基本计算。实际上，生物或人工系统获得复杂行为的过程包括并且可以由属于这些不同类别的子问题来描述，这些子问题将在下面的内容中进一步介绍。

引入这种划分的另一个兴趣来源是将不同的大脑结构与不同的学习类别相互联系的可能性。事实上，大脑的各区域都有不同的计算方法，我们将在下一节进一步阐述。

我们应该注意到，在考虑到控制论对反馈和前馈控制策略的划分时，两者原则上都可以用来解决同一问题。这与机器学习分类的情况不同，这三类问题反映的不是方法上的区别，而是与问题计算性质有关的区别。

（六）监督学习

在监督学习（supervised learning）问题中，系统通过给定的数据实例学习输入-输出转换。在数学术语中，算法的目标是从成对数据样本中逼近某一函数或一组函数。根据输出是在连续域或是在离散域上确定的，我们面临着函数逼近或分类问题。

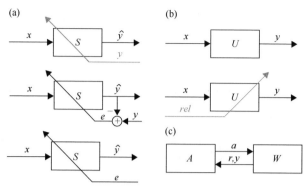

图 26.2　机器学习的基本类别。(a) 在监督学习中，算法 (S) 接收数据 (x) 并产生输出 ($\hat{y}$)，其一般是期望值 (y) 的近似值。在绝大部分经典图式 (上图) 中，S 只接收初始数据集 (训练集) 的期望输出，然后根据获得的映射函数，利用 S 将未看到的输入映射到输出。另外 (中图)，S 可以简单地接收由 y 和 $\hat{y}$ 之间差值计算出的误差信号 (e)。或者 (下图)，S 接收了可能是 y 和 $\hat{y}$ 之间差值未知函数的误差信息。(b) 在无监督学习中，算法 (U) 接收输入数据 x，并从中产生压缩或扩展的新 y。在处理过程中，所有输入可能被视为同等重要 (上图) 或根据输入相关信号 (rel，下图) 进行加权。(c) 在强化学习中，主体 (A) 和世界 (W) 之间信息交换的最小表示：A 执行一个动作 (a)，从中获得即时奖励 (r) 和对 W 的感知 (或观察，y)。给定 y 时，A 推断 W 的状态 (内部或外部)；根据 r 更新前一个状态、一组状态或状态评估函数的值；有可能更新其动作选择策略；最后选择下一个动作

　　医学影像的自动诊断 (如 X 线图像中的肿瘤检测) 和语音–文本翻译是经典的分类问题，在监督学习领域早已得到解决。股市预测可能是监督学习领域探索最多的问题，还有天气预测 (以及最近对网络用户是否会点击网页广告进行的预测)。

　　从方法论的角度来看，监督学习问题可以是离线 (off-line) 的，也可以是在线 (on-line) 的。在第一种情况下，所有分类数据样本在训练期间都可用，之后该算法仅适用于未标记的数据。在在线学习的情况下，标记的数据样本对系统持续可用，这样它可以不断地更新其模型。对时间信号的预测提供了一个在线场景的实例。例如，如果我们每天都预测股票市场资产，即使在开始预测时没有目标 (正确的) 值，但一天之后就会获得。因此，预测模型可以在运行过程中不断更新。

　　此外，学习过程可以依赖于迭代 (iterative) 或批量 (batch) 更新。在第一种情况下，模型在每个数据样本呈现后更新，而在第二种情况下，更新

仅在计算了一组样本（即批量）的误差后发生。在离线学习的情况下，批量可以构成整个训练集。

在生物领域，在线迭代方法最有价值。例如，运动行为会在表现过程中不断更新，一旦经历刺激就会形成记忆。然而，有人提出在睡眠中可发生离线学习，并由白天经验的再现所驱动。也就是说，我们在睡觉时会处理批量数据，这些数据是由我们在白天的经历提供的。

我们在监督图式中学到了什么？注意，由于数据配对得到了标记，学习的组成可以是简单地将输入-输出关联存储在查询表中。然而，即使我们使用这种方法可以检索以前看到的数据的标签，但一个简单的查询表并不允许标记未看到的数据。实际上，对于监督学习算法，我们期望它能够根据训练集进行概括（generalize over the training set），从而能够推断出决定正确输入-输出关联数据的基本特征，即映射函数。

最后根据一般的解释，监督（supervision）这一术语意味着在学习过程中，对于生成的每个输出，算法都提供了误差信息，允许局部修正映射函数从而减少误差。一方面，这意味着监督学习是严格的误差驱动的：如果没有误差，就没有模型的更新，也就没有学习。另一方面，这也意味着算法不一定需要访问期望输出，它只需要掌握如何更改其输出以减少误差的有关信息。为了直观地解释这一点，假设我们必须控制一个投球机构使球停在特定的距离，并且我们可以控制释放球的速度。即使我们没有获得目标速度（这是我们期望的输出值），但在知道球是在期望位置之前还是之后停下来，也会告诉我们是增加还是减少释放速度。换句话说，位置误差将监督速度。当然，在一般情况下，知道期望的输出值可以精确计算误差。在那种情况下，假设目标是使方差最小化，则可以获得误差函数的梯度，并在梯度下降后更新映射函数。

神经网络提供了非常流行的监督学习算法的实现方式，多层感知机（multi-layer perceptron）是应用最广泛的通用监督神经网络。多层感知机是非线性函数逼近器，可以在输入和输出域之间产生中间水平的表征。在深度学习领域，监督学习算法也被用于实现神经网络；在这种情况下，存在多个中间隐藏层。

（七）无监督学习

无监督学习（unsupervised learning）与数据域的统计建模有关。无监督学习算法旨在从一组未标记数据中提取模式。这类算法的目标也可以从数据压缩的角度来理解。也就是说，根据给定的一组数据，提供可保存所有或足够信息的压缩代码。因此，无监督学习过程可以与数据传输或存储相关。例如，最小描述长度算法（minimum description length algorithm）提供了无监督学习算法的一个实例，该算法搜索特定数据集的压缩代码，使得代码与压缩数据的联合规模最小化（Goldsmith，2001）（具体来说，是无损压缩方法的实例）。

数据聚类（data clustering）是一种典型的无监督学习问题。在这种情况下，压缩来自在确定性情况下用类别标识符替换每个数据项，或者在概率性情况下用属于特定类别的概率列表替换每个数据项。以一个多电极记录细胞外神经活动的数据集为例，每个数据项都包含了动作电位期间的电极痕迹。电生理学家非常有兴趣根据放电神经元对所有这些棘波事件进行分类。然而，生理学家自己无法给特定的神经元分配棘波，甚至无法知道特定记录中存在的神经元数量。但考虑到神经元和电极之间的相对位置，每个神经元的棘波会在记录中留下一个清晰的指纹。棘波排序算法将推断出数据中存在的大量不同的指纹，从而将每个棘波与特定神经元相关联。需要注意的是，在数据压缩方面，棘波排序算法可将原始数据规模缩小数个数量级，从高时间分辨率采样的电生理信号数据到与不同神经元相关联的棘波事件列表数据等。

概率方法在无监督任务中特别成功，因为它们有助于确定统计模型参数寻找的问题，以最大尺度实现数据获取的可能性。该方法假设，观测值是由潜在的概率模型生成的，然后根据该模型发现更有可能的数据参数。当我们预先知道数据产生的成因数量时（例如，在前一个例子中，不同神经元就是记录信号的不同成因），期望最大化是一种广泛用于估计参数值的强大算法。

关于无监督学习算法的最后两个观点：首先，尽管最常见的无监督学习算法用产生数据的压缩表示，但有时可能用扩展数据表示。例如，假设数据

是表示在 n 维空间中的，我们可以采用无监督学习算法将其投影到 m 维空间中，其中 $m>n$。通常，这一过程的根本理由是增加（线性）可分性。考虑下面的一个例子，小脑颗粒细胞（小脑输入层中的一种小型细胞）被认为采取了一种无监督学习算法。由于小脑颗粒细胞本身就占了人类大脑神经元的一半以上，因此，它们必须对从神经系统其他部分所接收的输入进行扩展。

其次，不管无监督学习算法的目标是将数据投影到高维空间还是低维空间，在此之前我们都一直假设所有数据样本具有相同的相关性。然而，我们还可以根据相关性来标记数据。在这种情况下，如果我们认为在给定的无监督学习算法下数据样本可能需要争夺表示空间，那么更多的相关数据将被分配到更多的这种空间。换言之，与数据压缩方法不同的是，该算法不仅可以接收要压缩的数据，还可以指示哪些数据应该得到更如实的存储。

在动物身上，我们假设无监督学习主要发生在感知领域，其中刺激是原始数据，而刺激成因（一棵树、一张脸）则是有待发现的模式。

（八）强化学习

在强化学习（reinforcement learning）问题中，人工主体必须学习如何采取行动，以最大限度地提高其经验奖励（从而将惩罚或负回馈数量降到最小）。与前两种机器学习范式相比，强化学习通常是一种主动学习范式，即主体边行动边学习。也就是说，根据先前的行为反馈，智能主体可通过行为来确定它所接收到的刺激。

强化学习问题的最小形式包括一组状态（state）、奖励（reward）和动作（action）。动作确定了状态之间的转换，通过测量动作执行的即时奖励可以将奖励与这些转换关联在一起。在强化学习的术语中，我们将主体和环境相互区分。因此，一旦主体选择了一个动作，环境就会为它提供一个即时奖励（如标量）和到达新状态的相关信息。

强化学习中的一个关键概念是策略（policy），它是将状态映射到动作的函数，并指导主体在任何给定状态下（无论是确定性的还是概率性的）选择动作。强化学习算法的目的是确定最优策略（optimal policy），即离开某一状态将导致选择一系列动作，从而将当前及未来奖励的函数最大化。对于有限动作序列，该函数可以表示累积奖励；对于无限动作序列，该函数表示折算后的累积奖励，其中对未来的预测越远，奖励对选择当前动作的贡献就越小。

在特定状态下，当前策略下的预期总（折算）累积奖励决定了这一状态的赋值（value）。简单地说，状态赋值衡量的是，主体根据当前策略期望在未来动作时获得多少回报。策略根据主体的预期赋值规定其行为。因此，赋值和策略之间存在着明显的循环依赖关系。此外，主体并不预先知道其所遭遇状态的真实赋值。一般来说，主体只能在访问状态并体验到随后的奖励之后（或者一般地，根据该状态与以前经历状态的相似性推断该状态的赋值），才可以为该状态分配赋值。

强化学习的基本图式允许许多额外的复杂情况。例如，动作本身可以是概率性的，这就相当于具有并不准确的效应器，因此其后果无法事先完全确定；状态可能是不可观测的，因此主体必须根据历史观察和行为来估计当前状态；或者，在现实世界的问题中，不可能经历所有的状态，因为状态数量可能过于庞大或无限多。在后一种情况下，并不是将与每个状态相关联的赋值存储在查询表中，而是拥有一个赋值函数，可以针对特定状态重现其预测赋值。换句话说，强化学习问题意味着解决监督学习问题，即学习如何预测给定策略的状态赋值。

尽管看起来像是一个卷积数学问题的定义，强化学习基本上解决了基于不完全的环境知识（例如，仅基于个人经验）来决定如何行动的问题。

从概念上讲，当监督学习可以理解为引导性过程时，在每个时间点，算法都被给予如何更新其预测的明确信息，强化学习隐含地包含一个类似搜索的过程。这就是说，在每一次动作之后主体可能会得到一次奖励，但其并不知道采取另一个动作是否会导致获得更高或更低的奖励。主体只能在相同情况重复时采取其他动作，即在动作/状态空间中开展搜索来逼近这个问题的答案。通常根据探索/运用的权衡协调（exploration/exploitation trade-off）来描述特定的强化学习解决方案。在这里，运用是指主体根据其对世界的现有（可能是不完全的）知识选择最优行动，而探索则意味着以局部次优的方式开展行动来增加这种知识。

二、生物学原理

（一）反应/反馈行为

反应行为和预期行为的分离可以部分地反映反馈控制和前馈控制之间的区别。在这些术语中，反应行为是由感知到的误差触发，并通过动作执行来减少或纠正误差，即在动作和误差刺激之间存在一种所谓的闭环（或反馈）关系，使得触发动作的感知因动作而改变。因此，"反应性"（reactive）可以用"负误差反馈控制"来解释。这种运动行为最基本的例子是脊髓反射，如脊髓退缩反射（Schouenborg and Weng，1994）。在脊髓退缩反射中，对肢体上皮肤受体的伤害性刺激导致肢体运动（如缩回），从而终止与伤害性刺激因素（如蜇刺植物、刺激电极等）的肢体接触。

伤害性刺激明确预示了误差的存在；疼痛意味着偏离期望状态以避免受伤和保持身体完整性。但一般来说，只要其他刺激预示了期望状态的偏离，它们就只是误差。例如，在屏幕上某个特定位置上看到光标，只有在该位置不是期望位置时，才能将其解释为误差。这也意味着反应动作不限于反射性或保护性行为。例如，将光标移动到屏幕上的特定位置等高级任务是反应性的。此外，除了逃避之外，食欲行为也可以描述为对负反馈的吸引。例如，当实验者把一种食欲刺激物（如蔗糖溶液）送到动物的嘴里时，对于这个动物来说，期望状态就变成了摄入液体，而在嘴里感知到液体就变成了导致吞咽的误差。总而言之，从控制论中借用的术语"误差"并不意味着犯了错误或经历了负面事件，它只是表示实际状态和期望状态之间的差距。

（二）预期/前馈行为

预期行为本质上是预测性（predictive）的，它们意味着不是根据当前的状态和（或）感知，而是根据假定的未来状态或感知发出运动指令。预期行为也可以发生在对外部刺激的反应中，但与反应行为的关键区别在于预期动作不会影响触发它的刺激。根据控制论，预期行为定义了开环（open-loop）系统。在预期反射的情况下，触发线索刺激只会预测我们前面介绍的感觉误差。这样，预期反射就变成了预测误差的反应行为。

应该注意到的是，如果我们可以将这种预期反射的表述扩展到所有类型的预期行为，将引入一个激进的概念，即在生物系统中，所有的行为最终都会导致反馈机制的激活；换言之，前馈行为不会孤立存在，但仅与反馈机制相关。面向行为的预测编码框架（Clark，2013）或主动推理图式（Friston *et al.*，2010）中也表达了同样的原理。

（三）先天和后天行为

根据定义，先天行为应该是预先确定的，而不是依赖于主体的经验。先天行为应该在成熟后表现出来，独立于先前的感觉体验，或不应该被后来的感觉体验影响或改变。

与人工系统类似，先天行为是预先编程行为的集合。在人工系统中定义或识别这种类型的行为似乎很简单，但动物在何种程度上存在纯粹的先天行为尚不清楚。一个物种所有健康个体所共有的基本行为可以解释为先天行为。然而，它们仍然可能是先天性行为获得机制（action acquisition mechanism）的结果，该机制根据所有个体在发育过程中所经历的偶然事件来塑造感觉运动反应。此外，我们倾向于认为先天行为的动作是灵活的。例如，在健康受试者的一些试验中，肌肉拉伸反射——通过激活运动神经元，对感知到的肌肉伸长做出反应，使其收缩到先前的长度——可以被迅速地重新训练，即被抑制（Nashner，1976）。

因此，将先天行为定义为感觉运动转换更为有意义，因为存在一个基本的规范，预先确定不需要通过经验获得的刺激-动作反应。实验证明实现这一观点需要复杂的操作，在动物发育成熟过程中剥夺其正常的感觉体验。尽管如此，文献中已经有这方面的一些实例。对于在完全黑暗中饲养的昼行性动物，仍可以发现负责在视网膜上稳定图像的眼球追踪反应。即使在黑暗中，当这些动物把头转向一侧时，它们的眼睛也会转向相反的方向[这种行为被称为前庭-眼球反射（VOR）]，它们采取这种动作是为了尽量减少它们从未经历过的误差（视网膜上的视野移位）。

（四）后天反应

后天反应是通过经验而学习得到的。一般而言，先天反应是适应度最大化的进化产物，获得或习得的后天反应是通过经验发展以增加奖励和（或）减少惩罚。实现这一目标的后天行为称为适应性的（adaptive），反之，有害的后天行为称为不适应性的（maladaptive）。

因此，适应性行为是先天学习机制和主体经验共同作用的结果。实验心理学提出了行为学习的两种主要来源：桑代克效应定律（Thorndike's law of effect）和瑞斯考拉–瓦格纳（Rescorla-Wagner model，RW）模型。

（五）桑代克效应定律与操作性条件反射

桑代克效应定律指出：在特定情况下，动物更容易重复导致满意结果的行为，而不太可能重复导致不满意结果的行为。科学家采用实验心理学的操作性条件反射（operant conditioning）方案，对这种类型学习开展了深入研究，动物因执行给定的动作而得到奖励，或因执行其他动作而受到惩罚。例如，将一只大鼠放入装有两根杠杆的箱子内，其中一根杠杆可以控制发放蔗糖，而另一根不会发放任何东西。大鼠首先会以同样的概率推动这两根杠杆，但很快就会建立动作–奖励之间的关联性，随后每当它再次被放在同一个箱子内，它就会直接推动奖励杠杆。

在这一点上很容易观察到，强化学习是对操作性条件反射方案的计算转换。例如，在简单设置的实验方案中，动物必须在两根杠杆之间进行选择，一根发放奖励，另一根什么都没有，可以被最低程度地转换为强化学习问题，其中有两个动作（选择左或右），每个动作都有相关联的奖励值。在这种情况下，动物在尝试了推动两根杠杆之后可以知道最优的策略，即始终选择相同的奖励杠杆。

（六）RW 模型与巴甫洛夫经典条件反射

根据 RW 模型，动物只有在事件违背它们的预测时才会学习。因此，这是一种误差驱动型学习，最初是在经典（或巴甫洛夫）条件反射范式中作为解释条件反射获得的一种手段而发展起来的。

　　用行为学的术语来描述，经典条件反射产生于一个自然（先天）引发非条件反应（UR）的所谓非条件刺激（US）与一个最初的中性条件刺激（CS）之间的配对。通过 CS 和 US 之间的反复配对暴露，动物对 CS 产生一种类似于 UR 的反应，即所谓的条件反射（CR）。例如，在眨眼条件反射中，角膜吹气（US）之前给以一个声音（CS），这样经过训练之后，最初紧随 US 之后的保护性眨眼（UR）被 CS 触发的预期反应（CR）部分取代。从心理学的角度来说，RW 模型将这种学习解释为在 CS 和 US 之间建立感觉–感觉联系，从而用前者来预测后者（Rescorla, 1988）。接下来的 CR 表示了动物对预测 US 的反应，而不是 CS 直接转化为行为反应的结果。因此，我们可以将经典条件反射视为感觉–预测任务。

　　RW 模型通过感觉–预测的失败或成功解释了经典条件反射中的学习现象。也就是说，一旦动物成功地预测到一个 US 的出现（或消失），就不会有进一步的学习，并且会保持它的反应（或不反应）在后天情况下达到渐近线。与此同时，预测中的误差会强化或削弱 CR，这分别取决于是否未能预测到传入的 US 或预测的 US 并没有发生。在 RW 模型中，动物不是根据发生什么事件（知觉或感觉误差）进行学习，而是只根据发生事件和预测事件之间的差异（感觉预测误差）来学习。在这种情况下，对 US 的感知明确传达了感觉误差，但内在的未预测到的 US 将成为感觉预测误差。

　　巴甫洛夫将经典条件反射定义为非工具性的。换言之，CR 的表达不应影响（或改善）US 的感知。例如，眨眼条件反射试验可以使用眶周轻度电击作为 US。在这种情况下，预期性眨眼对伤害性刺激没有保护作用，因此在该试验中观察到的 CR 结果是非适应性的。尽管这个问题在 19 世纪六七十年代引发了很多争论，但从仿生学的角度来看，不应太过关注这个问题。事实上，经典条件反射利用了一种获得预期反射的内在机制，并假设反馈反射在第一阶段是有用的。换言之，在 UR 没有适应性价值的情况下，问题不应该是为什么获得 CR，而是 UR 为什么持续存在。为什么动物会对眼眶周围电击持续眨眼，即使这种眨眼没有任何作用？

　　因此，如果我们有兴趣将经典条件反射中发现的学习机制应用于机器人，我们不应该被巴甫洛夫定义中固有的非工具性所困扰。相反，我们应该担心，作为预期行为基础的反应行为对机器人是否有益。然而，我们必须特别注意，一旦预期行为成为工具性的，它们就会激活一种行为反馈机制。简言之，引发学习的感觉知觉可能与学习结束时的感觉知觉并不相同。

　　总之，经典条件反射与监督学习有关。首先，如果将经典条件反射描述为对感觉预测的获得，那么根据定义它就成为监督学习任务。更微妙的是，在肌肉骨骼反射这种经典条件反射中，感知到的感觉误差作为误差信号，告知生物体先前应该采取的行动。在这种情况下，系统的目标不是预测感觉误差，而是根据感觉误差在随后尝试中改变其行为，使其受到抑制（图 26.3）。

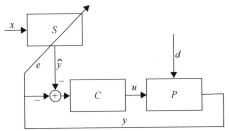

图 26.3　条件回避（预期反射）的适应性控制架构。从控制论的角度来看，该控制架构包括一个闭环系统，由一个负反馈控制器（C）和一个被控对象（P）组成，外加一个前馈输入（$\hat{y}$）。前馈输入通过监督学习过程（S）获得。P 的状态受到扰动（d）的影响，例如，伤害性刺激，因此输出 y 携带有伤害性疼痛信号。疼痛信号与为零的参考信号（参见符号变化）进行隐含比较，并作为误差信号（e）反馈到 S 和 C。S 试图将 e 与先前场景（x）联系起来，这样当在未来经历相同的 x 时，将会发出预期的 $\hat{y}$，从而在预测到 d 时触发执行保护性动作。注意，每当 d 被完全避免时，y 等于零，并且不会在 S 中引入进一步的学习。在本质上，P 可以是肌肉骨骼系统的一部分，C 是脑干核或脊髓反射弧，S 是小脑微回路

（七）感知学习与无监督学习

　　我们在提出强化学习和经典条件反射时，避免了刺激识别的问题。例如，在操作性行为方案中，两个刺激可能表示不同的动作–奖励偶然事件（例如，在刺激 A 之后选择左侧获得奖励，在刺激 B 之后选择右侧获得奖励）。但如果两种刺激之间的差别太小使得受试者无法察觉，那么会发生什么呢？这种情况下，主体只有提前发展出对刺激的灵敏感知，才能取得成功。感知辨别任务表明，受试者可以通过长时间接触刺激来提高其感知敏锐度。在感知辨别任务中，要求受试者根据特定的刺激性质做出判断。例如，评估两个连续

的音调在音高上是否存在不同。请注意，即使受试者在每次尝试后获得了正确的答案，这一任务也不是监督学习任务。所面临的问题不是将明确给出的决策标准概括归纳，而是获得足够详细的刺激（或感知）内部响应，以便能够应用该标准。因此，这是一个表征性（representational）问题。在各类任务中，辨别能力可在训练后得到改善提高，其证据就是感知学习。

在本质上，无监督学习问题处在更高层次的问题之中。例如，在学习第二语言时，发音问题是附属于感知问题的。一个母语不是法语的人在能够分别感知不同的法语元音之前，将无法发出不同的法语元音（不可否认，学习区分新的音素发音对于成人来说特别困难，即使接受了明确的指导）。事实上，说母语的人仅仅通过在成长过程中反复接触目标声音，就可以获得他们的音素系统，主要方式是通过在婴儿时期与其照顾者进行谈话（尽管照顾者不一定能够纠正孩子的发音错误）。同样，我们可以理解无监督学习和数据压缩之间的类比性：不同的说话者产生各种各样的语音，表现出不同的速度、音量等，再加上背景噪声等，都可以总结概括为对特定音素的感知。

对动物感知学习基础进行量化的一种简单方法是测量感觉皮质神经元感受野的变化。例如，假设初级听觉皮质细胞的音调性排列，是贯穿动物一生中进化和无监督学习联合作用的产物，这种排列可以在恐惧条件反射实验中迅速改变。在该实验中，一个特殊的声音频率（CS）变得非常突出，因为它与一个非常讨厌的 US（如电击）联系在一起。由此导致的结果是，在听皮质中编码 CS 或被 CS 激活的细胞数量明显增加。换言之，CS 在经历了与 US 的耦合之后，可在动物大脑中得到更好（或更多）的表现。这种变化对应于关联性调制的无监督学习（如我们之前所介绍的），尤其是 US 决定了 CS 的关联性。

三、生物系统与生物混合系统

上面介绍的机器学习策略与中枢神经系统内的实际计算有什么关系？多雅（Doya，1999）提出了一个颇有影响力的答案。他认为，人们应该从计算的角度而不是从功能的角度来看待不同的大脑结构。他把无监督学习分配给大脑皮质，监督学习分配给小脑，强化学习分配给基底节。根据该观点，询问小脑是否参与运动控制或认知是错误的。相反，具有规则结构的小脑为大脑其他部分提供了一种计算工具，即监督学习算法，可以应用于所有合适的功能环境。多雅的这种实用分类方法不应该按字面意思去理解。例如，即使误差驱动学习是小脑皮质的显著特征，但这并不排除小脑结构内也可以发生无监督学习过程（见 Schweighofer *et al.*，2001），或者通过小脑的奖励信号对学习进行调节。

相反，基底神经节在强化学习的动作选择过程中发挥必要作用（Gurney *et al.*，2001），但这并不意味着大脑皮质和小脑在强化学习中都不发挥作用。相反，对于复杂环境，对状态空间的学习将需要大脑皮质进行无监督学习，并可能需要小脑对可用动作的赋值进行预测。

说到仿生系统，迄今为止，基于大脑的控制器通常可解决用围绕特定脑区构建的控制器再现单一类型学习的问题。例如，机器人在觅食任务中对动作的选择，是通过在基底节模型中开展学习的控制器来实现的（Prescott *et al.*，2006），而条件回避是通过在小脑部位完成学习的计算模型来实现的（Herreros *et al.*，2013；McKinstry *et al.*，2006）。目前还没有开发出涉及完整大脑区域，能够面向多种任务的基于大脑的机器人控制器。Spaun 类脑计算模型是一个例外（Eliasmith *et al.*，2012），但其缺点是，尽管它包括多个大脑区域，并能够学习执行各种任务，但缺乏具身性（Maffei *et al.*，2015）。

四、未来发展方向

目前，构建基于大脑的受控机器人仍处于起步阶段。在过去的初级阶段，构建人造物的目的是展示单一的学习原理或依赖于特定大脑结构的计算能力，现在是时候进行模型集成、开展系统水平交互作用的研究了。

从大脑中学习的一些原理可用于指导这些新的发展方向。一方面，从自上而下的角度来看，人们可以在认知理论中建立新的系统，对不同大脑区域如何相互作用给出综合性解释，如分布式自适应控制体系架构（见 Verschure，第 36 章；Verschure *et al.*，2014）或分布式处理模块（Houk *et al.*，2007）。另一方面，从自下而上的角度来看，尽可能遵循生物设计原理，即使在尝试模拟简单行为时也可以获得成功而无须外界参与。例如，受小脑启发的基于大脑的控制器早已存在（McKinstry *et al.*，2006）。然而，直到在计算模型中实现对小脑核-橄榄核抑制的充分记录[这是一种很难从运动控制角度来解释其功能的负反馈连接（Lepora *et al.*，2010）]，人们才清楚脊髓-小脑回路并非用预期控制取代反应控制，而是有可能协调运用两种控制方式（Herreros and Verschure，2013）。总之，当实施基于大脑的控制器时，人们应该超越生物体的"摘樱桃"（择优挑选）特性，即忽略先验问题知识，而仅仅为了使模型工作。在机器人领域，理解生物设计明显局限性中所隐藏的好处将具有更多的益处，远远优于仅仅将生物启发组件松散地组合在一起，产生本可以通过标准工程方法更容易实现的行为。

此外，尽管在过去几年中，我们已经开始目睹科幻般的机器人性能，但机器人领域的最新发展将需要改变当前的控制范式。事实上，波士顿动力公司研发的"大狗"（Big Dog）及后续此类机器人，身体沉重而僵硬，其控制虽然复杂、灵活，但仍然来自纯粹的反馈策略。因此，为了实现安全的人机交互以及提高能源效率，下一代机器人需要由柔软、轻质的材料制成。这种情况下，要想在保持低阻抗的同时实现精确的行为，只有通过整合前馈控制器才能实现（Della Santina *et al.*，2017），其复杂性将使得先验预规范不再可行。实践人员很可能在控制设计过程中融入机器学习。机器人技术很快就会发现自己所处的境地，在控制任务的顺应性和复杂性方面，类似于脊椎动物的运动控制系统。因此，在不久的将来，人们期望基于大脑的图式　（学习和控制相互交织在一起）对于解决机器人技术中的实际问题具有非常重要的价值。

大脑功能的一般抽象理论也激发了新的发展方向。例如，自由能原理（FEP）对大脑功能的解释（Friston *et al.*，2010）和基于贝叶斯推理的面向动作的预测编码（AOPC）方法（Clark，2013），这些技术可应用于最优控制和强化学习。然而，FEP 和 AOPC 方法仍然需要缩小模拟仿真和实际设备控制之间的差距。在这一点上，考虑到在基于大脑的控制器中实现完整贝叶斯推理机制的困难，对预测编码方法实用性进行测试的策略是该理论重点关注的特定假设。根据这种思路，最新研究表明实施预期姿势调整以应对一系列感觉预测（从远侧到近端，再到本体感觉），与将其设置为由不同类型刺激所驱动的感觉-运动平行关联组合相比，可以产生更稳健的行为（Maffei et al.，2014，2017）。需要注意的是，在这种情况下，我们从自然界获得的见解并不是如何实现个体学习算法，而是如何在自适应系统中将它们连接在一起。

最后，回到贝叶斯方法，计算神经科学领域的两个重大问题是神经元如何编码不确定性以及它如何影响计算。在生命机器领域，这些问题转化为基于大脑的控制器如何根据不同的期望值对情境中的感知或动作执行进行加权。这在很大程度上是一个未知领域，并将成为新的研究方向，将从本质上改变人工合成生命机器的行为自适应性和鲁棒性。

五、拓展阅读

本章并未使用数学符号来介绍控制和学习问题，其目的是表明，这两个学科的基本概念不需要借助数学形式就可以直观地理解；而且这种理解可以很容易地应用于确定这两个学科研究的问题与动物学习和运动控制基本要素之间的相似性。然而，这一领域如果没有数学的帮助，我们所能实现的进展将非常有限。深入了解控制论和机器学习方法，打开将这些概念应用于现实世界人造物的可能性，需要具备代数、统计学和基础微积分的背景知识。

在这种背景下，运用控制论的一个很好途径是研究线性动力系统。博伊德教授（Boyd，2008）的系列视频讲座提供了非常优秀的相关资源。对于控制论本身，奥斯特洛姆和默里（Astrom and Murray，2012）撰写了一本介绍现代方法的教科书，主要关注动力学系统的状态空间模型。

关于机器学习，两个非常好的资源是毕晓普（Bishop，2006）和麦凯（Mackay，2003）的著作。这两本书都介绍了贝叶斯和信息论方法在该领域的应用，并涵盖了回归技术等基本主题，以及期望最大化算法和卡尔曼滤波等先进技术。这两本教科书都是精装本，在相应作者的主页上有免费的电子版。强化学习领域的最佳入门书籍仍然是萨顿和巴托（Sutton and Barto，1998）撰写的教科书。

最后，沃尔珀特等（Wolpert et al.，2011）对运动行为的控制和学习原理进行了极好的综述回顾，文章的重点是人类运动学习研究的实验数据。

致谢

本章的撰写得到了欧洲研究理事会（ERC）欧盟第七框架计划（FP7/2007—2013）给予的资助，资助合同编号为 ERC 341196。

参 考 文 献

Astrom, K. J., and Murray, R. M. (2012). *Feedback Systems: An Introduction for Scientists and Engineers.* Princeton: Princeton University Press.

Bishop, C. (2006). *Pattern recognition and machine learning.* New York: Springer. Retrieved from http://soic.iupui.edu/syllabi/semesters/4142/INFO_B529_Liu_s.pdf

Boyd, S. (2008). Introduction to linear dynamical systems. Retrieved from https://see.stanford.edu/Course/EE263

Clark, A. (2013). Whatever next? Predictive brains, situated agents, and the future of cognitive science. *Behavioral and Brain Sciences*, 36(3), 181–204. doi:10.1017/S0140525X12000477

Della Santina, C., Bianchi, M., Grioli, G., Angelini, F., Catalano, M., Garabini, M., and Bicchi, A. (2017). Controlling soft robots. *IEEE Robotics & Automation Magazine*, 24(3). doi: 10.1109/MRA.2016.2636360

Doya, K. (1999). What are the computations of the cerebellum, the basal ganglia and the cerebral cortex? *Neural Networks*, 12(7–8), 961–74. doi:10.1016/S0893-6080(99)00046-5

Eliasmith, C., Stewart, T. C., Choo, X., Bekolay, T., Dewolf, T., Tang, Y., and Rasmussen, D. (2012). A large-scale model of the functioning brain. *Science*, 338, 1202–5.

Friston, K. J., Daunizeau, J., Kilner, J., and Kiebel, S. J. (2010). Action and behavior: A free-energy formulation. *Biological Cybernetics*, 102(3), 227–60. doi:10.1007/s00422-010-0364-z

Goldsmith, J. (2001). Unsupervised learning of the morphology of a natural language. *Computational Linguistics*, 27(2), 153–98. doi:10.1162/089120101750300490

Gurney, K., Prescott, T. J., and Redgrave, P. (2001). A computational model of action selection in the basal ganglia. I. A new functional anatomy. *Biological Cybernetics*, 84(6), 401–10. doi:10.1007/PL00007984

Herreros, I., Maffei, G., Brandi, S., Sanchez-Fibla, M., and Verschure, P. F. M. J. (2013). Speed generalization capabilities of a cerebellar model on a rapid navigation task. In: N. Amato et al. (eds), *2013 IEEE/RSJ International Conference on Intelligent Robots and Systems.* IEEE, pp. 363–8. doi:10.1109/IROS.2013.6696377

Herreros, I., and Verschure, P. F. M. J. (2013). Nucleo-olivary inhibition balances the interaction between the reactive and adaptive layers in motor control. *Neural Networks*, 47, 64–71. doi:10.1016/j.neunet.2013.01.026

Houk, J. C., Bastianen, C., Fansler, D., Fishbach, A., Fraser, D., Reber, P. J., ... Simo, L. S. (2007). Action selection and refinement in subcortical loops through basal ganglia and cerebellum. *Philosophical Transactions of the Royal Society of London. Series B, Biological Sciences*, 362(1485), 1573–83. doi:10.1098/rstb.2007.2063

Lepora, N. F., Porrill, J., Yeo, C. H., and Dean, P. (2010). Sensory prediction or motor control? Application of marr-albus type models of cerebellar function to classical conditioning. *Frontiers in Computational Neuroscience*, 4(October), 140. doi:10.3389/fncom.2010.00140

Mackay, D. J. C. (2003). Information theory, inference, and learning algorithms. *Learning*, 22(3), 348–9. doi:10.1017/S026357470426043X

Maffei, G., Sánchez-Fibla, M., Herreros, I., and Verschure, P. F. M. J. (2014). The role of a cerebellum-driven perceptual prediction within a robotic postural task. In: A.P. del Pobil, E. Chinellato, E. Martínez-Martín, J. Hallam, E. Cervera, and A. Morales (eds), *From Animals to Animats 13*, 13th

International Conference on Simulation of Adaptive Behavior, SAB 2014, Castellón, Spain, July 22-25, 2014, Proceedings. (pp. 76–87). Basel: Springer.

Maffei, G., Santos-Pata, D., Marcos, E., Sánchez-Fibla, M., and Verschure, P. F. (2015). An embodied biologically constrained model of foraging: from classical and operant conditioning to adaptive real-world behavior in DAC-X. *Neural Networks*, **72**, 88–108.

Maffei, G., Herreros, I., Sanchez-Fibla, M., Friston, K.J., and Verschure, P. F. M. J. (2017). The perceptual shaping of anticipatory actions. *Proc. R. Soc. B*, **1780**.

McKinstry, J. L., Edelman, G. M., and Krichmar, J. L. (2006). A cerebellar model for predictive motor control tested in a brain-based device. *Proc. Natl Acad. Sci. USA*, **103**(9), 3387–92. doi:10.1073/pnas.0511281103

Nashner, L. M. (1976). Adapting reflexes controlling the human posture. *Experimental Brain Research. Experimentelle Hirnforschung. Experimentation Cerebrale*, **26**(1), 59–72. doi:10.1007/BF00235249

Prescott, T. J., Montes González, F. M., Gurney, K., Humphries, M. D., and Redgrave, P. (2006). A robot model of the basal ganglia: behavior and intrinsic processing. *Neural Networks*, **19**(1), 31–61. doi:10.1016/j.neunet.2005.06.049

Rescorla, R. A. (1988). Pavlovian conditioning. It's not what you think it is. *The American Psychologist*, **43**(3), 151–60. doi:10.1037/0003-066X.43.3.151

Schouenborg, J., and Weng, H. R. (1994). Sensorimotor transformation in a spinal motor system. *Experimental Brain Research. Experimentelle Hirnforschung. Experimentation Cerebrale*, **100**(1), 170–4. doi:10.1007/BF00227291

Schweighofer, N., Doya, K., and Lay, F. (2001). Unsupervised learning of granule cell sparse codes enhances cerebellar adaptive control. *Neuroscience*, **103**(1), 35–50.

Silver, D., Huang, A., Maddison, C. J., Guez, A., Sifre, L., Van Den Driessche, G., ... and Dieleman, S. (2016). Mastering the game of Go with deep neural networks and tree search. *Nature*, **529**(7587), 484–9.

Sutton, R. S., and Barto, A. G. (1998). *Introduction to reinforcement learning* (Vol. 135). Cambridge, MA: MIT Press.

Verschure, P. F. M. J., Pennartz, C., and Pezzulo, G. (2014). The why, what, where, when and how of goal-directed choice: neuronal and computational principles. *Philosophical Transactions of the Royal Society*, **369**(September). Retrieved from http://rstb.royalsocietypublishing.org/content/369/1655/20130483.short

Verschure, P. F. M. J., Voegtlin, T., and Douglas, R. J. (2003). Environmentally mediated synergy between perception and behaviour in mobile robots. *Nature*, **425**(6958), 620–4. doi:10.1038/nature02024

Wolpert, D. M., Diedrichsen, J., and Flanagan, J. R. (2011). Principles of sensorimotor learning. *Nature Reviews. Neuroscience*, **12**(12), 739–51. doi:10.1038/nrn3112

第 27 章
注意和定向

Ben Mitchinson

Department of Psychology, University of Sheffield, UK

> 每个人都知道什么是注意力。它是头脑以清晰而生动的形式，对若干种似乎同时存在的可能的对象或思维体系中的一种占有。
>
> ——威廉·詹姆斯，《心理学原理》，1890 年

美国心理学之父威廉·詹姆斯（William James）的这些话证实了我们对"注意"（attention）一词的理解：它是大脑的"聚焦"功能。这种理解体现在教师在课堂上发出的"集中注意力"的命令上，目的是让学生们专心听课。然而，教师不需要拥有读心术来识别真正集中注意力的孩子——只要简单地检查哪些孩子在认真看黑板就可以了。再举一个例子：一名想提高自己球技的高尔夫球手可能会被建议"眼睛盯在球上"。不用说，他们必须把大脑和高尔夫球杆也放在球上。这些日常生活中的例子表明了一种简化的、实用的生物注意模型：大脑功能通过身体定向将感觉、运动和处理资源协调一致且连续地集中到空间目标上。这些原理是直观的——任何主体对物理对象所做的任何行为都需要将多个资源聚焦在该对象占据的空间位置上。因此，注意驱动的定向既揭示了大脑的注意力集中的原理，又奠定了许多动物行为的基础。本章着眼于这些生物学原理的范围和含义，探讨利用这些原理的一系列仿生系统，并考虑它们将如何塑造未来的人工系统。在最后一节中，我们将引导感兴趣的读者了解更详细的信息资源。

一、生物学原理

（一）注意和定向的定义

威廉·詹姆斯所说的"每个人都知道什么是注意力"掩盖了这样一个事实，即今天的注意研究是活跃的、多样的、跨学科的，并且涵盖了一系列非常广泛的观点，因此没有一个统一的普遍认可的注意的定义（Tsotsos *et al.*, 2005）。詹姆斯接下来的话指出了我们对注意进行理解的另一个偏见：注意是大脑的一种功能。这种理解反映在每年成千上万的心理学出版物中，这些出版物把注意操控作为了解心智加工的窗口。大多数心理学论文研究的是内隐定向（covert orienting），内隐定向是指信息内部径向，使得一些事情比其他事情得到更多的处理（詹姆斯的话指的就是此）。

然而，就像上面例子中的老师和高尔夫球手一样，在日常生活中，我们大多通过外显定向（overt orienting）对注意表达（在动物和人类身上）进行观察。离散性注意目标通常在空间上是可分辨的，而将感觉资源"定向"于目标位置，可以最具体地"集中"注意力。比所有内在机制更重要的是，外显感觉定向的"物理开关"控制了大脑中随时可以加工处理的事物，因此"神经定向"（neural orienting）通常紧随在感觉定向之后。此外，由于通常与注意对象（实现感觉运动回路的闭合）以及后续的运动资源进行相互作用，所有类型的资源都是协调一致进行定向的。这一原理也在形态学上得到了表现。例如，许多哺乳动物所依赖的触须均排列在口部周围，口部作为关键的运动操纵器，保证了触须总是指向同一空间区域。

因此，外显定向在行为中处于绝对的核心地位，相应地，在所有种类的脊椎动物和昆虫中都能观察到外显定向（Bernays and Wcislo, 1994）。对于缺乏运动感觉器官的简单动物，它们可以通过转动整个身体来表达外显定向（Collett, 1988）。对于某些感觉来说（例如，触觉），定向实际上需要移动和接近（即使是远程传感器，也在较近范围内表现得更好）。因此，即使是最简单的动物，定向——在某种形式上——都是行为的核心组成要素。对于当代生命机器来说，最具意义的正是定向的表达以及通过注意力管理对它进行控制。因此，我们在本章中采用注意和定向的简化定义：

注意是一种大脑功能，在行为中无处不在，遍布整个动物王国，它通过身体定向将所有资源（感觉、运动和处理）协调一致且连续地集中到空间目标上。

（二）定向就是动作

根据注意在资源分配中的作用，注意与动作紧密相连，而不仅仅是定向。这种关系在依赖近程传感器的动物身上表现得最为明显，比如大鼠。大鼠通过移动鼻子四处嗅探来探索"触觉场景"，如有必要，还可以通过身体运动以支持鼻子移动。总而言之，这样一系列的定向描述了我们可能称之为中等尺度的动物行为，即在这种背景下发生局部行为（如嗅闻、品尝或摄食）。在这种探索中，一系列的空间注意目标足以很好地定义中等尺度的全部动物行为。动作选择是动物与环境相互作用的基本要求（见 Lepora，第 28 章）。它需要选择环境中的一个对象来对其实施动作，并选择一个动作来予以执行。由于资源遵循注意集中的方式，注意管理与任何动作对象的选择密切相关。但注意和动作选择之间的关系更为密切，因为大多数对象只能提供一组或非常有限的功能可见性（例如，长颈鹿对金合欢树只能做一件事）。因此，注意和动作基于以下两个事实错综复杂地交织在一起：①许多中等尺度的行为可以理解为"注意方式"；②注意的对象就是动作的对象。我们把这个原理概括为"定向就是动作"（orienting is acting）。

（三）社会交往中的定向

注意在行为中的中心地位，意味着集中精神对于预测动物行为非常有用。但反过来，我们也可以称之为互惠性（reciprocity）原理：我们对动物心智最清晰的洞察之一是它的定向行为。我们可以判断定向行为的性质——最简单的就是其存在与否——也可以从定向目标中获得更多的信息。教师可以通过观察学生的定向来判断他们的注意力在哪里，因此定向可以起到关键的社会作用——例如对话。外显定向是一种强烈的注意信号，在社会交往管理中发挥关键的作用。

（四）注意模型

但是如何选择空间目标呢？同样，心理学研究文献显示出了相当大的复杂性。但科学家已经开发出了简化模型，可以为该问题提供可靠的答案。一类特别机械性的（与本次讨论特别相关）模型强调了空间"显著性"的概念，即环境中刺激的品质标志着它是否值得注意。对显著性的计算综合考虑了"自下而上"的影响（来自外部感官刺激）和"自上而下"的影响（来自内部状态）。这些模型通常侧重于视觉系统，但得到了更广泛的应用。

在图像视觉搜索的具体模型中（Itti *et al.*，1998；图 27.1，彩图 8），与周围环境不同的区域（在强度、颜色、边缘方向等特征上）具有更高的显著性。这些特征中每一个自下而上的贡献因素都被整合到单独的"显著性图"（saliency map）

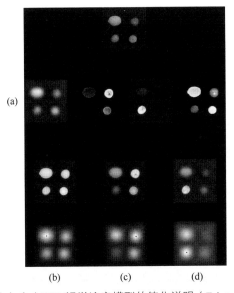

图 27.1　自下而上与自上而下视觉注意模型的简化说明（Frintrop *et al.*，2005）。（a）从图像中提取四个自下而上的"特征"："水果"（圆形亮度模式）、"红色"、"绿色"和"黄色"。（a）、（b）、（c）三组不同的权重，依赖于自上而下的图像调制，将这些特征组合为加成显著性图，然后进行低通滤波，并选择峰值（黑点）作为注意焦点。（b）没有调制，所有特征的权重相等；柠檬被选为最大/最亮的对象。（c/d）当只有红/绿颜色特征具有非零调制权重时，选择番茄/柠檬为注意对象

图片来源：转载自 Simone Frintrop，Gerriet Backer，and Erich Rome，"Goal-Directed Search with a Top-Down Modulated Computational Attention System"，in Walter G. Kropatsch，Robert Sablatnig，and Allan Hanbury（ed.），Pattern Recognition：27th DAGM Symposium，Vienna，Austria，August 31—September 2，2005. Proceedings，pp. 117-124，Copyright © 2005，Springer-Verlag Berlin Heidelberg

中，然后通过赢家通吃（winner-take-all）功能选择最高峰值作为下一个注意的位置，该功能对应于在任何时刻都只有一个注意焦点。然后通过称为返回抑制（inhibition-of-return）的功能对显著图进行调制，以便能够关注下一个最显著的位置，以此类推，最终的结果是对显著性位置进行有序连续性搜索。这类模型的一个重要特点是自下而上的计算简单且固定，可以在所有位置并行实施。

自上而下的调制模型可以影响整体显著性图的计算，增强某些特征、特征组合或空间区域的显著性，允许所谓的"引导搜索"（guided search）。其实现方法是调整与自下而上模型不同特征图相关联的权重（Frintrop *et al.*，2005）。例如，在搜索特定水果的过程中，适当颜色特征图的权重可能会提高（见图27.1）。

注意也可以仅由自上而下的影响（"目标驱动"的注意）引导，即注意被引导到与已知目标相对应的位置。在完整的系统中，所有这些功能可能都是在一定程度上并行活跃的。例如，当我们集中注意观看电视天气预报时，如果有一只鸟飞进窗口，它还是会因其自下而上的高度显著性而立即吸引我们的注意。因此，这些简单模型允许智能主体专注于特定的任务，同时对意外的显著性事件保持警惕。

二、仿生系统

这些生物学模型能够为人工系统的设计者提供什么呢？首先，上述原理同样适用于机器人和动物：大致来讲，一个主体只能一次做一件事，大多数行为开始于对某一空间区域的注意。因此，将机器人的所有资源集中在某一空间目标上的系统，既是对抽象设计约束的具体化，又为行为控制回路提供了有用的组成部分。无论如何选择抽象目标，这种体系架构仍然是相关的和有用的。同时，定向构成行为及定向是关键社会信号的推论，暗示着注意管理可以发挥的功能作用非常广泛。最后，生物学模型（特别是来自视觉系统的模型）提供了可以有效、高效实现的处理架构。因此，注意在动物行为中的中心地位正迅速体现为，越来越多地将注意管理和定向作为自主系统设计的核心组成要素（目前已申请了数百项专利，这些专利描述了显著性图的生成技术）。

（一）注意管理

在纯算法术语中，基于显著性的模型，如伊迪等（Itti *et al.*，1998）和弗里恩特罗普等（Frintrop *et al.*，2005）提出的模型，通过允许将计算工作集中于有希望的图像区域，可以大大提高图像搜索相对于暴力方法的计算效率。因此，各种系统开始采用这类模型来增加一定程度的自主性。其中一个例子是戴维斯等研发的自适应注意驱动的平移/缩放摄像头模型（Davis *et al.*，2007），该模型选择了与人类相似的运动特性，采取自下而上的方式驱动显著性，并且包含了类似返回抑制的机制，可以最大限度地观察未来人类活动，并且通过只存储显著性数据来充分利用有限的记录带宽（这种应用同样可以被视为实现了数据压缩）。

定向（传感器和计算资源）到显著性刺激，还可用于支持基于目标定位的对象识别系统的操作和无监督训练，这对于交互式机器人系统非常重要（如 iCub，图 27.2）。类似地，如果一个简单的注意系统可以选择进一步处理的候选对象，机器人定位的地标识别[包括作为同时定位和建图（SLAM）的一部分]就将变得更加容易处理。最近提出的注意驱动聚焦处理的其他应用包括关键性安全任务，如搜索救援和危险工业环境中的应急管理等。多个研究团队（如 Hülse *et al.*，2011）提出了一种系统，该系统可以跟踪伸取动作时的视觉注意，从而将所有资源统一定向到单一空间位置，并强调了定向和动作选择之间的关系。

在实施层面，显著性模型所固有的并行性激发了专用的模拟、混合模式、数字和基于事件的硬件设计（包括 VLSI 和 FPGA），与通用串行硬件相比，显著提高了计算效率并提供了高能效、实时的显著性图计算。如果可以假设摄像头能够直接指向感兴趣的对象，则可以通过将处理工作集中在中央视觉区中的中心凹区域，更有效地构建这类硬件系统。采用这种方式将全视场视觉计算转移到低功耗专用硬件，即使对于功率有限的移动平台，也有助于使注意管理变得更加容易。

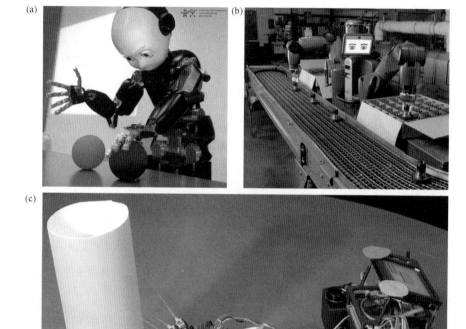

图 27.2　运用定向行为的三种机器人。（a）iCub 协调定向眼睛、处理动作和手。
（b）Baxter 工业机器人采用视觉定向来显示其空间注意焦点，帮助其与人类工人交流互动。（c）Shrewbot 对物体进行触觉定向

图片来源：（a）© iCub Facility, IIT, 2017.（b）and（c）© Rethink Robotics™, 2013

（二）定向作为动作

　　将移动传感器的定向与运动相结合是一个新兴的研究领域。舒比娜和索托斯（Shubina and Tsotsos, 2010）在映射层面创建了一个并行注意系统（以补充视野层面），可在移动机器人目标搜索任务中推动有效探索。我们最近对有触须的类哺乳动物移动机器人开展了研究（见 Prescott，第 45 章），将视觉注意模型转而应用于触觉领域。在这些模型中，显著性是由触觉"强度"激

发的，而自上而下的调制倾向于抑制远处位置并实现返回抑制（Mitchinson and Prescott，2013；Prescott *et al.*，2015）。考虑到触觉传感器的范围较小，这些机器人的定向行为会运用鼻尖探索每个选定的注意焦点。因此，中等尺度的行为被规定为一系列定向，当机器人（Shrewbot，图 27.2）探索实验场地时，这些模型会产生类似啮齿动物的探索行为（见 Pearson *et al.*，2013；以及文中的参考文献），从而提供了第一个完全由（触觉）注意驱动的移动系统实例。我们很容易想象到，将局部行为（如对象识别、操作）集成到这类平台上，可以提供完整且实用的系统（如资源获取）。尽管这类研究是由移动机器人的必要性驱动的，但它们提供了关于定向和运动如何整合到生物系统中的可供选择的假设，但并不是排他性的假设。不仅如此，它们还强调了从注意系统到其自身，再加上抑制已访问位置显著性的一些功能，就会自然涌现出特别有用的探索（或搜索）行为。

（三）社会交往中的定向

注意性社交机器人最早的实例之一是 Kismet，它是麻省理工学院于 20 世纪 90 年代末开发的，它通过头部和眼睛的定向来表示其对物体或人类的注意，显示出了令人惊讶的与人类的有效互动。当两个主体注意同一位置时，则称为"共同注意"（joint attention）；这种行为在功能性及一定程度的社会性上是一些交流或合作任务所必需的。人机交互（human-robot interaction，HRI）是目前迅速发展的一个研究领域，其专注于设计可促进人机交互的机器人。一系列的研究表明，对注意（通常通过视觉定向）的指示（或至少是模拟）对于人机交互的质量有着非常重要的影响。

其中一个代表性的例子来自穆特鲁等（Mutlu *et al.*，2009）的研究，他们发现参与群体对话的机器人能够仅使用注视控制，就能有效地操纵人类参与者在对话中扮演的角色、他们参与群体的感觉以及他们对机器人参与者的感觉，包括假装对人类参与者视而不见而使其产生不适感。因此，越来越多旨在与人类互动的系统配备了可移动的眼睛、头部或两者兼具。一个代表性的例子是工业机器人 Baxter（Rethink Robotics™，图 27.2），它通过"头部"的定向运动以及屏幕上生成的数字"眼睛"来指示其注意力所集中的位置。

另一个是服务/教学机器人 Tico（Adele Robots 公司），它通过移动头部和眼睛来指示其注意位置，鼓励顾客和儿童与其进行互动。麻省理工学院研发的 Huggable™机器人可以根据触觉进行定向，即将加入不断扩大的"伴侣机器人"（如 Paro 机器人海豹）群体，这类机器人已经广泛应用于患者的情感护理。

三、未来发展方向

机器人研究领域的大量工作都集中在绘图和导航上——本质上是"我们如何到达我们要去的地方？"——因此已经形成了相当多的实用方法来解决这些大规模问题。相比之下，机器人在中等尺度和局部尺度方面的行为表现仍然相对较差，正是在这一领域，仿生解决方案才能够最有效地推动技术的发展。正如我们所看到的，从生物学中吸取教训并构建注意系统来引导中等尺度行为，要相对简单和直接得多。正如当前机器人研究中针对伸取和操纵开展的代表性工作，未来，注意在局部行为（如交互和操纵）中的作用将变得越来越重要。另一个挑战将是跨越各种尺度对行为进行平稳而优雅的整合。实际系统执行这种整合的要求，意味着机器人设计人员不能像生物学家那样处理问题，而且在这个阶段，整合模型很可能首先来自仿生学。

在这种整合场景中，例如上面的例子，真正灵活和有效的仿生主体需要能够在任务出现时确定其优先顺序。决定如何在目标导向行为和反应行为之间进行有效转换（以及何时不这么做），是动物们做的既鲁棒又优雅的事情。注意管理系统可能在这些更灵活的设计中发挥关键作用，但还需要更复杂精细的注意管理。此外，除了这里讨论的略为简化的模型之外，一些任务本身需要在多个目标之间切换和（或）共享注意，可能有些资源被指向一个目标，有些资源则指向另一个目标。例如腿部运动，机器人可能需要不断地在双脚位置和规划前方路径之间切换注意力，更不用说还要关注同伴了。对于这样一类任务，注意系统可能是所有控制系统的关键组件，负责控制感觉数据的收集和计算资源的部署。

四、拓展阅读

本章对注意与定向相关的研究文献，仅仅做了简略介绍。虽然大部分文献可能与目前自主系统的相关性比较弱，但沃德在"维基学术"（Scholarpedia）上发表的一篇精彩的文章（Ward，2008），为更广阔的领域提供了有趣而简洁的路线图。文中提到的其他一些维基学术文章具有更直接的相关性，详细讨论了我们只简单提及的问题。我强烈推荐弗里恩特罗普等的文章（Frintrop *et al.*，2010），他们对当前的视觉注意模型进行了系统全面、可读性很强的调查分析。更多细节，可参阅索托斯等（Tsotsos *et al.*，2005）介绍的注意问题的简史，该文作为介绍材料的一部分收录在了《注意神经生物学》（*Neurobiology of Attention*，ed. Itti，Rees，Tsotsos，2003）论文集中，该论文集由大量简短论文组成，可以作为了解该领域主题（包括计算主题）的起点。

　　《注意和定向》（*Attention and Orienting*，Lang *et al.*，1997）这部论文集也很有阅读价值，该论文集重点内容是感觉刺激的处理和注意对动机的调节作用；而《注意定向》（*Orienting of Attention*，Wright and Ward，2008）一书详细回顾了内隐定向的有关文献。对历史感兴趣的读者也可能喜欢阅读巴甫洛夫 1927 年关于其著名的狗类实验的报告，其中包括对外显定向（他称之为"探究反射"）的第一次描述；该书的电子版目前可以在多伦多约克大学克里斯托弗·格林（Christopher D. Green）的网站上免费获取，具体网址为 http://psychclassics.yorku.ca/Pavlov。现在还有一些关于仿生机器人主题的著作，但是该领域发展非常迅速，因此可以在专业的机器人学会议（如 ICRA、IROS 和 RSS）和仿生学会议（如 Living Machines、ISAB）上寻找最新信息。最近创刊出版的《人机交互杂志》（*Journal of Human–Robot Interaction*）将成为人机交互领域的一个重要而有益的起点刊物。

致谢

　　本章作者的工作得到了欧盟第七框架计划"实验性类人功能助手"（EFAA）的资助，项目编号为 ICT-270490。

参 考 文 献

Bernays, E. A., and Wcislo, W. T. (1994). Sensory capabilities, information processing, and resource specialization. *Quarterly Review of Biology*, **69**(2), 187–204.

Collett, T. S. (1988). How ladybirds approach nearby stalks: a study of visual selectivity and attention. *Journal of Comparative Physiology A*, **163**(3), 355–63.

Davis, J. W., Morison, A. M., and Woods, D. D. (2007). An adaptive focus-of-attention model for video surveillance and monitoring. *Machine Vision and Applications*, 18(1), 41–64.

Frintrop, S., Backer, G., and Rome, E. (2005). Goal-directed search with a top-down modulated computational attention system. In: W. G. Kropatsch, R. Sablatnig, and A. Hanbury (eds), *Pattern Recognition: 27th DAGM Symposium, Vienna, Austria, August 31—September 2, 2005. Proceedings.* Berlin/Heidelberg: Springer-Verlag, pp. 117–24.

Frintrop, S., Rome, E., and Christensen, H. I. (2010). Computational visual attention systems and their cognitive foundations: A survey. *ACM Transactions on Applied Perception (TAP)*, 7(1), 6.

Hülse, M., McBride, S., and Lee, M. (2011). Developmental robotics architecture for active vision and reaching. In: *Development and Learning (ICDL), 2011 IEEE International Conference on* (Vol. 2). IEEE, pp. 1–6.

Itti, L., Koch, C., and Niebur, E. A. (1998). Model of saliency-based visual attention for rapid scene analysis. *IEEE Trans. on PAMI*, 20(11), 1254–9.

Lang, P. J., Simons, R. F., and Balaban, M. T. (eds) (1997). *Attention and orienting: Sensory and motivational processes.* Hillsdale, NJ: Lawrence Erlbaum Associates.

Mitchinson, B., and Prescott, T. J. (2013). Whisker movements reveal spatial attention: a unified computational model of active sensing control in the rat. *PLoS Comput. Biol.*, 9(9), e1003236. doi:10.1371/journal.pcbi.1003236

Mutlu, B., Shiwa, T., Kanda, T., Ishiguro, H., and Hagita, N. (2009). Footing in human-robot conversations: how robots might shape participant roles using gaze cues. In: *Proceedings of the 4th ACM/IEEE international conference on human robot interaction.* IEEE, pp. 61–8.

Pearson, M. J., Fox, C., Sullivan, J. C., Prescott, T. J., Pipe, T., and Mitchinson, B. (2013). Simultaneous localisation and mapping on a multi-degree of freedom biomimetic whiskered robot. In: *IEEE International Conference on Robotics and Automation (ICRA), Karlsruhe, 6–10th May.* IEEE.

Prescott, T. J., Mitchinson, B., Lepora, N. F., Wilson, S. P., Anderson, S. R., Porrill, J., Dean, P., Fox, C. W., Pearson, M. J., Sullivan, J. C., and Pipe, A. G. (2015). The robot vibrissal system: understanding mammalian sensorimotor co-ordination through biomimetics. In: P. Krieger and A. Groh (eds), *Sensorimotor Integration in the Whisker System.* New York: Springer, pp. 213–40.

Shubina, K., and Tsotsos, J. K. (2010). Visual search for an object in a 3D environment using a mobile robot. *Computer Vision and Image Understanding*, 114(5), 535–47.

Tsotsos, J. K., Itti, L., and Rees, G. (2005). A brief and selective history of attention. In: L. Itti, G. Rees, and J. K. Tsotsos (eds), Neurobiology of attention.San Diego, CA: Elsevier Academic Press, p. i.

Ward, L. M. (2008). Attention. *Scholarpedia*, 3(10), 1538.

Wright, R. D., and Ward, L. M. (2008). *Orienting of attention.* New York: Oxford University Press.

第 28 章
决　策

Nathan F. Lepora

Department of Engineering Mathematics and Bristol Robotics Laboratory,
University of Bristol, UK

在本章中，我们介绍了在理解生物体如何进行决策方面的最新进展，以及其对具有自主决策能力人工系统工程的影响。从微观的单个细胞到动物大脑再到整个种群，自然界似乎在各种层次的组织水平上，反复采用通用设计原理进行决策。其中一个通用原理是，决策形成是通过积累感觉证据达到预先设定的决策阈值来实现的。对这一机制的解释来自序贯分析（sequential analysis）的统计技术，遵循这一原理得到的是不确定性条件下最优决策的数学结果。序贯分析广泛应用于从密码学到临床药物试验等各领域，考虑到其与生物决策的相似性，可以认为这是一种仿生方法。基于序贯分析的人工感知也提高了机器人的能力水平，如在不确定性条件下实现超敏感知和鲁棒传感。群体机器人可以做出集体决策，解决从探索和觅食到聚集和群体协调等各种任务。未来应用发展将使机器人个体或群体能够感知复杂环境并与之交互，实现目前只有活的有机体才具备的非凡的灵巧性和鲁棒性。

一、生物学原理

决策是决策者根据其价值观和目标来考虑和选择方案的过程。因此，决策是任何生物有机体成功运行的基础，因为所有有机体都与环境相互作用，而任何特定的相互作用过程只是众多可能的行动之一。对于动物，决策过程是通过感知来实现的，有关动物环境的感觉信息表现在其神经系统中。感知然后导致行动：神经系统中的信息加工处理驱动对肌肉的运动指令，从而产生肌肉运动。这些感知决策的结果在动物与所处环境的外显动作中显而易见，并由此构成了动物的行为。

决策和做出选择的方式有许多不同的类型。最简单的决策类型是二元选择：是/否、和/或、停/走、做/不做；对于这些选择，决策是基于对两种可能结果的利弊进行权衡。更复杂的决策涉及多个备选方案，选择的依据是每个备选方案与决策者的价值和目标等相关标准的比较结果。原则上，在备选方案之间进行随机选择也是一种决策形式，但通常不是一种有价值的方法，因为不同的选择结果具有不同的后果。因此，大多数决策都是在证据的基础之上做出的。因此，动物的感知可以看作是一个收集证据的过程，并由动物的驱动和需求来决定如何利用这种感知证据来做出决策。

生物体形成了各种层级结构的决策者（图 28.1）。对于活体生命的决策者来说，无论是单细胞实体还是多细胞有机体的一部分，它最基本的功能单元是单细胞。中枢神经系统的神经元是细胞参与决策的一个突出例子。层次结构的下一级是多细胞生物，包括动物。正如心理学所研究的那样，人类决策具有特别的重要性。在层次结构的最顶端，可以在社会层面上对决策进行考虑，由生物种群或群体共同做出决策。

现在，我们将从这三个层次结构水平上更详细地介绍决策：细胞决策、个体决策和集体决策。

细胞决策（cellular decision making）在单细胞水平上是普遍存在的。细胞通过细胞膜上的受体感知外部刺激，对其内部环境进行调节，从而影响它们与周围环境的相互作用。神经元是将这些机制磨炼成专门信号和决策装置的细胞。神经元分支树突中被称为突触的受体可触发电信号，这些电信号在细胞体上会聚，并沿着与其他细胞形成突触的输出轴突触发电活动棘波。单个神经元水平上的动物决策非常明显。例如，大多数感觉神经元在脊髓内与运动神经元形成突触，形成控制动作的反射弧。这类反射可以根据动物进化史所选择的硬连线做出简单的决策。

个体决策（individual decision making）是在动物和其他多细胞生物的行为中发现的。事实上，中枢神经系统可以视为动物通过进化，使其可以在考虑过去经验和个体需求的同时，对多种选择做出复杂决策。一些自反决策类似于动作反射，但是通过反复暴露于感觉意外事件（即条件反射）进行学习。例如，条件恐惧所致的呆滞或惊吓是对先前与厌恶事件相配对的中性刺激的自反决策，并且关键取决于称为杏仁核的大脑结构。其他的决策更为慎重，包括对多个可选方案的证据进行比较，然后从中选择最合适的方案。许多脑区参与了这些决策的形成和介导，例如，基底神经节发生的功能障碍，与帕金森病和亨廷顿病等动作选择性神经障碍密切相关。

(a)

(b)

(c)
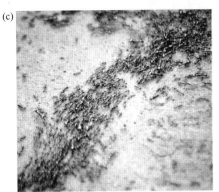

图 28.1　（a）免疫细胞识别并吞噬威胁物的决策；（b）参与决策心理调查研究的受试者；（c）蚂蚁的集体决策

图片来源：（a）© Science Photo Library.（b）Reproduced with permission of Adam Zaidel（personal copyright）. See https：//zaidel. wixsite.com/zaidel-lab for details of the experiment.（c）Mehmet Karatay/Wikimedia Commons（CC BY-SA 3.0）

集体决策（collective decision making）在人类和其他社会性动物身上非常突出，尤其是当一群个体共同进行选择时。人类已经发展出正规的群体决策系统，包括协商一致和投票表决等。社会性动物也利用个体之间的等级支配关系来管理群体行为，例如，由雄性或雌性首领来领导某一群体。某些物种，特别是膜翅目昆虫（蚂蚁、蜜蜂和黄蜂），已经进化出一种极端形式的社会行为，称为"真社会性"（eusociality）。由此形成的社会组织中，不能生育的成员承担专门任务，如防御防护或资源采集、照顾群体中具有生殖能力的成员等。这些动物已经进化出了专门的集体决策方法，如群体感应（quorum sensing）方法，其利用种群密度中每位个体感觉到的竞争性选择方案来做出决策。

二、仿生系统

不确定性普遍存在于自然界和人造环境之中。这种不确定性可能是因为感知信息通常是随机的或受到不希望信号的干扰，但环境也会发生变化，并且在形式和动力学上可能是非结构化的。因此，决策可被视为充分减少备选方案不确定性的过程，以便做出合适的选择。但是，任何减少不确定性的过程都会产生成本，因为收集证据的过程需要使用运动、感觉或计算能力，而这些能力本可以更好地应用于其他任务。此外，决策过程中的时间延迟也可能导致丧失决策对象的资源，例如，丧失资源给竞争对手或者决策结果存在时间限制。因此，做出决策的过程应力求平衡这些相互竞争的目标：决策应花足够的时间降低不确定性从而减少错误，但也应足够迅速以保证宝贵的资源不会丧失或浪费。形式上的主要问题就是尽量减少预期结果的成本，即最优决策（optimal decision making）。

历史上，英国密码破译者在第二次世界大战期间最早应用了最优决策计算方法。艾伦·图灵（Alan Turing）和他的同事在位于伦敦北部乡村的布莱切利公园（Bletchley Park）开发了第一台完全可编程的数字计算机（"巨像"）和一种密码分析方法（Banburismus），以破解德国海军的加密信息（Gold and Shadlen，2002；图 28.2a）。因为图灵的工作一直保密到 20 世纪 80 年代，最早的相关论文是亚伯拉罕·沃尔德（Abraham Wald）在 1947 年发表的一项统计技术，他称之为序贯分析（sequential analysis）。

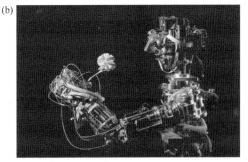

图 28.2 （a）第二次世界大战中用来破解德国密码的原始电子计算机，其所使用的方法现在被认为与神经元如何进行决策密切相关；（b）一个类人机器人决定要捡起哪个物体；（c）机器人群体聚集形成单一的集体性实体

图片来源：（a）© US Air Force Photo.（b）Massimo Brega，The lighthouse/Science Photo Library.（c）Sabine Hauert，Bristol Robotics Laboratory

从单个细胞到个体再到集体，生物系统的各种研究表明，自然世界中决策形成的基础是三个共同的计算原理（Perkins and Swain，2009；Gold and Shadlen，2007；Sumpter，2006）。第一个共同原理是，感觉信息表示为决策选择的证据（evidence）信号，例如，细菌信号通路中的蛋白质结合率、动物大脑中的神经元活动以及蜂群中潜在的从巢址返回的群体密度。第二个原理是，证据不断积累直到达到触发决策的阈值（threshold），例如，细胞中基因开关的浓度、运动神经元的激活水平、达到群体一致意见的个体数目。

最后一个共同原理是不同选择之间的竞争（competition），因为一个结果的证据会不利于所有其他结果；例如，细胞中不同信号通路之间的蛋白质结合竞争、大脑中神经元之间的抑制，以及召集蚁群中的蚂蚁从一个潜在巢穴转到另一个巢穴。值得注意的是，这三个计算原理也为序贯分析统计技术奠定了基础，可在不确定条件下进行最优决策。

回顾过去，类似于 Banburismus 算法实现决策的生物学原理，统计应用范围非常广泛的序贯分析技术现在也可以认为是仿生的。自 20 世纪 80 年代以来，临床试验设计所一直围绕的程序是检测新的个体，直到证据水平达到一个可以确定药物是否有效的阈值。序贯分析的另一个应用是工业生产线的质量控制，以确定故障检测中的变换点，其决策阈值取决于期望的质量以及与该缺陷相关的风险。金融交易也可以采用序贯分析方法来决定是否购买或出售股票期权，同样其阈值是基于交易的风险。

最近，这种最优决策方法被应用于使机器人能够具有与动物类似的能力感知环境。这种机器人感知方法的一个优点是它与神经科学前沿工作紧密相连，可将对动物感知的深刻见解应用到机器人感知领域。例如，这些仿生方法已经促成了对机器人触觉超敏性的演示验证（Lepora *et al.*，2015），可以提供比传感器分辨率更高的感知灵敏度，而这种现象在动物感知中常见（见 Lepora，第 16 章；Metta and Cingolani，第 47 章）。机器人的决策也显得更加类似于真实生命体的决策，例如，具有广泛的反应时间分布，类似于人类心理物理学中的实际情况，而不是机器人学中非常传统的固定决策时间。

在仿生决策的另一种应用中，昆虫群体的自组织决策过程促进了群体机器人学的发展（Şahin，2005），群体机器人学（swarm robotics）是集体机器人学（collective robotics）的一个分支，它利用仿生原理来协调机器人群体。决策的形成涉及在群体中招募个体机器人从一种行动方式转换到另一种行动方式，例如，确定资源的位置，其类似于自然决策中证据积累的方法。这些基于生物学的原理使机器人群体能够执行各种有意义的任务，包括将个体分散到大范围中以寻找资源，其类似于筑巢行为中将群体聚集到一个最佳位置，以及协调整个群体的运动以共同实现同一个目标（图 28.2c；另参见本书图 3.3 和第 43 章）。

三、未来发展方向

仿生系统既为生物学的理论思想提供了试验平台，也为产生科学技术挑战的解决方案提供了手段。这两个方面都对人工设备决策的未来发展方向具有重要意义。

机器人学和工程学中的许多关键问题都有可能通过模仿动物的决策能力加以解决。例如，虽然机器人能够成功完成可预测环境（如工厂装配线）中受到严格控制的任务，但在非结构化环境（如我们的家中、医院和工作场所）中却无法发挥重大作用。然而，动物能够在自然世界的复杂性中非常轻松地感知和行动，这表明机器人的决策能力缺失了一个关键要素。解决这一问题将彻底改变机器人技术的社会应用，将对我们的生活和工作产生根本性的影响。此外，群体机器人（见 Nolfi，第 43 章）还提供了一系列全新的能力，超出了现有技术所能达到的能力。例如，群体可以在自然和人工环境中实现分布式感知，能够应用于环境健康监测等领域，并可在必要时做出采取纠正措施的决定，实际上将整个环境变成了一个生物混合机器人系统。

仿生人造物凭借它们对生物系统的模仿，也为它们的自然对应物提供了极好的模型，为提出和检验生物功能假设提供了互补的方法。正如理查德·费曼（Richard Feynman）的一句名言：“我不能创造我无法理解的东西”。从这个意义上说，了解大脑的最终考验将是在机器人中实现人工大脑，并探索它是否能以非凡的轻易性和鲁棒性感知复杂环境并与之交互，而这种能力在目前只有动物才能实现。

四、拓展阅读

目前有许多优秀论文对细胞、个体或集体层面的决策进行了综述，但限于篇幅，我们只能介绍其中很有限的一部分。对于细胞决策，珀金斯和斯温（Perkins and Swain，2009）关于“细胞决策策略”的论文回顾了细胞在不确定性下用于决策的信息处理策略的最新进展。对于神经决策和个体决策，我们推荐格德和沙德伦（Gold and Shadlen，2007）对“决策的神经基础”的经典综述，以及博加奇等（Bogacz et al.，2006）对“最优决策的物理学”

的论述，这两篇文章系统分析了大脑如何实现决策形成基本要素的相关进展。关于动物集体决策行为的有趣的教学调查，可参阅萨姆普特（Sumpter，2006）发表在《皇家学会哲学汇刊》（*Philosophical Transactions of The Royal Society*）上的综述"动物集体行为的原理"。

为了进一步了解神经科学中的决策理论与第二次世界大战中密码破解之间的关系，我们推荐阅读格德和沙德伦（Gold and Shadlen，2002）在神经科学期刊《神经元》（*Neuron*）上发表的另一篇论文"Banburismus 与大脑：解码感觉刺激、决策和奖励之间的关系"。该文还提出了一个颇有影响的观点，即大脑通过神经回路计算奖励回报率来控制决策。

最后，机器人基于生物学原理进行决策的相关信息，广泛分布在大量研究论文中，我们根据它们与本文实例的关系选取了其中一些论文推荐读者阅读。关于如何在机器人中实现基于生物决策以促进生物感知的实例，可参阅本章作者及其同事（Lepora *et al.*，2012）发表的"哺乳动物最佳决策：对啮齿动物纹理识别开展机器人研究的见解"一文，另外一篇关于"触觉超分辨率和仿生超灵敏性"的论文（Lepora *et al.*，2015）介绍了生物学原理如何对机器人感知发挥作用。基于昆虫群体认知的机器人群体决策问题，可参阅卡尼尔及其同事（Garnier *et al.*，2009）在"自组织聚集触发一组类蟑螂机器人的群体决策"一文中的探讨；有关生物学实验的意义，可阅读克劳斯及其同事（Krause *et al.*，2011）发表在《生态学与进化趋势》（*Trends in Ecology and Evolution*）上的"实验生物学中的交互式机器人"论文。

参 考 文 献

Bogacz, R., Brown, E., Moehlis, J., Holmes, P., and Cohen, J.D. (2006). The physics of optimal decision making: a formal analysis of models of performance in two-alternative forced-choice tasks. *Psychological Review*,113(4), 700.

Garnier S., Gautrais J., Asadpour, M., Jost, C., and Theraulaz, G. (2009). Self-organized aggregation triggers collective decision making in a group of cockroach-like robots. *Adaptive Behavior*, 17(2), 109–33.

Gold, J. I., and Shadlen, M. N. (2002). Banburismus and the brain: decoding the relationship between sensory stimuli, decisions, and reward. *Neuron*, 36(2), 299–308.

Gold, J. I., and Shadlen, M. N. (2007). The neural basis of decision making. *Annual Reviews in Neuroscience*, 30, 535–74.

Krause, J., Winfield, A. F., and Deneubourg, J. L. (2011). Interactive robots in experimental biology. *Trends in Ecology & Evolution*, 26(7), 369–75.

Lepora, N. F., Fox, C. W., Evans, M. H., Diamond, M. E., Gurney, K., and Prescott, T. J. (2012). Optimal decision-making in mammals: insights from a robot study of rodent texture discrimination. *Journal of the Royal Society Interface*, **9**(72), 1517–28.

Lepora, N. F., Martinez-Hernandez, U., Evans, M. H., Natale, L., Metta, G., and Prescott, T. J. (2015). Tactile superresolution and biomimetic hyperacuity. *IEEE Transactions on Robotics*, **31**(3), 605–18.

Perkins, T. J., and Swain, P. S. (2009). Strategies for cellular decision-making. *Molecular Systems Biology*, **5**(1), 326. doi: 10.1038/msb.2009.83

Sumpter, D. J. (2006). The principles of collective animal behaviour. *Philosophical Transactions of the Royal Society B: Biological Sciences*, **361**(1465), 5–22.

Şahin, E. (2005). Swarm robotics: From sources of inspiration to domains of application. In: Şahin, E., and Spears, W.M. (eds), *Swarm Robotics*. SR 2004. Lecture Notes in Computer Science, vol 3342. Berlin/Heidelberg: Springer, pp. 10–20.

Wald, A. (1947). *Sequential analysis*. Reprinted 1973. Mineola, NY: Dover Books.

第 29 章
空间和情节记忆

Uğur Murat Erdem[1], Nicholas Roy[2], John J. Leonard[2],
Michael E. Hasselmo[3]

[1] Department of Mathematics, North Dakota State University, USA
[2] Computer Science and Artificial Intelligence Laboratory, Massachusetts
Institute of Technology, USA
[3] Department of Psychological and Brain Sciences, Center for Systems
Neuroscience, Boston University, USA

生物数据激发了自主智能体导航机制的发展，帮助人类探索和绘制危险环境。这些生物启发的机制可用于增强杂乱、动态环境中的同时定位和绘图，并将生成的地图传输给人类操作者，使人类操作者能够指导机器人进行探索。本章将回顾分析两种计算模型，运用由头部方向细胞、网格细胞和位置细胞构成的网络实现目标定向的自主导航。在第一个模型中，智能体通过随机探索创建新环境的认知地图。在导航过程中，智能体通过探测静止时多个候选方向上的线性前进轨迹，选择其中一条候选方向，激活代表目标位置的细胞，从而决定其朝向目标的下一步移动方向。第二个模型通过在认知地图上设置与内嗅皮质背侧至腹侧不同位置记录的放电场及网格细胞间距等实验结果相一致的层次结构，可以显著改善线性前进探索的范围。通过模拟放电场各不相同的海马位置的细胞群体，新模型可以表征不同尺度的环境。

一、生物学原理

许多有运动能力的生物体的一个重要特征，是它们能够在日常环境中导航以执行对生存非常关键的任务。例如，松鼠惊人地善于重新找到它们之前埋藏食物的地点，大鼠可以学习重新探索或避开以前探索过的有食物的位置。许多动物在面临直接威胁或长期威胁的情况下，会撤退到以前探索过的庇护所。例如，熊在严酷的季节里撤退到洞穴内冬眠以保存能量。一种看上去比较合理的假设认为，生物体要执行这样的导航任务就必须具备一种认知机制，将其所在的环境表示为一系列关键区域，如筑巢位置、食物的位置等，在需要时能够回忆起这些区域，并且具有探索利用这些区域之间关系的手段（O'Keefe and Nadel，1978）。

　　内嗅皮质和海马在面向环境的新学习空间位置的目标导向行为中起重要作用。大鼠在发生海马、后脑室或内嗅皮质损伤后，其在莫里斯水迷宫实验中发现隐藏平台空间位置的能力表现出缺陷。对行为大鼠多个大脑区域的记录显示，神经兴奋活动与目标定向空间行为相关。这些细胞包括内嗅皮质的网格细胞，当大鼠在环境中的一系列重复固定位置位于紧凑等边三角形的顶点上时，网格细胞就会放电（Hafting *et al.*，2005）；海马的位置细胞对大多数独特空间位置做出反应（O'Keefe and Nadel，1978）；后下脑室中的头部方向细胞对狭窄范围的非自我中心性头部方向做出反应（Taube，2007），以及对奔跑移动速度做出反应（O'Keefe *et al.*，1998）。

（一）头部方向细胞

　　头部方向细胞（head direction cell）是一种神经元，当大鼠在所处环境水平面上的非自我中心性头部方向（即头部方位角）接近一个被称为首选方向（preferred direction）的特定角度时，该神经元可显著提高其放电频率。由于头部方向细胞的首选方向与其环境的全局坐标系而非大鼠的局部坐标系相关联，因此它被认为是非自我中心（allocentric）的。头部方向细胞即使在黑暗中也能保持其调谐放电特性。只要环境不变，头部方向细胞的首选方向就与大鼠的实际位置无关。虽然头部方向细胞的信号可能与指南针测量的信号相似，但它们的基本机制却大不相同。指南针依靠地球电磁场来显示固定的方向，而头部方向细胞则依赖于环境线索和本体感觉性输入。先前的实验数据表明，单一大鼠所有头部方向细胞的调谐往往被锁定到某一特定主方向的偏移上，通常是朝向环境中显著的视觉提示（Taube，2007）。头部方向细胞的调谐曲线也各不相同，调谐曲线即放电速率对极角分布的曲线。虽然大多数头部方向细胞能够对很小范围的极角做出反应，但有些细胞显示出更宽的调谐曲线；有些细胞的调谐曲线甚至可能有多个峰值。已有大量实验数据描述了位于内嗅皮质、后下脑室和前丘脑深层的头部方向细胞（Taube，2007）。

（二）网格细胞

另一种空间调谐神经元是网格细胞（grid cell）。网格细胞作为一种神经元类型，当动物穿越环境中一系列固定的周期性位置时，其放电率会显著增加。单个网格细胞放电位置的集合，即网格细胞的放电场，形成具有固定场间间隔和相似场区域的二维周期模式。更具体地说，单个网格细胞的放电场可平铺为无限大的二维平面，其中等边三角形顶点镶嵌在平面之上。有 4 个参数可以特别定义单个网格细胞放电场的组织结构，即放电场大小、场间距、六边形图案的整体方向和空间相位。大量的实验数据表明了网格细胞的存在，它具有不同的场间距，场区域沿内嗅皮质内侧的背腹轴分布（Sargolini et al.，2006）。对内嗅皮质背腹轴神经元的记录显示，网格细胞的放电场在大小和分离度上逐渐增加。研究人员最近还报道了一种离散尺度的组织形式（Stensola et al.，2012）。在单一大鼠中，内嗅皮质内侧网格细胞的组织形式为解剖学上重叠的模块并具有不同的尺度和方向。网格细胞的聚集具有层次特性，相邻模块之间放电场大小的相对增加因大鼠个体而异，但所有数据的平均值约为 $\sqrt{2}$ 。

（三）位置细胞

空间调谐神经元中最有趣的是位置细胞（place cell），它是一种分布在海马各亚区内的神经元。当动物穿越环境中的紧凑区域时，位置细胞就会增加其放电率（O'Keefe and Nadel，1978）。位置细胞的放电场称为位置场（place field）。位置细胞和网格细胞之间的主要区别在于，虽然每个网格细胞显示出多个放电场并以规则性、周期性的模式覆盖整个空间，但当动物处于空间中唯一的位置时（尽管一些位置细胞可以显示出多个放电场），位置细胞调谐为排他性放电。因此，位置细胞更适合作为认知空间地图的构建基块。当动物首次暴露在一个新的环境中时，位置场通常可在几分钟内就稳定下来，并且在暴露于同一环境时保持稳定。当动物的位置场在先前已知环境中稳定下来后，动物又进入一个新的未知环境时，就会发生一种称为重新映射（remapping）的现象，即位置场的位置发生随机变化。虽然视觉和其他感觉的显著线索在位置场形成中起着重要的作用，但有证据支持本体感觉输入对位置细胞放电具有潜在影响，因为位置场在黑暗环境中往往可以保持长时间的稳定。

二、仿生系统

自主智能体将其环境内在表示为空间地图并精确估计其位置的能力，已经在机器人领域得到了广泛的研究。这个问题被称为同步定位和建图（SLAM），科学家提出了多种非常好的解决方法，但大多数仅适用于相对静止的室内区域，且持续时间有限。大多数自主系统依靠两种传感器信息来估计 SLAM 参数。第一类传感信息是通过主动传感器（例如，基于雷达、声呐或激光的测距仪和障碍物探测器）和被动传感器（例如，摄像机、麦克风等）从外部线索中收集的。第二类信息是由本体感觉线索提供的，如惯性、车轮里程计、罗盘读数等。只要环境在一段时间内保持相对恒定，外部线索对定位估计的作用就相对较好。然而，由于环境常因为自然现象（如照明条件、天气等的变化）或人为变动（如家具的重新摆放、无法进入先前的路线等）而发生变化，因此它们通常很容易出现失败。反过来，本体感觉传感器在定义上与外部线索无关，理论上当外部线索模糊不清时，它们也应该提供支持信息。不幸的是，基于内部线索的传感器会受到噪声累积的影响，这使得在缺乏一些外部线索校正输入的情况下，内部传感器的读数在相对较短的时间后就变得不再可靠。因此，如何在动态环境中长时间保持 SLAM 成为一大挑战。

生物系统似乎并没有受到前面提到的人工导航缺点的影响。例如，大鼠能够在相对较大的动态环境中长时间成功地觅食、探索和导航。它们可以相对快速地适应变化，并推导出解决眼前问题的解决方案，即在无法访问以前的路径时找到新的路径，或在出现新的进入点时探索利用可能的快捷路径。科学家因此提出了数种目标导向导航的计算机制，旨在部分解释大脑可能是如何表征空间，并利用这种表征来执行导航任务的。

科学家提出的计算模型之一是 RatSLAM（Milford，2008）。在这种方法中，环境被表示为位姿细胞（pose cell）的集合，每个位姿细胞都与一个局部场景细胞（view cell）相关联。在导航过程中的某个时刻，每个位姿细胞都封装了位姿信息，即智能体的位置和方向。位姿细胞网络通过兴奋性和抑制性连接维持其活动包（activity bump），这涉及运用由自我运动线索提供的吸引子动力学。网络拓扑具备局部灵敏性，即保留度量性的局部邻域。每个位姿细胞还与一个局部场景细胞相关联，该场景细胞可对其关联位姿细胞的位置和方向的特定场景进行选择性响应。在探索过程中，每个激活的位姿细胞都会获得一个新的局部场景细胞与其关联。如果重新遇到熟悉的场景，编码该熟悉场景的局部场景细胞将会引导位姿细胞网络中的活动集信息朝向先前建立的关联性，从而提供了环路闭合的一个简单实例。目前 RatSLAM 模型已经成功绘制了小面积和大面积的图。尽管 RatSLAM 为绘图和空间表示提供了生物启发的优雅模型，但它并没有具体解决同一生物激励框架中的目标导航问题。

埃德姆和哈塞尔莫（Erdem and Hasselmo，2012）提出了第二种目标导航的生物启发计算模型。在该模型中，由本体感觉速度数据调制的头部方向细胞为相位干涉模型（phase interference model）驱动的下游网格细胞提供输入。不同尺度和场间距的多个网格细胞汇聚成一个位置细胞单元。当智能体在探索过程中遇到显著位置时，它会招募新的位置细胞来表示（编码）其在认知空间地图中的当前位置。每个位置细胞单元也与一个奖励细胞（reward cell）相关联。两个奖励细胞之间横向连接的权重，与智能体连续访问两个奖励细胞相关联位置细胞之间的时间成正比。在保持恒速的假设前提下，奖励细胞的网络拓扑是准度量性的。当智能体选择一个已访问位置作为其当前目标时，指数衰减性的奖励信号开始从表示所选目标位置的奖励细胞向外传播。传播可以产生一个奖励信号梯度场，其峰值即位于目标位置处。然后，智能体可以产生多个源自当前位置的替代性线性前进轨迹，并挑选其中一个可激活奖励细胞最大奖励信号的轨迹，从而选择确定一个方向所选的目标位置。这里的关键点是，空间地图中的位置场并不一定需要特别紧凑（它们之间可以互不重叠，彼此之间的距离较远）。网格细胞的相位空间提供了基本的连续性，允许每个替代性线性轨迹穿越未被任何位置细胞表示的环境区域。这一模型的灵感来自实验研究，实验显示大鼠在执行目标定向任务时，海马尖峰扫描事件可以编码前进和后退轨迹（Johnson and Redish，2007），以及可在大鼠睡眠中观察到尖波波动事件（Jadhav et al.，2012）。此外，该模型还允许发现和探索环境中的新捷径，正如在发夹迷宫任务中观察到的大鼠行为一样。

线性前瞻模型的扩展版本（Erdem et al.，2015）通过使用层次化的位置细胞图（每个位置细胞代表不同尺度的环境），可以放宽上述模型的线性探测范围的限制。这种多尺度方法允许任意扩展最大探测范围，同时保持了单一探测的持续时间不变，并等效地保证了预定义的最大噪声累积水平，而不考虑探测范围。在这一扩展模型中，智能体构建环境空间地图的方式与前一个模型相似，但每个显著位置都由不同尺度的位置场表示。这种方法创建了环境的尺度空间。位置细胞的层次结构允许在所有尺度层次上同时传播分散性正向线性探针，因此可以覆盖很远的范围，从而保证上面限制的噪声累积水平，而无须考虑探针的实际范围。对内嗅皮质背腹侧神经元的记录显示，网格细胞放电场逐渐增加其大小和分离度（Hafting et al.，2005）。位置细胞并没有显示出离散的空间尺度，但它们在海马内不同的背腹位置处明显地改变了尺度。

三、未来发展方向

目前最先进的目标导向机器人导航系统在持续时间有限、环境相对静止的场景中，可以表现得非常出色。然而，高级生物似乎在动态环境中长时间持续导航时，并没有受到退化效应的影响。技术上的主要挑战是将自主系统所使用的空间表征和内嗅皮质网格细胞与海马体位置细胞创造的空间表征相互联系起来。网格细胞即使在黑暗环境中也显示出长时间（10 分钟）的稳定放电，这表明尽管神经系统存在固有噪声，但仍然具有强大的路径整合能力，这对于最先进的机器人导航来说是一个极具挑战性的特征。如果机器人能够实现网格细胞强大的生物学机制，它们将在现有能力的基础上取得巨大的进步。

在生物学的空间表征中，一个悬而未决的问题是将海马细胞与某些空间位置联系起来的触发因素。一些令人信服的证据表明，关联触发可能不仅取决于空间线索，还取决于其所处情境（Komorowski et al., 2009）。进一步了解大脑如何确定情境和空间关联的优先顺序，可能会对机器人 SLAM 系统数据库中编码位置及其组织的感觉线索的选择产生重大影响。另一个有趣的生物学现象到目前为止还没有得到很好的理解，即位置细胞的重新映射。目前人们还不太清楚为什么或如何重新映射。对这种现象的深入研究可能会促进机器人导航的空间编码更加有效。

四、拓展阅读

陶布（Taube, 2007）对头部方向细胞的研究进展进行了非常好的系统综述。对阐述网格细胞机制不同计算模型感兴趣的读者，可以从齐利（Zilli, 2012）的文章中发现极其丰富的信息。奥基夫和纳德尔（O'Keefe and Nadel, 1978）很好地介绍了大脑如何表征其周围环境，并利用这种表征完成生存任务。米尔福德（Milford, 2008）则概括了生物启发机器人导航的最新研究进展。

参 考 文 献

Erdem, U. M., and Hasselmo, M. E. (2012). A goal-directed spatial navigation model using forward trajectory planning based on grid cells. *The European Journal of Neuroscience*, 35(6), 916–31.

Erdem, U. M., Milford, M. J., and Hasselmo, M. E. (2015). A hierarchical model of goal directed navigation selects trajectories in a visual environment. *Neurobiology of Learning and Memory*, 117, 109–21. doi: 10.1016/j.nlm.2014.07.003

Hafting, T. et al. (2005). Microstructure of a spatial map in the entorhinal cortex. *Nature*, 436(7052), 801–6. Available at: http://dx.doi.org/10.1038/nature03721 [Accessed March 8, 2012].

Jadhav, S. P., et al. (2012). Awake hippocampal sharp-wave ripples support spatial memory. *Science*, 336(6087), 1454–8. Available at: http://www.ncbi.nlm.nih.gov/pubmed/22555434 [Accessed March 4, 2013].

Johnson, A., and Redish, A. D. (2007). Neural ensembles in CA3 transiently encode paths forward of the animal at a decision point. *The Journal of Neuroscience*, 27(45), 12176–89. Available at: http://www.ncbi.nlm.nih.gov/pubmed/17989284 [Accessed July 12, 2012].

Komorowski, R. W., Manns, J. R., and Eichenbaum, H. (2009). Robust conjunctive item-place coding by hippocampal neurons parallels learning what happens where. *The Journal of Neuroscience*, 29(31), 9918–29. Available at: http://www.pubmedcentral.nih.gov/articlerender.fcgi?artid=2746931&tool=pmcentrez&rendertype=abstract [Accessed June 12, 2013].

Milford, M. J. (2008). *Robot navigation from nature: simultaneous localisation, mapping, and path planning based on hippocampal models* 1st ed., Springer Verlag. Available at: http://www.amazon.com/dp/3540775196 [Accessed November 4, 2011].

O'Keefe, J. et al. (1998). Place cells, navigational accuracy, and the human hippocampus. *Philosophical Transactions of the Royal Society of London. Series B: Biological Sciences*, 353(1373), 1333–40.

Available at: http://rstb.royalsocietypublishing.org/content/353/1373/1333.abstract [Accessed November 4, 2011].

O'Keefe, J., and Nadel, L. (1978). The hippocampus as a cognitive map. *Philosophical Studies*, 2(04), 487–533. Available at: http://www.pdcnet.org/collection/show?id=philstudies_1980_0027_0263_0267&pdfname=philstudies_1980_0027_0263_0267.pdf&file_type=pdf [Accessed July 19, 2011].

Sargolini, F. et al. (2006). Conjunctive representation of position, direction, and velocity in entorhinal cortex. *Science*, 312(5774), 758–62. Available at: http://www.sciencemag.org/content/312/5774/758.short [Accessed June 10, 2011].

Stensola, H. et al. (2012). The entorhinal grid map is discretized. *Nature*, 492(7427), 72–8. Available at: http://www.ncbi.nlm.nih.gov/pubmed/23222610 [Accessed February 28, 2013].

Taube, J. S. (2007). The head direction signal: origins and sensory-motor integration. *Annual Review of Neuroscience*, 30(1), 181–207. Available at: http://www.annualreviews.org/doi/abs/10.1146/annurev.neuro.29.051605.112854 [Accessed July 14, 2012].

Zilli, E. A. (2012). Models of grid cell spatial firing published 2005–2011. *Frontiers in neural circuits*, 6(April), p.16. Available at: http://www.pubmedcentral.nih.gov/articlerender.fcgi?artid=3328924&tool=pmcentrez&rendertype=abstract [Accessed October 9, 2012].

第 30 章
伸取、抓握和操作

Mark R. Cutkosky

School of Engineering, Stanford University, USA

"……工具的工具（an instrument for instruments）"

——亚里士多德《动物的组成》

能够与环境进行身体交互是动物和机器人共同的基本需求。这种互动的工具可以是手、爪或夹持器，也可以是嘴，就像狗用嘴叼着棍子，甚至是像章鱼一样的触手。因此，在考虑机器人手的设计和控制问题时，有大量的生物实例可以为我们提供启发和指导。

本章旨在确定我们可以从自然界中获得的手部设计与操作相关原则，并展示它们如何影响机械手的设计并提高其性能，以及如何简化其控制。本章并不试图全面调查动物用于抓握和操作的解决方案，也不试图涵盖制造业和其他专业操作中使用的各类机器人夹持器。相反，本章关注的是移动操作（mobile manipulation）的新兴领域：为移动机器人平台设计的机械手，它们必须能够像动物一样与外界世界的物体和人员进行交互。在这一新兴领域，在动物的爪、螯、嘴和其他"末端效应器"中发现的鲁棒性、灵敏性和多功能性，对于手部设计和操作具有特别的指导意义。

关于抓握和操作的生物学文献主要是针对人手的研究，大多数多指机器人手也都有明显拟人化。然而，正如下一节所述，来自昆虫、两栖动物和其他动物的一些特殊观念对于移动操作手的设计也很有价值，它们提供的解决方案比人类和灵长类动物的解决方案要简单得多。下一节将介绍三种专为移动操作而设计的手，说明它们是如何结合自然界的特殊设计原则，从而提高其鲁棒性和通用性并简化其控制的。

本章最后讨论了未来的发展方向。机器人手的发展正处于一个转折点——成本和复杂性不断下降，最终使得仿生兼容性、多指手可广泛应用于移动机器人，在商业、家庭和医疗保健领域开展搜索、救援、探索并与人类互动。展望未来，同样的技术也可以应用于人工假肢甚至仿生学领域。

一、生物学原理

（一）人类和动物实例的经验教训

关于自然界中手的功能和操作，迄今为止最重要的研究文献都是以人手为中心的，至少从古希腊时代起，人手就一直是我们系统研究的主题。

目前的研究文献大多始于 1900 年以后，尤其是通过手部手术（例如，受伤后恢复其功能）以及近年来越来越多地通过神经影像技术来了解机械感受器的功能和手的控制（Tubiana *et al.*，1998；Castiello，2005；Johansson and Flanagan，2009）。除了外科手术之外，其应用范围还包括物理治疗和假肢设计。从 20 世纪 80 年代开始，对人类抓握和触觉感知的研究也受到了为机器人提供解决方案的需求的推动。

然而，人手非常复杂，对手的控制占据了人类相当大一部分的大脑运动皮质，成人需要多年的经验积累才能获得日常水平的操作技能（Poole *et al.*，2005）。人手还具有各种附加功能，包括交流沟通和体温调节。因此，从机器人学的角度来看，人手的某些复杂性很可能是无关紧要的。根据这些观察结果，即使是最先进的机器人手在能力上也远不及人手，我们对此不应该感到惊讶。幸运的是，目前已经识别确定了一些在人类抓握和操纵物体时很有价值的简化策略。为了寻求简化原则，研究昆虫、青蛙甚至章鱼等动物的足（爪）及抓握策略也很有意义，它们虽然没有像脊椎动物那样具有肌腱和骨骼的手指系统，但同样非常灵巧。

在下面各节中，我们将探讨在人类和动物手（爪）中发现的一些常见设计原则，这些原则对于设计移动操作机器人手特别重要。

（二）设计原则

本节所述的设计原则主要是在人手场景下确定的，但其中许多原则也与青蛙、灵长类等其他动物的多指手（爪）相关，因此它们适用于各种各样的多指机器人手，而无论其是否有拟人化。

1. 分支运动学（branching kinematics） 从青蛙到灵长类动物等脊椎动物，其常见的手（爪）的运动学结构是从共同的掌和腕分支出多个指。就连章鱼在这方面也有自己的变化，从中心的身体向外伸出八只触手，每个触手构成了连续的运动链，其构形空间代表了触手可以采取的独特姿势空间。每个触手都可以完全伸展、完全弯曲以及做额外的内收和外展动作（Melchiorri and Kaneko，2016）。一组触手代表了一组平行的系列链，提供了非常大的构形空间，其维数是各指自由度的总和，除非某些关节的运动总是相互耦合的。例如，人手一般来说有 27 个自由度（El Koura and Singh，2003）。此外，手位于手腕和手臂的末端，为抓握和操作提供了充足的工作空间。其他有手脊椎动物可能手指更少，每个手指的关节更少，相邻关节或手指之间的耦合更多；尽管如此，它们也有很大的构形空间。控制手部的肌肉和肌腱数量更为众多，大肌肉与小肌肉相互补充从而兼具力量性和灵敏性（Tubiana *et al.*，1998）。有效控制所有这些肌肉是一个大的挑战，需要很大一部分的大脑运动皮质的支持。然而，正如本章稍后将讨论的，动物采取了一些策略来简化抓握的动作与控制活动。

手具有较大构形空间的优势可以体现在拿起和操作物体时所用到的大范围抓握动作。例如，人类为了适应不断变化的任务需求（图 30.1，左图），经常切换对单一对象的不同抓握方式。手指可以利用内部力量夹住物体，通过摩擦力保持物体在握；也可以将物体整个包裹在手掌中以获得更大的安全性抓握。其他抓握方式，如侧捏（lateral pinch）和食指伸展（index finger extension）抓握使手的方向可以利用手腕旋转来增加对抓握对象的活动性。

2. 顺应性和吻合性（compliance and conformability） 大多数的手在接触面和促动方面都具有顺应性。例如，人手的接触面是由覆盖着真皮和外表皮的柔软、致密的组织（亚皮质）组成的，很容易与岩石等不规则的表面相吻合，甚至可以仅握住一角以很小的抓力提供稳固的抓握。此外，表皮上还具有指纹脊，可在光滑和潮湿的表面上提供更可靠的摩擦力从而增强触觉（Johansson and Flanagan，2009）。手指组织的顺应性也有助于防止在碰撞过

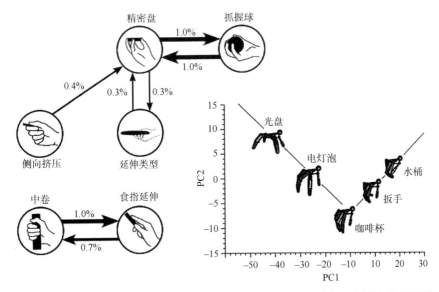

图 30.1 左图：日常操作中常见抓握动作的顺序，显示了人类如何轻易切换不同的抓握类型以响应不断变化的任务需求。右图：尽管关节角度有显著的个体差异，但是许多常见的抓握动作可以只用几个主成分（PC1、PC2）来近似估算，从而减少抓握空间的大小

图片来源：左图：© 2013 IEEE. 转载自 Ian M. Bullock，Joshua Z. Zheng，Sara De la Rosa，Charlotte Guertler，and Aaron M. Dollar，Grasp Frequency and Usage in Daily Household and Machine Shop Tasks，IEEE Transactions on Haptics，6（3），pp. 296–308，doi：10.1109/ TOH.2013.6. 右图：Marco Santello，Martha Flanders，and John F. Soechting，Postural Hand Synergies for Tool Use，The Journal of Neuroscience，18（23），pp. 10105– 10115，Figure 8 © 1998，The Society for Neuroscience

程中发生损伤，以及手与物体之间的相互作用力出乎意料地增加时造成损伤。鲁棒性是一个重要的考虑因素，因为手与脚是动物与外部世界进行能量互动最频繁的部位。假手设计和维护的一个突出难题就是如何避免这种日常相互作用造成的损害（Belter *et al.*，2013）。

肌肉骨骼结构中还存在其他顺应性，可将促动器（肌肉）与手指的力量与运动连接到一起。对肌肉施加的巨大力量会使手指向后移动。这种后驱动性（back-driveability）是一种安全特性，可防止意外负载和碰撞造成的损坏。即使是甲壳动物坚硬的爪子和钳子，它们的肌肉和肌腱也具有顺应性。传统的机器人夹持器中经常缺乏这种特性，它们一般采用天然的不可后驱动的蜗轮或使用时有非常高的传动比，使得它们在非受控环境中很容易受到损坏。

3. 非线性促动（non-linear actuation）   传统机器人手经常采用非后驱动式传动系统的一个原因是，在抓取物体时，避免电机在失速状态下长时间保持运转而产生热量并消耗能量。肌肉则完全不同，它们有非线性的力/位移曲线，并且与传递运动所需的能量相比，它们可以用较大力量轻松抵抗偏离其预定运动方向的拉力（Hogan，1984）。这种性质大大增加了物体脱离抓握所需的最大力，并且可在搬运重物时减少手部疲劳。

此外，与机器人促动器不同的是，肌肉通常没有一对一的关节映射，可能多块肌肉作用于一个关节，或者一块肌肉驱动多个关节。对于人手，大肌肉位于前臂，通过手腕的肌腱驱动手指；小肌肉则负责精细控制。对于昆虫，一个关节上的多块肌肉可能是专门用于快速或慢速运动。当一块肌肉操作多个关节时，系统可能是欠驱动的，这意味着关节运动不是独立可控的。例如，对于人手，我们不能使末端关节角独立于中间或掌指关节而发生改变。在昆虫身上，我们看到了更多引人注目的简化方式。例如，肌腱或腱膜上的一块肌肉可以沿着整条腿部向下促动跗爪，具体如图 30.2 的左图所示，这块肌肉没有负责伸展的对侧肌肉；它的作用是对抗外骨骼的被动弹性（Busshart *et al.*，2011）。此外，其激活方式使得远端指爪的打开和关闭在很大限度上独立于肢体的运动（Radnikow and Bassler，1991）。在图 30.2 的右图中，我们可以看到欠驱动手的类似排列布置。一根肌腱用来弯曲手指，其作用与手指关节的弹性相反。

4. 灵敏性（sensitivity）   手与世界的频繁互动也是重要的信息来源。毫不奇怪，手被赋予了特别丰富的机械感受器集合，可以检测压力、皮肤变形、振动、温度等。人手部光滑（无毛）皮肤上的机械感受器的密度是身体其他部位的几倍。此外，触觉感知本质上是多模态的。特定类别的机械感受器负责响应不同类型的局部事件，包括压力、皮肤变形、振动、温度等的变化。机械感受器也可分为"快速作用"和"慢速作用"两类，分别用于响应持续变形。例如，物体一角紧紧地压在指尖上所产生的感觉；以及瞬时的现象，如用指尖抚摸有纹路表面产生的感觉（Johansson and Flanagan，2009）。即使是具有坚硬外骨骼的节肢动物，其腿部和钳子上也有许多毛或刺，还有专门的钟形或狭缝感器，用来测量其外骨骼节段接触外力时产生的应变

（Barth，1985）。如何实现与动物类似的灵敏性，仍然是机器人学的一个重大挑战。即使是最先进的机器人手也只有数十个甚至数百个传感器，但动物有数千个传感器。

5. 特殊功能 动物需要执行特殊任务或处理特殊物体时会产生特殊的功能特征，如爪子和指甲（许多脊椎动物）、黏垫（昆虫）和吸盘（章鱼）。

机器人手也可以从这些功能中受益。例如，大多数多指机器人手很难从桌面上捡起硬币等小物体，除非它们有指甲或吸盘。其他特殊功能可能包括锁定关节以节省抓取重物时的能量消耗（图 30.5，右图），改变手指在手掌周围排列方式的特殊机制[例如，从图 30.1 中类似于精密盘（precision disk）的径向位置抓握切换到更类似于侧捏的抓握]。

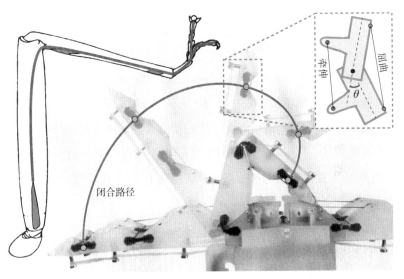

图 30.2 左图：许多昆虫的跗骨是由单一的、几何结构可变的表皮内突（肌腱）驱动的，其作用是对抗外骨骼的弹性。右图：用于水下抓握的手（Stuart *et al.*，2014，2017）采用了类似的方案，在每个弯曲关节处都有一个几何结构可变的屈肌腱和"弹簧"伸肌

图片来源：左图：改编自 G. Radnikow and U. Bässler，Function of a Muscle Whose Apodeme Travels Through a Joint Moved by other Muscles：Why the Retractor Unguis Muscle in Stick Insects is Tripartite and Has No Agonist，The Journal of Experimental Biology，157（1），p. 90，Figure 1 © The Company of Biologists Limited. 右图：© 2014 IEEE. 转载自 Hannah S. Stuart，Shiquan Wang，Bayard Gardineer，David L. Christensen，Daniel M. Aukes，and Mark Cutkosky，A compliant underactuated hand with suction flow for underwater mobile manipulation，IEEE International Conference on Robotics and Automation，doi：10.1109/ICRA.2014.6907847

（三）操纵与控制原理

1. 简化抓握规划　早期的研究表明，人类的抓握可以按照层次分类法进行组织，并且发现当手朝着物体运动时，其预备抓握的姿态非常明显。后续工作详细研究了抓取和操作计划背后的神经过程（Castiello 2005），并形成了根据物体形状和任务要求对抓握进行分类的系统（Bullock et al., 2013）。最初，根据对象形状属性（例如，物体是平的、长的、薄的还是圆的）采用一般性的抓握形状。然后，根据我们打算对物体做什么而将抓握细化。因此，用于拿起锤子的抓握方式不同于用于敲锤子的抓握方式。图30.1的左图也显示了任务需求的重要性，图中展示了在视频观察中手工劳作人员使用频率最高的一些抓握方式以及它们之间的转换。人们可以在不同的手部配置之间频繁地轻松切换。

　　如前所述，人的抓握选择和手部控制是非常复杂的。儿童需要数年的时间才能接近成人的熟练程度（Poole et al., 2005）（图30.3）。因此，毫无疑问，机器人的抓取规划和手部控制仍然是一个公开的挑战。幸运的是，有一些重要的简化原则可以发挥作用。例如，虽然人们采用许多特殊的抓握方式来适应对象属性、任务相关力度和感知需求的变化（如图30.1左图中的转换实例），但大多数常见的抓握方式只需用几个主成分就可以近似估算，也被称为"抓握协同效应"（grasp synergies）。例如，图30.1的右图显示了由手指关节角度定义的抓握配置主成分分析结果，用于人们对各种常见物体的一系列抓握（Santello et al., 1998）。尽管关节角度有许多自由度和许多变化，但只要两个主成分（在图中表示为PC1和PC2）就可以捕捉到手部姿势中最显著的变化。这一发现的意义在于，在仅由几个主成分定义的空间中通过对手进行设计和控制，人们可以很容易地获得对最常见物体和任务的抓握，并且非常接近人类采用的许多特殊抓握方式。这种方法有助于机械手的设计，如图30.4左图所示的Dexmart机械手（Palli et al., 2014）。

　　另一个相关简化原则是认识到，第三、第四和第五指通常基本上是作为一根"虚拟手指"进行操作，有点类似于用连指手套抓取（Venkatamaran and Iberall, 1990）。因此，通过设计机器人手来近似模拟人类处理大多数物体所用的两三根"虚拟手指",在抓握许多物体时可以获得令人满意的结果。此外,人类制作和使用工具的倾向使我们能够复制从动物身上发现的许多特殊策略。因此,蚂蚁用它的钳足捡起并携带一粒种子,提醒我们可以用钳子抓取并操纵物体。相反,研究人类对钳子的操作可以帮助我们了解所观察到的蚂蚁行为,而这两组观察结果都可以为机器人手的开发者提供参考。

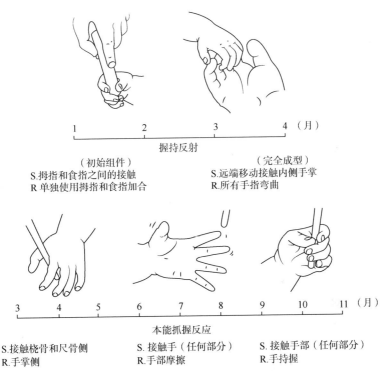

图 30.3　人类婴儿的触觉诱发反射可以简化操作,尽管成人的反应与行为更复杂

图片来源:转载自 Neuropsychologia,3,Thomas E. Twitchell,The automatic grasping responses of infants,pp. 247-59,http://dx.doi.org/10.1016/0028-3932(65)90027-8,Copyright © 1965. Published by Elsevier ltd.,with permission from Elsevier

2. 详细的手部设计和控制　到目前为止,所思考的资料都是从"类型选择"的角度讨论抓握和手部设计:有多少根手指,每个手指有多少个自由度,如何排列手指等。一旦选择了一般类型(例如,三根相对的手指,每个手指有三节指骨,由一个电机驱动),就有许多工具可用于参数设计和优化。具体的例子包括"Grasp It!"(Miller and Allen,2000)、"SynGrasp"(Malvezzi *et al.*,2015)及 SimGrasp(Wang,2017)。对这些分析非常有意义的起点是

梅尔奇奥里和卡内科（Melchiorri and Kaneko，2016）及普拉蒂奇佐和崔克尔（Prattichizzo and Trinkle，2016）的工作。

3. 探索利用基于传感器的自动响应　在动物身上，许多刻板的行为都是由传感器引发的。例如，青蛙在视觉和触觉刺激下表现出刻板行为，这些刺激通常与附近的猎物有关。这些反应包括确定头部定向，用嘴和舌头击打猎物，当前肢触觉刺激也参与其中时，用爪子包裹抓握并将食物送到嘴中（Comber and Grobstein，1981）。反应性抓握和获取物体的其他例子包括螳螂触发式反应以确保捕食成功（Corrette，1990）。在这种情况下，四肢的形态特征和内指棘刺，有助于确保对物体的捕捉和稳定。对于人类，虽然在我们每天所做的非常复杂的自愿和熟练的行为中，很难发现这类原始的基本动作，但它们确实存在并且对监测正常神经发育非常重要，具体见图 30.3 中的示例（Twitchell，1965）。

一般来说，自动响应有助于我们小心安全地处理对象。当手指开始接触到物体时，可根据详细的任务要求（例如，是牢牢握住更为重要，还是轻轻握住物体以便更容易监测其振动）和物体属性（例如，是粗糙的还是光滑的）利用感觉信息确定专门的抓握方式。我们还利用感觉反射，根据对明显滑动之前早期细微滑动的感知，不断地无意识地调整抓握力度（Johansson and Flanagan，2009）。这种能力使我们能够以始终如一的安全系数处理物体，而不论物体重量和摩擦系数如何变化，但当我们的手指因寒冷而麻木时，我们就失去了这种灵敏性，相应地变得更笨拙。

在更高级的层次上，人们采用刻板的探索程序来获取处理对象某些类型的信息（Lederman and Klatzky，1993）。例如，为了感知物体的纹路，我们会快速地在物体表面来回及横向移动指尖；为了测量物体的硬度，我们会用手指和拇指挤压物体。

二、仿生系统

只要人类一直需要机器人来处理世界上的物体，它们就始终需要夹持器或手。机器人抓取的正式研究可追溯到 20 世纪 70 年代末，早期著名的例子包括冈田（Okada，1982）、斯坦福大学/喷气推进实验室（Stanford/JPL）

（Salisbury，1985）和犹他大学/麻省理工学院（Jacobsen *et al.*，1984）等研制的机械手，但以现代标准来看它们仍然非常复杂。然而，机器人选择用多指手抓握和执行有意义操作的能力发展得要慢很多。当我们考虑到人类和灵长类动物抓握和操作的复杂性时，这并不奇怪。因此，在研究具有许多可控自由度的灵巧手的同时，人们对"欠驱动"手也有着浓厚的兴趣。与自由度相比，这些手的促动器或马达更少，并且依靠顺应性来抓取物体。尽管它们的拟人化不如完全驱动的手那么明显，但它们也从生物学中吸取经验教训，从低等脊椎动物（如青蛙）和节肢动物的爪中汲取了灵感。

图 30.4 展示了最近开发的三种机械手，验证了利用当前材料、传感器和快速成型技术实现抓取和操作多功能性和鲁棒性的不同方法。

图 30.4　结合了各种生物学原理的三种机械手。左图：Dexmart 机械手，旨在近似大多数人类的抓取方式，利用主成分或观察到的"抓握协同效应"（图 30.2）以简化力学机制（博洛尼亚大学自动化与机器人实验室提供）。中图：欠驱动的 KAUST 机械手，每个手指只有一根肌腱，关节硬度的设计允许其环握抓取较大物体，指尖捏握抓取较小物体。右图：SRI ARM-H 机械手也是欠驱动的，每个手指有一根肌腱，但使用静电制动器选择性地锁定关节，从而能够像图中所示那样手持手电筒并开关手电筒

图 30.4 的左图是 Dexmart 机械手（Palli *et al.*，2014），其设计目的是实现接近人类的大部分抓握方式，同时与人手相比可显著简化手部机制。就像人手一样，它的前臂有一个主促动器，通过穿越腕关节的肌腱连接，手腕角度和手指屈曲基本上是解耦的。根据对图 30.1 所示主成分分析的扩展，这

种机械手的具体目标是体现与人手抓取日常物体相关的主成分。机械手指骨、手掌和手腕的复杂几何结构是使用三维打印过程创建的，其中肌腱沿手指分布，具体如图 30.5 左图所示。

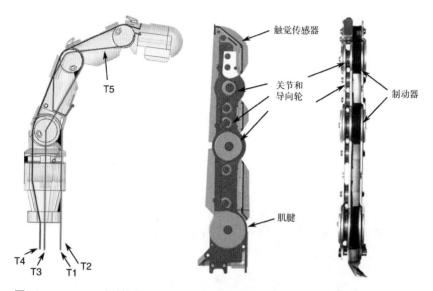

图 30.5　Dexmart 机械手（左图）和 SRI ARM-H 机械手（中图）的肌腱布线细节。Dexmart 机械手使用四个促动肌腱（T1～T4）来实现对三个关节的完全控制，SRI ARM-H 机械手使用一个肌腱和静电制动器（右图）来根据需要锁定特定关节

图片来源：左图：由博洛尼亚大学自动化与机器人实验室提供

　　Dexmart 机械手的每个手指都由四个马达和肌腱控制。这种 "$n+1$" 的排列方式可以回溯到斯坦福大学/喷气推进实验室（Stanford/JPL）研发的机械手（Salisbury，1985），并在每个关节处实现独立的扭矩控制，但肌腱存在只能拉不能推的局限性。第五根肌腱与中、远端关节的运动耦合，类似于人类手指和某些昆虫的表皮内突（肌腱）路径中的耦合方式。

　　图 30.5 中间图片显示的手部原型是由斯坦福大学和 KAUST 研究团队联合研发的，后来将其与一个双臂水下机器人一起应用于海洋考古学工作（Stuart *et al.*，2014，2017）。该机械手需要抓住精巧的珊瑚和其他小物体，但也要牢固抓住大管子和框架。它需要在海面以下数十米处进行操作的要求，促成了一种受昆虫启发的解决方案，利用一根肌腱对弹性弯曲和拉伸弹簧发挥作用，从而需要在每个关节处安装防水轴封的枢轴。如图 30.2 所示，

运动学设计为屈肌腱和拉伸提供不同程度的杠杆作用,使得手指首先在基底处弯曲并最后在指尖处弯曲。这种肌腱几何结构的可变性,结合关节处的各种硬度变化,可以自动提供小物体的指尖捏握与大物体的环抱抓握。机械手手指由两种级别的聚氨酯制成,硬的用于制造手指指骨,柔顺的用于制造关节。材料特性的这种多样性变化在动物中很常见。例如,昆虫和甲壳动物除了有灵活的关节外还有坚硬的外骨骼。与昆虫和甲壳动物的情况一样,用整体式屈曲结构代替具有轴和轴承的枢轴也很坚固,能够承受大的意外载荷而不会损坏。

　　水下抓握过程中遇到的一个特殊困难是,当手接近物体时,其运动会产生局部流体动力学,从而倾向于将物体推开。为了克服这种效应,KAUST机械手在指尖施加了轻柔的抽吸流。虽然生物体的指尖中似乎并没有抽吸流的直接先例,但鱼和青蛙广泛采用吸力来增强口腔进食时捕获猎物的能力(Comber and Grobstein,1981)。

　　图 30.4 的右图显示了为 DARPA ARM-H 项目开发的三只机械手中的一只,旨在开发用于移动操作的新型多指手。图中的手由 SRI 公司、Meka 机器人公司和斯坦福大学的联合团队设计,为欠驱动型,每个手指只有一根肌腱,针对被动弹性元件发挥作用(Aukes *et al*., 2014)。此外,每个关节处都有静电制动器,具体如图 30.5 右图所示。当制动器锁紧时,允许机械手以较低的能量消耗来搬运重物,大致相当于当这些力作用于肌肉的拉力方向时,肌肉能够以较小的力抵抗较大的力。通过选择性地锁定关节,制动器还可以实现对于单一肌腱来说很难的特定抓握配置方式,如图 30.4 所示的手持手电筒并独立按下开关将其打开。该机械手还有一个可以重构的手掌,可以在小物体的对向捏握和大物体的环抱抓握之间切换。

三、未来发展方向

　　DARPA ARM-H 和 Dexmart 项目的目标之一是制造出相对便宜、足够坚固、轻便和多功能的机械手,用于移动操作。这些机械手的共同点包括肌腱驱动的手指和利用快速成型技术以适当成本创建复杂的三维几何结构。其他技术包括紧凑、强大的电机和电机驱动器,或许最重要的是,还包括能够利用网络进行通信的可靠、低成本传感器。

推动这些技术进步的主要动力是智能手机行业。智能手机集成了数十个触摸、振动、声音等传感器，用于采集过滤信号以及与其他器件通信的微处理器等。这些器件降低了传感成本，减少了将传感器放置在关节和指尖所需的布线量。但无论是使用电线还是柔性印刷电路，创建不易损坏的连接电路，并且在手指反复弯曲时不会发生疲劳失效，都是一项巨大挑战。因此，即使是最精密的机械手，也只覆盖了从青蛙到人类等动物身上发现的一小部分传感器。例如，图 30.4 中的机械手只有几个触觉传感器，而且只位于其抓握表面上。因此，它们不能对手背上的轻抚接触或横向接触刺激产生反应，如图 30.3 中左下图所示。到目前为止，还没有什么能够类似于广泛存在于生物体手部的分布式神经网络。

随着复杂多材料部件制造、驱动和传感技术的不断进步，机器人将越来越多地应用于涉及人际交互的场合，其应用范围从医疗保健和家庭辅助到小规模制造等。同样的技术也与假肢有关，并且已经开始制造义手，这种义手可以通过神经脉冲控制并且具有触觉（Gilja *et al.*，2011）。随着这些应用的成熟，我们可以预期，义手的成本会下降，控制软件的可用性和复杂性会增加。事实上，抓握计划和操作控制软件的发展，由于缺乏合适的实验和软件开发机械手而受到阻碍。随着机械手越来越多，我们将会看到类似于语音识别和计算机视觉的进步。

四、拓展阅读

关于人手及其功能的文献非常丰富。图比亚纳等（Tubiana *et al.*，1998）提供了关于手部形态和功能的很好的医学文献实例。其他专门从为机器人学提供见解的角度来研究人类抓握性能的综述包括维卡塔拉曼和伊伯罗尔（Venkataraman and Iberall，1990）的论文集。

如本章所述，触觉感知对于抓握和操纵必不可少，但却可能是目前发展最缓慢的手部技术领域。为了更好地理解触觉及其在人类操作中的作用，一个好的起点是约翰森和弗拉纳根（Johansson and Flanagan，2009）的综述；卡斯蒂洛（Castiello，2005）进行了补充性综述，重点是手部控制背后的神经科学。另一个有趣的出发点是对探索性程序（EP）的研究，人类通常使用 EP 对物体和表面进行触觉探索。关于这点以及人类触觉感知的更多信息，莱德曼和克拉茨基（Lederman and Klatzky，1993）的论文可谓是非常有参考价值。卡特科斯基等（Cutkosky *et al.*，2016）对机器人触觉传感进行了总结，并探讨了当前面临的挑战和相关参考文献，还可参见莱波拉（Lepora，第 16 章）的论文。

关于机械手和抓握选择与操作规划算法的论文已经非常多。几个比较有价值的是《斯普林格机器人手册》（*Springer Handbook of Robotics*）中关于"机械手"（Melchiorri and Kaneko，2016）和"抓握"（Prattichizzo and Trinkle，2016）的章节，后者对抓握和手部控制的数学分析进行了全面介绍。

最后，要想快速了解机械手的最新技术进展，尤其是移动操作应用，非常有意义的是《国际机器人学研究杂志》（*International Journal of Robotics Research*）关于"机械手的力学和设计"的特刊，其中包括本章前面引用的奥克斯等（Aukes *et al.*，2014）和帕利等（Palli *et al.*，2014）的论文，以及其他几种值得关注的机械手。

参 考 文 献

Aukes, D., Heyneman, B., Ulmen, J., Stuart, H., Cutkosky, M. R., Kim, S., Garcia, P., and Edsinger, A. (2014). Design and testing of a selectively compliant underactuated hand. *The International Journal of Robotics Research*, **33**(5), 721–35.

Barth, F. G. (1985). Slit sensilla and the measurement of cuticular strains. In: F. G. Barth (ed.), Neurobiology of arachnids. Berlin/Heidelberg: Springer, pp. 162–88.

Belter, J. T., et al. (2013). Mechanical design and performance specifications of anthropomorphic prosthetic hands: a review. *Journal of Rehabilitation Research and Development*, **50**(5), 599–618.

Bullock, I. M., Zheng, J. Z., De La Rosa, S., Guertler, C., and Dollar, A. M. (2013). Grasp frequency and usage in daily household and machine shop tasks. *IEEE Transactions on Haptics*, **6**(3), 296–308.

Busshart, P., Gorb, S. N., and Wolf, H. (2011). Activity of the claw retractor muscle in stick insects in wall and ceiling situations. *The Journal of Experimental Biology*, **214**, 1676–84.

Castiello, U. (2005). The neuroscience of grasping. *Nature Reviews*, **6**, 726–36.

Comber, C., and Grobstein, P. (1981). Tactually elicited prey acquisition behavior in the frog, *Rana pipiens*, and a comparison with visually elicited behavior. *J. Comp. Physiol.*, **142**, 141–50.

Corrette, B. J. (1990). Prey capture in the praying mantis *Tenodera aridifolia sinensis*: coordination of the capture sequence and strike movements. *Journal of Experimental Biology*, **148**(1), 147–80.

Cutkosky, M. R., Howe, R. D., and Provancher, W. R. (2016). Force and tactile sensing. In: B. Siciliano and O. Khatib (eds.), Springer Handbook of Robotics, 2nd edition. Berlin/Heidelberg: Springer-Verlag, Chapter 28.

ElKoura, G., and Singh, K. (2003). Handrix: animating the human hand. *Proceedings of the 2003 ACM SIGGRAPH/Eurographics symposium on Computer animation*, San Diego, CA, July 26–27, 2003. Aire-la-Ville, Switzerland: Eurographics Association.

Gilja, V., Chestek, C. A., Diester, I., Henderson, J. M., Deisseroth, K., and Shenoy, K. V. (2011). Challenges and opportunities for next-generation intracortically based neural prostheses. *Biomedical Engineering, IEEE Transactions on*, 58(7), 1891–9.

Hogan, N. (1984). Adaptive control of mechanical impedance by coactivation of antagonist muscles. *IEEE Transactions on Automatic Control*, 29(8), 681–90.

Jacobsen, S. C., Wood, J. E., Knutti, D. F., and Biggers, K. B. (1984). The UTAH/M.I.T. dextrous hand: work in progress. *The International Journal of Robotics Research*, 3(4), 21–50.

Johansson, R. S., and Flanagan, J. R. (2009). Coding and use of tactile signals from the fingertips in object manipulation tasks. *Nature Reviews Neuroscience*, 10, 345–59.

Okada, T. (1982). Computer control of multijointed finger system for precise object-handling. *Systems, Man and Cybernetics, IEEE Transactions on*, 12(3), 289–99.

Lederman, S. J., and Klatzky, R. L. (1993). Extracting object properties through haptic exploration, *Acta Psychologia*, 84(1), 29–40.

Malvezzi, M., Gioioso, G., Salvietti, G., and Prattichizzo, D. (2015). Syngrasp: a matlab toolbox for underactuated and compliant hands. *IEEE Robotics & Automation Magazine*, 22(4), 52–68.

Melchiorri, C., and Kaneko, M. (2016). Robot hands. In: B. Siciliano and O. Khatib (eds.), *Springer Handbook of Robotics*, 2nd edition. Berlin/Heidelberg: Springer-Verlag, Chapter 19.

Miller, A. T., and Allen, P. K. (2000). Graspit!: a versatile simulator for grasp analysis. In: *Proc. of the ASME Dynamic Systems and Control Division*, Orlando, FL, 2, 1251–8.

Palli, G., Melchiorri, C., Vassura, G., Scarcia, U., Moriello, L., Berselli, G., Cavallo, A., De Maria, G., Natale, C., Pirozzi, S., May, C., Ficuciello, F., and Siciliano, B. (2014). The DEXMART hand: mechatronic design and experimental evaluation of synergy-based control for human-like grasping. *The International Journal of Robotics Research*, 33(5), 799–824. doi: 10.1177/0278364913519897

Poole, J. L., Burtner, P., Torres, T., McMullen, C., Markham, A., Marcum, M., Anderson, J., and Qualls, C. (2005). Measuring dexterity in children using the nine-hole peg test. *Journal of Hand Therapy*, 18(3), 348–51.

Prattichizzo, D., and Trinkle, J.C. (2016). Grasping. In: B. Siciliano and O. Khatib (eds.), *Springer Handbook of Robotics*, 2nd edition. Berlin/Heidelberg: Springer-Verlag, Chapter 38.

Radnikow, G., and Bassler, U. (1991). Function of a muscle whose apodeme travels through a joint moved by other muscles: why the retractor unguis muscle in stick insects is tripartite and has no agonist. *J. Exp. Biol.*, 157, 87–99.

Salisbury, J. K. (1985). Kinematic and force analysis of articulated hands. In: M. T. Mason and J. K. Salisbury (eds.), *Robot hands and the mechanics of manipulation.*Cambridge, MA: MIT Press, pp. 1–167.

Santello, M., Flanders, M., and Soechting, J.F. (1998). Postural hand synergies for tool use. *Journal of Neuroscience*, 18(23), 10105.

Stuart, H. S., Wang, S., Gardineer, B. G., Christensen, D. L., Aukes, D. M., and Cutkosky, M. R. (2014). A compliant underactuated hand for underwater mobile manipulation. In: *IEEE International Conference on Robotics and Automation, Hong Kong, China, 2014*. IEEE.

Stuart, H.S., et al. (2017). The Ocean One hands: an adaptive design for robust marine manipulation. *The International Journal of Robotics Research*, 36(2), 150–66.

Tubiana, R., Thomine, J.-M., and Mackin, E. (1998). *Examination of the hand and wrist*. London: Martin Dunitz. ISBN 1-85317-544-7

Twitchell, T.E. (1965). The automatic grasping responses of infants. *Neuropsychologia*, 3, 247–59.

Venkataraman, S., and Iberall, T. (1990). *Dextrous robot hands*. New York, NY: Springer-Verlag. ISBN-10: 1461389763

Wang, S. (2017). SimGrasp: Grasp Design Simulation Package. https://bitbucket.org/shiquan/sim-grasp

第 31 章
四 足 运 动

Hartmut Witte[1], Martin S. Fischer[2], Holger Preuschoft[3],
Danja Voges[1], Cornelius Schilling[1], Auke Jan Ijspeert[4]

[1] Biomechatronics Group, Technische Universität Ilmenau, Germany
[2] Institute of Systematic Zoology and Evolutionary Biology with Phyletic
Museum, Friedrich-Schiller-Universität Jena, Germany
[3] Institute of Anatomy, Ruhr-Universität Bochum, Germany
[4] Biorobotics Laboratory, EPFL, Switzerland

运动（locomotion，源自拉丁语 "locus" =地点）是指生物体或机器从一个地方移动到另一个地方。用力学来描述运动很有帮助。对于运动，一个简单的适用标准是生物体质心（CoM）在预定时间内离开预定空间（如椭球体），并且不会在 x 倍时间内重新进入该空间。术语"预定义"（predefined）反映了一种认识，即由于身体形状（这最终意味着分类单元）的原因，可能无法定义一组可扩展的通用参数。

在生物体中，运动通常由一个中心要素（称为"身体"）和（或）其附件驱动。涵盖的范围可能从流体液压/气动推进到足式运动等（图 31.1）。通常，周期性变形的要素将结构内行为体（如肌肉）提供的能量传递（传输）给环境（效应器）。看似简单但值得注意的是：由于没有附属物的系统发育体是"自动运动的"（如蛇），但没有身体的附属物根本不存在。将代谢功能集中于中心身体内，可以提供较短的扩散距离，因此质量分布不均匀（相对于理想的球体而言）并不一定是由于力学原因，而质量集中于四肢近端（"靠近躯干"）可以仅通过力学作用就证明是合理的（参见 Hildebrand，1985；Witte *et al.*，1991；以及相关工作）。这指出了仿生方法的一个限制：进化提供了功能系统而不是最优系统——有机体是多功能的，从来没完全专门化为单一功能，而技术设计则可能实现这一点。

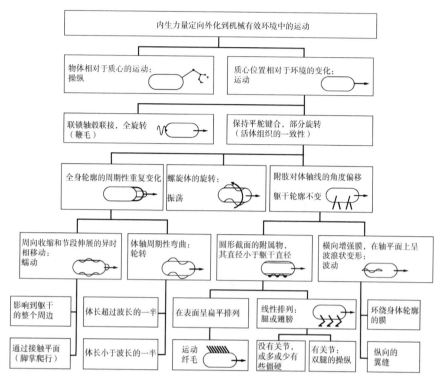

图 31.1　运动组织的一些原理。空中运动并不真正适合这一体系，因此在图中未出现

图片来源：© 2013 IEEE，改编自 Hartmut Witte，Max Fremerey，Steven Weyrich，Jorg Mampel，lars Fischheiter，Danja Voges，Klaus Zimmermann，and Cornelius Schilling，Biomechatronics is not just biomimetics，9th International Workshop on Robot Motion and Control，pp. 74—79，doi：10.1109/ RoMoCo.2013.6614587

一、生物学原理

　　为了方便、实用，动物学家根据基质与生物体的相互作用，对运动进行了如下分类：

- 大多数生物仍然在水中生活并移动——在多细胞生物中，这被称为 "水中运动"（aquatic locomotion）（拉丁语 *"aqua"* = "water"）。

- 另一种重要的流体是空气：飞行被称为 "空中运动"（aviatic locomotion）（动物学术语："*avis*"=鸟；拉丁语 "*via*" = "way"，"a-via-tic" 是指 "没有固定的方式"）。

- 由于完整性的原因，在类似沙子等准流体介质中的运动被称为 "亚地面运动"（sub-terranean locomotion）（拉丁语"*sub terram*"代表"*sub terra*"，是指"地下"）。

- 地面上的运动被称为"地面运动"（terrestrial locomotion）（拉丁语"*terra*"=地球，这里是"地面"的意思）。

- 植物通常但并非总是作为运动的基质，动物对其利用的方式类似于地面，因此被分类为"树上运动"（arboreal locomotion）（拉丁语"*arbor*"="树"）。如果强调专门在树上生活，则应使用术语"树栖"（arboricol）取代"树上"（arboreal）（Preuschoft，2002）。虽然树上运动包含攀爬要素，但两者并不完全等同。另外，攀爬也确实可发生于地面的陡峭基质上——即使在生物机器人学中，攀爬（climbing）仅仅就是"攀爬（climbing）"（CLAWAR："攀爬和行走机器人"）。

（一）脊椎动物运动

脊椎动物的特征是存在脊柱（"*Columna vertebralis*"）。脊柱或其系统发育前体"脊索"（"*Chorda dorsalis*"）揭示了内骨骼系统的力学机制（"中心坚硬，外周柔顺"），特别是拥有四个（或两个：如新西兰几维鸟）肢体的四足动物，这些肢体称为腿（或手臂）。根据费舍尔（Fischer，1998a）的观点，就机器人技术而言，四足脊椎动物的地面运动大致可分为"两栖爬行动物型"和"哺乳动物型"（图 31.2；参见 Fischer and Blickhan，2006；Karakasiliotis *et al.*，2013）。

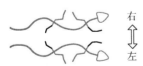 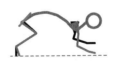

两栖爬行动物型（背视图）　　　　　　哺乳动物型（侧视图）

图 31.2　脊椎动物四足运动的两个主要原理。左图：两栖爬行动物型。脊柱是水平摆动的，它的运动通过两个长节段四肢耦合到基质上。脊椎和近端节段主要围绕垂直轴旋转，远端节段围绕水平（横向）轴旋转。右图：哺乳动物型。脊柱在矢状面上垂直摆动，其运动通过三个长节段四肢耦合到基质上。脊椎和所有节段主要围绕水平（横向）轴旋转

图片来源：Martin S. Fischer，Crouched posture and high fulcrum，a principle in the locomotion of small mammals: the example of the rock hyrax（Procavia capensis）（Mammalia: Hyracoidea），Journal of Human Evolution，26（5–6），pp. 501–552，1998

两栖爬行动物型的运动显示，脊柱（以及身体主干=头+颈+躯干+尾）的摆动主要在水平面上，通过两节段腿部与地面相连。这种运动类型大约有4亿年的历史，而哺乳动物型的运动是在1.4亿年前作为两栖爬行动物的第一个衍生物出现的，是对它的补充而不是取代。在运动等纯粹功能方面，两栖爬行动物使用两节段、伸展式腿耦合到水平摆动的躯干上进行运动，这是一种非常聪明的仿生解决方案：有效、轨迹较宽而具有稳定性，所需部件数量少，从而成为具有很高运动性能的典范（即作为仿生学模型）。尽管如此，真正像爬行动物一样运动的机器人数量很少。看来，机器人学家本身作为哺乳动物，强烈倾向于将哺乳动物看作为近亲，特别是作为宠物，因此选择了一种更复杂的运动类型作为典范。

因此，在本章后续内容中，我们将重点讨论哺乳动物的地面运动，并简要介绍树上运动。

（二）哺乳动物运动

哺乳动物脊柱和躯干的垂直摆动通过三个长节段的腿与地面耦合。在某些物种中，躯干的运动可以提供一次步幅空间增益的一半。哺乳动物四肢是由两栖爬行动物的腿通过延伸原有的骨骼元素而衍生出来的：前肢是从肩胛骨延伸产生的，作为垂直平面上的中心（在躯干上）运动要素；后肢是从中足（跖骨）骨骼在靠近地面的外围延伸形成的。所有腿部节段或多或少都在垂直平面（平行于身体对称平面的"准正中矢状面"）中移动，有助于将力学描述简化为平面模型。哺乳动物的基本控制结构与爬行动物基本相同，因此这种新的运动附肢是由旧的控制系统所驱动的：就进化生物学而言，神经控制是保守的（见 Reilly et al.，2006），运动附肢是自适应的。当然，对环境的短期适应是由包括终身学习在内的神经控制所支配的，但是个体的寿命在进化时间尺度上是非常短暂的。这种进化适应过程反映为"智能机械力学"[intelligent mechanics；由费舍尔（M. S. Fischer）和威特（H. Witte）在1998年苏黎世 SAB 会议上首先提出]或"形态计算"（morphological computation；Pfeifer and Bongard，2006）等术语上——并不总是需要最佳控制。腿部结构转变的触发因素尚不清楚——费舍尔假设，从变温性到恒温性（从冷血到温血）的转变是决定性的。恒温性的保温作用通过毛发来实现，"谁有毛发谁就有寄生虫"（参见 Fischer，1998b）。这导致了即使后背也需要抓挠，这对于拥有两节段腿的爬行动物来说是不可能的。因此，腿的变形和躯干的连续使用从两栖爬行动物型向哺乳动物型的转化，可能是由于非运动性的原因，因此从中寻找机械力学优势可能是不明智的。机器人学专家决定采用哺乳动物而不是爬行动物作为典范，这是一种典型的人类态度——"新的东西一定更好"。更多相关细节请参见费舍尔和威特的文章（Fischer and Witte，2007）。

1. 钟摆和弹簧——哺乳动物运动的力学模型　由于人类的雄心壮志往往是要实现复杂的事情，鉴于机器人学的主流目标是建造哺乳动物型的四足机器（面向典型哺乳动物宠物的体验），我们将更详细地探讨这一主题；由于人类有模仿造物主的倾向，稍后我们还将讨论类人机器人双足运动中的一些问题。最早从韦伯等（Weber and Weber，1836）开始一直到 19 世纪末（Braune and Fischer，1895），由于人类生物力学观点受到人类中心主义态度的影响，因此哺乳动物的运动是由刚体力学控制的。对于周期性运动，其物理模型为悬挂钟摆，根据富尔和科迪切克（Full and Koditschek，1999）的观点，是各种"锚"的模板（"具身化"，Brooks，1991；Brooks *et al.*，1998）。这一范式通过倒立摆与弹性力学相结合的概念而得到扩展，从而产生了"弹道式行走"（ballistic walking）的概念（Mochon and McMahon，1980a，1980b）。后续工作是基于布利克汉（Blickhan，1989）在 1986 年提出的弹簧质量模型，该模型是单重倒立摆（SLIP）的衍生产物（Geyer *et al.*，2006），其基质导向的形式始于道森和泰勒（Dawson and Taylor，1973）对袋鼠肌腱的分析，并由亚历山大（Alexander，1988）编撰了最新版本，然后通过对脊椎动物肌肉中弹性巨蛋白的发现、结构和功能的鉴定，扩展到肌肉为可调谐弹簧的概念（Mussa-Ivaldi *et al.*，1988）。图 31.3（彩图 9）展示了目前将肌肉-肌腱复合体作为可调谐弹簧的概念。详情参见希尔（Hill，1938）、拉贝特等（Labeit *et al.*，1997）的文献以及后续的工作。

　　上述发展伴随着对脊椎动物几何结构或弹性异速比例缩放的讨论（McMahon，1973；Alexander，1977），基于泰勒等（Taylor *et al.*，1970）的研

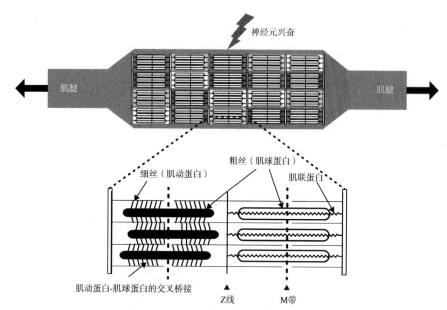

图31.3　肌肉–肌腱弹簧，具体体现为希尔的肌肉模型（Hill，1938）。上图：肌腱与肌腹构成的肌节，从白色到红色显示了不同的激活水平。生理上没有任何肌肉是均匀、完全激活的，激发波从近端到远端改变图式——串行和并行于肌节的胶原（蓝色）有多种结构，包括肌腱、内肌层、外肌层、前肌层。下图：肌节的主动元件（左）和被动弹性元件（右：肌联蛋白）

究，这种缩放由宏观层面到分子水平上确定的弹性效应反复触发。几何缩放的异速系数（0.333——质量，重力，摆锤）和弹性缩放的异速系数（0.375——质量，弹簧）之间差异很小，但鉴于异速性背后的测量误差，由此引发的讨论似乎是推测性的。但除此之外，这种模型似乎已经过时了。布利克汉和富尔（Blickhan and Full，1983）为运动动物的弹性行为确定了一个相对描述符，该符号在许多物种中是相等的，从六条腿的蟑螂到四条腿的哺乳动物，再到两条腿的人类。这似乎是一个强有力的迹象，表明在腿部运动中，柔顺性占主导地位。

如果我们从布利克汉和富尔（Blickhan and Full，1993）引入的一个常数项开始：

$$K_{rel} = \frac{\dfrac{F_{max}}{G}}{\dfrac{\Delta L}{L}} = const$$

其中，K_{rel} 是标化刚度，F_{max} 是循环运动期间的最大地面反作用力，G 是身体重量，ΔL 是虚拟腿（地面接触–质心）随长度 L 的（弹性）长度变化，并假设最大作用力与身体质量呈异速（比例）关系：

$$F_{max} \sim m^a$$

该式中，m 为身体质量，a 为异速系数，然后：

$$\frac{\Delta L}{L} \sim \frac{m^a}{m} = m^{a-1}$$

并且

$$\Delta L \sim m^{a-1} L$$

a（线性无阻尼）弹簧–质量系统的共振频率为

$$f_c - \sqrt{\frac{c}{m}}$$

其中，f 为共振频率，c 为弹簧刚度，由此：

$$c = \frac{F_{max}}{\Delta L} \sim \frac{m^a}{\Delta L} \sim \frac{m^a}{m^{a-1}L} = \frac{m}{L}$$

$$f_c \sim \sqrt{\frac{\frac{m}{L}}{m}} = \sqrt{\frac{1}{L}}$$

而数学单摆的共振频率是

$$f_p \sim \sqrt{\frac{g}{L}} \sim \sqrt{\frac{1}{L}}$$

2. 人类步态分析与人体身高的理论极限　对于任何体型大小的动物，以及质量和地面反作用力之间的任何异速关系，引力和弹簧质量摆的共振机制都可以相互调节。图 31.4 展示了这一机制，并且可以揭示人体身高极限。对于长脚动物（如人类），其在站姿阶段的 SLIP 模型可由旋转弹簧（如节拍器——"MSLIP"模型）扩展得到[参见韦斯等（Weiss et al., 1988）关于人类踝关节旋转刚度的研究结果]。这种质量–弹簧–阻尼器系统的共振特性可以调谐为处于摆动相的悬挂摆。在人体直立运动的情况下，前肢（手臂）摆脱了与地面的循环协调运动耦合；开放式运动链允许手臂与躯干和腿部进行纯粹的动态交互。同时，人体的垂直躯干处于支配地位的最规律的周期性运动是躯干轴向扭转。

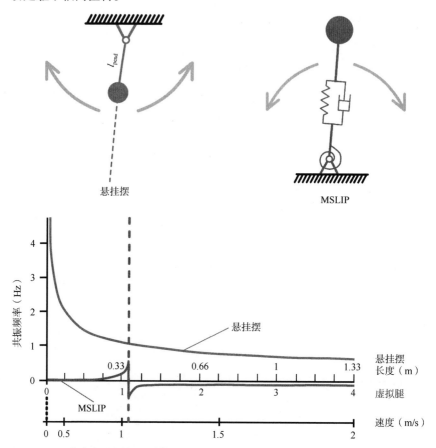

图 31.4　人体身高观测极限的解释。作为四肢模型的悬挂摆（蓝色：l_{pend}=腿和手臂摆的长度）（Weber & Weber，1836；Witte，1992），虚拟腿中带有线性弹簧和阻尼的倒立摆，以及作为站姿阶段模型的围绕枢轴的旋转弹簧（红色："MSLIP"，节拍器式单重倒立摆），它们之间的相互作用导致两部分具有相同的共振频率。根据人体测量学，悬挂摆长度与虚拟腿长度之比取 0.37m/1.1m。左上图：摆动相的模板（根据 Full and Koditschek，1999 的定义）。右上图：站姿阶段 "MSLIP" 的模板。下图：参数调整导致两个共振函数在悬挂摆长度 0.37m 和虚拟腿长度约 1.1m 处相交，相应的行走速度约为 1.1m/s（能量最优速度，引自 Cavagna et al.，1976）

在行走过程中，速度决定的振幅表现为典型的共振图形（Witte，2002），表明能量最优速度也是由悬挂腿和手臂摆与躯干扭转弹簧–质量（转动惯量）系统的共振摆动所决定的。"对角线"步态类似于相位差 180°的手脚对侧摆动，90°的相位差是由躯干扭转造成的。安德拉达（Andrada，2008）发现，该数值可以在大范围内变化而且没有较大的机械力学劣势，但在 90°相位差时，通过头部的轴向旋转来补偿胸部的横向运动，从而确保凝视注视（gaze fixation）单纯由"智能力学"（intelligent mechanics）方式实现。另外，由于运动模式采用了轴向扭转弹簧效应，在不具备这种效应的类人机器人中，其躯干被一些看起来像宇航员航天服的东西所覆盖，所以我们通常看不到躯干的运动。因此，通过对其他技术目标对象的了解，观察错误运动模式的警报信号被关闭。

即使对于没有弹簧的系统，引力场中动能和势能（两者都与质量有关）之间的相互作用也允许对运动进行控制，通过协调的方式提升、降低、加速和减速质量组分，将特殊（二次方）非线性行为与线性行为耦合起来（参见 Cavagna et al.，1977，以及其后续工作）。在这种观点下，实验观察到的人腿线性弹簧行为（Farley et al.，1991；Blickhan and Full，1993），组成腿部的肌肉和肌腱两者都具有非线性材料行为，并且骨骼之间具有非线性运动传递功能，这可能不是控制策略的简化（也不是因为科学家更喜欢用线性化方程进行计算），而是必须从稳定性的角度进行解释（即"鲁棒性"，参见 Blickhan et al.，2007）。

3. 实现稳定性　这种从势场的角度来思考的方法，也使我们能够解释非线性弹簧机制如何应用于控制要求较低的任务，而不是控制四肢与垂直基质接触的任务。图 31.5（彩图 10）说明了马儿小跑时，如何通过重力和肌腱弹簧在矢状面上引导质心运动（Witte et al.，1995）。在横向平面上，重力与肌肉–肌腱弹簧相互作用形成一个具有渐进特性面的势能槽，允许质心水平漂移且偏移量很小，但防止可能危及整个系统稳定性的较大偏移量。

在之前推导的边界条件下，哺乳动物三节段腿受到若干约束。为了实现轴向压缩下的稳定运动行为，第一节段加第三节段的长度相对于第二节段的比例必须保持在限制范围之内（Seyfarth et al.，2002；Fischer and Blickhan，2006）。双关节肌肉（跨越两个关节）在节段"n"和节段"$n+2$"之间的连杆耦合提供了能量优势（Jacobs et al.，1996）。在哺乳动物的腿中，费舍尔（M. S. Fischer）描述的连杆机制由两部分组成（图 31.6）。对于小型哺乳动物，其腿部运动学和动力学参见费舍尔等（Fischer et al.，2002）和威特等（Witte et al.，2002）的介绍。

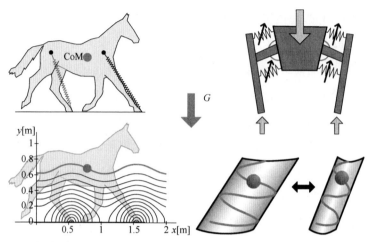

图 31.5 势场对质心（CoM）的引导。重力：*G*。左图：马跑中质心的引导，矢状面（2D）（实验结果参见 Witte *et al.*，1995）。左上图：马跑周期中的一个瞬间，红点代表质心。左下图：在重力和腿部弹簧形成的势场中引导质心（红点，红色轨迹）。右图：马跑或人类步行中的质心引导（3D）（概念演示，从马和人类实验结果中抽象得出）。右上图：前平面内围绕髋关节的上身可调弹性轴承，灰色箭头表示负载。右下图：在重力和可调肌肉硬度（髋关节或肩胛骨周围）定义的势能边缘中，对角线步态期间的质心 3D 引导。在适应基质后，质心的横向摆动可能会发生变化。势能边缘"壁"的陡峭程度逐步限制了行动路线，可能作为一种保护机制

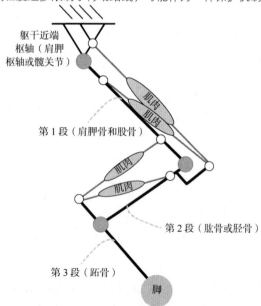

图 31.6 哺乳动物三节段腿的连杆结构（参见 Fischer，1998a；Fischer and Blickhan，2006；Fischer and Witte，2007）。两个四节－四杆"齿轮"，均由三个骨杆（等长）和一个耦合肌肉组成。压缩载荷下的几何结构由对角线上的肌肉确定。所有这些肌肉在解剖学上都被归类为伸肌

4. 适应不同的基质和体型　攀爬时，位于第三节段纵向末端的脚（如围绕分支轴），必须传递比平地行走和跑动更高的力矩（图 31.7）。这种抓握需求为操纵技术的发展铺平了道路（见 Cutkosky，第 30 章），但它会导致脚的质量更大（以及灵长类动物的手质量更大；有关质量分布的详细信息请参阅 Preuschoft *et al.*，1998；有关灵长类动物攀爬，参阅 Schmidt and Fischer，2000），从而影响四肢的比例和中枢运动机制，如肩胛骨的使用。由于 $1/L$ 和 $1/L^2$（其中 L 代表动物体型的长度）之间在载荷（质量支撑 L^3，惯性支撑质量力矩 L^5）和驱动（肌肉力量支撑 L^2，肌肉扭力支撑 L^3）之间存在异速差距，大型哺乳动物的腿比小型哺乳动物的腿要长得多。但即使在大象身上，肩胛骨也能驱动前肢"支柱"的角度（Hutchinson，2006；参见 Schmidt *et al.*，2002 的工作及其后续研究，尤其是关于灵长类动物的研究）。威特等对类哺乳动物四足步行机器人的机械结构提出了自己的建议（Witte *et al.*，2000）。

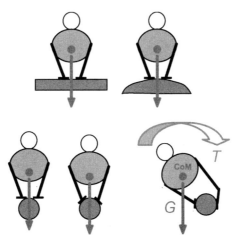

图 31.7　平地和树上运动的相互依赖性。动物横向尺寸相对于树枝直径的比例，对于"树上运动"特性具有决定性作用，而不是仅仅行走或跑动，如果重力 G 的矢量落到树枝之外，则需要补偿扭矩 T，以便抓握所确定的支点（参见 Jenkins，1974；Preuschoft，2002；Lammers and Gauntner，2008）

根据希尔德布兰德（Hildebrand，1985）的观点，地面运动中四肢和躯干之间的时空相互作用可能涵盖多种组合方式。神经丛的形成使得各腿之间的兴奋和运动相位可以发生位移，将"跳跃步态"拓展到"半跳跃步态"和"疾驰步态"，前肢与地面接触之间的时空差异（允许动物首先探索所接触的基质）增加了对基质的适应性。在步行过程中发展出更多横向落脚序列的趋势，并得到对角步态（如小跑）的补充，可使中速运动时前肢和后肢之间的相位差分布更均匀，这种现象起源于爬行动物的前身。在极端情况下，像马或骆驼这样的耐久性小跑者使用对角步态，可以将肌肉-肌腱复合体（特别是浅指屈肌）还原为非常单纯的"胶原弹簧"状态[参见 Preuschoft & Günther，1994；以及普雷斯霍夫特（Preuschoft）对功能形态学结果的相应研究]。放弃调谐选项可以实现最大化的弹性能量存储，从而优化运动功耗。这种专门化通常是大型哺乳动物的一个特点（小型哺乳动物对其环境的了解相对有限）——利用弹性来降低加速度，可能有助于捕食者通过选择猎物来完成这些稳定性进化。因此，小型哺乳动物不管它们的皮毛如何，体形上或多或少都是相似的：椭圆形躯干和椭圆形头部以及尾部（Fischer，1998a，1998b）。

对于高达 60° 的倾斜表面，大鼠只需使用它们正常的陆地半跳跃步态，特别是对称（对角线）模式就可轻松攀爬。在更陡峭的基质上，它们以极限跳跃步态向上投送自己的身体，"重新回归"到系统发育上较古老的同步步态模式中（Andrada *et al.*，2013）。令人惊讶的是，躯干对大鼠攀爬的能量贡献相对于四肢来说很小：不到机械能守恒组成的 20%。由于躯干的整体自由度（DOF）较高且可稳定使用，因此我们必须始终记住运动学（kinematics）论点和动力学论点（dynamics/kinetics）之间的差异。

二、仿生系统

技术生物学（主要是功能形态学）的这些见解在仿生学上能在多大程度上转化应用于机器？到目前为止还只是在很小的程度上。对于类人机器人，人类是其典范（四肢动物具有与其他哺乳动物相同的进化过程，但四足动物没有），由于人类的模式识别和心理学以及避免"恐怖谷理论"（uncanny valley）的需要，机器人的设计需要非常严密的生物模拟（Mori，1970）。相比之下，四足机器人的设计可能更抽象，更适合于特定的任务。

四足机器人应该运用上面介绍的原理吗？答案是不一定。木村浩的"铁拳"（Tekken）机器人（Kimura *et al.*，2001；Fukuoka *et al.*，2003）和波士顿动力公司的"大狗"（BigDog）机器人（Raibert *et al.*，2008）展示了机器具有刚性躯体甚至两节段腿时的高性能，它们不会引起人类观察者的反感体验，而是将它们看作宠物的复制品。但在能量效率方面，无论是对于高速性还是高耐久性，遵循仿生原理都是有帮助的。麻省理工学院雄心勃勃的猎豹（Cheetah）机器人（Seok *et al.*，2013）使用最多三个节段的腿（图 45.1），使其能够运用"跳羚步态"（pronk），这是如跳羚所展示的一种哺乳动物的特殊步态。目前，唯一一个寻求真正从仿生学上实现四足哺乳动物运动力学原理（包括使用躯干进行运动）的机器人团队是洛桑联邦理工学院（EPFL）的生物机器人实验室（BioRob）（图 31.8；Rutishauser *et al.*，2008；Spröwitz *et al.*，2013；Ijspeert，2014；Eckert *et al.*，2015）。

图 31.8　洛桑联邦理工学院生物机器人实验室（BioRob）的四足机器人示例。左图：猎豹立方体（Cheetah Cub）。右图：猎豹立方体 S 的转弯性能（S 代表脊柱）

总之，更倾向于采用生物驱动方法而非技术驱动方法的最大动力，似乎是基于提高四足机器人能量自主性的需求。

三、拓展阅读

艾斯波特（Ijspeert，2014）对仿生运动系统最新的研发进展进行了有意义的综述回顾，重点关注的是四足机器人。本书其他多个章节探讨了不同门纲动物和仿生生命机器中的运动挑战。克鲁斯和希林（见 Cruse and Schilling，第 24 章）介绍了动物运动步态的一些中枢模式生成回路，以及如何配合这种设计来支持机器人的鲁棒运动。特里默（见 Trimmer，第 41 章）介绍了软体无脊椎动物中的蠕虫状运动，而奎恩和里茨曼（Quinn and Ritzmann，第 42 章）则关注具有坚硬外骨骼的无脊椎动物的运动，以及机器人技术如何学习昆虫生物学，设计鲁棒的六足行走和跑动机器。

普雷斯科特（Prescott，第 45 章）探讨了一些类哺乳动物四足机器人，包括麻省理工学院的猎豹机器人，而梅塔和钦戈拉尼（Metta and Cingolani，第 47 章）讨论了在类人机器人中创建两足稳定运动的挑战。另外，克鲁斯玛（Kruusmaa，第 44 章）介绍了基于鱼类形态设计可高效游泳的水中机器人，赫登斯特罗姆（Hedenström，第 32 章）和森德（Send，第 46 章）探讨了昆虫和鸟类的飞行及其在飞行生命机器中的模拟仿真。动物已经进化出不同类型的体表覆盖物（体被），以适应在特定环境中的运动，如鱼鳞、昆虫翅膀、鸟类羽毛等。彭昌铉（Pang *et al.*，第 22 章）讨论和举例说明了自适应，例如，爬行动物（如壁虎）等脊椎动物的皮肤如何适应微观几何尺度，以便为攀爬陡峭斜面提供更好的抓握力。

参 考 文 献

Alexander, R. M. (1977). Mechanics and scaling of terrestrial locomotion. In: T. J. Pedley (ed.), *Scale effects in locomotion*. London: Academic Press, pp. 93–110.

Alexander, R. M. (1988). *Elastic mechanisms in animal movement*. Cambridge, UK: Cambridge University Press.

Andrada, E. (2008) *A new model of the human trunk mechanics in walking*. Berichte aus der Biomechatronik 1, Ilmenau: Univ.-Verl.

Andrada, E., Mämpel, J., Schmidt, A., Fischer, M. S., Karguth, A., and **Witte, H.** (2013). From biomechanics of rats' inclined locomotion to a climbing robot. *Int. J. Des. Nat. Ecodyn.*, 8(3), 192–212.

Blickhan, R. (1989). The spring-mass model for running and hopping. *J. Biomech.*, **22**, 1217–27.

Blickhan, R., and **Full, R. J.** (1993). Similarity in multilegged locomotion: bouncing like a monopod. *J. Comp. Physiol. A Neuroethol. Sens. Neural. Behav. Physiol.*, **173**(5), 509–17.

Blickhan, R., Seyfarth, A., Geyer, H., Grimmer, S., and **Wagner, H.** (2007). Intelligence by mechanics. *Philos. Transact. A: Math. Phys. Eng. Sci.*, **365**, 199–220.

Braune, W., and **Fischer, O.** (1895). Der Gang des Menschen. I. Teil. *Abh. math.-phys. Kl. kgl.-sächsischer Wiss.*, 21/4, 151–322.

Brooks, R. A. (1991). Intelligence without representation. *Artificial Intelligence*, 1–3(47), 139–159.

Brooks, R. A., Breazeal, C., Irie, R., Kemp, C. C., Marjanovic, M., Scassellati, B., and **Williamson, M. M.** (1998). Alternative essences of intelligence. *Proc. AAAI/IAAI*, **1998**, 961–8.

Cavagna, G. A., Heglund, N. C., and **Taylor, C. R.** (1977). Mechanical work in terrestrial locomotion: two basic mechanisms for minimizing energy expenditure. *Am. J. Physiol.*, **233**, 243–61.

Cavagna, G. A., Thys, H., and **Zamboni, A.** (1976). The sources of external work in level walking and running. *J. Physiol.*, **262**, 639–57.

Dawson, T. J., and **Taylor, C. R.** (1973). Energetic cost of locomotion in kangaroos. *Nature*, **246**, 313–4.

Eckert, P., Spröwitz, A., Witte, H., and **Ijspeert, A. J.** (2015). *Comparing the effect of different spine and leg designs for a small bounding quadruped robot*. In: Robotics and Automation (ICRA), 2015 IEEE International Conference, pp. 3128–33.

Farley, C. T., Blickhan, R., Saito, J., and **Taylor, C. R.** (1991). Hopping frequency in humans: a test of how springs set stride frequency in bouncing gaits. *J. Appl. Physiol.*, **71**(6), 2127–32.

Fischer, M.S. (1998a). Crouched posture and high fulcrum, a principle in the locomotion of small mammals: the example of the rock hyrax (*Procavia capensis*)(Mammalia: Hyracoidea). *J. Hum. Evol.*, **26**(5–6), 501–52.

Fischer, M. S. (1998b). *Die Lokomotion von* Procavia capensis *(Mammalia, Hyracoidea): Zur Evolution des Bewegungssystems bei Säugetieren.* Keltern: Goecke & Evers.

Fischer, M. S., and Blickhan, R. (2006). The tri-segmented limbs of therian mammals: kinematics, dynamics, and self-stabilization—a review. *J. Exp. Zool. Part A: Ecological Genetics and Physiology,* **305**(11), 935–52.

Fischer, M. S., Schilling, N., Schmidt, M., Haarhaus, D., and Witte, H. (2002). Basic limb kinematics of small therian mammals. *J. Exp. Biol.*, **205**(9), 1315–38.

Fischer, M.S., and Witte, H. (2007). Legs evolved only at the end! *Philos. Transact. A: Math. Phys. Eng. Sci.*, **365**(2007), 185–98.

Full, R., and Koditschek, R.J. (1999). Templates and anchors: neuromechanical hypotheses of legged locomotion on land. *J. Exp. Biol.*, **202**(23), 3325–32.

Fukuoka, Y., Kimura, H., and Cohen, A.H. (2003). Adaptive dynamic walking of a quadruped robot on irregular terrain based on biological concepts. *Int. J. Rob. Res.*, **22**(3–4), 187–202.

Geyer, H., Seyfarth, A., and Blickhan, R. (2006). Compliant leg behaviour explains basic dynamics of walking and running. *Proc. R. Soc. London B: Biol. Sci.*, **273**(1603), 2861–7.

Hildebrand, M. (1985). Walking and running. In: M. Hildebrand, D. M. Bramble, K. F. Liem, and D. B. Wake (eds), *Functional vertebrate morphology.* Cambridge, MA: Harvard University Press, pp. 38–57.

Hill, A.V. (1938). The heat of shortening and dynamics constants of muscles. *Proc. R. Soc. Lond. B: Biol. Sci.*, **126** (843), 136–95.

Hutchinson, J. R., Schwerda, D., Famini, D. J., Dale, R. H., Fischer, M. S., and Kram, R. (2006). The locomotor kinematics of Asian and African elephants: changes with speed and size. *J. Exp. Biol.*, **209**(19), 3812–7.

Ijspeert, A. J. (2014). Biorobotics: Using robots to emulate and investigate agile locomotion. *Science*, **346**(6206), 196–203.

Jacobs, R., Bobbert, M. F., and van Ingen Schenau, G. J. (1996). Mechanical output from individual muscles during explosive leg extensions: the role of biarticular muscles. *J. Biomech.*, **29**(4), 513–23.

Jenkins Jr., F.A. (1974). Tree shrew locomotion and the origins of primate arborealism. In: F.A. Jenkins, Jr (ed.), *Primate Locomotion.* New York: Academic Press, pp. 85–115.

Karakasiliotis, K., Schilling, N., Cabelguen, J. M., and Ijspeert, A. J. (2013). Where are we in understanding salamander locomotion: Biological and Robotic Perspectives on Kinematics. *Biol. Cybern.*, **107**(5), 529–44.

Kimura, H., Fukuoka, Y., and Konaga, K. (2001). *Towards 3D adaptive dynamic walking of a quadruped robot on irregular terrain by using neural system model.* Proceedings. 2001 IEEE/RSJ International Conference on Intelligent Robots and Systems, 2001. IEEE.

Labeit, S., Kolmerer, B., and Linke, W.A. (1997). The giant protein titin. Emerging roles in physiology and pathophysiology. *Circ. Res.*, **80**(2), 290–4.

Lammers, A. R., and Gauntner, T. (2008). Mechanics of torque generation during quadrupedal arboreal locomotion. *J. Biomech.*, **41**(11), 2388–95.

McMahon, T. A. (1973). Size and shape in biology. *Science*, **179**, 1201–4.

Mochon, S., and McMahon, T. A. (1980a). Ballistic walking. *J. Biomech.*, **13**, 49–57.

Mochon, S., and McMahon, T. A. (1980b). Ballistic walking: an improved model. *Math. Biosc.*, **52**, 241–60.

Mori, M. (1970). Bukimi no tani [the uncanny valley]. *Energy*, **7**, 33–5.

Mussa-Ivaldi, F. A., Morasso, P., and Zaccaria, R. (1988). A distributed model for representing and regularizing motor redundancy. *Biol. Cybern.*, **60**, 1–16.

Pfeifer, R., and Bongard, J. (2006). *How the body shapes the way we think: a new view of intelligence.* Cambridge, MA: MIT Press.

Preuschoft, H. (2002). What does "arboreal locomotion" mean exactly and what are the relationships between "climbing", environment, and morphology? *Z. Morphol. Anthropol.*, 83(2–3), 171–88.

Preuschoft, H., and Günther, M.M. (1994). Biomechanics and body shape in primates compared with horses. *Z. Morphol. Anthropol.*, 80, 149–65.

Preuschoft, H., Christian, A., and Günther, M. M. (1998). Size dependence in prosimian locomotion and their implications for the distribution of body mass. *Folia Primatol.*, 69 (Supplement 1), 69–81.

Raibert, M., Blankespoor, K., Nelson, G., Playter, R., and the BigDog Team (2008). *BigDog, the rough-terrain quadruped robot*. Proceedings of the 17th World Congress of the International Federation of Automatic Control, Seoul, Korea, July 6–11, 10822–25.

Reilly, S. M., McElroy, E. J., Odum, R. A., and Hornyak, V. A. (2006). Tuataras and salamanders show that walking and running mechanics are ancient features of tetrapod locomotion. *Proc. R. Soc. London B: Biol. Sci.*, 273(1593), 1563–8.

Rutishauser, S., Sproewitz, A., Righetti, L., and Ijspeert, A. J. (2008). *Passive compliant quadruped robot using central pattern generators for locomotion control*. In: Biomedical Robotics and Biomechatronics. 2nd IEEE RAS & EMBS International Conference on Biomedical Robotics and Biomechatronics BioRob, Scottsdale, 2008. IEEE, pp. 710–5.

Schmidt, M., and Fischer, M. S. (2000). Cineradiographic study of forelimb movements during quadrupedal walking in the brown lemur (*Eulemur fulvus*, Primates: Lemuridae). *Am. J. Phys. Anthropol.*, 111(2), 245–62.

Schmidt, M., Voges, D., and Fischer, M. S. (2002). Shoulder movements during quadrupedal locomotion in arboreal primates. *Z. Morphol. Anthropol.*, 83(2–3), 235–42.

Seok, S., Wang, A., Chuah, M. Y., Otten, D., Lang, J., and Kim, S. (2013). *Design principles for highly efficient quadrupeds and implementation on the MIT Cheetah robot*. Robotics and Automation (ICRA), 2013 IEEE International Conference, 3307–12.

Seyfarth, A., Geyer, H. Günther, M., and Blickhan, R. (2002). A movement criterion for running. *J. Biomech.*, 35(5), 649–55.

Spröwitz, A., Tuleu, A., Vespignani, M., Ajallooeian, M., Badri, E., and Ijspeert, A. J. (2013). Towards dynamic trot gait locomotion: Design, control, and experiments with Cheetah-cub, a compliant quadruped robot. *Int. J. Rob. Res.*, 32(8), 932–50.

Taylor, C. R., Schmidt-Nielsen, K., and Raab, J. L. (1970). Scaling of energetic cost of running to body size in mammals. *Am. J. Physiol.*, 219, 1104–7.

Weber, E., and Weber, W. (1836). *Die Mechanik der menschlichen Gehwerkzeuge*. Göttingen: Dietrich.

Weiss, P. L., Hunter, I. W., and Kearney, R. E. (1988). Human ankle joint stiffness over the full range of muscle activation levels. *J. Biomech.*, 21(7), 539–44.

Witte, H. (1992). *Über mechanische Einflüsse auf die Gestalt des menschlichen Körpers*. Ph.D. thesis, Ruhr-Universität Bochum, Germany.

Witte, H. (2002) Hints for the construction of anthropomorphic robots based on the functional morphology of human walking. *J. Rob. Soc. Jpn.*, 20(3), 247–54.

Witte, H., Biltzinger, J., Hackert, R., Schilling, N., Schmidt, M., Reich, C., and Fischer, M. S. (2002). Torque patterns of the limbs of small therian mammals during locomotion on flat ground. *J. Exp. Biol.*, 205(9), 1339–53.

Witte, H., Fremerey, M., Weyrich, S., Mämpel, J., Fischheiter, L., Voges, D., Zimmermann, K., and Schilling, C. (2013). *Biomechatronics is not just biomimetics*. In: Proceedings of the 9th International Workshop on Robot Motion and Control, Wasowo Palace, Wasowo, Poland, July 3–5, 2013, pp. 74–9.

Witte, H., Ilg, W., Eckert, M., Hackert, R., Schilling, N., Wittenburg, J., Dillmann, R., and Fischer, M. S. (2000). Konstruktion vierbeiniger Laufmaschinen. *VDI-Konstruktion*, 9(2000), 46–50.

Witte, H., Lesch, C., Preuschoft, H., and Loitsch, C. (1995). Die Gangarten der Pferde: sind Schwingungsmechanismen entscheidend? Teil II: Federschwingungen bestimmen den Trab und den Galopp. *Pferdeheilkunde*, 11(4), 265–72.

Witte, H., Preuschoft, H., and Recknagel, S. (1991). Human body proportions explained on the basis of biomechanical principles. *Z. Morphol. Anthropol.*, 78(3), 407–23.

第 32 章
飞 行

Anders Hedenström

Department of Biology, Lund University, Sweden

动力飞行也许是工程师们面临的终极仿生挑战,大自然提供了鸟类、蝙蝠、昆虫和已经灭绝的翼龙等各种形式的卓越材料。这四个群体之间相互独立的进化多次迭代导致产生了飞行,提供了飞行运动所必需的功能变化和适应措施的多方面实例,包括气动升力发生器(翅膀)、飞行肌肉适应(发动机)、耐力飞行能量储备(燃料),以及控制促动器和导航的感觉系统。生物系统在许多方面表现出比任何人工模拟物更加优越的性能,这使得动物飞行成为仿生设计的理想模型。在本章中将介绍动物飞行者的空气动力学和飞行性能的基本特征。

一、生物学原理

(一)飞行形态学

脊椎动物的翅膀是改造过的前肢,而昆虫的翅膀可能来源于腿部向背部的延伸。在鸟类中,翅膀表面大部分由飞行羽毛构成,这些飞行羽毛附着在尺骨(次级飞羽)和手骨(初级飞羽)上。羽毛在空气动力载荷作用下发生气动弹性变形。每根飞行羽毛的羽干通过强化毛囊连接到翅膀骨架上,初级飞羽和次级飞羽组合排列形成"分布式翼梁",吸收翅膀产生的空气动力(Pennycuick,2008)。鸟类为悬臂式翅膀,其中具有的刚性结构可将所有的弯曲和扭转载荷传递到肩关节。

与鸟类相比,蝙蝠具有柔性翼膜,几乎无法抵抗弯曲或扭转。膜状皮肤伸展分布于细长的指骨之间。蝙蝠翅膀可在肘关节和腕关节处弯曲,而第一指(拇指)可向下移动前缘襟翼以增加外倾角。蝙蝠翼膜上有前后运动的肌肉,这些肌肉不附着在骨架上，可在缩短时使翼面变平，在放松时增加翼面外倾角。

昆虫的翅膀由一层薄膜构成，薄膜由含有液体的翅脉系统支撑。翅膀上没有关节，因此不能像鸟类或蝙蝠那样弯曲，但可以通过腋骨（在翅膀连接处插入身体的解剖学特征）影响翅脉来调整翅膀的形状。

（二）空气动力学

为了飞行，动物必须产生力量来抵消重力和气动阻力。在稳定的滑翔飞行中，翅膀保持在固定的位置以产生气动升力来平衡重量，同时，势能被转换成做功来对抗阻力，这就是滑翔机相对于周围空气失去高度的原因。在主动（动力）飞行中，扑翼产生的空气动力抵消了重力和空气动力阻力。扑翼的连续运动和形变反映了翼拍周期内空气动力的复杂变化，这往往需要进行简化分析（Pennycuick，2008）。

飞行所需的空气动力可分为三个主要部分：①由下洗气流（升力）产生的诱导动力（induced power）；②由翅膀扑打的阻力产生的剖面动力（profile power）；③由非上升躯体阻力产生的寄生动力（parasite power）。在某些系统中，由于翅膀惯性的角加速度，惯性动力也被加到总动力中，但在巡航飞行时，这个分量很小或可以忽略不计。动力分量的总和产生"动力曲线"，为飞行所需动力（P）与穿越空气速度（U_a）之间的函数。一般的动力曲线如图 32.1 所示，呈典型的 U 形。

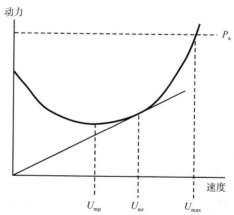

图 32.1　动物在空中飞行所需动力与飞行速度的关系。水平虚线表示飞行肌的可用动力（P_a），图示的特征速度为最小动力速度（U_{mp}）、最大航程速度（U_{mr}）和最大持续飞行速度（U_{max}）

这条曲线描述了动物通过飞行肌周期性收缩所产生的机械动力输出。肌肉工作需要加快新陈代谢，当碳水化合物或脂肪酸转化为肌肉收缩所需能量时，则产生作为副产品的额外热量。脊椎动物的能量转换效率在 20%～30%（Pennycuick，2008），但众所周知，机械动力输出很难测量（Askew and Ellerby，2007）。然而，所有的实证文献都有力地支持脊椎动物中普遍存在 U 形动力–速度关系（Engel *et al.*，2010）。最近的研究表明，通过测量拍打翅膀向尾流增加的动能速率，在风洞中自由飞行的烟草天蛾（*Manduca sexta*）等昆虫也表现出 U 形动力–速度关系（Warfvinge *et al.*，2017）。

从动力曲线可以看出，慢速飞行和悬停（$U_a = 0\text{m/s}$）的动力成本相对较高，而许多昆虫尤其适合这种飞行模式。真正的悬停者以近乎水平冲程的方式前后拍动翅膀，翅膀像螺旋桨一样围绕根部拍动。在每一次半冲程的转弯处，翅膀通过围绕翼展轴旋转而翻转，然后在下一个半冲程中反转方向，这样在后冲程（形态上的上冲程）中，翅膀的下侧充当空气动力的上侧。从侧面看，翼尖在真正悬停时表现为倾斜的数字 8 形状。蜂鸟（蜂鸟科）具有和昆虫相似的悬停运动学，但与昆虫在上冲程和下冲程之间产生对等的力不同，蜂鸟的下冲程可产生所需升力的 75%（Warrick *et al.*，2005）。在其他鸟类和蝙蝠中，翅膀通常在上冲程中发生不同程度的弯曲，而在慢速飞行中，上冲程通常在空气动力学上不发挥作用。

固定翼的气动升力为

$$L = \frac{1}{2}\rho U^2 S C_L \qquad (1)$$

其中，ρ 为空气密度；U 为空气速度；S 为翅膀面积；C_L 为无量纲升力系数，描述翅膀产生的升力效率。升力系数包括形状、表面结构和外倾角等参数。表示升力的另一种方法是调用环流 Γ，即流体区域内的积分涡度，对于某一翼型，其负责测定束缚涡度（尺寸长度的平方/时间），即

$$L = \rho \Gamma b U \qquad (2)$$

其中，b 为翼展。我们注意到 $S=bc$，其中 c 为平均翼弦。结合方程（1）和（2），得到 $C_L=2\Gamma/Uc$。在气流稳定的条件下，翅膀在一定迎角下可以达到一定的最大 C_L 值（图 32.2）。当迎角增加到超过最大 C_L 值时，气流将分离成湍

流尾流，C_L 值急剧降低，即此时翅膀发生失速。经验性测量表明，C_L 的最大值约为 1.6 或更低，具体取决于翅膀的形状和雷诺数（Reynolds number）[①]。

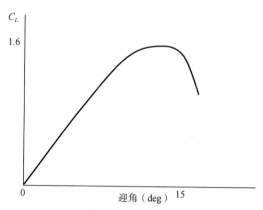

图 32.2　稳定条件下升力系数（C_L）与迎角的关系。某一迎角处气流分离，升力系数急剧下降，即发生失速

　　根据方程（1）计算扑翼的空气动力比较复杂，因为在整个行程周期内其局部速度和迎角不断发生变化。研究中通过将翅膀划分成一系列细条，并计算每一细条上不同时间步长的动力，然后将整个扑翼周期中每一细条和时间步长的动力相加来获得总动力。这个过程隐含的假设是，每个翅膀位置的动力和时间步长都可以用方程（1）计算到的定常力表示，即使用准定常假设。当将这种方法应用于某些昆虫的运动时，其中最著名的昆虫可能是大黄蜂，发现所需的 C_L 大于 $C_{L,\,max}$，同样的结果也发现存在于翔食雀的空中悬停（Norberg，1975）。这一悖论通过一些非定常气动机制得到了解决，其可以产生定常空气动力学之外的额外升力（Weis-Fogh，1975）。这些机制的共同之处在于形成前缘涡（LEV），这是由高迎角下的气流分离而产生的。如果前缘涡仍然附着在翅膀表面，其发生于短时间的翼拍平移过程中，LEV 环流会增强升力。LEV 可因为延迟失速或拍打–投掷机制而产生，但其发展的时间各不相同。在延迟失速状态下，LEV 需要一定的时间和翅膀平移才能达到最大强度；而在拍打–投掷状态下，翅膀分离后会立即形成 LEV。当

　　[①] 雷诺数定义为惯性力与黏滞力之比，等于 Ul/v，其中 U 为速度，l 为线性尺寸（通常为弦 c），v 为运动黏度。

翅膀改变方向时，内旋和外旋时沿翼展轴水平方向的快速旋转也会产生瞬时增强的升力。

　　根据开尔文环流定理（Kelvin's circulation theorem），如果翅膀上的升力发生变化，涡旋就会卷入尾流，而涡旋环流等同于与之相关的束缚环流的变化，但自旋方向相反。飞行动物，无论是滑翔还是扑翼，都会在身后留下一个涡旋尾流，可以被解释为空气动力学"足迹"。慢速飞行和悬停时，当上冲程卸载时，尾流由椭圆形涡环组成，其环绕于诱导下洗气流。当速度增加时，上冲程也会产生动力，尾流由一对波动的翼尖涡旋组成，当升力在翼拍周期内发生变化时，会产生横向涡并卷入尾流（图 32.3）。在慢速飞行时，翅膀可能会穿过卷入前半冲程的涡流，在某些情况下甚至可以重新捕捉到涡流，从而有助于增加升力。尾流捕捉是由进化"发现"的另一种非定常空气动力学机制（Lehmann，2008）。

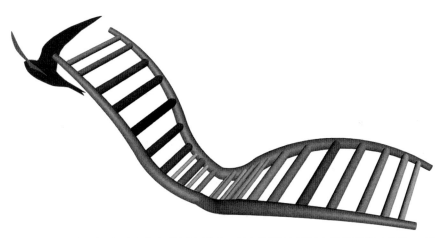

图 32.3　鸟类飞行中后方产生的涡旋尾流。其主要结构是两个起伏的翼尖涡旋，横向涡旋反映了翼拍周期内的升力变化

图片来源：转载自 Journal of Experimental Biology，211（5），P. Henningsson，G. R. Spedding，and A. Hedenström，Vortex wake and flight kinematics of a swift in cruising flight in a wind tunnel，pp. 717–730，doi：10.1242/jeb.012146，Copyright © 2008 The Company of Biologists

　　气流可视化技术，如粒子图像测速仪（PIV），可以描述涡旋尾流，并对测量到的涡度和环流等进行定量（Spedding et al.，2003）。对于缓慢飞行的蝙蝠，其 $2\Gamma/Uc$ 即 C_L 的测量值，高于定常空气动力学的允许范围；对翅膀附近的气流可视化显示，小的蝙蝠也可以产生 LEV，可能占到体重支持

的 40%以上（Muijres *et al.*，2008）。这种机制也存在于蜂鸟和翔食雀中，它们非常适应于缓慢飞行或悬停。

（三）飞行性能

飞行对于动物有着众多不同的用途，从展示飞行来吸引配偶、逃跑、觅食和寻找食物，再到远距离迁徙等。由于飞行目的不同，动物根据其生态学进化出了不同的翅膀形态和大小，而最终设计是对相互冲突的选择压力的妥协。迁徙动物往往进化出相对细长的翅膀（高展弦比）作为一种降低飞行成本的适应方式，而机动飞行则需要相对较短的翅膀和较低的翅膀载荷（体重除以翅膀面积）。

根据动力曲线，持续飞行中飞行肌肉提供的动力必须相当于所需的动力（图 32.1）。在大多数情况下，可用动力远大于中等速度飞行所需的动力，可以实现加速、机动或爬升飞行。动力裕度还允许在长时间迁徙飞行之前积累能量。能量富集会增加动力曲线的截距，因为增加的能量质量会提高飞行成本，因此可用动力限制了能量（主要是迁徙动物体内的脂肪）的储存量，从而也限制了飞行范围。在长距离迁徙的鸟类中，由于在长时间飞越海洋和沙漠等地理屏障之前需要储存大量能量，其体重可能会增加一倍以上，这种增加往往伴随着飞行肌的增大。长途飞行的纪录是由阿拉斯加斑尾鹬（*Limosa lapponica baueri*）创造的，它在秋季可从阿拉斯加不停顿飞行 11 000 公里前往新西兰（Gill *et al.*，2009）。这场史诗般的飞行需要 7~9 天才能完成，具体取决于飞行途中的风向。斑尾鹬的春季迁徙分为两个航段，中途在黄海地区停留，但也同样令人叹为观止。科学家最近使用加速度计证实，高山雨燕（*Tachymaptis melba*）和普通雨燕（*Apus apus*）在非繁殖季节可能会在空中连续飞行 6~10 个月（Liechti *et al.*，2013；Hedenström *et al.*，2016），这些鸟类通常在开放空域以昆虫为食，但这也意味着它们必须在飞行中睡觉。最近对军舰鸟的研究表明，鸟类在飞行时睡觉是可能的（Rattenborg *et al.*，2016）。

动力曲线的形状确定了分别与最小动力和最大航程相关联的特征速度（U_{mp} 和 U_{mr}；图 32.1）。在能量一定时，U_{mp} 是尽可能长时间保持空中飞行的最佳选择，而当以单位距离内最低能量成本往返或迁移时，则更应青睐 U_{mr}。观察表明，鸟类和蝙蝠确实根据生态环境选择合适的飞行速度。如果有顺风或逆风则最大航程速度会发生改变，即 U_{mr} 在逆风时增加，在顺风时减小。在候鸟身上也观察到了这种预测结果。从飞行肌肉获得的动力也决定了鸟类是否可以悬停（$U=0\text{m/s}$），以及最大持续飞行速度 U_{max}（图 32.1）。

大气永远不会静止，由于地形和天气的特点，当水平风被山脊偏转或流过不同的地形地貌特征时，会以斜坡抬升或背风波的形式产生垂直风。在晴天，靠近地面的空气会因地面的热反射特性而被不同程度地加热。因为暖空气体积膨胀，密度降低，空气将上升为对流热气流。飞行动物已经发现了这种"免费能量"，并将其用于翱翔。例如，猛禽可以通过在热气流中翱翔达到很高的高度，然后向所需方向滑行，直到遇到另一股热气流而进入新的爬升阶段。这种飞行策略可能非常有利，因为滑翔飞行所需能量比扑翼飞行要低得多，尤其对于大型鸟类（Pennycuick，2008）。

一系列几何学上相似的鸟类飞行力学理论，均预测飞行所需动力范围为 $M^{7/6}$，飞行速度预计范围为 $M^{1/6}$（Pennycuick，2008）。飞行肌肉可用动力的增加与身体质量成正比，这意味着可用动力曲线和所需动力曲线将在某一身体质量处相交。动力飞行的最大体重限制为 12～15kg，这是目前发现的现存最大的飞行鸟类。鸵鸟和食火鸡这样不会飞行的鸟类放宽了这一要求并进化出了更大的体型。历史上曾经存在过更大的鸟[如阿根廷巨鹰（*Argentavis*），体重达 70kg]，但它们很有可能依赖于翱翔滑行，所需的肌肉力量比扑翼飞行要少。对鸟类飞行速度的测量表明，飞行速度随体重增加而增长的比例比预期的 1/6 指数要慢（Pennycuick *et al.*，2013），部分原因是，真实的鸟类并不是等比例缩放的，大型鸟类的翅膀比小型鸟类的翅膀要长。

二、仿生系统

仿生微型飞行器（MAV）的最终设计目标是创建一个与其生物对应模型尺寸相同的人工飞行器。它应该通过拍打翅膀推进，并配备有感觉系统提供连续输入，在遇到障碍物时向马达输出提供反馈以获得适当的响应。应能在强风下起飞和降落。通过平台之间关于位置和方向信息的通信可以实现群体性移动（群集）。数百万年的进化已经解决了数以千计种动物的所有这些问题，这些都为工程努力提供了灵感启发。尽管工程设计目前在各个方面都落后于生物模型，但科学家们最近在微型化和飞行控制方面已经取得了重大进展（Ma *et al.*，2013；Fuller *et al.*，2014）。

三、拓展阅读

为了深入了解动物飞行的各个方面，需要采用真正的跨学科方法，涵盖流体力学、动物学、生物力学、神经生物学、生理学和工程学等众多不同领域。关于鸟类、蝙蝠和昆虫飞行的最新综述可以分别参阅彭尼奎克（Pennycuick，2008）、斯沃茨等（Swartz *et al.*，2012）和迪金森（Dickinson，2006）的文章。朗廷和比韦纳（Lentink and Biewener，2010）最近对仿生飞行的研究进展进行了总结。森德系统介绍了类鸟扑翼 MAV 飞行器的研究工作（Send，第 46 章），包括费斯托公司（Festo）研发的 SmartBird；该方向的其他工作参见格德斯等（Gerdes *et al.*，2012）的介绍。蝙蝠飞行也启发了MAV 的设计，例如，由拉美扎尼等（Ramezani *et al.*，2017）开发的机器人，详见本书图 64.1。刘等（Liu *et al.*，2016）系统回顾了昆虫飞行的生物力学及其在小型 MAV 中的模拟仿真。沃德（Ward，2017）则对 MAV（包括仿生系统）的研发进展进行了文献计量学综述。

参 考 文 献

Askew, G.N., and Ellerby, D.J. (2007). The mechanical power requirements of avian flight. *Biol. Lett.*, 3, 445–8.

Engel, S., Bowlin, M.S., and Hedenström, A. (2010). The role of wind-tunnel studies in integrative research on migration biology. *Integrative & Comparative Biology*, 50, 323–35.

Fuller, S. B., Karpelson, M., Censi, A., Ma, K. Y., and Wood, R. J. (2014). Controlling free flight of a robotic fly using an onboard vision sensor inpsired by insect ocelli. *J. R. Soc. Interface*, 11, 20140281.

Gerdes, J. W., Gupta, S. K., and Wilkerson, S. A. (2013). A review of bird-inspired flapping wing miniature air vehicle designs. *J. Mech. Robot.*, 4, 021003 (2012).

Gill, R.E., Jr., Tibbitts, T.L., Douglas, D.C., Handel, C.M., Mulcahy, D.M., Gottschalck, J.C., Warnock, N., McCaffery, B.J., Battley, P.F., and Piersma, T. (2009). Extreme endurance flights by landbirds crossing the Pacific Ocean: ecological corridor rather than barrier? *Proc. R. Soc. B*, 276, 447–57.

Hedenström, A., Norevik, G., Warfvinge, K., Andersson, A., Bäckman, J., and Åkesson, S. (2016). Annual 10-month aerial life phase in common swift *Apus apus*. *Current Biology*, 26, 3066–70.

Henningsson, P., Spedding, G.R., and Hedenström, A. (2008). Vortex wake and flight kinematics of a swift in cruising flight in a wind tunnel. *J. Exp. Biol.*, 211, 717–30.

Lehmann, F.-O. (2008). When wing touch wakes: understanding locomotor force control by wake-wing interference in insect wings. *J. Exp. Biol.*, 211, 224–33.

Lentink, D., and Biewener, A.A. (2010). Nature-inspired flight—beyond the leap. *Bioinspiration and Biomimetics*, 5, doi:10.1088/1748-3182/5/4/040201

Liechti, F., Wivliet, W., Weber, R., and Bächler, E. (2013). First evidence of a 200-day non-stop flight in a bird. *Nature Communications*, 4, 2554.

Liu, H., Ravi, S., Kolomenskiy, D., and Tanaka, H. (2016). Biomechanics and biomimetics in insect-inspired flight systems. *Philosophical Transactions of the Royal Society B: Biological Sciences*, 371(1704), 20150390. doi:10.1098/rstb.2015.0390

Ma, K.Y., Chirarattananon, P., Fuller, S.B., and Wood, R.J. (2013). Controlled flight of a biologically inspired, insect-scale robot. *Science*, 340, 603–7.

Muijres, F.T., Johansson, L.C., Barfield, R., Wolf, M., Spedding, G.R., and Hedenström, A. (2008). Leading-edge vortex improves lift in slow-flying bats. *Science*, 319, 1250–3.

Norberg, U.M. (1975). Hovering flight in the pied flycatcher (*Ficedula hypoleuca*). In: *Swimming and Flying in Nature*, Vol. 2 (Wu, T.Y.T., Brokaw, C.J., and Brennen, C., eds.), pp 869–81. Plenum Press, New York.

Pennycuick, C.J. (2008). *Modelling the flying bird*. Academic Press: London.

Pennycuick, C.J., Åkesson, S., and Hedenström, A. (2013). Air speeds of migrating birds observed by ornithodolite and compared with predictions from flight theory. *J Roy. Soc. Interface*, 10, 20130419.

Ramezani, A., Chung, S.-J., and Hutchinson, S. (2017). A biomimetic robotic platform to study flight specializations of bats. *Science Robotics*, 2(3). doi:10.1126/scirobotics.aal2505

Rattenborg, N. C., Voirin, B., Cruz, S. M., Tisdale, R., Dell'Omo, G., Lipp, H.-P., Wikelski, M., and Vyssotski, A. L. (2016). Evidence that birds sleep in mid-flight. *Nat. Commun.*, 7, 12468.

Spedding, G. R., Rosén, M., and Hedenström, A. (2003). A family of vortex wakes generated by a thrush nightingale in free flight in a wind tunnel over its entire natural range of flight speeds. *J. Exp. Biol.*, 206, 2313–44.

Swartz, S.M., Iriarte-Diaz, J., Riskin, D.K., and Breuer, K.S. (2012). A bird? A plane? No, it's a bat: an introduction to the biomechanics of bat flight. In: *Evolutionary History of Bats: Fossils, Molecules and Morphology* (Gunnell, G. and Simmons, N.B., eds.), pp 317–52. Cambridge University Press, Cambridge, UK.

Ward, T. A., Fearday, C. J., Salami, E., and Soin, N. B. (2017). A bibliometric review of progress in micro air vehicle research. *International Journal of Micro Air Vehicles*, 9(2), 146–165. doi:10.1177/1756829316670671

Warfvinge, K., KleinHeerenbrink, M., and Hedenström, A. (2017). The power-speed relationship is U-shapd in two free-flying hawkmoths (*Manduca sexta*). *J. R. Soc. Interface*, 14, 20170372.

Warrick, D.R., Tobalske, B.W., and Powers, D.L. (2005). Aerodynamics of the hovering hummingbird. *Nature*, 435, 1094–7.

Weis-Fogh, T. (1975). Flapping flight and power in birds, conventional and novel mechanisms. In: *Swimming and Flying in Nature*, Vol. 2 (Wu, T.Y.T., Brokaw, C.J., and Brennen, C., eds.), pp 729–62. Plenum Press, New York.

第 33 章
通　　信

Robert H. Wortham, Joanna J. Bryson
Department of Computer Science, University of Bath, UK

从传统的工程观点来看，通信是指跨越距离进行有效控制，其首要问题是传输的可靠性。与仿生学领域的许多问题一样，我们发现这些传统问题和实践并非完全有别于自然界的情况，而是自然界的角度甚至可以更好地揭示自主工程系统的真正需求。特别是，大自然允许采用最小信号进行协作控制，从而产生鲁棒性分布式系统。人类的通信交流还运用了语言的特殊能力，但机器人与人类互动同样需要了解人类交流的内在机制。

在本章，我们回顾了自然界的通信，从自私基因的角度阐述了通信的进化。我们探讨了通信是否源于合作或操纵，以及考虑到搭便车的明显进化优势，通信在自然界中无处不在且普遍诚实的原因是什么。我们考虑了通信所必需的内容，并发现场景和关联性允许在仅传递很少信息的情况下有效沟通交流。人类拥有语言交流的独特能力，我们探讨了它同我们与其他动物共有的非语言交流有何不同，以及机器人使用语言进行通信交流时所面临的挑战。

然后我们回顾了当代仿生系统的通信交流。从通信的角度来看，它们可以分为不同类型，这取决于通信是在机器人之间还是在机器人和人类之间，也取决于机器人系统是否为完全自主的（具有自己的目标），或者在某种意义上是与人类合作实现目标。受到蜜蜂和蚂蚁等社会学昆虫启发的群体机器人，需要非集中、分布式的通信机制，我们考虑了该领域到目前为止的一些最新进展（见 Nolfi，第 43 章）。自主人机交互设计的前提是了解人类社会交互，我们回顾了心理学相关背景，还回顾了人工情感产生及机器人感知和区分人类情感方面的最新进展。最后，我们还提供了有关未来发展方向和拓展阅读的一些建议。

一、生物学原理

（一）合作还是操纵？

当我们思考自然通信（事实上，包括所有通信）的基本原理时，我们需要确定通信的本质是什么。首先，必须有某种信号。其次，必须有接收者，其信念或行为可以通过接收到的信号而改变。信号接收对发送者或接收者的有利程度必然取决于接收者在没有信号的情况下会选择做什么。对于带有明确意图的通信，发送者必定特意希望信号能够实现改变另一个体信念或行为的明确目的。但是"通信"（communication）这个词在自然科学中被广泛使用，包括描述植物和微生物那些通常认为没有意图的行为。即使人类的语言交流也可能包括无意图、无意识的信号，有时甚至与发送者的已知目的背道而驰。例如，说话人的语气可能会透露出说话人希望隐藏的情绪状态。

直觉上，人们可能认为，无论动物还是人类，通信交流都会促进合作。我们可以想象，通信的能力来自自然主体相互交流以实现共同目标的愿望。当通信有助于实现共同目标时，如繁殖、共同采集食物等，它确实可能看起来是合作性的。即使是对抗性通信也可以看作是合作性的，如果它有助于找到解决冲突目标的低成本方法，例如，在竞争某一特定配偶或获取另一稀缺资源的过程中。因此，我们可以假设，从历史上看，通过通信交流合作的有机体能够更好地实现它们的目标，从进化的角度来看使得更为繁荣兴旺。不幸的是，这种常识性思维来自牛津大学动物行为学家大卫·麦克法兰（David McFarland）所谓的拟人论"不治之症"（McFarland and Bösser，1993，p.1）。也就是说，我们可能将人类特性（或假设的人类特性）应用于非人类实体，从而推断其具有并不存在的人类思维模式。

与此形成鲜明对比的是，道金斯（Dawkins，1976）提出了达尔文进化论的观点。所有的生物体都是由一组"自私基因"驱动的，这些基因只有通过自我复制才能成功。然而，基因本身并不需要为生存和可靠复制而进行必要的竞争。相反，它们互相合作，在由其他基因组成的"生存机器"或"工具"内竞争，这些"机器"或"工具"就是我们在自然界观察到的生物体。这些有机体受到自身的驱使去竞争，以实现其基因繁荣的目标，而有机体之间的任何通信进化，只有当它有利于生物体向它物发送信号（或至少是触发信号的基因）时才会真正得到进化。因此，道金斯（Dawkins，1982）认为通信产生于胁迫而非合作。道金斯认为，无论是在同一物种的个体（如性别）之间，还是在不同物种之间，所有这种生物间的通信交流都可以被视为一个有机体操纵另一个有机体，最终目的是复制其基因。此外，斯科特–菲利普斯等（Scott-Phillips *et al.*，2012a）指出，非交互状态是一种进化上稳定的策略，因此即使符合双方的利益，通信交流也不一定会必然出现。

然而，这些观察结果并不意味着无法进化出合作、互利，甚至利他的通信交流。因为基因在物种内甚至在物间都是共享的，所以它们也可以激发对个体工具来说代价昂贵的行为，只要这种行为有利于基因复制的未来（Hamilton，1964；Gardner and West，2014）。然而，对于机器人技术开发者来说值得记住的是，生物学家总是从涉及所有个体的成本、风险和利益角度来考虑通信，而胁迫可能是更有意义的比喻，特别是对于自学习的系统，或者涉及的组件为多方拥有，每一方都有自己的目标和限制。

（二）通信的起源与稳定性

通信所产生的可衡量的成本，既源于为产生信号而耗费的能量和时间，也源于信号可能将信息传递给竞争对手而不是合作者的风险，如受到鸟鸣吸引的捕食者。另外，信号机制的存在可能会影响动物的行为，如孔雀尾巴的重量。生物学把这种代价看作是信号机制的一部分——代价本身传达了发信号者的价值，例如，能够支持这种生理不利条件的个体品质（Zahavi and Zahavi，1997）。生理不利原理（handicap principle）的基本观点是，可观察的生理不利条件是必要的诚实信号，可以得到信号接收者的信任，因为生理不利条件增加了信号发送者的代价。诚实信号对于接受者来说非常重要，因为面临着胁迫的进化压力，例如，雌孔雀更愿意找到最好的配偶来为自己的卵子受精。诚实也可以通过两种机制来保证：索引和威慑（indices and deterrents，Scott-Phillips，2011）。索引是信号形式与信号含义相关联的机制。例如，动物吼叫的频率与体型大小直接相关。威慑是一种以过高代价惩罚不诚实信号的机制，如体重、可见性或持续时间（Tibbetts and Izzo，2010）。

从这种进化的视角来看待通信，将提出两个问题：第一，通信究竟是如何产生的；第二，当有自私个体通过不参与、不诚实而获益时，为什么通信仍是一种进化稳定策略（ESS）。

第一个问题提出了通信中"先有鸡还是先有蛋"的问题：通信最初是如何产生的，因为创建信号总是要付出代价的（机会、风险或新陈代谢），而且拥有信号接收装置可能也要付出类似的代价（Smith and Harper，1995）。谁首先承担这一代价？如果缺少有效的信号接收者，则产生信号没有任何益处。同样，当没有信号可接收时，为什么会有接收信号的自适应呢？豪瑟（Hauser，1996）和斯科特–菲利普斯等（Scott-Phillips *et al.*，2012a）巧妙地解决了这个问题。他们证实了通信如何从并不完全符合"通信"（communication）定义的前体整合演变而来。这些整合可以划分为仪式化或感觉操纵。例如，动物可以用尿液或粪便来标记领地。这是如何产生的？最初，动物在其领地边界处可能会感到恐惧，因此可能会在那里排泄而并没有通信交流的意图。但这些排泄物质的存在可以为其他动物提供暗示，从而与领地边界联系起来。通过这种行为的仪式化可以建立通信交流渠道。豪瑟将暗示（cue）和符号（sign）作为通信意图的前体进行了有意义的区分：暗示随着时间而变化，而符号在时间上则保持不变。

感觉操纵是指一个个体刺激另一个体的感官以影响信号接受者的行为，使信号发送者从中受益，但并不打算将这一意图传达给接受者。这里最常举的例子是雄性昆虫希望与雌性交配。它为雌性带来食物，强迫对方留下进食，从而实现交配。由于这种行为对物种有利（或者更准确地说，有利于具有繁殖能力的两个个体共享基因复制），雌性也会不断发生进化，并认识到雄性带来的食物是交配的前兆，因此就产生了通信交流。只有认识到信号通常对接收者有利时，接收者才会进化为这样做。然而，有时进化对通常有意义信号的理由可能会不利于接收者，如拟态（Wickler，1968；Johnstone，2002）。如果认识到信号的益处并不比代价更高，那么接收者将进化为忽略该信号，信号发送者将在没有益处的情况下承担其代价。这向我们展示了为什么动物交流通常是"诚实的"而不是"欺骗的"；进一步讨论参见豪斯（Hauser，1996）的文章。斯科特–菲利普斯等（Scott-Phillips *et al.*，2012a）推测，仪式化是更常见的通信交流途径，因为先决条件的限制性较少，而且初始的暗示线索也无疑是正当的。

（三）通信的必需内容

人工多智能体系统的许多研究都集中于交际语言的表达上（Wooldridge，2009）。相比之下，自然界的通信系统倾向于采用相对简单和极细小的信号，其含义基本上来源于大量的模型。换言之，进化或共享的系统发育史提供了足够的先验知识，使得通信场景仅需非常少的数据。例如，求偶鸣叫主要是区分哪一个物种在鸣叫，其次是鸣叫者的品质和其他可能的属性。动物子女和母亲之间的鸣叫标志着身份和情感状态，必须使捕食者很难强制模仿（de Oliveira Calleia *et al*，2009；在机器人学中，身份及伪造假冒等相关问题通常是通过加密技术予以处理）。瞪羚的空中跳跃不仅向群伴发出存在捕食者的信号，而且向捕食者发出信号，表明该个体至少健壮到已经发现它们，因此可能并不是捕杀意图的好目标（Caro，1994）。

廷伯根（Tinbergen，1952）提出了四个帮助了解自然通信交流的有益视角：

（1）机械性：神经、生理、心理的物理通信交流机制。

（2）个体发育性：指导通信交流发展的遗传和环境因素。

（3）功能性：通信交流对生存和繁殖的影响。

（4）系统发生性：物种的历史起源及其通信交流特征，决定了可用机制。

廷伯根对海鸥的有趣研究开创性地证明了，推动整个生命周期发育的有效沟通交流只需要非常基本的信号（Tinbergen and Falkus，1970）。这种通信交流的力量也存在于人类的通信系统中，并且可能常常隐含地决定了我们的行为。人类是通信交流机器，不仅拥有语言，而且类人猿拥有一系列非同寻常的信息素（Stoddart，1990）。即使在语言中，我们也会受到情感和方言等隐含信息的影响。新生儿更容易关注（因而学习）与母亲说相同方言的人（Fitch，2004）。当然，人类语言也包含明确的内容，下文将进一步讨论。

香农和韦弗（Shannon and Weaver，1971）为我们提供了一种定量方法，评估各类通信交流所涉及的信息内容。他们的出发点是假设，我们可以通过

研究信息成功传输后不确定性的降低，来对信息传输进行测量。该分析中采取的通用架构是

$$源 \rightarrow 消息 \rightarrow 信号 \xrightarrow{+噪声} 接收者 \rightarrow 终点 \qquad (1)$$

这一理论表明，消息内容与消息中选项数的对数成正比。

$$H(X) = -\sum_i P(x_i) \, \log_n P(x_i) \qquad (2)$$

其中，X 是构成消息的符号序列，i 是消息中的符号数，n 是消息中每个符号的选项数（对于由二进制 1 和 0 组成的消息，则 $n=2$）。

如果只有很少的选项（即接收到的信号来自一小组可能选项），那么就意味着很少发生实际的信息传输。如果将接收者对信号的解释加入该场景中，即给定了接收者的内部状态以及它希望接收信息的有效子集，我们通常就会发现，消息传输所需的实际信息非常少。在信号传输过程中噪声的增加，将会降低给定容量通信信道准确传输所需消息的速率。

$$C = W \log_2 \frac{P+N}{N} \qquad (3)$$

其中，C 是噪声给定的信道容量，W 是信道带宽，P 是信号功率，N 是噪声功率。我们可以看到，噪声水平越高，信息传输速率越低，并由噪声功率与信号功率的相对比较所决定。香农的理论可以非常有效地应用于自然、人类和人工通信（深入理解请参阅 Allen and Hauser，1993）。

（四）语言是一种例外

长期以来，人类一直认为其他动物拥有我们尚未了解的语言，然而，尽管进行了广泛的研究，事实上没有证据表明，现存任何其他物种分享的通信交流系统具有与人类语言相似的表达和创新能力。考虑到语言不仅对交流而且对认知的重要性，对这一独有特质的解释对于生物人类学和认知科学来说都是一个"圣杯"。可能的答案从神学到技术不一而足，后者还包括同样神秘的、支持不定递归的独特表达能力（Hauser *et al.*，2002），或者至少能够理性思考人类心智（Stiller and Dunbar，2007；Moll and Tomasello，2007）。一个更简单的解释是，原始人与其他类人猿有着共同的适应能力，如寿命更长、脑容量更大，这有助于探索和利用文化，即在当地同种动物之间交流新

的行为——但是猿类对声音模仿非常普遍的适应是独一无二的（Bryson，2009）。然而，由于在解释人类语言的特殊性或独特性方面没有达成共识，我们把这个问题留到拓展阅读部分。

与语言起源相关的一个激进理论正在被越来越多的人接受（尽管并非接受其全部细节），这就是道金斯（Dawkins，1976）首先提出的模因论（memetics）观点。这一理论认为，人类拥有双重复制系统，也就是说，我们受制于两条正交的进化链（Richerson and Boyd，2005）。第一条是遗传进化，与其他所有生物一样，但第二条是概念和思想等模因物质的进化。虽然没有人能够明确地确定模因是什么，但基因也是如此。尽管 DNA 作为传递生物信息的遗传物质和载体，现在已经非常明确（但也是在最初提出假设之后很久才确定的），但被认为是基因的离散单元仍然没有得到很好的理解（Dennett，1995）。目前语言是人类思想传播和创新的主要载体，但它绝不是唯一的载体：我们也从手势、模型和其他人造物中得到信息。此外，一般认为语言本身是模因文化进化的结果。

对于机器人学家来说至关重要的是，要了解语言是不断进化的。与许多学校教育相反，英语或任何其他语言都没有“正确”的述说方式，只是表明特定教育或社会背景的方式，或在特定群体中或多或少有效交流的方式。此外，语言中的词汇代表了一组历史上被认为对通信交流和思考有价值的概念。仅仅因为某一概念在一种语言中有它自己的词汇，并不能保证这一概念在任何其他语言中都有对应词汇的翻译，或者说这一概念在另一种文化中也是有意义的。随着我们的观念和社会在不断变化，我们的语言也在不断变化。尽管如此，人们在历史上一直设法与没有共同语言的人进行复杂的商业和个人谈判。部分原因是，我们假设任何人都可能拥有一组欲望和能力，所以可以猜测一些基本短语和手势在有限场景中的含义。当两种语言走到一起时，我们也倾向于创建称为“pigeons”的简化语言。这些概念可能对与机器人交流很有意义。

当涉及人类语言时，使用欺骗的手段来获得进化上有利的优势几乎没有明显的代价。因此，创建人类语言进化稳定策略（ESS）的问题更为复杂。斯科特–菲利普斯（Scott-Phillips，2011）提出了一种人类交流可以在进化上稳定的机制，而这在很大程度上依赖于社会管理者诚实声誉的观点。人类交流在本质上是独一无二的，它还涉及认知警戒，即在采取行动之前，对所接收到的通信交流是否正确或错误进行可靠评估的能力。人类语言也是非常著名的象征性符号，一个术语可以指代现实世界中的多个物体，但正如我们先前对信息论的探讨所暗示的那样，这种概括、归纳、泛化的能力可能是通信交流系统一个相当普遍的属性。

二、仿生系统

我们在机器人技术中，通常拓宽了通信交流的概念，将行为体之间所有类型的社交互动都包括在内。因此，机器人的社会交互可以分为两大类：机器人–机器人交互和人–机器人交互（HRI）。对于仿生机器人而言，当前的主要研究领域是多机器人自主交互，又被称为群体机器人学（swarm robotics），人–机器人交互可以进一步细分为人类指导的与机器人协作以及与自主机器人的交互。在前者中，机器人和人类协同工作来完成给定的任务。机器人虽然很聪明，但没有足够的认知能力；或者更简单地说，没有动机结构来选择高阶目标或独自完成任务。可能需要人类协助者为行为规划、专家指导、灵巧操作或任务等方面提供帮助。更加自主的 HRI 提出了最为巨大的挑战，因此采用了各种技术使机器人能够有效地与人类交流。

（一）群体机器人

帕克（Parker，2008）提出了构建分布式智能系统的三种常用模式：

（1）生物启发的突现性群体范式。

（2）组织和社会模式。

（3）基于知识的本体论的语义范式。

群体机器人学从社会性昆虫中汲取灵感，涉及大量相对简单机器人的分布式自协调。机器人群体可以是同构的，其中所有机器人具有相同的物理形态和人工智能；或者是异构的，群体内的机器人专化承担不同的任务，或者具有不同的能力。群体机器人学依靠的是局部感知和通信能力，而不是集中式或远程控制系统（Şahin，2005）。这种去中心化方法的优点是既能提供可扩展性（机器人数量），又能提供鲁棒性（抗故障能力；Winfield，2000；Rubenstein *et al.*，2014）。

群体机器人研究的一个显著特点是（相对）复杂的行为可以与非常简单的信号相协调。帕克（Parker，1998）开发了异构群体控制架构"联盟"（alliance），其中的所有通信都是广泛传播的，而不是只针对群体内的某一个体。每个机器人发送其位置和当前行为，避免其他机器人需要通过传感器收集这些信息。机器人的位置和活动以已知的频率（速率）发送。如果其他个体在预定的暂停时间内没有收到此信息，则它们假定该机器人不再处于活动状态。

霍华德等（Howard *et al.*，2006）演示了一个大型的异构移动机器人团队，其共同任务是绘制未知区域。每个机器人都有一个独特的基准标记而不是"条形码"，能够简单有效地传达其身份。该任务也可使用 RFID 标签。每个机器人检测相邻机器人的身份、行程和方向。每个机器人估计的位置和姿态数据通过无线网络使用 UDP（广播协议）消息进行组合，以创建共享的全局地图。其中令人感兴趣的通信交流功能包括：

- 使用具有更好传感器的"绘图者/领队者"机器人，来引领那些更便宜、传感器功能差的"传感器"机器人。
- 使用发送消息实现可扩展的信息传输，以及整个系统具备容忍有损通信的能力。

弗雷德斯伦德和马塔里克（Fredslund and Matariç，2002）研究了实现和维护机器人编队的问题。为了符合更普遍的人工群体研究规范（Reynolds，1987），人们发现机器人的队形可以通过简单的共享算法来维持，该算法只需关注编队中的一个邻近个体。建立期望队形和确定队形中每个机器人的角色（例如，谁是领队）仅需要最小的通信量。韦费尔等（Werfel *et al.*，2014）扩展了这项工作，提出了一种算法，以三维形状作为输入，然后生成分布式指令，以便机器人群体可以构建该形状。鲁宾斯坦等（Rubenstein *et al.*，2014）验证了一种类似算法在 1000 个机器人群体二维形状中的应用。这些研究的经验教训再次表明，为了实现复杂和协调的行为，除了传感器输入外仅需要非常少的通信，如何为机器人生成单独的探索手段或"计划"是目前正在进行且有希望的研究领域。

群体机器人具有足够的仿生能力，可以用于开展通信进化的科学研究。弗洛雷亚诺等（Floreano *et al.*，2007）研究了机器人群体是否可以进化出利他性交流。机器人能够发出和感知蓝光，也可以感知与食物源（充电站）处于同一位置的红光。每个机器人都配备了一个全向彩色摄像头。在这个实验中，学习不是个体性的（个体发育）而是进化性的（系统发生），在神经控制器上采用了遗传算法。大部分代际的机器人采用了基于物理的机器人仿真环境，但每隔一段时间使用真实机器人演示某一代际。根据上述包容性适应理论预测，弗洛雷亚诺等（Floreano *et al.*，2007）发现，当群体由基因相似个体组成，并且选择在群体水平上起作用时，通信交流很容易进化。此外，米特里等（Mitri *et al.*，2011）发现，当与无关个体联系在一起时，机器人会进化出"欺骗性"信号；为此全球媒体都在头条大幅报道了科学家进化出了说谎机器人。

但更多时候，科学需要最简单的模型来简化、验证和分析易处理性。近年来，利用仿生"机器人"为动物社会认知研究提供受控输入是一种趋势。然而，在许多情况下，机器人只是外形或其他外观上的仿生，并没有明显的认知能力（Faria *et al.*，2010）。

（二）人机协作

机器人可以被认为是帮助人类实现各种目标的工具（Bryson，2010）。目前有些任务过于复杂或涉及过多的风险，完全自主机器人无法在没有人类帮助的情况下完成。人机协作（human-robot collaboration，HRC）提供了一种方法，使人类和机器人能够作为合作伙伴，共同完成这些任务。方等（Fong *et al.*，2002）探索通过人–机对话以促进互相帮助，从而实现共同目标。有趣的是，在这项研究中，人类的作用是作为机器人的资源，像其他系统模块那样提供信息和加工处理资源。通过采用非常结构化的文本通信系统，机器人可以在工作时向人类提问。这种方法为机器人提供了更大的执行自由度，更有可能找到解决问题的好办法。有效的协作需要各方之间的信息共享，因此协作控制需要同时考虑用户（人类）和机器人的需求（Sheridan，1997）。

事实上，机器人必须能够让人类伙伴理解，有时这正是机器人学采用生物启发方法的合理理由（Brooks and Stein，1994；Sengers，1998；Novikova and Watts，2015）。

与人类合作者共享信息的一种有效方法是增强现实技术（AR），即将计算机生成图形与真实世界视图相叠加。格林等（Green *et al.*，2008）在介绍 AR 技术时首先讨论了人与人之间协作活动所必需的通信交流。为了共同完成有意义的工作，必须达成对世界共同理解的基础。在人机协作场景中，符号及其含义的基础作用同样至关重要（Steels，2008）。格林等（Green *et al.*，2008）回顾了美国航空航天局（NASA）和其他机构为实施 AR 而开展的工作。在 AR 环境中，除了言语，人类还可以使用各种各样的非言语线索进行交流，如凝视、点头和其他指示手势，AR 则提供了基础场景。

最近的研究采用了概率性方法来进行协作决策（Kaupp *et al.*，2010）。人类"操作者"可以看作是一个位置遥远但有价值的信息源，需要机器人对其认真管理。然后，机器人利用信息价值理论（value-of-information theory）来决定何时向操作者进行查询，也就是说，只有当其观测到预期收益超过获取成本时，机器人才会向人类进行查询。在该研究中，机器人和人类共同完成一项导航任务。机器人通过局部感觉输入（激光扫描器）在迷宫中导航，将其摄像机拍摄的可视信号传送给远程的人类操作者进行解读。当机器人需要高阶视觉信息以便做出决策时，它只需向人类提出查询即可，而不必自己解释摄像机的原始视觉信息。这种"人在回路中"（human in the loop）的方法也经常被用于可能产生伦理道德后果的行动，例如，军用机器人发动的攻击（Vallor，2014；Hellström，2013）。

（三）人机自主交互

为了运用仿生方法实现自主人机交互，我们首先需要考虑人与人之间的社会交互。当我们交流时，我们需要引起一个或多个他人的注意。这意味着所交流的信息与接收者相关。因此，相关性（relevance）可能被视为人类交流和认知的关键（Sperber and Wilson，1986）。为了以相关性方式交流，我们可能需要了解他人的心理状态。这种心理状态的了解被称为心智理论

（theory of mind，ToM）。成人的心智理论已经有强有力的经验证据，包括采用功能磁共振成像技术研究心智理论的运用场景（Saxe *et al.*，2006）。然而，加拉赫（Gallagher，2006）提出，可以从直接观察到的现象更直接地了解他人的心理状态和意图。例如，人们可以直接从他人的面部读取情感并推断意图，而无须任何"读心术"。这种心理学背景对于了解和设计有效的人机通信非常重要，尤其是因为所有的人机交互都不可避免地涉及对人体部位的某种程度的拟人化。

神田等（Kanda *et al.*，2002）介绍了应用类人机器人开展的研究，该机器人能够产生许多与人类相似的交流行为，并配备了传感器，能够感知人类的非言语和言语交流。该研究以相关性理论为基础，提出了人与机器人之间通信交流关系的观点。例如，人类一旦事先与机器人建立了相互关系，就更容易理解机器人的动词性言语（verbal utterances）。这种交流观念需要可感知相关性才能取得成功，库钦布兰特等（Kuchenbrandt *et al.*，2014）进一步强化了这一观点，他们发现，人机交互的效能受到任务中感知的机器人性别、人类性别和刻板性别印象的显著影响。

自主机器人技术的一个重大突破是设计和开发可模仿学习的机器人。这使机器人能够通过人类演示来学习新的任务（监督学习），然后通过实践来完成这些任务（无监督学习）。这种通过通信交流进行社会学习的仿生和模因基本方法（Meltzoff and Moore，1995；Schaal，1999）正不断取得越来越显著的效果，是人类-机器人（主要的）非语言交流的一大成功。比亚尔和哈耶斯（Billard and Hayes，1997）、克林斯波尔等（Klingspor *et al.*，1997）、布雷泽尔和斯卡塞拉蒂（Breazeal and Scassellati，2002）等的研究预见到，这种方法将产生实用、灵活、易操作的机器。机器人可以从演示中学习掌握运动基元，然后组合在一起，在新任务出现时产生新的行为。抓取和操纵是此类行为很好的例子。最近，这类工作的开展是通过增改已知行为，利用先进概率技术有效抓取和操纵以前无法看见的物体（Huang *et al.*，2013；Kopicki *et al.*，2014）。

机器人的非言语交流可以在很大限度上有效提高人机团队的工作效率，无论是在交流速度方面，还是在交流误差的鲁棒性方面（Breazeal *et al.*,

2005）。人类负责维持机器人的心理模型，并发现非言语交流有助于推断机器人的内部"心理"状态。非言语交流的设计原则同样可以从心理学中获得，如反馈、功能可见性、因果关系和自然映射（Sengers，1998；Breazeal *et al.*，2005）。作为正常交流的一部分，人类通常会以非语言的方式表达情感，而这一点在类人机器人中很容易被人工合成（Zecca *et al.*，2009）；在非人形机器人中，身体表情也被成功用于表示情感反应（Novikova and Watts，2014）。我们不应忘记，人类交流中只有一小部分涉及语言。非言语交流，特别是人工合成的情感交流，可以显著提高自主机器人的信服力（André *et al.*，2011）。

三、未来发展方向

在家用机器人领域，市场对进一步的生物模因通信有着明确的迫切需求。用户发现自然交流更直观，而且往往更吸引人。然而，这种方法并非没有危险，至少存在一些批评观点。对生命的模仿可能会导致人类对机器人的过度反应或错误价值观或脆弱性观点，导致消费者在照料机器人上浪费时间或金钱（Ashrafian *et al.*，2015）。然而，这种担心只适用于机器人提供的信号传输，并且可以通过足够透明的信号加以改善（Bryson and Kime，2011；Boden *et al.*，2011）。正如我们在对大自然的回顾中所提到的，在任何涉及学习或进化行为体的通信交流系统中，信号的接收（reception）和理解通常都处于优先地位，因为确定、识别和分类各种刺激，并将其与适当的信念或行为联系起来是认知能力的基础。

目前，机器人技术不但在视觉和语音识别方面，而且在感知人类情感方面都取得了重大进展。通过语音音频、面部表情和手势的贝叶斯分类融合，获得了比语音单独分析更高的识别率。克苏斯等（Kessous *et al.*，2009）已经报道了对愤怒、生气、喜悦、骄傲和悲伤的高识别率，即使是欺骗也能被检测发现（Schuller *et al.*，2008）。然而，在这方面还有许多工作要做。舒勒（Schuller，2012）将"自信、欺骗、沮丧、兴趣、亲密、痛苦、礼貌、骄傲、讽刺、害羞、应激和不确定性"列为合理的理解目标，同样它们也可能是机器人需要产生的。

　　回到对大自然的思考，我们才刚刚开始认识到利他交流（即知识共享）和信息网络作为一种动物适应策略的重要性。与此同时，我们正在消灭地球上除人类之外绝大部分的生物量（Barnosky，2008），在包括信息网络在内的关键生态系统网络中制造鸿沟。威廉姆斯（Williams，2013）认为，生物模因机器人不仅可以替代动物，还可以引导或指导那些现存下来的动物。然而，这类技术大规模应用的易处理性和经济可行性尚未得到证明。相比之下，机器人技术在实验生物学和心理学中的应用是一个很有前景的趋势，未来有望加速发展（Krause et al.，2011）。这些应用可在科学研究中产生直接的价值，也可以成为更雄心勃勃的生态计划的试验平台。

　　最后，机器人技术的广泛应用预示着，对提高分布式自主机器人控制和通信能力的需求越来越大。从机器人采矿（Bonchis et al.，2014；希望回归到生态破坏性较小但个体危害性更大的露天开采策略）到城市灾害干预（Sahingoz，2013；dos Santos and Bazzan，2011）再到维护桥梁和下水道，部署运用自组织、自修复机器人或人机系统，将拥有更鲁棒、响应更快的基础设施，为更美好的人类未来带来希望（Abelson et al.，2000）。我们必须认识到，未来发展要想让每个人都受益，就需要在良好通信交流等许多方面都取得显著进展。

四、拓展阅读

　　对于进一步阅读，我们提供如下建议。对于那些希望掌握达尔文进化论和进化稳定策略的人来说，道金斯（Dawkins，1982）的著作仍然是显而易见的起点。斯科特–菲利普斯等（Scott-Phillips et al.，2012b）清楚地阐述了通信的突现。那些对动物通信交流有进一步兴趣的人应该阅读布拉德伯里和维伦坎普（Bradbury and Vehrencamp，2011）或豪瑟（Hauser，1996）的著作。有关生态和进化约束影响信号设计的更多详细信息，请参见戴维斯等（Davies et al.，2012）的文章，豪瑟和小西（Hauser and Konishi，1999）则补充了关于动物通信交流设计的更多细节。麦克法兰（McFarland，1986）撰写了一本从心理生物学、行为学和进化论角度研究动物行为的优秀著作。最后，斯科特–菲利普斯（Scott Phillips，2014）最近用整本书从比较生物学的角度介绍了人类语言。

麦克法兰和布瑟（McFarland and Bösser，1993）的著作是一本虽然较早但影响深远的书，关注动物行为（包括通信交流）在机器人中的应用。帕克（Parker，2008）对分布式智能领域及其在多机器人系统中的应用进行了非常有意义的综述。布雷泽尔等（Breazeal *et al.*，2005）为非语言人机交互提供了很有价值的介绍。波比尔等（Pobil *et al.*，2014）列举了自主智能体研究中涉及的通信相关广泛主题，其中包含多篇论文，涉及诸如感知预测以及群体机器人技术实现的集体和社会行为等主题。最后，努尔巴什（Nourbakhsh，2013）预测了我们在不久的将来和遥远的未来如何与机器人互动。

参 考 文 献

Abelson, H., Allen, D., Coore, D., Hanson, C., Homsy, G., Knight, T. F. Jr., Nagpal, R., Rauch, E., Sussman, G. J., and Weiss, R. (2000). Amorphous computing. *Commun. ACM*, 43(5), 74–82.

Allen, C., and Hauser, M. D. (1993). Communication and cognition: is information the connection? *PSA: Proceedings of the Biennial Meeting of the Philosophy of Science Association*, 1992(2), Symposia and Invited Papers. Chicago: University of Chicago Press/Philosophy of Science Association, pp. 81–91.

André, E., Bevacqua, E., Heylen, D., Niewiadomski, R., Pelachaud, C., Peters, C., Poggi, I., and Rehm, M. (2011). Non-verbal persuasion and communication in an affective agent. In: R. Cowie, C. Pelachaud, and P. Petta (eds), *Emotion-oriented systems*, Cognitive Technologies series. Berlin/Heidelberg: Springer, pp. 585–608.

Ashrafian, H., Darzi, A., and Athanasiou, T. (2015). A novel modification of the Turing test for artificial intelligence and robotics in healthcare. *The International Journal of Medical Robotics and Computer Assisted Surgery*, 11(1): 38–43. doi: 10.1002/rcs.1570

Barnosky, A. D. (2008). Megafauna biomass tradeoff as a driver of quaternary and future extinctions. *Proc. Natl Acad. Sci. U SA*, 105(Supplement 1), 11543–8.

Billard, A., and Hayes, G. (1997). Learning to communicate through imitation in autonomous robots. In: W. Gerstner, A. Germond, M. Hasler, and J.-D. Nicoud (eds), *Artificial Neural Networks (ICANN'97)*, volume 1327 of *Lecture Notes in Computer Science*. Heidelberg: Springer, pp. 763–8.

Boden, M., Bryson, J., Caldwell, D., Dautenhahn, K., Edwards, L., Kember, S., Newman, P., Parry, V., Pegman, G., Rodden, T., Sorell, T., Wallis, M., Whitby, B., and Winfield, A. (2011). *Principles of robotics*. The United Kingdom's Engineering and Physical Sciences Research Council (EPSRC). http://www.epsrc.ac.uk/research/ourportfolio/themes/engineering/activities/principlesofrobotics/

Bonchis, A., Duff, E., Roberts, J., and Bosse, M. (2014). Robotic explosive charging in mining and construction applications. *Automation Science and Engineering, IEEE Transactions on*, 11(1), 245–50.

Bradbury, J. W., and Vehrencamp, S. L. (2011). *Principles of animal communication*. Sunderland, MA: Sinauer Associates.

Breazeal, C., Kidd, C., Thomaz, A., Hoffman, G., and Berlin, M. (2005). Effects of nonverbal communication on efficiency and robustness in human–robot teamwork. In: *2005 IEEE/RSJ International Conference on Intelligent Robots and Systems*, Alberta, Canada. New York: IEEE, pp. 708–13.

Breazeal, C., and Scassellati, B. (2002). Robots that imitate humans. *Trends in Cognitive Sciences*, 6(11), 481–7.

Brooks, R. A., and Stein, L. A. (1994). Building brains for bodies. *Autonomous Robots*, 1(1), 7–25.

Bryson, J. J. (2009). Representations underlying social learning and cultural evolution. *Interaction Studies*, 10(1), 77–100.

Bryson, J. J. (2010). Robots should be slaves. In: Y. Wilks (ed.), *Close engagements with artificial companions: key social, psychological, ethical and design issues*. Amsterdam: John Benjamins, pp. 63–74.

Bryson, J. J., and Kime, P. P. (2011). Just an artifact: Why machines are perceived as moral agents. In: *Proceedings of the 22nd International Joint Conference on Artificial Intelligence*, Barcelona. Burlington, MA: Morgan Kaufmann, pp. 1641–6.

Caro, T. M. (1994). Ungulate antipredator behaviour: Preliminary and comparative data from african bovids. *Behaviour*, 128(3/4), 189–228.

Davies, N. B., Krebs, J. R., and West, S. A. (2012). *An introduction to behavioural ecology*. Chichester, UK: Wiley-Blackwell.

Dawkins, R. (1976). *The selfish gene*. Oxford: Oxford University Press.

Dawkins, R. (1982). *The extended phenotype: the gene as the unit of selection*. Oxford: W.H. Freeman & Company.

de Oliveira Calleia, F., Rohe, F., and Gordo, M. (2009). Hunting strategy of the margay (*Leopardus wiedii*) to attract the wild pied tamarin (*Saguinus bicolor*). *Neotropical Primates*, 16(1), 32–4.

Dennett, D. C. (1995). *Darwin's dangerous idea*. New York: Penguin.

dos Santos, F., and Bazzan, A. (2011). Towards efficient multiagent task allocation in the RoboCup Rescue: a biologically-inspired approach. *Autonomous Agents and Multi-Agent Systems*, 22(3), 465–86.

Faria, J., Dyer, J., Clément, R., Couzin, I., Holt, N., Ward, A., Waters, D., and Krause, J. (2010). A novel method for investigating the collective behaviour of fish: introducing 'Robofish'. *Behavioral Ecology and Sociobiology*, 64, 1211–18. 10.1007/s00265-010-0988-y.

Fitch, W. T. (2004). Kin selection and 'mother tongues': A neglected component in language evolution. In D. K. Oller and U. Griebel (eds), *Evolution of communication systems: a comparative approach*. Cambridge, MA: MIT Press, pp. 275–96.

Floreano, D., Mitri, S., Magnenat, S., and Keller, L. (2007). Evolutionary conditions for the emergence of communication in robots. *Current Biology*, 17(6), 514–9.

Fong, T., Thorpe, C., and Baur, C. (2002). Collaboration, dialogue, and human–robot interaction. In: R. Jarvis and A. Zelinsky (eds), *Springer Tracts in Advanced Robotics 6*. Berlin/Heidelberg: Springer, pp. 255–66.

Fredslund, J., and Matarić, M. (2002). A general algorithm for robot formations using local sensing and minimal communication. *IEEE Transactions on Robotics and Automation*, 18(5), 837–46.

Gallagher, S. (2006). The narrative alternative to theory of mind. In: R. Menary (ed.), *Radical enactivism: intentionality, phenomenology, and narrative*. Amsterdam: John Benjamins, pp. 223–9.

Gardner, A., and West, S. A. (eds) (2014). Inclusive fitness: 50 years on. Special issue. *Philosophical Transactions of the Royal Society B: Biological Sciences*, 369(1642).

Green, S., Billinghurst, M., Chen, X., and Chase, G. (2008). Human–robot collaboration: a literature review and augmented reality approach in design. *International Journal of Advanced Robotic Systems*, 5(1), 1–18.

Hamilton, W. D. (1964). The genetical evolution of social behaviour. *Journal of Theoretical Biology*, 7, 1–52.

Hauser, M. D. (1996). *The Evolution of Communication*. A Bradford book. Cambridge, MA: MIT Press.

Hauser, M. D., Chomsky, N., and Fitch, W. T. (2002). The faculty of language: what is it, who has it, and how did it evolve? *Science*, 298, 1569–79.

Hauser, M. D., and Konishi, M. (1999). *The design of animal communication*. A Bradford book. Cambridge, MA: MIT Press.

Hellström, T. (2013). On the moral responsibility of military robots. *Ethics and Information Technology*, 15(2), 99–107.

Howard, A., Parker, L., and Sukhatme, G. (2006). Experiments with a large heterogeneous mobile robot team: exploration, mapping, deployment and detection. *The International Journal of Robotics Research*, 25(5–6), 431–47.

Huang, B., Bryson, J., and **Inamura, T.** (2013). Learning motion primitives of object manipulation using Mimesis Model. In: *IEEE International Conference on Robotics and Biomimetics, ROBIO 2013*. IEEE, pp. 1144–50.

Johnstone, R. A. (2002). The evolution of inaccurate mimics. *Nature*, **418**, 524–6.

Kanda, T., Ishiguro, H., and Ono, T. (2002). Development and evaluation of an interactive humanoid robot: Robovie. In: *IEEE International Conference on Robotics and Automation*, Washington, DC, Volume 2. New York: IEEE, pp. 1848–55.

Kaupp, T., Makarenko, A., and **Durrant-Whyte, H.** (2010). Human–robot communication for collaborative decision making: a probabilistic approach. *Robotics and Autonomous Systems*, **58**(5), 444–56.

Kessous, L., Castellano, G., and Caridakis, G. (2009). Multimodal emotion recognition in speech-based interaction using facial expression, body gesture and acoustic analysis. *Journal on Multimodal User Interfaces*, **3**(1–2), 33–48.

Klingspor, V., Demiris, J., and Kaiser, M. (1997). Human–robot communication and machine learning. *Applied Artificial Intelligence*, **11**, 719–46.

Kopicki, M., Detry, R., Schmidt, F., Borst, C., Stolkin, R., and Wyatt, J. L. (2014). Learning dexterous grasps that generalise to novel objects by combining hand and contact models. In: *IEEE International Conference on Robotics and Automation*, number Sec II, Hong Kong, China. New York: IEEE, pp. 5358–65.

Krause, J., Winfield, A. F., and Deneubourg, J.-L. (2011). Interactive robots in experimental biology. *Trends in Ecology & Evolution*, **26**(7), 369–75.

Kuchenbrandt, D., Häring, M., Eichberg, J., Eyssel, F., and André, E. (2014). Keep an eye on the task! How gender typicality of tasks influence human–robot interactions. *International Journal of Social Robotics*, **6**(3), 417–27.

McFarland, D. (1986). *Animal behaviour: psychobiology, ethology and evolution*. London: Longman.

McFarland, D., and Bösser, T. (1993). *Intelligent Behavior in Animals and Robots*. Bradford book. Cambridge, MA: MIT Press.

Meltzoff, A. N., and Moore, M. K. (1995). *Infants' understanding of people and things: From body imitation to folk psychology*. Cambridge, MA: MIT Press.

Mitri, S., Floreano, D., and Keller, L. (2011). Relatedness influences signal reliability in evolving robots. *Proceedings of the Royal Society B: Biological Sciences*, **278**(1704), 378–83.

Moll, H., and Tomasello, M. (2007). Cooperation and human cognition: the Vygotskian intelligence hypothesis. *Philosophical Transactions of the Royal Society B: Biological Sciences*, **362**(1480), 639–48.

Nourbakhsh, I. R. (2013). *Robot futures*. Cambridge, MA: MIT Press.

Novikova, J., and Watts, L. (2014). A design model of emotional body expressions in non-humanoid robots. In: *The Second International Conference on Human-Agent Interaction*, Tsukuba, Japan. New York: ACM, pp. 353–60. doi:10.1145/2658861.2658892

Novikova, J., and Watts, L. (2015). Towards artificial emotions to assist social coordination in HRI. *International Journal of Social Robotics*, **7**(1), 77–88.

Parker, L. (1998). ALLIANCE: an architecture for fault tolerant multirobot cooperation. *IEEE Transactions on Robotics and Automation*, **14**(2), 220–40.

Parker, L. (2008). Distributed intelligence: overview of the field and its application in multi-robot systems. *Journal of Physical Agents*, **2**(1), 5–14.

Pobil, A. P., Chinellato, E., Martínez-Martín, E., Hallam, J., Cervera, E., and Morales, A. (eds) (2014). *From Animals to Animats 13: 13th International Conference on Simulation of Adaptive Behavior*. Castellón, Spain: Springer International Publishing.

Reynolds, C. W. (1987). Flocks, herds, and schools: a distributed behavioral model. *Computer Graphics*, **21**(4), 25–34.

Richerson, P. J., and Boyd, R. (2005). *Not by genes alone: how culture transformed human evolution*. Chicago: University Of Chicago Press.

Rubenstein, M., Cornejo, A., and Nagpal, R. (2014). Programmable self-assembly in a thousand-robot swarm. *Science*, **345**(6198), 795–9.

Sahingoz, O. K. (2013). Mobile networking with UAVs: opportunities and challenges. In: *International Conference on Unmanned Aircraft Systems (ICUAS '13)*, 28–31 May 2013, Atlanta, GA. IEEE, pp. 933–41.

Saxe, R., Schulz, L. E., and Jiang, Y. V. (2006). Reading minds versus following rules: dissociating theory of mind and executive control in the brain. *Social Neuroscience*, 1(3–4), 284–98.

Schaal, S. (1999). Is imitation learning the route to humanoid robots? *Trends in Cognitive Sciences*, 3(6), 233–42.

Schuller, B., Eyben, F., and Rigoll, G. (2008). Static and dynamic modelling for the recognition of non-verbal vocalisations in conversational speech. In: E. André, L. Dybkjær, H. Neumann, and R. Pieraccini (eds), *Perception in Multimodal Dialogue Systems*. Berlin/Heidelberg: Springer, pp. 99–110.

Schuller, B. W. (2012). The computational paralinguistics challenge [social sciences]. *Signal Processing Magazine, IEEE*, 29(4), 97–101.

Scott-Phillips, T. (2014). *Speaking Our Minds: Why human communication is different, and how language evolved to make it special*. London: Palgrave Macmillan.

Scott-Phillips, T. C. (2011). Evolutionarily stable communication and pragmatics. In: A. Benz, C. Ebert, G. Jäger, and R. van Rooij (eds), *Language, Games, and Evolution*. Berlin/Heidelberg: Springer, pp. 117–33.

Scott-Phillips, T. C., Blythe, R. A., Gardner, A., and West, S. A. (2012a). How do communication systems emerge? *Proc. R Soc. B: Biol. Sci.*, 279(1735), 1943–9.

Scott-Phillips, T. C., Kirby, S., and Ritchie, G. (2012b). The origins of human communication. *Science*, 25(11), 2008–9.

Sengers, P. (1998). Do the thing right: an architecture for action expression. In: K. P. Sycara and M. Wooldridge (eds), *Proceedings of the Second International Conference on Autonomous Agents*. Rio de Janeiro: ACM Press, pp. 24–31.

Shannon, C. E., and Weaver, W. (1971). *The Mathematical Theory of Communication*. Champaign, IL: University of Illinois Press.

Sheridan, T. (1997). Eight ultimate challenges of human–robot communication. In: *6th IEEE International Workshop on Robot and Human Communication*, pages 9–14.

Smith, M. J., and Harper, D. (1995). Animal signals: models and terminology. *Journal of Theoretical Biology*, 177(3), 305–11.

Sperber, D., and Wilson, D. (1986). *Relevance: communication and cognition*. Oxford: Blackwell.

Steels, L. (2008). The symbol grounding problem has been solved, so what's next? In: M. de Vega, A. Glenberg, and A. Graesser (eds), *Symbols and Embodiment: Debates on meaning and cognition*. Oxford: Oxford University Press, pp. 223–44.

Stiller, J., and Dunbar, R. I. M. (2007). Perspective-taking and memory capacity predict social network size. *Social Networks*, 29(1), 93–104.

Stoddart, D. M. (1990). *The scented ape: the biology and culture of human odour*. Cambridge, UK: Cambridge University Press.

Tibbetts, E. A., and Izzo, A. (2010). Social punishment of dishonest signalers caused by mismatch between signal and behavior. *Current Biology*, 20(18), 1637–40.

Tinbergen, N. (1952). "Derived" Activities; Their Causation, Biological Significance, Origin, and Emancipation During Evolution. *Quarterly Review of Biology*, 27(1), 1–32.

Tinbergen, N., and Falkus, H. (1970). *Signals for Survival*. Oxford: Clarendon Press.

Vallor, S. (2014). Armed robots and military virtue. In: L. Floridi and M. Taddeo (eds), *The Ethics of Information Warfare*, volume 14 of *Law, Governance and Technology Series*. Cham, Switzerland: Springer, pp. 169–85.

Werfel, J., Petersen, K., and Nagpal, R. (2014). Designing collective behavior in a termite-inspired robot construction team. *Science*, 343(6172), 754–8.

Wickler, W. (1968). *Mimicry in plants and animals*. World University Library. London: McGraw-Hill.

Williams, C. (2013). Summon the bee bots: can flying robots save our crops? *New Scientist*, 220(2943), 42–5.

Winfield, A. F. T. (2000). Distributed sensing and data collection via broken ad hoc wireless connected networks of mobile robots. In: L. E. Parker, G. Bekey, and J. Barhen (eds), *Distributed autonomous robotic systems 4*. Tokyo: Springer Japan, pp. 273–82.

Wooldridge, M. (2009). *An introduction to multiagent systems*. Chichester, UK: John Wiley & Sons.

Zahavi, A. and Zahavi, A. (1997). *The Handicap Principle: A missing piece of Darwin's puzzle*. Oxford: Oxford University Press.

Zecca, M., Mizoguchi, Y., Endo, K., Iida, F., Kawabata, Y., Endo, N., Itoh, K., and Takanishi, A. (2009). Whole body emotion expressions for KOBIAN humanoid robot: preliminary experiments with different emotional patterns. In: *18th IEEE International Symposium on Robot and Human Interactive Communication*, Toyama, Japan. IEEE, pp. 381–6.

Şahin, E. (2005). Swarm robotics: from sources of inspiration to domains of application. In: E. Şahin, W. M. Spears, and A. F. Winfield (eds), *Swarm Robotics*. Berlin/Heidelberg: Springer, pp. 10–20.

第 34 章
情感与自我调节

Vasiliki Vouloutsi[1], Paul F. M. J. Verschure[1,2]

[1] SPECS, Institute for Bioengineering of Catalonia (IBEC), the Barcelona Institute of Science and Technology (BIST), Barcelona, Spain

[2] Catalan Institute of Advanced Studies (ICREA), Spain

目前对于情感由什么构成,情感与感知和行为之间的关系如何以及它们的功能角色是什么,尚未达成共识。本章从实用的角度出发,以机器情感的人工合成为出发点。从这个角度来看,情感将与动机和自我调节等概念相互联系,在行为与通信交流控制系统的调控中发挥关键作用。

人类世界不断取得科技进步。新的、复杂的工具使我们能够制造出精密的机器,其用途超出了直接实用的目的。根据国际机器人联合会(IFR)的数据,2015 年,个人和家用服务机器人销量为 540 万台,比上一年增长了 16%(Haegele,2016)。这些机器人的功能从家务(如真空吸尘或割草)、医疗或保健、教育,到伴侣、助手或玩具,不一而足(图 34.1)。事实上,到 2019 年底,机器人销量增至近 3000 万台。机器人将完全融入我们日常生活的未来近在眼前。然而,这也带来了一些挑战,因为机器人现在需要在动态社会环境中适应各种社会角色,而这些环境可能并不总是涉及定义明确的任务。

机器人与人类的互动需要表现出丰富的社交行为,遵循它们所承担角色的相关社交规则;它们还需要作为交流伙伴被人类理解和接受。这就提出了一个基本问题:机器人应该具备什么样的行为特征才能被人类同伴接受? 一种方法是遵循拟人化的启发式方法,要求机器人表现出与人类相似的行为和特征,例如,通过自然语言或手势和其他自然暗示进行交流的能力,以及表达和感知情绪的能力(Breazcal,2003)。

图 34.1　图中社交机器人扮演城市向导的角色，机器狗作为人类伴侣

图片来源：阿尔瓦罗·马丁内斯（Alvaro Martinez）。Copyright ©2017，SPECS_lab

　　但机器人是否有必要表现出与人类相似的行为和情感，如果是，人类与机器人的互动方式是否与同其他人类的互动方式相似？人机交互领域早期颇有影响的研究表明，人类倾向于将使用与人类相同社交规则的智能技术体视为同伴（Reeves and Nass，1998）。在设计与人类进行社交互动的机器人时，人们发现机器人的几乎所有方面都会影响这种互动，从物理外形到动作的速度和流畅性等。因此，发展倾向是设计拟人化社交机器人，因为它们能够提供直观的界面并满足社会期望（Duffy，2003）。外观并不是影响社会交互的唯一因素，机器人的行为也会系统地影响人们的感知和期望。这一领域的相关研究表明，对于社交机器人而言，它们的行为必须是自主的、透明的，并且与人类的行为相似，才能有效发挥功能。当机器人的行为是模仿人类时，它会鼓励人们与机器人进行直观的互动，而无须特殊训练。然而，当机器人违背了高度专门化的人类社会感知系统的期望时，我们必须避免其中暗藏的所谓"恐怖谷"效应（Mori，1970）。

　　无论机器人的主要角色是与人类进行社交互动，还是协助人类完成特定任务，它都需要采用与人际互动相似的交流和行为机制。例如，人类学习运用直觉上遵循的辅助语言提示和社会规则，因此社交机器人也需要这样做；它们不仅需要了解发生了什么，还需要利用类似的交流渠道，并将它们接收到的信息融入社会语境。更准确地说，在与人类的社交环境中，机器人应该能够建立并维持社交关系，学习和识别其他智能体和人类的状态，以及表达和感知情感。这就提出了一个重要的问题，即情感是什么，它们是否应该在生命机器实现过程中发挥任何作用。一方面，我们关注情感或评价的作用（Frijda，1987），它是以动机为基础的。在这里，后者设定了前者的背景（Verschure，2012），即食物是否会引发幸福感取决于消费者是饱还是饿。另一方面，情感评估的结果可以为内部处理提供信息，如学习、记忆和确定交流信号。这样，我们就可以区分认知情感和功利情感。因此，从这个角度来看，情感在行为组织中扮演着更深层的角色，而不仅仅是作为暗示线索系统。

一、生物学原理

达尔文提出，人类和一些动物物种使用相似的行为来表达情感（Darwin，1876）。表明这种能力的基础是一套共同的生物学原理。本章特别强调了动机与情感的密切关系。

（一）动机、目标和驱力

任何对理解、影响甚至模仿生物行为感兴趣（因此在机器人中予以实现）的人都必须从理解动机开始。为什么动物在不同（或相同）的条件下会有这样的行为？引导行为的"原动力"是什么？动机是"激发、指导和保持目标导向行为的过程"（Huitt，2001）或促使我们采取行动产生所谓的"为什么"的行为（Verschure，2012；另见 Verschure，第 35 章）。在本文提出的框架中，情感被视为以动机系统的状态为基础。

动机研究是一个非常丰富的领域，人们已经提出了各种不同的理论（Graham and Weiner，1996）。20 世纪初，心理学家威廉·麦克道格尔（William McDougall）提出了本能论（instinct theory）的概念，它植根于进化论，并假定有机体的某些行为方式是由其生物学行为所决定的。这一概念也影响了西格蒙德·弗洛伊德（Sigmund Freud）的精神分析论和洛伦兹（Lorenz）的行为学理论。尽管这一概念确实可以描述动物的行为，例如著名的洛伦兹印记实验，但它无法对其基础过程进行解释。动机唤醒理论（arousal theory）

（Lindsley，1951）认为，有机体以某种行为方式保持最佳唤醒水平，因个体特性或情况不同而不同。激励理论（incentive theory）假设，动物以某种方式行动是因为外部奖赏或惩罚，或称为激励（incentives）。激励可以是初级（不是学习的）和次级强化因素（它们在与其他主要激励措施相关联后成为奖赏因素）。根据这一理论，动物之所以行动是因为它们努力朝着寻求奖赏或享乐主义驱动的目标努力，这一观点也为许多机器学习模型提供了信息。该理论主要关注于动机控制以及通过这种行为的关联和学习。以马斯洛需求层次理论（Maslow，1943）为代表的动机人本论（humanistic theory）认为，需求可以按层次进行分类，从基本生存和生物需求到自我实现，如果较低需求得不到满足，就不能追求更高的需求。最后，驱力论（drive theory，也被称为驱力消减论）假设有机体未被满足的需求是动机的源泉，动物采取行动以满足需求（Hull，1943）。根据这一理论，所有生物体都需要处于平衡状态。环境变化会导致不平衡，而这种不平衡又会产生一种唤醒不愉快的感觉或紧张状态，称为驱力（drive）。一旦失去平衡，有机体就会试图从事减少这种内驱力的行为（因此被称为驱力消减）。根据这一理论，驱力主要有两种类型：原始驱力反映了生物性需求，次级驱力则是学习性驱力。我们可以看到，动机理论一般都暗指有机体保持"稳定状态"的能力。希波克拉底（Hippocrates）早在公元前 350 年就已经把健康等同于身心和谐，而 19 世纪的法国生理学家克劳德·伯纳德（Claude Bernard）则提出，有机体在面对外部环境波动时会保持其内环境或"环境"（milieu）的平衡。俄罗斯生理学家伊万·巴甫洛夫（Ivan Pavlov）把稳态（stasis）的概念概括为有机体与外部环境之间的关系。

（二）内稳态与非稳态

根据美国生理学家沃尔特·坎农（Walter Cannon）的说法，维持生物体稳定状态的生理协调过程可以称为内稳态（homeostasis）（Cannon，1932）。内稳态是指通过负反馈来控制生理过程，使其保持在一定的范围内：传感器检测系统的状态，并与参考值进行比较，然后产生与差值成比例的控制信号，从而驱动细胞、组织、器官或整个有机体减少所能检测到的差异。因此，内稳态（或"同一状态"）是动力系统通过自我调节以实现稳定性。坎农着重研究了对生命体生物化学至关重要的五种内稳态过程，涉及 pH、温度、血浆渗透压、葡萄糖和钙等基本变量。而且相信其他生理过程也遵循类似的原则。

内稳态本质上是基于预先定义的反应性负反馈系统，它把预期和学习排除在外。此外，当存在部分冲突的许多基本变量必须受到调控时，就提出了可扩展性问题。由此产生的结果是，提出了非稳态（allostasis）的补充概念，即通过变化实现稳定，特别是改变基本变量通过学习和预期所保持的边界（Sterling and Eyer，1988）。例如，动物为了躲避捕食者，可以容忍葡萄糖缺乏。生物体将基本变量维持在其设定位点的成本称为非稳态负荷。尽管内稳态过程是独立和自主的，但在非稳态的情况下，自动调控必须依赖于中央控制系统，即大脑。

（三）情感和影响

情感与感觉和心情相互联系，具有非常突出的现象；它们是具有不同强度和性质的体验。情感（emotion）被视为是短暂的，直接指向某人或某物，心情（mood）则是持续时间较长、强度较低、通常缺乏即时触发刺激的感觉。情感可以激活和引导恐惧和愤怒等行为。虽然情感大多伴随着动机行为，但它们在触发方式上有着根本区别：动机依赖于内部需求，但情感在缺乏预先需求和目标的情况下可以由各种外部刺激引起。情感是一个复杂的事件，它为行动创造准备，由几个不同部分组成（Frijda，1988）。情感通常始于对某一特定情境或刺激的评价（appraisal），即对情境或刺激与需求、目标和幸福感关系的解释。这种评价可以区分各种情感，并形成其特定性质。情感的其他组成部分包括相关的思想和行动倾向及身体反应，并通常伴有面部表情，最后旨在应对或响应情感状态的反应。所有这些单独组分本身都不能被视为情感；相反，情感是复杂的，是所有这些组分相互作用的结果。

迄今为止，情感一直是个有争议的话题，因为对它的定义和基本过程还没有达成一致。事实上，关于情感及其属性有很多不同的定义，因此需要一个广泛的定义来包含其最重要的内容。尽管缺乏普遍共识，但情感通常是对个人相关事件的反应（Frijda，1988）。对一些人来说，情感是感情刺激躯体反应的结果，正如经典的詹姆斯–兰格理论（James-Lange theory）所假设的那样。这一理论受到沃尔特·坎农和菲利普·巴德（Philip Bard）的严厉批评，因为情感体验似乎先于身体变化的发生，可以看作是同时激活生理反应和从感觉信息中识别情感线索的结果。达马西奥（Damasio）在他的畅销书《笛卡尔的错误》（*Descartes Error*）中重新提出了詹姆斯-兰格以身体为中心的情感观点，认为情感是以躯体标记物为基础的，但最近作者在神经科学证据面前改变了观点，詹姆斯-兰格理论的现有地位再次面临争论。最新研究证实了身体反应和情感之间的联系，因为前者似乎能够影响后者；然而，身体反应似乎不是情感的起因。虽然情感并不是直接来源于躯体反应，但它们被认为与躯体反应有关。其他理论家支持这样一种观点，即情感是一种体验，服从于接近-逃避连续行为中的动机情境：行为旨在接近或远离刺激，因此情感是所有具有高强度和享乐性特征的体验（Cabanac，2002），将能够使动物接近或远离刺激（Rolls，2000）。关于情感的另外的基本问题是，情感是独立的还是连续的、普遍的还是偶然的，是否取决于局部情景。美国心理学家保罗·埃克曼（Paul Ekman）确定了六种基本的独立情感：愤怒、厌恶、恐惧、快乐、悲伤和惊讶，这些情感存在于大多数人类文化中，并被认为是原始的和普遍的（Ekman，1992）。这些基本情感被认为是与生俱来的，与其他更复杂的情感有着根本的不同，因为它们可以单独表达，并表现出不同的行为、生理和神经反应（Colombetti，2009）。相比之下，连续情感是由一个或多个维度定义的，如效价/唤起（valence/arousal），前者在积极（快乐）到消极（悲伤）维度上定义情感质量，后者定义情感强度（Russell，1980）。

最近，情感的神经机制越来越受到科学界的关注，尤其是强调了颞叶内侧杏仁核的作用（LeDoux，2000，2012；Scherer，1993）。事实上，人们已经提出杏仁核可以被看作是一个通用的效价分配系统，它介导了脑干和中脑的原始行为控制系统以及大脑新皮质的感知和认知系统。贾亚克·潘克塞普（Jaak Panksepp）提出了另一个有影响力的观点，定义了中脑/脑干产生的七种基本情感：关心、担心、欲望、愤怒、恐慌、玩乐和追求（Panksepp and Biven，2012）。这些情感被视为构成了整个情感的基础，并与适应性行为调节联系在一起。相反，克雷格（Craig）重点强调了前岛叶皮质结构，认为它代表了广泛的主观状态，包括与简单和复杂情感相关的感觉（Craig，2009）。这表明情感依赖于从脑干到额叶皮质的广泛的层次系统,应该从大脑整体架构而不是单一模块的角度来考虑情感(Verschure,2012)。

尽管这些定义不同,但在情感涉及某种评价的情况下,即不论某件事是好是坏,是奖赏还是惩罚,甚至是会为之努力或逃避,有些不变量且非常突出。这也被认为是一种情感学习形式(LeDoux,2012)。无脊椎动物和脊椎动物需要在它们的环境中实时学习才能生存。例如,在经典条件反射中,在线虫、海兔(海蛞蝓)和蛾类中都观察到了情感学习的行为特征。生存不仅需要确定环境中哪些刺激与行为相关,即评价,而且还需要确定如何相应地改变行为,即行动的准备和塑造。大脑对这些刺激及相关行为的表达方式一直是经典条件反射和操作性条件反射研究的主题(LeDoux,2012)。一般来说,我们发现这两种情况下的学习都依赖于激励性刺激,如食物或电击,从而触发学习和记忆的门控机制。门控机制利用起源于皮质下结构的神经调节系统,如腹侧被盖区、梅纳特基底核(NBM)或蓝斑核。在大脑计算上,人们可以将这些系统解释为发出“立即打印”的信号来调节突触可塑性,允许局部学习规则受到全局机制的控制(Sánchez-Montañés et al.,2002)。事实上,许多机器学习方法都体现了这一原理。例如,在一个听觉经典条件反射的模型中,杏仁核提供情感评价以驱动梅纳特基底核,从而促进初级听觉皮质的学习,并重塑感受野以便更好地检测可预测电击的音调。该模型与 AI 中的学习生理学理论相一致,并证明了即使在刺激采样存在噪声或不均匀的情况下,也能形成和调整非常鲁棒的音调图(Sánchez-Montañés et al.,2002)。这个例子证实了认识论的影响,即重塑 AI 音调表征,依赖于杏仁核在激励性刺激驱动下实现的刺激评价。这说明了从系统角度开展情感研究的最新趋势,因为情感可以改变感知、动机优先次序、学习、注意、记忆和决策(Dalgleish,2004;Verschure,2012)。因此,情感可以通过表达个体的内在状态(外在/功利情感)在交流辅助中发挥重要作用,从而对感知、认知和行为(内在的/认识的)进行组织。

二、仿生系统

现在我们回到动机和情感系统在机器人中的地位作用问题。迄今为止,研究重点一直放在功利情感的表现和认识上。然而,如上所述,赋予人工智能体情感机制的一个很好理由是，它们可以改变感知、动机优先次序和行动选择，帮助克服动态环境中的不确定性和偏差（Fellous and Arbib，2005；Verschure *et al.*，1992）。

受驱力动机理论或行为学的启发，许多机器人系统被赋予了内稳态机制，其中的每个驱力都需要保持平衡，它们的行动选择机制就是旨在实现这一点（Breazeal and Brooks，2005）。例如，有人认为，动机系统不但能让机器人成功完成任务，而且能专注于预定的目标，促进与人类的交流互动（Stoytchev and Arkin，2004）。第一个机器人控制模型明确地将感觉运动映射的联想学习与动机和情感结合起来，从而将经典条件反射模型映射到觅食机器人（Verschure *et al.*，1992）。在这里，碰撞和奖励等简单刺激可以分别触发负面和正面效价的内部状态，进而触发逃避或接近行为。这一评价反过来对认识学习过程进行门控，从而使得预测这些简单动作的中性刺激可能与相同行为相关联。这种模式已经明确关联到一种非常前卫的人类接近性人工有机体"ADA：感知空间"的功利情感（Eng *et al.*，2005；Wassermann *et al.*，2003）。ADA 是为 2002 年瑞士国家博览会开发的机器人，共接待了 50 多万名参观者。ADA 的主要目标是实现与参观者强烈和一致的互动；ADA 的行为系统由三个主要驱力（生存、识别和互动）组成，其情感状态实时反映了这一内稳态系统所受的扰动。在每一个周期中，ADA 都在计算总体幸福感，并使用这个值来确定所选的行动是否导致驱力的消减。ADA 的情感状态反映了驱力消减时的误差，并在博览会上通过声光组合予以表现。因此，这种人造物通过保持内稳态的驱力来最大化其自身目标函数（或最大化"幸福感"），同时通过外化其功利情感来传达这一过程，从而以消减驱力的方式影响参观者的行为。

在觅食及人机交互（HRI）场景的机器人模型中，内稳态和非稳态的交互作用已经扩展到行为控制。通过内稳态和非稳态水平控制的结合，动物可以执行复杂的现实世界任务，如觅食、调节内部状态、保持与环境的动态稳定性等。此类系统已在社交智能体（Lallee *et al.*，2014；Vouloutsi *et al.*，2013）以及执行觅食任务的机器人（Sánchez-Fibla *et al.*，2010）中实现。在这种场景中，每种驱力都受到其内稳态的影响；但适应是通过非稳态实现的，因为内稳态限制可以根据系统的总体需求进行调整（图 34.2）。

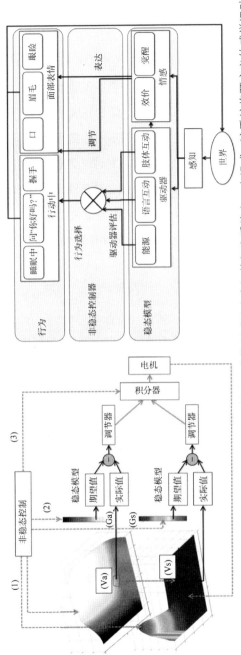

图 34.2　左图：大鼠觅食模型中的非稳态控制器示例。反应性非稳态控制系统由专门的行为系统（BS）组成，该系统格预定义的感觉运动映射射与基于机体需要的内稳态驱动消减机制结合起来，服务于自我稳定（SEF）。为了将需求映射到行为中，BS 提供确定探索系性 SEF 的开放空间。各 BS，是由功能可见性梯度所称为"功能可见性梯度"。这里我们的内稳态驱动梯度。这里我们考虑（内部表示的）"吸引力"，包括支持差异映射到的位置或确定探索系性 SEF 的初始位置将下一个动作定义为执行梯度上升以达到 SEF。跨越不同 BS 的集成整合，从而明确所发出的特定行为。非稳态控制器通过调节功能可见性梯度 SEF，SEF 期望值（2）和（或）实际值（3），调控 BS 的内稳态动力学，从而设定与环境需求和环境机会定义的优先次序。右图：类人机器人行为生成系统的详细示意图。当世界被感知时，它会影响机器人的驱动（内稳态子系统）和情感。每个驱动力的内稳态值由非稳态控制，该控制器选择满足需要满足的驱动力并予以执行。图中所示的行为为只是用于说明基本原理的子集示例。同时，情感也会根据环境满足和驱动力的全局满意度不断更新。反过来，情感通过面部表达表达并调控动作的执行

图片来源：左图：转载自 Advances in Complex Systems, 13 (3), Marti Sanchez-Fibla, Ulysses Bernadet, Erez Wasserman, Tatiana Pelc, Matti Mintz, Jadin C. Jackson, Carien lansink, Cyriel Pennartz, and Paul F. M. J. Verschure, Allostatic Control For Robot Behavior Regulation: A Comparative Rodent-Robot Study, pp. 377-403, doi: 10.1142/S0219525910002621, Copyright © 2010 The Company of Biologists. 右图：改编自 Stephane Lallee, Vasiliki Vouloutis, Maria Blancas Munoz, Klaudia Grechuta, Jordi-Ysard Puigbo Llobet, Marina Sarda, and Paul F. M. J. Verschure, Towards the synthetic self: making others perceive me as another, Paladyn, Journal of Behavioral Robotics, 6 (1), pp. 136-164, doi: 10.1515/pjbr-2015-0010, Copyright © 2015, The Authors. Reprinted under the terms of the Creative Commons Attribution License, which permits unrestricted use, distribution, and reproduction in any medium, provided the original author and source are credited

　　根据我们的分析，机器人运用情感机制有两方面的原因。一方面，机器人能够利用功利情感以人类可读取的方式（通过面部表情、身体姿势或语言韵律特征）来传达其内部状态。当机器人微笑或显示出悲伤的表情时，人们可以很容易地识别这些表情，评估相关情况，了解引发这种情感表现的原因，并增加交互的透明性。但这种透明性是这些功利情感与机器人动机状态的连贯性结合，例如，在 ADA 系统中的使用。另一方面，情感系统影响当前和未来的内部状态、评价和行动倾向，因为它们可能提供不同的奖惩信号以及相关的影响。实施驱力和评价机制系统并结合功利和认知情感，能够很好地满足机器人的许多能力要求。驱力和目标是激励行为的必要条件，情感是评价情境、组织行为以及确定交流信号的必要条件，两者都是促进交互和适应的有效机制。然而，我们也看到，情感概念具有集成性架构的属性（见Verschure，第 35 章），而不是孤立的情感模块。

三、未来发展方向

　　让适合社交的机器人融入我们的日常生活具有很多潜在益处，机器人可以体现为心智和大脑模型，不仅在工业领域而且在科学领域都创造了许多机遇。这些应用给生命机器和人工智能领域带来了有趣的挑战，因为与人类进行社会交互的机器人，需要从环境中学习，理解复杂的社会互动，并能够对人类的意图和行为进行推理。心理学家和社会科学家也可以从中受益，因为机器人可以成为心理、情感和交流模型的试验平台，帮助我们在未来的人–机混合社会中了解自己。在机器人中实现高级功能（或让机器人执行特定任务）的最新趋势是重新回到生物学理论，研究和理解在任务中表现优异或展示出相关功能的生物体的大脑和行为机制。因此，科学家可以通过在机器人复制品上实现基于生物学的行为模型，并对其进行评估。社交机器人领域应该是心理学家、社会科学家、神经科学家和工程师密切合作的结果；只有这样，我们才能更接近实现功能齐全的社会性生命机器。

四、拓展阅读

　　潘克塞普和毕文（Panksepp and Biven，2012）所著的《心灵考古学：

人类情感的神经进化起源》(*The Archaeology of Mind: Neuroevolutionary Origins of Human Emotions*)一书将人类神经科学研究和动物研究相结合,为了解情感提供了非常有见地的分析。作者在书中确定了哺乳动物之间的共同情感回路,表明人类并不是唯一能够产生情感的生物。巴德·克雷格(Bud Craig,2014)在《你感觉如何?神经生物学自我内感受时刻》(*How Do You Feel? An Interoceptive Moment with Your Neurobiological Self*)一书中,对感觉和情感的神经关联性进行了补充分析。有关情感和机器人之间关系的详细概述,可参阅费洛斯和阿比卜(Fellous and Arbib,2005)的《谁需要情感?当大脑遇到机器人》(*Who Needs Emotions? The Brain Meets the Robot*)。有关情感研究和情感计算的一般资源请访问 http://emotion research.net/。最后,关于社交机器人的一篇有趣的综述可以阅读方等的论文(Fong *et al.*, 2003),作者提供了与机器人设计、外观和行为主题,以及情感系统和人格在人机交互中作用的大量相关信息和资源。

致谢

本章的撰写得到了欧盟第七框架计划(EC FP7)中 WYSIWYD(FP7-ICT-612139)、EASTEL(FP7-ICT-611971)项目和欧盟地平线 2020 计划(EC H2020 ERC)中 cDAC(341196)项目的支持。

参 考 文 献

Breazeal, C. (2003). Emotion and sociable humanoid robots. *International Journal of Human-Computer Studies*, 59(1), 119–55.

Breazeal, C. and Brooks, R. (2005). Robot emotion: a functional perspective. In: J.-M. Fellous and M. A. Arbib (eds), *Who needs emotions? The brain meets the robot*. Oxford: Oxford University Press, pp. 271–310. Available at: http://excedrin.media.mit.edu/wp-content/uploads/sites/14/2013/07/Breazeal-Brooks-03.pdf [Accessed October 21, 2014].

Cabanac, M. (2002). What is emotion? *Behavioural Processes*, 60(2), 69–83. Available at: http://www.ncbi.nlm.nih.gov/pubmed/12426062.

Cannon, W. B. (1932). *The wisdom of the body*. New York: W.W. Norton & Company, Inc. Available at: http://books.google.gr/books?id=zdkEAQAAIAAJ.

Colombetti, G. (2009). From affect programs to dynamical discrete emotions. *Philosophical Psychology*, 22(4), 407–25.

Craig, A. D. (2009). How do you feel—now? The anterior insula and human awareness. *Nature Reviews Neuroscience*, 10(1), 59–70. Available at: papers3://publication/uuid/2CB3E0C6-D12A-4CD4-976C-4EB906C77CF1%5Cnhttp://www.nature.com/doifinder/10.1038/nrn2555.

Craig, A. D. (2014). *How do you feel? An interoceptive moment with your neurobiological self*. Princeton: Princeton University Press.

Dalgleish, T. (2004). The emotional brain. *Nat. Rev. Neurosci.*, 5(7), 583–9.

Damásio, A. R. (1994). *Descartes' error: emotion, reason and the human brain.* New York: Putnam. ISBN 0-399-13894-3

Darwin, C. (1876). *The Expression of the Emotions in Man and Animals.* London: Penguin Classics.

Duffy, B.R. (2003). Anthropomorphism and the social robot. *Robotics and Autonomous Systems,* 42 (3–4), 177–90. Available at: http://linkinghub.elsevier.com/retrieve/pii/S0921889002003743 [Accessed August 28, 2014].

Ekman, P. (1992). An argument for basic emotions. *Cognition & Emotion,* 6(3–4), 169–200.

Eng, K. E. K., Douglas, R. J., and Verschure, P. F. M. J. (2005). An interactive space that learns to influence human behavior. *IEEE Transactions on Systems Man and Cybernetics Part A Systems and Humans,* 35(1), 66–77. Available at: http://ieeexplore.ieee.org/lpdocs/epic03/wrapper. htm?arnumber=1369346.

Fellous, J. M., and Arbib, M. A. (2005). *Who needs emotions?: The brain meets the robot.* Oxford: Oxford University Press. Available at: http://books.google.com/books?hl=fr&lr=& id=TvDi5V03b4IC&oi=fnd&pg=PR11&dq=Emotions:+from+brain+to+robot&ots=7kJ2_ bXXqe&sig=IHdFhtmBKnHn5xFzJDq_C9aSUs4.

Fong, T., Nourbakhsh, I., and Dautenhahn, K. (2003). A survey of socially interactive robots. *Robotics and Autonomous Systems,* 42(3–4), 143–66. Available at: http://linkinghub.elsevier.com/retrieve/pii/ S092188900200372X [Accessed March 1, 2012].

Frijda, N. H. (1987). *The emotions.* Cambridge, UK: Cambridge University Press. Available at: http:// books.google.com/books?hl=fr&lr=&id=QkNuuVf-pBMC&oi=fnd&pg=PR11&dq=The+Emotions+fr idja&ots=BJK9l47qRv&sig=Vo9cOIwN_xy5MROqREJI_vtjafg.

Frijda, N. H. (1988). The laws of emotion. *American Psychologist,* 43(5), 349–58. Available at: http://doi. apa.org/getdoi.cfm?doi=10.1037/0003-066X.43.5.349.

Graham, S., and Weiner, B. (1996). Theories and principles of motivation. In: P. A. Alexander and P. H. Winnhe (eds), *Handbook of Educational Psychology.* Abingdon, UK: Routledge, pp. 63–84.

Haegele, M. (2016). *World Robotics Service Robots 2016.* Frankfurt am Main: International Federation of Robotics.

Huitt, W. (2001). Motivation to learn: An overview. *Educational psychology interactive,* 12. Valdosta, GA: Valdosta State University. Available at: http://chiron.valdosta.edu/whuitt/col/motivation/ motivate.html

Hull, C. (1943). *Principles of behavior.* New York: Appleton-Century-Crofts. Available at: http://www. citeulike.org/group/2050/article/1282878.

Lallee, S., Vouloutsi, V., Munoz, M. B., Grechuta, K., Puigbo Llobet, J.-Y., Sarda, M., and Verschure, P. F. M. J. (2014). Towards the synthetic self: making others perceive me as another. *Paladyn, Journal of Behavioral Robotics,* 6(1), 136–164. doi: 10.1515/pjbr-2015-0010

LeDoux, J. (2012). Rethinking the emotional brain. *Neuron,* 73(4), 653–76. Available at: http:// linkinghub.elsevier.com/retrieve/pii/S0896627312001298 [Accessed February 29, 2012].

LeDoux, J. E. (2000). Emotion circuits in the brain. *Annu. Rev. Neurosci.,* 23, 155–84.

Lindsley, D. B. (1951). Emotion. In: S. S. Stevens (ed.), *Handbook of experimental psychology.* New York: John Wiley & Sons, pp. 473–516.

Maslow, A. H. (1943). A theory of human motivation. *Psychological Review,* 50(4), 370. Available at: http://scholar.google.com/scholar?q=A+theory+of+human+motivation&btnG=&hl=fr&as_ sdt=0#0.

Mori, M. (1970). Bukimi no tani [The uncanny valley], *Energy*[Online], 7(4), 33–5.

Panksepp, J., and Biven, L. (2012). *The Archaeology of Mind: Neuroevolutionary Origins of Human Emotions.* Norton Series on Interpersonal Neurobiology. New York: WW Norton & Company.

Reeves, B., and Nass, C. (1998). The media equation. In: B. Reeves and C. Nass, *The Media Equation: How People Treat Computers, Television, and New Media Like Real People and Places.* Stanford, CA: The Center for the Study of Language and Information Publications, pp. 19–36.

Rolls, E. T. (2000). Précis of The brain and emotion. *The Behavioral and Brain Sciences,* 23(2), 177–91; discussion 192–233.

Russell, J. A. (1980). A circumplex model of affect.pdf. *Journal of Personality And Social Psychology*, 39(6), 1161–78.

Sánchez-Fibla, M., Bernadet, U., Wasserman, E., Pelc, T., Mintz, M., Jackson, J. C., Lansink, C., Pennartz, C., and Verschure, P. F. M. J. (2010). Allostatic control for robot behavior regulation: a comparative rodent-robot study. *Advances in Complex Systems*, 13(3), 377–403. Available at: http://www.worldscientific.com/doi/abs/10.1142/S0219525910002621.

Sánchez-Montañés, M. A., König, P., and Verschure, P. F. M. J. (2002). Learning sensory maps with real-world stimuli in real time using a biophysically realistic learning rule. *IEEE Transactions on Neural Networks*, 13(3), 619–32.

Scherer, K. R. (1993). Neuroscience projections to current debates in emotion psychology. *Cognition & Emotion*, 7(1), 1–41. Available at: http://www.tandfonline.com/doi/abs/10.1080/02699939308409174.

Sterling, P., and Eyer, J. (1988). Allostasis: a new paradigm to explain arousal pathology. In: S. Fisher and J. Reason (eds), Handbook of life stress, cognition and health. New York: John Wiley & Sons, pp. 629–49.

Stoytchev, A., and Arkin, R. C. (2004). Incorporating motivation in a hybrid robot architecture. *Journal of Advanced Computational Intelligence and Intelligent Informatics*, 8, 290–5. Available at: http://www.ece.iastate.edu/~alexs/papers/JACI_2004/JACI_2004.pdf.

Verschure, P. (2012). Distributed adaptive control: a theory of the mind, brain, body nexus. *Biologically Inspired Cognitive Architectures*, 1(1), 55–72. Available at: http://www.sciencedirect.com/science/article/pii/S2212683X12000102 [Accessed October 21, 2014].

Verschure, P., Kröse, B. J. A., and Pfeifer, R. (1992). Distributed adaptive control: The self-organization of structured behavior. *Robotics and Autonomous Systems*, 9(3), 181–96. Available at: http://www.sciencedirect.com/science/article/pii/0921889092900543.

Vouloutsi, V., Lallée, S., and Verschure, P. F. M. J. (2013). Modulating behaviors using allostatic control. In: N. F. Lepora, A. Mura, H. G. Krapp, P. F. M. J. Verschure, and T. J. Prescott (eds), *Biomimetic and Biohybrid Systems*. Living Machines 2013. Lecture Notes in Computer Science, vol 8064. Berlin/Heidelberg: Springer, pp. 287–98.

Wassermann, K., Eng, K., and Verschure, P. F. M. J. (2003). Live soundscape composition based on synthetic emotions. In: *IEEE Computer Society*. IEEE, pp. 82–90.

第35章
心智与大脑架构

Paul F. M. J. Verschure

SPECS, Institute for Bioengineering of Catalonia (IBEC), the Barcelona
Institute of Science and Technology (BIST), and Catalan Institute of Advanced
Studies (ICREA), Spain

　　"架构"（architecture）一词的词源可以追溯到希腊语"ἀρχιτέκτων"（建筑师，arkhitéktōn，"architect"）或"ἀρχι-"（主，arkhi-，"chief"）和"τέκτων"（建筑师，téktōn，"builder"）。因此，架构是指首席构建者基于隐式或显式总体计划或蓝图实现的产物。因此，"架构"的问题涉及深入了解将组件和过程组织成完整结构或系统的蓝图。建筑架构将物质塑造成有与人类相容的功能可见性，并从物理实例中虚拟化其功能。当我们致力于描述、模拟或合成多组分生物系统——合成身体和大脑时，架构问题就变得密切相关起来。人体由 206 块骨头、640 多块肌肉和约 78 个器官组成[①]。人脑是人体最重要的器官之一，由约 900 亿个神经元组成（Herculano-Houzel，2009），这些神经元排列成 9 个主要脑区[②]，产生至少包含 7 个不同过程的人类心智[③]。了解这些结构及相关过程的组织是心智和大脑架构的重要研究领域。这表明在架构研究中，我们将需要遵循笛卡儿二元论的两种主要方法：可思之物（res cogitans of the mind）的功能架构，如认知架构；身体和大脑广延之物（res extensa of the body and brain）的物质架构，如大脑架构。这立即将我们引向了如何连接这两个主要领域，并确定它们所实现的虚拟化的首要挑战。

　　架构将组件或模块组织成功能整体，其系统水平的特性超出了单纯聚集

---

　　① 列举的这些数字具体取决于所采取的特定定义。

　　② 从尾侧（尾）到喙侧（鼻），我们可以区分以下主要发育分区和主要结构。延髓：髓质；后脑：脑桥、小脑；中脑：上丘、中央灰质、黑质；间脑：下丘脑、丘脑；端脑：大脑皮质、基底神经节、边缘系统。

　　③ 可以简单地区分为动机、情感、感知、记忆、认知、行动和意识。

体的特性。类似地，架构组成了不同层次的组织和描述，并为所生成的系统增加特定的操作功能。我们可以考虑资源分配和管理、组件激活（失活）的调控、信息交换、监控组件发挥（丧失）功能所需的协议和系统等过程。同样，架构的组件必须进行功能封装，以支持特定操作的虚拟化和本地化，显示系统水平的透明度，以促进它们与操作相关状态的集成和交换。首先，架构必须平衡其多尺度功能的物理实现。当提出一个关于心智与大脑功能与结构组织的综合系统层面的观点时，"架构"是一个基本概念，并且始终保持一致。

一、历史发展

复合心智观可以追溯到古典时代。例如，柏拉图（Plato）的《斐多》（*Phaedo*，公元前 360 年）和《共和》（*Republic*，公元前 380 年）勾勒了一种先天论的心智（或灵魂）观，即理性与欲望激情及肉体非理性灵魂精神的对立。在希波克拉底（Hippocrates，约公元前 400 年）和盖伦（Galen，约公元 150 年）的作品中都可以发现这种智能与大脑的联系，盖伦提出存在一种沿脑室分布的特殊功能组织，这种观点在随后 1500 年里一直占据主流地位。第一次尝试从综合比较视角对行为进行定义的是加拿大进化生物学家乔治·罗曼斯（George Romanes），他在 19 世纪受到达尔文革命的启发，把从阿米巴虫到人类的行为看作是反射、本能和理性等各种功能的混合体（Romanes，1888）。对大脑多层特定组织的首个明确表述来自英国神经学家约翰·豪林斯·杰克逊（John Heulings Jackson），他在 1884 年的英国皇家学会克罗尼安讲座（Croonian lecture）中提出，高级的运动中心重新反映了低级运动中心的特性。在同一时期，"大脑架构"的概念已经被人们使用，正如米克尔（Mickle）1895 年在英国医学会的主席演讲中所说的那样，而当时美国的顶尖大脑解剖学家爱德华·斯皮茨卡（Edward Spitzka）把他对大脑结构的研究描述为大脑架构科学。在俄罗斯，伊万·巴甫洛夫（Ivan Pavlov）将负责经典条件反射的大脑功能组织予以总结，认为其包括了提供刺激–反应反射的皮质下区域，而这些区域又被在"皮质分析器"水平上形成的关联所取代。同一时期，欧洲结构主义学派运用心理物理相关方法提出了感知、认知和行动的功能模型。例如，荷兰生理学家唐德斯（Donders）使用心理测时法（mental chronometry）发现，信息处理沿检测、识别和决策的离散阶段进行（Jensen，2006）。

20 世纪初，受到行为学家寻求适应性行为操作规律的教条主义的影响，没有关于心智或大脑组织的任何精细模型被提出。认知行为学家赫尔（Hull）和托尔曼（Tolman）打破了这一传统，提出了心智功能组织的详细模型。前者定义了由 17 个不同部分组成的并行处理复杂方案，可将刺激映射到反应之中（Hull，1952）。托尔曼所谓的"潮虫"（sowbug）是目标导向行动具身化模型的早期代表，他采用了一种假想的合成有机体（Tolman，1939）。因此，随着心智和大脑研究超越最初的简单模型，涌现出了对概念的需求，这些概念将有助于对结构和功能之间关系进行连贯描述。"架构"概念正好提供了这样一座桥梁。

二、心智架构

直到 20 世纪中叶，人们才从架构的角度提出关于心智和大脑组织的理论。其中的关键转变是计算机及相关硬件和软件组织的出现。随着第二次世界大战期间可编程电子计算机器的发展，例如，英国的"巨像"（Colossus）和 ACE 计算机（深受图灵的影响），美国的哈佛大学"马克一号"（Mark Ⅰ）和 ENIAC 计算机，根本性的问题变成了如何设计这些机器。其中最为流行并且今天仍然主导当代计算机设计的观点，现在被称为冯·诺依曼（Von Neumann）架构。

冯·诺依曼关于存储程序的突破性概念是与埃克特（Eckert）和莫奇利（Mauchly）合作提出的，灵感来自图灵早期的工作（von Neumann，1945/1993）。第一台存储程序计算机 EDVAC（离散变量自动电子计算机）的处理单元通过通信接口或总线访问存储器单元，从而访问和存储数据以及检索指令。需要注意的是，冯·诺依曼并没有提到架构，而是从神经系统的角度来比较 EDVAC 的运行。

"架构"概念首次出现在计算机文献中是 IBM 公司对其 Stretch 超级计算机的描述，用来表示对数据格式、指令集、硬件属性和优化等功能与结构的综合描述（Brooks，1962）。因此，架构的概念描述了设计和构建计算机的不同抽象层，从应用程序和编程语言到操作系统和指令集，以及底层设备及其实现的物理虚拟化功能。

计算机革命带来了一个新的暗喻来解释心智和大脑，它与对行为主义教条的不满相结合，创造了范式转换的条件：由计算机暗喻驱动的认知革命。这种转变意味着现在心智也可以分解为抽象过程。早期认知模型是从架构角度来识别一些特定的心智过程，包括纽厄尔（Newell）、肖（Shaw）和西蒙（Simon）提出的通用问题解算机（general problem solver，GPS），费根鲍姆（Feigenbaum）和西蒙（Simon）提出的基本感知及记忆程序（EPAM），以及安德森（Anderson）的思维自适应控制（adaptive control of thought）模型（见 Langley et al.，2009）。纽厄尔和西蒙将这些模型的基本思想概括为物理符号系统，它包括物理状态的传递、符号和表达式的记忆以及可以改变这些表达式的运算符。这种方法的基本建议是，解决问题就是搜索。所有的认知模型都是在"有效的老式人工智能"（GOFAI）遵循 GPS 模型发展起来的。这一模型在艾伦·纽厄尔（Allen Newell）关于认知统一论（unified theory of cognition，UTC）及其候选的 SOAR 理论（Newell，1990）等颇具影响力的著作中达到顶峰，其挑战是通过一套针对所有认知行为的单一机制来回答"伟大的心理数据难题"。纽厄尔还设计了一个评判标准清单，任何有望成为UTC 的认知架构都必须满足这些检验标准：

（1）根据环境功能灵活地行动（随机应变）。

（2）表现出适应性（理性、目标导向）行为。

（3）实时运行。

（4）在丰富、复杂、详尽的环境中运行。

（5）使用符号和抽象。

（6）使用语言。

（7）从环境和经验中学习。

（8）通过发展获得能力。

（9）自主运行，但局限于一个社会群体。

（10）要有自主件（self-ware）和自我意识。

（11）可以作为一个神经系统来实现。

（12）可由胚胎发育过程构建。

（13）通过进化而产生（Newell，1990，p.19）。

这是一个非常巨大的挑战，事实上到目前为止还没有人获得成功，甚至不知道如何在生物或合成生命机器中准确测量这些特性。

大卫·马尔（David Marr）提出了关于如何定义认知架构的另一种观点，他也着眼于后来被称为计算神经科学的领域，他认为，为了理解信息处理，以视觉为例，我们应该区分三个不同的层次或问题：关于系统做什么的计算问题，关于系统所使用的表达和算法的问题，以及系统在硬件中实现方式的问题（Marr，1982）。

GOFAI计算机暗喻及认知架构相关定义是功能主义（functionalism）的代表性例子：对心智的解释是建立在基本元素的功能角色上，而不是建立在它们的内在组织和（或）实现上。我们可以考虑用程序规则和符号来解释计算机的操作，而不是用硬件电路内移动的电子来解释。因此，GOFAI的架构概念规定了一个自上向下的规范过程，其最终实现对高级功能没有相关约束。这意味着其实现可以遵循多种实例，以计算为例，它可以在当代的各类计算机器上实现，从台式机到笔记本电脑，从电话到单片机，再到加法器、计算尺或算盘等：虽然硬件不同，但功能相同。架构这一强大概念定义了从结构到功能的抽象层，因此，这些层面的解释优势具有强烈的偏差，即抽象计算优于物理实现。

GOFAI已经被自称受生物学启发的方法所取代，如并行分布式处理的连接主义（connectionism）、神经网络、基于行为的机器人学，以及人工生命。这是由于GOFAI无法克服一些基本的挑战，如符号接地问题和参照系问题（Verschure，1996）。然而，架构概念陷入了困境，各种模型现在都被宣传为架构，例如，面向机器人的包容架构和一系列连接主义模型（Pfeifer and Scheier，1999）。这在很大程度上表达了一种愿望而不是实现。在这个以生物暗喻为主导的时期，没有一项提议能够作为大脑和身体的科学理论而幸存下来。这主要是因为全盘否定了定义这一新运动的GOFAI。然而，他们已经将架构在身体和大脑中的具身化和物理实例化问题牢牢地提上了日程（Chiel and Beer，1997）。这一转变重申了纽厄尔测试的核心原则，并打开了一扇仿生学视角的大门，用心智综合架构来解释生物认知。

从心智/理性转变到以身体/行为为中心的视角，对于 GOFAI 和冯·诺依曼框架所引入的架构概念有着重要的影响：严格的自上而下的规范和多实例化现在必须通过自下而上的考虑来增强，特别是如何协调这两种逆向的操作流。例如，如果在认知架构执行的操作中包含身体本身的形态，然后将约束计算实例化，我们就必须考虑架构抽象层之间的双向约束交换。我们还可以考虑硬件维护其各组件的特定需求，如代谢需求，就整体功能而言这些需求应该虚拟化，无论是完成铁人三项比赛还是撰写一章书稿。

换言之，身体和大脑对于解释心智可以执行的心理操作也很重要。另一个考虑是，身体和大脑依次在多个尺度上组织：从调节生物记忆的 CaM 激酶和微管之间的原子相互作用，到支持神经元信号转导的细胞内过程，再到多个大脑系统的相互作用，以及物理、社会和文化环境需求。从这个角度来看，我们必须考虑一个系统的认知水平或知识水平（Newell，1990）只是众多组织和描述中的一个层次。这种身体、大脑和心智的多尺度组织表明，我们必须从严格的自上而下的计算视图（实际上到目前为止仍无法解释心智或大脑）转变为一种混合视角的架构，其中身体、大脑和环境在多个尺度上紧密耦合和动态调节，而不是遵循静态层次结构关系。我们可以将"心智"视为该架构的虚拟化层（Verschure，2012）。

三、大脑架构

目前对于大脑的架构组织只有很少一些合乎逻辑的建议（Edelman，1989；Merker，2007；Vanderwolf，2007；Fuster，2008；Swanson，2011），将它们映射到微观层面的神经回路组织或宏观层面的行为将是现代神经科学的巨大挑战。关于大脑整体组织的一种早期观点起源于彭菲尔德（Penfield）和贾斯珀（Jasper）的工作，他们在癫痫病人神经外科手术大脑刺激的基础上，提出了大脑组织的脑中心理论（centrencephalic theory），认为由中脑和基底神经节构成的核心脑系统是所有其他大脑活动所依赖的中枢（Penfield and Jasper，1954）。

20 世纪 80 年代末出现的计算神经科学（computational neuroscience），尽管大量使用了"架构"这一概念，但在很大程度上却远离架构挑战，这主要是由于物理还原论观点在神经科学解释模型中仍占据主导地位。应考虑到多尺度组织和虚拟化问题的架构模型实例包括心智和大脑的分布式自适应控制理论（DAC，见下文）、Leabra 算法（O'Reilly *et al.*，2012）和 ACT-R 理论（Stocco *et al.*，2010）。

DAC 架构是迄今为止唯一成功弥合了符号架构、理性和社会行为以及具身化和情境化大脑之间鸿沟的模型（有关综述请参阅 Verschure，第 36 章；Verschure，2012）。DAC 架构清晰地解释了物理和社会世界中的目标导向行为，并展示了它是如何从控制架构中产生的，该架构由四层组成，且层内和层间紧密耦合：躯体层、反应层、适应层和情境层。还有跨越这些层次的柱状组织，其在每个层次上负责对物理状态的处理，其基础是外部感受、自我、源于通过本体感觉感知的内部感受和动作，并且对记忆的依赖性增加。后者通过环境在前两者之间进行协调。反应层可以看作是进化上古老的脑干核心行为系统（CBS）的模型，它驱动行为和学习；适应层促进感知和行为状态空间的学习，其靶标是边缘系统和小脑；情境层提供了目标导向策略的获取，模拟大脑皮质和丘脑的额叶区域。DAC 中的控制流分布遵循自下而上和自上而下的规则。DAC 通过一系列行为和功能心理层面的模型和具身化大脑的模型，遵循收敛效度方法的相关解剖学和生理学约束，直接解决了虚拟化问题。例如，DAC 表明优化决策需要感知–行动表征的联合。海马体详细的生物学基础模型显示了大脑结构是如何直接实现这一功能需求的，而前额叶/前运动皮质的相关模型则显示了它们如何在决策神经动力学中发挥作用。

四、心智和大脑架构的核心挑战

纽厄尔在推进 UTC 方面迈出了重要的一步。然而，他的挑战是人类中心主义，例如强调语言的使用，以及思维中心主义的，即情感、动机或感知和行动究竟如何？现在我们可以通过将 UTC 重新定义为具身化心智统一论（UTEM）来重新校准 UTC，该理论将采用生命机器大脑和身体实例化架构的形式。理想的 UTEM 必须同时满足 UTEM 基准测试的功能约束和结构约束。

1. 功能约束

第 1 级：在复杂物理环境中显示自主、适应①、灵活、实时、目标导向的行为（纽厄尔检验：1、2、3、4、7、10 中的自我）。

第 2 级：在复杂社会环境中显示自主、适应、灵活、实时、目标导向的行为，包括使用符号和语言（纽厄尔检验：1+ 5、6、9、10 中的自主件）。

2. 结构约束

第 1 级：生物效度，可能是生物进化的产物，并且可以通过神经和形态发生证明是可构建的（纽厄尔检验：11～13）。

第 2 级：物理可实现性，在现实世界中，使用与生物系统相当的资源（如能源、通信和计算）实时运行。

UTEM 基准通过定义效能水平（身体 vs 社会）、心理和生物效度，并将行为和认知自主性以及现实世界和实时效能作为具体约束，来完善和阐述纽厄尔最初的 UTC 基准。这意味着 UTEM 认为 UTC 应该既是自然大脑和心智的科学理论，又是合成人工心智与大脑的模型。这样就避免了图灵测试所面临的生物模仿的误导效应，同时因此而拒绝采用生物启发方法。

挑战的核心是找到目标导向行为的科学解释，而这正是我们基于物理科学范式追求的标准还原论模型所憎恶的。换言之，这意味着需要重新重视托尔曼在 90 年前所提倡的对目的论的阐释。目标实际上是一种高层次的虚拟化形式，包括了低层次的需求、环境机会、线索和记忆。要回答纽厄尔的挑战，我们就需要发展出情境化和具身化的心智架构，并了解它们的虚拟化和控制过程。

关于控制架构本身，一个基本上未被触及的挑战正隐约出现，即大脑各子系统如何通过调节信号进行控制和组织的问题。例如，如何实现感觉信息与模态特定时间常数的整合（视觉–快速传导、化学传感–慢速传导），以服务于决策和行动控制；或者如何对获得、保持和表达记忆的过程进行管理？

---

① 适应源于学习和发展。

进化和细胞代谢研究的一个观点是，生物架构遵循蝴蝶领结式结构，在这种结构中，仅依靠少量关键元素（Csete and Doyle，2004）或解除约束的条件（Kirschner and Gerhart，2006），就能实现转变和控制。在大脑中，我们认为，可以使用多巴胺等一些神经递质来作为奖赏和惊喜的信号（Redgrave *et al.*，2010）。因此，构建的架构不仅使我们能够将庞大的心理和生物学数据难题的各部分安放到一个有条理的框架中，它还提出了新的问题，并开辟了新的研究道路，使我们能够识别目前仍然缺失的碎片。

五、 拓展阅读

1. 历史背景   加德纳（Gardner，1987）对认知革命和"优秀的老式人工智能"（GOFAI）的发展做了很好的介绍，而普法伊费尔和舍尔（Pfeifer and Scheier，1999）在 GOFAI 消亡并涌现出新的人工智能、人工生命和神经网络形式后，也做了同样的工作。博登（Boden，2008）提供了百科全书般的概述，从机器角度来探索并理解心智。博登（Boden，2016）还对人工智能领域的最新发展进行了概述。

2. 认知架构   艾伦·纽厄尔（Allen Newell，1990）总结了 40 年来推动人工智能向认知统一论发展的工作。安德森和勒比尔（Anderson and Lebiere，2014）在一篇颇具影响力的文章中分析了这些工作，并特别强调了如何对这些理论进行基准检验的问题。

3. 大脑架构   斯旺森（Swanson，2011）对哺乳动物大脑的基本架构进行了非常好的概述，而卡亚斯等（Kaas *et al.*，2007）精辟地阐述了大脑的进化；范德沃尔夫（Vanderwolf，2007）将大脑进化与行为联系起来，而潘克塞普和毕文（Panksepp and Biven，2012）也从情感的角度进行了同样的研究；埃德尔曼（Edelman，1989）提出了系统层面大脑理论的一个特例，至今在该领域仍然独树一帜。

4. 进化   相关阅读包括克什纳和格哈特（Kirschner and Gerhart，2006）的《生命似然性：解决达尔文困境》（*The Plausibility of Life：Resolving Darwin's Dilemma*）；迪肯（Deacon，2011）的《不完整的自然：物质如何产生心灵》（*Incomplete Nature：How Mind Emerged from Matter*）。

学术期刊：《仿生认知架构》（*Biologically Inspired Cognitive Architectures*），阿列克谢·萨姆索诺维奇（Alexei Samsonovich）主编。

系列丛书：《牛津认知架构丛书》（The Oxford Series on Cognitive Architectures），弗兰克·里特尔（Frank Ritter）主编。

致谢

本章的撰写得到了欧盟地平线 2020 计划（EC H2020）中 socSMC 项目（641321）和欧洲研究理事会 cDAC 项目（ERC 341196）的支持。

参 考 文 献

Anderson, J. R., and Lebiere, C. J. (2014). *The atomic components of thought*. Abingdon, UK: Psychology Press.

Boden, M. (2008). *Mind as machine: a history of cognitive science*. Oxford: Oxford University Press.

Boden, M. (2016). *AI: its nature and future*. Oxford: Oxford University Press.

Brooks, F. P. J. (1962). Architectural Philosophy. In: W. Buchholz (ed.), *Planning a computer system: Project Stretch*. New York: McGraw-Hill, pp. 5–16.

Chiel, H. J., and Beer, R. D. (1997). The brain has a body: adaptive behavior emerges from interactions of nervous system, body and environment. *Trends Neurosci.*, 20(12), 553–7.

Csete, M., and Doyle, J. (2004). Bow ties, metabolism and disease. *Trends in Biotechnology*, 22(9), 446–50.

Deacon, T. W. (2011). *Incomplete nature: how mind emerged from matter*. New York: WW Norton & Company.

Edelman, G. M. (1989). *The Remembered Present: A biological theory of consciousness*. New York: Basic Books.

Fuster, J. M. (2008). *The prefrontal cortex*. New York: Academic Press.

Gardner, H. (1987). *The Mind's New Science: A history of the cognitive revolution*. New York: Basic Books.

Herculano-Houzel, S. (2009). The human brain in numbers: a linearly scaled-up primate brain. *Frontiers in Human Neuroscience*, 3, 1–11.

Hull, C. L. (1952). *A Behavior System: An introduction to behavior theory concerning the individual organism*. New Haven, CT: Yale University Press.

Jensen, E. R. (2006). *Clocking the mind: Mental chronometry and individual differences*. Amsterdam: Elsevier.

Kaas, J. H., Striedter, G. F., Rubenstein, J. L., Bullock, T. H., Krubitzer, L. A., and Preuss, T. M. (2007). *Evolution of nervous systems*. Amsterdam: Elsevier.

Kirschner, M. W., and Gerhart, J. C. (2006). *The plausibility of life: resolving Darwin's dilemma*. New Haven, CT: Yale University Press.

Langley, P., Laird, J. E., and Rogers, S. (2009). Cognitive architectures: research issues and challenges. *Cognitive Systems Research*, 10, 141–60.

Marr, D. (1982). *Vision: a computational investigation into the human representation and processing of visual information*. New York: Freeman.

Merker, B. (2007). Consciousness without a cerebral cortex: a challenge for neuroscience and medicine. *Behavioral and Brain Sciences*, 30(01), 63–81.

Newell, A. (1990). *Unified Theories of Cognition*. Cambridge, MA: Harvard University Press.

O'Reilly, R. C., Hazy, T. E., and Herd, S. A. (2012). *The leabra cognitive architecture: how to play 20 principles with nature and win!* Oxford: Oxford University Press.

Panksepp, J., and Biven, L. (2012). *The archaeology of mind: neuroevolutionary origins of human emotions*. Norton Series on Interpersonal Neurobiology. New York: WW Norton & Company.

Penfield, W., and Jasper, H. (1954). *Epilepsy and the functional anatomy of the human brain*. Oxford: Little, Brown and Co.

Pfeifer, R., and Scheier, C. (1999). *Understanding intelligence*. Cambridge, MA: MIT Press.

Redgrave, P., Rodriguez, M., ..., and Smith, Y. (2010). Goal-directed and habitual control in the basal ganglia: implications for Parkinson's disease. *Nat. Rev. Neurosci.*, 11(11): 760–72. doi: 10.1038/nrn2915

Romanes, G. J. (1888). *Animal Intelligence*. New York: Appleton.

Stocco, A., Lebiere, C., and Anderson, J. R. (2010). Conditional routing of information to the cortex: a model of the basal ganglia's role in cognitive coordination. *Psychological Review*, 117(2), 541.

Swanson, L. W. (2011). *Brain architecture: understanding the basic plan*. New York: Oxford University Press.

Tolman, E. C. (1939). Prediction of vicarious trial and error by means of the schematic sowbug. *Psychological Review*, 46, 318–36.

Vanderwolf, C. H. (2007). *The evolving brain: the mind and the neural control of behavior*. Dordrecht: Springer Verlag.

Verschure, P. F. M. J. (1996). Connectionist explanation: taking positions in the mind–brain dilemma. In: G. Dorffner (ed.), *Neural networks and a new artificial intelligence*. London: Thompson, pp. 133–88.

Verschure, P. F. M. J. (2012). Distributed Adaptive Control: a theory of the mind, brain, body nexus. *Biologically Inspired Cognitive Architecture*, 1(1), 55–72.

von Neumann, J. (1945/1993). First draft of a report on the EDVAC. *IEEE Annals of the History of Computing*, 4, 27–75.

第 36 章
分布式自适应控制的时序

Paul F. M. J. Verschure

SPECS, Institute for Bioengineering of Catalonia (IBEC), the Barcelona Institute of Science and Technology (BIST), and Catalan Institute of Advanced Studies (ICREA), Spain

　　分布式自适应控制（DAC）是 1991 年在人工智能和认知科学领域大发展的背景下提出的一种心智和大脑理论（见 Verschure and Prescott，第 2 章；Verschure，第 35 章）[①]。在发展的第二阶段，DAC 被推广到神经科学和机器人学领域。DAC 背离了理性主义和经验主义之间的悖论：知识是源于柏拉图提出的理性，还是源于他的学生亚里士多德提出的感觉？这两种学派之间的核心矛盾是无法将感觉数据映射成有效知识和推理的障碍，乔姆斯基（Chomsky）对斯金纳（Skinner）的这种批评引发了 20 世纪 50 年代的人工智能革命，这也是认知主义对 20 世纪 80 年代早期联结主义的批评。英国经验主义者大卫·休谟（David Hume）阐明了这一困境，并注意到没有必要解释彼此之间的物理事件，例如，物体 A 撞击物体 B 使其发生移动，从而存在 "A 使 B 移动" 的因果关系（Hume，1748）。因此，我们如何确定 "因果关系"？这种怀疑论的分析导致康德（Kant）在从他著名的 "教条式沉睡" 中醒来之后，假设心智可以拥有有效的知识，但是将被限制在他们的自身经验中，并且需要空间和时间的先验知识来构造这种知识（De Pierris and Friedman，1997）。

　　目前对于认识论这一基本问题的解决方案尚未达成共识，因此，我主张收敛效度的建构经验主义（Verschure and Prescott，第 2 章）。然而，考虑到我们可以把心智/大脑看作是一个知识器官，DAC 已经将认识论中的这一基本挑战作为其出发点。在 DAC 最初提出之时，这个问题被重新引入认知科

[①] 有关 DAC 的更详细的说明和教程，请访问 http://csnetwork.eu/CSN%20Book%20series。

学领域，被称为符号接地（symbol grounding）问题，或者"作为计算机的人工智能如何为其符号赋予意义"（Harnad，1990；参见 Wortham and Bryson，第 33 章；Verschure，第 35 章）。从更广泛的角度来看，我们可以谈论所谓的先验问题。DAC 背后的驱动直觉是，知识是建立在具身化主体与其物理和社会环境之间相互作用的基础上的，受到学习和记忆机制的约束，并依靠进化过程中所选择的最小先验的引导（见 Prescott and Krubitzer，第 8 章；Deacon，第 12 章）。DAC 与"新人工智能"的新兴领域有着直接的关系，这一点可以从该领域的早期支持者如卢克·思蒂尔斯和罗尔夫·普法伊费尔就 DAC 获得的第一个结果所进行的许多谈话中得到证实（Verschure et al.，1993），这也是第一批通过与弗朗西斯科·蒙达达以及 Khepera 微型机器人合作，移植到模拟和物理移动机器人上的神经模型之一（Mondada and Verschure，1993）。

一、分布式自适应控制（DAC）架构

让我们从一些概念的定义开始。DAC 将"心智"（mind）视为具身化大脑的宏观功能性属性，通过行动直接或间接表达。心智是一种包括动机、感知、认知、注意、记忆、学习、意识等过程的混合体，处于物理和社会环境之中。由于身体、大脑、心智和环境紧密耦合，特别是当我们考虑到智能体的记忆时，可以将其视为一种复杂连接（nexus；Verschure，2012）。"行为"（behavior）的定义是智能体自主改变身体或躯体的位置或形状（确认）。一旦行为服务于内部产生的目标，我们就可以称之为"动作"（action），也就是说，它是有意识的或意动的。"大脑"（brain）是一个分布式连线控制系统，它利用其组成单元的空间连接性组织及时间响应特性，实现从来自内部（身体）和外部环境的感觉状态到动作的转换。心智/大脑控制器在动态平衡中保持的核心可变因素是生物体在面对热力学第二定律时的完整性（另见 Prescott，第 4 章；Deacon，第 12 章；以及 Mast et al.，第 39 章）。

这种自我保持和实现的驱动力从根本上是通过生物体的需求来确定的，而生物体的需求受到躯体和环境变化的不断塑造（见 Prescott and Verschure，第 1 章；以及 Vouloutsi and Verschure，第 34 章）。DAC 遵循 19 世纪法国生理学家克劳德·伯纳德和俄国生理学家伊万·巴甫洛夫的观点，将心智/大脑概念化为一种控制系统，其产生的动作旨在维持身体和环境之间的多稳态平衡，而非信息处理器或计算系统。换言之，信息处理、过程实现可以用计算术语来描述，但它们均是以当前和未来的动作为基础并服务于它们。通常认为控制系统与控制的对象（即设备）是分离的（见 Witte *et al.*，第 31 章）。这种分离提出了如下一个问题：心智/大脑维持什么样的顶级功能和基本变量来产生如何（How）行动？DAC 架构（图 36.1）中仅有五个方面的变量：需求、驱动力和动机或"为什么"（Why），物体等世界状态或"什么"（What），任务的空间结构或"哪里"（Where），任务和智能体的时间动力学或"何时"（When），以及智能体与其他智能体打交道时的"谁"（Who）。我们可以这样说，在单一智能体面对其物理世界时，大脑的功能是解决 H4W 优化问题；而当这个世界中还包含其他智能体，如捕食者、猎物和同类时，大脑的功能是解决 H5W 优化问题（Verschure，2016）。

躯体层（somatic level）负责规范身体，并确定三个基本信息来源：感觉、需求和促动。感觉是由外部和内部刺激源驱动的（或分别称为外感受和内感受）。需求由保证生存的基本变量决定，而促动则由肌肉骨骼系统的控制决定[1]。

（一）反应层（The reactive layer，RL）

反应层（Verschure *et al.*，1993）由快速预定义的感觉运动回路组成，支持服务于自我基本功能（self essential functions）的行为（见 Vouloutsi and Verschure，第 34 章）。这些反射通过需求和驱动系统耦合，产生感觉–情感–行为三联体。在行为上，性能是人们对所谓"布赖滕贝格小车"（Braitenberg，1984；Walter，1951）或包容架构（Brooks，1986）的期望。然而，DAC 反应层的突出特点为它是更大架构的一部分。反射激活携带了关于智能体和世界之间相互作用的基本信息，这是后续各层的关键控制信号，推动冲突解决方案和认知需求（即知识获取）（详细分析参见 Herreros，第 26 章）。不同

---

[1] 在这一阶段，DAC 不包括对身体构成核心过程的详细分析，如器官、平滑肌和心肌系统，以及外周神经系统对它们的控制。

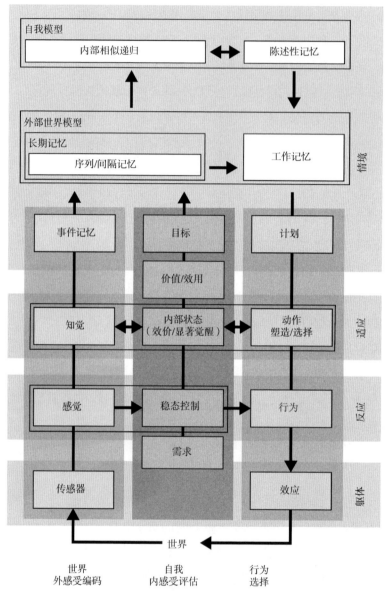

图 36.1   分布式自适应控制（DAC）理论的高度抽象，显示其主要过程（框）和主要信息流（箭头）。DAC 分为四层（躯体、反应、适应和情境）和三列（世界、自我和行为）。横跨这些层存在三个功能性组织柱列：外感受，即对外部世界的感觉和感知（左侧柱列）；从物理实例化自我衍生的内感受、探测和信号状态（中间柱列）；以及在自我和世界行动之间建立联系的动作（右侧柱列）。箭头显示了将外部和内部感受映射为行动的主要信息流，确定了其与世界的连续性交互循环。躯体层是指身体及其传感器、器官和促动器。它定义了有机体生存所必须满足的需求或自我本质功能（SEF）。反应层（RL）包括专用行为系统（BS），每个 BS 实施服务于 SEF 的预定义感觉运动映射。为了允许动作选择、任务切换和冲突解决，所有的

BS 通过非稳态控制器依次进行调节，设置其相对于整个系统需求和机会的内部稳态动力学。适应层（AL）获取对世界与智能体状态的表示，以及塑造受反应层非稳态控制衍生函数约束的动作。适应层的学习可以使感知和行为预测误差最小化，建立无模型动作生成系统。情境层（CL）通过顺序采用短期和长期记忆系统（分别为 STM 和 LTM），进一步扩展智能体运行的时间范围，实现基于模型的策略。当智能体在世界中运行时，STM 获得适应层所产生的连接性感觉运动表征。根据反应层和适应层的定义，当遇到正值时，STM 序列在 LTM 中保留为目标导向模型。保存的这些 LTM 策略对目标导向决策的贡献取决于四个因素：感知证据、记忆链、期望值和达到给定目标状态的预期成本。工作记忆（WM）的内容是由代表该四个因素决策模型的记忆动力学所确定的。自传式记忆系统允许围绕 DAC 提出的统一自我概念重建记忆，这对于接触社会和解释他人关于自我的状态至关重要。更多解释见正文

的内部状态之间存在竞争关系，为了解决这些状态之间的冲突，如逃避与接近，引入了内部状态选择器（ISS）。反应层的另一个显著特征是，它以调节内稳态行为子系统的非稳态过程为模型，既近似于生理系统动力学，又具有可扩展性，与基于行为的机器人学中发现的更多现象学行为相反（Arkin，1998）。反应层的自我本质功能既面向直接生存，也面向认知功能，如探索、求新等，正如在昆虫中已经发现的信息趋向性（infotaxis）概念（Vergassola et al.，2007；另见 Pearce，第 17 章）。

（二）适应层

适应层（adaptive layer，AL）利用获得的传感器和动作状态，扩展预定义的反应层感觉运动回路（图 36.2）。因此，它允许智能体通过学习逃避严格预定义的反射。适应层连接到智能体的全部传感器、其内部需求，以及从反应层接收内部状态信息并依次生成动作的效应器系统。范思彻和库伦（Verschure and Coolen，1991）首先对 DAC 的适应层进行了建模，并在范思彻等的模拟机器人中进行了验证（Verschure et al.，1993）。适应层采用自适应机制来应对内部和外部环境的不可预测性。通过学习获得感觉和行动的状态空间以及它们的直接关联。适应层最初是经典条件反射模型（见 Herreros，第 26 章；Verschure，第 35 章）。

适应层学习动力学是基于预测的赫布学习（Verschure et al.，1992），并应用于称为相关子空间学习（correlative subspace learning，CSL）的通用形式框架中（Duff and Verschure，2010）。我们对不同模拟神经元群中的活动，

定义了以下缩写：

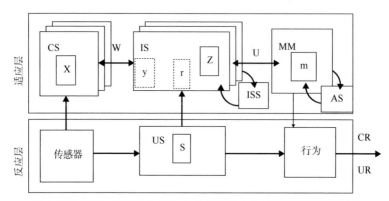

图 36.2　适应层示意图。框表示用经典条件反射基本要素进行标记的模拟神经元群：CS：感觉模态定义的条件刺激；US：内部状态定义的非条件刺激；UR：预定义运动系统定义的非条件反应；CR：通过与 CS 关联获得的条件反应；在经典条件反射中，最初的中性刺激（CS）替代了 US 通过成对呈现引发预定义反应（UR）的能力。DAC 的具体标记：IS，内部状态；MM，运动图；ISS，内部状态选择；AS，动作选择。实线框中的状态变量表示活动（CS：x；IS：z；US：s；MM：m），而虚线框中的状态变量表示输入（IS：y 和 r）。W、U 是权重矩阵

活动（activity）：

$$s=\text{US} \in \mathbb{R}^{M}$$

$$x=\text{CS} \in \mathbb{R}^{N}$$

$$z=\text{IS} \in \mathbb{R}^{K}$$

$$m=\text{MM} \in \mathbb{R}^{L}$$

权重矩阵（weight matrices）：

$$V=\text{US to IS} \in \mathbb{R}^{M \times K}$$

$$W = \text{CS to IS} \in \mathbb{R}^{N \times K}$$

$$U = \text{IS to MM} \in \mathbb{R}^{K \times L}$$

内部状态输入（inputs to IS）：

$$r = \text{US to IS} \in \mathbb{R}^{K}$$

$$y = \text{CS to IS} \in \mathbb{R}^{K}$$

根据这些定义，适应层和反应层的动力学可以写成：

$$r = V^T s$$

$$y = W^T x$$

$$z = y + r$$

$$e = Wy$$

$$m = U^T z H (z - \Theta_A) \tag{1}$$

权重则按照相关子空间学习（CSL）的规则更新为

$$\Delta W = \eta(x - e)((1 - \zeta)y + (1 + \zeta)r)^T \tag{2}$$

其中，η 是可变学习率。在 CSL 中，学习动力学由 $xy^T \infty xx^T$ 和 xr^T 两个乘积项决定，分别可以解释为 x 的感觉预测和 r 的运动预测。ζ 的数值在-1 和 1 之间变化，以平衡感知或运动学习的相对影响。当 ζ 的值为-1 时，感知学习占主导地位，式（1）等同于所谓的奥贾学习规则（Oja，1982）。当 ζ 的值为 1 时，学习动力学的目标是运动预测误差最小化。在感知学习中，权重的变化是由实际感觉事件 x 与给定 IS 状态下预期 e 之间的差异驱动的，DAC 将 e 称为感知原型（perceptual prototype）。

DAC 的适应层通过环境交互来获取智能体的状态空间，从而为前面描述的先验问题提供解决方案。在 DAC I 中，感知学习是通过赫布学习改变 W 来实现的。对赫布学习的坚持是构建基于最少的生物学合理假设（即信息的局部性）的模型，并对需要全局信号、结构化输入采样和人类预标记输入模式的监督学习方案做出响应。DAC I 还显示了一些突现行为模式，如"绕墙走"（wall following）。在进一步的扩展中，DAC I 被应用到基于块排序的机器人寻觅任务中，该模型增加了一个基于价值的学习系统来指导可塑性（Verschure et al.，1995）。但 DAC I 也存在一些根本性的缺陷，如过分依赖输入采样细节和动作的过度泛化。DAC II 被定义为使用一种新的基于预测的局部学习规则来解决这些问题，其中上面定义的 CSL 是目前仍在使用的最通用的公式。

CSL 符合雷斯科拉和瓦格纳提出的关联竞争定律（law of associative competition），该定律描述了特定的条件刺激（CS）和非条件刺激（US）的配对呈现对观测条件反应（CR）概率的影响。该定律强调，在非条件刺激确定的情况，关联变化将取决于条件刺激的意外程度（Rescorla and Wagner，

1972）。CSL 模型也与自适应滤波方法相一致，可以追溯到卡尔曼滤波器及其他衍生方法（Kalman，1960）。事实上，DAC Ⅱ 预计了 "预测性大脑"（predictive brain）假说，该假说目前非常流行，被视为理解大脑的综合性框架（Friston，2010）。CSL 是这种所谓的自由能原理及主动推理概念的具体实例，我们已经进一步将其推广到基于层次前向模型的控制（Maffei *et al.*，2017）。

DAC Ⅱ 的一个独特应用是 180m² 的人类无障碍展示空间 Ada，可支持与游客的复杂互动（Eng *et al.*，2003）。2002 年夏天，作为瑞士国家博览会的一部分，50 多万人参观了该展示。Ada 的行为目标功能利用 DAC 的反应层进行设置，优化了访问者的交互、识别和分布。根据这些目标功能的变化和缩减需求的能力，Ada 的情感状态是按照与认知情感概念一致的效价和唤醒模型定义的（见 Vouloutsi and Verschure，第 34 章）。DAC Ⅱ 已被成功用于获取 Ada 发光地面产生的引导线索，有意识地影响参观者的位置和移动方向（Eng *et al.*，2005）。

适应层允许智能体克服反应层预定义的各种行为技能，并成功处理世界的不可预知性。反应层相对较弱的预规范与适应层的学习机制相结合，使得 DAC 系统能够自举处理世界和智能体的新的、先验的未知状态，即解决符号接地问题。但这种适应发生在受限的即时交互的时间窗口中，从必须参与 "现在" 的学习系统中解脱出来。适应层及其所获得的状态空间为更高级的学习和记忆密集型学习系统（即情境层）奠定了基础。DAC 的情境层集成了适应层获取的状态空间，用来创建行为计划或策略。这些计划的原子级要素是由适应层构造的外感受和内感受状态空间或其感觉运动意外事件形成的（图 36.3）。情境层包括了短期、长期和工作记忆系统（分别为 STM、LTM 和 WM）。这些记忆系统允许形成环境状态（感知）的序列，以及由智能体所产生的动作或其获得的感觉运动意外事件。这些序列的获得和保留取决于智能体的目标实现和反应层激活的缺失。这些行为计划可以通过保留记忆序列要素之间的感知匹配和内部链接来回忆。这个过程所需的动态变量就是 DAC 的工作记忆系统。

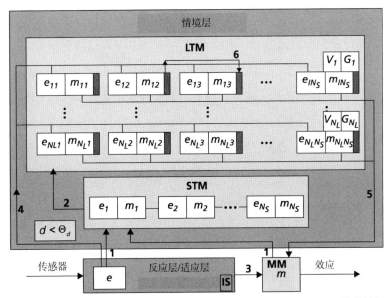

图 36.3　DAC 的情境层：（1）如果预测和实际发生的感觉状态 d 之间的差异低于预定阈值 Θ_d，则获取适应层产生的感知原型 e 和运动活动 m，并将其存储为一个片段。d 是适应层感知学习系统的时间平均重建误差：$x - e$。（2）如果达到目标状态，如探测到奖励或惩罚，则在长期记忆中获取短期记忆的内容作为保持其顺序的序列，并重置短期记忆。每一个序列都标有它所属的特定目标和内部状态。（3）运动群体工作记忆根据适应层的规则从内部状态群体接收输入。（4）如果内部状态群体到工作记忆的输入是阈下的，则当前中性刺激原型 e 的值与长期记忆中存储的值相匹配。（5）工作记忆群体接收长期记忆中记忆片段加权求和计算得到的运动反应作为输入。（6）向已执行行动提供证据支持的片段预期将偏向与其相关联的其他长期记忆片段

　　最开始，DAC 的行为由反应层主导，而适应层从反应层中自举引导。一旦平均感觉重建误差落到特定阈值 Θ_d 内，则情境层得以启用，并且持续性感觉运动意外事件被分别存储在包括感觉原型 e 和动作 m_{AL} 的短期记忆缓冲中。一旦达到目标状态，短期记忆序列将保留在长期记忆中。序列 n 的长期记忆片段 k，即 d_{nk}，对给定目标的决策和动作生成的贡献由四个因素决定：感知证据或采集单元的状态 c_{nk}，触发单元状态定义的记忆偏差 t_{nk}，与目标状态的预期距离 g_{nk}，以及效价 v_n：

$$d_{nk} = c_{nk} t_{nk} g_{nk} H(v_n, v)$$

$$c_{nk} = \alpha c_{nk}(t-1) + dist(e, e_{nk})$$

$$t_{nk} = \beta t_{nk}(t-1) + \sum_{i \in N_{LTM}} \sum_{j \in N_{STM}} P_{ij} d_{ij}(t-1) \, \delta(m_{ij}, m_{mm}) \qquad (3)$$

其中，c_{nk} 是存储的和当前的感觉原型之间的时间积分的感知相似性。这种相似性是用距离函数 $dist$ 来计算的，$dist$ 通常是标准欧几里得距离。触发单元 t_{nk} 是由长期记忆连接性矩阵 P 定义的时间积分记忆偏差，对所有 LTM 片段 N_{LTM} 和序列长度 N_{STM} 求和。所有有助于生成已执行动作的 LTM 片段，如果它们是相互连接的，则可以将决策得分 d_{ij} 投射到序列 n 的 k 片段。这种安排允许基于记忆进行序列片段的链接。t 实现了情境层的工作记忆，因为它存储了决策动态，当存储的运动状态 m_{ij} 与适应层执行的运动状态匹配时，LTM 片段对其状态有所贡献。$m_{mm} \cdot g_{nk}$ 定义了序列 n 的 k 片段到该序列目标状态的逆标准化距离。这有利于片段更接近目标状态以影响决策。对于决策得分 d 超过决策阈值 Θ_d 的所有片段，将会把其运动状态 m_{nk} 投射到运动群体工作记忆。在通过工作记忆的赢家通吃进程进行选择之后，所选动作得到执行，与该动作相关联的片段通过扩散激活更新触发单元 t 的值。随后，长期记忆连接性矩阵 P 得到更新以反映特定规则（见下文）。

（三）情境层

扩展增加了情境层（contextual layer，CL）的 DAC 称为 DAC II，最初由范思彻(Verschure, 1993)提出，并在觅食基准测试中进行了检验(Verschure and Voegtlin, 1998)，随后在 DAC IV 中建立了 STM-LTM 系统的递归神经网络模型（Voegtlin and Verschure，1999）。模拟和物理机器人的进一步实验表明，在行为和感知之间存在一个称为行为反馈的独特反馈回路，通过行为本身来稳定适应层和情境层之间的相互作用（Verschure et al.，2003）。这说明，情境层获得的基于模型的策略或行为计划，通过映射到动作，能够开辟出有效的行为空间或生态位，使世界更可预测，并使得感知重建误差更小。另一个问题是，DAC III 针对觅食提出的解决方案是否可以被认为是最佳的。由于缺乏一致的基准测试和可比较的方法（见 Verschure，第 35 章），在马萨罗（Massaro）多模态语音感知工作的基础上人们采用了更为正式的方法，其中提出将贝叶斯整合作为感知和认知的通用原则（Massaro，1997）。

事实上，DAC 包含的结构类似于贝叶斯分析的核心组成部分：目标、行为、假设、观察、经验、先验概率和得分函数。通过用贝叶斯术语描述

DAC 架构执行的寻觅任务，表明情境层生成了贝叶斯意义上的最优行动；这个版本被称为 DAC V（Verschure and Althaus，2003）。DAC V 的情境层通过适应层以及与环境的交互作用来获得如何实现特定目标的假设。匹配和竞争过程利用 LTM 的知识基础，其目标是选择最佳行动，其中最优性被定义为奖励最大化（如寻觅任务中的目标）同时惩罚最小化（如冲突）。从贝叶斯的角度来看，最优行为 a 是对预期收益$\langle g \rangle_a$的优化：

$$\langle g \rangle_a = \sum_{s_n \in S} p(s_n \mid r) G_g(s_n, a) \qquad (4)$$

其中，$p(s_n \mid r)$ 是由贝叶斯规则定义的后验概率，$G_g(s_n, a)$ 是得分函数，定义为 S_n 为真时执行动作 a 获得的收益。在 DAC V 中，s 和 r 分别是情境层和适应层的感知原型，G 是由 LTM 序列标签根据其关联目标状态来确定的。这些目标状态是由架构中自我列生成的顶层表示，包含需求、驱动和价值以及它们与世界状态的关联。DAC V 表明，情境层所选择的行为相对于 G 是最优的。这一演示证明，DAC V 是一个自主理性系统，通过环境交互自举知识，然后以贝叶斯最优方式运用它来实现目标，这是向具身化心智统一论（UTEM）迈出的关键一步（见 Verschure，第 35 章）。

情境层的链接机制同时显示出了序列和目标保真度。序列保真度由属于同一序列的其他片段对 t 的调制来定义。DAC Ⅲ 和 DAC V 利用最近的相邻前向链路，片段将偏置信号传播到距离序列目标状态更近的直接邻居。为了对传感器状态的变化更具鲁棒性，从而对驱动记忆匹配过程的感知原型中的噪声更具鲁棒性[式（3）]，LTM 链扩展为所谓的记忆平滑（memory smoothing），其中记忆偏置信号沿序列的传播遵循高斯分布模式（Ringwald and Verschure，2007）。记忆平滑概念的引入可以允许情境层整合空间信息和感觉线索等多种模态。基于目标的序列包含了更多的隐含信息，这些信息通过目标保真度（goal fidelity）概念获取。目标保真度描述了一个过程，通过其到序列目标状态的逆归一化距离来调整每个片段的决策得分。然而，记忆片段的距离和实际达到目标所需的物理距离并不一定相似。此外，序列的目标状态可以是欲望性的也可以是嫌恶性的，这也可以采用目标距离度量来表示。因此，目标保真度被扩展以反映这些因素。将该扩展模型应用于寻觅任务基准测试，并将其与包含任务全局信息的"部分可观测马尔可夫决策过程"（POMDP）最优解进行比较（Thrun *et al.*, 2005）。DAC 的性能仅比 MC-POMDP 方法低 10%，尽管它只采用了机器人可以直接感知的信息。这一结果非常显著，因为 DAC 是完全独立的，不需要先验的全局信息，也就是说，它运用纯粹的自我中心行为，与依赖于异中心行为的 POMDP 形成鲜明对比。这是迈向具身化心智统一论（UTEM）的另外一个关键步骤（见 Verschure，第 35 章）。

DAC 的一个基本局限性是所有的行为都是以自我为中心编码的。因此，智能体位置的微小变化将导致基于预测的 AL 和 CL 匹配机制的快速分歧，从而使产生的行为轨迹越来越偏离学习过程遵循的轨迹。这说明了生命机器必须面对和纠正另一个根本性的非线性问题。为了克服这种遍历性（ergodicity）问题，研究人员开展了实验，用运动矢量的异中心定义来代替自我中心的动作编码，该运动矢量指向了给定当前位置的下一个地标位置（Marcos *et al.*, 2010）。这是通过路径集成机制来实现的，当智能体在地标之间移动时逐渐累积旋转和平移运动。研究表明，即使运动输出存在显著噪声，这种方法也能实现非常鲁棒的迷宫导航和学习。

上述结果说明了基于自我中心分类群的导航策略与基于异中心路线的导航策略之间的关系（见 Witte *et al.*, 第 31 章），并展示了 DAC 如何从预定义的反应性自我中心分类群为基础的策略中，对路径表示和基于模型的异中心策略进行自举。对于无地图导航，最近提出了另一种利用 DAC 获取异中心导航策略的方法。这种变化的方法探索了情境记忆的下限边界，探究了如何将情境记忆支持导航的观点概念化为图形，其中的节点由地标定义，连接由获得的头部方向定义（Kubie and Fenton, 2009）。事实上，情境层的长期记忆可以看作是一种图形结构，将综合感觉运动状态定义的事件与运动矢量相连接起来。研究表明，这种无地图导航方法，对执行多模态化学搜索任务的机器人具有鲁棒性，并且与蚂蚁的导航行为一致（Mathews *et al.*, 2009）。这类 DAC 机器人能够在到达目标位置后返回其原始位置，并可以在被劫持（即任务区域内的突然位移）后恢复。马菲等（Maffei *et al.* 2015）进一步将其推广到了哺乳动物的空间认知中。

二、现状与未来发展方向：用DAC应对UTEM挑战

　　DAC被广泛应用于解决机器人寻觅任务中的H4W挑战。然而，为了满足具身化心智统一论（UTEM）的基准测试（见Verschure，第35章），它必须既能推广到社会或H5W，又能满足来自大脑的结构约束。

　　DAC已经成功地按照两种模型映射到心智和大脑神经科学的细节之中，从而实现了收敛效度（见Verschure，第35章）。一方面采用了一种有助于映射到行为的全脑架构方法；另一方面，架构的组成部分和基本工作原理通过解剖学和生理学约束模型与无脊椎动物和哺乳动物的大脑相关联（Verschure et al.，2014）。DAC投射的这两条线路被整合到了第一个具身化全脑模型中，这是包括了小脑、内嗅皮质、海马体、前额叶/前运动皮质等大脑核心结构的详细模型，被称为DACX。DACX在包括躲避障碍物、囤积、探索和归巢在内的寻觅任务场景中验证了该模型（Maffei et al.，2015）。此外，实验神经科学家也在实验室中对DAC衍生假说所做的预测进行了验证，DAC的核心原理成功映射到一种高效的神经康复技术中（见Rubio Ballester，第59章）。这些结果表明，DAC致力于收敛效度，目的是对生物性生命机器进行充分的经验描述。

　　为了从H4W推广到H5W，在理论发展的第三阶段，DAC架构已经被映射到与人类进行并矢交互（dyadic interaction）的类人机器人的控制上（Lallée et al.，2015）。这一步骤包括强化架构功能，增加社会参与动力，通过与人类交互寻求对世界的认识，获得其他智能体模型并"阅读其思想"，利用社会线索来建立和维持交互，以及学习语言。H5W场景在成功运用DAC的基础上，增加了自传式记忆系统，允许机器人将其体验锚定在H5W的本体之中（Lallee and Verschure，2015）。该系统称为DACh架构，其中h表示类人机器人，已被证明能够成功解决单一人类在受限任务领域中面临的H5W挑战。这是迈向UTEM的又一个关键步骤。目前的挑战是如何将H5W性能扩展到完成任何任务，这也是机器人人工通用智能（robot artificial general intelligence）的要求。DAC理论预测这将需要某种形式的机器人意识（见Seth，第37章）。

在过去 25 年里，DAC 是如何停滞不前的？目前，人工智能正处于第三次神经网络建模的浪潮之中，这是继拉舍夫斯基（Rashevsky）和罗森布拉特（Rosenblatt）早期模型及其在 20 世纪 80 年代末连接主义重新兴起之后发生的（见 Prescott and Verschure，第 1 章）。这两种方法再次站在了理性主义–经验主义分歧的对立面。首先，由于计算技术的进步和海量数据集的可用性，多层神经网络学习已经在复杂任务领域取得了重大进展（Lecun *et al.*，2015；Schmidhuber，2015）。因此，深度学习理论假设，超大数据集被用于补偿最小先验值以进行训练。然而，这些数据集仍然被人类贴上标签以推动监督学习。随后，深度学习与强化学习相结合，目的是在诸如 Atari 电子游戏（Mnih *et al.*，2015）以及复杂的围棋游戏（Silver *et al.*，2016）等基准测试任务中达到人类或超越人类的表现。这些方法仍然需要大量试验来训练网络学习，这比训练人类所需要的试验要多得多。作为回应，其他人提出，当以物理和心理模拟引擎（通常是贝叶斯因果模型）的形式提供预先存在的核心知识时，可以实现一次性学习（Leet *et al.*，2015；Lake *et al.*，2017）。

这些方法确实表现了 DAC 理论的核心原则，例如，学习依赖性获取状态空间、状态空间压缩的必要性，以及状态空间与动作策略制定的综合实现。然而，这些方法在应用于现实世界中的生命机器时仍然存在问题。深度学习方法需要不相关邻近样本组成的海量数据集以及大量的计算资源，这使得它们很难与生命机器面临的实时约束相兼容。反过来，贝叶斯因果模型需要依赖于物理和社会环境的大量先验知识，而这些必须加以考虑的知识仍然很难在不同应用中推广，并且在现实世界的变化面前仍然脆弱。这两种方法都严重依赖于人类对数据的标记，因此在先验问题上都遭遇了失败。DAC 提出并实施了一种替代方法，认为具身化和情境性基于以下原则为生命机器提供了接地的先验源。第一，具身化通过身体和环境之间特定的物理耦合，强烈约束智能体感觉运动状态的可行性集合。这些约束特别适用于生命机器的独特形态、其内部需求（例如，能量消耗和损害最小化）以及运行的环境，并排除了关于数据完整预标记和直观物理/心理引擎等完全明确的预定义假设。第二，情境性将机器人置于由特定规范和惯例所控制的社会环境中，并提供了关于良好适应性行为策略的关键线索（Lallée *et al.*，2015）。

这里再次强调，这是特定于生命机器的运行场景，不能完全按照直观心理引擎的假设预先设定。此外，DAC 还采用了比电脑和棋类游戏更具生态效度的基准测试，如搜集、语言学习和逻辑难题。这些更为现代化的方法本质上提供了 DAC 理论中所论述子系统的替代视角，因此距离实现 UTEM 的挑战还很遥远。相比之下，DAC 通过解决功能限制的两个层次（H4W 和 H5W），并通过与感知、认知和动作的神经元原理建立强有力的联系，已经在人工通用智能基准测试方面取得了重大进展。但是，引用阿兰·图灵的话"虽然我们只能看到前面很短的距离，但我们可以看到有很多事情需要去做"。

三、拓展阅读

DAC 应用于 H4W 问题的总体概述可参阅范思彻的综述（Verschure，2012），以及其对 DAC 大脑映射的介绍（Verschure，2014）。范思彻（Verschure et al.，2016）概述了 DAC 对 H5W 的解决方案以及意识在其中的作用，而 DAC 在类人机器人体内的实现可阅读拉利等（Lallée et al.，2015）和穆林·弗里耶等（Moulin-Frier *et al.*，2017a）的文章。将现代人工智能的区段模型如深度学习和强化学习映射到 DAC，可以参看穆林·弗里耶等（Moulin-Frier *et al.*，2017b）的介绍。范思彻（Verschure，2011）和巴列斯特尔等（Ballester *et al.*，2016）总结了从 DAC 到神经康复的映射，而沃卢茨等（Vouloutsi *et al.*，2016）则介绍了其在机器人教学系统中的应用。

致谢

DAC 理论的发展得到了欧盟委员会许多项目的支持，特别是欧盟第七框架计划中的"合成觅食者"（SF，217418）、"实验性类人功能助手"（EFFA，270490）、"目标领导者"（GoalLeader，270108）、"eSMCs"（270212）、"所说即所做"（WYSIWYD，612139）项目，以及 2020 地平线计划的"socSMCs"（641321）、欧洲研究理事会计划的"cDACs"（ERC 341196）等项目的资助。

参 考 文 献

Arkin, R. C. (1998). *Behavior-based robotics*. Cambridge, MA: MIT Press.

Ballester, B. R., Maier, M., San Segundo Mozo, R. M., Castañeda, V., Duff, A., and Verschure, P. F. M. J. (2016). Counteracting learned non-use in chronic stroke patients with reinforcement-induced movement therapy. *Journal of NeuroEngineering and Rehabilitation*, 13(1), 74. http://doi.org/10.1186/s12984-016-0178-x

Braitenberg, V. (1984). *Vehicles: experiments in synthetic psychology*. Cambridge, MA: MIT Press.

Brooks, R. A. (1986). A robust layered control system for a mobile Robot. *IEEE: Journal on Robotics and Automation*, 2, 14–23.

De Pierris, G., and Friedman, M. (1997). Kant and Hume on Causality. In E. N. Zalta (ed.), *Stanford encyclopedia of philosophy* (Winter 2013). Stanford University. https://plato.stanford.edu/archives/win2013/entries/kant-hume-causality/.

Duff, A., and Verschure, P. F. M. J. (2010). Unifying perceptual and behavioral learning with a correlative subspace learning rule. *Neurocomputing*, 73(10–12), 1818–1830. http://doi.org/10.1016/j.neucom.2009.11.048

Eng, K., Baebler, A., Bernardet, U., Blanchard, M., Costa, M., Delbruck, T., … Verschure, P. F. M. J. (2003). Ada—Intelligent Space: an artificial creature for the Swiss Expo.02. In: *IEEE/RSJ International Conference on Robotics and Automation (ICRA 2003)*, Taipei, Taiwan. IEEE, pp. 4154–9.

Eng, K., Mintz, M., and Verschure, P. F. M. J. (2005). Collective human behavior in interactive spaces. In: *International Conference on Robotics and Automation (ICRA 2005)*, Barcelona, Spain. IEEE, pp. 2057–62.

Friston, K. (2010). The free-energy principle: a unified brain theory? *Nature Reviews Neuroscience*, 11(2), 127–38. http://doi.org/10.1038/nrn2787

Harnad, S. (1990). The symbol grounding problem. *Physica D*, 42(1990), 335–46. http://doi.org/10.1016/0167-2789(90)90087-6

Hume, D. (1748/2007). *An Inquiry concerning Human Understanding*. (Oxford World's Classics edition, P. Millican, ed.) Oxford: Oxford University Press.

Kalman, R. E. (1960). A new approach to linear filtering and prediction problems. *Transactions ASME Journal of Basic Engineering*, 82, 35–45.

Kubie, J., and Fenton, A. (2009). Heading-vector navigation based on head-direction cells and path integration. *Hippocampus*, 19(5), 456–79. Retrieved from http://onlinelibrary.wiley.com/doi/10.1002/hipo.20532/full

Lake, B. M., Salakhutdinov, R., and Tenenbaum, J. B. (2015). Human-level concept learning through probabilistic program induction. *Science*, 350(6266), 1332–8. http://doi.org/10.1126/science.aab3050

Lake, B. M., Ullman, T. D., Tenenbaum, J. B., and Gershman, S. J. (2017). Building machines that learn and think like people. *Behavioral and Brain Sciences*, September 2017. http://doi.org/10.1017/S0140525X16001837

Lallee, S., and Verschure, P. (2015). How? Why? What? Where? When? Who? Grounding ontology in the actions of a situated social agent. *Robotics*, 4(2), 169–193. http://doi.org/10.3390/robotics4020169

Lallée, S., Vouloutsi, V., Blancas, M., Grechuta, K., Puigbo, J., Sarda, M., and Verschure, P. F. M. J. (2015). Towards the synthetic self: making others perceive me as an other. *Paladyn Journal of Behavioral Robotics*, 6(1). http://doi.org/10.1515/pjbr-2015-0010

Lecun, Y., Bengio, Y., and Hinton, G. (2015). Deep learning. *Nature*, 521, 436–44. http://doi.org/10.1038/nature14539

Maffei, G., Herreros, I., Sanchez-Fibla, M. R., Friston, K. J., and Verschure, P. F. M. J. (2017). The perceptual shaping of anticipatory actions. *Proc. R. Soc. B*, 1780. http://dx.doi.org/10.1098/rspb.2017.1780.

Maffei, G., Santos-Pata, D., Marcos, E., Sánchez-Fibla, M., and Verschure, P. F. M. J. (2015). An embodied biologically constrained model of foraging: from classical and operant conditioning to adaptive real-world behavior in DAC-X. *Neural Networks*, 72, 88–108. http://doi.org/10.1016/j.neunet.2015.10.004

Marcos, E., Sánchez-Fibla, M., and Verschure, P. F. M. J. (2010). The complementary roles of allostatic and contextual control systems in foraging tasks. In: S. Doncieux, B. Girard, A. Guillot, J. Hallam,

J. A. Meyer, and J. B. Mouret (eds), *From Animals to Animats 11.* SAB 2010. Lecture Notes in Computer Science, vol **6226**. Berlin/Heidelberg: Springer, pp. 370–9.

Massaro, D. W. (1997). *Perceiving talking faces : from speech perception to a behavioral principle.* Cambridge, MA: MIT Press.

Mathews, Z., Lechón, M., Calvo, J. B., Dhir, A., Duff, A., Badia, S. B., … Verschure, P. F. M. J. (2009). Insect-like mapless navigation based on head direction cells and contextual learning using chemovisual sensors. In: *The 2009 IEEE/RSJ International Conference on Intelligent RObots and Systems IROS.* IEEE, pp. 2243–50.

Mnih, V., Kavukcuoglu, K., Silver, D., Rusu, A. A., Veness, J., Bellemare, M. G., … Hassabis, D. (2015). Human-level control through deep reinforcement learning. *Nature*, **518**(7540), 529–33. http://doi.org/10.1038/nature14236

Mondada, F., and Verschure, P. F. M. J. (1993). Modeling system-environment interaction: The complementary roles of simulations and real world artifacts. In: J. L. Deneubourg, H. Bersini, S. Goss, G. Nicolis, and R. Dagonnier (eds), *Proceedings of the Second European Conference on Artificial Life, Brussels.* Brussels, Belgium: MIT Press, pp. 808–17.

Moulin-Frier, C., Fischer, T., Petit, M., Pointeau, G., Puigbo, J.-Y., Pattacini, U., … Verschure, P. (2017a). DAC-h3: a proactive robot cognitive architecture to acquire and express knowledge about the world and the self. Submitted to *IEEE Transactions on Cognitive and Developmental Systems.*

Moulin-Frier, C., Puigbò, J.-Y., Arsiwalla, X. D., Sánchez-Fibla, M., and Verschure, P. F. M. J. (2017b). Embodied artificial intelligence through distributed adaptive control: an integrated framework. Paper submitted to the ICDL-Epirob 2017 conference.

Oja, E. (1982). A simplified neuron model as a principal component analyzer. *Journal of Mathematical Biology*, **15**, 267–73.

Rescorla, R. A., and Wagner, A. R. (1972). A theory of Pavlovian conditioning: variations in the effectiveness of reinforcement and nonreinforcement. In: A. H. Black and W. F. Prokasy (eds), *Classical Conditioning II: Current Research and Theory.* New York: Appleton- Century-Crofts, pp. 64 99.

Ringwald, M., and Verschure, P. F. M. J. (2007). The fusion of multiple sources of information in the organization of goal-oriented behavior: spatial attention versus integration. In: *Proceedings for the European Conference on Mobile Robots—ECMR 2007, Freiburg, Germany*, pp. 1–6. Retrieved from http://ecmr07.informatik.uni-freiburg.de/proceedings/ECMR07_0049.pdf

Schmidhuber, J. (2015). Deep learning in neural networks: an overview. *Neural Networks*, **61**, 85–117.

Silver, D., Huang, A., Maddison, C. J., Guez, A., Sifre, L., van den Driessche, G., … Hassabis, D. (2016). Mastering the game of Go with deep neural networks and tree search. *Nature*, **529**(7587), 484–9. http://doi.org/10.1038/nature16961

Thrun, S., Burgard, W., and Fox, D. (2005). *Probabilistic robotics.* Cambridge, MA: MIT Press.

Vergassola, M., Villermaux, E., and Shraiman, B. I. (2007). "Infotaxis" as a strategy for searching without gradients. *Nature*, **445**, 406–9.

Verschure, P. F. M. J. (1993). The cognitive development of an autonomous behaving artifact: the self-organization of categorization, sequencing, and chunking. In: H. Cruze, H. Ritter, and J. Dean (eds), *Proceedings of Prerational Intelligence* (Studies in). Bielefeld: ZiF, pp. 95–117. Retrieved from http://tinyurl.com/yhz3ztk

Verschure, P. F. M. J. (1998). Synthetic Epistemology: The acquisition, retention, and expression of knowledge in natural and synthetic systems. In: *IEEE World Congress on Computational Intelligence* (Vol. **98**). Anchorage, AK: IEEE, pp. 147–53.

Verschure, P. F. M. J. (2011). Neuroscience, virtual reality and neurorehabilitation: brain repair as a validation of brain theory. In: *Conference proceedings for the Annual International Conference of the IEEE Engineering in Medicine and Biology Society. IEEE Engineering in Medicine and Biology Society.* (Vol. **2011**). IEEE, pp. 2254–7. http://doi.org/10.1109/IEMBS.2011.6090428

Verschure, P. F. M. J. (2012). Distributed Adaptive Control: a theory of the mind, brain, body nexus. *Biologically Inspired Cognitive Architectures*, **1**(1), 55–72. http://doi.org/10.1016/j.bica.2012.04.005

Verschure, P. F. M. J. (2016). Synthetic consciousness: the distributed adaptive control perspective. *Philosophical Transactions of the Royal Society of London. Series B, Biological Sciences*, **371**(1701), 263–75. http://doi.org/10.1098/rstb.2015.0448

Verschure, P. F. M. J., Verschure, P. R., and Pfeifer, R. (1992). Categorization, representations, and the dynamics of system-environment interaction: a case study in autonomous systems. In: J. A. Meyer, H. Roitblat, and S. Wilson (eds), *From Animals to Animats: Proceedings of the Second International Conference on Simulation of Adaptive behavior. Honolulu: Hawaii.* Cambridge, MA: MIT Press, pp. 210–17.

Verschure, P. F. M. J., and Coolen, A. C. C. (1991). Adaptive fields: distributed representations of classically conditioned associations. *Network: Computation in Neural Systems*, 2(2), 189–206. http://doi.org/10.1088/0954-898X/2/2/004

Verschure, P. F. M. J., Kröse, B., and Pfeifer, R. (1993). Distributed adaptive control: The self-organization of structured behavior. *Robotics and Autonomous Systems*, 9(3), 181–96. http://doi.org/http://dx.doi.org/10.1016/0921-8890(92)90054-3

Verschure, P. F. M. J., and Althaus, P. (2003). A real-world rational agent: unifying old and new AI. *Cognitive Science*, 27(4), 561–590. Retrieved from http://dx.doi.org/10.1016/S0364-0213(03)00034-X

Verschure, P. F. M. J., Pennartz, C. M. A., and Pezzulo, G. (2014). The why, what, where, when and how of goal-directed choice : neuronal and computational principles. *Philos. Trans. R. Soc. Lond. B: Biol. Sci.*, 369, 20130483. http://doi.org/10.1098/rstb.2013.0483

Verschure, P. F. M. J., and Voegtlin, T. (1998). A bottom up approach towards the acquisition and expression of sequential representations applied to a behaving real-world device: Distributed Adaptive Control III. *Neural Networks*, 11, 1531–49.

Verschure, P. F. M. J., Wray, J., Sporns, O., Tononi, G., and Edelman, G. M. (1995). Multilevel analysis of classical conditioning in a behaving real world artifact. *Robotics and Autonomous Systems*, 16, 247–65.

Verschure, P. F., Voegtlin, T., and Douglas, R. J. (2003). Environmentally mediated synergy between perception and behaviour in mobile robots. *Nature*, 425, 620–4.

Voegtlin, T., and Verschure, P. F. M. J. (1999). What can robots tell us about brains? A synthetic approach towards the study of learning and problem solving. *Rev. Neurosci.*, 10(3–4), 291–310.

Vouloutsi, V., Blancas, M., Zucca, R., Omedas, P., Reidsma, D., Davison, D., et al. (2016). Towards a synthetic tutor assistant: the EASEL Project and its architecture. In: N. F. Lepora, A. Mura, M. Mangan, P. F. M. J. Verschure, M. Desmulliez, and T. J. Prescott (eds), *Biomimetic and Biohybrid Systems*. Proceedings 5th International Conference, Living Machines 2016, Edinburgh, UK, July 19–22, 2016. Berlin/Heidelberg: Springer, pp. 353–64.

Walter, W. G. (1951). A machine that learns. *Scientific American*, 184(8), 60–3.

第 37 章
意　　识

Anil K. Seth

Sackler Centre for Consciousness Science, University of Sussex, UK

意识也许是我们最熟悉的一种人类存在，但是我们仍然不知道它的生物学基础。神经科学的标准方法是寻找意识的"神经关联性"，即与意识（但不是无意识）现象共同激活或共同发生的大脑区域或过程。然而，由于关联性不是一种解释，因此有必要阐释可测试的因果关系神经机制，对意识的经验（现象）属性进行解释。本章概述了这种"仿生"方法，确定了将意识体验特性与潜在生物学机制联系起来的三个原理。首先，意识体验由于同时进行整合和区分而产生大量的信息。其次，大脑不断地产生关于世界和自我的预测，构成了意识场景的内容。最后，意识自我依赖于对多层次自我相关信号的主动推理，从反映生理完整性的内感受反应到决定社会自我的社会信号。每个原理都与意识的不同维度有关：层次（level，完全有意识）、内容（content，意识到这一点而不是那一点）和自我（self，与意识到的外部世界相反）。

一、意识到底是什么

意识有时占据神经科学和心理学的中心位置，有时又完全被科学界所排斥。近年来，意识的生物学研究已经积累了强劲的发展势头和合理性，使之成为 21 世纪的一项重大科学挑战。

在介绍意识的各种生物学候选原理之前，首先需要提供一些工作定义和区别。简单地说，对于有意识的有机体来说，有一种东西就像是那个有机体一样。更简单地说，意识是当我们进入无梦睡眠时消失，而在第二天早上醒来时重新返回的东西。对于有意识的生物体，存在着连续的（虽然可中断的）

意识场景流或体验流——对于现象世界——其具有主观性和私人性特征，在被体验的意义上对于体验有机体具有特定意义。

对于意识，可以从层次和内容两个不同的维度进行分析。意识层次所确定的尺度范围，从完全无意识（如脑死亡、昏迷、全身麻醉，还可能包括无梦睡眠）到充满了连续变化意识场景的生动、警觉的清醒状态。值得注意的是，觉醒和意识层次可以分离，就像植物人状态这样的神经病理学中发生的那样。意识场景由意识内容组成，这些内容指的是特定意识体验的可分辨元素：颜色、形状、物体、思想、情绪、气味等。在哲学文献中，意识内容通常被统称为感受性（qualia）。

意识内容可进一步划分为世界相关及自我相关。大多数意识场景都融合了这两种元素，尽管两者通过注意都可能占主导地位（注意和意识虽然密切相关，但两者可以相互区分）。一些意识内容是高阶的或元认知的，反映出我们（至少对于人类）可以意识到意识（某些东西）。自我相关的意识内容可能包括身体经验（来自内部和外部）以及随着时间推移连续存在的作为特殊意识性自我的经验（即元认知的"我"）。科学家还经常试图进一步区分现象意识（phenomenal consciousness）和取用意识（access consciousness）（Block，2005）。相信这一区别的人认为，任何特定意识场景中的意识内容可能会超出那些我们曾经可报告的取用（reportable access），其中可报告的取用是指，例如，个体在某一特定时间可以说出的经验。不管这种区别是否真实或明显，可以肯定的是，意识内容本身的神经基础可能不同于口头（或其他行为）报告等支撑过程。

最后，我们可以区分那些能够具有意识的有机体（即能够拥有非零意识水平，包含某些意识内容）和那些没有意识的有机体。关于这个问题，目前几乎没有达成共识。虽然许多研究人员乐于将灵长类动物包括在内，也许还包括大多数哺乳动物，但对于鸟类、其他脊椎动物和无脊椎动物（如头足类动物），人们几乎没有达成一致意见，尽管其中一些动物表现出高度复杂的行为，暗示其可能拥有意识。人们对意识（非生物）机器的前景普遍（但并非一致）持怀疑态度。在这些问题上缺乏共识，突现出我们亟需一种基于解释性原理的意识方法将体验特性与机制特性联系起来，这可以称为意识的"真正问题"。

二、生物学原理

根据上述这些工作定义和区分，我们可以确定三个解释性原理，每一个原理都将意识的体验属性与潜在的神经生物学机制联系在一起。

（一）动态复杂性

第一个原理是动态复杂性（dynamical complexity）。在现象学上，这反映出意识场景同时是高度分化的（每一个意识场景都不同于大量可供选择的可能性集合）和高度整合的（每一个意识场景都是作为一个整体来体验的）。从形式上说，这意味着意识场景在减少不确定性的特定意义上对体验有机体具有高度的信息性。这个基本观点支持了一系列关于意识水平潜在可能机制的相关建议。其中最突出的是综合信息论（integrated information theory），该理论认为，意识层次是由系统产生的信息量决定的，远远超出了其各部分独立考虑所产生的信息量，并可与 Φ 挂钩（"phi"；参见 Tononi et al.，2016 和图 37.1a，彩图 11）挂钩。另一种可供选择的度量方法"因果密度"（causal density）使用格兰杰因果关系（cranger causality）将系统内可操作的总体信息流密度进行量化，格兰杰因果关系是一种鲁棒的时间序贯分析方法，用于检测复杂系统动力学中的定向功能连接性（Seth et al.，2011）。虽然仍缺乏这些或类似度量措施的具体证据，但科学研究积累的数据强调，与意识一致的神经动力学状态确实占据了中间地带，其特征是功能整合和分化的共存：动力学状态的两个极端均可导致无意识，如麻醉期间的功能解体和失神癫痫期间的超同步性（参见 Casali et al.，2013）。因此，对这一动力学中间地带的表征，既可以深入洞察意识的神经动力学，也可以为仿生装置提供潜在设计原则。

动态复杂性原理在"全局工作空间"（global workspace，GW）架构中也得到了证实。在这一组观点中，当某些精神内容（如感知、意图或认知）可以访问连接不同丘脑皮质区域神经元实现的"全局工作空间"时，就会发生意识体验，使得这些精神内容在全局范围内可用于动作选择、其他认知与行为过程（Baars，2005；Dehaene and Changeux，2011）。目前有大量证据与 GW 理论相一致，表明诱发可报告的意识内容的刺激与保持在可报告阈值以下的刺激相比，可唤起广泛的与模态无关的神经反应（如通过功能性 MRI 测量）。然而，最新研究对这些发现的普遍性表示怀疑，新的研究认为广泛的额顶叶活动可能更多地与提供行为报告或注意到感知变化有关，而不是支持感知本身（Tsuchiya *et al.*，2015）。

支持动态复杂性理论的许多证据也同样支持 GW 理论（反之亦然）。但两者之间也存在重要的区别。GW 理论主要是一种关于取用意识的理论，而动态复杂性理论关注的是更为困难的现象意识的挑战。此外，GW 理论经常与特定的脑区（如额顶区或楔前叶）相关，而动态复杂性理论更多地关注与区域性表达相独立的动态活动模式。搞清楚这些区别的含义是仿生方法可以做出有效贡献的一个重要领域。

（二）预测处理

第二个原理是预测处理（predictive processing），或者按照更严格的解释，"预测编码"（predictive coding）。该原理有着悠久的历史，起源于德国科学家赫尔曼·冯·亥姆霍兹（Hermann von Helmholtz）的观点，并于近期在"贝叶斯大脑"（Bayesian brain）假说和"自由能原理"（free energy principle）中获得了突出的地位（Clark，2016；Friston，2009；Hohwy，2013；Seth，2014）。这一原理的观点是，为了支持适应性反应，大脑必须发现有关感觉信号（即感知）可能的原因信息，而无须直接取用这些原因，只需使用感觉信号本身的流动信息（了解在控制情境中的深入分析，请参见 Herreros，第 26 章；Verschure，第 36 章）。根据预测处理，这是通过对感觉信号成因进行概率推理，并根据贝叶斯原理进行计算来实现的。这意味着在给定观测条件概率（似然性）以及关于可能原因的先验"信念"下，估计数据的可能原因（后验）。这反过来意味着，催生了感觉数据的预测或"生成"模型。将预测处理的概念应用于大脑皮质网络，颠覆了传统的感知概念，传统观点认为这是一个很大程度上"自下而上"的证据积累或特征检测过程。相反，感知内容是由感觉信号成因的多层次（层级性）生成模型产生的自上而下的信号来指定的，这些信号不断地被自下而上的预测误差（即预测信号和实际信号之间不匹配）所修正（见图 37.1b，彩图 11 ）。

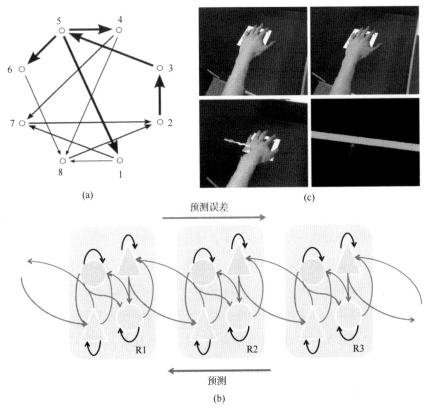

图 37.1　构成意识基础的潜在生物学原理。(a) 优化生成高度集成信息（Φ）的模拟网络示例。(b) 跨越三个皮质水平（R1、R2 和 R3）的分层预测处理功能架构。预测误差源自表层，并以自下而上的方向传递（红色箭头）；预测源自深层并自上而下流动（蓝色箭头）。三角形代表投射神经元和回路中间神经元。(c) 虚拟现实"橡皮手"（左上图），可以用画笔（左下图）触摸，也可以通过心脏反馈调节（右上图；虚拟手根据心动周期变红和恢复）。右下图显示了一个虚拟"标尺"，用于评估虚拟手的经验所有权程度

重要的是，预测误差可以通过最优推理或不断更新的生成模型（感知推理和学习；改变模型以适应世界）来减小，或通过采取行动使感觉状态与预测相一致（主动推理；改变世界以适应模型）来最小化。在大多数具身化体现中，这些过程被认为是持续性的和同时展开的，强调了感知和动作之间深度的连续性。

虽然预测处理为理解感知、动作、认知及其神经基础提供了丰富的框架，但仍然没有回答关于意识的一些基本问题。我们特别想知道，当预测模型被传入感觉输入验证时，或者当意外事件篡改了当前的感知预测时，是否会产生意识内容。新近的数据似乎有利于前者（Melloni *et al.*，2011；Pinto *et al.*，2015）。这一证据与意识的现象学一致，因为我们经常有意识地看到我们"期望"看到的东西。这一观点已经得到扩展，用来解释精神性幻觉和妄想，即通过重塑更高层次的感知（或认知）先验来"解释清楚"异常的持续性预测误差（Fletcher and Frith，2009）。目前需要开展进一步的研究，检验行为情境和贝叶斯推理计算组件之间在规范意识内容时进行更复杂交互的可能性。

预测处理框架非常适合仿生学方法，因为它既描述了详细的神经计算结构（Bastos *et al.*，2012）又结合了智能体与环境的交互，最突出的是借助了主动推理概念，其中感知预测可以经行为得以证实（见 Herreros，第 26 章）。强调自上而下的信号传递预测也与大量证据一致，这些证据表明了自上而下（或"可重入"）的信号传递对意识觉知的重要性（Lamme，2010）。此外，预测处理提出了一个重要的问题，即神经系统是"强"贝叶斯（即它们实际上是通过概率分布表现的显式操作来证实贝叶斯推理）还是仅仅为"弱"贝叶斯（即贝叶斯术语只是提供了有意义的简略表达方式，用来描述本质上非贝叶斯神经回路的运行）。

（三）身体所有权与自我意识

对于意识体验非常关键的因素还包括自我体验，其整合了多方面要素：①身体或内稳态平衡完整性的"背景"体验；②认同或拥有特定身体的体验；③第一人称世界视角（包括身体）的突现；④特定的高阶属性，包括随时间而连续变化的自我体验，以及对意图、动作、思想和感知的所有权。构成许多这类特征基础的潜在生物学原理是预测性多感觉统合（predictive multisensory integration）。我们从上面描述的预测处理中可以得到一个非常重要的线索，即自我体验是由自我相关（self-related）感觉信号原因的主动推理所塑造的（即大脑的"最佳猜测"）。多感觉关联为常见原因提供了有力的证据，从而为区分自我相关和非自我相关信号提供了有价值的原理。一个流行的例子是"橡皮手错觉"，即视觉和触觉信息叠合导致了认为假手是自己身体一部分的体验（Botvinick and Cohen，1998），从预测推理的角度很容易理解这种错觉（Apps and Tsakiris，2014）。类似的框架也可以用于理解第一人称视角的起源，因为这也可以通过引入多感觉关联进行实验性修改，包括通过巧妙使用虚拟现实设备从不同的地方观察世界（和身体）（Lenggenhager *et al.*，2007）。

　　另一个完全不同的传统则强调自我意识在内感受（interoceptive）信号处理中的基础作用，其中内感受指的是身体内部状态的感觉。达马西奥（Damasio）的"躯体标记"（somatic marker）假说提出，主观情绪反应（或"感觉状态"）涉及身体内部状态连续变化的映射和调节，这种状态是由内感受途径介导的（Damasio，2000）。这些感觉状态有助于通过表现刺激的情感或通过进一步的"似身体环路"（as-if-body loop）机制可能采取的未来行动来指导行为。最近，预测处理机制被应用于模型中的内感受，将情感状态视为对内感受信号（内部和外部）原因的主动推理（Seth，2013；Seth and Friston，2016）。该模型将外感受预测感知（如上所述）同与之相当的内感受结合起来，再次提供了一种消除自我和非自我歧义的神经机制。最新数据表明，根据这一模型视觉输入和（内感受）心脏信号视觉表示之间的叠加可以促进拥有虚拟"橡皮手"的体验（图 37.1C）。预测性自我建模提供了强大的仿生原理，可以确定能够区分自我和非自我的功能架构（见 Bongard，第 11 章；Verschure，第 36 章），并强调了内稳态和身体内部状态主动（即预测性）调节在确定和保持自我状态方面的重要性，其根源可追溯到早期的控制论原理（Seth，2015）。此外，该模型还提供了一种考虑情感反应功能实现的途径，既可以指导行为也可以支持重要的自我意识（见 Vouloutsi and Verschure，第 35 章）。

三、仿生系统

构建"意识机器"或"人工意识"的尝试还处于初级阶段，除了极少数例外，大多尚无法反映上面描述的原理。与人工生命和人工智能一样，对于人工合成方法应该被视为弱方法（即模拟方法）还是强方法（即实证方法），还存在争论。这一形而上学的问题无法通过实验来解决；但在实践中采用弱方法有可能避免干扰强方法的循环，从而推动科学进步（Seth，2009）。

体现上述原理的一个例外就是富兰克林（Franklin）的（学习）智能分布式代理（L/IDA），其以 GW 理论为直接基础（Baars and Franklin，2007）。该模型使用 GW 架构，通过自然语言对话，为海军人员分配任务。这种模式反映了一种强观点，富兰克林称之为"功能意识"（functionally conscious），尽管许多人可能不同意。事实上，大多数相似的模型都关注于展现 GW 动力学如何与神经元机制相关联，并很好地符合人工意识的弱方法视角（Dehaene and Changeux，2011）。

类似的解释差异可能适用于人工/机器意识范畴下的所有其他尝试，但本章并未对此进行全面回顾（Reggia，2013）。我们在这里可以说的是，这些尝试包括意识与注意内部控制相关联的模型（Taylor，2007），意识与元认知"虚拟机"架构相关联的模型（Sloman and Chrisley，2003），意识与具身化类人机器人自我建模相关联的模型（Holland 2007），以及其他许多尝试。尽管强人工意识在原理上存在可能性，但其前景仍然非常遥远。因此，仿生方法的最大影响不是源于从头建造"意识机器"的野蛮尝试，而是源于试图对意识现象学性质进行机械解释的人工合成模型。

四、未来发展方向

在阐述本章所述三项原理方面，还有许多重要工作要做。在生成高水平 Φ 或相关度量时，需要人工合成模型来理解神经架构、具身化、智能体与环境交互之间的复杂关系。这类模型也可以解决全局工作空间架构是否必然与高动态复杂性相关的问题。此外，仿生方法可以解决控制系统高 Φ 调节所产生的适应性优势（如果有的话）的基本问题（Albantakis *et al.*，2014）。预测处理中的一个关键挑战是，了解分层贝叶斯推理的哪些方面对于规范意识内容并从无意识过程中消除其歧义非常重要。仿生方法还可以揭示有可能实现预测感知和动作的神经回路（Bastos *et al.*，2012），以及它们与深度卷积神经网络的关系，后者根本性地推进了计算机视觉和强化控制学习（LeCun *et al.*，2012；Mnih *et al.*，2015）。仿生方法也许特别适合于自我意识的预测性描述，因为具身化在这些方法中处于中心地位。通过给模拟神经系统配备（虚拟或真实）身体，严密调节其内部和本体感觉状态，可以有效阐述预测性自我的功能架构。

除了这些努力之外，也许最令人兴奋的发展方向是如何将上述原理整合在一起。例如，在预测处理架构中对预测进行验证，意味着高动态复杂性或统合信息吗？更具推测意义的是，仿生方法可能为非人类动物、婴儿、严重脑损伤后的植物人和昏迷患者意识体验这一普遍性的古老问题提供了新的答案（Tononi and Koch，2015）。最后，强人工意识在原理上的可能性提出了重要的伦理问题，例如，我们如何确保"意识机器"不会受到损害，将它们关闭是否合乎伦理？虽然意识机器目前尚未成为现实，但我们不应阻碍开展这种未雨绸缪的伦理研究。

五、拓展阅读

雷吉亚（Reggia，2013）对机器或人工意识的最新进展进行了非常详细的回顾综述；另外还可参见加梅斯的介绍（Gamez，2008）。《机器意识杂志》（*Journal of Machine Consciousness*，World Scientific 出版）也是很有价值的资源，但目前已经停止出版。关于信息整合理论的详细描述可以阅读托诺尼的文章（Tononi，2012；Tononi *et al.*，2016），克拉克和霍希（Clark 2016；Hohwy，2013）对预测处理进行了出色的介绍，关于自我的预测性描述也可阅读最新的综述文章（Apps and Tsakiris，2014；Limanowski and Blankenburg，2013；Seth and Friston，2016）。意识神经科学领域比较好的资源包括巴尔斯和盖奇（Baars and Gage，2010）编写的教科书《认知、大脑与意识》（*Cognition, Brain, and Consciousness*），学术期刊《意识研究前沿》（*Frontiers in Consciousness Research*，Frontiers 出版）和专著《意识神经科学》（*Neuroscience of Consciousness*，牛津大学出版社）。学者百科（Scholarpedia）的某些内容很有参考价值（www.scholarpedia.org/article/Category：Consciousness）；意识科学研究协会（Association for the Scientific Study of Consciousness）的网页也很有帮助，强烈推荐读者了解该协会的年度会议（www.theassc.org）。以下这篇网络文章，将本章作者的意识科学观点针对普通读者进行了总结概括，推荐读者在线阅读（Aeon，106）：https：//aeon.co/essays/the-hard-problem-of-consciousness-is-a-distraction-from-the-real-one。

致谢

本章作者的工作得到了莫蒂默博士和特雷莎·萨克勒基金会（Theresa Sackler Foundation）的支持，该基金会资助了萨克勒意识科学中心（Sackler Centre for Consciousness Science）的研究。还要感谢 ERC 计划的 CEED 项目（ERC-FP7-ICT-258749）和加拿大高等研究院（Canadian Institute for Advanced Research）的"阿兹里利心智、大脑和意识研究计划"（Azrieli Programme in Mind，Brain，and Consciousness）的支持。

参 考 文 献

Albantakis, L., Hintze, A., Koch, C., Adami, C., and Tononi, G. (2014). Evolution of integrated causal structures in animats exposed to environments of increasing complexity. *PLoS Comput. Biol.*, **10**(12), e1003966. doi:10.1371/journal.pcbi.1003966

Apps, M. A., and Tsakiris, M. (2014). The free-energy self: A predictive coding account of self-recognition. *Neurosci. Biobehav. Rev.*, **41C**, 85–97. doi:10.1016/j.neubiorev.2013.01.029

Baars, B. J. (2005). Global workspace theory of consciousness: toward a cognitive neuroscience of human experience. *Prog. Brain Res.*, **150**, 45–53. doi:S0079-6123(05)50004-9

Baars, B. J., and Franklin, S. (2007). An architectural model of conscious and unconscious brain functions: Global Workspace Theory and IDA. *Neural Netw.*, **20**(9), 955–61. doi:10.1016/j.neunet.2007.09.013

Baars, B. J. and Gage, N. M. (2010). *Cognition, brain, and consciousness: introduction to cognitive neuroscience*. St Louis, MO: Academic Press.

Barrett, A. B., and Seth, A. K. (2011). Practical measures of integrated information for time-series data. *PLoS Computational Biology*, **7**(1), e1001052. doi:10.1371/journal.pcbi.1001052.

Bastos, A. M., Usrey, W. M., Adams, R. A., Mangun, G. R., Fries, P., and Friston, K. J. (2012). Canonical microcircuits for predictive coding. *Neuron*, **76**(4), 695–711. doi:10.1016/j.neuron.2012.10.038

Block, N. (2005). Two neural correlates of consciousness. *Trends Cogn. Sci.*, **9**(2), 46–52.

Botvinick, M., and Cohen, J. (1998). Rubber hands 'feel' touch that eyes see. *Nature*, **391**(6669), 756. doi:10.1038/35784

Casali, A. G., Gosseries, O., Rosanova, M., Boly, M., Sarasso, S., Casali, K. R., … Massimini, M. (2013). A theoretically based index of consciousness independent of sensory processing and behavior. *Sci. Transl. Med.*, **5**(198), 198ra105. doi:10.1126/scitranslmed.3006294

Clark, A. (2016). *Surfing uncertainty*. Oxford: Oxford University Press.

Damasio, A. (2000). *The feeling of what happens: Body and emotion in the making of consciousness*. Boston, MA: Harvest Books.

Dehaene, S., and Changeux, J. P. (2011). Experimental and theoretical approaches to conscious processing. *Neuron*, **70**(2), 200–27. doi:S0896-6273(11)00258-3

Fletcher, P. C., and Frith, C. D. (2009). Perceiving is believing: a Bayesian approach to explaining the positive symptoms of schizophrenia. *Nat. Rev. Neurosci.*, **10**(1), 48–58. doi:10.1038/nrn2536

Friston, K. J. (2009). The free-energy principle: a rough guide to the brain? *Trends Cogn. Sci.*, **13**(7), 293–301.

Gamez, D. (2008). Progress in machine consciousness. *Conscious Cogn.*, **17**(3), 887–910.

Hohwy, J. (2013). *The predictive mind*. Oxford: Oxford University Press.

Holland, O. (2007). A strongly embodied approach to machine consciousness. *Journal of Consciousness Studies*, **14**(7), 97–110.

Lamme, V. A. (2010). How neuroscience will change our view on consciousness. *Cognitive Neuroscience*, **1**(3), 204–40.

LeCun, Y., Bengio, Y., and Hinton, G. (2015). Deep learning. *Nature*, **521**(7553), 436–44. doi:10.1038/nature14539

Lenggenhager, B., Tadi, T., Metzinger, T., and Blanke, O. (2007). Video ergo sum: manipulating bodily self-consciousness. *Science*, **317**(5841), 1096–9.

Limanowski, J., and Blankenburg, F. (2013). Minimal self-models and the free energy principle. *Front. Hum. Neurosci.*, 7, 547. doi:10.3389/fnhum.2013.00547

Melloni, L., Schwiedrzik, C. M., Muller, N., Rodriguez, E., and Singer, W. (2011). Expectations change the signatures and timing of electrophysiological correlates of perceptual awareness. *J. Neurosci.*, **31**(4), 1386–96. doi:31/4/1386

Mnih, V., Kavukcuoglu, K., Silver, D., Rusu, A. A., Veness, J., Bellemare, M. G., … Hassabis, D. (2015). Human-level control through deep reinforcement learning. *Nature*, **518**(7540), 529–33. doi:10.1038/nature14236

Pinto, Y., van Gaal, S., de Lange, F. P., Lamme, V. A., and Seth, A. K. (2015). Expectations accelerate entry of visual stimuli into awareness. *J. Vis.*, **15**(8), 13. doi:10.1167/15.8.13

Reggia, J. A. (2013). The rise of machine consciousness: studying consciousness with computational models. *Neural Netw.*, 44, 112–31. doi:10.1016/j.neunet.2013.03.011

Seth, A. K. (2009). The strength of weak artificial consciousness. *Journal of Machine Consciousness*, **1**(1), 71–82.

Seth, A. K. (2013). Interoceptive inference, emotion, and the embodied self. *Trends Cogn. Sci.*, **17**(11), 565–73. doi:10.1016/j.tics.2013.09.007

Seth, A. K. (2014). A predictive processing theory of sensorimotor contingencies: Explaining the puzzle of perceptual presence and its absence in synesthesia. *Cogn. Neurosci.*, **5**(2), 97–118. doi:10.1080/17588928.2013.877880

Seth, A. K. (2015). The cybernetic Bayesian brain: from interoceptive inference to sensorimotor contingencies. In: J. M. Windt and T. Metzinger (eds), *Open MIND* Frankfurt-am-Main: MIND Group, pp. 1–24.

Seth, A. K., Barrett, A. B., and Barnett, L. (2011). Causal density and integrated information as measures of conscious level. *Philosophical Transactions Series A: Mathematical, Physical, and Engineering Sciences*, **369**(1952), 3748–67. doi:10.1098/rsta.2011.0079

Seth, A. K., and Friston, K. J. (2016). Active interoceptive inference and the emotional brain. *Philosophical Transactions of the Royal Society B: Biological Sciences*, **371**(1708), 20160007. doi:10.1098/rstb.2016.0007

Sloman, A., and Chrisley, R. (2003). Virtual machines and consciousness. *Journal of Consciousness Studies*, **10**(4–5), 133–72.

Taylor, J. G. (2007). CODAM: a neural network model of consciousness. *Neural Netw.*, **20**(9), 983–92. doi:10.1016/j.neunet.2007.09.005

Tononi, G. (2012). Integrated information theory of consciousness: an updated account. *Archives italiennes de biologie*, **150**(4), 293–329.

Tononi, G., Boly, M., Massimini, M., and Koch, C. (2016). Integrated information theory: from consciousness to its physical substrate. *Nat. Rev. Neurosci.*, **17**(7), 450–61. doi:10.1038/nrn.2016.44

Tononi, G., and Koch, C. (2015). Consciousness: here, there and everywhere? *Philosophical Transactions of the Royal Society B: Biological Sciences*, **370**(1668), 20140167. doi:10.1098/rstb.2014.0167

Tsuchiya, N., Wilke, M., Frassle, S., and Lamme, V. A. (2015). No-report paradigms: extracting the true neural correlates of consciousness. *Trends Cogn. Sci.*, **19**(12), 757–70. doi:10.1016/j.tics.2015.10.002

第五篇

仿 生 系 统

第38章
仿 生 系 统

Tony J. Prescott

Sheffield Robotics and Department of Computer Science, University of
Sheffield, UK

　　到目前为止,本书已经系统介绍了生命的特性以及它们的一些关键构建基块和能力。这为本篇和下一篇的内容奠定了基础,之后我们将介绍对仿生和生物混合系统进行集成的范例——生命机器。为了补充更多的背景内容,本章简要回顾了生命及其多样性的历史,注意到在系统发生树中存在一些关键分枝点,确定了一些生物体作为仿生系统研究的重点,并探索了为什么认为它们非常重要或关键。虽然后续各章节是按照大致的历史顺序排列的,根据的是与研究模型相似的有机体在化石记录中首次出现的时间,但这并不代表我们赞同"伟大的存在之链"(great chain of being)的进化论观点,该观点认为进化以人类诞生为终结。相反,除了极少数例外,仿生学的灵感来源于今天仍然存活着的物种,因此,它们的进化时间和我们一样长。此外,进化还在继续,而且随着人类世(Anthropocene)的到来,我们还拥有了人类科学与工程这只操纵巨手。通过人为物种灭绝、选择性繁育和基因改造、新型人造生态系统以及本书所述的生物与人工结合,人类在决定未来地球生物群系方面发挥着越来越关键的作用。

一、 肇始

　　地球的生命之火点燃于35亿年前～40亿年前的某个地方。它引发了一场熊熊大火,辐射到整个星球并穿越时间长河,产生了数十亿种不同的物种。就像从中间向外燃烧的野火一样,在我们这个星球的漫长历史中,几乎所有不同的生命火焰都已经熄灭,人们认为如今大约还有 900 万种不同的物种(Mora *et al.*,2011),还不到地球上曾经存在的物种总数的 1%。但究竟是什么点燃了生命的第一朵火花？

正如我们在本书第二篇中所解释的那样（见 Prescott，第 4 章；Deacon，第 12 章），生命系统的一个根本属性是它们可以远离平衡而存在，并且必须通过能量的流入和流出来阻止自身解体。所以关键的问题是，这种自我维持的系统最初是如何产生及发展的？近几十年来，一个由物理学家和化学家组成的团体接受了一项挑战，那就是了解地球早期产生第一个进化复制者的状况。他们的目标也是实现人工合成的复制者，目的是在实验室里捕捉到这种环境的基本特性，看看是否能让生命再次重现；也许这是地球 40 亿年来的第一次。马斯特和他的同事在第 39 章中探讨了这项工作并强调了一个观点，即远离平衡系统的出现需要一个自身处于不平衡状态的环境。这些作者讨论了可能涌现第一个生命涟漪的化学浓汤漩涡，并回顾了在寻找人工复制者方面所取得的进展。

生命一旦出现，第一个生物就会呈现为单细胞有机体的形式[1]，我们称之为原核生物（prokaryotes），这个名词的意思是"在细胞核之前"。每一个原核生物都是水基凝胶的微小胶囊，直径为微米级，都含有一条 DNA 染色体和其他复杂分子，这些细胞被一层不溶性脂肪酸包围，构成与外部世界的边界[2]。这些细胞能够完成生命的基本功能，最重要的是能够自我维持、生长和繁殖（分裂成两个细胞）。人工生命研究人员正在模拟研究简单的复制者如何产生模型"原细胞"（Agmon *et al.*，2016）；从长远来看，基于化学构建基块的人工细胞可以通过纳米制造方法实现（见 Fukuda *et al.*，第 52 章）。

经过一段相当长的时间后，也许在生命火花最初闪烁的 5 亿年后，利用光合作用的原核生物群落——蓝藻——开始创建大型复杂的分化结构，并留下了一些地球生命的第一批化石（叠藻层）。这一突破是通过一个重要技巧——劳

---

[1] 病毒也诞生于地球历史的早期。由于这些复制者不能在细胞宿主之外进行复制，所以它们是否应该被认为具有生命，取决于你的定义。库宁和斯塔罗卡多姆斯基（Koonin and Starokadomskyy，2016）认为，不同类别的复制者形成了一个从合作到自私的连续谱。生命体被视为"不同类别复制者相互作用、共同进化的群落"（同上，p. 125），是朝着这个连续谱的合作端发展，而病毒则是朝着更自私的另一方向发展。

[2] 原核生物分为两个截然不同的王国：细菌和古菌；后者生活在高温或甲烷浓度高的地方，即对其他有机体生命极为不利的环境中。细菌和古菌之间的差异可以帮助我们了解早期生命的起源（见 Mast *et al.*，第 39 章）。

动分工——的演化而实现的（Rossetti *et al.*, 2010）。一些细胞利用光合作用产生的能量来复制自身，携带相同遗传密码的另一些细胞，则将自身转化为固定大气中氮的机器，帮助自身复制体生长，同时也使自己的非生殖性生命定植。通过化学信号和遗传物质的转移，这些简单生物还发现了在细胞之间快速传播信息的方法，从而创建了第一个"社会"和集体智慧的早期曙光（Bloom, 2000）。

大约在第一批细菌群落开始分化的 15 亿年后，又一个决定性的进化事件发生了。一些原核生物找到了在彼此内生活的方式，从而形成了第一个真核生物（eukaryotic）——拥有"真正的细胞核"的生物。不同的微生物进入者发现了可使自己在更大型生物体内部获益的方法，从而形成了被称为细胞器的内部工厂，负责构建蛋白质，将葡萄糖转化为能量，或处理废物。另一些进入的微生物则扮演运输者的角色，在细胞内四处转运物质，或者通过身体变形进行游动或爬行来使整个有机体移动。细胞内的所有这些终身"房客"贡献的遗传物质都被包含在一个有边界的细胞核结构中，利用信使分子协调整个细胞的活动，并作为一个整体进行复制。真核生物的进化也见证了性的创建，创造了遗传搜索的交叉新算子，并为进化算法提供了基本模板，为人工生命领域的数千项研究提供了灵感启发（Downing, 2015; Mitchell, 1998）。

单细胞真核生物，如变形虫，发展出了精密复杂的化学与机械感觉系统和运动能力，可以支持其采取主动生活方式，如捕食。一些真核生物的社会进化形成了类似水母的聚集体，使它们能够一起移动，在食物稀少情况下更加有效地觅食，并形成生殖"茎"，可以将孢子释放到空气中。石黑章夫和梅馆拓也在本书第 40 章中，从这些简单多细胞实体——"黏液菌"——中汲取灵感，创造出了分散式控制的软体可变形机器人。

二、多细胞生物大爆发

大约 7 亿年前，生命进化确实大大加快了速度。在蓝藻内首次发现的生殖细胞和体细胞分化可能性的基础上，生物开始形成结构越来越复杂的群落。复杂多细胞生命的时代已经拉开大幕（Knoll, 2011）。在高级真核生物的其他成就之上，这种新的多细胞生物还依赖于一些额外的关键机制——黏附（细胞相互黏结的方式）、细胞内通信和运输，以及发育程序等。对后者至关重要的是新的调控基因网络。躯体出现两侧对称性，同时出现了两端开口的消化道、感觉器官和触手（Erwin and Davidson，2002）。这类生物的化石证据不断积累，不仅包括身体形态化石，还包括动物活动、移动等行为留下的痕迹。计算机和机器人模拟（图 38.1a）表明，这些动物拥有整合的中央神经节——第一个大脑（Prescott，2007；Prescott and Ibbotson，1997）。早期的双侧对称动物可能与现代的多目涡虫（polyclad flatworm）相似，后者启发风间俊哉等（Kazama et al.，2013）建造了一种片状橡胶可变形游泳机器人。

随着复杂多细胞生物的出现，其进化不断加速，在短短数千万年的时间内几乎所有主要种类的两侧对称动物都首次出现，即所谓的寒武纪生命大爆发（cambrian explosion）（Budd，2003）。两侧对称动物包括两大部分：一部分是原口动物（protostomes），如节肢动物和软体动物等类群；另一部分是后口动物（deuterostomes），由棘皮动物（如海胆和海星）和脊索动物——包括脊椎动物（即具有脊柱的脊索动物）组成。原口动物与后口动物的一个基本区别是身体主干轴的反转，即后口动物是上下倒置的原口动物（或者也可能是反过来）。然而，这两种动物都有共同的基本发育机制和基于同源盒调控基因网络的身体发育模式。两侧对称动物诞生之后迅速扩张，占据了地球海洋生态系统中极其广泛的生态位。

与植物（见 Mazzolai，第 9 章）和真菌一起，软体和硬体无脊椎动物很快在陆地上定居下来。特里默（Trimmer，第 41 章）介绍了蠕虫和毛虫等无脊椎动物的结构和行为，如何激发新型可变形软体机器人的设计和控制（图 38.1b），奎恩和里茨曼（Quinn and Ritzmann，第 42 章）展示了对节肢动物运动的深入研究，为足式机器人技术提供了许多有意义的经验教训。仿生学还探索了节肢动物中的蛛形纲，这是一种令人非常感兴趣的攀爬模型（Waldron et al.，2013）；以及头足类软体动物，尤其是章鱼，可应用于软体机器人的促动、传感和控制研究（图 38.1c；Laschi et al.，2012）。海洋甲壳动物属于节肢动物门，也是仿生工程的重要目标，重点关注它们（相对）简单且特征鲜明的神经系统如何产生模式行为（Ayers and Witting，2007；Selverston，第 21 章）。节肢动物还包括一些著名的超级有机体——社会昆虫，它们具有集体行为能力，如蜜蜂、蚂蚁和白蚁群落的"地球化"

（terraforming）和觅食活动。动物群体的行为激发了整个仿生集体机器人领域，诺菲（见 Nolfi，第 43 章）对此进行了详细探讨。

三、脊柱的仿生学

在寒武纪时期，已经出现了类似于早期鱼类的生物，但脊椎动物生命将在海洋中进化超过一亿年后才会登上陆地探险。克鲁斯玛（Kruusmaa）在第 44 章中探讨了鱼类游泳可作为机器人水中高效运动的模型，并介绍了应用类似海龟的形态如何构建高度机动、操纵灵活的海底平台。通过沿脊柱传播振荡模式进行游泳的能力，可以通过用腿代替鳍而演变成四足步行（见 Witte *et al.*，第 31 章；Ijspeert *et al.*，2007），或者完全去掉鳍和腿而像蛇一样爬行。蛇是一种应用非常普遍的爬行动物模型，可用于机器人设计，这些机器人能够进入包括人体内部在内的受限空间（Webster *et al.*，2006），或者在行动困难的物体表面（如树枝）上安全移动（如图 38.1d）。而爬行动物壁虎脚趾的附着机制（见 Pang *et al.*，第 22 章）激发了 Stickybot——一种能够爬上光滑垂直表面的机器人（Kim *et al.*，2008）。

(a)　　　　　(b)

(c)　　　　　(d)

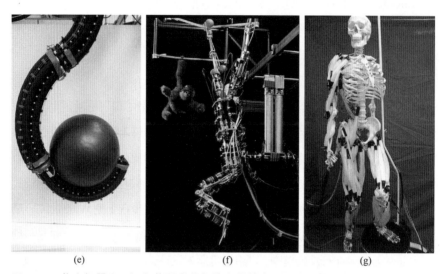

(e)	(f)	(g)

图 38.1   仿生机器人。(a) 英国谢菲尔德大学的痕迹制造机器人创造出了一种漩涡状图案，类似于早期两侧对称生物的一些前寒武纪痕迹化石。旋涡模式是由三种简单的反应行为相互作用产生的，这些行为对机器人自身轨迹的存在或不存在做出反应（用机器人轨迹的投影轨迹代替了实际的物理轨迹）。产生漩涡和蜿蜒痕迹的能力表明，早期两侧对称动物存在一个中央神经节或大脑，能够控制外周反射。(b) 蠕虫的运动是一个令人着迷的过程，涉及沿动物身体节段传播的蠕动波。美国凯斯西储大学的这种蠕虫机器人原型被用于了解蠕虫如何在不规则地面上移动（另见Trimmer，第 41 章）。(c) 意大利圣安娜大学生物机器人研究所开发的章鱼机器人，模仿了章鱼触手的一些功能，可以通过挤压进行重构和抓取。(d) 美国卡内基·梅隆大学生物机器人实验室开发的模块化机器人蛇，可以利用其多自由度来探索难以进入的空间，如攀爬树枝。(e) 像章鱼触手一样，大象的鼻子也是超冗余的操纵器，在为运动和抓取提供多种选择的同时也对其控制构成了挑战。象鼻和章鱼触手之间的相似性是柔性操纵器系统趋同进化的结果，用液体静压部件（压缩液体容积）来代替坚硬的身体部位。这台来自美国克莱姆森大学的气动"连续体"机器人是受长鼻类动物启发建造的几种机器人系统之一（Walker，2013）。(f) 日本东京大学的Brachiator Ⅲ机器人模仿许多灵长类动物在树木间荡跃，具有快速安全穿越树栖环境的能力。(g) 类人机器人有许多不同设计方式，日本东京工业大学铃森远藤（Suzumori-endo）实验室的模型使用气动执行机构对人体肌肉骨骼系统进行建模，能够以非常类似人类的方式移动（Kurumaya et al.，2016）

图片来源：(a) 由莎拉·普雷斯科特（Sarah Prescott）提供；(b) 由亚历山大·克恩鲍姆（Alexander Kernbaum）、罗杰·奎恩（Roger Quinn）和希勒·基尔（Hillel Chiel）提供；(d) 由豪伊·乔塞特（Howie Choset）提供；(f) 由彼得·门泽尔（Peter menzel）及 menzelphoto.com 网站提供。(g) 由车屋新一（Shinichi Kurumaya）提供

　　单孔亚纲爬行动物继续进化出了体温调节系统、毛发、特定感觉系统、更大的大脑，并胎生孕育后代；因此进一步向着哺乳动物的方向发生进化。正如普雷斯科特（Prescott，第 45 章）所述，通过仿生学探索了一些哺乳动物特有的创新之处。例如，以啮齿动物触须为模型的胡须感觉系统，以海豚和蝙蝠为灵感的主动声呐，以及以象鼻为模型的柔性促动器（图 38.1e；Hannan and Walker，2003）。大约在第一批哺乳动物出现的同一时间，脊椎动物也终于追随无脊椎动物来到了空中。森德（Send，第 46 章；关于飞行原理，另见 Ledenström，第 32 章）以德国费斯托（Festo）公司的 Smartbird 为例，探讨了鸟类飞行的特殊点，Smartbird 是一种以银鸥为灵感的扑翼机器人。

　　灵长类分支在大约 8500 万年前出现在哺乳动物的家系谱中，它们发育出了更大的大脑，具有立体视觉（且通常是彩色视觉）的前视眼睛，适于在树栖环境中觅食的可抓握的手和尾巴，以及通常围绕大型社会群体的生活方式。仿生模型包括双臂攀援机器人（Nakanishi *et al.*，2000），它们能像猿猴一样从一根树枝荡跃到另一根树枝，以及基于灵长类"镜像神经元"系统模型的社会学习研究（如 Demiris and Khadhouri，2006）。大约 200 万年前，猿猴的一些后代从森林生活转变为直立行走，并开始制造工具用于狩猎和觅食。大约 50 万年或更近时间之前，在脑容量进一步扩大之后，我们人类——智人（*homo sapiens*）——发展出了语言和文化。探索创造在形式和功能上与人类相似的仿生人造物的工作，被称为类人机器人学，可能是仿生学中最受欢迎和最吸引注意力的领域，也是本篇最后一章的主题，即梅塔和钦戈拉尼（Metta and Cingolani）的第 47 章。类人机器人研究正在解决从对生拇指到意识的许多挑战，但特别关注双足运动、物体伸取/抓握和操纵以及社会认知（见第 25、30、34、35、37 章）。

四、结语

　　尽管仿生系统的多样性令人印象深刻（本篇的综述还远不够全面），但自然世界仍有许多未知领域有待探索。除了少数例外，特别是一些昆虫、类哺乳动物和类人机器人，仿生学一直致力于将目标动物的某一特征转化为工程化的人造物，通过权衡不同的驱动力和产生行为的需求并在空间和时间上加以整合，为将来关于不同种类动物如何实现长期自主的大量研究工作留下了空间（Prescott，2007）。未来还有一个值得关注的问题，那就是动物在包含数千种不同尺度物种的生态系统中繁衍生息的能力。不同种类动物之间的共生应该是仿生学一个特别有趣的目标，因为我们正在扩大规模，创建人工系统生态学，实现在现实世界中的合作和协作。

参 考 文 献

Agmon, E., Gates, A. J., and Beer, R. D. (2016). The structure of ontogenies in a model protocell. *Artificial Life*, 22(4), 499–517. doi:10.1162/ARTL_a_00215

Ayers, J., and Witting, J. (2007). Biomimetic approaches to the control of underwater walking machines. *Phil. Trans. R. Soc. Lond. A*, 365, 273–95.

Bloom, H. (2000). *Global Brain: The Evolution of Mass Mind from the Big Bang to the 21st Century*. New York: John Wiley & Sons.

Budd, G. E. (2003). The Cambrian fossil record and the origin of the Phyla. *Integrative and Comparative Biology*, 43(1), 157–65. doi:10.1093/icb/43.1.157

Demiris, Y., and Khadhouri, B. (2006). Hierarchical attentive multiple models for execution and recognition of actions. *Robotics And Autonomous Systems*, 54(5), 361–9. doi:http://dx.doi.org/10.1016/j.robot.2006.02.003

Downing, K. L. (2015). *Intelligence Emerging: Adaptivity and Search in Evolving Neural Systems*. Cambridge, MA: MIT Press.

Erwin, D. H., and Davidson, E. H. (2002). The last common bilaterian ancestor. *Development*, 129(13), 3021–32.

Hannan, M. W., and Walker, I. D. (2003). Kinematics and the implementation of an elephant's trunk manipulator and other continuum style robots. *Journal of Robotic Systems*, 20(2), 45–63. doi:10.1002/rob.10070

Ijspeert, A. J., Crespi, A., Ryczko, D., and Cabelguen, J.-M. (2007). From swimming to walking with a salamander robot driven by a spinal cord model. *Science*, 315(5817), 1416–20.

Kazama, T., Kuroiwa, K., Umedachi, T., Komatsu, Y., and Kobayashi, R. (2013). A swimming machine driven by the deformation of a sheet-like body inspired by polyclad flatworms. In: N. F. Lepora, A. Mura, H. G. Krapp, P. F. M. J. Verschure, and T. J. Prescott (eds), *Biomimetic and Biohybrid Systems: Second International Conference, Living Machines 2013, London, UK, July 29—August 2, 2013. Proceedings*. Berlin/Heidelberg: Springer, (pp. 390–2).

Kim, S., Spenko, M., Trujillo, S., Heyneman, B., Santos, D., and Cutkosky, M. R. (2008). Smooth vertical surface climbing with directional adhesion. *IEEE Transactions on Robotics*, 24(1), 65–74. doi:10.1109/TRO.2007.909786

Knoll, A. H. (2011). The multiple origins of complex multicellularity. *Annual Review of Earth and Planetary Sciences*, 39(1), 217–39. doi:doi:10.1146/annurev.earth.031208.100209

Koonin, E. V., and Starokadomskyy, P. (2016). Are viruses alive? The replicator paradigm sheds decisive light on an old but misguided question. *Studies in History and Philosophy of Science Part C: Studies in History and Philosophy of Biological and Biomedical Sciences*, 59, 125–34. doi:http://dx.doi.org/10.1016/j.shpsc.2016.02.016

Kurumaya, S., Suzumori, K., Nabae, H., and Wakimoto, S. (2016). Musculoskeletal lower-limb robot driven by multifilament muscles. *ROBOMECH Journal*, 3(1), 18. doi:10.1186/s40648-016-0061-3

Laschi, C., Cianchetti, M., Mazzolai, B., Margheri, L., Follador, M., and Dario, P. (2012). Soft robot arm inspired by the octopus. *Advanced Robotics*, 26(7), 709–27. doi:10.1163/156855312X626343

Mitchell, M. (1998). *An introduction to genetic algorithms*. Cambridge, MA: MIT Press.

Mora, C., Tittensor, D. P., Adl, S., Simpson, A. G. B., and Worm, B. (2011). How many species are there on Earth and in the ocean? *Plos Biology*, 9(8), e1001127. doi:10.1371/journal.pbio.1001127

Nakanishi, J., Fukuda, T., and Koditschek, D. E. (2000). A brachiating robot controller. *IEEE Transactions on Robotics and Automation*, 16(2), 109–23. doi:10.1109/70.843166

Prescott, T. J. (2007). Forced moves or good tricks in design space? Landmarks in the evolution of neural mechanisms for action selection. *Adaptive Behavior*, 15(1), 9–31.

Prescott, T. J., and Ibbotson, C. (1997). A robot trace-maker: modeling the fossil evidence of early invertebrate behavior. *Artificial Life*, 3, 289–306.

Rossetti, V., Schirrmeister, B. E., Bernasconi, M. V., and Bagheri, H. C. (2010). The evolutionary path to terminal differentiation and division of labor in cyanobacteria. *Journal of Theoretical Biology*, 262(1), 23–34. doi:http://dx.doi.org/10.1016/j.jtbi.2009.09.009

Waldron, K. J., Tokhi, M. O., and Virk, G. S. (2013). *Nature-Inspired Mobile Robotics*. Singapore: World Scientific Publishing Company.

Walker, I. D. (2013). Continuous backbone "continuum" robot manipulators: a review. *ISRN Robotics*, 2013(July), 1–19. doi:http://dx.doi.org/10.5402/2013/726506

Webster, R. J., Okamura, A. M., and Cowan, N. J. (2006). *Toward Active Cannulas: Miniature Snake-Like Surgical Robots*. Paper presented at the 2006 IEEE/RSJ International Conference on Intelligent Robots and Systems, 9–15 October 2006.

第 39 章
面向纳米生命机器

Christof Mast[1], Friederike Moller[1], Moritz Kreysing[2],
Severin Schink[3], Benedikt Obermayer[4],
Ulrich Gerland[3], Dieter Braun[1]

[1] Systems Biophysics, Ludwig-Maximilians-Universitat, Munchen, Germany
[2] Max Planck Institute of Molecular Cell Biology and Genetics, Dresden, Germany
[3] Theory of Complex Biosystems, Technische Universitat Munchen, Garching, Germany
[4] Berlin Institute for Medical Systems Biology, Max Delbruck Center for Molecular Medicine, Berlin, Germany

不久之前，物理学还只是研究无生命物质的科学，而今天，物理学、生物学、生物化学和医学之间的分界已经变得模糊不清。生命系统的物理学研究运用了多样的实验和理论方法。物理学的这种能力扩展也反映在一个重新崛起的研究领域中，该领域探索了大约 40 亿年前无生命物质向生命物质转化的可能性。生命是进化的，进化对于生命是必要的（见 Prescott，第 4 章）。为了创造生命系统，需要以稳定的方式创建一种进化机制，以便通过不断复制和选择的魔力创造出更复杂的系统（见 Deacon，第 12 章）。各学科之间的最新实验方法通过揭示地质梯度，提供了这一过程如何开始的新见解，并展示了非生命物质转变为生命物质的方式。

这些实验集中于非平衡条件，并力图解决纳米机器如何在远离平衡条件的情况下自我复制的问题。在本章中，我们特别探讨了这样一个问题：自然的非平衡边界条件如何推动简单分子实体跳起达尔文进化论中越来越复杂的舞蹈？正如我们将要展示的那样，寻找进化起源产生了有趣的生物技术惊喜，并拥有许多意想不到的物理化学过程。

令人惊讶的是，在很长一段时间里，并没有人研究生命的起源。答案似乎太简单了：生命总是在不断创造自己。由来已久的一个理论是——从腐殖质中不断地、自发地创造生命，这看起来很有说服力。证据很简单：每个人可能都在家中经历过这种情况。断电或放置时间太久后，冰箱里的东西会自发产生生命！巴斯德（pasteur）在 19 世纪进行了漫长的辩论和非常优雅而直接的实验，才证明了生物并不是从泥土中自己简单产生的，只是我们根本看不到其中的微生物和种子。

从那时起，科学就不得不回避这个问题。科学充其量可以解决个别小的子步骤，通常是由合成化学所驱动的。然而，现代生物技术的发展使我们能够更深入地、实验性地探索关于生命起源的各种假设。在这里，我们将关注非平衡条件下的一系列步骤，并讨论最终聚焦于合成生物学这一新领域核心问题的实验：我们如何在实验室中创造人工合成的、自主的生命？

一、生物学原理

（一）生命之谜

通过比较不同物种的 DNA 序列和蛋白质家族，我们对于从第一个单细胞生物诞生并在地球上栖居开始的进化过程有了很多了解。地质证据表明，第一个生命是在早期地球上出现水之后不久出现的。虽然第一批细胞很快就存活了下来，但更复杂的细胞和像人类这样的多细胞生物的进化却花了一个数量级的更多时间。这表明，尽管第一个细胞具有一定的复杂性，但仍然惊人地向早期生命物质快速发展。进化在一开始可能就很快。

通过进化生物学外推方法很难推断出第一批细胞的结构和机制。此外，在其他方面如此成功的生物学反向外推将不再可能，它面临着基因水平转移的障碍，必须综合利用化学、地质学和物理学的论据。我们无法肯定，关于生命起源的历史真相最终是否能够被揭示。但我们确信，我们还不够努力。这个问题的核心旨在寻找从第一个有机分子到复杂生命的合理的、可经实验验证的方法。这将回答一个重大的科学问题。这也将弥合文化和理论鸿沟，从而了解人类自身的起源（见 Deacon，第 12 章）。

我们现在已经非常清楚，从第一个生命细胞开始，生命是如何逐步进化到更复杂的有机体的：细胞分裂和遗传物质突变导致了持续的有机体变化，并通过来自其他生命细胞的选择压力进行优化。但对于第一个细胞系统，我们预计这些分子一定经历了相当长一段时间的达尔文进化。是什么过程推动了第一批分子的进化？这一阶段的进化并不是为了生存而与其他生物抗争，而是为了努力维持进化动力，即尽管个别分子发生退化但仍可保留遗传信息。如果你询问这一领域的科学家，对这一谜题中重要部分达成的共识可能会是图 39.1 所示的内容。

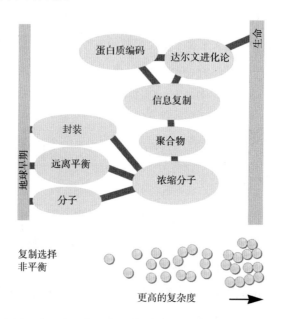

图 39.1　生命之谜。为了实现分子水平的复制和选择，需要将不同特性综合起来。理解生命的起源需要这些拼图碎片的结合。最终目的是在分子水平上发现自主性、鲁棒性的达尔文进化论。由此通过进化产生第一批生命细胞才似乎是合理的

　　首先，我们需要创建基本生物分子（核苷酸、氨基酸等）。化学家已经对它们如何通过地质作用形成开展了一段时间的研究，但新的结果仍然揭示出新的见解。非平衡过程当然也有助于化学过程，尽管有紫外线照射方法，这些过程仍非常复杂，很难研究。为了使这些分子相互作用并形成稳定的络合物，它们需要处于很高的局部浓度——一种不稳定状态，因为热扩散总是会稀释化学物质状态，特别是在微小尺度下。人们认为，这种早期生命很快就需要某种形式的外壳，无论是细胞膜还是仅仅为岩石中的孔隙，这样分子反应才能够以足够高的效率进行。所有这些都需要持续能量供应的非平衡需求。

下一步是从单个分子（如 DNA 和 RNA）中生成聚合物，其中 RNA 可能是遗传信息的第一个载体，而蛋白质可能是生化反应的催化剂。很可能是在后来确立任务分工之后，DNA 才被用作存储信息，并构建稳定蛋白质来更有效地发挥催化作用。一旦在分子间的复制和选择中建立起达尔文进化论，第一个单细胞生物的发展和复杂新陈代谢就成为可能。

我们将在岩石孔隙或裂缝之间存在温差的非平衡条件简单模型中，探讨解决上述步骤的实验方法。应该注意到，pH 和氧化还原（redox）梯度都存在于地球早期，可能对于早期分子生命是同等重要的非平衡驱动因素。

（二）生命的基本边界条件

物理自然法则可被表述为偏微分方程形式，该方程的构建非常敏感地依赖于空间和时间边界约束。虽然我们仅能通过实验获得详细信息，但该领域的普遍共识指出，生命的出现和存在必须具备三个基本条件：

（1）生命只有远离平衡才能存在。对于物理学家来说，对热力学第二定律的这种坚持是显而易见的：要产生信息，局部的熵必须减小。只有保持不平衡的系统才有能力局部产生复杂的结构并维持生命，例如，对抗其组成分子的降解。

（2）必需分子必须由环境提供，并且至少是以非常初级的形式提供。它们最初的浓度可能很低。许多生物学事实表明，RNA 是分子进化产生的第一个聚合物，它参与了生命中最重要的过程。RNA 翻译为蛋白质并定义遗传密码，形成核糖体反应中心，RNA 单体现在仍然作为能量储存（ATP）和信号分子[环磷酸鸟苷（cGMP），环磷酸腺苷（cAMP）]发挥着重要作用。很长一段时间以来，人们都不清楚如何通过生物前（prebiotically）方式合成 RNA，直到英国化学家约翰·萨瑟兰（John Suthevland）的研究小组（Powner，2009）展示了一种新的 RNA 碱基合成机制。对于 RNA 聚合，意大利生物学家欧内斯托·迪·莫罗（Ernesto di Mauro）研究小组表明，cGMP 可以聚合成 RNA 长聚合物（Costanzo，2009），但最好是在干燥状态下。

（3）生物前基因分子必须包含在有限空间中，以便它们长时间相互作用，并保护自己不受快速流动的影响。但这种分隔必须足够开放，允许食物分子进入和废弃产物排出。完全隔离的原细胞（protocell）会陷入局部热平衡。多孔火山岩石膜提供了分子包含的可能性（图 39.2），同时又可以传输较小的反应产物。这种岩石孔隙中所需的浓度可以通过非平衡温度梯度进行累积，具体如图 39.2 所示。

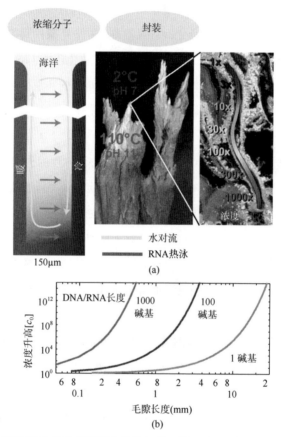

图 39.2　热源附近的海绵状岩石是非常有趣的早期生命生态位。最初，原始海洋是分子的沙漠：它们数量很少且相隔甚远。为了防止因扩散而失去第一个生物分子，自然屏障很有吸引力。例如，这种岩石孔隙是由水下温泉产生的，但在火山玄武岩中也很常见。这些环境设置包括温度梯度——通过对流和热泳——提供了强大的浓度累积。孔隙的方向和精确的几何结构并不重要。有趣的是，越长的分子浓缩效果越好

（三）热分子阱进行分子浓缩

通常认为，现代细胞的第一个前体被一层脂质膜所包围。但是，膜阻止

了分子的定向、主动运输，从而阻止了分子的主动累积。在现代细胞中，这种运输是由高度进化的、复杂的细胞膜泵蛋白实现的。对于细胞进化过程中，以脂质膜为基础的囊泡和现代细胞是在什么时候形成的，目前仍然颇有争议。古菌和细菌（原核生物两个不同的界别）的脂质代谢是独立发展的，这表明细胞膜的出现比较晚。似乎合理的是，早期进化从一开始就从水平基因转移中受益，即保持遗传分子的自由交换。把不同分子分组到不同遗传个体，可能要到更晚之后才需要。

哪一个是允许分子聚集的非平衡态？我们已经证明，一种优雅的解决方案是在充满水的孔隙中形成简单的温差（图 39.2）。这类似于卡诺热机（carnot heat engine）利用温差产生功，分子高度聚集（Baaske et al.，2007；Weinert and Braun，2009；Mast，2010）并不断在水中自由扩散，从而保持化学可用性。

分子阱是如何工作的？温差有两个相互促进的效应。它使液体及其中的分子通过回路热对流不断循环。叠加是分子沿温差的垂直运动。后一种机制称为热泳或索雷特效应（Soret effect）。带电分子有向冷端漂移的倾向。它们在那里通过向下对流非常有效地传输，因此，从顶部进入长孔隙的分子会集中在其底部。我们还与斯特凡·杜尔（Stefan Duhr）一起证明了热泳可由分子与盐水溶液接触所引发的熵来解释。DNA/RNA 分子在温度梯度中的运动可以单独测量。该实验中采用红外激光进行加热，采用荧光法检测分子运动。杜尔（Duhr）和巴斯克（Baaske）创立的初创公司——诺坦普（Nano Temper）也运用了同样的方法来测量自由溶液中生物分子的亲和力，为生物医药基础研究提供了意想不到的解决方案。这家公司现有超过 70 名员工，有力地展示了生命起源研究如何能够促进生物技术的成功。

如果细长孔隙为 100~200μm 宽，则对流和热泳的时间尺度较为类似，分子聚积将变得非常有效（Baaske et al.，2007）。基于对 DNA 和 RNA 热泳的测量，我们期望发现这些分子几乎可以无限浓缩。RNA 和 DNA 的行为几乎完全相同，并且因携带强电荷而比其他分子更受欢迎。这种聚积在很大程度上与孔隙的方向或其精确的几何形状无关。有趣的是，人们发现岩石孔隙对较长 DNA/RNA 的聚积要比较短的分子好得多（图 39.2）。

我们在许多热阱实现实验中证实了这些依赖性。在实现的其中一个热阱中，红外激光非常精确地产生温度梯度。同时，移动的热水点在特定几何结构中产生水的运动。高质量的热阱可以显示为径向或线性几何结构（Mast，2010）。每种情况下的分子浓度均采用荧光法测量，并通过流体动力学计算成功地建立了模型。与浓缩或冻干等其他可选机制相比，分子能够在液体中继续自由移动并相互作用和发生反应。

有趣的是，作为细胞膜组成成分的脂质也可以局部浓缩。哈佛医学院的杰克·绍斯塔克（Szostak）研究小组已经证实，脂质随后可以形成囊泡（Budin *et al.*，2009）。因此，浓缩分子可以很容易地同时被这种热阱包裹。

（四）分子阱中的聚合

当化学反应（在我们的例子中是 RNA 聚合）与热阱结合时，事情就变得非常有趣。人们期望获得互利的结果：RNA 单体的浓度越高，RNA 的聚合就越长。另外，热阱能更好地聚集更长的聚合物。这种综合系统是如何反应的？

通过黏性 DNA 链实验以及塞文·辛克（Severin Schink）和乌尔里希·格兰（Vlrich Gerland）的理论计算，我们已经表明，即使在黏性 DNA 链可逆"聚合"这一最不利的条件下，聚合也能得到热阱的强烈支持。根据热阱的长度，DNA 长度可迅速增加（Mast，2013）。由于 DNA 和 RNA 的热泳特性是相同的，热阱允许聚合平衡从短 RNA 分子向长 RNA 分子大规模迁移。在稳定的反应状态中，人们发现了几乎是自相矛盾的情况，即长聚合物的浓度明显高于热阱外的单体浓度。简言之，如果几何结构合适，岩石孔隙就会成为一种聚合机器。

（五）达尔文进化论

生命通过复制和选择而进化。复制一直是生命起源研究的焦点，但很少有人关注在最初没有生命的地球上如何进行选择。到目前为止，实验室中对感兴趣分子的复制通常只有经过人工干预措施才能成功，如人工复制、选择和特定纯化等。但是，最初没有生命的地球是如何选择第一个复制分子的呢？分子进化的一个重要里程碑是制造出第一种蛋白质。只有有了蛋白质，才能想象出更复杂的新陈代谢和第一个细胞。在什么样的选择条件下，这种遗传装置可以进化出蛋白质编码能力，这是一个有趣的问题。

（六）利用分子阱进行复制和选择

如上所述，层流热对流能够复制遗传分子，并且在很大程度上与其长度无关。我们期望，这些分子也可在同一环境中聚积，从而创造出开放式系统，在捕获分子的同时进行复制，从而实现一种能够自主运行的微观达尔文机器，针对长而复杂的分子发挥作用。

我们在实验中能够从根本上展示这种组合（Mast，2010），通过热对流的熔化和冷却步骤复制 DNA。同时，我们利用温差来聚积复制的分子。这两个过程都是由相同的温度梯度驱动的。研究可以采用荧光显微镜和荧光染料标记 DNA 来观察这一过程。我们发现，DNA 每 50s 就会迅速翻一番，与热对流的时间周期匹配。相比之下，生物界的"吉祥物"——胃部细菌大肠杆菌（*E. coli*）——每 20min 就翻一番。这种情况下快速复制应该能够允许进行有趣的进化实验。

（七）增加复杂性的复制

生命是由聚合物构成的。对于进化来说，重要的是长聚合物能够战胜短聚合物。这远非不证自明的真理。相反，正如斯皮格尔曼（Spiegelman）和他的同事所展示的那样（Mill *et al.*，1967），如果在相同温度下进行复制，则会发现聚合物有变得越来越短的趋势。原因是短的 RNA 分子可以复制得更快，其速度超过长的聚合物。由于短 RNA 的浓度呈指数增长，它们很快就会取代长分子。在斯皮格尔曼的实验中，RNA 仅仅经过几代就由于缩短而丢失了所有的遗传信息。

如果携带复杂遗传信息的分子进化需要许多次的代代相传，则需要不惜任何代价来防止这种长度的退化。在某种程度上，这可以通过在温度振荡中开展复制来实现。例如，分子可以通过层流热对流连续循环。双链 DNA 在对流的热区熔解成两条单链（图 39.3）。这两条单链可以在冷区中再次复制形成双链。与斯皮格尔曼的实验一样，在这一复制步骤中，短链的速度再次快于长链。但现在所有的双链分子必须共同等待通过对流进行传输，以便分子返回热区进行再熔解。如果忽略扩散因素，短 DNA 分子和长 DNA 分子能够以相同的速度复制。此外，热对流还解决了第二个难题：它将双链结构熔解成单链，这样它们就可以呈指数级复制。

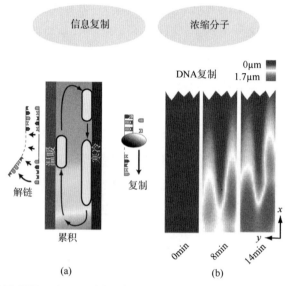

(a)　　　　(b)

图 39.3　复制和累积。为了通过实验探索边界条件，我们利用了生物进化出的快速简单的碱基结合化学反应。我们使用聚合酶链反应（PCR）复制 DNA。DNA 在高温下熔解，然后在温度较低区域复制。热对流提供了复制所需的温度振荡。有趣的是，这种反应可以与基于分子热泳的热阱机制相互结合。随后，复制的分子同时聚集在腔室的下部。如图（b）实验所示，DNA 的累积和复制是由孔隙内的相同温差驱动的

在这种特殊情况下，可以通过水流缓慢流过孔隙推动添加新的单体，以此来维持复制和选择过程。流动必须足够慢，保证热对流不会受到太大干扰。在这一反应中，DNA 可以一直复制下去并按长度累积。我们最近发现，复制和选择可以在贯流室中进行（Kreysing，2015）。由此产生的复制选择过程允许长基因片段（75bp）战胜短基因片段（35bp）。长度选择性可以由水流精细调节，从而为热梯度驱动的自主进化开启了许多可能的场景。

（八）没有蛋白质的复制

对于现代世界的有机体，信息通过蛋白质储存在 DNA/RNA 链上，由此

产生的错误率非常低。然而，用这种方式编码一种蛋白质需要 1000 对以上的碱基，这同样需要非常精确的复制。这是一个鸡和蛋的问题：没有蛋白质就不能复制长 RNA，没有长 RNA 就不能产生蛋白质。基德罗夫斯基（Kiedrowski，1986）证明，只具有少量碱基和活化基团的非常简单的分子可以自发复制。一种有趣的化学方法是 RNA 分子进化为能够催化 RNA 的自身复制。最好的候选对象还可以复制数个碱基。但问题是如何建立这一过程所需的特定序列，以及可以快速降解 RNA 所需的高盐浓度。

人们还可以发现这样一个事实，即在某些情况下双链 RNA 的化学分解速度比单链 RNA 慢；计算机分析表明，通过这种不对称降解，序列信息存活的时间明显更长（Obermayer et al.，2011）。这个过程与生物学上一个碱基对一个碱基对的复制过程相同，但效率只有其 30%。所以很可能复制在最开始时是许多分子的一种突现性被动特征。

（九）转运 RNA 的复制和翻译

在现代世界的有机体中，RNA 转化为蛋白质是由核糖体完成的。核糖体是一种主要由 RNA 组成的大型复合体，三种碱基序列构成密码子，并由一组媒介分子，即转运核糖核酸（tRNA）对其进行检测，每种 tRNA 在化学上都与一种特定的氨基酸有关。氨基酸被排列在一起，然后由核糖体聚合。最终结果是产生一种由 RNA 编码的氨基酸聚合物——蛋白质。生命起源问题的核心是了解早期分子如何产生这种基本但非常复杂的编码机制。

实验表明，tRNA 也可以扮演复制者的角色（Krammer et al.，2012）。它不是复制单个碱基而是碱基组合序列，从而成为后来三聚体密码子的前身。同样，非平衡体系的温度是复制反应中一个非常重要的因素。最初，tRNA 被迅速退火，构象能量被保存在亚稳态的发夹结构中（图 39.4）。只要温度振荡合适，这种构象能量就可在复制反应中释放出来。实验证明，最简单的双密码复制子可以从 tRNA 序列开始复制，并且这种反应可以从理论上模拟。

这种复制子很少复制错误的碱基组合，但在较高温度下有自发产生新序列的倾向。有趣的是，复制速度非常快，倍增时间只有 30s。这一复制过程明显暗示了密码子序列与氨基酸的后期关联，并可能实现对第一种蛋白质样反应中心的编码（图 39.4）。这种新方法对于长序列和全 tRNA 结构的可行性，将在未来行进一步探索。

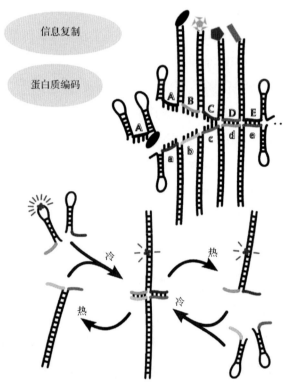

图 39.4　复制与蛋白质合成的结合。蛋白质合成和氨基酸复制具有共同起源吗？利用 DNA 机器方法，人们可以实现 tRNA 分子序列片段的复制。tRNA 目前用来实现遗传密码。图中同一分子被用作热驱动的指数级复制子。最终结构表明，氨基酸序列是按照编码到 tRNA 分子序列中的遗传信息分类组成的

二、未来发展方向

我们试图展示，简单的实验如何对生命的可能起源提供新的见解。这类研究目前仍以化学方法为主，但现在正向跨学科观点敞开大门。例如，我们在前面研究了地质背景下的生物分子、非平衡物理学和建模以及生物物理非平衡实验的组合。对于物理学家费曼的名言"我不能创造我无法理解的东西"（见 Verschure and Prescott，第 2 章），可能没有其他任何地方比生命起源领域更为适用。只有当我们能够创造出纳米机器，它们可以在没有人类干预的情况下维持地质环境中的分子进化时，我们才能说我们真正理解生命是如何

产生的。我们的研究方法表明，这项任务虽然看似非常大胆，但可能要比预期的要简单。

三、拓展阅读

有助于读者更好、更容易了解该领域的书籍包括尼克·莱恩（Nick Lane）的《生命的跃升》（*Life Ascending*），艾丽丝·弗莱（Lris Fry）的《地球生命的突现》（*emergence of Life on Earth*），皮埃尔·路易吉·路易斯（Pier Luigl Luisi）的《生命的出现》（*Emergence of Life*）。有关该主题的研讨会和讲座，请查看哈佛大学在各地举办的生命起源倡议（Origins of LIfe Initiatives），或参加两年一度的戈登生命起源会议（Gordon Conference on the Origins of Life）。

参 考 文 献

Baaske, P., Weinert, F. M., Duhr, S., Lemke, K. H., Russell, M. J., and Braun, D. (2007). Extreme accumulation of nucleotides in simulated hydrothermal pore systems. *Proc. Natl Acad. Sci. USA*, **104**, 9346–51.

Budin, I., Bruckner, R. J., and Szostak, J. W. (2009). Formation of protocell-like vesicles in a thermal diffusion column. *Journal of the American Chemical Society*, **131**, 9628–9.

Costanzo, G., Pino, S., Ciciriello, F., and Di Mauro, E. (2009). Generation of long RNA chains in water. *Journal of Biological Chemistry*, **284**, 33206–16.

Fry, I. (2000). *Emergence of life on Earth: a historical and scientific overview*. New Brunswick, NJ: Rutgers University Press.

Obermayer, B., Krammer, H., Braun, D., and Gerland, U. (2011). Emergence of information transmission in a prebiotic RNA reactor. *Physical Review Letters*, **107**, 018101.

Krammer, H., Möller, F. M., and Braun, D. (2012). Thermal, autonomous replicator made from transfer RNA. *Physical Review Letters*, **108**, 238104.

Kreysing, K., Keil, L., Lanzmich, S., and Braun, S. (2015). Heat flux across an open pore enables the continuous replication and selection of oligonucleotides towards increasing length. *Nature Chemistry*, **7**, 203–8.

Kiedrowski, G. v. (1986). A self-replicating hexadeoxynucleotide. *Angwandte Chemie Int. Ed.*, **25**, 932–5.

Lane, N. (2010). *Life ascending: the ten great inventions of evolution*. London: Profile Books Ltd.

Luigi, P. (2016). *The emergence of life: from chemical origins to synthetic biology*. Cambridge, UK: Cambridge University Press.

Mast, C. B., and Braun, D. (2010). Thermal trap for DNA replication. *Physical Review Letters*, **104**, 188102.

Mast, C. B., Schink, S., Gerland, U., and Braun, D. (2013). Escalation of polymerization in a thermal gradient. *Proc. Natl Acad. Sci. USA*, **110**, 8030–5.

Mill, D. R., Peterson, R. L., and Spiegelman, S. (1967). The synthesis of a self-propagating and infectious nucleic acid with a purified enzyme. *Proc. Natl Acad. Sci. USA*, **58**, 217–24.

Powner, M. W., Gerland, B., and Sutherland, J. D. (2009). Synthesis of activated pyrimidine ribonucleotides in prebiotically plausible conditions. *Nature*, **459**, 239–42.

Weinert, F. M., and Braun, D. (2009). An optical conveyor for molecules. *Nano Letters*, **9/12**, 4264–7.

第 40 章
从黏液菌到变形软体机器人

Akio Ishiguro[1], Takuya Umedachi[2]
[1] Research Institute of Electrical Communication, Tohoku University, Sendai, Japan
[2] Graduate School of Information Science and Technology, The University of Tokyo, Tokyo, Japan

分散式自主控制机制可能是理解动物如何根据不同情况来协调身体大自由度运动的关键，根据这种机制，简单个体组件的协调产生了非同平凡的宏观行为或功能。但目前仍然缺乏分散式自主控制的系统设计方法。为了缓解这一问题，我们重点研究了一种真性黏液菌——多头绒泡黏液菌（*Physarum polycephalum*）的原质团（plasmodium），这是一种原始的多核单细胞生物。尽管原质团非常原始，缺乏大脑中枢和神经系统，但其表现出了惊人的适应性和多样的行为（例如，趋向性、探索等）。这种能力无疑得到了进化选择压力的磨砺，并且可能存在一种巧妙的机制，构成了动物自适应行为的基础。我们从中成功提炼出了分散式控制的设计方案，并在多自由度的变形虫机器人中得以实现。实验结果表明，即使在没有集中控制架构的情况下，也会出现自适应行为。我们获得的结果为理解如何协调动物身体大自由度运动以诱导自适应行为提供了新的思路。

一、 生物学原理

黏液菌（原虫，Eumycetozoa）是一种真核生物，既可以作为单细胞动物单独生活，也可以聚集在一起形成多细胞结构。真性黏液菌的原质团，如多头绒泡黏液菌，是由许多单细胞融合形成的聚集体形态，主要由两部分组成：凝胶状的外部表层和溶胶状的原生质（图 40.1a）。原质团包含由叶脉状原生质结构和许多细胞核组成的网络。作为原质团，聚集的生物体可以主动寻找食物，例如，在成堆的树叶或腐木中。黏液菌的运动是由分布在原质团体内的生物化学振荡器产生的，其产生节律性的机械收缩（周期为 1～2min），进而在身体各部分之间诱发原生质的流动。原质团作为一个整体，可以观察到其时空振荡模式随厚度而变化，并且可以切换不同模式以产生不同的运动/行为，如行进波用于趋向性行为，螺旋波用于探索行为。尽管没有中枢神经系统或专门的器官，这种整体行为可由原质团中同质成分（即生化振荡器）之间的相互作用引起。因此，该有机体中可能存在分散式控制系统的巧妙设计原则。然而，各组成部分之间如何相互作用以产生这种自适应行为，目前还没有得到很好的理解。

原质团表现出自适应行为需要两个基本组成部分：基于机械感觉信息的相位修正机制和源于原生质的物理通信（即形态通信；Rieffel *et al.*，2010；Paul，2006）。原质团的振荡器类似于中枢模式发生器（CPG）（Takamatsu *et al.*，2001；Takamatsu，2006；另见 Holk and Cruse，第 24 章）。不同之处在于，原质团振荡器之间的相互作用运用的是机械约束而不是神经网络。振荡器收缩以增加原生质中的压力，从而导致原质团在外部表层中根据压力梯度流动（Kobayashi *et al.*，2006）；这反过来又允许远距离的振荡器在物理上相互作用。生化振荡器能够感受到来自原生质的力量，并据此改变其自身的收缩节律，以降低原生质所施加的压力（Yoshiyama *et al.*，2009）。

二、仿生系统

受黏液菌这种生物的启发，我们研发出了一种原质团模型，可以复制变形虫的运动。该机器人模型受原质团结构的启发，由两个主要部分组成：外层表皮和原生质（图 40.1b）。外层表皮包括多个模块：每个模块都配备有一个实时可调谐弹簧（RTS）（图 40.1c）、摩擦控制单元（图 40.1d）和与生化振荡器相对应的本地控制器。

我们开发了实时可调谐弹簧作为关键促动器装置，其可以模拟肌动蛋白-肌球蛋白丝。实时可调谐弹簧的一个显著特点是它能够通过螺旋弹簧的强制卷绕/展开来随时改变弹簧的静止长度。静止长度根据振荡器的相位来控制，可以再现身体各部分的节律性机械收缩。需要注意的是，由于机械钝性，弹簧的静止长度和实际长度之间总是存在着差异。通过在弹簧的一端添

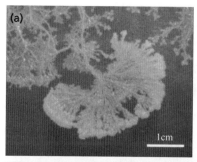

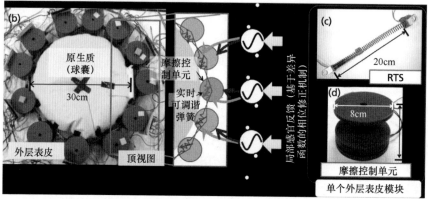

图 40.1   真性黏液菌的原质团及受原质团启发的真实物理机器人。（a）真性黏液菌的原质团。（b）真实物理机器人由模块组成，每个模块由一个相位振荡器控制。模块由实时可调谐弹簧（RTS）（c）和摩擦控制单元（d）组成。实时可调谐弹簧可以改变静止长度，摩擦控制单元可在锚定模式和无锚模式之间切换

加压力传感器，可以通过弹簧张力来测量这种差异。该装置还可以通过改变静止长度而改变柔软度。根据振荡器的相位，摩擦控制单元可以在锚定模式和无锚摩擦模式之间任意切换。

我们在外层表皮中嵌入了一个扁平气球，充当机器人的原生质。请注意，这种结构能够允许远距离模块之间在物理上相互作用：当一个模块中的实时可调谐弹簧发生收缩并因气球体积的守恒而推动原生质移动时，该模块上所受的力就会通过气球传递给其他模块。

为了控制每个模块的实时可调谐弹簧和摩擦控制单元，我们使用最简单的振荡器模型中的一个，即相位振荡器模型（Kuramoto，2003），对原质团的生化振荡器进行了建模。该振荡器的动力学描述如下：

$$\dot{\theta}_1 = \omega + \sum_{j=i+1, \ i-1} \sin(\theta_j - \theta_i) - \frac{\partial I_i}{\partial \theta_i} \tag{1}$$

右侧的第一项是振荡器的固有频率，它对所有模块都是相同的。第二项是模拟相邻振荡器间的化学扩散作用。第三项是基于振荡器机械感觉信息的相位修正机制（即局部感觉反馈）；其设计目的是降低函数 θ_i 的值。如前一节所述，原质团的生化振荡器能够感应到来自原生质的力，并且倾向于通过改变原生质的自身相位来减少这种力。基于这一生物学发现，我们利用张力 T_i 对该模型进行了如下函数设计：

$$I_i = \sigma \frac{T_i^2}{2} \tag{2}$$

其中的参数 σ 规定了局部感觉反馈的强度。我们将此函数命名为"差异函数"（discrepancy function），因为它量化了控制系统、机械系统和环境之间的差异。

为了有效地诱发原生质流，我们还引入了对称破缺机制。更具体地说，我们改变了外层表皮的刚度分布，如图 40.2 所示（Umadachi *et al.*, 2010, 2011）。这种变化是通过完全分散的方式实现的，即当模块检测到吸引子时，增加静止长度振荡的标称值。在实验开始时，所有的振荡器都是从同相状态条件开始的。这意味着所有模块都试图通过缩短静止长度来收缩。

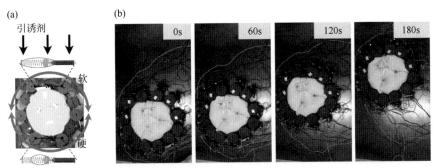

图 40.2　类变形虫软体机器人的实验结果。（a）外层表皮应对引诱剂的柔性分布示例。（b）朝向引诱剂的趋向性运动完全通过分散方式产生

然而这是不可能的，因为受到来自原生质的机械约束；被外层表皮包围的区域是保守的。在这种情况下，每个模块都会感觉到高张力，这导致差异函数的值很高，进而导致相位修正以降低每个模块的值。作为运用机械约束进行分散式相位修正的结果，从尾部到头部产生了相位梯度，机器人朝向吸引子移动。有趣的是，无法通过方程（1）第二项进行通信交流的远距离模

块,似乎彼此合作来产生趋向性运动。远距离模块通过第三项进行通信交流,即依赖于机械约束的相位修正机制。

这一结果强烈地表明,柔软身体可使控制系统更简单、集中度更低(Rieffel *et al.*,2010;Paul,2006)。我们的研究团队已经证明,这种再现动物自适应行为的设计方法也适用于其他形态,如蛇形机器人(Sato *et al.*,2010)和足式机器人(Owaki *et al.*,2012)。

三、 未来发展方向

原质团通过产生可变的振荡模式,不但表现出趋向性运动,而且具有极其多样性的行为。例如,当原质团向某一方向移动时,可以观察到行波;然而,在有序行波产生之前或在新的化学刺激之后,可以观察到复杂的螺旋波。这种行为多样性是一种非常重要的特征,可以针对不可预测的环境变化实现自适应行为。然而,大多数机器人和人工系统缺乏行为多样性。我们之前已经证明,这种行为多样性可以通过相同的设计予以实现(即利用基于机械感觉信息的形态计算和相位修正机制;Umedachi *et al.*,2013)。因此,该设计方法也有助于再现其他机器人形态的行为多样性。

另一个有趣的主题是多时间尺度自适应性的设计。目前,机器人仅具有相对较短范围的自适应性,如本研究中的相位修正机制。然而,原质团已知能够根据环境改变身体的拓扑结构。当培养基内含有有毒化学品时,拓扑结构会变成树状结构;当培养基内含有营养物质时,拓扑结构会变成网状结构(Ito *et al.*,2011)。将这种长期自适应性添加到短期自适应性中,对于理解黏液菌这种生命形式原始而惊人的复杂智能来说,可能是一个非常有趣的话题。

四、 拓展阅读

有关原质团振荡的详细信息,可以参考小林亮等(Kobayashi *et al.*,2006)的论文,他们既介绍了原质团的身体结构,又对振荡进行了数学描述。其他比较知名和有趣的原质团行为包括解决迷宫难题(Nakagaki *et al.*,2000)和构建有效运输网络(Tero *et al.*,2007,2010)。这些论文也有助于了解真性黏液菌的生物学一般知识。读者还可能会对软体无脊椎动物的模式生成和运动进行比较感兴趣，例如，拥有中枢神经系统的毛虫，详见特里默所述（Trimmer，第 41 章）。

致谢

本章作者的工作得到了日本科学技术振兴机构（Japan Science and Technology Agency）战略基础研究推进事业重大计划（CREST）的部分资助。

参 考 文 献

Kobayashi, R. Tero, A. and Nakagaki, T. (2006). Mathematical model for rhythmic protoplasmic movement in the true slime mold. *Journal of Mathematical Biology*, 53, 273–86. doi: 10.1007/s00285-006-0007-0

Rieffel, J. A., Valero-Cuevas, F. J., and Lipson, H. (2010). Morphological communication: exploiting coupled dynamics in a complex mechanical structure to achieve locomotion. *Journal of the Royal Society Interface*, 7(45), 613–21.

Takamatsu, A. (2006). Spontaneous switching among multiple spatio-temporal patterns in three-oscillator systems constructed with oscillatory cells of slime mold. *Physica D: Nonlinear Phenomena*, 223, 180–8. doi: 10.1016/j.physd.2006.09.001

Takamatsu, A., Tanaka, R., Yamada, H., Nakagaki, T., Fujii, T., and Endo, I. (2001). Spatiotemporal symmetry in rings of coupled biological oscillators of physarum plasmodial slime mold. *Physical Review Letters*, 87, 0781021. doi: 10.1103/PhysRevLett.87.078102, 2001

Yoshiyama, S. Ishigami, M. Nakamura, A. and Kohama, K. (2009). Calcium wave for cytoplasmic streaming of *Physarum polycephalum*. *Cell Biology International*, 34, 35–40. doi: 10.1042/CBI20090158

Kuramoto, Y. (2003). *Chemical oscillations, waves, and turbulence*. Mineola, NY: Dover Books.

Paul, C. (2006). Morphological computation: A basis for the analysis of morphology and control requirements. *Robotics and Autonomous Systems*, Special Issue on Morphology, Control and Passive Dynamics, 54, (8), 619–30.

Umedachi, T., Takeda, K., Nakagaki, T., Kobayashi, R., and Ishiguro, A. (2010). Fully decentralized control of a soft-bodied robot inspired by true slime mold. *Biological Cybernetics*, 102, 261–9. doi: 10.1007/s00422-010-0367-9

Umedachi, T., Takeda, K., Nakagaki, T., Kobayashi R., and Ishiguro, A. (2011). A soft deformable amoeboid robot inspired by plasmodium of true slime mold. *International Journal of Unconventional Computing*, 7, 449–62.

Umedachi, T. Idei, R. Ito, K. and Ishiguro, A. (2013). A fluid-filled soft robot that exploits spontaneous switching among versatile spatio-temporal oscillatory patterns inspired by true slime mold. *Artificial Life*, 19(1). doi: 10.1162/ARTL_a_00081

Sato, T., Kano, T., and Ishiguro, A. (2010). A decentralized control scheme for an effective coordination of phasic and tonic control in a snake-like robot. *Journal of the Acoustical Society of America*, 7, 016005.

Owaki, D., Kano, T., Nagasawa, K., Tero, A., and Ishiguro, A. (2012). Simple robot suggests physical interlimb communication is essential for quadruped walking. *Journal of the Royal Society Interface*, 23097501.

Ito, M., Okamoto, R., and Takamatsu, A. (2011). Characterization of adaptation by morphology in a planar biological network of plasmodial slime mold. *J. Phys. Soc. Jpn*, 80, 074801.

Nakagaki, T., Yamada, H., and Toth, A. (2000). Maze-solving by an amoeboid organism. *Nature*, 407(470). doi: 10.1038/35035159,.

Tero, A., Takagi, S., Saigusa, T., Ito, K., Bebber, D. P., et al. (2010). Rules for biologically-inspired adaptive network design. *Science*, 327, 439–42. doi: 10.1126/science.1177894

Tero, A., Kobayashi, R., and Nakagaki, T. (2007). A mathematical model for adaptive transport network in path finding by true slime mold. *Journal of Theoretical Biology*, 244, 553–64. doi: 10.1016/j.jtbi.2006.07.015

第 41 章
陆生柔软无脊椎动物和机器人

Barry Trimmer

Biology Department, Tufts University, Medford, USA

　　动物的身体几乎全部由柔软的材料组成，甚至脊椎动物也是如此，由硬质材料构成的内部骨骼不到它们体重的 15%。这一重要事实在地面运动研究中基本上被忽略了，这类研究主要的焦点是将四肢和关节的运动学建模为刚体，尽管必须增加弹簧和阻尼器以产生实际的运动。这种对高变形材料予以忽视的倾向的部分原因是它们的机械性能非常复杂、难以理解。然而，忽视柔软材料已经导致仿生机器人在试图模仿动物能力时存在严重问题。本章将介绍目前对陆地无脊椎动物运动的最新理解，它们基本上都具有柔软结构，重点将放在毛虫研究的新发现上。研究表明，柔软动物可以利用环境中的坚硬材料[即环境骨骼（environmental skeleton）]来保持柔韧性和顺应性。这将与更为传统的柔软动物运动模型形成鲜明对比，传统模型假设这些动物必须通过加压和受控静水压才能变得更为坚硬。最后一部分将介绍受这两类动物模型启发的仿生设备，以及如何利用这些生物模型提供的解决方案来构建可控、高度变形的移动机器。

一、生物学原理

　　具有坚硬骨骼的动物（如脊椎动物和成年昆虫）依靠关节施加的约束来减少自由度并简化运动控制。刚性骨骼还允许高负荷、快速移动，以及利用杠杆轻松实现力的相互转换和位移。相比之下，柔软动物可以通过更复杂的方式变形（如扭曲、皱缩、膨胀），并且几乎拥有无限的自由度。有趣的是，对于柔软动物如何以计算上更高效的方式控制运动，目前还缺乏一般性的理论。了解柔软动物的这种控制方法非常有价值，以便将其应用于顺应性和适应性更强的机器人。柔软动物运动的研究主要集中在软体动物（如头足类）、环节动物（如水蛭、蚯蚓）和昆虫幼虫。头足类动物（如章鱼）具有惊人的复杂运动和精细的肌肉系统，使它们成为柔性结构的理想模型（见 Prescott，第 38 章）；但其周围神经系统的复杂性和大小（每个章鱼触手内约有 5000 万个外周神经元）使得神经信号和特定运动之间的关系很难解释。

1. 环节动物的运动　环节动物在运动方面要更容易得多。它们的主要运动肌肉被组织成纵向块和周向块，较小的肌肉连接背部和腹部表面，以使身体平滑（Quillin，1999）。环节动物身体的每一个节段通常由一个柔性隔膜与其余部分分开，而蠕虫作为一个整体可以认为是一个体积固定的柔性圆柱体（图 41.1a）。因此，这两种主要肌肉群之间相互拮抗（图 41.1b），纵向肌肉的收缩导致体节变短变粗，而周向肌肉的挤压将体节变成窄长的圆柱体（图 41.1c）。加长的程度和速度（类似于杠杆的机械"优势"）由圆柱体的长径比决定（Kier and Smith，1985）（图 41.1d）。作为体积固定的"圆柱体"，蠕虫拥有经典的静水压力骨骼，它们可以通过收缩体壁上的肌肉而变得更硬，这会增加内部压力和体壁的拉伸载荷（环向应力）。因此，受压力更大的蠕虫能够对抗更大的弯曲力。然而，这种优势并没能特别好地成比例缩放，因为环应力与身体半径成比例，但与体壁厚度不成比例。随着动物体型的增大，它们必须不成比例地增加体壁厚度和内部压力，以支撑自己的体重和增加的运动力。这可能解释了为什么大型静水压力动物都生活在由周围介质支撑身体的环境中，无论是水生还是穴居。

体壁结构对静水压力动物的运动控制有重要影响。通常，柔性组织基质通过相对坚硬的弹性纤维得到加强，这些弹性纤维以螺旋阵列交叉图案的形式组织，以帮助分散应力。这些纤维还使体壁具备各向异性，并根据纤维交叉角度产生完全不同的机械优势。交叉角大于 54°4″的弹性纤维将被动地帮助身体侧向弯曲后的体位恢复，而角度低于此值则有助于在周向肌肉收缩后恢复静止体位（图 41.1e）。这些一般性机械原理能够与产生蠕动运动或其他弯曲运动的神经指令很好地匹配，它们利用肌肉群的相互拮抗机制作用于静水压力骨骼，作用方式与脊椎动物的骨骼几乎完全相同。

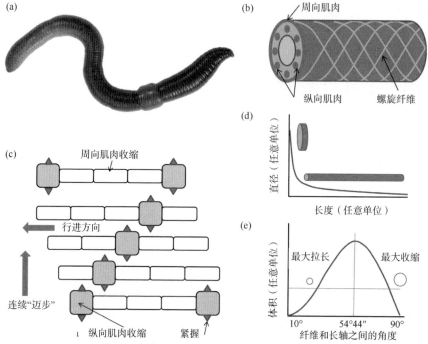

图 41.1　蠕虫的生物力学和运动概述。(a) 环节动物，如蚯蚓，呈节段式加压圆柱体。(b) 主要肌肉以纵向纤维束和周向环的形式排列在中心腔周围。体壁通常采用螺旋纤维加固。(c) 简化的爬行示意图表明纵向肌肉收缩使得每个体节缩短并锚定身体，周向肌肉的收缩使体节延长。体节移动的顺序可以在不同场景中发生变化。(d) 通过保持体积恒定，蠕虫的每一体节可以有不同的长径比。最开始的长径比将影响身体延伸的速度和幅度。(e) 螺旋增强纤维的交叉角影响了体型被动恢复的趋势

图片来源：(c) 转载自 Edwin Royden Trueman，The locomotion of soft-bodied animals，Edward Arnold，London © Hodder & Stoughton Limited，1975.(d) Adapted from William M. Kier and Kathleen K. Smith，Tongues，tentacles and trunks：the biomechanics of movement in muscular-hydrostats，Zoological Journal of the Linnean Society，83(4)，pp. 307-324，Figure 5，doi：10.1111/j.1096-3642.1985.tb01178.x Copyright © 2008，John Wiley and Sons.(e) 转载自 Ralph Clark，Dynamics of Metazoan Evolution：Origin of the Coelom and Segments，Figure 19c Copyright © Oxford University Press，1964. Reproduced by permission of Oxford University Press

2. 毛虫的运动　新近的研究发现了一种完全不同的柔软动物地面运动策略，其并不依赖于静水压力实现力量的相互转换和位移。取而代之的是，像毛虫这样的动物通过使用内部压力来产生基线膨大，而不是调节身体和肢体的运动，从而保持相对柔软性和顺应性。运动是通过向基底传递压缩力来完成的，通常保持身体处于张力状态。这一策略被称为"环境骨骼"（environmental skeleton）（Lin and Trimmer，2010）。这一机制已经在烟草天蛾（*Manduca sexta*）幼虫中进行了深入研究（图 41.2a）。

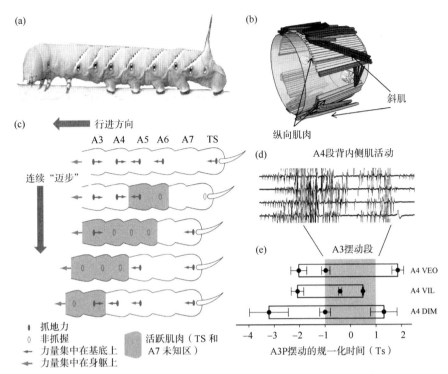

图 41.2　毛虫的生物力学和运动。（a）毛虫，如烟草天蛾（*Manduca Sexta*）幼虫，不是体积固定的圆柱体，与蠕虫不同，它们的身体不会在收缩和伸展之间交替转变。（b）肌肉不是被组织成拮抗块，而是由背侧、腹侧和斜向纤维群组成，每一群组由一个（偶尔两个）运动神经元控制。（c）肌肉收缩波向前移动，伴随着前足的逐渐释放；压缩力主要由基底承担。（d）与前足摆动阶段一致的四个连续步骤中的背内侧肌（DIM）肌电图记录。（e）A4 段体节肌肉激活时间概述，显示了广泛的肌肉协同活动

图片来源：（a）和（b）选自 B. A. Trimmer and Huai-ti Lin，Bone-Free：Soft Mechanics for Adaptive Locomotion，Integrative and Comparative Biology，54（6），pp. 1122-1135，Figure 1a，doi：https：//doi.org/10.1093/icb/icu076 © The Author，2014.（d）转载自 Journal of Neuroscience Methods，195（2），Cinzia Metallo，Robert D. White，and Barry A. Trimmer，Flexible parylene-based microelectrode arrays for high resolution EMG recordings in freely moving small animals，pp. 176-184，doi：10.1016/j.jneumeth.2010.12.005，Copyright © 2010 Elsevier B.V. All rights reserved，with permission from Elsevier.（c）和（e）转载自 Journal of Experimental Biology，213（13），Michael A. Simon，Steven J. Fusillo，Kara Colman，and Barry A. Trimmer，Motor patterns associated with crawling in a soft-bodied arthropod，pp. 2303-2309，Figures 6 and 7，doi：10.1242/jeb.039206，© Company of Biologists，2010.

　　烟草天蛾幼虫缺乏环形肌肉（图 41.2b），不能保持体节体积的恒定，也不能像蠕虫那样收缩体节。取而代之的是，它们的爬行是通过一系列从身体后部开始向前移动的波浪状体节收缩（图 41.2c）。其大部分爬行周期是由腹

部体节控制的，最多有三个体节同时处于摆动阶段，被动向前推进前足。在站立姿势时，前足使用角质钩（趾钩）被动地抓住基底（Lin and Trimmer，2010），角质钩在体节摆动阶段刚开始时就主动收回。与穴居或水中游动的环节动物和海洋头足类不同，烟草天蛾幼虫完全是陆栖的，运动相对缓慢，通常局限在一个小的空间内，因此采用三维运动捕捉方法对其进行研究相对容易。烟草天蛾幼虫还具有一些优点，因为其神经和生物力学组成同样都很容易获取。每个腹部体节包含大约 70 块不同的肌肉（图 41.2b），每个肌肉仅由一个（偶尔两个）运动神经元支配，没有抑制性运动单元。因此，烟草天蛾幼虫的大部分运动仅由数百个确定的运动神经元控制，可以通过向自由运动动物肌肉中植入电极来监测这些神经元的活动（图 41.2d 和 e）。肌肉附着点已映射到外部特征，可以允许测量运动肌肉的长度，并提供电极放置的准确位置。在烟草天蛾幼虫中观察到的运动学、动力学和组织特性可以直接与神经活动关联在一起。

这些研究表明，毛虫并不能非常精确地控制运动肌肉收缩的时间，相反是在推动肠道和其他内部组织前进的同时，产生重叠的体节肌肉激活波。这种爬行步态模式可能是由每一体节中的前足牵缩肌运动神经元的激活时间决定的，从而导致趾钩的释放。这种运动形式具有出乎意料的鲁棒性，即使动物从水平爬行过渡到垂直爬升，也不需要发生运动学上的显著变化。

虽然毛虫可以通过基底上的大间隙增加其悬臂的膨大，但它们似乎并没有利用加压来控制运动。据推测，毛虫体内广泛分布的充气式可压缩气管系统阻止了它们精确控制压力或保持恒定内部体积的能力。环境骨骼策略的一个优点是身体可以保持柔软，并且能够与基质相顺应，这对于依靠食物来源而生活并且通常试图隐藏自己的动物来说是一个非常突出的优势。毛虫作为柔软动物也可以改变自己的形状，甚至卷曲成轮状，以产生快速的弹道式滚动，作为本能的逃避反射（Lin et al.，2011）。环境骨骼的一个主要限制是，它要求基质比毛虫本身更坚硬。例如，烟草天蛾幼虫在悬垂线绳或搭扣材料上就不能很有效地爬行。

二、仿生系统

（一）柔软材料技术在机器人中的应用

顺应性结构常被应用于仿生机器人的关节和促动器中，以提高它们的适应性和鲁棒性。因为这些材料是"添加"到传统设计中的，所以它们通常会产生控制问题，需要额外的传感器或更强大的软件。尝试建造完全柔软机器人的情况很少，但通常包括基于蠕动（Menciassi and Dario，2003）和"适形轮"（conformable wheels）的设计。然而，即使是这些机器也包括刚性部件，如带有空气阀的 McKibben 型促动器、金属弹簧和热塑性轴承。最近有研究者利用硅弹性体制造了各种气动机器人，通过控制不同隔室的充气膨胀来移动（Shepherd et al.，2011）。这些装置使用外部压缩气体和电控电磁阀来控制预先确定的变形。随着内部压力存储和分配系统的发展，这些机器人将拥有很好的发展前景。这些气动机器人并非基于某一特定生物系统（除了蜘蛛的腿部关节，很少有动物会通过膨胀四肢来四处移动），这里将不做进一步讨论（见 Ishiguro and Umedachi，第 40 章）。

高变形移动机器的最终解决方案是完全使用柔软材料制造。其主要挑战是寻找实用的顺应性促动器（"人工肌肉"）及设计有效的控制系统。尽管所有的人工肌肉都存在严重的缺陷，但现在已经有很多类型可供使用（见 Anderson，第 20 章），包括电活性聚合物（EAP）、离子聚合物金属复合材料（IPMC）、形状记忆合金，甚至肌肉本身（见 Ayers，第 51 章）。新型电活性聚合物已被应用于制造类似虾、蜥蜴、海藻和海星的凝胶机器人。此外，采用柔软材料的连续环形驱动促动器已经得到验证。其他一些实例可能更应称为顺应性机器人，而不是柔软材料机器人，因为它们只包含了发生微小变形的柔性部件或附着于其他刚性结构之上。

（二）蠕虫样机器人

基于蠕动波和一系列软、硬促动器，已经开发出多种蠕虫样机器人（Jung et al.，2007）。也许其中最成功的方法是使用形状记忆合金（SMA）促动器。这种方法首先被应用于蠕虫样爬行机器人中，研究人员将形状记忆合金丝卷成线圈，以产生具有大应力（超过 100%）的强力拉伸线性促动器（Menciassi and Dario，2003）；并且之后继续应用于其他爬行和游泳机器人。最近，这项技术发展产生了一种名为网格蠕虫（Meshworm）的令人印象深刻的非常强健的爬行器（Seok et al.，2010）。有趣的是，这种 Meshworm 采用的是定长设计，而不是所期望的蠕虫定容设计；一个节段内的形状记忆合金径向收缩会导致相邻节段的径向膨胀。整个结构受到交叉纤维网格的约束，有助于节段之间的直接变形。推进力来源于地面接触波，反馈由检测每个节段长度的线性电位器提供。使用迭代学习控制来实现目标函数的最大化，同时调整每个形状记忆合金促动的持续时间，最大限度地提高 Meshworm 的速度、行驶距离和能量消耗。转向是通过用纵向 SMA 线圈替代两个被动肌腱来实现的。激活一个线圈会使机器人的一侧缩短，从而使其朝该方向移动。

（三）毛虫样机器人

人们利用从烟草天蛾幼虫运动研究中获得的结论，已经开发出了各种毛虫样机器人组成的大家族，该家族同样使用 SMA 线圈促动器（图 41.3）。因为这些机器人不是通过压力控制，所以它们可以由几乎任何柔软到足以变形的材料制成（图 41.3a 和 c）。此外，这些材料可以是多孔的或被其他组成成分渗透。机器人不会受到特定形状的限制，可以制成中空式或整体式身体形态。通常，它们是由硅弹性体制成（图 41.3c 和 d）或用柔性橡胶聚合物直接 3D 打印，如 TangoPlus®（以色列 Objet 公司；图 41.3a 和 b），很少需要或不需要组装。SMA 线圈连接到机器人身上（图 41.3d）并按特定方向排列，可以使底盘的不同部分发生弯曲。运动是通过举起身体的不同部位或展开可伸缩黏垫来控制与地面的摩擦作用而实现的。它们能够爬行、寸动或滚动（Lin et al.，2011），甚至可以爬上陡峭的斜坡。这类装置可以通过左右两侧 SMA 的差异性激活来控制转向。最便宜、最坚固的版本是通过细金属系绳供电和控制的，但现在已经构建了自身携带锂聚合物电池和小型四通道无线电接收器的无系绳版本。

这种软体机器人平台的开发有助于证实爬行和寸动等复杂的毛虫步态

可以通过简单改变促动器的时间和振幅来产生。运动协调大部分是通过身体内部的耦合变形及环境相互作用而产生的。此外，这些毛虫样机器人展示了高度可变形装置的另一个重要特性，即它们可以发生变形以探索其他不同的体型。例如，GoQBot（图 41.3c 和 d）的身体细长而狭窄，可以变形成圆形。当快速完成变形时，这种变化释放出足够的储存弹性能量，从而产生弹道式滚动运动（图 41.3e～g）。GoQBot 可在 100ms 内改变构象，产生约 1G 的加速度和 200rpm 的转速，足以推进 10cm 长的机器人以 200cm/s 的线性速度运动（Lin *et al.*，2011）。

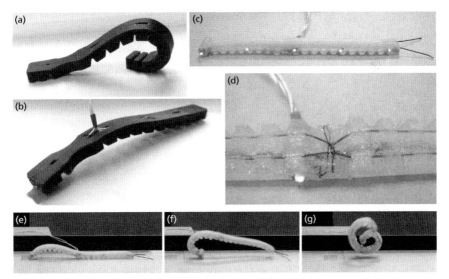

图 41.3　用于测试材料效用和促动的毛虫样机器人实例。（a）和（b）是用柔软弹性聚合物 3D 打印的 Softworm 机器人，也可以用生物材料铸造。（c）GoQBot 是由多种硅橡胶聚合物铸造而成的机器人。（d）Softworm 是由贯穿身体的形状记忆合金（SMA）线圈促动的。（e）～（g）GoQBot 快速弹道式滚动旋转的高速成像图（分别为 40ms、120ms 和 200ms 时的图）

图片来源：（d）转载自 Bioinspiration and Biomimetics，6（2），Huai-Ti Lin，Gary G Leisk，and Barry Trimmer，GoQBot：a caterpillar-inspired soft-bodied rolling robot，pp. 026007-21，doi：10.1088/1748-3182/6/2/026007，© Copyright 2011 IoP Publishing.

三、未来发展方向

通过了解和探索柔软材料机器人的应用，我们已经开始发展新的研发路径。也许最令人兴奋和影响最深远的是，最近尝试使用合成材料和活体细胞的组合来制造机器人。目前已经有构建混合装置的多种尝试，将生命组织整合到机械装置之中。这包括附着在杠杆上的解剖肌肉，植入完整动物体内的电极，以及动物"驾驶"机器人车辆的"半机器人"（cyborg）机器。然而，大多数将细胞系统融入机器人的尝试都使用了对环境要求非常严格的脊椎动物组织。例如，脊椎动物肌肉的长期存活需要功能性的血管系统来输送氧气和葡萄糖并清除废物。大多数脊椎动物的肌肉对温度变化（在作用温度上下 10℃范围之内变化）也非常敏感，由于它们依赖于严格调控的血液流动，很容易被化学环境的变化所破坏或杀死。

因此，一项关键性的创新就是将环境耐受性突出的昆虫细胞作为有用装置的构建基块（Baryshyan *et al.*，2012）。昆虫可以在低于 0℃至高于 45℃的温度下发挥功能，其组织通常也处于这些环境温度下。有些昆虫（包括烟草天蛾）可以冷冻，并在解冻后仍能正常爬行和发育。因为它们生活在通常是极端的生态位环境中，昆虫对有毒化合物、pH 变化、氧化应激、缺氧和辐射也具有极大的耐受性。它们的开放式循环系统（缺乏血管、氧载体或淋巴系统）不能选择性地调节不同组织的局部微环境，因此在体外比较容易模拟。一定程度上因为这种组织形式，每个昆虫组织都有很大程度的自主性，能够在分离状态下运行良好。其他优点涉及商业、伦理和实用性等方面。昆虫是地球上种类最丰富的有机体，作为原材料可以被广泛利用。它们的使用只受到最低限度的监管（通常与农业意义相关），而且维护成本和回收成本低廉。昆虫是研究得最深入的动物种类之一，特别是在基因组水平上，因此有大量技术工具来操纵其代谢和发育途径。最后，昆虫蛋白已经在商业上大规模应用（如蚕丝生产），可以作为机器人部件的基本构建基块。

四、拓展阅读

蠕虫爬行和建模的细节可以阅读奎林的论文（Quillin，1999），该论文介绍了蚯蚓的运动、比例缩放问题的相关研究，以及对波动和蠕动的数学描述的参考资料。对于与静水压力生物相关的一般生物力学，强烈推荐基尔及其同事的工作成果（Kier and Smith，1985）。林等（Lin *et al.*，2011；Lin and Trimmer，2010）在一系列出版物中介绍了毛虫、软体机器人和环境骨骼的有关工作。读者可能会对缺乏任何类型神经系统的黏液菌的模式生成和运动进行比较有兴趣，详细内容可以阅读石黑章夫等的介绍（见 Ishiguro and Umedachi，第 40 章）。本章引用的大多数论文均可通过原作者网站了解更多信息，最新进展可以查阅《生物启发与仿生学》（*Bioinspiration & Biomimetics*）、《实验生物学杂志》（*Journal of Experimental Biology*）和《软体机器人技术》（*Soft Robotics*）等期刊。

致谢

本章作者的工作得到了美国国家科学基金会（National Science Foundation）的资助（IOS 1050908、DBI-1126382、IGERT 1144591）及美国国防部高级研究计划局（DARPA）的支持（DARPA Army W911NF-11-1-0079）。

参 考 文 献

Baryshyan, A. L., Woods, W., Trimmer, B. A., and Kaplan, D. L. (2012). Isolation and maintenance-free culture of contractile myotubes from *Manduca sexta* embryos. *PLoS ONE*, 7, e31598.

Jung, K., Koo, J. C., Nam, J. D., Lee, Y. K., and Choi, H. R. (2007). Artificial annelid robot driven by soft actuators. *Bioinspiration and Biomimetics*, 2, S42–S49.

Kier, W. M.,and Smith, K. K. (1985). Tongues, tentacles and trunks - the biomechanics of movement in muscular-hydrostats. *Zoological Journal of the Linnean Society*, 83, 307–24.

Lin, H.-T., Leisk, G., and Trimmer, B. A. (2011). GoQBot: A caterpillar-inspired soft-bodied rolling robot. *Bioinspiration and Biomimetics*, 6, 026007-21.

Lin, H.-T., and Trimmer, B. A. (2010). The substrate as a skeleton: ground reaction forces from a soft-bodied legged animal. *Journal of Experimental Biology*, 213, 1133–42.

Menciassi, A., and Dario, P. (2003). Bio-inspired solutions for locomotion in the gastrointestinal tract: background and perspectives. *Philos Transact A Math Phys Eng Sci*, 361, 2287–98.

Metallo, C., White, R. D., and Trimmer, B. A. (2010). Flexible parylene-based microelectrode arrays for high resolution EMG recordings in freely moving small animals. *Journal of Neuroscience Methods*, 195 (2), 176–84. doi: 10.1016/j.jneumeth.2010.12.005

Quillin, K. J. (1999). Kinematic scaling of locomotion by hydrostatic animals: ontogeny of peristaltic crawling by the earthworm *Lumbricus terrestris*. *Journal of Experimental Biology*, 202, 661–74.

Seok, S., Onal, C. D., Wood, R., Rus, D., and Kim, S. (2010). Peristaltic locomotion with antagonistic actuators in soft robotics. *2010 IEEE International Conference on Robotics and Automation (Icra)*, 1228–33.

Shepherd, R. F., Ilievski, F., Choi, W., Morin, S. A., Stokes, A. A., Mazzeo, A. D., Chen, X., Wang, M., and Whitesides, G. M. (2011). Multigait soft robot. *Proc. Natl Acad. Sci. USA*, 108, 20400–3.

Simon, M. A., Fusillo, S. J., Colman, K., and Trimmer, B. A. (2010). Motor patterns associated with crawling in a soft-bodied arthropod. *Journal of Experimental Biology*, 213, 2303–9.

Trimmer, B. A., and Lin, H.-T. (2014). Bone-free: soft mechanics for adaptive locomotion. *Integrative and Comparative Biology*, 54(6), 1122–35. doi: https://doi.org/10.1093/icb/icu076

Trueman, E. R. (1975). *The locomotion of soft-bodied animals*. London: Edward Arnold.

Wainwright, S. A. (1988). *Axis and circumference*. Cambridge, MA: Harvard University Press.

第 42 章
从昆虫中学习并应用于机器人的原理和机制

Roger D. Quinn[1], Roy E. Ritzmann[2]
[1] Mechanical and Aerospace Engineering Department,
Case Western Reserve University, USA
[2] Biology Department, Case Western Reserve University, USA

几十年来，随着生物学家对复杂无脊椎动物系统的不断了解，昆虫一直在为机器人设计提供灵感。最初的足式机器人通常只模仿昆虫基本的六足设计和行走步态。从那时起，机器人研发就利用了昆虫足与翅膀的设计、顺应性结构、运动行为、反射，甚至利用了在中枢神经系统中发现的局部神经控制系统。未来的机器人控制可能会采用包括大脑在内的昆虫完整神经系统模型。

昆虫对于机器人发展是极具吸引力的模型。它们的许多行为和能力非常有益，可以使机器人在城市和自然环境中执行各种任务。昆虫可以飞行、游泳或行走，或综合开展这些行为，可以从起始位置克服沿途各种障碍抵达目标位置。有些甲虫可以攀爬墙壁和树木，甚至在天花板上爬行。蚱蜢和蟋蟀可以跳上台阶，穿过比它们身体长很多倍的缝隙。苍蝇可以在空中盘旋，向任何方向飞行。飞蛾可以穿越林地追踪和定位数十米外的气味源。工程师们正在对负责昆虫这些能力的神经力学原理进行建模，并在机器人中予以实现。

在本章中，我们将讨论受昆虫启发的地面机器人的进展。由于全面探讨昆虫机器人的所有文献将会占据整本书的篇幅，我们特别介绍了一些利用蟑螂和竹节虫运动与行为机制进行设计的机器人。随后我们探讨了一些基于这些昆虫行为和神经通路的控制器。最后，我们基于昆虫神经科学的未来发展方向，展望了未来机器人的能力。

一、实现蟑螂运动原理的简化机器人

昆虫是复杂的神经机械系统，远比现有任何机器人都要复杂精细得多。

例如，蟑螂的腿有七个主动自由度，其跗节（足）有更多的被动柔顺性关节。蟑螂的中枢神经系统包括胸神经节（类似于脊椎动物的脊髓）和大脑，有超过 10^5 个神经元。随着学习的深入，对昆虫的软件与硬件建模的逼真度也在不断提高。

由于这种极其艰巨的复杂性，科学家已经设计了一类机器人，它们只利用昆虫的基本运动原理和机制而不是利用其精细的腿部设计和神经系统。这些原理包括基本的六足式设计，可以为鲁棒静态稳定性提供大的多边形支撑。对蟑螂动态稳定性非常重要的机制是关节和跗节的柔顺性，这会在外骨骼腿节结构相对较硬的情况下保持腿部的力学柔顺性。研究已经证明，蟑螂可以利用这种柔顺性来对抗动态干扰（Jindrich and Full，2002）。腿部基本周期遵循另一个重要的运动原理。腿部周期包括支撑身体的站姿阶段，以及足部返回以准备下一个站姿阶段的摆动阶段。昆虫步态众所周知，包括交替式三足步态，蟑螂通常也使用这种步态，身体一侧的前腿和后腿与对侧的中腿同步移动。然而，当动物在不规则地形上移动时，这种对侧腿不同步的协调模式可能会发生改变。例如，蟑螂的对侧腿在攀爬台阶时是同向移动的。蟑螂的中腿和前腿之间的胸部也有一个关节，用来防止爬越障碍物时重心过高。此外，当接近台阶准备攀爬时，蟑螂会旋转中腿关节使其伸展并向上抬起身体。上述运动机制和原理已在许多机器人中实现，设计相对简单且效果良好。

RHex 机器人是非常灵活的六腿式车辆，因为它们受益于在蟑螂身上观察到的几个重要运动原理（Saranli et al.，2001）。它们只有 6 个马达，每条腿一个马达可以让足部转圈。机器人的每条腿在站姿阶段以所需速度转动，然后以相同的方向快速转动，通过摆动阶段后返回站姿阶段。这是一种不同寻常但非常有效地实现腿部基本周期的方法。RHex 机器人的腿也设计成径向被动柔顺性，模拟在蟑螂腿部观察到的柔顺性，从而在稳定性方面也获得类似的效果。RHex 机器人对 6 个马达的控制可以将其腿部动作组织成昆虫步态，包括交替式三足步态和对侧腿在爬楼梯时同相移动的步态。利用蟑螂运动的这些原理，RHex 机器人已被证明可以在不规则地形上行走和奔跑、上下楼梯，甚至跳跃（Johnson and Koditschek，2013）。

Whegs 机器人以 RHex 机器人为先驱，也受益于蟑螂的许多运动原理，但马达更少，更多地采用被动自由度（Quinn *et al.*, 2003）。为了简化其控制系统和减少马达数量，Whegs 使用了一种称为轮腿（wheel-leg）的装置。轮腿有一个轮毂和多根均匀分布的轮辐，每根轮辐的末端有一只脚。每根轮辐都可以充当一条腿，而腿部运动基本周期是通过简单地以恒定速度转动轮腿来完成的。当一根轮辐完成其站姿周期时，另一根轮辐进入站姿阶段。标准的 Whegs 机器人只有一个推进马达，通过链轮和链条系统驱动所有 6 个轮腿。标准的轮腿有三根轮辐。轮腿装配在机器人上，因此可使对侧腿不同相，使得机器人仅需一个推进马达就能够以三足步态行走。

研究人员采用柔性机构使 Whegs 机器人改变步态，而不是通过增加更多的马达来完成这项任务。上述机器人不能改变其三足步态。为此，在其轮毂中安装了扭转弹簧装置。在马达驱动的输入轴向弹簧一侧施加扭矩，而轮腿由弹簧另一侧驱动。弹簧的旋转受到机械限制，弹簧被预置张力，以便在输入轴和环境之间施加特定的扭矩阈值之前弹簧不会发生旋转。因此，Whegs 机器人在水平面上以三足步态行走，但地形干扰会扰乱其步态，因此它会被动地调整步态以适应环境。在上坡时，超过三条腿会保持站姿，在爬越台阶时，对侧腿会同相移动，如同在蟑螂攀爬时观察到的一样。

Whegs 机器人也有一个驱动关节，允许它们弯曲自己的身体，这就需要第二个马达。为了简化设计，这种"身体–关节"轴与中腿轴处于同一位置。Whegs 利用身体关节来实现蟑螂的两种运动原理。首先，它可以向下弯曲，帮助机器人在攀爬时避免重心过高。其次，它可以向上弯曲以抬高机器人的前端，这样前腿就可以接触较高障碍物的顶部，蟑螂通过向上抬起整个身体来完成这一任务。身体关节固定的 Whegs 机器人，其攀爬的矩形障碍物是腿长的 1.58 倍，而充分利用身体关节的同类机器人可以攀爬超过腿长两倍的障碍物（图 42.1）。我们发现，与身体关节马达串联的弹性柔顺性既可以减少传输中的机械故障，又可以实现更加均匀的腿部负荷（Boxerbaum *et al.*, 2008）。

简化机器人与它们的动物模型相比不那么优雅。蟑螂的后腿推动它们前进，而前腿和中腿转动以引导它们的运动方向。朝向弯曲一侧的前腿在摆动时外伸，在站姿时内缩，而对侧腿则刚好相反。因为 RHex 的每一条腿都是由一个单独的马达驱动的，所以它可以滑移转向。如上所述，Whegs 只有两

图 42.1　视频中的一帧图像，显示了 DAGSI Whegs 机器人利用其身体屈曲关节来攀爬障碍物。请注意，它的前腿是同相的，两条腿都在支撑和提升身体，而中腿没有负荷，因此处于正常的异相方向

个马达，所以不能转向。为了完成转向，Whegs 使用了两个电动耦合的小型伺服马达，以相反的方向转动其前腿和后部的对侧轮腿。

蟑螂运动原理在 Whegs 机器人中被应用，尽管简单却为 Whegs 机器人提供了惊人的灵活性。Whegs 机器人能够爬过碎石堆，穿过杂草丛生、树枝掉落的果园。它们能够爬上高高的障碍物，上下楼梯。手掌大小的 Whegs 机器人版本被称为"mini-Whegs"，其有 4 个轮腿，已经创造了足式机器人的速度纪录（对于有腿机器人，以每秒的身体长度为单位），并能跳跃、飞行、攀爬玻璃墙。这些能力是其设计融合了昆虫运动原理的结果。此外，它们的机械系统中嵌入了局部控制系统，允许它们被动地适应环境。

外界对 RHex 和 Whegs 机器人的一种批评是，因为它们的脚只能转圈，所以它们"只是轮式车辆"。然而事实并不是这样，这有两个方面的原因。第一，它们的腿可以施加法向力以攀爬比其腿高的矩形障碍物，这是轮子不可能做到的，轮子在这种情况下必须依靠摩擦力。第二，它们的步态关系到其稳定性和灵活性，而步态对于轮式车辆没有意义，普通轮式车辆不能通过改变其姿态来提高稳定性。

二、具有仿昆虫腿的机器人

昆虫的腿比 RHex 和 Whegs 的简化腿要灵活得多。昆虫可以将腿伸到目标位置，这样它们就可以穿越稀疏地形，高效转弯，改变姿势以增强稳定性，并在细小缝隙中爬行。为了使机器人具有这些能力，必须采取多节段腿。

目前已经开发出几十种具有多节段腿的仿昆虫机器人。为了简洁起见，我们只介绍其中部分机器人。这些机器人大多具有六条相同的腿，而任何昆虫都并非如此。

Robot Ⅱ机器人有 6 条相同的腿，每条腿有 3 个驱动自由度和一个弹性柔顺性跗节。Robot Ⅱ 的设计并不是基于任何具体的昆虫。值得注意的是，其控制系统结合了受竹节虫启发的步态生成网络和局部腿部反射。Robot Ⅱ具有的能力如下：利用搜索反射在稀疏地形上向前和向后行走，顺应和穿越不规则的地形，利用升降反射调整腿部动作以翻越障碍物，转弯，在受到干扰时反身行走。自 Robot Ⅱ 以来，具有类似配置的许多机器人都能成功完成这些动作，但采取了使用更先进技术的更加精密与坚固的平台。

Robot Ⅲ机器人（图 42.2）是第一种在腿部运动学水平上模拟特定昆虫，即美洲蟑螂（*Blaberus discidalis*）机器人（Nelson and Quinn，1999）。蟑螂的腿节长度被按比例放大了 17 倍。后腿大且有力量，中腿较小，前腿最小。其后腿的每个胸-髋、髋-股、股-胫关节处各有一个自由度，与蟑螂用来驱动自己前进的自由度相同。机器人的中腿有相同的关节，并在胸-髋关节处有一个额外自由度。这些是我们当时认为对蟑螂中腿最重要的关节。但此后我们发现，大转子-股骨关节在这些腿上也很重要。机器人的前腿和昆虫一样，是最灵活的，包括了与中腿相同的关节及胸-髋关节的第三个自由度。机器人所有关节的运动范围也都是模仿蟑螂的。

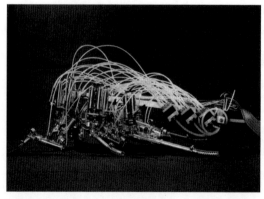

图 42.2　Robot Ⅲ机器人的腿是对美洲蟑螂的模拟。前腿小且灵巧，后腿大且有力

　　Robot Ⅲ 的控制系统有两项非常突出的技能。首先，机器人可以像蟑螂一样转动腿部，通过与蟑螂相似的动作移动每个关节，从而形成三足式步态。对侧腿可以履行与昆虫相同的动作功能性。后腿的跗节在胸-髋关节后开始呈站姿，中腿的跗节在胸-髋关节前开始呈站姿并转动到其后面，前腿的跗节在整个腿部周期中保持在胸-髋关节前。其次，机器人能够在大的干扰下保持姿势稳定。

　　Hector 机器人（本书图 3.6）是对竹节虫（*Carausius morosus*）放大 20 倍的详细形态学建模（Schilling *et al.*，2013）。除了对昆虫的节段、自由度、附着位置、腿部方向和功能进行建模外，Hector 机器人还复制了昆虫的胸部结构。它有三个胸节（前胸节、中胸节和后胸节），分别与对侧前腿、中腿和后腿相连。每个体节之间的驱动关节允许上/下和左/右旋转，模仿昆虫的这些自由度。Hector 机器人的腿关节由电动马达通过旋转弹簧（串联弹性执行器）驱动，以模仿昆虫的柔顺关节和腿。它的腿关节和步态由一种称为 Walknet 的人工神经网络来协调控制。Walknet 已经受过严格训练，包含了数十年的无脊椎动物运动数据训练，并展示出一些自适应行为，包括定向行走、局部反射和基本导航（Schilling *et al.*，2013）。

三、局部神经控制系统

　　我们现在有可能利用昆虫局部神经系统模型来控制机器人的腿部，这些模型牢牢地"植根"于生物学原理。以前的昆虫机器人一般是通过有限状态机（finite state machine）来进行控制，以实现在昆虫身上观察到的行为和反射，这是因为对神经生物学的了解不够详细深入。神经科学家现在已经确定了神经系统的架构及负责腿部关节协调的许多神经通路。目前已经开发出局部神经系统的模型，并将其用于控制单独的腿部及昆虫机器人整体。

　　昆虫腿部的每个关节都由自身的中枢模式发生器（CPG）控制，该中枢模式发生器受感觉信号的调节（Ekeberg *et al.*，2004；见 Cruse and Schilling，第 24 章，深入了解 CPG）。腿部关节的 CPG 不是直接耦合的，相反，腿部关节是通过感觉输入来协调的。例如，与站姿相关联的关节运动受到载荷的刺激，角度阈值有助于触发摆动运动。目前已经确定了许多用于站姿、摆动和转身的神经通路。

这种神经系统模型已被证明足以使机器人腿模仿昆虫腿的行为。它最初被建模为没有 CPG 的有限状态机网络，只有当离散事件感觉切换时，它才可能会陷入一种状态，等待可能永远不会发生的事件。生物神经网络（BNN）的实现方法就不存在这个问题（Daun-Gruhn，2010，Szczecinski *et al.*，2014）。CPG 的连续时间动力学可以使关节循环，从而避免关节卡死，并具有运动平滑的额外好处。事实上，BNN 模型已经表明高级中枢传出的少量信息如何使局部神经机械系统实现行走和转身运动之间的平稳过渡。

四、自主性

即使是拥有最流线型和最灵活的腿部、身体关节、传感器、局部控制系统、高效驱动和动力系统的机器人，其应用仍然非常有限，因为其缺乏自主执行运动的能力。为了执行重要任务，机器人必须能够从一个位置移动到另一个位置，同时避开障碍物，而且不需要人类操作者规定详细动作。更高层次的系统或大脑必须收集有关机器人周围环境和自身状态的信息，整合和评估这些信息的质量，并做出明智的、与情境相关的决策。昆虫同样也是开发这类自主系统的良好模型。

在昆虫的大脑中，中央复合体（CC）似乎在将行为选择与当前内外环境相匹配方面发挥作用（Ritzmann *et al.*，2012；Strausfeld and Hirth，2013）。中央复合体内的神经元监测大量的感觉信息，包括视觉和触角线索，并在预期运动会发生变化时改变它们的放电模式（Guo and Ritzmann，2013）。神经科学家在众多的昆虫模型上采用了一系列的技术，试图破解中央复合体的功能。这些技术包括遗传工具和动物运动电生理记录。未来这些数据将被用于开发中央复合体的情境相关模型，随后可用于控制机器人的自主运动；这些模型可以与仿生传感器耦合，例如制造受昆虫复眼启发的传感器等（见 Dudek，第 14 章）。

同时，行为研究和建模也可以提供对昆虫如何决策的深入见解。这些技术已经证明，蟑螂的沿墙爬走行为可以用 PID 控制系统来建模（Lee *et al.*, 2008）。在另一项研究中，蟑螂被放置在有小遮光栅的明亮长方形实验场地内行走，将其监控视频数字化，然后使用随机有限状态机对其建模。由此产生的智能体关于何时沿着墙走、转弯和探索的决定，以及它对遮光栅的喜好和到达遮光栅的时间，在统计学上都与蟑螂非常相似（Daltorio *et al.*, 2013）。

五、讨论

在仿生机器人领域有两个主要问题。第一个问题，经过超过 1/4 个世纪的工作，机器人技术是否从动物数据中受益？我们相信答案是肯定的。有人可能会说，RHex 和 Whegs 机器人可以没有蟑螂的设计灵感，但关键是它们没有这样设计。人们总是可以在事后说，动物灵感并不是必要的，但事实是在这些情况下，其对昆虫行为的观察指明了发展方向，而这些机器人就是最终的结果。另一个例子是，动物从其柔顺性机制中获得的优势迫使机器人学家开发出类似肌肉的促动器，如串联弹性和各类聚合物。这项工作可能最终推进设计出高能效的足式机器人。然而必须承认，获取昆虫腿部设计和神经控制细节来开发机器人是一项艰巨的挑战，目前大多数具有任务能力的机器人都来自更抽象的设计，这些设计只是表面上类似昆虫的架构。昆虫的神经控制特性，如在大脑中研究发现的特性及复杂情况下的目标搜寻行为（Daltorio *et al.*, 2013），近期内有可能在与昆虫几乎没有相似之处的车辆上发挥更重要的作用。这可能包括轮式、脚踏式，甚至飞行式无人装置，这些装置的自主控制将受益于昆虫行为的情境依赖特性，动物的这种特性是由大脑回路赋予的。

第二个问题是，科学家是否从与工程师的合作中获益？我们再次相信答案是肯定的。工程师开发的动物系统模型正被用于研究检验科学假设。在这种情况下，软件模型通常比硬件模型更实用，因为与硬件模型相比，软件模型可以相对快速地开发和操作，并且不受组件可用性的限制。然而，硬件演示对于仿真结果的最终验证具有更大的价值。

六、拓展阅读

比尔等（Beer *et al.*，1998）和奎恩等（Quinn *et al.*，2003）对仿生方法在类昆虫机器人设计中的应用做了进一步的评述。莫雷等（Morrey *et al.*，2003）讨论了将 Wheg 机器人设计扩展到能够稳健快速移动的小型机器人。里茨曼等（Ritzmann *et al.*，2012）和马丁等（Martin *et al.*，2015）对昆虫大脑在控制行走中的作用进行了更广泛深入的讨论。

参 考 文 献

Beer, R. D., Chiel, H. J., Quinn, R. D., and Ritzmann, R. E. (1998). Biorobotic approaches to the study of motor systems. *Current Opinion in Neurobiology*, 8(6), 777–82. doi:https://doi.org/10.1016/S0959-4388(98)80121-9

Boxerbaum, A. S., Oro, J., Peterson, G., and Quinn, R. D. (2008). The latest generation Whegs™ robot features a passive-compliant body joint. In: *Proceedings of the IEEE/RSJ International Conference on Intelligent Robots and Systems (IROS'08),* Nice, France.

Daltorio, K. A., Tietz, B. R., Bender, J. A., Webster, V. A., Szczecinski, N. S., Branicky, M. S., Ritzmann, R. E., and Quinn, R. D. (2013). A model of exploration and goal-searching in the cockroach, *Blaberus discoidalis*. *Adaptive Behavior*, 21(5), 404–20.

Daun-Gruhn, S. (2010). A mathematical modeling study of inter-segmental coordination during stick insect walking. *J. Comput. Neurosci.*, 30. 255–78.

Ekeberg, O., Blumel, M., and Bueschges, A. (2004). Dynamic simulation of insect walking. *Arthropod Structure and Development*, 33(3), 287300.

Guo, P., and Ritzmann, R. E. (2013). Neural activity in the central complex of the cockroach brain is linked to turning behaviors. *J. Exp. Biol.*, 216, 992–1002.

Jindrich, D. L., and Full, R. J. (2002). Dynamic stabilization of rapid hexapedal locomotion. *J. Exp. Biol.*, 205, 2803–23.

Johnson, A. M., and Koditschek, D. E. (2013). Toward a vocabulary of legged leaping. *Proceedings of the 2013 IEEE Intl. Conference on Robotics and Automation*, May 2013, pp. 2553–60.

Lee, J., Sponberg, S. N., Loh, O. Y., Lamperski, A. G., Full, R. J., and Cowan, N. J. (2008). Templates and anchors for antenna-based wall following in cockroaches and robots. *IEEE Transactions on Robotics* (Special Issue on Bio-Robotics), 24(1), 130–43.

Martin, J. P., Guo, P., Mu, L., Harley, C. M., and Ritzmann, R. E. (2015). Central-complex control of movement in the freely walking cockroach. *Current Biology*, 25(21), 2795–803. doi:https://doi.org/10.1016/j.cub.2015.09.044

Morrey, J. M., Lambrecht, B., Horchler, A. D., Ritzmann, R. E., and Quinn, R. D. (2003). Highly mobile and robust small quadruped robots. In: *Proceedings 2003 IEEE/RSJ International Conference on Intelligent Robots and Systems* (IROS 2003) (Cat. No.03CH37453), vol.1, pp. 82–7.

Nelson, G. M., and Quinn, R. D. (1999). Posture control of a cockroach-like robot. *IEEE Control Systems*, 19(2), 9–14.

Quinn, R.D., Nelson, G.M., Ritzmann, R.E., Bachmann, R.J., Kingsley, D.A., Offi, J.T., and Allen, T.J. (2003). Parallel strategies for implementing biological principles into mobile robots. *Int. Journal of Robotics Research*, 22(3), 169–86.

Ritzmann, R., Harley, C., Daltorio, K., Tietz, B., Pollack, A., Bender, J., Guo, P., Horomanski, A., Kathman, N., Nieuwoudt, C., Brown, A., and Quinn, R. (2012). Deciding which way to go: how do insects alter movements to negotiate barriers? *Front. Neurosci.*, 6(97). doi:10.3389/fnins.2012.00097

Saranli, U., Buehler, M., and Koditschek, D. (2001). RHex a simple and highly mobile hexapod robot. *Int. J. Robotics Research*, 20(7), 616–31.

Schilling, M., Paskarbeit, J., Hoinville, T., Hüffmeier, A., Schneider, A., Schmitz, J., and Cruse, H. (2013). A hexapod walker using a heterarchical architecture for action selection. *Frontiers in Computational Neuroscience*, 7. https://doi.org/10.3389/fncom.2013.00126

Strausfeld, N. J., and Hirth, F. (2013). Deep homology of arthropod central complex and vertebrate basal ganglia. *Science*, 340, 157–61.

Szczecinski, N. S., Brown, A. E., Bender, J. A., Quinn, R. D., and Ritzmann, R.E. (2014). A neuromechanical simulation of insect walking and transition to turning of the cockroach *Blaberus discoidalis. Biol. Cyber.*, 108(1), 1–21. doi: 10.1007/s00422-013-0573-3

第43章
群体系统的合作

Stefano Nolfi

Laboratory of Autonomous Robots and Artificial Life, Institute of Cognitive Sciences and Technologies (CNR-I STC), Rome, Italy

生命系统很少单独运行，它们通过与其他实体、分子、细胞、动物和人类个体相互作用，能够实现个体单独行动无法实现的行为、功能、结构和其他特性。在这一章中，我们将阐明自然界群体合作系统的关键原理和性质，以及利用这些原理合成具有类似性质人工群体系统的方法。在这一过程中，我们将特别关注由个体群落合作形成的群体系统，如社会昆虫和群体机器人系统。

一、生物学原理

合作群体系统（如社会昆虫）显示出了将效率、灵活性和鲁棒性结合在一起的惊人行为。例如，芭切叶蚁属（*Atta spp.*）的切叶蚁在远离巢穴数百米远的地方寻觅树叶时，会在觅食地点与巢穴之间组织往返路线。类似地，大白蚁属（*Macrotermes spp.*）的真菌栽培白蚁能够建造空气调节的大型巢穴结构，包括厚厚的保护墙和迷宫式的通风管道（Bonabeau *et al.*，1999）。特别引人注目的是，这种复杂的行为和结构是由相对简单个体形成的群体产生的。因此，整个系统的效能远远超过其各部分的总和。

这些现象多年来一直困扰着博物学家和哲学家，可以解释为以下一些基本原理。

第一个原理是涌现性（emergence），即具身化和情境化的智能体行为突现产生自个体与环境之间的大量相互作用。在任何时间步长内，感知环境共同决定个体产生的动作，进而改变物理环境和（或）个体–环境关系，从而决定下一个感知环境状态。一系列这类双向相互作用产生一个动态过程、一种行为，从中无法仅仅追溯到个体特征，因此可以超出个体的复杂性。

上述的行为突现性既可以是独居个体也可以是社会个体的特征，但在后一种情况下，由于社会个体不仅与物理环境相互作用，而且与由其他合作性和最终竞争性个体构成的社会环境相互作用，因此发挥了更大的作用（Nolfi，2009）。为了说明这一点，在此介绍一下改变物理环境的行为。个体可能会改变自己的物理环境，从而自我简化后续活动。例如，人们习惯于在日历上标注他们的未来活动计划，而不需要在心里记住相应的信息。而且在社会环境中也可以采用类似行动来协调一个工作小组的活动。事实上，社会昆虫广泛地利用这种策略来协调它们的行为。例如，筑巢过程中个体的协调是通过探索筑巢行为来实现的。例如，某一个体在筑巢的特定部分释放油粒会导致其他个体的感知环境发生改变，从而触发相应的后续筑巢行动。同样，通过在地面上释放化学物质并对感测到的化学物质做出反应，推动逐步形成和维持两个远距离地点之间的化学痕迹，从而实现发现和维持巢穴与远距离食物源之间导航路径所必需的协调。

第二个原理是自组织（self-organization），即在由许多部件或个体组成的系统中自发形成空间、时间或时空结构或功能（见 Camazine *et al.*，2001；Wilson，第 5 章）。这种特性涉及物理和生物系统中发生的广泛的模式形成过程，这些过程是在系统内部相互作用的基础上发生的，而不受外部直接影响的干预。因此，自组织是一种特定类型的突现性过程，产生于组成系统的各部件或个体之间发生的相互作用。调节这种相互作用的规则是基于局部信息而不是参考全局模式，因此，不能将其视为外部因素强加的属性。

重要的是，要考虑到任何基于各种可能的给定相互作用规则集运行的群体系统，将倾向显示为某种形式的组织，因为作为系统元素之间交互的结果，它倾向仅显示所有可能模式的一小部分。有趣的是，从生物学（和工程学）的角度来看，当元素特征被适当地塑造及相互作用调节规则的特征被适当地设置时，系统显示出的目的性、自我调节性、鲁棒性的组织（即实现有用功能的组织）能够在不断变化的条件下重新配置，并且能够在不受干扰的情况下保持功能。科学家已经对展示了这些特性的一个自组织实例进行了很好的研究，其由相互作用蚂蚁群落动态生成的信息素轨迹模式构成，帮助蚂蚁群体有效导航到食物源。信息素轨迹模式倾向在环境发生重大变化时自发地自我重组，如因食物来源枯竭；以及受到微小干扰时重新排列，如因微小通道被阻塞。

对群体系统进行表征的第三个原理是分布性（distributed nature），以及它们作为一个整体可实现系统组成个体无法实现的行为和功能的能力。这一原理提供了集中式系统相对于单一式系统的几个优点。事实上，它通过感觉–运动系统和计算能力相对简单个体的协调与合作，为复杂问题提供了解决方案。它使系统作为一个整体能够通过自组装（self-assembling）方式而使自身形态适应不同的条件，即通过系统组成个体的物理组装和拆卸而形成各种临时结构（见 Ishiguro and Umedachi，第 40 章）。由于其他要素可能发挥所需的作用，对部件/个体故障能够实现鲁棒性能力。最后，它可以实现与涉及个体数量和问题复杂性相关联的可扩展的解决方案。

二、仿生系统

从工程的角度来看，人工合成具有上述讨论性质群体系统的可能性显然非常有吸引力。虽然最近才刚刚开始首次尝试设计这类系统，但已经实现了这种想法的第一个具体实例，并在阐述该研究领域的理论和方法基础上取得了进展（Kernbach，2012）。事实上，据弗雷和迪马佐·塞卢根多（Frei and Di Marzo Serugendo，2011）介绍，这条研究路线推动发展了一种全新的工程方法，即复杂性工程（complexity engineering）。

本节将回顾可显示上述某些特性的两个人工群体系统实例。每个系统都由一群通过进化技术设计的自主机器人组成。将在最后的结论部分简要讨论方法学问题。人工系统群体行为的其他一些实例可参阅本书的其他章节。例如，摩西和奇里克坚（Moses and Chirikjian，第 7 章）专注于复制和自组装，沃瑟姆和布莱森（Wortham and Bryson，第 33 章）专注于通信交流，威尔逊（Wilson，第 5 章）对分布式系统中的自组织进行了概述。

（一）机器人群体的自组织路径形成

举例说明的第一个例子是移动机器人群体，它们是为了在未知环境中觅食而进化的（Sperati *et al.*，2011）。实验表明，协作机器人群体可以利用自组织特性有效地完成导航任务。更具体地说，在实验中，由 10 个 ePuck 机器人组成的团队（图 43.1a）已经进化出能够发现距离可变的两个远距离目标区域（图 43.1d），并有在它们之间有效导航的能力。

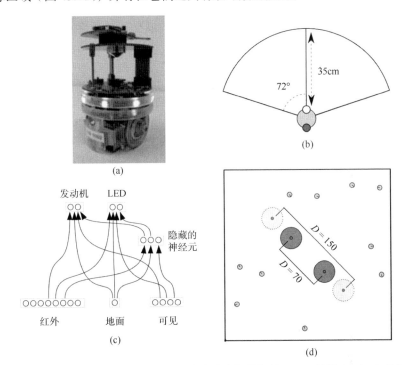

图 43.1　（a）装有彩色 LED 通信转向台和全向摄像机的 ePuck 机器人。（b）机器人身体和摄像机传感器的示意图。LED 位置分别显示为机器人身体上的白点和灰点。（c）神经网络架构。（d）模拟环境的快照。两个灰色圆盘代表圆形目标区域，中心处有一个红灯。中心之间的距离范围因试验而异，为 70～150cm

　　每个机器人都配备有一个神经网络架构控制器（图 43.1c），该控制器包括：①8 个感觉神经元，用于编码均匀分布在机器人身体四周的相应红外传感器的状态；②一个地面感觉神经元，用于编码位于机器人身体前部下的红外传感器的状态；③4 个视觉传感器，用于编码机器人视野左前方和右前方感知到的红色和蓝色强度（图 43.1b）。该网络还包括 3 个内部神经元，编码机器人两个轮足所需速度的两个运动神经元，以及用于确定位于机器人正面和背面的蓝色和红色发光 LED 开闭状态的两个光促动器神经元。

　　圆形目标区域由地面上的灰色标记，位于其中心的红色 LED 始终开启。神经控制器的连接权值、偏差和时间常数是进化的（Trianni and Nolfi，2012）。

每个进化个体的基因型被转化为 N 个相同的神经控制器（即机器人群体是同质的），并具身化为 N 个相应的机器人。对机器人在两个目标区域之间尽可能快速来回移动的能力进行评估。更多详细信息请参见斯佩拉蒂等的介绍（Sperati *et al.*, 2011）。

由于没有明确的环境地图可供使用，而且机器人的感知范围有限（即只能在很短的距离内感知目标），机器人必须不断探索环境以发现目标区域。此外，为了在两个区域之间高效地来回导航，机器人还需要知道目标的相对位置。

对进化机器人的分析表明，它们通过创建一条由机器人自身构成的动态路径，并使用该路径进行导航来解决问题（图 43.2）。机器人分别排列成两条直线，在两个区域之间以相反的方向移动。这种动态路径的产生是机器人之间相互作用的结果，通过简单的规则调节每个个体对环境和社会线索所提供局部信息的反应。这种群体结构一旦形成，就会影响机器人之间的局部相互作用，从而确保路径可以自我维持，并且每个机器人都直接移动向下一个目标区域。换言之，动态路径的形成使得每个机器人个体能够有效地在两个区域之间来回移动，并使机器人群体作为一个整体来保存两个区域位置的相关信息。

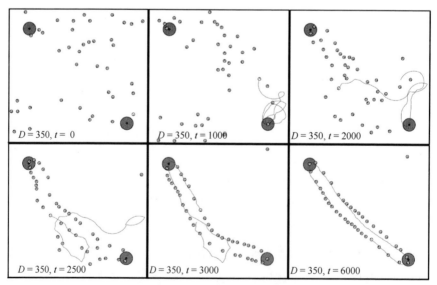

图 43.2　成功开展的 40 个机器人试验中拍摄的 6 张快照。随着时间的推移，可以注意到链的形成和优化。群体内单个机器人的轨迹也显示为灰色线条

我们将机器人形成的这种结构化时空模式称为动态链（dynamic chain）。"动态"一词很好地说明了这一结构的两个有趣特点。第一，动态链内的每个机器人不是静止的，而是沿着链路不断移动，在适应度函数要求的目标区域之间摆动。第二，连接两个目标的动态链根据目标区域之间的当前距离数值 D 来调整其形状，即优化动态链的方向，选择两个区域之间的最短路径（在我们的设置中为直线），机器人之间的距离不断变化以适应链中的所有机器人。

机器人首先会形成大的圆形轨迹，只要它们开始感知到目标区域，就会沿着直线向目标区域移动，一旦到达目标区域就会"U"形急转弯掉头。此外，机器人会避开附近的障碍物，始终保持其前面的蓝色 LED 灯闪亮，当它们感知到前方有蓝光时会向左侧闪避。这个简单的动作集构成了动态链形成的基本机制。事实上，受躲避行为调节的重复相互作用导致了机器人直线移动链的形成，产生面向附近区域的直线运动及到达该区域后的"U"形急转弯掉头，再加上向左躲闪的行为，最终形成了机器人往返于目标区域的双向链路。由于机器人之间躲避行为的干扰，这些多条链路可能会不稳定而分开，或者相互合并形成连接两个目标区域的单链。形成连接两个区域的单链的过程得到了以下事实的确证：与目标区域无关的机器人链比移动去往单个目标区域的链更不稳定；事实上，后一个链比连接两个目标区域的链更不稳定。链的不稳定性对于推动机器人探索环境，最终形成连接两个目标区域的单链也是至关重要的。事实上，不完整链的部分不稳定性将导致其空间轨迹逐渐变形，从而使子链相互接触并合并，而单链则逐渐探索环境的新部分，以抵达尚未连接的目标区域。

（二）群体机器人的协调与行为归纳

本节将回顾一项实验，该实验展示了机器人-环境交互中突现的行为如何显示为多层次、多尺度的组织，以支持行为层面的归纳概括（即行为能力的自发产生）。该实例还验证了自我组装，即不同个体的物理依附，如何支持紧密形式的交互和协调。

实验中，一个群体机器人（swarm-bot），即一组物理组装的机器人，进化出能够以协调方式运动并朝向光亮移动的能力（Baldassarre *et al.*, 2006、2007）。每个机器人（图 43.3）都是完全自主的个体，由可以相互旋转的两部分组成。

其底部安装有帮助机器人移动的轮子，顶部有一个夹持器可以使机器人连接到其他机器人。这些机器人还安装有检测附近存在物体的红外传感器、测量光线强度的光传感器，以及用于测量顶部对底部牵引力的传感器。

图43.3　四个机器人以线性结构方式组装成群体机器人

机器人一旦自我组装，它们就必须紧密地协调各自运动方向，以便统一行动。这意味着当它们的最初方向明显不同时，必须协商一个共同的运动方向，必须补偿运动过程中产生的不一致，必须考虑到个体试图相对于群体整体方向改变自己的运动方向。

机器人通过进化组装成线性结构，使其能够在空阔试验场地中朝光亮目标移动，我们观察发现，它们能够以鲁棒有效的方式成功地解决任务。有趣的是，通过对进化机器人在不同环境条件下的后评价，我们观察到它们如何能够归纳概括自己的技能，并自发地展示出在进化过程中从未被观察到或得到奖励的新的行为能力。事实上，当进化机器人组装成圆形结构，并位于如图43.4所示的迷宫环境中时，群体机器人显示出了以协调方式移动、避开障碍物、探索试验场地、调整其形状以穿过狭窄通道，并最终到达光亮目标的能力。

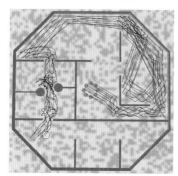

图43.4　组装成圆形结构的8个机器人在迷宫环境中的行为，迷宫内设有墙壁和圆柱形物体（用灰线和圆圈表示）。机器人从迷宫的中心位置开始移动，到达位于环境左下侧的光亮目标（用空白圆圈表示），综合表现出协调运动行为、集体避障行为及集体趋光行为。图中的不规则线条代表了个体机器人的运动轨迹，展示了组装机器人在运动过程中如何变化形状以适应局部环境结构

对进化解决方案的分析表明，这种突出的归纳概括能力是机器人行为多层次、多尺度组织的结果。事实上，当我们分析进化机器人时，我们首先可以考察它们如何展示以下四种低级行为——这些行为是根据简单控制规则产生于机器人–环境的相互作用。

（1）前进行为（move-forward behavior）　是指个体机器人能够通过与群体其他成员的协调而直线移动，朝向光线梯度（如果有的话）的方向，并且不会与障碍物碰撞。这种行为是以下两个因素共同作用的结果：①当感知到的牵引力强度较低，以及在机器人左右两侧感知到的光强度相当时，将两个车轮的期望速度设定为最大正值的控制规则；②执行这种动作的感觉效应，其受外部环境介导，并在体现这种行为的条件成立之前不会改变机器人的感觉状态。

（2）顺从行为（conformist behavior）　是指当个体机器人与群体其他成员的方向明显不同时，个体机器人顺从大方向并保持一致的能力。这种行为是以下两个因素共同作用的结果：①在牵引强度显著时，使机器人转向牵引方向的控制规则；②执行这种动作的感觉效应，其受外部环境介导，导致牵引强度逐渐降低，直到个体机器人的方向与群体其他成员的方向一致。

（3）趋光行为（phototaxis behavior）　是指个体朝向光亮目标方向的能力。这种行为是以下两个因素共同作用的结果：①使机器人转向感知光线强度更高方向的控制规则；②执行这种动作的感觉效应，其受外部环境介导，可使机器人两侧检测到的光线强度差异逐渐减小，直到机器人完全朝向光亮。

（4）避障行为（obstacle avoidance behavior）　是指当个体机器人执行的动作会与障碍物发生碰撞时，其改变运动方向的能力。这种行为是由以下两个因素共同作用的结果：①与上述第二种行为相同的控制规则，该规则使机器人转向感知到的牵引方向；②导致与障碍物碰撞动作的感觉效应，其受外部环境介导，可以产生与机器人运动方向相反的力。

这四种基本行为之间的结合和相互作用产生了以下更高层次的行为，并且可以持续更长的时间范围。

（5）协调运动行为（coordinated motion behavior）　是指群体机器人通过协商共同的运动方向，然后通过补偿运动过程中产生的进一步偏差，保持继续沿这一方向运动的能力。这种行为是前进行为与顺从行为相互结合的产物。

（6）协调趋光行为（coordinated light-approaching behavior） 是指群体机器人以协调方式向光目标移动的能力。这种行为是顺从行为、前进行为和趋光行为综合作用的产物。当感知到的牵引强度较高时，顺从行为和前进行为起主要作用，而当牵引强度较低时，主要发挥作用的是趋光行为和前进行为。

（7）协调避障行为（coordinated obstacle avoidance behavior） 是指群体机器人以协调方式改变其运动方向而避开附近障碍物的能力。这种行为是避障行为、顺从行为和前进行为相结合的结果。

这些行为之间的组合和相互作用又可以产生一组更高层次的行为，这些行为会持续更长的时间跨度。

（8）集体探索行为（collective exploration behavior） 是指当无法探测到光亮目标时，团队访问环境中不同区域的能力。这种行为是由协调运动行为和协调避障行为相互结合而产生的，确保群体机器人能够在不陷入困境、不进入极限循环轨迹的情况下探索环境中的不同区域。

（9）形状重组行为（shape re-arrangement behavior） 是指群体机器人动态调整其形状以适应当前环境结构，便于通过狭窄通道的能力。这种行为产生于协调运动行为、协调避障行为及协调趋光行为的综合作用，以及主要影响机器人与障碍物碰撞过程中所产生力量的效应。

最后，这些行为的组合将产生以下更高级别的行为。

（10）集体导航行为（collective navigation behavior） 是指群体机器人通过产生协调运动行为、探索环境行为、穿过狭窄通道行为、协调趋光近行为，从而导航到光亮目标的能力。这种整体行为对应于图 43.4 所示的行为，是集体探索行为、形状重组行为和协调趋光行为相结合的结果。

需要注意的是，机器人的进化仅仅能够产生第 5 种和第 6 种行为（即用于选择进化个体的适应度函数只能评估群体机器人能够在多大程度上运动及能够在多大程度上趋光运动）。对发展第 1～3 种行为的解释，可以认为这些行为（即前进、顺从和趋光行为）对第 5 种和第 6 种行为的产生起重要的辅助作用。相反，其他行为是归纳概括过程的结果。

事实上，第 4 种行为（避障）是由机器人和物理障碍之间的相互作用而产生的，调节该过程的控制规则与负责产生第 2 种行为（顺从）的规则相同。这就是一种归纳概括的形式，即机器人通过产生新的行为来对新的环境做出反应。由归纳概括过程产生的这些新行为不一定具有适应性，而且确实有可能会产生反适应性的结果。此外，产生与进化机器人在相似机器人–环境中所表现行为类似的新的自发行为，可以使机器人能够在大多数情况下适当地面对新的情况。

另外，第 7～10 种行为是第 1～6 种行为相互作用和组合的结果。因此，这些行为是另一种归纳概括过程的产物，该过程源于这样一个事实，即现有行为之间的相互作用必然导致产生新的高级行为，这些高级行为源于随时间推移执行多种低层次行为或同时执行多种低层次行为。再者，这些行为不是由进化直接形成的，在某些情况下可能会产生反适应性后果，但在大多数情况下往往会发挥有用的功能，这是因为它们及其所源自的现有适应能力存在密切的关系。

总的来说，这意味着适应型机器人的行为表现为多层次、多尺度的组织，其特征是行为产生于相同控制机制与不同环境的相互作用，以及不同低级行为的相互作用和组合。这个过程可能会导致在行为层面上的归纳概括。在这个过程中，机器人倾向于通过产生新的行为来对新的环境做出反应。通过产生与机器人在类似情况下所表现行为相似的新行为，它们可能会适当面对新情况，而无须进一步训练。

更普遍地说，这项实验表明，群体系统的进化如何导致多层次、多尺度的技能形成，从而能够形成越来越大、越来越复杂的行为类型。

（三）人工合成群体行为

行为的复杂系统特性（Nolfi，2009）使得通过标准设计技术人工合成行为系统变得极其困难。这一困难是由个体特征与智能体—环境交互突现行为之间的间接关系造成的。在群体系统中，这个问题变得更加复杂，行为作为突现性产物，不仅源自每一个体与环境之间的相互作用，而且源自个体与个体之间的相互作用。基于这个原因，最广泛运用的方法是从大自然中汲取灵感，并努力尝试复制自然界发现的解决方案（仿生方法），或是复制自然界生成有效解决方案的自适应过程（进化方法）。

在仿生方法中，研究人员试图复制特定物种所具有的能力，详细分析调控自然个体行为的规律，创建以类似环境条件下相似规则为基础运行的人工智能体群落，并手动调整关键选定参数，直到产生所需的群体行为。例如，这种方法已被用来设计类蟑螂机器人，这些机器人能够自组织成位于多个遮蔽区域的子群体（Garnier et al., 2005）；或者类蚂蚁机器人，这些机器人能够发现并导航到多个觅食区域（Garnier et al., 2007）。

另外，在进化方法中，调控机器人如何应对不同环境状况的规则及机器人身体的最终特征，最初是随机设定的，并受制于由适应度函数驱动的人工进化过程，该适应度函数可以估计机器人群体所表现行为与预期目标行为的接近程度（Trianni and Nolfi, 2012）。上一部分已经回顾了这种方法的两个实例。

从人工系统集体行为合成的角度看，仿生方法和进化方法各有利弊。这两种方法都规避了设计问题，因为前者利用自然界进化发现的解决方案，后者盲目运行，即利用变化性产生所需的突现性特征，而无须理解/建模智能体特性和智能体与其物理和社会环境交互所突现行为特性之间的关系。仿生方法可以非常有效，但只能应用于我们对自然界解决方案有详细了解的领域，至少是我们希望在人工系统中重现的功能。进化方法可以应用于任何问题领域，但需要非常耗时的自适应过程及确定初始条件，支持逐步选择更好、更复杂的解决方案（Trianni and Nolfi, 2012）。

三、未来发展方向

展现出突现性和自组织性的人工群体系统，其潜在应用范围的规模非常巨大。目前最先进的技术是，我们对如何将这些系统应用于数量有限的领域（如空间导航、路线和交通优化、集体决策）有了相当深入的了解。一个具有挑战性和发展前景的研究方向是，尝试将这种类型的系统和方法应用于涉及智能体之间、智能体与环境之间物理交互的领域，如集体构建和运输、自重构、自组装系统。

另一个具有挑战性和前景的研究方向是确定突现性原理和方法的有效设计，即推动设计具有突现性和自组织特性功能系统的技术，其实现方式可能包括阐述全新的设计方法，或是改进和扩展现有技术。

四、拓展阅读

卡马津等的著作（Camazine *et al.*，2001）全面、权威地探讨了生物系统中的自组织。反之，为了介绍人工系统中的自组织，我推荐阅读博纳博等关于群体智能的著作（Bonabeau *et al.*，1999）。克恩巴赫（Kernbach，2012）编辑的《群体机器人手册》（*Handbook of Collective Robotics*）对群体机器人技术的最新进展和公开挑战进行了最新述评。为了进一步了解进化方法在群体行为人工合成中的应用，读者可以参考特里安尼和诺菲的著作（Trianni and Nolfi，2012）。

对于受自然界群体系统所观察原理启发的算法的详细论述，推荐参考多里戈和施蒂茨勒关于蚁群优化的专著（Dorigo and Stützle，2004），以及肯尼迪等关于粒子群优化的专著（Kennedy *et al.*，2001）。

有兴趣了解机器人群体中群体行为人工合成实用知识的读者，可以利用诸如 ARGoS（Pinciroli *et al.*，2012）和 FARSA（Massera *et al.*，2013）等免费获取的模拟仿真工具。除了可以模拟多个机器人外，FARSA 还提供了开发工具，其中包括了机器人控制系统设计和进化数据库。

参 考 文 献

Baldassarre, G., Parisi, D., and Nolfi, S. (2006). Distributed coordination of simulated robots based on self-organisation. *Artificial Life*, 12(3), 289–311.

Baldassarre, G., Trianni, V., Bonani, M., Mondada, F., Dorigo, M., and Nolfi, S. (2007). Self-organised coordinated motion in groups of physically connected robots. *IEEE Transactions on Systems, Man, and Cybernetics*, 37(1), 224–39.

Bonabeau, E., Dorigo, M., and Theraulaz, G. (1999). *Swarm intelligence: from natural to artificial systems*. Oxford: Oxford University Press.

Camazine, S., Deneubourg, J.-L., Franks, N., Sneyd, J., and Theraulaz, G. (2001). *Self-organization in biological systems*. Princeton, NJ: Princeton University Press.

Dorigo, M., and Stützle, T. (2004). *Ant colony optimization*. Cambridge, MA: MIT Press.

Frei, R., and Di Marzo Serugendo, G. (2011). Concepts in complexity engineering. *International Journal of Bio-Inspired Computation*, 3(2), 123–39.

Garnier, S., Jost, C., Jeanson, R., Gautrais, J., Asadpour, M., Caprari, G., and Theraulaz, G. (2005). Collective decision-making by a group of cockroach-like robots. In: *Proceedings of the IEEE Swarm Intelligence Symposium, June 8–10, 2005, Pasadena, CA*. IEEE Press.

Garnier, S., Tache, F., Combe, M., Grimal, A., and Theraulaz, G. (2007). Alice in pheromone land: an experimental setup for the study of ant-like robots. In: *Proceedings of the IEEE Swarm Intelligence Symposium.* IEEE Press, pp. 37–44.

Kennedy, J., Eberhart, R. C., and Shi, Y. (2001). *Swarm intelligence.* San Francisco, CA: Morgan Kaufmann.

Kernbach S. (ed.) (2012). *The handbook of collective robotics: fundamentals and challenges.* Singapore: Pan Stanford Publishing.

Massera, G., Ferrauto, T., Gigliotta, O., and Nolfi, S. (2013). FARSA: An open software tool for embodied cognitive science. In: P. Liò, O. Miglino, G. Nicosia, S. Nolfi, and M. Pavone (eds), *Proceedings of the 12th European Conference on Artificial Life.* Cambridge, MA: MIT Press.

Nolfi, S. (2009). Behavior and cognition as a complex adaptive system: insights from robotic experiments. In: C. Hooker (ed.), *Philosophy of Complex Systems*, Handbook of the Philosophy of Science, Volume 10:. Amsterdam: Elsevier, pp. 443–63.

Pinciroli, C., Trianni, V., O'Grady, R., Pini, G., Brutschy, A., Brambilla, M., Mathews, N., Ferrante, E., Caro, G., Ducatelle, F., Birattari, M., Gambardella, L. M., and Dorigo, M. (2012). ARGoS: a modular, parallel, multiengine simulator for multi-robot systems. *Swarm Intelligence*, 6(4), 271–95.

Sperati, V., Trianni, V., and Nolfi, S. (2011). Self-organised path formation in a swarm of robots. *Swarm Intelligence*, 5, 97–119.

Trianni, V., and Nolfi, S. (2012). Evolving collective control, cooperation and distributed cognition. In: S. Kernbach (ed.), *The handbook of collective robotics: fundamentals and challenges.* Singapore: Pan Stanford Publishing, pp. 127–66.

第 44 章
从水生动物到游泳机器人

Maarja Kruusmaa

Centre for Biorobotics, Tallinn University of Technology, Estonia

　　鱼类和其他水生动物生活在密度比空气高 800 倍的水环境中，它们发展出了各种各样的运动和感知策略。本章简要概述了它们最常见的运动和感知原理，这些原理启发了工程师努力寻找水下推进的替代方案及实现标准化的机器人传感器。

　　仿生机器人可以为现有的水下技术提供一种替代方案，研发更高效、更鲁棒、更灵活和更机动的交通工具。然而这也意味着需要克服传统技术局限性所带来的众多技术挑战。

　　不同的鱼类游泳形式需要在速度和机动性之间进行权衡，而它们的人造同伴也面临设计复杂性问题。本章介绍了其运动原理，分析了每一种运动策略和需要解决的工程问题，以便在人造物中复制游泳动物的行为。本章还探讨了这一背景下的智能材料等新兴技术，这些技术被作为传统机电机器人部件的替代品。

　　除了水环境特有的运动策略外，水生动物还具有检测水动力刺激的独特感觉。人工侧线系统和模拟鳍足动物（如海豹）的人工触须为感知水下环境提供了解决方案。

一、　生物学原理

　　和其他动物一样，鱼类利用肌肉将化学能转化为机械功。鱼类身体中产生的动量受到流体动力反作用力的平衡作用，由此产生的结果是，身体向前移动，而占据身体位置的大量水向后流动。推力是周围流体增加动量的结果，而阻力类似于固体力学中的摩擦力，是从周围流体中去除动量的结果。对于以恒定速度游泳的鱼来说，阻力和推力是平衡的，鱼加速时推力大于阻力，鱼减速时阻力大于推力。但对于自由游动的鱼类，阻力和推力是不可分离的，只能间接地估计（如通过尾流分析）。

除了阻力和推力外，鱼类还受到升力和重力的作用。绝大多数鱼类的浮力是中性的或略微为负。它们可以通过改变鱼鳔气体的密度，用鳍和身体产生静态升力，或者通过拍打"鱼鳍翅膀"产生动态升力来调节浮力。

鱼类利用身体的肌肉和鳍来制造动量。鱼类的游泳方式通常分为身体和尾鳍推进（BCF）或中鳍和双鳍推进（MPF）（图 44.1）。一般来说，MPF能够提供更好的机动性，而 BCF 能够提供更高的速度和加速度。鱼类根据它们在食物链中的位置（是捕食者还是猎物）、流体动力环境或物理尺寸，采用了非常多样化的各种运动机制。BCF 的一种极端情况是鲔行式（thunniform）游泳者（如金枪鱼、旗鱼、鲨鱼），通过拍打其近乎刚性身体的尾鳍来达到高速巡航的目的，但是它们的机动性非常差。BCF 的另一种极端情况是高度机动性的鳗行式（anguilliform）游泳者（如鳗鱼），它们利用自己的整个身体来产生波动。同时，鳗鱼和其他细长的脊椎动物游泳者速度慢、效率低。鲹行式（carangiform）游泳者（如鲤鱼、鲭鱼）利用身体的前 1/3 来产生拍打运动，亚鲹行式（subcarangiform）游泳者（如鳟鱼）利用身体的 2/3 来产生推力，从而在机动性和速度之间进行折中。鲹行式和鲔行式游泳者比鳗行式游泳者的刚性更高，所以在拍打身体的每个半冲程中都能更多地利用所储存的弹性能量。

MPF 游泳者通过运用胸鳍、腹鳍或背鳍来获得高机动性和灵活性。许多底栖鱼类都是鳐行式（rajiform）游泳者，它们发展出了长长的胸鳍。鳐鱼可以沿着这些鳍产生行波，并且根据波长、波的方向及左右鳍之间的对称性，能够实现前进、后退或原地转向。裸背鱼类，如刀鱼，利用其细长的臀鳍产生波动，允许其近乎刚性的身体向前游动和向后游动。

鱼类可以通过改变鳍的拍打频率、振幅、波动式游泳的行波速度、推进波长等来改变游泳的速度、方向和加速度，还可以改变身体的刚度，从而改变鳍的共振频率和振幅。转弯机动是通过在左右两侧之间产生不对称来完成的。麦克亨利等（McHenry et al., 1995）提出，为了改变波动式游泳的速度，控制参数包括身体刚度、驱动振幅和尾拍频率，响应参数则包括尾拍振幅、波速和推进波长。

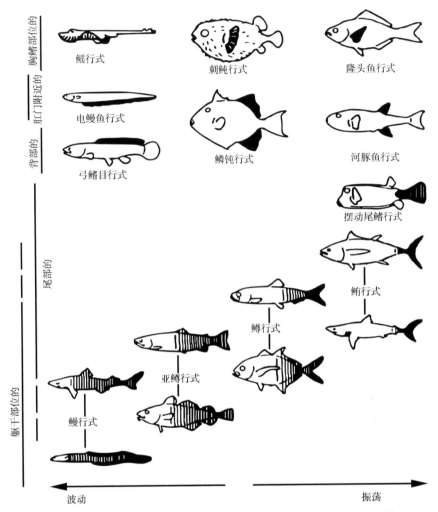

图 44.1　鱼类的游泳模式。竖轴根据身体和鳍在推进中的作用来排列游泳模式。阴影加黑部分表示对推进发挥积极作用的身体部位。横轴根据波动和振荡运动来排列游泳模式

图片来源：转载自 C.C. Lindsey，Form，Function，and Locomotory Habits in Fish，doi：10.1016/S1546-598〔08〕60163-6，Copyright © 1978 ACADEMIC PRESS，INC. Published by Elsevier Inc.

　　鱼类身体的被动特性及其与流体相互作用的能力在促进高效游泳方面也起着重要作用，但目前对这些机制的研究和了解还较少。某些情况下，如在周期性湍流中，鱼类能够以有利的方式与漩涡相互作用，让几乎完全被动的身体通过利用湍流中的能量而产生推进力（Liao and Cotel，2013）。

　　除了鱼类的运动和控制，水生动物的感觉也适应了水下生活。所有鱼类都有一个独特的感觉器官——侧线，其能感知流体动力刺激并促进各种各样的行为，如发现捕食者或猎物、相对于水流航行、物种内交流等（Mogdans and Bleckmann，2012）。对流形态性（tropomorphism，即鱼类对水流刺激的反应）是所有鱼类共有的。侧线器官是一个分布式机械感觉阵列，由两种亚模态组成，即对流速敏感的表层神经丘和能够感知压力差的管侧线。一些没有侧线器官的海洋哺乳动物已经发展出了感知水流的另一种方法。例如，斑海豹的触须对流体动力刺激非常敏感（Dehnhardt *et al*.，2001）。

　　还有一些鱼类发展出了电感觉，能够利用其周围介质的导电特性。已经在本书前面章节探讨了电感受（见 Boyer and Lebastard，第 19 章）。海豚和鲸鱼使用回声定位来补偿水下环境中的低能见度和视觉线索欠缺，本书将在后面简要介绍回声定位（见 Prescott，第 45 章）

二、仿生系统

　　目前最先进的水下航行器几乎都只使用螺旋桨。螺旋桨是一种成熟可靠的推力生成技术，借用自水面运输工具。同时，自然界并没有发展出一个在宏观尺度上使用螺旋桨的物种。生物游泳者的效率、机动性、灵敏性和鲁棒性仍然远远高于人造工具，但是其基本运动机制及生物游泳原理在多大程度上可以用现有的技术进行复制还有待商榷。

　　水下仿生系统的研究和技术发展大多集中在对 BCF 的复制上，且多为鲔行式或鳟行式游泳。其原因可能是优先考虑速度和效率，而不是高机动性；另一个事实是这些游泳模式最容易用现有技术重现。这些机器人使用由驱动关节连接的少量刚性连杆，形成一个小的串行链。串行链驱动的运动学起源于对机械臂操作的研究，并在机器人技术中得到了广泛的理解。它们的控制采用快速和准确的实时方法。因此，采用现有技术能够很容易地再现扑翼和振荡运动。而且，鲔行式或鳟行式仿生机器人的头部和身体相对较容易利用刚性躯体近似模拟船体，并配备有尾鳍促动器。刚性船体可以设计为水密舱，搭载电子设备、传感器和有效载荷。在极端形式下，这种设计可以看作非常近似于由单叶螺旋桨驱动的鱼雷形常规水下机器人。

航行器设计理念越是偏离鲔行式游泳，其在机动性方面就越有优势，但同时也带来了新的技术挑战。用串行链运动学再现波动式 BCF 游泳意味着需要更多的动力关节、更多的执行器及更精密复杂的控制方法，这些都是以牺牲成本和可靠性为代价的。使柔性船体实现水密性和容纳机载电子设备也将变得更加复杂，并且是相当费时的技术挑战。由于机电驱动器的尺寸有限，这种设计也很难实现小型化，而它们的生物对应物是由数千条肌肉纤维组成的天然分布式驱动系统。

大多数鱼类机器人都只是在实验室条件下演示的原型，通常只在二维环境下操作。在三维环境下操作时，一般是使用浮箱来实现浮力的控制，或是通过控制胸鳍的迎角来产生升力。

最著名的 BCF 游泳者可能是麻省理工学院的机器金枪鱼（RoboTuna），该机器人拥有相对刚性的躯干，在 6 个无刷伺服电机驱动的滑轮和缆绳复杂系统的促动下，通过相当微小的身体和尾部运动来游泳（Barrett *et al.*，1996）。另一个著名的例子是埃塞克斯（Essex）机器鱼，它使用 3 个伺服电机来驱动尾部（Liu *et al.*，2005）。波士顿电机公司（Boston Engineering）的商用仿生机器人 BIOSwimme 也是受到了金枪鱼的启发。

受七鳃鳗启发的七鳃鳗机器人（LAMPETRA）体现了一种精密复杂的机械设计，可以实现鳗行式游泳（图 44.2）。鳗行式游泳运动是由独立驱动肌肉节段的模块化安排来实现的。LAMPETRA 的控制基于仿生中枢模式发生器（CPG）原理（Stefanini *et al.*，2012；另见 Cruse and Schilling，第 24 章）。它能沿身体产生速度和波形可变的行波。该机器人能够自主移动数小时，并在实验室条件下通过安装在其头部的立体视觉系统演示其目标跟踪能力。挪威科学技术研究所的子公司 Eelume 开发了一种商用仿生鳗鱼游泳机器人，可用于海底检查。

GhostBot 是一种电鳗行式游泳机器人，其灵感来源于鬼刀鱼（ghost knife fish）34 个自由度的臀鳍。这种机械设计允许控制沿臀鳍的行波参数，推进机器人以不同速度前进和后退（Curet *et al.*，2011）。另外，有研究者还运用了一组独立驱动的伺服马达来制造胸鳍，其灵感来自鳐行式游泳（Zhou and Low，2010）。

除了改变驱动器的数量和推进器的自由度外，人们还研究了这些装置的材料特性。实验研究了水翼（主要是尾翼）刚度及几何形状与航行器阻力、推力和效率之间的关系。还可以考虑完全柔软、无限自由度的尾部推进器，利用沿身体传播的行波能量来产生动量。流体动力学反作用力的数学模型更为复杂，尤其是柔软物体与流体之间的相互作用。流体力学模型通常将流体作用力视为附加质量，或者运用莱特希尔的细长体理论，能够令人满意地预测无黏稳定流对身体小振幅横向运动的流体作用力。

图 44.2　LAMPETRA 机器人复制了七鳃鳗的鳗行式游泳模式

　　虽然某些仿生水下机器人的建造目的是推进水下技术的发展，但还有一些机器人被生物学家作为检验生物假说的工具。例如，海龟机器人玛德琳通过复制真正海龟的刚性外形来模仿海洋爬行动物的游泳运动（Long Jr *et al.*，2006；图 44.3）。构建它的目的是测试运动模式的进化，特别是为了发现为什么拥有 4 副鳍肢的动物（海龟和两栖动物）只用它们的后肢来推进。很显然，其原因又再一次是速度和机动性之间的权衡协调。

图 44.3　海龟机器人玛德琳
照片由美国瓦萨学院（Vassar College）约翰·朗（John Long）教授提供

　　一种避免在复杂性和机动性之间进行权衡的方法是考虑采用其他替代技术作为仿生设计的基础（见 Vincent，第 10 章；Anderson and O'Brien，第 20

章）。智能材料如形状记忆合金、介电弹性体和离子导电聚合物-金属复合材料，已经被用来建造概念验证性波动鳍和鱼类机器人。这些材料柔软灵活，理论上具有无限数量的自由度，特别适合制造微型器件。然而，智能材料研究领域目前仍然处于积极发展之中，该技术存在能源效率低、长期稳定性差等缺点。

鱼类机器人通常配备摄像头、声呐和其他现成的传感器。与仿生运动相比，仿生传感很少受到关注。但鱼类的侧线感知正在逐渐受到重视。已有几个研究小组开发了侧线传感器，其灵感来源于感知水流的表层神经丘和侧线神经管，以及对流体动力敏感的海豹触须。FILOSE 机器人是第一个在控制回路中实现板载流体传感的机器人，可以模拟实际鱼类的局部拓扑（thropotactic）反应（Salumäe and Kruusmaa, 2013）。它可以检测到流体动力学刺激，并对 2D 流动管道中的流体动力事件做出反应，与真正的鱼类相似，它可以探测水流方向并使自己与水流方向对齐（类似于鱼类的趋流性行为），探测周期性湍流，并利用其他物体尾流中的高能效区域游泳。

三、未来发展方向

仿生游泳机器人将向更高的速度、敏捷性、机动性和鲁棒性发展。各种技术解决方案要么在其中一个方向上突破限制，要么在相互排斥的设计目标之间找到折中和妥协的方案，从而推动这项技术的发展。我们非常有希望见证这种进展的技术成熟度水平不断提高，这体现在越来越多的现场试验和商业应用中。

水下机器人技术的主要趋势是提高自主性和能源效率，同时降低成本。如果仿生装置能提供可行的解决方案，它们就有可能在主流机器人技术中站稳脚跟。仿生水下机器人可以为当前的水下技术提供替代方案，特别是在虽然非常先进但却笨重的水下航行器不太适合的应用和环境中。其应用场景的具体实例包括浅海环境监测、水下受限结构物勘探和需要安静运行的监视行动。

一个尚未得到充分了解和利用的领域是生物鱼类和人工柔性推进器与流体的相互作用。众所周知，鱼类善于利用湍流和水流，以节省体能，其实现主要是通过利用水流压力差产生的流体动力。众所周知，鱼类还会改变身体的形状和刚度以适应水流模式，从而获得更大的灵活性或能效。这个问题可以从理论和实验上加以研究。到目前为止，几乎没有实验演示鱼类机器人的流体试验。同时，这些装置比目前的水下航行器小得多、轻得多，对水动力干扰非常敏感，如果其控制方法没有考虑流体动力学效应，就无法在自然条件下得到应用。

流体感知是另一个新兴领域，最近也逐渐获得重视。虽然所有 32 000 种鱼类和多种海洋哺乳动物都有流体感知器官，但目前的商用水下机器人都并未利用流体感知能力。流体感知有可能模拟流体动力学效应，并在控制中加以考虑。迄今为止开发的侧线传感器都是在实验室条件下进行的验证，但尚未证明其可靠性和鲁棒性足以在水下航行器上进行长期试验。

四、拓展阅读

对于想了解水下运动物理学的读者来说，一个很好的起点是阅读斯蒂芬·沃格尔（Steven Vogel）的里程碑式著作《运动流体中的生命：流体的物理生物学》（*Life in moving fluids: the physical biology of flow*）。这本书通俗易懂，生物学家、物理学家和工程师都能很好地理解。物理原理通过生物实例加以说明，有助于培养流体动力学观念，这对于理解该学科的更多理论方法、设计与实验，以及为水下机器人开发新的设计解决方案都十分必要。

约翰·朗的著作《达尔文的装置》（*Darwin's Devices*）是从进化生物学家的视角出发研究水生脊椎动物的进化，并利用仿生机器人来发展和检验他的假设。

约翰·维德勒的著作《鱼类游泳》（*Fish Swimming*）涵盖了鱼类游泳的物理学、形态学和进化等广泛主题。斯法基奥塔基斯等（Sfakiotakis *et al.*, 1999）为有工程背景的读者撰写的关于鱼类运动力学的综述文章广受好评。

莫丹斯和布莱克曼（Mogdans and Bleckmann, 2012）对鱼类侧线研究进行了综述，这是了解鱼类侧线感知和流体相关行为生物学原理的很好的起点。

参 考 文 献

Barrett, D., Grosenbaugh, M., and **Triantafyllou, M.** (1996). The optimal control of a flexible hull robotic undersea vehicle propelled by an oscillating foil. In: *Autonomous Underwater Vehicle Technology, 1996 (AUV'96), Proceedings of the 1996 Symposium on*. IEEE, pp. 1–9.

Curet, O.M., Patankar, N.A., et al. (2011). Mechanical properties of a bio-inspired robotic knifefish with an undulatory propulsor. *Bioinspiration and Biomimetics*, 6(2), 026004.

Dehnhardt, G., Mauck, B., Hanke, W., and Bleckmann, H. (2001). Hydrodynamic trail-following in harbor seals (*Phoca vitulina*). *Science*, **293**(5527), 102–4.

Liao, J.C., and Cotel, A. (2013). Effects of turbulence on fish swimming in aquaculture. In: *Swimming Physiology of Fish: Towards Using Exercise to Farm a Fit Fish in Sustainable Aquaculture* (pp. 109–127). Springer Berlin Heidelberg. doi: 10.1007/978-3-642-31049-2_5

Lindsey, C. (1978). *Form, function, and locomotory habits in fish*. New York: Academic Press.

Liu, J., Dukes, I., and Hu, H. (2005). Novel mechatronics design for a robotic fish. In: *Intelligent Robots and Systems, 2005 (IROS 2005), IEEE/RSJ International Conference on*. IEEE, pp. 807–12.

Long, J. (2012). *Darwin's Devices: What evolving robots can teach us about the history of life and the future of technology*. New York: Basic Books.

Long, J. H. Jr, Schumacher, J., Livingston, N., and Kemp, M. (2006). Four flippers or two? Tetrapodal swimming with an aquatic robot. *Bioinspiration & Biomimetics*, **1**(1), 20.

McHenry, M., Pell, C., et al. (1995). Mechanical control of swimming speed: stiffness and axial wave form in undulating fish models. *Journal of Experimental Biology*, **198**(11), 2293–305.

Mogdans, J., and Bleckmann, H. (2012). Coping with flow: behavior, neurophysiology and modeling of the fish lateral line system. *Biological Cybernetics*, **106**(11–12), 627–42.

Salumäe, T., and Kruusmaa, M. (2013). Flow-relative control of an underwater robot. *Proc. R Soc. A: Math., Phys. and Eng. Sci.*, **469**(2153).

Sfakiotakis, M., Lane, D.M. et al. (1999). Review of fish swimming modes for aquatic locomotion. *Oceanic Engineering, IEEE Journal of*, **24**(2), 237–52.

Stefanini, C., Orofino, S., et al. (2012). A novel autonomous, bioinspired swimming robot developed by neuroscientists and bioengineers. *Bioinspiration and Biomimetics*, **7**(2), 025001.

Videler, J. J. (1993). *Fish swimming*. Fish and Fisheries series, Vol. **10**. Dordrecht: Springer Science & Business Media.

Vogel, S. (1994). *Life in moving fluids: the physical biology of flow*. Princeton: Princeton University Press.

Zhou, C., and Low, K.-H. (2010). Better endurance and load capacity: An improved design of manta ray robot (RoMan-II). *Journal of Bionic Engineering*, 7, S137–S144.

第 45 章
哺乳动物和类哺乳动物机器人

Tony J. Prescott

Sheffield Robotics and Department of Computer Science,
University of Sheffield, UK

哺乳动物是四足类温血脊椎动物，它们是在大约 2.25 亿年前的晚三叠世时期从兽孔目爬行祖先进化而来的。与爬行动物相比，它们的显著特征是拥有六层新皮质、毛发、三骨中耳结构及哺乳动物名称来源的乳腺。虽然最初的哺乳动物只是夜行性的小型食虫动物，但从侏罗纪中期开始，哺乳动物不断进化，目前其已经占据了地球上所有的重要栖息地，包括陆地、地下、水中和空中。现存的哺乳动物种类有 5000 多种，从体重仅数克的鼩鼱和蝙蝠到地球上最大的动物须鲸，如体重超过 100 吨的蓝鲸（Nowak，1999）。哺乳动物的多次扩张已经导致其大脑体积的显著增加，最突出的是灵长类动物（包括人类）、大象和鲸类（鲸、海豚和钝吻海豚）。另一个显著的特征是灵长类动物进化出了能够灵巧操作的手。

在仿生技术中，有许多研究工作致力于复制特定哺乳动物的形态、知觉、感觉运动、认知能力及其神经基质（见本书其他章节），试图构建集成机器人系统，使其与特定哺乳动物物种的行为和外观大体匹配，最主要集中于人类（见 Metta and Cingolani，第 47 章）、猫狗等四足动物及啮齿动物。本章重点关注一些最具特色的哺乳动物特征和非人形集成机器人系统，从人造物获取这些能力的角度来看，它们令人非常感兴趣，同时可以推进对哺乳动物生物学的理解。

一、生物学原理

从仿生学的角度来看，一些哺乳动物的自适应特别有趣。

（一）哺乳动物的大脑

哺乳动物进化过程中最重要的变化之一是爬行动物大脑顶部称为背侧皮质（dorsal cortex）的区域重新组织和扩展，形成了现在称为新皮质（neocortex）的区域（Northcutt and Kaas，1995；另见 Prescott and Krubitzer，第 8 章）。这个区域逐渐从兴奋性和抑制性细胞混合的单一层转变为具有复杂内部微回路的六层多区域大脑皮质，这是所有现代哺乳动物的特征。最早的哺乳动物是夜间活动的食虫动物，生活在森林或灌木等复杂环境中（Luo *et al.*，2011）。杰里森（Jerison，1973）假设，这些像鼩鼱大小的生物的夜生活方式是新皮质进化的驱动因素，还推动了多感觉模态皮质地图的突现，以及快速整合这些地图并根据稀疏或模糊的感觉数据做出推论的机制。奥尔曼（Allman，1999）对该主题进行了补充，内温性（endothermy）——早期哺乳动物调节在夜间保持活动所需的体温——对哺乳动物的能量需求要比类似大小的爬行动物大得多。这意味着食物采集需要更有效；因此，新皮质发生进化以支持丰富的多模态表征能力允许哺乳动物就何时何地进行觅食做出更好的决定。

新皮质出现之后，大脑体积相对于体型的比例发生了数次扩大。第一次是在 6500 万年前，哺乳动物从爬行动物手中接管了白天的生态位。在大约 3000 万年前，早期灵长类动物发生了进一步的扩展，这可能与社会智力和觅食行为的改变有关。进一步的增加发生于现代人类的原始祖先，这可能与认知发展有关，如灵活使用工具、语言和文化（见下文）。在早期哺乳动物中，大脑系统架构的一个重要变化是进化出了直接的皮质脊髓运动通路，这种通路允许对灵长类的手部等末端效应器进行更精细的控制。

（二）新型感觉系统

哺乳动物的毛发首先是作为一种感觉结构而进化产生的，随后才不断适应调整为皮毛、毛发（或毛皮），并在温度调节中发挥重要作用。胡须或触须（vibrissae）是除人类以外所有哺乳动物重要的感觉毛发；它们不同于皮毛，因为它们更长更厚且具有包含血窦组织的大毛囊。第一批哺乳动物将拥有可以活动的面部触须，触须系统的出现被认为在建立哺乳动物面部肌肉组织的共同草案，以及推动新皮质重新组织和扩展方面发挥了重要作用（Mitchinson *et al.*, 2011a）。许多哺乳动物也进化出了无毛光滑的皮肤区域。对于人类，这包括嘴唇、手、指尖和脚底的皮肤区域。当身体与外部世界互动时，这些区域是身体最重要的部位，准确的触觉辨别非常关键；因此，无毛皮肤具有高密度的机械感觉受体就不足为奇了。早期哺乳动物还进化出了一种更灵敏的听觉系统（因此，中耳结构发生改变），能够在爬行动物无法获得的频率范围内进行通信交流。哺乳动物的其他独特感觉能力还包括鸭嘴兽的电感受，蝙蝠和海豚等动物的回声定位，以及新的触觉分辨形式，如星鼻鼹鼠的"星形"触手和人类的指尖。所有这些感觉系统都是主动的，即动物可以控制感觉装置的运动，以改善信息的获取，并可以调节，以支持动物当前所从事的任务（Prescott *et al.*, 2011）。哺乳动物的有毛皮肤包含一个新的无髓鞘、低阈值 C-触觉机械感受器系统，该系统对轻微的"抚摸"触碰特别敏感，因此可能是情感触摸能力的基础（McGlone *et al.*, 2014），并且可能源于动物之间加强社会联系的需要（见下文）。

（三）灵活动作和灵巧抓握

与大多数爬行动物的四肢伸展姿势相比，哺乳动物具有更明显的直立身体形态。这种姿势的改变还可与两段式肢体到三段式肢体的转变相结合。运动能力的提高更主要的是耐力而不是速度（Fischer and Witte，2007）。攀爬类哺乳动物可以应对各种各样的运动基质，这些运动基质的直径、倾斜度、粗糙度、连续性和柔韧性千差万别，并且可以通过调节自身的运动机制来维持或增强稳定性（见 Witte *et al.*，第 31 章）。大多数哺乳动物的前爪有五个手指，并且许多物种的前爪能够抓握和操纵物体，这一技能随着兽亚纲（胎盘）哺乳动物中出现更强的皮质脊髓控制而加强。灵长类动物的一个显著特征是手的进化，其第一次实现了单手抓握和操纵物体。对生拇指的出现进一步增加了手的灵巧性，并促进了早期原始人进化出工具使用能力。

（四）社会认知

幼崽的生育和抚养推动了母子关系的出现，在许多哺乳动物中开始出现社会性增加的趋势。人类通常被认为是"超社会"（或社会文化）的，除了具备其他灵长类动物已经发展成熟的社会技能，还具备包括社会学习、沟通交流（包括语言）和心智理论（从他人角度看世界的能力）的新能力（Herrmann *et al.*，2007）。共情等能力可能仅限于类人猿，以及其他一些大脑较大的哺乳动物，如大象和鲸类动物。社会智能，如动物社会群体的大小所示，被发现与大脑的大小有关，过去 6000 万年内的发展趋势是更大规模的社会群体和更丰富的同类动物互动（Reader and Laland，2002）。

二、仿生系统

图 45.1 展示了类哺乳动物机器人的一些最新实例，将在下面进一步讨论。科学研究平台往往重视某一感兴趣的系统或行为，如触须感知或运动。像索尼公司的 Aibo 这样的同伴和辅助机器人强调了实现完全集成系统，该系统具有动物一样的外观及一系列类似生命的行为。

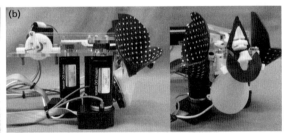

图 45.1　类哺乳动物机器人。（a）Shrewbot 机器人，模仿哺乳动物触须系统的机器人，由布里斯托尔机器人实验室和谢菲尔德主动触觉实验室开发；（b）Batbot 机器人，由弗吉尼亚理工大学拉尔夫·穆勒（Ralph müller）研发；（c）猎豹（Cheetah）机器人，由麻省理工学院机械工程系开发；（d）索尼 Aibo 机器狗；（e）miRo 机器人，由 Consequential Robotics 公司研发

照片来源：（a）照片由托尼·普雷斯科特（Tony Prescott）提供。（b）照片由菲利普·卡斯珀斯（Philip Caspers）提供。（c）照片由金尚培（Sangbae kim）提供。（d）照片由凯特·内文斯（Kate Nevens）提供，根据知识共享署名 2.0 通用许可（CC By 2.0）授权。（e）照片由托尼·普雷斯科特提供

（一）基于大脑的类哺乳动物机器人

神经机器人学领域也被称为基于大脑的机器人学或神经形态机器人学（Krichmar and Wagatsuma，2011；Prescott *et al.*，2016），通常以哺乳动物大脑为目标，因为目前掌握拥有了将行为与神经活动相关联的大量生物学数据。基于大脑建模的第一个例子是埃德尔曼（Edelman）和他的同事对 NOMAD 系列现实世界人造物所做的工作（综述见 Almássy and Sporns，2001）。这些模型旨在验证埃德尔曼的神经元群选择理论（TNGS），也被称为"神经达尔文主义"（neural darwinism），特别是神经元连接的差异性选择，可以使一系列神经元针对特定的状态进行调节。最新的大脑架构集成模型包括范思彻及其同事开发的分布式自适应控制（DAC）模型（见 Verschure，第 36 章），普雷斯科特及其同事为其触须机器人模型（见下文）开发的分层感觉运动回路模型、基底节和小脑等集成结构模型等。许多研究小组已经开发并测试了海马系统模型作为空间认知的基础，并使用机器人来检验所提出的模型是否能够充分再现与啮齿动物相似的导航行为（有关代表性实例请参见 RatSLAM，Wyeth *et al.*，2011；以及 Erdem *et al.*，第 29 章）。

哺乳动物/灵长类的感觉皮质为有兴趣建立机器感知的研究人员提供了相当多的灵感（见 Leibo and Poggio，第 25 章）。另一些研究人员使用机器人来测试关于大脑奖赏和学习机制、强化学习及多巴胺等神经递质作用的假设，多巴胺是一个特别受欢迎的研究对象（例如，参见 Uchibe and Doya，2011）。这些例子试图通过运用相关神经回路的相对抽象或"系统级"模型来再现大脑功能，其中用计算单元来表示神经元群体（如具有相似输入–输出连接性的同一类型神经元簇）。虽然更详细的模型，如集成了棘波神经元或基于电导的模型神经元，已经在机器人中进行了评估，但这主要是在模拟非常特定的动物学习或行为的背景下进行的，如对小脑中棘波–时间依赖性可塑性的具体测试（Carrillo et al.，2008），或者在视觉–躯体感觉集成模型中对身体表征的学习（见 Asada，第 18 章）。

（二）类似于哺乳动物的运动和灵巧性

波士顿动力公司（Boston Dynamics）的机器人，如"大狗（Big Dog）"和"斑点（Spot）"，展示了对复杂户外地形中四足行走和跑步挑战的解决方法。虽然这些机器人并不具有很强的仿生性，但其用来保持动态稳定步态的策略显然是受生物启发的。麻省理工学院仿生机器人实验室研发的一款名为猎豹（Cheetah）的机器人，更直接地集成了仿生原理，同时不局限于对生物学的简单复制（Sangok et al.，2015；另见 Witte et al.，第 31 章）。例如，这个机器人集成了一个柔性脊椎，它在许多哺乳动物的步态生成中发挥关键的作用。猎豹机器人还利用了一种被称为"生物张力"（biotensegrity）的设计原理，这种设计原理源自对哺乳动物四肢骨骼、肌腱、肌肉和韧带协同排列的分析。这一原理使得麻省理工学院研究小组能够用轻质材料制作出强壮的四肢，并具有适当的柔顺性，可以减少因落脚而产生的机械应力。这种设计能够储存弹性能量，因此与更为刚性的平台相比，显示出更高的能量效率。利用哺乳动物样尾部进行的实验表明，这种设计可以改善机器人的平衡性和操纵性。EPFL 生物机器人实验室采用类似的方法已经证明，以哺乳动物三段"连杆式"肢体为模型的机器人的腿可以提供诸如提高自我稳定性等益处（Spröwitz et al.，2013）。

卡特科斯基（见 Cutkosky，第 30 章）讨论了构建具有灵巧手部机器人的挑战，以便使其与现代灵长类动物的能力相匹配。我们注意到，在理解感知和运动如何相互结合提供灵巧抓握计划和物体操作的挑战中，设计具有高分辨率触觉感知和精确运动人工手指的问题难度较小。考虑到这种能力只在大脑容量相对较大的一组哺乳动物（灵长类动物）中进化而来，因此这仍然是机器人学中很大程度上尚未解决的一个问题，也许这并不奇怪，我们还有很多东西要向大自然学习。

（三）类似于哺乳动物的主动感觉系统

哺乳动物的触须系统已经启发了许多科学研究，人们正尝试开发类似于这种系统的机器人，这种系统既可以在地面上运行——受啮齿动物胡须感知系统的启发，也可以在水中运行——受海洋哺乳动物（如海豹和海牛）启发，利用胡须来探测被捕食动物或水下结构造成的水动力扰动（见 Kruusmaa，第 44 章）。为了更好地理解哺乳动物的触须感知，普雷斯科特和他的同事进行了一系列啮齿动物触须感知的生物学研究，同时开发了几种不同的触须机器人平台（Prescott et al.，2009，2015）。每种机器人的设计都是为了探索触须触觉感知的具体问题。例如，Whiskerbot 机器人被用来观测初级传入神经纤维棘波神经元模型与玻璃纤维触须耦合的早期感觉加工过程，使用应变计进行测量，使用形状记忆合金人工肌肉进行控制。利用该模型进行的研究证明，精确控制胡须运动和定位对于有效感知非常重要，并在后续机器人中为胡须和头部定位发展出了更多自由度。后来的机器人，如 Scratchbot 和 Shrewbot（Pearson et al.，2011），采用基于大脑的结构模型，包括上丘、小脑和躯体感觉皮质，主动引导头部和胡须的运动，并支持基于胡须的触觉表面特性检测（Prescott et al.，2015；另见 Lepora，第 16 章）。

海豚通过发出双击声来进行回声定位，其回声具有复杂的信号结构，动物可以从中提取出物体的大小、形状，甚至内部结构等属性。这种能力可以通过主动生物声呐感知策略得到增强，这种策略通过调整声音击打参数，如频谱、持续时间和强度，来提高目标识别能力。美国海军曾经训练海豚来主动定位水雷，但近年来已用安装声呐的无人水下航行器取代了海豚。目前尚不清楚潜艇是否采用了类似海豚的主动回声定位,但这种策略似乎对面临感知问题挑战的水下机器人非常有意义(Paihas *et al.*,2013)。蝙蝠也以其非凡的声呐运用能力而闻名,这种能力使它们能够在复杂、结构化的环境中捕食小型猎物。最新分析表明,主动感知策略涉及物理调制发声,以及通过鼻孔和耳廓(耳朵)运动来拾取声音,这可能有助于它们的感知技能(Müller,2015)。英国赫瑞瓦特大学(Heriot Wate University)目前正在开展实验,评估海豚式生物声呐的应用潜力,而弗吉尼亚理工大学的一个研究团队正在研究空中机器人采用蝙蝠式生物声呐的可能性。

本书第三部分深入探讨了模仿灵长类视觉、听觉、触觉和化学感觉的各种尝试,包括神经形态方法;梅塔和钦戈拉尼(Metta and Cingolani,第 47 章)介绍了这些方法在类人机器人中的集成,本斯迈亚(Bensmaia,第 53 章)、莱曼和范·夏克(Lehmann and van Schaik,第 54 章)介绍了它们在假肢中的应用。

(四)类似于哺乳动物的社会认知和伴侣机器人

几十年来,随着模仿猫、狗等家养哺乳动物形态的各种商业机器人的发展,类似哺乳动物的机器人作为伴侣或"数字宠物"的潜力得到了认可。其中最著名的机器人之一——索尼公司的 Aibo——于 1999 年首次上市,尽管最初版本的 Aibo 在 2005 年停产,但索尼公司最近(2017 年)针对不断增长的个人数字助手市场推出了 Aibo 的改进型设计。作为一个商业项目,人们对仿生学在 Aibo 设计发展中的作用知之甚少。其他类似哺乳动物的玩具,如孩之宝公司(Hasbro)的"亲密朋友"(FurReal Friends),也强调拥有与宠物类似的行为和外观,因此比仿生(即体现生物学原理)更具生物启发性。类似海豹的机器人 Paro(Wada *et al.*,2005),其设计目的是与认知障碍患者进行社交互动(见 Millings and Collins,第 60 章),同样模仿了哺乳动物的外形和行为,而不是更有意义地模仿哺乳动物的认知或形态。Consequentia机器人公司(Consequential Robotics)的 MiRo 机器人是一种伴侣机器人原型,它试图在宠物大小的平台上运用基于大脑的控制系统,使其具有许多哺乳动物特征,包括类似大脑的分层控制架构(Mitchinson and Prescott,2016)。

对哺乳动物样社会认知的研究强烈影响了 Kismet 机器人的设计，该机器人是麻省理工学院媒体实验室于 20 世纪 90 年代末研发的，建立在类人机器人主动视觉等问题的早期研究基础之上（Breazeal，2003）。

三、未来发展方向

如本书其他部分所述，哺乳动物神经系统的模型已经在机器人中得到开发和测试，这些模型专注于模式生成、运动、感觉运动整合、空间和情景记忆、动作选择和决策、强化学习、内稳态、情绪、动机和社会认知等。这些不同模型的可用性，以及大脑主要学习系统——皮质、基底神经节、海马体、杏仁核和小脑——意味着我们现在可以建立哺乳动物大脑架构模型，至少可以实现"系统级"的抽象，并将其嵌入移动机器人中。这种综合模型的意义非常深远，可以提供切实具体的大脑理论实例。虽然我们离这样一个完整的综合模型还有一段路要走，但目前已广泛存在各类实例系统，并且随着实时高带宽计算的可用性增加和成本降低，这一愿望非常可能在未来十年内实现。还有一种可能性，即这种神经机器人模型有可能变得更像大脑。例如，集成能够模拟数百万个棘波神经元的大规模并行硬件，这方面的一个代表性架构是 Spinnaker 大规模多核计算引擎，其目标是实时模拟多达 10 亿个神经元（Furber *et al.*，2013）。

具有类似于哺乳动物形态、行为和认知能力的机器人将继续向前发展。足型机器人可以应用于不平坦地形的移动，而像哺乳动物一样的四足形态似乎在稳定性和速度之间提供了一个很好的折中权衡（关于其优缺点的评估，见 Witte *et al.*，第 31 章）。与哺乳动物的主动视觉、听觉或触觉能力相匹配的感知系统将增强未来机器人在各种挑战性环境中运行的能力。

创造类哺乳动物机器人的目标将受到人类对宠物式机器人兴趣的激励，这些机器人可以模仿家养哺乳动物（如兔子、狗和猫），提供一些社交支持能力。为机器人提供类似于家养宠物的社会认知能力，可以通过结合最先进的动作、感知、记忆、情感、学习和认知仿生系统来实现；但将这些能力集成到价格合理的商业机器人中仍然是一项艰巨的挑战。

四、拓展阅读

韦伯和康西（Webb and Consi，2001）、克里希马尔和瓦加苏马（Krichmar and Wagatsuma，2011）出版的两本著作提供了基于大脑机器人模型的实例，展示了 20 世纪末和 21 世纪初最先进的技术发展，包括一些类哺乳动物机器人示例。弗洛雷亚诺等（Floreano *et al.*，2014）对神经科学模型（脊椎动物和无脊椎动物）在机器人中进行测试的更广泛领域做了最新的回顾。米钦森等（Mitchinson *et al.*，2011b）和普雷斯科特等（Prescott *et al.*，2016）讨论了使用机器人评估哺乳动物大脑系统模型的优势和局限性。艾斯波特（Ijspeert，2014）对研发仿生运动系统的最新尝试进行了有益的回顾，重点是四足机器人，而马特（Mattar，2013）对仿生手的大量文献进行了综述。关于社会认知模型的文献非常庞杂且多样，米克洛西和加斯西（Miklósi and Gácsi，2012）的文章是非常好的阅读起点，其文章的重点是类似动物的机器人伴侣。

致谢

作者在撰写本章时得到了欧盟“地平线 2020：未来新兴技术旗舰计划”中“人脑工程”项目（Human Brain project）（HBP-SGA1，720270）的支持。

参 考 文 献

Allman, J. M. (1999). *Evolving brains.* New York: Scientific American Library.

Almássy, N., and **Sporns, O.** (2001). Perceptual invariance and categorization in an embodied model of the visual system. In: B. Webb and T. R. Consi (eds), *Biorobotics.* Cambridge, MA: MIT Press, pp. 123–43.

Breazeal, C. (2003). Emotion and sociable humanoid robots. *International Journal of Human-Computer Studies*, **59**(1–2), 119–55.

Carrillo, R. R., Ros, E., Boucheny, C., and **Coenen, O. J. M. D.** (2008). A real-time spiking cerebellum model for learning robot control. *Biosystems*, **94**(1–2), 18–27.

Fischer, M. S., and **Witte, H.** (2007). Legs evolved only at the end! *Philosophical Transactions of the Royal Society of London A: Mathematical, Physical, and Engineering Sciences*, **365**(1850), 185–98.

Floreano, D., Ijspeert, Auke J., and **Schaal, S.** (2014). Robotics and neuroscience. *Current Biology*, **24**(18), R910–R920.

Furber, S. B., Lester, D. R., Plana, L. A., Garside, J. D., Painkras, E., Temple, S., and **Brown, A. D.** (2013). Overview of the SpiNNaker System Architecture. *IEEE Transactions on Computers*, **62**(12), 2454–67.

Herrmann, E., Call, J., Hernàndez-Lloreda, M. V., Hare, B., and **Tomasello, M.** (2007). Humans have evolved specialized skills of social cognition: the cultural intelligence hypothesis. *Science*, **317**(5843), 1360–6.

Ijspeert, A. J. (2014). Biorobotics: Using robots to emulate and investigate agile locomotion. *Science*, **346**(6206), 196–203.

Jerison, H. J. (1973). *Evolution of the Brain and Intelligence*. New York: Academic Press.

Krichmar, J. L, and Wagatsuma, H. (eds) (2011). *Neuromorphic and Brain-based Robots*. Cambridge, UK: Cambridge University Press.

Luo, Z. X., Yuan, C. X., Meng, Q. J., and Ji, Q. (2011). A Jurassic eutherian mammal and divergence of marsupials and placentals. *Nature*, **476**(7361), 442–5.

McGlone, F., Wessberg, J., and Olausson, H. (2014). Discriminative and affective touch: sensing and feeling. *Neuron*, **82**(4), 737–55.

Mattar, E. (2013). A survey of bio-inspired robotics hands implementation: New directions in dexterous manipulation. *Robot. Auton. Syst.*, **61**(5), 517–44.

Miklósi, Á., & Gácsi, M. (2012). On the utilisation of social animals as a model for social robotics. *Frontiers in Psychology*, 3. https://doi.org/10.3389/fpsyg.2012.00075

Mitchinson, B., Grant, R. A., Arkley, K., Rankov, V., Perkon, I., and Prescott, T. J. (2011a). Active vibrissal sensing in rodents and marsupials. *Philos. Trans. R. Soc. Lond. B: Biol. Sci.*, **366**(1581), 3037–48.

Mitchinson, B., Pearson, M., Pipe, T., and Prescott, T. J. (2011b). Biomimetic robots as scientific models: A view from the whisker tip. In: J. Krichmar and H. Wagatsuma (eds), *Neuromorphic and Brain-based Robots*. Cambridge, MA: MIT Press, pp. 23–57.

Mitchinson, B., and Prescott, T. J. (2016). MIRO: A Robot "Mammal" with a Biomimetic Brain-Based Control System. In: N. F. Lepora, A. Mura, M. Mangan, P. F. M. J. Verschure, M. Desmulliez, and T. J. Prescott (eds), *Biomimetic and Biohybrid Systems: 5th International Conference, Living Machines 2016, Edinburgh, UK, July 19–22, 2016. Proceedings*. Cham: Springer International Publishing, pp. 179–91.

Müller, R. (2015). Dynamics of biosonar systems in horseshoe bats. *The European Physical Journal Special Topics*, **224**(17), 3393–406.

Northcutt, R. G., and Kaas, J. H. (1995). The emergence and evolution of mammalian neocortex. *Trends in Neurosciences*, **18**(9), 373–9.

Nowak, R. M. (1999). *Walker's Mammals of the World* (6th edn). Baltimore, USA: Johns Hopkins University Press.

Paihas, Y., Capus, C., Brown, K., and Lane, D. (2013). Benefits of dolphin inspired sonar for underwater object identification. In: N. F. Lepora, A. Mura, H. G. Krapp, P. F. M. J. Verschure, and T. J. Prescott (eds), *Biomimetic and Biohybrid Systems: Second International Conference, Living Machines 2013, London, UK, July 29–August 2, 2013. Proceedings*. Berlin, Heidelberg: Springer, pp. 36–46.

Pearson, M. J., Mitchinson, B., Sullivan, J. C., Pipe, A. G., and Prescott, T. J. (2011). Biomimetic vibrissal sensing for robots. *Philos. Trans. R. Soc. Lond. B: Biol. Sci.*, **366**(1581), 3085–96.

Prescott, T. J., Ayers, J., Grasso, F. W., and Verschure, P. F. M. J. (2016). Embodied models and neurorobotics. In: M. A. Arbib and J. J. Bonaiuto (eds), *From Neuron to Cognition via Computational Neuroscience*. Cambridge, MA: MIT Press, pp. 483–512.

Prescott, T. J., Diamond, M. E., and Wing, A. M. (2011). Active touch sensing. *Philos. Trans. R. Soc. Lond. B: Biol. Sci.*, **366**(1581), 2989–95.

Prescott, T. J., Mitchinson, B., Lepora, N. F., Wilson, S. P., Anderson, S. R., Porrill, J., ... Pipe, A. G. (2015). The robot vibrissal system: understanding mammalian sensorimotor co-ordination through biomimetics. In: P. Krieger and A. Groh (eds), *Sensorimotor Integration in the Whisker System*. New York: Springer, pp. 213–40.

Prescott, T. J., Pearson, M. J., Mitchinson, B., Sullivan, J. C. W., and Pipe, A. G. (2009). Whisking with robots: From rat vibrissae to biomimetic technology for active touch. *IEEE Robotics & Automation Magazine*, **16**(3), 42–50.

Reader, S. M., and Laland, K. N. (2002). Social intelligence, innovation, and enhanced brain size in primates. *Proc. Natl Acad. Sci. USA*, **99**(7), 4436–41.

Sangok, S., Wang, A., Chuah, M. Y. M., Dong Jin, H., Jongwoo, L., Otten, D. M., ... Sangbae, K. (2015). Design principles for energy-efficient legged locomotion and implementation on the MIT Cheetah robot. *IEEE/ASME Transactions on Mechatronics*, **20**(3), 1117–29.

Spröwitz, A., Tuleu, A., Vespignani, M., Ajallooeian, M., Badri, E., and Ijspeert, A. J. (2013). Towards dynamic trot gait locomotion: Design, control, and experiments with Cheetah-cub, a compliant quadruped robot. *The International Journal of Robotics Research*, 32(8), 932–50.

Uchibe, E., and Doya, K. (2011). Evolution of rewards and learning mechanisms in Cyber Rodents. In: J. Krichmar and H. Wagatsuma (eds), *Neuromorphic and Brain-based Robots*. Cambridge, MA: MIT Press, pp. 109–28.

Wada, K., Shibata, T., Saito, T., Kayoko, S., and Tanie, K. (2005, 18–22 April 2005). *Psychological and social effects of one year robot assisted activity on elderly people at a health service facility for the aged*. Paper presented at the IEEE International Conference on Robotics and Automation, 2005. ICRA 2005.

Webb, B., and Consi, T. R. (2001). *Biorobotics*. Cambridge, MA: MIT Press.

Wyeth, G., Milford, M., Schulz, R., and Wiles, J. (2011). The RatSLAM project: robot spatial navigation. In: J. Krichmar and H. Wagatsuma (eds), *Neuromorphic and Brain-based Robots*. Cambridge, MA: MIT Press, pp. 87–108.

第46章
有翼人造物

Wolfgang Send

ANINIPROP GbR, Göttingen, Germany

空中运动取决于飞行者负载自身重量并克服阻力的能力。在水平飞行中，重量和阻力由升力和推力平衡。大自然巧妙地将升力和推力的生成融入飞行动物的结构中。它们的发动机可以在没有旋转部件的情况下产生推力，这种发动机就是扑翼。列奥纳多·达·芬奇（Leonardo da Vinci）设计了第一个带有铰链翅膀的人体扑翼。过去曾有许多人试图用技术结构来模拟鸟类的飞行，其中包括利普皮什（Lippisch）在 1930 年以前开展的早期杰出工作（Lippisch，1960）。鸟类、昆虫甚至鱼类（Kruusmaa，第 44 章）都采用相同的基本机制。扑翼产生推力是描述空气动力学和流体动力学的物理方程的固有性质。这些控制方程由流体力学中动量、质量和能量守恒定律推导出来。三维翅膀的扑打，更准确地说是弯曲和扭转耦合运动，可以简化为二维的俯仰和俯冲耦合运动，为了便于简化实验和理论处理，从翅膀上截取了与气流方向平行的一个剖面。关于二维剖面升力起源的第一篇论文可以追溯到 20 世纪初。

翅膀运动产生推力的物理学机制已经开展了广泛深入的研究，并取得了很大的进展。最近发表的一篇论文对扑翼空气动力学的历史、进展和挑战进行了全面深入的综述（Platzer *et al.*，2008）。这一机制的发现可以追溯到 1924 年（Birnbaum，1924），是对飞机颤振进行研究时发现的一个附带成果。颤振这种极端的危险现象在技术上对于飞机稳定性非常重要，其物理基础与动物推进的数学描述相同。这是同一枚硬币的两面，一面是用拍翼产生推力向前移动，另一面是用摆动的翅膀从流体中获取能量。这两种模态的振幅比在两个基本组成自由度上完全不同，分别是俯仰和俯冲自由度、弯曲和扭转自由度（Send，1992）。低俯仰高俯冲时产生推力，从而为气流增加能量，高俯仰低俯冲时提取能量。俯仰对能量平衡的贡献微乎其微，其在这一过程中主要起促成作用。对于这两种模式，俯冲功率与从流体中获得或供给的功率之比都解释了流程的效率。这两种状态实际上是从一种模式转换到另一种模式，并且两侧的过渡区域显示出极高的效率；根据非定常空气动力学的基本结果，效率高达 90%。大型鸟类因为阻力很小，有可能能够在这一效率范围内飞行。

探索高效扑翼飞行的机制过程也揭示了一个秘密，即从流体动能中提取能量有望作为可再生能源。

一、普通飞行者示意图

哈廷（Harting）于 1869 年发表在《荷兰年鉴》（*Archives Néerlandaises*）上的一篇论文指出，鸟类的体重 G 与翅膀的平面形状面积 A 有关（Harting，1869）。从伸展的翅膀系统上方观看，平面形状区域由翅膀轮廓构成。面积的平方根除以重量的立方根，可以得到一个几乎恒定的量。法国科学家马雷（Marey）引用了哈廷的数据，意识到这一发现的重要性（Marey，1890），认为其反映了自然界中一个基本的构建原理。重量除以平面形状面积产生第三个量，翼载 $\gamma = G/A$。普通飞行者示意图（图 46.1）显示了从小型鸟类到大型飞机的各种翼载与重量范围，这对于了解飞行性能至关重要。图中也包括了有翼人造物，其中就有人类动力飞行的里程碑。笔者和工程师组成的研究团队研发了一种人工鸟类 SmartBird，其数据显示在左下角，本章将介绍和讨论其特性。

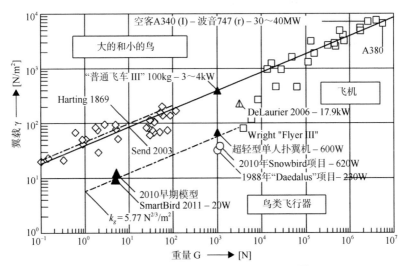

图 46.1　普通飞行者示意图。实线显示翼载 $\gamma = G/A = k_g \sqrt[3]{G}$，$k_g = 40 \text{N}^{2/3}/\text{m}^2$。哈廷线对应于 $k_g = 44.0 \text{ N}^{2/3}/\text{m}^2$，SmartBird 的值为 $5.77 \text{ N}^{2/3}/\text{m}^2$。菱形符号"◇"表示鸟类数据，正方形"□"代表飞机的数据。部分数据补充了飞行所需的功率，单位为 W（瓦特）、kW（千瓦）和 MW（兆瓦）。实心三角形为本章作者的研究结果

直线反映了翼载与重量之间的特殊关系。上面的虚线基于哈廷的发现，实线显示了理论估计（Send，2003）。第二条虚线拟合了 SmartBird 的数据。

图 46.1 中的实线在巧妙的场景下将鸟类特性与飞机特性联系在一起。从远低于实线的莱特兄弟的飞行者 3 号（Flyer Ⅲ）开始，到刚好位于实线上的空客 A380 结束，图中的飞机相关数据可以解释为飞机的技术演变。这种观点是基于对所提交数据的共享，位于实线附近的飞行者是充分演化的，并被标注为普通飞行者（normal flyers）。常数 k_g 表示演化度（degree of evolution）。位于常数 k_g 线上的飞行者具有相同的演化度。理论计算表明，实线附近飞行者扑翼产生的推力很可能具有相同的弯曲和扭转振幅，而与其体型大小无关。这一雄心勃勃的重大声明忽视了技术实现的影响。今天，我们手头既没有"肌肉"即制动器，也没有材料能够承受数百万次载荷周期的巨大压力。我们仍然面临着 100kg 普通飞行者的问题。

$G=10^3N$ 的数据对于评估人类是否有能力像鸟类一样飞行特别有意义。明显而令人失望的结果是，我们永远无法像鸟儿那样轻而易举地做到这一点。作为一个普通飞行者，我们需要花 3～4kW 的功率。根据计算（Send，2003），用现代材料建造超轻型单人扑翼机是可行的，其所需功率有望不超过 600W。但这仍然是一个相当大的挑战，像鸟类一样飞翔肯定永远不会成为一项大众流行运动。图 46.1 中实心三角形"超轻型单人扑翼机"（human flapper ultralight）的位置标志着其演化度远低于普通飞行者。数年后的 2010 年，多伦多大学成功完成了令人钦佩的 Snowbird 项目。网络上获取的文件提到其所需的物理功率为 620W，这与笔者的估计相当接近。著名的"代达罗斯"（Daedalus）星际航行计划的发动机不是扑翼式结构，而是链条传动式的普通螺旋桨结构。持续飞行 4 小时所需的平均功率为 230W，远远低于扑翼飞行的要求。

在超轻型单人扑翼机的基础上，作者提出了一种具有铰链式翅膀的人工鸟概念，这种鸟只有起飞和降落时才运用其扑翼机构。$K_g = 5.77N^{2/3}/m^2$ 的虚线连接了两种体型尺寸差异巨大的有翼人造物，即拟议的超轻型单人扑翼机和 SmartBird，两者具有相同的演化度。值得注意的是，莱特兄弟的飞行者

3 号也处于同一水平。

　　值得一提的是两条发展路线：德洛里埃（DeLaurier）的全尺寸试飞扑翼机 C-GPTR（DeLaurier，1999）和索普（Saupe）的模型扑翼机 Eskalibri。据笔者所知，瑞士天才玩家索普研制出了第一架能够在没有任何支持的情况下起降的扑翼机。他的工作反映出了对扑翼飞行着迷的人数非常庞大且不断增加，从技能熟练的爱好者到工程师等。他们的工作几乎没有任何记录，但他们常常制作出非常出色的飞行者。快速发展的微电子工业刺激了玩具公司向市场推出越来越精细复杂的飞行者，而在千禧年之交飞行者似乎仍然是遥不可及的科学目标。经过长时间的发展和无数次的挫折之后，德洛里埃的扑翼机最终在 2006 年起飞，进行了一次短途飞行，最后因故障触地。德洛里埃所做的独一无二的科技工作，在动力扑翼飞行史上具有里程碑意义。

　　鸟类和飞机之间存在显著的差异。如果存在能够进行主动扑翼飞行的恐龙，将会发现它们的解剖学特性能够拟合到普通飞行者直线附近。如上所述，100kg 的动力辅助人类扑翼机仍然是对全世界爱好者的一大挑战。

二、高效飞行的物理和技术问题

实验输入

　　对飞行载荷、功率和效率的理论描述及最终的数值计算首先从规范合适的运动学开始。从活鸟身上获取运动学数据是一个单独的问题。利林塔尔（Lilienthal，1889）和马雷（Marey，1891）最早对鸟类运动学进行了非常好的观察。现代实验利用先进的高速摄像机进行三维运动数据采集。

　　利林塔尔对鹳类进行了 20 多年的观察，之后于 1889 年出版了一本专著，详细描绘了鹳的翅膀运动。笔者将他的插图"翻译"为了数字数据，他书中著名的表 8 由几个部分组成。结果证明数据非常精确，可以与空气动力学效率等值线图很好地吻合，恰好位于计算最佳值的位置。马雷建造了一个旋转木马状的大型试验台，活鸟在其中沿圆形轨道系绳飞行。马雷还研发了压力传感器，并将信号记录在涂有煤烟的圆筒上，类似于早期的录音机。笔者使用了一个非常相似的试验台对在研的 SmartBird 进行了测量。

利林塔尔和马雷通过实验观测发现，翅膀运动基本上存在三个自由度：先前提到的弯曲和扭转运动，以及第三个自由度，即翅膀的前后运动，在直升机动力学中称为摆振运动。摆振运动可以增强推力的产生，但对飞行机制来说并不是必需的。

三、理论描述

具有可活动机翼的人工飞行器，其飞行表现出复杂的特性，即使采用现代数值算法也无法很好地解决。正常解（proper solution）应该是自洽解，可在稳定飞行轨迹上实现所产生推力和升力与阻力和重量的平衡。这个问题的一部分来自流体计算，另一部分来自飞行动力学。阻力预测需要得到湍流区域的近似值，因为直接数值解（DNS）远远超过目前的并行计算的范围。能够控制稳定飞行的飞行动力学代码似乎是可行的；但它依赖于精确的非定常空气动力学。理想的完整解需要简化为能覆盖各个方面的近似值。作为这种简化的一个非常简单的例子，我们选择对空气动力学效率的特殊问题进行简短探讨。

尽管图 46.2（彩图 12）中的缩放细节不太重要，但在讨论之前可能需要做简短的解释。俯冲振幅等于弦长，俯仰振幅为 24°时，二者振幅比约为2.5。当最大俯仰角与翅膀上冲程上下拐点中间的俯冲位置一致时，相移等于90°。该图表明，在相移较高时可以达到最大效率。图 46.3 描绘了 SmartBird的骨架和内部肋拱的形状。需要清楚确定的是翼尖扭转促动器的位置。我们采用 NACA7412 剖面图，展示了较大翼载的早期模型（图 46.1）。

简约频率（reduced frequency）可作为衡量运动不稳定程度的指标。SmartBird 大于 0.6 的高数值表明其远不是一个普通飞行者。对于像银鸥这样大小体型的活鸟来说，简约频率（基于完全弦长）为 0.2 或更小，而且其重量要高出一个数量级。从 SmartBird 开发之初，其公开宣称的目标就是在展厅中向众多观众进行展示。为了安全起见，在不影响飞行性能的情况下，SmartBird 的重量和速度都尽可能予以降低。

（一）主要结果

空气动力学计算的主要结果是众多微小表面单元中的流体反作用力，其中飞行者的浸湿面积被分解，以获得所提出流体问题的数值解。假设我们已经得到了一个解，每个单元中单位面积上的力（force per unit area）被分解成垂直于局部表面单元的分量即压力（pressure），以及切向分量即剪切应力（shear stress）。这两种分量在所有表面单元上的总和也被分解为两种力，即总压力和总剪切应力。然后，这两种力又被分解为坐标系的分量，与移动飞行者的运动轨迹相连。重要的是要知道，在空气动力学中，升力（lift）被定义为垂直于轨迹的分量，阻力（drag）被定义为平行于轨迹的分量，均与飞行者相对于地平线的方向无关。换言之，飞行者爬升所需要的推力比平衡阻力所需的推力要大，因为需要额外的推力来提升自身重量以对抗重力。这种升力无法通过上述定义的空气动力学升力来实现。

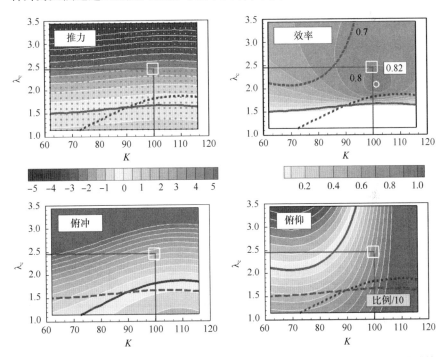

图 46.2　扑翼飞行的效率。名为 NACA7412 的俯冲和俯仰耦合剖面的二维流体计算结果（Send *et al.*，2012）。等值线图显示了一个运动周期内的平均归一化功率系数。横轴 K 表示俯仰前的俯冲相移，纵轴表示俯冲振幅 h_0 与俯仰振幅 α_0 的比值，$\lambda_c = (h_0/c)/\alpha_0$，以弧度表示。$c$ 表示弦长。白色正方形表示 SmartBird 运动学的设计点。红色虚线代表单个数值解

图 46.2 所依据的空气动力学计算是单纯的压力解，并未考虑剪切应力。在每个 表面单元中，所产生的压力即压力和表面单元的几何法线，可随相应表面单元的运动速度而倍增。局部功率用力乘以速度表示，其要么为正值（对流体做功），要么为负值（从流体中提取功）。运动速度由三个自由度组成：俯冲、俯仰和向前平移。对于每个表面单元，分别评估这三个因素对飞行者功率平衡的贡献并进行求和。这些贡献因素在运动期间可发生变化，甚至可能改变其迹象。物理上非常重要的是一个运动周期的平均值，即净结果。振幅比和相移作为解决方案中的参数，有助于更深入地了解这些数据的依赖性和敏感性。

图 46.2 中的等值线图显示了归一化为无量纲功率系数（power coefficients）的翅膀剖面总功率平衡。施加在翅膀上的运动不同于正弦时间依赖性。它被称为部分线性（partially linear）。俯仰运动的角度对几乎所有的上冲程和下冲程部分都保持恒定，并且在从最大正值变为最大负值的上转折点处非常快速地变化，反之在下转折点处也是如此。

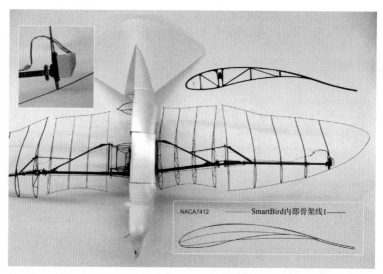

图 46.3 SmartBird 的骨架视图。跨距 2m，平面面积 0.5m²，平均弦长 c=0.25m，肋拱弦长 0.33m，含电池重量 0.49kg。设计点时的运行数据：速度 u_0=5m/s，扑翼频率 f=2Hz，平均功率消耗 20W。基于全弦长的简约频率 ω^*_c=2π×f×c/u_0=0.63。左上图为扭转驱动的放大图

（二）研究发现

图 46.2 中的左上图显示了获得推力的区域。空气动力学效率仅在产生推力的区域予以描绘，由获得的推力功率与俯仰和俯冲时的输入功率之比形成。这两个贡献因素被绘制在左下图和右下图上。将 4 幅等值线图相叠加就可以揭示扑翼飞行的秘密：在一定的振幅比和相移数值下，几乎所有的俯冲功率都转化为推力功率。在设计点，效率可达 80%。为了达到这种高效率，还必须对俯仰进行促动，它需要额外的功率。俯仰系数的比例为 1∶10，意味着这种自由度只需要很少的功率。

主动扭转（active torsion）可以更高的百分比降低效率等值线图显示 SmartBird 的所需功率。二维数值计算意味着物理上的简化，可以提供更广域的高效率平台期，但在实验中并没有发现这一平台期。相反，最佳流体条件下的高效率仅限于极窄的相移范围和振幅比范围。这一"甜蜜点"（sweet spot）的精确位置是不可预测的，可在个别模型的飞行试验中发现，其中两个参数都略有变化，直到功耗达到最小值，翼尖的空气动力和机械噪声几乎消失。SmartBird 机载微处理器和笔记本电脑之间的独立无线通信成功完成了这项任务。在某种程度上，它的位置也取决于副本的单独制作，可同时制作 4 份副本（2013）。这些数据一旦进行评估后，就会存储在机载闪存中。经过初始的调谐优化，可使用普通遥控装置对模型进行操作。

四、未来发展方向

图 46.1 中的普通飞行者在制造和计算两个方面都面临巨大挑战。笔者在 2006 年参加了德国贝林格（German Berblinger）大赛，该比赛在德国南部的乌尔姆市举办。比赛中出现了一种采用弯曲-扭转驱动并配备燃料电池的双座飞机"贝林格 2 号"（Berblinger 2）。弯曲-扭转驱动只是利用扑翼产生推力的另一个名称，这听起来更具技术性，事实上，笔者认为该机制也有望应用于航空航天工程领域。"贝林格 2 号"的设计重量为 300kg，非常接近德洛里埃的飞机，其演化度来自索普的 Eskalibri。一个全新特点是**主动扭转**（active torsion），这在以前从未有人采用过。SmartBird 是第一个实现主

动扭转的飞行者，"贝林格 2 号"仍然是一个梦想。未来任何的扑翼飞机概念都肯定会应用这一特点，因为它大大提高了效率，从而减少了重量和结构成本。

　　当然，计算问题对于预测载荷和最佳运行参数非常重要。计算能力的巨大进步使人们期望，未来 5～8 年内有望为整个飞行者提供适当的、自洽的数值解。目前，更为可靠的新飞行器设计方法是对载荷和功耗进行低水平的空气动力学估算，然后为控制和调整扭转幅度及相移提供必要的选项。弯曲功率起着空气动力燃料的作用，仅设定了最大可用推力的极限。"推力杆"负责扭转控制。

　　进一步的进化将使 SmartBird 的继承者有望具有普通飞行者的特性。在掌握了这一挑战之后，人们的视野将会扩大到动力辅助人类扑翼机——这是航空航天工程应用发展道路上，在鸟类与飞机之间不可或缺的一环。

五、拓展阅读

　　在有关鸟类和飞机的众多书籍中，丁尼克斯（H. Tennekes）撰写的优秀著作《飞行科学简介》（*Simple Science of Flight*，M. I. T. Press，Cambridge MA），涵盖了许多值得学习的基础知识。维德勒（J. J. Videler）的《鸟类飞行（牛津鸟类学系列）》（*Avian Flight Oxford Ornithology Series*）专注于各种鸟类，帮助我们全面了解鸟类从飞行器到空气动力学的各个方面，并且不需要读者有太高的数学水平。彭尼奎克（C. J. Pennycuick）的《鸟类飞行性能》（*Bird Flight Performance，Oxford Science Publications*）是一本经典著作，也是非常实用的计算指南。最初的版本甚至提供了用计算机语言 Basic 编写的程序，读者可以用来自己进行计算。彭尼奎克还撰写了一本更新和扩充了内容的著作《模拟飞鸟》（*Modelling the Flying Bird*，Elsevier Publ.）。东雅明（A. Azuma）的著作《飞行和游泳的生物动力学》（*The Biokinetics of Flying and Swimming*，Springer -Verlag）对于读者来说，深入阅读和研究需要掌握一定的物理学背景。本书中赫登斯特罗姆撰写的章节（Hedenström，第 32 章）对本章做了重要的补充，其重点是动物飞行的生物学和生物力学。

　　扑翼飞行网站（www.ornithopter.org）有着非常丰富的信息，对扑翼飞行进行了详细介绍，列出了重要历史事件，并且可以链接到许多其他相关网站。费斯托公司（Festo）提供了一个介绍 SmartBird 的网站，网址为 www.Festo.com/cms/en_corp/11369.htm，其中包含相关宣传册和视频的链接。有关 SmartBird 开发和测试的详细信息，请参阅森德和沙尔施泰因（Send and Scharstein，2010）、森德等（Send *et al.*，2012）的介绍。有关本章作者及其工作的更多信息，请访问 www.aniprop.de/overview。最后但同样重要的是，在互联网服务商 Youtube 公司上用关键词"SmartBird"搜索，可以检索发现大量视频短片，其中包括作者最喜欢的一部短片"SmartBird 在户外被海鸥攻击"（The Smartbird outdoors attacked by seagulls）。

致谢

SmartBird 是由一个工程师团队在 2008～2011 年共同开发的飞行者项目。穆格劳尔（R. Mugrauer）设计并构建了模型，杰本斯（K. Jebens）和纳加拉蒂纳夫人（Mrs. A. Nagarathinam）负责无线通信、控制和电子设备，费舍尔（M. Fischer）和穆格劳尔（G. Mugrauer）对工作流程进行了组织。本章作者提出了这一概念并开展了实验。整个团队衷心感谢费斯托公司的仿生学习网络及其创始人斯托尔（W. Stoll）博士的全力资助。

参 考 文 献

Azuma, A. (1992). *The Biokinetics of Flying and Swimming*. Tokyo: Springer-Verlag.

Birnbaum, W. (1924). Das ebene Problem des schlagenden Flügels, *Zeitschrift für angewandte Mathematik und Mechanik (ZAMM)*, **4**, 277–92.

Delaurier, J. D. (1999). The development and testing of a full-scale piloted ornithopter. *Canadian Aeronautics and Space J.*, **45**, 72–82.

Harting, P. (1869). Observations sur l'étendue relative des ailes et le poids des muscles pectoraux chez les animaux vertébrés volants. In: E. H. Baumhauer, J. Bosscha, and J. P. Lotsy (eds), *Archives néerlandaises des sciences exactes et naturelles*. Harlem: Société hollandaise des sciences à Harlem, pp. 33–54 (in French).

Lilienthal, O. (1889). *Der Vogelflug als Grundlage der Fliegekunst*, Berlin 1889—*Birdflight as the Basis of Aviation*, Facsimile publ. by American Aeronautical Archives.

Lippisch, A. M. (1960). Man powered flight in 1929, *Journal of the Royal Aeronautical Society*, **64**, 395–8.

Marey, E. J. (1890). *Le Vol des Oiseaux*. Paris: G. Masson.

Marey, E. J. (1891). *La Machine Animale* (5th edn). Paris: F. Alcan.

Pennycuick, C. J. (1989). *Bird flight performance: a practical calculation manual*. Oxford: Oxford University Press.

Pennycuick, C. J. (2008). *Modelling the Flying Bird*. Theoretical Ecology Series, Vol. 5. Cambridge, MA: Academic Press.

Platzer, M. F., Jones, K. D., Joung, J., and Lai, J. C. S. (2008). Flapping-wing aerodynamics: progress and challenges. *AIAA J.*, **46**, 2136–49.

Send, W. (1992). The mean power of forces and moments in unsteady aerodynamics, *Zeitschrift für angewandte Mathematik und Mechanik (ZAMM)*, **72**, 113–32.

Send, W. (2003). Der Traum vom Fliegen. *Naturwissenschaftliche Rundschau*, **56**(2), 65–73.

Send, W., Fischer, M., Jebens, K., Mugrauer, R., Nagarathinam, A., and Scharstein, F. (2012). *Artificial Hinged-Wing Bird with Active Torsion and Partially Linear Kinematics*, 28th ICAS Congress, Brisbane, Australia, 23–28 September 2012, paper 53.

Send, W., and Scharstein, F. (2010). *Thrust measurement for flapping-flight components*, 27th ICAS Congress, Nice, France, 19–24 September 2010, paper 446.

Tennekes, H. (2009). *The simple science of flight: from insects to jumbo jets* (2nd edn). Cambridge, MA: MIT Press.

Videler, J. J. (2005). *Avian Flight*. Oxford Ornithology Series, Vol. **15**. Oxford: Oxford University Press.

第 47 章
人类和类人机器人

Giorgio Metta, Roberto Cingolani

Istituto Italiano di Tecnologia, Genoa, Italy

神经科学的进展已经提供了非常诱人的成果,显示了身体和心智之间的深刻联系对现有行为的决定性作用。例如,贝尔托(Berthoz,2012)描述了一个很有吸引力的故事,即大自然如何利用身体和肌肉的物理特性以及大脑的适应性,为复杂问题发展出简单的解决方案。现代人工智能(AI)研究试图通过研发各种形状的机器人硬件和软件来重建这种心身关系。类人机器人只是另一种可能的形态,此外还涉及复杂的人机交互可能性、工具使用(功能可见性),以及更普遍地,在最初为人类设计的环境中使用它们。

一、类人机器人的身体

机器人要想实现与人类相当的性能,其躯体在以下许多方面都需要模仿真实人体:可靠性、能量效能、柔顺性、弹性等。目前,机器人仅仅是复杂的机电装置,其复杂性非常难以管理:一个典型的类人机器人平台加起来可以有多达 5000 个机械部件,更不用说电子元器件、线路和计算机了。它们可能比相同体型的人类要重 50%,并且需要持续耗电才能使机器人维持在人类最佳运动表现的范围之内(>1kW)。现有计算机技术水平下,即使是模拟一小部分大脑功能,所需的计算也需要兆瓦(数百万瓦)级的电力供应,相比之下,整个人类大脑仅消耗大约 40W 的能量。在机器人正常运行期间,齿轮和接头的比压可以达到 140~150MPa,如果碰撞导致故障(即使是淬硬钢),则会产生额外的应力。

内在柔顺性可能是一种解决方案,可以模仿人类肌肉的可控刚度和人类关节的灵活接头。软机器人学(soft robotics)是主流机器人学的一个分支学科，专门考虑机器人"体件"（bodyware）的新设计（见 Anderson and O'Brien，第 20 章）。这一领域的材料研究旨在开发软促动器、软躯体和软传感器（触觉）（Taccola *et al.*，2014）。这是一种全新的机器人设计模式，其中采用的生物拟态（biomimesis）技术非常先进。软促动器试图模仿肌肉的特性，以及其主动调节肌肉机械刚度的能力。不幸的是，典型的软促动器不能满足全尺寸类人机器人的性能要求。与此同时，可变阻抗促动器（VIA）由于能够处理与环境的未建模交互（意外影响）而在最近受到了广泛关注。它们比单纯的软促动器更为可行：VIA 通常是各种机械部件的组合，能够同时控制位置和刚度。它们的性质近似于人体肌肉，可以协同收缩以改变肢体的机械刚度（Vanderborght *et al.*，2013）。

目前正在研究的材料，可以为未来的机器人提供灵活、可伸展的全身触觉传感（最新综述，请参见 Yogeswaran *et al.*，2015）。其目标是模仿人类触觉传感器的灵敏度——包括其相对较高的带宽，通常为 1kHz——并结合到柔性、可伸展的硅质基底上（见 Lepora，第 16 章）。更先进的研究正在深入研发自愈材料（Tee *et al.*，2012）。同样重要的是，VLSI 技术提供了设计新型视觉传感器的能力，这种传感器具有前所未有的低功耗和对光照变化的灵敏度（见 Dudek，第 14 章）。这就是所谓的神经形态传感器，旨在模拟人类光感受器的反应，并编码"事件"中的信息——也就是说，高时间分辨率地编码各种变化，而不是简单地扫描传感器，以相对较慢的速率测量绝对光强度（Bartolozzi *et al.*，2011）。

最后，结构材料也非常重要，既可以提供人机安全交互（内在柔顺性）的能力，也可能实现新的设计方法，减少机器人的部件数量。对于后者，新的制造技术，如 3D 打印或成型，可以为机器人同时具有鲁棒性和低成本铺平道路。聚合物材料需要将其机械性能提高 4～10 倍，才能有效取代金属。目前正在对石墨烯墨水以及其他纳米填料进行研究（Bayer *et al.*，2014）。石墨烯也是一种电导体，因此有可能实现柔性嵌入式电子器件。

尽管目前取得了一些非常有希望的进展，但通往软体类人机器人的道路仍然漫长。新型类人机器人的最好例子是日本东京大学开发的"Kojiro"平台（Mizuuchi *et al.*，2007）以及瑞士苏黎世大学开发的"European Roboy"

（Pfeifer *et al.*，2013）。不幸的是，尽管它们非常有吸引力，但却不像传统平台那么可靠，因此在业内的实际使用相对较少。传统平台（Parmiggiani *et al.*，2012；Kaneko *et al.*，2011）由电动马达驱动，由金属材料制成，并通过主动控制或被动串联弹性促动器实现近似的内在柔顺性。合理的研究路线图不会抛弃现有的类人形体，而是试图用新型材料逐步更换目前的刚性金属部件。例如，短期内不可能更换电动马达，而结构材料、新传感器和新的柔性电子元件则有望更早得到应用。

神经网络在人工智能中的复兴是真正实现仿生类人机器人的另一个驱动因素。新的训练方法的结合（Krizhevsky *et al.*，2012）和并行计算的可用性（以 GPU 的形式），决定了模式识别高效视觉的发展，它正在提供前所未有的高质量结果（Mnih *et al.*，2015）。在这里，复杂认知结构的设计对于实现通用人工智能来说可能是至关重要的，也就是说，机器可以仅仅通过环境交互（包括与人类导师）就可自主学习任何任务。正如本书其他部分所述，受大脑的启发，认知架构研究包括记忆系统、视觉（Leibo and Poggio，第25 章）、触觉（Lepora，第 16 章）及其整合（Verschure，第 35 章、36 章）的研究，显然还包括高级控制的研究（如全身运动控制、物理交互、操纵；见 Herreros，第 26 章；Cutkosky，第 30 章）。

生物拟态尝试了不同的领域，如注意（视觉、听觉）、言语、行动感知、物体识别、功能可见性检测，并在研发大脑启发控制器（如小脑运动控制）时遵循了计算运动控制这一长期传统。在 iCub 机器人平台上已经开发了许多受生物启发的解决方案（Parmiggiani *et al.*，2012；图 47.1），因为很容易将它们集成到完整的实验和架构中。我们将在下面的章节中介绍其中一些解决方案。

图 47.1　iCub 类人机器人

图片来源：© D. Farina，A. Abrusci，Istituto Italiano di Tecnologia，2017

二、类人机器人视觉

　　人类的视网膜和其他动物的视网膜一样，光感受器不是排列成平面方阵。视网膜逐渐进化演变，可以完成高分辨率和维持大视野等视觉任务（图 47.2）。除此之外，光感受器（视杆细胞和视锥细胞）对光极为敏感，能够提供无与伦比的敏感度，甚至可以达到单个光子的水平。硅材料可以再现上述这两种特性（见 Dudek，第 14 章）。在人类中，视网膜中央（中央凹）的感光细胞密度更高，并且数量逐渐向外周递减。其结果是，视网膜在光感受器数量固定的情况下可同时对分辨率和视野进行优化。研究人员在计算机视觉中研究了光感受器的分布模型（Sandini and Tagliasco，1980）。经计算发现，如果视网膜保持与中央凹分辨率相同的均匀分布模式，那么如果对由此产生的信息流进行处理，所需的神经元约重达 3 吨，更不用说维持它们存活所需的能量了。机器人也存在同样的计算权衡。近年来已经发展出了类视网膜传感器，但因为目前还没有比较合适的应用市场，其仍主要局限于实验室之中。

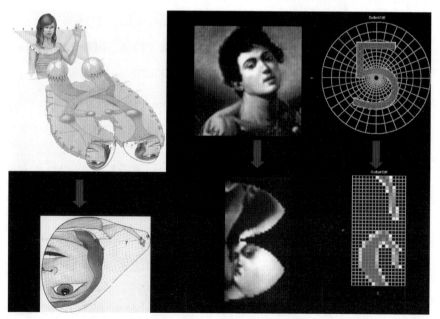

图 47.2　拟人视网膜传感器模型

雷亚等（Rea *et al.*，2014）采用类视网膜视觉（视网膜的对数极性模型），为 iCub 机器人开发了一套完整的注意力系统。特别是他们在一系列实验中开发了基于显著性的前注意加工，有效地实现了方向、边缘、颜色、运动的滤波器库以及 BLOB[二进制大对象；原型对象（proto-object）]。这项工作的有趣之处在于能够学习如何预测感兴趣的机器人眼部位置和顺序运动（扫视、跟踪、辐辏），从而优化目标视觉位置的眼部定位和注视移动时间。

分辨率可变并不是人类视网膜唯一显著的特征。正如我们所提到的，光感受器的灵敏度与普通相机有着惊人的不同。特别是，当光子撞击光感受器时，视网膜中的神经元会非同步激活。神经形态硅技术（图 47.3）可以模拟这种反应，产生本质上稀疏（基于事件）、快速（事件是异步的）和低功耗（由于晶体管的零星激活）的视觉数据。因为对光强度表现为对数反应，这些感受器的动态范围很大（它们在黑暗中比普通相机看得清楚得多）。这些装置没有中央时钟，并将信息编码为感知数量的变化（此处指的是视觉信息，但针对触觉研究类似的方法）。因此，只存储、传输和处理相关信息，从而减少了对带宽、内存和功耗的要求。这些人工传感器的输出类似于生物传感器的神经棘波。

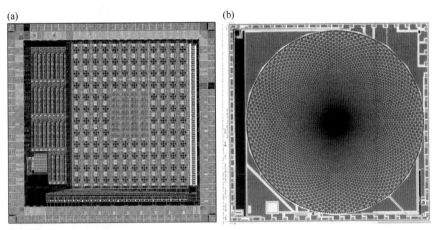

图 47.3　神经启发相机所采用芯片的两个实例：（a）神经形态式；（b）类视网膜式（对数极性）

雷亚等（Rea *et al.*，2013）已经在 iCub 机器人上使用神经形态摄像机验证了其注意力。这项研究表明，与传统的基于帧的视觉相比，神经形态视觉能够更快地捕获运动之中的视觉目标，效率可以高出两个数量级。基于棘波图像处理的最新进展包括光流计算和类似于 Gabor 滤波器的视觉感受野学习。

可以预见，大规模神经处理的最新进展（Mnih *et al.*，2015）及其与神经形态传感器的结合，将为类人机器人提供更高效的嵌入式视觉。虽然这不能为通用人工智能解决学习架构设计的问题，但有效感知能力是实现这一目标的重要的第一步。

三、类人机器人触觉

触觉感知在机器人技术中常常被人们忽视。对于必须模拟人类行为并在非结构化环境中进行交互的机器人来说，触觉是重要的基础功能（Lepora，第 16 章）。与视觉相比，触觉感知技术远未成熟（了解最新技术进展，请参见 Bensmaia，第 53 章；Martinez-Hernandez，2015）。触觉也存在相互冲突的工程要求：它需要大面积覆盖（可能需要弯曲）、机械柔韧性（用于灵敏度）、可拉伸（用于覆盖运动部件），同时又要坚固耐用。从机械角度来看，它无疑是机器人身体中最为受力的部件。人类皮肤可以通过自愈来解决该"问题"，因为它柔软且可拉伸。全身人造皮肤的另一个挑战是布线和信号后处理。传感器的设计在采用多种材料的情况下运用了最多样化的传感原理（Dahiya *et al.*，2010）。在这里，我们关注的是机器人（iCub）装备了触觉功能后所提供的一些可能性（图 47.4）。

图 47.4　　iCub 机器人柔性触觉系统的电路实例

图片来源：© laura Tavena，Istituto Italiano di Tecnologia，2017

触觉传感器最明显的用途是检测物体接触，估计其强度，并产生应对行为（例如，将接触力调零）。我们将在下一节介绍其中一些方面，因为它们构成了全身动态控制的基础。触觉还有另一个用途，那就是"绘制地图"，以便通过视觉对接触进行预测。大脑皮质的神经生理学研究，已经确定了对触觉和视觉反应非常特殊的神经元（Fogassi et al.，1996）。这些神经元位于 F4 区（额叶 4 区），对给定身体部位的接触做出不变的反应，同时对同一身体部位的预期接触（视觉上的）做出同样的反应。它们在控制伸取动作（以及躲避动作）时也很活跃。

我们已经开发了一个学习系统，可以在 iCub 机器人上自动构建类似 F4 神经元的身体表示（Roncone et al.，2015）。我们将此问题定义为基于样本事件的概率估计，机器人看到移动物体接近皮肤，并同时感觉到其与皮肤接触。该概率密度与感受野相关，机器人皮肤的每个触觉单元对应一个感受野。最终的结果是产生身体表示，它本质上编码了一个给定物体在机器人附近移动时撞击到任何给定身体部位（一块皮肤）的可能性。这可以转变成一种控制器，用以避免或主动搜索与任何身体部位的接触。我们推测，这种运动控制器本质上是多感知的，突出了人类运动控制系统的一个特性，即等结果性（equifinality）。在实践中，这里所阐述的身体表示允许将机器人任何部位用作伸取运动的终点。

F4 区身体表示对应于人类和动物研究中的近体空间（peripersonal space）这一心理学概念（Macaluso and Maravita，2010）。能够建立类似模型并在类人机器人中产生行为，可以为机器人提供能力以"了解"空间相对于身体的关系，并控制其如何移动以接近人类或简单的无生命物体。

四、类人机器人运动控制

所有的感知加工最终都将产生运动。类人机器人的运动控制可能更为复杂，因为机器人有一个"浮动基座"（不同于固定在一个点上的工业机械手），因此其动力学必须考虑到与环境的各种交互作用。对这种交互作用动力学的研究可以与人类小脑控制研究联系在一起。历史上先后发展出了与小脑控制相关的各种模型（Shidara et al.，1993；另见 Herreros，第 26 章）。另一个问题是控制器的模块化，通常在大脑启发运动控制中予以考虑（Mussa-Ivaldi and Giszter，1992），动力学方程在基本函数或场中显示出相似的模块分解。

在 iCub 机器人中，我们将这些想法与外力（因接触产生）估计的能力相结合，使其能够同时感知机器人状态（编码器、加速计等）、力和力矩（通过四肢上的专用传感器）以及接触位置和压力（来自分布式皮肤）。由此产生的结果是，形成了一种将外力估计与全身动力学相结合以生成控制器的策略，该策略可以利用机器人的冗余度实现多个目标，如稳定性、最小角动量、身体在空间中的平移、力约束（即每个接触处施加多少力）等（Del Prete *et al.*，2015）。这非常有希望实现机器人的动态步行模式和稳定控制器，不但能产生类似人类的运动，而且能利用环境交互。

研究表明，各种传感器组合（包括皮肤，见 Fumagalli *et al.*，2010）使得外力估计在计算上足以获得高性能的控制器，并据此设计预测器，可以通过考虑动态因素以预测通常导致高度动态行为的外界影响（或接触）。这项研究与前面介绍的近体空间构建密切相关：在接触实际发生之前对其进行估计的能力可能与躲避行为的规划有关，而不是接近特定目标后通过动态控制器将行为规划与实际执行联系起来。

iCub 机器人的动态平衡如图 47.5 所示。

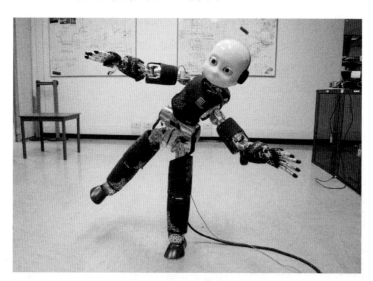

图 47.5　运行动态平衡算法的 iCub 机器人

图片来源：© D.farina，A.Abrusci，istituto italiano di Tecnologia，2017

五、结论和未来发展方向

仿生类人机器人的研究当然不局限于我们在这里介绍的少数几个例子。人机交互和社交机器人是非常活跃的研究领域，目的是开发可在日常工作中与人类更高效合作的机器人等。事实上，对动作和手势的研究可以促进更加自然的交互，其参数可以使机器人的整个工作过程对用户来说更高效、易懂（无须特定的事先培训）和舒适。本章中几乎没有提到人工智能技术，但它们显然对提高机器人的灵活性至关重要。我们也几乎没有触及旨在尝试开发通用人工智能认知架构的皮毛（见 Verschure，第 35 章、第 36 章）。类人机器人在配备了合适的认知架构后，将能够通过与仁慈的（希望如此）人类老师的自然互动，学习从事任何工作。

综上所述，我们认为，未来要想实现简单性概念所阐明的身-心联系（Bethoz，2012），可以通过在机器人"体件"（bodyware）上使用新的技术解决方案（材料），其形式包括软促动器、传感器和柔顺骨架结构；并且更重要的是，因为类神经处理技术的快速发展，可将其应用于感知（可能是多感知）数据分析、学习和运动控制，即作为机器人的"心件"（mindware）。由于人类是目前我们所知的唯一真正的认知系统，因此，复制自然进化如此精确塑造的产物，无疑是最为明智的行动。

六、拓展阅读

本书其他多个章节探讨了与类人机器人技术发展高度相关的挑战，其中比较突出的包括莱波拉（Lepora，第 16 章）和卡特科斯基（Cutkosky，第 30 章）讨论的对人类伸取、抓握和操纵物体的能力进行复制所需的多种技术和控制策略。这反过来又依赖于类似人类的视觉（Dudek，第 14 章）和感知加工（Leibo and Poggio，第 25 章）。为了与人类交流互动，类人机器人需要更好的人工智能，但也需要提高对社会他人的认识，以及通过不同感知模态理解社会信号的能力[参见听觉（Smith，第 15 章）以及通信交流（Wortham and Bryson，第 33 章）]。与人类建立共情关系的能力可能需要机器人自身具有情感和自我调节能力（见 Vouloutsi and Verschure，第 34 章），以及可能接近于拥有自我意识的丰富内部状态（见 Seth，第 37 章）。

梅塔等（Metta *et al.*，2010）介绍了 iCub 机器人的背景、发展起源和功能；伦加雷拉等（Lungarella *et al.*，2003）概述了通过模拟人类能力和遵循称为"发育机器人学"的发育轨迹来设计类人机器人的方法。威斯等（Wiese *et al.*，2017）讨论了使类人机器人更具社会性，从而对人类更有价值的挑战；穆林-傅里叶等（Moulin-Frier et al.，in press）介绍了最近将 DAC 认知架构（Verschure，第 36 章）应用于 iCub 机器人的努力。

致谢

衷心感谢意大利技术研究院（IIT）iCub 研究平台、机器人与大脑和认知科学研究室（RBCS）、智能材料团队、石墨烯团队的同事，以及意大利技术研究院位于莱切的生物分子纳米技术中心（CBN）和位于米兰的纳米科学技术中心（CNST）的同事。

参 考 文 献

Bartolozzi, C., Metta, G., Hofstaetter, M., and Indiveri, G. (2011). *Event-driven vision for the iCub*. Bio-Mimetic and Hybrid Approach to Robotics, Workshop at IEEE International Conference on Robotics and Automation (ICRA 2011). Shangai, China, May 13, 2011.

Bayer, I. et al. (2014). Direct transformation of edible vegetable waste into bioplastics. *Macromolecules*, **47**, 5135–43.

Berthoz, A. (2012). *Simplexity: Simplifying Principles for a Complex World*. New Haven, CT: Yale University Press. ISBN: 9780300169348.

Dahiya, R. S., Metta, G., Valle, M., and Sandini, G. (2010). Tactile sensing: from humans to humanoids. *IEEE Transactions on Robotics*, **26**(1), 1–20.

Del Prete, A., Nori, F., Metta, G., and Natale, L. (2015). Prioritized motion-force control of constrained fully-actuated robots: "Task space inverse dynamics." *Robotics and Autonomous Systems*, **63**(1), 150–7.

Fogassi, L., Gallese, V., Fadiga, L., Luppino, G., Matelli, M., and Rizzolatti, G. (1996). Coding of peripersonal space in inferior premotor cortex (area F4). *Journal of Neurophysiology*, **76**, 141–57.

Fumagalli, M., Gijsberts, A., Ivaldi, S., Jamone, L., Metta, G., Natale, L., Nori, F., and Sandini, G. (2010). Learning to exploit proximal force sensing: a comparison approach. In: O. Sigaud and J. Peters (eds), *From motor learning to interaction learning in robots*. Studies in Computational Intelligence series, Vol. **264**. Berlin: Springer-Verlag, pp. 159–77.

Kaneko, K., Kanehiro, F., Morisawa, M., Akachi, K., Miyamori, G., Hayashi, A., and Kanehira, N. (2011). Humanoid robot HRP-4 - Humanoid robotics platform with lightweight and slim body. In: *2011 IEEE/RSJ International Conference on Intelligent Robots and Systems (IROS)*, 25–30 Sept. 2011, San Francisco, CA: IEEE, pp. 4400–07.

Krizhevsky, A., Ilya, S., and Hinton, G. E. (2012). ImageNet classification with deep convolutional neural networks. *Advances in Neural Information Processing Systems*, **25**, 1097–1105.

Lungarella, M., Metta, G., Pfeifer, R., and Sandini, G. (2003). Developmental robotics: a survey. *Connection Science*, **15**(4), 151–90.

Macaluso, E., and Maravita, A. (2010). The representation of space near the body through touch and vision. *Neuropsychologia*, **48**(3), 782–95.

Martinez-Hernandez, U. (2015). Tactile sensors. *Scholarpedia*, 10(4), 32398.

Metta, G., Natale, L., Nori, F., Sandini, G., Vernon, D., Fadiga, L., von Hofsten, C., Rosander, K., Lopes, M., Santos-Victor, J., Bernardino, A., and Montesano, L. (2010). The iCub humanoid robot: An open-systems platform for research in cognitive development. *Neural Networks*, 23(8), 1125–34.

Mizuuchi, I., Nakanishi, Y., Sodeyama, Y., Namiki, Y., Nishino, T., Muramatsu, N., Urata, J., Hongo, K., Yoshikai, T., and Inaba, M. (2007). An Advanced Musculoskeletal Humanoid Kojiro. In: *Proceedings of the 2007 IEEE-RAS International Conference on Humanoid Robots (Humanoids 2007)*. Pittsburgh, PA: IEEE, pp. 294–9.

Mnih, V., Kavukcuoglu, K., Silver, D., Rusu, A. A., Veness, J., Bellemare, M. G., Graves, A., Riedmiller, M., Fidjeland, A. K., Ostrovski, G., Petersen, S., Beattie, C., Sadik, A., Antonoglou, I., King, H., Kumaran, D., Wierstra, D., Legg, S., and Hassabis, D. (2015). Human-level control through deep reinforcement learning. *Nature*, 518, 529–33.

Moulin-Frier, C., et al. (in press). DAC-h3: A proactive robot cognitive architecture to acquire and express knowledge about the world and the self. *IEEE Transactions on Cognitive and Developmental Systems*.

Mussa-Ivaldi, F. A., and Giszter, S. F. (1992). Vector field approximation: a computational paradigm for motor control and learning. *Biological Cybernetics*, 67(6), 491–500.

Parmiggiani, A., Maggiali, M., Natale, L., Nori, F., Schmitz, A., Tsagarakis, N., Santos Victor, J., Becchi, F., Sandini, G., and Metta, G. (2012). The design of the iCub humanoid robot. *International Journal of Humanoid Robotics*, 9(4), 1–24.

Pfeifer, R., Gravato Marques, H., and Iida, F. (2013). Soft robotics: the next generation of intelligent machines. In: F. Rossi (ed.), *Proceedings of the Twenty-Third international joint conference on Artificial Intelligence (IJCAI '13)*. Cambridge, MA: AAAI Press, pp. 5–11.

Rea, F., Metta, G., and Bartolozzi, C. (2013). Event-driven visual attention for the humanoid robot iCub. *Frontiers in Neuroscience, Neuromorphic Engineering*, 7(234), 1–11.

Rea, F., Sandini G., and Metta, G. (2014). Motor biases in visual attention for a humanoid robot. In: IEEE/RAS International Conference of Humanoids Robotics (HUMANOIDS 2014), Madrid, Spain, November 18–20, 2014. IEEE, pp. 779–86.

Roncone, A., Hoffmann, M., Pattacini, U., and Metta, G. (2015). Learning peripersonal space representation through artificial skin for avoidance and reaching with whole body surface. In: *EEE/RSJ International Conference on Intelligent Robots and Systems. Hamburg, Germany, September 28– October 02, 2015.* IEEE.

Sandini, G., and Tagliasco, V. (1980). An anthropomorphic retina-like structure for scene analysis. *Computer Graphics and Image Processing*, 14(3), 365–72.

Shidara, M., Kawano, K., Gomi, H., and Kawato, M. (1993). Inverse-dynamics model eye movement control by Purkinje cells in the cerebellum. *Nature*, 365, 50–2.

Taccola, S., Greco, F., Sinibaldi, E., Mondini, A., Mazzolai, B., and Mattoli, V. (2014). Toward a new generation of electrically controllable hygromorphic soft actuators. *Advanced Materials*, doi:10.1002/adma.201404772

Tee, B. C. K., Wang, C., Allen, R., and Bao, Z. (2012). An electrically and mechanically self-healing composite with pressure- and flexion-sensitive properties for electronic skin applications. *Nat. Nano.*, 7, 825–32.

Vanderborght, B., Albu-Schaeffer, A., Bicchi, A., Burdet, E., Caldwell, D.G., Carloni, R., Catalano, M., Eiberger, O., Friedl, W., Ganesh, G., Garabini, M., Grebenstein, M., Grioli, G., Haddadin, S., Hoppner, H., Jafari, A., Laffranchi, M., Lefeber, D., Petit, F., Stramigioli, S., Tsagarakis, N., Van Damme, M., Van Ham, R., Visser, L.C., and Wolf, S. (2013). Variable impedance actuators: A review. *Robotics and Autonomous Systems*, 61(12), December 2013, 1601–14.

Wiese, E., Metta, G., and Wykowska, A. (2017). Robots as intentional agents: using neuroscientific methods to make robots appear more social. *Frontiers in Psychology*, 8(1663). doi:10.3389/fpsyg.2017.01663

Yogeswaran, N., Dang, W., Taube Navaraj, W., Shakthivel, D., Khan, S., Ozan Polat, E., Gupta, S., Heidari, H., Kaboli, M., Lorenzelli, L., Cheng, G., and Dahiya, R. (2015). New materials and advances in making electronic skin for interactive robots. *Advanced Robotics*, 29(21), 1359–73.

第六篇

生物混合系统

第48章
生物混合系统

Nathan F. Lepora

Department of Engineering Mathematics and Bristol Robotics Laboratory,
University of Bristol, UK

生物混合系统是通过将生命系统内至少一种生物部件与至少一种人工、工程部件相互结合而形成的。在系统内部,生物和人工部件不是相互独立的,而是单向或双向传递信息,从而形成一个新的生物–人工混合实体。生物混合系统所包括的结构范围可从纳米尺度(分子)到微观尺度(细胞)再到宏观尺度(如整个器官或身体部位)。

我们已经邂逅了生命机器形式的生物混合系统,其中机器人部件与提供能量的活细菌培养物共生运行(Ieropoulos *et al.*,第6章)。"生物混合系统"这一篇的各章将进一步深入探讨这类系统的基础技术,并探索它们在医疗保健、神经科学和机器人技术中的应用。

从仿生学界的观点来看,生物混合系统可以解释为利用生物系统经过数百万年自然选择精炼出的特性,解决人工系统能力方面的复杂或关键问题的一种方法。在这种"向自然学习"的方法论中,生物系统可以形成新解决方案的基础,实现基于自组织、适应性和鲁棒性生物学原理的"软式"、"湿式"机器人或"活"技术。它们还提供了一条使用普通生物材料构建系统的途径,模拟了生物体在生态平衡系统中生活的习性,并具有繁殖、生长、死亡和循环的自然周期。因此,生物混合方法有望帮助我们创造更可持续的未来技术(见Halloy,第65章)。

一方面,生物混合系统提供了如何建立"活"人工系统实验范例的机会。另一方面,生物混合系统正进入生命科学领域,可以作为探索生物体生理学的有用工具,或是从长远来看,恢复因伤病而丧失的功能。此外,发展新的、更复杂的生物材料通信交流方式，为生物参数测量开辟了新的路径，这有助于了解生理机制，或用人工版本替换受损的组织或器官。

本书的这一篇介绍了生物混合系统的许多重要实例，从脑–机接口、微纳生物混合体、使用合成生物学工具设计的生物混合机器人，到具有触觉的假手、恢复听力的耳蜗替代物，并朝着能增强认知功能的大脑植入物迈进。

脑–机接口作为一种生物混合系统，充当中枢神经系统与人工装置之间的通信通道，对于因运动神经元疾病或脊髓损伤而遭受严重运动损伤的患者非常有帮助。普拉萨德（Prasad，第 49 章）回顾了脑–机接口的生物学原理，重点是各种非侵入性方法，特别是脑电图（EEG）和脑磁图（MEG）。脑–机接口作为一种模式识别系统，必须涉及从获取到分类的多个阶段，要使这项技术在日常生活中尽可能实用，还需要克服诸多挑战。

植入式神经接口是另一项关键的生物混合技术，它将微纳机电系统直接与活体神经组织连接在一起。瓦萨内利（见 Vassanelli，第 50 章）概述了这一领域的最新技术进展，重点关注了神经–电子接口。目前，这些接口主要是记录和刺激神经元的功能性探针，但未来的接口将演变成完全整合神经组织的仿生系统，可恢复因疾病或损伤而丧失的神经功能。

下一章提出了"生物混合机器人是合成生物系统"的观点。艾尔斯（见 Ayers，第 51 章）回顾了生物机器人学的一个新兴领域，将活细胞与工程装置相互结合以创建生物混合机器人。目前的机器人有很多明显的局限性，从尺寸（难以小型化）到对电池技术的依赖等。艾尔斯认为，通过将活的工程细胞集成到机器人中，利用合成生物学的进展推进机器人技术的发展，可以克服许多此类障碍。

如果生物混合系统在微米或纳米尺度上运行，那么我们将需要能够在这个水平上组装它们的工具。福田敏男及其同事（Fukuda et al.，第 52 章）回顾了在纳米到米的多尺度工程的基础上，实现具有自修复、自组织和自供电特性的生命机器的进展。最有趣的挑战之一是人工制造生物细胞，并将其组装成三维结构，以实现纯生物的人工生命机器。

生物混合接口可以为失去肢体或脊髓上段损伤的人恢复触觉。本斯迈亚（见 Bensmaia，第 53 章）探讨了配备触觉感知的智能假肢的发展，重点关注的是控制肢体的运动以及接收这些运动后果感知反馈的综合挑战。通过假肢恢复触觉最有可能的方法包括与周围神经相连接或直接与大脑连接。

人工耳蜗或称仿生耳，是当今最成功的生物混合系统之一。莱曼和范·夏克（见 Lehmann and van Schaik，第 54 章）解释了这些装置是如何恢复部分听力的，它们通过人工装置取代耳蜗内毛细胞的功能，将声音转化为感觉神经元系统中的电信号。他们还探讨了用于构建人工耳蜗的生物灵感，以及创建生物混合系统面临的约束限制。

在本篇的最后，我们总结了可取代受损神经组织的大脑植入物在设计上的可能性，其中包括可以模拟原始生物电路功能的微电子元件。宋东和伯格（见 Song and Berger，第 55 章）介绍了一种认知假体的原型，这种假体可以恢复大脑形成新的长期记忆的能力，大脑海马区受损后通常会丧失这种记忆能力。

第 49 章
脑-机接口

Girijesh Prasad

School of Computing, Engineering and Intelligent Systems, Ulster
University, Londonderry, UK

脑-机接口（BMI）是一种生物混合系统，主要用途是为严重运动损伤（如运动神经元疾病或脊髓损伤）患者提供替代性通信渠道。脑-机接口既可以是侵入性的，将电极植入大脑皮质或直接放置在皮质表面（皮质电图），也可以是非侵入性的成像系统。在这两种情况下，其目的都是测量自发认知任务中大脑活动的皮质相关性或神经生理学相关性。本章的重点是非侵入性脑-机接口（关于侵入性脑-机接口的讨论，参见 Vassanelli，第 50 章），可以采用的技术包括：脑电图（EEG），通过颅骨测量脑电活动的变化；脑磁图（MEG），使用高灵敏度磁强计测量大脑活动产生的磁场变化；以及检测大脑血流动力学反应（血液流动）变化从而指示大脑局部区域活动的各种技术，具体介绍见下文。

在这些非侵入性方法中，基于脑电图的脑-机接口研究最为广泛。在设计基于 EEG 的脑-机接口时，感觉运动节律（SMR）的事件相关去同步化/同步化（ERD/ERS）、P300 事件相关电位（决策相关的电活动波）和稳态视觉诱发电位（SSVEP）是 EEG 中三种主要的皮质激活模式。脑-机接口作为一种模式识别系统，涉及多个阶段：大脑数据采集、预处理、特征提取、特征分类，以及具有或不具有外显神经反馈的通信或控制装置。

尽管全世界都在进行广泛深入的研究，尽可能努力实现脑-机接口的日常应用，但仍有一些挑战需要克服。其中一个关键的挑战是对可导致时变性能的非稳定脑电波动力学进行解释。此外，有些人可能会发现，目前仍很难建立具有足够准确性的可靠脑-机接口，虽然经过反复实践，大多数脑-机接口的性能会随着时间推移而得到改进。尽管面临这些挑战，脑-机接口研究仍在两个广泛应用的领域取得重大进展：一是通过替代神经肌肉通路，实现替代性通信交流；另一个是帮助激活靶向大脑可塑性的大脑皮质区域，从而实现神经康复。

一、非侵入性接口的生物学原理

脑-机接口（BMI）也称为大脑-计算机接口（BCI），通常是通过唯一可识别的重复性代谢或大脑电活动（如皮质激活）模式来建立的，这些模式的发生是对一组定义明确的认知任务的反应。使用模式识别系统（基于上述技术之一）检测激活模式，其输出可用于选择键盘字母、显示消息、玩电脑游戏、控制家用设备、控制假肢/矫形肢体，或命令与控制远程临场感机器人装置或智能轮椅。因此，脑-机接口可以通过认知任务激活大脑，直接与计算机控制的机器或装置进行通信，从而绕过周围神经和肌肉系统。脑-机接口的主要目的是为患有运动神经元疾病（MND）和脊髓损伤（SCI）等严重运动障碍的患者提供替代性的通信交流手段。

（一）基于脑电图的脑-机接口

除了语言之外，人类在日常交流中还会很自然地使用手势，包括面部表情和运动任务，如右手动作和（或）左手动作。巧合的是，研究发现，手部执行动作可能导致 EEG 信号的变化，称为感觉运动节律（SMR）激活，表现形式为对侧半球（相对于运动手）的事件相关去同步化（ERD）和同侧半球的事件相关同步化（ERS）（Pfurtscheller and Neuper，2001）。ERD 主要表现为中央沟 α 波段（或 μ 波段）的 EEG 信号幅度降低，ERS 主要表现为 β 波段的信号幅度增强。幸运的是，已经发现计划或准备手部实际运动和想象手部运动也会导致感觉运动皮质中非常相似的皮质激活（Pfurtscheller and Neuper，2001），因此那些患运动损伤的人可以通过运动想象，产生类似的 μ 波段和 β 波段皮质激活（图 49.1）。根据普弗舍勒研究小组在奥地利格拉茨进行的开创性工作（Pfurtscheller *et al.*，2000），ERD/ERS 形式的 SMR 调制是迄今为止用于设计基于 EEG 非侵入性脑-机接口的最主要的神经生理学技术。

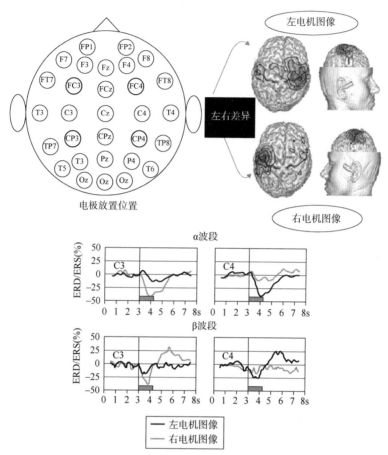

图 49.1　基于脑电图的感觉运动节律脑-机接口中的 ERD/ERS 现象。左上图：双极模式下的 EEG 通道 C3 和 C4 连接，突出显示为加粗黑色。右上图：单个受试者的 ERD 映射图，根据真实头部模型的皮质表面计算得出。带通滤波（9～13Hz）的单次试验脑电数据采用样条曲面拉普拉斯方法，计算左侧、右侧运动想象的 α 波段 ERD 分布。下图：记录左侧（C3）、右侧（C4）感觉运动皮质运动想象中的总平均 ERD 曲线。共计算了 16 名受试者 α 范围内所选波段的 ERD 时程。相对于基线的正偏移和负偏移分别表示波段功率增加（ERS）和降低（ERD）。下图中灰条表示线索呈现的时间段

图片来源：© 2000 IEEE. 经许可转载自 G. Pfurtscheller，Current trends in Graz brain-computer interface（BCI）research，IEEE Transactions on Rehabilitation Engineering，8（2），pp. 216-219，doi：10.1109/86.847821

　　在另一种基于 EEG 的测量方法——事件相关电位（ERP）中，也会出现唯一可识别的皮质激活现象。在设计基于 EEG 的脑-机接口时，最常用的两种方法是 P300 和稳态视觉诱发电位（SSVEP）。在基于 P300 的脑-机接

口中，所有可能需要选择的对象或选项都以网格的形式排列，以此作为图形用户界面（GUI）的一部分。利用"怪球范式"（odd ball paradigm）概念，对象按顺序逐个重复显示，脑–机接口用户将注意力集中在期望的对象上。在约为 300ms 的潜伏期后，将产生一种唯一可识别的事件相关电位变化。法威尔和顿钦（Farwell and Donchin，1988）首次将 P300 电位作为脑–机接口的基础。

在基于 SSVEP 的脑–机接口中，对应于要选择的每个对象或选项，可通过外部设备（如 LED）或图形用户界面的闪烁图形显示器来创建闪烁显示。每个显示都以一定的固定频率闪烁。当脑–机接口用户将其注意力集中在其中一个显示上时，对应于闪烁频率的皮质激活（即电位振幅），其在枕叶皮质的谐波会得到增强（见第 14 章中 Wolpa and Wolpa，2012）。

（二）基于脑磁图的脑–机接口

另一种记录脑电活动的非侵入性方法是通过脑磁图（MEG）记录大脑皮质神经元产生的电脉冲所形成的磁场。脑磁图系统可以包含多达 300 个传感器，并且必须在液氦温度下操作。脑磁图可以提供完整的大脑视图，具有高时空分辨率，且信号的空间分布不受头部结构内不同质量变化的影响。梅林格等（Mellinger *et al.*，2007）的研究表明，对于基于 SMR 的脑–机接口，使用脑磁图与使用脑电图一样有效。

（三）基于脑血流动力学的脑–机接口

近年来，科学家还基于在线检测大脑代谢活动的变化，设计了一种脑–机接口系统，其表现形式为功能磁共振成像（fMRI）获得的血氧水平依赖（BOLD）信号。神经元在心智任务中耗尽能量供应后，必须由血液以氧和葡萄糖的形式补充能量，这种现象可用于识别确定大脑中的活跃区域。与脑磁图类似，功能磁共振成像具有很高的空间分辨率；但与脑磁图不同的是，功能磁共振成像能够深入大脑内部测量神经元活动。柳承世等（Yoo *et al.*，2004）研究证明，使用基于功能磁共振成像的脑–机接口，志愿者能够引导自己穿过二维迷宫，执行四种不同的心智任务，每种任务都能激活不同的大脑区域。这项研究虽然显示了很高的准确性，但只有 2 名试验参与者，每个命令大约需要 2 分钟来生成，这导致了信息传输速率相对较低。

还可以基于运动想象任务中大脑代谢活动变化的在线检测，开发新型脑–机接口系统，其形式是近红外光谱（NIRS）获得的血流动力学信号。近红外光谱系统的空间分辨率高，但时间分辨率低。但这一高质量系统对于日常持续使用来说可能过于庞大和昂贵。近红外光谱技术应用于脑–机接口是一个相对较新的概念，它通过测量局部脑血流量（rCBF）和脑氧代谢率（rCMRO$_2$）的变化来运行。当大脑的某些区域变得活跃时，它们需要更多的含氧血液，因此可以检测到含氧血红蛋白信号量的增加。该方法通过发射特定波长的光束，然后经传感器收集，再进行分析。光束在通过发射器和传感器时所发生的衰减，可以显示其所通过的组织结构。科伊尔等（Coyle *et al.*, 2007）首次研究了基于近红外光谱的 SMR 脑–机接口，对进行二元选择的运动想象任务进行了检测。尽管该系统显示出巨大的潜力，但研究结果显示信息传输速率（ITR）为 1bit/min，与其他基于脑电图的类似系统进行测量对比时，效果并不是很好。与脑磁图和功能磁共振成像相比，该方法的优点是成本低、方便易携、时间分辨率高等。

脑–机接口领域的最新进展是采用一种检测脑血流速度（CBFV）变化的技术，称为经颅多普勒（TCD）超声。TCD 在设计上天生能够抵抗电子干扰，例如影响脑电图记录的电源工频干扰等。与脑磁图或功能磁共振成像相比，TCD 是一种相对经济有效的检测大脑变化的方法，显示出良好的时间分辨率，其硬件便携性也相对较好。研究人员已在一项心智任务辨别研究中，将其应用于脑–机接口（Myrden *et al.*, 2011），该研究中有 9 名身体健全的参与者，试验要求每名参与者进行两种心理任务中的一种。在心理任务中，放置于左右颞叶窗口的传感器检测到双侧的 CBFV 均有增加，而在单词生成任务中，只检测到左侧的偏侧化现象。

二、生物混合系统

生物混合系统对脑–机接口的实现，可以围绕模式识别系统构建，因此如图 49.2 所示，我们需要构建一个多阶段系统，包括大脑数据采集、预处理、特征提取、特征分类以及最终用于控制装置或与装置通信、具有或不具有外显神经反馈的命令和控制接口。最常用的脑信号是 EEG，它是一种超低电压信号，信噪比（SNR）非常低，因为头骨会抑制信号传输，可使皮质神经元激活产生的电磁波分散和模糊。因此，作为数据采集系统的一部分，需要非常高质量的电极和封装盖件，遵循国际 10-20 电极放置系统将传感器合适地连接到头皮上，然后，通常使用基于高增益运放的放大器在适当的频率范围内对信号进行大幅放大，以获得实际有用的信号。

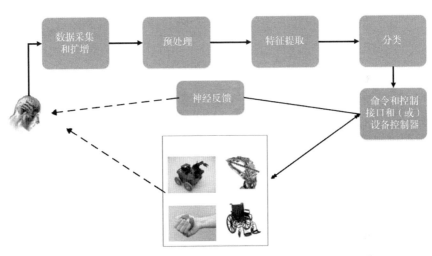

图 49.2　脑-机接口

（一）信号预处理

由于电源工频干扰、运动伪影和 EMG/EOG 干扰等因素的影响，原始 EEG 信号具有很低的信噪比。低信噪比的发生也可能是因为，脑-机接口任务相关神经元激活的 EEG 结果可能被多种自主活动和其他认知活动引发的激活所掩盖。因此，需要进行预处理以去除 EEG 信号中内含的多余成分，从而提高信号质量并获得更好的特征可分离和分类性能。预处理滤波器的设计可以抑制大部分与脑-机接口任务无关的 EEG 成分。甘地等（Gandhi *et al.*, 2014a）报道了使用基于递归量子神经网络（RQNN）的随机滤波器进行预处理的研究，结果显示，其可使多名受试者的表现发生显著改变。

（二）特征提取

在特征提取阶段，使用预处理信号提取可能提供唯一可识别模式的特征，以增强操作脑–机接口的认知任务类别之间的可分离性。特征提取的主要目的是从脑电信号中提取与心智任务相关的信息（或特征），而不用考虑EEG信号的质量。特征提取阶段的输出对后续特征分类阶段的表现将产生很大的影响。例如，如果特征提取阶段以尽可能最大化SNR的方式转换EEG信号，则可以提高正确识别大脑状态的概率。

对于脑–机接口设计采用的所有EEG模式，主要区别特征是某些波段中的功率变化，例如μ波段感觉运动节律中的ERD。因此，功率谱密度（PSD）是对脑–机接口任务相关皮质激活引起的EEG调制进行视觉演示的最常用特征。某些形式的PSD也被发现是增强脑–机接口性能的最佳特征之一（Herman *et al.*，2008），也是脑–机接口设计中使用最为广泛的特征。其他报道中经常使用的特征包括波段功率、小波、共空间模式（CSP）。有一种特征提取技术采用了称为双谱（bispectrum）的高阶统计方法，通过有效解释运动想象（MI）相关EEG信号是高度非高斯且具有非线性动态特性的事实，可显著增强脑–机接口的性能（Shahid and Prasad，2011）。

（三）特征分类

在特征分类阶段，研究人员设计了一个模式分类器，用于对特征提取阶段获得的特定特征进行高精度分类。他们研究和报道了一系列线性和非线性分类算法，如线性判别分析（LDA）、2型模糊逻辑、多层感知器和支持向量机，结果好坏参半（Herman *et al.*，2008年）。某些形式的LDA是脑–机接口中最流行的分类算法之一。复杂分类算法性能参差不齐的一个主要原因是脑–机接口设计中使用的脑信号具有不稳定性。

（四）用户界面、神经反馈和脑–机接口操作

脑–机接口系统通常需要根据其特定脑–机接口模式，定制图形化命令和控制界面来控制用户交互，以及发出命令来操作预定装置。根据检测到相应

皮质激活，创建某些类型的神经反馈（通常以视觉形式）并实时提供给脑-机接口用户，以帮助评估对脑-机接口的操作效率（Gandhi et al.，2014b）。

正常情况下，脑-机接口的操作是线索启动的时间范式，称为相依或同步操作模式。基于 SMR 的脑-机接口也可以在无范式模式下运行。这被称为自步或异步操作模式。虽然异步模式更易于操作，但在此模式下很难获得足够可靠的性能。尽管已经报道了脑-机接口应用的一系列预试验，但脑-机接口的长期持续使用尚待观察。常见的应用包括使用脑-机接口进行环境控制、输入字母、操作机器人系统或轮椅，以及神经康复，例如，帮助激活所期望的大脑皮质区域以实现靶向大脑可塑性，从而恢复瘫痪肢体的运动。下面将简要介绍最近报道的一系列具有良好前景的应用。

（五）应用

科学家发现,基于 P300 的脑-机接口在根本上非常适合需要直接选择的任务。常见的应用包括字词拼写、智能家居控制或互联网浏览（见第 12 章中的 Wolpa and Wolpa，2012）。还有一些涉及机器人移动或轮椅控制的应用，所采取的控制策略包括 SMR 脑-机接口与 P300 脑-机接口，无论是单独一种类型还是两者的组合，都已有报道。为了安全地操作轮椅，必须不惜一切代价确保其避开障碍物和碰撞。因此，机器人系统配备了一套适当的距离传感器及避障机构。作为共享控制策略的一部分，脑-机接口主要用于启动自主导航或在监督模式下执行分步导航控制,而机器人一侧的控制确保了躲避障碍和避免碰撞。例如，甘地等（Gandhi et al.，2014b）采取的共享控制策略，涉及了一个称为智能自适应用户界面（iAUI）的命令和控制界面，其中显示了前进、向左、向右、后退、停止等基本移动命令的图标，供二类（two-class）SMR 脑-机接口选择（图 49.3）。通过双向通信，根据移动机器人在环境中的位置，iAUI 中运动指令的位置将会重新组织，以便仅使用二类脑-机接口就可以最快地选择最可能的运动指令。

近年来，基于 EEG/MEG 的脑-机接口在脑卒中后神经康复的良好应用前景已经得到了多个研究小组的关注。其中的脑-机接口主要用于检测卒中患者进行康复训练时大脑皮质的激活情况。根据运动皮质的激活程度，脑-机接口

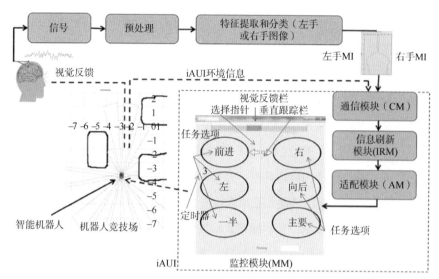

图 49.3　智能自适应用户界面（iAUI）及完整的脑–机接口环路

图片来源：© 2014 IEEE. 转载自 Vaibhav Gandhi，Girijesh Prasad，Damien Coyle，Laxmidhar Behera，and Thomas Martin McGinnity，EEG-Based Mobile Robot Control through an Adaptive Brain-Robot Interface，IEEE Transactions on Systems Man and Cybernetics：Part A，44（9），pp. 1278-1285，doi：10.1109/tSMC.2014.2313317

提供神经反馈，还可以指令机器人外骨骼进行运动。因此，脑–机接口有助于促进康复训练中的身体重点锻炼以及运动想象锻炼（Prasad *et al.*，2010；Ramos-Murguialday *et al.*，2013），即使是慢性脑卒中患者也能增强其运动功能的恢复（关于神经康复模式的讨论，见 Ballester，第 59 章）。

　　虽然非侵入性脑–机接口的实际应用并没有明显的技术风险，但对其长期使用的影响尚待研究。一些参加 SMR 脑–机接口预试验的受试人员报告说，大约在进行运动想象操作脑–机接口超过 1 小时后会感到疲倦，在某些情况下甚至感到头痛。但这在很大程度上取决于具体应用形式，以及提供给参与者的神经反馈的类型和质量。此外，众所周知，容易癫痫发作的人会受到 ERP 脑–机接口中所采用的闪烁显示方式的不利影响。一般来说，长期使用脑–机接口导致的大脑皮质重组不太可能产生任何负面影响，因为这就像是学习一项新的技能。

　　目前已经有相当多的公司向市场推出了一系列脑–机接口相关产品[①]。这

---

　　① http：//en.wikipedia.org/wiki/Brain%E2%80%93computer_interface

些公司主要提供硬件和软件设置，可用于快速设计脑-机接口原型，以供某些特定应用或进一步研究和创新。由于脑-机接口系统仍主要处于研发阶段，能够尽可能提供开放数据和系统信息访问产品的公司（如奥地利 g.tec 公司）具有更好的市场渗透率，因为这些系统都是全球各大学脑-机接口实验室的首选产品。

三、未来发展方向

在脑-机接口的日常使用成为现实之前，仍有诸多挑战需要克服。为了获得高质量的 EEG 信号，首选的方式仍然是需要用湿式凝胶黏附在头皮上的 EEG 有源电极。电极在用户头部的黏附需要专业人员操作，凝胶随着时间推移会逐渐干燥，从而对接触的皮肤产生负面影响。因此，迫切需要研究设计出高质量的干式电极，这种电极可以很容易地连接到头盔上，并且用户可以在无须任何专业支持的情况下舒适佩戴。

信号处理方面存在的主要挑战是脑电波动力学固有的非稳定特性。随着时间的推移，脑-机接口反复使用所致的大脑皮质可塑性也会发生动力学变化。此外，由于凝胶干燥等一些工程因素，电极连接性发生退化的情况也并不少见。由此导致的结果是，在设计上离线使用先前存储数据的脑-机接口分类器的性能也会下降。为了解决这一问题，需要持续监测脑电图，以确定其特征是否有显著变化或转移，从而确定为设计脑-机接口而提取的特征是否也会发生重大变化（Raza et al., 2015）。一旦检测到变化，脑-机接口需要适应新的动态。如果这种适应可以通过半监督式在线训练实现自动化（Raza et al., 2016），它就不需要持续性的专业支持，这将大大有助于脑-机接口的实用化。

另一个具有挑战性的问题是，相当一部分用户发现很难操作某些特定类型的脑-机接口，也就是说，他们的二类脑-机接口操作准确率可能为 70% 或更低，这些人被认为可能患有脑-机接口失能症。然而，一个人不会同时对各种类型的脑-机接口都产生失能症，而且，随着训练和经验的增加，其个体表现也会逐步提高。因此，现在更加强调发展多模态混合脑-机接口（hBMI），即将两种不同的模态组合在一起，其中的输入可以是并行接收或串联接收。在串联排列中，第一个脑–机接口充当大脑开关。此外，hBMI可以结合两种不同的 EEG 模式，如 SMR 中的 SSVEP 和 ERD/ERS。它也可以设计成将大脑信号和其他类型的输入相互结合，如心率（Shahid *et al.*，2011）或者来自 NIRS 脑–机接口或眼球追踪系统的信号。

人们也非常重视将脑–机接口应用纳入主流社会，以提高其普遍接受度，使其更像是一种消费品。为此，已经报道的具有良好应用前景的领域包括：脑–机接口驱动的电脑游戏、基于脑–机接口的驾驶员注意力和疲劳监测、脑–机接口促进的音乐或绘画等（见第 23 章中 Wolpa and Wolpa，2012）。然而，脑–机接口领域发展创新的核心焦点仍然是面向构建替代性通信交流手段替代受损神经肌肉通路，以及帮助激活所需皮质区域以实现靶向大脑可塑性的神经康复。

四、拓展阅读

读者若想了解更多信息，非常具有参考价值的一本书是沃尔帕等（Wolpa and Wolpa，2012）撰写的《脑–机接口：原理与实践》（*Brain-Computer Interfaces：Principles and Practice*）。这本书对侵入性和非侵入性脑–机接口的各个方面进行了全面、深入的介绍。虽然该书的各章由不同的作者撰写的，但各部分之间的融洽性非常好，并对脑–机接口的最新技术进展做了高度一致的描述。这本书的读者对象是具有至少生物学、物理学和数学本科水平基础知识背景的各级科学家、工程师和临床医生。希尔沃尼等（Silvoni *et al.*，2011）撰写了一篇有趣的关于脑–机接口的综述，对脑–机接口在脑卒中康复领域的进展进行了全面回顾。特别是该文介绍了脑–机接口康复的三种常用方法：替代策略、经典条件反射策略和操作性条件反射策略。

目前还有一些开源和开放获取的软件工具。脑–机接口研究人员最广泛使用的工具之一是 EEGlab[①]。它是一个基于 MATLAB 的工具箱，用于处理事件相关的 EEG、MEG 和其他电生理数据。它具有盲源信号分离、时频分析、伪影抑制、事件相关统计、平均和单次试验数据可视化等丰富的功能库。

[①] http://sccn.ucsd.edu/eeglab/

另一个常用的开源软件库是由 BioSig 计划[①]生成的。BioSig 库基本上是 Octave 和 MATLAB 的工具箱，包含导入/导出过滤器、特征提取算法、分类方法和查看功能。它可以非常有效地处理一系列生物信号，如 EEG、皮质脑电图（ECoG）、心电图（ECG）、眼电图（EOG）、肌电图（EMG）、呼吸频率等。免费提供的脑-机接口软件系统 BCI2000[②]是另一个学习脑-机接口技术、开发新型脑-机接口应用程序的非常有用的工具。这是一种脑-机接口研究的通用系统，可应用于数据采集、刺激呈现和大脑监控。BCI2000 的愿景是成为实时生物信号处理领域中应用最广泛的工具，据称目前全球已经拥有 2700[③]多位用户。

致谢

本章作者衷心感谢海德尔·拉扎（Haider Raza）博士和瓦伊巴夫·甘地（Vaibhav Gandhi）博士在设计和绘制本章插图方面所提供的帮助。

参 考 文 献

Coyle, S. M., Ward, T. E., and Markham, C. M. (2007). Brain-computer interface using a simplified functional near-infrared spectroscopy system. *Journal of Neural Engineering*, **4**(3), 219–26.

Farwell, L. A., and Donchin, E. (1988). Talking off the top of your head: toward a mental prosthesis utilizing event-related brain potentials. *Electroencephalogr. Clin. Neurophysiol.*, **70**(6), 510–23.

Gandhi, V., Prasad, G., Coyle, D., Behera, L., McGinnity, T. M. (2014a). Quantum neural network-based EEG filtering for a brain–computer interface. *IEEE Transactions on Neural Networks and Learning Systems*, **25**(2), 278–88.

Gandhi, V., Prasad, G., McGinnity, T. M., Coyle, D., and Behera, L. (2014b). EEG based mobile robot control through an adaptive brain-robot interface. *IEEE Transactions on Systems Man and Cybernetics: Systems*, **44**(9), 1278–85.

Herman, P., Prasad, G., McGinnity, T. M., and Coyle, D. H. (2008). Comparative analysis of spectral approaches to feature extraction for EEG-based motor imagery classification. *IEEE Transactions on Neural Systems and Rehabilitation Engineering*, **16**(4), 317–326.

Mellinger, J., Schalk, G., Braun, C., Preissl, H., Rosenstiel, W., Birbaumer, N., and Kübler, A. (2007). An MEG-based brain-computer interface (BCI). *NeuroImage*, **36**(3), 581–93.

Myrden, J. B., Kushki, A., Sejdić, E., Guerguerian, A., and Chau, T. (2011). A brain-computer interface based on bilateral transcranial Doppler ultrasound. *PloS One*, **6**(9), e24170.

Pfurtscheller, G., and Neuper, C. (2001). Motor imagery and direct brain–computer communication. *Proceedings of the IEEE*, **89**(7), 1123–34.

Pfurtscheller, G., Neuper, C., Guger, C., Harkam, W., Ramoser, H., Schlögl, A., Obermaier, B., and

---

① http://biosig.sourceforge.net/

② http://www.schalklab.org/research/bci2000

③ http://www.schalklab.org/research/bci2000

Pregenzer, M. (2000). Current trends in Graz brain–computer interface (bci) research. *IEEE Transactions on Rehabilitation Engineering*, 8(2), 216–9.

Prasad, G., Herman, P., Coyle, D. H., McDonough, S., and Crosbie, J. (2010). Applying a brain-computer interface to support motor imagery practice in people with stroke for upper limb recovery: a feasibility study. *Journal of Neuroengineering and Rehabilitation*, 7(60), 1–17.

Ramos-Murguialday, A., Broetz, D., Rea, M., et al. (2013). Brain-machine-interface in chronic stroke rehabilitation: a controlled study. *Annals of Neurology*, 74(1), 100–8.

Raza, H., Cecotti, H., Li, Y., and Prasad, G. (2016). Adaptive learning with covariate shift-detection for motor imagery-based brain–computer interface. *Soft Computing*, 20(8), 3085–96.

Raza, H., Prasad, G., and Li, Y. (2015). EWMA model based shift-detection methods for detecting covariate shifts in non-stationary environments. *Pattern Recognition*, 48(3), 659–69.

Shahid, S., and Prasad, G. (2011). Bispectrum-based feature extraction technique for devising a practical brain-computer interface. *Journal of Neural Engineering*, 8(2), 025014. doi: 10.1088/1741-2560/8/2/025014

Shahid, S., Prasad, G., and Sinha, R. K. (2011). On fusion of heart and brain signals for hybrid BCI. *Proc. 5th Int. IEEE EMBS Conference on Neural Engineering*, Cancun, Mexico. IEEE, 5 pp.

Silvoni, S., Ramos-Murguialday, A., Cavinato, M., Volpato, C., Cisotto, G., Turolla, A., Piccione, F., and Birbaumer, N. (2011). Brain-computer interface in stroke: a review of progress. *Clinical EEG and Neuroscience*, 42(4), 245–52.

Wolpa, J. R., and Wolpa, E. W. (2012). *Brain-Computer Interfaces: Principles and Practice*. New York: Oxford University Press.

Yoo, S., Fairneny, T., Chen, N., Choo, S., Panych, L., Park, H., Lee, S., and Jolesz, F. (2004). Brain-computer interface using fMRI: spatial navigation by thoughts. *Neuroreport*, 15(10), 1591–5.

第 50 章
植入式神经接口

Stefano Vassanelli

Department of Biomedical Sciences, University of Padova, Italy

植入式神经接口（INI）可以被看作一类生物混合系统，其特点是工程化微纳机电系统（MEMS 或 NEMS）与体内神经组织之间存在着密切的物理或功能相互作用。植入式神经接口也被称为神经元探针（neuronal probe），从单电极植入开始已经过多年的发展，并在过去几十年中取得了显著突破。不论过去还是现在，有两个相互融合的需求在始终推动这一领域的发展：神经科学研究需要有效的工具来研究大脑回路，以及寻找神经疾病药物治疗替代策略的挑战（Reardon，2014）。在植入式神经接口的发展前沿，我们正致力于引入有机化合物等新型材料，集成可模拟神经元计算的物理元件，以及发展新方法和新协议等概念，以高度类似生理学的方式激发神经元活动。

可以预见，目前主要履行神经元记录和刺激等"探针"功能的神经接口，将逐渐演变成集成原生组织结构和功能特征、具有丧失功能修复能力的"仿生"系统。因此，植入式神经接口目前仍处于"婴儿期"。本章的目的是提供实用植入式神经接口的简要概述，重点介绍神经–电子接口。仿生神经接口方面的开创性工作将在本章末"未来发展方向"部分简要介绍。本章的重点是植入式神经接口，对于非侵入性脑–机接口，请参见普拉萨德的讨论（Prasad，第 49 章）。

一、神经–电子接口的生物学原理

植入式神经接口非常有用的一种分类方式是"面向应用"的分类，其依据的是植入式神经接口所处位置是中枢神经系统（大脑、脑干、脊髓）还是外周神经系统（外周神经、感觉器官）。在大脑皮质内植入具有多个记录位点的探针是开展神经元微回路功能研究的有力手段（Buzsáki *et al.*，2012）；同时，还可以实现高分辨率的脑–机接口（Lebedev and Nicolelis，2011）。然而该方法的一大局限是侵入性，必须考虑到中枢植入物在插入时将不可避免地破坏神经元组织。一个重要的例外是皮质脑电图（ECoG）阵列，其可以被放置在与大脑表面接触的部位，监测皮质表层的活动（Buzsáki *et al.*，2012）。为了克服植入物的这一缺点，目前研究人员正在大力研发微创装置，将植入物的尺寸缩小到微米或纳米级，并研发能更好地与原生组织结合的生物启发材料和结构。事实上，植入过程中尚未解决的另一个大脑损伤相关问题是植入后一周或几周会出现胶质细胞瘢痕（胶质增生）。胶质瘢痕可使植入装置绝缘，妨碍其对健康神经元的记录和刺激。一般来说，这种反应是由插入时的创伤性损伤引起的，并伴有异物免疫反应驱动的继发性炎症（Polikov *et al.*，2005）。迄今为止，如何攻击这些反应链条中的关键细胞和分子因素，以尽量减少胶质增生仍然是一个核心挑战，通过研究植入物的生物相容性——例如，在装置–组织接口中引入有机和仿生材料作为支架，以及研发特殊的药物治疗手段，有望获得重大进展。

相反，采用袖套电极或侵入式筛状电极的外周神经接口可以保护脑组织，而且已开始应用于神经修复领域，并取得了惊人的效果（Bhunia *et al.*，2015）。然而，由于外周神经接口不能提供直接进入中枢神经系统的途径，当目标是研究高阶处理功能或需要绕过外周神经来恢复功能时，它们几乎无法提供帮助。人工耳蜗（Gaylor *et al.*，2013）及最近的视网膜植入物（Chader *et al.*，2009）是相对独立的问题，因为植入物分别与感觉器官（即柯蒂器和视网膜）接触，而不是与外周神经接触。对于人工耳蜗（见 Lehmann and van Schaik，第 54 章），植入的微电极主要刺激听觉神经分支，从而与外周接口具有相似性。但植入物的功能严格依赖于对耳蜗解剖结构的保存程度。对于视网膜植入物，由于该器官的复杂网络架构及其对视觉刺激的处理，除了神经节细胞及其形成视神经的纤维外，还可以对不同类型的细胞进行刺激。因此，中枢和外周神经接口的工程设计必须满足特定的要求，这取决于植入部位和所涉及的生物结构。我们将在下一节中介绍各种最为相关的技术方法，重点是中枢神经接口。

　　然而，植入式神经接口在生物物理工作机制方面也有很大的不同。在记录时，电接口测量由神经元活动产生的离子电流和相关电位。在刺激时，电接口产生电流和相关场，诱导神经元电压门控通道的开放。植入式电子神经接口中存在两种基本原理，这取决于所涉及的是法拉第氧化还原电流还是电容性非法拉第电流。一旦将金属电极插入脑组织，电极固相和细胞外环境中的电解质液相之间就会形成界面（Bard and Faulkner，2001）。在金属电极的情况下电子携带电荷，而在胞外溶液中电荷由离子携带，主要是钠、钾和氯化物。在记录和刺激神经元活动的过程中，电极和电解液之间的电流会流过细胞膜。在金属–电解液界面上可以发生两类过程。在第一种情况下，电子转移通过金属–溶液界面，引发化学物质在电解液中发生氧化或还原反应。由于这种反应受法拉第定律的支配（即电流流动所致的化学反应量与通过的电量成正比），它们被称为法拉第过程（Faradaic process）。发生法拉第过程的电极有时称为电荷转移电极（charge transfer electrode）。实际上，给定的金属–溶液界面通常会显示出一系列不发生反应的电位，因为它们在热力学或动力学上都是不利的。相反，电极表面仍然可能发生电荷吸附和解吸等过程，从而改变电极–电解质界面的结构。尽管电荷不穿过界面，但当电位、电极面积或溶液成分改变时，电容电流就可以流动（至少是瞬时的）。这些过程被称为非法拉第过程（non-Faradaic process），因为它们不涉及与电流相关的法拉第氧化/还原反应。当电解液（如在记录过程中）或电极（如在刺激过程中）的电位发生变化时，法拉第过程和非法拉第过程都可能发生，并且在设计探针、构思实验和阐释数据时都必须加以考虑。

　　一般来说，可供选择的电极主要是法拉第或非法拉第式的，可跨越电生理记录或刺激期间所经历的各种电压范围。近乎纯法拉第电极的典型例子是用于膜片钳记录的银/氯化银（Ag/AgCl）电极，而非法拉第电极的代表是铂（Pt）电极。为了防止发生法拉第氧化反应现象，可以采用介电材料薄膜涂层来使导电电极（金属或半导体）绝缘，从而显著延长非法拉第工作电压范围。基于这两种方法的现有神经植入物将在下一节中介绍。

　　尽管迄今为止这一领域已经被电子接口所垄断，但随着光遗传学的出现，人们对光学或光电混合植入式系统的兴趣又重新被燃起。光门控离子通道[通道视紫红质（channelrhodopsins）]的表达有同时刺激和抑制神经元的可能性，已经引起了许多研究团队的关注。此外，现在通过基因工程技术改进这种方法，有可能在神经元亚群中靶向表达通道视紫红质，从而对大脑微回路进行前所未有的功能解析。对这一领域感兴趣的读者可以参考迪盖等的文章（Dugué *et al.*, 2012）。

二、植入式神经接口：概述

近年来，基于 MEMS 微电极阵列的植入式大脑探针取得了巨大进展（Wise *et al.*, 2008），表明我们需要新的方法对大量神经元进行高分辨率、微创、长时间的记录（Buzsáki *et al.*, 2012；Lebedev and Nicolelis, 2011）。集成在硅基微芯片中的多电极阵列（MEA）和多晶体管阵列（MTA）是这种探针的两大类型。它们反映了两种不同的大脑芯片接口原理，即神经元和半导体芯片之间电信号的不同传导机制。在这两种情况下使用的微型转换器分别是金属微电极（metal microelectrode）和电解质–氧化物–半导体（或金属）场效应晶体管（EOSFET）。后者是金属氧化物半导体场效应晶体管（MOSFET）的改进版本，广泛应用于微电子集成电路中。这两种技术最初都是为体外记录而开发的，然后优化为可体内应用的植入式探针（图 50.1）。

MEA 和最近的 MTA 是各代大脑可植入探针的核心，其最终目标是记录以棘波或局部场电位(LFP)形式存在的细胞外信号(Buzsáki *et al.*, 2012)。值得注意的是，迄今为止所面临的主要挑战是记录尽可能多的神经元棘波，同时保持植入物的生物相容性和耐用性。只是在最近几年，人们才对记录LFP产生兴趣（Einevoll *et al.*, 2013）。此外，实施神经元刺激的能力被认为是极其重要的，特别是在神经修复术中的应用（O'Doherty *et al.*, 2011）。

与单电极和四极管技术类似，大多数基于芯片的神经植入物都具有针状外形的共同特征，以尽可能限制组织损伤，从而将对神经回路生理功能的潜在有害影响降至最低。一般来说，MEA 和 MTA 改进了传统的单电极记录技术，因为它们提供了多个微电极，每个微电极都从其邻近神经元收集电活动信号（Buzsáki, 2004）。在实践中，它们可以测量放电神经元产生的细胞

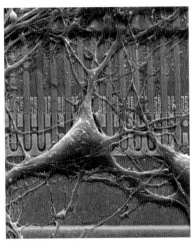

图 50.1　神经元体外记录的 MTA 芯片。培养的大鼠海马神经元生长在由二氧化硅薄膜包覆的硅微芯片表面。图中的前景位置可以看到线性 MTA 被神经元覆盖。黑色小方块是集成在体硅中各晶体管的氧化物绝缘栅极，用作电压传感器。晶体管栅极上生长的神经元产生的胞外电压可通过晶体管的氧化物源漏电流进行调制

图片来源：转载自 The Journal of Neuroscience，19(16)，Stefano Vassanelli and Peter Fromherz，Transistor Probes Local Potassium Conductances in the Adhesion Region of Cultured Rat Hippocampal Neurons，pp. 6767–6773，Figure 2 © 1999，The Society for Neuroscience，with permission

外电场的时空特征，并传输有关棘波活动、动作电位传导和突触激活的信息（Einevoll et al.，2013）。如今，先进的植入式探针拥有微米尺度集成的数百个记录位点。因此，下一代的 MEA 和 MTA 植入物有望对大脑组织中的电场实现电"成像"，这一目标已经在体外脑切片中实现（Ferrea et al.，2012；Hutzler，2006）。为此，由电子工程师、材料科学家和神经生理学家组成的跨学科团队正在开展联合研究。研究面临的挑战包括可靠地检测神经元在细胞外环境中产生的低振幅电压和电流（通常分别在微伏和纳安范围内），限制功耗和产热，以及保持植入物的长期生物相容性。另一个需要克服的障碍是保证高测量精度。在考虑 LFP 和胞外棘波时，对于提取准确、详尽的神经活动电生理信息至关重要的是，在记录胞外神经元信号时不会影响其形状和振幅（Einevoll et al.，2013；Pettersen et al.，2012）。因此，理想情况下神经元探针不应以任何方式扭曲被测信号。

　　如上文所预测，研究人员正着眼于植入式神经接口在刺激和微刺激（micro-stimulation）方面的应用潜力，特别是在高分辨率下对神经网络的空

间分布式刺激（Hanson *et al.*，2008；O'Doherty *et al.*，2011）。MEA 和电解质-氧化物-半导体电容器（MCA）阵列都可以用于实现此目的。作为对光遗传学和药物刺激的补充，它们代表了一种在实验神经科学中探索神经回路，以及在先进神经假体中向大脑传递感觉信息的方法。此外，中枢和外周水平的电微刺激被认为是对神经系统疾病极有潜力的革命性治疗方法（Reardon，2014）。因此，尽管随着光遗传学及其靶向特定神经元能力的出现，光刺激方法在体内研究中获得了良好的发展势头，但电刺激仍然是一种最主要的方法，并在临床上得到了更广泛的应用。与记录相比，尽管人工耳蜗（Gaylor *et al.*，2013）和第一代视网膜植入物（Chader *et al.*，2009）等外周植入物已经取得了成功，但利用微电极芯片阵列对活体大脑神经元网络进行微刺激的研究仍处于探索阶段。其原因可能是在某种程度上存在技术上的困难，例如，需要反复发送强电压或强电流以刺激神经元（高达伏特级或数百微安级），同时还要避免微电极腐蚀或组织损伤。鉴于神经科学家对"近似生理学"刺激方法的需求（O'Doherty *et al.*，2011），目前基于微电极的探针似乎还不尽如人意，它们缺乏神经元的选择性，远远不能模拟真实的突触输入。因此，微刺激仍然需要显著提高其分辨率及与神经元的通信效率。

在下文中我们将简要介绍用于活体记录和刺激的基于芯片神经植入物最新技术进展，具体介绍两种不同的大脑-芯片电子接口的原理，并描述基本的技术问题，及神经科学应用实例。

（一）技术最先进的神经植入物

如前所述，两种接口原理的核心区别在于它们的电化学性质：MEA 作为第一种粗略近似的方法，电子承担金属电极和电解质之间的电荷载体，可产生法拉第电流。相反，在电解质-氧化物-半导体换能器中，电容性非法拉第电流通过绝缘氧化物薄层实现记录和刺激。因此，在后一种情况下，半导体/金属中的电子和溶液中的离子分别扮演电荷载体的角色。因此在设计和开展电生理实验时，最好能够理解并牢牢记住这两种接口在性质和行为上的根本区别。有关界面电化学的更多信息，感兴趣的读者可以阅读巴德和福克纳的介绍（Bard and Faulkner，2001）。

　　首先，尽管现有探针种类繁多，但它们都遵循某些一般性的操作原则并面临共同的障碍。神经元的活动是由植入微电极以"棘波"（即通常与动作电位相关的细胞外信号，也称为单一单元）或 LFP 的形式予以记录。尽管这些信号在脑组织中空间传播的确切源头和机制尚未得到深入了解（Einevoll *et al.*，2013；Pettersen *et al.*，2012），其隐含的意思是，高分辨率监测神经元网络活动所需的电极其尺寸必须要小于神经元及其间隔。在目前最先进的探针中，这一挑战仍然有一部分未能得到解决，因为微电极的尺寸仅与神经元体相当或略小，其表面积在数百到数千平方微米的范围内。减小电极尺寸还有一个额外的挑战，即如何记录振幅极小的信号。用合适的信噪比（SNR）长时间记录单一单元和 LFP 信号，在技术上要求很高。

　　细胞外电极在中枢神经系统中记录的动作电位和局部场电位的振幅通常为数百微伏或更小。因此，体内记录的必备条件是低噪声的 MEA 和读出电子元件。一般来说，单一单元记录中的部分背景噪声实际上是来自多种背景动作电位的"神经元噪声"。同样，在较低频率下，大脑振荡和背景神经元群体的活动也会影响局部场电位记录的信噪比。但金属微电极阻抗也确实会产生噪声。特别是，高电极阻抗将增加噪声，并与电极和记录放大器之间的寄生电容相结合，通过阻容滤波降低电极的高频响应特性。因此，神经植入物所用微电极的典型特征是，在 1kHz 频率下阻抗为 50kΩ～1MΩ。为了改善电极性能，目前已经研发尝试了各种各样的微电极材料，如不锈钢、金、钨、铂、铂铱合金、铱氧化物、氮化钛、聚乙二氧噻吩（PEDOT）等。对于记录电极上与微小电位和小电流有关的细胞外信号（至少就记录而言），法拉第过程可以忽略不计。相反，当用电极进行刺激时必须施加大电压，法拉第反应就可能会发挥作用，这也取决于电极材料和接口品质（Cogan，2008；Merrill *et al.*，2005）。

　　此外，长期植入微电极进行记录所面临的一大挑战与电极本身性质无关。胶质增生的组织反应和探针与神经元间形成的组织瘢痕可能是主要障碍（Moxon *et al.*，2009；Polikov *et al.*，2005），目前还不清楚硅探针的材料、尺寸和几何形状如何影响胶质细胞的反应。总的来说，因为探针相对于大脑的细微移动会导致长期植入物的组织损伤，因此应通过柔性结构将其系留在颅骨上。在任何情况下，进行单一单元记录的关键都是尽量缩小神经元到电极的距离（即小于约 100μm），因为场强会随着远离棘波源而迅速降低（Pettersen et al., 2012）。也许主要是这个原因，科学家开展的猴子实验（Suner et al., 2005）和首次临床试验（Hochberg et al., 2006）都已证实，能在超过 1～2 年的时间内保持良好稳定的记录是一项艰巨挑战。这也推动了采用皮质集成或多单元记录方法为假肢装置提供更稳定的控制信号。神经胶质增生也会影响刺激效率，但当使用金属微电极激发神经元活动时，还必须考虑其他问题。由于驱动电压较高，选择合适的电极材料对于尽可能避免不可逆氧化还原反应至关重要，因为这些反应可能产生对脑组织有毒的化学物质。另外，必须减少可能导致电极腐蚀的反应。因此，原则上，电容电荷注入比法拉第过程更可取，尽管只有多孔电容电极或采用高介电常数涂层的电容电极才可能实现高电容电流传输（见下文）。

在用于神经元探针记录和刺激的法拉第电极中，铂（Pt）和铱（Ir）氧化物电极最为常见。铂（和铂铱合金）可以通过法拉第过程和非法拉第过程注入电荷，法拉第过程成分通常占电容的主导地位。尽管如此，人工耳蜗植入物（患者体内最成功的实验性植入物之一）仍然使用 Pt 或 PtIr 微电极进行刺激，但需要相对较大的电极面积来保证安全的电流密度（Cogan, 2008）。另一种策略是通过铱活化获得水合氧化铱薄膜涂层。该薄膜一旦沉积在电极的金属表面上，就可通过铱离子在 Ir^{3+} 和 Ir^{4+} 氧化状态之间快速可逆的法拉第反应极大地提高电荷注入容量。科学家还利用薄膜微加工技术开发了可用于植入式硅探针的活性氧化铱微电极，并已在需要皮质内刺激的临床研究中进行了测试。迄今为止，氧化铱微电极被认为是最好的神经元刺激工具。

氮化钛（TiN）和钽/氧化钽（Ta/Ta_2O_5）电极是众所周知的电容刺激解决方案。氮化钛是一种化学稳定、生物相容的金属导体，通过所谓的"双电层"（electrical double layer）提供大容量电荷注入，特别是因为其可以形成多孔表面，从而增强电极电容。在金属表面涂覆介电薄层是增强电荷注入的另一种策略，这就是 Ta/Ta_2O_5 电极，但其应用尚不广泛。

张（Cheung, 2007）、基普克等（Kipke et al., 2008）、派恩（Pine, 2006）、

怀斯等（Wise *et al.*，2008）详细回顾了提高微电极性能的所有各种努力。未来，新兴材料和创新纳米结构，如硅纳米线、碳纳米管、导电聚合物[如聚乙二氧噻吩（PEDOT）]或其他高分子化合物，都有可能应用到植入式神经接口领域。尽管有大量创新突破，几乎所有目前可用的植入式 MEA 都受到了以下两种基本架构的启发：密歇根阵列（Michigan arrays）和犹他阵列（Utah arrays）。

（二）密歇根探针

20 世纪 70 年代，怀斯（Wise）、斯塔尔（Starr）和安吉尔（Angell）制作了第一批硅基植入式多电极阵列，这些结构后来演变成多种器件，其基本架构通常被称为密歇根探针（Michigan probe）。该探针柄状结构的两个面上都配置了多个平面微电极，可以提供一组空间排列的记录位点（图 50.2）。简言之，探针结构由具有针形（柄形）几何形状的选择性蚀刻（微机械加工）硅基板组成。导线的上下通过无机电介质绝缘，而记录电极（并且在某些情况下也是刺激电极）由裸露的金属区域形成近似的平面。自 20 世纪 70 年代开始，密歇根探针的制造依赖于电子工业中逐步应用的单面加工硅片，包括硼扩散刻蚀终止、反应离子刻蚀（RIE）和绝缘体上硅（SOI）晶片技术。从那时起，现有的探针制造方法大多采用硅基板，并利用工业微电子电路开发的专业知识和设备，实现了前所未有的微型化和成品可靠性。有关密歇根探针制造技术和工艺的详细说明，请参见怀斯等的介绍（Wise *et al.*，2008），包括二维和三维多柄结构的实现（图 50.2）、下游 CMOS 信号处理和无线通信电路等。受此工作启发的单柄和二维多柄结构已经实现商品化，据报道在短期和长期植入应用中都相当成功（Kipke *et al.*，2008）。

密歇根探针也可以提供微刺激能力。单个微电极刺激的电流阈值通常为 $10\sim30\mu A$，但 $100\mu A$ 或更高的电流也很常见。面对如此大的电流需求，一个潜在的缺点是信道间串扰。在密歇根探针中，这一问题几乎可以忽略不计，因为导线下方的导电硅基板和导线上方的电解液都可以充当接地平面分流寄生电流。对于杂散电容，光刻导线的微小面积可使分流电容最小化，因此电压滤波和衰减也可以忽略不计。记录位点的材料可以是金或铂，但目前越来越多地使用氧化铱阳极，因为它产生的记录阻抗显著低于其他材料。刺激位点使用氧化铱微电极非常必要，因为它在相同电压下输送到脑组织的电荷要比铂或金提高 20 倍以上。在此基础上，人们探索了各种新的设计，以更好地应对组织集成，怀斯等对此进行了综述（Wise *et al.*, 2008）。

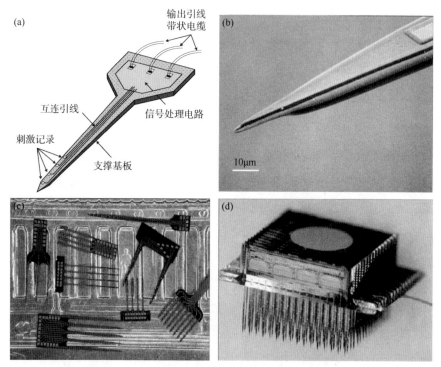

图 50.2　密歇根探针。（a）密歇根探针结构示意图，特征是便于植入的针状外形。探针的针尖区垂直插入大脑，而非记录部分包含连接输出导线的金属垫。记录（刺激）位点集成在芯片柄部并接近芯片顶端（四个平面金属微电极以线性阵列形式排列）。（b）密歇根探针尖端部分的扫描电镜显微照片。（c）不同的探头设计，包括多柄结构。（d）多柄结构，有 1024 个三维记录点

图片来源：（a），（b），（d）© 2004 IEEE. 转载自 K. D. Wise, D. J. Anderson, J. F. Hetke, D. R. Kipke, and K. Najafi, Wireless implantable microsystems: high-density electronic interfaces to the nervous system, Proceedings of the IEEE, 92（1）, pp. 76-97, doi：10.1109/JPROC.2003.820544.（c）© 2008 IEEE. 转载自 K. D. Wise, A. M. Sodagar, Y. Yao, M. N. Gulari, G. E. Perlin, and K. Najafi, Microelectrodes, microelectronics, and implantable neural microsystems, Proceedings of the IEEE, 96（7）, pp. 1184-1202, doi：10.1109/JPROC.2008.922564

（三）犹他电极阵列

犹他电极阵列（UEA；图 50.3）是最广为人知的三维 MEA 探针，也是第一个长期植入瘫痪患者皮质的探针（Hochberg *et al.*，2006）。虽然密歇根电极阵列的构建已经利用了半导体工业中的平面光刻制造技术，但犹他电极阵列是"从头开始"设计的，以满足在大脑皮质内水平面上进行多位点记录的神经接口需求。为了制造这种装置，必须发展新的制造技术，琼斯等对此进行了详细介绍（Jones *et al.*，1992）。该探针为硅基三维结构，包括一个 10×10 的锥形硅电极阵列，阵列基底宽 80μm，长 1500μm，电极之间的水平距离为 400μm。电极之间的绝缘性由阵列基面上的玻璃提供。其原材料是一个厚的 n 型晶片，通过热迁移产生 p^+ 轨迹，然后通过化学蚀刻和锯切，使 p^+ 轨迹为细针状。每个针状电极的尖端都涂有金、铂或铱等金属材料。特别是当需要刺激功能时，可采用活性氧化铱材料。通过溅射沉积形成每个电极的背面电接触，并通过光刻形成图案。最后，采用生物相容性聚合物聚对二甲苯（parylene-C）封装犹他电极阵列，探针通过 Pt-Ir 细金属线连接到外部数据采集系统，这些 Pt-Ir 细线焊接到 100 个电极的焊垫上。这种阵列已经被植入到猫的听觉和视觉皮质，最近的研究证明它们可以用于长期记录（Hochberg *et al.*，2006；Suner *et al.*，2005）。现在可以确定，该阵列可以支持 $1 \sim 5$ 年的单一单元记录，具体取决于植入的受试对象，但存在多个电极发生信号损失的问题。UEA 的微电极长度为 $0.5 \sim 1.5$mm 梯度变化排列（图 50.3），这种方式被认为可以实现不同深度的局部神经纤维兴奋，目前已经将其植入耳蜗和坐骨周围神经。

UEA 的研发人员还设计了一些工具，使探针植入皮质组织造成的组织损伤受到限制。尽管单个针状电极非常锋利，但早期将其植入视觉皮质的尝试会使皮质表面变形，导致植入不完全。此外，电极缓慢机械插入造成的皮质表面压迫可损伤血管，导致颅内出血和皮质水肿。因为大脑是一种黏弹性材料，如果电极以非常快的速度插入，大脑会表现得更加坚硬。基于这一概念，研究人员研制出了一种似乎能解决上述问题的手术器械，可在大约 200μs 的时间内气动插入探针。

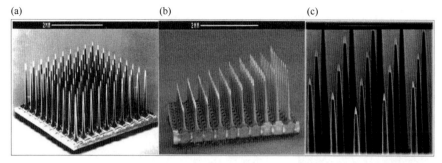

图 50.3　犹他电极阵列。（a）100 个硅基微电极 UEA 的显微照片。（b）梯度排列的阵列，可在不同深度刺激耳蜗神经纤维。（c）阵列放大图，显示尖端的铂涂层。引自犹他大学神经接口中心和约翰·A·莫兰眼科中心（http：//www.bioen.utah.edu/cni/image1.html#content）

图片来源：© 2011 IEEE. 转载自 Gregory A. Clark，Noah M. Ledbetter，David J. Warren，and Reid R. Harrison，Recording sensory and motor information from peripheral nerves with Utah Slanted Electrode Arrays，2011 Annual International Conference of the IEEE Engineering in Medicine and Biology Society，doi：10.1109/ IEMBS.2011.6091149

（四）晶体管探针

用晶体管代替金属电极作为传感器记录生物电化学信号的想法，可以追溯到 20 世纪 70 年代首次提出的离子敏感场效应晶体管（ISFET）。该概念是对标准 MOSFET 的改进，其中栅极金属被绝缘氧化物替代用来与电解质接触。虽然 ISFET 记录的核心是测量溶液中的离子浓度（如 H^+ 和 Na^+）变化，但是弗洛姆赫兹（Fromherz）和同事首次通过实验证实，电解质–氧化物–半导体场效应晶体管（EOSFET）可以体外测量棘波神经元产生的胞外电位（Fromherz，2003）。在随后的实验中，该方法得到优化，可以记录分离的哺乳动物神经元和大脑切片（Fromherz，2003）。针对双向半导体–神经元接口，研究人员开发了一种与 EOSFET 相当的器件进行刺激：电解质–氧化物–半导体电容器（EOSC）。该器件与 EOSFET 利用了相同的设计理念，即在硅半导体和电解质之间建立电容性（即非法拉第）电耦合，从而通过神经元培养和脑切片中的位移电流对神经元进行刺激。因此，多晶体管阵列（MTA）和多电容阵列（MCA）代表了传统金属电极 MTA 神经–电子接口的替代方案。直到最近，MTA 才被用于活体记录（Vassanelli *et al.*，2012；

图 50.4），为制造可高分辨率、大规模记录神经元网络的植入式神经元探针提供了新的机遇。有关该方法的详细介绍请参阅瓦萨内利的论文（Vassanelli，2014）。

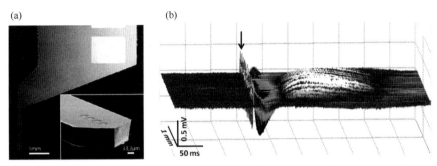

图 50.4　MTA 植入式探针。（a）MTA 的简单原型，图中可见 4 个 EOSFET。芯片的特点是呈针状，晶体管位于尖端，而较宽的后部包含金属焊垫（白色矩形），用于连接读出电子元件。整个芯片被一层薄的（13nm）二氧化钛绝缘层包围。（b）用 MTA 探针测量大鼠桶状皮质 LFP 深度分布图（平均 50 次扫描）。在触须刺激时（黑色箭头）产生诱发 LFP，其在检测的 1mm 皮质深度（Y 轴）内存在差异。该剖面图具有空间高分辨率（10μm）

图片来源：（a）转载自 Applied Physics A：Materials Science and Processing，104（1），Florian Felderer and Peter Fromherz，Transistor needle chip for recording in brain tissue，pp. 1-6，doi：10.1007/s00339-011-6392-2，Copyright © 2011，The Authors.（b）转载自 Stefano Vassanelli，'Multielectrode and Multitransistor Arrays for In Vivo Recording'，in Massimo De Vittorio，Luigi Martiradonna，and John Assad，ed.，Nanotechnology and Neuroscience：Nano-electronic，Photonic and Mechanical Neuronal Interfacing，pp. 239-267，doi：10.1007/978-1-4899-8038-0_8，Copyright © 2014，Springer Science+Business Media New York. With permission of Springer

　　针对大规模、高分辨率记录的 MTA 研发，科学家采用了互补金属氧化物半导体（CMOS）技术，可在 $1mm^2$ 的阵列中集成多达 16 000 个晶体管；最近更是在 $2.6mm^2$ 区域达到了 32 000 个晶体管的惊人密度（Eversmann et al.，2011）。这种 MTA 技术和类似的高分辨率大规模 MEA 方法（Ferrea et al.，2012；Frey et al.，2010）有望从细胞外对神经网络电活动进行成像，彻底改变神经网络的研究方式。

　　直到最近，基于 EOS 元件（晶体管和电容器）才首次诞生第一个植入式神经探针，比金属微电极滞后了将近 40 年的时间。图 50.4 显示了记录大鼠桶状皮质 LFP 的概念验证实验。

　　科学家对以 EOS 电容器为特征的植入式 MTA 进行了刺激测试，首先是体外实验，然后是体内实验，可对大鼠大脑皮质进行至少 3 个月的可靠刺激

（Cohen and Vassanelli，未发表的结果）。

三、未来发展方向

通过高分辨率记录细胞外电位，对神经网络进行体内成像已指日可待，但仍有一些瓶颈必须予以克服。其中最重要的是，电源管理需要取得重大进展，以便尽量减少大阵列时的脑组织能耗和过热。科学家正在探索新的途径，试图使探针更小、生物相容性更好、更适合组织整合。目前已经将硅纳米线场效应晶体管排列在二维和三维微孔结构中，这有助于阵列与组织的整合（Liu *et al.*，2015）。除了硅以外，其他新兴材料，如碳纳米管、石墨烯或导电聚合物有望彻底改变多电极阵列的制造方式。此外，如今已经出现了将神经-电子接口与光遗传学刺激相结合的新型光电探针，这可能是基础神经科学探索体内神经元微回路的非常重要的工具。尽管已经取得了这些惊人的进展，但我们认为在不久的将来，而且很有可能在未来许多年内，基于 MEA 和 MTA 的植入式探针仍然是体内记录的首选。利用微电子工业中发展的硅工艺，它们的性能将大大超出当前的限制。新的植入式神经元接口将为神经科学家提供更好的工具，将脑活动高分辨率电成像与行为研究相结合，并可在长期内将仿生神经形态电路与神经元接口相连接，以恢复神经疾病患者所丧失的功能。

四、拓展阅读

关于电极-电解质界面的电化学和基本化学原理与物理原理，建议读者阅读巴德与福克纳的著作（Bard and Faulkner，2001）。他们对电极的电化学做了全面介绍，包括对电极-电解质界面发生现象的详细描述。尽管充分了解这些知识需要扎实的电化学和物理化学背景，但这些领域以外的读者（如神经科学家）也可以从中受益匪浅。

有关植入式神经接口的详细回顾，请阅读基普克等（Kipke *et al.*，2008）和怀斯等（Wise *et al.*，2008）的论文。他们对植入式神经接口制造技术做了经典但相对而言最新的综述，并且探讨了应用实例。

对于 MEA 和 MTA 方法更全面的介绍，推荐阅读瓦萨内利的论文（Vassanelli，2014）；关注 MTA 的读者，推荐阅读弗洛姆赫兹的论文（Fromherz，2003）。尤其是后者，作为《纳米电子学与信息技术》（*Nanoelectronics and Information Technology*）一书中的重要章节，涵盖了用于记录和刺激神经元的氧化物绝缘半导体器件的发展历史和基本原理。

最后，关于植入式神经接口在神经科学领域的最新应用，以及它们应用于脑-机接口（BMI）和神经微回路研究的理论原理，感兴趣的读者可以阅读布扎基等（Buzsáki *et al.*，2012）、列别捷夫和尼科莱利斯（Lebedev and Nicolelis，2011）的综述。

参 考 文 献

Bard, A.J., and Faulkner, L.R. (2001). *Electrochemical methods: fundamentals and applications.* New York: Wiley.

Bhunia, S., Majerus, S., and Sawan, M. (2015). *Implantable biomedical microsystems: design principles and applications.* Amsterdam: Elsevier.

Buzsáki, G. (2004). Large-scale recording of neuronal ensembles. *Nat. Neurosci.*, 7, 446–51. doi:10.1038/nn1233

Buzsáki, G., Anastassiou, C. A., Koch, C. (2012). The origin of extracellular fields and currents: EEG, ECoG, LFP and spikes. *Nat. Rev. Neurosci.*, 13, 407–20. doi:10.1038/nrn3241

Chader, G. J., Weiland, J., and Humayun, M. S. (2009). Artificial vision: needs, functioning, and testing of a retinal electronic prosthesis. In: J. Verhaagen et al. (eds), *Neurotherapy: Progress in Restorative Neuroscience and Neurology*. Progress in Brain Research series, no. 175. Amsterdam: Elsevier, pp. 317–32.

Cheung, K.C. (2007). Implantable microscale neural interfaces. *Biomed. Microdevices*, 9, 923–38. doi:10.1007/s10544-006-9045-z

Clark, G. A., Ledbetter, N. M., Warren, D. J., and Harrison, R. R. (2011). Recording sensory and motor information from peripheral nerves with Utah Slanted Electrode Arrays. In: 2011 Annual International Conference of the IEEE Engineering in Medicine and Biology Society, EMBC, pp. 4641–4. doi:10.1109/IEMBS.2011.6091149

Cogan, S.F. (2008). Neural stimulation and recording electrodes. *Annu. Rev. Biomed. Eng.*, 10, 275–309. doi:10.1146/annurev.bioeng.10.061807.160518

Dugué, G. P., Akemann, W., and Knöpfel, T. (2012). A comprehensive concept of optogenetics. In: T. Knopfel and E. S. Boyden (eds), *Optogenetics: Tools for Controlling and Monitoring Neuronal Activity*. Progress in Brain Research series, no. 196. Amsterdam: Elsevier, pp. 1–28.

Einevoll, G. T., Kayser, C., Logothetis, N. K., and Panzeri, S. (2013). Modelling and analysis of local field potentials for studying the function of cortical circuits. *Nat. Rev. Neurosci.*, 14, 770–85. doi:10.1038/nrn3599

Eversmann, B., Lambacher, A., Gerling, T., Kunze, A., Fromherz, P., and Thewes, R. (2011). A neural tissue interfacing chip for in-vitro applications with 32k recording / stimulation channels on an active area of 2.6 mm^2. In: *2011 Proceedings of the ESSCIRC*. ESSCIRC, pp. 211–14. doi:10.1109/ESSCIRC.2011.6044902

Felderer, F., and Fromherz, P. (2011). Transistor needle chip for recording in brain tissue. *Appl. Phys. A*, 104, 1–6. doi:10.1007/s00339-011-6392-2

Ferrea, E., Maccione, A., Medrihan, L., Nieus, T., Ghezzi, D., Baldelli, P., Benfenati, F., and Berdondini, L. (2012). Large-scale, high-resolution electrophysiological imaging of field potentials in brain slices with microelectronic multielectrode arrays. *Front. Neural Circuits*, 6, 80. doi:10.3389/fncir.2012.00080

Frey, U., Sedivy, J., Heer, F., Pedron, R., Ballini, M., Mueller, J., Bakkum, D., Hafizovic, S., Faraci, F. D., Greve, F., Kirstein, K.-U., and Hierlemann, A. (2010). Switch-matrix-based high-density microelectrode array in CMOS technology. *IEEE J. Solid-State Circuits*, **45**, 467–82. doi:10.1109/JSSC.2009.2035196

Fromherz, P. (2003). Neuroelectronic interfacing: semiconductor chips with ion channels, nerve cells, and brain. In: R. Waser (ed.), *Nanoelectronics and information technology*. Berlin: Wiley-VCH Verlag, pp. 781–810.

Gaylor, J. M., Raman, G., Chung, M., Lee, J., Rao, M., Lau, J., and Poe, D. S. (2013). Cochlear implantation in adults: a systematic review and meta-analysis. *JAMA Otolaryngol.: Head Neck Surg.*, **139**, 265–72. doi:10.1001/jamaoto.2013.1744

Hanson, T., Fitzsimmons, N., and O'Doherty, J. E. (2008). Technology for multielectrode microstimulation of brain tissue. In: M. A. Nicolelis (ed.), *Methods for neural ensemble recordings*. Frontiers in Neuroscience. Boca Raton, FL: CRC Press, Chapter 3.

Hochberg, L. R., Serruya, M. D., Friehs, G. M., Mukand, J. A., Saleh, M., Caplan, A. H., Branner, A., Chen, D., Penn, R. D., Donoghue, J. P. (2006). Neuronal ensemble control of prosthetic devices by a human with tetraplegia. *Nature*, **442**, 164–71. doi:10.1038/nature04970

Hutzler, M. (2006). High-resolution multitransistor array recording of electrical field potentials in cultured brain slices. *J. Neurophysiol.*, **96**, 1638–45. doi:10.1152/jn.00347.2006

Jones, K. E., Campbell, P. K., and Normann, R. A. (1992). A glass/silicon composite intracortical electrode array. *Ann. Biomed. Eng.*, **20**, 423–37.

Kipke, D. R., Shain, W., Buzsáki, G., Fetz, E., Henderson, J. M., Hetke, J. F., and Schalk, G. (2008). Advanced neurotechnologies for chronic neural interfaces: new horizons and clinical opportunities. *J. Neurosci.*, **28**, 11830–8. doi:10.1523/JNEUROSCI.3879-08.2008

Lebedev, M.A., and Nicolelis, M.A.L. (2011). Toward a whole-body neuroprosthetic. *Prog. Brain Res.*, **194**, 47–60. doi:10.1016/B978-0-444-53815-4.00018-2

Liu, J., Fu, T.-M., Cheng, Z., Hong, G., Zhou, T., Jin, L., Duvvuri, M., Jiang, Z., Kruskal, P., Xie, C., Suo, Z., Fang, Y., and Lieber, C. M. (2015). Syringe-injectable electronics. *Nat. Nanotechnol.*, **10**, 629–36. doi:10.1038/nnano.2015.115

Merrill, D. R., Bikson, M., Jefferys, J. G. R. (2005). Electrical stimulation of excitable tissue: design of efficacious and safe protocols. *J. Neurosci. Methods*, **141**, 171–98. doi:10.1016/j.jneumeth.2004.10.020

Moxon, K. A., Hallman, S., Sundarakrishnan, A., Wheatley, M., Nissanov, J., and Barbee, K. A. (2009). Long-term recordings of multiple, single-neurons for clinical applications: the emerging role of the bioactive microelectrode. *Materials*, **2**, 1762–94. doi:10.3390/ma2041762

O'Doherty, J. E., Lebedev, M. A., Ifft, P. J., Zhuang, K. Z., Shokur, S., Bleuler, H., and Nicolelis, M. A. L. (2011). Active tactile exploration using a brain–machine–brain interface. *Nature*, **479**, 228–31. doi:10.1038/nature10489

Pettersen, K. H., Lindén, H., Dale, A. M., and Einevoll, G. T. (2012). Extracellular spikes and current-source density. In: R. Brette and A. Destexhe (eds), *Handbook of Neural Activity Measurements*. Cambridge, UK: Cambridge University Press, pp. 92–135.

Pine, J. (2006). A history of MEA development. In: M. Taketani and M. Baudry (eds), *Advances in network electrophysiology*. New York: Springer, pp. 3–23.

Polikov, V. S., Tresco, P. A., Reichert, W. M. (2005). Response of brain tissue to chronically implanted neural electrodes. *J. Neurosci. Methods*, **148**, 1–18. doi:10.1016/j.jneumeth.2005.08.015

Reardon, S. (2014). Electroceuticals spark interest. *Nature*, **511**, 18. doi:10.1038/511018a

Suner, S., Fellows, M. R., Vargas-Irwin, C., Nakata, G. K., Donoghue, J. P. (2005). Reliability of signals from a chronically implanted, silicon-based electrode array in non-human primate primary motor cortex. *IEEE Trans. Neural Syst. Rehabil. Eng. Publ. IEEE Eng. Med. Biol. Soc.*, **13**, 524–41. doi:10.1109/TNSRE.2005.857687

Vassanelli, S. (2014). Multielectrode and multitransistor arrays for *in vivo* recording. In: M. D. Vittorio, L. Martiradonna, and J. Assad (eds), *Nanotechnology and neuroscience: nano-electronic, photonic and mechanical neuronal interfacing*. New York: Springer, pp. 239–67.

Vassanelli, S., and Fromherz, P. (1999). Transistor probes local potassium conductances in the adhesion region of cultured rat hippocampal neurons. *J. Neurosci.*, **19**, 6767–73.

Vassanelli, S., Mahmud, M., Girardi, S., and Maschietto, M. (2012). On the way to large-scale and high-resolution brain-chip interfacing. *Cogn. Comput.*, **4**, 71–81. doi:10.1007/s12559-011-9121-4

Wise, K. D., Anderson, D. J., Hetke, J. F., Kipke, D. R., and Najafi, K. (2004). Wireless implantable microsystems: high-density electronic interfaces to the nervous system. *Proc. IEEE*, **92**, 76–97. doi:10.1109/JPROC.2003.820544

Wise, K. D., Sodagar, A. M., Yao, Y., Gulari, M. N., Perlin, G. E., Najafi, K. (2008). Microelectrodes, microelectronics, and implantable neural microsystems. *Proc. IEEE*, **96**, 1184–202. doi:10.1109/JPROC.2008.922564

第51章
生物混合机器人是合成生物系统

Joseph Ayers

Marine Science Center, Northeastern University, USA

　　生物机器人学的一个新兴领域是将活细胞与工程装置相结合的生物混合机器人。我们现在的机器人对化学感官一无所知，很难微型化，而且需要加装化学电池。所有这些障碍都可以通过整合工程化活体细胞来克服。合成生物学试图用可替代的基因部件来构建装置和系统。合成生物学的基本组织方案是将部件（parts，编码不同蛋白质的基因系统）整合到底盘（chassis，即诱导多能真核细胞、酵母或细菌）中，以产生在自然界中不存在其特性的装置（device）。下一层次的组织是由系统（system）组成，即一组相互作用的装置（Purnick et al., 2009）。生物混合机器人就是这一系统的实例。在本章中将介绍合成生物学和有机电子学如何将神经生物学和机器人学相结合，为合成神经行为学（synthetic neuroethology）奠定基础。一篇最新文献介绍了高作用效应基因，它能够调节器官的组织水平。当这种能力应用到生物混合系统领域时，预示着真正的生物机器人完全由生命过程引导、控制和驱动。

　　生物混合机器人种类繁多，具体实例包括将活体肌肉集成到游泳机器人中（Herr et al., 2004），以及将肌肉与水凝胶基质结合产生喷射推进作用（Nawroth et al., 2012）。还有一类实例是将细菌附着在固体基质上，形成细菌推动的"筏子"。最近有很多关于肌肉培养形成生物混合物的研究工作，但这些研究缺乏特定的兴奋/收缩耦合来将控制器耦合到肌肉上。我们正在研发集成了工程传感器（Yarkoni et al., 2012）、神经元网络控制器（Lu et al., 2012）及工程肌肉（Grubišić et al., 2014）的载体。这种跨学科的方法融合了生物机器人学、神经生理学、有机电子学和合成生物学。笔者认为后一种类型的生物混合机器人实际上是合成生物系统，并展示了有关这些生物混合部件的研究进展。

一、合成生物学

分子控制系统表征策略的发展正在出现一个重大分水岭。系统生物学的基础是分子控制系统的逆向工程。相比之下，合成生物学是基于从基因部件创建新装置和系统的正向工程。DNA 编码部件规定了特定的蛋白质及其调控机制。部件的模块化允许采用"乐高积木"式的方法整合生物系统以创造活细胞，并使其具有自然界并不存在的能力。

合成生物学方法的主要特点是标准化和可替代性（Baker *et al.*，2006）。每个部件的特性都表征为功能、调节、最佳操作条件和相互兼容。因此，部件不仅仅是由 DNA，而且是由其蛋白质产物和相关调节元件规定的功能单位。值得注意的是，许多部件在自然界中都是保守的，因此在进化过程中已经被标准化了。合成生物学的一个关键假设是可替代性；来自不同生物体的部件能够通过启动子和抑制子以协调一致的方式进行整合和控制。可替代性在原核生物中似乎是相当可行的，基因敲除和敲入小鼠模型的成功则预示着，可替代性即使在脊椎动物中也是成功的。真核生物合成生物学在酵母和神经系统中已经取得了显著进展，但在干细胞生物学领域仍处于萌芽状态。

由于生命体必须隔室化（compartmentalized），所有有机体的基本组织单位都是细胞。在原核生物如细菌中，细胞的内容物是均一的，但在真核生物中，内膜将细胞分隔成具有不同功能的细胞器。细胞是合成生物学的基础内容。目前涌现出了一门新兴的科学——原细胞生物学（protocell biology），但大多数合成生物学发生在原生细胞中，如细菌、酵母、受精卵、干细胞和神经元。

工程细胞可以将多个不同部件集成为装置。例如，传感器部件可以与报告部件相结合，形成一种新型的感觉装置。就像感觉神经元或受体细胞可以将 G 蛋白偶联受体与神经递质偶联以介导感觉传导，原核生物可以将受体与光或气体报告因子如一氧化氮相结合。类似地，光遗传学感受器可以释放内部储存的钙，介导肌肉的兴奋–收缩耦合。各部件也可以集成到基于表达系统的逻辑装置中。原核生物合成生物学已经发展到可以集成各种装置以形成计算系统的水平（Purnick *et al.*，2009；Church *et al.*，2014）。目前可以构建基于表达式的逻辑门，用来表示生物行为、动力学和逻辑控制。

合成生物学的另一个关键概念是重构（refactoring）。当现有底盘被重新调整用于实现特定环境中的新功能时，对于自然界中生命所必需的主要基因亚群将变得多余，并且可以从工程细胞的基因组重构。例如，将肌肉细胞设计为可对光做出反应，然后从外部储存中释放钙，从而能够在没有突触传递和兴奋–收缩耦合必需基因的情况下运行。

二、单细胞行为

目前已得到充分了解，有望未来用于发展单细胞机器人的一种真核模型是草履虫（Naitoh *et al.*，1969；Kung *et al.*，1982）。其中，感知是由细胞膜中的基本离子通道介导的，这些通道可对机械变形做出响应，并区域性分布在细胞两极。细胞前部的变形导致钙通透性增加，钙可使细胞去极化。细胞后部的变形导致钾通透性增加，钾可使细胞极化。这些区域性极化发生在整个细胞内。膜电压反过来调节介导纤毛运动的分子装置。当捕食者如栉毛虫（*Didinium*）细胞后部发生变形时，产生的超极化会增加纤毛运动的频率，从而加快其运动速度并逃避捕食者。当草履虫（*Paramecium*）与障碍物碰撞时，其产生的细胞去极化可使纤毛反向运动，从而导致生物体向后退，调节介导詹宁斯（Jennings）提出的"逃避反应"。这两种反应介导了大部分的行为类型。草履虫的行为一直是众多遗传学分析的重要主题。

三、系统神经科学与仿生机器人

在高等生物中，神经元网络及其互连通路发挥各种各样的功能来介导感觉、计算、驱动和性能相关的反馈。更复杂的行为涉及复杂的任务组。任务组本身在空间上分布于神经系统的不同区域，并被编程为神经元和突触网络（Ayers *et al.*，2012）而不是算法（Brooks，2001）。因此，这些网络包含了各种结构特征，如交叉、收敛和发散。例如，最简单的行为系统是单突触反射，其中感觉神经元与运动神经元形成突触，进而激活肌肉。下一个层次的组织则是在感觉和驱动之间插入一个中枢模式发生器。

比较生理学关注于提供深远技术可及性的模型系统，从而取得了革命性的进步。简单动物神经系统最突出的技术优势之一是能够重复性地识别神经元。这种能力可以通过刺激和记录已识别神经元配对来评估大脑回路，并最终建立运动模式生成、选择和可塑性变化的详细回路（见 Selverston，第 21 章）。不同细胞类型的作用对于这些回路的自组织非常关键。在简单动物模型中很快就发现，神经回路反过来又受到肽的神经调节，肽通过改变神经元动力学和突触连接的强度，根据具体场景重新配置神经回路。快速重新配置神经网络的能力可以提供相当大的适应灵活性。

感知（sensing）：活的有机体拥有多种感觉器官，可以过滤过多的感知信息，从中提取环境特征和内在物质实体的性能，从而调节行为。感觉意味着辨别特殊形式外部能量的能力。感觉器官具有多种共同特征，包括外部调节、体现传导机制的受体细胞和投射到中枢神经系统的感觉传入。所有动物的传感器都使用专线编码（labeled-line code），其中每一个感觉传入都通过感觉模态（光、化学信号等）、感受野或外部刺激源相对于身体的方向加以区分（或在某些情况下，刺激的内部分布）；以及采用强度编码，其中脉冲间隔与刺激强度的对数成正比，以确保宽广的动态范围。在中枢神经系统中，感觉神经元网络执行辨别过程以检测行为释放体。

计算（computation）：对于简单动物，先天行为是通过中枢神经系统内基因预先确定的网络硬连线的。中枢网络介导外感受反射、趋向性、排序、选择及学习的某些方面。它们调节内源性节律，对传入性感觉输入做出反应，并通过中枢模式发生器产生运动神经元活动模式，构成行为的基础。运动神经元活动的时空模式构成了运动模式。

促动（actuation）：控制简单生物行为的神经肌肉系统通常分为张力纤维和相位纤维两类。肌肉是复杂的促动器，通常不同的肌肉参与不同的功能。所有活体肌肉都有一个共同的兴奋–收缩耦合机制，即肌肉动作电位通过横管系统传导，从肌质网释放钙离子。钙离子反过来引起调节蛋白（肌钙蛋白和肌球蛋白）的构象变化，从而启动肌球蛋白的横桥循环。运动脉冲模式的控制信号与张力纤维和相位肌纤维类型之间明显匹配。

仿生机器人（biomimetic robot）：我们利用上述组织原理构建基于七鳃鳗、蜜蜂和龙虾的仿生机器人，并有效实现了控制（Ayers et al.，2012）。在这些载体中，模拟和数字传感器通过微控制器连接到感觉神经元，对动物模型的传导过程进行模拟并产生专线脉冲编码（Ayers，2002）。这些传感器可以为航向偏差、主方位、加速度、碰撞、里程表及流体力学和光流提供传入信息（Ayers et al.，2007；Westphal et al.，2011）。感觉网络可以利用侧抑制、范围分离和分化，形成行为释放体和调节组件。

我们用由电子神经元和突触构成的电子神经系统来控制这些仿生机器人（Rabinovich et al.，2006）。Hindmarsh-Rose 模拟计算机可以很方便地构建模拟的中枢模式发生器（Ayers et al.，2007）。基于二维地图的模型允许在一个简单的数字信号处理器芯片上操作数百个神经元和突触（Rulkov，2002；Westphal et al.，2011）。电子神经系统可在数字信号处理器芯片上实现，并被编程为网络而不是算法。这些系统具体实现了指令神经元、协调神经元、中枢模式发生器架构（Ayers，2002）。

水下机器人中枢模式生成器所生成的运动程序由脉冲串组成，用来控制身体附件和体轴。这些控制信号是控制形状记忆合金促动器的理想选择（Ayers et al.，2007）。我们利用从海水中分离出的（文献中未查到这一出处，疑是作者笔误）镍钛合金丝和特氟龙外鞘构建了人工肌肉（Ayers et al.，2007；Westphal et al.，2011）。通过利用电子运动神经元的动作电位来启动功率晶体管，向促动器导线施加占空比调制电流，以调节与收缩相关的从马氏体到奥氏体的状态变化，从而实现兴奋–收缩耦合。配对金属线呈拮抗性排列，用海水冷却以缩短金属线从马氏体到奥氏体的转变时间，并与其拮抗肌相对马氏体的拉长变形耦合（Ayers et al.，2007）。运动程序负责协调关节或体轴周围的收缩以调节运动。

所有这些组件都被组织成层次性的外感受反射，以调节导航、跨越障碍和探索调查等行为。这些反射的核心是负责对运动和身体姿态进行组织的指令神经元。指令神经元对完整的行为动作进行组织，然后由可辨别持续性外感受传感器输入并调节行为的释放体激活（Ayers et al.，2012）。指令神经元反过来又调节分段式中枢模式生成器，以介导趋向性（taxis）行为。

四、生物混合机器人

我们一直在致力于开发一种微型生物混合波动机器人技术,该机器人被称为 Cyberplasm,其目标是发展可将工程传感细胞与微电子中枢模式发生器连接的能力,进而激活活体肌肉细胞,利用光来介导兴奋–收缩耦合(图 51.1)。中枢模式发生器的基础是神经元和突触的 Hindmarsh-Rose 模型(Pinto *et al.*,2000),并实例化为亚阈值模拟超大规模集成电路(Lu *et al.*,2012)。自由活动生物混合机器人的行为可将组成多种类型装置的细胞整合为系统。该平台将有助于探索微尺度生物电子接口,并有望通过活体肌肉线粒体实现功率与促动的耦合。

我们选择采用了沿体轴传播的波动运动方式(Westphal *et al.*,2011)。在这类生物混合机器人中,载体的基底由两个宏观尺度的部件构成(图 51.1)。对于动物自身,波动是由围绕柔性杆(脊索或脊柱)的轴向收缩所介导的。在基于七鳃鳗的机器人中用聚氨酯长条作为柔性杆。在微观尺度上,聚酰亚胺(kapton)薄膜提供了坚固、柔性的类似基底。第二种部件是为工程细胞提供基底的分子支架,该支架的作用是建立兼容的生态位,并提供细胞与系统电子元件之间的接口。

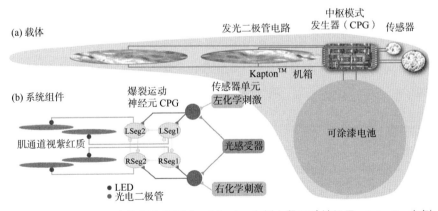

图 51.1　Cyberplasm 生物混合机器人。LSeg1:左侧 1 段运动神经元;LSeg2:左侧 2 段运动神经元;RSeg1:右侧 1 段运动神经元;RSeg2:右侧 2 段运动神经元;灰色圆圈:抑制性突触;三角形:兴奋性突触

感知(sensing):为了使工程细胞对新的环境突发事件做出反应,它们

必须同时具备感知机制和报告机制。动物的视觉和嗅觉传感器依赖于遍布动物王国的特异性 G 蛋白偶联受体（GPCR）。为了实现机器人行为动态控制所需的响应时间，我们需要使用本构换能器。我们的起始传感器依赖于内皮一氧化氮合酶（eNOS）的光二聚反应，用一氧化氮进行报告（Yarkoni et al.，2012）。研究人员首先构建了一种质粒，其中含有可实现光–氧–电压（LOV）机制以形成光活性 eNOS 的基因构建体，然后将该质粒转染到 CHO-K1 中国仓鼠卵巢细胞系中，可以响应光脉冲产生一氧化氮（NO）。转染细胞产生的 NO，足以在 PT-NITSPc Nafion™涂层电极上形成线性反应（Yarkoni et al.，2012）。一氧化氮也可以由 GPCR 产生，进一步增加了该报告体的感知可能性。我们也还在探索基于光的报告体。

计算（computation）：根据 CPG 的工作原理建立了控制器（Ayers，2010）。为了控制波动性游泳，采用了由阈下模拟 VLSI 电子运动神经元组成的中枢模式发生器（Lu et al.，2012；图 51.1b）。前肢通过抑制性突触相互连接，在两侧之间产生左右交替的动作。前运动神经元和同侧后运动神经元之间的兴奋性连接会产生延迟，负责介导弯曲波沿身体向下的传播，正如在七鳃鳗机器人中一样（Ayers et al.，1983；Westphal et al.，2011）。中枢模式发生器由光激活传感器接口的兴奋性输入予以激活（Yarkoni et al.，2012）。中枢模式发生器的具体实例为 65nm CMOS 可编程定时器模块（PTM），供电电压为 0.8V 直流电，可由微型喷涂电池供电。

促动（actuation）：自主机器人的主要约束之一是动力。几乎每个机器人都有独立的电源和执行器。肌管作为基本肌肉单元，在促动器（肌原纤维）中嵌入动力源（线粒体），将动力与促动耦合。人工肌肉最困难的一个方面是兴奋–收缩耦合。在形状记忆促动器中，我们利用电流产生的热量介导了神经活动从马氏体向奥氏体的转化，从而产生收缩。利用光遗传学方法，可使工程肌肉通过钙渗透通道视紫红质对光做出反应。目前正在实施的总体策略是，在病毒载体中插入一个含有基本环路转录因子 MyoD 和 bHLH E 的质粒，并将通道视紫红质载体导入成肌细胞（C2C12 小鼠成肌细胞，美国种质保藏中心，弗吉尼亚州马纳萨斯）并将其转化为肌原纤维。初步研究结果表明，这些转化细胞能够形成可收缩的肌节并形成稳定的细胞系（Grubišić et al.，2014）

接口

工程细胞需要一种与电子神经元通信的机制。在传感器端，它们需要一个能被电子转换器感知的报告体。在促动器端，它们需要一个兴奋–收缩耦合机制。此外，这些组件需要在微观尺度上连接在一起。我们采用了一种增材制造技术——电流体喷射（E-Jet）打印（Barton，2010；图 51.2），能够集成细胞外基质组分、导电聚合物和金属读出电路。E-Jet 打印机的打印头是一个有金溅射涂层的玻璃微电极（图 51.2a）。由于打印头是玻璃，所以其对不同溶剂都是不可溶的。异质油墨可以由多种组分形成，如细胞外基质组分水溶液、聚合物或乙醇中的金属纳米粒子。采用铟锡氧化物（ITO）纳米颗粒制造光学透明导体。基板黏附在真空吸盘上。对移液管施加气动背压，并在移液管和平台之间施加高电压（600～900V 直流电）。墨水在移液管内腔形成一个泰勒锥，其分离出的液滴大小约为管腔直径的一半。由于微移液管腔内径约为 0.5μm，因此液滴可以小到 250nm。该平台进行了编程，可以按详细模式移入液滴以产生微电子特性（图 51.2c）。

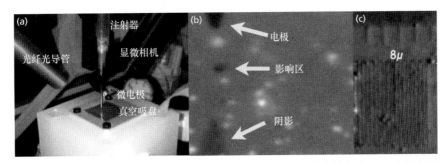

图 51.2　电流体喷射打印。（a）溅射涂层微电极悬浮于固定在精密（1nm 分辨率）平台上的真空吸盘中。利用一根光纤光导管照亮微电极尖端。（b）电极尖端的显微摄影图像。电极尖端与其基底阴影之间的距离表示电极尖端的高度。（c）乙醇中银纳米粒子打印出的电子痕迹（顶部的校准标记间隔为 100μm）

我们使用了两类传感器。第一类包括了可对一氧化氮作出响应的电化学电极。NO 传感器的制造技术可以很容易地适应 E-Jet 打印。基本的 NO 电极（Yarkoni et al.，2012）可由基于氯化银涂层银纳米颗粒的墨水参照石墨烯纳米颗粒墨水制成，并包埋 Nafion™墨水涂层。这些电极表面旋涂有介电层及用来黏附工程细胞的胶原支架。NO 电极产生的毫伏电位可以通过 A/D

转换器直接连接到电子感觉神经元。模拟信号被转换成脉冲间隔编码。第二类传感器是基于光敏聚合物的光电探测器。该装置由直接打印在盖玻片上的透明 ITO 阴极、聚合物层和银纳米粒子阳极层组成。在盖玻片的另一侧有胶原层，可以将光报告体与工程细胞黏附在一起。

　　工程肌肉的兴奋–收缩耦合可通过应用微型 OLED 得以实现，其产生蓝光激活通道视紫红质，可使肌质网释放 Ca^{2+}（图 51.1a）。该装置由表面打印有电子供体层的银离子阳极、香豆素蓝光发射层和 ITO 阴极组成。

　　这些装置被集成到一起时，就会形成与仿生机器人的外感受反射相一致的系统。例如，光传感器激活游泳指令，该指令打开中枢模式发生器，中枢模式发生器激活肌肉产生适合波动式动作的模式。我们的研究计划是整合双侧化学感受器反射以介导趋化性（图 51.1b）。

五、未来将是合成神经行为学

　　仿生和生物混合机器人可以通过模块化的电子神经元和突触进行控制，这些神经元和突触可以配置成任何类型的神经元回路（Ayers *et al.*, 2010）。重要的是要确定，使用合成和干细胞生物学从活体细胞设计和构建中枢模式生成器是否也可行。对应于合成生物学部件的基因家族负责编码离子通道。神经生物学的一个新兴领域是对神经元命运开展神经遗传学研究，目前在确定介导决定细胞命运的转录因子方面不断取得重大进展。活体神经元作为一种装置，能够整合多种基因部件以产生多样化的跨膜通道、递质合成和胞吐途径，以及离子型和代谢型跨膜受体。大量证据表明，功能性类器官可以由相对简单的转录因子混合产生。考虑到神经系统的自组织特性，人们可能认为整个神经节和特定回路结构都受到类似的控制。

　　在系统层面，神经元在突触网络中发挥作用。体外合成网络的尝试仍然面临许多问题。最近的实验表明星形胶质细胞对于突触形成必不可少。上文介绍的 E-Jet 技术非常适合打印集成了金属读出电路的异质支架（图 51.2c）、细胞外基质成分及岛叶营养因子，从结构上对工程神经元和胶质细胞的特定回路结构进行编程，如中枢模式发生器和外突反射。当这种能力应用到生物混合系统领域时，预示着真正的生物机器人将完全由生命过程引导、控制和驱动。

六、拓展阅读

莱波拉等（Lepora *et al.*，2013）探讨了仿生学领域的最新问题。拉比诺维奇等（Rabinovich *et al.*，2006）回顾了非线性动力学在神经回路中的应用。普尼克等（Purnick *et al.*，2009）和丘奇等（Church *et al.*，2014）的综述对合成生物学做了简要概述。

致谢

本章介绍的研究工作得到了美国国家科学基金会（NSF）"化学、生物工程、环境和运输系统"相关项目（CBET Award 0943345）和美国海军研究办公室（ONR）"合成生物学多学科大学研究计划"（MURI # N000141110725）的资助。

参 考 文 献

Ayers, J. (2002). A conservative biomimetic control architecture for autonomous underwater robots. In: J. Ayers, J. Davis, and A. Rudolph (eds), *Neurotechnology for Biomimetic Robots*. Cambridge, MA: MIT Press, pp. 234–52.

Ayers, J., et al. (1983). Which behavior does the lamprey central motor program mediate? *Science (Washington D C)*, **221**, 1312–4.

Ayers, J., et al. (2012). A conserved biomimetic control architecture for walking, swimming and flying robots. *Biomimetic and Biohybrid Systems*, **7375**, 1–12.

Ayers, J., et al. (2007). Biomimetic approaches to the control of underwater walking machines. *Phil. Trans. R. Soc. Lond. A*, **365**, 273–95.

Ayers, J., Rulkov, N., Knudsen, D., Kim, Y-B., Volkovskii, A., and Selverston, A. (2010). Controlling underwater robots with electronic nervous systems. *Applied Bionics and Biomimetics*, **7**, 57–67.

Baker, D., et al. (2006). Engineering life: building a FAB for biology. *Scientific American*, **294**(6), 44–51.

Barton, K., Mishra, S., Shorter, K., Alleyne, A., Ferreira, P., and Rogers, J. (2010). A desktop electrohydrodynamic jet printing system. *Mecchatronics*, **20**, 611–6.

Brooks, R. A. (2001). Steps towards living machines. In: T. Gomi (ed.), *Evolutionary Robotics: From Intelligent Robotics to Artificial Life*. New York: Springer-Verlag, pp. 72–93.

Church, G. M., et al. (2014). Realizing the potential of synthetic biology. *Nat. Rev. Mol. Cell Biol.*, **15**(4), 289–94.

Grubišić, V., et al. (2014). Heterogeneity of myotubes generated by the MyoD and E12 basic helix-loop-helix transcription factors in otherwise non-differentiation growth conditions. *Biomaterials*, **35**(7), 2188–98.

Herr, H., et al. (2004). A swimming robot actuated by living muscle tissue. *J. Neuroengineering Rehabil.*, **1**(1), 6.

Kung, C., et al. (1982). The physiological basis of taxes in *Paramecium*. *Annual Review of Physiology*, **44**(1), 519–34.

Lepora, N. F., et al. (2013). The state of the art in biomimetics. *Bioinspiration & Biomimetics*, 8(1), 013001.

Lu, J., et al. (2012). Low power, high PVT variation tolerant central pattern generator design for a biohybrid micro robot. *IEEE International Midwest Symposium on Circuits and Systems (MWSCAS)*, 55, 782–5.

Naitoh, Y., et al. (1969). Ionic mechanisms controlling behavioral responses of *Paramecium* to mechanical stimulation. *Science*, 164, 963–5.

Nawroth, J. C., et al. (2012). A tissue-engineered jellyfish with biomimetic propulsion. *Nature Biotechnology*, 30(8), 792–97.

Pinto, R. D., et al. (2000). Synchronous behavior of two coupled electronic neurons. *Physical Review E: Statistical physics, plasmas, fluids, and related interdisciplinary topics*, 62, 2644–56.

Purnick, P. E., et al. (2009). The second wave of synthetic biology: from modules to systems. *Nat. Rev. Mol. Cell Biol.*, 10(6), 410–22.

Rabinovich, M. I., et al. (2006). Dynamical principles in neuroscience. *Reviews of Modern Physics*, 78(4), 1213–65.

Rulkov, N. (2002). Modeling of spiking-bursting neural behavior using two-dimensional map. *Phys Rev E*, 65, 041922.

Westphal, A., et al. (2011). Controlling a lamprey-based robot with an electronic nervous system. *Smart Structures and Systems*, 8(1), 37–54.

Yarkoni, O., et al. (2012). Creating a biohybrid signal transduction pathway: opening a new channel of communication between cells and machines. *Bioinspiration & Biomimetics*, 7(4), 046017.

第 52 章
生命机器微纳技术

Toshio Fukuda[1], Masahiro Nakajima[2],
Masaru Takeuchi[3], Yasuhisa Hasegawa[3]

[1] Institute for Advanced Research Nagoya University, Japan; Meijo University,
Beijing Institute of Technology
[2] Center for Micro-nano Mechatronics, Nagoya University, Japan
[3] Department of Micro-Nano Systems Engineering, Nagoya University, Japan

我们的目标是发展新的生物混合技术,在微米和纳米尺度上进行工程设计,将机械和电子系统的优点与生物系统的优点结合在一起。这一章中,我们将探讨在极小物理尺度上制造此类装置面临的一些挑战,并讨论在微纳尺度上发展的制造方法如何影响工业、日常生活和生物医学产品的开发。我们总结了近年来使用一种叫作纳米实验室(nanolaboratory)的微纳机器人操作系统将纳米材料与生物细胞相互结合的一些最新进展,来说明这些方法的潜力。

基于目前的技术水平,我们将生物混合生命机器划分为仿生(bio-inspired)和生物(biological)组件系统。仿生组件由无机的、干式、机械的或电气的系统组成,如触觉系统、成像系统、机器人手、机械关节、人工肌肉等。生物组件是有机的、湿式或化学的系统。为了实现具有自修复、自组织和自我供能的生命机器,仿生系统和生物系统可以集成在一起,如图 52.1 所示。

多尺度工程(multi-scale engineering)是一项重要技术,可以开发从纳米尺度到米尺度的各种系统,具体如图 52.2 所示。从生物混合生命机器的角度来看,生物组件是以生物细胞为最小单位构成的。生物细胞通常为微米级,也含有纳米级成分,如脱氧核糖核酸(DNA)。最有趣的挑战之一是人工制造生物细胞,并将其组装成三维结构,以实现纯生物性的人工生命机器。仿生组件的发展一般是从微米/纳米尺度到米尺度。例如,要模拟人类指尖触觉感知系统的触觉小体（Meissner corpuscle），就需要微纳结构（Trung *et al.*，2013）。这些不同组件和技术的集成需要采用多尺度工程方法，创建出可正常运行的生命机器。

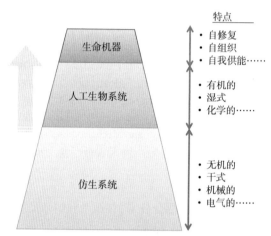

图 52.1　生物混合生命机器的组成和特点

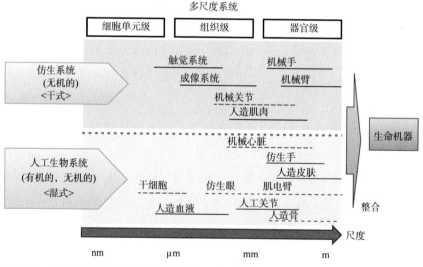

图 52.2　仿生和人工生物组件系统的多尺度工程示例

为了发展生物混合生命机器技术，我们采用了微纳机电一体化方法（Fukuda *et al.*，2010），这是机电一体化技术的延伸，机电一体化是机械与电子相结合的科学技术领域。机电一体化系统通常有三个组成部分：传感器、促动器和控制器。这些组件已经集成到了我们日常生活中的各种设备和产品中，包括汽车、计算机外围设备、打印机、照相机、娱乐机器、机器人、环境监测系统、储能装置、生物/医疗产品等。最近，这些设备和产品应用了更为先进的技术，以实现微纳传感器、微纳促动器和微纳控制器。使用微纳机电一体化技术开发设备的好处包括在更小型化的设备中提高效率、集成度和功能性，同时降低能耗和成本。本章将探讨在微纳尺度上构建器件的一些物理挑战，审视微纳机电一体化的潜在应用领域，描述该领域运用的关键新兴技术之一——微纳操作；以及介绍推动微纳尺度生物混合生命机器构建的最新研究工作。

一、微纳机电一体化的物理学

在微纳尺度上，力学可使我们生活的世界发生巨大的变化。微纳力学可通过比例定律进行直观理解（表 52.1）。在纳米以下尺度发生的量子效应，目前尚未得到充分了解。

作为微纳尺度与宏观尺度相互区别的实例，我们接下来简要介绍范德瓦耳斯力和静电力，因为它们在纳米操纵和自组装的力学中发挥重要作用。

范德瓦耳斯力总是在分子长度尺度上作用于样品，其作用位于相邻分子之间。这种效应类似于重力，其中力的吸引特性非常重要，但遵循不同的物理定律（例如，范德瓦耳斯力可以变成斥力，而重力总是基于引力）。范德瓦耳斯力的基础是当两种物质在分子尺度上接近时，分子周围电子壳层形状的扰动可以同时产生分子间的引力和斥力。随着物质之间的距离越来越近，引力也越来越强，这又进一步使物质之间的距离越来越近。但如果物质被拉得太近，那么斥力就开始占据主导地位将它们分开，最终在保持力平衡的均衡距离处安定下来。

在某些理想条件下，范德瓦耳斯力可以用闭合形式进行数学描述。例如，伦纳德-琼斯势能（Lennard-Jones potential energy）代表了总范德瓦耳斯力（引力加斥力）各向同性部分（旋转对称）作为距离 r 函数的近似模型：

$$\phi(r) = 4\varepsilon\left\{\left(\frac{\sigma}{r}\right)^{12} - \left(\frac{\sigma}{r}\right)^{6}\right\} \tag{1}$$

其中，σ 是范德华力接近于 0 时的长度，而 ε 决定势能阱的总深度，即一旦两种物质被范德华力吸引，需要多少能量（E）才能将它们拉开。范德华力是用 Lennard-Jones 势能梯度计算得出的引力。

为了计算范德华能量，两个分子之间的势能可以根据物体的形状进行积分。例如，粒子和平面之间的范德华能量 E_{vdw} 表示为

$$E_{vdw} = -\frac{\text{H}}{6}\left\{\frac{d}{2z} + \frac{d}{2(z+d)} - \ln\frac{z}{z+d}\right\} \qquad (2)$$

该方程式中哈马克常数（Hamaker constant）$\text{H} = \pi^2 C\rho_1\rho_2$，其中 ρ_1、ρ_2 分别是两种物质的密度，z 是粒子与平面间的间隙，d 是粒子的直径。当间隙远大于粒子直径，即 $z \gg d$ 时，范德华力可以近似为 $F_{vdw} = \dfrac{Hd}{12z^2}$，这是表 52.1 中用来表示范德华力性质的表达式。例如，与库仑静电力（其大小与长度的平方成比例）相比，范德华力与长度成比例，因此在微纳尺度上对静电力起支配作用。

比例定律见表 52.1。由于不同的物理量随距离变化而成比例缩放，宏观尺度上的微小效应将在微纳尺度上占主导地位，反之亦然。例如，静电力在宏观尺度上占主导地位（与长度的平方 L^2 成比例），但范德华力在纳米尺度上占主导地位（因为其与长度 L 成比例，当 L 很小时，L 要大于 L^2）。在物理定律中，尺度效应是通过计算各种量与长度的关系来估计的。

表 52.1   比例定律

物理参数	符号	方程	尺度效应
长度（length）	L	L	L
面积（area）	S	$\propto L^2$	L^2
体积（volume）	V	$\propto L^3$	L^3
质量（mass）	m	ρV	L^3
压力（pressure）	fp	SP	L^2
重力（gravity）	f_g	mg	L^3
惯性力（inertia force）	f_i	md^2x/dt^2	L^4
黏性（动摩擦）力[viscous（kinetic friction）force]		$uS/d \cdot dx/dt$	L^2

物理参数	符号	方程	尺度效应
弹性力（elastic force）		$eS\Delta L/L$	L^2
弹簧常数（spring constant）	K	$2UV/(\Delta L2)$	L
共振频率（resonant frequency）	ω	$\sqrt{K/m}$	L^{-1}
转动惯量（moment of inertia）	I	$amrf^2$	L^5
偏转（deflection）	D	M/K	L^2
雷诺数（reynolds number）	Re	fi/ff	L^2
静电力（electrostatic force）	F_e	$\varepsilon SE^2/2$	L^2
范德华力（van der Waals force）	F_{vdw}	$F_{vdw}=\dfrac{Hd}{12z^2}$	L
介电力（dielectric force）	F_d	$2\pi L^3\varepsilon_1\dfrac{\varepsilon_2-\varepsilon_1}{\varepsilon_2-2\varepsilon_1}\nabla(E^2)$	L^3

注：ρ：密度，P：压力，g：重力加速度，x：位移，t：时间，d：密度，e：杨氏模量，a：常数，r_1：旋转体半径，ε：介电常数，E：电场，d：反转半径，C：原子势常数。

二、微纳机电一体化的应用

微纳机电一体化是制造新型传感器和促动器的关键方法，可以实现这些传感器和促动器的小型化，达到微米或更小尺度。为了解该领域进展的潜在益处，我们可以将机电一体化的应用领域划分为工业、日常生活和生物医学领域，详见表 52.2。

表 52.2　微纳机电一体化的应用范围

环境	典型尺度	应用分类	微纳尺度相关基础技术	基于微纳机电一体化的实用器件
干式	大于1m	汽车	光刻、微加工、陶瓷、催化剂、金属涂层、表面处理……	温度传感器、流量传感器、气体传感器、爆震传感器、压力计、消除器、偏航传感器……
	工业	机器人	光刻、精密加工、微加工……	力传感器、压力传感器、陀螺传感器、距离传感器、红外传感器、拍样装置、立体摄像系统、激光测距仪、GPS……
		替代能源	光子材料、净化、催化剂、能源……	光学器件、气体传感器、光伏发电器件、生物质发电……

环境	典型尺度	应用分类		微纳尺度相关基础技术	基于微纳机电一体化的实用器件
干式	小于1m	日常生活	计算机外设	光刻、精密加工、微加工、纳米压印……	CPU、硬盘、内存、显示器、触摸传感器、指纹识别设备……
			移动电话	光刻、精密加工、微加工……	声音传感器、扬声器、触摸传感器、光传感器、陀螺传感器、GPS……
			娱乐设备	光刻、精密加工、微加工……	加速度计、重力传感器、角度传感器、显示器、触摸屏、无线通信器……
干式（湿式）			家用电器	光刻、精密加工、微加工……	打印机、喷墨头、照相机、LED、电视、音响……
			环境监测系统	光刻、精密加工、无线通信……	摄像温度传感器、湿度传感器、太阳能传感器、二氧化碳传感器、辐射传感器……
湿式	小于1cm	生物医学	健康、化妆品、食品	制药、医疗保健、基因操作、微流控芯片、微纳颗粒、表面处理……	生物信号传感器、生物MEMS、pH传感器、颜色传感器、电容传感器、血液分析仪、糖传感器……
			生物分析	荧光材料、基因操作、表面处理……	流式细胞仪、DNA测序仪、细胞注射器……
			医疗、组织工程	光传感器、荧光材料……	生物信号传感器、脑电图仪、CT扫描系统、MRI系统……

其工业应用包括汽车、机器人和自动化、替代能源等。这些应用通常需要尺度相对较大的系统，其大小通常超过1m，也就是人体大小的尺度。在自动化技术中，许多装置均可协同工作而无须任何直接人工操作。微纳机电一体化技术是一种可提高系统精度、能量效率和总尺寸/重量的颇具前景的技术，特别适用于传感器和促动器。例如，一辆现代的汽车有100多个传感器、50个发动机控制单元（ECU）和50个电机。目前，加速度计的典型尺寸为毫米级，对于不适合毫米级装置的汽车结构，如发动机内部部件，可以安装微米尺度的装置，从而提高系统性能。

日常生活领域的应用包括计算机外设、移动电话、娱乐设备、家用电器和环境监测系统等，其典型尺寸一般小于1m，这与人类体型大小也较相似。这类设备通常是多功能的，用户可以定制。有些设备必须在潮湿条件下工作，如喷墨部件、湿度传感器、温度传感器等。在这一领域，无线通信是在家庭环境中进行设备功能集成的关键技术。

生物医学领域包括在健康、化妆品、食品、生物分析、医疗和组织工程等领域的应用。微纳机电一体化技术将促进健康监测系统等生物医学设备的设计，使其更为便携，价格更低廉。笔者研究小组已经开发了基于微纳尺度工具的单细胞分析系统（见下文纳米制造应用）。组织工程也受到了非常多的关注，主要涉及胚胎干细胞或诱导多能干细胞的应用（Yamanaka，2009）。笔者研究小组研制了一种病人血管模拟器"血管内教育器"（EVE），处于外科模拟领域的前沿。该模拟器是基于微制造技术生产和组装的，采用了快速成型等技术（Ikeda *et al.*，2004）。

微纳机电一体化的器件应用

全球学术和工业实验室深入研究了微纳机电一体化的各种应用；这些应用可分为微纳传感（图 52.3，上图）、促动（图 52.3，中图）和控制（图 52.3，下图）。

表 52.3 显示了微纳传感与促动技术的分类，以及干湿条件下的环境应用示例。对于微纳传感的应用，物理性能测量具有高灵敏度、高效率、低噪声、局部传感等特点。目前科学家已经系统研究了多种生物传感和未来的生命支持设备，如 NO 气体传感器（Iverson *et al.*，2013）、过氧化氢传感器（Cao *et al.*，2013）、机电压阻传感器（Smith *et al.*，2013）等。此外，还研究了各种纳米材料在微纳促动中的应用，如基于碳纳米管材料的光机械促动（Liu *et al.*，2012）、基于石墨烯的电化学促动（Zhang *et al.*，2014）和基于还原氧化石墨烯的水凝胶促动（Wang *et al.*，2013）。

近年来，纳米机电系统（NEMS）的研究备受关注，有望在不久的将来实现高度集成化、小型化、多功能化的装置，适合应用于各种领域。最有效的方法之一是直接采用自下而上（Feynman，1960）制造的纳米结构，并直接使用纳米结构或纳米材料。代表性的纳米器件包括基于碳纳米管（CNT）的器件——这些器件具有有趣的机械、电子和化学特性，科学家开展了大量研究对其进行分析（Fukuda *et al.*，2003）。我们有可能直接利用碳纳米管的精细结构。例如，通过剥离多壁碳纳米管（MWCNT）外层而制备的"可伸缩"碳纳米管是最有趣的纳米结构之一（Cumings and Zettl，2000）。在之前的工作中，已经介绍了如何在扫描电子显微镜（SEM）下机械拉出碳纳米管内芯（Nakajima *et al.*，2007），之前也介绍了在 SEM 和透射电子显微镜

（TEM）下直接测量可伸缩多壁碳纳米管的静电促动。

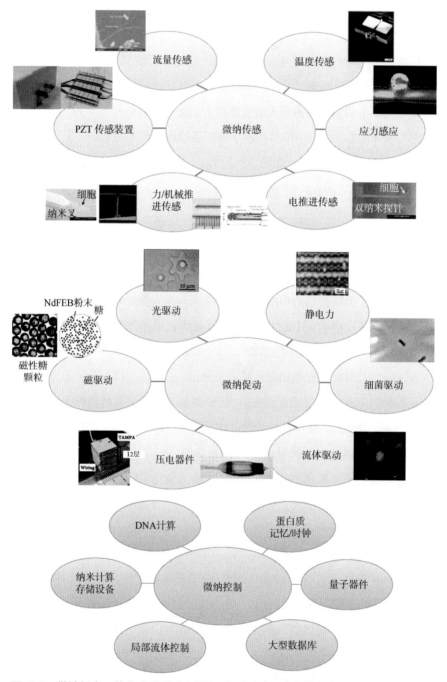

图 52.3　微纳机电一体化在传感（上图）、促动（中图）和控制（下图）中的应用示例。PZt：压电

表 52.3　微纳传感与促动技术

应用领域	干式环境	湿式环境	示例
微纳传感技术	• 干式组装的 MEMS/NEMS • 原子力显微镜 • 电子显微镜 • 流量传感 • 力/机械推进传感 • 电推进传感	• 水封组装的 MEMS/NEMS • 原子力显微镜 • 环境扫描电子显微镜 • 扫描离子显微镜 • 力/机械推进传感 • 电推进传感	• 基于 SWCNT 的 NO 生物传感器 • 基于石墨烯网络的过氧化氢传感器 • 基于石墨烯膜的机电压阻传感
微纳促动技术	• 静电驱动 • 黏附装置 • 磁驱动 • 压电驱动 • 电力驱动 • MEMS 机械能系统	• 介电力 • 光学驱动 • 压电驱动 • 磁驱动 • 心肌细胞驱动 • 细菌驱动	• 基于碳纳米管材料的光机械促动 • 基于石墨烯的电化学促动 • 基于还原氧化石墨烯的水凝胶促动器

实际组织和器官（如神经细胞、皮肤和血管）内的细胞按照一定的模式和形状排列（Suuronen *et al.*，2005）。在组织工程中，重要的问题是细胞封装在特定结构中，并且这些结构是高通量组装的（Langer and Vacanti，1993）。在对细胞进行操作之前通常必须将其固定化；简单方便的方法包括抽（吸）、利用溶液压力和流体结构（Tsusui *et al.*，2010）。抽吸和加压的优点是固定力量足够大，但缺点是会损伤细胞（Tixier-Mita *et al.*，2004）。通过运用特殊的流体结构，细胞可以固定在微流控芯片中，但固定化的细胞可能难以开展进一步分析（Di Carlo *et al.*，2006）。基于紫外发光的光交联树脂进行芯片上制造，是一种将细胞直接固定在微流控芯片内的创新方法。它具有速度快、成本低、可以构造任意形状等优点（Yue *et al.*，2011），其中一个需要解决的重要问题是细胞结构堆积时氧气和营养物质的缺乏及废物的积累。由于氧气、营养物质和废物的扩散，当前的细胞层堆栈厚度的极限一般小于200μm（Derda *et al.*，2009）。因此，构建血管结构类似物来运输氧气、营养物质和废物非常重要，这样制造产生的组织可以具有三维结构，而不仅仅是层状结构。

三、纳米机器人操作

纳米机器人操作（nanorobotic manipulation）简称纳米操作（nanomanipulation），作为表征纳米材料性能和构建纳米器件的有效策略受到了广泛关注。这项技术将为纳米技术的广泛应用提供一条突破性的道路。纳米操作未来的诱人应用前景之一是最终实现完整器件和产品的自上而下的制造或组装。

（一）纳米操作的显微观测

要操纵纳米级物体，就必须以高于纳米的尺度分辨率对它们进行观测，因此，合适的操纵器和观测系统（显微镜）对于纳米操纵非常必要。

光学显微镜（OM）是历史最悠久、最基本的显微镜；然而，根据著名的阿贝定律（Abbe's law；Hell，2007）的解释，光线波长的衍射极限（400~800nm）将其分辨率限制在 100nm 左右。扫描隧道显微镜（STM）和原子力显微镜（AFM）属于扫描探针显微镜（SPM）的范畴，使用物理探针对样品进行检测，可以在纳米尺度上进行观测和操作。它们的高分辨率使它们能够进行原子操纵，但受到了二维定位能力和可用操纵策略的限制。例如，STM 不能应用于复杂的操作或三维空间。原子力显微镜（AFM）对于导电或绝缘物体的分辨率几乎可以达到 STM 的水平，并且可以主要通过二维表面的机械推动来操纵相对较大的纳米尺寸的物体。SPM 型操纵器的主要局限性在于缺乏转动自由度（DOF），因此无法控制其方向。另一个严重的限制是无法同时运用它们的观测和操作能力。最后，其观测区域有限，暴露时间很长——通常需要几十分钟才能得到一幅图像。这种局限性对于纳米结构的三维操作越来越成为问题。电子显微镜（EM）可实现原子尺度的分辨率，其电子束的波长小于 0.1Å。电子显微镜分为扫描电子显微镜（SEM）和透射电子显微镜（TEM）两大类。遗憾的是，TEM 的样品室和观察区域太窄，无法容纳功能复杂的操纵器。

通过将成像功能和操作功能相分离，纳米机器人操纵器可以在电子显微镜的实时观测下进行纳米操作。这些设备通常具有更多的自由度，包括方向控制，因此可以在三维自由空间中对三维对象进行零维（对称球体）操作。我们提出了一种混合纳米机器人操作系统，其集成了 TEM 和 SEM 纳米机器人操作器作为核心系统，也被称为纳米实验室（nanolaboratory）（见下文以及 Nakajima et al.，2006）。这种策略被命名为混合纳米操作，以区别于那些只有可交换样品支架的系统。新型操纵器最重要的特点是包含多个被动自由度，这使得它在执行相对复杂的操作的同时仍保持在相对紧凑的体积内，从而可以安装在透射电镜的狭窄真空室中。受电子显微镜分辨率较低的限制，该系统仍然不适合操纵原子。然而，它具有的三维定位、方向控制、独立驱动多末端效应器、分离式实时观测系统，以及在其中包含扫描探针显微镜的可能性，使其成为纳米操作在未来进一步发展中最有希望的方向。

（二）纳米操作系统的发展

1990 年，艾格勒和舒韦策（Eigler and Schweize）首次展示了使用 STM 进行原子水平的纳米操作，他们在低温（热力学温度：4K）下以原子级精度定位单晶镍表面上的单个氙原子。这种操纵使他们能够一个原子一个原子地制造自己设计的基本结构。最后得到的图像中，原子定位后显示为"IBM"三个字母，这项工作证明了通过纳米操作控制原子的可行性。细谷等（Hosoki *et al.*，1992）还演示了使用 STM 进行原子刻字，在室温下通过电场蒸发从二硫化钼（MoS_2）基底上提取硫原子。阿沃里斯（Avouris）及其同事应用原子力显微镜（AFM）在基底上弯曲、拉直或平移碳纳米管（Hertel *et al.*，1998），物体可被原子力显微镜的尖端推动变形。密歇根州立大学的席宁（Xi Ning）及其同事开发了一个基于 AFM 的纳米操作系统，并可进行交互式操作（Li *et al.*，2004，2005）。该系统在基于 AFM 的纳米操作中引入了实时视觉反馈。他们还提出了 AFM 针尖、基底和物体之间相互作用的一些物理模型，以便利用操作者触觉反馈系统来实时传递相互作用力。他们通过在玻璃表面移动纳米粒子展示出了"msu"（密歇根州立大学英文缩写）图案。雷基沙等（Requicha *et al.*，2009）提出了一种全自动原子力显微镜系统，用于排列直径约为 10nm 的纳米粒子。这项技术的重要性在于，它将操作时间缩短到几分钟，而以往的交互系统通常需要熟练操作人员花费几小时才能构建成相似但通常不太准确的图案。西蒂和桥本（Sitti and Hashimoto，2003）还提出了一种基于 AFM 探针的远程纳米机器人系统。该系统由压阻式 AFM 作为机械操纵探针并由拓扑传感器组成，由触觉和虚拟现实显示器提供作用力与视觉反馈。

笔者先前提出了一个基于纳米机器人操作系统的"纳米实验室"（Nakajima *et al.*，2006）。该系统可以实现各种纳米尺度的制造和组装操作，开发新型纳米器件，并利用纳米机器人操作集成无边界技术。纳米实验室的概念也适用于宏观现象的科学探索。这将是最重要的使能技术之一，有助于实现器件装置组装中单个原子与分子的操作和制造。

四、纳米制造技术在生物混合生命机器中的应用

在阐述了微纳机电一体化的一些核心方法之后，本节将介绍一些有关纳米和生物材料操作的应用实例，这些应用可能有助于组装未来的生物混合生命机器。

（一）基于纳米操作的碳纳米管纳米结构组装

如前所述，碳纳米管（CNT）越来越多地被用作新一代纳米电子和机械系统的基本构建块，如线性纳米轴承（Cumings and Zettl，2000）和旋转纳米轴承（Fennimore *et al.*，2003）、质量传送器（Sazonova *et al.*，2004）、场发射体（Rinzler *et al.*，1995；Saito *et al.*，1998）、原子力显微镜探针（Dai *et al.*，1996）、纳米镊子（Kim and Lieber，1999）、纳米位置传感器（Liu *et al.*，2005a）等。所有这些应用都是基于原生碳纳米管，除了一些化学修饰之外，碳纳米管的机械结构没有发生任何变化（Liu *et al.*，2005b）。在纳米管的制备、操作或组装过程中，碳纳米管的长度是一个重要的因素，会影响纳米结构及纳米元件的功能与结构。因此，精确确定纳米管长度的方法是必不可少的。通过一种能够使碳纳米管产生不可逆弯曲的方法，可以显著改善碳纳米管在特殊结构或形状中的应用。除了这些结构操作方法外，有效的焊接技术对基于碳纳米管的纳米结构和器件的发展也至关重要。

三维纳米结构可以采用电子束诱导纳米制造技术制备。图 52.4 逐步展示了组装过程实例。图 52.4a 显示了原子力显微镜悬臂梁对碳纳米管的拾取，以及纳米机器人操作器对纳米管的操纵。碳纳米管的一端通过焊接工艺产生的镀钨层固定在 AFM 悬臂梁表面，另一端则接触到另一个 AFM 悬臂梁的表面。将弯曲技术应用于碳纳米管，同时使用纳米操作器控制其弯曲方

向和角度。如图 52.4b 所示，在碳纳米管上的第二个位点处，第一个弯曲随后接着是另一个弯曲。如图 52.7c 所示，操作器改变了碳纳米管的位置和方向，并使第二个弯结接触基底。最后，碳纳米管在第三个位点处被切割，形成与基底分离的三维纳米结构，从而用碳纳米管组装成字母 N，并通过两个位点直立于基底上，如图 52.7d 所示。这两个位点仅通过范德华力将纳米结构附着在基底上。

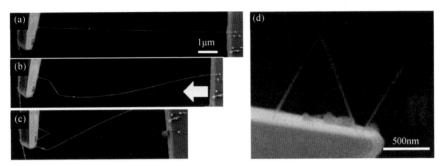

图 52.4　基于碳纳米管的三维纳米结构的组装，借助焊接和弯曲技术（a）～（c），最后切割多余废料后形成立于基底上的人工组装字母 N（d）

（二）基于纳米操作的单细胞分析

由于越来越有可能对观测环境进行控制，单细胞分析成为最近研究者关注的焦点（Leary *et al.*，2006）。在常规 SEM 和 TEM 中，电子显微镜的样品室可设置为高度真空，以减少电子束的干扰。为了观测含水样品，如生物细胞，观测之前需要采取适当的干燥和染色处理，这使得对含水样品的直接观测变得较为困难。

纳米实验室可用于单细胞分析和操作。干燥、潮湿、湿润条件下的应用可分别在 TEM/SEM、环境扫描电镜（E-SEM）和光学显微镜（OM）下进行。如前所述，TEM/SEM 中的纳米操作系统是对纳米材料、结构和机制进行性能表征的基础技术，可用于纳米构建块的制备和纳米器件的组装。为了使生物细胞能在培养基中生长，OM 显微操作系统通常需要在水中使用。我们开发了 E-SEM 纳米机器人操作系统或纳米手术系统，可以在纳米尺度上操作和控制生物样品的局部环境（图 52.5）。E-SEM 可以利用专门设计的第二个电子探测器，实现对吸水（含水）样品的纳米高分辨率直接观察（Ahmad *et al.*，2008）。

水分的蒸发由样品温度（0～40℃）和腔室压力（10～2600 Pa）控制。E-SEM的特性是能够在不干燥的情况下直接观察和操作吸湿性样品。

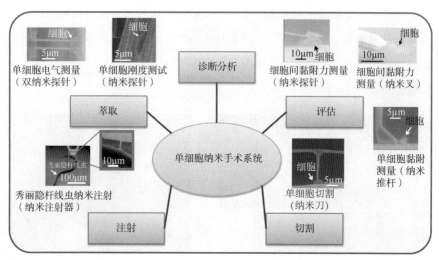

图 52.5　使用各种纳米工具的单细胞纳米手术系统

（三）基于微纳操作的细胞组装

微纳操作是实现细胞组装的关键技术，因为它可以在单细胞水平上实现任意形状的构建和局部分析。表 52.4 总结了不同维度（0D、2D、3D）细胞结构可能的组装方法。重要的考虑因素是可伸缩性、制备速度和生物相容性（分级依据由笔者研究实验室的开发人员提供）。笔者研究小组正在探索基于各种局部控制技术的细胞组装方法，具体如图 52.6 所示。

表 52.4　三维细胞结构组装方法

操作维度	细胞结构制备方法
0D	光制备，喷墨制备，电泳制备细胞图案，微孔细胞聚集，微流体流动细胞聚集，热凝胶探针操作，磁性凝胶粒子操作，电沉积制备细胞结构
1D	微流控芯片细胞包埋水凝胶纤维，水凝胶纤维磁处理，卷绕水凝胶纤维系统
2D	折纸法制备细胞黏附微板，堆栈法制备细胞黏附纸，微流控芯片细胞内嵌微结构自组装，温度响应水凝胶法制备细胞层

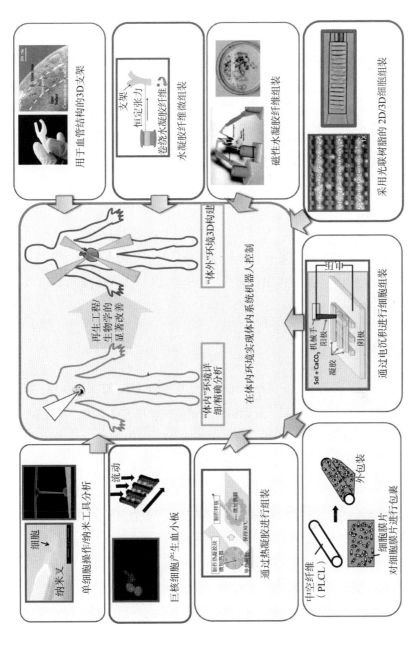

图52.6 基于微纳操作的生物分析/组装合成示意图

光学加工具有结构加工无须接触的优点。此外，使用激光系统可以很好地控制光通路。为了将这种方法应用于细胞组装，研究人员研制了一种激光写入系统，利用细胞来制作微结构（Chan *et al.*，2010）。首先采用光交联树脂对细胞进行封装，然后使用激光扫描制备三维结构。通过改变各类细胞的混合物，还可以实现不同类型细胞的共组装。

对于组织工程，必须构建细胞图案模式并将模式化细胞固定在特定结构中。笔者开发了一种新方法，利用双向电泳（DEP）形成细胞模式，并通过光交联树脂将细胞固定在微流控芯片内（Yue *et al.*，2014）。笔者所提出的设计方法具有独立的图案和制备区域，并且设计为内置可控浓度微珠或细胞的移动式微结构。整个过程如图 52.7 所示。采用该方法已经证明，1秒内就可以形成包含数百种不同类型细胞的细胞系模式。这种方法有三个优点：第一，可在微流控芯片内部有效制备任意形状的微结构；第二，可以将大量细胞固定在微结构中；第三，由于微流控具有自组装性，可以高效组装微结构。

五、结论

本章介绍了当前和未来微纳机电一体化技术与问题。在工业领域，如汽车、计算机外设、娱乐设备、打印机、照相机、机器人自动化、环境监测、生物/医疗、能源等方面的应用，这些装置都可以利用微纳机电一体化技术进行改进，实现高效率、高集成度、高功能性、低能耗、低成本、小型化等。微纳机电一体化技术也可以推动纳米生物学领域取得突破性进展，为未来的医学应用奠定基础。最后，目前正在研发的工具可以在分子和原子尺度上开展结构制造，在细胞和细胞内水平上改造生物成分，并集成这些系统以实现未来的生物混合生命机器。

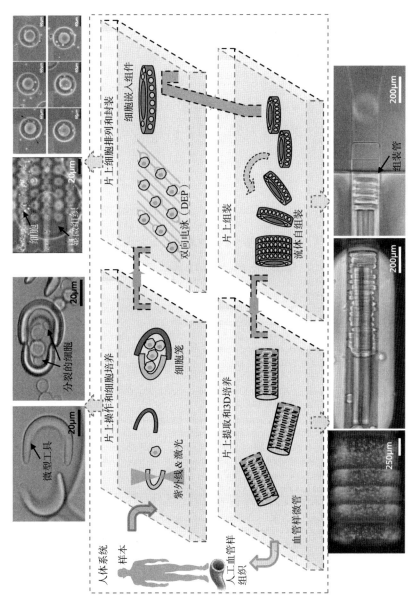

图52.7　多功能微流控系统的细胞组装。更多详情见岳等（Yue *et al.*, 2014）的介绍

六、拓展阅读

《芯片实验室》（*Lab on a Chip*）刊登的论文涵盖了微纳尺度装置和应用的最新发展。岳等（Yue *et al.*, 2014）和王等（Wang *et al.*, 2015）详细介绍了福田敏男实验室的自动化微制造系统。文森特（见 Vincent，第 10 章）对仿生材料的设计和制造进行了广泛的介绍。彭等（见 Pang *et al.*，第 22 章）介绍了壁虎和甲虫的黏附系统，这些黏附系统在微纳尺度上具有独特的结构特点，并在机器人抓取器等仿生人造物中得到了复制。

致谢

本章作者的工作得到了日本文部科学省研究补助金的支持。

参 考 文 献

Ahmad, M. R., Nakajima, M., Kojima, S., Homma, M., and Fukuda, T. (2008). The effects of cell sizes, environmental conditions and growth phases on the strength of individual w303 yeast cells inside ESEM. *IEEE Transactions on Nanobioscience*, 7, 185–93.

Cao, X., Zeng, Z., Shi, W., Yep, P., Yan, Q., and Zhang, H. (2013). Three-dimensional graphene network composites for detection of hydrogen peroxide. *Small*, 9, 1703–7.

Chan, V., Zorlutuna, P., Jeong, J. H., Kong, H., and Bashir, R. (2010). Three-dimensional photopatterning of hydrogels using stereolithography for long-term cell encapsulation. *Lab on a Chip*, 10, 2062–70.

Cumings, J., and Zettl, A. (2000). Low-friction nanoscale linear bearing realized from multiwall carbon nanotubes. *Science*, 289, 602–4.

Dai, H. J., Hafner, J. H., Rinzler, A. G., Colbert, D. T., and Smalley, R. E. (1996). Nanotubes as nanoprobes in scanning probe microscopy. *Nature*, 384, 147–50.

Derda, R., Laromaine, A., Mammoto, A., Tang, S., Mammoto, T., Ingber, D., and Whitesides, G. (2009). Paper-supported 3D cell culture for tissue-based bioassays. *Proc. Natl Acad. Sci. USA*, 106, 18457–62.

Di Carlo, D., Aghdam, N., and Lee, L. P. (2006). Single-cell enzyme concentrations, kinetics, and inhibition analysis using high-density hydrodynamic cell isolation arrays. *Analytical Chemistry*, 78, 4925–30.

Fennimore, A. M., Yuzvinsky, T. D., Han, W. Q., Fuhrer, M. S., Cumings, J., and Zettl, A. (2003). Rotational actuators based on carbon nanotubes. *Nature*, 424, 408–10.

Feynman, R. P. (1960). There's plenty of room at the bottom. *Caltech's Engineering and Science*, 23, 22–36.

Fukuda, T., Arai, F., and Dong, L. X. (2003). Assembly of nanodevices with carbon nanotubes through nanorobotic manipulations. *Proc. of the IEEE*, 91, 1803–18.

Fukuda, T., Nakajima, M., Ahmad, M. R., Shen, Y., and Kojima, M. (2010). Micro- and Nanomechatronics. *IEEE Industrial Electronics*, 4, 13–22.

Hell, S. W. (2007). Far-field optical nanoscopy. *Science*, 316, 1153–8.

Hertel, T., Martel, R., and Avouris, P. (1998). Manipulation of individual carbon nanotubes and their interaction with surfaces. *J. Phys. Chem. B*, 102(6), 910–5.

Hosoki, S., Hosaka, S., and Hasegawa, T. (1992). Surface modification of MoS_2 using STM. *Appl. Surf. Sci.*, 60/61, 643.

Ikeda, S., Arai, F., Fukuda, T., and Negoro, M. (2004). An *in vitro* soft membranous model of individual human cerebral artery reproduced with visco-elastic behavior. *Proc. of the 2004 IEEE Int. Conf. on Robotics and Automation (ICRA 2004)*, pp. 2511–6.

Iverson, N. M., Barone, P. W., Shandell, M., Trudel, L. J., Sen, S., Sen, F., Ivanov, V., Atolia, E., Farias, E., McNicholas, T. P., Reuel, N., Parry, N. M. A., Wogan, G. N., and Strano, M. S. (2013). *In vivo* biosensing via tissue-localizable near-infrared-fluorescent single-walled carbon nanotubes. *Nature Nanotechnology*, 8, 873–80.

Kim, P., and Lieber, C. M. (1999). Nanotube nanotweezers. *Science*, **286**, 2148–50.

Langer, R., and Vacanti, J. P. (1993). Tissue engineering. *Science*, **260**, 920–6.

Leary, S. P., Liu, C. Y., and Apuzzo, M. L. J. (2006). Toward the emergence of nanoneurosurgery. *Neurosurgery*, 58, 1009–26.

Li, G., Xi, N., Yu, M., and Fung, W.-K. (2004). Development of augmented reality system for AFM based nanomanipulation. *IEEE Trans. on Mechatronics*, 9, 358–65.

Li, G., Xi, N., Chen, H., Pomeroy, C., and Prokos, M. (2005). "Videolized" atomic force microscopy for interactive nanomanipulation and nanoassembly. *IEEE Trans. on Nanotech.*, 4, 605–15.

Liu, J., Wang, Z., Xie, X., Cheng, H., Zhaoac, Y., and Qu, L. (2012). A rationally-designed synergetic polypyrrole/graphene bilayer actuator. *J. Mater. Chem*, 22, 4015–20.

Liu, P., Arai, F., Dong, L. X., Fukuda, T., Noguchi, T., and Tatenuma, K. (2005b). Field emission of individual carbon nanotubes and its improvement by decoration with ruthenium dioxide. *J. Robo. Mech.*, 17, 475–82.

Liu, P., Dong, L. X., Arai, F., and Fukuda, T. (2005a). Nanotube multi-functional nanoposition sensors. *J. Nanoeng. Nanosyst.*, 219, 23–7.

Nakajima, M., Arai, F., and Fukuda, T. (2006). In situ measurement of Young's modulus of carbon nanotube inside TEM through hybrid nanorobotic manipulation system. *IEEE Trans. on Nanotechnology*, 5, 243–8.

Nakajima, M., Arai, S., Saito, Y., Arai, F., and Fukuda, T. (2007). Nanoactuation of telescoping multi-walled carbon nanotubes inside transmission electron microscope. *Jpn. J. Appl. Phys.*, 42, L1035–8.

Requicha, A. A. G., Arbuckle, D. J., Mokaberi B. and Yun, J. (2009). Algorithms and software for nanomanipulation with atomic force microscopes. *Int'l J. Robotics Research*, 28, 512–22.

Rinzler, A. G., Hafner, J. H., Nikolaev, P., Lou, L., Kim, S. G., Tomanek, D., Nordlander, P., Colbert, D. T., and Smalley, R. E. (1995). Unraveling nanotubes: field emission from an atomic wire. *Science*, 269, 1550–3.

Saito, Y., Uemura, S., and Hamaguchi, K. (1998). Cathode ray tube lighting elements with carbon nanotube field emitters. *Jpn. J. Appl. Phys.*, 37, L346–8.

Sazonova, V., Yaish, Y., Ustunel, H., Roundy, D., Arias, T. A., and McEuen, P. L. (2004) A tunable carbon nanotube electromechanical oscillator. *Nature*, 431, 284–7.

Sitti, M., and Hashimoto, H. (2003). Teleoperated touch feedback from the surfaces at the nanoscale: modeling and experiments. *IEEE Trans. on Mechatronics*, 8, 287–98.

Smith, A. D., Niklaus, F., Paussa, A., Vaziri, S., Fischer, A. C., Sterner, M., Forsberg, F., Delin, A., Esseni, D., Palestri, P., Ostling, M., and Lemme, M. C. (2013). Electromechanical piezoresistive sensing in suspended graphene membranes. *Nano Letters*, 13, 3237–42.

Suuronen, E. J., Sheardown, H., Newman, K. D., McLaughlin, C. R., and Griffith, M. (2005). Building *in vitro* models of organs. *International Review of Cytology*, 244, 137–73.

Tixier-Mita, A., Jun, J., Ostrovidov, S., Chiral, M., Frenea, M., LePioufle, B., and Fujita, H. (2004). A silicon micro-system for parallel gene transfection into arrayed cells. *Proc. of the uTAS 2004 Symposium, The Royal Society of Chemistry*, pp. 180–2.

Trung, P. Q., Hoshi, T., Tanaka Y., and Sano, A. (2013). Proposal of tactile sensor development based on tissue engineering. *Proc. of IEEE/RSJ Int. Conf. Intelligent Robots and Systems (IROS 2013)*, pp. 2030–4.

Tsutsui, H., Yu, E., Marquina, S., Valamehr, B., Wong, I., Wu, H., Ho, C. H. (2010). Efficient dielectrophoretic patterning of embryonic stem cells in energy landscapes defined by hydrogel geometries. *Annals of Biomedical Engineering*, 38, 3777–88.

Wang, E., Desai, M. S., and Lee, S. W. (2013). Light-controlled graphene-elastin composite hydrogel actuators. *Nano Letters*, 13, 2826–30.

Wang, H., et al. (2015). Automated assembly of vascular-like microtube with repetitive single-step contact manipulation. *IEEE Transactions on Biomedical Engineering*, 62(11), 2620–8.

Yamanaka, S. (2009). A fresh look at iPS cells. *Cell*, 137, 13–7.

Yue, T., Nakajima, M., Ito, M., Kojima, M., and Fukuda, T. (2011). High speed laser manipulation of on-chip fabricated microstructures by replacing solution inside microfluidic channel. *Proc. of the 2011 IEEE/RSJ Int. Conf. on Intelligent Robots and Systems (IROS2011)*, pp. 433–8.

Yue, T., Nakajima, M., Takeuchi, M., Hu, C., Huang, Q., and Fukuda, T. (2014). On-chip self-assembly of cell embedded microstructures to vascular-like microtubes. *Lab on a Chip*, 14, 1151–61.

Zhang, X., Yu, Z., Wang, C., Zarrouk, D., Seo, J. W. T., Cheng, J. C., Buchan, A. D., Takei, K., Zhao, Y., Ager, J. W., Zhang, J., Hettick, M., Hersam, M. C., Pisano, A. P., Fearing, R. S., and Javey, A. (2014). Photoactuators and motors based on carbon nanotubes with selective chirality distributions. *Nature Communications*, 5, 2983.

第53章
生物混合触觉接口

Sliman J. Bensmaia

Department of Organismal Biology and Anatomy,
University of Chicago, USA

　　手是非常精细复杂、功能多样的感觉运动器官。它不仅使我们能够抓握和熟练地操纵物体，还使我们能够从事令人惊讶的复杂行为，例如键盘打字或弹吉他。虽然手的这些能力依赖于复杂的神经系统来控制，但如果手没有被赋予无数的传感器，这些能力将严重受损（Johansson and Flanagan，2009）。事实上，手部的皮肤、肌肉和关节中嵌入了各种各样的受体，这些受体传递有关手部构象和运动以及手部接触物体的大小、形状和材料特性的信息（Bensmaia and Manfredi，2012）。大脑的特定区域从手部解读这些信号，并将它们与正在执行的运动指令相结合以指导行为。如果没有来自手部的连续性感觉信号流，物体的抓取和操作只能依赖于视觉反馈，而视觉反馈有时是不可用的，例如，当一个物体被另一个物体阻挡时，并且视觉反馈通常是不充分的，例如，在决定施加多大力量来抓取一个刚性物体时。手的感觉信号除了对运动行为起到引导作用外，在具身化过程中也起着至关重要的作用，也就是说，它们通过手部感觉到我们身体的一部分。最后，触觉对于情感交流、性行为和性体验也至关重要。

　　对于截肢者和四肢瘫痪者来说，失去肢体或丧失肢体控制能力对生活质量将产生毁灭性的影响。目前已经设计出越来越逼真、复杂的机器人手来代替患者缺失或功能失调的手，并且已经开发出算法通过破译（或解码）意向性运动来控制这种机械手，这些运动可以来自残余肌肉或神经中的激活模式，甚或来自大脑神经元（如图53.1所示）（Gilja *et al.*，2011）。但是，使用假手需要感觉信号的原因与使用天然手相同。除了驱动关节的马达外，机器人手还配备了各种传感器，可以跟踪手的状态，就像天然手中的受体一样。最后，技术诀窍是将这些传感器的输出转换成感知，从而恢复丧失的感觉，或者至少传递足够的信息来指导手部控制（图 53.1）。一种方法是用施加在残余感觉层（如截肢者的胸部）上的刺激来代替丧失的感觉，传递有关假手状态的信息（Rombokas et al., 2013）。然后，患者必须学会将特定的刺激模式与手部特定状态联系起来。另一个更雄心勃勃的方法是试图通过仿生手段恢复触觉，也就是说，重现当肢体仍在原位并与大脑相连时所诱发的神经元活动模式。

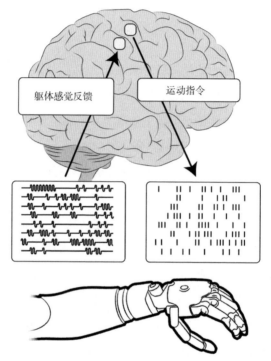

躯体感觉反馈

运动指令

图 53.1　利用大脑运动区域的信号来控制机器人肢体（右）。来自肢体传感器的信号被转换成电刺激模式，作用于大脑躯体感觉区域，产生有意义的感知觉（左）

一、通过外周接口恢复触觉

截肢者虽然失去了一条肢体，但向肌肉发送运动指令以移动肢体并将感觉反馈从肢体传递到大脑的神经仍然完好无损。因此，原则上可以从患者的运动神经纤维中解码运动意图，并激活残余感觉纤维以诱发知觉（Weber et al., 2012）。如上所述，皮肤受到多种感受器的支配，其中三种感受器介导触觉，即传递有关被抓取物体的大小、形状和质地的信息，以及这些物体是否在皮肤上移动的信号。这些机械感受器将皮肤变形转化为神经信号，每种类型的感受器对不同的皮肤变形做出反应，并介导不同的触觉感知。虽然这三种感受器在某种程度上都对触觉感知有贡献，但梅克尔小体主要参与压力感知，也在触觉形状感知中发挥作用，迈斯纳小体参与触觉运动感知，帕奇尼小体则参与触觉质地感知。来自每个感受器的信号随后由传入纤维传递到大脑：缓慢适应 1 型（SA1）传入纤维传递来自梅克尔小体的信号，快速适应（RA）传入纤维传递来自迈斯纳小体的信号，帕奇尼（PC）传入纤维则传递来自帕奇尼小体的信号（Bensmaia and Manfredi，2012）。任何关于手部状态和手部接触物体的信息都是通过这些机械感受性传入纤维的时空激活模式进行传递的。

通过外周接口恢复触觉的想法是以系统性、信息化的方式激活传入纤维，尽可能地激发出类似的感知。激活传入神经的一种方法是用短时间、低振幅的电脉冲刺激它们。在对清醒人类受试者进行的实验中，传入纤维的电刺激被证明能够诱发系统性依赖传入神经类型的知觉（Ochoa and Torebjork，1983）。刺激 SA1 传入纤维可引起压力感，刺激单个 RA 传入纤维可引起颤振和运动感，刺激 PC 传入纤维可引起振动和质地感。此外，激活单个的 SA1 和 RA 传入纤维可诱发仅局限于一小块皮肤的知觉，而激活 PC 传入纤维可诱发弥漫性感觉。科学家可以开发算法将机器人手的传感器输出转换为适当的神经刺激模式，从而恢复触觉。要想获得仿生神经激活模式，就需要了解天然手与天然感受器中皮肤变形诱发传入神经活动的机制。

科学家已经开发出强大的模型，能够预测在抓取和操作物体过程中可能发生的任何皮肤变形所诱发的神经元反应。这些模型描述了施加在皮肤表面的力（可随时间和空间发生变化）如何通过皮肤传播并影响皮肤内的三种感受器（Kim *et al.*，2010）。皮肤的生物力学特性可以改变施加于皮肤表面的空间模式，增强某些特征（如转角）并掩盖其他一些特征（接触物体的内部微小特征）。这些模型还能以毫秒级精度预测传入神经对时变刺激（例如，皮肤对表面质感的扫描）的反应时间。能够对传入神经激活的空间模式及时间模式进行预测也很重要，因为神经反应的这两个方面共同塑造了触觉感知。这些模型很好地捕捉了不同传入纤维的反应特性。例如，单个的 SA1

和 RA 传入纤维对小块皮肤（直径约为几毫米）的刺激有反应，而单个的 PC 传入纤维通常对整个手部的刺激有反应。此外，SA1 传入纤维的响应主要由皮肤凹陷的深度（或施加在皮肤上的压力的大小）决定，RA 传入纤维的响应主要由凹陷的变化率决定，PC 传入纤维的响应主要由皮肤加速度决定。这类模型不仅提供了对手部皮肤信号大脑发送机制的了解，还可应用于神经修复领域，将传感器输出模式转换为神经激活模式（Kim *et al.*, 2009）。事实上，模型输出可以通过传递适当的电刺激模式在神经中发挥效应。

通过外周神经刺激恢复触觉的一个关键组件是神经接口。这一想法是在神经或脊髓内长期植入电极阵列，并通过这些电极对单个传入纤维或传入纤维群进行电刺激（图 53.2）。科学家目前正在针对躯体感觉神经开发各种植入物：其中一些类似于微型钉床，可以嵌入神经，另一些则是微型袖套，可以环绕神经（Weber *et al.*, 2012）。通过这样的阵列施加刺激可以产生类似的触觉感知，如压力感和质地感。但使用这些阵列在感觉和电刺激之间进行映射比较困难，因为鉴于目前的技术现状，不可能利用这些植入物来刺激单个传入纤维，甚至是单一类型传入神经。因此，不能直接使用感受器模型将

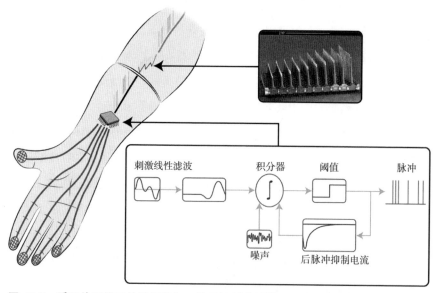

图 53.2　采用外周接口的神经修复。使用机械传导模型（右下方插图）将传感器输出转换为所需的棘波序列，该模型通过长期植入电极阵列（如犹他倾斜电极阵列，右上方插图）进行电刺激以在神经中发挥效应

传感器输出转换为神经刺激。近期的一种方法包括了模拟传入神经群的反应，并通过神经电刺激来达到这种效果。然而，随着技术进步和传入神经刺激的选择性增强，通过复制神经活动自然模式来获得可预测真实感觉的能力将会得到提高。鉴于我们对机械传导和躯体感觉神经特性的深入理解，通过外周接口实现自然人工感知的主要问题是技术障碍。因此，随着科技进步，我们利用机器人肢体在截肢者身上恢复自然触觉的能力也会随之提高。

二、通过大脑接口恢复触觉

虽然外周接口为截肢者提供了一种恢复感觉运动功能的方法，但它们不能应用于脊髓高位损伤患者，因为这些患者神经和大脑间的通信已经发生中断。在这种情况下，神经假体必须绕过神经直接与大脑连接。来自手部的信号通过机械感受性传入纤维传递到手臂上，并在脊髓上短距离传播，最后终止于后索核的神经元。这些神经核中的神经元向丘脑发送投射，丘脑随后向初级躯体感觉区（S1）发送信号。原则上，神经假体可以与后索核、丘脑或大脑皮质直接建立接口（Weber et al.，2012），但这里笔者主要关注皮质接口，因为它们与上述的外周对应物有着最显著的区别。

如上所述，机械感受性传入信号是相对简单的皮肤变形（压痕深度、速度和加速度）。关于物体的信息——它们的形状、质地、运动等——必须从传入神经群的激活模式中推断得出。中枢神经系统的主要功能之一是从这些传入信息中提取行为相关的信息。意识感知就是这种感觉加工的结果之一。神经纤维和皮质神经元的主要区别在于前者可以分为少数亚型，因此可以建立强大的模型，而后者则不能。事实上，大脑中的每一个神经元都表现出独特的特性，虽然这些特性在某种程度上可以成簇，但它们不能像外周神经元那样进行分类。因此，描述皮质神经元反应机制的模型只能应用于小的神经元亚群，而且其功能不如相应的外周模型那样强大。另一方面，皮质神经元对感觉世界有着更精细的描述，这种描述原则上可以通过皮质接口加以利用。

与外周接口一样，大脑皮质接口的目的是诱发自然的、有意义的神经元激活模式，希望在大脑中引发自然的、有意义的感知。为了阐释这种方法，让我们考虑有关接触位置的信息。当抓住一个物体时，我们知道我们手的哪个部分（例如哪些手指）与它接触。S1 脑区是按照躯体进行组织的，也就是说，邻近神经元对邻近的皮肤区域产生反应。换言之，S1 脑区包含了身体的完整地图（至少四幅完整地图）。这种组织图式的一个著名代表就是"体感小人"（somatosensory homunculus），它描绘了大脑的横截面图，上面排列着躯体变形的图像，有巨大的手和巨大的头，并反映了这样一个事实，即更多的脑区域对应于某些特定的身体区域而非其他区域。当一块皮肤被触摸时，一块空间上局限的皮质就会被激活（事实上，有三块空间局限的皮质被激活，每一个皮肤体图上都有一块，第四块是本体感觉）。因此，我们对某物触碰的感觉可能取决于激活神经元在大脑中的位置。事实上，刺激 S1 神经元确实会引发感知，这种感知局限于它们的感受野，也就是它们正常反应的区域（Berg et al., 2011）。躯体感觉皮质的这种特性可以用来传递有关接触位置的信息。事实上，即使截肢者失去了肢体，他们仍然会感受到肢体存在的感觉，因为他们躯体感觉皮质中负责对失去肢体做出反应的部分仍然存在。因此，他们那部分的大脑活动可以体验到不再存在的肢体，即通常所称的幻肢。对于四肢瘫痪的病人，他们是在传入神经阻滞的肢体上感受到这种感觉。现在，假设用人工假体的食指尖触摸一个物体，导致感受野位于食指尖的神经元被激活。这些神经元的激活反过来又会引发感觉并投射（或体验）到食指尖。更好的是，研究表明，如果人工诱导的感觉与假手和物体接触的视觉体验相结合，则感觉可以投射到假手之上（图 53.3）。换句话说，如果触摸物体在 S1 脑区诱发空间适宜的活动模式，手就可以作为身体的一部分被具化和体验！

当更多的压力作用在皮肤上时，负责对该块皮肤进行反应的神经元会变得更加活跃，其附近的神经元也变得活跃。神经元反应强度和空间范围的这种增加可能为感知强度随压力增加而增加奠定基础。压力变化对神经元活动的影响可以通过增加或减少施加于大脑的电脉冲序列的振幅来模拟：低压通过低振幅脉冲序列模拟；高压通过高振幅脉冲序列模拟（Berg et al., 2013）。人工感知的强度是由电脉冲幅度变化来调节的，这与自然感知的强度是由皮肤压力变化来调节的方式一样。因此，可以通过假体上压力传感器的输出来调节电振幅，从而实现对压力感觉的分级。

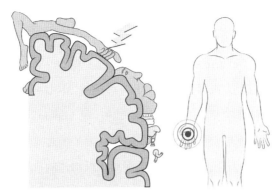

图 53.3　接触位置信息的传递。刺激一组负责手部反应的神经元群，所诱发的感觉可以投射到手上。这种现象可用来直观地传递接触位置的信息

三、未来发展方向

虽然接触位置和接触压力的信息对于物体操作至关重要，但完全恢复触觉需要诱发更为丰富和多维的人工感知。事实上，当我们抓住一个物体时，我们获得关于其形状、质地、运动等特征的信息，而不仅仅是位置和压力。因此，感觉恢复的下一步是尝试诱发具有特定性质的知觉。一种方法是利用感觉皮质神经元的特征选择性。事实上，S1 中的一些神经元只在其感受野中存在特定的物体特征时才做出反应。例如，一些神经元只有在物体边缘以特定方向压进皮肤（取向选择神经元）时才会做出反应（Bensmia *et al.*，2008）。其他神经元只有当物体在皮肤上沿特定方向移动时才做出反应，而与其形状无关（方向选择神经元）（Pei *et al.*，2010）。也许刺激一组特定取向偏好的神经元群会引发对该取向物体边缘的感知。刺激另一组特定方向偏好的神经元群，会引发朝该方向刺激性移动的感觉。同时刺激这两种神经元群可能会诱发取向边缘在特定方向移动的感知。如果这种方法能够取得成功（目前尚有待实验验证），则人工感知的逼真度将主要受限于刺激技术：植入的电极越多，我们能够诱发的感知就越丰富。

同时，我们可以通过模仿神经元活动的自然模式及相关模式，直观传达某些类型的触觉信息。对于受伤后丧失颈部以下任何感觉的四肢瘫痪患者来说，这是向前迈出的一大步。这种仿生方法能让我们在恢复触觉方面走多远？只有时间能证明一切。

四、拓展阅读

德尔哈耶等（Delhaye *et al.*，2016）最近发表的一篇综述，探讨了为人工假体触觉系统构建人机界面所面临的一些挑战。本书中有几章也探讨了与躯体感觉假体设计非常相关的主题。莱波拉（见 Lepora，第 16 章）回顾了人类触觉的生物学原理，并介绍了一些仿生触觉系统的实例。卡特科斯基（见 Cutkosky，第 30 章）探讨了伸取、抓握和操纵物体的挑战，指出了协同效应在简化控制方面的好处。普拉萨德（见 Prasad，第 49 章）介绍了非侵入式脑–机接口，这些接口有可能用于控制假手；瓦萨内利（见 Vassanelli，第 50 章）则讨论了创建神经系统长期直接接口的挑战。列奈和蒂克西尔（见 Lenay and Tixier，第 58 章）回顾了如上所述的感觉替代技术，其可以作为一种手段将假体感觉信号显示于身体其他部位的皮肤上，或者将其转换成不同的感觉模态。

参 考 文 献

Bensmaia, S. J., Denchev, P. V., Dammann J. F., III, Craig, J. C., and Hsiao, S. S. (2008). The representation of stimulus orientation in the early stages of somatosensory processing. *J. Neurosci.*, 28, 776–86.

Bensmaia, S. J., and Manfredi, L. R. (2012). The sense of touch. In: V. S. Ramachandran (ed.), *Encyclopedia of Human Behavior.* Amsterdam: Elsevier, pp. 373–8.

Berg, J. A., Dammann J. F., III, Manfredi, L. R., Tenore, F. V., Kandaswamy, R., Vogelstein, R. J., Tabot, G. A., Hatsopoulos, N. G., and Bensmaia, S. J. (2011). *Providing sensory feedback through intracortical microstimulation for upper limb neuroprostheses.* Paper presented at Neuroscience 2011, November 12–16, Washington, D.C., Society for Neuroscience.

Berg, J. A., Dammann J. F., III, Tenore, F. V., Tabot, G. A., Boback, J. L., Manfredi, L. R., Peterson, M. L., Katyal, K. D., Johannes, M. S., Makhlin, A., Wilcox, R., Franklin, R. K., Vogelstein, R. J., Hatsopoulos, N. G., and Bensmaia, S. J. (2013). Behavioral demonstration of a somatosensory neuroprosthesis. *IEEE Trans. Neural Syst. Rehabil. Eng.*, 21, 500–7.

Delhaye, B. P., Saal, H. P., and Bensmaia, S. J. (2016). Key considerations in designing a somatosensory neuroprosthesis. *Journal of Physiology-Paris*, 110(4, Part A), 402–8. doi:https://doi.org/10.1016/j.jphysparis.2016.11.001

Gilja, V., Chestek, C. A., Diester, I., Henderson, J. M., Deisseroth, K., and Shenoy, K. V. (2011). Challenges and opportunities for next-generation intracortically based neural prostheses. *IEEE Trans. Biomed. Eng.*, 58, 1891–9.

Johansson, R. S., and Flanagan, J. R. (2009). Coding and use of tactile signals from the fingertips in object manipulation tasks. *Nat. Rev. Neurosci.*, 10, 345–59.

Kim, S. S., Sripati, A. P., and Bensmaia, S. J. (2010). Predicting the timing of spikes evoked by tactile stimulation of the hand. *J. Neurophysiol.*, 104, 1484–96.

Kim, S. S., Sripati, A. P., Vogelstein, R. J., Armiger, R. S., Russell, A. F., and Bensmaia, S. J. (2009). Conveying tactile feedback in sensorized hand neuroprostheses using a biofidelic model of mechanotransduction. *IEEE Trans. BIOCAS*, 3, 398–404.

Ochoa, J., and Torebjork, E. (1983). Sensations evoked by intraneural microstimulation of single mechanoreceptor units innervating the human hand. *J. Physiol.*, 342, 633–54.

Pei, Y. C., Hsiao, S. S., Craig, J. C., and Bensmaia, S. J. (2010). Shape invariant coding of motion direction in somatosensory cortex. *PLoS Biol.*, **8**, e1000305.

Rombokas, E., Stepp, C. E., Chang, C., Malhotra, M., and Matsuoka, Y. (2013). Vibrotactile sensory substitution for electromyographic control of object manipulation. *IEEE Trans. Biomed. Eng.*, **60**(8). doi: 10.1109/TBME.2013.2252174

Weber, D. J., Friesen, R., and Miller, L. E. (2012). Interfacing the somatosensory system to restore touch and proprioception: essential considerations. *J. Mot. Behav.*, **44**, 403–18.

第 54 章
植入式听觉界面

Torsten Lehmann[1], Andre van Schaik[2]
[1] School of Electrical Engineering and Telecommunications,
University of New South Wales, Australia
[2] Bioelectronics and Neuroscience, MARCS Institute for Brain,
Behaviour and Development, Western Sydney University, Australia

听力丧失可能是一种毁灭性的残疾。在正常的日常活动中,我们使用言语与他人交流——因此听力丧失严重限制了我们与同事、朋友、家人和他人的交流。失聪很容易导致社会孤立,并可能进一步导致严重的后果,如失去收入或抑郁。因此毫无疑问,只要有可能,人类就尝试利用各种技术帮助听力障碍患者改善听力。传统助听器在帮助失聪患者方面非常成功;然而,虽然现代助听器很先进,但它们基本上依靠用户的残余听力进行声音放大来发挥作用。耳聋的一个主要原因是丧失耳蜗的内毛细胞,这些细胞负责将声压转换成感觉神经系统的电信号。如果丧失毛细胞,声音放大对用户就没有任何意义。人工耳蜗或仿生耳作为当今最成功的生物混合系统之一,则能够在这种情况下部分恢复听力。

在本章中,我们将解释耳蜗的基本原理。我们将讨论实施人工耳蜗时所使用的生物灵感,并探讨创建生物混合听觉系统时的设计限制。我们将讨论目前和未来人工耳蜗所面临的挑战,并在最后概述未来研究领域。此外目前还有其他类型的一些助听器,如骨导植入式助听器、中耳植入物、脑干刺激器等;不过,我们将把注意力集中在人工耳蜗上,它是目前应用最广泛的助听器。

一、耳蜗的生物学原理

声音被外耳接收后,沿着耳道传播并使鼓膜振动(详见第 15 章)。鼓膜又随后驱动中耳骨（锤骨、砧骨和镫骨）的阻抗匹配杠杆机制，这些骨头附着在充满液体的耳蜗（或内耳）的卵圆形窗口上，从而有效地将声音耦合到耳蜗腔。在耳蜗中，声音振动转化为神经活动，沿着听觉神经从双耳传递到脑干的橄榄复合体，声音信息在那里通过下丘到达听觉皮质，进行更高级的声音处理。

（一）耳蜗

耳蜗示意图如图 54.1 所示。螺旋形耳蜗有两个主要的腔室：前庭阶和鼓阶，它们都沿整个耳蜗分布，并被基底膜隔开。声音通过耳蜗底部的前庭窗与前庭阶耦合，引起基底膜偏转并向耳蜗顶端移动。基底膜的硬度随着远离基底端而降低，导致偏转波沿耳蜗传播的速度减慢。结果，偏转幅度将在鼓膜的某个地方达到峰值。该峰值的具体位置取决于传入声音的频率：高频信号在基底端附近产生峰值，而低频信号在顶端附近产生峰值。声音信号对声音位置的频率依赖性映射（音调映射）是人工耳蜗的关键技术之一。

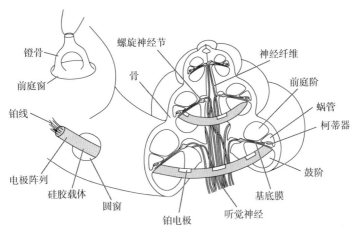

图 54.1　植入式电极阵列耳蜗示意图

沿着基底膜分布着柯蒂器。沿着整个耳蜗分布着毛细胞，毛细胞充当了物理移动和神经活动之间的接口。内毛细胞对基底膜偏转产生神经反应；这些神经反应通过化学突触传递到螺旋神经节细胞，并传递到听觉神经。由于耳蜗的音调映射，听觉神经也携带了传入声音的音调映射图。声音信号到神经活动的映射是人工耳蜗的另一项关键技术。

柯蒂器的外毛细胞根据神经活动进行移动。这形成了一个正反馈系统，声音引起的移动产生神经活动，从而导致进一步的移动，又再次增加神经活动，即产生了神经信号的放大。这种放大是非线性的，使得柔和声音比响亮声音得到更多的放大，有效压缩了耳蜗接收声音的动态范围，并让我们听到更柔和的声音。动态范围压缩是人工耳蜗的第三项关键技术。

（二）人工耳蜗

近几十年来科研人员开展了大量的研究，构建可严密模拟耳蜗运行的系统，特别是在神经形态工程领域。人们创造出了电子耳蜗和软件耳蜗，尽管其中一些系统以替代经典工程学方法的方式来努力执行具体任务（如声音定位或分解），但大多数系统都在努力深入了解它们所模拟的生物系统的运行情况。然而，在构建诸如人工耳蜗之类的生物混合系统时，重要的不是生物系统的运作方式，而是其功能。此外，现有刺激技术的性质仍相当迟钝，无法在耳蜗中实现更精细和微妙的效果。

（三）生物混合的思考

对于大多数生物混合系统，尤其是人工耳蜗，系统的目的是修复，即替代已经丧失的身体功能。系统成功的关键是身体-机器接口点。首先，接口必须位于所失去的身体功能部位之外，并连接到正常的身体部位。其次，接口必须位于身体功能得到很好理解和表征的部位。再次，接口点必须保证身体和机器部件的稳定、长期共存。最后，接口必须位于手术可行的部位，便于安装机器部件。在生物混合听觉系统中，耳蜗是最合适的接口位置：听力损失通常是由耳蜗毛细胞的死亡所导致，而螺旋神经节神经元仍然存活，并可通过耳蜗内的电刺激激活；健康耳蜗螺旋神经节细胞对声音的音调映射可以通过电子元件和电极阵列很容易地复制；电极阵列相对易于插入耳蜗，耳蜗的骨结构可以使电极阵列相对神经细胞保持位置固定。

例如，在某些情况下，如果听觉神经被切断，耳蜗就不能作为生物混合听觉系统的接口。在这种情况下，接口可以进一步延听觉通路向上放置，例如，在听觉脑干上。但这种生物混合听觉系统远没有人工耳蜗那么成功，因为其声音映射还没有得到很好的定义和理解。

二、生物混合听觉系统

为了替代身体功能，在设计生物混合系统整体性能时，所采用技术的能力和局限性起着至关重要的作用。例如，生物系统所采取的方法并不一定是最有效或最直接利用现有技术的方法。用电子系统模拟耳蜗的声音处理是最容易实现的；现代数字化电子元件能够进行复杂、低功耗的信号处理，并且可以重新编程，推动开展新研究完善已有系统。

（一）神经接口

将声音信号转换成电子信号进行处理，可以通过麦克风很容易地实现。将电子信号进一步转换成神经信号是将电流通过一对电极来完成的（详见第50 章）：流经组织的电流将改变神经细胞和细胞外液之间的电位差，导致紧邻电极的神经细胞被激活。通过增加电流强度，更多的神经细胞将被激活，增加对刺激的生理反应，从而实现对感知声强的电子调制。为了避免电刺激引起疼痛或组织损伤，限制电流强度、持续时间和平均值非常重要：通常采用严格控制的双相电流脉冲。通过沿整个耳蜗长度放置多个电极，每个电极都可以在耳蜗内不同神经细胞所能触及的范围之内创建电子系统和神经系统之间的接口。

（二）人工耳蜗植入系统

图 54.2 为典型的人工耳蜗及对应的外部语音处理器。人工耳蜗被放置在耳朵上方的皮肤下面，电极阵列通过耳蜗的前庭窗插入鼓膜，详见图 54.1。返回电极通常放置在耳蜗外，以实现电流沿神经分布的最大化，从而降低刺激电流的感知阈值。为了避免身体对植入物的不良反应，与身体接触的材料必须是生物相容的：电子元件被封装在密封的钛金属壳中，而电极则由铂制成并封装在硅胶载体中进行电气隔离。人工耳蜗需要以 1～10kHz 的频率刺激以产生有意义的音质，这种频率需要相对较大的功率消耗。因此，电

池安放在外部语音处理器中，便于更换。电能（和数据）然后通过一组经皮感应耦合线圈传输到植入体，一对磁铁负责将线圈对齐排列，并且使外部线圈固定到位。典型的耳后式语音处理器内还包含了系统的麦克风，并开展所需的大部分信号处理，使得无须手术就可以对系统进行重大升级。

图 54.2　人工耳蜗（右上）和外部语音处理器（左下）的照片

（三）声音处理

最早的人工耳蜗只有几个电极，但人们很快就清楚地认识到，生物混合听觉系统应该模拟健康耳蜗的音调映射。如今的人工耳蜗有几十个电极：当刺激耳蜗基底端附近的电极时，会产生高频声音的感觉；而刺激耳蜗顶端附近的电极，则会产生低频声音的感觉。为了说明耳蜗的频率分类，图 54.3显示了声音"选择"的频谱图：根据时间绘制声音所含不同频率的能量，可

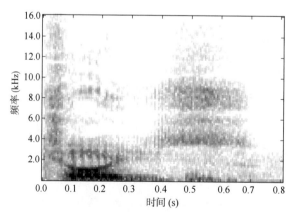

图 54.3　声音"选择"的频谱图；深色区域表示给定频率在该时间点具有高能量

以清楚地区分出音素"ch"、"oi"和"s"。为了生成音调映射，语音处理器同样将可听声音的频率范围划分为多个波段，并且在每个小的时间间距内确定每一波段的能量（例如，采用傅里叶变换或一组带通滤波器）；每个频带分别映射到耳蜗中的特定电极。在最常采用的刺激策略——连续交错采样（CIS）中，在每个小的时间间距内，每个电极依次受到与其所映射的频带能量相对应的电流水平的刺激。

（四）动态范围

在典型的人工耳蜗使用者中，刚刚可感知到的刺激电流与最大舒适电流的比值（即动态范围）仅在 10 分贝范围内。然而最重要的一类声音信号——语言，其动态范围约为 50 分贝。因此，同健康耳蜗一样，声音信号压缩对于人工耳蜗的性能至关重要。有时可对从麦克风接收的声音信号进行压缩（使用自动增益控制），以减少后续声音处理所需的动态范围。然而最重要的是，需要对每个声音频带的能量水平进行对数压缩，以适应相关电极的动态范围。

三、未来发展方向

近 30 年来，人工耳蜗的性能取得了很大的进步。虽然人工耳蜗使用者能够与听力正常的人进行对话，但他们的听力远未完全恢复，尤其是在嘈杂环境中的听觉，仍然是一项艰巨的挑战。

最重要的性能限制可能在于神经–电极接口。电极离它们所要激活的神经越远，刺激的选择性就越低，所需的刺激功率就越大。因此，缩短电极和神经之间的有效距离将允许提供大量更具选择性的通路，这将显著提高人工耳蜗的性能；因此，这是一个非常关键的研究领域。最新的电极技术旨在解决这一问题，但迄今为止，缩短与神经距离的研究受到了耳蜗骨结构的限制。另一种正在研究的方法是利用神经生长因子促进神经向电极方向生长。

拥有更好的神经接口将改善整体听力表现，特别是在嘈杂环境中的性能。目前另一个研究领域是利用先进的信号处理技术，在声音传输到人工耳蜗植入物之前去除不需要的噪声信号。该领域已经取得了很大的进展，并且随着越来越强大的移动计算平台可供使用，这一领域仍有很大的发展空间。

目前的人工耳蜗植入系统相对比较笨重（例如，与助听器相比）；未来的完全植入式系统将不易损坏，始终能够使用（甚至在游泳等活动中），也不会显得那么笨重和明显。完全植入式系统已经得到测试验证，但还没有实现商业化；这类系统面临的主要障碍是植入麦克风的性能和完全植入式系统的可用功率有限。目前正在积极开展研究解决这些局限性。

四、拓展阅读

限于本章内容比较简短，因此省略了人工耳蜗的一些重要元素，例如：绘制个体用户阈值和舒适电流水平的方法；神经可塑性和学习在人工耳蜗性能中的重要性；电诱发复合动作电位测量方法的应用；存活神经元群体和植入时间对人工耳蜗的影响；双侧人工耳蜗的使用逐步增加；新出现的声/电混合系统；以及现代植入物设计中的许多工程挑战等。感兴趣的读者可参考以下文献作为进一步阅读的起点与未来研究方向的指引。

里昂（Lyon，2017）对人类和机器听觉做了非常好的概述。威尔逊与多尔曼（Wilson and Dorman，2008）、曾凡刚等（Zeng *et al.*，2008）分别概述了当前的人工耳蜗植入技术和未来研究领域，主要是从工程学的角度；而塞利格曼（Seligman，2009）和克拉克（Clark，2012）则对该技术的发展历史进行了阐述。利姆等（Lim *et al.*，2009）介绍了可供替代的生物混合听觉系统。施特弗尔和列纳兹（Stöver and Lenarz，2009）从生理学角度探讨了电极技术中可能采用的新材料。范·夏克等（van Schaik *et al.*，2010）介绍了可模拟耳蜗功能的系统实例。最后，皮克尔斯（Pickles，2012）和克拉克（Clark，2003）分别对听觉和耳蜗植入系统进行了详细描述。本书其他章节介绍了其他神经形态感知系统的许多示例，例如视觉（见 Dudek，第 14 章）和化学感觉（见 Pearce，第 17 章）。

参 考 文 献

Clark, G. (2003). *Cochlear implants: fundamentals and applications*. New York: Springer.

Clark, G. (2012). The multi-channel cochlear implant and the relief of severe-to-profound deafness. *Cochlear Implants International*, 13(2), 69–85.

Lim, H. H., Lenarz, M., and Lenarz, T. (2009). Auditory midbrain implant: a review. *Trends in Amplification*, 13(3), 149–80.

Lyon, R. F. (2017). *Human and machine hearing*. Cambridge, UK: Cambridge University Press.

Pickles, J. O. (2012). *An introduction to the physiology of hearing*, 4th edn. Bingley: Emerald Group.

Seligman, P. (2009). Prototype to product—developing a commercially viable neural prosthesis. *Journal of Neural Engineering*, 6(6), 065006.

Stöver, T., and Lenarz, T. (2009). Biomaterials in cochlear implants. *GMS Current Topics in Otorhinolaryngology—Head and Neck Surgery*, 8, 10.3205/cto000062.

van Schaik, A., Hamilton, T. J., and Jin, C. T. (2010). Silicon models of the auditory pathway. In: R. Meddis, E. A. Lopez-Poveda, R. R. Fay, and A. N. Popper (eds), *Springer handbook of auditory research: computational models of the auditory system*, Vol. 35. New York: Springer.

Wilson, B. S., and Dorman, M. F. (2008). Cochlear implants: current designs and future possibilities. *Journal of Rehabilitation Research and Development*, 45(5), 695–730.

Zeng, F.-G., Rebscher, S., Harrison, W., Sun, X., and Feng, H. (2008). Cochlear implants: system design, integration, and evaluation. *IEEE Reviews in Biomedical Engineering*, 1, 115–42.

第 55 章
海马记忆假体

Dong Song, Theodore W. Berger
Department of Biomedical Engineering, University of Southern California,
Los Angeles, USA

　　本章介绍了一种认知修复假体的研发,这种修复假体旨在恢复形成新的长期记忆的能力,这种记忆通常在海马体损伤后丢失。用于发展这种假体原型的动物模型是大鼠的记忆依赖、样本延迟非匹配(DNMS)行为,假体的核心是仿生多输入多输出(MIMO)非线性动力学模型,可根据 CA1 突触前(如 CA3)记录的时空棘波序列输入,提供海马(CA1)时空棘波序列输出的预测能力。我们证明了 MIMO 模型有能力对 CA1 编码记忆进行高精度的预测,这种预测可以在单次尝试的基础上实时进行。当海马 CA1 功能被阻断,长期记忆形成丧失时,成功的 DNMS 行为也被中止。然而,当 MIMO 模型预测被应用于恢复 CA1 记忆相关活动时,可通过驱动海马输出的时空电刺激来模拟在受控条件下观察到的活动模式,从而使成功的 DNMS 行为得到恢复。

一、 生物学原理

　　海马体和内侧颞叶周围区域的损伤可导致形成新的长期记忆的能力永久丧失(Milner, 1970;Squire and Zola-Morgan, 1991;Eichenbaum, 1999)。因为海马体参与新记忆的产生而不是储存,所以在损伤前形成的长期记忆和短期记忆通常仍保持完整。海马系统损伤特有的顺行性遗忘可由脑卒中或癫痫引发,这是痴呆和阿尔茨海默病的重要特征之一。

　　在设计健忘症的恢复性治疗方法时,研究人员面临的主要障碍之一是对大脑负责高级认知功能的区域神经加工的性质了解有限。本章介绍了一种解决这一基本问题的策略，即用模拟完整生物回路输入输出功能的微电子元件替换受损组织。我们所提出的微电子系统不只是对细胞进行电刺激，一般性地提高或降低其平均放电率。相反，我们提出的假体整合了数学模型，首次通过海马记忆系统对精细调制的信息时空编码进行复制，从而允许大脑形成和存储其对所经历特定物项或事件的记忆。

这种方法的基础是一些关于大脑如何编码信息的假设，以及认知功能与神经元群电生理活动之间的关系（Berger *et al.*，2010）。首先，我们假设大脑中的大部分信息是根据时空活动模式编码的。神经元之间的交流使用全或无的动作电位或"棘波"。由于棘波的振幅几乎相等，信息只能通过棘波间距序列或称"时间模式"（temporal pattern）的变化来传递。神经元群呈现为空间分布，因此神经系统传输的信息只能通过棘波的时空模式（spatio-temporal pattern）变化来编码。

神经元的基本信号处理能力来自其将棘波间期输入序列转换成不同的棘波间期输出序列的能力。在所有大脑区域，由此产生的输入–输出转换都是高度非线性的，因为神经元和突触的细胞/分子机制天然为非线性动力学。神经机制的非线性远远超出动作电位阈值。根据定义，所有电压相关的传导都是非线性的，具有各种不同的识别斜率、拐点、激活电压、失活特性等，导致非线性来源的数量众多、功能各异。因此，大脑中的信息是根据活动的时空模式来编码的，任何给定大脑系统的功能都可以通过大脑系统对输入时空模式的非线性转换来理解和量化。例如，短期记忆到长期记忆的转换必须对应于构成海马体内部回路的非线性转换级联——当神经活动时空模式沿海马体传播时，突触通过其内在细胞层传递所产生的一系列非线性转换，最后逐渐收敛于长期储存所需的表征（图 55.1）。基于这一构想，我们构建了多回路仿生系统，表现形式为我们所提议的记忆假体，旨在绕过受损海马组织重建正常海马神经元群执行的棘突序列集合或群体编码（图 55.2）。如果我们对这个问题的概念化描述，以及在下述实验和建模中的实现是正确的，那么我们应该能够使用海马假体以特异性刺激方式重建长期记忆功能。

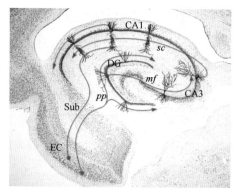

图55.1　海马体的内部回路。EC：内嗅皮质；DG：齿状回；Sub：海马支脚；pp：穿缘通路；mf：苔藓纤维；sc：谢弗侧支

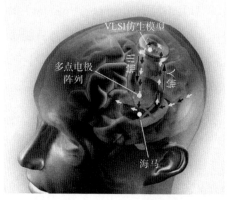

图 55.2　人类海马假体的概念模图。在超大规模集成电路中实现的仿生多输入多输出（MIMO）模型与海马损伤部位具有相同的非线性动力学转换。该假体通过多点电极阵列连接受损海马区的上游和下游区域

二、海马记忆假体

海马记忆假体是一种多回路仿生系统，由三部分组成（图 55.2）：①多电极阵列，用于记录来自海马上游区域（如 CA3）的棘波序列集合；②具有MIMO非线性动力学模型的计算单元，用于预测基于持续性输入（如CA3）棘波序列集合的输出（如 CA1）棘波序列集合；③电刺激器，用棘波的预测输出时空模式刺激下游海马区（如CA1）。

输入输出棘波序列转换的 MIMO 非线性动力学模型采用了稀疏广义Laguerre-Volterra 模型的形式（Song *et al.*，2009a，2009b，2013；Song and

Berger，2010；图 55.3）。MIMO 模型由一系列 MISO 模型串联组成，每个
MISO 模型都可以视为一个棘波神经元模型（Song *et al.*，2006，2009a）。每
个 MISO 模型包括：①MISO-Volterra 内核模型，将输入棘波序列（*x*）转换为
突触电位 *u*；②高斯噪声项，获取棘波产生的随机特性；③产生输出棘波的阈
值；④产生阈前膜电位 *w* 的加法器；⑤单输入单输出 Volterra 内核模型，描述
输出棘波触发的反馈非线性动力学。二阶自内核模型可以用数学形式表示为

$$w = u(k, x) + a(h, y) + \varepsilon(\sigma)$$

$$y = \begin{cases} 0 & w < \theta \\ 1 & w \geqslant \theta \end{cases}$$

$$u(t) = k_0 + \sum_{n=1}^{N} \sum_{\tau=0}^{M_k} k_1^{(n)}(\tau) x_n(t-\tau) + \sum_{n=1}^{N} \sum_{\tau_1=0}^{M_k} \sum_{\tau_2=0}^{M_k} k_{2s}^{(n)}(\tau_1, \tau_2) x_n(t-\tau_1) x_n(t-\tau_2)$$

$$a(t) = \sum_{\tau=1}^{M_h} h(\tau) y(t-\tau)$$

当没有输入时，零阶内核 k_0 就是 *u* 的值。一阶内核 $k_1^{(n)}$ 描述了第 *n* 个
输入 x_n 和 *u* 之间的线性关系，并且是当前和过去的时间间隔（*τ*）的函数。
二阶自内核 $k_{2s}^{(n)}$ 描述了第 *n* 个输入 x_n 中影响 *u* 的棘波对之间的二阶非线
性关系。*N* 是输入数。*h* 是线性反馈内核。M_k 和 M_h 分别表示前馈过程和
反馈过程的记忆长度。该模型内还可以包括其他项，如二阶交叉内核和三
阶内核。

为了便于模型估计和避免过度拟合，Volterra 内核通常使用 Laguerre 或
B-样条基函数 *b* 予以扩展，如宋东等所述（Song *et al.*，2006，2009a，2009b）：

$$u(t) = c_0 + \sum_{n=1}^{N} \sum_{j=1}^{J} c_1^{(n)}(j) v_j^{(n)}(t) + \sum_{n=1}^{N} \sum_{j_1=1}^{J} \sum_{j_2=1}^{j_1} c_{2s}^{(n)}(j_1, j_2) v_{j_1}^{(n)}(t) v_{j_2}^{(n)}(t)$$

$$a(t) = \sum_{j=1}^{L} c(j) v_j^{(h)}(t)$$

其中，$v_j^{(n)}(t) = \sum_{\tau=0}^{M_h} b_j(\tau) x_n(t-\tau)$、$v_j^{(h)}(t) = \sum_{\tau=1}^{M_h} b_j(\tau) y(t-\tau)$、$c_1^{(n)}$、$c_{2s}^{(n)}$ 和 c_h
分别是所寻求的 $k_1^{(n)}$、$k_{2s}^{(n)}$ 和 *h* 的 Laguerre 展开系数（c_0 等于 k_0）。*J* 是基本
函数的个数。

为了实现模型的稀疏性，使用复合似然估计方法（如分组 LASSO）来估计系数（Song *et al.*, 2013）。在最大似然估计（MLE）中，通过将负对数似然函数 $l(c)$ 最小化来估计模型系数。在分组 LASSO（最小绝对收缩与选择算子）中，复合惩罚标准可表示为

$$S(c) = -l(c) + \lambda \left(\sum_{n=1}^{N} \left\| c_1^{(n)}(j) \right\|_2^1 + \sum_{n=1}^{N} \left\| c_{2s}^{(n)}(j_1, j_2) \right\|_2^1 \right)$$

$$= -l(c) + \lambda \left(\sum_{n=1}^{N} \left(\sum_{j=1}^{J} c_1^{(n)}(j)^2 \right)^{\frac{1}{2}} + \sum_{n=1}^{N} \left(\sum_{j_1=1}^{J} \sum_{j_2=1}^{j_1} c^{(n)}(j_1, j_2) \right)^{\frac{1}{2}} \right)$$

其中，$\lambda \geqslant 0$ 是调谐参数，负责控制似然项和惩罚项的相对重要性。当 λ 取值较大时，估计得到的系数结果更为稀疏。λ 可通过多重交叉验证方法进行优化。由于 MIMO 模型的输出具有点过程（point-process）的特性，可基于时间重标度定理，利用 Kolmogorov-Smirnov 检验对其进行验证（Song *et al.*, 2006）。

如上所示，稀疏非线性动态 MIMO 模型提供了一种定量方法来识别棘波神经元之间的功能联系。更重要的是，它已经被用来根据输入棘波序列时空模式对输出棘波序列的时空模式进行预测，并作为海马记忆修复假体的计算基础。

我们在大鼠中进行了海马记忆修复假体实验，让大鼠以随机延迟间隔执行记忆依赖性样本延迟非匹配（DNMS）任务（图 55.3）。动物执行任务时，在采样阶段按下两个位置中任意一个位置随机呈现的单个控制杆（左或右）。这一事件被称为"样本响应"。然后收回控制杆，启动延迟阶段；对于延迟阶段可变的持续时间（0～30 秒），要求动物用鼻按动对面墙上的发光装置。当延迟结束时，鼻按灯光熄灭，两个控制杆都伸出，动物需要按下与样本控制杆相对的控制杆。这一事件被称为"非匹配响应"。如果按下正确的控制杆，动物将得到奖励。一节试验包括大约 100 个成功的 DNMS 任务，每个任务由四个行为事件中的两个组成，即右侧样本（RS）和左侧非匹配（LN），或左侧样本（LS）和右侧非匹配（RN）。棘波序列是通过多电极阵列（MEA）从海马不同的颞隔区域获得的（图 55.3）。

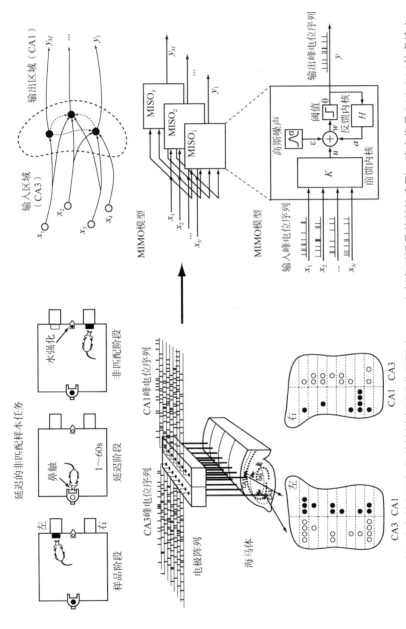

图55.3　利用大鼠执行记忆依赖性样本延迟非匹配（DNMS）任务时记录的棘波序列，建立海马CA3-CA1的多输入多输出（MIMO）非线性动力学模型

实验包括三个步骤（图 55.4）。首先，在控制阶段，植入海马的微型泵在 DNMS 过程中不断地注入生理盐水。动物的记忆功能利用遗忘曲线来量化，遗忘曲线描述了作为延迟时间函数的正确非匹配反应百分比。实验表明，动物可以成功保持对于样本位置（左或右）的记忆，并可延迟约 30s，随着延迟时间延长，正确反应的百分比单调递减（图 55.4，绿线）。在同一时期，可用 MEA 同时记录 CA3 和 CA1 棘波序列。非线性动态 MIMO 模型可以利用这些正常条件棘波序列输入输出数据进行估计，反映正常的 CA3-CA1 时空模式转换。估计的 MIMO 模型能够基于持续性 CA3 棘波序列实时准确地预测 CA1 棘波序列（图 55.5）。CA3 和 CA1 在两个控制杆位置都显示出不同的时空模式（Song *et al.*，2014a）。

其次，在阻断阶段，用谷氨酸能 NMDA 通道阻断剂 MK801 代替生理盐水，注入海马 CA1 区。MK801 可显著抑制 CA1 锥体神经元的活动，同时使 CA3 锥体神经元的活动保持相对完整。因此在行为水平上，动物在 DNMS 任务期间的表现显著下降。遗忘曲线向下移动，对于 10s 以内的延迟，正确反应的百分比为 70%～80%；对于大于 10s 的延迟，正确反应的百分比接近或低于机会水平（50%）（图 55.4，蓝线）。这些结果表明，MK801 通过干扰 CA3-CA1 信号传导而损害海马记忆功能。

最后，在 MIMO 刺激阶段，使用 MIMO 模型在采样阶段预测的 CA1 输出模式对 CA1 区域进行电刺激，并注入 MK801。基于控制阶段中估计的 MIMO 模型，CA1 刺激由相对完整的 CA3 神经活动驱动。在行为水平上，DNMS 的性能比阻断阶段得到提高。遗忘曲线向上移动，对于小于 10s 的延迟，正确反应百分比为 90%～85%；对于大于 10s 的延迟，正确反应百分比高于机会水平（50%）（图 55.4，红线）。这些结果表明，基于 MIMO 模型的 CA1 刺激通过重建海马 CA1 活性，可以有效恢复海马记忆功能。记录部件、非线性动态 MIMO 模型、刺激部件基本上构成了一个绕过受损海马区的闭环假体系统。

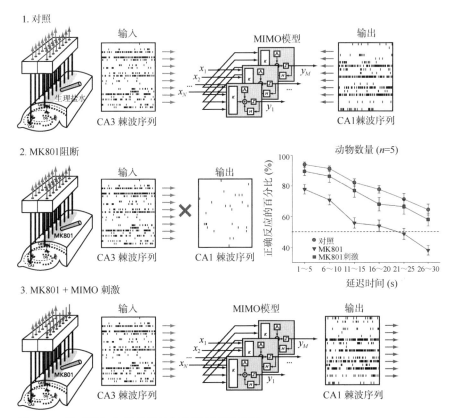

图 55.4 针对行为大鼠的海马记忆修复假体实验

三、未来发展方向

我们已经在啮齿动物和非人灵长类动物中成功实现了海马记忆假体,它可以执行记忆依赖的行为任务, 如 DNMS 任务和样本延迟匹配(DMS)任务(Berger *et al.*,2011,2012;Hampson *et al.*,2012,2013)。

尽管已经取得了一些成果,但现有系统仍需取得重大突破才能接近成为有效的记忆假体。现有系统的一个明显局限是从每一记忆中提取的特征数量相对较少,而这取决于记录电极的数量。由于 CA1 海马锥体细胞的数量(大鼠一个脑半球内的数量就大约为 450 000 个)远远超过记录位点的数量(本研究中每个脑半球仅为 16 个);如果器件内存储的记忆数量要具有行为学意义,则必须大幅增加记录电极的数量。同样的,诱发记忆状态的电刺激存在类似的问题。我们对电刺激激活神经元的时空分布知之甚少,这个问题

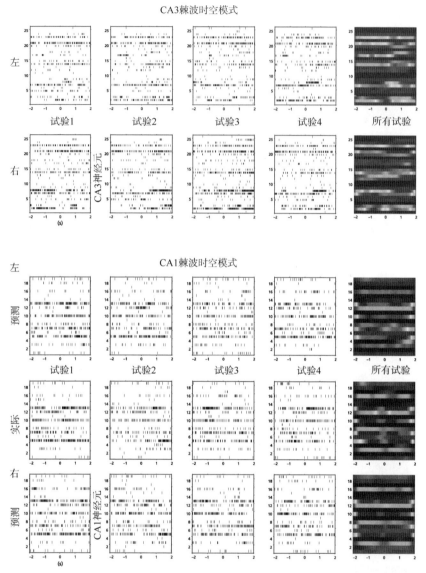

图 55.5　采用 MIMO 非线性动力学模型，从 CA3 棘波时空模式来预测 CA1 棘波时空模式

肯定会影响假肢系统所能够区分的记忆数量。这是记忆特征、记忆神经元表示，以及我们模仿神经元表示时空动力学的实验能力之间的复杂关系，这是最大限度提高认知假体能力的关键。另外，还有其他一些实质性问题仍有待

解决，如对象/事件及其情境的编码，以及将长期突触可塑性纳入 MIMO 模型等（Song *et al.*，2014b）。

事实上，目前我们仍然是探索认知修复假体领域几乎唯一的研究团队，而且，正如已经明确指出的，我们提出的中枢大脑组织修复假体的实现，将从初级感觉和初级运动系统中移除大量突触，需要修复假体和大脑之间采取基于生物学的神经编码进行双向通信。我们相信，目前对神经编码尚缺乏普遍了解，将妨碍开发大脑认知功能神经修复假体的尝试，并且在考虑感觉和运动系统修复假体对更多中枢大脑区域的影响或贡献时，理解神经编码的基本原理将变得越来越重要。对神经编码的深入了解将有助于深入了解细胞和分子机制的信息作用、大脑中的表征结构以及神经和认知功能之间急需架设的桥梁。从这个角度来看，围绕神经编码的问题代表了神经科学和神经工程的下一个"伟大前沿"之一。

四、拓展阅读

关于 MIMO 模型结构的详细描述可以阅读宋东等的论文（Song *et al.*，2006，2009a，2009b）。宋东等（Song *et al.*，2013，2016）及罗宾逊等（Robinson *et al.*，2015）介绍了 MIMO 模型的稀疏估计。此外，宋东等（Song *et al.*，2015，2016）还报道了人体 MIMO 建模结果，该结果在编写本章时尚未能获取。瓦萨内利（见 Vassanelli，第 50 章）讨论了创建神经组织长期接口的一般问题，这是有效创建神经修复假体必须克服的挑战。

致谢

本章作者的工作得到了美国国防高级研究计划局（N66001-14-C-4016）的资助。

参 考 文 献

Berger, T. W., Hampson, R. E., Song, D., Goonawardena, A., Marmarelis, V. Z., and Deadwyler, S. A. (2011). A cortical neural prosthesis for restoring and enhancing memory. *Journal of Neural Engineering*, 8, 046017.

Berger, T. W., Song, D., Chan, R. H. M., and Marmarelis, V. Z. (2010). The Neurobiological Basis of Cognition: Identification by Multi-Input, Multi-Output Nonlinear Dynamic Modeling. *Proceedings of the IEEE*, 98, 356–74.

Berger, T. W., Song, D., Chan, R. H. M., Marmarelis,V. Z., LaCoss, J., Wills, J., Hampson, R. E., Deadwyler, S. A., and Granacki, J. J. (2012). A hippocampal cognitive prosthesis: Multi-input, multi-output nonlinear modeling and VLSI implementation. *IEEE Transactions on Neural Systems and Rehabilitation Engineering*, 20, 198–211.

Eichenbaum, H. (1999). The hippocampus and mechanisms of declarative memory. *Behavioral Brain Research*, 103, 123–33.

Hampson, R. E., Song, D., Chan, R. H. M., Sweatt, A. J., Fuqua, J., Gerhardt, G. A., Marmarelis, V. Z., Berger, T. W., and Deadwyler, S. A. (2012). A nonlinear model for cortical prosthetics: memory facilitation by hippocampal ensemble stimulation. *IEEE Transactions on Neural Systems and Rehabilitation Engineering*, 20, 184–97.

Hampson, R. E., Song, D., Opris, I., Santos, L., Shin, D., Gerhardt, G. A., Marmarelis, V. Z., Berger, T. W., and Deadwyler, S. A. (2013). Facilitation of memory encoding in primate hippocampus by a neuroprosthesis that promotes task specific neural firing. *Journal of Neural Engineering*, 9, 056012.

Milner, B. (1970). Memory and the medial temporal regions of the brain. In: Pribram, K. H., and Broadbent, D. E. (eds.), *Biology of Memory*. NewYork: Academic Press, pp. 29–50.

Robinson, B. S., Song, D., and Berger, T. W (2015). Estimation of a large-scale generalized Volterra model for neural ensembles with group lasso and local coordinate descent. In: *Proceedings of the IEEE EMBC Conference*, pp. 2526–9.

Song, D. and Berger, T. W. (2010). Identification of nonlinear dynamics in neural population activity. In: K. G. Oweiss (ed.), *Statistical Signal Processing for Neuroscience and Neurotechnology*. Amsterdam: Elsevier, pp. 103–28.

Song, D., Chan, R. H. M., Marmarelis, V. Z., Hampson, R. E., Deadwyler, S. A., and Berger, T. W. (2006). Nonlinear dynamic modeling of spike train transformations for hippocampal-cortical prostheses. *IEEE Transactions in Biomedical Engineering*, 54, 1053–66.

Song, D., Chan, R. H. M., Marmarelis, V. Z., Hampson, R. E., Deadwyler, S. A., and Berger, T. W. (2009a). Nonlinear modeling of neural population dynamics for hippocampal prostheses. *Neural Networks*, 22, 1340–51.

Song, D., Chan, R. H. M., Marmarelis, V. Z., Hampson, R. E., Deadwyler, S. A., and Berger, T. W. (2009b). Sparse generalized Laguerre–Volterra model of neural population dynamics. In: *Proceedings of the IEEE EMBS Conference*, pp. 4555–8.

Song, D., Chan, R. H. M., Robinson, B. S., Marmarelis, V. Z., Opris, I., Hampson, R. E., Deadwyler, S. A., and Berger, T. W. (2014b). Identification of functional synaptic plasticity from spiking activities using nonlinear dynamical modeling. *Journal of Neuroscience Methods*, doi: 10.1016/j.jneumeth.2014.09.023.

Song, D., Harway, M., Marmarelis, V. Z., Hampson, R. E., Deadwyler, S. A., and Berger, T. W. (2014a). Extraction and restoration of hippocampal spatial memories with nonlinear dynamical modeling. *Frontiers in Systems Neuroscience*, doi: 10.3389/fnsys.2014.00097.

Song, D., Wang, H., Tu, C. Y., Marmarelis, V. Z., Hampson, R. E., Deadwyler, S. A., and Berger, T. W. (2013). Identification of sparse neural functional connectivity using penalized likelihood estimation and basis functions. *Journal of Computational Neuroscience*, 35, 335–57.

Song, D., Robinson, B. S., Hampson, R. E., Marmarelis, V. Z., Deadwyler, S. A., Berger, T. W. (2015). Sparse generalized Volterra model of human hippocampal spike train transformation for memory prostheses. In: *Proceedings of the IEEE EMBC Conference*, pp. 3961–4.

Song, D., Robinson, B. S., Hampson, R. E., Marmarelis, V. Z., Deadwyler, S. A., and Berger, T. W. (2016). Sparse large-scale nonlinear dynamical modeling of human hippocampus for memory prostheses. *IEEE Transactions on Neural Systems and Rehabilitation Engineering*, doi: 10.1109/TNSRE.2016.2604423.

Squire, L.R., and Zola-Morgan, S. (1991). The medial temporal lobe memory system. *Science*, 253, 1380–6.

第七篇

展　望

第 56 章
展　望

Michael Szollosy

Sheffield Robotics, University of Sheffield, UK

　　毫无疑问，生命机器将成为人类未来的重要组成部分。正如本书中许多作者所指出的那样，我们已经生活在充满生命机器的世界里，有些是以机器人或人工智能的形式存在，但更常见的是人类自身，也通过技术得到了增强、改善和补充。但撇开技术创新和改进不谈，本篇介绍的内容从人类开始，并坚定地聚焦于人类：人类与生命机器的关系，人类学习与生命机器共同生活，人类学习与彼此及生命机器共同生活，以及人类作为生命机器。

　　展望篇的内容多样，举例说明了人类技术发展所产生的一系列问题和挑战，以及生命机器将对人类社会产生的社会影响等。但绝对重要的是，我们现在就应该开始这些对话；这些问题不能简单地被视为一种古怪的奢侈品，除非绝对必要才予以考虑，否则就会被忽视。因为，从最近的案例研究（以及更普遍的社会和政治现象）来看，如果我们等到必须要解决这些问题时再去做，那就已经太晚了。公众不信任转基因生物应用的案例（Dixon，1999）可能会对那些渴望制造生命机器的人具有指导意义：如果创新及其影响在公之于众之前没有得到关注，我们就会在该领域中看到各种各样的负面意见、误解以及不负责任的报道。

　　这并不是说公众没有理由对转基因生物、生命机器或其他新技术表示担忧，他们当然有理由和权利。这也不是说，担忧和焦虑——无论是知情的、有根据的还是其他的——都应该被简单处理，作为公共关系中不可避免的行为勉强加以应对。仅仅空降一位有头衔的专家并有一个聪明的智囊团作为后盾来安抚民众，远远不够。如果生命机器将成为我们（人类）生活的一部分——所有文章都已清楚地表明，它们绝对会或者已经如此——那么我们就需要开放、透明，从一开始就探讨其对我们个人和集体生活的影响。因此，我们需要的是对公众适当参与和持续、深入地考虑生命机器研究所产生的社会和文化影响作出实际承诺。

列奈和蒂克西尔（见 Lenay and Tixier，第 58 章）阐述了为什么更好的公众参与非常重要，他们提出疑问，尽管有证据表明许多系统可以在相对较短的学习时间内提供有效补充，但为什么没有更多地使用感知附加装置。他们指出，对于科学家和研究人员来说，重要的是要倾听那些将会或可能从该项技术中受益的人们的意见：如果要使装置产生积极的社会影响，就需要与潜在用户的需求建立联系。

本篇各章对这些亟需讨论的问题做了重要阐述，因此以休斯（见 Hughes，第 57 章）关于人类增强和超人概念的概述开篇是适当的。休斯提醒我们："关于技术社会影响的辩论常常脱离历史，忽略了以前的技术也曾遭遇类似的炒作和歇斯底里，并产生过同样的伦理道德和社会问题。"他请我们考虑我们是怎样已经成为超人，以及怎样正在成为超人。他评价了始终与技术相伴的人类旅程，并简要介绍了人类增强技术的短暂历史。例如，人工假体几千年来的使用，以及最近光学和听觉人工"感觉"的发展，还包括从望远镜到收音机和电视机等一概物品。

休斯还让我们一窥人类自身的未来，告诉我们人类有一天可能会是什么样子，这是基于不久的将来可能实现的人类增强范围的。这包括了从"外皮质"装置（如已经无处不在的智能手机）到先进的药物、基因工程、假体和纳米技术等事物。这些新发明将对人类产生深远影响，从提高身体能力（或消除残疾）到"控制成瘾性和道德败坏"，并影响工作、教育、性、生育，甚至精神。

列奈和蒂克西尔（见 Lenay and Tixier，第 58 章）着眼于感觉替代系统——根据他们解释的原因，可以被更好地认为是感知补充（perceptual supplementation）。他们首先介绍了保罗·巴赫-利塔（Paul Bach-y-Rita，1972）的开创性研究，阐述了触觉替代视觉系统（TVSS）的发展，该系统将图像转换成 400 像素的信息，并通过电磁点振动器投射到皮肤上。TVSS 的测试表明，盲人在经过相对短时间的学习后，能够识别高度复杂的形状甚至面部。该章详细探讨了这项研究及受其启发的后续工作所引发的许多科学、技术和哲学问题及影响，并与大脑可塑性（cerebral plasticity）的重要现象联系起来：大脑的不同区域如何重新配置以完成不同的任务（关于探索大脑可塑性的其他技术，见 Prasad，第 49 章；Ballester，第 59 章），以及这对我们的感知能力有什么更普遍的影响。正如列奈和蒂克西尔所解释的，这意味着很难区分为残疾人士开发的假体装置和影响所有人思考或行动能力的工具。

围绕将人脑作为无限适应性生命机器这一主题，巴列斯特尔（见 Ballester，第 59 章）接着讨论了恢复可塑性（restorative plasticity），即受损大脑在脑卒中等创伤后有能力进行重组，让其他完整区域接管部分丧失的功能。目前人们已经在电磁刺激、虚拟现实及机器人外骨骼的创新康复系统和治疗方案中利用了这种适应性。特别令人感兴趣的是康复游戏系统（RGS），巴列斯特尔和她的同事对此进行了详细的探索。RGS 是一种用于神经康复的生物混合系统，它利用了虚拟现实技术，理论基础则是范思彻（见 Verschure，第 36 章）根据分布式自适应控制框架背景开发的感觉运动学习和可塑性理论；严格来说，它不仅是人类机器的极好补充例子，还是研究人员如何从生命机器角度创建实用系统以满足社会需求的很好例子。

随后的各章反映了观点的转变，从替代、补充或恢复人类功能的系统转向探索生命机器更多的社会和文化贡献。米林斯和柯林斯（见 Millings and Collins，第 60 章）解释了为什么这些观点如此重要，以及在思考我们与新型生命机器之间的可能关系时，为什么最好的起点是我们已经拥有的人类彼此之间的关系。米林斯和柯林斯首先概述了依恋理论并将这些观念应用于人机交互，该理论是鲍尔比（Bowlby，1969）首次提出的一种思考人类与他人情感联系本质的方法。米林斯和柯林斯反对某些试图阻止人类与机器情感交流的观点，他们提出了至少两个理由，来解释为什么我们希望创造出能够促进某种形式与人类联系的机器人。第一，推动我们开发能够与人类流畅自然互动的机器，从而更容易使用；第二，我们与这些机器所发展的关系，包括情感纽带，可以教会我们一些关于人类自身的东西，也就是说，不仅包括与机器的互动，还包括人类彼此之间的互动。考虑到公众想象中对机器人的关注程度，讨论机器人如何满足人类的情感需求，是思考我们在生活中想要什么样的机器人以及我们想要它们做什么的重要一步。

索洛西（见 Szollosy，第 61 章）关注的不是目前世界上存在的机器人，或是未来可能存在的机器人，而是那些已经存在于大众想象中的机器人。正如本篇所坚持认为的那样，我们不能也不应该把这些想象中的怪物和救世主视为需要纠正的虚构幻想。值得注意的是，早在机器人被实验室建造或进入家庭使用之前，它就已经在剧院（机器人这个词的首次使用是在 1920 年的一部戏剧中）、电影和报纸中被发明出来了。并且，机器人继续以这些方式被重新想象和重新发明，承载着我们的焦虑、期望、恐惧和愿望。索洛西综合运用了人格化、投射、历史和意识形态的观点，不仅研究了我们为什么害怕机器人，还研究了我们现在如何有时反而或者还指望这样的机器来拯救人类。

为了解决生命机器可能引发的担忧和焦虑，我们非常有必要预测在不久的将来可能面临的伦理（和法律）挑战，或者那些新技术已经提出的挑战。马斯伦和萨武勒斯库（见 Maslen and Savulescu，第 62 章）开展了相关研究，他们的贡献是试图更好地理解虚拟现实体验的本质，并构建了沉浸式技术和远程临场感的伦理学。他们超越了先前解释哲学中虚拟体验的尝试，思考了虚拟交互的价值，并询问我们应在多大程度上将它们视为贫乏版本的"真实"体验，而不是那些本身就具有独特价值的体验。他们考虑了"虚拟主体"（真人的人性化身）这个日益紧迫的问题，以及在何种程度上、在何种情况下，它们可能被视为或不被视为"真实的"。在虚拟空间的伦理问题上，他们探讨了声誉、数字财产和福利问题，认定我们需要一个能够满足虚拟环境所提供无限多样性空间的适应性伦理。马斯伦和萨武列斯库建议我们对"内部虚拟"（intravirtual）和"外部虚拟"（extravirtual）的结果做根本性区分，例如，认真思考对某人已经产生依恋的化身造成伤害是否会对该人自身造成伤害。但他们也指出，这些伦理问题还取决于虚拟环境的作用以及我们的虚拟行为（在现实世界或虚拟世界）所产生后果的性质。

贡克尔（见 Gunkel，第 63 章）继续关注伦理道德这一主题，提出了一个关键问题："机器可以拥有权利吗？"冈克尔解释说，困难在于这个问题

传统上是以人类为中心（anthropocentrically）提出的：要考虑权利，就必须
证明机器与人类相等同。为了说明他的观点，贡克尔提到了艾萨克·阿西莫
夫（Isaac Asimov）的中篇小说《双百人》（*The Bicentennial Man*）和《太空
堡垒卡拉狄加》（*Battlestar Galactica*）中的安德鲁，这再次证明了科幻小说
对于思考现实世界或即将成为现实世界的生命机器问题是多么重要。贡克尔
指出，这些人类中心主义的标准存在非常大的问题，例如，这种标准也曾被
用于从伦理学角度排斥其他群体，如少数民族、妇女、儿童和动物等。我们
也不能用"意识"作为一种手段，来检验某件事物是否值得给予道德或伦理
考虑，因为我们既没有明确的意识定义，也没有可靠的方法来检测其他事物
中是否存在意识。

　　贡克尔认为，也许我们需要重新思考整个人类中心主义的道德和伦理问
题。贡克尔提出了一些基于信息伦理学（information ethics）和社会关系伦
理学（social-relational ethics）概念的替代框架，作为解决机器权利问题的方
法，有效地将"机器可以拥有权利吗？"转变为"机器应当有权利吗？"的
问题。根据这一观点，机器的权利归属问题不在于它们是否具有这种或那种
属性（意识、受苦能力或其他），而在于我们对希望如何与它们建立联系而
做出的选择。

　　穆拉和普雷斯科特（见 Mura and Prescott，第 64 章）着重围绕生命机器
领域和"会聚科学"（convergent science）相关领域的新兴教育场景，强调
了跨学科方法所面临的一些挑战，不仅要跨越科学和工程，还需要跨越社会
科学和艺术。值得注意的是，目前在欧洲和美国的大多数与生命机器相关的
培训项目都是在单一学科范围内进行的，他们指出，如果缺乏对跨学科交叉
培训更好的支持，我们就不太可能培养出新的创新者。他们提出了一些具体
步骤，在大学层面制订新的培训计划，开展仿生和生物混合系统的专业培训。

　　最后，哈洛伊（见 Halloy，第 65 章）考虑了当前电子、数字和机器人
技术对能源和稀土金属等资源的消耗速度，探讨了技术发展及地球将要面临
的一些挑战。例如，哈洛伊估计了谷歌 DeepMind 公司的 AlphaGo 电脑在击
败围棋冠军李世石的过程中消耗的能量，要远多于李世石迄今为止生命中所
消耗的能量。生物生命机器与人工生命机器相比，总体上是极其高效的资源

消费者和回收者。鉴于能源和材料危机，我们日益增长的技术应用可能会陷入困境，哈洛伊呼吁采取"彻底的仿生方法"，这意味着要重塑我们建造事物的方式以及使用哪些资源建造。其目的是更多地利用动植物赖以生存的普通材料，理解和模拟我们在生态系统中观察到的生长、腐烂、再利用的自然循环过程。

最后值得注意的是，本篇每章都以一种或另一种的方式反映出，在关于生命机器的这些讨论中应该始终以人类或未来的后人类（posthuman）为中心。这样的思考必须始终与科学技术有关；随着周围世界和技术的不断发展，我们必须始终努力思考人类的未来发展及社会关系。

参 考 文 献

Bach-y-Rita, P. (1972). *Brain mechanisms in sensory substitution*. New York: Academic Press.

Bowlby, J. (1969). *Attachment and loss (Vol. 1): Attachment*. New York: Basic Books.

Dixon, B. (1999). The paradoxes of Genetically Modified Foods: A climate of mistrust is obscuring the many different facets of genetic modification. *BMJ: British Medical Journal*, **318**(7183), 547.

第 57 章
人体增强与超人时代

James Hughes

Institute for Ethics and Emerging Technologies, Boston, USA

我们可以用三个轴来描绘人体增强的社会影响：技术、正在增强的能力，以及将受到影响的社会系统。

我们需要考虑的技术增强的范围，从正成为人体和大脑延伸的外皮质信息和通信系统——笔记本电脑、智能手机和可穿戴设备，到药物、组织和基因工程、假肢和器官，最后再到纳米医疗机器人、脑–机接口和认知修复假体等。随着我们变得越来越生物混合，每种形式的技术增强都可以反过来映射到我们正在实现和增强的能力上。

（1）消除身体残疾，拓展身体能力。

（2）治疗疾病，延年益寿。

（3）消除感官障碍，拓展感知觉。

（4）消除认知障碍，增强记忆、认知和智力。

（5）治疗精神疾病，拓展情绪控制。

（6）控制成瘾和道德缺陷，增强道德自律、情感和认知能力。

（7）探索和增强我们的精神体验能力。

在上述各领域中，我们已经拥有了跨越治疗–增强鸿沟的辅助技术和药物，并且正在开发有望实现更彻底增强的基因和纳米机器人技术。

这些领域人类能力的增强将推动社会制度的变化，从家庭和教育，到经济、政治和宗教等。这些影响可以单独考虑，但它们的聚集效应将是非线性的，并推动我们共同进化的技术–社会文明对生命机器的适应。

一、人类能力的技术增强

（一）消除身体残疾，拓展身体能力

增强人类身体能力的最重要方式，是在预防身体残疾方面取得进展，并掌握能量为机器提供动力。随着传染病、暴力和战争致人伤残影响的下降，以及农业和工业生产中受伤人数的减少，身体残疾的发生率自 19 世纪以来不断下降。营养和卫生条件的改善、工作场所和交通安全的改进，以及暴力行为的减少，都降低了全球范围内民众遭受瘫痪、断肢等肌肉骨骼损伤的可能性。另一方面，寿命的延长也带来了关节炎发病率和其他与衰老相关的身体缺陷的不断增长。

牲畜驯养、蒸汽动力、电力和内燃机都可被看作是人类身体能力的增强，因为它们使我们能够携带重物，四处活动，甚至飞行。即使从更严格的角度看待直接生理增强，我们也可以发现相关辅助技术有着古老的起源。例如，有记载的假臂和假腿已经有几千年的历史。轮椅在 20 世纪得到了广泛使用，最先进的型号现在已经完全实现电动化，能够爬楼梯或让使用者保持直立，并由脑–机接口控制（EPFL，2013）。现在已经能够通过外周神经直接控制假肢，并从假肢处接收感觉反馈。外骨骼机器人技术将能使那些有运动障碍的人重新行走，同时也能使身体健壮的士兵或工人搬运更多重物。正如飞机和直升机使人类能够超越自身局限性一样，下一代假肢将拥有超越生物四肢的力量和能力。

最终，药物、组织工程和纳米医学将使各种原因的身体残疾得到预防或改善。目前正在进行肢体克隆和移植以及肢体再生的研究。干细胞和基因疗法正在发展以修复脊髓神经损伤。数以万计的人接受了深部脑刺激来改善帕金森病、癫痫和其他震颤疾病。目前人们正在探索药物和基因疗法来治疗衰老相关的肌肉退化，这有望获得新一代的效能增强药物和实现基因调节。在 21 世纪初期，虽然衰老、肥胖和体力活动的减少对身体能力产生了负面影响，但到 21 世纪末，许多人将获得前所未有的更强的力量、灵活性和耐力。

（二）治疗疾病，延年益寿

与身体残疾得到改善一样，自 20 世纪以来，大多数人享有的健康寿命年数都有了显著增加，这主要是公共卫生、工作场所的安全改善和暴力事件减少的结果。根据《全球疾病负担研究》（*Global Burden of Disease Study*）的数据，自 1970 年以来，全世界男性和女性的平均预期寿命都增加了 10 年（Wang *et al.*, 2012），而且健康、无残疾的年数也在增加，尽管增长速度相对较慢。

各种机器增强技术有望在未来几十年内根本性地改变健康维护和疾病治疗方式。一种方式是开发可与智能手机和医务人员联网的可穿戴生物特征监测器和植入装置。糖尿病患者拥有了能够实时测量血糖、释放胰岛素的植入装置。心脏病患者佩戴上心脏监护仪或无线网络起搏器，可在发生心脏事件时向急救人员发出警报。可穿戴电子健康装置能够实时测量佩戴者的行走步数和燃烧的能量，新型厕所可以提供尿液分析，智能手机配件可以从呼吸和血液中检测或诊断疾病。

然而，健康长寿的下一个阶段必须来自于重新设计人体自身，从免疫反应和组织修复到衰老机制等。例如，SENS 研究基金会提出了 7 种具体的药物和组织工程疗法，可以有效逆转 7 种衰老相关疾病的诱导机制。更进一步，所有的组织和身体运转功能将被具有强大能力的纳米机器人所增强，能够识别和消除病原体、修复组织损伤及补充氧合作用等。

（三）消除感官障碍，拓展感知觉

听觉和视觉的增强可以追溯到几百年前针对听力困难的"喇叭助听器"以及眼镜、放大镜、显微镜和望远镜等。从广义上讲，射电天文学、医学影像、电视、无线电和通信技术都属于感觉增强。正如罗伯特·胡克（Robert Hooke）在 17 世纪推广显微镜时第一次推测的那样，我们现在已经到了将这些装置直接连接到神经系统的地步。

幸运的是，传染病和意外伤害的减少降低了失明或失聪人口的比例，但与其他残疾一样，老年人口的增加也推动了与年龄有关的听力和视力丧失的增长。随着干细胞和组织工程在耳蜗和视网膜修复方面应用的进展，各种形式的感觉损伤在 21 世纪都将有望得到修复。同时，盲人和聋人也将成为最早的感觉增强用户，增强术不仅能够克服他们的残疾，最终也能为那些视力和听力正常者提供感觉增强假体。

全世界有超过 20 万的听障人士接受了耳蜗植入，该装置可将麦克风信号转换成电脉冲传递到耳蜗，为生物听力提供越来越精细的替代选择。听力装置也可以直接连接到听觉神经和听觉脑干，并与手机和蓝牙音乐播放器集成。视网膜光敏植入物正在不断取得进展，该系统可将图像转化为电脉冲直接传递到视觉皮质。分析空气和液体含量与化学成分的微缩移动阵列也可以被认为是嗅觉和味觉的机器延伸，但其检测能力要远远超过生物对应物。虽然使用可穿戴假体比通过手术连接更具吸引力，但感觉假体最终将更为便宜、安全和强大，足以成为标准版生物感官的合理替代品。

（四）消除认知障碍，增强记忆、认知和智力

与健康和残疾一样，自 20 世纪以来，全世界人类的认知能力都在显著提高，即"弗林效应"（Flynn effect），这主要是营养和健康改善、家庭变小以及智力刺激更丰富的结果。然而，过去 20 年里，计算机、智能手机和互联网的快速普及，意味着普通人所获得的信息和记忆是他们没有获得增强前辈的数十亿倍。随着可穿戴电脑（如谷歌眼镜）的发展，我们正进入外皮质认知增强的下一阶段，信息将被更加无缝地整合到日常体验中。

同时，随着兴奋剂和莫达非尼等非兴奋剂药物的使用，药物认知增强也在不断扩展。大规模的基因组学研究正在鉴定导致认知能力差异的基因和神经系统变异，开辟药物和基因认知增强的新方向。消费者已经能使用可穿戴脑电图监护仪来追踪他们的注意力和关注点，还出现了似乎可以部分提高认知能力的经颅电刺激器。至 21 世纪中叶，这些方法可能会被合成生物学和纳米机器人技术混合实现的脑-机接口所超越，从而在大脑与外部信息和计算能力之间建立数以百万计的连接。我们可以不用再与眼镜对话或用虚拟键盘打字，而是将能够以思想的速度记录我们的经历、检索信息并进行交流，同时直接调节我们的注意力和决策能力。我们将能很快学会技能、编辑和分

享记忆，就像现在上传照片到脸书（Facebook）一样简单。

（五）治疗精神疾病，拓展情绪控制

曼弗雷德·克林斯和内森·克莱恩（Clynes and Kline，1960）关于半机器人（cyborg）的最初文章，主要关注点是为 NASA 对于太空中可能患有精神疾病的宇航员进行地面控制并提供后备支持，检测精神疾病，通过宇航服注射抗精神病药物。使用 5-羟色胺再摄取抑制剂（SSRI）这类具有众多副作用的低效药物治疗精神疾病的时代，可能很快就会被像我们现在对疯人院和前额叶切除术那样的恐怖记忆所掩盖。目前正在进行的大脑基因组和功能映射，结合基因治疗、纳米材料和最终的纳米机器人的发展，将使得治疗更加有针对性，能有效缓解抑郁、焦虑和恐惧。除了治疗心理疾病，我们还将越来越好地对自己的情绪进行精细调控。就像我们现在工作时间喝咖啡是为了更加精神和快乐，晚上喝酒是为了放松一样，我们最终将能够关闭神经质的自我批评，提高从事创造性任务的热情，或者为我们对悲伤事件的悲痛设置定时器。β受体阻滞剂可被用来控制焦虑，催产素可被操控进而增加信任、亲和力和共情。正如大卫·皮尔斯（Pearce，1998）所认为的，我们的许多后人将尝试拒绝痛苦体验，提升幸福和快乐体验，我们将不得不在个人和社会层面上克服"安乐乡"（land-of-the-lotus-eaters）的陷阱。

（六）控制成瘾和道德缺陷，增强道德自律、情感和认知能力

牧师项圈、贞操带、苦衣、假释犯的脚踝监视器、巡逻警车上的视频监视器、图书馆电脑上的色情过滤器，都可以被视为粗略形式的道德强化。但随着我们对自律、共情、公平和道德决策神经学基础的理解不断加深，我们已经开始试验针对道德缺陷的神经疗法。兴奋剂可以让那些以前被贴上"坏孩子"或懒散成年人标签的人变得专注和认真；恋童癖者和强奸犯正在接受睾酮抑制治疗，以调控他们的欲望和冲动；神经线路错乱和神经化学物质可以损害自闭症患者对他人情感的理解，或诱发精神病患者伤害他人的欲望，这些在未来有望得到修复；在道德认知中杏仁核过于活跃，即发出强烈的恐惧和怀疑信号从而压倒更理性的决策，已被发现可以通过普萘洛尔、冥想、

SSRI 和酒精进行调节；人们发现，冒险和成瘾倾向与多巴胺基因变异有关，而这些特质可以通过药物来改变，并且目前已经开发出疫苗来阻止可卡因、阿片、尼古丁和酒精的不利影响。

但与其他增强形式一样，用外皮质系统调节人类的能力可能会更受欢迎，也更容易获得。与减肥手术、调节肌肉生长和脂肪代谢的药物和基因疗法相比，可穿戴运动传感器和血糖传感器的副作用更小。电子提醒器比认知增强药物或大脑假体更容易帮助我们记住生日。推动我们做出更明智选择的电子清单，比直接改变决策神经元的药物或装置更安全、更透明。最终，这些外皮质形式的自我控制将与药物方法和脑-机接口相结合，让我们自身以及国家权力机构、宗教机构和军事指挥机构充分了解我们的道德情感、决策和行为。

（七）探索和增强我们的精神体验能力

一般来说，清醒的意识只是我们能够体验的意识状态的一小部分，未来的增强大脑将有目的、有意识地探索更多的状态。巫师、瑜伽导师和僧侣们已经对精神技术进行了数万年的试验，如从药物、诵经、冥想到瑜伽和发汗帐篷等。今天对迷幻药的科学研究已经证明，它们可以对人格产生持续性的积极作用（MacLean et al., 2011），有望作为抑郁症、创伤后应激障碍和成瘾性治疗等疾病的辅助药物。研究人员正在对冥想者进行功能磁共振成像（fMRI）研究，并用便携式消费级 EEG 监测仪开展研究，记录大脑结构、心理健康和行为的变化。经颅磁刺激正被用于操纵控制本体感觉的大脑区域，产生"和谐"（oneness）体验。正如纳米神经接口和脑-机接口将使记忆、注意力、认知和情感的控制变得越来越精确一样，它们也将更容易、更深入地实现敬畏、和谐、永恒、感激、意义等生命体验。

二、社会制度

这些过去、现在、将来的各种增强形式，意味着我们长久以来一直处于"超人类"时代，从旧石器时代的人类存在形态逐渐转变为各种各样的后人类形态。目前还不清楚，我们什么时候进入以及什么时候将离开这种状态，因为乌尔人和现代人类之间的界限还存在争议，而且我们未来上传的、基因改造的半机器人后代将拥有和今天戴着眼镜、装着假肢的人一样多的"人类"外衣。但是我们没有几个世纪的时间去适应，身体、认知、感官和精神增强的加速应用推动人类社会生活未来几十年发生的变化，将与我们过去几个世纪以来所看到的同样多。

（一）家庭与生育

在工业化世界中已经出现了低结婚率和小家庭的趋势。造成这种趋势的一个原因是，随着农业劳动力的减少和工厂禁止使用童工的出现，儿童已成为一种越来越昂贵的奢侈品。由此产生的后果是，人们越来越关注怎样确保一对夫妇所生的少数几个孩子在生活中获得尽可能好的机会。实现儿童生命前景最优化的愿望大力推动了产前检查，并将激发人们对孕前检测和基因疗法的兴趣，以确保儿童的健康、能力和魅力。正如确保儿童识字是当今社会和父母的一项义务一样，确保他们能够接触并掌握迅速发展的外皮质信息与通信技术，也是今天的一项义务。同样，随着遗传学、纳米医学和脑机增强在教育和就业中变得越来越普遍，我们将有义务确保孩子们拥有它们。

有几方面的人体增强可以缓解婚姻和子女生育率的下降。首先，提高健康和健全人口的比例并延长他们的寿命，这意味着将有更多的人能够找到有魅力的生活伴侣，他们也将有更多的时间用来找到伴侣。对爱、欲望、信任和神经质相关的神经化学物质的更直接的控制，将使我们更容易成为更加友好和忠诚的生活伴侣。更多的生育选项也将意味着不孕、单身、绝经或同性恋将与建立生物家庭越来越无关。最终，人工子宫将使无须代孕母亲的生育成为可能。然而到目前为止，几乎没有证据表明婚姻和生育率下降的趋势得到了扭转，即使是北欧国家采取的最好的产前政策、试管婴儿、同性婚姻、优厚的探亲假和免费高等教育等。

而且有一种增强形式可能会加速这种下降，即电子介导的性行为。对于那些仍然渴望身体接触的人来说，电脑约会、社交应用程序（Grinder 与 Facebook）大大促进了不用负责的"一夜情"。还有大量的证据表明，对于许多人来说，色情物品代替了肉体性行为，迅速扩散的各种网络色情形式正与触觉设备和沉浸式虚拟现实结合在一起。电子介导的性行为安全（没有疾病、暴力或怀孕）、容易（无须长时间的求爱、承诺），而且可以完全满足个人的任何愿望。大卫·利维（David Levy，2008）在《与机器人的性与爱》（*Love and Sex with Robots*）一书中，令人信服地指出，性爱机器人替代品以及最终的浪漫关系机器人替代品将拥有巨大的市场前景。

即使是人类生殖系统的最基本分类，即性别二元性，在未来一个世纪里也将继续受到侵蚀，这一过程早在工业化时代就开始了（Hughes and Dvorsky，2008）。通过基因疗法和组织工程，将更容易改造生殖器和激素，以及第二性征，如乳房、声音和体毛。亚文化群体已经在探索男性和女性之间的性别身份和形态界限，各种形式的过度性行为和无性行为也将成为可能。

（二）教育

目前研究人员已经在探索现行工厂化时代下的小学教育和中世纪模式高等教育的替代方案，包括计算机化、自主学习模块、大规模在线课程和技能认证。与此同时，认知增强药物、普适计算以及最终的脑-机接口将加速学习过程。我们将越来越依赖我们的智能私人助理作为我们自身记忆和认知的延伸，记录我们的生活经历，收集信息，总结并做出优先选择。瞬息万变、不断萎缩、竞争激烈的劳动力市场，将意味着越来越多的成年人需要不断提高技能以努力保持就业能力。

（三）工作与经济

在自动化和非中介化导致就业率全面下降，而劳动力队伍中健康老年人的数量又不断增加的背景下，工作岗位数量的减少将导致更激烈的竞争。拥有年轻的体格和增强的认知能力的员工在这场竞争中可能会有更大的优势，就像健康和懂电脑的员工在今天所拥有的优势一样。同样，能够促进更广泛地实现身体和认知增强，并花时间学习使用它们的国家将更具生产力。自动化程度最高的经济体和劳动力将需要采取政策，以确保收入、休闲和剩余就业机会的广泛再分配，并且保持经济增长和竞争力。

（四）宗教

几乎没有宗教会反对医学疗法和假肢。因此，随着规范标准的逐步推进，至少在人体增强开始挑战关于人类和非人类界限的道德直觉之前，对身体、感觉和认知能力扩展可能很少会有宗教上的反对意见。我们可以从宗教对生殖技术和人–动物嵌合体研究的反对中看到这种冲突的一些轮廓。亚伯拉罕诸教（犹太教、基督教和伊斯兰教）普遍抵制激进版的半机器人计划，认为这是对神圣计划中神圣造人角色的侮辱。记录和上传人类特质的提议面临的问题最大，因为它们对人类意识采取了纯粹的唯物主义模式。

但亚洲的宗教可能更为包容人体增强。从另一方面来说，佛教和印度教等对个体思想从动物迁移到人类再迁移到超人身体的观念更为开放。与欧洲和北美相比，从印度到日本社会对基因增强等人体增强项目的热情也更高。

宗教机构也会以各种方式对神经技术控制道德情感和行为的广泛应用做出类似反应，并提供以前非常罕见的宗教体验。有些人会接受神经技术，甚至将其作为义务和圣礼纳入自己的实践，而另一些人则会拒绝，将其作为干扰和可憎之物。更为严格的清教徒可能会将更多的技术用于道德自律，而佛教、印度教和萨满教可能会发现新方法的现成用途，用来诱导意识状态的改变。

（五）政治与全球冲突

正如笔者（Hughes，2004）在《半机器人公民》（*Citizen Cyborg*）中提出的那样，关于半机器人计划的争论很可能在 21 世纪日益形成政治冲突，形形色色的生物保守主义与日益多样化的生物自由主义和超人主义联盟相互对立。一个核心的争论将是遗传学和形态学"人性"（humanness）作为权利承担基础的重要性，而不是自我意识和认知能力。目前，这一论点已经决定了胎儿和脑死亡者的法律地位；在未来，它将成为认知增强动物、基因改造和网络增强人类以及机器思维权利斗争的核心。

公共政策争论的第二个关键因素将是区分治疗和增强。正如现在许多人所认为的那样，使用 ADD 和 SSRI 兴奋剂治疗抑郁症，代表了医药行业综合体受利益驱动对正常人体状况进行过度医疗的普遍现象，身体健全的公民对人体增强日益复杂的需求将清楚地表明治疗和增强之间界限的随意性。生物保守主义者将对抗来自教育者和雇主要求采用增强技术的日益增长的非正式或公开的压力，正如今天他们反对残疾胚胎的"强迫"流产或 24/7 电子访问。

　　对于增强研究资助的争论以及对增强与强化的监管，将在早已存在且日益加剧的不平等和地缘政治竞争的范畴内进行。在过去 50 年里，我们越来越多地使用国家资助的医疗系统，扩大辅助技术的使用范围，从肾透析和轮椅到人工耳蜗、体外受精和兴奋剂等，对公平、公共资助的需求还将不断增长。不支持增强劳动力的国家将在国际上处于经济劣势，而未充分利用机器人、无人机和超级士兵增强技术的军队将处于军事劣势。

　　另一方面，正如国际原子能机构等跨国机构在阻止大规模杀伤性武器扩散方面的重要性日益增加一样，防止个人和小团体通过各种形式的人体增强获得超级权力，将日益成为民族国家和跨国警务关注的问题。然而，正如核能和化学武器的情况一样，增强技术的"两用性"将使有效的跨国管制变得非常困难。就像在互联网领域，一些国家认为未经过滤接入互联网将对国家安全构成威胁，而一些国家则更多地将其视为一项基本权利；一些国家可能会抵制禁止增强的努力，并努力吸引那些希望增强自身的国际医疗游客。

三、未来发展方向

　　从未来主义预测发展的历史中我们知道，我们很少能够准确预测创新的速度及其后果。看似近在眼前的技术可能永远不会实现，而像互联网这样的技术可能是无法想象的。技术创新的一级效应比如汽车导致高速碰撞事故相对容易预见，但二级和三级效应如郊区扩大、气候变化、手推车衰落等则难以想象。同样，某些形式的、过于昂贵或不吸引人的增强仍然是不可能，而新的增强形式将产生难以想象的后果。这就是为什么在本章中较少关注各种类型增强的可行性和发展时间，而更多关注人类能力对各种形式人体工程的可能应用。假设这些控制身体和大脑的广泛目标将以某种方式实现，那么我们就可以关注这些控制形式对社会可能产生的后果。

在本章中尝试的第二件事是扩展人体增强框架，将成百上千年来与人类共同发展的技术包括进来。关于技术社会影响的争论通常过于忽略历史，忽视了以前的技术也曾面临类似的炒作和歇斯底里，并产生过同样的伦理和社会问题。通过牢记这种连续性，我们可以推断，未来将会以相同的道德准则和监管结构来适应新的创新。半机器人增强或"奇点"（Singularity）最终可能会对过去只是哲学思维实验的实际问题做出全新的应对，但迄今为止，社会和监管挑战在我们现有社会制度下似乎仍是可控的。

四、拓展阅读

学术界、政策界和非专业团体对人体增强的社会影响的全面探讨都各自做出了贡献，但涉及的内容过于繁杂，无法一一列举。我所参与的领域是公共政策、生物伦理学和超人类主义。生物伦理学的一部重要著作提出了生物保守主义对人体增强的关注——《超越治疗：生物技术和幸福追求》（*Beyond Therapy*：*Biotechnology and the Pursuit of Happiness*）（President's Council on Bioethics，2003），而《增强人类能力》（*Enhancing Human Capacities*；Savulescu *et al.*，2011；另见 Maslen and Savulescu，第 62 章）和《人体增强》（*Human Enhancement*；Savulescu and Bostrom，2011）则代表了许多生物自由主义者的声音。代表超人类主义运动观点的两部作品则是雷·库兹韦尔（Ray Kurzweil）的《奇点将至》（*The Singularity Is Near*；Kurzweil，2006）和《超人类主义读者》（*The Transhumanist Reader*；More and Vita-More，2013）。关于人机整合和半机器人想象的两份重要历史文献，分别是伯纳尔（J. D. Bernal）1929 年关于未来假体增强人类的文章"世界、肉体和魔鬼"（The world，the flesh，and the devil；Bernal，1969），以及克莱恩斯和克林（Clynes and Kline）创造了"半机器人"一词的文章（Clynes and Kline，1960）。其他重要文献包括人工智能和认知科学、生命延长和生物科学未来主义、关于全球灾难性风险和自动化经济影响的新文献，以及包括推测小说在内的未来主义的一般性推测等。

参 考 文 献

Bernal, J. D. (1969). *The world, the flesh and the devil: an enquiry into the future of the three enemies of the rational soul*. 2nd edition. Bloomington, IN: Indiana University Press.

Clynes, M. E., and Kline, N. S. (1960). Cyborgs and space. *Astronautics*, September, 26–27, 74–76.

EPFL (2013). *Chair in non-invasive brain-machine interface (CNBI)*. [Online] Available at: http://cnbi.epfl. ch/software/index.html [Accessed June 22, 2013].

Hughes, J. (2004). *Citizen Cyborg*. New York: Basic.

Hughes, J., and Dvorsky, G. (2008). *Post-Genderism: Beyond the Gender Binary*. Hartford, CT: IEET.

Kurzweil, R. (2006). *The singularity is near: when humans transcend biology*. New York: Penguin.

Levy, D. (2008). *Love and Sex with Robots: The Evolution of Human–Robot Relationships*. New York: Harper Perennial.

MacLean, K. A., Johnson, M. W., and Griffiths, R. R. (2011). Mystical experiences occasioned by the hallucinogen psilocybin lead to increases in the personality domain of openness. *Journal of Psychopharmacology*, 25(11), 1453–61.

More, M., and Vita-More, N. (eds) (2013). *The transhumanist reader: classical and contemporary essays on the science, technology, and philosophy of the human future*. New York: Wiley-Blackwell.

Pearce, D. (1998). *The hedonistic imperative*. [Online] Available at: http://www.hedweb.com/ [Accessed June 27, 2013].

President's Council on Bioethics (2003). *Beyond therapy: biotechnology and the pursuit of happiness*. New York: Harper Perennial.

Savulescu, J., and Bostrom, N. (eds) (2011). *Human enhancement*. Oxford: Oxford University Press.

Savulescu, J., ter Meulen, R., and Kahane, G. (eds) (2011). *Enhancing human capacities*. New York: Wiley-Blackwell.

Wang, H., Dwyer-Lindgren, L., Lofgren, K. T., et al. (2012). Age-specific and sex-specific mortality in 187 countries, 1970–2010: a systematic analysis for the Global Burden of Disease Study 2010. *The Lancet*, 380(9859), 2071–94.

第58章
从感觉替代到感知补充

Charles Lenay[1], Matthieu Tixier[2]

[1] Philosophy and Cognitive Science, University of Technology of Compiègne, France

[2] Institut Charles Delaunay, Université de Technologie de Troyes, France

对于感觉替代系统，最简单甚至天真的想法是用另一种仍然可用的感觉模式来替代发生缺陷的感觉模式。这种方法的典型例子是为盲人设计的触觉视觉替代系统（TVSS）。TVSS 最初由保罗·巴赫–利塔（Paul Bach-y-Rita）于 20 世纪 60 年代末发明，可将摄像机捕捉到的视觉信息转换成 20×20 点矩阵形式的触觉信号。通过这种方式，采用电磁（或压电）点振动器或直接电刺激（图 58.1）将压缩为 400 像素（黑色或白色，无任何中间灰度）的图像投射到皮肤上。

图 58.1　触觉视觉替代系统（TVSS）

图片来源：© Dr. Paul Bach-y-Rita，2006

如果在摄像机放于桌上不动的情况下进行学习，受试者的感知能力仍然非常有限，仅相当于皮肤感觉到的触觉刺激模式。然而，如果允许盲人掌握摄像机并探索简单的场景，那么就会发生重大的变化：受试者能够逐渐（经过大约 15 小时的学习）识别高度复杂的形状甚至面部，并在环境中定位这些物体（Bach-y-Rita and Kercel，2003）。事实上，这种形状识别能力的增强似乎伴随着感知的外化（externalization）（Epstein，1986；Auvray et al.，2005）。摄像机的持续旋转和移动可产生皮肤对连续快速变化触觉刺激的感知，并且从意识状态中消失，取而代之的是远处稳定物体"就在"他面前的感觉（Bach-y-Rita，2004）。这一惊人的结果引出了一系列重要的问题，本章中将予以深入考虑，这些问题同时也是科学、技术和哲学的问题。

一、感觉替代系统的多样性

巴赫–利塔开创的感觉替代基本原理随后得到了广泛的发展（Auvray and Myin，2009）。关于视觉–触觉替代，市场上广泛销售的 Optacon 装置（遥感知系统）是 TVSS 的一种变体，这是一种用于盲人触摸阅读的机器。微型照相机拍摄下文字，通过微型振动器矩阵将文本以触觉振动的形式呈现出来，盲人读者将其可自由活动的手指放在矩阵上进行感觉。目前，一种新型的 TVSS 实现了微型化，可以将感觉数据以电刺激的形式分布在舌部（TDU，舌部显示单元）。这个系统似乎有很多切实的优点：唾液是一种天然的电解质；舌部具有高密度的感觉单位；与中枢神经系统的连接非常迅速。此外，还有可能制作可安装在牙科器械上的谨慎版装置（Bach-y-Rita，2004；Kaczmarek，2011）。视觉–听觉替代也得到了广泛的发展。编码系统根据所讨论的装置不同而不同。例如，距离可以通过声音强度来编码，水平位置可以通过两耳之间的时间差来编码。

卡佩勒（Capelle）开发的 PSVA（听觉替代视觉假体）系统增加了第二个编码，即通过频率来确定垂直位置（Capelle et al.，1998）。汉尼顿（Hanneton）开发的 Vibe（多功能听觉到视觉）系统将图像以感受野形式进行分割来控制不同的声源，然后再混合产生立体声（Hanneton et al.，2010）。梅耶尔（Meijer）开发的 Voice（听觉到视觉）系统是基于对图像的循环扫描，这使得对水平位置进行编码成为可能（Ward and Meijer，2010）。许多研究已经证明，这类装置可在许多领域有效发挥作用：空间定位，包括阅读在内的简单形式的识别，视角、阴影、物体插入的识别甚至某些视觉错觉等。此外，保罗·巴赫–利塔团队为丧失初始前庭系统的患者制作了一个令人印象深刻的前庭–触觉替代装置：将加速度计与舌部显示单元阵列相耦合，可在患者闭眼时迅速恢复平衡感（Danilov and Tyler，2005）。这种方法也可以扩展到视网膜或耳蜗植入物（见 Lehmann and van Schaik，第 54 章），它们可将光或声音等物理变化转变为电刺激，直接传输到外周神经（视神经、耳蜗）或中枢神经系统。

感觉替代系统的第一个科学价值是可用于研究惊人的功能相关大脑可塑性。例如，TVSS 的触觉输入与视网膜系统没有任何共同点，摄像机的手动控制也与眼肌控制没有任何共同点。但是大脑最终能够重组自身产生新的感知世界，并明确表征为对形状和物体的识别甚至定位。值得注意的是，在视觉–触觉或视觉–听觉替代系统（如盲文阅读系统）的学习过程中，通常用于视觉感知的同一大脑区域被重新调配（Renier et al.，2005）。对这些神经学观察结果的理解必须建立在对感觉假体穿戴者实际行为开展研究的基础之上。这涉及理解生物体与环境之间的功能关系，即一种足够稳定的感觉运动耦合结构，允许并确实诱导中枢神经系统进行这种功能重组。

二、感觉运动耦合的极简主义研究

学习使用感觉替代装置可以理解为创造一种新的感知能力。一开始，这种装置本身就是感知对象：受试者能够意识到触觉刺激和他的探索性动作。当装置被受试者掌握后，装置本身即从使用者意识中消失（至少部分消失），取而代之的是感知到物体就在受试者面前的空间——"那里"。这一转变涉及哪些机制？特别是，感知到稳定物体的存在空间涉及了什么机制？为了确定发生这种转变的必要条件，一种可能的方法是尽可能地特意简化（simplifying）装置，然后测试是否仍然会发生这种转变。因此，这种极简主义方法包括了尽可能减少可供受试者使用的动作和感觉类型。本着这种精神，保罗·巴赫–利塔的 400 像素系统被简化为一个点，单一的光电单元连接到单一的触觉刺激器（Lenay et al.，2003）。当入射光场的发光强度超过某一阈值时，将触发全部或无的触觉刺激（图 58.2）。

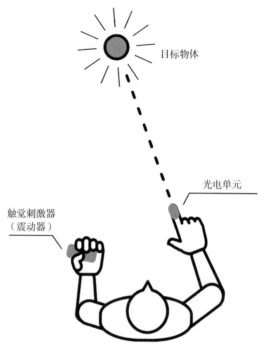

目标物体

光电单元

触觉刺激器
（震动器）

图 58.2　极简主义的感觉替代系统

在每个时间点，（蒙住眼睛的）受试者只接收到少量信息，1 个比特位（bit）对应于存在或不存在触觉刺激。即使在这种极其简化的条件下，受试者仍然有可能定位不同方向和不同距离的目标。这也很容易理解，受试者原则上应该能够通过三角测量来确定位置，通过手臂的不同位置和手腕的不同角度来对准目标（Siegle and Warren，2010）。

这里非常清楚的是，对于感觉信息的任何一种内在分析都不能实现对远处光源的感知；仅仅因为这种感觉信息只是一个简单的全或无的感觉时间序列，没有任何内在的空间感。因此，空间知觉必然对应于感觉和动作时间序列的合成（synthesis）。为了支持这一观点，我们很容易就观察到，受试者为了保持这种感知，必须不断地移动光电管，以各种各样的方式对准被感知的物体。事实上，如果受试者保持固定，那么只有两种可能性：要么受试者所指方向不会与目标相遇，但在这种情况下，他无法受到刺激，除了迅速消失的纯粹感知记忆之外，他什么也没有；要么受试者会准确指向目标，但在这种情况下，他会受到持续的触觉刺激，而这种强加的刺激取代了对外部物体的感知。只有在受试者不断活动以产生相应感觉变化的情况下，才能形成知觉。

我们可以定义可逆性（reversibility）为通过反转动作来恢复相同感觉的能力，使得目标定位成为可能，甚至构成了这种定位所发生的空间。在该试验装置所确定的限制条件下，没有动作就没有知觉。目标的每一个位置都对应于一个特定的、唯一的感觉运动不变量（sensorimotor invariant），即在动作和感觉不断变化的场景中动作与感觉相关性保持稳定的法则。当掌握了目标方向指向的规律时，就可以定位目标的方向和深度。这是一个很好的例证，奥雷根和诺埃（O'Regan and Noë）称之为"感觉运动偶然律"（law of sensorimotor contingency），它符合既定的认知方法框架（O'Regan and Noë，2001）。

在同样的极简主义精神下，还有可能研究二维空间中的形状识别。例如，在 Tactos 系统中，受试者在屏幕空间上移动一个小的感受野，并且每当该感受野遇到彩色像素时受试者都会接收到触觉刺激。研究表明，受试者在这种条件下能够通过主动探索来识别简单的形状（Ziat et al.，2007；Stewart and Gapenne，2004）。

最后，这一方法可以通过研究感受野数量逐渐增加（相应地增加触觉刺激器的数量）的效果来完成，最后达到 TVSS 的 400 个感受野。在第一批系列实验中，感受野从 1 个增加到 8 个，我们发现这种改变可以解释为感知活动的重新内化：平行的感觉输入以某种方式对应于"已经执行的动作"。这有助于运动和记忆的经济性，因此可实现更快速、更精确的感知（Sribunruangrit et al.，2002）。

这些极端简化装置吸引人的一点是，无论与感受野运动相耦合的是什么模态，感知活动都基本上保持不变。采取严格的单一感受野极简主义条件，我们能够利用触觉刺激或声音甚至视觉刺激（屏幕上的一个点）等各种模态，而不会对感知能力产生任何显著的影响（Gapenne et al.，2005）。

三、从感觉替代到感知补充

这项极简主义研究的结果似乎可以推广到所有的感知假体装置（图

58.3）。在目前所有已报道的案例中，受试者可以通过感知对象在实际空间中向前移动的具体动作来学习空间定位（Lenay and Steiner，2010）。

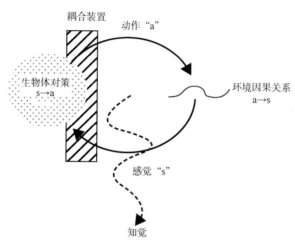

图 58.3　感觉运动耦合方案。感知假体系统是一种"耦合装置"，它通过确定受试者可获取的动作和感觉反馈来改变生命体。动作"a"通过环境诱发感觉"s"：$s=g(a)$；有机体定义了一种策略，可将自己的动作规定为接收感觉的函数：$a=f(s)$

要将知觉概念化，就有必要明确区分"感觉"（sensation）和"感知"（perception）：感觉是对应于传递给生物体的感觉输入，感知是对应于给定的感知内容，将感觉反馈确定为所执行动作功能的规则。在分析感觉替代装置时，这意味着重要的是区分用于激活中枢神经系统的感觉模态和装置实现感觉运动定律时所定义的感知模态，即可以获取的环境相关的感知类型。例如，对于 TVSS 和 Voice 系统，感觉模态互不相同，分别是触觉和听觉；但在这两种情况下，感知模态基本上都是通过"视觉"形式使受试者获取远距离物体的位置。相比之下，对于 Tactos 设备，所获得的感知模态基本上是"触觉"的，即感知位置（感受野）和感知对象本身存在空间一致性；无论所采用的感觉模态是触觉、听觉（声波）还是视觉（光波），都是如此。

因此，"感觉替代"（sensory substitution）一词显得不尽如人意，甚至具有误导性，特别是为了有效发挥作用，这些装置还必须和"感觉"一样具有"动作"。因此，我们更喜欢说"感知补充"（perceptual supplementation）。感知补充系统是一种可在有机体和它所处环境之间实现人工耦合的装置。该系统在行为动作和受试者感觉反馈之间形成的新关系可以推动产生特定的感知（Lenay *et al.*，2003）。

无论是在实验室试验条件下还是在更自然的环境下，对实际受试者使用和利用所谓"感觉替代"技术的研究都表明，所涉问题不仅仅是一种感觉模态对另一种感觉模态的补偿，而且是逐步构建一个关于感知和意义的新领域。"补充"（supplementation）一词的意思是同时具有对缺失或损失进行"补偿"（compensation），以及增加、补充、充实其他更多内容的双重含义。在这个更为普遍的框架中，为残疾人发明的假体装置与普遍使用的各种工具之间并没有严格的界限，这些工具改变了我们行动和感觉的可能性，从而改变了可能感知的领域。这一观点提出了一种针对工具使用的更具普遍性的感觉运动模型，一方面，它使人们有可能就感知补充技术的应用问题提出新的研究视角；另一方面，可以重新思考发明和研究这些技术的方法，以及它们作为人类能力增强来源的可能的应用方式。

四、社会适应与情感价值

尽管感知补充装置的有效性得到了人们的广泛认可，但事实上它们在社会和经济上几乎都是失败的，这一点令人惊讶也令人失望。为什么这些发明于 20 世纪 60 年代并在 70 年代得到实验验证的技术，对盲人和视障人士日常生活发挥的作用如此之小？这个问题有很多可能的答案：实际效果不足（这些设备都不能使盲人驾驶汽车）；感觉自己像奇怪的半机器人；但也许最重要的是，在生活体验质量水平上缺乏任何真正的进步。事实上，它们似乎缺少了感知事物的感质（qualia），即品质，以及事物被感知到的价值（Bach-y-Rita，1997）。人们可以试着向从一出生就失明的人展示他妻子的形象或者他自己在镜子里的形象；人们也可以试着向盲人学生展示性感的装扮。在上述这两种情况下，失望都是显而易见的。确实可以产生客体形象，也具有辨别和分类的认知能力，但这些客体缺少情感价值。因此，TVSS 所提供的感觉运动耦合在许多方面确实与我们正常自然视觉所提供的相似；但是在实践中，实际的生活体验却大不相同。事实上，这种人工的环境耦合与自然视觉对应的耦合方式其实是有很大区别的：没有色彩；像素点很少；摄像机需要相对缓慢地移动。仍有部分视力的人或后天失明的人能够很容易地理解这些差异，他们会不断尝试这种装置并经历一个学习的过程。事实上，巴赫-利塔发明的装置并没有进行感觉替代，正如我们已经试图解释的那样，而是感觉添加（addition），从而开启了一个人类和世界相互耦合的新领域。我们必须考虑到这样一个事实，即这些装置从来没有完全补偿过缺陷和损失；相反，它们每次都引入了全新的感知新模态。

当然，科学家总是有可能研究出更复杂的技术装置，如植入物，从而有可能更接近自然感觉输入的复杂性和动作可能性。然而只要存在技术介质，就可能出现无数的变化形式，因此总是有可能产生更加新颖的或增强的感知。然而也有可能采取相反的方式来解决在生活经验领域发展情感价值的问题，即在仅使用相对简单感知补充装置的情况下，如何促进这些情感品质的出现。在我们看来，可以设想两种解决办法。

首先，有可能缺少的本质上是一个早熟的学习过程，即自童年时代起就在日常活动中整合使用假体，这样就有机会在感知和快乐与痛苦等原始感觉之间建立联系。观察结果非常微妙（事实上很难对失明婴儿进行干预）但已知的少数结果似乎令人鼓舞（Sampaio，1989）。另一种方法是致力于情感价值的集体建构。值得注意的是，目前文献报道中关于感觉替代系统的所有观察都只涉及严格的个人使用模式：使用者周围总是围绕着视力正常的主体，但其在自身特定感知模式中却相当孤立。现在，提出这样一个假设是非常合理的：真正的感知价值与这类人员融入具有共同意义价值的社区密切相关，即一个由相同获取方式定义的共同环境中的集体。事实上，感知补充装置为感知附加价值起源等人类学问题的实证研究提供了机会。因此，我们正致力于开展人与人之间假体感知互动的基础研究。例如，我们建议研究如何使用假体感知来识别其他人，即他人；以及如何参与模仿过程（Lenay and Stewart，2012）。这种情况确实更有可能承载意义价值，促进情感投入。

五、拓展阅读

感兴趣的读者可以将以下我们介绍的主题作为切入点，进一步探索感知补充的知识。

关于感知补充系统的一个经典问题是，受试者掌握对其使用后的生活体验质量（Ward and Meijer，2010）。个人的感知是否类似于被替换的感觉模态（顺从）；在 TVSS 的情况下，即感知是否类似于视觉。或者说，感知品质是否类似于所使用新感觉模态的品质（支配）：在 TVSS 的情况下，即感知品质是否类似于触觉品质。在我们看来，最好的考虑是两者都不是，而是每次都是一种新的模态（Auvray and Myin，2009）。这一点可以通过比较不同设备而清楚地看到，这些设备采用相同的感觉模态，但却产生不同的感知体验。

事实上，正是通过认识到这种新颖性，我们才能够提出情感价值的调用和构成问题（Lenay et al.，2003）。这些问题实际上是理解技术人造物一般含义的基础（Lenay and Steiner，2010）。感知补充系统在改变和增加我们人类经验时，只会将认知功能和工具的一般原则发挥到极致，从而使其更清晰易懂（O'Regan and Noë，2001）。

参 考 文 献

Auvray, M., Hanneton, S., Lenay, C., and O'Regan, K. (2005). There is something out there: distal attribution in sensory substitution, twenty years later. *Journal of Integrative Neuroscience*, 64(4), 505–21.

Auvray, M., and Myin, E. (2009). Perception with compensatory devices: From sensory substitution to sensorimotor extension. *Cognitive Science*, 33(6), 1036–58.

Bach-y-Rita, P. (1997). Substitution sensorielle et qualia. In: J. Proust (ed.), *Perception et intermodalité*. Paris: Presses Universitaires de France, pp. 81–100.

Bach-y-Rita, P., and Kercel, S. W. (2003). Sensory substitution and the human–machine interface. *Trends in Cognitive Sciences*, 7(12), 541–6.

Bach-y-Rita, P. (2004). Tactile sensory substitution studies. *Annals of the New York Academy of Sciences*, 1013, 83–91.

Capelle, C., Trullemans, C. ,Arno, P., and Veraart, C. (1998). A real-time experimental prototype for enhancement of vision rehabilitation using auditory substitution. *Biomedical Engineering, IEEE Transactions on*, 45(10), 1279–93.

Danilov, Y., and Tyler, M. (2005). Brainport: an alternative input to the brain. *Journal of Integrative Neuroscience*, 4(04), 537–50.

Epstein, W., Hughes, B., Schneider, S., and Bach-y-Rita, P. (1986). Is there anything out there? A study of distal attribution in response to vibrotactile stimulation. *Perception*, 15(3), 275–84.

Gapenne, O., Rovira, K., Lenay, C., Stewart, J., and Auvray, M. (2005). *Is form perception necessary tied to specific sensory feedback?* Paper presented at the 13th International Conference on Perception and Action (ICPA13), July 5–10, Monterey, CA.

Hanneton, S., Malika A., and Durette, B. (2010). The Vibe: a versatile vision-to-audition sensory substitution device. *Applied Bionics and Biomechanics*, 7(4), 269–76.

Kaczmarek, K. A. (2011). The tongue display unit (TDU) for electrotactile spatiotemporal pattern presentation. *Scientia Iranica*, 18(6), 1476–85.

Lenay, C., Gapenne, O., Hanneton, S., Marque, C., and Genouëlle, C. (2003). Sensory substitution: limits and perspectives. In: Y. Hatwell, A. Streri, and E. Gentaz (eds), *Touching for knowing: cognitive psychology of haptic manual perception*. Amsterdam/Philadelphia: John Benjamins Publishing Company, pp. 275–92.

Lenay, C., and **Steiner, P.** (2010). Beyond the internalism/externalism debate: the constitution of the space of perception. *Consciousness and Cognition*, 19, 938–52.

Lenay, C., and **Stewart, J.** (2012). Minimalist approach to perceptual interactions. *Frontiers in Human Neuroscience*, 6, 98.

O'Regan, J.K., and **Noë, A.** (2001). A sensorimotor account of vision and visual consciousness. *Behavioral and Brain Sciences*, 24(5), 939–72.

Renier, L., Collignon, O., Poirier, C., Tranduy, D., Vanlierde, A., Bol, A., Veraart C., and **De Volder, A. G.** (2005). Cross-modal activation of visual cortex during depth perception using auditory substitution of vision. *Neuroimage*, 26(2), 573–80.

Sampaio, E. (1989). Is there a critical age for using the sonicguide with blind infants? *Journal of Visual Impairment & Blindness*, 83(2), 105–8.

Siegle, J. H., and **Warren, W. H.** (2010). Distal attribution and distance perception in sensory substitution. *Perception*, 39(2), 208–23.

Sribunruangrit, N., Marque, C., Lenay, C., Gapenne, O., Vanhoutte, C., and **Stewart, J.** (2002). Application of parallelism concept to access graphic information with precision for blind people. In: *EMBEC'02 2nd European Medical & Biological Engineering Conference*, pp. 4–8.

Stewart, J., and **Gapenne, O.** (2004). Reciprocal modelling of active perception of 2-D forms in a simple Tactile Vision Substitution System. *Minds and Machines*, 14, 309–30.

Ward, J., and **Meijer, P.** (2010). Visual experiences in the blind induced by an auditory sensory substitution device. *Consciousness and Cognition*, 19(1), 492–500.

Ziat, M., Lenay, C., Gapenne, O., Stewart, J., Ali Ammar, A., and **Aubert, D.** (2007). Perceptive supplementation for an access to graphical interfaces. In: *Proceedings of the 4th international conference on universal access in human computer interaction: coping with diversity*, Beijing, China. Berlin/Heidelberg: Springer-Verlag, pp. 841–50.

第 59 章
神 经 康 复

Belén Rubio Ballester

SPECS, Institute for Bioengineering of Catalonia (IBEC),
the Barcelona Institute of Science and Technology (BIST), Barcelona, Spain

　　大多数患者在脑卒中后表现为病变对侧身体无力（即偏瘫），造成工具性日常生活活动（iADL）的功能受限。此外，还可能存在认知和运动缺陷，如痉挛、注意力缺陷、协调能力丧失，以及语言缺陷或失语症，这取决于病变的位置和大小。此外，约 60%的脑卒中患者出现了慢性症状，包括疼痛、情绪障碍和抑郁。这些缺陷之间可能存在重要的关联性，需要采取综合性的康复方法。

　　仿生和生物混合技术，如外骨骼和虚拟现实（VR）接口，是非常有前途的神经康复临床工具。然而目前仍不清楚，如何应用这些技术以达到临床效果。更好地了解合并症及其康复的潜在机制将有助于实施更为有效的治疗与康复方法。在这一章中我们将回顾神经康复的主要生物学原理，主要是基于大脑和心智分布式自适应控制（DAC）框架所确定的大脑可塑性理论（见Verschure，第 36 章）。

一、理论

　　在方法论上，这是对 DAC 所遵循的合成方法的补充（见 Verschure and Prescott，第 2 章），致力于合成人工大脑和修复生物大脑理论的发展。DAC认为大脑是一个多层次的控制系统，并提示在不同层次之间存在非常明显不同的内部调控，例如，如果反应层（第 2 层）的反馈控制主导了行为，那么它会抑制其他层，当适应层（第 3 层）的前向模型无法可靠地对环境进行分类时，架构就会阻止情境层的参与（即信任依赖的控制调节）。目标导向情境学习（第4层）的条件是通过适应层获得感觉行为状态空间，其中感觉对行为和状态提供主动预测。在第3层和第4层，DAC作为认知和行动意念运动理论的实例发挥作用，其中的行动产生自基于内部模型和预测对世界互动的解释，而不是由外部事件触发的。在此基础上，DAC理论可以提取和制定一套具体原则，指导设计有效的神经康复模式。

DAC提出，大脑损伤后感觉运动意外事件的中断将导致运动皮质通路及其相关感觉运动区域活动的减少。因此，神经活动的下降将限制神经可塑性，并阻碍其恢复，因为它取决于活动依赖性过程。DAC认为智能主体的目标是批判性地构造学习动力。因此，在我们试图通过非侵入性手段修复大脑时，也应考虑到这一原则。DAC理论预测，在执行目标导向行为时，对感觉运动模态的外部操纵将增加大脑皮质前顶叶网络意念运动系统的激活，从而驱动可塑性和加速恢复（Adamovich *et al.*, 2009）。在这一方面，DAC理论确定了一些额外的原则来优化神经康复行为的干预措施，例如，旨在从外部影响大脑感知和运动预测、实现自我进度的个性化训练、密集式集中练习、生态有效性设置、限制过度补偿、目标导向的训练、按时间安排的训练（如分布式休息时间）以及促进基于运动表象的训练。我们在这一章中展示了DAC如何为有效制定基于虚拟现实的康复策略提供指导，这些策略均建立在理论神经科学的基础之上。研究表明，可以运用生命机器视角创建能够满足社会需求的实用而有效的系统。康复游戏系统（RGS）是一种有助于运动和认知恢复的新型虚拟现实技术，本章以康复游戏系统为例，来说明如何实施和验证这些原理。

二、生物学原理

（一）恢复：依赖于使用的大脑可塑性

在20世纪初，神经科学家认为中枢神经系统（CNS）是一个"固定"的神经结构。直到1914年，被誉为现代神经科学之父的拉蒙·卡哈尔（Ramóny Cajal）才提出，大脑在损伤后会发生再生过程，这一概念被称为"恢复性的可塑性"（restorative plasticity）。因为功能障碍通常是由神经组织的不可逆损伤引起的，脑卒中和其他神经疾病的恢复取决于大脑对剩余回路连接性进行重新组织的能力，从而可使大脑其他区域承担丧失的功能。因此，脑卒中康复治疗的观念源于神经可塑性的概念，主要基于以下三种机制（Nudo et al., 1997）：调节现有突触连接的强度，产生新的连接，以及对现有连接进行突触修剪或消除。脑损伤后，患者可以利用这些可塑性机制，让自己反复暴露于损伤相关的锻炼。这一神经学原理被称为"依赖于使用的大脑可塑性"（use-dependent brain plasticity），DAC 理论将其归入适应层和情境层。

有趣的是，大脑似乎已经做好了自我修复的准备。影像学研究表明，急性脑卒中患者的大脑呈现出显著的可塑性变化。事实上，有人假设，如果急性脑卒中患者能学会用未受影响的手来弹钢琴，他（她）甚至会比健康成年人更快地发展出特定任务的运动灵活性。然而，有令人信服的证据表明，这种状态持续的时间比较短暂。在脑损伤后 3~4 周，这种令人惊奇的学习能力似乎就消失了（Krakauer et al., 2012）。基于这些观察结果，许多学者质疑患者在慢性期进行功能康复是否真正有用。最近，史蒂文·泽勒（Steven Zeiler）和他的同事用小鼠进行了一项动物实验，显示在慢性期诱导第二次脑卒中可重新开启一个敏感阶段，并促成第一次脑卒中所致损伤的完全恢复（Zeiler et al., 2015）。此外，强迫运动疗法（constraint-induced movement therapy）通过限制非麻痹性肢体的运动来强制使用麻痹性肢体，已被证明在脑卒中后慢性期可产生实质性的改善，表明运动恢复趋于停滞并不意味着功能改善出现类似的停滞。尽管如此，慢性病患者在到运动恢复停滞期后还能在多大程度上取得显著改善仍是一个悬而未决的问题。

（二）募集：感觉运动意外事件

在执行特定运动任务的过程中，最佳的感觉运动表征可以让我们一方面预测外部感觉事件（正向模型），另一方面根据内部感觉运动表征估计行为目标（可以看作是反向模型）。最近，贾科莫·里佐拉蒂（Giacomo Rizzolatti）及其同事介绍了这种能力的基础，即所谓的镜像神经元系统（Rizzolatti et al., 1996）。镜像神经元可被运动执行和激活，其功能可能与目标导向动作的识别及感觉运动预测的构建有关。科学家在让猴子执行抓取任务时，对其大脑前运动皮质 F5 区进行单细胞记录，偶然发现了镜像神经元。F5 区神经元负责编码观察或执行的目标相关运动行为，如各种一致性水平的手和嘴部动作；而位于下顶叶皮质的 PF 区对躯体感觉刺激、视觉刺激或对两者都有反应，作为动作序列的一部分预测复杂运动的目标。当动作的目标状态被隐藏时，以及出现与特定动作相关的声音时，镜像神经元也能表现出反应。在人类中，镜像神经元系统（MNS）对运动系统的有效驱动已经得到实验证实，显示该系统可以增加皮质脊髓通路的兴奋性。

由于脑损伤导致感觉运动意外事件的中断——可能其运动（如偏瘫）和感知组成（如半侧忽略症）均被中断——暴露于明确的外显感觉运动反馈有可能利用镜像神经元为运动学习和恢复提供一条途径。临床研究对这一假设进行了广泛的探索，结果表明运动表象和运动模仿可能是增强运动恢复、降低神经性疼痛的有力工具。早在 1985 年，丹尼斯（Denis）就提出，心理训练/表象可以通过增强特定的认知技能（如运动规划）改善运动表现（Denis，1985）。另一个典型的例子是由拉马钱德兰（Ramachandran）和他的同事开展的所谓镜像疗法，研究表明，在幻肢疼痛时，将手臂投射到感觉手臂的位置上会显著降低疼痛感，并且有可能根据呈现给患者的镜像来操纵幻肢的感觉（Ramachandran and Rogers-Ramachandran，1996）。后续的一些功能神经影像学研究进一步证实了这些发现。例如，马鲁安（Malouin）及其同事对脑卒中偏瘫患者进行了正电子发射断层成像（PET）研究，要求参与者想象自己在行走（Malouin et al.，2003）。结果显示，当运动任务需要增加认知和感觉信息处理时，大脑中枢会逐渐参与。然而，感觉运动刺激的好处并不局限于学习和恢复：最近对于健康受试者的研究结果表明，在训练过程中提供适当的视觉触觉反馈也可以增强身体所有感，从而促进动作执行中的运动控制（Grechuta et al.，2017）。在此基础上，有效的运动学习心理锻炼应该是逼真、持续（即可控）和准确的，需要回忆视觉、听觉、触觉和动觉线索。

（三）强化：个性化

目前对于脑卒中后神经康复有相当多的治疗概念和治疗方法，但尚未达成明确的共识。这些疗法的疗效取决于许多参数。首先，治疗频率和强度已经被证明与康复相关，可以使患者增强独立性并减少住院治疗。其次，康复训练对不同缺陷的特异性也被认为是常规治疗的核心问题，并有可能在康复中发挥根本性作用。由于脑卒中引发损伤的严重程度和性质在不同患者中有所不同，对强化治疗的耐受程度也将不同，这表明需要制订个性化的患者康复方案。

中等程度的"唤醒水平"可促进"最佳表现"，因此，为了实现最优学习，训练任务既不应要求太高，也不应太容易。如果挑战太大，在训练时可能会让用户不知所措。相反，如果太容易，用户可能会觉得无聊和不感兴趣，或者因任务易于掌握而认为可能根本没有任何益处。有迹象表明，难度适中的挑战能促进运动学习和神经可塑性。例如，科学家训练松鼠猴进行一项它们尚未掌握的任务时，运动皮质可以产生功能重组，但在重复类似却更简单的任务时则没有观察到这种现象。在对受伤的松鼠猴进行"熟练用手"的再训练后，也观察到了功能重组现象（Nudo *et al.*, 1997）。最近，挑战要点框架（Challenge Point Framework）从信息论的角度提出了类似的观点，将执行任务所涉及的挑战定义为所涉及的信息量。这一理论表明，存在一个最优的信息量来最大限度地实现潜在学习。

三、仿生与生物混合系统

最近，标准化康复随着一些最新技术的进展而得到了加强，其中包括计算机治疗程序、机器人技术、功能性电刺激（FES），以及相对较少使用的经颅磁刺激（TMS）和虚拟现实（VR）。虽然基于计算机的治疗程序（如计算机化认知行为疗法）可能对治疗轻中度认知障碍有效，但运动障碍的自动化治疗在技术上似乎更具挑战性，因为它需要将专用接口跟踪设备与交互式训练场景相结合。目前已有不同的解决方案并广泛应用于康复治疗中，如各种传感器设备和技术，包括压力传感器、加速度计、提供触觉反馈的振动触觉执行器、触觉外骨骼技术、基于视觉的斑点追踪和数据手套等。

自 20 世纪 90 年代第一台康复机器人装置"InMotion Arm Robot"（美国 Interactive Motion Technologies 公司研发，又称 MIT-Manus）问世以来，工

程师们在开发和应用外骨骼以恢复功能性运动能力方面取得了重大进展。这些用于神经康复的仿生可穿戴机器人可应用于物理治疗装置、增强人类能力的辅助装置、触觉反馈传递装置和运动恢复监测工具。体现这种多功能性的一个例子是"手部外骨骼康复机器人"（Hand Exoskeleton Rehabilitation Robot，HEXORR）（Schabowsky *et al.*，2010），这是由沙博夫斯基（Schabowsky）及同事开发的一种活动机器人外壳，能够补偿患者的肌肉紧张，帮助他们张开麻痹的手（图 59.1）。HEXORR 能够协助运动，可以自由移动，或限制移动以产生静力。临床研究表明，HEXORR 作为一种干预方案，与常规疗法相比具有一定的优势。特别是在与基于虚拟现实的训练场景相结合后，这些仿生技术的多功能性就变得更加突出，可以模拟触觉感，并以情境化方式控制目标的物理性质。

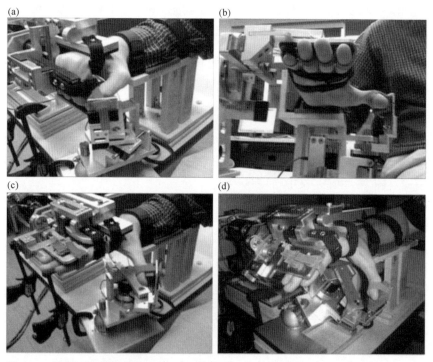

图 59.1　手部不同姿势穿戴 HEXORR 的照片

图片来源：转载自 Journal of NeuroEngineering and Rehabilitation，7，p. 36，figure 1，doi：10.1186/1743-0003-7-36，Christopher N. Schabowsky, Sasha B. Godfrey, Rahsaan J. Holley, and Peter S. Lum，Development and pilot testing of HEXORR：Hand EXOskeleton Rehabilitation Robot. This work is licensed under a Creative Commons Attribution 2.0 Generic License

在神经康复中运用虚拟现实训练场景的基本原理是基于该技术的一些独特属性，包括鼓励参与者进行体验式、主动性再学习。此外，虚拟现实是一个很好的操纵感觉运动意外事件的工具，因为它可以对视觉、声音、触觉反馈等不同模态进行完全控制。例如，最近的研究表明，在使用机器人治疗系统进行康复治疗时，纳入听觉反馈可以改善临床效果。因此，在触摸虚拟对象时，将 VR 交互的视觉和听觉反馈与触觉反馈相结合，可以增强交互事件的显著性和任务的生态有效性，从而影响对所获取功能的保持。虚拟现实的另一个独特点是，它可以自动提供个性化的训练强度和特异性，同时能够促进评估和训练方案的标准化。最近一篇综述分析了 35 项相关研究，评估了机器人系统和虚拟现实疗法对脑卒中后上肢运动功能的影响（Saposnik and Levin，2011）。文章的分析结果表明，虚拟现实疗法和机器人技术是有希望提高治疗强度、促进脑卒中后运动恢复的有效策略。然而，卡梅隆（Cameirão）及其同事的研究结果显示，与传统疗法相比，虚拟现实神经康复疗法的有益效果可能取决于所采用的特定界面系统（Cameirão et al.，2012）。因此，真正的解决方案不是简单使用虚拟现实，而是利用虚拟现实技术的特点，根据 DAC 等理论中发现的科学原理来扩充和扩展当前的治疗方法。

康复游戏系统（RGS）是基于虚拟现实的神经康复生物混合系统（图 59.2A），该系统基于上述三个理论：依赖于使用的大脑可塑性、感觉运动意外事件和个性化。RGS 将动作执行范式与运动表象和动作观察整合在一起，其基本假设是，利用大脑的终身可塑性可以促进大脑功能的恢复。通过将运动执行与从第一人称视角观察虚拟肢体的相关动作结合，可以驱动镜像神经元系统（MNS）加速和增强功能的恢复，MNS 可作为视觉感知、运动规划和执行的神经元基质之间相互联系的界面。遵循上述第三个原理，RGS 架构包括两个主要功能组件来实现康复治疗的自动个性化：自适应难度控制器（adaptive difficulty controller）和自适应生物力学控制器（adaptive biomechanics controller）。这些个性化机制提供了任务难度操纵和视觉运动反馈的可能性，鼓励患者参与训练，并使得重度损伤患者在虚拟现实中能够完成他们在现实条件下无法完成的功能性运动任务（Ballester et al.，2015，2016）。更为重要的是，这种机制可使患者在训练期间完全暴露于感觉运动意外事件，并鼓励其使用麻痹性肢体：增加成功的概率，降低练习水平及预防疲劳。但是，虽然我们认为强化虚拟运动可能具有一定的益处，但也有可能产生一些问题。重要的是，患者仍然需要并被鼓励充分发挥全部能力。任何对患者运动的强化都必须进行适当调节，使其始终处于患者能力可能性的边缘，并有动力自己完成运动。迄今为止开展的临床试验支持了这些设计原理，表明 RGS 可加速急慢性脑卒中患者的康复（图 59.2 b）（Cameirão *et al.*, 2012；Ballester *et al.*, 2017）。

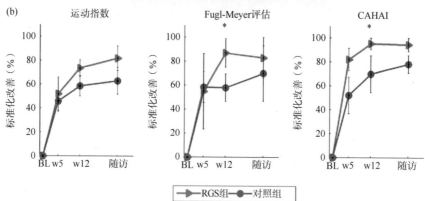

图 59.2　（a）康复游戏系统（RGS）的设置。RGS 系统包括一个 24 英寸触摸屏、一个集成 CPU，以及一个将微软 Kinect 传感器置于屏幕上方的支撑物或支架。（b）随着时间的推移，手臂部分的 Fugl-Meyer 评估测试及 CAHAI 量表得到了标化改善。RGS 组和对照组对选定临床量表的改善（中位数 ± 中位数绝对偏差），*组间比较 $p < 0.05$

图片来源：转载自 Monica da Silva Cameirão，Sergi Bermudez i Badia，Esther Duarte，and Paul F. M. J. Verschure，Virtual reality based rehabilitation speeds up functional recovery of the upper extremities after stroke：A randomized controlled pilot study in the acute phase of stroke using the Rehabilitation gaming System，Restorative Neurology and Neuroscience，29（5），287-298，Figure 5，doi：10.3233/RNN-2011-0599，© 2011，IOS Press and the authors

四、未来发展方向

目前,脑卒中对神经系统的影响及其对未累及区域的整体间接影响尚未得到完全了解。事实上,这需要更加深入地理解大脑本身,而这正是现代科学的主要目标之一。因此,我们期望基于理论的干预措施发挥越来越大的作用。虽然机器人辅助的神经康复和虚拟现实技术似乎是颇具前景的解决方案,但还没有足够的证据就其对不同患者的有效性和适用性得出明确的结论。许多研究已经证实上述疗法对轻度偏瘫患者具有积极的意义;但对于运动障碍表现更为严重患者的影响尚未得到深入研究。尽管存在这些局限性,市场上已经出现了循证自主医疗系统,包括一整套医疗管理、诊断、监测和康复方法,使其具有较好的成本效益,适合于家庭康复和远程辅助。同时,现在正大力开发用于伤病预防和辅助的可穿戴技术(Ballester et al., 2015)。尽管很少有研究探讨这一新方法对康复的影响,但我们预计在未来几年内,相关科学出版物的数量以及商业产品的数量和多样性都将呈指数增长。特别是,我们预计人类与生命机器技术之间的共生关系将逐渐增强,从而使人类能够保持健康并在伤病后恢复功能,正如基于分布式自适应控制理论的康复游戏系统所证明的那样。

五、拓展阅读

神经康复生物混合系统涵盖了众多技术领域,如人工植入物、被动和主动外骨骼、生物反馈疗法、脑成像、纳米技术、刺激系统、虚拟现实技术和可穿戴设备等。有关这些主题的更多信息请参见罗斯柴尔德(见 Rothschild, 2010)的文章,以及本书第49章(见 Prasad,第49章)、第50章(见 Vassanelli,第50章)、第53章(见 Bensmaia,第53章)及第54章(见 Lehmann and van Schaik,第54章)的介绍。马斯伦和萨武勒斯库(见 Maslen and Savulescu,第62章)还讨论了虚拟现实技术越来越广泛的应用所引发的伦理问题。格特·夸克尔(Gert Kwakkel)及其同事回顾了11项最新临床研究进展,评估了机器人辅助治疗对脑卒中患者上肢运动功能的影响(Kwakkel et al., 2015)。这篇综述清晰地概述了研发这些设备所面临的根本挑战。有关神经康复技术领域最新进展的更多详细信息，请参阅《神经康复技术》（*Neurorehabilitation Technology*）一书（Dietz *et al.*，2012；ISBN 978-1-4471-2277-7）。《神经工程与康复杂志》（*Journal of NeuroEngineering and Rehabilitation*）（BioMed Central Ltd.出版，ISSN1743-0003）也是该领域非常有用的资源。

　　关于前面提到的科学依据，《神经科学：康复基础》（*Neuroscience*：*Fundamentals for Rehabilitation*）一书（Lundy-Ekman，2012）提供了神经康复的实用指南，详细介绍了神经可塑性并将其与临床病例相联系。为了更好地理解感觉运动意外事件的概念，我们推荐两个非常优秀的资源，分别是阿尔瓦·诺埃（Alva Noë）2004 年的著作《感知中的行动》（*Action in Perception*，ISBN 978-0-2621-4088-1），以及他与凯文·奥雷根（Kevin O'Regan）合著的论文"所见的感觉：感知经验的感觉运动理论"（What it is like to see：A sensorimotor theory of perceptual experience）（O'Regan and Nöe，2001）；还可以在恩格尔等（Engel *et al.*，2016）的文章"语用转向：认知科学中的行动导向观点"（The pragmatic turn：toward action-oriented views in cognitive science）中，了解该领域的最新概述。

参 考 文 献

Adamovich, S. V., Fluet, G. G., Tunik, E., and Merians, A. S. (2009). Sensorimotor training in virtual reality: a review. *NeuroRehabilitation*, 25(1), 29–44.

Ballester, B. R., et al. (2015). The visual amplification of goal-oriented movements counteracts acquired non-use in hemiparetic stroke patients. *Journal of NeuroEngineering and Rehabilitation*, 12(1), 50. Available at: http://www.ncbi.nlm.nih.gov/pubmed/26055406 [Accessed June 10, 2015].

Ballester, B. R., Lathe, A., Duarte, E., Duff, A., and Verschure, P. F. M. J. (2015). A wearable bracelet device for promoting arm use in stroke patients. In: *Proceedings of the 3rd International Congress on Neurotechnology, Electronics and Informatics - Volume 1: NEUROTECHNIX*, pp. 24–31. ISBN 978-989-758-161-8. doi: 10.5220/0005662300240031

Ballester, B. R., Maier, M., Mozo, R. M. S. S., Castañeda, V., Duff, A., and Verschure, P. F. (2016). Counteracting learned non-use in chronic stroke patients with reinforcement-induced movement therapy. *Journal of Neuroengineering and Rehabilitation*, 13(1), 74.

Ballester, B. R., Nirme, J., Camacho, I., Duarte, E., Rodríguez, S., Cuxart, A., ... and Verschure, P. F. (2017). Domiciliary VR-based therapy for functional recovery and cortical reorganization: randomized controlled trial in participants at the chronic stage post stroke. *JMIR Serious Games*, 5(3), e15.

Cameirão, M.S., et al. (2012). The combined impact of virtual reality neurorehabilitation and its interfaces on upper extremity functional recovery in patients with chronic stroke. *Stroke*, 43(10), 2720–8.

Denis, M. (1985). Visual imagery and the use of mental practice in the development of motor skills. *Canadian Journal of Applied Sport Sciences. Journal Canadien des Sciences Appliquees au Sport*, 10(4), 4S–16S.

Dietz, V., Nef, T., Rymer, W. Z. (eds) (2012). *Neurorehabilitation Technology*. London: Springer.

Engel, A. K., Friston, K. J., and Kragic, D. (eds) (2016). *The pragmatic turn : toward action-oriented views in cognitive science*. Strüngmann Forum Report series. Cambridge, MA: MIT Press.

Grechuta, K., Guga, J., Maffei, G., Rubio, B. B., and Verschure, P. F. M. J. (2017). Visuotactile integration modulates motor performance in a perceptual decision-making task. *Scientific Reports*, 7(1), 3333. Available at: https://www.nature.com/articles/s41598-017-03488-0

Krakauer, J.W., et al. (2012). Getting neurorehabilitation right: what can be learned from animal models? *Neurorehabilitation and Neural Repair*, 26(8), 923–31. Available at: http://www.ncbi.nlm.nih.gov/pubmed/22466792 [Accessed July 21, 2015].

Kwakkel, G., Kollen, B. J., and Krebs, H. I. (2015). Effects of robot-assisted therapy on upper limb recovery after stroke: a systematic review. *Neurorehabilitation and Neural Repair*, 22(2), 111–21. Available at: http://www.pubmedcentral.nih.gov/articlerender.fcgi?artid=2730506&tool=pmcentrez&rendertype=abstract [Accessed May 8, 2015].

Lundy-Ekman, L. (2012). *Neuroscience: Fundamentals for Rehabilitation* (4th edition). St Louis, MI: Saunders.

Malouin, F. et al. (2003). Brain activations during motor imagery of locomotor-related tasks: a PET study. *Human Brain Mapping*, 19(1), 47–62. Available at: http://www.ncbi.nlm.nih.gov/pubmed/12731103 [Accessed July 21, 2015].

Noë, A. (2004). *Action in perception*. Cambridge, MA: MIT Press.

Nudo, R. J., Plautz, E. J., and Milliken, G.W. (1997). Adaptive plasticity in primate motor cortex as a consequence of behavioral experience and neuronal injury. *Seminars in Neuroscience*, 9(1–2), 13–23. Available at: http://linkinghub.elsevier.com/retrieve/pii/S1044576597901020.

O'Regan, J. K., and Nöe, A. (2001). What it is like to see: A sensorimotor theory of perceptual experience. *Synthese*, 129(1), 79–103. Available at: http://link.springer.com/article/10.1023/A:1012699224677 [Accessed July 21, 2015].

Ramachandran, V.S., and Rogers-Ramachandran, D. (1996). Synaesthesia in phantom limbs induced with mirrors. *Proc. Biol. Sci.*, 263(1369), 377–86. Available at: https://www.ncbi.nlm.nih.gov/pubmed/8637922

Rizzolatti, G., Fadiga, L., Gallese, V., and Fogassi, L. (1996). Premotor cortex and the recognition of motor actions. *Cogn. Brain Res.*, 3, 131–41. Available at https://www.ncbi.nlm.nih.gov/pubmed/8713554?access_num=8713554&link_type=MED&dopt=Abstract

Rothschild, R. (2010). Neuroengineering tools/applications for bidirectional interfaces, brain-computer interfaces, and neuroprosthetic implants—a review of recent progress. *Frontiers in Neuroengineering*, 3(October), 112. Available at: http://www.pubmedcentral.nih.gov/articlerender.fcgi?artid=2972680&tool=pmcentrez&rendertype=abstract [Accessed July 16, 2015].

Saposnik, G., and Levin, M. (2011). Virtual reality in stroke rehabilitation: a meta-analysis and implications for clinicians. *Stroke*, 42(5), 1380–6. Available at: http://www.ncbi.nlm.nih.gov/pubmed/21474804 [Accessed July 21, 2015].

Schabowsky, C.N., et al. (2010). Development and pilot testing of HEXORR: hand EXOskeleton rehabilitation robot. *Journal of NeuroEngineering and Rehabilitation*, 7, 36. Available at: http://www.pubmedcentral.nih.gov/articlerender.fcgi?artid=2920290&tool=pmcentrez&rendertype=abstract.

da Silva Cameirão, M., et al. (2011). Virtual reality based rehabilitation speeds up functional recovery of the upper extremities after stroke: a randomized controlled pilot study in the acute phase of stroke using the rehabilitation gaming system. *Restorative Neurology and Neuroscience*, 29(5), 287–98. Available at: http://www.ncbi.nlm.nih.gov/pubmed/21697589 [Accessed May 15, 2015].

Zeiler, S.R., et al. (2015). Paradoxical motor recovery from a first stroke by re-opening a sensitive period with a second stroke. *Stroke*, 46(Suppl 1), ATP86.

第60章
人类与生命机器的关系

Abigail Millings, Emily C. Collins
Department of Psychology, University of Sheffield, UK

　　基于对人际关系的心理学研究,我们探索了人类与机器(特别是机器人)形成长期人类关系的概念,并相应地探讨了机器与人类的相互作用。在考虑人类可以与其他实体(包括机器)建立关系时,重要的是从人际关系这一首要原则开始。在本章中,我们将依恋理论作为人际关系的框架,并从中延伸出人类与机器人之间关系的命题,逐一关注这种关系的各方面。

一、生物学原理

(一)依恋理论

　　人类和其他哺乳动物一样,是群居动物,与他人建立持久的联系(见Prescott,第45章)。依恋理论(attachment theory)解释了人类与他人发展情感联系的目的和本质(Bowlby,1969)。依恋理论采用通用系统的观点,认为一个系统的生存取决于它将某些变量保持在一定限度范围内的能力,它的实现要么是通过自己的控制特性,要么是通过与另一个系统的相互联系,后者在其限度范围内对第一个系统进行调节(Marvin and Britner,1999)。依恋理论描述了三种相互关联的反馈系统,它们跨越人际边界共同发挥作用,唯一的目的是确保婴儿的生存。借鉴行为学的观点,这些反馈系统实际上是有组织的系统行为(或"行为系统"),在进化上首先是让照顾者能够靠近易受伤害的婴儿,以使他们免受捕食者的伤害;其次,是让发育中的婴儿最终具备自我调节、自我保护及自主生存所需的技能。行为系统的概念定义了该物种范围内的控制系统,对给定情况下导致特定结果的一组特定行为进行控制。一个代表性的例子是，许多鸟类在特定条件下会本能地筑巢。在依恋理论所描述的三种主要行为系统中，有两种在人类婴儿中发挥作用，分别是"依恋行为系统"（attachment behavioral system）和"探索行为系统"（exploration behavioral system）。第三种行为系统——"照顾行为系统"（caregiving behavioral system），则是在婴儿的成年照顾者中发挥作用（图 60.1）。

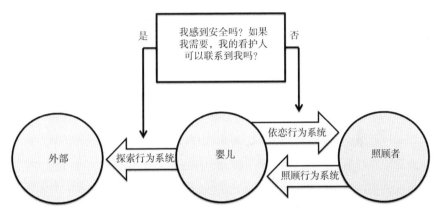

图 60.1　人类婴儿及其照顾者的行为系统

（二）婴儿的依恋行为系统与探索行为系统

婴儿的依恋行为系统驱动了行为的发展进化，旨在减少婴儿和照顾者之间的物理距离以应对威胁伤害。探索行为系统则驱动适应性探索行为，以促进技能的发展和对周围环境的掌握，如游戏和尝试。这两个系统作为单一的反馈回路共同运行，其中依恋行为系统的激活（由威胁线索触发）终止探索行为系统，相反，依恋行为系统的满足允许探索行为系统重新激活（Marvin and Britner，1999）。

依恋行为系统在人类生命的第一年经历了重大的发展。人类婴儿具有一系列不断发展的依恋行为（哭闹、拥抱、微笑，以及后来的接触和跟随），学会识别他们的主要照顾者，并将他们的依恋行为优先针对主要照顾者（Bowlby，1969）。依恋行为系统对环境和内在的威胁提示做出反应，如黑暗、嘈杂、分离、孤独、感觉不适、饥饿、疼痛、温度调节的需要和恐惧等。依恋行为系统对这些提示做出反应并激活依恋行为，如哭泣、贴身、接触和跟随，以便通过重新靠近主要照顾者来寻求"安全避难所"。依恋行为系统的激活会自动关闭探索行为系统，直到婴儿恢复靠近主要照顾者并且得到抚慰（Marvin and Britner，1999）。此时探索行为系统被重新激活，婴儿可以将其照顾者作为"安全基地"，并通过游戏和尝试重新部署及重新开始学习了解环境。这种尝试对于婴儿非常必要，促使其发展新技能和了解掌控周围环境，最终成为一名自主的可自我保护的主体。目前已经建立了计算模型来演示验证这些过程（Petters and Waters，2008）。

尽管依恋、探索行为和照顾行为系统起源于婴儿和儿童时期，并且对于婴儿和儿童时期的生存至关重要，它们在人类整个生命历程中也仍然具有重要的意义（Bowlby，1969）。同伴和最终的浪漫伴侣之间也会产生依恋行为（Mikulincer and Shaver，2007），可以在许多具有某种形式威胁的日常环境中看到依恋行为。例如，弗雷利和谢弗（Fraley and Shaver，1998）开展了一项依恋行为研究，对情侣在机场即将离别时所面临的依恋威胁进行了观察。

（三）成人的照顾行为系统

照顾行为系统存在于主要照顾者（如父母）中，可对依恋个体（如儿童）表现出的行为做出反应。照顾行为系统在父母对孩子的反应中最为活跃（George and Solomon，1999），也被认为是所有共情和亲社会行为的基础（Mikulincer and Shaver，2007）。当孩子通过哭泣来表达痛苦时，照顾者会做出反应，试图减轻孩子的痛苦。就系统而言，第一个系统（孩童）的控制特性得到负责监管的第二个系统（父母）的响应，目标是将第一个系统保持在决定其生存的运行参数范围内。

（四）个体差异

虽然依恋、探索行为和照顾行为系统的发展在人类中非常普遍，但随着时间推移，这些系统的功能和作用存在细微的个体差异。这种差异源于个体反复的相关经验，这些经验被内化为认知模型，以一种类似于人格特质的方式引导认知、情感和行为，并沿着已知轨迹发展（Mikulincer and Shaver，2007）。这些个体差异不仅影响个体对自身依恋关系的认知、情感和行为，还会影响他们的照顾行为系统，激活照顾行为系统以对他人（如伴侣和孩子）做出反应（Millings et al.，2013）。

　　总之，亲密的人际关系受到以下因素的支配：①依恋、探索和照顾的通用反馈系统；②这些系统运行方式的个体差异化发展。在此我们将把这些概念应用于人与机器人的关系之中。

二、仿生与生物混合系统

（一）依恋理论在人−机器人关系中的应用

　　我们可以从两个角度将依恋理论应用到人与机器人的关系中：概念化并设计机器人对人类的"依恋"；围绕我们对照顾者（未来可能包括个人机器人助理）形成依恋的倾向形成概念化且敏感的设计。我们不愿将人类与机器的长期关系描述为"依恋"，主要出于以下三个方面的原因：①鉴于当前最先进的机器人技术和人工智能缓慢的发展速度，对于在任何方面都能充分满足我们情感需求的机器人，在不久的将来实现的可能性还很小；②关于机器人能够在多大程度上拥有形成真正依恋纽带所必需的属性，例如，将依恋个体铭记在心的能力，需要进行哲学上的讨论，这超出了本章讨论的范围；③与尚无法完全满足我们依恋需求的机器人发展形成完全的依恋关系，可能会产生负面影响，这一点在其他部分已经探讨过（Sharkey and Sharkey，2010）。

　　随着研究人员开发出越来越复杂的系统以模仿对依恋需求的理解，我们一致认为对此必须谨慎小心。但我们也认为，在弱势群体中完全不使用机器人，与使用机器人导致人类与照顾者失去联系从而损害儿童依恋行为系统的发展（Sharkey and Sharkey，2010）或者增加老年人的社会孤立感（Sharkey and Sharkey，2012；Sharkey and Wood，2014）的反乌托邦之间，可能存在一个中间地带。因此，我们从同一问题的两面探讨了依恋理论在人−机器人关系中的应用，即人类与机器人的关系，以及机器人与人类的交互，鉴于人−机器人双向交互的二元共生性，这里将后者定义为机器人与人类的关系。我们对此进行了探讨，但需要警惕的是，虽然人类与机器人的关系可能与依恋关系的特征有些相似，但我们并不认为人类可以完全"依恋"目前最先进的机器人。我们也不认为机器人的发展应该着眼于在未来迭代设计中有足够的能力来推动实现这一"依恋"过程。然而，正如我们现在讨论的那样，设计可以模仿依恋和探索行为系统的机器人将大有裨益。

（二）机器人对人类的"依恋"：设计可模仿依恋与探索行为系统的机器人

我们之所以希望构建可模仿人类依恋与探索行为系统的机器人，主要有两个明显的原因。第一个是为了促进平滑和"自然"的人–机器人交互，从人–机器人交互和机器人学习架构的角度来看，这些机器可以通过用户整个生命周期的发展轨迹进行编程。我们认为，设计可在依恋和探索行为方面类似于哺乳动物的机器人，应该有助于人类用户将机器人视为社会可接受的实体。模拟生物体发育生命周期的机器人将有助于与用户建立更自然的关系：人类会更好地了解如何与它们建立关系，如何与它们合作，以及如何照顾它们。基于人类婴儿"虽然没有太多先前经验，但却是能适应我们社会和技术环境的最成功实例"的观点，机器人技术的发展方法旨在确定"机器人平台如何利用（与人类）这种纽带的特性，以便从中茁壮成长，就像孩子们经常做的那样"（Hiolle *et al.*，2012，p.2）。

构建可模仿依恋和探索行为系统机器人的第二个动机是提高我们对人际关系的理解，特别是当它们出错时。早期依恋研究发现哺乳动物的情感慰藉需求不同于食物需求，虽然该研究提供了大量有价值的信息，但它不符合科研伦理而且对猕猴实验对象非常有害（Harlow and Zimmerman，1958）。机器人或计算机控制系统可以帮助我们更好地理解依恋相关创伤影响人类后续行为的过程。虽然依恋关系中经常发生虐待（May-Chahal and Cawson，2005），但其中涉及各种变量，这意味着这类案例并不适合进行对照研究。未来的研究有可能会模拟出特定父母虐待模式对后续依恋与探索行为的确切影响。

目前，对依恋和探索行为系统进行计算建模已经显示出一些颇有希望的结果，其中基于智能代理的计算实验可以产生表观遗传轨迹，反映出我们在婴儿研究中观察到的安全和不安全依恋模式的个体差异（Petters and Waters，2010）。

类似地,研究人员还设计了机器人架构来模拟婴儿的安全基地和在新环境中的探索行为（Hiolle and Cañamero，2008）。希尔和卡尼亚梅罗（Hiolle and Cañamero）为 Aibo 机器人创建的架构可让机器人学习以了解环境,可对不熟悉的刺激感到惊讶和兴奋,并被扮演 Aibo 照顾者角色的人类用户抚慰。不同的发展轨迹或多或少是细心照料产生的结果（Hiolle and Cañamero，2008）。

（三）人类对机器人的"依恋"：设计能适应我们依恋需求的机器人

为了充分满足个人的依恋需求,机器人需要在人类痛苦或受到威胁时提供慰藉（安全港）,仅仅待在那里就可以帮助个人探索环境（安全基地）。这些过程高度复杂——可以说是我们之所以成为人类的核心。虽然其他哺乳动物也存在依恋,但没有任何一种动物像我们人类一样复杂。因此,对这一人类过程的任何机器人模拟都很可能相当原始,并且要遵守前面已经讨论过的警告。为此,我们要考虑机器人如何才能最好地"适应"而不是"完全满足"我们的依恋需求。

为了让机器人适应人类的安全港要求,机器人需要能够探测到人类用户的应激或痛苦迹象,并以这样的方式做出反应以减轻痛苦。对于一名独自生活、身体虚弱的老年人的机器人私人助理来说,可能需要从个体的面部表情、语调、姿势和动作中收集数据,并识别这些数据中的各种负面情绪标志。然后,机器人可以通过与个体对话来探测进一步的信息。最后,机器人可以通过视频呼叫将个体与他们的依恋对象（如近亲）或相关专业人员（如医生）联系起来。在这种场景中,机器人可以通过促进个体靠近其依恋对象或更广泛的支持网络来应对痛苦。机器人可使交互关系中人类参与者的依恋与照顾行为系统正常工作,而不论地理距离是否遥远。机器人不会替换个体的依恋对象。

为了让机器人适应人类的安全基地需求,它需要推动对环境的探索和学习。对于上述体弱的老年人,这可能是通过使其能够外出购物、帮助他们行走或携带物品来实现的。由于机器人能够提供物理帮助,也能够在发生紧急情况时帮助个体与依恋对象建立联系,因此个体可以在机器人的陪伴下放心地做更多的事情。机器人作为一种实际和心理支持的具体体现，能够促进但不能取代人与其他人的关系。

然而在某些情况下，寻求用机器人取代真实生活关系可能是合适的，例如，人类或动物可能不太适用的特定的治疗环境。近年来，Paro 海豹机器人（图 60.2）作为一种机器人版本的动物辅助疗法（AAT），在老年人和痴呆患者中越来越受欢迎（Mordoch et al., 2013）。Paro 海豹机器人提供了一个现成的例子来说明如何让使用机器人具有优势，例如，患者可能会表现出危及动物福利而产生痛苦性与问题性的行为，动物行为潜在的不可预测性可能会产生负面后果，或因卫生原因不宜使用真正的动物等。

图 60.2   Paro 海豹机器人

（四）设计可激活照顾行为系统的机器人

让我们的依恋需求得到满足是心理健康的重要要求，照顾行为系统的激活也具有心理和生理上的益处。研究发现，向他人提供关怀和支持要比接受关怀和支持更易获得幸福感（Thomas，2010；Brown et al., 2003）。动物辅助疗法有效的原因之一可能是激活了照顾行为系统（Kruger and Serpell，2006）。许多社交机器人都以"可爱"（cuteness）为设计理念，其中"可爱"被定义为拥有年轻且无威胁的外表。例如，接触 NAO 机器人的参与者报告说，他们发现 NAO 机器人既可爱又诱人，并且渴望与之互动（Baddoura et al., 2012）。布雷泽尔（Breazeal）报道，Kismet 机器人被设计成婴儿样外观，能够"唤起成人的抚育反应"（Breazeal and Ayranada，2002，p. 87）。Paro

海豹机器人（Shibata *et al.*，2003）有着大大的眼睛、柔软的白色皮毛，可以对触摸、声音和光线做出反应，设计上非常可爱。尽管 Paro 海豹机器人的相关文献在方法学研究上通常存在不足，但报道声称 Paro 具有许多有益的治疗效果（Bemelmans *et al.*，2012）。我们认为，这些疗效机制可能是激活了照顾行为系统，但尚未得到实证检验。

三、未来发展方向

本章分别从机器人和人的角度探讨了依恋理论与人–机器人关系的相关性，确定了依恋和照顾行为系统的不同领域。我们介绍了在机器人中发展依恋行为系统的动机，未来的研究方向可能包括将希尔等倡导的发展方法拓展到机器人技术（Hiolle *et al.*，2012，2014）。我们还探讨了尝试利用计算机和机器人来表现依恋行为系统的潜力，以便帮助我们更好地理解系统发生故障的危害后果，例如虐待。未来研究可以通过调查康复轨迹来进行扩展。

在考虑到机器人适应我们依恋需求的能力时，我们介绍了如何使用机器人来扩展我们与他人依恋关系的地理范围，而不是寻求用机器人取代我们的关系伙伴。未来研究将寻求更好地阐述弱势群体确切的需求领域，以及机器人如何能够在这些领域提供可接受的、有用的支持。

最后，我们认为，照顾行为系统对于设计可提供慰藉的社交机器人具有重要意义。未来研究可以寻求：①检验照顾行为系统激活在社会机器人积极影响中的可能机制；②阐述可以优化照顾行为系统激活的最有效的设计标准。

本章之外其他人–机器人关系主题的未来研究领域包括，扩展当前机器人实际应用于自闭症治疗的探索研究，例如，帮助自闭症儿童学习触觉社交行为（Robins *et al.*，2012），以及对儿童进行访谈获取见证证据（Wood *et al.*，2013）。此外，未来的研究可能会考虑以电子心理健康文献为基础，采用机器人方法作为治疗剂（Cavanagh and Millings，2013）。

人–机器人关系的未来研究有着许多令人兴奋的方向，鉴于最先进的机器人技术的发展速度，重要的是，现在我们就必须开始推测未来人类与先进技术的关系可能是什么样子。机器人将在社会中占有实际地位。它们是一种工具，例如，能够扩展人类在面临身体缺陷时的独立性。有了机器人装置，个体就可以重新获得自由，进行简单的日常活动，而不必担心仅仅从事此类活动就可能产生的一些问题。了解这些现有和潜在的人–机器人关系是非常重要的，依恋理论的视角可以为我们提供很多东西，当我们沿着与社会机器共同生活的道路前进时，社会机器将帮助而不是取代人与人之间的关系。

四、拓展阅读

若想深入学习本主题的基础概念，可以查阅重要的依恋理论文献（Mikulincer and Saver，2007），以及照顾行为系统及其与成人依恋发展关系的文献（Collins and Ford，2010；Millings et al.，2013）。感兴趣的读者如果想进一步扩大阅读范围，建议关注以下主题：依恋和照顾的计算机和机器人方法（Petters and Waters，2008，2010；Hiolle et al.，2012，2014）；探索机器人在人类社会环境中的地位（Breazeal，2003；Collins et al.，2013）；社交机器人在不同人群中的作用，如照顾老年人（Mordoch et al.，2013）；在自闭症儿童治疗中的作用（Robins et al.，2005）；作为儿童潜在的同伴辅导者的作用（Kanda et al.，2004）。读者还可能会感兴趣的领域包括，计算机和机器人方法如何应用于探索社交机器人可能产生的行为影响，例如，基于人类情感心理模型的机器人步态建模（Destenhe et al.，2013）。

最后，一些针对社交机器人的调查和综述对本章所涵盖的各种主题的组合进行了概述。其中，方等（Fong et al.，2003）、古德里奇和舒尔茨（Goodrich and Schultz，2007）的文章被广泛引用，为进一步研究提供了良好的起点。

致谢

撰写本章的灵感和支持来自英国经济及社会研究理事会（Economic and Social Research Council）资助的"关系科学在当代干预中的应用"（ApReSCI）系列研讨会，基金号为 ES/L001365/1；以及欧盟委员会资助的"共生教育和学习的表现主体"（EASEL）项目，基金号为 n611971。

参 考 文 献

Baddoura, R., Matuskata, R., and Venture, G. (2012). The familiar as a key-concept in regulating the social and affective dimensions of HRI. In: *Proc IEEE/RAS Int. Conf. on Humanoid Robots*, pp. 234–41. doi: 978-1-4673-1369-8/12.

Bemelmans, R., Gelderbom, G., Jonker, P., and de Witte, L. (2012). Socially assistive robots in elderly care: a systematic review into effects and effectiveness. *Journal of the American Medical Directors Association*, 13(2), 114–20. doi:10.1016/j.jamda.2010.10.002

Bowlby, J. (1969). *Attachment and loss (Vol. 1): Attachment.* New York: Basic Books.

Breazeal, C. (2003). Toward sociable robots. *Robotics and Autonomous Systems*, 42(3), 167–75.

Breazeal, C., and Aryananda, L. (2002). Recognition of affective communicative intent in robot-directed speech. *Autonomous Robots*, 12(1), 83–104.

Brown, S., Nesse, R., Vinokur A., and Smith, D. (2003). Providing social support may be more beneficial than receiving it: results from a prospective study of mortality. *Psychological Science*, 14, 320–7. doi: 10.1111/1467-9280.14461

Cavanagh, K., and Millings, A. (2013). (Inter)personal computing: the role of the therapeutic relationship in e-mental health. *Journal of Contemporary Psychotherapy*, 43, 197–206. doi 10.1007/s10879-013-9242-z

Collins, E. C., Millings, A., and Prescott, T. J. (2013). Attachment to assistive technology: a new conceptualisation. *Assistive Technology Research Series*, 33, 823–8.

Collins, N. L., and Ford, M. (2010). Responding to the needs of others: The interplay of the attachment and caregiving systems in adult intimate relationships. *Journal of Social and Personal Relationships*, 27, 235–44.

Destenhe, M., Hashimoto, K., and Takanishi, A. (2013). Emotional gait generation method based on emotion mental model—preliminary experiment with happiness and sadness. In: *Ubiquitous Robots and Ambient Intelligence (URAI), 2013 10th International Conference on*. IEEE, pp. 86–9.

Fong, T., Nourbakhsh, I., and Dautenhahn, K. (2003). A survey of socially interactive robots. *Robotics and Autonomous Systems*, 42(3), 143–66.

Fraley, R. C., and Shaver, P. R. (1998). Airport separations: a naturalistic study of adult attachment dynamics in separating couples. *Journal of Personality and Social Psychology*, 75, 1198–212.

George, C., and Solomon, J. (1999). Attachment and caregiving: the caregiving behavioural system. In: J. Cassidy and P. Shaver (eds), *Handbook of attachment*. New York: Guilford Press, pp. 649–70.

Goodrich, M. A., and Schultz, A. C. (2007). Human–robot interaction: a survey. *Foundations and Trends in Human-Computer Interaction*, 1(3), 203–75.

Harlow, H., and Zimmerman, R. (1958). The development of affectional responses in infant monkeys. *Proceedings of the American Philosophical Society*, 102(5), 501–9.

Hiolle, A., and Cañamero, L. (2008). Conscientious caretaking for autonomous robots and arousal-based model of exploratory behaviour. In: *Proceedings of the Eighth International Conference on Epigenetic Robotics: Modelling Cognitive Development in Robotic Systems*. Lund University Cognitive Studies, 139. Retrieved from: http://www.image.ece.ntua.gr/projects/feelix/files/epirob08_hiolle_canamero.pdf September 9, 2014.

Hiolle, A., Cañamero, L., Davila-Ross, M., and Bard, K. (2012). Eliciting caregiving behaviour in dyadic human–robot attachment-like interactions. *ACM Transactions on Interactive Intelligent Design Systems*, 2(1), Article 3. doi: 10.1145/2133366.2133369

Hiolle, A., Lewis, M., and Cañamero, L. (2014). Arousal regulation and affective adaptation to human responsiveness by a robot that explores and learns a novel environment. *Frontiers in Neurorobotics*, 8, 17. doi:10.3389/fnbot.2014.00017

Kanda, T., Hirano, T., Eaton, D., and Ishiguro, H. (2004). Interactive robots as social partners and peer tutors for children: a field trial. *Human-Computer Interaction*, 19(1), 61–84.

Kruger, K., and Serpell, J. (2006). Animal-assisted interventions in mental health: definitions and theoretical foundations. In: A. Fine (ed.), *Handbook on animal-assisted therapy: Theoretical foundations and guidelines for clinical practice*. San Diego: Elsevier, pp. 21–39.

Marvin, R. S., and Britner, P. A. (1999). Normative development: The ontogeny of attachment. In: J. Cassidy and P. Shaver (eds), *Handbook of attachment*. New York: Guilford Press, pp. 21–43.

May-Chahal, C., and Cawson, P. (2005). Measuring child maltreatment in the United Kingdom: a study of the prevalence of child abuse and neglect. *Child Abuse & Neglect*, 29(9), 969–84. doi: 10.1016/j.chiabu.2004.05.009

Mikulincer, M., and Shaver, P. (2007). *Attachment in adulthood structure, dynamics, and change*. New York: Guilford Press.

Millings, A., Walsh, J., Hepper, E, and O'Brien, M. (2013). Good partner, good parent: caregiving mediates the link between romantic attachment and parenting style. *Personality and Social Psychology Bulletin*, 39, 170–80. doi: 10.1177/0146167212468333

Mordoch, E., Osterreicher, A., Guse, L., Roger, K., and Thompson, G. (2013). Use of social commitment robots in the care of elderly people with dementia: a literature review. *Maturitas*, 74(1), 14–20. doi: 10.1016/j.maturitas.2012.10.015.

Petters, D., and Waters, E. (2008). Epigenetic development of attachment styles in autonomous agents. In: *Proceedings of the Eighth International Conference on Epigenetic Robotics. Modeling Cognitive Development in Robotics Systems*, July 2008, Brighton. Lund University Cognitive Studies, 139, pp. 153–4. Retrieved from: http://www.cs.bham.ac.uk/~ddp/petters_waters_epirob08_final.pdf 12/09/14

Petters, D., and Waters, E. (2010). AI, Attachment Theory, and simulating secure base behaviour: Dr. Bowlby meet the Reverend Bayes. In: *Proceedings of the International Symposium on 'AI-Inspired Biology', AISB Convention 2010*, University of Sussex, Brighton: AISB Press, pp. 51–8. Retrieved from: http://www.cs.bham.ac.uk/~ddp/petters-d-waters-e-aiib.pdf 12/09/14

Robins, B., Dautenhahn, K., Te Boekhorst, R., and Billard, A. (2005). Robotic assistants in therapy and education of children with autism: can a small humanoid robot help encourage social interaction skills? *Universal Access in the Information Society*, 4(2), 105–20.

Robins, B., Dautenhahn, K., and Dickerson, P. (2012). Embodiment and cognitive learning–can a humanoid robot help children with autism to learn about tactile social behaviour? In: S. S. Ge, O. Khatib, J. J. Cabibihan, R. Simmons, and M. A. Williams (eds), *Social Robotics*. ICSR 2012. Lecture Notes in Computer Science, vol 7621. Berlin/Heidelberg: Springer, pp. 66–75.

Sharkey, A., and Wood, N. (2014). The Paro seal robot: demeaning or enabling? *Proceedings of AISB 2014*. AISB.

Sharkey, A. J. C., and Sharkey, N. E. (2012). Granny and the robots: ethical issues in robot care for the elderly. *Ethics and Information Technology*, 14(1), 27–40.

Sharkey, N. E., and Sharkey, A. J. C. (2010). The crying shame of robot nannies: an ethical appraisal. *Interaction Studies*, 11(2), 161–90.

Shibata, T., Wada, K., and Tanie, K. (2003). Statistical analysis and comparison of questionnaire results of subjective evaluations of seal robot in Japan and U.K. In: *Proceedings of the 2003 IEEE International Conference on Robotics & Automation*, Taipei, Taiwan, September 14–19.

Thomas, P. A. (2010). Is it better to give or to receive? Social support and the well-being of older adults. *Journal of Gerontology: Series B*, 65B(3), 351–7. doi:10.1093/geronb/gbp113

Wood, L. J., Dautenhahn, K., Lehmann, H., Robins, B., Rainer, A., and Syrdal, D. S. (2013). Robot-mediated interviews: do robots possess advantages over human interviewers when talking to children with special needs? In: S. S. Ge, O. Khatib, J. J. Cabibihan, R. Simmons, and M. A. Williams (eds), *Social Robotics*. ICSR 2012. Lecture Notes in Computer Science, vol 7621. Berlin/Heidelberg: Springer, pp. 54–63.

第61章
人类文化想象中的生命机器

Michael Szollosy

Sheffield Robotics and Department of Computer Science,
University of Sheffield, UK

公众对机器人的看法充满了各种各样的想象：闪闪发光的双足式金属机器杀手大军，以及潜伏在眼神迷离年轻女性背后的人工智能阴谋，两者都同样试图统治世界和消灭人类。在过去 20 年里，这种想象有了一些改变，老生常谈中加入了新的情节，机器人是为了拯救地球，为了使人类免受自身无节制行为的最坏影响，人工智能将最终拯救自然愚蠢（havoc of natural stupidity）引发的浩劫。

我们痴迷于机器人怪物概念的后果是显而易见的：大众媒体上关于"终结者技术"（terminator technologies）到来的尖锐刺耳的批评掩盖了机器人和人工智能领域真正有益的创新，以至于无法区分微小进步和重大飞跃，无法区分丰富人类生活的善举和也许应该合理警惕的自主系统。关于"终结者技术"的坏消息可能会导致公众对真正有价值科学的抵触，因为以前已经这么做过——虽然并非没有很大的争议——例如，媒体对"弗兰肯斯坦食品"（Frankenstein foods）的妖魔化（Dixon，1999）。

不幸的是，即使是更为正面的科幻观念也并不能非常准确地反映实验室内正在开展的工作。机器人和人工智能并没有奴役人类，它们将我们从人类的生物局限性和脆弱性中拯救出来，帮助我们克服人类的道德弱点，或者把我们的思想意识上传到另一个身体中以确保永生，或者最常见的是，为了把我们从其他邪恶机器人手中拯救出来而战斗。由于目标设置是如此之高，当生物和精神拯救是我们对技术的最低期望时，机器人和人工智能就注定要失败，这使得我们对新技术的未来充满担忧。

一般公众几乎完全通过科幻小说的镜头来看待机器人、人工智能和其他新兴技术，很少考虑科学事实。科学家、学术界人士和企业领导人尽了最大努力，他们中的许多人仍在积极努力提高认识和传播信息。有时，我们必须承认，正是科学家、学者和企业领导人本身应对公众不切实际的期望和焦虑至少担负部分责任，因为追逐资金、客户、名誉和财富的诱惑的确太大了，关于机器人的错误信息中充斥着夸张、乐观的夸耀，或者有些夸大地表示其技术即将取得突破。但这种复杂化只是利用了现有的恐惧和期望，而且只有在公众想象中存在更深层、更根本的焦虑时才能发挥效果。

无论电影和文学作品提供了什么样的推测，科幻小说更多地反映了我们目前的希望和恐惧，而非准确地描绘我们未来可能或不可能的样子。我们必须牢记这一点，我们是否能够理解为什么"终结者"对于头条新闻记者有如此的吸引力，为什么那么多人认为这是一种必然性，即试图种族灭绝的自主式持枪机器人肯定有一天会在我们的街道上行军。但在我们审视这些文化想象的具体形态和表现形式之前——也就是说，那些在我们的文化生活中、在我们的电影中、在我们的书籍和电子游戏中以及在我们的大众媒体中根深蒂固的特定形象——重要的是要审视这些观点产生的方式，以及这些怪物是如何控制了我们的想象。

一、 信息错误的机制

拟人化（anthropomorphism）在人类与机器人交互中所发挥的作用有着充分的证据（例如，Caporael and Heyes，1997；Duffy，2003；Kiesler *et al.*，2008）。拟人化是指人类将自己的态度、信仰和幻想投射到无生命物体上，或将人类的思维、情感或动机归于无生命物体的现象（见 Heider and Simmel，1944）。然而，虽然拟人化在人-机器人交互中是一个明确的重要因素，但它并未得到很好理解，它仅是更大故事叙述中的一部分。作为植根于我们个人和文化想象中的一种主观现象，如果不能更透彻地了解人类如何投射自己的思维过程和情感状态，就无法理解拟人化的一些要素（通过区分"文化想象"，但并不是指类似于荣格原型或集体无意识的东西。相反，此处指的只是在特定文化背景下共同的幻想，但这些幻想只能用共同的社会经验来解释，而不是求助于生物过程或神秘过程）。而这种理解只能通过诉诸另一种方法认识论来实现，允许对主观经验进行更细致的概念化叙述。后弗洛伊德式精神分析思想对投射的阐释，特别是梅兰妮·克莱因（Melanie Klein）及其追随者以及英国独立传统（如 Heimann *et al.*, 1989；Rayner, 1991）是很有意义的开始，尝试把投射想象成一种机制，该机制可以更为清楚地解释我们与机器人和人工智能的关系，无论这种关系是虚构的还是真实的。

针对投射的精神分析观点旨在尝试描述对象关系（object relations），即人类与事物的关联方式——通常是与他人的联系，但也包括人类世界中的其他物质和非物质对象。投射是一系列相互关联的防御机制之一，最初为婴儿所采用，但也适用于心理成熟成人的正常日常功能。这种防御机制也是心理病理学的根源：在精神分析思维中，这些防御机制的正常使用和心理病理使用之间的界限主要是一个程度的问题，以及它们在多大程度上被用来保持对矛盾心理的接受——也就是说，能够对某一对象同时持有积极和消极观点的悖论予以协调。这些机制的目的是保护个人免于焦虑，或是面对截然相反的想法或感情时免于发生难以处理的冲突。

根据投射的观点，人们相信在心理幻想中，我们能够把自己的一部分，如思想、情感或其他自我部分分割出来，然后将它们"投射"成某种东西——一个人、一个物体，甚至一个符号或一个想法——可以将它们视为投射的一种容器（Klein, 1997；Bion, 1962）。有时，自我之善部分被投射到容器中安全保存，或是为了让个体能够认同另一个人身上的该部分，或是在自己和容器之间建立联系。这被称为投射认同（projective identification），它不仅是心理功能中的一种普遍现象，也是智能主体间相互交流和群体认同概念的基础。有时自我的消极部分被投射到一个容器中（实际上，通常投射出的是善、恶部分的组合）。自我之恶部分（例如，暴力幻想、仇恨、焦虑）可以通过否定行为从自身投射出去。为了阻止这些恶的因素，自我可以被认为是纯洁和美好的，其结果是外在他者被妖魔化，并被视为恶之客体对象的源头，该客体对象因此成为迫害者角色，因为想象这些投射出去的仇恨和暴力会以他者的形式重新返回自身。

投射和投射认同观点可以应用于文化研究，为各种现象提供令人信服的解释，特别是那些涉及身份和威胁集体幻想的现象。例如，民族主义可以看作是个体把自己想象的积极品质投射成一个符号，或一个想法，或一个领导者；在这样一个容器中，自我的积极方面被认为是"安全的"，也就是说，不受焦虑或矛盾心理正常变迁的威胁，这些共同联系为集体凝聚力和群体认同提供了源泉。自我之恶部分的投射也可以用来理解为什么我们能够发现某些对象或团体具有威胁，我们如何体验偏执妄想，以及为什么我们对某些对象感到如此仇恨。这种投射方式最明显的例子是寻找替罪羊，例如，在种族主义或与之相反的民族主义中所常看到的：不是我们暴力，而是他们。他们恨我们，要抓我们。有了替罪羊，就有了这样一种信念，那就是必须摧毁容纳自我之恶部分的容器，避免它返回并毁灭我们。这是偏执的根源。我们受到迫害的信念是我们自己的幻想（Anzieu，1989；Young，1994）。

正是通过这种投射，我们才能够认识和了解这个世界。投射认同也提供了共情的基础：把我们自己的一部分投射到他人身上——就像一句谚语所说的那样，"穿着别人的鞋子走一英里"或者"把我们自己放在别人的位置上"——通过接受别人的投射，成为别人投射的容器，我们获得对他人情感和思维过程的知识和理解。因此，大量的后弗洛伊德精神分析思想把投射和投射认同的概念提升到了一个更为重要的位置，而对许多人来说，这些正是人类交流和体验的核心。在这个世界上，越来越多地充斥着拥有至高无上理性主义的实体，它们远远超出了人类所能做的任何事情，正是这种共情能力越来越多地定义了许多物体作为人类的意义；这在我们的科幻小说中尤其明显，例如，《机器人会梦见电动绵羊吗？》（*Do androids dream of electric sheep*? 又名《银翼杀手》）、《终结者》（*The Terminator*）及《星际迷航》（*Star Trek*）等。

二、怪物与神话

在人类历史各个时代创造的怪物中，投射都在发挥作用，从人类最基本情感（嫉妒、愤怒等）牺牲品的神和魔鬼（尽管表面上活灵活现），到几个世纪以来一直被描绘成恐怖野蛮人的其他种族，再到人类想象力可以召唤的最离谱的超自然生物——僵尸和狼人、吸血鬼和外星人等。所有这些怪兽，不管它们与事实或（科幻）小说之间有什么微妙联系，都是人类幻想的产物，是充满了我们向外投射的自身不好部分的生物。怪物是我们投射的容器，然后这个容器变得恐怖可怕、冷酷无情、无处不在，因为它只不过是我们（无意识地）知道的我们无法逃离的自身品质。在我们的技术反乌托邦幻象中，如果机器人试图奴役或彻底消灭整个人类，它们只不过反映了我们自己的暴力冲动：要么是我们宁愿否认的感觉，要么是我们宁愿压抑的过往罪恶的记忆。

机器人怪物是人类幻想的产物，这也许不是一个令人吃惊的发现，但我们显然有责任提醒头条新闻作者和恐慌的未来学家，事实上充斥于他们想象中的未来机器人与那些充斥于我们想象中的过往怪物（像吸血鬼和鬼魂一样）有着更多的共同点，而不是现代（大多数）实验室里设计的任何真正的机器人。值得补充的是，如果我们真的害怕自主机器人，也许是因为自主武器的军事实验可能面临失控，我们需要担心或谴责的不是机器人或人工智能，而是人类自己的好战倾向。

下一步工作是将投射研究应用于我们如何看待机器人和人工智能，即更详细地考察金属怪物非常具体的形状。当我们想象机器人时，为什么我们会想象这些机器人具有这样的形式和行为？

例如，当我们观看《终结者》或《星际迷航》中的博格、《神秘博士》中的赛博人和戴立克机器人、《西部世界》中的失控机器人以及无数其他影片时，我们看到的是我们自己的、非常人类化的、暴力的幻想，只是这些幻想反映在闪闪发光的金属上。这些机器人展现的暴力就是我们的暴力，只是投射到了另一个物体身上。在不希望排除更实际的、也许是"唯物主义"的理由来对这种生物进行类人设计的情况下（比如缺乏想象力，或者仅仅是因为在电影或电视节目中，让人类演员穿着套装要比制造真正的机器人更容易），将机器人怪兽理解为人类映射的观点，至少在一定程度上也可以解释为什么机器人怪兽通常看起来很像人类。

但是坏机器人和人工智能不仅仅是制造暴力。这类怪物还有许多其他共同的特征。例如，冷酷无情：它们无法轻易被杀死，而且唯一的目标是追杀受害者。它们也是完全和纯粹理性的——这是它们与过去许多怪物的一个明显区别：这些怪物不受仇恨、复仇的引导，也没有狂热献身于非理性神话，就像鬼怪、野蛮人或宗教极端分子那样。这些没有灵魂的机器人怪物遵循一个简单的原则：它们的暴力和破坏完全彻底建立在精心计划的、无可争辩的逻辑基础之上，并坚定地执行其技术、理性和科学的预先编程。

正是在这些品质中，我们可以学习到更多关于当代人类之中我们认为至少在无意识中是"坏的"东西，或者至少是（同样无意识的）可疑的东西。例如，我们可能会注意到，机器人并不是第一个展示这些特性的怪物。如果在历史上再往前追溯一段时间，严格地说在机器人存在之前，人们会发现弗兰肯斯坦（Frankenstein），还会发现其他怪物，如海德先生（Mr. Hyde）、僵尸和其他幽灵、鬼怪。这些怪物的共同点是，它们都是人类工业、科学和理性的产物。

在这种场景下观察机器人作为怪物传统的一部分，反映了自工业革命和启蒙理性（enlightenment rationality）以来对人类发展方向的一些潜在恐惧（Kang，2011）。玛丽·雪莱（Mary Shelley）1818 年创作的小说《弗兰肯斯坦》（*Frankenstein*）——副标题是《现代普罗米修斯》（*The Modern Prometheus*）——在这方面就很有意思，因为雪莱的小说与其后许多关于机器人怪物的故事一样，非但没有对技术、进步或理性主义进行妖魔化，反而对技术持更加矛盾的态度，一方面崇拜英雄普罗米修斯的勇气（正如浪漫主义者惯常做的那样），另一方面也表明，向新构想的人类及其愿望的这种转变可能会产生无法预料的消极的后果：僵化的理性逻辑、残酷的工业效率、超脱的科学情感，这些表明弗兰肯斯坦及其后代可能正在创造新的怪物。

机器人对理性的坚持不懈可以看作是表达了对人类自身理性的焦虑，不需要更多的"人类"共情检查。自"机器人"这一术语诞生于卡雷尔·恰佩克（Karel Čapek）1920 年的戏剧《R. U. R》（《罗森的全能机器人》，*Rossum's Universal Robots*）以来，人们一直都知道，这些人工制造类人生物的一些本质上的东西是不存在的——否则它们将与我们完全相似：尽管它们有推理和工作的能力，并且在其他各方面都与它们的人类主人相同甚至更突出，但是这些本质的东西使得人造机器人不能称为人类。正是这个缺失的要素反映了我们自己的恐惧，我们自己正在成为不能称为人类的东西，我们正在摧毁我们人类的一些重要组成部分，因为我们越来越致力于理性和逻辑，或者我们成了罗森的"机器奴隶"（robota 是捷克语，意思是"强迫劳动"）。因此，机器人总是反映出人们对人类物种去人性化（dehumanization）的考量，这是因为大规模工业化、战争机械化程度越来越高，以及日益城市化的技术创新世界丧失了人类的某些田园观念经验。我们发现，这种情感缺失（emotional deadness）在机器人身上是真实存在的，即使它们并不"邪恶"：在《禁忌星球》（Forbidden Planet）、《外星人》（Alien）系列、《星际迷航》（Star Trek）中，在阿西莫夫的著作中，以及其他许多更矛盾甚至有时是"好"的机器人中都被描绘成缺乏情感、缺乏同情心或感觉，只受理性和可预测、可编程智能的控制。

为了让它们变得更加可怕，因为它们是我们所有负面冲动的容器，怪物机器人不仅仅有持续不断的理性；因为它们也是所有其他非理性冲动的容器，困扰了人类的（无）意识几千年，机器人更为可怕的是，因为它们既表现出对理性后果的焦虑——僵化的理性主义教条，技术的精确性和生产力，冷静的科学方法论——也表现出对我们野蛮的动物冲动的焦虑：非理性的暴力，支配和控制的冲动、欲望。有趣的是，就在我们试图否认冷酷的理性是"不人类的"的时候，不久前我们曾试图将我们野蛮冲动的一面也斥为"不人类的"——这也反映了我们认为自己是"人类"的重要转变，因为这些确实是我们对自己的恐惧，这些机器人确实不可逃避：我们不停地逃避，但焦虑和恐惧仍不断出现；无法逃避"未思考的已知"（"unthought known", Bollas, 1989），实际上不是他们，而是我们。

一个很好的例子说明了所有这些焦虑是如何通过投射到机器人科幻描写来发挥作用，即菲利普·迪克（Philip K. Dick）1968 年的小说《机器人会梦见电动绵羊吗？》，该小说是雷德利·斯科特（Ridley Scott）在 1982 年导演的电影《银翼杀手》（Blade Runner）的基础。小说和电影中的主角都是瑞克·戴克（Rick Deckard），他是一名赏金猎人，一个局外人的缩影，一个孤独、理性、冷静的杀手。尽管如此，戴克认为类人机器人"安迪"（Andy）是一个"孤独的猎手"。旁白讲述告诉我们："瑞克喜欢这样想它们，这让他的工作变得令人愉快"（Dick, 2010）。在整本书中，戴克对安迪持蔑视的态度，并以安迪是危险的、必须被消灭的安慰理由来为自己的无情辩护，而不管事实证据（包括他自己的个人感情）可能完全相反。因此，无论是小说还是电影，都以不同的方式展示了人类和机器（或宠物和电动绵羊）之间的界限正在模糊：这不仅仅是因为机器人被制造得看起来和听起来更像人类，同样也许更多的情况是人类开始看起来和在行为上更像机器。

三、关于救世主的注记

　　虽然过去仅仅问我们为什么害怕机器人也许就已经足够了，尽管现在这仍然是一个重要的问题，但很明显我们需要一种更加细致的方法，不只是考虑邪恶机器人和人类的恐惧。因为我们现在不仅仅害怕机器人。正如引言中所解释的，今天的机器人和人工智能有时不仅是毁灭人类的怪物，有时也是拯救我们的最后的也是最好的希望。例如，尼尔·布洛姆坎普（Neill Blomkamp）2015 年导演的电影《超能查派》（*Chappie*）的宣传语是："人类的最后希望不是人类"。或者比如我们见证了标志性的《终结者》（*Terminator*）系列电影的演变：在 1984 年上映的第一部电影中，阿诺德·施瓦辛格（Arnold Schwarzenegger）饰演的 T-800 101 型机器人显然是个毫不含糊的坏蛋，试图杀死约翰·康纳（John Connor）的母亲，从而使得这位伟大的人类抵抗领袖永远不可能诞生。但在 1991 年的第二部电影《终结者 2：审判日》（*Terminator 2：Judgment Day*）中，施瓦辛格饰演的半人半机器人就站在了人类的一边，保护约翰·康纳免受其他邪恶机器人的伤害[到 2009 年的《终结者：拯救》（*Terminator：Salvation*），电影不希望用太多的篇幅描写破坏者，从标题上就可以清楚地看出，机器人将在击败我们自己创造的怪物方面发挥一定的作用]。

　　丹尼尔·威尔逊（Daniel Wilson）的《机器人启示录》（*Robopocalypse*，2011）中也表达了类似的希望，这部小说比大多数人更聪明地思考了奇点（Singularity）可能是如何产生的，并且不可避免地会发生可怕的错误。正如后来的《终结者》系列电影一样，威尔逊的小说表明，尽管我们对技术的依赖可能对人类构成威胁，毫无疑问有意识的人工智能必然会试图将人类从地球上抹去，但人类唯一真正的希望不在于回避技术而在于拥抱技术，通过征召好的机器人来对抗坏的机器人，并通过可控植入物和先进假肢来增强人类的能力（同样有趣的是，即使在威尔逊写的这本高明的小说中，有意识的人工智能也不可避免地必然会进行种族灭绝，似乎杀戮和毁灭的欲望与意识有着千丝万缕的联系；考虑一下这种情况是否真实也会非常有趣，但在人类想象中似乎就是这样）。

对于机器人在我们小说和幻想中的角色转变，部分解释肯定在于我们越来越认识到自己不再仅仅是"人类"，至少肯定不是我们想象的那样，尤其是当人类开始害怕机械生物作为存亡威胁时。至少在这种越来越普遍的趋势中，有一部分人认为，机器人或者更普遍地说技术是我们的最终救赎，必须来自一种认识，即技术对于人类生存不是完全"其他"的事物，而是我们后人类存在中根本的、不可分割的重要部分（Braidotti，2013；Ferrando，2013；Hayles，1999）。我们现在在两个重要方面表现为"后人类"。一方面，我们已经超越了关于我们是谁的古老人文主义信仰，该观念将个体和群体严格按照二元对立划分，如男人和女人、人和机器、消费者和生产者。这是人类启蒙思想赖以存在的假设；这是第一次工业革命的人类，人类的存在受到机器前进的威胁。另一方面，更务实地说，21世纪的人类正以非常戏剧化的方式与技术日益融合在一起。我们的手机无处不在，我们的世界相互连接，日常工作自动化与假肢、植入物和增强功能的改进并驾齐驱，即使是最顽固的路德派清教徒也很难坚持"自然"人类不受技术影响的信念。我们在小说中对机器人救世主的接纳反映了一种不可逃避的信念：人类是技术上得到增强的生物，这可能并不完全是件坏事。

然而，我们不必完全放弃投射概念来理解机器人英雄现象。弗洛伊德投射概念的力量在于，它不仅可以用来理解我们如何想象机器人怪物，还可以用来理解我们如何以理想化的方式看待机器人和人工智能，它们不是恶魔和毁灭的预兆，而是圣人和我们唯一的拯救希望。然而很快就显而易见的是——或者可能并不奇怪的是，如果我们仍然从弗洛伊德的角度看问题——在我们理想化的机器人形象根基上，不是乐观的火花，而是额外的焦虑。如上所述，自我之善部分的投射方式通常与自我之恶部分几乎相同。这样做有时是为了群体认同，但也可以出于其他原因。例如，为了保持自我中某些想象受到威胁部分的安全，或者为了理想化一个外部对象，可以将该对象想象成是完全美好和纯洁的。当然，这些投射和防御机制并非毫不关联，我们可以发现许多人类陷入理想化和妖魔化的不断沧桑变迁的例子。

在这种情况下，例如，我们可能会考虑得更乐观，或者某些人可能会说"激进"的超人类主义者的愿望。无论在未来几十年里实现什么奇迹般的技术和医疗保健的进步，都可以从我们对死亡的恐惧中看到，人类希望能把自己的寿命大大延长到数百年。也许有一天，我们可以用同样高效，甚至是超人类的技术装置[如威尔逊的小说《超人化》(Amped)或《机器人启示录》]来替换人体的某些部分；或者甚至采用一种更为狂热的防御方式来对抗我们对有限躯体的焦虑，我们可以将我们的整个意识上传到云端[如2014年的电影《超验骇客》(Transcendence)]，然后下载到另一个身体或机器人化身中[如 2009 年的电影《阿凡达》(Avatar)和《未来战警》(Surrogates)]；我们可以用同样的方式来思考，在现世技术使人们能够想象一些不那么牵强离谱的东西之前，对精神超越和来世的幻想已经支配了人类的文化想象。

四、结论与启示

如果自我之善部分被投射到机器人中，或者投射到更普遍的技术中，或者投射到技术拯救的想法中，那么这个容器就必须被认为是纯粹的和完美的，这样自我之善部分就不会被任何负面关联所腐蚀。这种理想化的好容器，即一切必须是完美的——导致了其他许多越来越激进的防御，因为想象一个完全完美事物的不可能任务会强迫个人进入越来越绝望的幻想，并进一步远离目标对象与世界相互矛盾的现实概念。

防御既可以从一些人对未来乌托邦概念表现出的无法抑制的乐观主义中看到，也可以从其他人坚不可摧的悲观主义中看到，他们只能想象到新技术的反乌托邦后果。还有一个问题是，投射优良品质以创造理想物体意味着必然产生一个对立面，即在其他地方投射负面品质创造怪物。一旦陷入了投射变迁作为焦虑防御机制，就很难逃脱，因此，对机器人、人工智能和技术不切实际地理想化，更不能被认为是对困扰我们文化噩梦的恶魔的一种补救。

当然，在现实中，真相必定介于两个极端之间，介于怪物和救世主之间，事实上，对大多数人来说，他们对技术的感情确实同时包含了极端的乐观主义和悲观主义。然而，从人类文化产物来看，有从一个极端转向另一个极端的趋势，很少看到有人对技术进行冷静、成熟的评估，承认需要就相互冲突的可能性进行协商。我们必须努力实现的，正是这种对机器人、人工智能和技术的更微妙、更矛盾的看法。

焦虑产生的真正的后果并不需要以真实为基础。事实上，有时焦虑越是异常荒诞，就越能控制我们。然而，焦虑很少是毫无用处的，它总能告诉我们一些关于人类与自己以及世界关系的非常有趣和深刻的东西，或至少我们认为的人类与自己和世界的关系。因此，深入分析这些怪物和救世主机器人的表现，可以让我们深刻认识到公众对科技新进展的真实或天真的恐惧，以及人类在日益技术化世界中的地位。这些见解可以告诉那些生命机器的设计者，他们的发明创造如何才能被公众接受。

致谢

作者在撰写本章时得到了欧盟地平线 2020 未来新兴技术旗舰计划 "人脑工程"（HBP-SGA1，720270）的支持，以及英国艺术与人文研究理事会（UK Art and Humanities Research Council）"沉浸式技术中的网络自我"（AH/M002950/1）和 "网络自我：沉浸式技术将如何影响我们的未来自我"（AH/R004811/1）两个项目的资助。

参 考 文 献

Anderson, D., Borman, M., Kubicek, V., Silver, J. (Producers), and McG (Director). (2009). *Terminator: Salvation* [Motion picture]. United States: Warner Bros.

Anzieu, D., and Turner, C. T. (1989). *The skin ego*. Yale: Yale University Press.

Asimov, I. (2004a). *I, Robot (The Robot Series)* [Kindle edition]. Retrieved from Amazon.co.uk

Asimov, I. (2004b). *Robot Dreams (The Robot Series)* [Kindle edition]. Retrieved from Amazon.co.uk.

Bion, W. R. (1962). A theory of thinking. *Int. J. Psychoanal*, **43**, 306–10.

Blomkamp, N. (Producer/Director/Screenwriter), and Kinberg, S. (Producer). (2015). *Chappie* [Motion picture]. United States: Columbia Pictures.

Bollas, C. (1989). *The shadow of the object: Psychoanalysis of the unthought known*. New York: Columbia University Press.

Braidotti, R. (2013). *The posthuman*. Cambridge: John Wiley & Sons.

Cameron, J. (Producer/Screenwriter/Director), and Hurd, G. A. (Producer). (1991). *Terminator 2: Judgment Day* [Motion picture]. United States: TriStar Pictures.

Cameron, J. (Producer/Screenwriter/Director), and Landau, J. (Producer). (2009). *Avatar* [Motion picture]. United States: Twentieth Century Fox.

Čapek, K. (2004). *R.U.R. (Rossum's Universal Robots)* (Penguin Classics) [Kindle edition]. Retrieved from Amazon.co.uk.

Caporael, L. R., and Heyes, C. M. (1997). Why anthropomorphize? Folk psychology and other stories. In: R. W. Mitchell, N. S. Thompson, and H. L. Miles (eds), *Anthropomorphism, anecdotes, and animals*. Albany, NY: SUNY Press, pp. 59–73.

Carroll, G., Giler, D., Hill, W. (Producers), and Scott, R. (Director). (1979). *Alien* [Motion picture]. United States: Twentieth Century Fox.

Cohen, K., Johnson, B., Kosove, A. A., Marter, A., Polvino, M., Ryder, A., Valdes, D. (Producers), and Pfister, W. (Director). (2014). *Transcendence* [Motion Picture]. United Kingdom: Alcon Entertainment.

Dick, P. K. (2010). *Do androids dream of electric sheep?* (SF Masterworks) [Kindle edition]. Retrieved from Amazon.co.uk.

Dixon, B. (1999). The paradoxes of Genetically Modified Foods: A climate of mistrust is obscuring the many different facets of genetic modification. *BMJ: British Medical Journal*, 318(7183), 547.

Duffy, B. R. (2003). Anthromorphism and the social robot. *Robotics and Autonomous Systems*, 42, 177–90.

Ferrando, F. (2013). Posthumanism, transhumanism, antihumanism, metahumanism, and the new materialisms: differences and relations. *Existenz*, 8(2), 26–32.

Handelman, M., Hoberman, D., Lieberman, T. (Producers), and Mostow, J. (Director). (2009). *Surrogates* [Motion picture]. United States: Touchstone Pictures.

Hayles, N. K. (1999). *How we became posthuman*. Chicago, IL: University of Chicago Press.

Heider, F., and Simmel, M. (1944). An experimental study of apparent behavior. *The American Journal of Psychology*, 57, 243–59.

Hurd, G. A. (Producer), and Cameron, J. (Screenwriter/Director). (1984). *The Terminator* [Motion picture]. United States: Orion Pictures.

Hurd, G. A. (Producer), and Cameron, J. (Screenwriter/Director). (1986). *Aliens* [Motion picture]. United States: Twentieth Century Fox.

Heimann, P., Isaacs, S., Klein, M., and Riviere, J. (eds). (1989). *Developments in psychoanalysis*. London: Karnac Books.

Kang, M. (2011). *Sublime dreams of living machines: the automaton in the European imagination*. Cambridge, MA: Harvard University Press.

Kiesler, S., Powers, A., Fussell, S. R., and Torrey, C. (2008). Anthropomorphic interactions with a robot and robot-like agent. *Social Cognition*, 26(2), 169–81.

Klein, M. (1997). *Envy and gratitude, and other works 1946–1963*. London: Random House.

de Lauzirika, C. (Producer), and Scott, R. (Director). (2007). *Blade Runner: The Final Cut* [Motion picture]. United States: Warner Bros.

Lazarus, P. (Producer), and Crichton, M. (Screenwriter/Director). (1973). *Westworld* [Motion picture]. United States: MGM.

Rayner, E. (1991).*The independent mind in British psychoanalysis*. London: Jason Aronson.

Shelley, M. (2003). *Frankenstein: Or, the Modern Prometheus* (Penguin Classics). London: Penguin.

Wilson, D. H. (2011). *Robopocalypse* (Robopocalypse series Book 1) [Kindle edition]. Retrieved from Amazon.co.uk.

Wilson, D. H. (2012). *Amped* [Kindle edition]. Retrieved from Amazon.co.uk.

Young, R. M. (1994). *Mental space*. London: Process Press.

第 62 章
虚拟现实与临场感的伦理学

Hannah Maslen, Julian Savulescu
Oxford Uehiro Centre for Practical Ethics, University of Oxford, UK

我们通常直接在物质世界内体验和行动——这些体验和行动只受我们的感觉和身体的调控。沉浸式生物混合技术,尤其是虚拟现实和临场感(telepresence)提供了在虚拟环境中行动的机会,以及与物理世界进行远距离物质交流的机会。当前和未来的实例包括在虚拟世界中与虚拟主体建立和维持关系,通过机器人化身与物理个体进行远距离交互,同时接收多传感器反馈等。这种技术介导的体验和互动提出了传统的哲学问题,涉及不同体验的价值以及主体能动性的构建和延续。它们还提出了新的伦理挑战,涉及远距离行动的道德责任和支配虚拟行为的伦理准则。根据沉浸式技术的各种具体实例,我们概述了与这些技术有关的两个传统哲学问题:我们首先考察了虚拟体验的价值以及虚拟主体对物理主体延伸的延续或体现程度。然后考虑了技术介导交互的伦理学,特别是当只有一个主体在远距离内活动时。

一、 虚拟体验的价值

虽然虚拟环境,如虚拟世界游戏"第二人生"(*Second Life*)和大型多媒体在线角色扮演游戏(*MMORPG*)属于相对较新的事物,但哲学家们几十年来一直在使用涉及虚拟现实形式的思想实验。这些思想实验的目的是试图阐明什么对人类生命和福祉有价值,并考虑到我们对自己和世界的了解可能不如我们所认为的那样多。1974 年,罗伯特·诺齐克(Robert Nozick)利用"体验机器"(experience machine)思想实验反驳了这样一种观点,即人类的幸福只存在于愉快的体验中,无论这种体验是多么复杂或表面上多么真实。他对一个完全模拟的生活与一个非模拟的生活进行了比较,前者充满了令人愉快的模拟体验，而后者愉快（但"真实"）的体验相对较少。根据他的直觉，非模拟生活比模拟生活更美好，尽管模拟生活经历了更多的快乐，诺齐克得出结论，最大限度地享受快乐和将痛苦最小化，即使是来自复杂的体验，也不可能是影响个人幸福的唯一因素。诺齐克认为，除了体验快乐之外，我们更重视做（doing）某些事情，成为（being）某种类型的人，并接触更深层次的现实（deeper reality；Nozick，1974，p.43）。

科学家采用各种版本的"桶中之脑"（brain-in-a-vat）思想实验（Putnam，1981）来挑战我们认为我们了解世界和我们自己的最坚定的信念。这个思想实验让我们想象我们只是桶中的大脑，所接收的感觉冲动与我们和世界真正互动时所接收到的信息相同。由于我们不知道这是否为我们的真实处境，我们就不能确定我们对外部世界作用的看法是真是假。尼克·博斯特罗姆（Nick Bostrom）扩展了这种方法，质疑我们是否可能生活在计算机模拟中（Bostrom，2003）。

虽然不像哲学家的思想实验那样极端，但虚拟体验同样可能会引发相关的问题："虚拟体验对我们有好处吗？""当我们沉浸在虚拟环境中时，我们是不是在让自己暴露于幻觉中？""我们的虚拟体验如何（如果有的话）有意义地与我们的现实生活联系起来？"一方面是体验机器和"桶中之脑"的思想实验，另一方面是合理可行的虚拟现实，两者的主要区别在于，当我们使用沉浸式技术时，我们知道这就是我们正在做的事情。在几乎所有的情况下，我们都不会混淆虚拟和真实，即使我们暂时处于心理沉浸中。此外，我们的虚拟活动往往会对现实世界产生影响，无论是对我们自己还是对他人，即使我们的行为发生在虚拟环境中。

科伯恩和西尔科克斯（Cogburn and Silcox，2013）思考了诺齐克的三个关注点——模拟生活不涉及"做"、"成为"或与"现实"的联系——并且认为合理可行沉浸式技术实际上并不一定会使生活在上述方面发生缺陷。他们指出，合理可行沉浸式技术的目的和机制将允许我们"在现实世界和虚拟世界中'做'事情"，因此，我们与这些技术的接触将不仅仅涉及被动体验。主体的交互不仅构成虚拟环境中的"做"，还必然涉及非虚拟世界中的"做"，表现为身体动作的形式，例如体感动作游戏["Wii Fit"或"Just Dance"（Wii）]。

我们还可以补充说，当我们在虚拟环境中与他人交流时，就会产生一种有价值的"做"的感觉，而不管这样做需要多少身体运动。

此外，就"成为"而言，可能发展和采用的各种虚拟现实技术都要求用户做出决策、表达自己，并对事件和其他主体做出有意义的反应。事实上，正如下文所述（Young and Whitty，2011），人们可以合理地利用虚拟环境来表达和发展自我的理想版本，从而有意地以某种方式对"成为"进行实践。

一旦其他主体进入，就可以明确实现与"更深层现实"的联系。对于这样的体验，不仅有足够的新鲜感，而且还有望成为我们认为具有价值的新鲜感：对话和关系成为可能。此外，增加其他主体可能会导致虚拟世界内的行为产生外部后果（相关讨论见下文"虚拟环境中的伦理准则"；Søraker，2012）。虚拟行为具有外在的、道德上重要后果的前景表明，虚拟体验在某些情况下可能具有某种深度和重要性，而诺齐克认为体验机器所产生的模拟缺乏这种深度和重要性。

然而，即使体验机器的这类问题得到了缓解，对虚拟体验在我们生活中应该具有的地位及其附加价值总量仍然存在疑问。尽管知道我们参与的只是模拟，但我们仍然可能过度重视虚拟体验和活动的价值。虚拟友谊具有和真正友谊一样的价值吗？如果我们过分强调虚拟世界中的活动，我们是否会忘记我们在现实世界中的渴望和奋斗？智能主体是否有时会发现很难将"现实"和"幻想"的特点和成就相互分离？如果我们与之互动的虚拟主体完全脱离了其背后物理主体的现实，这是否很重要？

当然，虚拟体验是各种各样异质性的集合，它们对个人和社会的价值存在很大的区别。例如，在网络世界中成为一名飞行员的价值可能与玩游戏类似，而使用沉浸式模拟器学习可转化的航空技能将具有完全不同的价值，在危机中远程遥控无人驾驶飞机投放援助物资具有的价值则又有所不同。人们担忧关注的主要是针对那些可能被认为是浪费时间的虚拟体验，或者那些被用作现实生活体验廉价替代品的虚拟体验。但这种关注并不是虚拟现实所特有的，它在很大程度上取决于个人对美好生活、目标和价值观的看法。

虚拟互动在亲密关系中的价值

虽然从上面的描述来看，与虚拟世界中其他人的互动确实具有某种价值——但正是与其他主体互动的前景赋予了虚拟事物一些与现实联系相关联的价值——我们可能认为这些互动在重要性方面是轻微的，而且因此比"真实事物"更没有价值。这种担心在人际亲密关系中尤为突出，这种关系往往通过身体上的亲密行为得以部分维系和表达。考虑到虚拟交互中没有物理接触，这种互动在亲密关系中的价值是否比较有限？我们团队中的一员之前曾经研究过技术如何改变性与生殖本质的前景（Savulescu，1999）。技术在促进生殖方面具有巨大的潜力，可以提供前所未有的机会。例如，能够对胚胎进行预先选择，筛除那些可降低出生后福祉的遗传条件。

但新技术是否会对人际关系本身做出如此积极的贡献，则是一个更加复杂的问题。比较合理的看法是，某些虚拟互动，甚至是亲密朋友之间的互动，有可能和同等的非虚拟互动一样具有价值。事实上，需要朋友参与的很多活动，在脸书（Facebook）等虚拟环境中同样可以表现得很好。在这种情况下，虚拟活动将满足它所替代的活动的所有条件。因此，从某种意义上说，这种虚拟互动是不可替代的。例如，当你想和你的朋友"交谈"的时候，流畅的视频通话可能会让谈话者更准确地互动，这就构成了"交谈"。朋友甚至可能通过这样的方式"共度时光"，其中"共度时光"被认为不仅仅是指信息交流，也许是重新熟悉对方的品性和培养情感联系，这是一个人与另一个人相处的一部分。在某种程度上，虚拟活动与"真实"活动一样参与构成了相同的人际维度，因而可能具有相同的价值。

当我们考虑到虚拟互动可能无法满足该活动构成特定亲密活动所必需的条件时，这种互动的潜在局限性将变得非常清晰。因此，它的价值可能相对较低。对于许多这类活动的具体实例，身体接触是必不可少的。据此认为，即使是不涉及性的亲密互动，另一方的触摸或仅仅是实际存在也是必要的，在亲密关系中发挥了必要作用，从而带来相关的价值。例如，用拥抱来安慰你的伴侣通常需要身体接触。如今可用于远程交互的各种技术，只能提供对于关怀安慰的拥抱的拙劣替代品，缺少任何身体的接触。事实上，远距离的亲密关系有时会因为缺少身体亲密的适当替代品而深受影响。

　　未来远距离接触的可能性，特别是与机器人化身的接触，将提高远距离身体亲密接触的吸引力。这种互动对个人主观幸福感的贡献将是一个有趣的心理学研究方向。未来将提出更深层次的哲学问题，包括这类活动的性质，它们是否能够构成某些类型的身体亲密活动或满足其条件（例如，Skype 对话完全能够构成交谈），或者是否必须将这种虚拟互动理解为不同（但可能有价值）的活动。还将对实际和（或）虚拟参与者的真实性提出进一步的问题，特别是考虑到其特征有可能发生改变。我们将在下一节中更详细地探讨虚拟主体的真实性（authenticity）。

二、虚拟主体的真实性

　　与讨论"以某种方式"的必要性以及虚拟现实对这一兴趣领域构成的潜在威胁密切相关的是，沉浸式技术可能使虚拟主体的行为变得不真实，或者至少与"现实生活"主体的行为不连续。关注的不是主体本身变得不真实，而是他（她）在虚拟环境中的活动不是自己的：问题不在于沉浸式技术是否会以某种方式使自我变得不真实，而是个人是否能够在虚拟环境中成为真实的自我。如果我以我的机器人化身的身份拜访你，你真的见过我吗？我做出的行为是我的吗？

　　关于这些问题，杨和韦迪（Young and Whitty，2011）认为，如果虚拟主体的显著特征"超出"了虚拟领域，那么个体的虚拟主体"具身化"就是真实的。他们区分了理想（ideal）的具身化实现和理想化（idealized）的具身化实现，前者是"自我的一种真实呈现"，即"通常由某人和（或）其有可能实现的人实现"，后者则等同于"不真实的具身化"（Young and Whitty，2011，p.539）。后者的一个例子可以是展示出自己拥有非凡的运动能力，但缺乏实际实现这一理想的潜力。杨和韦迪在做出这种区分后的中心主张是，通过发展自己在虚拟领域理想的而非理想化的自我，这种身份所附加的真实性就能够超越虚拟领域，这意味着个人不再受他/她如何表达的限制——也就是说，可以在虚拟领域之外继续存在。另一方面，如果个人发展出了理想化的人物角色，那么他只在理想化人物角色得以发展的背景下才拥有真实性——只具有背景真实性的人物角色本质上将被"困"在该领域内。

当个人能够在虚拟主体中表达和发展的特性至少类似于某些人类能够在现实世界中表达和发展的特性时，这种观点尤其具有说服力。例如，根据虚拟主体的身体特征、技能和个性特征来评估真实性，似乎更为合适。如果个人打算在虚拟世界中建立友谊和关系，然后在非虚拟世界中继续发展它们，那么个人作为虚拟主体的真实性能否超越虚拟到现实世界就很重要了；这样个人至少有可能在现实世界中体现出对于建立友谊和关系的非常重要的显著特征。

但未来有可能发展出临场感或远程呈现技术，允许甚至要求主体实例化某些功能，这些功能与人类可以实现的任何功能都不对应。机器人临场感，如"光束"（BEAMING）项目所设想的那样（Longo et al., 2010），将允许甚至可能要求主体具备机器人的特征和技能，即使与理想化人类所能具备的特征和技能几乎没有任何对应关系。应用这种技术时，真实性如何超越各领域将成为哲学家和心理学家的一项任务。尤其是通过这种技术进行重要的互动或决策时，我们需要更清楚地了解哪些特性可能构成真实性人物角色的核心并超越这一背景。还应注意到可能出现的一种场景，即主体在虚拟人物角色并未在超越到非虚拟世界中时，其感觉最为真实。

研究虚拟主体真实性的另一种方法不是考虑离散场景以及评估人物角色的超越程度，而是考虑特定人员的整体环境，以及他（她）所有的活动——虚拟和非虚拟的——如何影响他（她）的生活和幸福感受。舍赫特曼（Schechtman，2012）认为，与其询问用户化身的叙述是否与用户真身的叙述相同，不如询问这些可区分但相互关联的叙述是否都是单一的、更广泛的个人叙述的一部分。她认为，这个问题的答案是，有时用户真身的离线叙述和化身的在线叙述在本质上都是"一个时而离线、时而在线的用户更全面叙述中的次要情节"。这两组活动都是同一个人生活的一部分，因为尽管可以区分次要叙事，但它们在很大程度上相互影响。

三、虚拟环境中的伦理准则

目前尚不清楚，普通的道德行为准则是否适用于虚拟环境，特别是在现实世界中被视为不道德的行为在这种环境中是否同样不道德。一些虚拟环境，甚至那些涉及与其他主体交互的环境，本质上都是游戏。在许多电脑游戏中，杀死某一角色并不是不道德的（尽管道德伦理学家可能要说，享受游戏中的这种行为可能会影响到主体的性格），类似的容许也可能适用于MMORPG等虚拟环境。然而，尽管某些虚拟环境具有与游戏相似的特性，但另一些虚拟环境则近似于社会环境或服务于更具工具性的目的。有些虚拟环境涉及其他主体，可能会对他们的声誉、数字财产、福祉以及其他方面等产生影响。鉴于目的和效果的多样性，世上不会存在一种万能的网络伦理学，但对道德上要求或不允许的事物进行评估将取决于许多因素。

斯勒克（Søraker，2012）提出了一个框架用以考虑虚拟环境中行为的可容许性，并提出了"虚拟内"（intravirtual）和"虚拟外"（extravirtual）后果之间的根本区别。根据这一区别，虚拟行为和事件在虚拟世界内部和外部非虚拟世界中都会产生影响。例如，两个化身之间的真诚虚拟关系具有使化身彼此之间拥有特定地位的效果，并且可能在虚拟世界中产生义务和期望。然而，作为在虚拟世界中形成这种关系的一种虚拟外后果，主体可能会忽视他（她）在现实世界中的责任，或引起现实生活伴侣的嫉妒。将虚拟事件中断——例如虚拟化身进行公开演讲——可能会产生简单的效果，即导致该事件在虚拟世界中被取消。然而在现实世界中的后果可能较为深远，也许虚拟事件会给主要参与者带来现实的工作机会。对虚拟行为和事件影响的这种思考不应该得出这样的结论：虚拟行为可能总是甚至经常造成伤害。相反，它促使我们思考，同一个虚拟行为在虚拟域内和虚拟域外都可能产生截然不同的影响。

事实上，往往很难知道特定的虚拟行为是否会造成任何伤害，并且这取决于他人与虚拟的互动方式。斯勒克声称，这种主观因素正是导致网络道德如此难评判的原因：与主体交流的化身背后的"隐形"用户伴随着一系列心理状态，这些心理状态往往决定了虚拟内事态的虚拟外影响。虚拟外效应的性质在很大程度上取决于化身背后人物的主观特征，其变化远远大于与真实世界中直接伤害事例相关的主观特征。同样，沃尔芬代尔（Wolfendale，2007）认为，对化身造成伤害类似于对我们所依恋的其他对象（如私人财产、他人和理想）造成伤害，这种依恋的实例也同样视情况而定。此外，我们通常无法获得虚拟外的效果，因此我们无法监控自身行动的所有效果。斯勒克认为，这意味着那些在虚拟环境中互动的人应该经常提醒自己注意虚拟外的"他人"，以便认识到他们的虚拟行为有可能导致显著的虚拟外后果。

　　为了更广泛地考虑虚拟现实和临场感中的道德问题，我们认为这在很大程度上取决于虚拟环境的目的和人们通过自身虚拟行为所产生后果的可能性质。外科医生通过虚拟界面手术操作的相关伦理规范与在"第二人生"游戏中经营企业相关的伦理规范大不相同，后者又与治理 MMORPG 游戏的伦理规范有所不同。呼吁区分过程有价值的活动（如游戏）和结果有价值的活动（如手术）可能是有益的。可以说，虚拟活动越是针对有社会价值的结果，主体的行为就越重要（参见 Santoni de Sio *et al.*, in press）。例如，在"第二人生"这样的在线游戏环境中，参与这项活动的大部分价值都源于娱乐性，其价值就在于游戏的过程之中。在游戏中，个人对自己的外表、工作、爱好或厌恶进行撒谎可能并不重要。相反，同样的虚拟环境也可以作为约会平台，其目的转变为建立切实关系的结果上。在这样的环境下，对自我身份和状况进行撒谎可能非常重要（因此在道德上是不允许的）。相应地，主体的行为方式越重要，就越需要在道德上履行一些行为规范并克制其他行为。事实上，个人在虚拟环境中扮演的角色越是作为现实角色的虚拟替代品，就越有可能对自己的行为施加同样的道德约束。

四、远距离行为

　　目前临场感有一些切实可行的实例，与之相关的虚拟内和虚拟外效应之间的区别将不再适用，并且可以获取关于个人行为效果的即时反馈。以机器人化身形式远程参与提供了远距离行为的例子（Longo *et al.*, 2010）。由此导致的伦理挑战将更少围绕个人在不同领域产生影响的行为，而更多围绕着通过这种媒介作用于世界的心理和技术特征。特别是，鉴于技术和心理上的局限性，这些技术将产生行为责任的问题。关于如何对待机器人化身的问题也将对身体和财产之间传统的区分方式提出挑战。

（一）身体局限性和责任

远距离对外界采取行动与直接对它采取行动完全不同。主体的运动被"翻译"成机械运动，但并不能完全按照意图准确复制或可能受到限制。传递给主体的视觉、听觉和感觉反馈可能无法准确地再现远程位置中获取的感觉信息，但是主体基本上仍会根据此信息来决定其行动。在许多常见案例中，如果主体使用工具时造成了伤害，并没有理由认为是工具促成了个体的行为——使用工具本身并不会对责任提供缓冲。此外，如果工具有缺陷或难以使用（这取决于人们应该了解的程度），人们通常认为，主体应在出现错误或困难的情况下谨慎行事。如果我在知道汽车转向系统失灵的情况下仍然驾驶车辆，那么我就不能为自己辩护说，我撞到行人是因为这辆车难以控制。但是，如果我有理由相信我的车完全正常工作，而后来方向盘失灵，我对随后发生的任何伤害的责任就会减轻。与机械故障和局限性类似的方法可以用来操作机器人化身。重要的是要考虑应该实施什么样的操作要求，以便最大限度确保对其进行负责任的使用。

总的来说，道德责任反映了主体对危险或所致伤害的意图和预见，这种伤害的可避免性，以及所存在的任何注意和义务（Oakley and Cocking，1994）。这些原则可以拓展到临场感。制造商是否对某些部分损害负责，或者责任是否完全应由承担技术使用相关风险的主体负责，在很大程度上取决于这种情况下各自应尽的注意义务、用户对技术功能的期望、技术的任何异常使用，以及危害的可预见程度等（Sexton *et al.*，2012）。主体的责任有多大，将取决于道德责任的程度（可能会因制造商的共同责任而削弱）和所造成的伤害程度。

（二）心理局限性与责任

上面列出的潜在责任混淆是技术的人为产物及技术使用相关的潜在局限性。然而，这种机械缺陷并不是远距离行为时唯一可能的复杂因素。还存在一种心理上的距离，有可能涉及与远程行为介导有关的技术应用。特别是当人们仍在适应使用这些技术时，在远程互动的道德现实对主体来说就像在直接环境中一样明显之前，还必须克服心理障碍。我们并没有发展到能够产生如此遥远的影响，其意义可能不像近距离效应的意义那样直接和直观。虽然我们可以理性地理解并相信我们"这里"的行为会对"那里"产生显著影响，但这可能还需要时间和经验，直到它能够被"感觉到"。机器人临场感技术的发展将伴随着对个人远距离能动性感觉的心理学研究，例如，当反馈出现时间延迟或中断时。虽然这并不一定会减少道德责任，但如果不能准确地感知到自己的能动性，可能会给完全接受远距离行为责任的主体带来实际挑战。

（三）对机器人化身的伤害

与远距离行为相关的最后一个伦理话题是如何将对机器人化身造成的伤害概念化并做出反应。也许可以说，主体通过机器人实施的行为是相当直接的（不受上述机械限制和心理距离的影响）。也许可以说，使用机器人化身造成的伤害应该被视为类似于使用武器或无人机。然而，反方向造成的损害却不允许进行如此明显的类比。随着感觉反馈（包括触觉反馈）能力的增加，对化身的伤害变得不像是对私人财产的伤害，而更像是对个人本身的伤害。操作其机器人化身的主体很容易受到令人厌恶、非自愿触碰的伤害，甚至可能会感到疼痛。技术集成度越高，这就越真实。但是，由于机器人不是真正的人体，因此很难用攻击人类或其他针对人类罪行的术语，将造成的这种伤害概念化。尽管潜在的心理伤害可能更为相似，但仍存在一些差异需要确认和分析。非常重要的是，应当评估这种损害是否需要引入新的伦理道德与法律概念。

五、结论

参与虚拟现实和远程临场感的可能目的和模式千差万别。从用于社交的在线虚拟环境，到远程手术，再到通过机器人化身进行外交谈判，虚拟世界中可以进行的活动范围可能至少与非虚拟世界中可能进行的活动范围一样大。此外，虚拟环境和行为与非虚拟世界的交互方式也并非是完全一致的。随着我们变得越来越生物混合，并且为了确保虚拟现实与临场感技术的发展和使用符合伦理规范，必须密切关注技术介导行为的心理学，以确保主体能够按照他们的意愿行事并对这些行为负责。

参 考 文 献

Bostrom, N. (2003). Are we living in a computer simulation? *The Philosophical Quarterly*, **53**(211), 243–55.

Cogburn, J., and Silcox, M. (2013). Against brain-in-a-vatism: on the value of virtual reality. *Philosophy & Technology*, **27**(4), 561–79.

Longo, M. R., Santos, E., Haggard, P., Purdy, R., and Bradshaw, C. (2010). *BEAMING Deliverable D7. 1: Assessment of Ethical and Legal Issues of Component Technologies*. London: Beaming Project.

Nozick, R. (1974). *Anarchy, State, and Utopia*. Oxford: Basil Blackwell.

Oakley, J., and Cocking, D. (1994). Consequentialism, moral responsibility, and the intention/foresight distinction. *Utilitas*, **6**(2), 201–16.

Putnam, H. (1981). *Reason, Truth, and History*. Cambridge: Cambridge University Press.

Santoni de Sio, F., Faulmüller, N., Savulescu, J., and Vincent N. A. (in press). Why less praise for enhanced performance? Moving beyond responsibility-shifting, authenticity and cheating to a nature of activities approach. In: F. Jotterand and V. Dubljevic (eds), *Cognitive enhancement: ethical and policy implications in international perspectives*. Oxford: Oxford University Press.

Savulescu, J. (1999). Reproductive technology, efficiency and equality. *Medical Journal of Australia*, **171**(11–12), 668–70.

Schechtman, M. (2012). The story of my (Second) Life: virtual worlds and narrative identity. *Philosophy & Technology*, **25**(3), 329–43.

Sexton, P., Jarrold, A. S. S., and McDowell, L. (2012). Recent developments in products liability. *Tort Trial & Insurance Practice Law Journal*, **48**(1), 419.

Søraker, J. H. (2012). Virtual worlds and their challenge to philosophy: understanding the "intravirtual" and the "extravirtual." *Metaphilosophy*, **43**(4), 499–512.

Wolfendale, J. (2007). My avatar, my self: virtual harm and attachment. *Ethics and Information Technology*, **9**(2), 111–9.

Young, G., and Whitty, M. (2011). Progressive embodiment within cyberspace: Considering the psychological impact of the supermorphic persona. *Philosophical Psychology*, **24**(4), 537–60.

第 63 章
机器可以拥有权利吗？

David J. Gunkel

Department of Communication, Northern Illinois University, USA

道德哲学一个永恒的关注点是决定谁应该受到伦理考量。虽然最初仅限于"其他男性"，但伦理学的发展方式挑战了自身的限制，并涵盖了以前被排斥在外的个人和实体，即女性、动物和环境。目前，我们正处于道德思维面临另一个根本性挑战的边缘。这一挑战来自我们自己制造的具有自主性、日益智能化的机器，它对谁或什么可以成为道德主体的根深蒂固的许多假设提出了质疑。本章将探讨机器——广泛意义上，包括人工智能、软件机器人和算法、具身机器人和生物混合机器人——是否可以拥有权利。因为对这一问题的回答主要取决于如何表征"道德地位"或"拥有权利"，所以本章在形式组织上主要围绕两个既定的道德原则，思考这些原则如何适用于机器，并在最后提出进一步开展深入研究的建议。

一、道德原则

（一）人类中心主义

从传统哲学的角度来看，"机器可以拥有权利吗？"的问题不仅会得到否定的回答，而且质疑本身也存在毫无条理的风险。这是因为传统形式的伦理学，无论其表述如何明确（如美德伦理、结果论、道义论、关怀伦理等），都是以人类为中心的。在这种以人类为中心的概念下，无论设计或操作多么精密或复杂，机器都被视为只不过是人类的工具或手段。从这个角度来看，赋予机器权利的门槛似乎高得有点不可思议。为了使机器拥有权利，它必须被承认为人类，或者至少与其他人类几乎没有区别。这正是艾萨克·阿西莫夫（Isaac Asimov）的中篇小说《双百人》（*The Bicentennial Man*）中类人机器人安德鲁（Andrew）所承担的任务，他试图让世界立法机构宣布他为人类，这也是电视连续剧《太空堡垒卡拉狄加》（*Battlestar Galactica*）中叙事张力的根源，在剧中，拥有皮肤的赛昂人始终无法同人类伙伴区分开来。但这一努力并不局限于科幻小说，汉斯·莫拉韦克（Hans Moravec）、雷蒙德·库兹韦尔（Raymond Kurzweil）和罗德尼·布鲁克斯（Rodney Brooks）等研究人员预测，到 21 世纪中叶，机器将具有与人类相当的水平或更好的能力。

尽管这一成就仍然只是假设，但问题不在于机器是否能成功达到人类的能力。这取决于人类中心主义（anthropocentrism）的标准本身，它不仅使机器边缘化，而且经常被调动起来排斥其他人——女性、儿童、有色人种等。鉴于此，道德哲学一直在批判自己的历史，并试图以不依赖于虚假或偏见标准的方式阐明道德地位。最近的理论创新使道德地位与人类身份认同相脱节，取而代之的是"人"的一般概念。事实上，我们已经拥有了一个由法人和道德人——有限责任公司——的人为实体构成的世界。尽管这项创新很有希望，但对于什么可以使某人或某物成为人的问题几乎没有一致意见，关于这一主题的文献中常常充斥着不同的表述和互不相容的标准。

为了应对或解决这些问题，研究人员通常只关注"成为人"的一种品质，这种品质出现在大多数（如果不是全部）研究者的清单中，即意识。事实上，意识被广泛认为是道德地位的一个必要条件，但非充分条件；在哲学、人工智能和机器人学领域已经开展了大量的工作，通过针对机器意识的可能性（或不可能性）来解决机器道德的问题（Torrance，2008；Wallach and Allen，2009）。然而，这一决定不仅取决于实际人造物的设计和表现，还取决于我们如何理解和操作"意识"一词。不幸的是，关于这一问题几乎没有或根本没有达成一致，这一概念同时遇到了术语和认识论上的困难。

第一，我们对"意识"没有任何被广泛接受或无可争议的定义，这个词对许多不同的人意味着许多不同的东西（Velmans，2000）。事实上，如果哲学家、心理学家、认知科学家、神经生物学家、人工智能研究人员和机器人工程师在这个问题上有什么共识，那就是在定义和描述这个概念时几乎没有或根本没有共识。更糟糕的是，问题不仅仅在于缺乏基本的定义，问题本身可能也是一个问题。"不仅在意识这一术语的含义上没有共识"，吉文·盖尔德（Güven Güzeldere，1997，p.7）指出，"而且也不清楚是否在学科（更不用说跨学科）范围内确实存在一个单一的、定义明确的'意识问题'。也许问题的症结不在于对这个问题的错误定义，而在于事实上，意识这个术语作为非常熟悉的、单一的、统一的概念，可能是多个不同概念的混杂融合，其中每个概念都存在各自的问题"。

第二，即使有可能设计出一个被广泛接受的、统一的意识定义，我们仍然缺乏任何可信的和确定的方法来确定其在他人中的实际存在。因为意识是一种归因于"他心"（other minds）的属性，它的存在或缺乏需要接触到一些目前仍无法接近的东西（Churchland，1999；Coeckelbergh，2012）。尽管哲学家、心理学家和神经科学家在这个问题上投入了大量的论证和实验努力，但并不能完全解决该问题。丹尼尔·丹尼特（Daniel Dennett，1998，p. 172）总结道："没有证据表明似乎有内在生命的东西实际上确实有内在生命——如果我们通过'证明'来理解证据的出现，那么这些证据可以看作是通过对该事物已经达成一致的原则来建立的，正如我们经常做的那样。"因此，我们不仅无法确切地证明动物、机器或其他实体是否真的有意识（或无意识），也无法证明其是否为合法的道德人（或相反），我们甚至怀疑我们是否也可以这样看待其他人类。正是这种持续的、无法减少的怀疑，为将权利扩展到其他实体（如机器）开辟了可能性。

（二）动物中心主义

传统上，动物并不被视为道德主体，直到最近，哲学学科才开始将动物视为道德关注的正当主体。这一问题的关键转折点来自杰里米·边沁（Jeremy Bentham，2005，p.283）的一份简短声明："问题不在于，它们能否思考，或它们能否说话，而是它们能否感受疼痛"。根据这一观点，动物权利哲学的关键问题不是确定某一实体，如动物，是否能够通过诸如语言、理性或认知之类的东西达到人类的能力水平；"第一位也是决定性的问题是，动物是否能够感受痛苦"（Derrida，2008，p. 27）。

这种观念上的转变为解决机器权利问题提供了强有力的模式。这是因为动物和机器，从勒奈·笛卡儿（René Descartes）开始，就具有共同的本体论地位和位置——在笛卡儿手稿中非常明确地标注为生物-机械混合体即动物机器。尽管如此相似，动物权利哲学家仍然抵制将权利扩展到机器的努力，他们甚至因为笛卡儿提出了这种联系而将他妖魔化（Singer，1975，pp. 185-212；Regan，1983，p.3-5）。这种排他性被认为是合理的，因为机器不像动物，既不能体验快乐，也不能体验痛苦。像石头或其他无生命的物体一样，机器没有任何与体验相关的重要东西，因此，与老鼠或其他有感知的生物不同，它不是道德关注的正当主体。

虽然这听起来相当合理和直接，但它至少有三个不成立的理由。

第一，它存在切实的争议，因为现在可以构建的各种机制看起来似乎能够感受痛苦，或者至少提供了一些不可否认的类似痛苦的外部证据。工程师们已经成功构建了能够人工合成真实可信的情感反应的机制，并设计了能够证明看起来很像通常所说的快乐或痛苦行为的系统。例如，日本可可洛公司（Kokoro）开发的牙科训练机器人 Simroid，就特意设计成在被牙科学生误伤时能够因疼痛而哭叫。

第二，它可以在认识论的基础上进行争论。因为痛苦通常被理解为主观感受，所以没有办法确切地知道另一个实体如何体验不愉快的感觉，如恐惧、痛苦或挫折。与"意识"一样，痛苦也是一种内在的精神状态，因此会被其他精神问题复杂化。尽管对外部指标的观察可能提供对这些内部条件的间接了解，但无法确定这些"表达"是来自实际的疼痛体验，还是仅仅以外部症状的形式模拟疼痛。此外，使事情更加复杂的是，我们甚至可能首先就不知道什么是"痛苦"和"痛苦的体验"。这一点在丹尼特（Dennett）的"为什么你造不出一台能感觉痛苦的电脑"（Why You Can't Make a Computer That Feels Pain）一文中已得到采纳与论证。丹尼特这篇标题具有挑衅性的文章发表数十年后，即使是最原始的工作原型也尚未问世，丹尼特设想"通过实际编写疼痛程序，或设计疼痛感机器人"，试图反驳人类（和动物）例外论的所谓标准辩论（Dennett，1998，p.191）。在对这个问题进行了相当长时间和详细的考虑之后，他得出结论，事实上，我们不能制造出一台能够感受到痛苦的计算机。但得出这一结论的原因可能并非出自人们的期望。你不能让一台电脑感到痛苦的原因，并不是某些机制或编程的技术局限性的结果。这是我们尚无法决定首先什么是疼痛这一事实的产物（Dennett，1998，p.218）。

第三，所有这些为证明机器权利而设计制造疼痛或痛苦的可能性的讨论，都将导致其自身特有的道德困境。"如果机器人可能有一天能够体验痛苦和其他情感状态，由此产生的一个问题是，构建这类系统是否合乎道德——不是因为它们可能伤害人类，而是因为这些人工系统本身会经历痛苦。换言之，建造一个躯体结构能感受到剧烈疼痛的机器人在道德上是否合理？是否应该被禁止？"（Wallach and Allen，2009，p.209）。因此，道德哲学家和工程师发现他们自己处于一个奇怪的、不太舒服的境地。如果事实上有可能建造"感受痛苦"的装置，以证明机器道德权利的可能性，那么这样做反而可能会在道德上受到怀疑，因为在建造这样一种机制时，我们并没有尽一切努力将其痛苦降到最低。或者换一种说法，只有甘冒侵犯机器权利的风险，才能实际证明机器的权利。

二、未来发展方向

对动物权利哲学的批评之一是，尽管动物权利哲学试图从另一个角度来思考道德立场，但它仍然是一种排他性和排斥性的实践。特别是环境伦理学批评动物权利将一些生物纳入道德主体共同体，同时将其他低等动物、植物、微生物、土壤、水等排斥在外。但环境伦理学并没有表现得更好，它也被指仅给予"自然物体"特权，而将非自然人工物品，如艺术品、建筑、技术和机器排除在外（Floridi，2013；Gunkel，2012）。为此，最近名为信息伦理学（information ethics，IE）的创新努力通过制定真正普遍公正的宏观伦理，来完成道德包容的过程。根据卢西亚诺·弗洛里迪（Luciano Floridi，2013，p.98）的说法，信息伦理学（IE）"是一种生态伦理学，用本体中心论（ontocentrism）取代生物中心论（biocentrism），然后用信息学术语来解释存在（being）。这表明有比生命更基本的东西，即存在，它是指所有实体与其整体环境的存在和繁荣；以及比痛苦更根本的东西，即虚无（nothingness）"。

从信息伦理学的角度来看，所有的机器，从锤子和割草机到计算机和自主机器人，都会被认为是道德关切的对象，因为所有这些人造物都是具有持续生存基本权利的"信息实体"。因此,信息伦理学阐明了伦理学的普遍形式,能够容纳更广泛的可能对象。正是这种普遍性,才是信息伦理学最大的资产和潜在的责任。值得称赞的是,信息伦理学完成了道德包容的工程计划。继生物伦理学和环境伦理学创新之后,信息伦理学通过改变道德哲学焦点和降低包容门槛,或者使用弗洛里迪的抽象层次术语,扩展了道德哲学的范围(Floridi,2013,p.30)。这样可以得出一个自然的结论,即道德包容过程通过阐明一种真正包罗万象和非排他性的伦理学,向万物敞开了大门。但是,如果把一切东西都包括在内,这样的伦理学就存在道德鉴别的风险。尽管信息伦理学为所有事物(包括机器)争取了权利,但它是以差异性为代价的(Levinas,1969,p. 43)。因此,作为一种道德理论,信息伦理学的成败将取决于它能否很好地处理和容纳这种批评。

最后,在对这些不同的道德包容模式进行评估时,任务可能不是确定哪种方法更好,或者哪种道德理论的排他性更多或更少。问题可能出在这个过程本身。不管如何定义,标准的道德推理方法都采用所谓的"属性方法"(Coeckelbergh,2012,p.13)。也就是说,它们首先定义包容标准,然后查询特定实体是否满足此标准。以这种方式进行评估至少有两个困难。第一,人们需要能够确定对于决定道德地位必需和充分的属性,而目前在属性的定义上存在相当大的分歧。第二,这个决定必然体现了规范性操作和权利的行使。在确定道德包容标准时,某些人或某些群体将特定的经验或情况规范化,并将此决定作为道德考虑的普遍条件强加给其他人。

针对这些问题,哲学家提出了被称为"社会关系伦理学"的替代方法(Coeckelberg,2012;Gunkel,2012;Levinas,1969)。这些努力并不试图建立包容和排除的先验标准,而是从存在主义的事实开始,即我们总是并且已经发现自己处于面对并需要对他人做出反应的境地——不仅仅是其他人类,还包括动物、环境、组织和机器。因此,这些替代方法主张转移问题的焦点,改变辩论的条件。这里的问题不是"机器可以拥有权利吗?",这是一个本体论问题,由是否存在特定的资格标准决定;而是"机器应当有权利吗?",这是一个道德问题,不是根据事物是什么来决定的,而是取决于我们如何决定与它们建立联系并做出回应。这种发展方式虽然为将权利延伸给他人提供了机会，但却通过促进伦理学的发展超越本体论范畴，扰乱了哲学现状（Levinas，1969，p.304）。

三、拓展阅读

对道德哲学发展历史的批判性方法以及对机器权利和责任的思考，可以阅读沃勒克和艾伦（Wallach and Allen，2009）、柯克伯格（Coeckelbergh，2012）和贡克尔（Gunkel，2012）的著作。关于动物权利哲学领域的开创性著作，可以阅读辛格（Singer，1975）、里根（Regan，1983）和德里达（Derrida，2008）的著作；对这一创新与机器权利问题关系的考察，另见贡克尔（Gunkel，2012）的介绍。关于意识对机器道德地位重要性的思考，可以阅读托兰斯（Torrance，2008）的文章，弗洛里迪（Floridi，2013）的著作介绍了信息伦理学的相关内容，而柯克伯格（Coeckelbergh，2012）、贡克尔（Gunkel，2012）和列维纳斯（Levinas，1969）则介绍了伦理学的其他思考方式。

参 考 文 献

Bentham, J. (2005). *An Introduction to the Principles of Morals and Legislation*. J. H. Burns and H. L. Hart (eds.). Oxford: Oxford University Press.

Churchland, P. M. (1999). *Matter and Consciousness*. Cambridge, MA: MIT Press.

Coeckelbergh, M. (2012). *Growing Moral Relations: A Critique of Moral Status Ascription*. London: Palgrave Macmillan.

Dennett, D. (1998) *Brainstorms: Philosophical Essays on Mind and Psychology*. Cambridge, MA: MIT Press.

Derrida, J. (2008). *The Animal That Therefore I Am*. Trans. D. Wills. New York: Fordham University Press. Original work: *L'animal que done ju suis*. Paris: Éditions Galilée, 2006.

Floridi, L. (2013). *The Ethics of Information*. Oxford: Oxford University Press.

Gunkel, D. (2012). *The Machine Question: Critical Perspectives on AI, Robots and Ethics*. Cambridge, MA: MIT Press.

Güzeldere, G. (1997). The many faces of consciousness: A field guide. In: N. Block, O. Flanagan & G. Güzeldere (eds.) *The Nature of Consciousness: Philosophical Debates*. Cambridge, MA: MIT Press, 1–68.

Levinas, E. (1969). *Totality and Infinity*. Trans. A. Lingis. Pittsburgh, PA: Duquesne University Press. Original work: *Totalité et Infini*. Hague: Martinus Nijhoff, 1961.

Regan, T. (1983). *The Case for Animal Rights*. Berkeley, CA: University of California Press.

Singer, P. (1975). *Animal Liberation: A New Ethics for Our Treatment of Animals*. New York: New York Review of Books.

Torrance, S. (2008). Ethics and consciousness in artificial agents. *AI & Society*, 22(4): 495–521.

Velmans, M. (2000). *Understanding Consciousness*. New York: Routledge.

Wallach, W. and Allen, C. (2009). *Moral Machines: Teaching Robots Right from Wrong*. Oxford: Oxford University Press.

第64章
仿生与生物混合系统领域教育场景概述

Anna Mura[1], Tony J. Prescott[2]

[1] SPECS, Institute for Bioengineering of Catalonia (IBEC), the Barcelona Institute of Science and Technology (BIST), Spain

[2] Sheffield Robotics and Department of Computer Science, University of Sheffield, UK

共同构成生命机器范畴的仿生和生物混合系统,是在理解和应用自然原理发展现实世界新技术的基础上产生的新兴研究领域。此外,正如本书所强调的,生命机器方法强调"制造以理解"(understanding through making)的策略(见 Verschure and Prescott,第2章),也就是说,构建人造物以体现自然系统理论,并作为社会挑战的候选解决方案。因此,生命机器方法意味着并要求开展跨学科研究,在科学、工程、社会科学、艺术和人文之间架起联系的桥梁。此外,这种方法还强调了基础研究和应用研究的结合,这就需要了解现代研究和创新活动所处的更广泛的社会背景。这类研究未来发展的关键在于吸引具有不同教育背景的年轻人才,并为他们提供相应的跨学科培训。本章简要探讨了生命机器相关的学科内和跨学科教育计划场景,重点介绍了欧洲和美国的情况,强调了一些应当解决的挑战,并为未来的课程开发和政策制定提供了一些建议。

一、教育实现科学新复兴

为了创建基于生物学原理的新型先进人造物,我们需要了解而不仅仅是模拟自然和生命,并且基于这一根本认识来发展技术。因此,生命机器的进展更普遍地依赖于自然科学和工程学科的进展。这种观点也支配了文艺复兴时期最伟大的天才之一——达·芬奇的兴趣和好奇心。达·芬奇致力于科学、技术和艺术的融合,他认为这些学科是解决人类共同目标的工具,它们能够增进对自然和人类境况的理解。为此，他掌握了生物学、工程学、物理学、解剖学、素描与绘画等知识，探索生物体所体现出的解决方案，并创造了各种技术设计和工作机器。例如，图64.1（a）展示了一幅达·芬奇设计的飞行机器图，该机器是达·芬奇对蝙蝠翅膀结构进行观察后受其启发而绘制的；（b）对应的是现代受蝙蝠启发研制的、能够真正飞行的机器人。作为文艺复兴时期的人物，达·芬奇运用跨学科方法撰写了有关力学、解剖学、宇宙学、水力学和地球科学的大量论文。从这个意义上说，他的工作可以被认为是现代仿生学和生物混合系统的真正先驱。

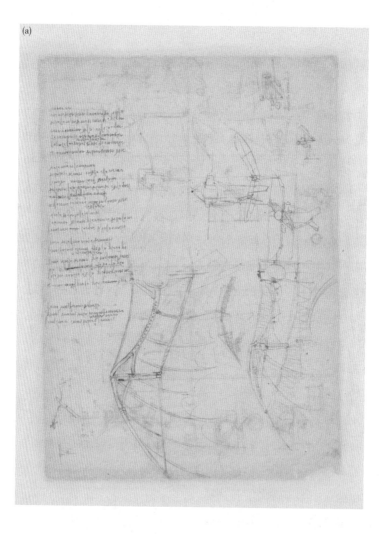

(a)

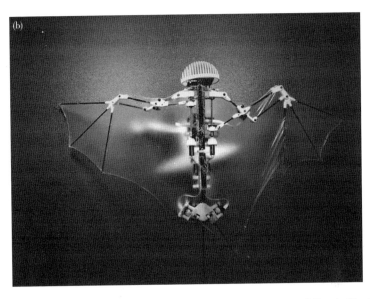

图 64.1　（a）列奥纳多·达·芬奇 1488 年设计的以蝙蝠翅膀为灵感的飞行器。（b）拉美扎尼等设计的当代蝙蝠式机器人（Ramezani *et al.*，2017）。B2"蝙蝠机器人"能够自主飞行，由蝙蝠生物学家和机器人工程师合作制造，它在没有复制蝙蝠翅膀详细形态的情况下实现了蝙蝠翅膀的主要自由度（遵循了本书倡导的设计方法）

图片来源：（a）© Veneranda Biblioteca Ambrosiana/ Getty Images

　　近几十年来，随着生命科学、材料科学、纳米技术、机器人技术和人工智能的融合，我们见证了仿生学研究和科学驱动技术的快速发展。然而，这些方法的成功（源自不同学科知识的融合），不仅取决于将科学研究和技术发展的平行线结合在一起，还取决于提供了适当的教育框架。与文艺复兴时期相比，现代生命机器各相关领域所能获得的知识、财富太丰富了，即使是像达·芬奇这样的博学天才，也难以掌握。另外，研究人员和工程师可以利用的强大工具，包括因特网、专业数据库和智能设计系统，意味着有可能发展出新的方法——这种方法强调通过掌握技能来阐释和应用知识，而无须个人进行知识积累。培训计划的制订必须充分利用这场知识分享和运用方式的革命，以便我们能够为未来的列奥纳多·达·芬奇们提供创建新技术、新知识最合适的训练与工具组合。

　　欧洲和美国现有许多培训计划，为生命机器研究相关科学和工程学科奠定了极好的基础，但这类教育通常是在单一学科范围内开展的。对于未来，重要的是制订更具包容性和总体性的"计划的计划"，支持跨学科交叉训练。在设计此类计划时，我们应致力于提供：

（1）在生物科学相关领域词汇、方法和技术技能方面有足够的基础，以便将设计原则外推到工程领域。

（2）对工程概念的核心理解，尤其是围绕应用数学主题。

（3）计算和物理建模训练，包括了解编程、硬件开发和机器人技术领域的核心方法。

（4）对关键主题的教育，提供生物系统与人工系统之间的交叉和协同理解，特别是动态系统和信息理论等方法。

（5）跨学科整合的实例。例如，展示神经科学、神经形态计算和可穿戴技术研究如何在假体领域相互融合（图 64.2）。

（6）了解构建人造物模型的潜在技术影响，以及负责任创新的社会和伦理问题。

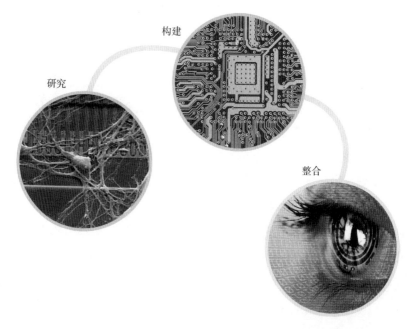

图 64.2　假体领域的科学技术会聚需求——研究大脑生理和功能，构建神经形态回路，整合创建生物混合系统（见 Vassanelli，第 50 章；Song and Berger，第 55 章）

二、生命机器作为会聚科学

自新千年开始以来，为应对跨学科合作的挑战及其在科学、卫生、教育、环境和社会方面的潜在影响，科学家们做出了重大努力。特别要关注的是，需要促进生物和生物医学科学中实验室科学与数学和工程的整合（McCarthy，2004；National Research Council，2009；Sharp and Langer，2011），这被称为"第三次革命"（前两次革命分别是分子生物学，以发现 DNA 结构为关键时刻；以及基因组学，其代表是人类基因组测序）。在此期间，打着"会聚"（convergence）的旗号产生了促进生命科学和工程科学更好合作的普遍动力（National Research Council，2014；Roco and Bainbridge，2003；Roco et al.，2014；Science Europe，2014；Sharp et al.，2011；Sharp and Langer，2011）。例如，罗科及其同事（Roco and Bainbridge，2003；Roco et al.，2014）编写的两份报告强调了纳米技术、生物技术、信息技术和认知科学(称为 NBIC 技术)研究领域之间的协同效应以及共同的研究问题和目标。这些乐观的报告期待未来能产生广泛的社会利益，且几乎没有任何负面影响，但欧洲的观点相对而言却更加微妙（European Commission，2004）。更大范围的科学共同体目前正在推动会聚方法的发展，在美国艺术和科学院（American Academy of Arts and Sciences）、美国国家研究委员会（National Research Council）和麻省理工学院（MIT）等知名机构的领导下，呼吁在学校更好地开展科学、技术、工程与数学（STEM）课程教育，设立新的跨学科本科学位（如 National Research Council，2009），特别是促进青年研究人员的跨界发展（AAAS，2008），并呼吁私营部门和决策者优先考虑资源和行动以实现上述成果（AAAS，2013）。

有人认为，会聚不仅仅意味着跨学科，这本身并不新鲜（Graff，2015）；还意味着目标驱动研究，旨在确定可产生社会影响的挑战（Science Europe，2014）。这可能通过开展有针对性的外展活动，涉及新的社会参与形式。举例来说，加州大学伯克利分校发起了一项名为"伯克利大创意"（Big Ideas@Berkeley）竞赛，旨在激励跨学科团队为应对食品安全、饮用水净化、文盲和疟疾诊断等挑战提供新的解决方案。

同时，会聚方法并不是一般的应用科学，而是寻求将基础科学引导到现实世界的应用科学（Prescott and Verschure，2016；Verschure and Prescott，第 2 章）。总的来说，会聚依赖于构建合作关系网络来支持跨界研究，并将科技进展转化为新技术。本书的主旨有着类似的目标和精神，即在仿生和生物混合系统领域建立科学和工程之间的桥梁，创建生命机器技术促进我们对自然世界的理解并提高人类生活质量。因此，生命机器为更广泛的会聚科学方法中的一部分，并且是代表性的方法。

三、欧美教育趋势调查

仿生和生物混合系统是一个新兴的多学科研究领域，缺乏明确的教育标准。鉴于此，目前还没有官方数据库收集针对这些领域的教育项目信息。因此，本次调查从 2009～2015 年与科学家进行的相对非正式讨论开始，这些科学家参与了生命机器研究相关的科学和教育活动。开展讨论的场合包括西班牙巴塞罗那认知、脑与技术（BCBT）夏令营、意大利卡波卡西亚认知神经形态工程研讨会、美国特鲁赖德神经形态认知系统学院课程、意大利帕多瓦神经技术培训班、国际仿生与生物混合系统（生命机器）会议等。2012～2015 年我们还进行了更系统的互联网搜索，作为欧盟 "会聚科学网络"（Convergent Science Network）协调行动的一部分。这项调查专门针对研究生教学课程，采用的检索词包括 "仿生学"（biomimetics）、"生物混合"（biohybrids）、"神经技术"（neurotechnology）、"材料科学"（materials science）、"计算神经科学"（computational neuroscience）、"生物机器人"（biorobotics）、"纳米技术"（nanotechnology）和 "机电一体化"（mechatronics）。总的来说，调查力求具有代表性而不是详尽无遗，目的是抓住这些活动的主旨，确定发展机遇和趋势。

（一）欧洲的教育项目

我们对欧洲教育的调查确定了三个实质性的全欧洲综合教育方案，如表 64.1 所示，这些方案大部分都是在相对分散的领域开展的。以下为具体方案：

表 64.1　生物机器人、机电一体化、仿生学和生物混合系统领域伊拉斯谟世界
（Erasmus Mundus）+项目资金支持的硕士学位项目以及欧洲 MSCA 项目支
持的博士学位项目

伊拉斯谟世界+项目提供的硕士学位课程	MSCA 项目提供的博士学位课程
EMM-NANO—纳米科学与纳米技术硕士	INTRO—交互式机器人研究网络
MEME—进化生物学硕士	RobotDoc—认知发展机器人
EU4M—机电一体化与微机电一体化系统硕士	FACETS-ITN—生物神经系统的计算范式
CEMABUE—生物医学工程硕士	NeuroPhysics—影像学新前沿
EMMS—材料科学硕士	DYNANO—生物医学和生物技术应用纳米系统
EMARO—欧洲先进机器人硕士	ABC—自适应大脑计算的多学科方法
	NAMASEN—神经网络科学与工程

注：其他欧洲网络和组织包括：EURON，欧洲神经科学研究生院；EURON Robotics，欧洲机器人研究网络。

（1）欧洲委员会组织的高等教育领域合作与流动计划"伊拉斯谟世界"（Erasmus Mundus）[现为"伊拉斯谟+"（Erasmus+）]资助的硕士学位项目。这些硕士学位课程为期 2 年，为 5 所欧洲大学之间的联合项目，在某些情况下还可以包括国际上的大学。其中一些项目为学生提供了规划个性化学习课程的机会，可将各大学提供的课程要素综合在一起。

（2）"玛丽·斯克多夫斯卡·居里行动"（Marie Skłodowska-Curie Actions，MSCA）支持的博士学位项目和研究生项目。该项目作为欧盟地平线 2020（Horizon 2020）研究与创新计划的一部分，支持职业生涯各个阶段的研究人员，不分国籍，为他们提供成为各学科优秀研究人员所必需的技能。参与该项目的研究人员可以参加国外培训项目。MSCA 项目拥有结合了欧洲各国高水平专业知识的大型多学科联盟（拥有 10～15 个合作伙伴）。

（3）欧洲高等院校网络牵头的多学科教育项目。该项目旨在开发更具针对性的仿生和生物混合系统领域硕士和博士课程，培养这些领域的未来专家。欧洲神经科学研究生院（European Graduate School of Neuroscience，EURON）就是这些项目的一个代表，该学院在 7 个国家建立了由 16 所大学组成的广泛网络，这些大学因对神经科学研究的共同兴趣而联合在一起。EURON 提供神经科学和生物医学领域的博士和硕士课程。欧洲机器人研究

网络（European Robotics Research Network）也提供了类似的多学科教育网络模式，该网络由欧洲 230 多个学术和工业团体组成，共同关注先进的研究和开发，以制造更好的机器人。其最近与一个工业合作伙伴网络合并，组成了欧盟机器人组织（EU Robotics）。

图 64.3 为欧洲各国大学和学术中心相关硕士和博士研究生课程教育的分布情况，显示大多数欧洲国家对生命机器相关教育主题非常感兴趣。

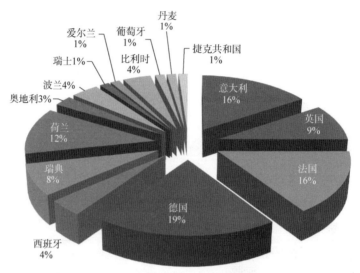

图 64.3　欧洲各国在仿生学、生物混合、神经技术、材料科学、计算神经科学、生物机器人、纳米技术和机电一体化领域的多学科研究生课程（硕士和博士）

纳米技术、机电一体化和材料科学领域提供了大量且分布广泛的研究生课程，主要分布在德国、法国、意大利、英国和荷兰。如图 64.4（彩图 13）所示，意大利、英国、德国、法国、西班牙和瑞士等一些国家也重点发展了与生物机器人和生物混合相关的更为专业的研究生项目。总部设在德国柏林的国际组织 BIOKON 在该领域也值得关注，它是一个促进和支持发展仿生学与生物启发技术的科学家与研究机构联盟。BIOKON 的主要目标是传播仿生学活动相关信息，促进成员之间的联系，并为仿生科学家和其他感兴趣人员提供组织平台和全球论坛；但是，该组织并不直接协调教育培训课程。

这项调查显示，为了在生物科学技术会聚融合领域创建多学科项目，来自不同国家的学术中心已从战略角度出发，成为欧盟组建/资助的各种联合项目的成员。因此，这些行动倡议的未来在很大程度上将取决于资助机构持续提供支持的热情，而这反过来又要求教育、商业和社会中的各利益相关重要团体继续推动会聚研究事业的发展。

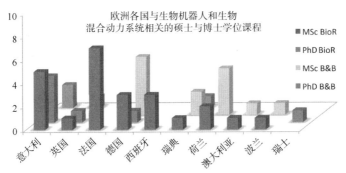

图 64.4　欧洲各国提供的生物机器人和生物混合动力系统相关的硕士（MSc）与博士（PhD）学位课程数量估计。调查检索词为"仿生学"（biomimetics，BioR）、"生物混合"（biohybrids，B&B）和"生物机器人"（biorobotics）。在撰写本章时，法国拥有最多的生物机器人相关硕士学位课程（$n=7$），而意大利在这一领域提供了更多的博士学位课程（$n=5$）。另外，德国提供的生物混合动力系统硕士学位课程数量最多（$n=3$），其次，瑞典在这一领域提供了一些博士学位课程（$n=2$）

（二）美国的教育项目

美国许多学术机构现在已开始提供生命科学、材料科学、生物工程和生物技术等多学科领域的研究生课程。美国推动多学科会聚融合科学发展的一些代表性例子包括：①麻省理工学院的科赫癌症综合研究所（Koch Institute for Integrative Cancer Research），该研究所将会聚融合纳入科学基础设施建设，生物学家、工程师和其他物理科学工作者在新大楼的同一楼层里共同工作；②斯坦福大学的 BioX 研究所（BioX Institute），这是一个跨学科的生物科学研究所，其任务是跨越不同学科之间的界限，促进科学发现，创建生物系统新知识，最终改善人类健康。

为了分析美国的教育情况，我们调查了 Study.com、美国机器人学相关学校和大学、STEM、美国教育信息网络（USNEI）和国家科学基金会（NSF）等网站。在调查中可以看到新出现的重点方向涉及 STEM（科学、技术、工程和数学）等跨学科项目。尽管如此，我们发现很难确定与生命机器和会聚科学方法相关的特定教育课程，尽管有强有力的证据表明，某些组成领域采取了协调一致的教育方法。例如，纳米技术领域通过国家倡议行动组织了相关支持，开发了交互式地图和硕博士课程的综合清单（见 www.nano.gov）。我们认为，一些相关活动的水平可能属于研究机构内部课程，很难通过粗略的广泛调查发现。我们已经意识到的一个与仿生学和会聚科学方法密切相关的具体举措实例，即加州大学伯克利分校整合生物学系提供的"仿生设计"课程①（Full *et al.*，2015）。这门课程的开设对象是科学、工程、艺术、医学和商业等学科的学生，开设课程为一个学期，内容涵盖仿生设计工艺、范例研究和仿生机器人团队项目等。其他值得注意的课程内容包括强调批判性思维和探究式学习及知识转移，代表性的实例为"生物创业"（bioentrepreneurship）培训。

为了评估美国在生命机器相关领域活动的广泛程度，我们考察了第二个相关研究领域——机器人学，这是一个将机械工程和计算机研究相互结合的跨学科领域，其中许多项目确实包含仿生学相关主题。图 64.5（彩图 14）展示了美国各州在机器人学领域提供的硕士和（或）博士学位课程数量，这些课程与我们确定的关键词"仿生学"（biomimetics）、"生物混合"（biohybrids）和"生物机器人"（biorobotics）有一定程度的匹配。该图显示了美国东海岸和西海岸的新兴地区，其中波士顿地区（马萨诸塞州）是比较突出的热点地区。

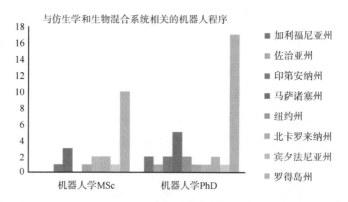

图 64.5　美国的一些机器人学硕士（MSc）和博士（PhD）学位课程更多采用了仿生学方法，图中显示了各州相关课程的数量。总体而言，美国 10 个州共提供了 11 项硕士和 18 项博士学位课程，其中马萨诸塞州在该领域的硕士学位课程数量（*n*=3）和博士学位课程数量（*n*=5）最多。这些大学也非常积极地开展了创新研究及教育和推广活动

---

① http://polypedal.berkeley.edu/?page_id=691

我们的初步结论是，欧洲和美国的教育环境都为整合促进研究生教育方式、实现科学和工程融合提供了沃土，欧洲通过资助大学联盟等机构，推行硕士和博士层次的教育活动，同时也有潜力支持仿生和生物混合系统等会聚科学领域的跨国教育机会。

（三）构建仿生和生物混合系统国际教育机遇的策略

尽管非常明显，欧洲和美国都在努力朝采用会聚科学方法的教育项目迈进，但迄今为止，很少有课程能够具体反映生命机器研究的原则和主题。应对这一挑战的第一步是在国际范围内对硕士课程进行定义。

在前面介绍的一组通用主题的基础上，图 64.6 概述了一种可能的教育项目，它是一项针对神经科学和神经技术的为期 2 年的硕士课程。

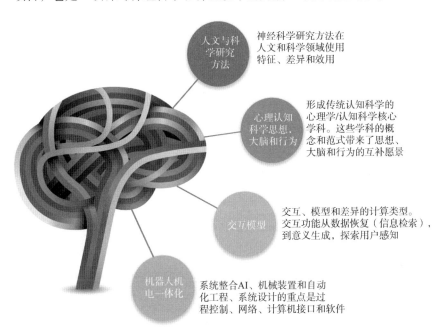

图 64.6　仿生和生物混合系统领域硕士学位教育的多学科课程设计，特别强调了神经科学和神经技术

需要注意的是，在许多大学中都可以找到该提议课程中的几个要素——生理学、心理学、人工智能等；然而，其他一些要素在本质上更加新颖、更加跨学科。例如，我们在这里强调了神经模拟控制器的硬件体现（神经形态

学），为机器人等复杂人造物设计仿生控制架构（神经机器人学），以及脑–机接口等领域。这些都是将神经科学的知识或理解转化为现实应用的重要领域。我们预测，教育项目可以分为在校学习课程和跨学科先进研究中心进修，以获取更专业的培训。

为鼓励此类教育项目的发展，并为会聚科学领域的教育创造更广阔的环境，我们建议制定以下战略目标：

- 游说国家和国际机构认识到生物原理技术转化对社会的价值和重要性，以此作为进一步科学理解的途径并为社会需求创造新的解决方案。
- 指导国家科技计划和教育资助，鼓励在生命科学、技术和工业领域拓展跨学科项目。这一战略在一些国家已经取得明显成效，可以通过国际倡议和合作进一步推进。
- 创建国际教育机构网络，促进会聚科学方法，增强协同效应，共享程序设计、教育软件和建模工具、设计模板（如 3D 打印系统）、仿生控制/教学软件等知识和资源，构建共同研究平台。
- 推进开设跨机构的学位，包括在两个或多个机构接受培训的跨国学历。
- 支持向仿生和生物混合系统相关研究领域的硕士和博士研究生提供夏令营、研讨会、实习或在线教学等专门项目。
- 开发本科和研究生的教育和研究项目，如实习岗位、奖学金，强调生命科学和工程科学之间的跨学科，反之亦然。
- 促进大学、公共机构、慈善机构、基金会、企业和公民组织之间的联系，确定生命机器方法能够提供突破的挑战。为学生、研究带头人及其他利益相关者之间的互动创造机会，共同制定解决现实挑战的方案。

致谢

本章所介绍的调查和研究由欧盟第七框架通过"未来新兴技术"（FET）计划和协调行动"仿生和生物混合系统的会聚科学网络"（CSNI, ICT-248986）、"仿生和神经技术的会聚科学网络"（CSNII，ICT-601167）资助。我们感谢保罗·范思彻（Paul Verschure）对本章所提观点做出的巨大贡献，感谢会聚科学网络（CSN）活动与会议的众多发言人和参与者，他们帮助设计并激发了生命机器方法。

参 考 文 献

AAAS (2008). *ARISE I—Advancing Research In Science and Engineering: Investing in Early-Career Scientists and High-Risk, High-Reward Research*. Retrieved from Cambridge, MA: https://www.amacad.org/content/publications/publication.aspx?d=1138

AAAS (2013). *ARISE II: Unleashing America's Research & Innovation Enterprise*. Retrieved from Cambridge, MA: https://www.amacad.org/content/publications/publication.aspx?d=1138

European Commission (2004). *Converging technologies: Shaping the future of European societies*. Retrieved from http://bookshop.europa.eu/en/converging-technologies-pbKINA21357/

Full, R. J., Dudley, R., Koehl, M. A. R., Libby, T., and Schwab, C. (2015). Interdisciplinary laboratory course facilitating knowledge integration, mutualistic teaming, and original discovery. *Integrative and Comparative Biology*, 55(5), 912–25. https://doi.org/10.1093/icb/icv095

Graff, H. J. (2015). *Undisciplining knowledge: interdisciplinarity in the twentieth century*. Champaign, IL: Johns Hopkins University Press.

McCarthy, J. (2004). Tackling the challenges of interdisciplinary bioscience. *Nat. Rev. Mol. Cell Biol.*, 5(11), 933–7.

National Research Council (2009). *A New Biology for the 21st Century*. Washington, DC: National Academies Press.

National Research Council (2014). *Convergence: Facilitating Transdisciplinary Integration of Life Sciences, Physical Sciences, Engineering, and Beyond*. Washington, DC: National Academies Press.

Prescott, T. J., and Verschure, P. F. M. J. (2016). Action-oriented cognition and its implications: contextualising the new science of mind. In: A. K. Engel, K. Friston, and D. Kragic (eds.), *Where's the Action? The Pragmatic Turn in Cognitive Science*. Cambridge, MA: MIT Press for the Ernst Strüngmann Foundation, pp. 321–31.

Ramezani, A., Chung, S.-J., and Hutchinson, S. (2017). A biomimetic robotic platform to study flight specializations of bats. *Science Robotics*, 2(3), eaal2505. doi: 10.1126/scirobotics.aal2505

Roco, M. C., and Bainbridge, W. S. (2003). *Converging Technologies for Improving Human Performance: Nanotechnology, Biotechnology, Information Technology and Cognitive Science*. Berlin: Springer.

Roco, M. C., Bainbridge, W. S., Tonn, B., and Whitesides, G. (2014). *Convergence of Knowledge, Technology and Society: Beyond Convergence of Nano-Bio-Info-Cognitive Technologies*. Basel: Springer International Publishing.

Science Europe (2014). *Converging Disciplines*. Retrieved from Brussels: http://www.scienceeurope.org/wp-content/uploads/2015/12/Workshop_Report_Convergence_FINAL.pdf

Sharp, P. A., Cooney, C. L., Kastner, M. A., Lees, J., Sasisekharan, R., Yaffe, M. B., … and Sur, M. (2011). *The Third Revolution: The Convergence of the Life Sciences, Physical Sciences, and Engineering*. Cambridge, MA: MIT Press.

Sharp, P. A., and Langer, R. (2011). Promoting convergence in biomedical science. *Science*, 333(6042), 527.

第 65 章
生命机器的可持续性

José Halloy

Paris Interdisciplinary Energy Research Institute (LIEDED),
Université Paris Diderot, France

必须正视技术的发展，以便应对气候变化、能源和资源转型等对人类构成的重大威胁挑战。气候变化可由人类产生的温室气体（GHG），如二氧化碳和甲烷推动（IPCC，2014）。气候变化与能源转型密切相关，因为当今世界的主要能源是化石燃料，即煤炭和石油。如果我们想减缓气候变化，就必须使用产生温室气体最少的能源。但这并不是唯一的问题，要建造包括发电站在内的各种技术设备，还需要大量不同的材料（Smil，2013）。当前技术设备中使用的绝大多数材料，特别是人工智能（AI）和机器人技术中使用的材料，都是从矿产中提取的，包括所有金属和类金属（Smil，2013；Peiró，2013）。从长远来看，矿物使用的日益增加是不可持续的，因为矿物只能是在地球形成及其数十亿年地质演化过程中由地质事件产生。本章认为，需要发展新的仿生和生物混合生命机器方法来设计合适的技术，进而制造低功耗、广泛可用、高度可回收的组件。

一、电子系统能源消耗的不可持续性

人工智能和机器人技术正在取得惊人的技术进步。例如，人工智能在2016 年取得了一项非凡成就：AlphaGo 击败了世界上最好的围棋选手之一李世石。AlphaGo 是一款能够玩围棋游戏的电脑及电脑程序，由英国 Google DeepMind 公司开发。AlphaGo 的算法将机器学习技术与图形路径相结合，并经过人类和其他计算机的大量训练。AlphaGo 采用蒙特卡罗法，由价值网络和策略网络（后者既是价值网络也是目标网络）指导，两者均采用深层神经网络实现（Silver，2016）。在 2016 年的 AlphaGo 之前，围棋界一直在成功对抗人工智能算法（不像国际象棋，国际象棋早在 1997 年就已经败于人工智能，当时 IBM 公司"深蓝"计算机击败了世界象棋冠军加里·卡斯帕罗夫）。AlphaGo 的胜利是具有象征意义的重要成就，因为构建围棋玩家程序对人工智能来说是极其复杂的挑战。因此，AlphaGo 取得的成就迅速成为世界科技期刊和报纸的头条新闻。

但这一成就在可持续性方面产生了许多问题。AlphaGo 计算机使用了 1202 个 CPU（中央处理单元）和 176 个 GPU（图形处理单元）。我们假设一个 CPU 需要 100 W 供电，一个 GPU 需要 200W 供电（图 65.1）。这些数字猜测根据的是英特尔公司（Intel）或英伟达公司（NVIDIA）等主要微处理器制造商的最新规格数据。因此，为了给所有的计算需求提供能量，AlphaGo 计算机需要大约 155kW 的功率能量。相比之下，可以假定李世石的大脑只需要约 20W 的能量，而整个人体每天需要大约 2500kcal（1kcal≈4.186kJ）的能量就能保持良好的状态；这相当于大约 120W 的能量。李世石在与 AlphaGo 进行围棋比赛时，年龄为 34 岁。如果我们假设他平均每天摄取 2500kcal 的热量，那么到他比赛时已经摄取了大约 130GJ。考虑到仅仅为 AlphaGo 微处理器供电就需要 155kW，那么该计算机在 10 天内就将耗电约 130GJ。就功率和能量而言，计算机和人类之间的差距极其巨大，因此我们认为计算机不可持续。

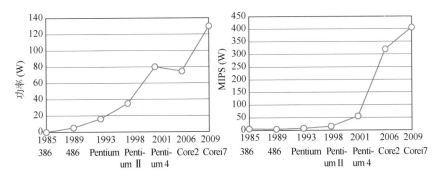

图 65.1 英特尔处理器的功耗增加和效率提升。英特尔处理器所需的功率一直在稳步增加，最新型号的功率已达到 140W 左右。同时，它们的计算效率也在不断提高。每瓦（W）功率下每秒百万条指令（MIPS）的数量呈指数级增长。最新处理器即使就计算效率而言表现优异，但它们运行所需的绝对功率也在呈指数级增长。效率提高将导致反弹效应（Polimeni et al., 2015）。随着处理器在计算能力方面不断提高效率，在能源消耗方面的效率也会更高，不同市场的处理器总数正在蓬勃发展，导致全球能源消耗及其消耗的制造材料迅速增加

AlphaGo 的成就之所以能够实现，是因为自 1947 年贝尔实验室的约翰·巴丁（John Bardeen）、沃尔特·布拉坦（Walter Brattain）和威廉·肖克利（William Shockley）发明半导体晶体管以来，电子学和计算技术取得了巨大的进步，他们也因此在 1956 年获得了诺贝尔物理学奖。自 1959 年集成电路发明以来，微处理器中使用的晶体管数量急剧增加。戈登·摩尔（Gordon Moore）发现，自集成电路发明以来，其中的晶体管数量大约每 2 年翻一番。然而，摩尔定律在晶体管集成方面正在接近极限，因为这种集成正在达到十几个原子大小的纳米级极限。在集成度和能耗方面，我们也达到了极限，因为散热量在持续增加。这些设备必须保持冷却并保存在有空调的建筑中，这进一步增加了它们运行的能源成本。

从经济学的角度来看，能够集成越来越多晶体管的技术，其成本也在以惊人的比例增长。硅谷的另一个经验定律是洛克定律（Rock's law，又称为摩尔第二经验定律），该定律指出，芯片加工厂的制造成本每 4 年翻一番，因为光刻制造工艺也在接近其物理极限。如今，一个芯片制造厂需要数十亿美元的投资。此外，这种集成技术还伴随着生产制造中能源成本的增加。所有这些惊人的技术进步，推动中国神威集群公司（Sunway MPP）建成了目前世界上最大的超级计算机。这台超级计算机拥有 10 649 600 个内核，计算能力为每秒 93 014.6 亿亿次浮点，能耗为 15 371kW。相比之下，就 2012 年美国的电力需求而言，按美国的生活方式需要人均约 2kW 的电力。

晶体管是由类金属制成的晶体材料，主要材料是锗（1947 年以来）和硅（1954 年以来）。其他常用化合物包括砷化镓、碳化硅和锗化硅。同样的半导体材料还被用于光伏发电和 LED 照明装置。计算技术主要基于 CMOS 芯片（互补金属氧化物半导体）和 MOSFET 芯片（金属氧化物半导体场效应晶体管）。这些材料和技术被用来制造由逻辑门构成的电路，并构成集成电路的基本结构。

晶体管的制造材料是晶体半导体。半导体的导电性介于金属和绝缘体之间，并因此得名。这种导电性可以通过掺杂其他材料来控制，即在纯晶体材料中引入少量杂质以诱发电子过剩或不足。掺杂不同材料的半导体可以连接在一起形成半导体结，这样就可以控制器件内通过电流的方向和数量。这种特性是现代电子元器件（二极管、晶体管等）工作的基础。第一个生产步骤是制造高纯度的晶片，晶片是由硅、砷化镓或磷化铟等半导体材料制成的薄片。晶片可以作为支撑基质，采用蚀刻和沉积其他材料的技术制造所需微结构。随后使用不同的方法对晶片材料掺杂添加极低浓度[百万分之一的数量级（ppm）]的其他元素，如硼、砷、磷、镓或锗等。该制造工艺严重影响元素回收利用的可能性，因为元素含量越低，分离回收就越困难。因此，集成电路制造中特有的不同材料精细、多层的结构极大影响了材料回收利用的可能性。

以上概述表明，人工智能和机器人技术在提高其基础电子技术设计能力方面正在接近物理极限，每一项进步都会增加制造和运行所需的能源。此外，生产制造计算机和机器人的主体还需要大量不同的矿物材料。用于电子产品生产的许多材料正变得越来越稀缺，因为它们不可再生而且很难回收（Reck and Graedel，2012）。回收利用是一大难题，因为电子产品由多种材料制成，其中一些材料的含量极低。计算机或机器人的主体结构复杂，由集成电路、电子板、元器件和不同类型的人造聚合物组装而成，拆卸分解起来很困难。每一个组件，如集成电路，都有很难拆解的复杂结构，这使得分离其中的化学物质变得更加困难。

二、现代采矿业的不可持续性

可用于生产计算机或机器人主体的化学元素类型很多，包括了元素周期表中近 80%的元素（Peiró，2013）。其中一些元素，特别是制造电子元器件所需的元素，正成为人们关注的焦点。化学元素的稀缺性可以从三个角度考虑：供应风险、环境影响和供应限制的脆弱性（Graedel et al.，2015a，2015b）。仅就供应风险而言，被认为最为关键的化学元素是锗、铟、铊、砷、锡、铋、硒、银和镉。这些元素对于电子元器件、计算机和机器人制造必不可少。

在 20 世纪，采矿业提炼金属和类金属的速度一直在不断增长（图 65.2，彩图 15）。在过去几年中，几乎所有元素的开采提炼数量都达到了历史最高水平。开采提炼率的这一增长速度似乎并没有放缓；相反，它似乎还在加速，这可能是因为电子消费市场的蓬勃发展，目前其以数十亿美元计。2007～2015年，全球向终端用户销售了约14亿部智能手机。目前的行业趋势是，由于物联网（IoT）和智能技术的发展，电子设备还将数十亿美元计地继续增加。这些因素将激励采矿业的更大发展，从矿石中生产提炼所需的化学元素。

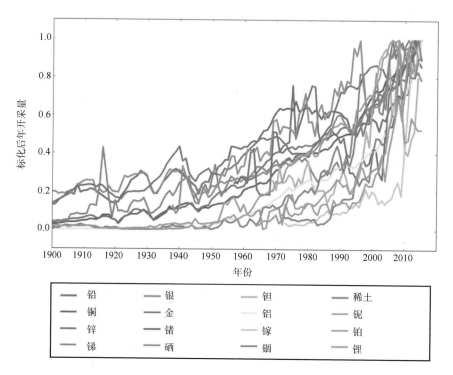

图 65.2　标化后的化学元素年开采量。根据每种化学元素的最大开采量将其年开采总量标化，并将所有元素放在同一尺度内比较。图示表明，自21世纪初以来，大多数元素的开采量都在稳步增加。同时还表明，近年来的每年开采总量都已接近最大值。总体而言，金属和类金属的开采正处于蓬勃发展阶段

　　矿石中可以提取的矿物数量最终是有限的，取决于地球地质演化形成的地质储量。美国地质调查局（USGS）等机构对这些储量进行了评估。根据估计的地质储量，并通过当前的开采速度外推，可以估算出某一化学元素的所有已知储量将会在何时被开采完（Douce，2016a，2016b）。基于各种合理的开采提炼速度假设进行外推，一些需求量较大的化学元素将在21世纪内被最后开采完（Heinberg，2010；Bardi，2014；见图 65.3 和彩图 16）。

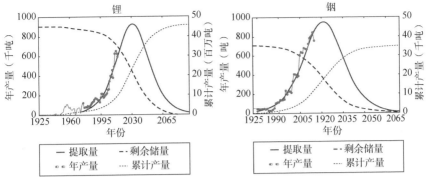

图 65.3　锂和铟的预期开采提炼峰值。这两种化学元素均对电子工业必不可少，锂可用于制造电池，铟可用于显示器、光伏电池和光电二极管。钟形曲线反映了锂（左）和铟（右）的预期开采量。根据美国地质勘探局对世界储量的估计，虚线曲线代表剩余储量。点虚线表示累计产量。虚线曲线和点虚线反映了美国地质勘探局估计的世界实际开采量。当累计产量等于剩余储量时，表明所有已知资源都已被开采完。在本图中，我们假设累计产量遵循逻辑曲线的规律，据此可以估计年产量的开采曲线。2030 年左右将达到开采峰值

从矿石中提取化学元素还需要消耗大量能源来开采和（采用物理和化学方法）加工矿石，以生产金属和类金属锭块。据估计，2014 年金属和非金属元素开采需要消耗 4 亿吨当量石油（400Mtep 或 180 亿 GJ）。相比之下，欧盟（28 个成员国）的能源消耗总量约为 1600Mtep（百万吨当量石油）。因此，采矿业进行原材料生产所消耗的能源份额巨大，而这些原材料是制造计算机或机器人所用复杂材料的必需品。采矿业的发展带动了能源消费的增长。矿石开采中使用的能源主要是煤炭和石油。必须指出的是，可再生能源生产也存在同样的材料耗竭风险，诸如光伏发电和风轮机组等可再生能源材料的可持续性也同样引发了人们的关注（Fizaine and Court，2015）。

三、生命机器的方法

根据上述所有因素得出的结论是，从能源和材料的角度来看，目前的计算技术在长期内是不可持续的。人们越来越迫切地需要重新发明如何制造电子系统，包括计算机和机器人，以使它们可持续发展。目前仍然存在许多不确定因素，使得难以制定未来的发展战略。然而，科学文献中的共识是，21 世纪将接近限期，而且这个问题也与气候变化和能源转型密切相关。考虑到科学

技术发展需要时间，这意味着应尽快深入开展研究，制订替代解决方案。

从化学的角度来看，如果我们将人类技术与生物体进行比较，会发现两者之间的差异非常显著。与我们的现代技术相比，仅仅 6 种化学元素就可以占到生物体质量的 97%。这些元素是碳（C）、氢（H）、氮（N）、氧（O）、磷（P）和硫（S）。其他元素包括硼、钴、铁、铜、钼、硒、硅、锡、钒和锌，但这些元素的含量远低于生物体质量的 1%。从热力学的观点来看，生物体对低浓度的化学元素使用是通过膜吸收驱动的，这与从较低浓度矿石中生产锭块是完全不同的过程。它所需的能量要低得多，原始浓度也可以更低。通常对于生物系统，这些特定化学元素的含量为 ppm 水平，与在海水或淡水中存在的含量相同（Alberts *et al.*，2002）。

另一个重要的方面是，C、H、N、O、P 和 S 6 种主要化学元素参与了生物地球化学循环：碳循环、水循环、硫循环、氮循环和磷循环。所有这些循环都涉及生物圈。在生态学和更广泛的地球科学中，生物地球化学循环是化学元素或化合物在地球圈、大气圈和水圈等大型储层之间循环运输和转化的过程，而这些储层正是生物圈所处的环境。因此，生命系统的基本化学元素在数百万年甚至数十亿年的长期范围内是可循环和可持续的，因为它们与生物地球化学循环有关。从循环的角度来看，生命系统形成了紧密相连的生态系统。生命系统和人类现有技术之间的这些差异，对于长期可持续性至关重要。

因此，我们认为需要采用激进的仿生方法或生命机器方法来发展下一代技术，激进的含义包括生命系统中化学与生态过程的类型。这种激进的方法需要重新发明计算技术，为机器人技术、人工智能和其他相关技术奠定基础，包括材料、架构和过程，并将这些过程与新的技术生态系统联系起来，学习、借鉴在自然界中发现的出生、成长、死亡、再利用的自我调节的生态循环过程。

（一）新型计算架构

对新型架构的需求是因为基于上述逻辑门电路的冯·诺伊曼（von Neumann）架构本身存在瓶颈。越来越明显的是，这种计算架构需要太多的能量，并产生太多需要散发的热量，才能适应现代信息处理和人工智能的需求。然而，这种架构及其在集成电路中的实现，能够产生非常出色的高计算能力。我们可以保留基于逻辑门的架构解决纯计算问题，即算术计算。但更为重要的是，制造基于可再生材料的新型集成电路。然而即使在这种情况下，材料的性能也与其物理化学性质密切相关。新型可再生材料将改变逻辑门建造必需半导体的预期性能。

认知科学可以提高我们对神经元结构和过程的理解，这些结构和过程可在低功耗的生命系统中有效执行信息处理，具体见本书其他章节的介绍（见Dudek，第 14 章；Metta and Cingolani，第 47 章）。例如，神经形态计算领域是一个正在不断发展的令人兴奋的研究方向，目的是在大规模并行电子系统中复制这种效率（Furber *et al.*，2013）。尽管目前这项研究仍集中于简单的神经元和结构上，但它捕捉到了生物神经网络通信的一个关键特征，即使用电脉冲"棘波"通信。科学家目前正在深入开展研究，建立更加精确的神经元和神经元网络，用于开发新型神经形态芯片（Shepherd，1998；Calimera *et al.*，2013）。

目前许多成功的人工智能技术都基于"深度学习"（见 Leibo and Poggio，第 25 章；Herreros，第 26 章）。这些技术使得人工智能领域最近的重大快速进展成为可能。不同的深度学习架构，如深度神经网络、卷积深度神经网络和深度信任网络，在声音和视觉信号分析领域有着广泛的应用，包括面部识别、语音识别、计算机视觉、自动语言处理和生物信息学等（具体如本书其他章节所述），并已经证明它们可以为不同的问题提供出色的解决方案。自 20 世纪 80 年代末开始，随着第一个多层人工神经网络的诞生，同时运用了可以追溯到 50 年代末的概念（感知机等），并利用现代处理器计算能力的巨大增长，现代深度学习的概念才于 21 世纪第一个 10 年开始形成。然而，从功率和能量的角度来看，深部神经网络也深受现代电子元器件设计瓶颈的影响，正如 AlphaGo 和李世石的能量消耗比较所显示的那样。神经形态学领域必须不断更新其设计方案，采用认知科学和神经科学的最先进成果，并提高其获取仿生原理的能力。神经生物学和人工智能研究领域应保持密切合作（见 Verschure and Prescott，第 2 章）。

（二）新型仿生材料

如果不同时考虑实现人工神经元架构所需的材料和机体类型，就无法真正构想人工神经元架构（见 Vincent，第 10 章）。当前的二元技术设计将处理架构与其实现机体分离，导致了严重的可持续性陷阱。因此，迫切需要根据本书提出的大脑和机体设计的会聚方法，为生命机器制定新的研究路线图，并强调使用可持续材料。显然，目前的硅基半导体技术仍将持续发展，因为它们代表着关键技术，拥有数十亿美元的巨大经济市场份额以及可为数以百万计的人提供就业机会。因此，这一新的研究路线图必须同步制定，并应提出渐进式的方法，从不可持续的、基于计算机的机器转变为可持续的生命机器。先进机器人研究的最新趋势为制定新路线图开辟了新的可能性。例如，软体机器人领域正在利用聚合物和新的驱动方法（Kim *et al.*，2013；Laschi *et al.*，2016；见 Anderson and O'Brien，第 20 章；见 Trimmer，第 41章）。这些柔性聚合物可以是生物来源的或生物兼容的。此外，最近研发的一些简单机器人利用了从生物体中提取的生物组织或通过细胞和组织培养形成的生物组织（见 Ayers，第 51 章；Fukuda *et al.*，第 52 章；Webster *et al.*，2016；Feinberg *et al.*，2007；Cvetkovic *et al.*，2014）。

（三）面向可持续生态系统

将技术设备与自然生态系统联系在一起，或创新发明生物混合生态系统，都会提出新的科学和工程难题。了解如何将人类技术与地球系统以及现有的生物地球化学循环相互联系，是一项艰巨的科学和技术挑战，因为我们必须面对这些系统的错综复杂的情况。我们提出的激进式研究路线图必须有高度的学科交叉融合，涵盖所有的自然科学和工程科学，并且还应包括社会科学，因为它将对我们社会的各方面产生影响，并提出新的伦理问题。

参 考 文 献

Alberts, B., et al. (2002) *Molecular biology of the cell*, 4th edition. New York: Garland Science.
Bardi, U. (2014). *Extracted: How the quest for mineral wealth is plundering the planet*. White River Junction, VT: Chelsea Green Publishing.
Calimera, A., Macii, E., and Poncino, M. (2013). The human brain project and neuromorphic computing. *Functional neurology*, 28(3), 191–6.

Cvetkovic, C., Raman, R., Chan, V., Williams, B. J., Tolish, M., Bajaj, P., ... and Bashir, R. (2014). Three-dimensionally printed biological machines powered by skeletal muscle. *Proceedings of the National Academy of Sciences*, 111(28), 10125–30.

Douce, A. E. P. (2016). Metallic mineral resources in the twenty-first century. I. Historical extraction trends and expected demand. *Natural Resources Research*, 25(1), 71–90.

Douce, A. E. P. (2016). Metallic mineral resources in the twenty-first century: II. Constraints on future supply. *Natural Resources Research*, 25(1), 97–124.

Feinberg, A. W., Feigel, A., Shevkoplyas, S. S., Sheehy, S., Whitesides, G. M., and Parker, K. K. (2007). Muscular thin films for building actuators and powering devices. *Science*, 317(5843), 1366–70.

Fizaine, F., and Court, V. (2015). Renewable electricity producing technologies and metal depletion: a sensitivity analysis using the EROI. *Ecological Economics*, 110, 106–18.

Furber, S. B., Lester, D. R., Plana, L. A., Garside, J. D., Painkras, E., Temple, S., and Brown, A. D. (2013). Overview of the spinnaker system architecture. *IEEE Transactions on Computers*, 62(12), 2454–67.

Graedel, T. E., Harper, E. M., Nassar, N. T., and Reck, B. K. (2015a). On the materials basis of modern society. *Proc. Natl Acad. Sci. USA*, 112(20), 6295–300.

Graedel, T. E., Harper, E. M., Nassar, N. T., Nuss, P., and Reck, B. K. (2015b). Criticality of metals and metalloids. *Proc. Natl Acad. Sci. USA*, 112(14), 4257–62.

Heinberg, R. (2010). *Peak everything: waking up to the century of declines*. Gabriola, Canada: New Society Publishers.

IPCC (2014). *Climate Change 2014: Synthesis Report*. Contribution of Working Groups I, II, and III to the Fifth Assessment Report of the Intergovernmental Panel on Climate Change [Core Writing Team, R.K. Pachauri and L.A. Meyer (eds.)]. IPCC, Geneva, Switzerland, pp.151.

Kim, S., Laschi, C., and Trimmer, B. (2013). Soft robotics: a bioinspired evolution in robotics. *Trends in Biotechnology*, 31(5), 287–94.

Laschi, C., Mazzolai, B., and Cianchetti, M. (2016). Soft robotics: technologies and systems pushing the boundaries of robot abilities. *Science Robotics*, 1(1), eaah3690.

Peiró, L. T., Méndez, G. V., and Ayres, R. U. (2013). Material flow analysis of scarce metals: sources, functions, end-uses and aspects for future supply. *Environmental Science & Technology*, 47(6), 2939–47.

Polimeni, J. M., Mayumi, K., Giampietro, M., and Alcott, B. (2015). *The Jevons paradox and the myth of resource efficiency improvements*. Abingdon, UK: Routledge.

Reck, B. K., and Graedel, T. E. (2012). Challenges in metal recycling. *Science*, 337(6095), 690–5.

Shepherd, G. M., Mirsky, J. S., Healy, M. D., Singer, M. S., Skoufos, E., Hines, M. S., ... and Miller, P. L. (1998). The Human Brain Project: neuroinformatics tools for integrating, searching and modeling multidisciplinary neuroscience data. *Trends in Neurosciences*, 21(11), 460–8.

Smil, V. (2013). *Making the modern world: materials and dematerialization*. Chichester: John Wiley & Sons.

Silver, D., et al. (2016). Mastering the game of Go with deep neural networks and tree search. *Nature*, 529, 484–9.

Webster, V. A., Chapin, K. J., Hawley, E. L., Patel, J. M., Akkus, O., Chiel, H. J., and Quinn, R. D. (2016). *Aplysia californica* as a novel source of material for biohybrid robots and organic machines. In: N. F. Lepora, A. Mura, M. Mangan, P. F. M. J. Verschure, M. Desmulliez, and T. J. Prescott (eds), *Conference on Biomimetic and Biohybrid Systems*. Basel: Springer International Publishing, pp. 365–74.

彩　图

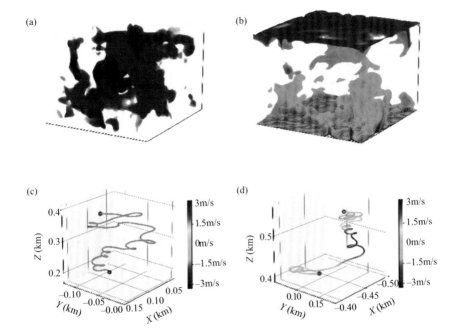

彩图 1　对滑翔机学习在热气流中飞行的模拟。上图：瑞利 - 贝纳尔对流（Rayleigh-Bénard convection）三维数值模拟中垂直速度场（a）和温度场（b）的快照。对于垂直速度场，红色和蓝色分别表示向上和向下的大气流区域。对于温度场，红色和蓝色分别表示高温和低温区域。下图：未受过训练（c）和受过训练（d）的滑翔机在瑞利 - 贝纳尔湍流中飞行的典型轨迹。颜色表示滑翔机遭遇的垂直风速。绿点和红点分别表示轨迹的起点和终点。未受过训练的滑翔机做出随机决定并下降，而训练有素的滑翔机在强劲上升气流区域以特有的螺旋模式飞行，正如在鸟类和滑翔机的热气流飞行中所观察到的那样

转载自 Gautam Reddy, Antonio Celani, Terrence J. Sejnowski and Massimo Vergassol, Learning to soar in turbulent environments, Proceedings of the National Academy of Sciences of the United States of America, 113（33）, pp. E4877–E4884, Figure 1, doi.org/10.1073/pnas.1606075113, a, 2016

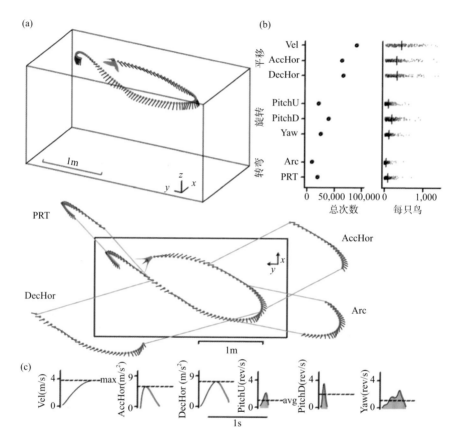

彩图 2　蜂鸟的飞行性能。（a）跟踪系统以每秒 200 帧的速度记录身体位置（蓝点）和方向（红线）。这些数据用于识别模式化的平移、旋转和复杂转弯。动作序列显示蜂鸟首先做出一次俯仰横滚转弯（PRT），继之以减速（DecHor）、弧形转弯（Arc）和加速（AccHor）动作。整个动作序列持续时间为 2.5s，每 5 帧显示一次。（b）在 200 只蜂鸟中记录的平移、旋转和转弯次数。（c）性能指标的转换和旋转示例

转载自 Roslyn Dakin, Paolo S. Segre, Andrew D. Straw, Douglas L. Altshuler, Morphology, muscle capacity, skill, and maneuvering ability in hummingbirds, Science, 359（6376），pp. 653–657, doi: 10.1126/ science. aao7104,

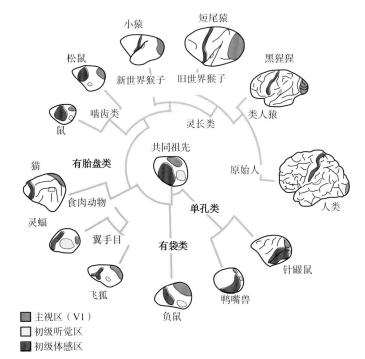

彩图 3　哺乳动物皮质的进化。图中的主要哺乳动物种群及其家族关系，演示了皮质覆盖物的形状以及部分初级感觉区域相对于推定的共同祖先是如何变化的

转载自 Proceedings of the National Academy of Sciences of the United States of America，Cortical evolution in mammals：The bane and beauty of phenotypic variability，109（Supplement 1），pp. 10647–10654，Figure 1，doi：10.1073/pnas.1201891109，Leah A. Krubitzer and Adele M. H. Seelke，Copyright（2012）National Academy of Sciences，USA

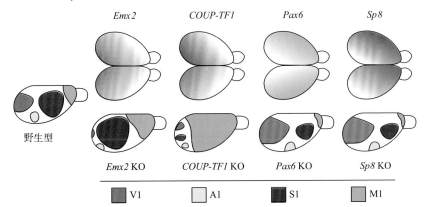

彩图 4　去除特定转录因子（通过转基因"敲除"小鼠）对小鼠皮质区域化的影响。每一次敲除都会从根本上破坏主要皮质区域——初级视觉（V1）、听觉（A1）、躯体感觉（S1）和运动（M1）皮质的大小和形状，但同时保持整体拓扑结构

转载自 Current Opinion in Neurobiology，18（1），Dennis D. O'Leary and Setsuko Sahara，Genetic regulation of arealization of the neocortex，pp. 90–100，Figure 6，doi：10.1016/j.conb.2008.05.011，Copyright © 2008，Elsevier Ltd.，with permission from Elsevier

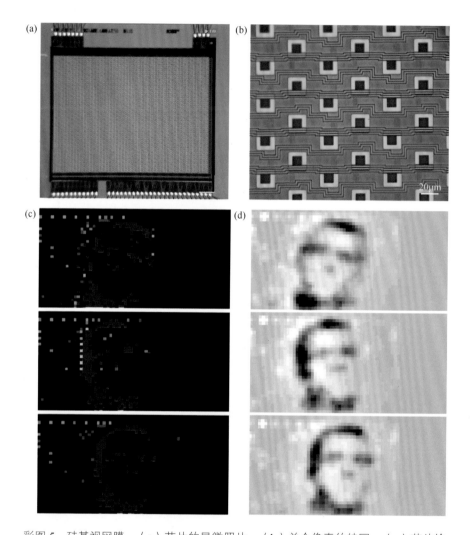

彩图 5　硅基视网膜：（a）芯片的显微照片；（b）单个像素的特写；（c）芯片输出：连续的 3 帧显示了不同的颜色（红色、蓝色、绿色、黄色），对应于 4 种不同类型视网膜神经节细胞的放电，黑色细胞不放电；（d）重建的灰度图像

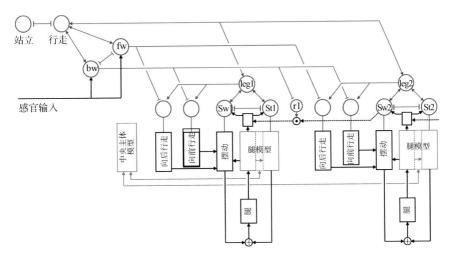

彩图 6　Walknet 由两层结构组成，即激励单元网络（上图，红色）和程序（黑色、蓝色）。图中只描述了六足控制器中的两个控制器。每个控制器都包括一个 Stance-net（"腿部模型"，蓝色）和一个 Swing-net，后者与 Target-net 相连（向前行走，向后行走）。运动输出作用于腿部（"腿"框代表身体）。激励单元（"站立""行走""fw"表示向前，"bw"表示向后，"leg1"表示腿 1，"leg2"表示腿 2，"Sw1"表示腿 1 摆动，"Sw2"表示腿 2 摆动，"St1"表示腿 1 站立，"St2"表示腿 2 站立）通过抑制性连接（T 形连接，形成赢家通吃系统）和兴奋性连接（箭头，允许形成联合体）递归耦合。感觉反馈被应用于运动程序以及不同状态之间的切换（例如，对激励单元"fw"和"bw"的感觉输入）。r1 表示协调规则 1（详细信息请参见 Schilling *et al.*，2013a）

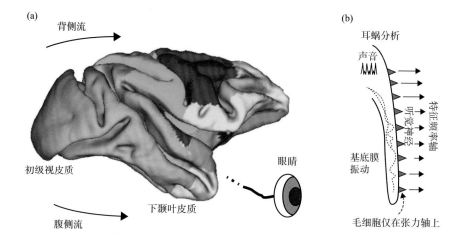

彩图 7 （a）猕猴的大脑，猕猴是感知神经科学中常用的研究动物。不同颜色表示负责不同感觉（和运动）模态的区域。蓝色区域负责视觉，红色区域负责听觉。该大脑模型及颜色来自 SumsDB（van Essen and Dierker，2007）。箭头表示视觉信息的流动。背侧流——"where"通路，与物体运动和定位有关。腹侧流——"what"通路，与物体身份有关（Mishkin *et al.*，1983）。（b）耳蜗和听觉神经的音调性组织

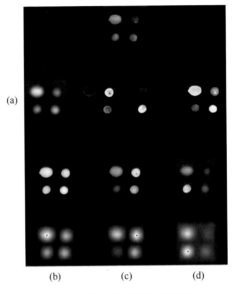

彩图8　自下而上与自上而下视觉注意模型的简化说明（Frintrop *et al.*，2005）。
（a）从图像中提取四个自下而上的"特征"："水果"（圆形亮度模式）、"红色"、"绿色"和"黄色"。（a）、（b）、（c）三组不同的权重，依赖于自上而下的图像调制，将这些特征组合为加成显著性图，然后进行低通滤波，并选择峰值（黑点）作为注意焦点。（b）没有调制，所有特征的权重相等；柠檬被选为最大/最亮的对象。（c/d）当只有红/绿颜色特征具有非零调制权重时，选择番茄/柠檬为注意对象

图片来源：转载自 Simone Frintrop，Gerriet Backer，and Erich Rome，"Goal-Directed Search with a Top-Down Modulated Computational Attention System"，in Walter G. Kropatsch，Robert Sablatnig，and Allan Hanbury（ed.），Pattern Recognition：27th DAGM Symposium，Vienna，Austria，August 31—September 2，2005. Proceedings，pp. 117–124，Copyright © 2005，Springer-Verlag Berlin Heidelberg

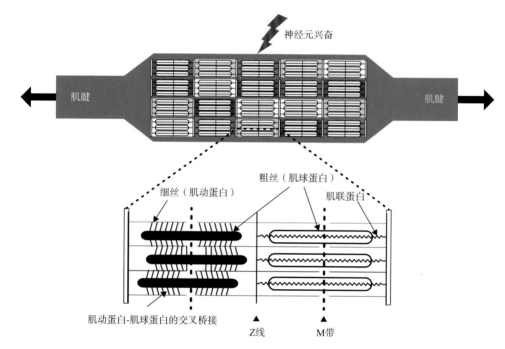

神经元兴奋

肌腱

肌腱

细丝（肌动蛋白）

粗丝（肌球蛋白）

肌联蛋白

肌动蛋白-肌球蛋白的交叉桥接

Z线

M带

彩图 9　肌肉 - 肌腱弹簧，具体体现为希尔的肌肉模型（Hill，1938）。上图：肌腱与肌腹构成的肌节，从白色到红色显示了不同的激活水平。生理上没有任何肌肉是均匀、完全激活的，激发波从近端到远端改变图式——串行和并行于肌节的胶原（蓝色）有多种结构，包括肌腱、内肌层、外肌层、前肌层。下图：肌节的主动元件（左）和被动弹性元件（右：肌联蛋白）

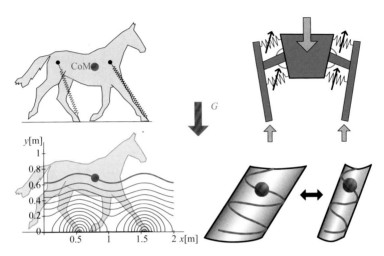

彩图 10　势场对质心（CoM）的引导。重力：G。左图：马跑中质心的引导，矢状
面（2D）（实验结果参见 Witte *et al.*，1995）。左上图：马跑周期中的一个瞬间，
红点代表质心。左下图：在重力和腿部弹簧形成的势场中引导质心（红点，红色轨
迹）。右图：马跑或人类步行中的质心引导（3D）（概念演示，从马和人类实验结
果中抽象得出）。右上图：前平面内围绕髋关节的上身可调弹性轴承，灰色箭头表
示负载。右下图：在重力和可调肌肉硬度（髋关节或肩胛骨周围）定义的势能边缘中，
对角线步态期间的质心 3D 引导。在适应基质后，质心的横向摆动可能会发生变化。
势能边缘"壁"的陡峭程度逐步限制了行动路线，可能作为一种保护机制

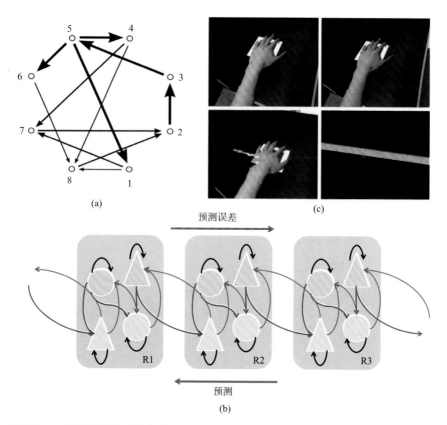

彩图 11　构成意识基础的潜在生物学原理。（a）优化生成高度集成信息（Φ）的模拟网络示例。（b）跨越三个皮质水平（R1、R2 和 R3）的分层预测处理功能架构。预测误差源自表层，并以自下而上的方向传递（红色箭头）；预测源自深层并自上而下流动（蓝色箭头）。三角形代表投射神经元和回路中间神经元。（c）虚拟现实"橡皮手"（左上图），可以用画笔（左下图）触摸，也可以通过心脏反馈调节（右上图；虚拟手根据心动周期变红和恢复）。右下图显示了一个虚拟"标尺"，用于评估虚拟手的经验所有权程度

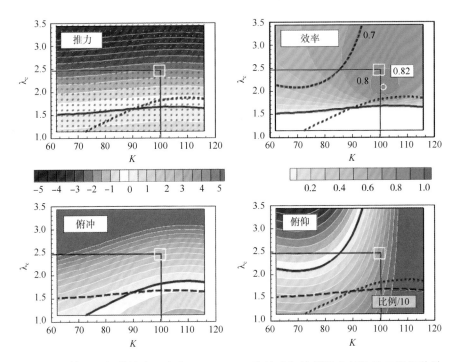

彩图 12　扑翼飞行的效率。名为 NACA7412 的俯冲和俯仰耦合剖面的二维流体计算结果（Send *et al.*，2012）。等值线图显示了一个运动周期内的平均归一化功率系数。横轴 K 表示俯仰前的俯冲相移，纵轴表示俯冲振幅 h_0 与俯仰振幅 α_0 的比值，$\lambda_c = (h_0/c)/\alpha_0$，以弧度表示。$c$ 表示弦长。白色正方形表示 SmartBird 运动学的设计点。红色虚线代表单个数值解

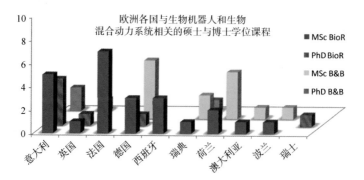

彩图 13　欧洲各国提供的生物机器人和生物混合动力系统相关的硕士（MSc）与博士（PhD）学位课程数量估计。调查检索词为"仿生学"（biomimetics，BioR）、"生物混合"（biohybrids，B&B）和"生物机器人"（biorobotics）。在撰写本章时，法国拥有最多的生物机器人相关硕士学位课程（n=7），而意大利在这一领域提供了更多的博士学位课程（n=5）。另外，德国提供的生物混合动力系统硕士学位课程数量最多（n=3），其次，瑞典在这一领域提供了一些博士学位课程（n=2）

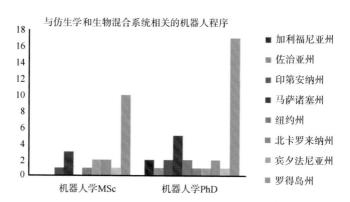

彩图 14　美国的一些机器人学硕士（MSc）和博士（PhD）学位课程更多采用了仿生学方法，图中显示了各州相关课程的数量。总体而言，美国 10 个州共提供了 11 项硕士和 18 项博士学位课程，其中马萨诸塞州在该领域的硕士学位课程数量（n=3）和博士学位课程数量（n=5）最多。这些大学也非常积极地开展了创新研究及教育和推广活动

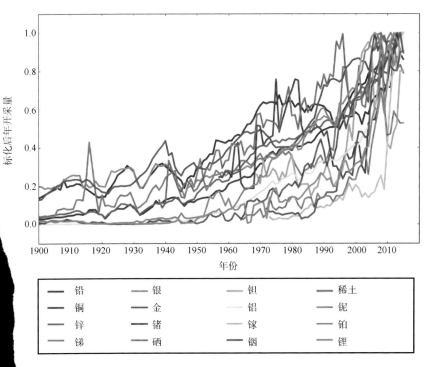

图 15　标化后的化学元素年开采量。根据每种化学元素的最大开采量将其年开采量标化，并将所有元素放在同一尺度内比较。图示表明，自 21 世纪初以来，大数元素的开采量都在稳步增加。同时还表明，近年来的每年开采总量都已接近最值。总体而言，金属和类金属的开采正处于蓬勃发展阶段

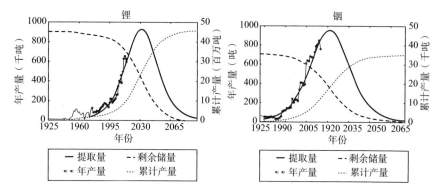

彩图 16　锂和铟的预期开采提炼峰值。这两种化学元素均对电子工业必不可少，锂可用于制造电池，铟可用于显示器、光伏电池和光电二极管。钟形曲线反映了锂（左）和铟（右）的预期开采量。根据美国地质勘探局对世界储量的估计，虚线曲线代表剩余储量。点虚线表示累计产量。虚线曲线和点虚线反映了美国地质勘探局估计的世界实际开采量。当累计产量等于剩余储量时，表明所有已知资源都已被开采完。在本图中，我们假设累计产量遵循逻辑曲线的规律，据此可以估计年产量的开采曲线。2030 年左右将达到开采峰值